DAS

PFLANZENREICH

Regni vegetabilis conspectus

Im Auftrage der Deutschen Akademie der Wissenschaften zu Berlin

herausgegeben von

A. Engler (†) · L. Diels (†)

fortgesetzt von

H. Stubbe und K. Noack

Redakteur R. Mansfeld

IV. 276 b (107. Heft):

Campanulaceae – Lobelioideae

von

F. E. Wimmer

II. Teil

Mit 622 Einzelbildern in 57 Figuren

Ausgegeben (Bogen 18—52) am 30. 12. 1953

1953

AKADEMIE-VERLAG · BERLIN

DAS PFLANZENREICH

Regni vegetabilis conspectus

Unter diesem Titel ist im Auftrage und mit finanzieller Unterstützung der Preußischen Akademie der Wissenschaften seit dem Jahre 1900 in Berlin in zwangloser Reihenfolge eine Sammlung systematisch-monographischer Darstellungen einzelner Pflanzenfamilien erschienen, wobei für jede Darstellung wesentlich ist, daß jeweils alle Sippen einer Familie berücksichtigt und in lateinischer Sprache mit vollständiger Synonymie beschrieben werden. Ein ausführlicher Plan für die Anlage des Werkes wurde im ersten Heft (Musaceae, von K. Schumann, 1900) veröffentlicht.

Herausgeber des Werkes war A. Engler und nach dessen Tod H. Harms, der schon vorher bei der Veröffentlichung mitgewirkt hatte.

Vom Pflanzenreich sind bisher 106 Hefte sehr verschiedenen Umfangs erschienen. Von rund 280 Familien der Blütenpflanzen sind 74 behandelt worden, darunter 10 größere noch unvollständig; von Kryptogamen sind nur die Sphagnaceae dargestellt worden.

Die stattliche Reihe der bis jetzt fertiggestellten Bände hat ohne Zweifel die systematische Literatur sehr wesentlich bereichert und vervollständigt und ist aus ihr nicht mehr fortzudenken. Daher hat die Deutsche Akademie der Wissenschaften zu Berlin beschlossen, das seit dem Tod von H. Harms (1942) nicht mehr weitergeführte Unternehmen nunmehr fortzusetzen. Es liegt jetzt der Teil II der Campanulaceae-Lobelioideae von E. Wimmer, Wien, fertig vor, der die Darstellung dieser formenreichen Unterfamilie abschließt. Der Neudruck des ersten Teiles, dessen Auflage zum größten Teil verbrannt ist, ist in Vorbereitung. Es wäre wünschenswert, weitere monographische Darstellungen einzelner Familien bald zu veröffentlichen.

Manuskripte, die dem Plan des Werkes entsprechen, auch Darstellungen von Untergruppen einer Familie oder Neubearbeitungen früher erschienener Monographien können laufend in Druck gegeben werden. Einsendungen oder Anfragen werden an die Unterzeichneten erbeten.

DAS

PFLANZENREICH

Regni vegetabilis conspectus

Im Auftrage der Deutschen Akademie der Wissenschaften zu Berlin

herausgegeben von

A. Engler (†) · L. Diels (†)

fortgesetzt von

H. Stubbe und K. Noack

Redakteur R. Mansfeld

IV. 276 b (107. Heft):

Campanulaceae – Lobelioideae

von

F. E. Wimmer

II. Teil

Mit 622 Einzelbildern in 57 Figuren

Ausgegeben (Bogen 18—52) am 30. 12. 1953

1953

AKADEMIE-VERLAG · BERLIN

Erschienen im Akademie-Verlag GmbH., Berlin W 8, Mohrenstraße 39
Lizenz-Nr. 202 . 100/16/52
Gesamtherstellung: Engelhard-Reyhersche Buchdruckerei, Gotha
Bestell- und Verlags-Nr. 5082
Printed in Germany

Vorwort

Die außergewöhnlichen Ereignisse zur Zeit, da diese Monographie zu Ende geführt wurde (1940—44), veranlassen mich, der Arbeit einige erklärende Zeilen vorauszuschicken.

Zunächst möchte ich hervorheben, daß es infolge des Krieges nicht möglich war, die kurz vor und während des Krieges erschienene Literatur zu erhalten und daher mag manches fehlen, was unter anderen Umständen in dieser Arbeit zu finden wäre. Auch die Benutzung weiteren, besonders in der letzten Zeit gesammelten Materials mußte ich entbehren, da die Zusendung desselben gänzlich unterbunden war. Manches wieder wurde am Ende des Krieges zerstört oder verschleppt, darunter nicht wenige Negative und Photos von Originalpflanzen, deren Exsikkate sonst nicht zu haben waren.

Trotzdem die vorliegende Arbeit schon 1945 abgeschlossen war, habe ich alles was über die Lobelioideen bis heute erschienen ist und mir erreichbar war, nach Tunlichkeit benutzt und ergänzt. Deswegen habe ich auch den Conspectus Subtribuum et Generum in geänderter Form am Beginn des zweiten Teiles nochmals dargelegt. Was sonst noch zur Ergänzung oder Berichtigung des ersten Teiles dient, findet sich in einem Supplement am Ende dieses Werkes.

Der I. Teil dieser Monographie, welcher die Lobelioideen mit beerenartigen Früchten (*Delisseae*) enthält, wurde als Band IV, 276 b des „Pflanzenreiches" im Jahre 1943 veröffentlicht; er ist aber bei einem Bombenangriff auf Leipzig mit vielen Tausenden anderer wissenschaftlicher Werke beim Verleger W. Engelmann zum großen Teil vernichtet worden, so daß viele Interessenten denselben bis heute nicht erhalten konnten. Es werden deshalb 200 Exemplare nachgedruckt und zugleich mit dem gegenwärtigen II. Teil, der die Lobelioideen mit kapselartigen Früchten (*Lobelieae*) enthält, erscheinen.

Bezugs der Einteilung der Lobelioideen bemerke ich, daß es in vielen Fällen ein fast aussichtsloses Beginnen ist, klar abgegrenzte Gruppen herauszufinden. Wenn ich es dennoch versuchte, so weiß ich selbst am besten, daß diese Gruppen manche Unsicherheit in sich bergen, aber der Uebersichtlichkeit wegen mußte es doch geschehen.

Ich habe zur Gewinnung der Tribus und Subtribus die Frucht gewählt, wie es vorher schon die meisten anderen Botaniker getan haben; sie ist dazu noch das geeignetste Mittel. Lieber hätte ich ein anderes wichtiges Organ der Pflanze genommen, weil die reife Frucht an den vorgefundenen Pflanzen oft noch fehlt, wie dies besonders bei Herbarpflanzen zutrifft, aber es ließ sich nichts finden, was für diesen Zweck besser gewesen wäre, ohne nah verwandte Glieder zu zerreißen.

Ein eigener Bestimmungsschlüssel, der von der Fruchtart möglichst absieht, trägt dieser Sachlage Rechnung.

Bei der Aufstellung oder Beibehaltung der Genera und Species habe ich durchwegs den Mittelweg eingeschlagen, den Begriff Genus und Species nicht zu eng, aber auch nicht zu weit gefaßt, um sowohl dem ordnenden Geist wie der Natur, soweit es möglich ist und es das oft genug spärliche oder mangelhafte Herbarmaterial gestattet, gerecht zu werden.

Die Beschreibungen der von mir angenommenen Arten beziehen sich auf die ursprüngliche Sippe, wie sie aus der Originalpflanze oder der Diagnose des Autors erkennbar ist oder in manchen Fällen (wo die Originalpflanze fehlt oder die Diagnose unzulänglich ist) von mir angenommen wurde. Varietäten oder Formen sind daneben gestellt. Nach den Beschlüssen des Internationalen Botanischen Kongresses in Stockholm 1950 soll aber eine Art und ein Taxon unter der Rangstufe der Art als Summe aller niederen Taxa aufgefaßt werden. Eine entsprechende Umformung des Manuskriptes war nicht möglich. Die ursprüngliche Sippe hatte ich im Manuskript in den Schlüsseln der Varietäten als „planta typica“ bezeichnet. Diese Bezeichnung ist in Anpassung an die Stockholmer Beschlüsse überall durch die Benennung als Varietät unter Wiederholung des spezifischen Epithetons ersetzt worden.

Durch die Hemmnisse, die auch nach dem Kriege noch weiter auf alle Verhältnisse drücken, verzögerte sich der Druck dieser Arbeit, so daß sie erst jetzt erscheinen kann.

Immerhin hoffe ich, daß diese Arbeit eine große Lücke ausfüllt und zur besseren Kenntnis dieser artenreichen Familie beiträgt.

Es ist die Arbeit von 25 Jahren.

Wien, 30. November 1950

Der Verfasser

Abkürzungen

Für die zitierten Herbarien sind meist folgende Abkürzungen gebraucht worden:

B. oder Berl.	Botan. Museum Berlin (1943 im Krieg zum größten Teil durch Brand vernichtet; Teil der Lobelioideen erhalten, da bei mir verwahrt)
Bish. Mus.	P. Bernice Bishop Museum, Honolulu
Boiss.	Herbier Boissier, Chambézy bei Genf
Calif.	Herbarium der Universität Berkely, Californien
Cambr.	Botan. School, Cambridge, England
DC.	Herbar De Candolle, vereinigt mit dem Herbar Delessert
Deg.	Herbar Otto Degener, Waialua, Oahu
Del. oder Deless.	Herbar Delessert, Console bei Genf
Edinb.	Herbar der Universität Edinburgh, England
Field.	Field Museum of Natural History, Chicago
Flor.	Museo di Storia Nat., Firenze
Goett.	Herbar der Universität Goettingen
Hamb.	Botan. Institut, Hamburg
Hauskn.	Herbar Hausknecht in Weimar, jetzt in Jena
K.	Kew
Koph.	Bot. Museum d. Universität Kopenhagen
Lamb.	Herbar Lambert
Melb.	National Herbarium, Melbourne
Münch.	Herbar d. Bot. Gartens in München-Nymphenburg
Nair.	East African Herbarium Nairobi
N. Y.	New York Bot. Garden, New York
P. oder Pa.	Muséum National d'Hist. Nat., Paris
Pret.	Transvaal Museum, Pretoria, Afrika
Stellb.	University Dept. of Botany, Stellenbosch
Stkh.	Reichsmuseum in Stockholm
Univ. W.	Herbar der Universität Wien
Ups.	Herbar der Universität Uppsala, Schweden
Wash.	U. S. National Herbarium Washington, D. C.
W.	Naturhistor. Museum Wien
Witw. R.	Herbarium University of Witwatersrand, Johannesburg
Zür.	Herbar der Universität in Zürich, Schweiz.

Inhaltsverzeichnis

des II. Teiles der Lobelioideae

CAMPANULACEAE — LOBELIOIDEAE

Von

Franz Elfried Wimmer, Wien

II. Teil

Tribus II. Lobelieae Presl

(Capsuliferae)

Lobelieae Presl, Prodromus Monographiae Lobeliacearum (1836) 7, in E. Meyer, Commentar. Pl. Afr. Austral. Drege (1837) 283 et in Ecklon et Zeyher, Enum. Pl. Afr. Austr. (1836) 392; Endlicher, Genera Pl. (1838) 510; Meissner, Pl. Vascul. Gen. (1836—43) 147, 240; A. De Candolle, Prodr. Syst. Nat. VII (1839) 350; Spach, Vég. Phan. IX (1840) 572; A. Jussieu, Orb. Dict. VII (1849) 416; Sonder in Harvey et Sonder, Fl. Cap. III (1865) 531, subtrib.[1]) — *Capsuliferae* E. Wimm. in Macbride, Fl. Peru VI (1937) 430.

Fructus capsularis, diverso modo dehiscens, inferus, semi-inferus, raro superus, lobis calycinis plerumque persistentibus, corolla emarcida saepe illi adhaerente. Ovarium apice saepe conicum cum capsula bi-, raro uniloculare. — Herbae, suffrutices vel frutices aut arbusculae foliis alternantibus, rarissime verticillatis, floribus solitari-axillaribus vel racemosis aut subcorymbosis, rarissime fasciculatis, vulgo pedicellatis, corolla tubulosa nunc tubo integro, nunc in dorso longitudinaliter fisso, limbo quinquelobo bilabiato, unilabiato vel subregulari.

Genera 20 reliqua complectentes, imprimis in regione tropica et subtropica, rarius temperata distributa.

Divisionem huius tribus repeto, quia a publicatione primae partis huius operis (1943) quatuor nova genera (*Legenere, Unigenes, Dielsantha, Dominella*) addenda sunt, quorum duo etiam novum subtribum — ut puto — postulant.

Conspectus subtribuum.

A. Capsula in vertice duabus valvis dehiscens aut rarissime in duas valvas secedens.
  I. Gynaeceum et capsula bilocularia, valvae medio septigerae (maxima pars generum), fructus autem *Grammatothecae* lineari-elongatus demum insuper lateraliter disrumpens, sic fructum *Downingiae* partim imitans.
    a. Flores non epiphylli, sed in axillis foliorum vel bractearum orti . . . . I. Subtrib. *Siphocampylinae.*
    b. Flores epiphylli, solitarii e foliorum costa nascentes, lobi corollae superiores reliquis manifeste longiores; Nova-Guinea II. Subtrib. *Phyllocharinae.*

---

1) Nomen *Lobelieae* primus K. Sprengel, Anleitung zur Kenntnis der Gewächse II/2 (1818) 525 adhibuit, sed sensu nimis lato, includens praeter *Lobeliam* etiam *Goodeniam* et *Scaevolam;* deinde J. E. Gray, Arrangement Brit. Pl. (1821) sec. O. Kuntze, Bentham Fl. Austral. IV (1869) 122, Benth. et Hook. f., Gen. II (1876) 542, apud hos omnes comprehendentes omnes Lobelioideas.

II. Gynaeceum et capsula unilocularia. Corolla in dorso longitudinaliter fissa.
 a. Capsula (oblonga vel anguste obconica) apice brevibus valvis dehiscens, placentae parietales. Am. .. III. Subtrib. *Legenerinae.*
 b. Capsula in duas valvas discedens, demum usque ad basin separatas.
  1. Capsula supera, monosperma (globosa), semen basifixum. Herbae debiles, corolla minima. Afr. ... IV. Subtrib. *Unigeninae.*
  2. Capsula infera, polysperma (obovoidea), valvae plus minusve bifidae. Frutices, corolla magna. Polynes. .. V. Subtrib. *Apetahiinae.*

B. Capsula bilocularis vel unilocularis, aliter se aperiens (rimis lateralibus, operculo, foraminibus).
 I. Fructus plus minusve membranaceus vel chartaceus.
  a. Capsula rimis lateralibus 3—5 longitudinaliter disrumpens, plurisperma.
   1. Caulis crasso-carnosus, aphyllus, vertice foliatus racemis axillaribus, corolla longi-tubulosa, vide fig. 11j. I. Part. Ins. Hawaii. .... VI. Subtrib. *Brighamiinae.*
   2. Herbae debiles, caules foliati, corolla parva, 2—20 mm lg., interdum abortiens. Am. Afr. .... VII. Subtrib. *Howelliinae.*
  b. Capsula pyxidata operculo apicali circumscisse dehiscens. Plantae pusillae, plurimae acaules .... VIII. Subtrib. *Lysipomiinae.*
 II. Fructus bilocularis pericarpium induratum incrassatumque (putaminatum vel lignosum) foraminibus duobus vel pluribus se aperiens. Corolla magna tubo in dorso fisso. Plantae fruticosae vel arborescentes. Polynes. .... IX. Subtrib. *Sclerothecinae.*

Da besonders in den Herbarien Pflanzen oft ohne reife Früchte angetroffen werden und so kaum bestimmt werden können, füge ich eine Tabelle zur Bestimmung der Genera möglichst ohne Berücksichtigung der Fruchtart an.

1 Blüten einzeln am Mittelnerv des Blattes entspringend ... 18. *Phyllocharis.*

1a Blüten einzeln in den Achseln der Blätter oder Brakteen entspringend 2

2 Röhre der Korolle unmerklich, Korolle fünfblätterig und regelmäßig. Madagasc. 17. *Dialypetalum.*

2a Korolle mit deutlich entwickelter Röhre, symmetrisch 3

3 Von den fünf Kelchzipfeln zwei viel tiefer stehend am Grunde des Spornes oder Höckers der Korolle (auch bei *Lobelia* subgen. *Mezleria* stehen mitunter zwei der Sepalen weiter ab, aber die Korolle hat weder Sporn noch Höcker, höchstens, daß die Korolle etwas ausgesackt ist) ... 16. *Heterotoma.*

3a Korolle ohne Sporn oder Höcker, Kelchzipfel alle in gleicher Höhe, an Länge manchmal aber ungleich 4

4 Narbe aus zwei fadenartigen, später sich zurückrollenden Schenkeln gebildet (ähnlich, aber sich nicht zurückrollend, ist die Narbe bei *Apetahia longistigmata*). Korolle in der Regel nicht resupiniert .... 15. *Monopsis.*

4a Narbe zuerst kopfig, nach Austritt aus der Antherenröhre in zwei kurze rundliche oder ovale Lappen divergierend 5

5 Fruchtknoten (ovarium) lang-lineal, einen pedunculus vortäuschend, Blüte daher sitzend, Frucht siliqua-artig, sitzend (nur bei *Grammatotheca bergiana* var. *pedicellata* nach dem Verblühen einen Stiel entwickelnd) 6

5a Blüte und Frucht stets deutlich gestielt, Frucht so lang oder nicht viel länger als breit 8

6 Korollenröhre am Rücken geschlitzt 7

6a Korollenröhre nicht geschlitzt, kurz .... 24. *Downingia.*
7 Blüten einzeln in den Blattachseln .... 14. *Grammatotheca.*
7a Mehrere Blüten in kurzer Ähre auf kurzem axillärem Pedunculus 25. *Dielsantha.*
8 Korollenröhre am Rücken über den Saum hinaus nicht oder unbedeutend gespalten, also g a n z r ö h r i g (Eusiphon) 9
8a Korollenröhre am Rücken der Länge nach bis oder fast bis zur Basis gespalten, s p a l t r ö h r i g (Schizosiphon) 13
9 Fruchtknoten oberständig, Sepalen an der Basis desselben. Einjährige niedere Kräuter .... 11. *Diastatea.*
9a Fruchtknoten ganz oder halbunterständig (wenn manchmal mehr oder weniger oberständig, so größere Halbsträucher oder Sträucher mit oft klimmenden Zweigen) 10
10 Zwergige oder niedere Kräuter 11
10a Kräftige Kräuter, Stauden oder Sträucher (oder bei *Brighamia* Stengel dick fleischig, blattlos) 12
11 Fruchtknoten (ovarium) zweifächerig, Kapsel mit zwei Klappen, an der Spitze aufspringend, Kräuter .... 12. *Laurentia*
11a Fruchtknoten einfächerig oder halbeinfächerig, Frucht mit Deckel aufspringend. Die meisten Arten stengellos .... 26. *Lysipomia.*
12 Blüten in a c h s e l s t ä n d i g e n Trauben, Korolle hypocrateriform, lang, Blütenzipfel elliptisch, fast gleichgestaltet .... 22. *Brighamia.*
12a Blüten einzeln in den Blattwinkeln oder in e n d s t ä n d i g e n Trauben; wenn Traube achselständig, dann Blütenzipfel lineal-lanzettlich 10. *Siphocampylus.*
13 Stengelloses Pflänzchen, Blätter dick, zahlreich, dicht .... 27. *Dominella.*
13a Stengel beblättert, selten Stengel fast blattlos und meiste Blätter rosettig 14
14 Fruchtknoten einfächerig 15
14a Fruchtknoten zweifächerig 18
15 Fruchtknoten einsamig, oberständig, Korolle winzig, zartes Kraut. Afr. 20. *Unigenes.*
15a Fruchtknoten mehrsamig, unterständig 16
16 Zarte Kräuter, Korolle klein, am Rücken geschlitzt. Am. 17
16a Strauch- oder baumartig, Korolle groß .... 21. *Apetahia.*
17 Wasserpflanze mit schmallinearen feinspitzigen Blättern, Samen wenige, gegen 3 mm lg. .... 23. *Howellia.*
17a Landpflanze mit länglichen stumpflichen Blättern, Samen 6 bis viele, höchstens 1 mm lg. .... 19. *Legenere.*
18 Blüten einzeln achselständig, Frucht mit haselnußartiger Steinschale, an der Spitze mit zwei Löchern sich öffnend .... 28. *Sclerotheca.*
18a Blüten in Trauben, seltener einzeln achselständig, dann Kapsel mit zwei Klappen aufspringend 19
19 Korolle groß bogig gekrümmt, Frucht verholzend, (nach Verwitterung der Kelchwand) mit vielen Löchern sich öffnend .... 29. *Trematolobelia.*
19a Korollenröhre meist gerade, seltener etwas gekrümmt. Saum zwei- oder einlippig (alle fünf Korollenzipfel herabgeschlagen), manchmal die drei unteren Korollenzipfel oder alle vereint bleibend oder alle sich mehr oder weniger trennend. Frucht mit zwei Klappen an der Spitze aufspringend 13. *Lobelia.*

Subtribus. I. **Siphocampylinae** E. Wimm.

Siphocampylinae E. Wimm. in Annal. Naturhist. Mus. Wien LVI (1948) 321; *Lobelinae* E. Wimm. in Macbr., Fl. Peru VI (1937) 430. — Ovarium et capsula bilocularia, capsula apice duabus valvis medio septiferis loculicide dehiscens. Flores solitarii in axillis foliorum superiorum vel in racemo. Tubus corollae integer (*Eusiphon*) vel in dorso longitudinaliter fissus (*Schizosiphon*) vel rarissime deficiens (*Cherosiphon*).

Clavis ramorum.

A. Corolla cum tubo evidenti, longo vel brevi.

I. Tubus corollae integer, ultra limbum quinquepartitum non vel paululum fissus .... 1. Ramus *Eusiphon.*

II. Tubus corollae in dorso longitudinaliter fissus, rarissime breviter connatus ut videtur in *Lobelia urenti, sinaloae* .... 2. Ramus *Schizosiphon.*

B. Tubus corollae nullus vel subnullus, omnia petala usque ad basin libera et aequalia .... 3. Ramus *Cherosiphon.*

1. Ramus **EUSIPHON** E. Wimm.

Eusiphon E. Wimm. in Annal. Naturhist. Mus. Wien LVI (1948) 321. — Diagnosin vide supra.

A. Herbae robustae, suffrutices vel frutices elatiores vel scandentes; corolla saepe longi-tubulosa, saepe curvata, rarius campanulata et recta, limbo obliquo, quinquepartito, lobo imo reliquis plus minus profundius soluto. Filamenta connata versus basin soluta et corollae supra isthmum adnata vel apud minorem partem specierum eius basi plus minus inserta. America, imprimis australis. Vide fig. 56 .... 10. *Siphocampylus.*

B. Herbae graciles saepe annuae; corolla parva bilabiata vel si longa, tunc hypocrateriformis vel tubo parum infundibulari et limbo parum rotato.

I. Gynaeceum et capsula omnino supera, sepala basin gynaecei circumdantia. Mexiko-Peru. Vide fig. 73 a—e .... 11. *Diastatea.*

II. Gynaeceum et capsula infera vel subinfera lobis calycinis coronata. Verbr. Karte 1. Teil, p. 26; fig. 73 f—k, 74 .... 12. *Laurentia.*

10. Siphocampylus Pohl.

Siphocampylus Pohl, Pl. Brasil. Icones et Descript. II (1831) 104; G. Don, General Syst. III (1834) 700; Endlicher, Gen. (1838) 511, Enchirid. (1841) 264; A, De Candolle, Prodr. VII (1839) 396; D. Dietrich, Synopsis Pl. I (1839) 736; Meisner. Pl. Vasc. Gen. (1839) 240; Spach, Vég. Phanérog. IX (1840) 572; Reichenbach, Nomenclator (1841) 102; Petermann, Das Pflanzenreich (1845) 444; Grisebach, Cat. Pl. Cub. (1866) 159; Vatke in Linnaea XXXVIII (1874) 728; Benth. et Hook. f., Gen. II (1876) 547; Kanitz in Martius Fl. Brasil. VI/4 (1878) 144; Baillon, Hist. Pl. VIII (1886) 363; O. Kuntze, Revisio Gen. Pl. II (1891) 381, III (1893) 189; Schönland in Engler & Prantl, Natürl. Pflanzenfam. IV/5 (1894) 65; A. Zahlb. in Bull. Torr. Bot. Club XXIV (1897) 374; Cortes, Fl. Colomb. I (1897) t. 5;[1]) Dalla Torre & Harms, Gen. Siphonogam. (1900—1907) 520, no. 8692; E. Wimmer in Fedde, Repert. Spec. Nov. XIX (1924) 253, 388, XXII (1926) 205; XXVI (1929) 12—19, XXIX (1931) 53, 78—92, XXXVIII (1935) 17, 75; in Annal. Naturhist. Mus. Wien LVI (1948) 321. — *Lobelia* sect. *Siphocampylus* Cham. in Linnaea VIII (1833) 201. —*Lobelia* Presl,, Prodr. Monogr. Lobeliac. (1836) 33 non alior. — *Lobeliae* species quaedam L., L. f. Willd., HBK. et aliorum. — *Juchia* Necker, Elementa I (1790) 133 sec. Post & Kuntze, Lex. Gen. Phan. (1904) 303 (Genera Neckeri valde dubia — exinde non valida).

---

[1]) Opus non vidi nisi parvum extractum, in quo figurae schematicae sine diagnosibus contentae sunt. Opinor tabulam citatam *Centropogonis* speciem proponere.

Calyx 5-fidus ovario adnatus, raro fere liber aut subnullus, turbinatus, semi- vel depresso-globosus. Corolla pro genere magna, pulchra, 2—7 cm longa, quatuor notandas formas exhibet: a) Tubus corollae satis angustus, curvatus vel rectus, aliquanto supra basim plus minusve constrictus (isthmus), dein sursum plerumque sensim dilatatus, quandoque immediate sub limbo iterum paullum contractus, filamentis supra isthmum corollae insertis, lobi 2—5plo breviores quam tubus; b) tubus corollae pro rata parte amplus et subaequilatus a basi ad limbum interdum subinflatum, lobis tubo circiter aequilongis vel sublongioribus, filamenta corollae non vel sub basi inserta; c) tubus brevis, lobus imus profunde (usque ad medium vel fere usque ad basin corollae) solutus et saepe dependens, 4 superiores lobi aequales et labium quasi quadrifidum formantes, filamenta a corolla libera vel eius basi inserta; d) tubus brevis et sub limbo parum attenuatus, lobi tubo sublongiores, filamenta a corolla libera — forma huius corollae similis illi *Burmeisterae*. Lobi corollae omnes lineari-acuti vel triangulari-subfalcati, inaequaliter soluti, lobus imus saepe paululum profundius disjunctus, divergentes vel partim deflexi. Stamina 5 in tubum angustum e corollae tubo saepe exertum connata; filamenta versus basim autem disjuncta et corollae adnata vel rarius a corolla libera, ut supra notatum est. Antherae 2 inferiores apice piloso-penicillatae, rarissime omnes nudae ut in *S. sceptrum*. Stylus filiformis, in tubo stamineo inclusus, apice in lobos 2 subrotundos stigmatis divisus. Fructus capsula subglobosa vel ellipsoidea, apice loculicide in 2 valvas ovatas dehiscens, segmentis calycinis persistentibus. Semina minima, numerosa, plerumque ellipsoidea. — Frutices, suffrutices vel herbae robustae, erecti vel scandentes, foliis alternis, raro verticillatis, integris, rarissime pinnatifido- vel palmato-partitis, floribus solitariis in axillis foliorum vel bractearum, saepe inflorescentiam racemosam vel corymbiformem formantibus. Corolla rubra, violacea, aurantiaca, alba, virescens, raro lutescens vel bicolor.

Species 214 usque huc notae inveniuntur imprimis in Cordilleribus a Costa Rica usque Peruviam cum centro distributionis in Colombia, plures occurrunt in Antillis, in montibus Venezuelae, Brasiliae, Boliviae, Argentiniae. Major pars earum inhabitat regiones temperatas montium silvaticorum in altitudine 1000—3000 m s. m.

Nonnulli coluntur ut plantae ornamentariae.

Die Sektionen sind wohl gut von einander geschieden, indes kommen doch einige Übergänge vor, bei denen sich die angegebenen Merkmale ein wenig verwischen (*S. cernuus*, *S. patens*, *S. tunarensis*). Zur Sektion *Macrosiphon* (μακρός in der Bedeutung lang) gehören zum großen Teil Arten, die von den Sammlern, insbesondere von Weberbauer als Spreizklimmer bezeichnet werden und oft lange, an Gebüsch sich fortleitende Zweige entwickeln; ihre Blütenfarbe ist größtenteils rot bis orangerot.

Die zur Sektion *Brachysiphon* gehörenden Arten aber sind fast durchwegs aufrechte Sträuche — manchmal von baumartigem Habitus — oder Halbsträucher, deren Blütenfarbe überwiegend weiß oder grünlich-weiß ist.

Eine Zusammenstellung der Blütenfarben — von 155 Arten, bei denen dieselbe angegeben ist — ergibt folgendes Bild: 55% rot in allen Schattierungen, 10% rot mit gelbem oder grünlichem Saum, 5% oberseits (Rücken) rot, unterseits orangerot bis gelb, 8% orangerot, 7% weiß, 7% grünlich, 6% gelb oder gelblich, 2% violett oder lila. Form und Farbe der Blüten lassen die Siphocampyli ohne weiters als Vogelblumen erkennen, was von Sammlern durch eigene Beobachtung auch wiederholt bestätigt wurde.

Dem Vorkommen nach verteilen sich die *Siphocampyli* auf folgende Gebiete innerhalb des 25° nördl. Breite und 33° südl. Breite:

Antillen	14	Arten
Costa Rica und Panama	3	,,
Colombia	59	,,
Ecuador	15	,,
Peru	69	,,
Bolivia	31	,,
Venezuela	8	,,
Brasilien	25	,,
Paraguay und Uruguay	2	,,
Argentinien	10	,,

Clavis sectionum et subsectionum.

A. Corollae tubus 2—5-plo longior quam limbus; filamenta corollae supra eius isthmum adnata .... I. Sect. *Macrosiphon*.

I. Limbus corollae bilabiatus et lobi 2 superiores ceteris distincte latiores, tubus corollae in basi saepe fenestratus. Species Antill. Fig. 56 a, b
1. Subsect. *Hemisiphocampylus*.

II. Limbus vix aut raro bilabiatus, inaequaliter 5-partitus, lobus imus vulgo paullum profundius solutus.

a. Corollae tubus longus, plus minusve angustus, sursum saepe dilatatus Fig. 56 c—p, r, s .... 2. Subsect. *Eusiphocampylus*.

b. Corollae tubus campanulatus, lobi ovato-acuti. Fig. 56 g
3. Subsect. *Byrsanthes*.

B. Corollae tubus brevis, limbo fere aequilongus vel brevior; filamenta a corolla libera vel sub aut in ima basi inserta (p. 361).
II. Sect. *Brachysiphon*.

I. Flores brevi-pedicellati et in racemum secundum bracteatum dispositi. Fig. 68
1. Subsect. *Secundiflori*.

II. Flores longi-pedicellati, solitarii in axillis foliorum superiorum, plerumque corymbiformiter compositi.

a. Lobus imus corollae solus profundissime solutus (usque ad medium vel saepius usque fere basin tubi corollae), lobi 4 superiores labium quadrifidum praestantes. Fig. 69 b—d. .... 2. Subsect. *Altofissi*.

b. Lobi corollae aequaliter fere alte vel gradatim profundius soluti.

α. Tubus antherarum multo brevior quam filamenta; corollae tubus plerumque subaequilatus et saepe amplus. Fig. 69 e—h
3. Subsect. *Megastomi*.

β. Antherae dimidiam usque tertiam partem filamentorum efficientes; corollae tubus versus faucem attenuatus, fauce inflata, lobi valde inaequales et subdeflexi. Fig. 69 i—j. .... 4. Subsect. *Megalandri*.

Nördlich vom südamerikanischen Kontinent wohnen nur 16 Arten; von ihnen gehören 11 der Subsectio *Hemisiphocampylus* an, die auf die Antillen beschränkt sind und durch ihren krautartigen Wuchs von nur 30—80 cm Höhe auffallen und den dort in reicherer Zahl vorkommenden *Lobelien* Subgenus *Tupa* recht nahe stehen.

Sectio I. **Macrosiphon** E. Wimm.

Sect. *Macrosiphon* E. Wimm. in Fedde, Repert. XXIX (1931) 54, in Annal. Naturhist. Mus. LVI (1948) 321.

Limbus corollae respectu tubi brevis, tubus vulgo 2—5-plo longior quam lobi; filamenta supra isthmum corollae adnata; forma corollae a. ut supra in diagnosi generis dictum est.

Subsectio I. **Hemisiphocampylus** (A. DC.) E. Wimm.

Subsect. *Hemisiphocampylus* E. Wimm in Annal. Naturhist. Mus. Wien LVI (1948) 321. — Sect. *Hemisiphocampylus* A. DC. Prodr. VII (1839) 397; Reichenb., Nomencl. (1841) 102; Post & Ktze, Lexicon Gen. Phan. (1904) 303 sub *Juchia* Neck.

Corolla bilabiata, lobi 2 superiores latiores, labium inferius saepe tridentatum, rarius trifidum, tubus in basi fenestratus; stamina quam corolla breviora.

Diese schwache Subsectio kann, wenn man 3 andine Arten, bei denen die 2 oberen Korollenzipfel ebenfalls bedeutend breiter sind als die unteren nicht zu einer Lippe vereinten Zipfel, ausschließt, als eine ökologische Gruppe gewertet werden und ist bisher außer Cuba und Haiti nicht bekannt worden. Sie umfasst 11 Species.

Clavis specierum.

A. Plantae Antillanae.

a. Flores in racemo terminali laxo brateati vel in corymbo, foliis fulcrantibus sensim deminutis.

α. Flores laxe racemosi bracteis lanceolatis .... 1. *S. domingensis.*

β. Flores corymbosi, interdum nonnulli in axillis foliorum normalium.

* Folia ovata usque oblongo-ovata, longe petiolata .... 2. *S. decumbens.*

** Folia circumscriptione oblongo-elliptica usque lanceolata, pinnatipartita usque sinuata vel minute denticulata .... 3. *S. lamarckii.*

b. Flores solitari-axillares, folia ad verticem vix decrescentia.

α. Folia lanceolata, lineari- vel oblongo-lanceolata.

* Sepala integra.

° Folia tenui-membranacea, margine integra remote tenuiter denticulata .... 4. *S. linearifolius.*

°° Folia integra minutissime denticulata, plus minusve coriacea.

† Folia glaberrima .... 5. *S. subglaber.*

†† Folia subtus tomentella .... 6. *S. impressus.*

** Sepala denticulata.

° Folia oblongo-linearia, plano-repando-dentata .... 7. *S. undulatus.*

°° Folia argute fere spinuloso-denticulata.

† Folia chartacea, pedicelli 2—2,5 cm longi .... 8. *S. igneus.*

†† Folia tenuiter membranacea, pedicelli 3,5—5 cm longi 9. *S. leptophyllus.*

β. Folia oblongo-elliptica vel elliptica vel obovato-elliptica, brevia.

× Folia repando-dentata, subtus puberula .... 10. *S. ekmanii.*

×× Folia minute denticulata, subtus cano-tomentella vel (in var.) glaberrima 11. *S. manettiaeflorus.*

B. Plantae Andinae — vide subsect. *Eusiphocampylus!*

1. **Siphocampylus domingensis** A. DC. Prodr. VII (1839) 397; Urban, Symb. Antill. VII (1912) 417, observ.; McVaugh, Lobelioid. in N. Am. Fl. XXXII A (1943) 107. — *S. amoenus* Hort., non Planch. — Caulis herbaceus, subramosus, hirtellus, 30—60 cm altus, internodiis 1—4 cm longis. Folia ima elliptica et saepe obtuso apice 3,5—8 cm longa et 2,2—4 cm lata, cetera subovato-oblonga, oblonga usque lanceolata, acuminata, basi acuta et in petiolum 4—12 cm longum attenuata, margine inaequaliter dentata, membranacea, utrinque breviter puberula, 3,5—6,5 cm longa, 1,5—1,8 cm lata, sursum sensim in bracteas lanceolatas subpetiolatas transeuntia. Pedicelli 7—10 mm longi, infra medium bibracteolati. Flores in racemo laxo. Hypanthium semiglobosum, 2 mm longum, 4 mm latum; lobi subulati, denticulati, rubescentes, 2—4 mm longi. Corolla rubra, 22—25 mm longa, recta, sursum perpaullo ampliata, puberula, lobi superiores 8, inferiores 4 mm longi, Filamenta glabra. Antherarum tubus 3 mm longus, dorso ante apicem pilosus, 2 inferiores apice barbatae. Capsula globosa, semisupera, 5 mm in diam. Semina ovoidea, in uno latere plano, gilva, 0,5 mm longa.

Insel Haiti: Santo Domingo (Poiteau! — Hb. Paris, R. Schomburgk! Meyerhoff n. 143! 156!); Prov. de la Vega bei Jarabacoa, 700 m, Juni (M. Fuertes n. 1632!) und auf dem Berge Barrero bei Jarabacoa, 1200 m, Mai (H. v. Türckheim n. 3267! Eggers n. 2059!); Prov. Monte Christo, Distr. Sabaneta, Straße von Lagunas de Cenobí nach Tóma, Nadelwald, 1000 m, Aug. (E. J. Valeur n. 76!) — Kult. in den Bot. Gärten Berlin, Leipzig, Leningrad sub nomine „*S. amoenus*"!

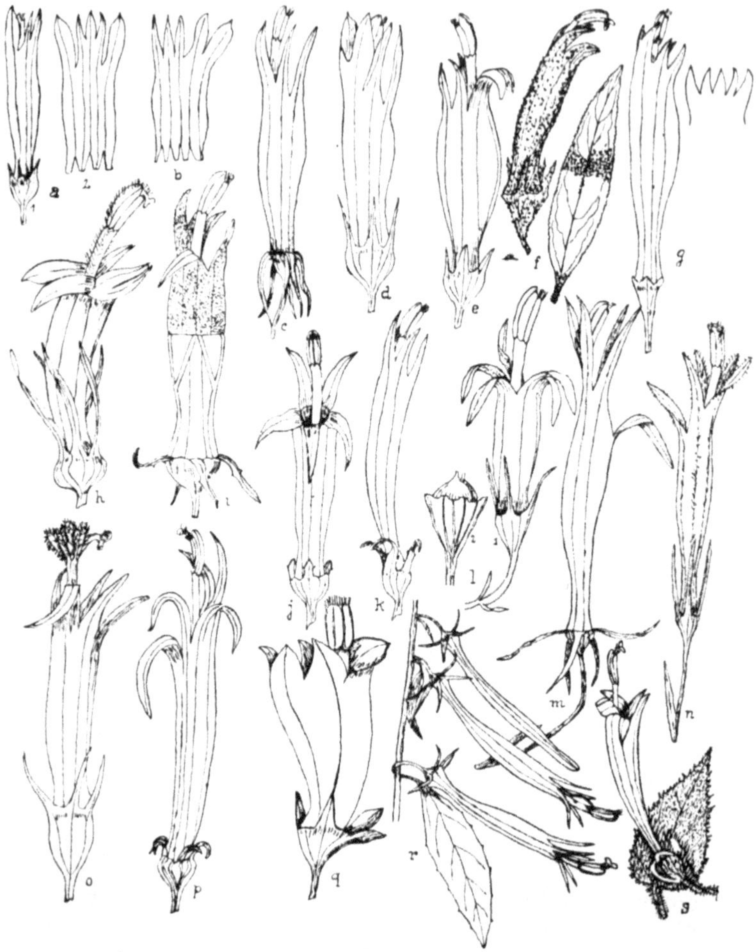

Fig. 56. a *Siphocampylus decumbens*: 1 flos, 2 corolla explanata. — b *S. igneus*: corolla explan. — c *S. psilophyllus* var. *longisepalus*: flos. — d *S. planchonis* var. *daweanus*. — e *S. furax*. — f *S. elfriedi*: flos, folium, verruca pilosa. — g *S. fulgens;* flos et limbus corollae. — h *S. sanguineus*. — i *S. grandiflorus*: flos partim longitud. dissectus insertionem filamentorum illustrans. — j *S. ellipticus* var. *peritornus*: flos a latere ventrali. — k *S. aureus*. — l *S. cernuus*: 1 flos, 2 caps. — m *S. lucifer*. — n *S. densiflorus*. — o *S. schizandrus*. — p *S. ravidus*. — q *S. affinis*. — r *S. penduliflorus*: pars infloresc. — s *S. megalanthus*: flos, folium caulin. — f, r, s 1/2, ceterae fig. fere 1/1. Orig.

2. **S. decumbens** (Rich.) Juss. apud A. DC. Prodr. VII (1839) 397; Urban, Symb. Antill. VII (1912) 417, Obs., McVaugh, Lobelioid. in N. Am. Fl. XXXII A (1943) 106. — *Lobelia decumbens* Richard apud R. & S., Syst. V (1819) 67, non Sims (1822). — *Rapuntium Richardianum* Presl, Prodr. Lob. (1836) 26.

Caulis herbaceus, decumbens vel erectus, subramosus, glaber, subflexuosus, sparse foliatus, circiter 40 cm longus. Petioli 15—55 cm longi. Folia ovata usque oblongo-ovata, 6—12 cm longa et 3—6 cm lata, acuminata, basi rotundata et in petiolum brevissime angustata, margine inaequaliter serrata, tenuia, glabra. Flores inferiores saepe axillares, ceteri in racemo laxo. Folia fulcrantia lanceolata, incluso petiolo 2—3 cm longa. Pedicelli 8—12 mm longi, supra basin 2 bracteolis filiformibus ornati. Hypanthium semiglobosum, lobis subulatis, purpurascentibus, pauci-denticulatis, 5 mm longis. Corolla scarlatina, 35 mm longa, subcurvata, ad lentem brevissime hirtella una cum calycibus et pedicellis, tubus sursum subampliatus, ad 6 mm latus; lobi 2 superiores 9 mm longi, 4 mm lati, labium inferius trifidum. Stamina 3 cm longa: Filamenta glabra; antherae 5 mm longae, apice omnes barbatae. Capsula ellipsoidea, 9 mm longa. Semina subglobosa, fulva, 0,5 mm diametientia. Fig. 56 a.

Insel Haiti: „In Antillis" (D. Richard im Hb. Willd. n. 3961!); Santo Domingo (Poiteau! Nectoux! — Hb. Paris, Del., Schomburgk! Meyerhoff n. 143! 156! — Hb. Berl.); in pinetis montis Barrero, 1200 m (Eggers n. 2059! — Hb. Univ. Wien! Boiss.!); lichter Wald bei Mirbalais, 300 m, Juni (W. Buch n. 2094!); Massif des Cahos, Pet. Riv. de l'Artibonite, road to Médor at La Source, 425 m, common, und pr. Las Caobas, Morne Dos-Bois-Rouge, 1100 m, Febr. (E. L. Ekman n. H. 3385! H. 5556); Massif des Matheur, Grands-Bois, road Cornillon to Thomazeau, März (E. L. Ekman n. H 5765! — Hb. Berl.).

3. **S. lamarckii** A. DC., Prodr. VII (1839) 397; E. Wimm, in Annal. Naturhist. Mus. Wien LVI (1948) 321. — *S. laciniatus Urb.* Symb. Antill. I (1899) 451, non G. Don. (1834). — *S. pinnatisectus* Gleas. in Bull. Torr. Bot. Club L (1923) 56. — *Lobelia laciniata* Lam. Dict. III (1791) 584, non Presl; R. & S. Syst. V (1819) 47. — *Rapuntium laciniatum* Presl Prodr. Monogr. Lob. (1836) 27. — *Siph. sonchifolius var. laciniatus* (Lam.) McVaugh, Lobelioid. in N. Am. Fl. XXXII A (1943) 105.

Herba erecta, glabra, 30—60 cm alta. Folia pinnatifida-partitaque, 6—12 cm longa, 2—7 cm lata, pars mediana impartita 2—15 mm lata, lobis utrinque 5—7 suboppositis linearibus integris vel remote dentatis, in petiolum 5—18 mm longum marginatum attenuata, tenuia, viridia. Flores in corymbo terminali vel in axillis foliorum summorum solitarii, foliis fulcrantibus mox deminutis, sed flores superantibus. Pedicelli 12—20 mm longi, infra medium bibracteolati. Hypanthium turbinatum, rubens, 4 mm longum et latum; lobi calycini subulati, integri vel parce denticulati, rubentes, 4—7 mm longi, una cum pedicellis et corolla inconspicue minute puberuli. Corolla coccinea, inodora, ad 24—32 mm longa, subrecta, sursum sensim parumque dilatata; lobi superiores oblongi, brevissime acuminati, 5—8 mm longi, 4 mm lati; labium inferius trifidum, 11 mm longum, lobi ovato-oblongi, breviter acuminati. Stamina 11—25 mm longa; tubus antherarum solus 4 mm longus, ante apicem in dorso pilosus, 2 inferiores barbatae. Capsula ovoidea, 7 mm longa, fere semisupera. Semina globoso-ovoidea, fuscescentia, laevia, nitida, 0,5 mm longa.

Clavis varietatum.

A. Folia pinnatifida usque -partita .... var. *lamarckii.*

B. Folia lanceolata, margine sinuata usque dentata.

I. Folia margine sinuata tantum .... var. *sinuatus.*

II. Folia margine inaequaliter serrata vel minute denticulata var. *tuerckheimii.*

var. **lamarckii.** — Diagn. ut supra. — Fig. 57 a.

Antillen: Insel Haiti, in editioribus Sancti-Domingi in districtu dicto du Borgne frequens (Hb. Jussieu n. 7773); Santo Domingo (Hb. Del.!); Col de l'escalier, März (Jacquemont — Hb. Paris, Berl.!); Bazil. Morne Sal, August (O. F. Cook n. 18!); Départ d'Artibonite inter Ennery et St. Michel in Morne Basil in rupibus calcareis, 1200—1300 m, Nov. (Ekman n. H 2491! 2492!); Station

Gonaives, bei Bilboro, 400 m, Mai (W. B u c h n. 376! — Hb. Berl.); offener sonniger Berghang zwischen La Brande und Mt. Balance, 1030 m, Aug. (N a s h et T a y l o r n. 1701 — ex auct. — Typus pro *S. pinnatisectus* Gleas.).

var. **sinuatus** E. Wimm. in Annal. Naturhist. Mus. Wien LVI (1948) 321. — Folia lanceolata, 9—20 cm longa (incl. petiolo) et 2—4 cm lata, basi profundius, secus inaequaliter sinuata — dentes 3—10 mm longi, triangulares obtusiusculi mucronulati, apice longe protracto. Corolla 32 mm longa. — Fig. 57 b.

H a i t i; Massif du Nord, St. Luis du Nord, auf Eruptivgestein im Tal des Rio Barré an schattigen Berghängen c. 25 m, und am Rio St. Anna herab bis auf 1—2 m ü. M., April (E k m a n n. H 3775! — Hb. Berl.).

var. **tuerckheimii** (Urb.) E. Wimm. in Annal. Naturhist. Mus. Wien LVI (1948) 322. — *S. Tuerckheimii* Urban Symb. Antill. VII (1912) 416. — *S. sonchifolius* var. *Tuerckheimii* McVangh, Lobelioid. in N. Am. Fl. XXXII A (1943) 106 p. p.

Caulis et rami et inflorescentia minute puberuli ad lentem. Folia lanceolata, 7—13 cm longa (incl. petiolo), 1,4—2,5 cm lata, apice acuta usque acuminata, basi in petiolum marginatum sensim angustata, margine inaequaliter serrata vel minute denticulata — dentes 0,5—2 mm longi — utrinque glabra. Corolla videtur in apice vel in labio inferiore tantum flava.

H a i t i: Santo Domingo, Prov. Barahona, prope Paradis, ad rivulos silvae rarus, 100 m, Dez. (H. v o n T ü r c k h e i m n. 2783! — Typus pro *S. Tuerckheimii* Urb.; im März blüh. (M i g u e l F u e r t e s n. 915! 957 b! — alle Hb. Berl.).

Planta foliis et magnitudine corollae valde variabilis, formis intermediis non raris.

4. **S. linearifolius** Leonard in Journ. of Washington Acad. Science XIV (1924) 417. — *S. sonchifolius* var. *Tuerckheimii* McVaugh p. p. ut antea. — Caulis herbaceus circiter 40 cm altus, glaber. Folia lanceolata, 4—7 cm longa et 0,4 —1,1 cm lata, ad apicem obtusiusculum mucronulatum sensim angustata, in petiolum 1—2 cm longum decurrentia, margine denticulis setiformibus subremotis serrata, superiora fere integra, tenuia, glabra. Flores in axillis foliorum solitarii, remoti, in vertice videntur approximantes. Pedicelli 2 cm longi, compressi, minute puberuli, in medio circiter bibracteolati. Hypanthium turbinatum lobis subulatis integris 5—7 mm longis rubentibus. Corolla rubra, brevissime puberula, subrecta, 25—30 mm longa, sursum parum dilatata et 4 mm lata; lobi 2 superiores ovato-oblongi, breviter acuminati, 7—8 mm longi, 3 mm lati, labium inferius trifidum, lobi 5 mm longi, 3 mm lati. Antherarum tubus 4 mm longus, in dorso pilosulus, apice omnes barbatae. Capsula 6 mm longa. Semina cinereo-fusca, foveolata, 0,5 mm diam.

H a i t i: Prov. Barahona, Maniel Viejo, 1060 m und am Loma de Cielo bei Polo, 1200 m, beide März (W. L. A b b o t t n. 1903! 1851). — Non longe distat a *S. lamarckii* var. *tuerckheimii*.

5. **S. subglaber** Urb., Symb. Antill. VII (1912) 418, IX (1925) 430, Mc Vaugh, Lobelioid. in North. Am. Fl. XXXII A (1943) 103. — Rami teretes, glabri, medullosi, foliosi. Folia petiolo 5—7 mm longo, lineari-lanceolata, 6—11 cm longa et 0,6—1,5 cm lata, ad apicem sensim acutata, basi acuta, margine anguste revoluta, subcoriacea, glaberrima. Flores in axillis foliorum solitarii. Pedicelli 4—5,5 cm longi, compressi, parce hirtelli vel glabri, infra vel supra medium bibracteolati. Hypanthium turbinatum lobis triangularibus acuminatis integris 3 mm longis. Corolla rubicunda, fauce lutea, extus glabra, intus pilosa, 25 mm longa, recta; lobi fere aequales, lineari-acuti, 8 mm longi, labium inferius tripartitum. Antherae 4 mm longae, antice omnes barbatae. Capsula obovoideo-globosa, 6 mm longa. Semina ovalia, fulva, minute reticulata, nitida, 0,7 mm longa.

var. **subglaber.**

C u b a: Prov. Oriente, in campo La Gloria südlich von der Sierra Moa, Dez. (S h a f e r n. 8241! — Typus Hb. Berl.); in Sierra de Nipe in jugis montanis saxosis,

c. 900 m; in cacumine Loma Mensura loco humido, 1000 m; prope Woodfred ad Arroyo del Medio in saxis arduis; in Sierra del Cristal secus rivulum in Rio Lebisa affluentem in carrascales, 650—1000 m, März, Okt., Dez. (E. L. E k m a n n. 3110! 9943! 15271! 15962! 6795! — alle Hb. Berl.).

var. **glaber** (McVaugh) E. Wimm. n. c. — *S. glaber* McVaugh l. c. — A var. *subglaber* differt ex auctore foliis petiolisque glaberrimis, corolla intus glabra, capsula valvis parum longioribus, marginem hypanthii transgredientibus.

C u b a: Prov. Oriente, Arroyo del Medio, above the falls, 500 m (S h a f e r n. 3225! — Hb. Wash., ohne gute Blüten, Typ. Hb. N. Y.). — Daß die Blüte blau ist, wie Shafer angibt, bezweifle ich sehr, da mir blaue Blüten bei Siphocampylus bisher nicht bekannt worden sind.

6. S. impressus Urban, Symb. Antill. VII (1912) 417.— *S. manettiaeflorus* Griseb., Pl. Wright. II (1862) 516, Cat. Pl. Cub. (1866) 159 p. p.; Sauvalle, Fl. Cub. (1873) 84 p. p., McVaugh, Lobelioid. in North Am. Fl. XXXII. A (1943) 102 p. p., non Hook. — Rami teretes, subglabri. Folia lanceolata, 4—7 cm longa et 0,8—12 cm lata, utrinque angustata, petiolo 2—3 mm longo, margine minutissime denticulata, supra nitida, nervis impressis, subtus cano-tomentella. Pedicelli axillares, patento-pilosi, 12—15 mm longi, in medio bibracteolati. Calycis tubus turbinatus, 5 mm longus, glaber, lobi subulati, integri, 3 mm longi. Corolla rubra, subglabra, recta, 25 mm longa, sursum parum dilatata; lobi 5 mm longi. Antherarum tubus 4 mm longus, dorso in suturis pilosulus, 2 inferiores barbatae.

C u b a : Prov. Oriente, in praeruptis prope villam „Monte Verde" dictam (C. W r i g h t n. 339! — Hb. Berl., Wien, Gött., Paris).

7. **S. undulatus** Urb., Symb. Antill. IX (1925) 428,— ? *S. manettiaeflorus* McVaugh in North Am. Fl. XXXII A (1943) 102.— Rami teretes, glabri, medullosi. Folia oblongo-linearia, 4—11 cm longa et 0,8—0,9 cm lata, ad apicem obtusiusculum mucronulatum sensim acuta, ad basin minus angustata in petiolum 3—7 mm longum attenuata, margine plano-repando-dentata, denticulis callosis minimis, tenuiter membranacea, glaberrima, supra nitida, subtus pallidiora. Pedicelli axillares, 10—15 mm longi, filiformes, glabri, supra medium bibracteolati. Hypanthium obconicum lobis subulatis denticulatis, 5 mm longis, patentissmis usque subreflexis. Corolla 20—26 mm longa, glabra, tubus purpureo-coccineus, rectus, sursum paullo ampliatus, lobi flavi, subaequilongi, superiores 7 mm longi et 2 mm lati, inferiores 8 mm longi et 1,5 mm lati. Antherae 3 mm longae, dorso sub apice breviter pilosae, 2 inferiores barbatae. Capsula oblongo-obconica, infera, 6 mm longa. Semina ovoideo-globosa, fulva, tenuiter foveolata, nitida, 0,5 mm longa.

C u b a : Prov. Oriente, in Sierra de Nipe ad Jimbambay (Cayo del Rey) in rupibus calcareis arduis umbrosis, April (E. L. E k m a n n. 9558! — Hb. Berl.).

8. **S. igneus** Urb., Symb. Antill. I (1900) 452, McVaugh, Lobelioid. in N. Am. Fl. XXXII A (1943) 104. —*S. Urbanii* E. Wimm. in Fedde Repert. XXII (1926) 214. Caulis 30—60 cm altus, ramosus, glaber. Folia lanceolata vel lineari-lanceolata. 5—8 cm longa et 0,8—2 cm lata, ad apicem sensim acuminata, basi in petiolum 9—12 mm longum sensim decurrentia, margine argute serrata — dentes subulati incurvi crebri — chartacea, glaberrima, utrinque nitentia, nervi laterales sub angulo 20—25 ° ascendentes. Pedicelli axillares, puberuli, 20—25 mm longi, supra medium vel ad apicem bibracteolati. Hypanthium semi-ovoideum, puberulum, 5 mm longum et latum, lobi calycis subulati, 8—11 mm longi, denticulati, rubentes, erecti, puberuli. Corolla ignea, puberula, subrecta, 25—35 mm longa; lobi 2 superiores lineares acuti, 16 mm longi et 3,5 mm lati; labium inferius tripartitum, lobi 10 mm longi, laterales 2 mm, medius 1,5 mm lati. Tubus anthereus 6 mm longus, in suturis praesertim ad apicem albo-pilosus, omnes antherae apice barbatae. Capsula ovoidea, 6—7 mm longa. Semina ovoidea, teniuissime reticulata, 0,6 mm longa. — Fig. 56 b.

H a i t i : Santo Domingo, in pinetis montis Redondo, Mai (E g g e r s n. 2058! — Hb. Berl.); bei Constanza in Valle Nuevo ad Pico del Valle, 2600 m (H. v o n T ü r c k h e i m n. 3441! — Hb. Hamb.).

Speciei sequenti similis et affinis et fortasse sequens species varietas *S. ignei* tantum.

9. **S. leptophyllus** Urb. in Arkiv för Bot. XXIII (1930) 104; McVaugh, Lobelioid. in N. Am. Fl. XXXII A (1943) 104. — Herba glabra, 30—40 cm alta. Folia late lanceolata, 7—12 cm longa et 2—3 cm lata, sensim acuminato-cuspidata, inferne in petiolum circiter 1 cm longum sensim angustata, margine denticulis spinulosiformibus, 1 mm longis et 2—4 mm distantibus munita, tenuiter membranacea, glaberrima, nitentia, nervi secundarii sub angulo cr. 50° ascendentes. Pedicelli in axillis foliorum singuli, 4—5 cm longi, glabri, circiter in medio bibracteolati. Hypanthium turbinatum, 7 mm longum et latum, lobi e basi latiore subulati, 10—12 mm longi, parce denticulati, rubentes, patentes. Corolla kermesina, glabra, 32 mm longa, sursum paullum dilatata; lobi superiores 13 mm longi; labium inferius 15 mm longum, omnes lobi fere aequilati (3 mm). Tubus antherarum 4 mm longus, in suturis dorsalibus pilosulus, apice omnes barbatae.

H a i t i: Massif du Nord in cacumine Morne Brigand in rupibus umbrosis solo pure dureque eocenico-calcareo communis, 900—1150 m, Dez. (E. L. E k m a n n. H 2973! — Berl., Stockh.).

10. **S. ekmanii** Urb., Symb. Antill. IX (1925) 429. — ? *S. manettiaeflorus* McVaugh in North Am. Fl. XXXII A (1943) 102. — Rami teretes, medullosi, superne puberuli. Folia oblonga usque elliptica, utrinque acuta, 3—8 cm longa et 1,4—3 cm lata, margine dentibus satis magnis et parvis callosis interjectis munita, membranacea, supra glabra et nitida, subtus praesertim in margine et ad nervum medium puberula. Pedicelli axillares, pubescentes, 7—10 mm longi, supra medium bibracteolati. Hypanthium semi-ellipsoideum, pubescens; lobi subulati, parce denticulati, 3—4 mm longi, patentes. Corolla inferne purpurea, superne flava, glabra, 24 mm longa, recta, sursum perpaulum ampliata; lobi subaequales, circiter 10 mm longi, 2 mm lati, Antherarum tubus fere 4 mm longus, in dorso ante apicem pilosulus, 2 inferiores barbatae.

C u b a: Prov. Oriente, in Sierra de Nipe ad Rio Piloto in collibus calcareis arduis et ad amnem in Rio Piloto influentem (pl. sterilis), April et Feb. (E. L. E k m a n n. 9535!, 9040! — Hb. Berl.).

11. **S. manettiaeflorus** Hook. Bot. Mag. LXXIV (1848) t. 4403; Urb., Symb. Antill. VII (1912) 418 obs.; McVaugh, Lobelioid. in N. Am. Fl. XXXII A (1943) 102 p. p. — *S. nitidus* De Jonghe apud C. Morren in Annal. Soc. Hortic. Gand. II (1846) 319, t. 78; hort. ex Hook. l. c., non Pohl. — *Lobelia salviaefolia* A. Rich. in Ramon de la Sagra, Historia fisica Cuba XI (1850) 69 sec. Urban.

Suffrutex strictus, 30—90 cm altus, rami oblique ascendentes, glabri, nitidi., angulati. Folia elliptica usque oblongo-obovata, 3—5 cm longa et 1,5—2 cm lata, apice acuta, basi cuneata et in petiolum 4 mm longum angustata, margine callose denticulata, subcoriacea vel membranacea, supra nervis impressis, nitida, glabra, subtus cano-tomentella. Pedicelli axillares, 7—10 mm longi, pubescentes, sub medio bibracteolati. Hypanthium campanulatum, puberulum, lobi subulati, parce denticulati, 5 mm longi. Corolla coccinea, superne flava, 22 mm longa, sursum parum dilatata; lobi lanceolati, subaequales, superiores 5, inferiores 3 mm longi. Antherarum tubus in suturis pilosulus, 2 inferiores barbatae. Capsula (apud varietatem *libanensis*) obovoidea, 6—7 mm longa. Semina ellipsoidea, fuscescentia, tenuiter reticulata, 0,75 mm longa.

var. **manettiaeflorus.**

C u b a: Santiago, in monte Liban, Mai (L i n d e n n. 1832! — Hb. Del.); Prov. Oriente, prope Baracoa (C. W r i g h t n. 339! 378! 2881!); in declivibus montis

El Yunque in savannis, Dez., et ad San Fernandez in solo calcareo, ca. 700 m (E. L. Ekman n. 3921! 10275! — Hb. Berl.).

var. **libanensis** (Urb.) E. Wimm. in Annal. Naturhist. Mus. Wien LVI (1948) 322. — *S. libanensis* Urb., Symb. Antil. (1925) 429. — *S. manettiaeflorus* McVaugh l. c.

Differt imprimis glabritie. Folia membranacea, utrinque nitida et glabra, in petiolis marginatis ciliata. Sepala 3 mm longa et subdenticulata vel integra. Corolla ad 25 mm longa.

Cuba: Prov. Oriente, prope Guantanamo in monte Libanon in saxis arduis umbrosis, 700—800 m, Nov. (Ekman n. 15817! — Hb. Berl.).

Subsect. II. **Eusiphocampylus** (A. DC.) E. Wimm.

Subsect. *Eusiphocampylus* E. Wimm. in Annal. Naturhist. Mus. Wien LVI (1948) 322. — Sect. *Eusiphocampylus* A. DC. Prodr. VII (1839) 398; Reichenb. Nomencl. (1841) 102; Schönl. in Engler & Prantl, Natürl. Pflanzenfam. IV/5 (1894) 65. — *Eujuchia* O. Kuntze in Post & Kuntze, Lex. (1904) 303 sub *Juchia* Neck.

Corollae tubus plus minusve angustus, supra basin constrictus, versus faucem dein subaequilatus vel parum ventricosus vel sensim ampliatus; limbus oblique 5-partitus, lobi aut inaequaliter gradatim profundius soluti aut rarius aequaliter profunde soluti, divergentes.

Diese Subsektion umfaßt die größte Zahl aller Siphocampyli und ist im ganzen Verbreitungsgebiet des Genus vertreten, von Cuba bis Argentinien; demnach ist auch die Korollenform recht mannigfaltig und auch die Blütenstände.

Conspectus gregum:

A. Inflorecentia subumbellata in pedunculo brevi axillari
1. Grex *Ectropici*.

B. Flores solitari-axillares vel in racemo terminali.
  a. Folia verticillata, flores singuli in axillis foliorum
  2. Grex *Verticillati*.
  b. Folia alterna.
    I. Flores in racemo abbreviato vel elongato.
      α. Inflorescentia subumbellata terminalis, flores bracteati, interdum nonnulli flores in axillis foliorum summorum 3. Grex *Umbellati*.
      β. Flores racemosi ....4. Grex *Botryoides*.
        * Flores bracteati, racemus saepe longus et secundus
        1. Subgrex *Bracteato-racemosi*.
        ** Flores in racemo foliato, apicem versus interdum folia fulcrantia in bracteas foliaceas transeuntia 2. Subgrex *Foliato-racemosi*.
    II. Flores solitarii in axillis foliorum normalium, interdum corymbiformiter compositi .... 5. Grex *Dissitiflori*.

Grex 1. **Ectropici** E. Wimm.

Sect. *Ectropici* E. Wimm. in Fedde Repert. XXXVIII (1935) 19, in Mabride, Fl. Peru VI (1937) 431, in Annal. Naturhist. Mus. Wien LVI (1948) 322. — Flores subumbellati, minute bracteati, in pedunculo axillari, similes inflorescentiis lateralibus subsectionis *Cyaneinae* in insulis Sandwicensibus.

Species 3 tantum notae e Bolivia.

A. Folia apice acuminata; sepala reflexa 1 cm longa ....12. *S. membranaceus*.

B. Folia acuta vel obtusa; sepala 3—6 mm longa, patentia usque reflexa.
  a. Folia margine integra minute denticulata, apice acuta, coriacea
  13. *S. oblongifolius*.
  b. Folia plano-crenata, utrinque obtusa, membranacea ......14. *S. crenatus*.

Fig. 57. a *Siphocampylus lamarckii*: fol. var. lamarckii. — b *S. lamarckii* var. *sinuatus*: fol. 1/2. — c *S. membranaceus* 1/1. — Orig.

12. **Siphocampylus membranaceus** Britton in Bull. Torr. Bot. Club XIX (1892) 372; A. Zahlb. in Bull. Torr. Bot. Club XXIV (1897) 385; E. Wimm. in Macbr., Fl. Peru VI (1937) 459. — Caulis vel rami scandentes, ad 2 m longi, minute tuberculati. Folia breviter (2—3 mm) petiolata, elliptico-oblonga, 10—15 cm longa, 4—5 cm lata, apice acuminata, basi subacuta, margine argute conferte denticulata, tenuiter membranacea, glabra. Pedunculus crassus, 5—7 mm longus, axillaris, pauciflorus. Flores 3 umbellati, minute bracteati. Pedicelli 4,5 cm longi, subcompressi, hirtelli. Hypanthium breve 2 mm longum, 7 mm latum, semi-inferum; lobi lineares acuti, integri, reflexi, 1 cm longi. Corolla rubra, glabra, subrecta, sursum subaequilata, 5 cm longa et superne 4 mm lata (in statu compresso); lobi lineares, cr. 12 mm longi. Filamenta glabra. Antherae 7 mm longae, glabrae, 2 inferiores barbatae. — Fig. 57 c.

B o l i v i a: Yungas, 1800 m (H. H. R u s b y n. 651! — Typ. Hb. N. Y.).

Descriptio originaria speciei manca est et mentionem de inflorescentia peculiari non fecit.

13. **S. oblongifolius** Rusby in Mem. Torr. Bot. Club VI (1896) 73; A. Zahlb. in Bull. Torr. Bot. Club XXIV (1897) 381; E. Wimm. in Macbr., Fl. Peru VI. (1937) 460. — Rami scandentes, teretes, glabri, medullosi. Folia oblonga, 10 cm longa et 2—3 cm lata, apice acuta, basi obliqua obtusa, petiolo 3 mm longo, margine integra callose minute denticulata, coriacea, glabra. Flores 2—3 umbellati in axillis foliorum in pedunculo brevissimo vel nullo. Pedicelli 2 cm longi, glabri, compressi, basi bractea subulata. Hypanthium turbinatum, lobi subulati integri, 6 mm longi, reflexi. Corolla rubra, glabra, aequilata, subrecta, 4 cm longa, 3 mm lata; lobi lineares acuti. Staminum tubus glaber; antherae solae 7 mm longae, 2 inferiores barbatae. Capsula infera, turbinata, 7 mm longa.

B o l i v i a: Huanai-Tipuani, blüh. April—Juni (B a n g n. 1461!); San Carlos bei Mapiri in Wäldern, 15° s. Br., 750 m (B u c h t i e n n. 1499! — Hb. Berl.).

14. **S. crenatus** E. Wimm. in Annal. Naturhist. Mus. Wien LVI (1948) 323. — *S. oblongifolius* Rusby var. *crenatus* E. Wimm. in Fedde Repert. XXXVIII (1935) 19, in Macbr. Fl. Peru VI (1937) 460. — Rami scandentes, glabri, tenuiter tuberculati, Petioli 4 mm longi. Folia oblonga, 12—13 cm longa et 4,5—5 cm lata, utrinque obtusa vel basi etiam subrotundata, margine plano-crenata, inter crenas 6—9 mm longas denticulis minutis praedita, membranacea, glaberrima. Pedunculi 5—8 mm longi, 2 mm diametientes, 8 flores in vertice gerentes. Bracteae sublineares, 3 mm longi. Pedicelli 23—27 mm longi, puberuli. Hypanthium turbinatum, 3 mm longum, 4 mm latum; lobi subulati, integri, expansi, 3—4 mm longi. Corolla rubra, glabra, 45 mm longa, 4—5 mm aequilata, subrecta; lobi lineares acuti, cr. 8 mm longi. Filamenta glabra. Antherarum tubus atropurpureo-striatus, glaber, 5 mm longus, 2 inferiores apice penicillatae. — Fig. 8 c. part. I.

B o l i v i a: San Carlos (Mapiri), Regenwald, 800 m, Juni (C. T r o l l, Iter And. n. 2770! — Hb. Berl.). — Proprietates plures et non leves hanc plantam ad speciem evehunt.

Grex 2. **Verticillati** E. Wimm.

Sect. *Verticillati* E. Wimm. in Macbride, Fl. Peru VI (1937) 430.

Folia (et flores solitari-axillares) verticillata, raro opposita tantum vel partim approximantia (ut *S. westinianus* var. *sparsifoliatus*). Herbae robustae vel suffrutices, saepe eramosi, plerumque 1—3 m alti.

Species 7 in Brasilia, Paraguay, Uruguay et in regionibus finitimis habitant.

C l a v i s s p e c i e r u m.

A. Folia plus quam 3 verticillata, interdum pauca opposita, raro plura alternantia.

a) Corolla sulfurea, imus lobus corollae usque ad basin fere disjunctus 15. *S. sulfureus*.

b) Corolla rubra vel rubra et flava vel cum limbo flavo aut viridi.

α) Sepala divergentia vel reflexa (ab anthesi).

I. Planta glaberrima; pedicelli ebracteolati ..... 16. *S. psilophyllus.*

II. Planta puberula; pedicelli bibracteolati .... 17. *S. orbignianus.*

β) Sepala suberecta.

1. Folia subsessilia[1]), pedicelli 2—3 cm longi.

* Caulis et folia glabra .... 18. *S. verticillatus.*

** Caulis et folia subtus pubescentia .... 19. *S. westinianus.*

2. Folia 15—25 mm longe petiolata; pedicelli 5—10 cm longi!

† Folia ovata usque ovato-oblonga, pilis simplicibus, furcatis et stellatis vestita .... 20. *S. duploserratus.*

†† Folia late subcordata, parce simplici-pilosa.... 21. *S. fluminensis.*

B. Folia bina opposita .... 21. *S. fluminensis* var. *oppositifolius.*

15. **S. sulfureus** E. Wimm. in Fedde Repert. XXII (1926) 213, in Revista Sudam. Bot. II (1935) 97. — *S. verticillatus typicus* A. Zahlb. in Vidensk. Meddel. naturh. Foren Koebenh. (1895) 67. — *S. verticillatus* Kanitz in Martius Fl. Brasil. VI/4 (1878) 150 p. p. — Herba robusta, 1—2 m alta, glabra vel puberula. Folia verticillata, sessilia, internodiis longiora, oblongo-lanceolata vel oblonga, 9—15 cm longa et 1,5—2,7 cm lata, utrinque acuta, margine integra conferte minuteque callose denticulata, utrinque hirtello-scabriuscula vel nitido-glabra, chartacea. Pedicelli solitarii in axillis foliorum internodiis fere semper breviorum, compressi, hirtelli vel glabri, 3 cm longi, basi bibracteolati. Calycis receptaculum late turbinatum, lobi triangulares, acuti, denticulati, suberecti, 4—5 mm longi. Corolla sulfurea vel pallide lutea, hirtella vel glabra, 30—35 mm longa, recta, aequilata; lobi 4 superiores sublineares, 10 mm longi et basi 2 mm lati, lobus i m u s linearis usque ad basin fere segregatus, 30 mm longus et 2,5 mm latus. Stamina glabra: Filamenta corollae supra basin adnata; antherarum tubus 9 mm longus, 2 inferiores barbatae. Capsula ovoidea, triente parte infera, 15 mm longa et 12 mm lata. Semina oblonga, rufa, nitida, alveolata.

var. **sulfureus.**

B r a s i l i e n: Prov. Rio de Janeiro (A. G l a z i o u n. 11120! — Typus Hb. Kopenh., n. 8149! 16218, 16219! — Hb. Berlin); Minas Geraës, bei Caldas (R e g n e l l ! I/132! 126a! 1434! 4235! W i d g r e n!); San Jose dos Campos (L ö f g r e n n. 487!) bei Casa branca an moorigen Stellen (S c h w a c k e n. 9311!); an sumpfigem Orte bei Mugi (R i e d e l!); Chachambu (T. d e M o u r a n. 17!); Prov. Paraná: An Flüssen und sumpfigen Orten bei Pirahy, Piraquara, Jaguariahyra, Serrinha, Marunzeva im Wald, Nov.—Jan. (P. D u s é n n. 2979! 7793! 11025! 13437! 16597! — Hb. Stockh.); S. Paulo (G u i l l e m i n n. 488! Wachsmund!); Contendas (O. K u n t z e n. 2!); ohne nähere Ortsangabe (S e l l o w! J. W e i r n. 403!).

var. **glaber** (A. Zahlb.) E. Wimm. l. c. 214. — *S. verticillatus* var. *glaber* A. Zahlb. l. c. 68. — Totaliter glaber neque scaber; folia oblongo-linearia, 10—15 cm longa 1,5—1,6 cm lata, folia floralia ca. 2 cm lg., 0,9 cm lt., internodiis multo breviora. Calycis lobi 3 mm longi.

B r a s i l i e n: Rio de Janeiro (G l a z i o u n. 16217! — Hb. Berl.); Sümpfe bei Caraça, März (E. U l e n. 2614! — Hb. Hamb.).

A. *S. verticillato,* quocum longo tempore semper commutatus est, distat imprimis verticillis foliorum floralium internodiis semper b r e v i o r i b u s et infimo lobo corollae u s q u e a d b a s i n f e r e s o l u t o. — Haec species etiam ad subsectionem *Allofissi* (sect. *Brachysiphon*) relationem habet ex profundissima solutione lobis infimi corollae, sed insertio filamentorum supra basin corollae et tubi forma ei locum hic assignant.

16. **S. psilophyllus** Pohl, Pl. Brasil. Icon. II (1831) 113, t. 176; A. DC. Prodr. VII (1839) 404; Martius, Fl. Brasil. VI/4 (1878) 150. — *Lobelia psilophylla* Presl, Prodr.

[1]) Confer etiam: *S. lycioides* cum foliis oblongis, lanceolatis usque linearibus, et *S. virgatus* cum foliis lanceolatis et corolla 35 mm longa.

Lob. (1836) 37. — Suffrutex subramosus, glaberrimus, 1—2 m altus. Petioli 2—4 mm longi. Folia terna, rarius quaterna, oblongo-ovata, 7—15 cm longa, 2—4 cm lata, ad apicem sensim acuminata, basi rotundata, margine callose denticulata, membranacea, nitentia, concoloria. Pedicelli folio triplo breviores, 25—30 mm longi, ebracteolati. Hypanthium turbinatum, lobi sublineares, integri, reflexi, 6 mm longi. Corolla rubra, ab isthmo sensim parumque dilatata, 45 mm longa, in medio 6 mm lata; lobi cr. 1 cm longi. Antherae caesiae, 7 mm longae, 2 inferiores barbatae.

Brasilien: Prov. Rio de Janeiro, inter frutices ad Rio Parahybuna (Pohl n. 130, 3375! — Hb. Presl); in locis umbrosis prope Tacasava (Martius); Prov. Minas Geraës, in Morro grande (Riedel n. 25); in umbrosis humidis ad Bananaës (Riedel).

var. **longisepalus** E. Wimm. in Revista Sudam. Bot. II (1935) 93. — Folia argute serrato-denticulata. Hypanthium brevius et latius turbinatum, sepalis 11 mm longis reflexis. — Fig. 56 c.

Brasilien: Rio de Janeiro (Saint-Hilaire Cat. B n. 25! — Hb. Paris).

17. **S. orbignianus** A. DC. Prodr. VII (1839) 405; Flore des Serres VI (1850—51) 15, t. 544; Paxton, Fl. Gard. I (1851) 111, f. 78; Bot. Mag. LXXIX (1853) t. 4713; Regel, Garten-Flora II (1853) 189; Lemaire, Jard. Fl. IV (1854) t. 425; Journ. Hort. XXVIII (1862) 474; A. Zahlb. in Bull. Torr. Bot. Club XXIV (1897) 375; E. Wimm. in Macbr. Fl. Peru VI (1937) 461. — *S. volubilis* Britton in Bull. Torr. Bot. Club XIX (1892) 372, in Mem. Torr. Bot. Club VI (1896) 72, non G. Don. — Suffrutex ramosus, 1—2 m altus, in partibus superioribus puberulus. Petioli 5—10 mm longi, puberuli. Folia plerumque terna, oblonga usque ovato-oblonga, 9—10 cm longa, 3—4 cm lata, apice acuminata, basi acuta usque rotundata, inaequaliter acuteque dentata et inter dentes callose denticulata, membranacea, supra subglabra, subtus puberula. Pedicelli 3,5—4 cm longi, puberuli, basi bibracteolati, divergentes. Hypanthium late turbinatum, cum corolla puberula, lobi lineares, acuti, patentes usque reflexi, 10—13 mm longi, vix 1 mm lati. Corolla violaceo-rubra limbo dilute viridi (Steinbach!) aut flavo (Mexia) vel lutescenti-virens et rubrosuffusa (Regel!), recta, 55 mm longa, lobi sublineares, 10—15 mm longi. Filamenta glabra. Antherarum tubus caesius, in fissuris parce pilosus, 2 inferiores barbatae. Capsula ovalis, 10-costata, 13 mm longa, 8 mm lata. Semina subovoidea, flavescentia, nitida.

Bolivia: Chuluma Ya (d'Orbigny n. 469, 414! — Hb. Paris); Chulumani, 1700 m, Jul. (M. Cardeñas n. 911! — Hb. Field); von Chalumani nach Coripata, Bergwald, 1700 m (C. Troll n. 1837!); Prov. Yungas: In feuchtem Gebüsch (Weddell n. 4320! Bang n. 256! 642!); bei Guanai, 600 m (Bang n. 1593! Rusby n. 643!); Nord-Yungas, Region von Coripata, Hazienda del „Ellhoro", 1700 m (Buchtien n. 8200!); Unduavi, Polo-Polo bei Coroica, Milluguaya und Simaco im Tipuanital, 1100—1400 m, Nov.—Feb. (Buchtien n. 299! 3927! 4395! 5606! et sine no.); Weg von Coroica nach Rio Yolasa, 1700 m (Ynes Mexia n. 4280!); von Coroico nach Bellarista (C. Troll n. 1558!) Süd-Yungas, Sirupaya (Buchtien in Baenitz Herb. Americ. n. 1423!); Sierra de Cochabamba, bei Anchumayo 2500 m (Werdermann n. 2098!); Dept. Santa Cruz, Samaipata, Cerro Tres Cruces, und Cerro Ileosana (?), 1200 m (J. Steinbach n. 8198! 3350!).

var. **discurrens** E. Wimm. in Annal. Naturhist. Mus. Wien LVI (1948) 323. — A planta typica discedit foliis non verticillatis, sed alternatim approximatis, argute duplo-dentatis, sepalis 16—17 mm longis, corolla 5 cm longa, „dilute roseo-violacea".

Bolivia: Prov. Sara, Dept. Santa Cruz, Wald von Jacapani nach Buenavista, 450 m, Aug. (J. Steinbach n. 1984! — Hb. Lillo, Berl.).

18. **S. verticillatus** (Cham.) G. Don, Gen. Syst. III (1834) 703; A. DC. Prodr. VII (1839) 400; D. Dietr. Synops. I (1939) 737; Kanitz in Martius, Fl. Brasil. VI/4 (1878) 150 p. p., t. 45; E. Wimm. in Revista Sudam. Bot. II (1935) 97. — *Lobelia*

(Siphocampylus) verticillata Cham. in Linnaea VIII (1833) 202. — *Lobelia verticillata* Presl, Prodr. (1836) 36. — Suffrutex, plerumque simplex, ad 2 m altus, superne hirtellus. Internodia inter verticillos foliorum circiter 4—5 cm longa. Folia subsessilia, lineari-oblonga, 8—10 cm longa et 1,3—2 cm lata, utrinque subacuta, margine inaequaliter dentata, membranacea, glabra vel subglabra. Inflorescentia hirtella. Pedicelli 2—3 cm longi, compressi, basi bibracteolati. Hypanthium turbinatum, 4 mm longum, 5 mm latum, lobi anguste triangulares, denticulati, 3 mm longi, erecti. Corolla rubra (rosea usque purpurea), subrecta, subaequilata, 37 — 42 mm longa, sub fauce 4—5 mm lata; lobi lineares, acuti, superiores cr. 13, lobus imus 17 mm longus. Filamenta glabra, in spec. originario 30 mm longa; antherarum tubus caesius, glaber, 9 mm longus, 2 inferiores antherae barbatae. Capsula ovalis, fere semisupera, 13 mm longa, 10-costata.

var. **verticillatus.**

Brasilien: Ohne genauere Ortsangabe (Sellow sine no. et n. 376! 1784! 1828! 1987! 2101! 3330! 3453! — Hb. Berl.); Prov. Minas Geraës: Caldas (Regnell, III. n. 824, Lindberg n. 126a); Serra Carassa (Riedel, Widgren n. 407); Prov. Paraná, Pinhaes in subuliginosis, Calmão in subpaludosis, Tres Barres in paludosis, Jan., März (P. Dusén n. 7794! 9384! 17647! — Hb. Stockh.); Prov. S. Paulo, Taubaté (Riedel n. 1589! 1590!); Rio Grande do Sul, in paludosis prope Cachoora (Regnell I/624! II/969!).

Paraguay: Auf sumpfigen Prärien in der Kordillere von Peribebuy (Balansa n. 4709 — det. Zahlb., non vidi); Hügel-Region der Kordillere bei Villa-Rica (Hassler n. 8701!); im Sumpfe Doña Juana bei Villa-Rica, „1 m hoch, meist einfach, blüht rosenrot" (Balansa n. 2447 a!); an Flußufern, blüht zinnoberrot, 1—2 m hoch (P. Jörgensen n. 4528!).

Argentinien: Territ. Misiones (Bettfreund n. 1095!); Boa Vista (Niederlein n. 1771! 1775!).

var. **grandiflorens** E. Wimm. in Fedde Repert. XXII (1926) 214. Revista Sudam. Bot. II (1935) 97. — Hypanthium breviter turbinatum, postea subsemiglobosum, lobi 6—8 mm longi, obsolete denticulati. Corolla supra 5 cm longa „lateritia, obscurius et flavo-tincta, rubro-granulata" (Fiebrig!) vel purpurea (Balansa!). Capsula videtur semigloboso-ellipsoidea, fere ⅔ supera.

Paraguay: Cerros de Tobati, sumpfiger Waldrand und am Alto-Parana (K. Fiebrig n. 719! 5793! — Hb. Berlin); Sierra de Maracayu auf der Hochebene und auf den Abhängen (Hassler n. 5133!); Caaguazu in Sumpf, Nov. (Balansa n. 2447!).

Uruguay: An sumpfigen Orten. Nov. (J. Arechavaleta!).

Brasilien: Rio Grande do Sul, Neu-Württemberg, Sumpf am Stadtpark (Alfred Bornmüller n. 681!); Paraná: An sumpfigen Stellen bei Curityba und Guarapuava, an der Eisenbahn bei Bauhado (P. Dusén n. 2328!) 11088! 14380!).

19. **S. westinianus** (Billb.) Pohl, Pl. Brasil Icon. II (1831) 115; A. DC. Prodr. VII (1839) 405; D. Dietr., Synops. I (1839) 737; Kanitz in Martius, Fl. Brasil. VI/4 (1878) 152; A. Zahlb. in Vidensk. Meddel. Koebenh. (1895) 68; E. Wimm. in Fedde Repert. XXII (1926) 216, in Revista Sudam. II (1935) 98 (errore typogr. „Westimanus"). — *S. Westinianus* var. *brevipedicellatus* A. DC. l. c. *S. Westianus* G. Don, Gen. Syst. III (1834) 702. — *S. duploserratus* Cham. in Linnaea VIII (1833) 201. — *Lobelia Westiniana* Billb., Pl. Brasil. Decas Prima (1817) 5, t. 1; Roem. & S., Syst. V (1819) 53; Sprengel, Syst. I (1825) 711; Presl, Prodr. Lob. (1836) 37. — Caulis simplex, 60—80cm altus, subtiliter striatus, hirtellus. Folia ternata vel quaterna, 5 mm longe petiolata, ovato-oblonga, 9 cm longa, 3 cm lata, ad apicem sensim subacuminata, basi rotundata, margine conferte inaequaliter dentata et denticulata, membranacea, supra glabrescentia, subtus imprimis ad nervos pubescentia. Pedicelli pubescentes, 2, fructigeri

Fig. 58. *Siphocampylus westinianus* c. 1/3. sp. orig.

ad 3 cm longi, foliis triplo breviores, basi bibracteolati. Hypanthium turbinatum, basi acutum, pubescens, lobi anguste triangulares, 3—4 mm longi, apice subrecurvati. Corolla 55 mm longa, subcurvata, sursum parum ampliata, tubo inferne coccineo, superne cum limbo virente; lobi 12—15 mm longi. Filamenta glabra. Antherae sordide violaceae, glabrae, 8 mm longae, 2 inferiores apice penicillatae. Capsula pyriformis, 10-costata, 13 mm longa, subinfera.

var. **westinianus.** — Fig. 58.

Brasilien: Villa Rica in montanis locis humidis, Aug. (Westin! — Typus Hb. Berl.); Ohne weitere Ortsangabe (Sellow!); Rio de Janeiro (Glaziou n. 4869! 6616! 9499! 11119!); Prov. Minas Geraës, Caldas, (Widgren! Regnell 1432!); Ouro Preto (Riedel n. 2726); Chachambú (Moura n. 15!); Serra da Piedade in alpestribus saxosis, „Corolla scarlatina laciniis virescente-flavis" (E. Warming n. 1817/1! 1817/2!).

Varietates sequentes non facile distinguendae sunt propter formas confusas:

A. Folia subsessilia, verticillata.

a) Folia basi obtusa; pedicelli folii 1/3—3/4 aequantes.

var. **chamissonianus** (Presl) E. Wimm. ll. cc. — *S. Chamissonianus* A. DC. l. c. 407. — *Lobelia Chamissoniana* Presl l. c. 36.

Brasilien: Ohne nähere Angabe (Sellow n. 824 p. p.! — sp. orig. Hb. Berl.); Minas Geraës, Sierra de Carassa (Saint-Hilaire!); Caldas (Widgren!); Serra do Itatiaya, 2400 m (Glazion n. 4870! L. B. Smith n. 1505! Dusén 58! Tamander! & Brade n. 6411!); Prov. S. Paulo (Burchell n. 4234!).

f. longiflorus E. Wimm. l. c. — Sepala 6—10 mm longa, corolla ad 6 cm longa. — Brasilien: Caraça (Mendonça n. 1027!).

b) Folia latiora quam in praecedentibus, basi subcordata, raro rotundata; pedicelli ⅓ folii aequantes.

var. **sellowianus** (Presl) E. Wimm. l. cc. — *S. Sellowianus* A. DC. l. c. 407. — *Lobelia Sellowiana* Presl l. c. 36.

Brasilien: Villa Rica (Sellow n. 1708! 871! — Hb. Berl.); Rio de Janeiro (Glaziou n. 16216!); Minas Geraës (Pizarro n. 72!); Serra do Itatiaia in campo lapidoso, 2100 m (P. Dusén!); Caldas (Regnell n. 127! 412! 549! 1431! 1433! III/824!); Bello Horizonte, 1300 m (Werdermann n. 3904!).

c) Folia ovata, subacuminata, basi rotundata, 4 cm longa et 2,4 cm lata (superiora, inferiora non vidi), margine conferte callose serrata. Pedicelli 2 cm longi. Antherae apicem versus longius piloae.

var. **kanitzii** E. Wimm. in Revista Sudamer. II (1935) 98.

Brasilien: Ohne nähere Angabe (Martius n. 1217! — Hb. Del. ut „*S. imbricatus*" a Kanitzio determ. spec. sine corolla integra!).

B. Folia petiolata, sparsa, superne interdum verticillata. Petioli 5—8 mm longi; folia basi rotundata. Pedicelli circiter ½ folii aequantes.

var. **sparsifoliatus** E. Wimm. ll. cc. — *S. Westinianus* var. ε A. DC. l. c. — *Lobelia Westiniana* Reichenb., Iconogr. Bot. Exot. I (1827) t. 80.

Brasilien: Chachambú (Moura n. 16! — Hb. Berl.); Prov. Minas Geraës (Vauthier n. 404 — ex A. DC.); S. Paulo: Im Gebirge um Villa Rica (Freyreis) und im feuchten Wald (Martius — ex Reichenb.).

20. **S. duploserratus** Pohl, Pl. Brasil. Icon. II (1831) 114, t. 177; G. Don, Gen. Syst. III (1834) 703; A. DC., Prodr. VII (1839) 405; D. Dietr. Synops. I (1839) 737; Kanitz in Martius, Fl. Brasil. VI/4 (1878) 151; E. Wimm. in Revista Sudamer. II (1935) 98. — *Lobelia triphylla* Presl, Symb. Bot. IV (1830—33) 63, t. 40 et Prodr. Lob. (1836) 36.

Suffrutex parce ramosus, ad 80 cm altus, hirtellus, inferne glabratus, — pili plurimi simplices, paucis furcatis vel stellatis intermixtis — rami medullosi, graciles. Folia saepe ternata, petiolis 1—2 cm longis tenuibus, lamina ovata vel ovato-oblonga,

5—8 cm longa et 2,5—4 cm lata, subacuminata, basi subrotundata, margine dense inaequaliterque fimbrioto-dentata, supra parce, subtus densius hirtella. Pedicelli folia subaequantes, puberuli, 6—7 cm longi. Hypanthium obconicum, tomentellum, lobi subulati, 6 mm longi, remote denticulati, hirti. Corolla violaceo-rubra vel rubra cum flavo, minute puberula, subcurvata, sursum parum dilatata, 5 cm longa, lobi cr. 15 mm longi. Stamina glabra. Antherarum tubus nigro-caesius, 6 mm longus, 2 inferiores apice penicillatae. Capsula obconica, 13 mm longa.

var. **duploserratus.**

Brasilien: Prov. Rio de Janeiro: In montosis ad Praja alta, Margaritiva (Pohl et Schott n. 5152! 5374! 5723! — sp. orig. Hb. Wien); in Wäldern bei Theresiopolis (Moura n. 522!); Nova Friburgo (Raben!); Minas Geraës (Langsdorf!); S. Paulo (Guillemin n. 436 — det. Zahlb.).

var. **infundibularis** E. Wimm. in Annal. Naturhist. Mus. Wien LVI (1948) 323. — Pubescentia plantae e pilis principaliter furcatis stellatisque vel fasciculatis constans. Folia ovato-acuminata, basi truncata usque rotundata. Corolla sursum modice infundibularis. Antherarum tubus in dorso antico pilosus.

Brasilien: Rio de Janeiro: Theresiopolis, Pedra Assú, 2100 m, Sept. (A. C. Brade n. 9899! — Hb. Berl.); unterhalb der Campos das Antas im Gebüsch der Serra dos Orgãos, Feb. (H. Schenk n. 2797!) im Hochwald derselben, 1700 m, Okt. (E. Ule n. 4276!); Serra dos Orgãos (M. Gardner n. 464! — Hb. Del. — ? Glaziou n. 3711).

21. **S. fluminensis** (Vell.) E. Wimm. in Fedde Repert. XXII (1926) 210 et in Revista Sudamer. II (1935) 98. — *Lobelia fluminensis* Vellozo, Fl. Fluminensis (1825, novo-impress. 1881) 353 et Fl. Flum. Icon. VIII (1827) t. 159. — *S. duploserratus* var. *latifolius* A. Zahlb. mss. in herb.

Caulis ramosus, teres, superne puberulus, fistulosus, declinatus. Petioli 15—30 mm longi, plerumque ternati. Folia late ovata, 8—11 cm longa et 6—8 cm lata, basi subcordata, superiora etiam rotundata, apice breviter acuminata, margine conferte inaequaliter fimbriato-dentata, tenuia, supra inconspicue brevissime puberula, subtus imprimis ad nervos puberula. Pedicelli 6—8 cm longi, cum flore puberuli, basi bibracteolati. Hypanthium obconicum lobis dentiformibus integris ad 3 mm longis. Corolla coccinea (ex Vellozo), flava et rubra (Brade), subcurvata, sursum subdilatata ad 8 mm, 56 mm longa; lobi 15 mm longi. Filamenta glabra. Tubus antherarum 7 mm longus, subglaber, 2 inferiores apice et basi pilosae.

var. **fluminensis.**

Brasilien: „Maritimis alpibusque Fluminensibus" (ex Vellozo); S. Paulo, Alto da Serra, 900 m (A. C. Brade n. 6000! L. B. Smith n. 2104! P. Dusén n. 14219! — Hb. Stockh.; Wettstein et Schiffner! — Hb. Wien); Campo Grande zwischen Santos und der Stadt S. Paulo, 750 m (M. Wachet!; Comm. Geogr. Geol. S. Paulo n. 1931!); Cubatas, Rio das Pedras (Burchell n. 3544! 3861—2! — Hb. Kew); Insel S. Sebastian (Bunbury! — Hb. Cambr.).

var. **oppositifolius** E. Wimm. in Annal. Naturhist. Mus. Wien LVI (1948) 323 — Folia bina opposita, margine duplo-dentata, 9—12 cm longa et 5,4—7,7 cm lata. Sepala 7—9 mm longa! Corolla rubra, 52 mm longa, 6 mm lata. Stamina glabra.

Brasilien: Petropolis, Mai (Lutz et Cochman! — Hb. Wien, Wash.).

Grex 3. **Umbellati** E. Wimm.

Umbellati E. Wimm. in Fedde Repert. XXIX (1931) 54, in Annal. Naturhist. Mus. Wien LVI (1948) 324. — *Corymboides* E. Wimm. in Macbr. Fl. Peru VI (1937) 431.

Flores in racemo abbreviato umbelliformi terminali, a bracteis suffulti, interdum pauci flores in axillis foliorum summorum solitarii vel in racemum foliatum abeuntes.

Species 11 imprimis colombianae, paucae in terris adjacentibus usque ad Boliviam inveniuntur; *S. corymbifero* excepto, locum angustum occupant.

Clavis specierum.

A. Folia sensim in bracteas foliaceas transeuntia.
  a. Antherarum tubus glaber, bracteae ovatae usque lanceolatae 22. *S. corymbiferus.*
  b. Antherarum tubus lineis 5 albo-pilosis ornatus, bracteae ellipticae vide *S. phyllobotrys.*

B. Folia bracteis forma minus similia, bracteae lineari-lanceolatae.
  a. Pedicelli infra medium bracteolis conspicuis linearibus 1—2 cm longis praediti .... 23. *S. longibracteolatus.*
  b. Pedicelli sine bracteolis.
    α. Folia utrinque glaberrima.
      I. Folia coriacea, nitida; sepala 9—11 mm longa.
        * Sepala stellatim expansa; corollae lobi glabri ..... 24. *S. lucifer.*
        ** Sepala erecta; lobi corollae ciliolati .... 25. *S. densiflorus.*
      II. Folia membranacea, opaca; sepala 4—8 mm longa.
        * Corollae tubus basi et apice constrictus, exinde in medio ventricosus .... 26. *S. microstoma.*
        ** Corollae tubus sursum parum ampliatus .... 27. *S. lindleyi.*
    β. Saltem folia subtus hirta vel puberula.
      I. Folia 5—15 mm longe petiolata.
        † Sepala sublinearia, 16—18 mm longa .... 28. *S. amalfiensis.*
        †† Sepala sublinearia, 6—10 mm longa.
          △ Folia subtus brevissime puberula et vix vel parum reticulata 29. *S. glareosus.*
          △△ Folia subtus reticulata, hirta vel tomentosa.
            □ Partes juniores, petioli, pagina inferior foliorum isabellino-tomentosa .... 30. *S. moritzii.*
            □□ Caules superiores, petioli, folia subtus et inflorescentia dense hirta .... 31. *S. reticulatus.*
      II. Folia subpetiolata, petiolo 1—2 mm longo; sepala 4—6 mm longa 32. *S. laetus.*

22. **Siphocampylus corymbiferus** Pohl, Pl. Brasil. Icon. et Descript. II (1831) 112, t. 175, non Warsc.; G. Don Gen. Syst. III (1834) 701; A. DC. Prodr. VII (1839) 404; D. Dietr. Synops. I (1839) 737; Kan. in Martius, Fl. Brasil. VI/4 (1878) 154; A. Zahlb. in Vidensk. Medd. Koebenh. (1895) 68 et in Bull. Torr. Bot. Club XXIV (1897) 384. — *Lobelia corymbifera* Presl Prodr. Lob. (1836) 37. — *S. cardiophyllus* Pohl l. c. 110. t. 173; G. Don l. c; A. DC. l. c; D. Dietr. l. c.; — *Lobelia cardiophylla* Presl l. c. — *L. ignea* Vell. Fl. Flum. (1825) 353, Icon. VIII (1827) t. 128. — *Siphocampylus igneus* E. Wimm. in Fedde Repert. XXII (1926) 211, in Revista Sudam. Bot. II (1935) 98 et in Macbr. Fl. Peru VI (1937) 456, non Urban. — *S. gracilis* var. *glabris* Britton in Bull. Torr. Bot. Club XIX (1892) 374.

Suffrutex erectus, 0,6—1,5 m altus, subramosus, saepe simplex. Petioli 8 — 15 mm longi. Folia ovata, basi subcordata usque rotundata, ad apicem sensim subacuminata vel acuta, 4—7 cm longa, 2—4 cm lata, margine inaequaliter dentata vel remotius exserte denticulata, membranacea, glabra vel parce et distanter pubescentia imprimis subtus. Flores in vertice umbelliformiter approximati, bracteati vel in racemum plus minusve elongatum foliatum transeuntes (*S. cardiophyllus* Pohl!). Bracteae ovatae usque lanceolatae, pedicellis dimidio breviores, foliis floralibus autem saepe breviores. Pedicelli erecti, glabri, 3—4,5 cm longi, ebracteolati. Hypanthium breviter turbinatum lobis sublinearibus, integris, interdum parce ciliolatis, apice recurvis, 4—6 mm longis, sinus inter eos plani. Corolla scarlatina, fauce aurata, glabra, subcurvata, sursum parum dilatata, 4—5 cm longa, in parte latiore 5 mm lata; lobi sublineares, divergentes, circiter 15 mm longi. Tubus stamineus glaber, exsertus; antherae stramineae, 6 mm longae, 2 inferiores apice barbatae.

var. **corymbiferus.** — Ut supra. — Fig. 59.

Brasilien: Prov. Minas Geraës, im Gebirge zwischen Gebüsch und an Waldrändern, auf Feldern an feuchten Stellen und an Gräben, stellenweise häufig. Bei Vieira im Distrikt Minas novas (Pohl n. 3280! — Orig. Hb. Wien), auf der Serra de Chumbo nicht weit vom Rio Abaite (Pohl n. 2991! — Typus pro *S. cardiophyllus* Hb. Wien); Sabara (Vauthier n. 103!); Cocheira do Campo (Claussen n. 101! 156! 577! et sine no.!); Serra do Curral bei Bello Horizonte, 1200 m (Werdermann n. 3678!); Caldas, in silva dicta Mata das Campinas (Regnell III. n. 1687!); Caraça (Mendonça n. 1029!); Diamantina, 1262 m (Ynes Mexia n. 5709!); Minas Geraës, ohne genaueren Standort (Saint-Hilaire n. 67! 1559, Sellow!, Riedel n. 73, Widgren n. 416, Claussen n. 156! 261! 1055!); Lagoa Santa, Funil ad Rio Paraopeba, Ribeirão da mata prope Tovares, Contagena, Ressaco, Registo prope Barbacena (E. Warming n. 1820! 1822! 1823! 1824!). Prov. S. Paulo (Martius!). Rio de Janeiro (A. Glaziou n. 15165!); „ad juga Alpium Fluminensium“ (ex Vellozo); Staat Matto Grosso, Serra da Chapada, Bocca da Serra, Santa Anna dos Chapada (Regnell I/n. 1672! II/2204! 3419! — Hb. Stockh.).

Bolivia: Dept. La Paz, Prov. Larecaja, bei Ananca, Parychani in silvulis reg. temp., 2400 m (G. Mandon n. 499! — Hb. Del.). Yungas (M. Bang n. 256 b! p. p., Rusby n. 251 a! 639!); Coroico — Bellavista, Pajonales-Formation, 1400 m (C. Troll n. 1546!). — „*Herva de Rato*“ (Mexia).

var. **gracilis** (Britton) A. Zahlb. in Bull. Torr. Bot. Club XXIV (1897) 384. — *S. igneus var. gracilis* E. Wimm. in Fedde Repert. XXII (1926) 211. — *S. gracilis* Britton in Bull. Torr. Bot. Club XIX (1892) 374. — Rami et folia utrinque molliter pubescentia, secus ut var. corymbiferus.

Brasilien: Ohne nähere Ortsangabe (Martius n. 1216! Sellow n. 873! Moura n. 523! Burchell n. 7902! — Hb. Berl., Kew); Minas Geraës (Regnell III. n. 824! 825!); Itabira de Campo (E. Ule!); an Bachufern bei Queluz (H. Schenk n. 3376!).

Bolivia: Yungas, Unduavi (Rusby n. 640! 256 a! 256 b! p. p.; Bang n. 644! 256 b! — Hb. Wash., Del., Berl.; Weddell n. 4219! — Hb. Paris); Alto de Yaipilu auf Matten, 2000 m (C. Troll n. 67!); auf Bergwiesen der Cuesta de los Monos, 1400 m und auf dem Gipfel des Sillar, Cordillera de la Cruz, 1750 m (Herzog n. 1600!)

Planta quoad indumentum valde variabilis. Unum speciminum originalium Pohlii n. 2380 in Mus. Vindobonensi asservatum est omnino glabrum, 3 alia foliis utrinque, subtus ad nervaturam parum densius, parce distanterque pubescentibus, caulibus tamen glabris gaudent.

23. S. **longibracteolatus** E. Wimm. in Fedde Repert. XIX (1924) 258. — Suffrutex scandens, glaber. Petioli 7 mm longi, saepe torti. Folia ovato-lanceolata, 7—14 cm longa et 1,6—3,6 cm lata, acuminato-cuspidata, basi rotundata, margine conferte serrata vel et remotius denticulata, tenuia, glabra. Flores in racemo abbreviato terminali, bracteis foliaceis, sed multo angustioribus suffulti, occasionaliter non terminales, sed rami foliis normalibus terminati, ut in specimine originario (Pennell n. 1791) fit. Bracteae ovatolanceolatae, sensim cuspidatae, basi acutae vel obtusae, remote denticulatae, 5—7 cm longae et 0,4—0,9 cm latae, breviter petiolatae. Pedicelli 12—15 mm longi, glabri vel brevissime puberuli, in

vel sub medio bracteolis conspicue longis anguste linearibus 10—22 mm longis ornati. Hypanthium turbinatum, glabrum vel brevissime puberulum, lobi calycini anguste lineares, suberecti, remote denticulati, 18—26 mm longi. Corolla albo-rosea („pink"), glabra, 45—50 mm longa, recta; lobi sublineares, 10—13 mm longi, patentes. Filamenta glabra. Antherarum tubus 6—7 mm longus, pilis sparsis obsitus, 2 inferiores antherae apice penicillatae. Capsula oblonga, semi-infera, lobis calycis im medio circumdata, 11 mm longa, 6 mm lata.

Colombia: Dept. Cundinamarca, Guayabetal — Monte Redondo, bei Quetame auf grasigem Berghang, 1300—1500 m, IX (Pennell n. 1791! — Hb. Wash.); Bogotá bei Susumuco (Karsten! — Hb. Wien); Villavicencio, I. 1930 (E. P. H. n. 200 — Hb. Nac. Colomb.; Christopher Sandeman n. 5835! — Kew); ohne nähere Ortsbezeichnung (Engel n. 7! — Hb. Leningr.).

Speciei sequenti valde similis, sed bracteolis bene distinctus.

24. **S. lucifer** E. Wimm. in Annal. Naturhist. Mus. Wien LVI (1948) 324. — *S. acuminatus* E. Wimm. in Fedde Repert. XXII (1926) 205, non G. Don (1834). — Suffrutex scandens, glaberrimus. Rami teretes, striati. saepe flexuosi, fistulosi. Foliorum petioli circiter 1 cm longi, lamina ovato-elliptica usque ovato-lanceolata, 6—8 cm longa et 2,5 —3 cm lata, acuminato-cuspidata, basi rotundata, margine adpresse callose denticulata, firma, supra subnitida, subtus subpallida, fere opaca, nervi laterales 6 arcuatim ascendentes. Flores subumbellato-racemosi. Bracteae anguste sublineares, circiter 1 cm longi. Pedicelli 15—18 mm longi, patentissimi. Hypanthium turbinatum, 5 mm longum, lobi sublineares, acuti, integri, stellatim expansi, 1 cm longi. Corolla coccinea, subcurvata, sursum sensim et modice dilatata, 44 mm longa; lobi circiter 12 mm longi. Staminum tubus glaber. Antherae 7 mm longae, 2 inferiores apice barbatae. — Fig. 56 m.

Colombia: Susumuco bei Bogotá (H. Karsten! — Orig. Hb. Wien, Leningr.); Santa Fé de Bogotá (Goudot n. A 2 — Hb. Gött.); Quetame, 1600 m (E. André n. 837! p. p. — Hb. Kew); ohne näheren Standort (Triana n. 1550! — Hb. Kew).

25. **S. densiflorus** Planch. in Flore des Serres VI (1850—51) 18. — Rami teretes glabri, laeves, medullosi, foliosi. Petioli 7 mm longi, saepe tortuosi. Folia ovata, 8,5—10 cm longa et 2,8—3,2 cm lata, acuminato-cuspidata, basi rotundata, margine adpresse callose denticulata, subcoriacea, glaberrima, nitida, nervis lateralibus 4 utrinque sub angulo acuto arcuatim ascendentibus. Inflorescentia puberula, subumbellato-racemosa. Bracteae lineares, acutae, pedicellis 15 mm longis breviores. Hypanthium breviter turbinatum, lobi sublineares, acutiusculi, erecti, integri, 9—11 mm longi, sinus inter eos late rotundati. Corolla purpurea, minute puberula, ad 4 cm longa, subrecta usque subcurvata, tubo fere aequilato; lobi lanceolato-lineares, circiter 12 mm longi, versus apicem piloso-ciliati. Filamenta glabra, 37 mm longa. Antherarum tubus 6 mm longus, in dorso anteriore pilosus, 2 inferiores antherae barbatae. Capsula ellipsoidea, infera, 11 mm longa. — Fig. 56 n.

Colombia: Prov. de Socorro, Lajitas, 1800 m, I. (Funck & Schlim n. 1409! — Hb. DC., Del., Wien, Cambr., Leningr.); Prov. Pamplona, Paramo de Pamplona, 3300 m (Linden n. 747!); Bucaramanga (J. Weir n. 99! — Hb. Kew).

26. **S. microstoma** Hook. Bot. Mag. LXXIII (1847) t. 4286, non Lindl. in Paxt. Fl. Gard. II. (1851) t. 44; Flore des Serres Ser. 1, V (1849) t. 444; Floricult. Cab. XV (1847) 73; Rev. Hort. Ser. 3, II (1848) 241; Cottage Gard. VI (1851) 315, ex Ind. Lond., non vidi!

Suffrutex ramosus, erectus, ramis teretibus glabris, inflorescentia puberula. Folia subpetiolata, ovata, 4,5—9 cm longa et 2,6—5 cm lata, acuta, basi rotundata usque truncata, margine denticulata, glabra, nervis secundariis 6 sub angulo subrecto arcuatim ascendentibus. Flores in racemo subumbellato, terminali, inferiores foliati, reliqui bracteati. Bracteae ovatae usque lanceolatae, pedicellos superantes.

Pedicelli 2 cm longi. Hypanthium turbinatum, lobis e basi triangulari linearibus, acutis, 5—7 mm longis, patentibus. Corolla scarlatina, puberula, 38 mm longa, supra isthmum ventricosa et ad 9 mm lata, ore iterum subito constricta, perpaullum curvata; lobi triangulari-acuminati, ciliati, circiter 6 mm longi. Staminum tubus longitudine corollae, glaber. Antherae 2 inferiores barbatae.

C o l o m b i a (P u r d i e! — ex hb. Hooker, Kew).

Specimina sub nomine isto culta pertinent plerumque ad sequentem speciem, quae fortasse varietas hortensis *S. microstomae* tantum est. Vide Engler-Prantl, Pflanzenfam. IV/5, p. 65.

var. **sparsus** E. Wimm. in Fedde, Repert. XXIX (1931) 84. — Folia ovato-oblonga, ad apicem subacuminata. Flores distantes solitarii in axillis foliorum superiorum.

C o l o m b i a: Hügel bei Ocaña, Aug. 1845 (P u r d i e! — Hb. Kew).

27. **S. lindleyi** Lem., Le Jardin Fleuriste II (1852) t. 142; Regel, Gartenflora I (1852) 27. — *S. microstoma* Lindl. in Paxt., Fl. Gard. II (1851) t. 44, non Hook. — *S. pubiflorus* E. Wimm. in Fedde, Repert. XIX (1924) 261. — Suffrutex subscandens, ramis teretibus, glabris, fistulosis, inflorescentia pubescente. Folia 4—15 mm longe petiolata, ovata, ovato-oblonga usque elliptica, 6,5—11,5 cm longa et 2,7—4,7 cm lata, acuta, basi rotundata usque subacuta, serrato- vel calloso-denticulata vel inaequaliter denticulata, glabra, plana, subtus nervis prominulis, secundariis 7—8 utrinque. Flores in racemo subumbellato. Bracteae sessiles, lanceolato-lineares, integrae, pedicellis 10—15 mm longis longiores vel breviores. Hypanthium globoso-turbinatum, lobis lineari-lanceolatis, 5—7 mm longis, subciliatis, patentibus. Corolla purpurea, puberula, subcurvata, 35—45 mm longa, e basi constricta sensim parumque dilatata, ore non vel parum contracta; lobi triangulari-lineares, in nervo dorsali hirti, circiter 6 mm longi. Staminum tubus vix e corolla exsertus, glaber. Antherae 5 mm longae, 2 inferiores barbatae.

var. **lindleyi.**

C o l o m b i a: Ohne nähere Ortsangabe (P u r d i e! — Hb. Kew); Dept. Santander, Umgebung von Ocaña, Savannen, 1500 m (L. S c h l i m n. 292! — Typus pro *S. pubiflorus* — n. 138! 459! — Hb. Del., Boiss., Paris, Kew); ebendort (K a l b r e y e r n. 258! — Hb. Berl.). — Specimina culta vidi e hortis bot. Leipzig, Kew sub nomine „*S. microstoma*".

var. **dissitiflorus** E. Wimm. in Fedde, Repert. XXIX (1931) 83. — Flores solitarii in axillis foliorum dissitorum, internodiis 3—4 cm longis. Corolla gracilior quam in typo. Pedicelli ad 36 mm longi.

C o l o m b i a: Hügel bei Ocaña, VI. 1845 (P u r d i e! — Hb. Kew).

28. **S. amalfiensis** E. Wimm. in Fedde, Repert. XXII (1926) 206, t. 31, f. 3. — Frutex puberulus, ramis scandentibus, striatulis, fistulosis, multi-metralibus. Petioli 1 cm longi, torti, puberuli. Folia ovato-oblonga, acuto-cuspidata, basi rotundata, 5—8 cm longa et 1,5—2,2 cm lata, margine callose subdenticulata vel subintegra, subcarnosa, obscure viridia, supra glabra, nitida, subtus minute puberula, nervis secundariis 6, prominentibus. Flores in racemo subumbellato et nonnulli solitari-axillares. Bracteae sublineares, circiter 15 mm longi; pedicelli 3—4,5 cm longi, apice curvati. Hypanthium turbinatum, laciniis sublinearibus, acutis, integris, patentibus, 16—18 mm longis, sinubus late rotundatis. Corolla sanguinea, glabra, 4 cm longa, sursum subampliata, subcurvata; lobi sublineares, circiter 19 mm longi. Tubus staminum 45 mm longus, glaber. Antherae solae 6 mm longae, 2 inferiores barbatae.

C o l o m b i a: Antioquia, in den dichten Wäldern südlich von Amalfi, 2000 m (L e h m a n n n. CCIX! — Hb. Boiss.).

29. **S. glareosus** A. Zahlb. in Fedde, Repert. XIV (1915) 182. — Suffrutex subramosus, puberulus, ramis ad 2 m longis scandentibus. Petioli ad 3 mm longi. Folia ovata vel ovato-oblonga, acuta, basi rotundata, raro subcordata, 6—10 cm longa et

Fig. 59. *Siphocampylus corymbiferus*, ca. 1/4.

Fig. 60. *S. angustiflorus*. ca. 1/4.

2,5—3,5 cm lata, margine plano-crenata vel adpresse denticulata, membranacea, scabriuscula, concoloria, supra glabra, subnitida, subtus opaca, nervis secundariis 3—5 sub angulo acuto ascendentibus. Flores in racemo brevi terminali, interdum elongato. Bracteae lineari-lanceolatae, integrae, sessiles, pedicellos 15—30 mm longos superantes. Hypanthium turbinatum, valde costatum, 3 mm longum; lobi lineares, subacuti, integri, hirtelli, suberecti, 8—12 mm longi, post anthesin elongati, decidui. Corolla splendenti-sanguinea, puberula, subcurvata, 35—38 mm longa, sursum perpaullum ampliata; lobi sublineares, circiter 15 mm longi. Staminum tubus glaber, 37—40 mm longus, exsertus. Antherae solae 6 mm longae, 2 inferiores barbatae. Capsula obconica, 5-costata, ad 8 mm longa. Semina ellipsoidea, fusca, nitida, 1 mm longa.

Colombia: Tolima, auf Sandsteinschotter bei Dolores, 1400—1800 m, I (Lehmann n. 6052! — Hb. Berl., Wash.).

Species *S. amalfiensi* valde affinis.

30. **S. moritzianus** E. Wimm. in Fedde, Repert. XIX (1924) 260. — Suffrutex ramis herbaceis, medullosis, subangulatis, inferne glabrescentibus, partibus junioribus isabellino-tomentosis. Internodia 2—3 cm longa. Petioli tomentosi 10—15 mm longi. Lamina foliorum ovata, ovato-oblonga usque oblonga, 4,5—9 cm longa et 2,5—2,8 cm lata, acuminata vel acuta, basi rotundata, superiora etiam subacuta, margine crenulato-denticulata, membranacea, plana, supra parce puberula, subtus tomentosa praecipue in nervis prominentibus, secundariis 9—12 sub angulo subrecto ascendentibus. Flores in corymbo subumbellato terminali, pauci solitari-axillares. Bracteae lanceolatae vel lineares, pedicellos aequantes vel eis usque duplo breviores. Pedicelli 3—4 cm longi, floccosi vel glabrescentes, erecti. Hypanthium turbinatum, glabrescens, 3 mm longum, 5 mm latum; lobi calycis sublineares, integri, pubescentes, 3—6 mm longi, apice recurvati vel arcuato-patentes. Corolla purpurea, glabra, subrecta, sursum vix ampliata; lobi circiter 15 mm longi. Stamina glabra, exserta. Antherae stramineae, 6 mm longae, 2 inferiores barbatae.

Venezuela: Merida, XI. (Moritz n. 1299! — Hb. Berl.).

Species *S. reticulato* non dissimilis et a Vatke cum eodem olim confusa, sed bene distincta.

31. **S. reticulatus** (Willd.) Klotsch et Karst. apud Vatke in Linnaea XXXVIII (1874) 728. — *Lobelia reticulata* Willd. ex Roem. et Schult., Syst. V (1819) 58; Spreng., Syst. I (1825) 709; D. Dietr., Synops. I (1839) 727. — *Siphocampylus lantanifolius* A. DC. Prodr. VII (1839) 399; Delessert, Icon. Pl. V (1846) t. 12; Réveil. Regne Véget. IV (1870) t. 44 — ex Ind. Lond., non vidi; Schönland in Engler & Prantl, Nat. Pflanzenfam. IV/5 (1894) 65, f. 40; Knuth, Blütenbiol. III/2 (1905) 201 c. fig. fl.; New Phytolog. XVIII (1919) 80, 82, fig. 53. — *S. revoluta* Grah. in Edinb. New Phil. Journ. XXX (1841) 429; Mound, The Botanist V (1841) t. 227; Burnett, Pl. Util. II (1845) t. 51 b — ex Ind. Lond., non vidi. — *Dortmannia reticulata* O. Kuntze, Revis. Gen. Pl. (1891) 973. — Suffrutex parce ramosus, 1—1,8 m altus. Rami medullosi, inferne glabrescentes, superne cum inflorescentia pubescentes. Petioli 3-18 mm longi, dense hirti. Folia ovata vel ovato-oblonga, 6—12 cm longa et 3—6 cm lata, acuminata, basi subcordata usque rotundata vel fere truncata, margine denticulata vel crenulato-denticulata, chartacea, supra rugosa et subglabra, subtus reticulato-nervosa, hirta, nervis secundariis 7 sub angulo 70—45° excurrentibus. Flores corymbosi vel subumbellati, raro in racemum elongati (lusus racemosus). Bracteae anguste lineares, pedicellis breviores, pubescentes. Pedicelli 2—3 cm longi, pubescentes, suberecti. Hypanthium turbinatum, pubescens, lobis fere filiformibus, pubescentibus, 6—10 mm longis, erectis vel patentibus. Corolla atro-purpurea usque rosea, intus albo-violascens, pubescens, 35—40 mm longa, basi valde apiceque minus constricta, medio paullum ventricosa; lobi sublineares, subciliati, patentes, circiter 12 mm longi. Filamenta glabra, flavescentia. Antherae glabrae, caesiae, 5 mm longae, 2 inferiores barbatae. Capsula obovoidea, semi-infera, 1 cm longa.

A. Folia subtus hirta vel tomentosa.
  I. Folia supra rugosa, subglabra .... var. *reticulatus*.
  II. Folia supra velutina .... var. *hamatus*.
B. Folia subglabra utrinque .... var. *glabriusculus*.

var. **reticulatus.** — Fig. 61.

Venezuela: „Ad Orinocum", „Cumana" (Humboldt — Hb. Willdenow n. 4006!, Berl.); Caracas, auf den Bergen (Linden n. 2! Moritz n. 112! Warming n. 1006! Gollmer!); Tovar (Moritz n. 876!); Galipan (Funck n. 458!); La Quesera bei Caracas (A. Jahn n. 297!); Buenavista, Prov. Carabobo, 1350 m (Linden n. 1531! Funck n. 740!); auf den hohen Savannen bei Guayabito, Aragua (H. Pittier n. 12134!); Los Teques und El Cedral de las Ajuntas, 1000—1800 m, Staat Miranda, 1200 m (H. Pittier n. 6037! 6127!); zwischen Piedad und Sarare und am Rio Claro, 1360 m (José Saer n. 4339! 765!); Merida (Moritz n. 1298!).

var. **glabriusculus** Hook. Bot. Mag. LXX (1844) t. 4105. — Planta subglabra vel sparse pubescens. Folia saepe longe acuminato-cuspidata. Flores odorem emittunt (Gollmer).

Venezuela: Caracas (Linden n. 130! Karsten!); Silla de Caracas (Moritz n. 354! H. Pittier n. 8326! Gollmer! Lassen!); Maracay (M. Zehntner!); Tovar (Moritz n. 111! 242! Fendler n. 729!); Caripe, Prov. Cumaná (Schlim n. 702).

var. **hamatus** (Wendland) E. Wimm. in Annal. Naturhist. Mus. Wien LVI (1948) 324. — *S. hamatus* Wendl. in Otto & Dietr., Allgem. Gartenzeit. XVIII (1850) 138. — Frutescens, tomentoso-pubescens. Folia supra velutina, subtus tomentosa. Corolla violacea limbo albo.

Brasilien (Wendland — non vidi!). — Quaeritur, an planta revera e Brasilia sit, an non potius etiam e Venezuela?

32. **S. laetus** E. Wimm. in Fedde, Repert. XXII (1926) 212. — Rami medullosi, violascentes, pubescentes. Folia (superiora a me visa) subsessilia, ovata, 6 cm longa, 4 cm lata, ad apicem subacuta et brevissime acuminata, basi cordata vel subcordata, margine inaequaliter denticulata, subcoriacea, supra rugulosa et sparse hirtella, subtus reticulato-venosa, breviter hirta. Racemi corymbiformes, terminales; racemi parvi obveniunt etiam in axillis foliorum superiorum. Bracteae lanceolatae vel anguste lineares, longe acuminatae, 5—8 mm longae, remote exserte denticulatae. Pedicelli 15—20 mm longi, pubescentes. Calycis tubus depresso-globosus, 10-costatus, 4 mm latus, pubescens; lobi longi-triangulares, obtusi, pubescentes, erecti, 4 mm longi. Corolla glabra, fere aequilata, ad 35 mm longa, 4 mm in medio lata, subrecta; lobi lineares, ad 14 mm longi, patentes. Tubus stamineus glaber, exsertus. Antherae plumbeae, 5 mm longae, 2 inferiores breviter barbatae.

Colombia: Tuquerres (H. Karsten! — Hb. Wien; Triana n. 1534! — Hb. Paris); zwischen Tuquerres und Pasto, 2600 m (Triana n. 1535!); Anganvi bei Pasto V. (E. André n. 3157! — Hb. Kew).

Peru: Hochland von Peru (H. Noetzli! — Hb. Zürich). — Hoc specimen minus typicum est (folia magis ovato-ellipt., corolla parum major).

Grex 4. **Botryoides** E. Wimm.

Botryoides E. Wimm. in Fedde, Repert. XXIX (1931) 54, in Annal. Naturhist. Mus. Wien LVI (1948) 324.— Flores in racemo elongato terminali, plus minusve denso aut bracteato aut foliato.

Subgreges:

A. Flores in axillis bractearum parvarum, racemum saepe secundum formantes; plantae scandentes. .... Subgrex 1. *Bracteato-racemosi*.

B. Flores in axillis foliorum normalium, versus apicem sensim decrescentium vel interdum in bracteas transeuntium, racemum plerumque densum foliatum formantes; plantae erectae. .... Subgrex 2. *Foliato-racemosi.*

Subgrex 1. **Bracteato-racemosi** E. Wimm.

Bracteato-racemosi E. Wimm. in Fedde, Repert. l. c. et in Macbride, Fl. Peru VI (1937) 431.

Flores bracteati in racemo elongato, saepe denso, secundo, ramos plerumque dependentes terminantes, exinde videntur folia et flores esse reflexos. Suffrutices vel frutices scandentes 2—5 m alti. Flores vulgo coccinei vel purpurei.

Species 16 in silvis et fruticetis Andium, circiter 2509 — 4000 m s. m., a Venezuela et Colombia usque Peruviam et Boliviam occidentalem.

Clavis specierum.

A. Lobi corollae circiter duplo breviores quam tubus corollae (Brevipetala).
  a. Inflorescentia laxe corymboso-racemosa, pedicelli 4—5 cm longi! Rami laeves; sepala reflexa .... 33. *S. calodontus.*
  b. Racemi densi, pedicelli 1—3 cm longi.
    I. Rami granuloso-scabri.
      α. Sepala reflexa, planta pubescens .... 34. *S. tortuosus.*
      β. Sepala erecta usque patentia.
        * Plantae pilosae.
          ° Sepala divergentia 8—10 mm longa .... 35. *S. pozuzensis.*
          °° Sepala erecta, breviora.[1])
            † Sepala sublinearia 7 mm longa .... 36. *S. buesii.*
            †† Sepala dentiformia 2 mm longa ...... 37. *S. flagelliformis.*
        ** Plantae glabrae.
          ° Sepala arcuato-patentia 4—5 mm longa .... 38. *S. tuberculatus.*
          °° Sepala dentiformia, 1—3 mm longa, erecta.
            △ Folia coriacea, rugosa, ovata usque oblonga . 39. *S. retrorsus.*
            △△ Folia chartacea, saepe conduplicata, ovato-lanceolata usque oblonga, acuminato-cuspidata .... 40. *S. angustiflorus.*
    II. Rami laeves (excepto forsan *S. penduliflоro* var. *asperatulo*).
      α. Plantae glaberrimae, folia crassiuscula.
        * Folia apice acuta vel acuminata .... 41. *S. penduliflorus.*
        ** Folia apice rotundata vel obtusa, interdum subacuta.
          ° Folia ovalia vel fere obovato-ovalia, rotundata, basi breviter subacuta .... 42. *S. subcarnosus.*
          °° Folia oblonga usque elliptica.
            † Folia oblonga, apice obtusa vel retusa; bracteae superiores anguste lanceolatae, pedicello breviores .. 43. *S. scandens.*
            †† Folia elliptica (ovato-elliptica, -oblonga) obtusa usque subacuminata; bracteae superiores ellipticae, pedicello longiores .... 44. *S. divaricatus.*
      β. Plantae plus minus pubescentes.
        § Sepala anguste linearia, dense pubescentes, 14 mm longi. 45. *S. tepuiensis.*
        §§ Sepala anguste triangularia 3—6 mm longi.
          * Hypanthium turbinatum, basi acutum; folia elliptica usque oblongo-ovata .... 46. *S. polycladus.*
          ** Hypanthium semi- vel subglobosum, basi rotundatum.

[1]) Vide etiam: *S. penduliflorus* var. *asperatulus!*

° Pedicelli bracteis longiores; sepala sublinearia, 5—6 mm longa .... 47. *S. keissleri.*

°° Pedicelli bracteis breviores; sepala triangularia, ad 3 mm longa .... 48. *S. amoenus.*

B. Lobi corollae tam longi vel etiam sublongiores quam tubus corollae: vide sectionem *Brachysiphon*, subsect. *Altofissi!* (p. 364).

33. **Siphocampylus calodontus** E. Wimm. in Fedde, Rep. XXIX (1931) 87, t. 128, fig. 4, in Macbr. Fl. Peru VI (1937) 445. — Frutex scandens, glaber. Folia oblonga, utrinque acuta, 6—8 cm longa et 2,5—3 cm lata, margine dentibus anguste triangularibus, acutis, rectis vel partim uncinulatis, majoribus cum minoribus alternantibus conferte munita, membranacea, laevia, basi in petiolum 3—5 mm longum angustata. Racemus corymbosus, laxus. Bracteae minutae, lanceolatae, basi pedicellorum adnatae. Pedicelli 4—4,5 cm longi, apice sigmoideo-curvati. Hypanthium semi-ovoideum, lobi reflexi, subulati, pauci-denticulati, 7 mm longi. Corolla rubra, 40—45 mm longa, recta, sursum perpaullum ventricosa; lobi anguste triangulares, circiter 10 mm longi. Stamina glabra. Antherae 6 mm longae, 2 inferiores barbatae.

Peru: Dept. Cajamarca, Santa Cruz, 2100—2400 m, VI 1865 (Pearce — Hb. Kew!).

34. **S. tortuosus** A. Zahlb. in Engler, Jahrb. XXXVII (1906) 459; E. Wimm. in Macbr. Fl. Peru VI (1937) 470. — Frutex ramis scandentibus, scabro-pilosis, inferne glabrescentibus, fistulosis. Folia ovata vel elliptica, acuminata, 5—14 cm longa et 2—6 cm lata, basi in petiolum hispidulum 10—15 mm longum angustata, margine callose denticulata, tenuiter membranacea, supra glabra, subtus sparse pubescentia, nervis lateralibus 6 sub angulo fere semirecto ascendentibus. Racemi terminales, sat breves, rachide tortuosa. Folia floralia mox in bracteas subulatas reducta. Pedicelli 2—3 cm longi, pubescentes. Receptaculum calycis obconicum, lobi subulati, integri, reflexi, 6 mm longi, pubescentes. Corolla dilute purpurea, pubescens, subcurvata, sursum leviter infundibulariter ampliata, 63 mm longa, ad faucem 6—8 mm lata; lobi sublineares, acuti, 2 cm longi. Stamina glabra. Antherae 7 mm longae pilis paucis longiusculis obsitae, 2 inferiores barbatae.

Peru: Dept. Loreto, Berge nördlich von Moyobamba in Gehölz aus Bäumen und Sträuchern gemischt, 1500 m, VIII (Weberbauer n. 4646! — Hb. Berl.).

35. **S. pozuzensis** E. Wimm. in Fedde, Repert. XXIX (1931) 87, t. 118, f. 5, in Macbr. Fl. Peru VI (1937) 465. — Frutex scandens, pubescens. Rami striati, granuloso-scabri, hispiduli. Petioli 5 mm longi, villosi. Folia ovato-oblonga, 6,5—8 cm longa et 2,7—3,5 cm lata, acuta, basi subrotundata usque obtusa, conferte callose denticulata, membranacea, supra parce, subtus imprimis in nervis dense pilosa. Flores racemosi a bracteis filiformibus 1 cm longis suffulti, pauci in axillis foliorum superiorum. Pedicelli 15—20 mm longi, pubescentes. Hypanthium late turbinatum, 3 mm longum, 7 mm latum, pilosum; lobi lineares, 8—10 mm longi, 1 mm lati, subdenticulati, pubescentes, patentes usque subreflexi. Corolla scarlatina, sparse pubescens, subrecta, supra isthmum longiusculum subito et dein aequaliter ampliata et 6 mm lata; lobi sublineares, circiter 18 mm longi, patentes. Staminum tubus glaber. Antherae stramineae, 8 mm longae, vix 2 mm latae.

Peru: Dept. Huánuco, oberhalb Pozuzo, 1800 m, VI (Pearce n. 532! — Hb. Kew).

36. **S. buesii** E. Wimm. in Fedde, Repert. XXIX (1931) 87, t. 128, f. 4, in Macbr. Fl. Peru VI (1937) 445. — Frutex scandens ramis angulatis, ferrugineo-scabro-villosulis. Petioli foliorum superiorum (a me tantum visorum) 4 mm longi. Folia elliptico-oblonga usque ovato-oblonga, 35—44 mm longa et 15—18 mm lata, apice falcato-acuminata, basi rotundata vel subobtusa, margine subremote callose denticulata, supra sparse hirtella, subtus imprimis in nervis villosa. Flores verisimiliter racemosi (frustulum inflorescentiae tantum vidi!). Pedicelli in axillis foliorum

deminutorum vel bractearum, pubescentes, 7 mm longi. Hypanthium breviter turbinatum, lobi calycis subulati, integri, pubescentes, erecti, 7 mm longi. Corolla rubra (?), puberula, subrecta, 52 mm longa, sursum perpaullum dilatata; lobi circiter 15 mm longi. Filamenta glabra. Antherarum tubus 7 mm longus, versus apicem pilosulus.

Peru: Dept. Cuzco (C. Bues! — Hb. Wash.).

Ab affini *S. angustifloro* differt pubescentia, sepalis, corolla.

37. **S. flagelliformis** A. Zahlb. in Bull. Torr. Bot. Club XXIV (1897) 380; E. Wimm. in Macbr. Fl. Peru VI (1937) 452. — *S. altiscandens* Gleas. in Bull. Torr. Bot. Club XXXXVIII (1921) 198. — *S. angustiflorus* Britton in Bull. Torr. Bot. Club XIX (1892) 373 et apud Rusby, Pl. Boliv. exsicc. n. 646, non Schlechtd. — Frutex alte scandens, ramis flagelliformibus, striatis, ferrugineo-granuloso-pilosis, medullosis. Petioli circiter 3 mm longi, subtomentosi. Folia rigida, opaca, ovato-oblonga usque elliptico-oblonga, 3,5—7 cm longa et 1,7—3 cm lata, acuminata, basi subangustata, margine callose denticulata, supra nervatura impressa et pilis brevissimis obsita, subtus imprimis ad nervos fusco-hirta. Flores inferiores foliati, ceteri bracteati. Bracteae ellipticae usque lanceolatae. Pedicelli contorti, subtomentosi, 5—12 mm longi. Hypanthium breviter turbinatum, hirtellum, lobi triangulares, subdenticulati, 2 mm longi. Corolla rosea, anguste subcylindrica, subrecta, subglabra, 30—37 mm longa, 3 mm lata; lobi 9 mm longi. Filamenta glabra. Antherarum tubus 5 mm longus, virenti-luteus, glaber, apice omnes, sed 2 inferiores longius pilosae. Capsula ovoidea, 8 mm longa. Semina oblonga, fusca, circiter 1 mm longa.

var. **flagelliformis.**

Bolivia: Yungas, 1200 m (Rusby n. 646! — Hb. Wien); Bergwald bei San Lorenzo, 2500 m, VIII (C. Troll n. 2612! — Hb. Berl.); Coroico, Uchimachi (Bang n. 2553! — Typus pro *S. altiscandens*, Hb. Columbia Univ.).

var. **glaber** E. Wimm. in Annal. Naturhist. Mus. Wien LVI (1948) 324. — Rami laeves, glabri. Folia membranacea, glabra. Pedicelli ad 16 mm longi, subpubescentes. Corolla rubra, glabra. Flores decidui.

Bolivia: Dept. Cochabamba, Prov. Chapare, Quebrada de Corani, Wald, 2400 m, VI (J. Steinbach n. 9863! — Hb. Field).

Species arcte affinis *S. angustifloro*, a quo aegre distingui potest foliis subcoriaceis, minute hirtellis, breviter acuminatis, pedicellis brevibus, subtomentosis, characteribus ut videtur parum constantibus.

38. **S. angustiflorus** Schlechtend. apud Lechler, Berberides Amer. Austr. (1857) 58, nomen et Plantae Lechler. Peruv. n. 2649; A. Zahlb. in Bull. Torr. Bot. Club XXIV (1897) 379 cum diagn.; E. Wimm. in Macbr. Fl. Peru VI (1937) 441. — Frutex glaber, scandens, ramis gracilibus, striatis, granuloso-scabris, pendulis. Petioli ad 2,5 mm longi. Folia ovato-lanceolata, interdum lanceolato-oblonga, acuminato-cuspidata (raro acuta), basi rotundata usque subacuta, 4—6 cm longa et 1—2 cm lata, margine integro vel leviter repando minute vel exserte denticulata, chartacea, saepe falcata et conduplicata, glaberrima, nervis supra impressis, subtus prominentibus, secundariis 5—7 sub angulo fere semirecto ascendentibus. Racemi terminales multiflori, ramuli laterales breves et pauciflori. Bracteae inferiores foliaceae, superiores lanceolatae et sensim deminutae. Pedicelli 12—20 mm longi, divaricati, scabri. Hypanthium turbinatum, laeve; lobi dentiformes, subintegri, apice subrecurvati, 1 mm longi. Corolla purpurea usque rosea, glabra, 33—50 mm longa, ab isthmo angusto versus apicem sensim dilatata (3—5 mm), recta; lobi 10—13 mm longi. Filamenta glabra. Tubus antherarum virenti-luteus, 5 mm longus, glaber, vel apice omnes sed superiores minus longe pilosae. Capsula turbinato-globosa, ca. 7 mm longa. — Fig. 60, p. 283.

Peru: Tatanare, VIII (W. Lechler, Pl. Peruv. ed. Hohenacker n. 2649! — Hb. Wien, Gött. sp. orig.); Dept. Puno, zwischen dem Tambo Ichabamba und dem

Tambo Yuncacoya, Weg von Sandia nach Chunchusmayo, Gesträuch, 1800—2600 m (Weberbauer n. 1102! — Hb. Berl.); Dept. Cuzco, im Wald am Rio Yanamayo unterhalb Pillahuata, 2300 m (Pennell n. 14056! — Hb. Wash.); Dept. Huánuco, Berge südwestlich von Monzón, 2500—2900 m (Weberbauer n. 3391!); Playapampa, Liane in der felsigen feuchten Montaña, 2700 m (Macbride n. 4877!); Dept. Cajamarca, Santa Cruz und Callayuc, Wälder, 2100—2400 m (R. Pearce! — Hb. Kew); Dept. Amazonas, östlich von Chachapoyas zwischen dem Tambo Almirante und Bagazán, dichtes Gehölz aus kleinen Bäumen und hohen Sträuchern gemischt, 2700 m (Weberbauer n. 4433!).

Bolivia: Prov. Larecaja, im Tal des Tipuani (Weddell! — Hb. Paris, Typus Zahlbruckners); 1500—2000 Meilen im Innern, 15—18° südl. Breite (Bridges n. 293! — Hb. Petersb.): ohne nähere Angabe (Cumming n. 112! — Hb. Wien).

39. S. **retrorsus** (Willd.) Vatke in Linnaea XXXVIII (1874) 724; E. Wimm. in Fedde, Repert. XXVI (1929) 18 cum diagn. suppl. — *Lobelia retrorsa* Willd. ex Roem. & Schult. Syst. V (1819) 57; Spreng. Syst. I (1825) 709; D. Dietr. Synops. I (1839) 727; Presl, Prodr. Lobel. (1836) 35. — *Dortmannia retrorsa* O. Kuntze, Revis. Gen. Pl. (1891) 973. — Frutex scandens, ramis angulatis, ferrugineis, granuloso-scabris (verruculosis), pendulis. Petioli verruculosi, circiter 1 cm longi. Folia elliptico-oblonga, ovata vel ovato-oblonga, 4—8 cm longa et 2—4 cm lata, apice rotundata et brevissime acuminata (var. *retrorsus*) vel acuta aut subacuminata, basi rotundata, margine saepe retrorsum callose denticulata, coriacea, glabra, supra rugosa et nitida, subtus reticulato-nervosa et leviter minute granulosa, nervis secundariis 3—4 sub angulo acuto excurrentibus. Racemi densi, multiflori, saepe vagi. Bracteae ovatae, mucronatae, 2—4 mm longae. Pedicelli 8—12 mm longi, scabro-hirtelli, arcuato-recurvati. Calycis tubus breviter turbinatus, brevissime hirtellus; lobi ovato-acuminati, vix 2 mm longi. Corolla coccinea, brevissime hirtella, recta, 35—42 mm longa, ad isthmum 1,5, superne 3,5 mm lata; lobi 8—12 mm longi. Tubus staminum glaber, antherae 5 mm longae, 2 inferiores barbatae.

A. Bracteae ovatae mucronulatae; folia basi et apice subrotundata; corolla scabro-hirta; pedicelli ad 1 cm lg. .... var. *retrorsus*.

B. Bracteae lanceolatae; folia basi rotundata vel acuta, apice acuta vel acuminata.
- I. Corolla scabro hirtella.
  - a) Pedicelli ad 12 mm lg. .... var. *asper*.
  - b) Pedicelli breves, 5—7 mm lg. .... var. *eximius*.
- II. Corolla laevis, glabra, pedicelli ad 16 mm lg. .... var. *semiasper*.

var. **retrorsus**.

Colombia: Ohne nähere Angabe (Herb. Willd. n. 3998! Werklé! — Mus. Berlin); Páramo del Peñon inter Libato et Barrablanco, 2900 m, II (E. André n. 1463! — Hb. Kew).

var. **asper** (Benth.) E. Wimm. in Fedde, Repert. l. c. — *S. asper* Benth. Pl. Hartweg. (1845) 213. — *S. reflexifolius* A. Zahlb. in Fedde, Repert. XIV (1915) 181. — Folia oblonga usque ovata, apice acuta, margine raro retrorsum denticulata. Bracteae lanceolatae. Corolla sanguinea (Lehm.!), rubro-lilacina (Dryander!). — Fig. 62 c.

Colombia: Bogotá (Hartweg!) — Hb. Kew, sp. orig.); Dept. Valle, Westkordilleren, Páramo bei Farallones, 3000 m, X. (E. Dryander n. 1365! — Hb. Berl.); Dept. Antioquia, Wald bei San José (W. Kalbreyer n. 1599!); dichter Buschwald auf dem Hochland von Santa Rosa, 2600—2800 m, XI (Lehmann n. 7463! — Typus pro *S. reflexifolius*, Hb. Berl.).

var **eximius** (Planch.) E. Wimm. l. c. 19. — *S. eximius* Planch. in Fl. des Serres VI (1850—51) 16. — Rami minus scabri. Folia oblonga vel elliptico-oblonga, utrinque subacuta, retrorsum denticulata, subtus leviter tuberculata. Pedicelli 5—7 mm tantum longi. Lobi calycis triangulares, 1 mm longi. Corolla 45—50 mm longa.

Colombia: Santa Fé de Bogotá (Purdie! — Hb. Cambr., Kew).

var. **semiasper** E. Wimm. l. c. 19. — Folia ovata, acuminata argute denticulata. Flores parum majores, minus scabri vel fere laevigati. Pedicelli 15—17 mm longi. Lobi calycis sublineares, obtusiusculi, patuli, 4 mm longi. Corolla ad 54 mm longa, laevigata, glabra.

Colombia: Prov. Bogotá, von Gachala nach Medina, 2800 m (Triana n. 1546! — Hb. Paris).

40. **S. tuberculatus** E. Wimm. in Fedde, Repert. XXII (1926) 218 nom., t. 31, f. 4; in Annal. Naturhist. Mus. Wien LVI (1948) 324. — Frutex ad 2 m altus, ramis longis, tenuibus, dependentibus, striatis, fuscescentibus, dense verruculosis. Petioli 1—2 cm longi, scabriusculi. Folia ovatoblonga vel oblonga, 8—16 cm longa et 3,4—6,2 cm lata, subbreviter acuminata, basi rotundata usque obtusa, margine denticulis 3—6 mm inter sese distantibus munita, membranacea, plana, opaca, supra glabra, subtus pallida, ad nervos et venas sparse glanduloso-scabra, nervi prominuli, laterales 7 sub angulo fere semirecto ascendentes et longe intra marginem anastomosantes. Racemi longi, densiflori, dependentes. Bracteae lineares, denticulatae, pedicellos fere aequantes. Pedicelli 10 mm longi, scabriusculi, arcuato-patentes. Hypanthium turbinatum, laevigatum, circiter 3 mm longum et latum; lobi sublineares, acuti, subdenticulati, 4—5 mm longi, arcuato-recurvati. Corolla purpurea (Kalbreyer!) vel obscure lilacina aut carmesina (Schlim!), glabra, fere recta, sursum perpaullum dilatata, 45—55 mm longa, ad isthmum 2, superne 4—5 mm lata; lobi ad 15 mm longi. Tubus stamineus longitudine corollae, glaber. Antherae atro-violascentes, 5 mm longae, 2 inferiores apice albido-penicillatae.

Colombia: Dept. Antioquia, Waldlichtung bei San José, 2550 m (W. Kalbreyer n. 478! — Hb. Kew); Ocaña, Perico, 2100 m (L. Schlim n. 965! — Hb. Del., Paris).

var. **carmesinus** E. Wimm. l. c. f. 5, in Annal. Naturhist. Mus. Wien LVI (1948) 325. — Rami tuberculis minus densis et minoribus obsiti. Lamina foliorum oblonga, lateribus plus minus parallelis, 8 cm longa et 3 cm lata, basi subrotundata, apice abrupte brevissime acuminata, subtus pilis glandulaceis in nervis vestita. Pedicelli ad 15 mm elongati. Corolla carmesina vel diluti-rosea.

Colombia: Dept. Santander, Prov. Ocaña (Funck et Schlim n. 1416! Hb. Del. Par.); Las Vegas, ca. 910 m (Killip et Smith n. 15976! — Hb. N Y.).

41. **S. penduliflorus** Decaisne, Flore des Serres VIII (1852—53) 35, t. 763; Regel, Gartenflora II (1853) 186. — Frutex scandens, glaberrimus, ramis laevigatis vel minute granulosis, tenuiter striatis, pendulis. Petioli 1 cm longi, perpaullum scabriusculi. Folia oblonga et ovato-lanceolata, 6—9 cm longa, 1,6—3,5 cm lata, utrinque acuta vel apice sensim acutata, basi acuta vel obtusa, margine remote denticulata, membranacea, plana, opaca, subtus subpallida, nervis prominulis, secundariis 5 sub angulo acuto arcuatim ascendentibus. Racemi secundi, sublaxi. Bracteae inferiores foliaceae, reliquae lanceolato-lineares, pedicellis multo breviores. Pedicelli 15—25 mm longi, scabriusculi. Hypanthium breviter turbinatum, vix 2 mm longum, 5 mm latum; lobi lineares, obtusi, mucronulati, patentissimi, 5—11 mm longi, vix 1 mm lati. Corolla purpureo-āermesina, apice dilutior, glabra, subrecta, 46—56 cm longa, versus faucem parum ampliata ibique 4 mm lata; lobi sublineares, superiores 11, imus 14 mm longi. Antherae 7 mm longae, glabrae, 2 inferiores albido-penicillatae.

A. Sepala linearia 4—11 mm lg.
  I. Folia glaberrima .... var. *penduliflorus.*
  II. Folia scabriuscula, subtus puberula .... var. *asperatulus.*
B. Sepala dentiformia 1 mm lg. .... var. *parvicalycinus.*

var. **penduliflorus.** — Fig. 56 r et fig. 62 a.

Venezuela: Caracas, Calipan (Linden n. 25! — Hb. Paris, Del., Berl.; Funck & Schlim n. 100! — Hb. Del., Wien); Caracas, Tovar und La Gyayra (Gollmer! Moritz n. 259! 69! Fendler n. 730!); Staat Aragua, Colonia Tovar, epiphyt., klimmender Strauch auf Wiesen und in Wäldern, 2100—2200 m (Pittier n. 10001! A. Jahn n. 449! — Hb. Wash.); Tovar, 1600 m (A. Allart n. 452! H. Karsten n. 48 (2)! — Hb. Wash., Berl.).

var. **parvicalycinus** E. Wimm. in Fedde, Repert. XXIX (1931) 88. — Folia oblongo-elliptica, basi subrotundata usque subacuta, ad apicem obtusiusculum acuta. Lobi calycis dentiformes, 1 mm longi, erecti. Corolla 6 cm longa.

Ecuador: Anden, 1500 m, IV. 1868 (Pearce n. 45! — Hb. Kew). — Colombia (Lobb n. 45! — Hb. Kew, an errore Lobb collector nominatur et etiam patria erronea ?).

var. **asperatulus** E. Wimm. in Fedde Repert. l. c. et in Macbr. Fl. Peru VI (1937) 464. — Rami minute tuberculati. Folia oblongo-ovata vel elliptica, apice subacuminata, margine ut in typo vel denticulato-serrata (specim. Moritz), minute scabriuscula, subtus leviter puberula. Rachis, pedicelli et calyx puberulo-scabriusculi. Lobi calycis 4—7 mm longi, subpatentes. Corolla 4 cm longa, glabra, parum angustior.

Peru: Dept. Loreto, Tarapoto (Spruce n. 3996! — Hb. Wien, DC., Kew).

Venezuela: Prov. Caracas, in montibus subalpinis, XII (Moritz n. 1757! — Hb. Hamburg).

42. **S. subcarnosus** Benth. Pl. Hartweg (1844) 138; E. Wimm. in Macbr. Fl. Peru VI (1937) 469. — Frutex scandens, glaberrimus, ramis laevibus, pendulis. Petioli crassi, 12—14 mm longi. Folia coriacea (in sicco quidem), subcarnosa (ex auct.), ovalia vel et subobovata, 3,5 cm longa, 3 cm lata, obtusa vel subemarginata, basi late acuta, margine revoluto integerrima vel remote callose denticulata. Racemus secundus, confertus. Bracteae inconspicuae. Pedicelli 12 mm longi, curvati. Hypanthium turbinatum, lobi dentiformes, 1 mm longi. Corolla purpurea, 37—40 mm longa, glabra, curvata, sursum parum dilatata. Tubus stamineus glaber. Antherae 4—5 mm longae, 2 inferiores barbatae.

Peru: Ohne nähere Ortsangabe (Hartweg n. 776! — spec. orig. Hb. Cambr. Del., Paris, patria verisimiliter Ecuador ?)

Colombia: Alto de Pesares bei Popayán, 2600—2900 m, III (Lehmann n. 5930! — Hb. Kew, sed sub eodem no. distributus etiam *S. cordatus* var. *obtusus* E. Wimm. in Hb. Kew!).

43. **S. scandens** (HBK.) G. Don, Gen. Syst. III (1834) 703; E. Wimm. in Macbr. Fl. Peru VI (1937) 467. — *Lobelia scandens* HBK., Nov. Gen. et Spec. Amer. III (1818) 309; Spreng., Syst. I (1825) 710; D. Dietr. Synops. I (1839) 728. — *L. obtusifolia* Willd. ex Roem. & Schult., Syst. V (1819) 57. — Frutex scandens, glaberrimus, ramis subangulatis, dependentibus. Folia 5—8 mm longe petiolata, subcarnosa (coriacea in sicco), oblonga, obtusa, basi subacuta, 3—5 cm longa, 1,5—1,7 cm lata, margine revoluto remote callose denticulata, opaca, supra nervis impressiusculis, subtus nervis vix prominentibus, secundariis 3 sub angulo semirecto ascendentibus. Racemi secundi, subdensi. Bracteolae lineari-lanceolatae, denticulatae, pedicellis 3—12 mm longis fere duplo breviores. Hypanthium turbinatum, lobi lineares, obtusi, inferne subdenticulati, 2—4 mm longi. Corolla coccinea, glabra, subcurvata, fere aequilata (3,5 mm); lobi circiter 1 cm longi. Stamina glabra. Antherae 5 mm longae, 2 inferiores barbatae. — Fig. 62 b.

Ecuador: In frigidis inter Páramo de Saraguru et urbem Loxa, 1300 hex., VIII (Humboldt! — Hb. Willdenow n. 4002, Berl.); ohne nähere Ortsangabe (W. Jameson! Lobb! — Hb. Wash., Wien).

44. **S. divaricatus** Benth., Pl. Hartweg. (1844) 138; E. Wimm. in Fl. Peru VI (1937) 451. — Fruticosus, subscandens, glaberrimus. Petioli 1 cm longi. Folia

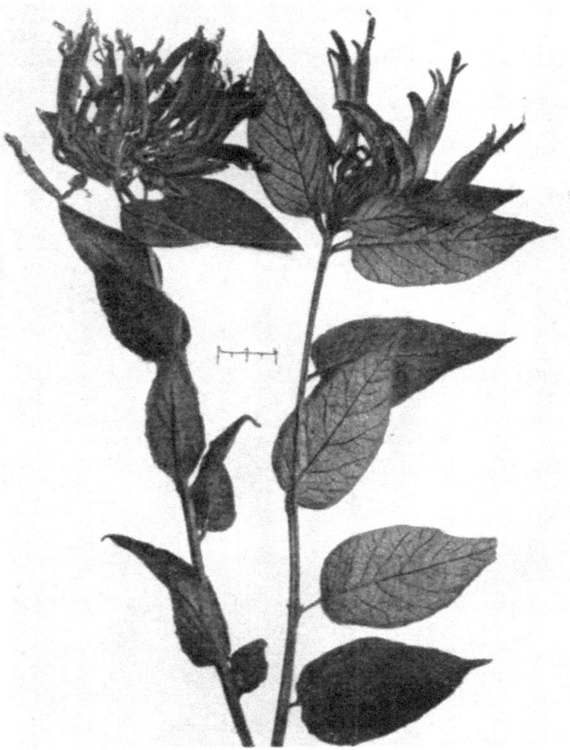

Fig. 61. *Siphocampylus reticulatus.* ca. 3/5.

Fig. 62. a *Siphocampylus penduliflorus.*
b *S. scandens.* — c *S. retrorsus.* ca. 1/3.

elliptica vel subovato-oblonga, obtusa vel subacuta, basi obtusa usque acuta, 4—5 cm longa et 2—2,4 cm lata, margine remote callose denticulata, crasso-membranacea, nitentia, supra nervis impressis, subtus nervis venisque prominulis, secundariis 4 sub angulo subsemirecto ascendentibus. Rami pendentes, glabri, nitidi, ramuli florigeri divaricati, breves. Racemi secundi. Pedicelli in axillis foliorum deminutorum vel bractearum oblongarum. Pedicelli circiter 1 cm longi. Hypanthium turbinatum, lobis dentiformibus, 1 mm longis, apice recurvatulis. Corolla coccinea, glabra, ad 48 mm longa, subrecta, sursum parum ampliata; lobi circiter 1 cm longi. Tubus stamineus glaber, 5 cm longus. Antherae 6 mm longae, 2 inferiores barbatae.

Ecuador: Berge bei Loxa (Hartweg n. 774! — Hb. Cambr., orig.); Chuquiribamba „pl. grimpante" (E. André n. 4485! — Hb. Kew); Las Juntas (Rose, Pachano & Rose n. 23191! — Hb. N. Y., corolla minore 35 mm longa!).

45. **S. tepuiensis** Gleason in Brittonia III (1939) 194. — Caules brevi-tomentosi. Folia petiolata — petioli 10—15 mm longi dense pubescentes — lamina subcoriacea, ovata, basi obtusa vel subrotundata, apice brevissime acutata, margine repanda, supra glabra, rugosa, subtus dense velutina pilis simplicibus, 9 cm longa et 5 cm lata. Racemus terminalis, confertus, tomentosus, 10—20 cm lg. Bracteae lineares vel anguste lanceolatae, 1—3 cm longae. Pedicelli densissime villosi, 1,5—2 cm longi. Hypanthium late turbinatum, 2 mm longum, 4 mm latum (in statu compresso), dense pubescens; sepala anguste linearia sinubus latis rotundatis, dense pubescentia, 14 mm longa. Corolla angusta, molli-pubescens, basi rubro-purpurea, ad apicem flavescens, eius tubus 3 cm longus, lobi superiores corollae oblongi, falcati, 10 mm longi, lobi inferiores anguste triangulares, 7 mm longi. Filamenta glabra; antherarum tubus 5,5 mm lg., in suturis parce hirsutulus, 2 inferiores apice albo-barbatae.

Venezuela: Mount Auyan-Tepui, c. 2200 m, sandstone table mount in southern Venezuela, ca. 150 miles n. w. of Roraima (G. H. H. Tate n. 1353 — N. Y. ex auct.). Non vidi!

46. **S. polycladus** E. Wimm. in Notizbl. Bot. Gart. u. Mus. Berl. X (1929) 745. — Suffrutex ramosus, puberulus. Rami obtusanguli, purpurati, medulla lutosa impleti. Petioli 13 mm longi usque subnulli. Folia membranacea, elliptico- vel oblongo-ovata vel (superiora) subelliptica, 7,5—22 cm longa, 3—12 cm lata, basi subcordata vel rotundata, apice acuta, margine callose denticulata, supra sparse, subtus densius puberula, nervi prominentes, laterales 11—12 sub angulo semirecto arcuatim ascendentes. Racemi vagi, in ramulis sat breves. Bracteae inferiores foliaceae, sed foliis multo minores, superiores lanceolatae. Pedicelli 17—24 mm longi, ebracteolati. Hypanthium turbinatum, glabrescens, lobi anguste triangulares, acuti, integri, erecti, parce puberuli, 5 mm longi, sinus inter eos acuti. Corolla punicea, glabra, subrecta, 40 mm longa, ad isthmum 3 mm lata, dein parum ventricosa, 6 mm lata; lobi circiter 13 mm longi. Stamina glabra. Antherae 6 mm longae, 2 inferiores apice albido-setosae. Capsula subglobosa, 6 mm longa et lata. Semina oblonga, fusca, 0,5 mm longa.

Peru: Dept. Cajamarca, Prov. Contumaza, Chorillos, ca. 2000 m, VI. (A. Raimondi n. 6907! — Hb. Berl.).

var. **rubicundus** E. Wimm. l. c. 746. — Minus pubescens. Sepala 3—4 mm tantum longa. Corolla roseo-flava, nervis saturatius rosei, petala intus fusco-rubra.

Peru: Am selben Orte wie der Typus (A. Raimondi n. 7181! 7789! 8045! — Hb. Berl.).

47. **S. keissleri**[1]) E. Wimm. in Fedde, Repert. XXII (1926) 211. — Rami subscandentes, teretiusculi, puberuli, inferne glabrati. Folia 5 mm longe petiolata,

[1]) Species dedicata cl. Mycologo Musei historico-naturalis Vindobonensis Dr. Karl v. Keissler.

elliptico-oblonga, utrinque acuta vel basi etiam subrotundata, 7,5—10 cm longa et 4—4,7 cm lata, margine conferte denticulata, membranacea, supra glabra, opaca, subtus puberula, nervi secundarii 10 prominentes sub angulo acuto assurgentes. Racemus subsecundus. Pedicelli 15 mm longi, puberuli, inferiores bractea foliacea multo breviores, superiores bractea lanceolata longiores. Hypanthium subglobosum, glabrum, 10-costatum; lobi sublineares, cuspidati, integri, sparse puberuli, 5—6 mm longi, erecti vel patentes. Corolla purpurea, glabra, 35 mm longa, subcurvata, sursum parum dilatata (5 mm); lobi circiter 11 mm longi. Tubus stamineus glaber, 38 mm longus; antherae purpurascentes, 5 mm longae, 2 inferiores barbatae.

E c u a d o r: Sabiango Hill, 1400 m, XI (C. H. T. T o w n s e n d n. A 117! — Hb. Wash.).

48. **S. amoenus** Planch. in Fl. des Serres VI (1850—51) 273, t. 619. — *S. villosulus* Kanitz in Martius Fl. Brasil. VI/4 (1878) 108 p. p. — Caulis subherbaceus, ramosus, rami recti, angulosi, pulveraceo-puberuli. Folia oblongo-lanceolata, 4—5,5 cm longa, acuminata, acuta, basi in petiolum brevem angustata, margine leviter undulato exserte glanduloso-serrata, supra nitore sericeo, amoene viridia, subtus brevissime puberula, suprema in bracteas anguste lanceolatas sensim abeuntia. Racemus terminalis, multiflorus. Pedicelli calyce longiores. Calycis tubus patelliformis, basi planiusculus, dentibus semi-lanceolatis, corollae adpressis. Corolla parva rectiuscula, amoene aurantiaco-rubra, laciniis angustis, acutis, superioribus apice tantum ascendenti-divergentibus. Filamenta praeter basim glaberrima. Antherarum tubus inclusus, apice pilis barbatus, caeterum glaber. Diagn. auct.

B r a s i l i e n (aus Samen in der Erde einer Orchideensendung aus Brasilien von M. G h i e s b r e g h t — non vidi).

Subgrex 2. Foliato-racemosi E. Wimm.

Foliato-racemosi E. Wimm. in Fedde, Repert. XXIX (1931) 54, in Macbr. Fl. Peru VI (1937) 433, in Annal. Naturhist. Mus. Wien LVI (1948) 325. — Flores in axillis foliorum normalium, versus verticem sensim decrescentium vel interdum in bracteas transeuntium, racemum foliatum plerumque densum formantes, folia floralia pedicellos vulgo superantia. — Herbae robustae vel suffrutices erecti, non scandentes, circiter 1 m et ultra alti. Flores rubri usque aurantiaci vel bicolores.

Species 11 in montibus Peruviae, Boliviae et Argentiniae occidentalis, 900—3600 m s. m. distributae.

C l a v i s s p e c i e r u m.

A. Plantae glabrae (partes novellae verticis occasionaliter leviter evanescenterque pubescentes).[1])

a) Folia argute dentata usque bidentata .... 49. *S. lorentzii.*

b) Folia inaequaliter grosse dentata .... 50. *S. candollei.*

B. Plantae pilosae.

α) Folia oblongo-lanceolata, rarius anguste lanceolata, inferiora saepe subovato-lanceolata.

1. Calycis lobi subdenticulati, 3—5 mm longi; folia chartacea vel membranacea, subtus hirta vel glabra .... 51. *S. foliosus.*

2. Calycis lobi integri, 6—7 mm longi; folia subcoriacea, subtus valde reticulata et tomentella .... 52. *S. krauseanus.*

---

[1]) Vide etiam *S. foliosum* var. *glabratum*, var. *lessenii*, var. *minorem!*

β) Folia ovato-lanceolata vel -oblonga, ovata vel triangularia.
 * Antherarum tubus basi 5 barbulis ornatus[1]); pl. leviter villosae.
  ° Folia ovato-oblonga; pedicelli ebracteolati .... 53. *S. venustus.*
  °° Folia ovata usque oblongo-ovata, serrato-dentata vel bidentata; pedicelli bibracteolati .... 54. *S. biserratus.*
 ** Antherarum tubus basi non pilosus (in *S. macropodioide* rarius obveniunt pauci pili).
  □ Folia elliptico-ovata, apice rotundata, mucronata .. 55. *S. apricus.*
  □□ Folia apice acuta vel raro acuminata.[2]).
   △ Folia apice acuta; sepala triangularia, 3 mm longa, vel subulata et integra (var. *S. tupaeformis*).
    * Folia oblongo-ovata vel triangularia vel lineari-lanceolata (ad basin saepius latiora), subtus saepe reticulato-venosa 56. *S. tupaeformis.*
    ** Folia elongato-triangularia, 12 cm lg., 3 cm lt., membranacea, subtus non reticulato-venosa .... 57. *S. coltinya.*
   △△ Folia apice acuminata; sepala anguste sublinearia, integra vel denticulata.
    † Folia argute grossius vel serrato-dentata, sepala 12—15 mm longa, integra .... Vide 82. *S. argentinus.*
    †† Folia conferte inaequaliter denticulata, sepala 5—12 mm longa.
     ° Hypanthium subglobosum, 8 mm diam., corolla dense usque leviter pubescens .... 58. *S. nemoralis.*
     °° Hypanthium semi- vel depresso-globosum, 3—4 mm diam., corolla glabra .... 59. *S. macropodioides.*

49. **S. lorentzii** E. Wimm. in Fedde, Repert. XXIX (1931) 85 et in Revista Sudamer. Bot. II (1935) 99. — Ramosus, glaberrimus. Rami teretes, fistulosi. Folia oblongo-ovata vel oblonga, ima subcordata, cetera rotundata usque acuta in basi, in petiolum 5—15 mm longum, marginatum angustata, apice acuta, margine argute dentata vel bidentata, membranacea, 5—8 cm longa et 2,2—3 cm lata, nervis secundariis 7—10 sub angulo subsemirecto ascendentibus. Racemus foliatus, demum superne bracteis lanceolatis instructus, 15—30 cm longus. Pedicelli 25 mm longi, ebracteolati, suberecti. Hypanthium semiglobosum, demum subglobosum, basi subacutum, 5 mm latum; lobi triangulares, acutissimi, integri vel raro dentati, 3—4 mm longi. Corolla (? bicolor, nempe latere dorsali rubra, latere ventrali flava) 32 mm longa, ad isthmum 3, ad faucem 5 mm lata, subrecta; lobi sublineares, patentes, 10—12 mm longi. Stamina glabra. Antherae 5 mm longae. Capsula subglobosa.

Bolivia: Südl. Teil (Fiebrig n. 2463 a! — Hb. Berl.).

Argentinien: San Bartolo (P. G. Lorentz n. 697! — Hb. Berl.); Berge bei Cordoba (X. Schnyder! — Hb. Wien).

50. **S. candollei** E. Wimm. in Fedde, Repert. XXII (1926) 208 et in Macbr. Fl. Peru VI (1937) 445 excl. syn. A. DC. — *S. laciniatus* A. DC. in herb. Paris, non Prodr. VII, 397 nec G. Don, Gen. Syst. III, 704. — *Lobelia laciniata* Presl in herb., non Prodr. Lobel. 40 nec Lamarck, Dict. Bot. III, 584.

Caulis herbaceus, fistulosus, obtuse angulatus, glaber, 60—90 cm altus. Petioli 5—19 mm longi. Folia elongato-ovata vel ovato-lanceolata, 4—10 cm longa et 1,7—7 cm lata, ad apicem sensim longeque acuta, basi subcordata usque breviter cuneata, margine inaequaliter sinuato-dentata vel grosse dentata — dentes late vel anguste triangulares, irregulares, minores inter majores, 1—6 mm longi — membranacea, glaberrima, plana, nervi secundarii 7—9 sub angulo subsemirecto arcuatim

[1]) Si pili pauci ibidem, vide *S. macropodioidem!*
[2]) Vide etiam *S. planchonis* et *S. quetamensem*, in quibus interdum inflorescentia videtur foliato-racemosa, sed 2 superiores lobi corollae reliquis distincte latiores.

ascendentes. Racemus vagus, ad 30 cm longus, folia floralia sensim lanceolata. Pedicelli et calyces viscido-puberuli, priores 15—17 mm longi et basi bibracteolati. Hypanthium semi-ellipsoideum, 5 mm diametiens; lobi e basi triangulari lineares, acuti, integri, apice recurvati, 4—5 mm longi. Corolla aurantiaca, 37—50 mm longa, glabra, sursum parum dilatata (5 mm), subrecta; lobi 8—10 mm longi. Stamina glabra. Antherae lutescentes, 6 mm longae. Capsula ellipsoidea, 12 mm longa, 6 mm lata. Semina compresso-ellipsoidea, straminea, nitida, 0,8 mm longa.

A. Folia apice acuminata.

I. Corolla 4—5 cm lg. . . . . var. *candollei.*

II. Corolla 3 cm lg., angustior . . . . var. *breviflorus.*

B. Folia apice rotundata et brevissime acuminata . . . . var. *illustris*

var. **candollei.** — Ut supra.

P e r u: Dept. Lima. Tambo de Viso, an Felsen neben der Lima — Oroya — Bahn, 2650 m, XII (W e b e r b a u e r n. 122! — Hb. Berl.); Matucana, 2400 m, südwestlicher und südlicher Bergabhang, III, V. (M a c b r i d e n. 2892! M a c b r i d e & F e a t h e r s t o n e n. 128! 250! — Hb. Field, Wash.).

var. **breviflorus** E. Wimm. in Notizbl. Bot. Gart. & Mus. Berl. X (1929) 746 et in Macbr. Fl. Peru VI (1937) 446. — Omnes partes minores. Folia 5 cm longa et 2 cm lata. Pedicelli 1 cm longi. Sepala 1,5 mm longa et corolla 3 cm longa et angustior.

P e r u : Dept. Lima, Hügel zwischen Surco und Matucana, V. (A. R a i m o n d i n. 12211! — Hb. Berl.).

var. **illustris** E. Wimm. in Fedde, Repert. XXXVIII (1935) 75 et in Macbr. Fl. Peru l. c. — Folia ovato-oblonga, apice r o t u n d a t a et brevissime acuminata, quandoque e dentibus summis productis quasi tridentata. Racemus ad 50 cm longus. Pedicelli 25—30 mm longi. Corolla „ignea", 45 mm longa.

P e r u : Prov. Moquegua, Carumas, offene gemischte Formation, 2400—2500 m, II—III. (W e b e r b a u e r n. 7273! — Hb. Berl.).

Specimen Weberbaueri identicum est cum illo in Museo Paris. asservato, quod nomine „*Siphocampylus laciniatus?*" manuscripto A. Decandollei signatum est cum altera determinatione verisimiliter a Preslio adjecta „*Lobelia laciniata*". Sed descriptio plantae a G. Don l. c., in specimine „*Lobelia biserrata* Ruiz & Pavon" in Peruvia lecto fundata, vix cum specie nostra congruit, nempe: „Leaves deeply jagged acuminated, the lobes acuminated, branches downy; lobes of corolla falcate; column of stamens downy . . . calyx sphaerical.; corolla red or scarlet." Item A. Decandolle in Prodromo l. c.: „Ramis v e l u t i n i s foliis profunde dentatis acuminatis lobisque acuminatis, tubo calycis hemisphaerico, lobis corollae falcatis, columna staminea v e l u t i n a . . ." Nostra species neque ramis neque tubo staminum v e l u t i n i s gaudet neque lobis folii acuminatis; ideo ambos iure diversos puto. Res tunc demum dirimi potest, quando specimen originarium a Ruiz & Pavon collectum examinatum est, quod ego autem non vidi.

S. laciniatus (Lam.) Urban l. c. de Antillis longe alia planta est, sed nomen Urbanii ob G. Donii prius creatum nomen invalidum est.

51. **S. foliosus** Griseb. in Goetting. Abhandl. XIX (1874) 201 et Pl. Lorentz. (1874) 153; E. Wimm. in Revista Sudamer. Bot. II (1935) 100. — Suffrutex ad 1,50 m altus, hirtellus, caule dense foliato, inferne glabrescente. Folia inferna breviter petiolata, superiora passim sessilia, subovato-lanceolata vel lineari-oblonga, marginibus fere parallelis vel recte fere concurrentibus, 5—14 cm longa et 1,4—3,5 cm lata, apice breviter acuminata, basi truncata vel rotundata, floralia etiam acuta, margine conferte callose denticulata vel inaequaliter dentibus majoribus et minoribus munita, membranacea, supra nervatura impressiuscula et in nervis sparse hirtella vel glabrata, subtus leviter reticulata et hirtella, nervi laterales 12—19 sub angulo 50—80° ascendentibus. Racemus densus foliatus, supra inflorescentiam primo comosus, demum floribus terminatus. Folia floralia flores superantia vel eis superne breviora. Pedicelli 12—20 mm longi, ebracteolati, hirtelli, erecti. Hypan

thium hemisphaericum, costatum; lobi anguste triangulares, subacuminati, 3—5 mm longi, integri, plerumque puberuli. Corolla rubra, in typo glabra, subrecta, 26—32 mm longa, ad faucem 3—4 mm lata; lobi circiter 10 mm longi. Stamina glabra. Antherae stramineae, 5—6 mm longae. Capsula subglobosa, 10-costata, 5 mm longa et lata.

Clavis varietatum.

A. Planta glaberrima, raro (var. *minor*) folia subtus puberula.
  a. Sepala angusti-triangularia 3—5 mm lg.
    1. Calyx glaber, corolla cr. 30 mm lg. .... var. *glabratus*.
    2. Calyx puberulus, corolla vix 26 mm lg. .... var *minor*.
  b. Sepala dentiformia 2 mm lg. .... var. *lessenii*.

B. Planta ± pilosa.
  a. Folia lanceolata, minte denticulata, corolla glabra 34—38 mm longa var. *colombinus*.
  b. Folia oblongo-lanceolata usque oblonga, argute conferte serrulato-dentata.
    1. Corolla pubescens, supra 32 mm lg. .... var. *subcanus*.
    2. Corolla glabra vel subglabra, infra 32 mm longa. ...... var. *foliosus*.

var. **foliosus**. — Ut supra.

Argentinien: Córdoba, in den Bergen bei San Bartolo (Lorentz n. 121! — sp. orig. Hb. Goetting., Berlin); im Tal zwischen Sierra Grande (Achala) und der vorderen Sierra (Chica) von Córdoba häufig (Hieronymus n. 197! — Hb. Berl.); Sierra Achala, nördlich von der Cuesta de Copina, Sierra Chica, Sierra de Córdoba bei Potrero de Losa (Chivilqui) (Hieronymus n. 639! 541! 261! 264! et sine no.!); Córdoba, Valle de los Reartes (A. Castellanos n. 27!); Yacauto (Sierra Chica) — filamenta superne pubescentia! (S. Vattuone n. 62!); Prov. Catamarca, Valle del Rodes (Castillón n. Hb. Lillo 14239!); Prov. Tucumán, um Tucumán, Dept. Capital (Castillón n. 309 b!).

var. **glabratus** E. Wimm. in Revista Sudamer. Bot. II (1935) 99. — Glaberrimus in omnibus partibus. Folia praesertim tenuiter exserte denticulata. Sepala anguste triangularia, 5 mm longa.

Argentinien: Dept. San Alberto, Mina Clavero, XII (T. Stuckert n. 10536! — Hb. Del.); Córdoba, Huerta Grande, Sierra Chica, II. (T. Stuckert n. 1721!).

var. **lessenii** E. Wimm. in Revista Sudamer. l. c. — Glaberrimus. Folia ovato-lanceolata, ad apicem sensim acutata, basi rotundata, typo breviora. Sepala triangularia, 2 mm longa. Corolla 32 mm longa.

Argentinien: Prov. Córdoba (W. Lessen n. 32! — Hb. Field).

var. **minor** A. Zahlb. in O. Kuntze, Revis. Gen. Pl. III (1893) 189; E. Wimm. in Revista Sudamer. l. c. — Folia lineari-lanceolata, 5—10 cm longa et 0,4—1,2 cm lata, ad apicem sensim longeque cuspidata, basi subrotundata vel obtusa, glaberrima vel subtus sicut bracteae, pedicelli, calyces puberula. Flores saepe parum minores.

Argentinien: Sierra Achala (Galander! — Hb. Berl.); Córdoba (T. Stuckert n. 10816! — Hb. Del.); Sierra Chica, Casa Quemada, II. (T. Stukkert, Hb. Lillo n. 8162! Castellano, Hb. Mus. Arg. n. 11709! 11780! — Hb. Wien).

var. **subcanus** A. Zahlb. apud E. Wimm. in Revista Sudamer. l. c. 100; E. Wimm. in Macbr., Fl. Peru VI (1937) 453. — Plus hirta, folia subtus et tomentella, apicem versus brevius vel brevissime acuminata, raro sensim acuminata. Pedicelli interdum longiores (ad 25 mm). Sepala integra vel denticulata. Corolla major, 32—40 mm longa, rubra usque aurantiaca, pubescens saltem ad nervos, lobi densius pilosi.

Peru: Rio Quencomayo bei Colquipata (Pennell n. 13781!); Cuzco (Herrera n. 1030!). —Bolivia ? (Tweedie n. 1169! — Hb. Kew).

Argentinien: Nicht selten auf Hügeln und Bergen an grasigen und bewaldeten Orten in Höhen von 200—2500 m. Prov. Tucumán: La Cruz (Lorentz & Hieronymus n. 967! 1174! — Hb. Berl.); Siambon, I. 1874 (Lorentz & Hieronymus!); Tucumán (O. Kuntze n. 17! G. A. Baer !); Dept. Capital, El bosque, auf Wiesen (Lillo-Hb. Instit. Lillo n. 2190!); Muñecas (Schreiter — Hb. Inst. Lillo n. M. 1002! S. Venturi n. 2417!); Bella Vista (Abalerón —Hb. Inst. Lillo n. 12070!); Ojo de Agua (Castillón n. 311 a!); Dept. Leales, Sueldo, monte ralo (S. Venturi n. 560!); Dept. Chico, La Cocha, Cerro de Potrerillo, 600—700 m (E. Bailetti n. 4! 161!; Monetti n. 1582!); Dept. Burrucayú, Cerro de campo, 2500 m (E. Bailetti n. 160!); La Ramada (Peirano — Hb. Inst. Lillo n. 9174! Monetti n. 3004!); Burrucayú (Gonzalez — Hb. Stuckert n. 11372! 21979!); Potrero Grande (Schickendantz n. 2!); Prov. Catamarca, Dept. Andalgalá, El Suncho (Jörgensen n. 1777! 1191! — forma transiens ad typum); Potrero Ambate, Quebrada del Nacimiento (Castillón — Hb. Inst. Lillo n. 14239!); Cuesta Bajada — El Alto (Sierra d' Ancasti) auf Stipareiden der Cumbre (W. Delhaes !); Prov. Salta, Dept. La Candelaria, Cuesta de Unquillo, 2000 m (Schreiter n. 9388!); Guachipas, Alemania, 1300 m (S. Venturi n. 9935!).

var. **colombinus** E. Wimm. in Fedde, Repert. XXIX (1931) 85. — Folia lanceolata, plerumque infra medium latiora, 8—10 cm longa et 1,8 cm lata, apice acuta vel obtusiuscula, margine minute denticulata, supra glabra vel inconspicue puberula, subtus puberula. Pedicelli ad 3 cm longi. Calycis tubi semiovoidei lobi subulati 5—6 mm longi. Corolla sanguinea, glabra, 34—38 mm longa.

Colombia (Lobb ! — Hb. Kew).

Planta forma foliorum et pubescentia variabilis; varietates huius speciei saepe formas transeuntes exhibent et exinde aegre distinguuntur. Propius etiam accedunt illis formis *Siphocampyli tupaeformis*, quae foliis angustis gaudent ut var. *diversifolius* et var. *stenophyllus*.

52. **S. krauseanus** E. Wimm. in Fedde, Repert. XXVI (1929) 16 et in Macbr., Fl. Peru VI (1937) 457. — Frutex pubescens, ramosus, 1 m altus. Petioli 6 mm longi, tomentelli. Folia oblongo-lanceolata, 4—6 cm longa et 0,9—1,8 cm lata, acuta, basi obtusa, margine conferte callose dentata, firma, supra rugulosa et glabrescentia, subtus dense reticulata et tomentella. Racemus dense foliatus, vertice foliis terminatus. Pedicelli 25—30 mm longi, tomentelli. Hypanthium turbinato-hemisphaericum, costatum, 3 mm longum, 6 mm latum; lobi subulati, subintegri, suberecti, puberuli, 6—7 mm longi. Corolla scarlatina, glabra, ad 42 mm longa, supra isthmum subito et subventricoso-ampliata, 6 mm lata, subrecta; lobi 10—15 mm longi. Tubus stamineus glaber. Antherae 7 mm longae, antice in dorso etiam pilosulae.

Peru: Dept. Cuzco, Tal des Urubamba, Macchupicchu, 2200 m, X. (Herrera n. 1207! p. p. — sp. orig. comm. Krause, Hb. Berl. — Herrera n. 1988! 3260! — Hb. Wash.); Dept. Apurimac, unter Gebüsch bei Huancarama (J. West n. 3798! — Hb. Univ. Calif.).

53. **S. venustus** E. Wimm. in Fedde, Repert. XIX (1924) 263 et in Macbr., Fl. Peru VI (1937) 472. — Suffrutex subvillosus ramis obtusangulis, medullosis, foliosis. Folia approximata, 3 mm longe petiolata, superiora subsessilia, ovato-oblonga, 5,2 cm longa, 2 cm lata (inferiora non visa), apice acuta, basi rotundata, margine inaequaliter conferte denticulata vel fere bidenticulata, supra puberula vel glabrescentia, subtus leviter breviterque tomentosa, nervis prominulis. Racemus densus, vertice corymbosus. Pedicelli ad 2 cm longi, foliis fulcrantibus circiter aequilongi, ebracteolati, tomentosi. Hypanthium semiglobosum, 5—6 mm diam., laciniis anguste triangularibus, 3 mm longis, 1—2 denticulis purpureis munitis, apice calloso reduncis. Corolla inferne flava, versus apicem rubescens, extus ad lentem glandulosa

et parce villosula, recta, 35—40 mm longa, 4 mm lata; lobi 12—17 mm longi. Filamenta glandulis minimis obsita, glabra. Antherarum tubus 6 mm longus, basi 5 barbulis ornatus, 2 inferiores antherae apice penicillatae.

P e r u : Umgebung von Oroya (K a l e n b o r n n. 189! — Hb. Wash.).

Species *S. biserrato* arcte affinis et forsan specifice non diversa, sed differt foliis angustioribus, pedicellis bracteolis carentibus et glandulis in corolla et filamentis obvenientibus.

54. **S. biserratus** (Cav.) A. DC. Prodr. VII (1839) 397; E. Wimm. in Macbr., Fl. Peru VI (1937) 444. — *S. biserratus var. latifolius* A. DC. l. c. — *Lobelia biserrata* Cav. Icon. VI (1801) 10, t. 514, non Sessé & Moç. nec Ruiz & Pav. mss. apud G. Don; Roem. & Schult., Syst. V. (1819) 43, non Willd. in observ. l. c.; Spreng. Syst. I (1825) 710; Presl, Prodr. Lobel. (1836) 38; D. Dietr., Synops. I (1839) 727. — *Siphocampylus Cavanillesianus* G. Don, General Syst. III (1834) 702.

Herba robusta, 0,6—1 m alta, leviter albo-arachnioto-villosula, ramis obtusangulis. Folia breviter vel vix petiolata, ovata, oblongo-ovata, floralia etiam lanceolata, 4—8 cm longa, 1,6—3,5 cm lata, acuta, basi rotundata, margine inaequaliter vel duplo-dentata, membranacea, supra sparse, subtus dense puberula vel tomentella, nervi prominuli, sub angulo sub- usque semirecto ascendentes. Pedicelli 15—20 mm longi, sub medio 2 bracteolis filiformibus ad 5 mm longis praediti, tomentosi. Hypanthium hemisphaericum, demum subglobosum, cum laciniis tomentosum; lobi subulati, integri vel denticulati, 2—4 mm longi, apice calloso recurvatuli. Corolla scarlatina (Weberbauer), flavescenti-scarlatina (Don), corallino-rubra, in anteriore parte fusco-aurantiaca (Pennell), flava, aurantiaco-striata (Killip), rubra, virenti- vel rubro-flava (Macbr.), subglabra vel puberula, subrecta, 35—45 mm longa, supra isthmum subabrupte ampliata, 4—6 mm lata; lobi 12—17 mm longi. Filamenta glabra. Antherarum tubus 7—8 mm longus, glaber, basi autem 5 barbulis ornatus, 2 inferiores antherae apice penicillatae.

A. Racemus subdensus.
  I. Folia vix petiolata .... var. *biserratus.*
  II. Folia distincte petiolata .... var. *petiolaris.*
B. Racemus compactus spiciformis .... var. *spicatus.*

var. **biserratus.** — Fig. 63 a.

P e r u : Buena Ventura (N é e ! — sp. orig. Hb. Madrid); Dept. Lima, San Buenaventura, 2700 m, VI (P e n n e l l n. 14562! — Hb. N. Y.); am Rio Chillón oberhalb Obrajillo und unterhalb der Kaskaden, 3200 m (P e n n e l l n. 14425! — Hb. Wash.); am Rio Blanco 3000—3500 m, IV, V (K i l l i p & S m i t h n. 21623! M a c b r i d e & F e a t h e r s t o n e n. 685!); Anchi am Ufer des Rimac (L. S a l v a t i e r!); Matucana (M a c b r i d e n. 363!); San Damian und zwischen San Mateo und Tarma (A. R a i m o n d i n. 10688! 12382!); Dept. Ancachs, Prov. Cajatambo, Ocros, auf grasreichen Matten mit zahlreichen eingestreuten Sträuchern, 3200—3400 m, III. (W e b e r b a u e r n. 2665!); Dept. Junin, zwischen Palca und Chanchamayo (A. R a i m o n d i n. 12381!); Puerte del Infiernillo, 3328 m (Seler n. 235!); ohne nähere Ortsangabe (M a c L e a u !).

var. **petiolaris** E. Wimm. in Notizbl. Bot. Gart. & Mus. Berl. X (1929) 739 et in Macbr., Fl. Peru VI (1937) 444. — Folia subovato-oblonga usque oblonga, 6 cm longa et 2 cm lata, utrinque acuta vel ad apicem sensim acutata et basi obtusa, in petiolum 5—7 mm longum breviter angustata. Corolla glabra.

P e r u : Dept. Junin, zwischen Palca und Chanchamayo (A. R a i m o n d i n. 2396! — Hb. Berl.); Dept. Lima, im Tal des Canta bei Obrajillo (C r u k s h a n k s! Hb. Kew); Quebrada de San Mateo, IX. (J u a n I s e r n n. 2090! — Hb. Del).

var. **spicatus** Hook., Bot. Miscell. II (1831) 221. — Foliis superioribus densioribus, floribus racemum spiciformem compactum efformantibus, corollis in parte superiore tubi ventricosioribus, lobis longioribus. (Diag. auct.)

Peru: Yazo im Tal des Canta (Cruckshanks ex Hooker). An varietas *spicatus* Hook. ad hanc speciem pertinet, quaeritur — specimen non vidi.

55. **S. apricus** E. Wimm. in Fedde, Repert. XXII (1926) 206 et in Macbr., Fl. Peru VI (1937) 441. — Suffrutex ramosus, circiter 1 m altus, puberulus. Folia subsessilia, elliptico-ovata vel triangularia, 4—6 cm longa et 2—4 cm lata, basi cordata vel subcordata, apice rotundata et brevissime acuminata vel et subacuta, firma, margine repando undulata et inaequaliter dentata vel denticulata, supra inconspicue puberula, subtus pallida, puberula vel fere tomentella, leviter reticulato-venosa, nervis secundariis 11—12 sub angulo 90—70° fere recte assurgentibus. Flores inferiores solitarii in axillis foliorum vel etiam racemos breves producentes, superiores racemum foliatum formantes. Pedicelli 2—3 cm longi, ebracteolati. Hypanthium hemisphaericum, 5 mm longum, 6 mm latum; lobi triangulares, acuti, denticulati, puberuli, erecti, 4—5 mm longi et in basi 3 mm lati. Corolla flava et rubra, puberula, ad 35 mm longa, sursum subventricosa, ad 7 mm lata, subrecta; lobi patentes, circiter 12 mm longi. Stamina glabra. Antherarum tubus stramineus, 7 mm longus.

Peru: An sonnigen Hängen, Hecken und Mauern am Lago Titicaca, 3854 m, VI (Seler n. 135 p. p.! – Hb. Wien, Berl.)

S. tupaeformi arcte affinis, ab eo imprimis differt folio.

56. **S. tupaeformis** A. Zahlb. in Annal. naturhist. Hofmus. Wien VI (1891) 440 et in Bull. Torr. Bot. Club XXIV (1897) 384; E. Wimm. in Macbr., Fl. Peru VI (1937) 471. — *S. resinosus* Schlechtd. in Lechler, Berberides Amer. Austr. (1857) 58, nomen! et in scheda apud Lechler, Pl. Peruv. ed. Hohenacker n. 1741. — Suffrutex virgatus, foliosus, puberulus, valde lactescens, lacte exsiccato aurantiaco. Folia subsessilia, ovata vel triangularia usque ovato-oblonga, 5—12 cm longa et 2—5 cm lata, basi truncata vel rotundata, apice acuta, floralia etiam breviter acuminata, margine inaequaliter suberosodentata, rigida, supra rugulosa, hirtella, subtus pallida, tomentella, plus vel minus reticulato-venosa, nervis secundariis 14—17 sub angulo 45—70° excurrentibus. Racemus ad 30 cm longus, densus, superne sensim bracteatus. Pedicelli 12—30 mm longi, tomentelli, nunc ebracteolati, nunc minute bibracteolati. Hypanthium turbinatum, mox semi- vel subglobosum, 10-costatum; lobi triangulares, acuti, integri vel subdenticulati, 3—6 mm longi, puberuli, erecti. Corolla aurantiaca, in parte dorsali rubicunda, vel ignea, puberula, subrecta, 35—45 mm longa, sursum leviter ampliata, 4 mm lata; lobi 12—16 mm longi. Staminum tubus glaber. Antherae pallidae, 5—7 mm longae. Capsula subglobosa, 10-costata, puberula, 10 mm longa, 8 mm lata. Semina oblonga, fusca, nitida, 0,7 mm longa.

Clavis varietatum.

A. Folia ovato-oblonga.
- a. Corolla puberula.
  - 1. Folia subcoriacea, subtus tomentella .... var. *tupaeformis*.
  - 2. Folia tenui-membranacea, minute puberula .... var. *dulcis*.
- b. Corolla glabra.
  - 1. Sepala linearia, 5—6 mm lg. apice redunco .... var. *reduncus*.
  - 2. Sepala anguste triangularia, subacuta, 2,5 mm longa .. f. *glabricorollinus*.

B. Folia angusta, lineari-oblonga usque lineari-lanceolata.
- a. Corolla puberula, folia subcoriacea .... var. *diversifolius*.
- b. Corolla glabra, folia membranacea .... var. *stenophyllus*

var. **tupaeformis.** — Ut supra.

Bolivia: Prov. Larecaja, Umgebung von Sorata auf dem Hügel Quincocuca unter Gebüsch in der alpinen Region, 2650—3400 m (G. Mandon n. 495! — Hb. Wien); La Paz, Abhänge am Wege nach Obrajes, 3550 m, iv. (O. Buchtien n. 98! 99! 740!); Umgebung von La Paz, 3000 m (Bang n. 77!); Prov. Tomina,

Dept. Chuquisaca, an beschatteten Orten, XII—I. (W e d d e l l n. 3387, 3760); auf feuchten Äckern im Tal Tipuani (W e d d e l l n. 4697 — Hb. Paris, det. Zahlb.); Mapiri, 750 m (R u s b y n. 635!), Dept. Cochabamba, Tunari-Vorberge, Südseite, 3400 m. V. — „Blüte safrangelb" (J. S t e i n b a c h n. 9791! O. K u n t z e !); ohne Angabe eines näheren Standortes (C u m m i n g n. 109! P f l a n z n. 124! H a u t h a l n. 248! B r i d g e s !).

P e r u: Dept. Puno (W. L e c h l e r n. 1741 — Typus pro *S. resinosus*); Granja Salcedo, 4000 m (S o u k u p n. 69!); Azángaro, an Felsen, 4000 m (W e b e r - b a u e r n. 486!); Prov. Sandia, oberhalb Cuivenyo, an Felsen, 3700 m (W e b e r - b a u e r n. 922!); Dept. Cuzco, Umgebung von Cuzco, bei der Stadt Incay, 3000 m, bei Ollantaitambo, 2800 m und Huasao, 3200 m (H e r r e r a n. 149! 2285! 3027! 3392!); Sacsahuaman, 3500 m und an den felsigen buschbedeckten Ufern des Rio Quencomayo bei Colquipata, 3200 m (P e n n e l l n. 13541! 13787!). — Nomen vulg. „*Caucillo*" (Weberb.).

f. **glabricorollinus** E. Wimm. n. f. — Hypanthium semi- usque depresso-globosum, sepala anguste triangularia, subacuta, hirta, 2,5 m longa. Corolla glabra, 37 mm longa, dilute carnea.

B o l i v i a : Alto de Yangilu, Rasalformation, 900 m (C. T r o l l n. 535! — Hb. Berl.); Cerro de Peñas, Punagebüsch-Formation, 4000 m, V (C. T r o l l n. 2028!).

var. **reduncus** E. Wimm. ex Torreya XXV (1925) 95 et in Macbr,. Fl. Peru VI (1937) 471. – *S. flavoruber* Gleas. in Torreya XXV (1925) 94. – Folia subtus valde reticulato-venosa et dense albo-hirta. Pedicelli et calyx glabrescentes. Sepala linearia, integra, minute puberula, apice redunca, 5—6 mm longa et vix 1 mm lata. Corolla glabra, 45 mm longa.

P e r u : Dept. Cuzco, Macchu Picchu, 2100 m (C o o k & G i l b e r t n. 1020! — Hb. Wash.). — B o l i v i a : Rio Palca Valley, base of Volcan Illimanu, 2360 m (B r o. J u l i o n. 40! — Hb. Field, Typus pro *S. flavoruber*).

var. **dulcis** E. Wimm. in Fedde, Repert. XXIX (1931) 84 et in Macbr. Fl. Peru VI (1937) 471. — Folia tenuiter membranacea, subtus minute puberula. Sepala subdenticulata. Corolla „in latere dorsali scarlatina, in latere ventrali flava", tenuiter puberula.

P e r u : Dept. Cuzco, über Urubamba in offener mit Kräutern, Gräsern und Sträuchern gemischten Landschaft, 2500 m, VI (W e b e r b a u e r n. 4920!) — Hb. Berl.).

var. **diversifolius** Hicken in Darwinia I (1924) 142. — Diagn. auct.: „Differt a typo foliis ramorum primariorum linealibus usque 18 cm longis et 2 cm latis, secundariorum ovato-linealibus 5 cm longis et 1,5 cm latis, chartaceis, sparsis, non crebris."

A r g e n t i n i e n : Dept. Salta, Quebrada del Rio Toro y Rio Blanco, I. (V a t - t u o n e n. 101! — Hb. Inst. Lillo); Dept. Jujuy, Santuyo (Castillón n. 6783! — Hb. Lillo).

P e r u : In collibus graminosis Ayapata („Agapata"), VI. 1854 (W. Lechler n. 1940! — Hb. Goett., Kew); Lago Titicaca, 3854 m (S e l e r n. 135 p. p.! — Hb. Berl., e 3 speciminibus pertinet unum verisimiliter ad hanc varietatem, sed eius flores majores. Dum specimina ex Argentinia propius accedunt ad *S. foliosum*, specimen Peruvianum similius est *S. tupaeformi*, qua de causa existimo hanc varietatem hybridam esse inter istas 2 species! De specimine typico varietatis *diversifolii* pauca tantum frustula vidi! — A *S. folioso* var. *subcano* difficillime distinguitur.)

var. **stenophyllus** E. Wimm. in Fedde, Repert. XXIX (1931) 84. — Folia ovato-lanceolata usque lineari-lanceolata, basi rotundata vel breviter acuta, ad apicem sensim acutissima, margine minute denticulata, membranacea, 7—14 cm longa et 0,9—1,6 cm lata, subsessilia, utrimque parum vel densius pubescentia.

Racemus longus, folia fulcrantia superne in bracteas angustas, pedicellos vix aequantes transeuntia. Pedicelli 2—4,5 cm longi. Calycis tubus turbinatus vel semi-ellipsoideus, lobi anguste triangulares, 4—6 mm longi, integri. Corolla rubro-aurantiaca vel ignea et flava vel rubra, 38 mm longa, glabra.

Peru: Prov. Chachapoyas (Mathews n. 2116! — Hb. Kew); Tal des Huánuco, 2400—3600 m, „herb 3—4 foot h." (R. Pearce n. 48!); Dept. Junin, Yanahuanca, 1200 m, gemein, ferner an der Ecke eines alten Steinzaunes bei Mito, hier selten, 2700 m, und an dem steil abfallenden Bachufer bei La Quinua, 3600 m, V (Macbride & Featherstone n. 1207! 1529! 2020!); ohne nähere Standortsangabe (Ruiz & Pavón! sub „*Lobelia de Rondos*" — Hb. Berl.); Lago Titicaca, 3854 m, VI. (Seler n. 135 p. p.! — Hb. Berl.).

57. **S. coltinya** E. Wimm. in Fedde, Repert. XXIX (1931) 84 et in Macbr., Fl. Peru VI (1937) 447. — Herba erecta, 1 m alta. Caulis obtusangulus, puberulus, foliosus. Folia inferiora subpetiolata, superiora sessilia; lamina triangulari-lanceolata, 10—15 cm longa, 2,5—2,8 cm lata, ad apicem sensim longeque acutata, basi rotundata, margine basin versus argute dentata, versus apicem denticulata, membranacea, supra glabra, plana, subtus minutissime puberula, pallida, nervi vix prominentes, secundarii sub angulo circiter 70° excurrentes. Racemus circiter 30 cm longus, folia fulcrantia superiora multo minora, lanceolata vel sublinearia, pedicellos subaequantia. Pedicelli circiter 25 mm longi, puberuli, supra basin bibracteolati. Hypanthium turbinatum, puberulum; laciniae anguste triangulares, denticulatae 3—4 mm longae. Corolla in parte dorsali scarlatina, in parte ventrali flava, subcurvata, inconspicue puberula, 40 mm longa, versus medium parum ventricosa ibique 5 mm lata; lobi circiter 18 mm longi. Stamina glabra. Antherae stramineae, 6 mm longae.

Peru: Hacienda Totorobamba, eine Tagreise südwestlich von der Stadt Ayacucho, 3500—3600 m, parkähnliche Formation (Weberbauer n. 5462! — Hb. Berl.). — Nom. incolarum: „Coltiña".

58. **S. nemoralis** Griseb. in Abhandl. Gesellsch. Wissensch. Götting. XIX (1874) 201 et in Pl. Lorentz. (1874) 153; E. Wimm. in Revista Sudamer. Bot. II (1935) 100. — Suffrutex 1—2 altus, caule obtusangulo, minute puberulo, medulloso. Folia inferiora 5—10 mm longe petiolata, reliqua passim subsessilia, ovato-oblonga usque oblonga, 6—18 cm longa et 2,3—7 cm lata, apice subacuminata (in inferioribus) vel abrupte breviter acuminata (etiam in foliis floralibus), basi late rotundata usque subacuta, margine conferte denticulata vel inaequaliter dentata, membranacea, supra opaca et scabriuscula, subtus pallida, brevissime puberula, nervi secundarii 14—16 sub angulo 50° ascendentes. Racemus densus, demum laxus, 30—50 cm longus. Pedicelli 3—5 cm longi, puberuli, basi minute bibracteolati. Hypanthium subglobosum, 8 mm diam., puberulum; lobi e basi triangulari lineares, (6—) 10 mm longi, integri vel denticulati, erecti, puberuli. Corolla aurantiaca vel flava et rubra, dense usque leviter puberula, intus glabra et pallida, subrecta, 35—40 mm longa, 4—7 mm lata; lobi 12—16 mm longi. Tubus stamineus glaber. Antherae 6 mm longae. Capsula globosa, 1 cm diam., 10-costata. Semina oblonga, fusca, nitida, 0,8 mm longa.

A. Folia breviter abrupteque acuminata.
  I. Corolla tomentella .... var. *nemoralis*.
  II. Corolla glabra vel subglabra, folia floralia interdum similia illis sequentium varietatum .... f. *hieronymi*.

B. Folia ad apicem sensim acutata vel acuminata.
  I. Corolla puberula, sepala subintegra .... var. *grisebachii*.
  II. Corolla glabra vel subglabra, sepala exserte denticulata .... var. *tarijanus*.

var. **nemoralis**.

Argentinien: Tucumán (Lorentz! — sp. orig. Hb. Berl.); Sierra de Tucumán, 2400—2500 m, nicht selten in den Aliso-Wäldern der Cuesta de Anfama und La Ciénaga, Cuesta del Garabatal, I—IV. (Lorentz n. 120 p. p.! Hieronymus & Lorentz! Lillo — Hb. Inst. Lillo n. 3669!, Schreiter — Hb. Inst. Lillo n. M 834!).

f. **hieronymi** E. Wimm. in Revista Sudamer. l. c. — Corolla glabra vel fere glabra. Bracteae ut in planta typica vel similes illis varietatis sequentis.

Argentinien: Sierra de Tucumán, Cuesta del Garabatal, I. 1874 (Hieronymus & Lorentz p. p.! — Hb. Berl.); Cuesta de Anfama, Aliso-Wald, XII (Lillo n. 1188!); Rio Chico, Escaba, Matorrales, 2200 m (Monetti n. 1831!) Dept. Tafi, Quebrada cercana al Alisal (Castillón n. 119!); Cuesta Grande del Chorro, Dept. Trancas, 2300 m (Schreiter — Hb. Inst. Lillo n. M 5532!); Prov. Catamarca, Dept. Ambate, El Crestón (Castillón n. 1122!); Prov. Salta, XII. (Rodriguez — Hb. Inst. Lillo n. M 1290!); Prov. Jujuy, Quebrada del Volcán, 3000 m (Castillón n. 230!).

var. **grisebachii** E. Wimm. in Revista Sudamer. l. c. — Folia versus apicem sensim acutata vel subacuminata. Bracteae ovato-lanceolatae vel oblongae, sensim acuminato-cuspidatae. Corolla breviter pubescens.

Argentinien: Sierra de Tucumán, La Ciénaga (Lorentz 332! 120 p. p.! Lorentz & Hieronymus n. 702! — Hb. Berl.); Matorrales bajo los alisos (Lillo, Hb. Inst. Lillo n. 2758!); Cumbre de Anfama a la Ciénaga, 2600 m (Schreiter — Hb. Inst. Lillo n. 20105!); La Qeñoa, 2600 m, quebradas (Rodriguez n. 393!); Prov. Salta, Dept. Cafayate, El Alisal in quebradas, 2800 m (Rodriguez n. 1290!).

var. **tarijanus** E. Wimm. in Revista Sudamer. l. c. — Folia omnia petiolata, petiolo 5—15 mm longo, versus apicem sensim acutata vel acuminata, conferte callose denticulata. Racemus superne bracteatus, bracteae lanceolatae, acuminatae, pedicellis plerumque breviores. Sepala exserte denticulata. Corolla glabra vel subglabra, ignea (Fiebrig) vel flava cum lobis scarlatinis (Balls).

Süd-Bolivia: Tucumilla bei Tarija, Bergschlucht, 3300 m (K. Fiebrig n. 3239! — Hb. Berl.); La Aguada, 33 km von Tarija nach Villazon (E. K. Balls n. B 6121! — Hb. Berl.).

59. **S. macropodioides** A. Zahlb. in Engler, Bot. Jahrb. XXXVII (1906) 458; E. Wimm. in Macbr., Fl. Peru VI (1937) 458. — Frutex erectus, ramosus, cum ramis obtuse sulcatis pubescentibus. Petioli 2—4 mm longi, pubescentes. Folia ovata usque elliptica, 2—9 cm longa et 0,7—3,7 cm lata, acuminata, basi subcordato-rotundata vel (superiora) subacuta, margine conferte inaequaliter denticulata, tenuia, membranacea, supra opaca, glabra, subtus in nervis pilosiuscula. Racemus elongatus, sat laxus. Pedicelli 4—5 cm longi, ebracteolati, pilosiusculi. Hypanthium depresso-semiglobosum, 3—4 mm latum, indistincte nervosum, puberulum; lobi subulati, integri, ciliolati, 5 mm longi. Corolla sanguinea, glabra, 4 cm longa, subrecta, versus apicem modice ampliata; lobi 15—20 mm longi. Filamenta glabra. Antherarum tubus 6 mm longus, glaber vel in basi pilis paucis praeditus. Semina oblonga, luteo-fuscescentia, minuta.

Peru: Dept. Ancachs, bei Pampa Romas zwischen Samanco und Caras, aus Kräutern (hauptsächlich Gräsern) und Sträuchern offene bis fast geschlossene Formation, 3500 m, V. (Weberbauer n. 3201! — Hb. Berl.).

Grex 5. **Dissitiflori** E. Wimm.

Dissitiflori E. Wimm. in Fedde, Repert. XXIX (1931) 54, in Macbr., Fl. Peru VI (1937) 433, in Annal. Naturhist. Mus. Wien LVI (1948) 325. —

Flores in axillis foliorum normalium solitarii, remoti vel apicem versus corymbiformiter dispositi, plerumque longe pedicellati. Plurima pars *Siphocampylorum* huc pertinet, sed grex vix in subgreges dividi potest, quia species, quamvis positione ovarii et forma hypanthii plus minusve differentes, formas vagas non paucas exhibent e. g. *S. brevicalyx*, *S. laevigatus*, *S. lasiandrus*.

Frutices vel suffrutices vel etiam herbae scandentes, rarius erecti, floribus rubris vel bicoloribus, rarius aurantiacis, flavis vel violaceis.

Species 120 praecipue in Andibus et Brasiliae montibus inveniuntur, versus septemtriones non tam longinque pertingentes sicut *Centropogon*, nonnulli in Cuba, Costa Rica et Panama occurrunt.

Clavis subgregum.

A. Calycis tubus inconspicuus vel perbrevis, sepala ± libera, ovarium fere superum § 1. *Elegantes*

B. Calycis tubus bene evolutus, inferus vel semi-inferus.
 1. Hypanthium sub-, semi- vel depresso-globosum, basi rotundatum vel subacutum .... § 2. *Sphaeroides*.
 2. Hypanthium pyriforme (turbinatum vel obconicum), basi acutum § 3. *Pyriformes*.

§ 1. Elegantes E. Wimm.

§ *Elegantes* E. Wimm. in Annal. Naturhist. Mus. Wien LVI (1948) 325. — Diagn. vide supra.

Clavis specierum.

A. Sepala reflexa vel patentia (vide etiam n. 133 *S. onagrium*!).
 I. Folia cordata, superiora etiam subcordata usque truncata .. 60. *S. reflexus*.
 II. Folia basi rotundata usque acuta, rarius subcordata.
  a. Sepala stricte reflexa (in alabastro saepe patentia).
   † Sepala argute denticulata 5—7 mm lg. .... 61. *S. elegans*.
   †† Sepala subcrenato-denticulata c. 20 mm lg. .... 62. *S. soraticus*.
  b. Sepala patentia, demum fortasse subreflexa.
   ° Folia longe acuminato-cuspidata .... 63. *S. clotho*.
   °° Folia acuta, subacuminata vel etiam acuminata.
    □ Planta glabra, sepala in medio ca. 3 mm lata ... 64. *S. andinus*.
    □□ Planta pilis sparsissimis stellatis obsita, sepala filiformia 65. *S. stenolobus*.

B. Sepala erecta, triangularia.
 α. Folia cordata, apice cuspidata, sepala 5 mm longa ...... 66. *S. brevicalyx*.
 β. Folia ovato-oblonga, basi rotundata vel etiam subcordata, apice acuminata, sepala 10 mm longa .... 67. *S. odontosepalus*.

60. **Siphocampylus reflexus** Rusby in Bull. N. York Bot. Gard. IV (1907) 403. — *S. elegans var. cordatus* A. Zahlb. in Bull. Torr. Bot. Club XXIV (1897) 381 et in Mededeelingen Rijks Herb. Leiden no. 19 (1913) 53. — Frutex scandens, glaber, 1—2 m altus, rami tenues, teretes, atro-violascentes. Folia 5—15 mm longe petiolata, ovata, 3—7 cm longa, 1—2,5 cm lata, basi cordata, superiora interdum etiam subcordata usque truncata, apice acuminato-cuspidata, margine setoso-denticulata. Pedicelli 4—6 cm longi, glabri, patentissimi. Hypanthium brevissimum, 6 mm latum; lobi lineares, subacuti, denticulati, reflexi, 10—15 mm longi. Corolla violaceo-rubra vel purpurea (Steinbach!) vel rubra cum apice flavo vel rubiginosa et ab imo flava (Kuntze) tubus circiter 40 mm longus, sursum sensim dilatatus (ad 10 mm), subcurvatus, lobi sublineares ca. 14 mm longi, intus pallidi. Stamina glabra; antherarum tubus nigro-caesius, 8 mm longus.

Bolivia: Bei Cochabamba (M. Bang n. 2026 p. p.); Dept. Cochabamba, Prov. Chaparé, Cejawald, San Antonio, Junta aduana, 2900 m, VI (José Steinbach n. 9818! — Hb. Berl.); in der Sierra de Cochabamba bei Incachaca, 2700 m, VII, gelegentlich (Werdermann n. 2021! — Hb. Berl.); Rio Yuntas Tal,

2000 m, Tunarigebirge, 3000 m und bei Santa Rosa, 2600 m, IV (O. Kuntze n. 11! 13! 14! — Hb. Wien); kletternd im Gebüsch des obersten Waldgürtels über Tablas, 3400 m, V. (Th. Herzog n. 2148! — Typus pro *S. elegans* var. *cordatus*, Hb. Wien).

Speciei sequenti proximus, sed differt foliis cordatis et antheris omnino glabris.

61. **S. elegans** Planch. in Flore des Serres VI (1850—51) 19 c. icon. nigr.; A, Zahlb. in Bull. Torr. Bot. Club XXIV (1897) 381 exclusis var. — Frutex scandens. glaber, rami flexuosi, nitidi, graciles. Petioli torti, 5—12 mm longi. Foliorum lamina ovato-oblonga, ad apicem sensim acutata vel subacuminata, basi rotundata, 3—5 cm longa et 1—2 cm lata, margine remotiuscule exserte callose denticulata, membranacea. Pedicelli 3—4,5 cm longi, ebracteolati vel 2 glandulis supra basin ornati. Hypanthium brevissime semiglobosum, 6 mm latum; lobi calycis lineares, acutiusculi, reflexi, 5 mm longi, utrinque 1 vel 2 dentibus muniti. Corolla coccinea, glabra, subarcuato-curvata, 45 mm longa, superne 7 mm lata, lobis circiter 12 mm longis. Filamenta glabra. Antherarum tubus stramineus, 7 mm longus, 5 lineis albo-pilosis ornatus.

var. **elegans.** — Diagn. ut supra.

Colombia: Prov. Pamplona, La Baja, 2400 m, XII (Funck & Schlim n. 1298! — Hb. Del.); Paramo de Pamplona, Sept. 1825 (Purdie n. 460! p. p. — Hb. Kew); Dept. Santander, bei California auf offenen Berghängen (Killip & Smith n. 16928! — Hb. Wien).

var **obtusatus** E. Wimm. in Annal. Naturhist. Mus. Wien LVI (1948) 326. — Rami valde flexuosi. Folia oblongo-ovata, 5 cm longa, 3 cm lata, apice obtusissima et mucronulata, basi subrotundata, superiora etiam acuta in apice, glabra, fere concoloria, costa et nervi secundarii 6 prominentes. Calycis lobi e basi triangulari subulati, subintegri, 5 mm longi. Corolla 36 mm longa. Antherae breviores, glabrae.

Colombia: Páramo de Pamplona, Sept. 1825 (Purdie n. 460! p. p. — Hb. Kew, specimen dextrum in folio dicti herb.).

62. **S. soraticus** E. Wimm. in Fedde, Repert. XXXVIII (1935) 23 et in Macbr. Fl. Peru VI (1937) 468. — *S. elegans var. boliviensis* A. Zahlb. in Bull. Torr. Bot. Club XXIV (1897) 381 ex parte. — Frutex scandens, ramis et foliis glabris. Petioli torti, 1 cm longi. Folia inferiora ovato-oblonga, callose serrata, reliqua ovato-lanceolata, 7 cm longa, 1,6 cm lata, basi rotundata, ad apicem longe sensimque acutata, margine minute denticulata, membranacea, nitentia, nervis secundariis 10 sub angulo semirecto curvatim assurgentibus. Pedicelli circiter 5 cm longi, ebracteolati. Calycis tubus subnullus; sepala lineari-lanceolata, in vel supra medium latiora, 19—21 mm longa et 3 mm lata, subacuta, mucronulata, basin versus parum angustata, minute crenulato-denticulata, primo divergentia, demum stricte reflexa. Corolla verisimiliter rubra, inconspicue hirtella, subrecta, supra basin inflatam breviter constricta (5 mm diam.), dein sursum parum ampliata (ad 9 mm), lobi ca. 18 mm longi. Stamina glabra. Antherarum tubus 9 mm longus. Capsula late ovoidea, supera.

var. **soraticus.** — Ut supra.

Bolivia: Prov. Larecaja, bei Sorata zwischen Cerro de Chilieca und Alto de Soque in Wäldern der gemäßigten Zone, 2800—3000 m, X (G. Mandon n. 498! — Hb. Wien).

var. **angustatus** E. Wimm. in Fedde, Repert. l. c. — Folia lineari-lanceolata, 7—9 cm longa et 0,6—0,9 cm lata, basi acuta, ad apicem sensim longissimeque angustata, remote callose denticulata. Pedicelli 7—9 cm longi. Sepala linearia, acuta, remote denticulata, 18—22 mm longa et 2—3 mm lata, divergentia (in alabastro subpatentia), postremo reflexa? (Fructus deest in specimine nostro!). Corolla 5 cm longa, parum angustiora. Filamenta subpubescentia. Antherae 7 mm longae.

Bolivia: Dept. Tarija, bei Tola, Nebelwald, 3300 m, VIII (C. Troll n. 2597! — Hb. Berl.).

Varietas typo quidem valde similis, sed puto eam ad speciem provehendam esse, materia plure inspecta.

63. **S. clotho**[1]) E. Wimm. in Fedde, Repert. XIX (1924) 254 et in Mabr., Flora Peru VI (1937) 447. — Frutex scandens, glaber, ramis tenuibus, teretibus, laxe foliatis. Petioli torti, tenues, 6—14 mm longi. Folia ovato-lanceolata, 5—8 cm longa, 0,8—1,5 cm lata, basi rotundata usque subacuta, ad apicem longe sensim acuminato-cuspidata, margine minute denticulata, opaca, membranacea. Pedicelli 5—11 cm longi, ebracteolati, folia superantes. Calycis tubus subnullus; sepala linearia, acuta, integra, 9—16 mm longa, 2 mm lata, primo patentia, mox divergentia usque reflexa. Corolla coccinea, lobis 3 inferioribus aurantiacis, glabra, 6 cm longa, subrecta, sursum sensim ampliata et ad faucem 9 mm lata, lobi 12—15 mm longi. Filamenta in parte superiore parce pubescentia. Antherarum tubus 8 mm longus, lineis 5 breviter albido-pilosis. Capsula supera.

Peru: Unterhalb Janamanche (Weg von Cuzco nach Santa Anna), Gebüsch am Bache, aus hart- und weichlaubigen Formen gemischt, 3300 m, VI (Weberbauer n. 4972! — Hb. Berl.).

var. **calvescens** E. Wimm. in Fedde, Repert. ll. cc. — A typo differt pedicellis folio brevioribus, 3—5 cm longis, staminibus glaberrimis.

Peru: Tal des Lucumayo, VI (Cook & Gilbert n. 1329! — Hb. Wash.).

Species *S. soratico* proxima foliis opacis, sepalis integris, corolla glabra, staminibus pilosis distinguitur.

64. **S. andinus** Britton in Bull. Torr. Bot. Club XIX (1892) 373; A. Zahlb. in Bull. Torr. Bot. Club XXIV (1897) 381; E. Wimm. in Macbr., Fl. Peru VI (1937) 440. — *S. andensis* Ind. Kew. — Frutex scandens, glabrescens vel superne minute puberulus. Petioli 5—12 mm longi. Folia ovato-lanceolata, 5—8 cm longa et 1—2 cm lata, basi rotundata, apice acuta vel subacuminata, margine remote callose denticulata, membranacea, nitidula, utrinque viridia, glabra vel subtus etiam brevissime puberula, nervis lateralibus 5—7. Pedicelli 3—4 cm longi, folio breviores. Hypanthium late patelliforme, breve, 3 mm longum, 8 mm latum, ovario in basi tantum adnatum; sepala ovato-lanceolata, subacuta, 10—13 mm longa, basi 5 mm lata, integra, glabrescentia, patentia. Corolla kermesina, subpuberula, subrecta, ad 53 mm longa, sursum parum dilatata (7 mm), lobi 10—15 mm longi. Filamenta pubescentia. Antherarum tubus glaber.

A. Filamenta pubescentia; corolla 40—52 mm lg. .... var. *andinus*.
B. Filamenta glabra; corolla 60—70 mm lg.
  I. Folia oblongo-triangularia, circiter 5,5 × 2,5 cm ...... var. *elegantissimus*.
  II. Folia ovato-lanceolata, circiter 5 × 1,3 cm .... var. *solemnis*.

var. **andinus.**

Bolivia: Unduavi, 2400 m, X (Rusby n. 641! non 941 ut a Zahlb. et a me in Fl. Peruv. citatur.

var. **elegantissimus** E. Wimm. in Fedde, Repert. XXXVIII (1935) 22 et in Macbr., Fl. Peru l. c. — „Frutex 3—4 m altus scandens“. Folia elongato-triangularia, basi rotundata, truncata vel etiam subcordata, apice acuta vel subacuminata, 4—5 cm longa et 1,4—2,5 cm lata. Pedicelli puberuli, 3—5 cm longi. Sepala 10—15 mm longa, 4 mm lata, interdum denticulata. Corolla 6 cm longa et ad faucem 11 mm lata. Filamenta glabra, sed antherarum tubus in dorso anteriore hirtus, 9 mm longus. Capsula ovoidea, supera. 10 mm longa, 8 mm lata. Semina oblonga, fusca, ca. 1 mm longa. — Fig. 64.

Bolivia: Unduavi, Nordgrenze, 3300 m, IV (O. Buchtien n. 97! 9062! — Hb. Del., Stockh.); La Paz, 3500 m (O. Buchtien n. 98! — Hb. Berlin).

---

[1]) Clotho, una Parcarum vitae fila nentium — relatione ad ramos tenues.

var. **solemnis** E. Wimm. ll. cc. — *S. elegans* var. *boliviensis* A. Zahlb. in Bull. Torr. Bot. Club XXIV (1897) 381 pro parte!; Gleas. in Bull. Torr. Bot. Club XXXXVIII (1921) 198. — Folia elongato-triangularia, 5 cm longa et 1,4 cm lata, basi rotundata, apice acuto-cuspidata. Sepala ut in typo, sed parce denticulata et ad 6 mm lata. Corolla magna, 7 cm longa et ad faucem 13 mm lata. Filamenta glabra. Antherarum tubus in dorso sparse hirtus.

Bolivia: Ohne nähere Ortsangabe (M. Bang n. 2491! — Hb. Wien, Berl.).

65. **S. stenolobus** E. Wimm. in Fedde, Repert. XXXVIII (1935) 24 et in Macbr., Fl. Peru VI (1937) 469. — Frutex scandens, ramis teretibus, glabratis, medullosis. Petioli 8—16 mm longi, saepe parce pubescentes. Folia oblongo-ovata, 5—8 cm longa et 1,6—3 cm lata, basi rotundata, apice acuminata, margine conferte inaequaliter denticutala, membranacea, supra pilis simplicibus sparsissimis, subtus pilis furcatis et ramosis ad nervos vestita. Pedicelli 7—10 cm longi, glabrati vel infra calycem hirti, basi minute bibracteolati. Hypanthium breviter lateque patelliforme, 2 mm longum, 8—12 mm latum, hirtellum; sepala anguste linearia, acuta, 15—22 mm longa, 1 mm lata, pauci-denticulata, patentia usque reflexa. Corolla sanguinea, versus apicem flava, parce stellato-pilosa, 45 mm longa, subaequilata (5 mm), lobi ca. 1 cm longi, Stamina glabra; antherae nigrescentes, 7 mm longae.

Peru: Dept. Cuzco, Pillahuata, Cerro de Cusilluyoc in dichtem Wald, 2500—3000 m, V (F. W. Pennell n. 13913! — Hb. Berl., Field, Stockh., N. York Bot. Gard., ubi sub eodem no. etiam *S. reflexus* Rusby asservatur.

66. **S. brevicalyx** E. Wimm. in Annal. Naturhist. Mus. Wien LVI (1948) 326. — Frutex scandens, ramis tenuibus, pendulis, inferne glabrescentibus, superne pubescentibus, laxe foliatis. Petioli 5 mm longi. Folia cordata, 5 cm longa et 2,5 cm lata, apice longius cuspidata, margine integra dentibus setoso-callosis, 4 pro centimetro, munita, supra subglabra, subtus albo-hirta, nervis secundariis 4 sub angulo fere recto excurrentibus. Pedicelli 4—6 cm longi, puberuli, ebracteolati, patentes, infra florem curvati. Hypanthium patelliforme, 2 mm longum, 8 mm latum, puberulum; lobi triangulares, 5 mm longi, basi 3 mm lati, denticulati, suberecti. Corolla rosea, intus lutea, 61 mm longa, in parte inferiore puberula, sursum infundibuliformiter ampliata et glabrescens, ad faucem 1 cm lata, lobi longi-triangulares, 7—12 mm longi. Filamenta luteo-virentia, glabra, 68 mm longa. Tubus antherarum 7 mm longus, coeruleo-cinereus, glaber. 2 inferiores apice penicillatae. Capsula ovoidea, supera, 1 cm longa.

Ecuador: Prov. Carchi, zwischen Pun und Chimbal, Canton Julcán 2860 m, VIII. 1935 (Ynes Mexia n. 7614! — Hb. Wien).

Ista species *S. aviculari* similis, ab eo differt foliorum dentatione et apice, calyce.

67. **S. odontosepalus** Vatke in Linnaea XXXVIII (1874) 729. — Caules vel rami fistulosi, angulati, superne saltem brevissime puberuli, sparse foliati. Petioli tenues, 12—21 mm longi. Folia oblongo-ovata, 6—10 cm longa et 2,4—4,3 cm lata, basi rotundata, apice acuminato-cuspidata, margine interdum repando denticulis callosis, inaequalibus, 8 pro centimetro, ornata tenuia, supra glabra, subtus ad nervos brevissime hirtella. Pedicelli 7—8 cm longi, brevissime hirtelli, basi 2 glandulis muniti. Calycis tubus brevissimus, patelliformis, 1,5 mm longus, 7 mm latus; sepala foliacea, ovato-lanceolata, sensim acutata, undulata et dentibus uncinatis serrata, 13—15 mm longa et 4—5 mm lata, subpatentia. Corolla roseo-purpurea, brevissime hirtella, subrecta, ad isthmum 4, ad faucem 10 mm lata, 65 mm longa, lobis sublinearibus, 14—16 mm longis. Filamenta glabra, antherarum tubus caesius, 7 mm longus, in dorso anteriore parçe pilosus.

Venezuela: Caracas, Colonia Tovar, XII. 48 (Karsten! — sp. orig. Hb. Berlin; A. Allart n. 389! — Hb. Wash.); in Wäldern zwischen Colonia Tovar und Lagonazo, 2000 m, II. (H. Pittier n. 9260!); Prov. Carabobo, Cumbre de

Valencia, 1200 m, IX. (F u n c k & S c h l i m [oder nur F u n c k] n. 757!); Buena Vista, 1350 m und in den Anden von Truxillo und Merida (L i n d e n n. 1523! 249!— Hb. Wien, Del., Paris, Kew).

§ 2. Sphaeroides E. Wimm.

§ *Sphaeroides* E. Wimmer in Annal. Naturhist. Mus. Wien LVI (1948) 326.

Calycis tubus manifestus, sub-, semi- vel depresso-globosus, inferus vel semi-inferus, basi rotundatus.

A. Folia impartita.
 * Plantae glabrae.
  ° Folia ovata vel ovato-oblonga, corolla rubra.
   — Sepala minuta, dentiformia .... 68. *S. antioquianus.*
   = Sepala anguste linearia, elongata.
) Folia minute denticulata .... 69. *S. subcordatus.*
    )) Folia argute subsinuato-dentata, vide 81. *S. argentinus var cuspidatus.*
  °° Folia plus minusve lanceolata, corolla flava.
   · Folia lineari-lanceolata .... 70. *S. aureus.*
   ·· Folia elliptico-lanceolata .... 71. *S. fiebrigii.*
 ** Plantae pubescentes vel foliis saltem subtus hirtis.
  I. Folia forma ovata vel ovali-ovata.[1]
   ▢ Pedicelli breves, sub anthesi 1 cm tantum longi ... 72. *S. pilosus.*
   ▢▢ Pedicelli longiores, 2—7 cm longi.
    △ Folia apice subacuta usque rotundata.
     · Sepala triangularia, acuta, integra, erecta .. 73. *S. bogotensis.*
     ·· Sepala aliter formata.
      / Sepala ovata vel elliptica reflexa vel patentia, vide 130. *S. ellipticus.*
      // Sepala triangulari-lanceolata vel subulata.
       ! Hypanthium breviter semigloboso-turbinatum, vide *S. ellipticus var. peritornus.*
       !! Hypanthium depresso- vel semiglobosum.
        : Planta pilis simplicibus vestita .. 74. *S. popayanensis.*
        :: Planta pilis arbusculiformibus tecta 75. *S. furax.*
    △△ Folia apice acuta vel acuminata.
     · Folia lanceolato-ovata.
      , Sepala subulata, 5 mm longa .... 76. *S. puberulus.*
      ,, Sepala anguste linearia, saltem 20 mm longa, vide 64. *S. stenolobus.*
     ·· Folia ovata usque ovato-oblonga, interdum oblongo-elliptica.
      × Corolla distincte infundibularis e basi constricta.
       ! Folia cordata.
        : Planta glabra .... vide 65. *S. brevicalix.*
        :: Planta hirsuta.
         ; Folia margine callose denticulata, sepala integerrima .... 77. *S. benthamianus.*
         ;; Folia sinuato-dentata; sepala denticulata 77a. *S. sandemanii.*
       !! Folia subcordata vel truncata in basi.
        ° Hypanthium subglobosum.
         † Folia utrinque, subtus densius subhirta et vix reticulata .... 78. *S. avicularis*

---

[1]) Vide etiam: *S. schlimianus! S. imbricatus!*

Fig. 63. a *Siphocampylus biserratus.* p. 299,
b *S. affinis* (*campanulatus*). Sp. orig., p. 358.

Fig. 64. *Siphocampylus andinus* var. *elegantissimus.*
ca. 1/2. Sp. orig., p. 306.

†† Folia supra glabra, subtus valde reticulata et subhirta .... 79. *S. tolimanus.*

°° Hypanthium distincte semiglobosum 80. *S. rupestris.*

×× Corolla tubulosa et sursum plus minusve subventricosa.

! Folia rigida, nitida .... 81. *S. nitidus.*

!! Folia membranacea, opaca.

: Folia argute profundius dentata .. 82. *S. argentinus.*

:: Folia dentata vel denticulata.

; Folia basi cordata subcordataque 83. *S. werdermannii.*

;; Folia basi rotundata usque subacuta.

″ Folia crenulato-dentata, sepala integra 84. *S. macropodus.*

″″ Folia exserte setoso-denticulata, sepala exserte denticulata .... 85. *S. sparsipilus.*

II. Folia lanceolata vel oblonga usque elliptica.

1. Pedicelli 1—2,2 cm longi, bibracteolati.

° Folia elliptica, utrimque acuta .... 86. *S. elsworthi.*

°° Folia lanceolato-oblonga, acuta, basi obtusa vel acuta 87. *S. dossennus.*

2. Pedicelli multo longiores, (2,5) 4—14 cm longi, saepe ebracteolati.

° Sepala anguste triangularia, 4—6 mm longa.

† Petioli 1—3 mm longi.

! Folia oblonga, flores citrini .... 88. *S. citrinus.*

!! Folia lanceolata, flores rubri .... 89. *S. macrostemon.*

†† Petioli ad 15 mm longi, folia lanceolata ..... 90. *S. boliviensis.*

°° Sepala sublinearia, 8—20 mm longa.

< Folia subtus valde reticulata, primo saltem arachnoideo-villosula, folia oblonga.

△ Folia subtus mox calvescentia.

□ Folia oblongo-elliptica, sepala 10—12 mm lg. 91. *S. phaeton.*

□□ Folia lanceolato-oblonga, sepala 8—10 mm lg. 92. *S. salviifolius.*

△△ Folia subtus albo-tomentosa .... 93. *S. arachnes.*

<< Folia subtus vix reticulata, plus minusve pubescentia, sepala sublinearia, 10—20 mm longa.

. Corolla subarcuato-curvata, filamenta pubescentia 94. *S. sanguineus.*

.. Corolla fere recta, filamenta glabra ...... 95. *S. trianae.*

B. Folia palmato-partita, parva .... 96. *S. mirabilis.*

68. **S. antioquianus** E. Wimm. in Fedde, Repert. XXIX (1931) 80, t. 117, fig. 4. — Frutex scandens, glaberrimus. Petioli tenues, tortuosi, 5 mm longi. Folia ovato-oblonga, 6 cm longa et 2 cm lata, basi rotundata, apice acuminata, margine inaequaliter callose denticulata (dentes 4—5 pro cm), membranacea, nervis lateralibus 6 sub angulo subrecto arcuatim ascendentibus. Pedicelli 9 cm longi, folia longe superantes. Hypanthium pyriforme, 8 mm longum, 7 mm latum; lobi calycis dentiformes, erecti, sed apice recurvati, 2 mm longi. Corolla coccinea, 48 mm longa, ad isthmum 2 mm lata, sursum subventricose ampliata et 8 mm lata; lobi longi-triangulares, 8—10 mm longi. Stamina glabra; tubus antherarum caesius, 8 mm longus.

Colombia: Antioquia, V. 73 (com. C. Patin! — Hb. Kew).

69. **S. subcordatus** Rusby in Bull. N. York Bot. Gard. VIII (1912) 121; E. Wimm. in Macbr., Fl. Peru VI (1937) 469. — Frutex 2,40 m altus. Petioli crassi,

3—10 mm longi. Folia ovato-oblonga, 4—9 cm longa et 2—5 cm lata, basi subcordata usque truncata, apice acuta usque subrotundata, margine remotius denticulata, subcoriacea, supra glabra, nitida, subtus ad nervos prominentes sub lente breviter hirtella et scabriuscula. Pedicelli circiter 4 cm longi, ebracteolati. Hypanthium hemisphaericum, 4 mm longum, 7 mm latum; lobi anguste lineares, ascendentes, integri, 12 mm longi. Corolla purpurea (?), tenuiter velutina, recta, ante florationem falcata, 45 mm longa, subaequilata, ad faucem 7 mm lata; lobi sublineares, 12—16 mm longi. Filamenta et tubus antherarum 9 mm longus, albidopilosa.

Bolivia: Dept. La Paz, Apolo, 1450 m, VI. 1902 (Williams n. 1507! — Hb. Kew); Casana im Tipuani-Tal, 1400 m, III. 1922 (O. Buchtien n. 7529! — Hb. Berl.).

70. **S. aureus** Rusby in Mem. Torr. Bot. Club. VI (1896) 72; A. Zahlb. in Bull. Torr. Bot. Club XXIV (1897) 378. — Frutex scandens, glaber, 3—4 m altus, ramis tenuibus, virentibus, medullosis. Folia lanceolata, 6—8 cm longa et 0,8—1,4 cm lata, apice sensim angustata, basi acuta et in petiolum 12 mm longum sensim angustata, margine minute denticulata, tenuia, subtus pallida. Pedicelli 4—5 cm longi, inconspicue parce hirtelli. Hypanthium semi-ovoideum, glabrum; lobi subulati, denticulati, erecti, apice autem arcuato-recurvati, 6—7 mm longi. Corolla flava, glabra, fere aequilata (6 mm), subcurvata, 5 cm longa, lobi superiores 7, imus 11 mm longi. Stamina glabra; tubus antherarum 5 mm longus. Capsula globosa, 8 mm longa. Semina oblongo-ellipsoidea, fusca, laevia, 0,6 mm longa. — Fig. 56 k.

var. **aureus.**

Bolivia: Cochabamba, bei Espirito Santo (Bang n. 1234! — Hb. Berlin); Dept. Santa Cruz, Prov. Del Sara, bei Rio Izama, Cerro del Amboró, 1200 — 1500 m, X. (J. Steinbach n. 2982 — Hb. Lillo, Berlin); Yungas, Unduavi, 3300 m (O. Buchtien, Herb. Boliv. n. 97!); ohne nähere Angabe (Cumming! Bridges!).

Sub. no. 97 etiam *S. andinus* var. *elegantissimus* E. Wimm. a collectore Buchtien editus est!

var. **latior** A. Zahlb. l. c. — Folia „ovata vel oblonga acuminata, 5—7 cm longa, 2,5—27 cm lata", aut late lanceolata, 14—16 cm lg., 3 cm lt., utrinque acuta, margine repanda et minute denticulata, petiolo breviore et marginato. Corolla 4 cm longa.

Bolivia: Sierra de Santa Cruz, 2600 m, V. (O. Kuntze — non vidi); Chaco bei Charagua, an feuchten felsigen Abhängen, 60 cm hoch und gelbblühend, 750 m, IV. (M. Cárdenas n. 2629! — Hb. Field).

71. **S. fiebrigii** E. Wimm. in Fedde, Repert. XXII (1926) 209. — Suffrutex ad 1,50 m altus, erectus, ramosus. Folia ovato-oblonga usque oblonga, ad apicem sensim acuminato-cuspidata, ad basin acuta et in petiolum 3—12 mm longum decurrentia, margine irregulariter dentata — dentes oblique antrorsum versi et calloso-apiculati interdum adpressi — membranacea, glabra. Pedicelli 6 cm longi, ebracteolati, parce puberuli. Hypanthium semiglobosum; lobi anguste lineares, pauci-denticulati, erecti, 9—11 mm longi. Corolla sulfurea, glabra, subrecta, supra isthmum abrupte et dein fere aequilata ad faucem ibique 6 mm lata; lobi corollae sublineares, 8—12 mm longi. Stamina glabra; antherae virentes 6 mm longae. Capsula globosa, 7 mm longa et lata.

var. **fiebrigii.** — Ut supra.

Bolivia: An einem Waldbach bei Chiquiacá, 1000 m, blüht schwefelgelb, IV. 1904 (K. Fiebrig n. 2755! — Hb. Berl.); Carapari zwischen Tarija und Chaco (Rob. E. Fries n. 1350! — Hb. Stockh.).

Argentinien: Dept. Oran, Quebrada da Pocitos, 600 m, II. (Schreiter n. 3612! — Hb. Wien).

var. **intermedius** E. Wimm. nov. var. — Folia ut in typo. Calycis lobi 6 mm tantum longi, erecti, integri vel denticulati. Corolla ut in *S. aureo*, sed 42 mm longa.

Bolivia: Chiquiaca — Carapari, Wald, 900 m, X. (C. Troll n. 275!); Villamontes, 30—40 cm hohes, gelbblühendes Kraut im Waldschatten an Flußniederung (K. Pflanz n. 2061! 2047! — Hb. Berl.); im südlichen Bolivia an Bachufern, 450 m (J. Steinbach n. 1631! — Hb. Wien).

72. S. **pilosus** Gleas. in Bull. Torr. Bot. Club LII (1925) 70. — Caulis herbaceus, luride pubescens. Petioli 6—10 mm longi, crassi, dense pubescentes. Foliorum lamina ovata usque oblongo-ovata, 6—7 cm longa, 3—3,5 cm lata, basi subcordata vel truncata, apice acuta, margine inaequaliter dentata — 1—2 minores dentes inter majores — tenuis, supra sparse minuteque pubescens, demum glabrescens, subtus imprimis ad nervos dense hirta. Pedicelli 1—1,5 cm longi, dense pubescentes. Hypanthium semiglobosum, 4 mm longum, 8 mm latum, pubescens; lobi anguste lineares, obtusiusculi, integri, patentissimi usque reflexi, pubescentes, 4 mm longi. Corolla scarlatina, tenuiter pubescens, curvata, 45—50 mm longa, sursum parum dilatata et ad faucem 6 mm lata; lobi 10—15 mm longi. Filamenta glabra. Antherarum tubus 6 mm longus, in commissuris albido-pilosus. Capsula subglobosa, semisupera, 13 mm longa.

Colombia: Dept. Huila, östlich von Neiva, 2200—2500 m, VIII. und bei Balsillas am Rio Balsillas, 2000—2300 m (Rusby & Pennell n. 680, Typus im Herb. N. York Bot. Gard., und n. 908 — Hb. Wash.); El Gigante (Bro. Ariste-Joseph n. B-77! — Hb. Wash.).

73. S. **bogotensis** E. Wimm. in Fedde, Repert. XXVI (1929) 12. — Herba pubescens, caule angulato, fistuloso. Foliorum petioli 5—8 mm longi, lamina ovata vel ovalis, 5 cm longa, 3 cm lata, basi rotundata usque obtusa, apice acuta, rarius obtusa, margine denticulata, supra rugulosa, glabrescens, subnitida, subtus reticulato-venosa, hirta imprimis in nervis. Pedicelli 4—5 cm longi, basi bracteolis 2 subulatis praediti. Hypanthium semiglobosum, pubescens, 3 mm longum, 8 mm latum; lobi longi-triangulares, acuti, integri, suberecti, 10—11 mm longi, basi 3 mm lati. Corolla rubra, puberula, fere aequilata, inaperta 33 mm longa. Filamenta glabra. Tubus anthereus fuscescens, pilis luridis in commissuris obsitus, 7 mm longus. Capsula videtur globosa.

Colombia: Prov. Bogotá, Gachala und Ubala, 1700 m (Triana n. 1536! — Hb. Paris, Wash.).

Species habitu *S. pubescenti* non dissimilis, sed hypanthio semigloboso discedit.

74. S. **popayanensis** Benth., Pl. Hartweg. (1845) 213. — *Centropogon popayanensis* Benth. & Hook. f., Gen. Pl. II (1876) 547. — *Siphocampylus trichodontus* E. Wimm. in Fedde, Repert. XIX (1924) 262. — Suffrutex scandens, ramulis, pedicellis, petiolis inferaque pagina foliorum dense ferrugineo-villosis. Petioli ad 6—25 mm longi. Folia ovato-oblonga vel oblonga, 4,4—7 cm longa et 2,4—4,4 cm lata, basi rundata, apice obtusa usque rotundata et saepe brevissime acuminata, rarius subacuta, margine denticulis callosis, obtusis, bruneis, piliferis (exinde nomen „trichodontus"), confertis munita, subcarnosa, supra rugulosa, hirta subtus glauca, nervis planis vel et impressis, secundariis 6 sub angulo acuto excurrentibus. Pedicelli 3—6 (10) cm longi, ebracteolati, folio longiores. Calycis receptaculum hemisphaericum, basi paululum acutum; lobi lineari-lanceolati, denticulati, patentes, hirti, 10—12 mm longi. Corolla punicea, lobi salmoneo-rubri (lachsrot), hirtella, subcurvata, ad faucem 6 mm latam paulum ampliata; lobi 12 mm longi. Tubus filamentorum puberulus, tubus antherarum glaber, 6 mm longus.

Colombia: Anden um Popayan, 2400 m (Hartweg n. 1184! — Hb. Kew, sp. orig.); Dept. Cauca, Monte Puracé, Zentral-Kordilleren, Gebüschzone unterhalb dem Páramo, 3300—3400 m, und im Wald, 31—3300 m VI. (Pennell & Killip n. 6512! 6672! — Hb. Univ. Wien; Kj. v. Sneidern n. 1934! — Hb. Stockh.).

Ecuador (Lehmann n. 6222! — Hb. Berl. — Typus pro *S. trichodontus*).

75. **S. furax** E. Wimm. in Fedde, Repert. XXIX (1931) 86, t. 118, f. 7. — Frutex tomentosus in parte inferiore floccosus usque glabrescens (pili ramosi), ramis longis, pendulis, medullosis. Petioli subcrassi, 5—10 mm longi. Folia ovata usque ovalia, 4,5 cm longa et 3,4 cm lata, basi late rotundata, apice obtusa vel subrotundata, margine crenulato-denticulata, supra glabra exceptis nervis impressis, rugosa, subtus lutoso-tomentosa, nervis prominentibus, basalibus sub angulo recto, ceteris sub angulo acuto excurrentibus. Pedicelli 2—3 cm longi in axillis foliorum minorum ovalium, 15—20 mm longorum, fere racemose dispositi. Hypanthium semiglobosum, 6 mm diam., tomentosum; lobi sublineares, obtusiusculi, tomentosi, erecti, integri. Corolla luteola, in medio tubo rosea (André!), obscure carmesina (Mexia!), tomentosa vel floccosa, supra basin breviter et valde constricta, dein abrupte ventricoso-ampliata (11 mm) et sub fauce iterum parum coarctata, subcurvata, 35 mm longa; lobi longi-triangulares, 5—7 mm longi. Filamenta glabra. Tubus anthereus nigrescens, 5 mm longus, in suturis et in apice dorsali pilosus. Capsula subglobosa, semisupera, 8 mm longa. — Fig. 56 e.

Ecuador: Pichincha (?), 21. V. 1876 (E. André n. 3444! — Hb. Kew); Prov. Carchi, zwischen Moran und Olivos, 3200—3500 m, VII. 1935 (Ynes Mexia n. 7465! — Hb. Wien).

Locus natalis Colombia pro hac specie a me in Fedde, Repertorio supra citato indicatus, falsus esse videtur, ut specimen a Mexia collectum ostendit. Sententia mea orta est, cum adnotatio loci in scheda collectoris André vix recte legi possit. An lectio „Pichincha" rectior sit, credo, sed non sine dubio.

76. **S. puberulus** E. Wimm. in Fedde, Repert. XXVI (1929) 13, t. 72, f. 14; in Macbr., Fl. Peru VI (1937) 465. — Suffrutex puberulus. Folia subpetiolata (2 mm), ovato-lanceolata, 6—10 cm longa et 1,2—2,8 cm lata, basi rotundata, ad apicem sensim cuspidata, margine conferte tenuiter denticulata, membranacea, supra minutissime puberula, opaca, subtus pallida, dense puberula, nervi secundarii sub angulo 65° exeuntes. Pedicelli circiter 4 cm longi, ebracteolati. Hypanthium campanulatum; lobi subulati, denticulati, erecti, 4—5 mm longi. Corolla violacea (?), puberula, subcurvata, sursum paululum dilatata, 26 mm longa, ad faucem 5 mm lata; lobi 5—9 mm longi. Stamina glabra; tubus antherarum violascens et obscure striatus, 5 mm longus.

Bolivia: Ohne nähere Angaben (G. Mandon! — Hb. Wien.)

Specimen in herbario Vindobonensi asservatum exhibet a manu aliena „G. Mandon n. 497" adscriptum, sed dubito, utrum iste numerus a collectore datus est an erronee adnotatus, cum n. 497 Mandonis in eius schedula originali *Centropogoni valkeano* A. Zahlb. conveniat.

77. **S. benthamianus** Walpers, Repert. VI (1847) 379. — *S. cordifolius* Benth., Pl. Hartweg. (1845) 213, non Otto & Dietr. — Suffrutex scandens, ferrugineohirsutus. Rami teretes, solidi. Petioli subcrassi, 8—20 mm longi. Lamina foliorum cordata, 4—7 cm longa et 2,5—5 cm lata, apice acuminata, margine callose denticulata — dentes saepe uncinati, 1—3 minores inter majores — firmo-membranacea, supra sparse, subtus imprimis in nervis dense hirsuta, pallida. Pedicelli 4—7 cm longi, subcrassi, ebracteolati. Hypanthium globosum vel depresso-globosum, circiter 1 cm longum et latum; lobi subulati, integri, erecti, 5 mm longi. Corolla intense kermesina (André), puniceo-purpurea (Killip), hirsuta, subrecta, infundibuliformis, supra basin valde attenuata (2—3 mm), dein fere abrupte et ad faucem sensim ampliata (10—12 mm); lobi longi-triangulares, 10—15 mm longi. Filamentorum tubus glaber, exsertus, antherarum nigrocaesius, 9 mm longus, glaber vel pilis longis paucis in suturis obsitus.

Colombia: Ohne nähere Angaben (Hartweg n. 1185! — Hb. Kew, sp. orig.; Lehmann n. 5636! — Hb. Berl.); Tolima, ca. 1500 m, I. (Linden n. 928! — Hb. Del.); in den Wäldern auf den östlichen Abhängen des Berges Páramo de Meoras, 3300 m, IV. (Lehmann n. 2727 — Hb. Boiss., teste Zahlb.); Dept. Cauca, am Puracé in den Zentralkordilleren in der Buschzone unterhalb des Páramo, 3300—3400 m, VI. (Pennell & Killip n. 6523! — Hb. Univ. Wien; Kj. v.

Sneidern n. 1937! — Hb. Stockh.); von Popayan zum Páramo de Huila (A. Stübel n. 280 b!); Dept. Cundinamarca, Wald bei El Peñon, südwestlich von Sibate, 2900—3000 m (F. W. Pennell n. 2656!); Boquesu de Quindio, 3300 m (E. André n. 2225!); Prov. Antioquia, Encal, 2300 m (Triana n. 1538!).

77a. **S. sandemanii** E. Wimm. nov. spec. — „Suffrutex prostratus“ caule lignescente ramoso plumbi crassitie. Rami tenues, elongati, striati, subdense foliati, strigosuli. Petioli subflexuosi, strigosuli, 5—12 mm longi. Folia herbacea, opaca, supra strigosula, subtus pallidiora et imprimis ad nervos hirsuta, lamina cordata, 12—20 mm longa et 10—16 mm lata, apice acuta, margine inciso-dentata — dentes ovati vel triangulares, apiculati, 3—1 mm longi, lobus terminalis protractus. Flores solitari-axillares, pauci. Pedunculi ebracteolati, patentes, ad apicem curvati, pubescentes, 3—4 cm longi. Calyx e basi late turbinato subglobosus, 6 mm longus et fere totidem latus, sparse pubescens, lobi calycis triangulares, erecti, utrinque 1—2 dentibus callosis muniti, 6 mm longi et basi ad 2 mm lati. Corolla „vinosa“, subpubescens, anguste infundibularis, circiter 60 mm longa: tubus 45 mm longus parum curvatus, supra basin ad 2 mm contractus, dein sensim ampliatus et ad faucem ad 9 mm (in statu compresso) latus; lobi corollae triangulari-lineares, acuti, basi vix 3 mm lati, 12—8 mm longi, patentes. Filamenta tubulosa, glabra, 53 mm longa, tubus antherarum plumbeus, glaber, 7 mm longus, 2 inferiores barbatae. Stigma viride, subtus pilosum.

Colombia: Manizales (Caldas) an feuchten schattigen Stellen. 3000 m, I. 1948 (Christopher Sandeman n. 5707! — Hb. Kew).

Siphocampylo lobbii var. *megodonto* et *S. mirabili* aliquot similis, sed bene distinctus.

78. **S. avicularis** E. Wimm. in Fedde, Repert. XXXVIII (1935) 20. — Frutex scandens, puberulus. Rami tenues, striati, scabridi, inferne glabrescentes. Petioli circiter 1 cm longi. Lamina foliorum ovata, 4—5 cm longa, 2,3—3 cm lata, basi cordata usque subcordata, apice subacuminata, margine denticuli 3 minores inter dentes majores, membranacea, supra minute, subtus longius hirta, nervi paulum prominuli, venae planae. Pedicelli 5—6 cm longi, ebracteolati. Hypanthium subglobosum, hirtellum, 1 cm diam.; lobi subulati, integri, erecti, 3—4 mm longi. Corolla rubra, puberula, recta, infundibulariformis, supra basin valde constricta, dein sursum sensim ampliata et ad faucem 12 mm lata (in statu siccato compresso), 60 mm longa; lobi longi-triangulares, 12—15 mm longi. Tubus filamentorum glaber, antherarum parce pilosus, 7 mm longus.

Colombia: Dept. Caldas, zwischen Salento und Laguneta am Alten Quindio-Weg im Wald, 2400—2700 m, VIII. (Killip & Hazen n. 9136! — Hb. N. Y. Gard.).

79. **S. tolimanus** E. Wimm. in Trabajos Mus. Nac. Cienc. Nat. Madrid, Bot. No. 26 (1933) 28. — Frutex scandens, puberulus. Rami teretiusculi, striati, fusci, parce tuberculati. Folia sparsa, membranacea, supra plana, glabra, subtus pallida et ad nervaturam planam adpresse hirta, petiolo 12 mm longo; lamina ovata, 3,6—5,2 cm longa et 2,2—2,6 cm lata, basi truncata vel rotundata, apice acuminata, margine dentata, dentes triangulares, callosi, saepe minores inter majores, 2 mm ab invicem distantes. Pedicelli 13 mm longi, glabrescentes, ebracteolati. Hypanthium obovoideo-globosum, 1 cm longum; lobi anguste triangulares, integri, erecti, 3 mm longi et in basi 3 mm lati. Corolla rosea, puberula, apicem versus glabrescens, subrecta, tubo 40 mm longo, ad isthmum 3 mm lato, dein infundibulariter ad faucem ampliato ibique 12 mm lato; lobi longi-triangulares, 6—12 mm longi. Staminum tubus glaber; antherae nigro-caesiae, 9 mm longae.

Colombia: Zentralkordilleren, im Gebüsch zwischen El Salto und La Selva gegen den Berg Tolima hin, 3400 m, V. (J. Cuatrecasas n. 2785! — Hb. Cuatrecasas, Madrid).

80. **S. rupestris** E. Wimm. in Fedde, Repert. XIX (1924) 391. — Rami tenues, teretes, glabri. Petioli 1 cm longi, pubescentes. Folia ovato-oblonga, 4—5 cm longa et 2—2,6 cm lata, basi rotundata vel subcordata, apice acuta usque subacuminata, margine callose denticulata, supra glabra, opaca, subtus glauco-leuca, nervis subpubescentibus, subimpressis, secundariis 5—6 sub angulo acuto excurrentibus. Pedicelli circiter 4 cm longi, parce pubescentes vel glabrati, ebracteolati. Hypanthium semiglobosum, glabrum, 4 mm longum, 6 mm latum; lobi subulati, paucidenticulati, erecti, glabri, 4 mm longi, vix 1 mm lati. Corolla punicea, glabra, 60 mm longa, supra basin breviter constricta (3 mm diam.) et curvata, dein subabrupte et infundibulariter ad faucem 10 mm latam ampliata; lobi corollae sublineares, 16—20 mm longi. Tubus stamineus glaber; antherae 7 mm longae, cinereae.

Ecuador: In rupibus occidentalibus montis Pichincha (Mille n. 10! — Hb. Wien, Univ. Quito).

81. **S. nitidus** Pohl, Pl. Brasil. Icon. II (1831) 110, t. 174; G. Don, Gen. Syst. III (1834) 701; Kanitz in Martius, Fl. Brasil. VI/4 (1878) 154. — Suffrutex scandens, ad 2 m altus, puberulus, rami inferne glabrati. Petioli crassi, 5 mm longi. Folia ovata usque oblongo-ovata, 5—10 cm longa et 2,7—5 cm lata, basi subcordata vel (summa) etiam rotundata, apice acuta, margine inaequaliter dentata, firmo-membranacea, supra nitida, glabra vel sparse hirtella, subtus pallidiora, hirtella, leviter reticulato-venosa. Pedicelli 2—3 cm longi, basi minute bibracteolati. Hypanthium hemisphaericum vel patelliforme vel etiam semigloboso-turbinatum, 2—3 mm longum, 5 mm latum; lobi subulati, integri, suberecti, hirti, 4—5—6 mm longi. Corolla caerulescenti-rubra (Pohl) vel punicea versus apicem flava, puberula, ad 45 mm longa, subcurvata, sursum parum dilatata, ad faucem circiter 6 mm lata; lobi corollae ad 11 mm longi. Filamenta glabra vel (in specimine Gardner) leviter puberula. Tubus antherarum 6 mm longus, glaber vel leviter hirtus. Capsula globosa, semisupera. Semina oblonga, 0,8 mm longa.

A. Folia subtus pubescentia.
   I. Folia ovata, basi subcordato-rotundata, apice acuta, sepala erecta var. *nitidus*.
   II. Folia ovato-lanceolata vel ovata, basi rotundata, apice acuminata var. *pleiotrichus*.
B. Folia glaberrima nitidissima .... var. *nitidissimus*.

var. **nitidus.** — Ut supra.

Brasilien: Staat Minas Geraës, zwischen Gebüsch um die Fazenda do Apollinario, nicht weit vom Rio Abaite, VII. 1821 (Pohl n. 5153! — Hb. Wien, sp. orig.); Minas Geraës (Gardner n. 4971! — Hb. Wien, Berl.); Rio Manso (Saint-Hilaire n. 542! — Hb. Paris).

f. **acuminatus** E. Wimm. nov. f. — Folia acuminata vel etiam cuspidata. Sepala 8—9 mm longa, patentia vel arcuato-recurvata.

Brasilien: Staat Minas Geraës, Serra do Cipo an Waldrand, sehr selten, 1200—1300 m, und auf der Serra do Caraça an feuchteren Stellen der Felshänge, 1400—1500 m, VI., beide bei Bello Horizonte (Werdermann n. 3835! 3927! — Hb. Berl.).

var. **nitidissimus** E. Wimm. in Fedde, Repert. XXII (1926) 212. — Folia ovato-oblonga, glaberrima, utrinque nitidissima.

Brasilien: 6—8 Fuß hoher Halbstrauch auf Felsen an Bächen bei Tejuco, 25. Jan. (Riedel! — Hb. Leningr.).

var. **pleiotrichus** E. Wimm. l. c. — Folia ovato-lanceolata, acuminata, rarius ovata, minus nitida, supra glabra secus planta ubique hirta. Calycis lobi primo patentes, mox arcuato-recurvati.

Brasilien: Minas Geraës (Gardner n. 4970! — Hb. Boiss., Cambr.; Langsdorff! — Hb. Leningr.); Marianne und Tejuco (Vauthier n. 404! 402! — Hb. Del.); Taquaral bei Ouro Preto, V. und Serra do Ouro Preto, VII. (Schwacke n. 8268! 10526!): Diamantina, Olaria, tiefe Schlucht, 1250 m, V. (Y. Mexia n. 5787 a!).

Planta valde variabilis, formae transitoriae non rarae.

82. **S. argentinus** (Griseb.) Hieron. apud E. Wimm. Consp. Lobelioid. in Revista Sudam. Bot. II (1935) 99. — *Centropogon argentinus* Griseb. in Abhandl. der kgl. Gesellsch. d. Wiss. Göttingen XXIV (1879) 219. — Suffrutescens, caule erecto, puberulo, ad 1,50 m alto. Folia inferiora ovata, acuminata, 4—8 cm longa, 2—4 cm lata, superiora ovato-lanceolata, cuspidata, 4 cm longa, 0,8 cm lata, basi rotundata usque acuta, duplicato-dentata vel inaequaliter acute et profundius dentata, tenuiter membranacea, utrinque plus minusve puberula vel glabrescentia, petiolo puberulo 5—10 mm longo. Pedicelli axillares, plerumque corymbiformiter compositi, ad 5 cm longi. Hypanthium subglobosum vel semiovoideum, 5—8 mm longum, puberulum cum pedicellis et sepalis; lobi calycis subulati, integerrimi, suberecti, 12—14 mm longi, sinus inter eos acuti. Corolla rubra vel aurantiaca, glabra, subrecta, 38 mm longa, sursum paululum dilatata et ad faucem 5 mm lata; lobi corollae sublineares, 15—16 mm longi. Staminum tubus glaber; antherae 6 mm longae.

var. **argentinus**. — Ut supra.

Argentinien: Prov. Catamarca, Quebrada de las Juntas, I. 1874 (F. Schickendantz n. 218! — Hb. Götting., sp. orig., Hb. Berl.); bei El Candado, gemein (Jörgensen n. 1141! — Hb. Wien); Tucuman, am Wege zwischen La Ventanita und Los Norteritos, 2500 m, „1—1,50 m hoch, Blütenfarbe veränderlich zwischen rot und orange“, XII. 1917 (Schreiter n. 324! — Hb. Lillo, Wien, sepala autem breviora, 5—7 mm tantum longa).

var. **cuspidatus** E. Wimm. in Annal. Naturhist. Mus. Wien LVI (1948) 326. — *S. cuspidatus* E. Wimm. in Fedde, Repert. XXXVIII (1935) 20. — Folia longe cuspidata, petioli foliorum inferiorum ad 2 cm longi, verisimiliter etiam in planta typica, quos petiolos non vidi. Pedicelli omnes remotius axillares, 6—10 cm longi, glabri. Calycis lobi sublineares, pauci-denticulati vel integri, suberecti, apice saepe recurvati, 4—7 mm longi. Corolla plerumque carmesina. Planta glabra, raro subpuberula.

Argentinien: Prov. Catamarca, Dept. Andalgalá, Esquina Grande, gemein, 10. XII. 1916 (P. Jörgensen n. 1559! — Hb. Wash., Lillo); Aconquia, Loma Atraregada, 1700 m, I. (Lillo n. 1583!); Prov. Tucumán: Tafi del Valle, I. (Castillón n. 318 a! 2040! Venturi n. 2896!); 1 m hoher Strauch mit karminroten Blüten zwischen Feldern bei der Estancia Las Pavas, 1700, 1800 und 3000 m (S. Venturi n. 4053! 4697! 2992!); Cuesta del Rio Cochuna, 1500 m (Schreiter! — Hb. Lillo n. M 10365! Descole! — Hb. Lillo n. M 10445!); La Angostura, Aliso-Region (Lillo n. 7357!).

83. **S. werdermannii** E. Wimm. in Fedde, Repert. XXXVIII (1935) 76. — Suffrutex ramosus, puberulus, ad 1,50 m altus. Petioli cr. 2 cm longi. Foliorum lamina late ovata, 10 cm longa, 6,7 cm lata, basi truncato-rotundata usque subcordata, apice subacuminata, margine leviter repanda vel imprimis versus apicem obtuse dentata, supra ad lentem, subtus densius puberula et ad nervos tomentella. Pedicelli 4—8 cm longi, ebracteolati. Hypanthium depresso-globosum, 5 mm latum; lobi lineares, denticulati (dentes pauci), 7—8 mm longi, vix 1 mm lati, arcuato-patentes. Corolla sanguinea, parce puberula, 32 mm longa, supra isthmum parum ventricosa et 6 mm lata, lobi 8—10 mm longi. Staminum tubus glaber; antherae 5 mm longae.

Ost-Bolivia: Nordost-Abhänge der Sierra de Cochabamba bei Incachaca, 2500 m, VII. (Werdermann n. 2062! — Hb. Berlin).

84. **S. macropodus** (Billb.) G. Don, Gen. Syst. III (1834) 704; A. DC. Prodr. VII (1839) 407; Kanitz in Martius, Fl. Brasil. VI. 4. (1878) 152; A. Zahlb. in Vidensk. Meddel. Koebenh. (1895) 68; E. Wimm. in Revista Sudamer. Bot. II (1935) 100. — *Lobelia macropoda* Billb., Pl. Brasil. Decas Prima (1817) 6; Roem. & Schult., Syst. V. (1819) 52; Presl, Prodr. Lobel. (1836) 37. — *L. cana, crenata, villosula* Presl l. c. — *S. canus* Pohl, Pl. Brasil. Icon. et Descript. II (1831) 106, t. 169; G. Don l. c. 701; A. DC. l. c. 403. — *S. crenatifolius* Pohl l. c. 107, t. 170; G. Don l. c.; A. DC. l. c. 403; Saunders, Refug. Bot. IV (1871) t. 227. — *S. villosulus* Pohl l. c. 108, t. 171; G. Don l. c.; A. DC. l. c. 403; Kanitz l. c. 153 excl. syn. *S. amoenus* Planch.

Suffrutex ramis scandentibus ad 2 m longis, puberulis. Petioli 6—16 mm longi, puberuli. Folia inferiora saepe ovata vel ovato-oblonga, reliqua elliptico-oblonga vel oblonga, 6—10 cm longa et 2—5 cm lata, basi acuta usque rotundata, ad apicem obtusiusculum acuta, margine repando-denticulata vel crenulato-dentata vel conferte inaequaliter dentata, membranacea, supra opaca, puberula, subtus canotomentella imprimis ad nervos. Flores in parte summa saepius subracemosi. Pedicelli 3—7 cm longi, sine vel cum bracteolis parvis in basi, tomentelli. Hypanthium semi- vel depresso-globosum, 10-nervatum, dense puberulum; lobi sublineares, subacuti, integri vel denticulati, puberuli, erecti vel patuli cum apice recurvato, 5—10 mm longi. Corolla coccinea vel tubo coccineo et limbo aurantiaco vel viridi, intus lutea, glabra vel subpubescens (*S. villosulus!*), leviter curvata, 38—46 mm longa, supra isthmum abrupte ampliata et saepe subventricosa, 5—8 mm lata; lobi circiter 10 mm longi. Tubus staminum glaber; antherae coeruleae, 7 mm longae, raro in dorso pilosulae. Capsula subglobosa, 7 mm longa et fere lata. Semina compresso-ellipsoidea, fulva, tenuiter reticulata, 0,8 mm longa.

B r a s i l i e n : Prov. Minas Geraës: Ouro Preto (olim „Villa Rica“ — locus classicus!) in montibus, VIII. (W e s t i n ! — Typus *Lobeliae macropodae*, Hb. Berl.; C a s a r e t t o n. 2823; R a b e n ! — frequens ad muros; S c h w a c k e n. 7691! 14001! — 1050 m, corollae tubus coccineus, limbus viridis!); Minas Geraës (G a r d n e r n. 4972! 4973!; S a i n t - H i l a i r e n. 1792!); bei Caldas (M o s é n! L i n d b e r g ! R e g n e l l ! — Hb. Regnell n. 548, 126, 127, III/162, 823); Cachoeira do Campo (C l a u s s e n n. 58, 100! 101, 157 B! 177! 263, 326 p. p.); Itabira (V a u t h i e r n. 406!); Batataes (R i e d e l n. 2261! 2241!); Viçosa, Tal Chacha, Flußufer, 680 m, häufig und an überfluteten Stellen, 665 m (Y. M e x i a n. 4464! 4722!); Serra do Curral bei Bello Horizonte, 1000 m, VI. (W e r d e r m a n n n. 3675!); zwischen Brumado und Barbaçena und Lagoa Santa (W a r m i n g !); Distrikt Diamantina, Barrão, am oberen Hang der Serra de Capão, häufig, 1250 m (Y. M e x i a n. 5899! — sub eodem no. *Siphocampylus imbricatus* var. *glabratus* editus est! — Hb. Field); inter frutices ad Estrema non procul a Rio Jequitinhonha, X. 1821 (P o h l n. 5150! — Typus pro *S. villosulo* — Hb. Wien); inter frutices in Serra São Gonçalo, VII. 1921 (P o h l n. 3284! — Typus pro *S. cano* — Hb. Wien); São João d' El Rey, X. 1819 (P o h l n. 564! — Typus pro *S. crenatifolio* — Hb. Wien). — Staat Rio de Janeiro bei Rio de Janeiro in fruticetis irriguis loco montano (M a r t i u s n. 1215! et sine no. — Hb. München; G l a z i o u n. 11118! 11178! 15164! 18342! H a n s N ö t h i g!). — Staat Matto Grosso, ad Cuiaba (M a n s o apud C l a u s s e n n. 222). — Staat S. Paulo (W e i r n. 102!). — Staat Paraná: Therezina in silva subprimaeva I. und bei Capão Bonito ad margines silvarum III. (D u s é n n. 11155! 16767! 16863!). — An nicht näher genannten Orten (S e l l o w ! R a b e n n. 256—58, S c h ü c h!).

S. macropodus valde variabilis est, quin formae propriae distingui possint. Tres a cl. P o h l i o descriptae species supra nominatae non permittunt eas ab invicem satis separari, cum proprietates earum occasionales sint, formae foliorum vel lobi calycis unius speciei etiam in alia inveniantur. Opinionem, quod hae tres species unam tantum speciem bonam efficiunt, jam cl. R e g e l pronuntiavit in Gartenflora XXXIII, p. 353.

85. **S. sparsipilus** E. Wimm. in Fedde, Repert. XIX (1924) 388; in Macbr., Fl. Peru VI (1937) 468. — Suffrutex scandens, praecedenti speciei similis, ramosus.

Rami subteretes, inferne glabrati, superne puberuli. Folia elliptica vel ovato-oblonga, 7 cm longa, 3 cm lata, utrinque acuta et basi in petiolum ad 13 mm longum attenuata, margine exserte callose conferte denticulata, membranacea, utrinque sparse puberula. Pedicelli 7—8 cm longi, puberuli, ebracteolati. Calycis receptaculum depresso-globosum, 10-costatum, puberulum, 5 mm longum, 8 mm latum, puberulum vel glabratum; lobi e basi triangulari lineares, acuti, exserte denticulati, puberuli, 8 mm longi, patentes, apice subrecurvati. Corolla coccinea, glabra, subcurvata, 55 mm longa, supra isthmum longiorem et valde angustum abrupte ampliata et subventricosa, ad 10 mm lata; lobi puberuli, superiores 15 mm longi, reliqui gradatim breviores, imus 6 mm longus. Tubus stamineus glaber; antherae 7 mm longae. Capsula 10-costata, depresso-globosa, 12 mm longa et 13 mm lata.

B o l i v i e n : Unduavi, 2400 m, X. (H. H. R u s b y n. 636! — Hb. Wash., Typus; — n. 637! in Herb. N. Y. Gard.!, sed sub hoc numero etiam *Centropogon dubius* traditur).

86. **S. elsworthi** E. Wimm. in Fedde, Repert. XXXVIII (1935) 17. — Herba erecta, puberula, ca. 60 cm alta. Rami striati, fistulosi, deorsum glabrescentes, superne lurido-pubescentes. Folia oblongo-elliptica, 4 cm longa, 2 cm lata, utrinque acuta, margine callose denticulata, membranacea, supra opaca, sparse, subtus densius puberula. Pedicelli in axillis bractearum foliacearum, 6—10 mm longarum, basi minute bibracteolati, ad 22 mm longi. Hypanthium semiglobosum, puberulum; lobi triangulari-lineares, 4—5 mm longi, saepe purpurei, puberuli, apice obtusi, utrimque 1-denticulati. Corolla rubra, puberula, 35 mm longa, subcurvata, supra isthmum sensim paulumque ad faucem dilatata (4—5 mm); lobi circiter 10 mm longi. Filamenta 45 mm longa, subglabra. Tubus anthereus fumigatus, in suturis parum pilosulus, 6 mm longus.

C o l o m b i a : Dept. Norte de Santander, Umgebung von Mutiscua, in dichtem Wald, 3600 m, II. (E l s w o r t h P. K i l l i p & S m i t h n. 19627! — Hb. N. Y. Gard.).

Species collectori et botanico claro musei Washington E l s w o r t h o P. K i l l i p dedicata.

87. **S. dossennus** E. Wimm. in Notizbl. Bot. Gart. Berl. X (1929) 742; in Macbr., Fl. Peru VI (1937) 451. — Suffrutex ramosus, puberulus — corolla excepta. Folia oblonga, acuta, basi obtusa, in petiolum 5 mm longum crassum angustata, 6 cm longa et 1,9 cm lata, margine callose denticulata, supra rugulosa, subnitida, subpuberula, subtus reticulato-venosa, dense hirta, nervi prominentes, secundarii sub angulo acuto ascendentes. Pedicelli solitari-axillares in apice ramulorum corymbose dispositi, 10—18 mm longi, supra basin 2 bracteolis parvis praediti. Hypanthium semiglobosum, breve, eius lobi sublineares, 5—6 mm longi, pauci-denticulati, erecti, apice recurvati. Corolla sanguinea, 46 mm longa, supra isthmum valde curvata et abrupte ad faucem 6 mm latum ampliata; lobi circiter 12 mm longi. Tubus staminum glaber; antherae 7 mm longae.

P e r u : Dept. Apurimac, Prov. Abancay, Quebrada de Antilla, VIII. (A. R a i m o n d i n. 9692! — Hb. Berl.).

Nomen dossennus idem sonat ac curvatus, nempe de corolla sub angulo circiter 80° declinata.

88. **S. citrinus** E. Wimm. in Fedde, Repert. XXXVIII (1935) 75; in Macbr., Fl. Peru VI (1937) 446. — Frutex ad 1,50 cm altus, ramis foliosis, villosis. Folia 2—3 mm longe petiolata, oblonga, 8,2—9,5 cm longa, 2,6—3,1 cm lata, utrinque obtusa vel subacuta, margine undulata, crenulato-denticulata, supra rugulosa et impressi-nervosa, nervo mediano excepto glabra, subtus imprimis ad nervos tomentosa et leviter reticulato-venosa. Pedicelli ad 25 mm longi, inferne villosuli, ceterum glabrati, ebracteolati. Hypanthium in alabastro turbinatum postea semiglobosum, glabrescens; lobi sublineares, 6 mm longi, obtusiusculi, denticulati, glabrescentes, erecti. Corolla citrina, in nervis villosula, 35 mm longa, supra isthmum abrupte

Fig. 65. a *Siphocampylus boliviensis*: 1 flos 1/1, 2 corolla longitud. dissecta filamentis et stylo amputatis, 3 capsula, 4 Pollen 30 μ, 5 semen dissect. magn. auct. — b *S. bilabiatus*. — c *S. macrostemon*. — d *S. violaceus*. 1/1. — Orig.

ampliata et ad faucem 6 mm lata; lobi circiter 13 mm longi. Tubus staminum glaber; antherae 5 mm longae. Capsula ovoidea, semisupera, circiter 6 mm longa et lata.

Peru: Dept. Cuzco, Prov. Quispicanchi, Tal des Marcapata, Chaupichaca, gemischte Formation, 1700 m, II. (Weberbauer n. 7829! — Hb. Field, Wien, Berl.).

89. **S. macrostemon** (Presl) A. DC. Prodr. VII (1839) 403; E. Wimm. in Macbr., Fl. Peru VI (1937) 458. — *Lobelia macrostemon* Presl, Prodr. Lobel. (1836) 36. — *Centropogon macrostemon* A. Zahlb. in Fedde, Repert. XIV (1915) 181. — Perennis, pubescens, caule erecto, angulato, ramoso. Folia subsessilia, elongato-lanceolata, in parte inferiore interdum latiora, 5—8 cm longa et 1,3—1,5 cm lata, acuta, basi subrotundata, margine conferte minute dentata, supra sparse, subtus densius pubescentia. Pedicelli 26—42 mm longi, puberuli, supra basin bibracteolati. Hypanthium hemisphericum, decem-nervatum, puberulum; lobi calycis subulati, integri, 5—6 mm longi, dense puberuli, erecti. Corolla rubra (?), glabra, subrecta, sursum paulum dilatata (5 mm); lobi circiter 12 mm longi. Staminum tubus glaber; antherae 6 mm longae. — Fig. 65 c.

Peru: Im Gebirge bei Huánuco (Haenke — Hb. Presl, Prag); Chachapoyas, Sesuya (Mathews n. 3022! — Hb. Kew); ohne genaueren Standort (Pavón n. 77 — Hb. Boiss., Del., Leningr.).

90. **S. boliviensis** A. Zahlb. in Annal. naturhist. Hofmus. Wien VI (1891) 443; Bull. Torr. Bot. Club XXIV (1897) 379; E. Wimm. in Macbr., Fl. Peru VI (1937) 444. *S. bolivianus* (errore) Britton in Bull. Torr. Bot. Club XIX (1892) 372. — Suffrutex erectus, villosulus, in partibus junioribus cano-tomentosus, ad 3 m altus. Folia ovato-linearia vel lanceolata, 12—16 cm longa et 2,6—3,5 cm lata, ad apicem sensim acuminata, basi acuta et in petiolum ad 15 mm longum angustata, margine conferte minute dentata, membranacea, supra glabra, rugulosa, opaca, subtus praecipue ad costam cano-tomentosa, nervis lateralibus ad 30 sub angulo 30° prodeuntibus. Pedicelli 8—10 cm longi, ebracteolati, apice corymbiformiter congesti. Hypanthium depresso-globosum, 5 mm latum; lobi longi-triangulares, 4—5 mm longi, demum ad 10 mm elongati, integri, hirti. Corolla atropurpurea, hirtella, 45 mm longa, supra partem constrictam paulum ventricosa et fere 10 mm lata, subrecta; lobi sublineares, ad 21 mm longi. Filamenta pubescentia. Antherarum tubus glaber, 8 mm longus. Capsula globoso-ovoidea, decemcostata, 13 mm longa, 10 mm lata. Semina oblonga, flavescenti-brunea, laevia, vix 1 mm longa. — Fig. 65 a.

Bolivia: Prov. Larecaja, überall an Zäunen, in Hainen in der subalpinen Region (2700—3300 m) bei Sorata (G. Mandon n. 496! — Hb. Wien, sp. orig.); bei Sorata, 2400 m (Rusby n. 645!); Cordillera Real zwischen den Bergen Illampu und Illimani am Weg nach Sorata (W. Martin Conway n. 42!); Tipuani-Tal (Weddell); Yungas (Weddell n. 4268); Dept. Cochabamba, Tunari, 3400 m (O. Kuntze !); ohne nähere Ortsangabe (Bang n. 2842!, Lobb! — Hb. Wien).

91. **S. phaeton** E. Wimm. in Fedde, Repert. XXIX (1931) 83; in Macbr., Fl. Peru VI (1937) 464. — Suffrutex erectus, ad 1,80 altus, caule tereti, fistuloso, glabro. Petioli 12 mm longi, glabri. Foliorum lamina oblonga, 13 cm longa, 5 cm lata, utrimque subacuta, margine callose denticulata, subcoriacea, supra rugulosa, nitida, glabra, subtus reticulato-venosa, tenuiter arachniota. Pedicelli 9—10 cm longi, nitidi, subfloccosi. Calycis receptaculum semiglobosum (primo breviter turbinatum), subfloccosum, costatum; lobi sublineares, 12—15 mm longi, obsolete denticulati et floccosi vel glabrescentes, erecti. Corolla aurantiaca vel coccinea cum lobis aureis, glabra, supra isthmum abrupte ampliata et subventricosa (9 mm lata in statu compresso), 35—45 mm longa, subcurvata; lobi 10—15 mm longi. Tubus staminum glaber; antherae 8 mm longae. Capsula late ovoidea.

Peru: Dept. Ancachs, Prov. Huanta, Putis, Choimacoto-Tal, III. (Weberbauer n. 7531! — Hb. Field, Wash.); Puytac, 3000—3300 m (Pearce! — Hb. Kew, sp. orig.).

92. **S. salviifolius** E. Wimm. in Notizbl. Bot. Gart. Berl. X (1929) 743; in Macbr., Fl. Peru VI (1937) 466. — Suffrutex ramis herbaceis, medullosis, glabris. Folia oblonga, 7 cm longa et 2 cm lata, apice subacuta, basi acuta et in petiolum 5 mm longum attenuata, margine anguste revoluto callose denticulata, supra rugulosa, nitida, glabra, subtus reticulato-venosa et parce arachniota, subcoriacea. Pedicelli 6—7 cm longi, floccosi vel glabrescentes. Hypanthium semiglobosum (primo fere turbinatum), glabratum; lobi calycini sublineares, denticulati, 8—10 mm longi, suberecti, glabrati. Corolla coccinea (?), glabra, recta (alabastrum arcuatum), 42 mm longa, supra isthmum parum et aequilate ad faucem 5 mm latam dilatata; lobi circiter 12 mm longi. Staminum tubus glaber; antherae 7 mm longae.

Peru: Dept. Ayacucho, Prov. Huanta, zwischen Puytac und Aguayunca am Eingang zu dem Gebirge von Huanta, IX. (A. Raimondi n. 10675! — Hb. Berl.).

93. **S. arachnes** E. Wimm. in Notizbl. Bot. Gart. Berl. X (1929) 743; in Macbr., Fl. Peru VI (1937) 441. — Suffrutex ramis olivaceis, glabris, medullosis. Foliorum lamina oblonga, 9 cm longa et 2,6—3 cm lata, apice subacuta, ad basin acuta usque subacuminata et in petiolum 10 mm longum floccosum angustata, margine revoluta callose denticulata, supra rugulosa, nitida, glabra, subtus leviter reticulato-venosa et albo-arachnioto-tomentosa, subcoriacea. Pedicelli 4 cm longi, floccosi, basi bracteolis 2 parvis ornati. Hypanthium depresso-globosum, albo-floccosum; lobi sublineares, obtusi, 10—12 mm longi, callose denticulati, albo-arachnioti, erecti. Corolla coccinea (?), glabra, subrecta, 38—42 mm longa, supra basim parum constricta, dein paulum et fere aequilate ad faucem 7 mm latam ampliata; lobi circiter 12 mm longi. Stamina glabra; antherarum tubus 7 mm longus.

Peru: Dept. Junin, Chanchamayo, von Chontabamba nach Marainioc, VII. (A. Raimondi n. 2667! — Hb. Berl., sp. orig.); Cuesta Huanacabra, Bergabhang, XII. (Mathews n. 1023! — Hb. Kew); ohne genauere Ortsangabe (Lobb!).

Tres antecedentes species: *S. phaeton*, *S. salviifolius* et *S. arachnes* inter se proximi fortasse — materia sufficiente cognita — unam veram speciem efficiunt.

94. **S. sanguineus** A. Zahlb. in Englers Bot. Jahrb. XXXVII (1906) 456; E. Wimm. in Macbr., Fl. Peru VI (1937) 467. — Frutex scandens, lactescens, 1,20—3 m altus. Rami glabrati, superne pilis paucis adpressis vestiti. Folia lanceolata, 6—13 cm longa et 0,8—1,3 cm lata, ad apicem sensim acuminata, basi breviter in petiolum 5—7 mm longum angustata, margine argute minuteque dentata, membranacea, supra exceptis nervis glabra, opaca, subtus ad nervos pubescentia, secus glabrata. Pedicelli 5—11 cm longi, glabrati, ebracteolati. Hypanthium depresso-globosum, decem-nervatum, glabrum, 4 mm longum, 6 mm latum; lobi sublineares, 15—20 mm longi, apice mucronulati, integri, tenuissime ciliati, erecto-patentes. Corolla sanguinea, basi puberula secus glabra, subarcuata, 35—40 mm longa, supra isthmum brevem ad faucem sensim ampliata ibique 7—9 mm lata; lobi lanceolati, 3 inferiores parum angustiores et plus minusve cohaerentes, omnes circiter 8 mm longi, superiores 3—4, inferiores 3 mm lati. Filamenta in superiore parte sublanata. Antherarum tubus 7 mm longus, in fissuris lanatus. Capsula ovoideo-globosa, decemcostata, glabra. Semina ovalia, lutescenti-fuscescentia, laevia, nitidula. — Fig. 56 h.

var. **sanguineus.** — Ut supra.

Peru: Dept. Amazonas, Prov. Chachapoyas, östliche Talwand des Marañon über Balsa, Hartlaubgehölz, hauptsächlich Sträucher und niedere Bäume, 3200 m, VI. (Weberbauer n. 4285! — Hb. Berlin, sp. orig.); von Pacasmayo nach Moyobamba: Ines, 3400 m, IV—VI 1875 (A. Stübel n. 50 b! — Hb. Berl.).

var. **hitchcockii** (Gleas.) E. Wimm. in Annal. Naturhist. Mus. Wien LVI (1948) 327. *S. hitchcockii* E. Wimm. in Fedde, Repert. XXIX (1931) 51; Bibliotheca Bot. 116 (1937) 157. — *Centropogon hitchcockii* Gleason in Bull. Torr. Bot. Club LII (1925) 63, t. 3, f. 15. — Planta pubescentior quam typus, praecipue etiam in pagina supera foliorum et in floribus. Corolla dicitur coccinea. Pedicelli sine vel cum 2 bracteolis filiformibus supra basin. Antherae coerulleae cum pilis rubris.

Ecuador: Zwischen Cuenca und Huigra, 2700—3000 m, IX. (Hitchcock n. 21681! — Hb. N. Y. Gard., Typus pro *Centropogon hitchcockii*); Prov. Chimborazo, Tipococha, oberer Bergwald, 3250 m, VIII. (Diels n. 664! — Hb. Berl.).

95. **S. trianae** E. Wimm. in Fedde, Repert. XXVI (1929) 17, t. 72, f. 20. — Rami teretes, medullosi pubescentes vel praesertim in junioribus partibus subtomentosi. Folia lanceolato-oblonga, 9—15 cm longa et 2,5—3,5 cm lata, apice acuminata, ad basin longius sensimque acuta et in petiolum 1—2 cm longum angustata, margine inaequaliter dentata, supra subrugosa, nervo mediano excepto tomentoso glabrata, subtus pubescentia, nervis secundariis sub angulo cr. 70° ascendentibus. Pedicelli 9—10 cm longi, pubescentes, ad basin 2 bracteolis filiformibus praediti. Hypanthium semiglobosum, pubescens, decem-nervatum, 5 mm longum et fere 10 mm latum; lobi triangulari-lineares, acuti, 15—20 mm longi, integri, trinervii, pubescentes, suberecti. Corolla ad 5 cm longa, pubescens, color ignotus, subrecta vel subcurvata, subaequilata (5 mm), ad faucem parum ampliata; lobi falciformes, superiores 17, imus 12 mm longus. Staminum tubus ad 55 mm longus: filamenta glabra, antherae 9 mm longae, basi glabrae, secus pilis luridis longis obsitae. Capsula subglobosa, 11 mm longa.

Colombia (Triana! — Hb. Paris).

Species cl. botanico et collectori J. Trianae dedicata, ad plantas sectionis *Brachysiphon* aliquantulum vergit.

96. **S. mirabilis** E. Wimm. in Fedde, Repert. XXIX (1931) 80, t. 118, f. 3. — Frutex scandens, ramosus. Rami tenues, striati, laeves, glabri, fistulosi, sparse foliati. Petioli tenues, anguste alati, subpubescentes, 3—7 mm longi. Foliorum lamina digitati- pedatique-partita, 7—15 mm longa et 6—10 mm lata, utrimque subpubescens, segmenta lanceolata, cuspidata, integra vel pauci-lobulata, 2—5, medianum 4—11 mm longum. Pedicelli 18—24 mm longi, puberuli, ebracteolati. Hypanthium patelliforme, subpubescens, vix 2 mm longum, 5 mm latum; lobi subulati, 5—6 mm longi, erecto-patentes, in medio utrimque denticulo calloso muniti. Corolla rubra, glabra, exceptis nervis breviter pauceque pilosis, subcurvata, 5 cm longa, supra isthmum 2 mm latum ad faucem 6 mm latam ampliata; lobi circiter 14 mm longi. Filamenta glabra, antherae 6 mm longae glabrae.

Colombia: Páramo von Ruiz, VII. 1846 (Purdie n. 683! — Hb. Kew).

§ 3. Pyriformes E. Wimm.

§ *Pyriformes* E. Wimm. in Annal. Naturhist. Mus. Wien LVI (1948) 327. — Calycis tubus evidens, pyriformis (obconicus vel turbinatus), basi acutus, inferus vel semi-inferus.

Clavis specierum.

A. Antherae omnes in tubum connatae.

I. Lobi 2 superiores corollae multo latiores quam inferiores angustissimi; inflorescentia interdum corymboso-racemosa. (Fig. 56 d, p. 268).

α. Sepala uno denticulo in medio, folia cuspidata ...... 97. *S. quetamensis.*

β. Sepala integra vel obsolete denticulata, folia acuta usque acuminata 98. *S. planchonis.*

II. Lobi corollae circiter aequales.

α Pedicelli breves, 0,8—1,5 cm longi.

× Folia breviter petiolata (1—3 mm).

▢ Folia parva, sparsa, ovata, subacuminata, basi subcordata usque rotundata, 1—2 cm longa .... 99. *S. lobbii.*

□□ Folia densa, ovata, basi subcordata, apice obtusa vel abrupte brevissime acuminata, 2—6 cm lg.[1] .... 100. *S. imbricatus.*
×× Folia 15—25 mm longe petiolata .... 101. *S. brevipedicellatus.*
β Pedicelli 2—15 cm longi.
a. Sepala minuta, dentiformia, 0,5—3 (4) mm longa.
× Folia parva, reniformi-ovata .... 102. *S. nummularius.*
×× Folia ovata usque ovato-oblonga vel -lanceolata.
△ Rami superne et petioli pubescentes, folia basi saepe breviter acuta vel acuminata.
· Corolla anguste subcylindrica, in medio vix 4 mm lata 103. *S. brevidens.*
·· Corolla sursum subventricosa-ampliata, 0,9 mm lata 104. *S. fulgens.*
△△ Rami glabri vel plus minusve pubescentes.
· Plantae glabrae.
: Folia ovata usque oblongo-lanceolata, basi rotundata ad acuta .... 105. *S. convolvulaceus.*
:: Folia triangulari-lanceolata, basi saepe subcordata (sepala in varietate longiora) .... 106. *S. longepedunculatus.*
·· Plantae parce vel plus pubescentes.
§ Folia ovata usque ovato-oblonga.
× Rami pubescentes vel glabrescentes, folia 4—10 cm longa.
! Corolla subcurvata, 35—45 mm longa.
; Sepala subulata, apice recurvato, corolla rubra 107. *S. humilis.*
;; Sepala triangularia, erecta, corolla violacea 108. *S. violaceus.*
!! Corolla recta, rubra, 58 mm longa .. 109. *S. helmuti.*
×× Rami ferrugineo-furfuraceo-hirti, folia — ad 3 cm tantum longa .... 110. *S. correoides.*
§§ Folia stricte oblonga, apice obtusa vel rotundata 111. *S. columneae.*
§§§ Folia lanceolata, sensim acuminata, basi subcordata vel rotundata, margine conferte fimbriato-dentata; sepala subulata 2—4 mm longa, apice hirsuta. Ecuador 111 a *S. uncipes.*
b. Sepala subulata vel sublinearia vel lanceolata, 5—16 mm longa.
× Corolla e basi longius valdeque constricta infundibuliformis (Fig. 56 s, p. 268).
° Sepala subulata, erecta.
△ Planta glaberrima .... 112. *S. venosus.*
△△ Planta foliis saltem subtus puberulis.
□ Folia inaequaliter longe fimbriata.
· Hypanthium longe obconicum .... 113. *S. hypsophilus.*
·· Hypanthium pyriforme 116. *S. megalanthus v. orthosepalus.*
□□ Folia minute denticulata[2] .... 114. *S. lecomtei.*
°° Sepala arcuato-recurvata.
· Planta glabra .... 115. *S. coronatus.*
·· Planta pubescens .... 116. *S. megalanthus.*

---

[1]) var. *glabratus* gaudet foliis ovato-oblongis, subacutis, basi rotundatis.
[2]) Vide etiam: *S. griseus! S. declinatus!*

×× Corolla subcylindrica vel sursum plus minusve dilatata.
† Folia ovalia, utrinque rotundata vel apice et retusa 117. *S. schlimianus.*
†† Folia ovata usque ovato-lanceolata, rarius ovato-elliptica usque subelliptica.
1. Folia basi rotundata, truncata, cordata, subcordata, summa usque subacuta.
▽ Folia basi rotundata vel breviter obtusa aut truncata.
△ Folia ovata.
□ Sepala denticulata, patentia vel divergentia 118. *S. laevigatus.*
□□ Sepala integra, erecta.
— Folia breviter, anguste denseque dentata 119. *S. densidentatus.*
— — Folia minute denticulata .. 120. *S. schultzeanus.*
△△ Folia ovato-oblonga vel -lanceolata.
□ Pedicelli folio multo breviores.
. Sepala reflexa .... 121. *S. capribarba.*
.. Sepala erecta (vide etiam S. eupeplus et S. phyllobotrys!).
× Antherarum tubus glaber, folia longe cuspidata 122. *S. attenuatus.*
×× Antherarum tubus circum vel in laterei nferiore pilosus.
! Folia conferte anguste dentata, sepala 7 mm longa .... 123. *S. hypopogon.*
!! Folia aliter dentata.
; Folia sensim acuminata, argute dentata 124. *S. rectiflorus.*
;; Folia sensim acutata, apice ipso obtuso, minute denticulata 125. *S. lasiandrus.*
□□ Pedicelli folio longiores.
° Sepala subulata 5—7 mm longa; pedicelli ebracteolati .... 126. *S. pyriformis.*
°° Sepala lanceolato-triangularia, 14—20 mm longa; pedicelli bibracteolati .... 126a. *S. declinatus.*
▽▽ Folia basi cordata vel subcordata, summa interdum etiam truncata vel subacuta.
△ Sepala ovato-oblonga, inciso-dentata.
. Folia cordata, cuspidata ..... 127. *S. ecuadorensis.*
.. Folia subcordata usque rotundata, apice acuminata, vide 66. *S. odontosepalus.*
△△ Sepala subulata vel lanceolata.
> Folia conferte fimbriata, cordata 128. *S. fimbriatus.*
>> Folia dentata vel denticulata.
⊙ Sepala arcuato-recurvata vel reflexa, raro patentissima.
! Planta glabra vel subpuberula.
; Folia subtus albida.. 129. *S. bonplandianus.*
;; Folia fere concoloria vide 143. *S. cordatus.*
!! Planta hirta.
: Planta rubiginoso-hispida, folia cordata 130. *S. hispidus.*

:: Planta vel folia saltem subtus dense puberula vel tomentella.
, Folia late elliptica vel ovata, apice acuta vel obtusa vel rotundata, sepala saepius etiam patentia ..... 131. *S. ellipticus*.
,, Folia plerumque elongato-ovata, acuminata.
— Corolla 6—7 cm longa, tomentum gilvum .... 132. *S. grandiflorus*.
= Corolla 3—5 cm longa, tomentum incanum interdum leve
133. *S. onagrius*.

⊙⊙ Sepala erecta vel subpatentia.
† Filamenta pubescentia.
△ Folia cordata, subtus glabra 134. *S. argutus*.
△△ Folia subtus pilosa.
. Sepala anguste linearia, integra, 16—20 mm longa .... 135. *S. bilabiatus*.
.. Sepala 5—9 mm longa.
° Sepala filiformia, denticulata. Costa-R. .... 136. *S. nematosepalus*.
°° Sepala longi-triangularia, integra.
! Corolla 35 mm longa, folia late subcordato-ovata .. 137. *S. griseus*.
!! Corolla 50 mm longa, folia ovato-oblonga vel late ovata ...
138. *S. pubescens*.
†† Filamenta glabra.
• Folia subtus tomentosa, coriacea
139. *S. dependens*.
•• Folia subtus plus minusve pubescentia vel glabra.
△ Folia late ovata, apice obtusa
140. *S. obtusus*.
△△ Folia apice acuminata.
▪ Plantae glabrae.
! Folia ovato-oblonga usque- lanceolata, vulgo setoso-denticulata, vide .. 105. *S. longepedunculatus*.
!! Folia cordato-ovata, vel subcordata, cuspidata 141. *S. betulaefolius*.
▪▪ Plantae parce vel plus pubescentes.
α. Sepala 13—16 mm longa, integra.
: Folia cordata 142. *S. dentatus*.
:: Folia basi rotundata usque subacuta ... 123. *S. rectiflorus*.
β. Sepala 4—11 mm longa.
* Sepala integra.
× Folia argute dentata.
• Sepala longi-triangularia, basi 3—4 mm lata, suberecta 142. *S. dentatus* var. *clarus*.

.. Sepala subulata patentia usque reflexa vel linearia cum apice obtuso, basi 1—2 mm lata.
; Pedicelli ebracteolati 2—3 cm longi 143. *S. cordatus.*
;; Pedicelli bibracteolati 3—6 cm lg. (fr.) 144. *S. albiguttur.*
×× Folia setoso-denticulata.
° Flores ut in grege solitari-axillares, pedicelli folio breviores 145. *S. eupeplus.*
°° Flores potius corymboso-racemosi, foliati vel bracteati, pedicelli bracteis longiores 146. *S. phyllobotrys.*
** Sepala denticulata.
△ Folia basi cordata. Panama 147. *S. maxonis.*
△△ Folia basi subcordata usque rotundata.
. Antherae in dorso pilosae, folia late ovata, subcordata usque truncata 148. *S. yerbalensis.*
.. Antherarum tubus glaber, folia ovato-oblonga usque subelliptica.
! Sepala 4—5 mm longa, planta viscido-pubescens 149. *S. viscidus.*
!! Sepala 10—11 mm longa, planta plus minusve pubescens 150. *S. aurocinctus.*

2. Folia basi acuta (obtusa usque acuminata).
* Folia subelliptica (ovato-elliptica), subtus ad nervos pilosa.
□ Plantae robustae.
△ Sepala 10 mm longa, folia ovato-elliptica 151. *S. neurotrichus.*
△△ Sepala 5—6 mm longa, folia elliptica.
. Folia plana nec subtus reticulato-nervosa 152. *S. goebelii.*
.. Folia subtus reticulato-venosa 153. *S. heliades.*
□□ Planta gracilis foliis parvis ad 15 mm longis 154. *S. warmingii.*
** Folia linearia usque oblonga.
+ Folia linearia (inferiora interdum late lanceolata).
° Folia glaberrima.
△ Sepala dentiformia 2—4 mm longa.

. Folia angusta, 1—3 mm lata 155. *S. nobilis.*
.. Folia 4—7 mm, rarius ad 20 mm lata, interdum subverticillata, inferiora lanceolata 156. *S. lycioides.*
△△ Sepala filiformia, 8—11 mm longa, corolla sulfurea .... 157. *S. kuntzeanus.*
°° Folia subtus albo-tomentosa 158. *S. rosmarinifolius.*
++ Folia lanceolata (ovato-lanceolata) usque exacte oblonga.
□ Sepala reflexa vel arcuatim recurvata.
— Planta glabra .... 159. *S. funiculosus.*
= Planta pubescens .... 160. *S. ravidus.*
□□ Sepala erecta.
° Sepala dentiformia brevissima [1]) 161. *S. parvilobus.*
°° Sepala subulata vel anguste linearia.
> Sepala subulata 3—6 mm longa vel anguste triangularia 5—12 mm lg.
△ Folia parva, 2—3 cm longa, 0,3—0,8 cm lata.
; Folia glabra .... 162. *S. parvifolius.*
;; Folia subtus scabro-hirtella 163. *S. spruceanus.*
△△ Folia majora.
! Planta dense verruculoso-tomentella 164. *S. elfriedi.*
!! Plantae glabrae vel puberulae.
▽ Hypanthium breviter turbinatum vel interdum fere semi-globoso-turbinatum.
: Sepala utrimque 1-denticulata, pedicelli 4—7 cm longi 165. *S. williamsii.*
:: Sepala integra, pedicelli 2—4 cm longi.
, Folia lanceolata, ad basin saepius parum latiora, ad apicem sensim acutata, non raro imprimis in summo parte subverticillata 166. *S. virgatus.*
,, Folia ovato-lanceolata vel lanceolato-oblonga, a c u m i n a t a [2])
— Folia tenuiter membranacea, glabra 167. *S. peruvianus.*
= Folia subcoriacea, subtus ad nervos pubescentia 168. *S. pallidus.*
▽▽ Hypanthium oblongo-obconicum, fructus subcylindrico-oblongus 169. *S. eichleri.*
>> Sepala anguste linearia, 10—16 mm longa, folia oblonga.

[1]) Confer etiam: *S. brevidens* et *S. fulgens!*
[2]) Confer: *S. cernuus* var. *nipensis!*

° Folia exacte oblonga, acuta vel subacuminata.

. Folia subtus reticulato-nervosa et arachnoideo-villosula.

— Pedicelli folio breviores, 5—7 cm longi .... 170. *S bichromatus.*

= Pedicelli folio sublongiores, 13—15 cm longi .... 171. *S. versicolor.*

.. Folia subtus pulverulento-puberula 172. *S. queluzensis.*

°° Folia oblongo-lanceolata, utrinque acuminata, subtus sparse adpresse hirta (in varietate nipensi lobi calycis 5—6 mm tantum longi). Cuba .... 173. *S. cernuus.*

B. Antherae pilosae, (jam in alabastro) d i s g r e g a t a e (non tubum formantes) Fig. 56 o .... 174. *S. schizandrus.*

97. **S. quetamensis** E. Wimm. in Fedde, Repert. XXIX (1931) 90, t. 117, f. 8. — Suffrutex brevissime scabrido-hirtellus. Rami tenues, teretes et tenuiter striati, medullosi. Petioli 8 mm longi. Folia ovato-oblonga usque ovato-lanceolata, 5—8,5 cm longa et 1,2—2,6 cm lata, basi rotundata usque obtusa, ad apicem sensim longe acuminata, margine minute antrorsum denticulata, nervi laterales 3—5 sub angulo acuto ascendentes. Pedicelli foliis lanceolatis minoribus bracteisque lineari-lanceolatis suffulti, 8—15 mm longi, puberuli, basi bibracteolati, verisimiliter in apice plus minusve congesti. Hypanthium semi-ellipsoideum, basi acutum; lobi subulati, 4—6 mm longi, in medio utroque latere denticulo uno muniti, suberecti. Corolla rosea vel lilacina, inconspicue puberula, 35—40 mm longa, supra partem constrictam sensim ad faucem 6 mm latam ampliata; lobi 2 superiores 12 mm longi et 3 mm lati, 3 inferiores identidem longi, sed 1 mm lati, omnes parce ciliati. Filamenta glabra. Antherarum tubus 7 mm longus, in dorso ante apicem pilosus, caeterum glaber.

C o l o m b i a : Quetame, 1600 m, 31. X. 1875 (E. A n d r é n. 837! p. p. [aliud specimen pertinet ad *S. lucifer* E. Wimm.] — Hb. Kew); zwischen Bogotá und Quetame (E. A n d r é! — Hb. Kew).

Species ad *Siphocampylum* sequentem proxime accedit, sed foliis longe acuminatis et petiolatis, laciniis calycinis uni-denticulatis et pubescentia minutissima et scabriuscula distincta.

98. **S. planchonis** E. Wimm. in Fedde, Repert. XXII (1926) 213. — *S. mollis* Planch. Fl. d. Serr. VI (1850—51) 36 c. icone, non Regel (1850!); Vatke in Linnaea XXXVIII (1874) 728. — Suffrutex squarrosus, parce ramosus, ad 1 m altus, undique pube molli brevi cinerascente indutus. Folia subpetiolata, ovato-oblonga, 5—10 cm longa et 2—3,5 cm lata, basi rotundata usque late cuneata, apice acuta vel subacuminata, minute adpresse serrulata, supra sparse, subtus dense hirtella, costa nervisque prominentibus, secundariis nervis 5—7 sub angulo acuto ascendentibus. Flores primo in axillis foliorum superiorum solitarii, demum racemum bracteosum multiflorum formantes. Pedicelli 2—3 cm longi, ad basin 2 bracteolis subulatis praediti. Bracteae foliaceae, lanceolatae usque lineares, pedicellos circiter aequantes. Hypanthium turbinatum, decem-nervatum; lobi subulati, 4—8 mm longi, integri, erecti. Corolla coccinea vel rubro-aurantiaca, intus flava, 4—5 cm longa, subrecta, sursum sensim ampliata et ad faucem circiter 5 mm lata; lobi 2 superiores ceteris latiores et fere 3 mm lati, longitudine 12—14 mm, 3 inferiores 1 mm lati et 12 mm longi. Tubus stamineus glaber; antherae lutescentes, 7 mm longae. Capsula ovoidea, 8 mm longa, 6 mm lata, nutans. Semina ovalia, lutosa, tenuiter reticulata, opaca, 0,5 mm longa.

A. Folia plurima in axillis bractearum lanceolatarum.
  I. Corolla 4—5 cm lg., ad faucem 5 mm lata (si compressa).
    a. Sepala 4—8 mm lg., integra .... var. *planchonis*.
    b. Sepala 11—14 mm lg., denticulata .... var. *truxillensis*.
  II. Corolla 32 mm lg., ad faucem 8 mm lata .... var. *daweanus*.
B. Flores in axillis foliorum normalium, sepala 7—10 mm lg., integra var. *polyphyllus*.

var. **planchonis.** — Ut supra.

Venezuela: Hohe Anden von Trujillo und Mérida: Mérida, Tovar, Santa Anna, Salomon, Carache 1200—1500 m, X—V. (Linden n. 357! 305!; Funck & Schlim n. 914! 1642! 1642 b!; Moritz n. 1301 b!; Pittier n. 12795! 12803!; Engel! — Hb. Paris, Del., Boiss., Berl., Leningr., München, N. Y. Gard.); 2½ Meilen östlich von der Stadt Mérida, 1550 m, I. (Ernest Reed n. 159! — Hb. Wash.); von El Vigia nach La Tala, 200—1000 m (A. Jahn n. 644! — Hb. Wash.).

Colombia: Dept. Norte de Santander, Chinacota, offene Hügellandschaft, 1400 m, III. (Killip & Smith n. 20774! — Hb. N. Y.); Dept. Cundinamarca, Prov. Bogotá, Quetame, 1500 m (Triana n. 1551 p. p. — Hb. Paris, sec. Zahlb.); vom Monte Redondo nach Quetame, 1400—1500 m (Pennel n. 1857! — Hb. Wash.); Islitas, Rio Nare und Páramo oberhalb Chipaque, VI. (E. André n. 424! 957! 1020 — Hb. Kew); Tolima, in lichten parkartigen Waldungen bei Juya, 2000 m, XI. (Lehmann n. 2126. — Hb. Boiss., sec. Zahlb.).

f. **flaviflorus** E. Wimm. in Annal. Naturhist. Mus. Wien LVI (1948) 327. — Folia ovato-lanceolata. Corolla flava.

Colombia: Susumuco bei Bogotá (Karsten! — Hb. Wien).

var. **daweanus** E. Wimm. in Fedde, Repert. XXIX (1931) 90. — Folia magis acuminata et conferte callose denticulata. Corolla 32 mm longa, in medio subventricosa ibique 8 mm lata (in statu compresso!), lobi 2 superiores 11 mm longi et 5 mm lati. — Fig. 56 d.

Colombia: In der gemäßigten Zone (M. T. Dawe n. 331! — Hb. Kew).

var. **truxillensis** E. Wimm. in Annal. Naturhist. Mus. Wien LVI (1948) 327. — Folia ovato-oblonga et elliptico-oblonga, basi etiam subacuminata. Calycis lobi majores, 10—14 mm longi, remote denticulati. Corolla coccinea tantum.

Venezuela: Prov. Trujillo, ca. 2000 m, VIII. (Funck & Schlim n. 775! — Hb. Del.).

var. **polyphyllus** (Planch.) E. Wimm. l. c. — *S. polyphyllus* Planch. l. c. — Folia magis acuminata quam in typo, supra, nervo mediano excepto, glabra et nitentia. Calycis lobi subintegri vel 2—3 denticulis callosis utrinque. Corolla ad 5 cm longa. Flores in axillis foliorum superiorum solitarii (sec. Planchon!).

Colombia: „N. Granada", Aug. 1845 (Purdie n. 385! — Hb. Kew).

Haec species et *S. quetamensis* notabiles sunt ob lobos 2 superiores inferioribus multo latiores; fortasse etiam huc spectat *S. bilabiatus*, sed flores speciminis respectivi non satis dignoscendi. Haec proprietas in memoriam reducit species e sectione *Hemisiphocampylus* ex Antillis, quae labio superiore latiore insignitae sunt.

99. **S. lobbii** A. Zahlb. in Engler, Bot. Jahrb. XXXVII (1906) 457; E. Wimm. in Macbr., Fl. Peru VI (1937) 457. — Frutex ramis tenuibus, subquadrangulis, anguste alatis, alis fimbriatis et pilosis. Petioli ad 3 mm longi, glabrescentes. Folia 1—1,7 cm longa, 0,7—1,1 cm lata, subcordato-ovata, apice breviter acuminata, margine minute denticulata, membranacea, supra glaberrima, nitida, subtus opaca, scabrida, reflexa. Pedicelli 6—9 mm longi, glabrescentes. Hypanthium late turbinatum, 4 mm longum, 6 mm latum, glabrum; lobi subulati, 6 mm longi, integri, subreflexi. Corolla sanguinea, glabra, ad 65 mm longa, sursum sensim ampliata et ad 9 mm lata; lobi 12—15 mm longi. Tubus staminum glaber; antherae caesiae, 8 mm longae.

P e r u : Ohne nähere Standortsangabe (L o b b ! — Hb. Wien, sp. orig.); Dept. Huánuco, Pozuzo, Epiphyt auf Bäumen, 1800—2000 m, VII. (R. P e a r c e n. 233! n. 555! p. p. — Hb. Kew).

var. **megodontus** E. Wimm. in Fedde, Repert. XXIX (1931) 88, t. 127, f. 6 et in Macbr., Fl. Peru l. c. — Folia ovata, 2,5 cm longa, 1,5 cm lata, basi truncato-rotundata, profunde dentata — dentes triangulares, 4—5 in utroque latere, 3—4 mm longi — lamina subtus parce hirta. Sepala patentissima, 4 mm longa. Corolla parum angustior.

P e r u : Pozuzo (R. P e a r c e n. 555! p. p. — Hb. Kew).

100. **S. imbricatus** (Cham.) G. Don, Gen. Syst. III (1834) 703; A. DC. Prodr. VII (1839) 400; Kanitz in Martius, Fl. Brasil. VI. 4. (1878) 149, t. 44, f. 1; E. Wimm. in Revista Sudam. II (1935) 101. — *Lobelia imbricata* Cham. in Linnaea VIII (1833) 206; Presl, Prodr. Lobel. (1836) 36. — *Siphocampylus Thomesianus* Moricand, Pl. Nouv. Americ. (1833—46) 142, t. 85. — Frutex 50—130 cm altus, caule tereti, striato, hirto, ramuloso, folioso. Folia imbricata, subsessilia, ovata, 2—4 cm longa, 1,5—3 cm lata, basi subcordata, apice obtusa vel subacuta, margine crenulato-dentata vel glanduloso-denticulata, chartacea, scabriuscula, nitida, supra glabrata, subtus in nervis hirta. Pedicelli 8 mm longi, fructiferi ad 16 mm elongati, basi bi-bracteolati, compressi, hirti. Hypanthium turbinatum, decem-nervatum, hirtum; lobi sublineares, 4—7 mm longi, obtusiusculi, hirtelli, erecti. Corolla 3 cm longa, rubro-aurantiaca vel aurea et in latere superiore ignea, hirtella, subcurvata, supra basin constricta et dein ad faucem 5 mm latam dilatata; lobi 7 mm longi. Stamina glabra; antherae cinereae, 5 mm longae. Capsula subglobosa, hirta, 7 mm longa et lata. Semina oblongo-ovalia, compressa, rubiginosa, nitida, 0,8 mm longa.

A. Folia subtus hirta, ovata.
  I. Pedicelli 8 mm lg. .... var. *imbricatus*.
  II. Pedicelli 15—20 mm lg. .... var. *casarettoi*.
B. Folia glaberrima, oblongo-ovata .... var. *glabratus*.

var. **imbricatus.** — Ut supra.

B r a s i l i e n : Prov. Minas Geraës: Ohne genaueren Standort (S e l l o w ! — Hb. Berl., sp. orig.; G a r d n e r n. 4969! M a r t i u s n. 1217! S c h ü c h !); Tejuco (V a u t h i e r n. 405!); Serra da Caração (C l a u s s e n n. 99! 155! et sine no.!); auf der Spitze der Serra do Curral d' El Rey bei der Stadt Minas, III. (S c h w a c k e n. 13431!); Serra do Curral bei Bello Horizonte, ca. 1300 m, VI. (W e r d e r m a n n n. 3718!). Prov. Bahia: Bei St. Thomé (B l a n c h e t n. 3796! — Hb. Del., Typus pro *S. Thomesiano*); Serra do Sincora, 1400 m, XI. (E. U l e n. 7088! — Hb. Berl., Hambg., Kew).

var. **casarettoi** E. Wimm. in Fedde, Repert. XXVI (1929) 16. — Folia margine inaequaliter crenata, denticulo uno alterove intercedente, pedicelli 15—20 mm longi.

B r a s i l i e n : Prov. Minas Geraës, Ouro Preto (C a s a r e t t o n. 2874! — Hb. Del., Wien).

var. **glabratus** E. Wimm. in Annal. Naturhist. Mus. Wien LVI (1948) 327. — Folia oblongo-ovata, subacuta, basi subrotundata, glaberrima, subpetiolata. Corolla parum major, 48 mm longa.

B r a s i l i e n : Distr. Diamantina, Barão, obere Hänge der Serra de Capão, sandige Stelle, 1250 m, V. (Y. M e x i a n. 5899! — Hb. Calif., sed sub eodem no. etiam *S. macropodus* editus est!).

101. **S. brevipedicellatus** E. Wimm. in Fedde, Repert. XXXVIII (1935) 22. — Frutex scandens, puberulus, ramis teretibus, fistulosis. Petioli tenues, 1—3 cm longi. Folia membranacea, opaca, supra obsolete, subtus praecipue ad nervos pubescentia, ovata usque ovato-elliptica, 5—8 cm longa et 3—5,5 cm lata, basi subcordata usque rotundata, apice acuta, margine conferte squarroso-denticulata.

Pedicelli 10—16, fructigeri ad 20 mm longi, ebracteolati. Hypanthium turbinatum, decem-nervatum, 6—8 mm diametiens; lobi longi-triangulares, acuminati, integri, erecti, 7—9 mm longi. Corolla albo-rosea, glabra, subcurvata, 40 mm longa, sursum perparum ampliata et ad faucem 5 mm lata; lobi circiter 10 mm longi. Filamenta glabra. Antherarum tubus 6 mm longus, glaber vel in dorso pilis paucis obsitus. Capsula rhomboidea, 12 mm longa. Semina oblongo-ovalia, subcompressa, badia, 0,5 mm longa.

Colombia: Dept. Norte de Santander, Ostabhang des Páramo del Hatico an der Straße von Toledo nach Pamplona an Waldrand, 1800 m, III. (Killip & Smith n. 20549! — Hb. N. Y. Gard.).

102. S. **nummularius** E. Wimm. in Fedde, Repert. XXXVIII (1931) 18. — Frutex scandens, ramis tenuibus, teretibus, ferrugineo-furfuraceo-pilosis, fistulosis, foliosis, dependentibus. Folia 2—4 mm longe petiolata, reniformi- vel ovato-rotunda, 10—17 mm longa et 15—20 mm lata, basi cordata vel subcordata, apice subrotundata usque late acuta et mucronulata, margine exserte callose denticulata, subcoriacea, supra opaca, glabrescentia, subtus pallida et sparse ferrugineo-scabro-pilosa, nervis prominulis, venis inconspicuis. Flores in axillis foliorum solitarii, racemum foliatum fingentes. Pedicelli 20—25 mm longi, folia multo superantes, furfuraceo-scabri, apice recurvati. Hypanthium late turbinatum, ferrugineo-crispo-puberulum sicut corolla; lobi calycis dentiformes, 1—2 mm longi, in utroque latere dente calloso instructi. Corolla rubro-violacea, subrecta, 30 mm longa, eius tubus ad faucem 3 mm latam parum dilatatus; lobi circiter 15 mm longi. Tubus stamineus glaber: filamenta 24 mm longa; antherae nigrescentes, 6 mm longae.

Bolivia: Zwischen Tola und San Lorenzo im Bergwald, 3100 m, VIII. (C. Troll n. 2621! — Hb. Berl.).

103. S. **brevidens** Regel, Index Sem. Horti Petropol. (1868) 84. — *S. ciliatus* Van Houtte, nom. l. c. — Suffruticosus, subscandens, ramulis pilis patentibus hirtis. Folia crassiuscula, breviter petiolata, ovato-oblonga usque ovato-lanceolata, 4—6 cm longa et 1,6—2,6 cm lata, apice acuminata, ad basin acuta et in petiolum ciliatum 5—7 mm longum attenuata, margine minute callose denticulata, carnosula, laete viridia, supra adpresse hirtella, mox glabrescentia, subtus albida et in nervis subhirta. Pedicelli ad 3,5 cm longi, glabri. Hypanthium obconicum; lobi minuti, ovati, 1 mm longi. Corolla miniata, fauce aurantiaca, subrecta, glabra, angusta, 42 mm longa, supra basin vix 2, versus faucem 4 mm lata; lobi lanceolati, 4—6 mm longi. Staminum tubus glaber, antherae 5 mm longae.

Subtropisches Amerika, wahrscheinlich Brasilien (Regel — sp. cultum orig. in hb. Leningr.).

Haec species verisimiliter nil aliud quam forma cultura alterata et cum specie sequente identica, sed quaestio e fragmentis plantae cultae visis discerni nequit.

104. S. **fulgens** Hort., Dombrain in The Floral Mag. V (1866) t. 320 (t. 313 sec. Ind. Kew!); André in Revue de l' Hortic. I (1867) 10. April, c. icone; Illustr. d' Hortic. XIV (1867) 38; Lebas in Revue Horticole XLIV (1872) 118. — *S. Humboldtianus* Hook. f., Bot. Mag. LXXIII (1867) t. 5631, non A. DC. — Frutescens, a basi ramosus, ad 1 m altus. Rami atro-violacei, subvillosi. Petioli anguste alati, subciliati, 5—12 mm longi. Folia ovata, elliptica et ovato-lanceolata, 4—10 cm longa et 1,6—5,5 cm lata, apice acuminata, basi rotundata usque acuta, margine subintegra vel minute callose denticulata, crassiuscula (in sicco tenuiter membranacea), supra obscure viridia, glabra, subtus pallida, ad costam subpubescentia vel omnino glabra, venis inconspicuis. Flores solitarii in axillis foliorum, saepe in vertice ramorum ± congesti. Pedicelli 3 cm longi, glabri, ebracteolati vel basi minute glandulosi. Hypanthium obconicum, glabrum; lobi ovati, 1 mm longi. Corolla aurantiaco-rubra vel cinnabarina, fauce aurata, subcurvata, glabra, lateraliter subcompressa, 43 mm longa, supra basin longiuscule constricta, dein sursum subventricosa et in parte latissima (in siccato-compresso statu quidem) 10 mm lata;

lobi 6—8 mm longi, triangulari-lanceolati, divergentes. Stamina glabra; antherae caesiae, 5 mm longae. — Fig. 56 g.

Brasilien: Paraná: Auf Felsen im Urwald und an Flüssen, Serra do Mar, Ypiranga, Desiro, Carvalha, X—VIII. Dusén n. 3400! 6529! 8339! 8971! 13342! 14484! 15794! — Hb. Stockh.); Porto de Cima, Bauhado, Cadeado, VII. (Jansson n. 712 a! 638 a! 672 a! — Hb. Stockh.). — Kult. Exemplare aus dem Berl. Bot. Garten aus den Jahren 1910 und 1912 sub nomine *S. Humboldtianus*.

105. **S. convolvulaceus** (Cham.) G. Don, Gen. Syst. III (1834) 703; A. DC. Prodr. VII (1839) 401; Kanitz in Martius, Fl. Brasil. VI. 4 (1878) 146, t. 43; E. Wimm. in Revista Sudamer. II (1935) 101. —*Lobelia* (*Siphocampylus*) *convolvulacea* Cham. in Linnaea VIII (1833) 205. — *Lobelia convolvulacea* Presl, Prodr. Lobel. (1836) 33. — Fruticosus, scandens vel volubilis, ad 5 m longus, glaberrimus. Rami tenues, teretes, medullosi. Petioli 5—20 mm longi. Folia ovata usque lanceolata, 5—8 vel 6—9 cm longa et 2—5 vel 1,2—2 cm lata, ad apicem sensim acuminata vel acuta, basi rotundata usque subacuta, margine subintegro vel plano-repando callose denticulata, carnosula, subcoriacea vel membranacea, subtus pallida, nervis planis, venis inconspicuis. Pedicelli 5—9 cm longi, ebracteolati, apice recurvati. Hypanthium obconicum, lobi lanceolati, 2 mm longi, integri. Corolla rosea, glabra, subcurvata, 45—55 mm longa, ad isthmum 3 mm lata, dein sensim ampliata et parum ventricosa, ad 9 mm lata; lobi superiores 12, imus 16 mm longus. Tubus staminum glaber; antherae caesiae, 6—7 mm longae. Capsula longe obconica, 10-costata, 2 cm longa, 1 cm lata. Semina gilva, compresso-ovalia, subtiliter scrobiculata, 0,7 mm longa.

var. **convolvulaceus.** — Diagn. ut supra.

Brasilien: S. Paulo: Rio das Pedras (Sellow n. 869! — Hb. Berl., sp. orig.); Serra do Mar, subtropischer Regenwald im Reservatgebiet Alto da Serra, 800—900 m, X. (Zerny!); Alto da Serra, Urwald (Comm. Geogr. e Geol. S. Paulo n. 1903! A. C. Brade n. 5999!); Alto da Serra, Paraná, Urwald, IX. (Dusén n. 14224!); Sorocaba, Spitze des Berges Espigão da Curupira, 700 m, III. (Hj. Mosén, Hb. Regnell. n. 3649!); Blumenau (G. Müller!); Rio de Janeiro (Glaziou n. 14039!); Serra dos Orgãos (Vauthier n. 407! — Hb. Del.); Theresopolis (Moura n. 524!).

Colombia: Bogotá, im Bergwald bei Casa Blanca, ca. 1200 m, XII. häufig, sehr charakteristischer bis 5 m langer Kletterer mit scharlachroten Blüten (A. Schultze n. 683! — Hb. Berl.).

var. **weirianus** E. Wimm. nov. comb. — *S. Weirianus* E. Wimm. in Fedde, Repert. XXIX (1931) 79; in Revista Sudamer. II (1935) 101. — Differt tantum corolla, tubo inferne longe (per 15—19 mm) coarctato et dein ad faucem 7 mm latam sensim ampliato, lobis corollae circiter duplo breviores quam in typo.

Brasilien: Prov. S. Paulo et Rio (J. Weir n. 448! — Hb. Kew).

106. **S. longepedunculatus** Pohl, Pl. Brasil. Icones et Descript. II (1831) 109, t. 172; G. Don, Gen. Syst. III (1834) 701; A. DC. Prodr. VII (1839) 401; Bot. Mag. LXIX (1843) t. 4015; Kanitz in Martius, Fl. Brasil. VI. 4. (1878) 147; E. Wimm. in Revista Sudamer. II (1935) 102. — *S. scaber* A. DC. l. c. 399. —*Lobelia scabra* Presl, Prodr. Lobel. (1836) 33. —*L. pedicellaris* Presl l. c. 34. — Frutescens, subscandens, ad 1 m altus. Rami teretes, medullosi, tenues, ad apicem brevissime hirtelli. Petioli 1—2 cm longi. Folia elongato-triangularia, 4—9 cm longa, 1,5—3,5 cm lata, basi cordata usque truncata, apice longe sensimque acuminata, margine denticulis callosis setiformibus munita, tenuiter membranacea, supra glabra, opaca, subtus in nervis brevissime hirtella. Pedicelli 9—10 cm longi, glabri, ebracteolati, interdum etiam 5 cm longi. Hypanthium turbinatum, 4 mm longum; lobi subulati, integri, 2—6 mm longi, erecti. Corolla coccinea, fauce aurata vel aurantiaco-rubra, glabra, subcurvata, 4—5 cm longa, supra basin breviter constricta, dein sensim ad faucem

7 mm latam ampliata; lobi superiores 10, imus 15 mm longus. Staminum tubus glaber; antherae caesiae, 6 mm longae. Capsula obconica, pentagona.

A. Pedicelli plerumque 9—10 cm longi, sepala 2—5 mm lg. var. *longepedunculatus*.

B. Pedicelli 3—5 cm lg.

I. Sepala integra, 10 mm lg. . . . . var. *meiopodus*.

II. Sepala denticulata, 4 mm lg. . . . . var. *trichophyllus*.

var. **longepedunculatus.** — Ut supra.

Brasilien: Prov. Rio de Janeiro, unter Gebüsch (Schott n. 5376! — Hb. Wien, sp. orig.); Serra dos Orgãos (Gardner n. 465! — Hb. Wien, Del.); Serra do Itatiaya, subtropischer Regenwald, 1100—2000 m, IX. X. (Zerny! Tamanderl & Brade n. 6578! E. Hemmendorf n. 549! Dusén! Wettstein & Schiffner! L. B. Smith n. 1668! E. Ule n. 208! 3441!); Caldas (Widgren n. 592! 415! et sine no.!); Nucleo Colonial Mauá, Estação Rezende Sitio Büttner, ca. 1100 m, VII., niedriger Strauch im Bambusdickicht auf einer Insel im Rio Preto (R. W. Kaempfe n. 38! — Hb. Berl.); S. Paulo (Perdonnet n. 400, det. Zahlbruckner); Nova Friburgo (Claussen n. 105!); Prov. Minas Geraës, Serra do Picú, in campis elevatis, XII (Schwacke n. 5314!); ohne genauere Ortsangabe (Sellow! Freyreis!).

var. **meiopodus** E. Wimm. nov. var. — A typo differt pedicellis brevioribus, 3—4 cm longis, hypanthio semi-ovoideo, sepalis linearibus 10 mm longis, capsula ovoidea, 8 mm longa et 5 mm lata.

Brasilien: Minas Geraës (Widgren! — Hb. Stockh.).

var. **trichophyllus** E. Wimm. nov. var. — Folia subcordata, oblongo-ovata, margine conferte duplo- vel inaequaliter dentata, supra sparse, subtus densius hirta. Sepala 4 mm longa, subdenticulata, cum pedicellis 5 cm longis et corolla hirtella. Capsula ovoidea.

Brasilien: (Mendonça n. 1028! — Hb. Berl.).

107. **S. humilis** E. Wimm. nov. spec. — Radix repens, caules breves, circiter 15 cm longos, inferne glabratos, superne pubescentes proferens. Petioli 6—13 mm longi. Folia ovata, basi subcordata vel rotundata, apice acuta, 3,5—6,5 cm longa et 2,5—3,5 cm lata, margine irregulariter dentata, membranacea, supra sparse pubescentia vel glabrescentia et scabra, subtus in nervis pubescentia, demum glabrescentia, nervis lateralibus 5—6 sub angulo subrecto usque acuto ascendentibus. Pedicelli solitari-axillares, puberuli, patentes, ebracteolati, (2,5) 4—6 cm longi. Hypanthium breviter turbinatum, cum corolla puberulum vel glabrescens, 4 mm longum et identidem latum; lobi longi-triangulares, 2—3 mm longi, parce denticulati, apice subrecurvato. Corolla rubra, intus pallida, 35—45 mm longa, subarcuata, supra basin ad 3 mm constricta, versus faucem sensim ad 6 mm dilatata; lobi lanceolati, subfalcati, aequaliter fere profunde soluti, circiter 6 mm longi. Filamentorum tubus glaber, e tubo corollae parum exsertus; antherarum tubus murinus, 5 mm longus, apice dorsali breviter piloso excepto, glaber; 2 inferiores antherae penicillo brevi pilorum terminatae. Stigma e lobis 2 subrotundis constans. Capsula obovoidea, decem-costata, glabrata, 10 mm longa et 7 mm lata. Semina subcompresso-ovalia, fuscescentia, nitida, subtiliter reticulata, 0,6 mm longa.

Brasilien: Rio de Janeiro (Glaziou n. 4064! — Hb. Berl. sp. orig.); im Walde der Serra do Macahé bei Nova Friburgo, 1000 m, I. (E. Ule! — Hb. Hambg.).

Ecuador: Anden (Spruce n. 4961! — Hb. Wien).

Species praecedenti speciei propinqua, sed tamen bene diversa. Fortasse eadem ac *Lobelia scabra* Presl, si eius descriptio consideratur, sed non specimen originarium eius herbarii, quod certissime *S. longepedunculatus* est!

108. **S. violaceus** E. Wimm. in Fedde, Repert. XIX (1924) 264. — Suffrutex scandens, ramis angulatis, fistulosis, pilis furcatis stellatisque raris superne vestitis.

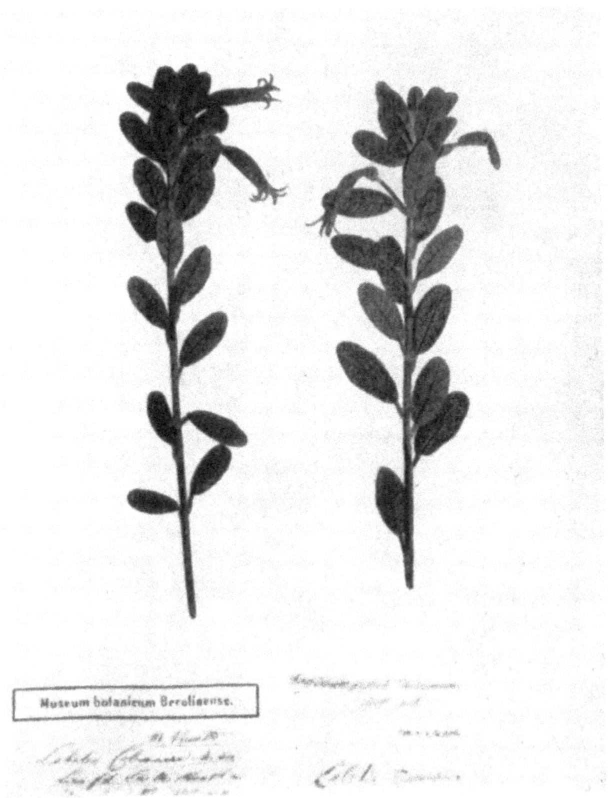

Fig. 66. *Siphocampylus columnae* ca. 1/2.

Petioli 10—17 mm longi, stellato-pilosi. Foliorum lamina oblongo-ovata, 5—8 cm longa, 1,5—3,5 cm lata, basi rotunda usque obtusa, ad apicem sensim acutata, margine callose denticulata, membranacea, supra glabra, subtus in nervis scabriusculo-hirtella. Pedicelli ad 3 cm longi, hirtelli, supra basin 2 bracteolis linearibus praediti. Calycis receptaculum turbinatum, parce hirtellum; lobi triangulares, hirtelli, 2 mm longi, versus basin utrimque denticulo calloso muniti. Corolla violacea (Linden!), sparse brevissime hirtella, subrecta, 35 mm longa, ad isthmum 2 mm lata, sursum abrupte sed sensim paulumque ampliata et 6 mm lata; lobi 7—10 mm longi. Stamina glabra; antherae nigrescentes, 6 mm longae. — Fig. 65 d.

Venezuela: Prov. Mérida, Sierra Nevada, 2400 m (Linden n. 403! — Hb. Wien, Del., Wash.).

109. **S. helmuti** E. Wimm. in Notizbl. Bot. Gart. Berlin X (1929) 745; in Macbr., Fl. Peru VI (1937) 454. — Frutex scandens, ramis tenuibus, striatis, saltem superne asperato-pilosis. Petioli tenues, torti, hirtelli, ad 6 mm longi. Folia oblongo-ovata, 4—5 cm longa et 1,4—1,8 cm lata, basi rotundata, apice acuta, margine subintegra adpresse vel minute callose denticulata, in sicco tenuiter membranacea, glabra, subtus albicantia, nervis fere planis, venis inconspicuis. Folia fulcrantia superiora minuta. Pedicelli 25—30 mm longi, setulosi, supra basin bibracteolati. Hypanthium breviter turbinatum, parce hirtum; lobi subulati, 2,5 mm longi, patuli, integri. Corolla rubra, glabra, 6 cm longa, isthmo 10 mm longo et 3—4 mm lato, dein abrupte ampliata et usque ad faucem fere aequilata (8—9 mm); lobi sublineares, 15—16 mm longi. Tubus stamineus glaber: Filamenta 58 mm longa, antherae 7 mm longae.

Peru: Dept. Junin, bei Pangoa zwischen San José und Cueva de la Achira, VI. (A. Raimondi n. 8777! — Hb. Berl.).

Amico meo in collectione plantarum assistenti Helmut Schmidt Vindobonensi dedicatus.

110. S. **correoides** A. Zahlb. in Bull. Torr. Bot. Club XXIV (1897) 382; E. Wimm. in Macbr., Fl. Peru VI (1937) 448. — Scandens, ramis gracilibus, teretiusculis, dense ferrugineo-furfuraceo-hirtis. Folia crassiuscula, petiolata, petioli 3—6 mm longi, more ramorum hirti, lamina ovata vel ovato-oblonga, sat parva, 3 cm longa, 2 cm lata, basi rotundata vel paulum angustata, apice acuta, margine callose denticulata, supra scabrida, opaca, subtus albida, pilis crispis ferrugineis adpressis obsita, nervis albis planis, venis inconspicuis. Pedicelli 4—6 cm longi, more ramorum induti, ebracteolati. Hypanthium breviter turbinatum, 4 mm longum, 6 mm latum, hirtellum; lobi dentiformes, 1—3 mm longi, integri vel denticulo utrinque muniti. Corolla (aurantiaca?) ochraceo-hirtella, 35 mm longa, subcurvata, isthmo brevi 3 mm lato, ad faucem parum dilatata et 5 mm lata; lobi lineares, 11—15 mm longi. Tubus staminum glaber; filamenta 27 mm longa; antherae caesiae 6 mm longae.

Bolivia: Yungas, Unduavi, IX. (M. Bang n. 2483! — Hb. Berl.).

111. **S. columnae** (L. f.) G. Don, Gen. Syst. III (1834) 701; A. DC. Prodr. VII (1839) 398. — *Lobelia Columnae* L. f. Suppl. (1781) 393; I. E. Smith, Ic. Ined. I (1789) t. 22. — Frutex ad 1,30 m altus, parce ramosus, tenero-lignosus, foliorum pagina supera excepta ferrugineoactinotrichus. Ramuli striati, medullosi, dense foliosi. Folia petiolis 5—8 mm longis praedita, oblonga, 2—5 cm longa, 1—1,4 cm lata, utrimque rotundata vel obtusa, margine subrevoluto callose denticulata, coriacea, luteo-viridia, supra rugulosa, glabra, vernicosa, subtus tomentosa. Pedicelli 15—25 mm longi, floccosi vel tomentosi, basi minute bibracteolati. Hypanthium turbinatum, quinque-costatum; lobi dentiformes, 2—4 mm longi. Corolla miniata usque cinnabarina lobis smaragdinis, 32—40 mm longa, supra isthmum longiusculum 3 mm latum plus minus curvata et ventricosa (ad 7 mm lata), infra faucem iterum attenuata; lobi anguste triangulares, divergentes, circiter 8 mm longi. Staminum tubus glaber; antherae striatae, 5 mm longae. Capsula rhomboidea, 7 mm longa et lata. — Fig. 66.

Colombia: Bei Bogotá und Santa Fé, Charakterpflanze des Páramo, 2500—2850 m (Humboldt! Linden n. 774! Hartweg n. 1187! Karsten! Triana n. 1552! Purdie! Arnold Schultze n. 45! — Hb. Berlin, Wien, Cambr., Del., Leningr.); in Buschwäldern der oberen Waldregion der westlichen Randgebirge des Hochlandes von Lipaquira, 2600—3000 m, I. (Lehmann n. 7462!); Cerro de Guadelupe bei Bogotá, immergrüne Gebüsche, 2700—3000 m, II. (C. Troll n. 3535!); Bogotá-Plateau, Monserrati (Ernestine Niemeyer n. 144!); Usaquén, 2600 m (E. Perez Arbelaez n. A. 615! — Hb. Wash.). — Nom. vulg. „*Frelihorns*".

111a. **S. uncipes** McVaugh in Journ. Wash. Acad. Sci. XXXIX (1949) 158. — Suffrutex caulibus tenuissimis erectiusculis, pagina foliorum et sepalis exceptis glaber, circiter 60 cm altus. Internodia foliorum ad 5 cm longa. Petioli tenuissimi, 7—17 mm longi. Lamina foliorum supra minute hirta, subtus glabra, lanceolata, basi subcordata usque rotundata, ad apicem longe sensimque angustata, 2—5 cm longa, 0,8—1,5 cm lata, margine fimbriata — dentibus anguste triangularibus ad 3 mm longis divaricatis, superioribus brevioribus, 6—7 pro cm —. Flores solitari-axillares, circiter decem. Pedunculi 25—55 mm longi, divaricati, fructiferi recurvati (inde nomen), in medio bibracteolati. Hypanthium turbinatum, circiter 3 mm longum et latum; lobi calycis subulati, 2—4,5 mm longi, denticulati, apice hirsuti, erecti. Corolla ad 30 mm longa, sanguinea lobis aurantiacis lineari-attenuatis 8—10 mm longis, tubo 15 mm longo, supra basin valde contracto, dein sensim ampliato ad 6 mm (compresso). Filamenta glabra, 23 mm longa. Tubus antherarum ad 5 mm longus, antice in dorso hirsutus, 2 inferiores piloso-penicillatae. Capsula campanulata, 8—9 mm longa. Semina oblonga vel oblongo-ovoidea, tenuiter reticulata, 0,6—0,8 mm longa.

Ecuador: El Oro, 8 miles northeast of Curtincapa on southwest slopes leading to Chapel, 1500—2895 m, dry rocky ground, August 16, 1943 (J. A. Steyermark n. 53922, Univ. Michigan, Field Mus. — non vidi, diag. auct.).

112. **S. venosus** Gleas. in Bull. Torr. Bot. Club LII (1925) 71, t. 3, f. 23. — Frutex scandens, glaberrimus. Caules angulati, superne ramosi. Petioli 5—18 mm longi, torti. Lamina foliorum ovata vel oblongo-ovata, 4—6 cm longa et 2,4—3,5 cm lata, basi subcordata usque rotundata, apice acuminata, margine argute inaequaliter dentata, membranacea, supra leviter rugulosa, subnitida, subtus reticulato-atropurpureo-venosa. Pedicelli 5—8 cm longi, ebracteolati. Hypanthium pyriforme, decem-nervatum, 9 mm longum; lobi oblongo-triangulares, 2—3 mm longi, integri, acuti. Corolla rubra, glabra, subrecta, 5 cm longa, isthmo 2 mm lato, dein ad faucem infundibulariter ad 9 mm ampliata; lobi 9—15 mm longi. Stamina glabra; antherae obscure cinereae, 8 mm longae.

var. **venosus.** — Ut supra.

Colombia: Dept. Caldas, am Alten Quindio-Weg bei Magaña, 3200—3300 m, VIII. (Killip & Hazen n. 9427! — N. Y. Gard., Wash.); Pinares oberhalb Salento, 2700—2900 m (Pennell n. 9359); Quindio, V. 1846 (Purdie! — Hb. Kew).

var. **neivanus** E. Wimm. in Fedde, Repert. XXXVIII (1931) 21. — Folia oblongo-ovata. Corolla gracilior quam in v. *venosus*, „purpurea", 45 mm longa, isthmo circiter 1 mm lato, ad faucem ad 6 mm lata. Antherarum tubus 6 mm longus, circum pilis longis paucis obsitus.

Colombia: Dept. Huila, Wald der Ostkordillere östlich von Neiva, 1300—1800 m, VIII. (Rusby & Pennell n. 947! — Hb. N. Y. Gard.).

113. **S. hypsophilus** E. Wimm. in Fedde, Repert. XXVI (1929) 14. t. 72, f. 11.— Rami scandentes, tenues, glabri. Foliorum petioli 7—8 mm longi, lamina cordata, 5—7 cm longa et 3—3,6 cm lata, apice acuminato-cuspidata, margine fimbriata — fimbriis angustissimis, 1—4 mm longis, 8—11 pro centimetro peripheriae — mem-

branacea, supra opaca, scabriuscula, subtus glabrata vel sparse adpresso-hirta. Pedicelli 12—14 cm longi, ebracteolati, sensim in tubum calycinum ampliati. Hypanthium anguste obconicum, in vertice aliquantulum productum, glabrum, 10 mm longum, 5 mm latum; lobi subulati, 7 mm longi, integri vel 1—2 dentibus setiformibus muniti, erecti. Corolla violaceo-purpurea, glabra vel in nervis parce hirtella, recta, 58—62 mm longa, isthmo 2 mm lato, sursum infundibulariter ampliata et ad faucem 12 mm lata; lobi corollae lanceolato-triangulares, 11—15 mm longi et in basi 4 mm lati. Filamenta glabra. Antherarum tubus plumbeus, glaber vel versus apicem pilis longis paucis obsitus, 9 mm longus.

Colombia: Prov. Pasto, Páramo de Almaquez, 2700 m (Triana n. 1541!— Hb. Paris, Wash.); Páramo de la Union, im Tal des Flusses Cauca (E. André n. 2733! — Hb. Kew).

114. **S. lecomtei** E. Wimm. in Fedde, Repert. XXVI (1929) 15, t. 72, f. 13. — Rami scandentes, glabri, fistulosi. Petioli 10—20 mm longi, pubescentes. Lamina foliorum ovata, 5 cm longa, 3 cm lata, basi subcordata vel rotundata, apice acuta, margine subtiliter denticulata, membranacea, supra ad lentem breviter puberula, subtus pallida, pubescens, nervis albidis, prominulis, sub angulo semirecto fere recte excurrentibus. Pedicelli 12—15 cm longi, glabri, ebracteolati. Hypanthium obconicum, in vertice supra ovarium parum productum, sparse cum lobis et corolla pubescens, 8 mm longum; lobi sublineares, 4—6 mm longi, integri, erecti. Corolla roseo-violacea (?), 50 mm longa, supra basin longiuscule constricta ibique 2 mm lata, dein ad faucem usque ad 12 mm latam infundibulariter ampliata, supra basin curvata, secus subrecta; lobi longi-triangulares, circiter 10 mm longi et in basi 5 mm lati. Filamenta puberula. Tubus anthereus 7 mm longus, caesius, pilis longis sparsis in parte anteriore obsitus.

Colombia: Prov. Popayan, Puruguai, 2000 m (Triana n. 1540! — Hb. Paris).

115. **S. coronatus** Gleas. in Bull. Torr. Bot. Club LII (1925) 72, t. 3, f. 24. — Scandens, glaber, caulibus striatulis. Petioli 4—8 mm longi, supra puberuli, saepe torti. Lamina foliorum tenuiter membranacea, ovato-oblonga vel fere oblonga, 5—10 cm longa et 2—4 cm lata, basi cordata usque rotundata, apice acuminata, margine argute inaequaliter dentata, subtus subtiliter reticulato-venosa, nervis secundariis 5—7 sub angulo circiter 60° fere recte abeuntibus et ante marginem anastomosantibus. Pedicelli 6—8 cm longi, ebracteolati. Hypanthium obconicum, in summo supra ovarium productum, 9 mm longum, 8 mm latum; lobi calycis lanceolati, 10—12 mm longi, 3 mm lati, acuminati, subulato-denticulati, arcuato-patentes. Corolla dilute rosea, subrecta, 50 mm longa, supra basin longuiscule constricta (2 mm lata) et sursum infundibulariter ad 11 mm ampliata (in sicco); lobi lanceolato-triangulares, circiter 13 mm longi. Tubus staminum glaber; antherae plumbeae, 8 mm longae, interdum pilis albis longis paucis munitae.

Colombia: Dept. El Valle, Hügel von Miraflores oberhalb Palmira, offene Waldung, 1200—1600 m, I. (Pittier n. 868! — Hb. Wash.).

116. **S. megalanthus** A. Zahlb. in Fedde, Repert. XIV (1915) 184. — Frutex ramosus, tenero-lignosus, ramis tenuibus, ad 6 m longis et inter frutices scandentibus, pilis brevibus patentibus vel recurvulis vestitis. Petioli 1—2 cm longi, pubescentes. Lamina foliorum inferiorum cordata, superiorum ovato-oblonga, 5—9 cm longa et 1,5—5 cm lata, omnium acuminata, margine conferte tenuiter fimbriata, tenuiter membranacea, utrimque adpresse pubescens, subtus pallida et ad nervos densius pubescens. Pedicelli 3—5 cm longi, compressi, pubescentes, ebracteolati. Calycis receptaculum pyriforme, decem-costatum, pubescens, 6 mm longum, 5 mm latum; lobi lanceolato-triangulares, 7—9 mm longi, vix 2 mm lati, remote pauci-dentati, arcuato-recurvati, pubescentes et ciliati. Corolla dilute lilacino-rosea, puberula, subrecta vel subarcuata, 5—6 cm longa, inferne longiuscule constricta. sursum in-

fundibulariter ad 1 cm ampliata; lobi corollae longi-triangulares, 9—15 mm longi. Tubus filamentorum in latere infero puberulus. Tubus anthereus plumbeus, glaber vel pilis paucis obsitus, 8 mm longus. Capsula chartacea, decem-costata, obovoidea, 14 mm longa. Semina oblongo-cylindrica, fusca, nitida, scrobiculata, ad 1 mm longa.

var. **megalanthus.** — Fig. 56 s.

C o l o m b i a : Zentral-Anden von Popayán, in dichten Wäldern an den Westgehängen des Vulkans Puracé, 2400—2800 m, blühend im April und Mai (L e h m a n n n. 5769! — Hb. Berl.); Vulkan Puracé, Rio Vinagre, 2700 m, X. (E. D r y a n d e r n. 1826!); Canaan im Wald am Puracé, 3100—3300 m, VI. (P e n n e l l & K i l l i p n. 6590! — Hb. Univ. Wien)

var. **orthosepalus** E. Wimm. in Fedde, Repert. XXVI (1929) 15, t. 72, f. 12. — Pubescentia brevissima. Folia supra sparse et minute puberula, subtus parum densius puberula. Pedicelli 10—12 cm longi, glabrati. Calycis lobi subulati, erecti, 4 mm longi, integri. Corolla 55—60 mm longa, minutissime puberula. Tubus antherarum 10 mm longus.

C o l o m b i a : Prov. Popayán, Puruguai, 2600 m (T r i a n a n. 1542! — Hb. Paris — n. 3059! — Hb. Wash.). — Fortasse speciem propriam constituit.

117. **S. schlimianus** Planch. (errore Schlimmianus) in Fl. des Serres VI (1850-51) 34 c. fig. — Frutex 2,50 m altus, ramis longis nutantibus, inferne glabratis, superne puberulis. Petioli 6—12 mm longi, puberuli. Folia late ovato-elliptica (sec. Planchon!), in speciminibus praesentibus ovalia, medio latiora! 3—6 cm longa et 2—4,5 cm lata, utrimque rotundata vel late obtusa, basi etiam truncata, apice interdum subemarginata, margine callose denticulata, coriacea, supra glabra et nitida, subtus parce puberula. Pedicelli 4—5 cm longi, compressi, puberuli vel glabrescentes, ebracteolati. Hypanthium late turbinatum, 3 mm longum, 5 mm latum, dense puberulum; lobi calycis triangulari-lineares, acuti, 3—6 mm longi, pauci-denticulati, patentissimi vel demum reflexi. Corolla rubro- vel fusco-purpurea, puberula, intus rubicundo-alba, subcurvata, 5—6 cm longa, supra basin attenuata (3 mm), sursum sensim ad 6 mm dilatata; lobi circiter 11—13 mm longi. Staminum tubus glaber; antherae dilutius et obscurius striatae, 9 mm longae. Capsula rhomboidea, 12 mm longa, 8 mm lata.

C o l o m b i a : Prov. Pamplona, La Baja, 2400 m, XII. (S c h l i m n. 1143! — Funck & Schlim n. 1299! — Hb. Del., Wien, Berl.); Dept. Santander: San Pedro, Waldlichtung im Gebüsch (K a l b r e y e r n. 479! — Hb. Berl., Kew); Bucaramanga (Cúcuta road) (C h r i s t o p h e r S a n d e m a n n. 6023); California, 3000 m (K i l l i p & S m i t h n. 16945! — Hb. Wien).

118. **S. laevigatus** Planch. in Flore des Serres VI (1850—51) 34. — Suffrutex scandens, caulibus striatis, glabris. Folia petiolata, late ovata vel elliptica, 4—6 cm longa et 3,5—4,5 cm lata, basi rotundata et in petiolum 12—16 mm longum brevissime angustata, apice obtusa, margine callose denticulata, membranacea (in sicco!) glabra vel subtus in nervis parcissime puberula. Pedicelli 4—8 cm longi, compressiusculi, glabri, ebracteolati. Hypanthium late turbinatum, 3 mm longum, 9 mm latum, glabrum vel parce puberulum; lobi anguste triangulares, 8—10 mm longi, obtusiusculi, remote callose denticulati, patentes usque patentissimi. Corolla purpurea vel rosea, glabra vel minutissime puberula, 55—70 mm longa, supra basin inflatam attenuata ad 4 mm, dein curvata et subventricose ad faucem 9 mm latam ampliata; lobi triangulari-lanceolati, 13—15 mm longi. Staminum tubus glaber; antherae 7 mm longae.

C o l o m b i a : Dept. Norte de Santander: Pamplona, 2400 m (F u n c k & S c h l i m n. 1482! — Hb. Del., Wien); Ocaña, páramos, 2400—2700 m, I. (S c h l i m n. 416! — Hb. Del.); östlicher Abhang des Páramo del Hatico von Toledo nach Pamplona, Waldrand, 2800 m, III. (K i l l i p & S m i t h n. 20 576! 20 591! — Hb. N. Y. Gard.); am selben Orte, aber am westlichen Abhang (K i l l i p & S m i t h

n. 20718!); Loso nördlich von Toledo und auf der Westseite des Culagá-Tales oberhalb Tapatá bei Toledo, 2200—2400 m (Killip & Smith n. 20394! 20353! 20320! — Hb. Wien, N. Y. Gard.).

119. **S. densidentatus** E. Wimm. in Fedde, Repert. XXIX (1931) 79; in Revista Sudamer. II (1935) 103. — Rami obtuso-angulati, inconspicue brevissime hirtelli sicut tota planta. Foliorum petioli 5—13 mm longi, lamina membranacea, ovata, basi rotundata, apice acuta, 5 cm longa, 3 cm lata, margine densissime fimbriato-dentata — dentes 0,5—2 mm longi, angusti — glabra vel imprimis subtus puberula. Pedicelli 45 mm longi, ebracteolati. Hypanthium obconicum, 7 mm longum, 5 mm latum; lobi calycis anguste triangulares, 2—3 mm longi, integri, erecti, sed apice breviter recurvati. Corolla coccinea, subrecta, 5 cm longa, supra basin ad 3 mm attenuata, dein subventricose ad 6 mm ampliata; lobi 10—12 mm longi. Stamina glabra; antherarum tubus nigro-caesius et fusco-striatus (saltem in sicco), 7 mm longus.

Brasilien: Santa Catharina, VI. 1868 (Fritz Müller n. 117! — Hb. Kew).

120. **S. schultzeanus** E. Wimm. in Fedde, Repert. XXVI (1929) 14, t. 71, f. 6a. — Frutex glaber, scandens ad 4 m ramis tenuibus. Petioli 6 mm longi, saepe reflexi. Folia ovata, 5 cm longa, 2,5 cm lata, basi rotundata, apice acuminata, margine callose denticulata, membranacea, glaberrima, venae subtus inconspicuae. Pedicelli 4 cm longi; subteretes, ebracteolati. Hypanthium turbinatum, 4 mm longum et latum; lobi triangulari-lineares, 4 mm longi, obtusiusculi, integri, subpatentes. Corolla obscure scarlatina, recta, 53 mm longa, supra basin breviter constricta (3,5 mm), ad faucem sensim ampliata ibique 8 mm lata; lobi anguste triangulares, circiter 7—12 mm longi. Staminum tubus glaber; antherae fusco-striatae, 7 mm longae.

Colombia: Sierra Nevada de Santa Marta, im Walde bei Casa Blanca, 1200 m, IV. (Arnold Schultze n. 351! — Hb. Berl.).

Ad honorem collectoris diligentis species denominata est.

121. **S. capribarba** E. Wimm. in Fedde, Repert. XIX (1924) 254; in Revista Sudamer. II (1935) 102. — Rami teretes, medullosi, inferne glabrati, superne puberuli, pili simplices et furcati. Foliorum petioli 5—8 mm longi, puberuli; lamina oblongo-ovata,, 5—8 cm longa, 1,7—2,8 cm lata, basi rotundata, apice acuminata, margine repando-dentata et inter dentes callose denticulata, membranacea, supra glabra, subtus puberula, nervis 6—7 secundariis sub angulo semirecto recte excurrentibus. Pedicelli 3—4 cm longi, compressiusculi, puberuli, basi minute bibracteolati. Hypanthium semigloboso-turbinatum, 4 mm longum, 5 mm latum, puberulum; lobi calycis anguste lineares, 7 mm longi, vix 1 mm lati, integri, puberuli, arcuato-reflexi. Corolla rubra (?), minute puberula, subrecta vel subarcuata, 55 mm longa, supra istmum 2 mm latum sensim ad faucem 6 mm latam dilatata; lobi sublineares, circiter 10 mm longi. Filamenta glabra. Tubus antherarum 7 mm longus, in basi 3 barbulis in latere infero ornatus (exinde capribarba nominatus).

Südliches Brasilien (Sellow! datus ab Humboldtio 1836 — Hb. Berl.).

S. nitido var. *pleiotricho* accedere videtur, sed tamen bene distinctus.

122. **S. attenuatus** (Presl) A. DC. Prodr. VII (1839) 398; E. Wimm. in Macbr., Fl. Peru VI (1937) 442. — *Lobelia attenuata* Presl, Prodr. Lobel. (1836) 34. — Fruticosus, ramis teretibus, glabris, medullosis. Foliorum petioli 5—10 mm longi; lamina ovato-lanceolata, 9 cm longa, 2,5 cm lata, basi rotundata, ad apicem longe sensimque acuminata, adpresse denticulata, membranacea, nitida, glaberrima, fere concolor. Flores in vertice subcorymbosi, folia floralia multo minora. Pedicelli 3—4 cm longi, minute puberuli, infra medium bibracteolati. Hypanthium obconicum, puberulum, 6 mm longum; lobi subulati, 8 mm longi, integri, erecti. Corolla rubra (?), puberula,

recta, 36 mm longa, basi 3, superne 4 mm lata; lobi sublineares, circiter 10 mm longi. Stamina glabra; antherarum tubus stramineus, 5 mm longus.

Peru (? Haenke — Hb. Presl, Prag!).

123. **S. hypopogon** E. Wimm. in Revista Sudamer. II (1935) 91. — Herba ramosa, 1 m alta. Foliorum lamina oblongo-ovata, 5 cm longa, 2 cm lata, basi rotundata vel breviter cuneata et in petiolum 5 mm longum interdum angustata, ad apicem sensim acuta, margine denticulis setiformibus, 1—2 mm longis, inaequalibus, confertis munita vel fere fimbriata, membranacea, supra glabra, subtus in nervis hirtella. Pedicelli 2 cm longi, glabri, versus basim 2 bracteolis subulatis ornati. Hypanthium obconicum, 6 mm longum, 4 mm latum, glabrum; lobi calycis subulati, 6—7 mm longi, exserte denticulati, glabri, erecti. Corolla rubra, subglabra, subrecta, 4 cm longa, supra basim constricta ibique 2,5 mm lata, sursum sensim ad 5 mm ampliata; lobi corollae sublineares, circiter 15 mm longi. Filamentorum tubus glaber. Antherarum tubus cinerens, 8 mm longus, 2 mm latus, 3 superiores glabri, 2 inferiores per longitudinem sparse pilosae (exinde nomen hypopogon).

Argentinien: Misiones, Fracrán, in Gesellschaft mit *Festuca ulochaeta*, II. (Parodi n. 5667! — Hb. Wien).

124. **S. rectiflorus** Rusby, Descript. New Spec. South Americ. Pl. (1920) 145. — *S. lilacinus* E. Wimm. in Fedde, Repert. XIX (1924) 257. — Frutex ad 20 m et ultra scandens (Schultze), ad 1 m altus (Smith), ramis striatis, pubescentibus, fistulosis. Folia oblongo-ovata, 6—8 cm longa, 2—3,5 cm lata, basi rotundata usque late cuneata, in petiolum 1—2,5 mm longum puberulum breviter angustata, ad apicem sensim subacuminata et subcuspidata, margine dentibus triangularibus, argutis, inaequalibus, 1—2 mm longis munita, membranacea, supra opaca, glabrescentia, subtus plus minusve cano-puberula, imprimis ad nervos, interdum glabrescentia. Pedicelli 3,5—7 cm longi, puberuli, basi 2 bracteolis filiformibus praediti. Hypanthium turbinatum, puberulum vel glabrescens, 5—7 mm longum; lobi calycis triangulari-lineares, 12—14 mm longi, acuti, integri, ciliolati, erecto-patuli. Corolla lilacina vel carmesino-lilacina, subglabra, subrecta, 55 mm longa, supra basim parum attenuata et sursum sensim ad 6 mm ampliata; lobi sublineares, 11—18 mm longi. Filamenta glabra, e tubo corollae longe exserta. Antherarum tubus 6—7 mm longus, in suturis praecipue versus apicem pilis longis sparsis obsitus.

Colombia: Prov. Santa Marta, Las Nubes, an offenen Stellen entlang der Flüsse, 1350 m, XII. (Herbert H. Smith n. 1388! — Hb. Del.); Prov. Ocaña, Cerro Negro, 1600—1800 m, X. (Schlim n. 777! — Hb. Del., Typus pro *S. lilacino*); Weg nach dem Indianerdorf San Andres, 750—1200 m, „sehr charakteristischer Kletterer im Bergwald, manche Bäume und Sträucher sind von dieser Pflanze ganz übersponnen, 24. I. 1927 (Arnold Schultze n. 712! — Hb. Berl.); El Moral — Quindio, III. (E. André n. 2301! p. p. — Hb. Kew, alia planta est *Centropogon uncinatus* A. Zahlb.); ohne nähere Angabe (Triana n. 1539! — Hb. Wash.); Tolima: Vom Rio Coello nach San Miguel, Neuer Quindio-Weg, Wald der Zentral-Kordilleren, VIII. (T. E. Hazen n. 9663!); Rio Paloma (Killip n. 9738! — Hb. Univ. Wien).

125. **S. lasiandrus** Planch. in Fl. des Serres VI (1850—51) 36. — Suffrutex hirtus. Rami obtuso-angulati, rubiginoso-suffusi. Foliorum petioli 5—15 mm longi; lamina ovato-oblonga vel oblonga, 5—8 cm longa et 2—3,4 cm lata, basi rotundata, ad apicem obtusum acuta, margine conferte dentibus callosis obtusis munita, membranacea, supra opaca, sparse hirtella, subtus in nervis prominentibus dense, in venis prominulis parce hirtella. Pedicelli 4—7 cm longi, compressiusculi, tomentosi, ebracteolati. Hypanthium turbinatum vel interdum semigloboso-turbinatum, tomentosum, 7 vel 4 mm longum et 6—8 mm latum; lobi calycis subulati, 11—15 mm longi, integri, subpatentes. Corolla purpurea, tomentosa, intus lutea et glabra, curvata vel subrecta, ad isthmum 3, superne 5—7 mm lata; limbus bilabiatus, labium

superius 20 mm longum, eius lobi 10 mm longi tantum; lobi 3 inferiores 14 mm longi. Filamenta superne pubescentia, caeterum glabra. Tubus antherarum 9 mm longus, in commissuris dense pilosus. Capsula ovoideo-globosa, semisupera, 14 mm longa, 10 mm lata.

Colombia: Santa Fé de Bogotá (Purdie! — Hb. Kew, Typus; Jameson!); Prov. Velez, Sabaya, 900 m, XII. (Linden n. 1241! — Hb. Wien, Del.); Prov. Tunja, Wald bei Alvarain, 1100 m, III. (Linden n. 1315! — Hb. Del.).

126. **S. pyriformis** A. Zahlb. in Fedde, Repert. XIV (1915) 183. — *S. obovoideus* Gleas. in Bull. Torr. Bot. Club LII (1925) 71, t. 3, f. 23. — Suffrutex scandens, glaber. Folia petiolis tortis 5—9 mm longis, lamina lanceolato-ovata vel oblongo-lanceolata, 7 cm longa, 2 cm lata, basi rotundata vel breviter acuta, raro subcordata, ad apicem sensim longeque acuto-acuminata, margine argute mucronulato-dentata, carnosula (in sicco tenuia), junior utrinque subpuberula, postea glabra. Pedicelli 5—11 cm longi, teretes, glabri, ebracteolati. Hypanthium pyriforme, decem-nervatum, 12 mm longum et ad 7 mm latum; lobi calycis subulati, 5—7 mm longi, integri vel in basi uni-denticulati, erecti. Corolla carmesina vel purpurea, subrecta, 50—55 mm longa, ad isthmum 3 mm lata, sursum sensim ad 10 mm ampliata; lobi longi-triangulares, 7—11 mm longi. Filamenta glabra vel in latere ventrali (secundum Gleason) puberula. Tubus antherarum 8 mm longus, glaber vel sparse pilosus.

Colombia: In den feuchten Wäldern der Berge zwischen Rio Ambuli und Quilichoa, ungefähr 2000 m, III. (Lehmann n. 2662! — Hb. Berl., sp. orig.); Dept. Cauca, San Antonio — Rio Ortega, 2100—2200 m, VII. (Pennell & Killip n. 8033 — Hb. N. Y. Gard., Typus pro *S. obovoideo*); Dept. El Valle, Waldrand bei La Cumbre, 1800—2200 m, V. (Pennell & Killip n. 5786! 5866! — Hb. Univ. Wien, Wash.).

126 a. **S. declinatus** Rusby, Descriptions of Three Hundred New Species S. Am. Pl. (1920) 145; McVaugh, Brittonia VI (1948) 463 in textu. — *Centropon declinatus* E. Wimm. in Pflanzenreich IV 276 b (1943) 218. — „Suffrutex parum diffusus ramis erectis ad 150 cm longis.“ Partes juniores caulis, petioli et nervi paginae inferioris foliorum sparse hirti, secus glabri. Petioli 7 mm longi. Lamina foliorum ovato-lanceolata, 5—8 cm longa, 1—2 cm lata, basi rotundata, ad apicem longe acuminata, margine denticulis ± adpressis munita. Flores solitari-axillares, longe pedicellati. Pedicelli 5—8 cm longi, patentes, sparse puberuli, supra basin vel versus medium bracteolis 2 ornati. Calycis receptaculum turbinatum, 6 mm longum, lobi eius lanceolato-triangulares, mucronulati, subpatentes, 14—15 mm longi, 4—7 mm lati, margine undulato-denticulati, versus apicem autem integerrimi. Corolla purpurea, intus albescens, minute puberula, 48 mm longa: tubus subcurvatus, 35 mm longus, supra basin attenuatus ibique 4 mm latus, dein sensim subventricose ampliatus et infra faucem ca. 11 mm latus (in statu compresso); lobi corollae sublineares, subfalcati, verisimiliter patentes, 15—7 mm longi. Filamentorum columna glabra, circiter 40 mm longa, antherarum tubus 7 mm longus, subcurvatus, glaber.

Colombia: Santa Marta, common on open lands of Sierra del Libano and San Lorenzo Ridge, 2000—2300 m (Herbert H. Smith n. 1384! — Hb. N. Y., Del.). — Primo intuitu videtur *Centropon*, sed McVaugh invenit fructus capsulares, exinde verus *Siphocampylus*.

127. **S. ecuadorensis** E. Wimm. in Fedde, Repert. XXII (1926) 209, t. 32, f. 15. — Frutex scandens in arbores, glaber. Rami teretes, tenues, medullosi. Petioli 16 mm longi, tenues, tortuosi, reflexi. Lamina folii cordata, acuminato-cuspidata, 5,4 cm longa, 2,4 cm lata, margine exserte calloso-setiformi-denticulata, dentes patentissimi 2 mm inter se distantes et 1 mm longi, firma, concolor, subnitida, rugulosa, subtus reticulato-nervosa. Flores solitarii, in vertice racemosi, foliati. Pedicelli compressi, basi incrassati, divaricati, ante anthesim 3 cm, fructiferi ad 5,5 cm elongati. Hypanthium breviter turbinatum, lobi ovato-oblongi, acuti, 16 mm longi, in basi 9 mm

lati, fimbriato-dentati, patentes. Corolla — evolutam non vidi! — videtur rubra, alabastrum 14 mm longum, 5 mm latum. Antherarum tubus caesio-pruinosus, glaber, 9 mm longus, 4 mm latus, 2 inferiores in apice pilis luridis penicillatae. Capsula late turbinata, costata, 12 mm longa, 16 mm lata.

Ecuador: Papallacta, andine Region, 3400 m (Luis Mille n. 24! — Hb. Wien). — Specimen mancum, inflorescentia et flores non satis noti.

128. **S. fimbriatus** Regel, Index Sem. Hort. Petropol. (1868) 84; Gartenflora XVII (1868) 355, t. 600; E. Wimm. in Revista Sudamer. II (1935) 101. — *S. longepedunculatus* Kanitz in Martius, Fl. Brasil. VI, 4 (1878) 147 p. p.; Index. Kew. p. p. — *S. fulgens* Horti Van Houtte e Regel l. c. — Caules ad 1 m alti, subscandentes, dependentes, glabri. Petioli 8—12 mm longi, tenues, torti. Folia cordata, 4—6,5 cm longa, 2—4,2 cm lata, apice acuminata, margine conferte fimbriata, membranacea, supra glabrata, subtus in nervis minutissime hirtella. Pedicelli 2,5—6 cm longi, compressi, subglabri. Hypanthium obconicum, 3—5 mm longum; lobi subulati, 2—4 mm longi, integri, erecti. Corolla aurantiaca, sub fauce aurata, glabra, subrecta, 30—36 mm longa, ad faucem parum ampliata ad 4—5 mm; lobi circiter 12 mm longi. Stamina glabra; antherarum tubus caesius, glaber, 6 mm longus. Capsula oblongo-obconica, 20 mm longa, 5 mm lata. Semina ovalia vel ovali-globosa, fulva, subtiliter reticulata, circiter 0,5 mm longa.

Argentinien: Campos de los rios, Chopimy Chapecó, Palmas Altas, I. (G. Niederlein n. 1772! — Hb. Berl.).

Brasilien: Staat Santa Catharina, Fundo des Capiave, Serra Geral, II. (E. Ule n. 1838! — Hb. Hambg.); kultiv. Exemplar aus dem Bot. Garten Petersburg (Regel! — sp. orig.).

A simili *S. longepedunculato* bene distinctus folio cordato, fimbriato, corolla minore, angustiore et fructu.

129. **S. bonplandianus** A. Zahlb. in Fedde, Repert. XIV (1915) 183. — *Lobelia bicolor* Bonpl. mss. e Zahlb. l. c. — Frutex ramis decumbentibus, gracilibus, superne pubescentibus, ceterum glabratis. Folia petiolo 8—11 mm longo, pubescente; lamina ovata vel oblongo-ovata, 3—5 cm longa, 1,5—2 cm lata, acuminata, basi plus minusve cordata vel etiam rotundata, margine callose denticulata, carnosula, supra glabra, scabriuscula, subtus albida, ad nervaturam puberula vel glabrescens. Pedicelli 4—6 cm longi, divaricati, ebracteolati, brevissime puberuli vel glabrati. Hypanthium late turbinatum, puberulum, 4 mm longum, 6 mm latum; lobi calycis lanceolati, 9 mm longi, apicem versus pauci-denticulati, arcuato-recurvati. Corolla viridi-carmesina, minute puberula vel glabra, curvata, 45 mm longa, ab isthmo 2 mm lato ad faucem sensim ad 5 mm ampliata; lobi corollae circiter 12 mm longi. Tubus filamentorum puberulus (ex auct.), glaber in nostris speciminibus; antherarum tubus coeruleus, glaber, 7 mm longus.

Colombia: Prov. Pasto, Meneses, 2700 m (Triana n. 1543! — Hb. Paris, sp. orig., Hb. Wash.!); zwischen Meneses und Pasto (E. André n. 2878! — Hb. Kew); Wälder bei Pasto, IX. 1845 (Jameson n. 452! — Hb. Cambr., Del.); Venta Menes (Karsten! — Hb. Wien); Páramo de la Union (E. André! — Hb. Kew); ohne nähere Ortsangabe (Lehmann n. 6153! — Hb. Berl.).

130. **S. hispidus** Benth., Pl. Hartweg (1845) 214. — Frutex 1,5—2,5 m altus, pilosus. Rami teretiusculi, striati, villosi, fistulosi. Petioli 6—20 mm longi, villosi. Folia cordata, 3—6 cm longa, 2—4 cm lata, apice acuminata vel acuta, margine callose dentata vel denticulata, ciliata, membranacea, utrinque sparse hispida, nervi subtus densius pilosi. Pedicelli 3—7 cm longi, villosi, divaricati, ebracteolati. Hypanthium turbinatum, villosum, decem-nervatum, 4 mm longum, 5 mm latum; lobi calycis sublineares, acuti, exserte callose denticulati, reflexi, hispidi, 7—10 mm longi. Corolla coccinea, hirta, subarcuata, 45—52 mm longa, ab isthmo 2 mm lato ad faucem ad 5 mm ampliata; lobi sublineares, superiores inferioribus minus pro-

funde soluti, omnes circiter 12 mm longi. Stamina glabra; antherarum tubus 6—7 mm longus, fulvus. Capsula turbinata, 1 cm longa et fere totidem lata. Semina ellipsoidea, fusca, nitida, subtiliter reticulata, 0,5 mm longa.

Colombia: Bogotá (Hartweg n. 1189! — Hb. Cambridge, sp. orig., Del., Wien, Berl. —; Linden n. 1213!; Lehmann n. 6131!); Tenosuco, 2400 m (Triana n. 1537! — Hb. Paris, Wash.); Tequendama, Bergwald, 2000—2400 m, IV. (C. Troll n. 3578! 3744! — Hb. Berl.).

131. **S. ellipticus** (Willd.) Vatke in Linnaea, XXXVIII (1874) 724. — *Lobelia elliptica* Willd. apud Roem. & Sch., Syst. V (1819) 57; Spreng., Syst. I (1825) 709; Presl, Prodr. (1836) 35. *L.? elliptica* A. DC., Prodr. VII (1839) 385.—Rami teretiusculi, fistulosi, hirti. Petioli 5—14 mm longi, crassi, hirti. Lamina foliorum caulis late elliptica, ramulorum ovato-elliptica, 9 cm longa, 5,5 cm lata vel 3 cm longa et 2,5 cm lata, basi levissime subcordata vel late rotundata, apice rotundata vel obtusissima, margine callose denticulata — dentes 5 pro centimetro —, supra rugosa, glabra, nitida, subtus praesertim ad nervos dense luride hispida. Pedicelli 4,5 cm longi, ebracteolati, hirti, folio fulcrante longiores. Hypanthium late turbinatum; lobi calycis ovati vel rhomboideo-ovales, obtusi, denticulati, reflexi, utrinque hirti, 7—8 mm longi et 5 mm lati. Corolla scarlatina, hirtella, modice curvata, 55 mm longa, tubo supra isthmum parum et fere aequaliter ampliato (6 mm), lobis 2 superioribus sublatioribus et reclinatis, 16 mm longis et 3 mm latis, inferioribus 15 mm longis et vix 2 mm latis. Filamenta glabra. Antherarum tubus 7 mm longus, in commissuris lutescenter pilosus. Stigma longe exsertum.

A. Tubus antherarum pilosus, sepala rhomboideo-ovata subreflexa var. *ellipticus*.
B. Tubus antherarum glaber, sepala triangulari-linearia vel linearia.
  I. Folia subcordata, apice subacuta .... var. *funckeanus*.
  II. Folia ovato-elliptica usque oblonga utrinque rotundata vel apice etiam obtusata vel brevissime acuminata .... var. *peritornus*.

var. **ellipticus.** — Ut supra.

Colombia: „In America merid.“ (Humboldt & Bonpland! — Hb. Willdenow n. 4000, Berl.); ohne nähere Ortsangabe, 2800 m (M. T. Dawe n. 351! — Hb. Kew, Wash.). — Specimen ultimum fere transiens ad varietatem sequentem, foliis ovato-ellipticis, supra sparse hirtis, apice saepe brevissime abrupte acuminatis, sepalis ovatis et tantum patentibus.

var. **funckeanus** (Planch.) E. Wimm. nov. comb. — *S. Funckeanus* Planch. in Flore des Serres VI (1850—51) 19. — Suffruticosus, semiscandens. Folia ovata usque ovato-oblonga, subcordata, apice subacuta vel obtusa, densius callose denticulata, folia floralia 5 cm longa, 2,7 cm lata (inferiora non vidi!). Calycis lobi lineares, obtusissimi, 7 mm longi, reflexi. Corolla 50 mm longa, kermesina vel rosea. Antherarum tubus glaber. Capsula pyriformis 12 mm longa.

Colombia: Prov. Pamplona, La Baja, Páramo de las Cruces, 2900 m, XII. (Funck & Schlim n. 1300! — Hb. Del., Wien, Berl., Paris); inter Páramo de las Cruces et Tapagua, 3000 m, XI. (Linden n. 748! — Hb. Wien, Del., Paris); von Pamplona nach Toledo im dichten Wald, 2800—3000 m, II. (Killip & Smith n. 19 839! — Hb. Wien).

var. **peritornus** E. Wimm. — *S. peritornus* E. Wimm. in Fedde, Repert. XXIX (1931) 82. — 1,5—2,5 m altus. Folia ovato-elliptica usque oblonga, utrinque rotundata, apice saepius brevissime acuminata. Pedicelli 2,5—3,5 cm longi, folio subbreviores. Calycis lobi lineares vel lanceolati, apice rotundati, integri vel parce denticulati, 6—11 mm longi et 2 mm lati, patentes usque reflexi. Corolla 45—60 mm longa, dilute rubra, intus pallidior. Antherarum tubus glaber. — Fig. 56 j.

Colombia: Monte del Moro und Santa Fé de Bogotá, Okt. 1845 (Purdie n. 469! — Typus Hb. Kew — et sine no.! — Hb. Cambr.); Dept. Santander, am Rand des Páramo de Santurbán bei Vetas, 3100—3500 m, I. (Killip & Smith

n. 17217! 17271! 17926! 18176! 21142! — Hb. Wien, N. Y.); bewaldete westliche Abhänge am Páramo del Rico, 3200—3600 m. I. (Killip & Smith n. 17704! 17270! 17767! 17773! 17818! 17820! 17828! 17849! — Hb. N. Y., Wash.).

Non raro formae transeuntes inter varietates et inter typum et varietates occurrunt. Utrum sepala reflexa an patentes sint aut primo patentes et versus finem florescentiae vel in fructu potius solum reflexa, non bene cognosci potest in exemplis siccatis.

132. **S. grandiflorus** E. Wimm. in Fedde, Repert. XIX (1924) 237; in Macbr., Fl. Peru VI (1937) 454. — Frutex scandens, tomento lutescenti-cinereo obtectus, pili fasciculati et actiniformes. Rami teretes, medullosi. Petioli 7—12 mm longi. Folia ovata usque oblongo-ovata, 8—12 cm longa, 3—5 cm lata, apice acuminata, basi cordata usque rotundata, margine saepe repando denticulis calloso-setiformibus rectis vel uncinulatis, 0.5—2 mm longis munita, chartacea, supra parce hirtella, opaca, subtus tomentosa. Pedicelli in apice ramulorum interdum corymbiformiter congesti, praeterea solitari-axillares et remoti, teretes, floccoso-tomentosi, ebracteolati, 6—11 cm longi. Hypanthium breviter late turbinatum (interdum semigloboso-turbinatum vel brevissimum), 4—5(2) mm longum, 7 mm latum; lobi calycis angustissime lineares, 8—11 mm longi, integri, divaricati usque subreflexi. Corolla scarlatina cum limbo flavo, tomentosa, recta, 55—65 mm longa, ab isthmo 5 mm lato ad faucem 10 mm latam subventricose ampliata; lobi lanceolati 12—15 mm longi. Staminum tubus glaber; antherae fulvae, 9 mm longae. — Fig. 56 i.

Peru: Dept. Ayacucho, Prov. Huanta, Weg von Tambo über Osno zum Flusse Apurimac, Gebüsch, reich an hartlaubigen Formen, 2800 m, VI. (Weberbauer n. 5618! — Hb. Berl.).

133. **S. onagrius** E. Wimm. in Fedde, Repert. XXII (1926) 212; in Macbr., Fl. Peru VI (1937) 461. — ? *S. rugosus* Poiteau, Revue Horticole Ser. 2, I (1842) 186. — Suffruticosus, scandens, tomento brevi luridi-cinereo (onagrio, inde nomen!) e pilis simplicibus et fasciculatis constante vestitus. Rami teretes, medullosi, inferne glabrescentes. Petioli circiter 8 mm longi, recurvati. Folia oblongo- vel lanceolato-triangularia, 6—11 cm longa et 2—4 cm lata, ad apicem sensim acuta vel subacuminata, basi cordata usque subcordata, margine callose denticulata, membranacea, supra glabra, rugulosa, subtus tomentosa. Pedicelli ad 10 cm longi, compressi, basi 2 bracteolis angustis 3—5 mm longis ornati. Calycis receptaculum semigloboso- vel lato-turbinatum, 2—4 mm longum et 9 mm latum; lobi lineares, 10 mm longi, 1 mm lati, callose denticulati, divaricati. Corolla purpurea cum limbo flavo vel pallide violacea ?, tomentella, 55 mm longa, supra basin ad 5 mm attenuata, dein subventricose ad 10 mm ampliata; lobi 2 superiores minus profunde soluti quam 3 inferiores, 10—12 mm longi. Filamenta glabra; antherarum tubus luteo-virens, 7 mm longus, versus apicem pilosus.

var. **onagrius.**

Peru: Berge bei Andamarca (Mathews n. 1187! — Hb. Wien).

An *S. rugosus* Poit. in Revue Horticole, ser. 2, I (1842) 186 et Lem., Hort. Univ. III (1842) 368, descriptus secundum plantam cultam, cuius flores autem violacei dicuntur, idem sit ac noster, suspicor e descriptione, dum *S. rugosus* (Presl) A. DC. certe ad *S. dependentem* pertinet, ut specimen Preslii demonstrat.

var. **undulatus** E. Wimm. nov. comb. — *S. dependens var. undulatus* E. Wimm. in Fedde, Repert. l. c. 209 et in Macbr., Fl. Peru l. c. 450. — Folia basi plerumque subcordata vel rotundata. Pedicelli ebracteolati. Corolla saepe minor. Antherarum tubus glaber.

Peru: Dept. Cuzco, bei San Miguel, Nucjchu im Tal des Urubamba, 1800 m, VI. (Cook & Gilbert n. 1161); Machu picchu, 2200 m, X. und bei Maquiña, 2050 m, IX (Herrera n. 3215! J. West n. 8043! — Hb. Field und Calif.); Urubamba (Herrera n. 2009! 3215! 3280! — Hb. Wash.); Tal bei Cedrobamba, 2000 m, VI. (J. West n. 6460! — Hb. Calif.); Cedrobamba, 2200 m, VIII. (Herrera n. 1556! — Hb. Wash.).

f. **longisepalus** E. Wimm. n. f. — Calycis lobi reflexi, 16—18 mm longi, remote pauci-denticulati. Corolla 55 mm longa.

P e r u : Tal des Urubamba, 2050 m, IX. (H e r r e r a n. 2658! — Hb. Berl.).

134. **S. argutus** A. Zahlb. in Bull. Torr. Bot. Club XXIV (1897) 383; E. Wimm. in Macbr., Fl. Peru VI (1937) 442. — Suffrutex scandens, ramis glabris, gracilibus, medullosis. Petioli 9—11 mm longi. Folia elongato-triangularia, 9 cm longa, 3 cm lata, ad apicem sensim acuminata et breviter falcato-subcuspidata, basi cordata, margine inaequaliter acute denticulata, tenuia, supra minute scabriuscula, opaca, subtus laevia, glabra, nitidula. Pedicelli 17—19 mm longi, puberuli, ebracteolati. Calycis receptaculum campanulato-turbinatum, puberulum, quinque-nervatum, 4 mm longum, 5 mm latum; lobi 6—10 mm longi, subulati, integri, puberuli, patentes. Corolla carmesina, puberula, subcurvata, 52 mm longa, supra basin longius attenuata ad 3 mm, dein sensim ad faucem 5 mm latam dilatata; lobi 16—18 mm longi. Filamenta puberula; antherarum tubus caeruleus, in commissuris albo-pilosus.

B o l i v i a : Yungas (B a n g n. 2045! — Hb. N. Y. Gard.).

135. **S. bilabiatus** A. Zahlb. in Bull. Torr. Bot. Club XXIV (1897) 382; E. Wimm. in Macbr., Fl. Peru VI (1937) 443. — Caules vel rami teretes, puberuli, medullosi. Folia breviter petiolata (9—12 mm), ovata vel elongato-triangularia, 7—10 cm longa, 2—4 cm lata, basi subcordata, ad apicem sensim subacuminata vel acuta, margine remotiuscule acute exserte denticulata, rigida, supra rugulosa, opaca, glabra, subtus subnitida, puberula, leviter reticulato-nervosa. Pedicelli 3—5 cm longi, teretes, parce puberuli, ebracteolati. Hypanthium semigloboso-turbinatum, puberulum, 5 mm longum, 9 mm latum; lobi calycis anguste lineares, 16—22 mm longi, integri, subglabri, nitidi, patentes. Corolla aurantiaca (?) puberula, subrecta, 55—60 mm longa, supra basin vix attenuata (5 mm), ad faucem 7—9 mm lata; limbus bilabiatus: labium superius circiter 22 mm longum, eius lobi 10 mm longi; lobi inferiores parum angustiores et 15 mm longi. Tubus filamentorum in latere ventrali pubescens; tubus antherarum 9 mm longus, lineis 5 albido-pilosis ornatus. Semina oblonga, fusca, nitida, circiter 1 mm longa. — Fig. 65 b.

A. Rami, folia subtus, corolla puberula; sepala 16—22 mm longa var. *bilabiatus.*
B. Planta glaberrima.
  I. Sepala 10—12 mm lg. .... var. *glabratus.*
  II. Sepala 20 mm lg. .... var. *dives.*

var. **bilabiatus.** — Ut supra. — B o l i v i a : Yungas, Coroico, IX. (B a n g n. 2464! — Hb. Berl.).

var. **glabratus** Lauterbach ex Buchtien, Contrib. Fl. Boliv. I (1910) 187. — *S. bilabiatus* Gleas. in Bull. Torr. Bot. Club XXXXVIII (1921) 197. — Folia oblongo-ovata, apice acuta, basi rotundata et parum inaequalia, nitidissima, glaberrima, petiolo brevi torto, margine remotius minute denticulata, 5,5 cm longa, 2,5 cm lata. Pedicelli circiter 2 cm longi. Calycis lobi lineares, 10—12 mm longi. Corolla glabra, 45 mm longa, tubo curvato; lobi corollae 2 superiores 12 mm longi, 3,5 mm lati, abrupte acuminati, parum inter se connati; lobi 3 inferiores 9 —7 mm longi et angustiores. „Frutex 1,5 m altus", ramis pendulis.

B o l i v i a : San Carlo bei Mapiri, Wald, 750 m (O. B u c h t i e n n. 1504! — Hb. Berl.).

Planta bona varietas nisi verisimilius propria species, *S. lauterbachii* tunc nominanda, nam *S. glabratus* G. Don (1834) alia species.

var. **dives** E. Wimm. — *S. subcordatus* var. *dives* E. Wimm. in Macbr., Fl. Peru VI (1937) 470. — Frutex ramosus. Folia ut in praecedente varietate, sed et acuminata. Pedicelli 3—4 cm longi, apice incurvati. Cetera ut in v. *bilabiatus.*

B o l i v i a : Mapiri, Regenwald, 600 m, VI. (C. T r o l l n. 2759! — Hb. Berl.); Yungas, Coroico, IX. (B a n g n. 2464! — Hb. Berl.).

136. **S. nematosepalus** (Donn. Smith) E. Wimm. in Fedde, Repert. XXXVIII (1935) 22; Standley, Fl. Costa Rica IV (1938) 1417; McVaugh in North Am. Fl. XXXII A (1943) 108. — *Centropogon nematosepalus* Donn. Smith in Bot. Gazette XXXXIV (1907) 114. — Suffrutex scandens undique pubescens. Rami flexuosi, inferne glabrescentes. Petioli 35—45 mm longi. Folia cordato-ovata, 7,5—10 cm longa, 3,5—4,5 cm lata, ad apicem acuminato-cuspidata, margine setiformi-denticulata, membranacea, supra sparse, subtus densius pubescentia. Pedicelli 15—20 (fr. ad 40) mm longi, folio breviores, ebracteolati. Hypanthium obconicum; lobi filiformes, 7—9 mm longi, denticulati, erecti. Corolla sparse pubescens, subarcuata, ad 42 mm longa, basi longiuscule attenuata (2 mm), dein subabrupte ad faucem 6 mm latam ampliata; lobi inaequales 6—11 mm longi. Filamenta villosa. Tubus anthereus 6 mm longus, cinereo-caesius, longiuscule villosus. Capsula oblonga. Semina globoso-ellipsoidea, subcompressa, fusca, nitida, tenuiter reticulata, 0,6 mm longa.

Costa Rica: Cuesta de los Borucas, Comarca de Puntarenas, 2300 m, I. (H. Pittier n. 10533! — Hb. Wien, det. J. D. Smith).

137. **S. griseus** (Gleas.) E. Wimm. in Annal. Naturhist. Mus. Wien LVI (1948) 327 — *Centropogon griseus* Gleas. in Bull. Torr. Bot. Club LII (1925) 62, t. 3, f. 14. — Frutex scandens, incano-tomentellus. Caules vel rami striati. Petioli 15—30 mm longi. Foliorum lamina subcordata, 3—8 cm longa, 2—5 cm lata, apice acuminata, margine dentata usque denticulata, membranacea, supra scabriuscula et breviter hirtella, subtus dense hirta. Pedicelli 3—5 cm longi, basi calloso-bracteolati. Hypanthium turbinatum, 5 mm longum et latum; lobi calycis anguste triangulares, obtusiusculi, integri, erecti, 4—5 mm longi. Corolla 35 mm longa, tenuiter puberula, subrecta vel curvata, supra basin valde attenuata, ad faucem sensim ad 7 mm ampliata; lobi falcato-triangulares, superiores recurvati, inaequali-longi, 5—11 mm longi. Filamenta pubescentia. Antherarum tubus 7 mm longus, in suturis albopilosus. Capsula ellipsoideo-obconica, circiter 15 mm longa.

Ecuador: Portoviejo, X. (J. N. Rose & G. Rose n. 23383! — Hb. N. Y.).

Forma accedit corolla propius ad *S. benthamianum* et ad alios *Siphocampylos* corollam infundibularem exhibentes.

138. **S. pubescens** Benth., Pl. Hartweg (1844) 139. — *S. humboldtianus* (Presl) A. DC. Prodr. VII (1839) 398, non Bot. Mag. t. 5631; E. Wimm. in Fedde, Repert. XXII (1926) 210 et in Macbr., Fl. Peru VI (1937) 455. — *Lobelia Humboldtiana* Presl, Prodr. Lobel. (1836) 35, non Roem. & Schult. (1819) — *S. Humboldtianus* var. *ovatus* E. Wimm. in Macbr. Fl. Peru l. c. — Fruticosus, pilis patentibus dense pubescens. Rami striati, teretes, medullosi. Foliorum petioli 6—20 mm longi, tenues; lamina ovata usque oblongo-ovata, 5—8 cm longa, 2—4 cm lata, basi subcordata usque rotundata, ad apicem sensim acuta, margine callose denticulata, tenuiter membranacea, supra glabriuscula, subtus hirta. Pedicelli 4—7 cm longi, basi minute bibracteolati. Hypanthium turbinatum, hirtum, 5 mm longum, 6—7 mm latum; lobi calycis triangulari-lanceolati, 5—6 mm longi, integri, hirti et ciliati, erecti. Corolla 40—50 mm longa, hirtella, subcurvata, supra basin constricta ad 3 mm, dein abrupte ad faucem 8 mm latam ampliata; lobi corollae longi-triangulares, inaequales, 6—11 mm longi. Filamenta puberula. Tubus antherarum 6 mm longus, lutescens, in suturis breviter pilosus. Capsula obovoidea, 15 mm longa, 9 mm lata, 5-costata, hirtella.

Peru: Ohne genauere Standortsangabe (ex herb. Humboldt! — Hb. Berl., sp. orig.); Gebirge von Paccha (Hartweg n. 780! — Hb. Cambr., B., Del.!).

Ecuador: Prov. Loja, in Wäldern, IX. 1864 (W. Jameson! — Hb. Wien).

139. **S. dependens** (Ruiz & Pavon) G. Don, Gen. Syst. III (1834) 704; A. DC. Prodr. VII (1839) 399; E. Wimm. in Macbr., Fl. Peru VI (1937) 450. — *S. rugosus* A. DC. l. c. — *Lobelia dependens* Ruiz & Pav. ex G. Don l. c.; Presl, Prodr. Lobel.

(1836) 39. — *L. rugosa* Presl l. c. 34. — Frutex scandens in alios frutices, gilvo-tomentosus excepta facie superiore foliorum. Rami dependentes, teretes, medullosi. inferne glabrescentes. Foliorum petioli circiter 15 mm longi; lamina coriacea, oblongo- vel lanceolato-ovata, 8—14 cm longa et 2,3—4,6 cm lata, basi subcordato-truncata usque rotundata, ad apicem sensim subacuminata, margine callose denticulata, supra rugulosa, glaberrima, vernicosa, subtus tomentosa. Pedicelli 3—6 cm longi, compressi, ebracteolati, superne approximati. Hypanthium turbinatum, 5 mm longum et latum; lobi calycis subulati, 7—10 mm longi, integri, suberecti. Corolla purpurea, tomentella, subcurvata, 36—40 mm longa, lobi circiter 12 mm longi. Filamentorum tubus glaber. Antherarum tubus cinereus, 7 mm longus, in suturis, basi excepta, albo-pilosus. Capsula late turbinata, decem-costata, 1 cm longa et fere lata.

Peru: Pillar (Ruiz & Pavón! — Hb. Field, Berl.); ohne nähere Ortsangabe (Pavón n. 85! — Hb. Del. ex Hb. Moricand); in den Bergen bei Huánuco (Haenke (?) — Hb. Presl. Prag, sp. orig. pro *Lobelia rugosa* Presl); Yanano, auf besonnten Abhängen in der unteren Montaña, 1800 m und Weg von Muña nach Tambo de Vaca, 2400 m, VI. (Macbride n. 4947! 4913!); Panao und Tomaiquichua (Macbride & Featherstone n. 2205! 2426! — Hb. Field); Pampayacu (Kanehira n. 196!); Dept. Junin: Prov. Tarma, Berge westlich von Huacapistana, Gesträuch, 2300—2400 m, I. (Weberbauer n. 2167!); Prov. Jauja, rechtes Seitental des Rio de Comas, 2600—2700 m (Weberbauer n. 6613! — Hb. Berl., Field); Andinamarca, im Gebirge (Mathews n. 1187! — Hb. Kew).

140. **S. obtusus** E. Wimm. in Fedde, Repert. XIX (1924) 261. — Suffrutex puberulus. Rami teretes, fistulosi, fortasse scandentes. Petioli 12—20 mm longi, pubescentes. Lamina folii ovato-ovalis, 6—10 cm longa et 4—7 cm lata, basi subcordata, apice obtusa, margine denticulis callosis exsertis confertis inaequalibus munita, tenuis, supra hirtella, subtus dense hirtella. Pedicelli 4,5—6 cm longi, compressiusculi, subtiliter striati, ebracteolati. Hypanthium turbinatum, decem-costatum, 8 mm longum, 7 mm latum; lobi calycis longi-triangulares, acuminati, 7 mm longi, integri, suberecti. Corolla roseo-violacea, puberula, subcurvata, 45 mm longa, supra basin constricta, dein abrupte et ad faucem parum dilatata; lobi lineari-lanceolati, subfalcati. Tubus filamentorum glaber. Antherarum tubus cinereus, 7 mm longus, in suturis sparse pilosus. Capsula obovoidea, villosula, 1 cm longa.

Colombia: Prov. Ocaña, La Cruz, 2400 m, I. (L. Schlim n. 422! — Hb. Del., Paris); Dept. Norte de Santander, Tal des Culagá bei Tapatá nördlich von Toledo, 1500—2000 m, III. (Killip & Smith n. 20 143! — Hb. Wien).

141. **S. betulaefolius** (Cham.) G. Don, Gen. Syst. III (1834) 703; Kanitz in Martius, Fl. Brasil. VI. 4. (1878) 147; E. Wimm. in Revista Sudamer. II (1935) 101. — *Lobelia* (*Siphocampylus*) *betulaefolia* Cham. in Linnaea VIII (1833) 204. — *Lobelia betulaefolia* Presl. Prodr. Lobel. (1836) 34. — Frutex ramosus, glaberrimus, ad 1 m altus. Foliorum petioli 1—2 cm longi, e foliorum decurrentia anguste alati; lamina cordata et subcordata, 5 cm longa, 3 cm lata, apice acuminata, margine inaequaliter argute serrata, membranacea, supra minute scabrida, subtus laevia, pallida. Pedicelli 2—3, fructiferi ad 4 cm longi, inconspicue puberuli, basi bibracteolati. Hypanthium turbinatum, 3 mm longum et latum; lobi calycis subulati, 4—5 mm longi, obsolete denticulati, erecti. Corolla coccinea cum limbo flavo, curvata, 35—42 mm longa, supra isthmum 2 mm latum sensim et subventricose ad 8 mm ampliata; lobi triangulari-lineares, patentes, circiter 10 mm longi. Tubus stamineus glaber; antherae caesiae, 6 mm longae. Capsula obconica, 5-costata, 9 mm longa.

A. Corolla 33—42 mm lg., folia acuminata.
  I. Folia argute serrata .... var. *betulaefolius*.
  II. Folia sinuato-dentata .... var. *uleanus*.
B. Corolla ad 55 mm lg., folia longe sensimque acuminata .... var. *cordifolius*.

var. **betulaefolius.** — Ut supra.

Brasilien: Südlich von S. Paulo (Sellow n. 4194! — Hb. Berl., sp. orig.); Paraná: Zwischen Marechal Mallet und Dorizón und bei Legou neben der Eisenbahn, I. III. (P. Dusén n. 3046! 9390!); bei Calmão an Bächen im Urwald, III. (P. Dusén n. 9302! — Hb. Stockh.).

var. **cordifolius** (Otto & Dietr.) E. Wimm. in Fedde, Repert. XXII (1926) 207 et in Revista Sudamer. l. c. — *S. cordifolius* Otto & Dietr., Allgem. Gartenzeitung XII (1844) 371; Walpers, Repert. VI (1846—47) 378; Floricult. Cab. XV (1847) 73, errore *S. cordatus*. — *S. betulaefolius* Bot. Mag. LXIX (1842) t. 3973; Paxt., Mag. of Bot. IX (1842) 223, 224; Revue Horticole ser. 2. II (1843) 418; ser. 4. VI (1857) 69. — Folia ad apicem elongato-acuminata et cuspidata, margine adpresse callose denticulata vel (praecipue in speciminibus cultis) dentibus late triangularibus obtusis et callose apiculatis instructa vel conferte fimbriatulo-dentata (sub *S. duplo-serratus* olim in Hortis Bot. culta). Sepala plerumque longiora, 5 vel 6 vel ad 10 mm elongata. Corolla ad 55 mm longa.

Brasilien: Staat Rio de Janeiro, Serra dos Orgãos (Gardner n. 463! — Hb. Del.); kultiv. Exemplare aus den bot. Gärten: Bonn a. 1847, Leipzig, Berlin 1844, Freiburg: sub *S. betulaefolius*; Berlin 1846, 1847: sub *S. duplo-serratus*; dieser letztere könnte auch zu *S. longepedunculatus* in Beziehung stehen oder etwa eine Hybride zwischen diesem und dem *S. betulaefolius* sein.

var. **uleanus** E. Wimm. in Fedde, Repert. et in Revista Sudamer. ll. cc. — Radix repens, caule vix 30 cm alto. Folia inaequaliter sinuato-dentata, tenuia, glauco-viridia. Pedicelli, calyx, corolla minutissime hirtelli. Sepala 3 mm longa, margine scabra. Corolla 33 mm longa. Tubus anthereus 5 mm longus.

Brasilien: Staat Santa Catharina, am Abhang der Serra do Oratorio, II. (E. Ule n. 1532! — Hb. Berl.).

142. **S. dentatus** Gleas. in Bull. Torr. Bot. Club LII (1925) 69, t. 3. f. 20. — Herba scandens, caule superne sparse pubescente. Petioli 1—2 cm longi, tenuiter pubescentes. Foliorum lamina membranacea, cordata, 8 cm longa, 4,5 cm lata, apice acuminata, margine irregulariter argute conferte dentata, supra glabrescens, subtus in nervis tantum puberula. Pedicelli 4,5 cm longi, sparse pubescentes, basi 2 bracteolis subulatis. Hypanthium late turbinatum, 6 mm longum, 9 mm latum, leviter puberulum; lobi anguste triangulares, 14—17 mm longi, basi 2,5 mm lati, integri, suberecti vel patuli, ciliolati. Corolla dilute rosea, in nervis puberula, subrecta, 58 mm longa, angusta, ad faucem parum (ad 7 mm) ampliata; lobi sublineares, 13—18 mm longi. Tubus staminum glaber; antherae 7 mm longae. Capsula ellipsoidea, 15 mm longa.

Colombia: Dept. Tolima, am Neuen Quindio-Pfad zwischen Rio Coello und San Miguel, Wald der Zentral-Kordilleren, VIII. (Hazen n. 9663! — Hb. Univ. Wien); Rio Paloma, Neuer Quindio-Pfad (Killip n. 9738! — Hb. Univ. Wien); zwischen El Eden und La Palmilla, Alter Quindio-Pfad, 1800—2300 m (Killip & Hazen n. 9621).

Siphocampylo rectifloro valde similis, sed folio cordato et angusta corolla imprimis diversus.

var. **clarus** E. Wimm. nov. comb. — *S. clarus* E. Wimm. in Fedde, Repert. XXIX (1931) 81. — Pedicelli 2—3 cm longi tantum. Calycis lobi triangulares 8 mm longi et basi 3—4 mm lati, ciliati. Antherarum tubus basi excepta pilosus.

Colombia, XII. 1845 (Purdie! — Hb. Kew).

143. **S. cordatus** (Willd.) E. Wimm. n. c. — *Lobelia cordata* Willd. apud Roemer et Schultes, Syst. V (1819) 58. — *L. volubilis* HBK., Nova Gen. et Spec. Americ. III (1818) 308, t. 271, non Linné (1753) = *Cyphia volubulis*; Sprengel, Syst. I (1825) 709; Presl, Prodr. Monogr. Lobel. (1836) 33. — *S. volubilis* (HBK.) G. Don, Gen. Syst. III (1834) 703; A. De Candolle, Prodr. VII (1839) 400; Vatke in Linnaea XXXVIII (1874) 729. — *S. volubilis* var. *demissus* E. Wimm. in Fedde, Repert. Sp. Nov. XXII (1926) 215. — Frutex teneri-lignosus, caulibus ad 10 m altiscanden-

tibus, ramosissimis, glabris, ad verticem hirtellis. Petioli 8—16 mm longi, tenues, puberuli. Lamina foliorum oblongo-ovata, 4—7 cm longa, 2—3 cm lata, basi subcordata usque rotundata, apice longe acuminato-cuspidata, margine argute inaequaliter dentata, cuspide fere integra, tenuiter membranacea, supra glabrata et scabriuscula, subtus tenuissime puberula et pallida. Pedicelli 2—3 cm longi, puberuli, compressi, ebracteolati. Hypanthium turbinatum, parce puberulum; lobi calycis e basi triangulari subulati, integri, ciliolati, 5—7 mm longi, primo suberecti, postea patentes usque reflexi. Corolla purpurea, inconspicue et minutissime puberula, subcurvata, 50 mm longa, ab isthmo 2—3 mm lato ad faucem 5—6 mm latam sensim ampliata; lobi corollae triangulari-lanceolati, in nervo dorsali pilosi (non in margine ciliati ut demonstrat icon Kunthii!), circiter 14 mm longi. Filamentorum tubus glaber, e tubo corollae longe exsertus. Antherarum tubus 6 mm longus, in suturis praecipue partis anterioris longe pilosus. Capsula obovoidea, 15 mm longa.

var. **cordatus.** — Ut supra.

Venezuela: Ohne weitere Ortsangabe (Humboldt! — Hb. Berl., sepalis tam patulis quam reflexis gaudet!); am Orinoco (Bredemeyer — Hb. Willdenow n. 4011!); Caracas und Colonia Tovar (Burchell! Karsten! Fendler n. 727!); Galipan, auf höheren Bergen, II. (Moritz n. 322! et sine no.! — Hb. Berl.).

Colombia: Dept. Santander, Ocaña (W. Kalbreyer n. 379! — Hb. Berl.); Antioquia, Wald am Quindio (Jervise! — Hb. Kew).

var. **obtusus** E. Wimm. in Fedde, Repert. XXII (1926) 215 sub *S. volubili.* — Folia ut in typo, sed basi plerumque truncata vel rotundata, ad apicem obtusum breviter acuminata. Pedicelli 12—24 mm longi. Sepala 7 mm longa, erecta. Corolla 5—6 cm longa, carmesina cum limbo albo.

Colombia: An Wasserläufen um Pacho Cundinamarca, 1500—2000 m, I. (Lehmann n. 7314! — Hb. Berl.); La Vexa bei Bogotá, II. 1907 (Frère Idinoel!); Antioquia, Cañas gordas, westliche Abhänge der West-Anden, 1600—2200 m (Lehmann n. 4743!); Alto de Pesares bei Popayan, 2600—2900 m, III. (Lehmann n. 5930! p. p. — aliud specimen est *S. subcarnosus* — Hb. Kew).

144. **S. albiguttur** McVaugh in North Am. Fl. XXXII A (1943) 109. — Caulis herbaceus, laevis, glaber, ad 70 cm altus. Petioli tenues, purpurascentes, 1—3,5 cm longi. Folia 4—8 cm longa, 2—4 cm lata, ovata, basi rotundata vel subcordata, apice acuta vel subacuminata, margine serrata, dentes arguti, inaequales, 6—8 pro cm. Flores solitari-axillares. Pedicelli patenti-ascendentes, parce hirsuti, minute bibracteolati, fructigeri 30—60 mm longi. Hypanthium obconicum, hirsutum, fere tam latum quam longum, lobi late lineares, acuti apice obtuso, ciliati, 5 mm longi, et circiter 1,5 mm lati. Corolla hirsuta, intus glabra, tubus eius roseus, apicem versus cum lobis albus, rectus, ab isthmo 3 mm lato ad circiter 5—7 mm dilatatus (compressus!), basi fenestratus; lobi corollae anguste triangulares, subcuspidati, patentes, superiores 7—9 mm longi et ad 2,5 mm lati, inferiores similes, subbreviores. Tubus filamentorum glaber, tubus antherarum ad 5 mm longus, glaber vel subglaber, 2 inferiores apice albo-barbatae. Capsula ellipsoidea, fere semi-infera, circiter 8,5 mm lg. Semina ovalia, obscuri-fusca, subcompressa, subtiliter reticulata, circiter 0,5 mm lg.

Panama: Prov. Coclé, hills north of El Valle de Antón, 800 m (P. H. Allen n. 2237 — Hb. Wash., non vidi).

145. **S. eupeplus** E. Wimm. in Fedde, Repert. XIX (1924) 255, 256. — *S. denticulosus* Planch. in Flore des Serres VI (1850—51) 19 ex parte! — Suffruticosus, ramis scandentibus, glabris, medullosis. Folia petiolata, oblongo-ovata, 5 cm longa, 2 cm lata, basi rotundata usque subacuta, apice sensim acuminata, margine conferte callose denticulata, membranacea, supra subglabra, subtus in nervis tantum

minute parceque hirtella. Pedicelli in axillis foliorum superiorum solitarii, foliis plerumque breviores, 3—4,5 cm longi, subglabri, compressiusculi. Hypanthium late turbinatum, 4 mm longum, 6 mm latum, glabrum; lobi calycis subulati, 9—10 mm longi, denticulati, patentes. Corolla coccineo-purpurea, glabra, subcurvata, 45 mm longa, ab isthmo ad faucem sensim ampliata. Filamenta glabra. Antherarum tubus cinereus, 6 mm longus, in suturis albo-pilosus.

Colombia: Prov. Pamplona, La Baja, 2400 m (Funck & Schlim n. 1302! — Hb. Del.).

146. **S. phyllobotrys** E. Wimm. in Fedde, Repert. XIX (1924) 255, 256. — *S. denticulosus* Planch. in Flore des Serres VI (1850—51) 19 ex parte! — Rami scandentes, fistulosi, superne pubescentes. Petioli 13—17 mm longi, plerumque pubescentes. Folia inferiora et media oblongo-ovata vel ovata, 4—7 cm longa, 2—4,5 cm lata, basi subcordata, obtusa usque subacuta, apice subacuta; folia floralia oblonga vel lanceolata, 2—3,5 cm longa, 1—1,8 cm lata, et minora, basi apiceque acuta, omnia margine conferte callose denticulata, membranacea, supra glabrata, subtus in nervis minute puberula. Flores in apice ramorum corymbiformiter congesti. Pedicelli 4—5 cm longi, folio fulcrante subaequales vel longiores, subpubescentes, ebracteolati. Hypanthium obconicum, leviter pubescens, 6 mm longum, 4 mm latum; lobi calycis subulati, 8 mm longi, rarius 3—5 mm tantum longi, apice saepe recurvati, integri, pubescentes, erecto-patentes. Corolla dilute rosea, intus alba, 40—53 mm longa, sparse pubescens, ab isthmo ad faucem sensim ampliata; lobi sublineares, circiter 12 mm longi. Filamenta glabra. Tubus antherarum 6 mm longus, in suturis albo-pilosus.

Colombia: Prov. Pamplona, La Baja, 2600 m (Funck & Schlim n. 1301! — Hb. Del., Wien); La Baja, 2300 m, I. (Killip & Smith n. 16 779!); Rio Suratá, 1600—2300 m (Killip & Smith n. 16513! 16545! 16610! 16742!); zwischen Piedecuesta und Las Vegas am Waldrand, 2300 m, XII. (Killip & Smith n. 15480! 16168!); bei California und zwischen diesem Ort und Vetas, 2200—2500 m (Killip & Smith n. 16993! 17091! 17051! 17999! 21164!); Mesa de los Santos, 1000—1500 m, XII. (Killip & Smith n. 15375!); in dichtem Gebüsch bei Charta und zwischen El Roble und Tona, 1500—2400 m, II. (Killip & Smith n. 17455! 18856! 19018! 19244! 19250! 19255! 19437!); ohne weitere Angabe (Bro. Ariste-Joseph n. A 939! — omnes Hb. N. Y. Gard.).

f. **leucanthus** E. Wimm. — Corolla candida. Sepala longi-triangularia, 6 mm longa, ciliata.

Colombia: Dept. Santander, im Tal des Rio Suratá oberhalb Suratá, 200—2300 m, I. (Killip & Smith n. 16549! — Hb. N. Y. Gard.).

Species variabilis foliis, floribus, indumento, praecedenti proxima, sed videtur inflorescentia bene distincta.

147. **S. maxonis** E. Wimm. in Fedde, Repert. XIX (1924) 259; Mc Vaugh, Lobelioid. in N. Am. Fl. XXXII. A (1943) 108. — Radix repens. Caules 30—50 cm alti, teretes, glabri, superne flexuosi. Petioli 1—3 cm longi, plerumque sparse pubescentes. Folia oblongo-cordata, 4—8 cm longa, 1,6—4 cm lata, ad apicem cuspidatum sensim acuminata, margine argute dentata et inter dentes denticulata, herbacea, supra glabra, subtus in nervis pubescentia. Pedicelli 25—45 mm longi, sparse pubescentes, ebracteolati. Hypanthium semi-ellipsoideo-turbinatum, 3 mm longum et latum; lobi calycis subulati, 3—7 mm longi, subpubescentes, 1—2 denticulis callosis in utroque latere muniti, erecti. Corolla rubra, hirtella, subcurvata, 35 mm longa, supra basin longiuscule constricta (2 mm), et ad faucem ad 5 mm dilatata; lobi inaequales 5—9 mm longi. Filamenta glabra. Antherarum tubus 4 mm longus, in dorso partis anterioris interdum pilosus. Capsula turbinato-globosa, 8 mm longa.

Panama: Chiriqui, Cuesta de las Palmas und bei Los Siguas Camp, im feuchten Wald auf dem Südabhang des Cerro de la Horqueta, 1700—2100 m, III. (H. Pittier n. 3157! 3209! — Hb. Wash., N. Y.).

148. S. **yerbalensis** E. Wimm. in Fedde, Repert. XXII (1926) 206, t. 31, f. 6; in Revista Sudamer. II (1935) 101. — Suffrutex? Rami teretes, straminei, glabri, medullosi. Petioli 7—10 mm longi, hirtelli. Folia ovata, 5—8 cm longa, 3—4 cm lata, apice acuminata, basi inferiorum subcordata, superiorum rotundata, margine conferte fimbriato-dentata et denticulata, tenuiter membranacea, supra glabrescentia, subtus in nervis et in margine hirtella. Pedicelli 2,5—5 cm longi, hirtelli, basi bibracteolati. Hypanthium turbinatum, hirtellum, 5 mm longum et latum; lobi calycis sublineares, 7—9 mm longi, acuti, remote denticulati, suberecti. Corolla rubra cum limbo luteo (?), brevissime hirtella, 36 mm longa, ab isthmo 2 mm lato ad faucem 5 mm latam sensim ampliata; lobi sublineares 12—15 mm longi. Filamenta glabra. Tubus antherarum 7 mm longus, pallidus, praesertim in parte anteriore pilosus.

Argentinien: Arr. Liso, Yerbal viejo, XI. (Niederlein n. 190! — Hb. Berl.).

149. S. **viscidus** E. Wimm. in Fedde, Repert. XXII (1926) 215, t. 31, f. 2; in Revista Sudamer. II (1935) 102. — Caulis herbaceus, angulatus, fistulosus, superne pubescens. Petioli 12 mm longi, pubescentes. Foliorum lamina ovato-oblonga, 6—10 cm longa, 2,5—4,5 cm lata, basi rotundata, raro subcordata, apice sensim subacuminata, margine inaequaliter repando-dentata, tenuis, supra sparse pubescens, demum glabrescens, subtus ad nervos tantum pubescens. Pedicelli 4 cm longi, compressi, villoso-viscidi, ebracteolati. Hypanthium obconicum, subpubescens, 5 mm longum, 4 mm latum; lobi calycis angustissime lineares, 4—5 mm longi, obtusiusculi, integri vel denticulo uno alterove muniti, ciliati, erecto-patentes. Corolla 45 mm longa, aurantiaca (?), sparse puberula, supra isthmum 1,5 mm latum subcurvata et dein recta et sensim ad faucem 5 mm latam dilatata; lobi 8—10 mm longi. Stamina glabra; antherarum tubus nigro-caesius, 4 mm longus.

Brasilien: Staat Rio de Janeiro, im Walde des Alto da Serra bei Nova Friburgo, I. (E. Ule n. 4575! — Hb. Berl.).

Planta in herbario asservata etiam nunc mollis et flexilis et parum glutinosa.

150. S. **aurocinctus** E. Wimm. in Fedde, Repert. XIX (1924) 243; in Macbr., Fl. Peru VI (1937) 442. — Frutex ad 2,50 m altus, caule subsimplici vel ramis elongatis, saltem superne pubescentibus. Foliorum petioli 8—15 mm longi, puberuli; lamina foliorum inferiorum ovato-elliptica cum basi subcordata, reliquorum elliptica, basi subrotundata, apice acuta vel breviter acuminata, 9—16 cm longa, 4—9 cm lata, margine callose denticulata, membranacea, supra, excepto nervo mediano puberulo, glabra, laevia, subtus pallida, in nervis densius, in venis parce pubescens. Pedicelli 3—5 cm longi, cum calyce pubescentes, ebracteolati. Hypanthium turbinatum, rarius campanulato-turbinatum, 4 mm longum et latum, decem-costatum; laciniae calycis lineares, (7) 10—11 mm longae, vix 1 mm latae, patentes, ad basin 1—2 dentibus callosis setiformi-uncinatis muniti. Corolla coccinea cum limbo aurantiaco, puberula, subcurvata, 45 mm longa, supra basin constricta ibique 2—3 mm lata, dein abrupte ad faucem 4—6 mm latam ampliata; lobi 12—15 mm longi. Stamina glabra; tubus antherarum viridulo-fulvus, 6 mm longus.

Peru: Dept. Ayacucho, Prov. Huanta, Weg von Tambo über Osno zum Flusse Apurimac, über Ayna, lockeres, überwiegend immergrünes, an Grassteppe grenzendes Gehölz, 1500—1700 m, VI. (Weberbauer n. 5598! — Hb. Berl.); offene Wälder bei Ayna zwischen Huata und Rio Apurimac und bewaldete Hügel bei Carrapa, gegen 1000 m, V. (Killip & Smith n. 22689! 22512! — Hb. Wien, Wash.).

151. S. **neurotrichus** E. Wimm. in Fedde, Repert. XXXVIII (1935) 24. — Caulis herbaceus, teres, puberulus, fistulosus. Folia ovata usque elliptica, 10 cm longa, 4,5 cm lata, basi subrotundata et in petiolum glabrum 15—25 mm longum breviter cuneato-acuminata, apice acuminata usque acuta, tenuiter membranacea,

margine minute denticulata, supra sparse puberula, subtus in nervatura breviter adpresse pubescentia. Pedicelli 6—7,5 cm longi, puberuli, ebracteolati. Hypanthium turbinatum, 3 mm longum, 5 mm latum, puberulum, decem-nervatum; lobi calycis filiformi-lineares, 10—11 mm longi, pauci-denticulati, parce puberuli, erecti. Corolla sanguinea (?), puberula, recta, 35 mm longa, supra basin ad 2 mm attenuata, ad faucem 6 mm latam ampliata; lobi pubescentes 8—13 mm longi. Stamina glabra; tubus anthereus 5 mm longus.

Bolivia: Ohne nähere Ortsangabe, a. 1846 (Bridge — Hb. Lindley, Cambr).

Species ista *S. aurocincto* proxima et ab eo fortasse specifice non diversa, quod materia sufficiens demonstrabit.

152. **S. goebelii** E. Wimm. in Fedde, Repert. XXXVIII (1935) 76; in Macbr., Fl. Peru VI (1937) 453. — Caulis vel rami teretes, fistulosi, superne pubescentes. Folia elliptica aut ovato- vel oblongo-elliptica, 11—13 cm longa, 5,5—7 cm lata, apice breviter acuminata — apice ipso obtuso — basi subrotundata et in petiolum 15—20 mm longum puberulum angustata, margine integra minutissime denticulata, in statu exsiccato tenuia, supra glabrata, subtus ad nervos densius, ad venas parce pubescentia. Pedicelli circiter 9 cm longi, sparse pubescentes, ebracteolati. Hypanthium semigloboso-turbinatum, 3 mm longum, 5 mm latum, sparse pubescens; lobi subulati, 4 mm longi, integri, erecti. Corolla violacea (?), minute puberula, ad 34 mm longa, curvata, sursum sensim et parum ampliata, fauce 5 mm lata; lobi circiter 10 mm longi. Stamina glabra; tubus antherarum 5 mm longus, stramineus.

Peru: Ohne nähere Ortsangabe (Haenke! — Hb. München).

Species Prof. Dr. Carolo Eberhardo Goebel, botanico claro Monacensi dedicata.

153. **S. heliades** E. Wimm. in Notizbl. Bot. Gart. Berl. X (1929) 744 et in Macbr., Fl. Peru VI (1937) 454. — Caulis vel rami pubescentes. Folia petiolata, inferiora elliptica, 12 cm longa, 5,8 cm lata, superiora et floralia oblonga vel lanceolata, 5—6,5 cm longa et 1—2,2 cm lata, apice subacuta, ad basin rotundatam vel obtusam vel acutam angustata, margine leviter revoluta callose denticulata, rigidula, supra rugulosa, glabrescentia, nitida, subtus valde reticulato-venosa, nervi villosuli, venae subpubescentes, nervi laterales 10—12 sub angulo subrecto ascendentes. Flores in apice corymbose congesti. Pedicelli 5—7 cm longi, compressi, ebracteolati, ad basin villosi, secus glabrescentes. Hypanthium late turbinatum, 4 mm longum, 5 mm latum, glabrescens; lobi calycis subulati, integri, subciliati, patentes, 6 mm longi. Corolla verisimiliter rubra et in latere ventrali flava (?), glabra, subrecta, 38 mm longa, supra basin paulum attenuata, versus faucem parum ampliata, lobi circiter 12 mm longi. Stamina glabra; antherae 6 mm longae. Capsula ellipsoideo-turbinata, 8 mm longa, 7 mm lata. Semina (immatura ?) oblonga, glandacea, 0,4 mm longa.

Peru: Dept. Junin, Weg zwischen Punto und Andamarca, VI. (A. Raimondi n. 8773! — Hb. Berlin).

Specimen male asservatum, mancum in statu deflorationis descriptionem omnino accuratam non admisit. — In diagnosi ll. cc. numerus 8763 citatur, qui error typographi animadvertendus est!

154. **S. warmingii** Kanitz in Martius, Fl. Brasil. VI. 4. (1878) 148; E. Wimm. in Revista Sudamer. II (1935) 103. — Caulis herbaceus, procumbens, humilis, ramuli tantum in inferiore parte foliosi, glabrescentes. Petioli 38 mm longi. Folia suborbicularia vel ovata vel elliptica, utrinque acuta, 6—15 mm longa, 4—7 mm lata, margine inaequaliter dentata, subtus ad nervos et ad petiolos tenuissime pilosa. Pedicelli 6,5 cm longi, glabrescentes, in ramis terminales. Calycis tubus obconicus, 4,5 mm longus, pilosus, lobis subulatis 2 mm longis. Corolla purpurea vel cinnabarino-aurantiaca, 34 mm longa. Antherae sordide rubrae, pilosiusculae, 2 inferiores pilis stramineis barbatae (Diagn. auct.).

Brasilien: Prov. S. Paulo, in umbrosis humidis ad ripas rivi Pardo (Riedel n. 464 — non vidi!). — Reliqua specimina a Kanitzio allata et frustula manca a me visa e Provincia Minas Geraës prope Uberaba (Saint-Hilaire Cat. C. n. 947) et prope Caldas in ripa fluminis Rio Verde (Regnell III. n. 826) cum diagnosi Kanitzii aegre consentiunt et contrahuntur fortasse potius cum *S. eichleri*, cui simillima sunt, imprimis specimen Saint-Hilairii, a me in herb. Stockholm visum.

155. **S. nobilis** E. Wimm. in Fedde, Repert. XXVI (1929) 12, t. 72, f. 23 et in Macbr., Fl. Peru VI (1937) 459. — Frutex scandens, ramosus, glaber. Folia tenera, anguste linearia, 6—8 cm longa et 0,2—0,3 cm lata, utrinque acuta et ad basim in petiolum tenuem 4—5 mm longum angustata, margine leviter repando dentibus triangularibus distantibus et callose apiculatis munita, subtus pallescentia. Pedicelli 4—5 cm longi, tenues, ebracteolati. Hypanthium obconicum, 4 mm longum; lobi calycis subulati, 2 mm longi, integri, erecti. Corolla purpurea cum limbo flavo, semi-arcuato, 40 mm longa, tubo sursum sensim ampliato et ad faucem 5 mm lato; lobi sublineares, 8—13 mm longi. Staminum tubus glaber.

Peru: Dept. Ayacucho, Prov. Huanta, linkes Seitental des Flusses Huanacabamba über Shumaya 2200—2300 m, V. (Weberbauer n. 6291! — Hb. Berl.).

S. kuntzeano persimilis, foliorum margine, sepalis et colore corollae diversus.

156. **S. lycioides** (Cham.) G. Don, Gen. Syst. III (1834) 703; A. DC. Prodr. VII (1839) 400; Kanitz in Martius, Fl., Brasil. VI/4 (1878) 149, t. 44, f. 2; E. Wimm. in Revista Sudamer. II (1935) 103. — *Lobelia* (*Siphocampylus*) *lycioides* Cham. in Linnaea VIII (1833) 207. — *Lobelia lycioides* Presl, Prodr. Lob. (1836) 33. — Radix repens, caule erecto, 30—60 cm alto, angulato, glabro. Folia sessilia vel breviter petiolata, alterna vel verticillatim approximata, interdum ad terna usque sena ± verticillata, lanceolato-linearia usque late lanceolata, ima etiam late elliptica et breviora, 3—9 cm longa et 0,4—0,7 (2,6) cm lata, apice acuta, basi angustata et in petiolum decurrentia, margine remote adpresse callose denticulata vel antrorsum dentata, basin versus integra, glaberrima, crassiuscula (tenuia in sicco!). Pedicelli solitari-axillares, in apice interdum umbelliformiter congesti, 5—8 cm longi, glabri vel inconspicue puberuli, nunc supra basim bibracteolati, nunc ebracteolati. Hypanthium obconicum vel longiuscule campanulatum, 8 mm longum, 4—5 mm latum; lobi calycis anguste triangulares, 4—5 mm longi, obsolete denticulati, parce hirti, erecti. Corolla coccinea cum lobis, saltem inferioribus, flavis, intus pallida, minute puberula, recta vel subcurvata, 37—50 mm longa, supra basin breviter paulumque constricta, dein abrupte subventricose ampliata, in medio 7 mm (compressa!) lata; lobi superiores 8, inferiores ad 12 mm longi. Stamina glabra; antherae luteolo- et fulvo-striatae, 5 mm longae. Capsula lineari-obconica, valde decem-costata, 15 mm longa.

Brasilien: Ohne nähere Angabe (Sellow! — Hb. Berl., sp. orig.; J. Weir n. 341!); Goyaz, Serra dos Chrystaes, auf Feldern, blüht gelb und rot im Aug. (A. Glaziou n. 21688! — Berl., Stockh.); Paraná: Port Alece, Serrinha und Jaguariahyra, an Bächen, XI. (P. Dusén n. 1285 a! 6950! 13437 a! 16038! — Hb. Stockh., Univ. Calif.).

157. **S. kuntzeanus** A. Zahlb. in Bull. Torr. Bot. Club XXIV (1897) 378. — Glaberrimus. Rami teretiusculi, striati, nitiduli, foliosi, multiflori. Folia subsessilia, linearia, utrimque sensim longe angustata, plus minusve curvata, apice obtusiusculo, tenuiter membranacea, margine leviter repando integra vel denticulis callosis adpressis munita, 7—10 cm longa et 0,5—0,8 cm, rarius lineari-lanceolata. Pedicelli 3—4 cm longa, filiformes, ebracteolati. Calycis receptaculum turbinatum, 2—3 mm longum; lobi subulati, 5—7 (11) mm longi, integri, apice (in sicco!) subrevoluti. Corolla pallide lutea, 28—32 mm longa, recta, supra isthmum 1,5 mm latum ad

faucem 4—6 mm latam sensim ampliata; lobi sublineares, circiter 10 mm longi. Tubus staminum glaber; antherae lutescentes, 6 mm longae. Capsula turbinata, 7 mm longa, 6 mm lata, decem-costata.

Bolivia: Sierra de Santa Cruz (O. Kuntze! — Hb. Wien, sp. orig.); ohne nähere Ortsangabe (Cumming! Bridges! — Hb. Wien, Boiss., Cambr.).

158. **S. rosmarinifolius** G. Don, General Syst. III (1834) 704; A. DC. Prodr. VII (1839) 398; E. Wimm. in Macbr., Fl. Peru VI (1937) 465. — *Lobelia purpurea* Ruiz & Pavon in herb. Lambert ex G. Don l. c. — *L. rosmarinifolia* Presl, Prodr. Lobel. (1836) 36. — Frutex ad 1 m altus, caulis sat crassus, medullosus, teres, rami tenuiter striati, nitidi, foliosi. Folia linearia, 9 cm longa, 0,5—0,6 cm lata, utrimque sensim angustata, basi in petiolum 6—12 mm longum decurrentia, apice obtusiusculo, margine angustissime revoluta, rigidula, supra rugulosa, glabra, nitida, subtus albotomentosa, costa prominente excepta. Pedicelli compressi, glabri, ebracteolati, patentissimi, apice incurvi, 2,5—8 cm longi. Hypanthium late turbinatum, decemnervatum; lobi e basi triangulari lineares, 9—17 mm longi, integri, suberecti. Corolla coccinea cum limbo flavo (rubra et flava ex Lobb), glabra, plus minusve curvata, 37—52 mm longa, ab isthmo longiusculo 2 mm lato ad faucem ad 6 mm ampliata; lobi 15—20 mm longi. Staminum tubus glaber; antherae luteolo- et fulvo-striatae, 7 mm longae. Capsula subglobosa, circiter 6 mm diam.

Peru: Dept. Junin, Prov. Tarma, Huasa-huasi et Tarma (Ruiz & Pavón! — Hb. Field); auf Felsen unterhalb Peala, 2400—2700 m, XI. (Weberbauer n. 1794! — Hb. Berl.); Carpapata (Killip & Smith n. 24479! — Hb. Wien); Altos de Palca (Isern n. 2289!); ohne Ortsangabe (Dombey! et n. 438! Pavón! Lobb! et n. 378! Mc Leau!).

159. **S. funiculosus** E. Wimm. in Fedde, Repert. XXIX (1931) 81, t. 118, f. 1. — Frutex ad 1,80 altus cum ramis longe vagantibus, glaber. Folia tenuia, ovato-lanceolata vel lanceolata, 3—6 cm longa et 0,7—1,5 cm lata, ad apicem sensim acutata, basi breviter cuneata et abrupte in petiolum 6—12 mm longum angustata, margine antrorsum argute dentata, supra scabriuscula, subtus in nervis inconspicue hirtella sicut et petioli, rami superne et pedicelli, qui 2—2,5 cm longi. Hypanthium turbinatum 4 mm longum; lobi calycis anguste triangulares, 5 mm longi, reflexi, mucronulati, integri vel ad apicem pauci-denticulati, scabriusculi. Corolla purpurea, lobis 3 inferioribus fere albis, glabra, subcurvata, 50 mm longa, supra basin attenuata (2 mm), dein ad faucem 5 mm latam sensim ampliata; lobi 10—15 mm longi. Staminum tubus glaber; antherae nigro-cinereae, 6 mm longae, ad apicem pilis paucis obsitae.

Colombia: Ocaña, an offenen Stellen, Buschrändern, 1500—1800 m, XII. (Kalbreyer n. 379! — Hb. Kew). — *S. cordato* non dissimilis.

160. **S. ravidus** E. Wimm. in Fedde, Repert. XXVI (1929) 13, t. 72, f. 13. — Caules vel rami scandentes ad 5 m longi, obtuso-angulati, puberuli. Folia membranacea, ovato-oblonga, 8 cm longa, 2,5 cm lata, ad apicem sensim acuminata, basi subrotundata et in petiolum breviter angustata, margine conferte callose denticulata, supra brevissime, subtus densius molliter puberula. Pedicelli 5—6 cm longi, puberuli, sine vel cum 2 bracteolis in basi praediti. Hypanthium turbinatum, decemnervatum, 4 mm longum et latum; lobi lineares, 7 mm longi, acuti, integri, hirtelli, erecti, sed apice revoluti. Corolla cinnabarina, puberula, subrecta vel subcurvata, 42 mm longa, supra basin 3, ad faucem 5 mm lata; lobi sublineares, imprimis ad apicem ciliati, cr. 12 mm longi. Tubus staminum glaber; antherae stramineae, 7 mm longae. — Fig. 56 p.

Colombia: Sierra Nevada de Santa Marta bei San Sebastian de Rabaya, 1900 m, und bei Siracaya, 2400 m (A. Schultze n. 1052! 1452! — Hb. Berl.).

161. **S. parvilobus** E. Wimm. XXXVIII (1935) 21; in Macbr., Fl. Peru VI (1935) 463. — *S. brevidens* E. Wimm. in Fedde, Repert. XXIX (1931) 89, non Regel (1868). —

Frutex scandens, glaberrimus, ramosus. Folia membranacea, oblongo- vel lanceolato-ovata, 5—10 cm longa et 1,3—3 cm lata, ad apicem sensim longe acuminato-cuspidata, basi subrotundata usque acuta et in petiolum 8 mm longum breviter angustata, margine remote adpresse callose denticulata, glaberrima, supra nitida, subtus parum pallidiora, nervis secundariis 4—5 arcuatim ascendentibus et longius intra marginem anastomosantibus. Pedicelli apicem versus approximantes, secundi, 20—25 mm longi, ebracteolati. Hypanthium turbinatum, superne disciformiter dilatatum, pluri-sulcatum, 3 mm longum; lobi dentiformes, 1 mm longi. Corolla purpurea, glabra, 45 mm longa, supra isthmum 2 mm latum curvata, dein recta et ad 5 mm ampliata; lobi lineares, obtusiusculi, 10—15 mm longi. Staminum tubus glaber; antherae viridi-lutescentes, fere 6 mm longae.

Peru: Dept. Huánuco, in den Kordilleren bei Pozuzo, 2400 m, VII. 1863 (R. Pearce! — Hb. Kew). — *S. lucifer* simillimus, sed inflorescentia et calycis lobis bene distinctus.

162. **S. parvifolius** E. Wimm. in Macbr., Fl. Peru VI (1937) 463. — *S. chimaphilophyllus* Schlechtendal in Lechler, Berberides Amer. Austr. (1857) 58, nomen! — Frutex parvus, ramosus, glaberrimus. Ramuli teretes, angulati, scabri, fistulosi, inferne cicatricosi, superne foliosi. Folia lanceolata vel leviter oblanceolata, 2 cm longa, 0,5 cm lata, apice acuta, ad basin sensim angustata in petiolum cr. 5 mm longum, rigida, margine adpresse denticulata, supra rugulosa, nitidula, subtus pallida. Pedicelli 4 cm longi, folio multo longiores, supra basin 2 bracteolis subulatis ornati. Hypanthium turbinatum, 3 mm longum, 4 mm latum; lobi calycini lineares, acuti, integri, nitidi, erecti. Corolla rubra (?), intus pallida, glabra, recta, 34 mm longa, supra basim perpaulum attenuata, sursum sensim ad 5 mm ampliata; lobi circiter 15 mm longi. Stamina glabra; antherae nigrescentes, 5 mm longae.

Peru: Dept. Puno, in Gebüsch bei Ayapata, „Agapata", VI. 1854 (Lechler n. 1999! — Hb. Wien, Berl. Del.).

163. **S. spruceanus** A. Zahlb. in Annal. Naturhistor. Hofmus. Wien VI (1891) 443; E. Wimm. in Macbr., Fl. Peru VI (1937) 468. —Frutex ad 1 m altus, foliosus. Ramuli stricti, teretiusculi, striati, pilis brevissimis strigosi, medullosi, Folia brevissime petiolata, passim plus minusve approximata, oblonga vel anguste elliptica, 2—3 cm longa, 0,3—0,5 mm lata, utrinque acuta, basi abrupte in petiolum 2—4 mm longum contracta, margine revoluta, coriacea, supra vernicosa, exceptis nervis impressis et costa hirta, glabrata, subtus opaca, minute strigosa vel scabra, costa crassa, nervis lateralibus parum prominentibus. Pedicelli 2—3,5 cm longi, strigulosi, compressi, ebracteolati. Calycis tubus turbinatus, decem-nervis, adpresse hirtus, 3 mm longus; lobi subulati, 3—5 mm longi, integri, strigosi, erecti. Corolla rubiginosa vel carmesina, intus pallida, sparse adpresse hirtella, 35 mm longa, subrecta, e basi constricta abrupte et dein sensim ad faucem 4 mm latam dilatata; lobi ad 7 mm longi. Filamente glabra. Tubus antherarum lutescenti-virens, in dorso pilis singulis longis praeditus, secus glaber, 4 mm longus. Capsula suboblique turbinata, decemcostata, 8 mm longa, 6 mm lata. Semina oblonga, lutescentia, nitida, laevia, circiter 1 mm longa.

Peru: Dept. San Martin, Tarapoto (Spruce n. 4860! — Hb. Wien, sp. orig.); Bergwald bei Zepelacio bei Moyobamba, 1200—1600 m (G. Klug n. 3277! — Hb. Field, Wash.); Dept. Loreto, Berge südlich von Moyobamba auf Sandboden, 1000—1100 m, VIII. (Weberbauer n. 4611! — Hb. Berl.).

164. **S. elfriedi** E. Wimm. in Fedde, Repert. XXXVIII (1935) 75 et in Macbr., Fl. Peru VI (1937) 451. — Frutex 1,5—2,5 m altus, scabro-tomentellus. Rami teretes, striati, ferrugineo-verruculoso-hirti, medullosi. Folia lanceolata, 4—6 cm longa et 0,9—1,3 cm lata, ad apicem sensim acutata, basi breviter acuta et in petiolum 4—8 mm longum abrupte vel sensim angustata, margine conferte callose denticulata, subcoriacea, supra viridia, minute verruculoso-hirtella, subtus dense verru-

culoso-tomentosa, albescentia, nervis prominentibus. Pedicelli ad apicem approximati, 3—8 cm longi, ebracteolati. Hypanthium turbinatum, 7 mm longum; lobi subulati, 8—12 mm longi, callose denticulati, intus extusque verruculoso-tomentelli, erecti. Corolla dilute rosea cum limbo virenti-lutescente, verruculoso-hirtella, subrecta, 43—48 mm longa, supra basim 5 mm lata, dein subventricose ampliata et in medio circiter 8 mm lata; lobi 8—12 mm longi. Tubus staminum glaber; antherae nigro-caesiae, 7 mm longae. — Fig. 56 f.

Peru: Dept. Cuzco, Paso de Tres Cruces, Cerro de Cusilluyoc, felsige Dämme und Erdhügel auf dem Páramo, 3400—3900 m, V. (F. W. Pennell n. 13 841! — Hb. Field, sp. orig., n. 13 809! — Hb. N. Y. Gard.); Prov. Paucartambo, Acanacu Pass, auf Felsen, in Schluchten und in offenem Buschland, 3400—3600 m, VII. (James West n. 7045! — Hb. Univ. Calif.); Paucartambo bei Puno, 4000 m (J. Soukup n. 382! — Hb. Field); Valle de Pillahuata, Montaña de Paucartambo, VIII. (Herrera n. 3326! — Hb. Wash.).

„Very attractive species" (West). — Dedicatus amico meo Elfriedo Schmidt, Vindobonae, comiti in excursionibus botanicis.

165. **S. williamsii** Rusby in Bull. N. York Bot. Gard. VIII (1912) 122; E. Wimm. in Macbr., Fl. Peru VI (1937) 474. — Rami graciles, angulati, tuberculati, glabri. Folia lanceolata usque lineari-lanceolata, inferiora etiam elliptico-oblonga, 4—7 cm longa, 0,6—0,8 (1,4) cm lata, utrinque acuta, basi in petiolum brevem fere abrupte breviterque angustata vel sessilia, margine remote callose denticulata et saepius anguste revoluta, subrigida, supra glabra, subtus minute punctulati-scabriuscula, glabra, costa crassa, venis inconspicuis. Pedicelli 2—7 cm longi, ebracteolati. Hypanthium turbinatum, glabrum; lobi calycis triangulari-lineares, obtusiusculi, mucronulati, 5—6 mm longi, in medio utrinsque lateris dente triangulari muniti, erecti. Corolla roseo-purpurea, glabra, recta, 35 mm longa, supra basin angustata, sursum sensim parumque dilatata. Filamentorum et antherarum tubus glaber, ultimus circiter 5 mm longus.

Bolivia: Cargadira, 2400 m (R. S. Williams n. 1520); ohne genaueren Standort (Haenke! — Hb. Münch.).

166. **S. virgatus** A. DC. Prodr. VII (1839) 398. — *S. comosus* (Cav.) G. Don, Gen. Syst. III (1834) 702; A. DC. l. c. 404. — *Lobelia comosa* Cav., Ic. & Descr. VI (1801) 9, t. 512, f. 2; non L. (1753); Roem. & Sch., Syst. V (1819) 44; Presl, Prodr. Lobel. (1836) 36. — *L. virgata* Poeppig Pl. Peruv. exs. n. 1. ex Presl l. c. 34, nomen! et n. 1069 ex A. DC. l. c. — Suffrutex virgatus ad 1 m altus, ramosus, superne foliosus, foliis saepe approximatis vel fere verticillatis. Rami fistulosi, superne plus minusve pubescentes. Folia lanceolata, 3—7 cm longa, 0,4—1 cm lata, plerumque infra medium latiora, ad apicem sensim acuta vel et acuminata, basi acuta et in petiolum 2—9 mm longum pubescentem angustata, margine remote adpresse denticulata, membranacea, supra glabra vel minute scabri- uscula, subtus pallida, ad nervos plus minusve puberula, raro glabrescentia. Pedicelli in vertice saepe approximati, 3—4 cm longi, parce pubescentes vel glabrescentes, ebracteolati. Hypanthium breviter turbinatum, superne disciformiter dilatatum, decemcostatum, subglabrum; lobi anguste lineares, 4—6 mm longi, integri, glabrescentes, erecti. Corolla coccinea cum limbo aureo, glabra, subrecta vel subcurvata, 30—35 mm longa, ab isthmo 2 mm lato ad faucem ad 5 mm latam ampliata; lobi circiter 10—14 mm longi. Tubus staminum glaber; antherae nigro-cinereae, 5 mm longae. Capsula subglobosa, valde decem-costata, 5 mm longa et lata.

var. **virgatus.** — Ut supra.

Peru: Pillar (Ruiz & Pavón! et n. 787! — Hb. Field, Berl.); Prov. Huánuco, Cochero (Poeppig n. 1069! sub „*Lobelia virgata* Poepp." — Hb. Wien, Berl.); im Gebirge von Huánuco (Haenke (?) — Hb. Presl, Prag!); Tal des Chinchao, linkes Seitental des Huallaga, 9° 30′ südl. Br., 1500—1600 m, Grassteppe mit eingestreuten Sträuchern, blüh. und frucht. im Sept. (Weberbauer n. 6815! — Hb. Berl., Wash.); gemein auf offenen halbschattigen Stellen unter Felsen bei Muña, V. (R. Pearce n. 129! 507! — Hb. Kew); Weg von Vitoc nach den Höhen von Palca (Isern n. 2293! — Hb. Field); ohne genauere Ortsangabe (Pavón n. 81 — Hb. Del.; Lobb! — Hb. Wien); Prov. Chachapoyas, in montibus calcareis herbidis, VII. 1829 (Poeppig! — Hb. Wien); Casapi (Mathews n. 1674! — Hb. Kew, Cambr.).

Bolivia: Ohne näheren Standort, a. 1846 (Bridges! — Hb. Cambr.).

Verba Cavanillesii l. c.: „In nova Hispania, haud procul a Queretaro", ergo Mexico, sine dubio error vel confusio auctoris est, cum ista planta in Mexico non crescat neque unquam iterum inventa sit.

var. **atrichus** E. Wimm. in Macbr., Fl. Peru l. c. sub *S. comosus*. — Totaliter glaber. Pedicelli 4—5,5 cm longi. Corolla versus basin coccinea, versus faucem dilute flava (Macbride!) vel aurantiaca cum lobis flavis (Killip!).

Peru: Huánuco, Huacachi bei Muña, 1350 m (Macbride n. 3892! — Hb. Field); Junin, Huacapistana, in dichtem und offenem Wald, 1800—2400 m, VI. (Killip & Smith n. 24 176! — Hb. Wien).

167. **S. peruvianus** A. DC. Prodr. VII (1839) 401; E. Wimm. in Macbr., Fl. Peru VI (1937) 464. — Frutescens, scandens, glaber. Rami lignosi, albicantes. Folia membranacea, lanceolata-ovata, 4—6 cm longa, 1—1,4 cm lata, ad apicem sensim subacuminata, basi breviter acuta et in petiolum 5—10 mm longum angustata, margine remote denticulata, basin versus integra, nitida, glaberrima. Pedicelli 2 cm longi, nudi. Hypanthium breviter turbinatum, 3 mm longum, 5 mm latum; lobi calycini subulati, 3 mm longi, integri, apice recurvatuli. Corolla rubra, subcurvata, 45 mm longa, supra isthmum 3 mm latum ad faucem 5 mm latam fere aequilata; lobi 8—10 mm longi. Tubus stamineus glaber; antherae 6 mm longae.

Peru: Dept. Amazonas, Prov. Chachapoyas (Mathews! — Hb. Cambr., sp. orig., Hb. Boiss.).

168. **S. pallidus** E. Wimm. in Macbr., Fl. Peru VI (1937) 462. — Suffrutex circiter 50 cm altus. Caulis teres, glaber, fistulosus. Folia coriacea, supra glabra, opaca, nervis subimpressis, subtus albida, ad nervos villosula, costa et nervis prominentibus, lamina oblongo-lanceolata, 5—9 cm longa, 1,7—2,8 cm lata, apice acuminata, basi acuta et in petiolum 1 cm longum breviter angustata, margine adpresse callose denticulata. Pedicelli 4—5 cm longi, filiformes, subpubescentes, ebracteolati. Hypanthium breviter turbinatum, superne disciformiter ampliatum, 10-costatum, glabratum; lobi calycis subulati, 5 mm longi, glabri, erecti. Corolla virenti-lutea, glabra, recta, 30 mm longa, supra basin attenuata, sursum sensim ad 4 mm dilatata; lobi 11—12 mm longi. Tubus staminum glaber: antherae cinereo-virentes, 4 mm longae. Capsula late rhomboidea, decem-costata, 7 mm longa.

Peru: Dept. Huánuco, Cueva Grande bei Pozuzo, 3500 m (Macbride n. 4797! — Hb. Field).

169. **S. eichleri** Kanitz in Martius, Fl. Brasil. VI/4 (1878) 148; E. Wimm. in Revista Sudamer. II (1935) 103. — Herba radice repente, ad 20 cm alta, glaberrima. Caules ascendentes, sparse foliati. Folia oblonga, utrimque acuta, 3 cm longa, 1 cm lata, inferiora latiora et breviora et longius (ad 10 mm) petiolata, superiora breviter petiolata usque subsessilia, margine callose, interdum adpresse denticulata, membranacea, glabra vel subtus imprimis ad nervaturam parce hirtella. Pedicelli teretiusculi, crassi, glabri vel parcissime pubescentes, 3—6,5 cm longi. Hypanthium anguste obconicum, mox cylindraceo-oblongo-ampliatum, 5—12 mm longum, 2—5 mm latum, decem-nervatum, parce pubescens vel glabratum; lobi calycis sublineares, 5—6 mm longi, integri, erecti, parce ciliati. Corolla rubra, intus pallida, hirtella vel glabrata, subrecta, ad 44 mm longa, ad faucem sensim usque ad 5 mm ampliata; lobi sublineares circiter 10 mm longi. Filamenta glabra. Tubus antherarum caesius, 4 mm longus, in dorso sub apice parce pilosus. Capsula cylindrico-oblonga, 10-costata, 20 mm longa, 7 mm lata.

Brasilien: S. Paulo (Saint-Hilaire! — Hb. Stockh., Wien); Prov. Goyaz: In ripis humidis rivi S. Bartholomeu in Chapada de San Marcos et ad cataracta prope Ribeirão de Tejuco (Riedel n. 2727! — Hb. Berl.); planalto de Goyaz, Rasgão (Glaziou n. 21 687! — Hb. Kopenh., Stockh.).

170. **S. bichromatus** E. Wimm. in Fedde, Repert. XIX (1924) 253 et in Macbr., Fl. Peru VI (1937) 443. — Frutex ad 2 m altus, ramis teretiusculis, granulatis et superne arachnoideo-lanatis, foliosis. Folia 6—10 cm longa, 1,4—2,2 cm lata, oblongo-lanceolata, utrinque acuta, basi in petiolum arachnoideum 6—10 mm longum angustata, margine callose denticulata, coriacea, supra rugulosa, glabra, excepto nervo mediano, subtus reticulato-nervosa, albo-arachnioto-tomentosa. Pedicelli 5—7 cm longi, floccosi, basi minute bibracteolati. Hypanthium turbinatum, tomentosum, 10-nervatum; lobi calycis lineares, 11 mm longi, remote denticulati, extus floccoso-tomentosi, erecti. Corolla scarlatina cum limbo aurantiaco, glaberrima, subrecta vel subcurvata, 35—42 mm longa, supra isthmum 2 mm latum abrupte et subventricose ad 6 mm ampliata; lobi circiter 12 mm longi. Stamina glabra; tubus anthereus fusco- et luteo-striatus, 8 mm longus. Capsula turbinato-globosa, 10-costata, 8 mm longa.

Peru: Dept. Huancavelica, Prov. Tayacaya, Gebirge auf der linken Seite des Mantaro nordöstlich von Salcabamba, 12° 5′ — 12° 10′ s. Br., hohes immergrünes Gebüsch, 3300 m, III. (Weberbauer n. 6504! — Hb. Berl.).

171. **S. versicolor** E. Wimm. in Fedde, Repert. XIX (1924) 263 et in Macbr., Fl. Peru VI (1937) 472. — Caulis suffruticosus ad 1 m altus, obtuse angulatus, laevis, superne albido-floccosus, medullosus. Folia oblonga, 7—13 cm longa et 1,7—3,5 cm lata, apice acuta, basi subacuta et in petiolum 7—12 mm longum angustata, margine callose denticulata, subcoriacea, supra rugulosa, glabra nervo mediano excepto, subtus reticulato-nervosa, pallida et leviter arachnoidea. Pedicelli 12—15 cm longi, sparse floccosi, in medio fere 2 bracteolis filiformibus ornati. Hypanthium turbinatum, 10-costatum, parce floccosum; lobi calycis lineares, 16 mm longi, obsolete denticulati, sparse floccosi vel glabrati, erecti. Corolla in parte dorsali scarlatina, in parte ventrali aurantiaca, glaberrima, 40—45 mm longa, supra isthmum 3 mm latum curvata, dein recta et subventricose ad 8 mm ampliata; lobi sublineares, 12—15 mm longi. Stamina glabra; antherarum tubus fusco- et luteo-striatus, 7 mm longus.

Peru: Dept. Ayacucho, Prov. Huanta, Weg von Tambo über Osno zum Flusse Apurimac, Grassteppe mit kleinen Strauchgruppen, 3400—3500 m, blüh. im Mai (Weberbauer n. 5561! — Hb. Berl.).

Haec species et praecedens habitu simillimae, sed tamen bene distinctae.

172. **S. queluzensis** E. Wimm. in Revista Sudamericana Bot. II (1935) 91. — Suffrutex (an scandens ?), puberulus corolla excepta, ramis teretibus, fistulosis, foliosis. Folia oblonga, 6—7 cm longa, 1,6—2,5 cm lata, apice subacuta, basi acuta usque obtusa et in petiolum 4—6 mm longum attenuata, margine repando crenulato-denticulata, membranacea, glauco-viridia (saltem in sicco), fere concoloria, supra sparse, subtus densisus puberula. Pedicelli 3—4 cm longi, ebracteolati. Hypanthium turbinatum, 4 mm longum; lobi calycis lineares, 10 mm longi et vix 1 mm lati, obtusi, integri, erecti. Corolla ignea, glaberrima, subrecta, 5 cm longa, basi ad 2 mm constricta, ad apicem sensim usque ad 6 mm ampliata; lobi sublineares, 10—15 mm longi. Staminum tubus glaber; antherae stramineae, 7 mm longae. Capsula oblonga, 11 mm longa, 5 mm lata, valvis oblongo-ovatis solum 7 mm longis. Semina ovoidea, fulva, nitida, laevia, 0,5 mm longa.

Brasilien: Prov. Minas Geraës, Queluz, 30. III. 1887 (H. Schenk n. 3363! — Hb. Berl.).

S. macropodo habitu simillimus, sed characteribus allatis longe distans imprimis forma tubi calycis et fructus.

173. **S. cernuus** Griseb., Catalog. Pl. Cubens. (1866) 159; Urban, Symb. Antill. IX (1925) 430; McVaugh, Lobelioid. in N. Am. Fl. XXXII A (1943) 102. — Frutescens. Rami olivacei, glabrati, superne passim sparse pubescentes. Folia elliptica, utrimque acuminata vel basi plerumque acuta et in petiolum subpubescentem 1 cm longum et angustissime alatum angustata, 7—9 cm longa, 2,5—3,5 cm lata, margine remotius minute denticulata, membranacea, supra glabra et nitida, subtus sparse pubescentia, leviter reticulato-venosa, nervi laterales sub angulo subrecto usque semirecto arcuatim ascendentes. Pedicelli 6—9 cm longi, pubescentes, non longe infra calycem 2 bracteolis filiformibus 5 mm longis ornati. Hypanthium turbinatum, 6 mm longum et fere latum, pubescens; lobi calycis subulati, cuspidati, obsolete denticulati, 10—12 mm longi, patuli. Corolla 30—35 mm longa, coccinea, pubescens, subrecta, tubo aequilato, 15 mm longo et 5 mm lato, lobis sublinearibus, deflexis, 12—16 mm longis. Filamenta glabra. Tubus antherarum 7 mm longus, in dorso parum piliferus. — Fig. 56 l.

var. **cernuus.** — Ut supra.

Cuba: Prov. Oriente (C. Wright n. 308! 2882! — Hb. Goettingen, sp. orig., Del., Berl., Wash.); Baracoa zwischen Yumuri und Mata auf beschatteten Kalkfelsen, blüh. im Nov. (Ekman n. 3652! — Hb. Stockh.).

var. **nipensis** Urban, Symb. Antill. l. c. — Pedicelli, calyx, corolla glabra. Folia subtus parce puberula, secus plerumque latiora quam in v. *cernuus*. Pedicelli breviores, circiter 5 cm lg. Bracteolae minutae. Calycis lobi 5—6 mm longi, minute denticulati. Corolla 38 mm longa.

Cuba: Prov. Oriente, auf steilen Kalkfelsen am Rio Piloto in der Sierra de Nipe, XI. (Ekman n. 10089! — Hb. Berl., Stockh.).

Etiam specimen Wright n. 2882 in hb. Petropolitano! totaliter — si excipis foliorum pagina infera sparsissime puberula — glaber cum sepalis 5 mm tantum longis huc referendum est.

174. **S. schizandrus** E. Wimm. in Annal. Naturhist. Mus. Wien LVI (1948) 328.— Suffruticosus, glaber. Rami vel caules herbacei, teretes, nitentes, fistulosi. Foliorum internodia 3—4 cm longa, petioli 5—7 mm longi, nitidi, una cum apice extremo ramorum parcissime pubescentes; lamina oblonga, summorum lanceolata, 5—8 cm longa, 1,6—2,5 cm lata, apice acuminata, basi obtusa vel acuta, margine subremote minute callose denticulata, membranacea, glaberrima, nitida, fere concolor, nervi secundarii prominuli 5—6 sub angulo semirecto assurgentes. Flores pedicellati in axillis foliorum solitarii, folia floralia summa lanceolata, 3—4 cm longa, novella saepius pilis perpaucis in nervis praedita. Pedicelli 25 mm longi, compressi, puberuli, basi bibracteolati. Hypanthium turbinatum, 10-nervatum, glabrescens, 5 mm longum et latum; lobi calycini 10 mm longi, subulati, integri, subpubescentes, patuli, sinus inter eos late plani. Corolla rubra, subcurvata, imprimis in nervis puberula, eius tubus 26 mm longus, supra basim parum attenuatus (3 mm), versus limbum sensim paulo ad 6 mm dilatatus; lobi corollae sublineares, acuti, subfalcati, aeque profunde disjuncti, 2 superiores 20, laterales 10, imus 7 mm longi. Tubus filamentorum glaber, 35 mm longus, in apice pilosus. Antherae jam in alabastro ab invicem discretae et circum dense albopilosae. — Fig. 56 o.

Colombia: Dept. Santander, Mesa de los Santos, nördlicher Berghang, Ost-Kordillere, 1000—1500 m, blühend im Dez. (Killip & Smith n. 15048! — Hb. Wien).

Subsectio III. Byrsanthes (Presl) E. Wimm.

Subsect. *Byrsanthes* E. Wimm. in Fedde, Repert. Spec. Nov. XXIX (1931) 53 et in Annal. Naturhist. Mus. Wien LVI (1948) 328. — Genus *Byrsanthes* Presl, Prodr. Lobel. (1836) 41; A. Decandolle, Prodr. VII (1839) 407. — Sect. *Byrsanthes* Benth. et H. f., Gen. Pl. II (1876) 548; Schönland in Engler et Prantl, Pflanzenfam. IV/5 (1894) 65. — Genus *Canonanthus* G. Don, General Syst. III (1834) 719. —

Sect. *Canonanthus* Post et Kuntze, Lex. Gen. Phanerog. (1904) 103 sub *Juchia* Neck. — Sect. *Nivei* Mc Vaugh in Brittonia VI (1949) 453. — Calycis tubus parti basali ovarii tantum adnatus. Corolla campanulata, tubo supra basin plus minusve constricto dein ampliato, limbo minus inaequali lobis triangularibus vel ovato-lanceolatis acutis et patentibus.

Frutices 0,6—3 m alti, albido-tomentosi (excepto *S. patente* glabro), floribus solitari-axillaribus plerumque virenti- vel lutescenti-albidis.

E speciebus 5 notis occurrunt nobis 4 in silvis Andinis Colombiae et Ecuadoris temperatis, 1 species in Cuba detecta est.

Clavis specierum.

A. Corolla tomentosa.

I. Folia lineari-lanceolata 4—9 mm lata, plerumque 5—7-plo longiora quam lata, nervo medio folii impresso excepto vix reticulato-rugosa
175a. *S. paramicola.*

II. Folia ovata, oblonga vel elliptica, saltem 15 mm lata, vel si minus lata, tunc 1,5—3-plo longiora quam lata, reticulato-rugosa.

1. Sepala ovato-lanceolata usque elliptica, 7—11 mm longa, corollae tubus 17—22 mm, antherarum tubus 4—6 mm longus ...... 175. *S. affinis.*

2. Sepala sublinearia, corollae tubus 25—35mm, antherarum tubus 8—11 mm longus.

a. Tomentum album vel fuscescenti-album; folia inflorescentiae saepe in petiolum angustata, rugosa, sed non bullata, plerumque in medio latissima; lobi calycis 12—16 mm longi .... 176. *S. niveus.*

b. Tomentum cremeo-luteum; folia inflorescentiae plerumque in basi rotundata et abrupte in petiolum attenuata, pagina superior convexa et bullata, versus basin latissima; lobi calycis 5—10 mm longi
176a *S. bullatus.*

B. Planta cum corolla glabra .... 177. *S. patens.*

175. **Siphocampylus affinis** (Mirb.) McVaugh in Brittonia VI (1949) 455. — *S. campanulatus* A. DC., Prodr. VII (1839) 401; E. Wimm. in Fedde, Repert. Spec. Nov. XXIX (1931) 78 et in Biblioth. Bot. CXVI (1937) 157. — *S. Jamesonianus* A. DC. l. c. 402; Jameson, Synops. Pl. Aequat. II (1865) 179; Gleason in Bull. Torr. Bot. Club LII (1925) 64. — *S. Hallianus* Vatke in Linnaea XXXVIII (1874) 732. — *Lobelia campanulata* Cavanilles, Anal. de Hist. Nat. II (1800) 107 et Icones VI (1801) 11, t. 517, non Lamarck 1791; Presl, Prodr. Lobel. (1836) 36. — *L. affinis* Mirbach, Hist. Nat. 2. ed. XIV (1805) 402. — *L. pulverulenta* Persoon, Synops. II (1807) 212; Sprengel, Syst. I (1825) 709; Hooker, Journ. of Bot. I (1834) 231, t. 131 excl. syn. — *Canonanthus campanulatus* G. Don, Gen. Syst. III (1834) 719. — *Byrsanthes Halliana* Presl. l. c. 42; A. DC. l. c. 408. — Frutex albo-tomentosus, ad 3 m altus ramis squarroso-virgatis. Folia breviter petiolata, ovata usque oblonga vel elliptica, 3—9 cm longa, 1,5—3,8 cm lata, apice obtusa, basi rotundata vel etiam breviter acuta, margine revoluta, coriacea, rugosa, supra nitida et glabra, subtus albido-tomentosa. Pedicelli 6—9 cm longi, foliis multo longiores, floccosi, plerumque ebracteolati. Hypanthium late turbinatum, decem-costatum, 5 mm longum et 7 mm latum; lobi calycis oblongi, obtusiusculi, undulati, extus tomentosi, intus glabri et nitidi, subpatentes, 6—9 mm longi. Corolla pallidiflava vel luteola vel incano-lavendulacea imprimis versus basin, intus rubens et glabra, extus albo-tomentosa, 23—26 mm longa, supra basin attenuata, dein subcurvata et ampliata (fauce circiter 10 mm lata); lobi corollae ovato-oblongi, acuti, parum falcati, patuli, 5—6 mm longi. Filamenta glabra. Tubus antherarum virenti-cinereus, glaber, 4—6 mm longus, apice albo-villosus. — Fig. 56 q, 63 b.

E c u a d o r : „In via, quae ducit a Guaranda ad montem Chimborazo" (Née! — hb. Madrid, sp. orig.). Interandines Hochland zwischen Gebüsch am Vulkan Tungurагua bei Baños, 1500—2000 m, blüh. v. VII—X (L e h m a n n n. 8255!, S p r u c e n. 4976!, A. S o d i r o n. 91/1!, R i m b a c h n. 75! 182! 237! 434!, O. H e i l - b o r n n. 374!); in Tälern bei Baños (F r a n c i s c u s H a l l! — Hb. Berl., sp. orig. pro *Byrsanthes Halliana*); südlich Baños oberhalb des Rio Pastaza an steiler Wand, I (S c h i m p f f n. 595!); auf Lavagestein am Rio Verde, Chico bei Baños, 1800 m (E r i c a H e i n r i c h s n. 133!); Casatagua, vicinity of Ambato (P a - c h a n o n. 182).

175a. **S. paramicola** McVaugh in Brittonia VI (1949) 458. — Frutex supra 80 cm altus foliis numerosis subimbricatis. Folia lineari-lanceolata, 2—4,5 cm longa et 0,4—0,9 cm lata, apice obtusa, ad basin sensim rotundata in petiolum 4—6 mm longum, margine revoluta, coriacea, subra glabra, parum rugulosa, subtus tomentosa. Flores circiter 20 in ramo. Pedicelli demum glabrescentes, ebracteolati, 6—7,5 cm longi, ascendentes et apice abrupte decurvati. Hypanthium 8—10 mm longum et parum latius; lobi calycis lineares, 12—15 mm longi, ad 1,3 mm lati, glabri et virides intus, subintegri. Corolla circiter 40 mm longa, ochroleuca, eius tubus 25 mm longus, supra basin abrupte constrictus, dein sursum ampliatus et ad faucem 12 mm latus in flore compresso; lobi subcurvati, superiores ad 11, laterales 9, imus 7 mm longi et basi circiter 5—4 mm lati. Filamenta 30—33 mm longa. Tubus antherarum 7—9 mm longus, curvatus, glaber vel in dorso pilis aureis vestitus, apice pilis aureis barbatus. Capsula semi-infera, ad 13 mm longa.

C o l o m b i a : Nariño, Cordillera Occidental, upper east slope of Volcán Gualcalá, 3500—3600 m, X (F. R. F o s b e r g n. 21173 — Hb. U. S. National Arboretum, non vidi, diagn. auct.).

176. **S. niveus** (Willd.) Vatke in Linnaea XXXVIII (1874) 732; Gleas. in Bull. Torr. Bot. Club LII (1925) 64; E. Wimm. in Fedde. Repert. XXIX (1931) 78; McVaugh in Brittonia VI (1949) 455. — *S. lanatus* Benth., Pl. Hartweg. (1845) 214. — *S. Pennelli* Gleason in Bull. Torr. Bot. Club LII (1925) 65, t. 3, f. 16. — *Lobelia nivea* Willd. apud Roem. & Schult., Syst. V (1819) 58, non Rafinesque; Spreng., Syst. I (1825) 709; G. Don, Gen. Syst. III (1834) 715. — *Byrsanthes Humboldtiana* Presl, Prodr. Lobel. (1836) 42. — *B. nivea* A. DC. Prodr. VII (1839) 408. — Suffrutex albido-tomentosus ad 2 m altus, parce ramosus. Folia elliptica, oblongo-elliptica usque (juniora) obovato-oblonga, 7—12 cm longa, 2—5 cm lata, apice obtusa, basi obtusa usque acuta, in petiolum crassum 4—15 mm longum abrupte vel sensim angustata, coriacea, margine revoluta, supra rugosa, lucida, floccosa vel glabrata, subtus albo-tomentosa. Pedicelli 5—9 cm longi, ebracteolati. Calycis receptaculum late turbinatum, 5—8 mm longum, 10—12 mm latum, eius lobi sublineares, 5—15 mm longi, integri vel subdenticulati, patentes, extus tomentosi, intus glabri. Corolla flaventi-alba, intus glabra, extus albo-tomentosa, campanulata, supra basin ad 7 mm attenuata, dein parum curvata et sursum ad 20—25 mm ampliata, 35—50 mm longa; lobi ovato-acuti, subfalcati, subaequales, 6—15 mm longi. Tubus filamentorum glaber; tubus anthereus 8—10 mm longus, plus minusve pilosus, praecipue versus apicem, antherae 2 inferiores apice villosae.

C o l o m b i a : Ohne nähere Angaben (H u m b o l d t ! — Hb. Willdenow n. 4005, Berlin, sp. orig.); Dept. Cauca: Almaguér, oft bestandbildend im Gebirge, 2400 m, 5. VI. 1878 (L e h m a n n ! — Hb. Wien); in Waldlichtungen bei Popayán am Puracé, Sotará, Paisbamba, 1800—2500 m (L e h m a n n n. 2825! 5637! A. S t ü b e l n. 296! P e n n e l l & K i l l i p n. 6451! — Hb. Berl., Univ. Wien); El Tambo, Munchique, Urwald, 3000 m (A. S t ü b e l n. 321 c! K j e l l v. S n e i - d e r n n. 656! — Hb. Berl., Stockh.); Popayán (K a r s t e n ! H a r t w e g n. 1188! — Hb. Cambr., sp. orig. pro *S. lanato*, Hb. Wien, Berl.); Monte Trompo del Puerco, auf Felsklippen in den westlichen Kordilleren, 2500—2800 m, VI (P e n n e l l n. 7509! — Hb. N. Y. Gard., Univ. Wien!, typus pro *S. Pennellii*).

Folia obovato-oblonga etiam in planta typica *S. lanati* obveniunt, imprimis in ramis junioribus. Corollae limbus non regularis, ut in icone C a v a n i l l e s i i, sed irregularis, lobi gradatim versus imum lobum minores.

Fig. 67. *Siphocampylus patens* 1/1. — Orig.

176a. S. bullatus McVaugh in Brittonia VI (1949) 457. — *Siphocampylo niveo* proximus et fortasse varietas ejusdem tantum. Planta ramosa ad 1 m alta. Folia ovata usque oblonga vel elliptica, 3,5—6 cm longa, 1,5—2 cm lata, basi rotundata, petiolo 1 cm longo, lamina margine revoluta, supra valde rugosa et bullata. Pedicelli 6—9 cm longi, ebracteolati, floccosi vel glabrescentes. Calycis lobi oblongi, 7—10 mm longi, basi fere 2 mm lati. Flos incluso hypanthio 60 mm longus, cremeoalbus, basin versus rubescens, eius tubus 30—36 mm longus, fere rectus, supra basin constrictus (compressus: 6—9 mm latus), dein gradatim ampliatus et ad faucem 20—24 mm latus (si compressus); lobi parum decurvati, superiores 16—20, laterales 12—15, imus 10—13 mm longi et basi 8—9 mm lati. Filamenta 45 mm longa. Antherarum tubus 8 mm longus, in suturis pilis longis luteis ornatus, apice pilis albis usque aureis barbatus. Capsula 10—12 mm longa et lata.

C o l o m b i a : Dept. Cauca, Almaguér, 2000—3000 m, VI (T r i a n a n. 1556! 3061! — Hb. Paris); Nariño, Cordillera Central, in patches among low shrubs, open slopes of Volcán Doña Juana, obove Cerro Tablón, 3200—3400 m (J. A. E w a n n. 16611 — Hb. U. S. Nat. Arboret., non vidi, diagn. auct.).

177. **S. patens** Griseb., Catalog. Pl. Cub. (1866) 159; Sauvalle, Fl. Cub. (1873) 84; McVaugh, Lobelioid. in N. Am. Fl. XXXII/A (1943) 101. — Caulis vel rami teretes, glabri, scabri, medullosi, erecti. Folia coriacea, nitida, glabra, sed in nervi medio subtus sparsissime pubescens, lanceolata vel elliptico-oblonga, 5 cm longa, 1,1—1,6 cm lata, utrinque acuta vel apice etiam acuminata, basi in petiolum 3—7 mm longum angustata, margine remote callose denticulata, subtus pallidiora et reticulato-nervosa. Pedicelli axillares, teretes, glabri, suberecti, circiter in medio 2 bracteolis subulatis suboppositis ornati. Hypanthium turbinatum, 7 mm longum, 6 mm latum; laciniae calycis subulatae, 5—7 mm longae, remote denticulatae, patentes. Corolla luteo-viridula (in sicco saltem), extus glabra, intus versus basin pilosa, 3 cm longa, tubo 11 mm longo, in medio parum attenuato, dein infundibulariter ampliato, lobis subovato-lanceolatis, acutis, patentibus, superioribus ad 20 mm longis, reliquis ad 16 mm longis et ca. 5 mm latis, leviter falcatis. Stamina 26 mm longa; filamenta glabra, a corolla libera; antherarum tubus pallidus, glaber vel in dorso pilosus, 6 mm longus, 2 inferiores longius penicillatae. — Fig. 67.

Cuba: Prov. Oriente, bei Baracoa (Wright n. 2883! — Hb. Del., Kew. spec. orig.); Baracoa, Weg nach Florida, Nadelwald, XI. (E. L. Ekman n. 3518! — Hb. Stockh.).

Sectio II. **Brachysiphon** E. Wimm.

Sect. *Brachysiphon* E. Wimm. in Fedde, Repert. XXIX (1931) 53.

Tubus corollae proportionaliter brevis, tam longus fere quam lobi corollae vel iis brevior, plerumque aequilatus, rarius plus minusve constrictus. Filamenta in vel sub basi corollae inserta vel a corolla libera.

Subsectio I. **Secundiflori** E. Wimm.

Subsect. *Secundiflori* E. Wimm. in Annal. Naturhist. Mus. Wien LVI (1948) 329. — Subsectio *Botryoides* E. Wimm. in Fedde, Repert. l. c. 54 ex parte. — *Bracteato-racemosi* E. Wimm. in Macbr., Fl. Peru VI (1937) 431 ex parte.

Flores in racemum secundum bracteatum dispositi, brevi-pedicellati. Tubus corollae angustus (2—4 mm in statu compresso!) et fere aequilatus; lobi corollae usque ad medium et imus lobus saepe etiam ultra soluti, demum plerumque recurvati. Filamenta basi corollae inserta. Omnes fere species scandentes.

Species 8 in Andibus Peruviae et Ecuadoris australis habitant.

Clavis specierum.

A. Plantae pilosae.
  * Folia (ovato-) oblonga, obtusa, basi acuta .... 178. *S. floribundus.*
  ** Folia basi rotundata vel subcordata.
    ° Folia oblonga, planta ferrugineo-tomentosa (pili stellati) 179. *S. loxensis.*
    °° Folia ovata, pili simplices.
      × Sepala subulata, 5 mm longa .... 180. *S. purdiaeanus.*
      ×× Sepala oblonga, 1,5 mm lg. .... 181. *S. fissus.*

B. Plantae glabrae vel subglabrae.
  * Folia ovata usque elliptica, glaberrima.
    ° Folia tenuiter membranacea (in sicco! viva — subcarnosa ?); antherarum tubus 11 mm longus .... 182. *S. secundus.*
    °° Folia coriacea; antherae 7—8 mm longae.
      × Folia utrinque opaca et scabriuscula, basi acuta usque subrotundata, apice breviter acuminata .... 183. *S. chloroleucus.*

×× Folia utrinque nitida, laevigata, basi rotundata, apice subacuta 184. *S. ovatus.*

** Folia oblonga (subobovato-oblonga), subtus parcissime hirtella 185. *S. donianus.*

178. **S. floribundus** A. Zahlb. in Engler Jahrb. XXXVII (1906) 460; E. Wimm. in Macbr. Fl. Peru VI (1937) 452. — Rami scandentes, striati, strigoso-scabri, solidi. Petioli 7—10 mm longi, scabri. Folia oblonga vel ovato-oblonga usque-elliptica, apice obtusa vel rotundata et mucronulata, basi acuta, 3—6 cm longa et 1,5—2,5 cm lata, margine subremote denticulata et parum revoluta, coriacea, opaca, supra glabra, nervatura impressa, subtus striguloso-aspera, leviter venoso-reticulata, nervis prominentibus. Racemi multiflori, secundi. Bracteae subulatae, pedicellis multo breviores. Pedicelli 20—25 mm longi, strigulosi, divergentes. Hypanthium obconicum, more pedicellorum vestitum sicut etiam corolla; lobi calycis triangulares, acuti, 2 mm longi. Corolla viridula et fuscescenti-suffusa, ad 35 mm longa, profunde fissa, tubus haud dimidium corollae aequans; lobi lineares, acuti, divaricati, demum se revolventes, circiter 2 cm longi. Filamenta glabra, e tubo corollae longe exserta. Antherarum tubus 7 mm longus, in suturis pilis longiusculis obsitus, 2 inferiores antherae albido-barbatae.

P e r u : Dept. Huánuco, Prov. Huamalies, Berge südwestlich von Monzón, Hartlaubgehölz, hauptsächlich Sträucher und stellenweise kleinere Bäume aufweisend, 2400—2500 m, VII (W e b e r b a u e r n. 3421! — Hb. Berl.).

179. **S. loxensis** (Willd.) Vatke in Linnaea XXXVIII (1874) 724; E. Wimm. in Macbr., Fl. Peru VI (1937) 457. — *Lobelia loxensis* Willd. apud Roem. & Sch., Syst. V (1819) 72; Sprengel, Syst. I (1825) 710; G. Don, Gen. Syst. III (1834) 715; Presl, Prodr. Lobel. (1836) 35; D. Dietr. Synops. I (1839) 728; *L.* ? *Loxensis* A. DC. Prodr. VII (1839) 384. — *Dortmannia loxensis* O. Kuntze, Revis. Gen. Pl. (1891) 972. — Frutescens, ramis angulatis, fistulosis, scandentibus (?) tomento ferrugineo (e pilis ramosis) tectis sicut omnes aliae partes excepta facie supera foliorum. Petioli crassi, reflexi, 1 cm longi. Folia oblonga, 10—13 cm longa, 2,5—3,5 cm lata, apice obtusa, basi cordata vel subcordata, margine denticulis purpureis crasso-callosis patentissimis crebris munita, membranacea, supra glabra, lucida, rugosa, nervis impressis pilosis, subtus ferrugineo-tomentosa, costa valida, nervis secundariis 6—7 sub angulo semirecto curvatim ascendentibus. Pedicelli circiter 1 cm longi, teretes, bracteis anguste linearibus fere aequilongis suffulti. Calycis receptaculum turbinatum, laciniis subulatis, in alabastro subcurvato rostrato (corollam evolutam non vidi!) 5 mm longis, integris. Antherarum tubus glaber, cinereus, 9 mm longus, 2 inferiores antherae pilis terminatae.

E c u a d o r : Berge bei Loja (H u m b o l d t & B o n p l a n d! — Hb. Willdenow n. 3946, Berl.). — Specimen male conservatum, flores nondum apertos gerens — ex analogia huc positum.

180. **S. purdiaeanus** Planch. in Flore des Serres VI (1850—51) 18. — Rami teretes, striati, dense verruculoso-scabri, tenui-medullosi. Petioli crassi, scabri, 5—10 mm longi. Folia late ovata usque ovato-elliptica, 4—6 cm longa, 2,5—3,5 cm lata, apice obtusa, basi subcordata usque rotundata, margine revoluta et exserte callose denticulata, coriacea, supra nervatura impressa et scabra, glabrata, vix nitida, subtus reticulato-nervosa et scabra. Racemus densus. Bracteae subulatae, 3 mm longae. Pedicelli 12—18 mm longi, scabri, ebracteolati. Hypanthium breviter turbinatum, scabrum, costatum; lobi calycis anguste triangulares, 3—5 mm longi, integri, erecti. Corolla glabra, scabra vel laevigata, tubo 8—10 mm longo, subaequilato, subcurvato, 3 mm lato, lobis anguste linearibus, 15—18 mm longis. Tubus staminum glaber; antherae lutescenti-cinereae, 7 mm longae, 2 inferiores in apice penicillatae.

C o l o m b i a : Santa Fé de Bogotá (P u r d i e ! et n. 625! — Hb. Cambr.,

Kew); Bogotá, III. (G o u d o t ! — Hb. Kew); La Peña, 2800 m, XI. (B r o. A p o l i n a i r e & A r t h u r n. 41! — Hb. Wash., N. Y. Gard.).

181. **S. fissus** Gleas. in Torreya XXV (1925) 95; E. Wimm. in Macbr., Fl. Peru VI (1937) 452. — Caulis lignosus, scandens, superne scabro-hirtus, foliosus. Petioli crassi, scabro-hirti, 4—6 mm longi. Foliorum lamina coriacea, ovato-oblonga, 2—2,7 cm longa, 1,2—1,8 cm lata, apice rotundata, basi truncata vel late rotundata, margine cartilagineo subrevoluta et exserte denticulata, supra rugosa, nitida, glabra, subtus fuscescenter viridis et in nervatura reticulata scabro-hirta. Racemi foliati. Pedicelli 15 mm longi, hirti. Hypanthium breviter turbinatum, hirtum; lobi calycis oblongi, 1,5 mm longi, apice rotundati, subhirti, sinus inter eos late plani. Corolla pallide flaventi-viridis, hirta, tubo 10 mm longo et 3—4 mm lato (si exsiccato-compressa!), lobis anguste linearibus, superioribus 23 mm longis, lobus imus parum brevior. Filamenta inferne glabra, versus apicem puberula. Tubus antherarum 10 mm longus, glaber, 2 inferiores apice penicillatae.

P e r u : Playapampa, 2700 m, VI. (M a c b r i d e n. 4863 — Field, N. Y., non vidi!).

Haec species et antecedens arcte affines, nisi una eademque species. E diagnosi auctoris supra referta differunt imprimis foliis et sepalis.

182. **S. secundus** E. Wimm. in Fedde, Repert. XIX (1924) 262 et XXIX (1931) 88, t. 117, f. 10 et in Macbr., Fl. Peru VI (1937) 467. — Frutex scandens, glaberrimus, ramis angulatis pendentibus. Folia ovata, rarius inter ea elliptica, 3—5 cm longa, 2,2—3 cm lata, apice subacuta, basi late rotundata usque late cuneata et in petiolum 10—15 mm longum breviter angustata, margine cartilagineo callose denticulata vel leviter crenulata cum denticulis inter crenas, membranacea, supra nitida, subtus nervis prominulis 4 secundariis sub angulo semirecto arcuatim ascendentibus. Bracteae foliaceae ovales, 5—15 mm longae et 12 mm longe petiolatae. Pedicelli circiter 2 cm longi, ebracteolati. Hypanthium turbinatum, 5 mm longum, 9 mm latum; lobi calycis triangulares, integri, 2 mm longi. Corolla albida, 30 mm longa, tubo 5 mm longo, recto, lobis linearibus, superioribus 24 mm, lobus imus profundius disjunctus 20 mm longus. Stamina glabra; antherarum tubus stramineus, 11 mm longus, 2 inferiores antherae longe albido-penicillatae. — Fig. 70a.

P e r u : Dept. Amazonas, in den Anden bei Chachapoyas (M a t h e w s ! — Hb. Del., Kew).

183. **S. chloroleucus** E. Wimm. in Fedde, Repert. XXXVIII (1935) 17 et in Macbr., Fl. Peru VI (1937) 446. — Frutex scandens, ramosus, glaber. Rami striati, tuberculato-scabri, medullosi. Folia elliptica vel ovato-elliptica, 6 cm longa, 3 cm lata, apice subacuminata, basi subrotundata usque acuta et in petiolum 5—7 mm longum breviter angustata, margine callose denticulata, rigida, supra nervis impressis, vix nitida, subtus pallida, saepe scabriuscula. Pedicelli circiter 1 cm longi, scabro-hirtelli, ebracteolati, bracteis subulatis minutis suffulti. Hypanthium turbinatum, 3 mm longum, 4 mm latum; lobi calycis dentiformes, 1 mm longi. Corolla virenti-alba, glabra, laevis, 37 mm longa, tubo 8 mm longo, lobis linearibus cr. 30 mm longis. Stamina glabra; antherae stramineae, 7 mm longae, 2 inferiores longe penicillatae. Capsula turbinato-globosa, decem-costata, circiter 12 mm diam. Semina oblongo-cylindrica, fusca, 0,75 mm longa. — Fig. 68.

P e r u : Dept. Huánuco, Villcabamba (M a c b r i d e n. 5143! 5774! — Hb. Field); Dept. Junin: La Merced, Hacienda Schunke, 1200 m, VIII. (P e n n e l l n. 14425!); Tal des Chanchamayo, 1500 m (C. S c h u n k e n. 489!).

184. **S. ovatus** (G. Don) E. Wimm. in Fedde, Repert. XXXVIII (1935) 18 et in Macbr., Fl. Peru VI (1937) 461. – *S. pendulifolius* A. DC. Prodr. VII (1839) 398. – *Tupa ovata* G. Don, Gen. Syst. III (1834) 700; A. DC. Prodr. VII (1839) 392. — *Rapuntium ovatum* Presl, Prodr. Lobel. (1836) 29. — *Lobelia pendulifolia* Presl l. c. 35 — *Dortmannia ovata* O. Kuntze, Revis. Gen. Pl. (1891) 973. — Frutex scandens, glaber.

Rami teretes, striati, rubiginosi, scabridi. Petioli 5—10 mm longi, laevigati, minute alati. Folia coriacea, nitida, oblongo-ovata, 5—6 cm longa et 2,5—3 cm lata, apice obtusa, basi rotundata, remotius callose denticulata, utrinque laevia et glaberrima. Racemus densus, multiflorus. Bracteae foliaceae, oblongae vel lanceolatae, circiter 10 mm longae. Pedicelli 10—12 mm longi, fructiferi ad 3 cm elongati, in vel sub medio minute bibracteolati, scabri. Hypanthium turbinatum, 3 mm longum, scabridum, 5-costatum; lobi calycis subulati, 2 mm longi. Corolla scabrida. 35 mm longa, tubo 10 mm longo, recto, lobis linearibus, circiter 22 mm longis. Filamenta glabra, e tubo longe exserta. Antherarum tubus lutescenti-cinereus, 8 mm longus. Capsula turbinata, 10 mm longa, 7 mm lata, 10-costata. — Fig. 69a.

Peru: Ohne weitere Angabe (Ruiz & Pavón ! et n. 16! Hb. Del., Berlin); Dept. Huánuco, Berge bei Huánuco (Haenke (?) — Hb. Presl, Prag!, Typus pro *Lobelia pendulifolia*); Dept. Puno, Prov. Carabaya, auf steinigen Hügeln bei Quiaca (Wedell n. 4629! — Hb. Paris.).

185. **S. donianus** (O. K.) E. Wimm. n. c. — *S. pavonis* E. Wimm. in Fedde, Repert. XXIX (1931) 89 et in Macbr., Fl. Peru VI (1937) 463. — *Tupa secunda* G. Don. Gen. Syst. III (1834) 700; A. DC. Prodr. VII (1839) 392. — *Lobelia secunda* Ruiz & Pav. ex G. Don l. c. non L. f. — *Rapuntium secundum* Presl, Prodr. Lobel. (1836) 29. — *Dortmannia Doniana* O. Kuntze, Revis. Gen. II (1891) 971. — Frutex scandens, ramosus. Rami striati, minute tuberculati, glabri, tenui-medullosi. Folia subcoriacea, obovato-oblonga usque -lanceolata vel oblonga, 4 cm longa, 1—1,4 cm lata, apice obtusa, basi rotundata vel in petiolum 6—8 mm longum sensim angustata, margine revoluto callose denticulata, supra glabra, nitida, rugulosa, nervis impressis, subtus pallida et fuscescentia, minute hirtello-scabrida ad lentem. Bracteae oblanceolatae, foliaceae, 6—15 mm longae, petiolatae. Pedicelli 8—12 mm longi, ebracteolati, subpubescentes vel glabrescentes. Hypanthium late turbinatum, mox fere semiglobosum, 3 mm longum, 6 mm latum; lobi calycis subulati, 2—3 mm longi. Corolla 35 mm longa, pulverulento-puberula, tubo 10 mm longo, recto, lobis anguste linearibus, circiter 25 mm longis. Filamenta glabra, longe exserta. Antherarum tubus 8 mm longus, 2 inferiores antherae longe lurido-penicillatae.

Peru: Ohne nähere Ortsangabe (Pavón! — Hb. Del., Berl.).

Haec species *Siphocampylus secundus* non potest nominari, quia jam antea talis nomen (vide no. 181) pro alia specie creatum fuit.

Subsectio II. Altofissi E. Wimm.

Subsect. *Altofissi* E. Wimm. in Fedde, Repert. XXIX (1931) 53 et in Macbr., Fl. Peru VI (1937) 438. — Corollae lobus imus multo altius solutus quam reliqui lobi; ad medium saltem vel plerumque ad basin fere disjunctus; lobi 4 superiores ipsi aeque alte vel gradatim altius soluti; tubus corollae e basi latiore subaequilatus, 2—20 mm longus. Herbae robustae vel suffrutices erecti.

Species 7 Andinae videntur rarae.

Clavis gregum.

A. Orificium tubi antherarum antheris superioribus fornicatis coarctatum, 2 inferiores antherae barbatae .... Grex 1. *Barbiceps*.

B. Tubus antherarum versus apicem subampliatus et orificio aperto (non contracto!) et nudo .... Grex 2. *Cremochilus*.

Grex. 1. Barbiceps E Wimm.

Grex *Barbiceps* E. Wimm. in Annal. Naturhist. Mus. Wien LVI (1948) 329. Tubus anthereus ut in aliis Siphocampylis antecedentibus. Vide supra.

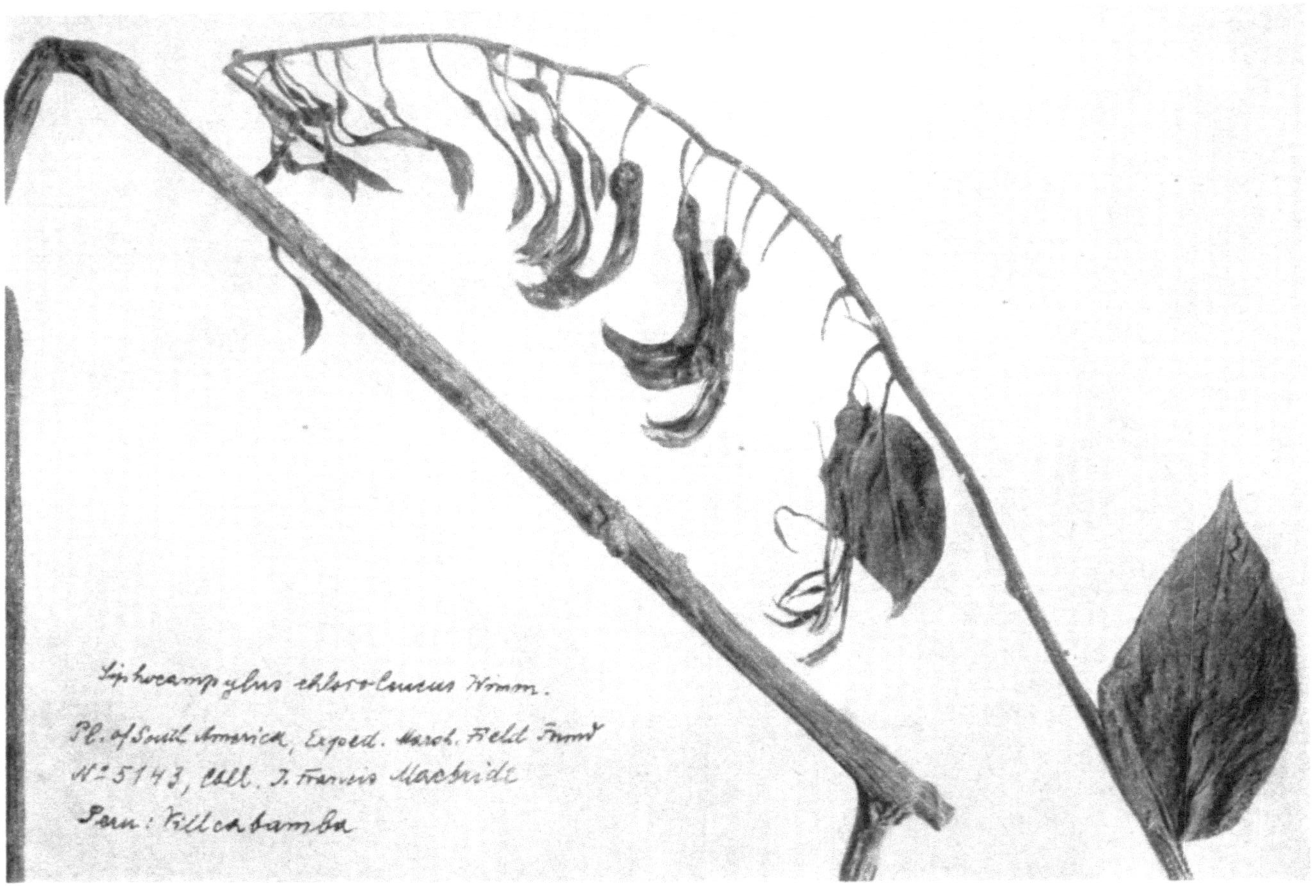

Fig. 68. *Siphocampylus chloroleucus* 1/1. Sp. orig.

Clavis specierum.

a. Folia anguste vel late lanceolata.

α. Folia subtus pubescentia vel subarachnoidea [1]).

* Pedicelli 11—12 cm longi, antherarum tubus glaber .. 186. *S. tunarensis.*

** Pedicelli 6—9 cm longi, antherarum tubus pilosus [2]). 187. *S. corynellus.*

β. Planta undique hirtello-verruculosa (actinotricha) ..... 188. *S. actinothrix.*

b. Folia oblongo-obovata usque oblonga [3]) vel ovato-oblonga.

× Folia apice rotundata vel obtusa, ad basin cuneata.

° Caulis glaber, fistulosus; sepala ovato-oblonga, obtusa, 2 mm lg. 189. *S. obovatus.*

°° Caulis (saltem superne) albido-arachnoideus, medullosus; sepala sublinearia, acuta, 3—7 mm longa .... 190. *S. corynoides.*

×× Folia apice acuta usque acuminata, basi cordata vel subcordata 191. *S. palilloanus.*

186. **S. tunarensis** A. Zahlb. in O. Kuntze, Revisio Gen. Pl. III/2 (1898) 189; in Bull. Torr. Bot. Club XXIV (1897) 376. — Frutex ad 4 m altus. Rami obtuso-angulati, superne saltem pulverulento-floccosi, medullosi. Folia oblongo-lanceolata, acuminata, basi acuta et in petiolum floccoso-arachnoideum 1 cm longum breviter vel subabrupte attenuata, 16—19 cm longa et 4—6 cm lata, margine conferte callose denticulata, tenuiter membranacea, supra rugulosa, glabrescentia, subnitida, subtus dilute viridia et violascenter suffusa, reticulato-venosa, sparse hirta et floccoso-subarachnoidea, nervis lateralibus 18—21 sub angulo cr. 60° ascendentibus. Flores in vertice corymbiformiter dispositi. Pedicelli 11—13 cm longi, compressi, floccoso-arachnoidei, ebracteolati vel supra basin minute bracteolati. Hypanthium late turbinatum, more pedicellorum vestitum, 8 mm longum, 10 mm latum; lobi calycis triangulares, acuminati, integri, 2—4 mm longi. Corolla cinerascens cum lobis fuscescentibus (Kuntze) vel viridula et fuscescenter suffusa cum lobis violaceo-rubris et viridi-luteo-marginatis (Steinbach!), intus viridi-lutea, tubo 13—16 mm longo et 5—7 mm lato, supra basim paululum attenuato, secus aequilato et recto; lobi corollae lineares, 35—38 mm longi et demum revoluti. Stamina glabra; tubus anthereus cinereo-caesius, 12—15 mm longus, 2 inferiores pilis brevibus terminatae. Lobi stigmatis ciliolati et in basi pilosi. — Fig. 69 b.

Bolivia: Tunari, 3600 m, blüh. im April (O. Kuntze! — Hb. Wien); Dept. Cochabamba, Prov. Chapare, La Aduana, Cejaregion, 3000 m, III. (J. Steinbach n. 9534! — Hb. Berl.).

Species forma corollae potius ad subsectionem *Secundiflori* pertinens, sed ceteris characteribus melius in hoc loco ponenda; simili modo etiam *S. cernuus* Griseb. medius se gerit.

187. **S. corynellus** Gleas. in Torreya XXV (1925) 93; E. Wimm. in Macbr., Fl. Peru VI (1937) 449. — *S. Raimondii* E. Wimm. in Notizbl. Bot. Gart. Berl. X (1929) 741. — Suffrutex, ramis teretibus, medullosis, superne tomentellis. Petioli 8—10 mm longi, glabri. Lamina foliorum lineari- vel lanceolato-oblonga, 6—9 cm longa et 0,8—1,8 cm lata, utrimque acuta, margine minute callose denticulata, subcoriacea, supra glabra, rugulosa, nitida, subtus reticulato-venosa, albido-arachnoideo-tomentosa, nervis prominentibus glabris. Pedicelli 5—9 cm longi, compressi, glabri. Hypanthium late turbinatum, 6 mm longum, 9 mm latum, glabrum; lobi calycis anguste triangulares 3—5 mm longi, integri, erecti. Corolla albo-rosea (Raimondi!), glabra, 34—38 mm longa, tubo integro 3 mm longo, lobi superiores ad 20 mm longi, lobus imus usque ad basim fere solutus et 26 mm longus. Filamenta glabra, a corolla libera. Antherarum tubus 12 mm longus, in suturis pilis

[1]) Si folia glabra, subtus praesertim aspera, vide *S. veteranus.*

[2]) Vide etiam *S. cernuus.*

[3]) Si folia verticillata, sessilia: *S. sulfurens.*

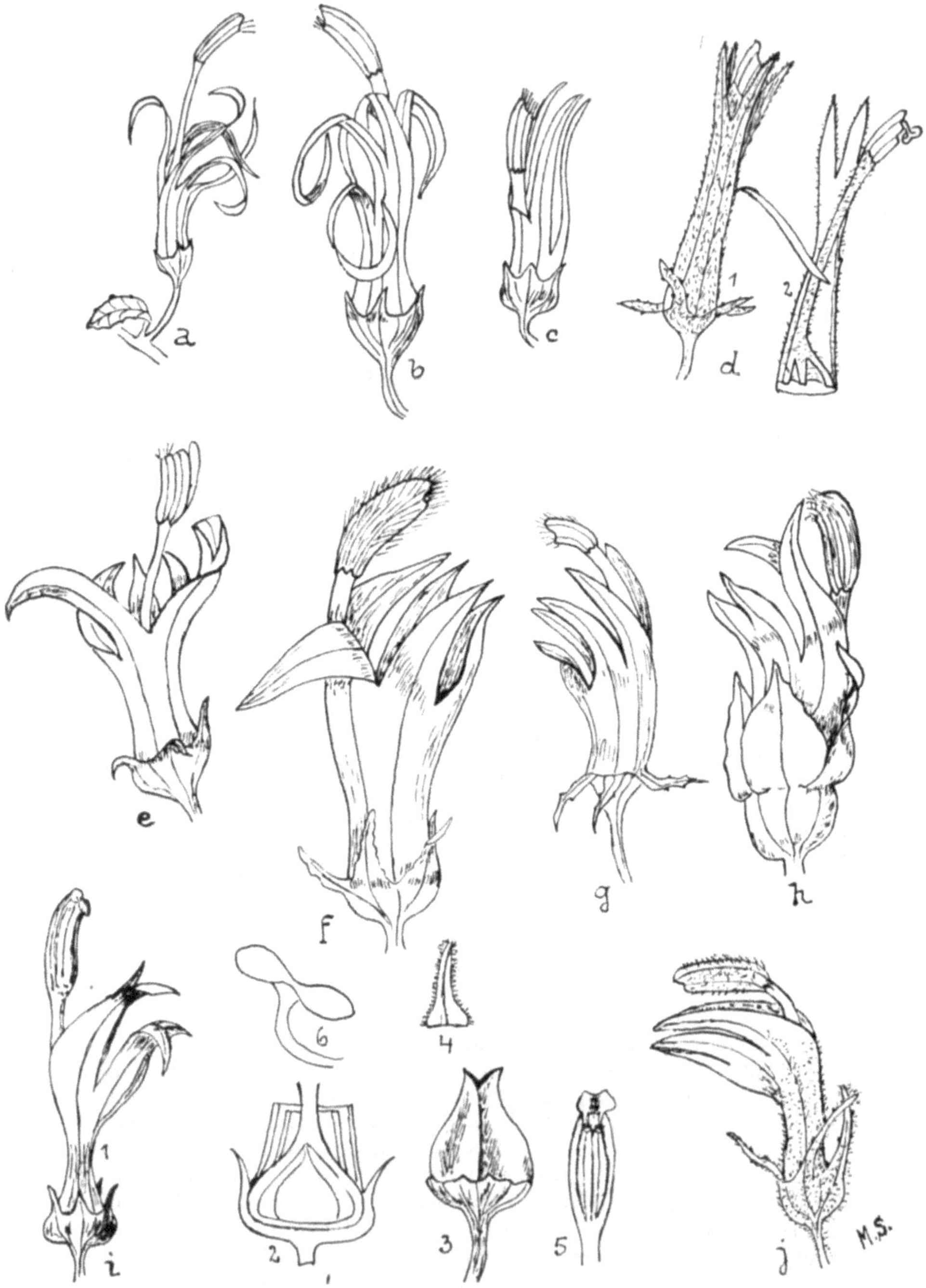

Fig. 69. a *Siphocampylus ovatus*. — b *S. tunarensis*. — c *S. obovatus*. — d *S. sceptrum*: 1 flos, 2 cor. longitud. dissecta. — e *S. veteranus*. — f *S. giganteus* var. *latifolius* f. *brachyodon*. — g *S. rusbyanus*. — h *S. tunicatus* (sec. Zahlbruckner). — i *S. cutervensis*: 1 flos 1/1, 2 pars inferior floris dissect., 3 capsula sepalis amputatis. 4 sepalum, 5 antherarum tubus cum stigmate a latere inferiore, 6 stigma, 2—6 auct., ceterae 1/1. — Orig.

lutescentibus dense obsitus, in apice densius et longius lanatus. Capsula globoso-turbinata, semisupera, 12 mm longa, 7 mm lata.

P e r u : Dept. Huancavelica, Prov. Taracaya, zwischen Colcabamba und Paucarbamba, IX. (R a i m o n d i n. 10264! — Hb. Berlin, Typus pro *S. Raimondii*); Berg Panahuanca, VII. (M a t h e w s n. 1185! — Hb. Kew, sp. orig., Hb. Cambr.!).

188. **S. actinothrix** E. Wimm. in Fedde, Repert. XIX (1924) 253 et in Macbr., Fl. Peru VI (1937) 439. — Frutex scaber, ramis striatis, anguste fistulosis, hirtello-verrucosis (actinotrichis). Foliorum lamina lanceolata, 11—13,5 cm longa, 2,5—3 cm lata, apice acuminata, basi acuta et in petiolum 4—10 mm longum angustata, margine adpresse callose denticulata, membranacea, supra rugulosa, asperatula, vernicosa, subtus reticulato-venosa, nitida, ad nervaturam actinotricha. Pedicelli 12—15 cm longi, subteretes, verruculosi, supra basin 2 bracteolis subulatis praediti. Calycis receptaculum obconicum, ab ovario partim liberum, 7—12 mm longum et 4—10 mm latum; lobi anguste triangulares, 6 mm longi, remote callose denticulati, extus scabri, intus laevigati, nitidi, suberecti. Corolla in latere dorsali rubra, in latere ventrali cum limbo lutea (sic videtur in sicco!), intus pallida et laevis, extus hirtello-verruculosa, curvata, 36 mm longa, tubo 11—15 mm longo, 6 mm lato (si compressus), lobis triangulari-lanceolatis, superioribus 10, imo multo altius soluto 16 mm longis. Filamenta glabra. Antherarum tubus cinereo-virens, omnes antherae in apice breviter pilosae. Capsula turbinata, hirtello-verruculosa, semisupera, 20 mm longa, 15 mm lata. Semina ellipsoidea, badia, cancellata, nitida.

P e r u : Dept. Cuzco, Piñasniocj, Pantcalla-Paß, Llancu, 3600 m (C o o k & G i l b e r t n. 1821! — Hb. Wash.).

f. **minor** E. Wimm. — Omnes partes plantae minores e. gr. folia 6 cm longa, 2 cm lata; pedicelli 5, fructiferi ad 7 cm longi. Sepala 4 mm longa; corolla 30 mm et antherae 8 mm longae. Capsula ovoidea 12 mm tantum longa.

P e r u : Dept. Cuzco, Valle del Urubamba, Ollantaitambo, 2500 m, VII. (F. L. H e r r e r a n. 3576! — Hb. Berl.).

189. **S. obovatus** (G. Don) E. Wimm. in Fedde, Repert. XXXVIII (1935) 19 et in Macbr., Fl. Peru VI (1937) 460. — *Tupa obovata* G. Don Gen. Syst. III (1834) 700; A. DC. Prodr. VII (1839) 392. — *Rapuntium obovatum* Presl, Prodr. Lobel. (1836) 25. — *Dortmannia obovata* O. Kuntze, Revis. Gen. Pl. (1891) 973. — Caulis vel rami fistulosi, laeves, glabri. Folia obovato-oblonga, 6,5—8,5 cm longa et 2,3—3 cm lata, apice rotundata, ad basim sensim in petiolum crassum 7 mm longum angustata, margine callose denticulata et revoluta, in pagina supera rugulosa, nitida, glabra, in pagina infera reticulato-venosa, dense hirta vel fere tomentosa, coriacea. Pedicelli 5—8 cm longi, glabri. Hypanthium depresso-globosum, glabratum, 5 mm longum, 8 mm latum; lobi calycis ovato-oblongi, obtusi, integri, ciliati, 2 mm longi. Corolla videtur albo-viridula, 30 mm longa, in nervis puberula, recta, tubo 4 mm longo, 6 mm lato (in statu compresso), lobis omnibus profunde solutis, sed imo parum altius, superioribus 22, imo 25 mm longis. Stamina quam corolla parum breviora; filamenta glabra 15 mm longa; antherarum tubus 9 mm longus, in apice omnes antherae pilosae, sed 2 inferiores longius barbatae. Capsula depresso-globosa, decem-costata, 12 mm in diametro. — Fig. 69 c.

P e r u : Ohne nähere Ortsangabe (R u i z & P a v ó n ! sub „*Lobelia incana*" — Hb. Berlin).

190. **S. corynoides** E. Wimm. in Fedde, Repert. XIX (1924) 255 et in Macbr., Fl. Peru VI (1937) 449. — Frutex ad 2 m altus, ramis crassis, obtuso-angulatis, albido-floccoso-tomentosis, medullosis. Folia obovata vel obovato-oblonga, 6—11 cm longa, 2—4 cm lata, apice rotundata vel et late subacuta, ad basim longe cuneata et in petiolum tomentosum 9—11 mm longum angustata, margine minute callose denti-

culata, subcoriacea, supra rugulosa, sparse villosula vel glabrata, nitida, subtus reticulato-venosa, pallida, inter nervaturam albo-arachnoideo-tomentosa. Pedicelli 7—9 cm longi, compressi, sparse floccosi vel glabrescentes, basi bibracteolati. Hypanthium turbinatum, saepe mox semiglobosum, decem-costatum, tomentellum; lobi calycis triangulares, acuminati, apice obtusiusculo, integri vel obsolete denticulati, tomentelli vel glabrati, 3 mm longi. Corolla viridula et purpurascenter suffusa, floccosa vel arachnoidea, ad 35 mm longa, recta, tubo 4—10 mm longo, 5—8 mm lato, lobis corollae linearibus, superioribus 15, lateralibus 17, imo 25 mm longis. Filamenta glabra, corollae perparum supra basin adnata, 15—20 mm longa. Antherarum tubus luteo-virens, 10 mm longus, apice lanatus, 2 inferiores antherae longius barbatae. Capsula depresso-globosa, 10-costata, 12—20 mm in diametro. Semina oblonga, rufa, alveolata, nitida, 0,7 mm longa.

Peru: Weg von Cuzco nach Santa Anna unterhalb Janamanche, 3200 m (Weberbauer n. 4966! — Hb. Berl., sp. orig.); Lucumayo-Tal bei Concho-Concho, VI. (Cook & Gilbert n. 1326! — Hb. Wash.); in den Anden, ohne sonstige Ortsangabe (M. F. de Castelnau!, Juni 1847 — Hb. Paris; R. Pearce! — Hb. Kew).

f. **fortunatus** E. Wimm. in Fedde, Repert. (XXXVIII (1935) 20 et in Macbr., Fl. Peru l. c. — Folia oblongo-ovata vel oblonga vel interdum etiam obovato-oblonga, majora. Pedicelli ad 12 cm longi. Sepala 7—8 mm longa. Corolla viridula ad 45 mm longa, lobis ad 32 mm longis.

Peru: Dept. Ayacucho, Prov. Huanta, Tal des Choimacota, immergrüner Buschwald, 3000 m, III. (Weberbauer n. 7582! — Hb. Field); ohne nähere Angabe (F. L. Herrera n. 1217! — Hb. Berl.).

191. **S. palilloanus** E. Wimm. in Fedde, Repert. XIX (1924) 261 et in Macbr., Fl. Peru VI (1937) 462. — Caulis vel rami obtuse angulati, fistulosi, saepe purpurascentes, sicut tota planta breviter hirti. Petioli 4—7 mm longi, crassi. Folia inferiora occasionaliter opposita vel fere verticillata, secus approximata et alternantia, ovato-oblonga, 7 cm longa, 3 cm lata, apice acuta vel acuminata, basi cordata subcordataque, margine undulato subconferte callose denticulata, chartacea, supra rugulosa, nitida, sparse, subtus densius hirta et reticulato-venosa. Flores versus apicem corymbiformiter congesti, folia in bracteas oblongas et lanceolatas transeuntia. Pedicelli 3—4,5 cm longi, subcompressi, basi minute bibracteolati. Hypanthium late turbinatum, 5 mm longum, 8 mm latum; lobi calycis anguste triangulares, 4—5 mm longi et basi vix 2 mm lati, pauci-denticulati, apice calloso obtusiusculo. Corolla a basi aurantiaca, ad summum sensim rubescens, hirtella, subcurvata, 30—35 mm longa, tubo integro 15 mm longo, inconspicue attenuato, 6 mm lato, lobis linearibus, subacutis, subfalcatis, 4 superioribus circiter 15 mm longis, lobus imus multo profundius (in medio corollae) solutus, fere 20 mm longus et deflexus. Stamina glabra: filamenta corollae parum supra basim adnata, 33 mm longa; tubus anthereus 8 mm longus, 2 inferiores antherae apice setoso-penicillatae. Capsula obovoidea, 23 mm longa, 13 mm lata. Semina ellipsoidea, fusca, vallecula praedita, minima.

Peru: Dept. Cuzco, Monte Palillo bei Ollantaytambo, 3000 m, VII. (Cook & Gilbert n. 1908! — Hb. Wash.).

Grex 2. **Cremochilus** (Turcz.) E. Wimm.

Grex *Cremochilus* (Turcz.) E. Wimm. in Annal. Naturhist. Mus. Wien LVI (1948) 329.—Genus *Cremochilus* Turczaninow in Bull. de la Soc. Imperial. des Naturalistes Moscou XXV/2 (1852) 174 et in Flora XXXVI (1853) 741. — Sect. *Cremochilus* Benth. & Hook. f., Gen. II (1876) 548; Schönl. in Engler & Prantl, Nat. Pflanzenfam. IV/5 (1894) 65; Post & Kuntze, Lex. Gen. Phan. (1904) 303. — Sect. *Imberbes* E. Wimm. in Fedde, Repert. XXIX (1931) 53. — Tubus antherarum versus apicem ampliatus, orificio aperto, obliquo et nudo. Corollae tubus versus medium corollae parum attenuatus ibique lobus imus corollae disjunctus et dependens, lobis superioribus labium 4-partitum formantibus. Ovarium superum.

1 species tantum nota.

192. **S. sceptrum** Decaisne apud Linden, Catalog. Nr. 5 (1850) 7. — *S. meridensis* A. Zahlb. in Annal. Naturhistor. Hofmus. Wien VI (1891) 440 p. p. — *Cremochilus meridensis* Turcz. ll. cc. p. p.! — Caulis teres, obtuse angulatus (e decurrentibus costis foliorum), puberulus, medullosus, herbaceus. Folia sessilia, lanceolato-linearia, 6 cm longa, 0,6 cm lata, apice acuta, basi parum angustiora, margine anguste revoluto conferte denticulata, membranacea, supra scabriuscula et glabrescentia, subtus pallida et tomentosula. Pedicelli 4—5 cm longi, puberuli, ebracteolati, foliis fulcrantibus 2—3 cm longis multo longiores. Hypanthium late turbinatum, 3 mm longum, 6 mm latum, puberulum; lobi calycis sublineares, acuti, 7 mm longi, callose denticulati, patuli. Corolla rubra intermixta coloribus violaceis et luteis vel purpurea et violacea, sparse pubescens, subrecta, 40 mm longa, tubo integro 19 mm longo, subaequilato vel versus medium paululum attenuato et 5 vel 4 mm lato, lobis 4 superioribus 16, lobo imo e corollae medio dependente 22 mm longo. Filamenta basi imae corollae inserta, inferne pubescentia, versus apicem glabrescentia. Tubus antherarum 6 mm longus, cylindricus, versus apicem parum ampliatus, orificio obliquo, aperto, ciliolato vel glabro.

A. Planta pubescens.
- I. Folia lineari-lanceolata, pedicelli 4—5 cm lg. .... var. *sceptrum.*
- II. Folia latiora, ovato-lanceolata, pedicelli 5—8 cm lg. ..... var. *latifolius.*

B. Planta glaberrima, folia sublinearia .... var. *denudatus.*

var. **sceptrum.** — Ut supra. — Fig. 69 d.

Venezuela: Trujillo, 2100 m, blühend im August (Funck & Schlim n. 778! — Hb. Del., sp. orig., n. 813; ob diese Nr. 813 hierher oder zu var. *latifolius* gehört, ist ungewiß, da ich sie nicht gesehen habe; die Bestimmung rührt noch von Zahlbruckner her).

var. **latifolius** E. Wimm. in Annal. Naturhist. Mus. Wien LVI (1948) 330. — *S. sessilifolius* Vatke in Linnaea XXXVIII (1874) 731. — *S. meridensis* A. Zahlb. l. c. et *Cremochilus meridensis* Turcz. l. c. saltem pro p. — Folia ovato-lanceolata, 7—9 cm longa, 2—3 cm lata, ad apicem acutum sensim angustata, basi rotundata et subpetiolata. Pedicelli 5—8 cm longi. Hypanthium brevissimum, sepalis 12—13 mm longis, primo suberectis, demum divaricatis. Corolla 45 mm longa.

Venezuela: Merida, Sierra Nevada, 2700 m (Funck & Schlim n. 1042! — Hb. Del.); in den hohen Anden von Merida, ca. 1300 m (Linden n. 453! — Hb. Paris, Del., Boiss.).

Colombia: Páramo de Mucuti, X. (Moritz n. 1300! — Hb. Berl., Typus pro *S. sessilifolius* Vatke).

var. **denudatus** E. Wimm. in Annal. Naturhist. Mus. Wien LVI (1948) 330. — Glaberrimus. Caules graciles, fistulosi. Folia sublinearia, longe acuminato-cuspidata, basi subangustata et inferiora subpetiolata, secus sessilia, 5—10 cm longa et 0,4—0,8 cm lata, margine integra minute callose adpresse denticulata, rigida, nitida, subtus dilute viridia, nervis supra impressis, subtus prominentibus, venis invisibilibus. Pedicelli 4—5 cm longi, ebracteolati. Hypanthium late turbinatum, 2 mm longum, 6 mm latum; lobi calycis lanceolati, acutiusculi, nitidi, 5 mm longi, obsolete denticulati. Corolla extus glabra, intus brevissime puberula, 31 mm longa, tubus pyramidalis, 12 mm longus, superne 3 mm latus, labium superius 4-partitum, lobis 4 linearibus 11 mm longis, lobus imus paulo infra medium corollae solutus cr. 15 mm longus. Filamenta glabra, inferne puberula. Tubus anthereus 4 mm longus, caesius et fusco-striatus, orificio nudus.

Venezuela: Páramo de Cristalina, Andes de Merida, 2800 m, X. (Jahn n. 123! — Hb. Del.). — Verisimiliter species, sed e specimine uno non bene conservato eam condere non audeo.

Diagnosim originariam *S. sceptrum* Decaisne ignoro; catalogum supra citatum, in quo dicta diagnosis contenta est, reperire non potui. Descriptio speciei typicae secundum specimen a Decaisne ipso designatum.

Subsectio III. **Megastomi** E. Wimm.

Megastomi E. Wimm. in Macbr., Fl. Peru VI (1937) 438, in Annal. Naturhist. Mus. Wien LVI (1948) 330. — Corolla ampla, tubo saepe aequilato vel ad faucem dilatato, lobis oblique vel gradatim profundius solutis; filamenta plerumque a corolla libera. — Frutices erecti, simplices vel ramosi, 1—4 m alti, floribus longe pedicellatis in vertice corymbiformiter compositis.

Species 14 Andinae, 1 ex iis Brasiliae orientalis.

Clavis specierum.

A. Folia lanceolata, oblonga vel elliptica, raro lanceolato-linearia.
  I. Calycis lobi subulati 5—10 mm longi (si lobi dentiformes, vide *S. tunarensis*).
    a. Folia glabra, subtus scabra vel laevia .... 193. *S. veteranus*.
    b. Folia subtus ± pubescentia.
      + Folia petiolata, oblonga vel subovato-oblonga, dense denticulata 194. *S. vatkeanus*.
      ++ Folia saltem superiora sessilia, subtus tenuiter albo-arachnoidea 198. *S. radiatus var. brevidentatus*.
  II. Calycis lobi lineares, 15—28 mm longi.
    a. Corollae tubus proportionaliter angustus et ad faucem ampliatus, folia anguste lanceolata vel anguste oblonga.
      * Folia glaberrima, lucida .... 195. *S. lucidus*.
      ** Folia subtus hirtella vel tomentella.
        + Folia lineari-lanceolata, sessilia .... 196. *S. jelskii*.
        ++ Folia petiolata.
          × Folia densa, filamenta pubescentia .... 197. *S. superbus*.
          ×× Folia sparsa, filamenta glabra (folia anguste lanceolata usque late vel subobovato-lanceolata; oblonga in var. *latifolia*) 198. *S. giganteus*.
    b. Corollae tubus aequlatus et amplus, folia lanceolato-oblonga usque eliptica.
      ° Folia glabra .... 199. *S. radiatus*.
      °° Folia subtus tomentella.
        △ Pedicelli ebracteolati.
          * Folia conferte serrulato-denticulata, lanceolato-oblonga, subtus albo-arachnoideo-tomentella .... 200. *S. umbellatus*.
          ** Folia minute denticulata, elliptica usque oblonga, subtus lutesscenti-hirtella .... 201. *S. albus*.
        △△ Pedicelli supra basim bibracteolati .... 202. *S. megastoma*.

B. Folia ovata usque ovato-oblonga, superiora interdum oblonga (si folia basi acuta, confer etiam *S. vatkeanus*).
  I. Calycis lobi lineares .... 203. *S. rusbyanus*.
  II. Calycis lobi ovato-acuminati, magni .... 204. *S. tunicatus*.

193. **S. veteranus** E. Wimm. in Fedde, Repert. XIX (1924) 264 et in Macbr., Fl. Peru VI (1937) 473. — *S. scabrifolius* Schlechtend. in Lechler, Berberides Americ. Austral. (1857) 58, nomen! — Frutex vel arbor 2—9 m alta, glabra, foetida („odor skunk like"), cortice vetusto valde suberoso, ramis nitidis, subsulcatis, in vertice

solum foliatis. Folia membranacea, lanceolata, 6—10 cm longa, 1—2 cm lata, apice acuminata, ad basin in petiolum 8 mm longum angustata, conferte callose denticulata, supra rugulosa, laevia, subtus pallide viridia, in nervatura reticulata glandulis vel tuberculis asperata, raro fere laevia. Pedicelli 7—11 cm longi, teretes, glabri, basi bibracteolati. Hypanthium late turbinatum, 5 mm longum, 6—10 mm latum, decem-costatum, glabrum; lobi calycis subulati, 6—7 (10) mm longi, obsolete denticulati, patuli. Corolla viridulo-alba vel interdum versus basim; in latere dorsali rubescens, glabra, tubo 7—13 mm longo, 8 mm lato, ad faucem parum dilatato; lobis sublinearibus acutis, diverse profunde solutis, superioribus 20—25, imo 16—18 mm longis. Stamina glabra, e tubo longe exserta, 40—45 mm longa: Filamenta a corolla libera; tubus anthereus cinereus, 10 mm longus, 2 inferiores barbatae. Capsula turbinata, 19 mm longa, 12 mm lata. Semina subcompresso-ellipsoidea, fusca, reticulata, nitida, 0,7 mm longa. — Fig. 69 e.

Peru: Dept. Ayacucho, Prov. Huanta, Weg von Tambo über Osno zum Flusse Apurimac, 3100—3400 m (Weberbauer n. 5579! — Hb. Berl.); Dept. Puno, Tabina, VII. (Lechler n. 2073! — Hb. Berl.); Prov. Carabaya, in größeren Höhen (Weddell n. 4632 — Hb. Paris, det. Zahlbruckner!).

f. **laevigatus** E. Wimm. in Annal. Naturhist. Mus. Wien LVI (1948) 330. — Folia in utroque latere laevia. Corolla parum major.

Peru: Dept. Cuzco, Paucartambo — Tres Cruces, Cerro de Cusilluyoc, dichter Wald, 3200—3400 m, V. (F. W. Pennell n. 14146! — Hb. Field, Wash., N. Y.); 6 Meilen südlich von Mito am oberen Ende der Schlucht, 3150 m, VIII. (Macbride & Featherstone n. 1860! — Hb. Field, Wash., Stockh.).

194. **S. vatkeanus** A. Zahlb. in Bull. Torr. Bot. Club XXIV (1897) 377; Gleas. in Bull. Torr. Bot. Club 48 (1921) 193; E. Wimm. in Macbr., Fl. Peru VI (1937) 472. — Frutex erectus ad 2 m altus, exceptis foliorum pagina supera et corolla, floccoso- vel glutinoso-puberulus aut -pulverulentus, inferne glabrescens et cicatricibus foliorum subcordatis ornatus. Folia oblonga vel subovato-oblonga, 8—14 cm longa et 2,5—4 cm lata, apice acuminata, basi acuta et in petiolum 8—12 mm longum breviter angustata, margine denticulis callosis atro-purpureis densis munita, chartacea, supra rugulosa, glabra, opaca, subtus reticulato-nervosa, inter venas pallida vel albida, nervis fuscis glutinoso-puberulis aut subfloccoso-pulverulentis. Pedicelli 8—12 cm longi, compressiusculi, basi 2 bracteolis minimis praediti (non, ut ait Zahlbruckner, ebracteolati). Hypanthium late turbinatum, 5 mm longum, 11 mm latum, glabrescens; lobi calycis 20—12 mm longi, sublineares, obsolete vel distincte denticulati, subglabri, erecti. Corolla viridulo-alba et in latere dorsali purpurascens, glabra, scabriuscula imprimis extus in lobis, intus pallida et laevis, 35—40 mm longa, tubo 17 mm longo et in medio 6 mm lato; lobis lineari-falcatis, acutis, ab imo ad superiores gradatim longiores et 17, 20, 22—25 mm longis. Stamina glabra, e tubo corollae longe exserta; filamenta basi corollae adnata; tubus anthereus cinereo-caesius, 1 cm longus, glaber vel parce pilosiusculus, 2 minores antherae in apice pilosae. Stigmatis lobi oblongi. Capsula turbinata, 10-costata, 2 cm longa. Semina oblonga, lutescenti-fusca, irregulariter angulosa, vix 1 mm longa.

Bolivia: Prov. Larecaja, bei Sorata zwischen Laripeta und Tani, Wald, gemäßigte Region, 3000 m, blühend im Mai (G. Mandon n. 497! — Hb. Wien).

Peru: Dept. Cuzco, Paso de Tres Cruces, Cerro de Cusilluyoc, dichte Strauchzone unterhalb des Páramo, 3500—3800 m, V. (F. W. Pennell n. 13893! — Hb. Field, N. Y.); Dept. Puno, Prov. Sandia, strauchige Orte, 3100 m, IV. (Weberbauer n. 868 — Hb. Berl.).

195. **S. lucidus** E. Wimm. in Fedde, Repert. XIX (1924) 391 et in Biblioth. Bot. 116 (1937) 157. — Suffrutex 1—3 m altus, plerumque simplex, glaberrimus; si in parte superiore ramosus, rami erecti conferti. Caulis teres, fistulosus, inferne defoliatus. Folia anguste oblonga, 14—16 cm longa, 2—2,3 cm lata, membranacea,

Fig. 70. a *Siphocampylus secundus*: pars infloresc. — b *S. jelskii*: 1 flos 1/1, 2 pars floris, 3 ovarium longitud. dissect., 4 fructus, 5 semen 2/1, 6—7 stigma, aucti. — c *S. lucidus*; flos, fol. — d *S. superbus*: flos. — e *S. radiatus*: flos 1/1, 2 capsula, 3 semen 20/1. — Orig.

apice sensim acuminata, basi acuta vel obtusiuscula et in petiolum 14 mm longum breviter angustata, margine sat dense arguteque serrulato-denticulata, supra lucida, rugulosa et nervis impressis, subtus nitidula, subreticulato-venosa, subpallida, nervis secundariis 10—12 sub angulo acutissimo ascendentibus. Pedicelli 16—22 cm longi, teretes, ebracteolati, in vertice corymbiformiter compositi. Hypanthium semiglobosum, 10-costatum, 4 mm longum, 11 mm latum; lobi calycis lineares, acutiusculi, 20—25 mm longi, denticulati, primo patentes, demum subrecurvati. Corolla viridulo-lutea, 55 mm longa, tubo integro 23 mm longo, recto, in medio 6. ad faucem 12 mm lato; lobis corollae falcatis, superiores 30, ceteri 26—24 mm longi, basi 5 mm lati. Filamenta subglabra. Tubus anthereus cinereus, 12—14 mm longus, versus apicem et in basi pilosus, 2 inferiores antherae setis longis terminatae. Capsula subglobosa, 14 mm longa et lata. — Fig. 70 c.

Ecuador: Prov. Pichincha, in den kalten subandinen Wäldern östlich von Papallacta, 3000 m (L. Mille n. 4! — Hb. Wien); Berghalde La Union oberhalb Papallacta, 3250 m, gemein an Flußufern und im schattigen Wald, blüh. im Febr. (Erica Heinrichs n. 819! — Hb. Berl.).

196. **S. jelskii** A. Zahlb. in Annal. Naturhistor. Hofmus. Wien VI (1891) 441; E. Wimm. in Macbr., Fl. Peru VI (1937) 455. — Caulis saepe simplex, strictus, fuscescenti-hirtus, inferne defoliatus et cicatricosus, superne densissime foliatus. Folia sessilia, sublinearia, 11—13 cm longa et 0,6—0,8 cm lata, apice obtusiuscula, margine revoluta, subcoriacea, tenuissime scabra, supra rugulosa, vix nitida, subtus inter nervaturam hirtellam albida. Folia superiora strictissima, inferiora reflexa. Pedicelli foliis paulo breviores, teretiusculi, puberuli, ebracteolati. Hypanthium obconicum, 7—9 mm longum, hirtum, 10-costatum; lacinis lanceolato-subulatis, 22—24 mm longis, callose denticulatis, hirtis, erectis. Corolla virenti-lutea (?), hirtella, 45 mm longa, tubo 15 mm longo, circiter 8 mm lato, ad faucem ampliato (15 mm); lobis corollae falcatis, superioribus 30, inferioribus circiter 20 mm longis. Filamenta longe e tubo corollae exserta, pubescentia. Tubus antherarum 11 mm longus, coerulescens, in suturis et imprimis in vertice dense pilosus, 2 inferiores antherae pilis longioribus terminatae. Capsula obconico-ellipsoidea, 15 mm longa. Semina ovoidea, flavescentia, subtiliter reticulata, cr. 75 mm longa. — Fig. 70 b.

Peru: Dept. Cajamarca, zwischen Chota und Cutervo, blüh. und frucht. im Juli (Jelski n. 210! — Hb. Wien); Dept. Loreto, von Pacasmayo nach Moyobamba, Calle — Calle, 3400—3500 m (A. Stübel n. 54! — Hb. Berl.).

f. **eugenius** E. Wimm. in Notizbl. Bot. Gart. Berl. X (1929) 740 et in Macbr., Fl. Peru l. c. 456. — Pedicelli 10—11 cm longi, 2 cm supra basin bracteolis 2 subulatis ornati, parce puberuli. Sepala 20 mm longa. Corolla major, 52 mm longa, tenuiter puberula, tubo 27 mm longo, lobis 16—25 mm longis. Tubus antherarum 9 mm longus.

Peru: Dept. Cajamarca, zwischen Chota und Cutervo, VI. (A. Raimondi n. 3766! — Hb. Berl.).

197. **S. superbus** A. Zahlb. in Engler, Bot. Jahrb. XXXVII (1906) 455; E. Wimm. in Macbr., Fl. Peru VI (1937) 470. — Caulis simplex, teretiusculus, fistulosus, scabrido-glabrescens, dense cicatricosus, in parte superiore costulatus, pubescens. Folia densa, in parte superiore erecta, demum reflexa, elongato-lanceolata, 16—18 cm longa, 1,3—2 cm lata, apice longe acuminata, basi in petiolum 8—12 mm longum attenuata, margine revoluta, membranacea, opaca, supra scabriusculo-hirtella, rugulosa, subtus leviter reticulato-venosa et hirtella, nervi secundarii numerosi, sub angulo cr. 60° excurrentes. Pedicelli 14 cm longi, puberuli, compressi, ebractoati, in vertice corymbiformiter dispositi. Hypanthium obconicum, 10-nervatum, puberulum, 13—15 mm longum; lobi calycini triangulari-lineares, 20—30 mm longi, basi 4—5 mm lati, minute denticulati, puberuli, erecti. Corolla pallide viridula,

brevissime puberula, ad 60 mm longa, tubo in medio 7, ad faucem 10 mm lato, 25 mm longo; lobis subfalcatis, 35 (superioribus) usque 25 mm longis. Filamenta a corolla libera, longe exserta, pubescentia. Tubus antherarum 15—17 mm longus, densissime lutescenti-pilosus, 2 inferiores antherae longius penicillatae. — Fig. 70 d.

Peru: Dept. Cajamarca, Hualgayoc, vereinzelt am Bache, 3600 m, V. (Weberbauer n. 3983! — Hb. Berl.).

198. **S. giganteus** (Cav.) G. Don, Gen. Syst. III (1834) 702; A. DC. Prodr. VII (1839) 406; Hook., Icon. Pl. VIII (1848) t. 716; E. Wimm. in Notizbl. Bot. Gart. Berl. X. (1929) 740, in textu, fig. 12, 1. et in Biblioth. Bot. 116 (1937) 157. — *S. giganteus* var. *angustifolius* Vatke in Linnaea XXXVIII (1874) 734. — *S. umbellatus* Gleas. in Bull. Torr. Bot. Club LII (1925) ex parte! — *Lobelia gigantea* Cav. in Anales de Hist. Natur. II (1800) 104 et Icon. et Descript. Pl. VI (1801) 9, t. 513; Humb., Bonpl. & Kunth, Nov. Gen. et Spec. Pl. Americ. III (1818) 305; Roem. & Schult., Syst. (V 1819) 45; Spreng., Syst. I (1825) 709; Presl, Prodr. Lobel. (1836) 39, non Sims, Bot. Mag. t. 1325. — Arborescens, ad 4—6 m altus, lac album continens. Rami teretes, striis e foliorum basi decurrentibus praediti, inferne floccosi vel glabrescentes, superne albido-tomentosi cum petiolis, dense foliati. Folia elongato-lanceolata, 10—20 cm longa, 1,2—2,6 cm lata, apice sensim acuminata, basi acuta et in petiolum 10—17 mm longum angustata, margine inaequaliter breviter obtuse dentata et callose denticulata, membranacea, supra rugosa, opaca, glabra, subtus reticulato-nervosa, hirtella usque tomentosa, nervi secundarii numerosi sub angulo sub- usque semirecto ascendentes. Pedicelli (6) 10—16 cm longi, foliis breviores, compressiusculi, subtomentosi vel glabrescentes, supra basin 2 bracteolis angustis 5—10 mm longis ornati. Calycis receptaculum semiglobosum, valde 10-costatum, subtomentosum, 5 mm longum, 10 mm latum; lobi triangulari-lineares, subinaequales, 15—28 mm longi, basi 3 mm lati, integri, tomentelli vel glabrescentes, erecti. Corolla flava vel albida, tomentella, 45—75 mm longa, tubo recto, 20—45 mm longo, in medio parum attenuato et ibi 4—6 mm lato, ad faucem 12—16 mm lato; lobis falcatis, triangulari-lanceolatis, superioribus 30—25, aliis 15—22 mm longis. Staminum tubus longe exsertus, 65—80 mm longus: filamenta glabra, in vel sub basi corollae inserta; tubus anthereus 10—16 mm longus, dense (versus basin minus) flavido-pilosus, 2 minores longius penicillatae.

var. **giganteus.** — Diagn. ut supra.

Ecuador: „Inter Guarandam et montem St. Antonii (Née! — Hb. Madrid, sp. orig.); nordöstlich von Guaranda, 3000 m (Schimpff n. 227! — Hb. Berl.); in Andibus Ecuadorensibus (R. Spruce n. 5164! — accurate talis, qualis planta Cavanillesii — Hb. Kopenh., Del., Boiss.); in nemoribus Andium Quitensium abundans, arbustum, a. 1833 (Franciscus Hall!; Warscewicz n. 18! — Typus pro *S. giganteus* var. *angustifolius* Vatke — Hb. Berl.; W. Jameson n. 248! 613! — Hb. Del., Cambr., Paris); in monte Pichincha (W. Jameson! Karsten! — Hb. Wien); Quilotoa (A. Stübel n. 298 b! — Hb. Berl.); an sonniger Stelle im Buschwald an der Waldgrenze bei Riobamba (A. Rimbach n. 2! 19! 28! — Hb. Wien, Field); südöstlich von Riobamba, 3200 m (Schimpff n. 875!); am Nordhang des Sanancajas, 3400 m, VII. (L. Diels n. 373! — Hb. Berl.); Umgebung von Cañar, IX. (J. N. Rose & G. Rose n. 22714! — Hb. N. Y.); Umgebung von Cuenca, IX. (Rose, Pachano & Rose n. 23806! — Hb. N. Y.).

Colombia: Tuquerres, 3000 m (Triana n. 1571! — Hb. Wash., Paris); Casapamba ad littus lacus subandini „Laguna Cocha" (E. André n. 2928! — Hb. Kew).

var. **latifolius** Vatke l. c. — „Suffrutex raro ramosus ad 3 m altus" (Lehmann). Folia latiora, 15 cm longa, 4 cm lata. Corolla brevior et latior, 40—45 mm longa, versus faucem magis ampliata, 15—20 mm lata (si compressa!), albida. Sepala margine interdum denticulata, saepe undulata.

C o l o m b i a : In dichten Wäldern auf dem Alto de Pesares über Popayán, 2600—2900 m (L e h m a n n n. 5930! p. p. — idem numerum portant: *S. subcarnosus* Benth. et *S. cordatus* var. *obtusus* E. Wimm.!! — Hb. Field; L e h m a n n n. 7314! in hb. Kew, sed schedula commutata vel saltem textus schedulae certe non pertinet ad specimen!).

E c u a d o r : Cotocollao, 2750 m (M i l l e n. 11! — Hb. Wien); Pichincha (O. H e i l b o r n n. 145! — Hb. Stockh.; A. F i r m i n n. 719! — Hb. Field); am Puracé, 3300 m (S n e i d e r n n. 1935! — Hb. Stockh.); Canaan, Monte Puracé, Waldrand, 3000—3300 m, VI. „Shrub, corolla white" (F. W. P e n n e l l & K i l l i p n. 6500! — forma transiens ad typum); ohne Ortsangabe (H u m b o l d t ! — Hb. Berl., sp. orig. Vatkei).

f. **brachyodon** E. Wimm. in Annal. Naturhist. Mus. Wien LVI (1948) 331. — Folia oblonga, 16 cm longa, 5,5 cm lata, apice breviter acuminata. Sepala triangularia, 10—12 mm longa, basi 5—6 mm lata. Corollae tubus parte attenuato brevi, 10 mm lato, mox ad faucem ad 20 mm ampliatus. Tubus anthereus 18 mm longus, in dimidio anteriore rufo-pilosissimus. — Fig. 69 f.

C o l o m b i a : Von Popayán nach Sotará, häufig, 2600—3500 m (A. S t ü b e l n. 332 a! — Hb. Berl.).

S. giganteus est species valde variabilis tam habitu et magnitudine plantae et partium quam forma corollae et sepalorum. Non paucae formae intermediae inveniuntur. Connumerandus ad maximas species Lobelioidearum. — Nomen vulg.: „*Iamchic*" vel „*Lechero de Monte*" (Rimb.).

199. **S. radiatus** Rusby in Mem. Torr. Bot. Club VI (1896) 73; A. Zahlb. in Bull. Torr. Bot. Club XXIV (1897) 376 et in O. Kuntze, Revis. Pl. III/2 (1898) 189; Gleas. in Bull. Torr. Bot. Club 48 (1921) 193. — Caulis 1,20—3 m altus, obtusiangulatus et anguste alatus, inferne glabratus et defoliatus, superne albo-arachnoideus, fistulosus. Folia chartacea, oblongo-lanceolata, 10—25 cm longa, 2,5—9 cm lata, apice acuminata, superiora basi angustata sessilia, alia in petiolum alatum indefinitum angustata, margine antrorsum argute dentata vel conferte argute denticulata, vix nitentia, supra glabra, subtus subpallida, glabrata vel in axillis nervorum parum albo-floccosa, reticulato-nervosa, nervi laterales 36—40 sub angulo subrecto usque semirecto ascendentes. Pedicelli 19—22 cm longi, teretes, glabri, ebracteolati. Hypanthium depresso-subglobosum vel semiglobosum, 10-nervatum, glabrescens, 10—13 mm longum, 15—20 mm latum; lobi calycis triangulari-lineares, 22—28 mm longi, integri, glabrescentes, patuli vel demum subrecurvati. Corolla virenti-flava, intus albida et glabra, extus tenuiter pulverulenta, 40—50 mm longa, tubo recto, aequilato (12 mm, si compressa!), 21 mm longo; lobis falcatis, 30—20 mm longis. Filamenta longe exserta, parce pubescentia vel glabrata. Tubus antherarum 16 mm longus, in suturis dense lutescenti-pilosus, 2 inferiores antherae longius barbatae. Capsula depresso-globosa, decem-costata, fere 2 cm diametiens. Semina ovoideo-oblonga, fusca, nitida, circiter 0,8 mm longa. — Fig. 70 e.

B o l i v i a : Umgebung von Cochabamba (B a n g n. 1106! O. K u n t z e! — Hb. Wien, Berl.); feuchte Stelle im Tale von Cochabamba, 2700 m, XII. (J. S t e i n b a c h n. 8772! — Hb. Berl., Field, Lillo).

var. **minor** A. Zahlb. l. c. — Planta omnibus in partibus minor et pedicelli folia superantes. Folia 12—16 cm longa et 2,5—3 cm lata. Lobi calycini 20—24 mm longi. Corolla 25—32 mm longa. Frutex 2—3-metralis. (Diagn. auct., plantam non vidi!).

B o l i v i a : Prov. d' Atyopaya, blüh. Dez. (W e d d e l l n. 4178 — Hb. Paris).

var. **brevidentatus** (A. Zahlb. & Rech.) E. Wimm. in Annal. Naturhist. Mus. Wien LVI (1948) 331. — *Centropogon Brittonianus* A. Zahlb. var. *brevidentatus* A. Zahlb. & Rech. in Mededeelingen van's Rijks Herbar. Leiden n. 19 (1913) 51; —

Gleas. in Bull. Torr. Bot. Club 48 (1921) 194. — Folia apice breviter acuminata vel acuta, margine densius dentata vel denticulata, juniora utrimque leviter arachnoidea vel etiam subtus tomentella. Pedicelli 11—18 cm longi, foliis longiores, flocculosi. Sepala 10—14 mm longa tantum. Corolla virenti-alba, dense tomentella, 35—42 mm longa, tubo 15 mm longo, 8—10 mm lato. Antherae in suturis hirtae vel glabrae.

B o l i v i a : Tocorani, hohe Staude auf Brachfeldern (barbecho) mit grünlich-weißen Blüten, von Kolibris besucht, blühend im Juli (H e r z o g n. 2301! — Hb. Stockh., Wien); Lambate — Santiago, Buschgürtel, Bachschlucht, 3100 m, XI (C. T r o l l n. 2816! — Hb. Berl.); Cotaña am Illimanu, 2450 m. XI. 1911 (B u c h t i e n ! — Hb. Univ. Tucuman).

200. **S. umbellatus** (HBK.) G. Don, Gen. Syst. III (1834) 702; A. DC. Prodr. VII (1839) 406 exclus. var. *β*; Vatke in Linnaea XXXVIII (1874) 734 — *S. umbellatus* var. *Chamissonianus* A. DC. l. c. 407. — *Centropogon Chamissonianus* Kanitz in Martius, Fl. Brasil. VI/4 (1878) 133. — *Lobelia umbellata* HBK. Nov. Gen. et Species Americ. III (1818) 304, non Vest; Spreng., Syst. I (1825) 709; Cham. in Linnaea VIII (1833) 321; Presl, Prodr. Lobel. (1836) 39. — *L. Kunthiana* Presl l. c. — *L. ayavacensis* Willd. apud Roem. & Schult., Syst. V (1819) 57 p. p. — Suffrutex valde lactescens, foetidus, 2—4 m altus. Ramuli arachnoideo-tomentelli. Folia membranacea, oblongo-lanceolata, 12—31 cm longa, 3,5—10 cm lata, utrimque sensim acuminata vel ad basim etiam acuta et in petiolum indefinitum anguste decurrentia, margine sat dense inaequaliter callose dentata, supra obsolete flocculosa vel glabrescentia, opaca, subtus tomento candido tenui induta, nervi laterales 20—22 sub angulo subrecto usque subsemirecto excurrentes. Pedicelli in vertice corymbiformiter congesti, 14—23 cm longi, floccoso-tomentelli vel glabrescentes, subteretes, ebracteolati. Calycis tubus depresso-globosus, tomentosus, 5 mm longus; lobi sublineares, 15—20 mm longi, integri vel denticulati, suberecti, tomentosi. Corolla cremeo-alba, tomentosa, 45 mm longa, tubo recto, 20 mm longo, aequilato (10—13 mm); lobis corollae falcatis, inaequilongis, 12—30 mm longis. Filamenta glabra, longe exserta, corollae in ima basi adnata. Tubus anthereus 15 mm longus, in suturis dense rufo-pilosus, 2 inferiores antherae longius penicillatae. Capsula globosa, 10-costata, 2 cm diametiens.

var. **umbellatus.** — Fig. 71.

B r a s i l i e n : „Brasilia aequinoctialis" (S e l l o w n. 880! — Hb. Berl.); Rio de Janeiro (G l a z i o u n. 11116! — Hb. Berl., Kew); Staat Rio de Janeiro, Nucleo Colonial Mauá, Estação Rezende Sitio Büttner in der Capoeira, 1150 m, VII. (R. W. K a e m p f e n. 55! — Hb. Berl.); Staat Minas Geraës, Caldas, Serra do Cerro in „Campoeiras novas", IX. (R e g n e l l III. n. 1596! — Hb. Berl., Typus pro *Centropogon Chamissonianus* Kanitz); ohne Ortsangabe (H e r b. W i l l d. n. 4003! — Typus pro *Lobelia ayavacensis* Willd., continet 2 species: Specimen medium est *Centropogon willdenowianus* (Presl) E. Wimm.; ad sinistrum unum folium, ad dextrum unus flos pertinentes ad nostram speciem. Locus natalis in diagnosi relatus „Ayavaca" in Peruvia certe spectat ad medium specimen, non ad nostrum *Siphocampylum*, qui in Peruvia vix invenitur.)

var. **wettsteinii** E. Wimm. in Annal. Naturhist. Mus. Wien LVI (1948) 331. — Superiores partes plantae albo-tomentosae. Folia obovato-oblonga, apice breviter subacuminata, supra glabrescentia. Filamentorum tubus albo-pubescens.

B r a s i l i e n : Staat São Paulo, zwischen Apiahy und Yporanga, Wald, c. 900—400 m, VIII. (W e t t s t e i n & S c h i f f n e r ! — Hb. Wien).

201. **S. albus** E. Wimm. in Fedde, Repert. XXVI (1929) 17, t. 72, f. 15 et in Macbr., Fl. Peru VI (1937) 439. — Frutex ad 4 m altus, cinereo-lutescenti-pubescens. Folia elliptica usque oblonga, 12—14 cm longa, 4—5,5 cm lata, apice acuminata, basi acuta et in petiolum anguste alatum subabrupte attenuata, margine minute

denticulata, membranacea, supra nitentia, plana, parce pubescentia vel glabrata, subtus imprimis in nervatura dense pubescentia, nervi secundarii 14—16 sub angulo acuto ascendentes. Pedicelli in vertice corymbiformiter compositi, 11—12 cm longi, compressi, ebracteolati. Hypanthium semiglobosum, 7 mm longum, 13 mm latum; lobi calycis triangulari-lineares, 18—20 mm longi, basi 4—5 mm lati, acuti, denticulati, intus extusque pubescentes, patuli. Corolla alba, pubescens, aequilata (12—15 mm, si compressa!), 37 mm longa; lobi corollae falcati, superiores 22, inferiores 18—16 mm longi et saepe diu cohaerentes. Tubus stamineus 42 mm longus, exsertus: filamenta basi corollae inserta, glabra; tubus antherarum 13 mm longus, in parte basali glaber, in parte anteriore pilis longis luteolis dense vestitus.

Peru: Dept. Piura, Prov. Ayavaca, in Gebüsch am Bache bei Ayavaca, viele hartlaubige Formen enthaltend, 2700—2800 m, V. (Weberbauer n. 6383! — Hb. Berl.).

202. **S. megastoma** E. Wimm. in Notizbl. Bot. Gart. Berl. X (1929) 739. fig. 12, 2. et in Macbr., Fl. Peru VI (1937) 459. — Frutescens, rami superne ochraceo-tomentosi. Folia oblonga, oblongo-lanceolata, 13—15 cm longa et 3,5—4,4 cm lata, apice subacuminata, basi acuta et in petiolum 15—20 mm longum flocсoso-tomentellum breviter attenuata, margine denticulis callosis obtusis sat dense munita, membranacea, supra rugulosa, glabra, subtus dilute ochraceo-tomentella, reticulato-venosa, nervi secundarii numerosi sub angulo recto usque semirecto ascendentes. Flores in vertice ramorum corymbose dispositi. Pedicelli 12—15 cm longi, compressi, floccoso-tomentelli, supra basim bibracteolati. Calycis receptaculum semiglobosum usque semi-ellipsoideum, tomentellum, 10 mm longum et fere latum; lobi sublineares, obtusi, 20 mm longi, fere 3 mm lati, intus extusque tomentelli, erecto-patentes. Corolla viridulo-alba (?), ochraceo-tomentella, 30 mm longa, tubo 15 mm longo, in medio 10, ad faucem 15 mm lato; lobis subfalcatis, superioribus 20 mm longis, 3 inferioribus labium trifidum formantibus, eius lobi circiter 12 mm longi. Filamenta e tubo corollae longe exserta, basi eius inserta, hirta. Tubus antherarum 15 mm longus, in suturis praecipue versus apicem densissime pilis longis rufis obsitus, antherae 2 inferiores longius penicillatae.

Peru: Ohne nähere Ortsangabe (A. Raimondi n. 2601! — Hb. Berl.).

203. **S. rusbyanus** Britton in Bull. Torr. Bot. Club XIX (1892) 372; A. Zahlb. in Bull. Torr. Bot. Club XXIV (1897) 376; Gleas in Bull. Torr. Bot. Club 48. (1921) 192; E. Wimm. in Macbr., Fl. Peru VI (1937) 466. — Frutex ramis strictis, crassiusculis, glabratis, superne incano-puberulis. Petioli 7—15 mm longi, puberuli. Foliorum lamina ovata, ovato-oblonga usque elliptica, 6—10 cm longa, 3—5 cm lata, apice acuta, basi subcordata usque rotundata, callose denticulata, coriacea, supra rugosa et glabra, subtus in nervatura reticulata leviter puberula, nervi prominentes albicantes, secundarii 7—10 sub angulo acuto ascendentes. Pedicelli 4—10 cm longi, puberuli, ebracteolati. Hypanthium late turbinatum, puberulum, 10 mm longum et latum; lobi calycini anguste lineares, 10—16 mm longi, acuti, remote denticulati, puberuli, patentes usque demum reflexi. Corolla virenti-albida et purpurascenter suffusa, puberula, recta, tubo 15 mm longo et aequilato (10 mm); lobi subfalcati, inaequales, 10—16 (20) mm longi. Filamenta glabra, longe e tubo corollae exserta. Tubus anthereus 7 mm longus, versus apicem in dorso et in apice ipso leviter pilosus, 2 antherae inferiores non seorsum longius barbatae. — Fig. 69 g.

var. **rusbyanus.**

Bolivia: Mapiri, 1500 m (Rusby n. 644!; Bang n. 2433! — Hb. Del.).

var. **subter-vestitus** A. Zahlb. in Engler, Bot. Jahrb. XXXVII (1906) 459; E. Wimm. in Macbr. Fl. Peru l. c. — Folia subtus aequaliter floccoso-pubescentia vel potius tomentosa, nervatura minus prominens. Pedicelli 3—6 cm longi. Sepala videntur integri. Corolla viridis, in basi rubens, tubus 10 mm longus, parum constrictus. Frutex circiter 1 m altus (Weberb.), 9—12-pedalis (Pearce).

Peru: Dept. Puno, Weg von Sandia nach Chunchusmayo zwischen dem Tambo Azalaya und dem Tambo Ichubamba, Gesträuche, 1500—1800 m, VI. (Weberbauer n. 1105! — Hb. Berl.); Wälder bei Calleau, 2400 m, XI. 1864 (R. Pearce! — Hb. Kew).

204. **S. tunicatus** A. Zahlb. in O. Kuntze, Revisio Gen. Pl. III/2 (1898) 189; Gleas. in Bull. Torr. Bot. Club 48 (1921) 194. — Suffrutex 3—4 m altus. Caules sulcato-costati, glabrescentes. Folia ovato-oblonga (Zahlb.), late elliptica usque oblonga (sec. Gleason!), 20—28 cm longa et 7—13 cm lata, breviter vel abrupte acuminata, basi attenuata in petiolum leviter alatum 1—2 cm longum et longe angusteque decurrentia, margine minute acute callose denticulata, tenuiter membranacea, juvenilia subtus sat dense, supra parcius cano-subfloccosa, demum glabrescentia, nervi secundarii 30—35 sub angulo fere recto assurgentes. Pedicelli compressi, ebracteolati, foliis paulum breviores. Hypanthium depresso-semiglobosum, 10-costatum, subfloccosum, circiter 10 mm longum et 17—19 mm latum; lobi calycini e basi cordata late ovati, 20 mm longi, 12—14 mm lati, in margine sese tegentes, acuminati, levissime floccosi vel fere glabrescentes. Corollae albidae tubus rectus, fere aequilatus circiter 20 mm longus et fere latus, levissime floccosus, intus glaber; limbus bilabiatus, lobis falcatis, 2 superioribus 22 mm longis et 8 mm latis, 3 minoribus aequalibus, 15 mm longis et 5 mm latis. Filamenta glabra et a corolla libera. Antherarum tubus 13—15 mm longus, versus basim glaber, in suturis partis supererioris dense rufescentipilosus, 2 inferiores antherae in apice dense pilosae. — Fig. 69 h.

Bolivia: Santa Rosa, 3000 m (O. Kuntze! — Hb. N. Y. Gard., — non vidi).

Subsectio IV. **Megalandri** E. Wimm

Megalandri E. Wimm. in Fedde, Repert. XXIX (1931) 53 et in Macbr., Fl. Peru VI (1937) 438. — Calycis tubus ovario in basi tantum adnatus. Corolla illi *Burmeisterae* similis, tubus a basi ad faucem sensim attenuatus, fauce inflatus, lobis falcato-deflexis. Filamenta usque ad basim connata et a corolla libera. Tubus anthereus proportionaliter longus (11—14 mm), filamentorum dimidium vel tertiam partem efficiens, 2 inferiores antherae in apice nudae vel brevissime pilosae. — Suffrutices vel frutices erecti, 1,5—3 m alti, floribus longe pedicellatis, in vertice corymbiformiter compositis, virenti-albidis vel lutescentibus.

Species 3 Andium Peruvianorum.

Clavis specierum.

A. Calycis lobi dentiformes 3 mm longi .... 205. *S. cutervensis.*
B. Calycis lobi sublineares, 10—17 mm longi.
  a. Pedicelli ebracteolati, rami et folia subtus lutescenti-cinereo-tomentosi 206. *S. matthiaei.*
  b. Pedicelli basi bibracteolati, rami et pagina infera foliorum albo-tomentosi 207. *S. weberbaueri.*

205. **S. cutervensis** A. Zahlb. in Annal. Naturhistor. Hofmus. Wien VI (1891) 442; E. Wimm. in Macbr., Fl. Peru VI (1937) 450. — *S. megalandrus* E. Wimm. in Fedde, Repert. XIX (1924) 259. — Suffrutex foetidus. Ramuli compresso-angulati, fistulosi, praecipue in parte superiore floccoso-tomentosi. Folia petiolata, superne approximata, oblonga vel etiam subobovato-oblonga, 10—15 cm longa et 2,5—4 cm lata, apice acuminata vel acuta, basi in petiolum 7—15 mm longum tomentellum sensim angustata, margine denticulata, membranacea, supra scabriuscula, sparse hirtella, subtus leviter reticulato-venosa, ad nervos hirta. Pedicelli 10—12 cm longi, puberuli, compressi, ebracteolati. Calycis receptaculum depresso-semiglobosum, sparse pubescens; lobi triangulares, acuti, 3 mm longi, 2 mm in basi

lati, integri, tenuiter ciliati. Corolla virenti-albida (?), subglabra, tubo 15 mm longo, infra limbum 3 mm lato, fauce ampliato 10 mm lato; lobi subfalcati, inaequales, bilabiati, 2 superiores cr. 18, labium inferius trifidum cr. 16 mm longum. Filamenta glabra, longe e tubo corollae exserta. Tubus anthereus 11 mm longus, 3,5 mm latus, rectus, in suturis hirtus, 2 inferiores antherae imberbes vel pilis paucis brevissimis terminatae. Lobi stigmatis oblongi. Capsula pyramidalis, coriacea, 8—12 mm longa, 6—7 mm lata. Semina ovoidea, brunnea, densissime fusco-reticulata, minima.— Fig. 69 i.

Peru: Cutervo, Dept. Cajamarca, Cutervo, blüh. im April (Jelski n. 75! 71! — Hb. Wien); ohne nähere Ortsangabe (Weberbauer! — Hb. Berl., sp. typ. pro *S. megalandrus*).

206. **S. matthiaei** A. DC. Prodr. VII (1839) 405; E. Wimm. in Macbr., Fl. Peru VI (1937) 458. — *S. Matthewsii* E. Wimm. in Fedde, Repert. XIX (1924) 258. — Suffrutex ramis angulosis, fistulosis, inferne glabrescentibus, superne incano-tomentosis. Folia lanceolata, 12—13,5 cm longa, 2,5—3,2 cm lata, apice acuminata, ad basim sensim longeque in petiolum brevem angustata, margine crebre et acute dentata, membranacea, supra sparse puberula vel glabrescentia, subtus puberula et ad nervos tomentella. Pedicelli 15 cm longi, glabrescentes, ebracteolati. Hypanthium semiglobosum, 10-nervatum, in costis parce pubescens, 5 mm longum, 9 mm latum; lobi sublineares, acuti, 10—15 mm longi, remote denticulati, suberecti. Corolla albo-virens, puberula, tubus 18 mm longus, parum attenuatus (5 mm); lobi superiores triangulari-lanceolati, 24 mm longi, labium inferius 16 mm longum, eius lobi 10—11 mm longi. Filamenta glabra. Tubus antherarum 12 mm longus, pilis sparsis longiusculis obsitus, 2 inferiores antherae in apice nudae. — Fig. 69 j, 72.

Peru: Chachapoyas (Mathews n. 1672! — Hb. Lindley, Cambr., sp. orig.).

207. **S. weberbaueri** A. Zahlb. in Engler, Bot. Jahrb. XXXVII (1906) 456; E. Wimm. in Macbr., Fl. Peru VI (1937) 473. — Frutex solum basi ramosus, ad 3 m altus, albo-tomentosus, caules inferne glabrescentes. Folia densa, superiora suberecta, cetera reflexa, membranacea, supra minute puberula, subtus plus minusve albo-tomentosa, oblonga, 10—16 cm longa, 2,5—4,5 cm lata, apice acuminata, basi acuta cum petiolo brevi tomentoso, margine sat dense callose denticulata. Pedicelli 10—17 cm longi, subpubescentes, compressi, basi 2 bracteolis subulatis 5 mm longis et subvillosis praediti. Hypanthium depresso-globosum, 10-nervatum, pubescens, 4 mm longum, 8 mm latum; lobi calycini 10—16 mm longi, subulati, remote denticulati, pubescentes, erecti. Corolla virenti-alba et rubicundo-suffusa, pubescens, tubo recto, 15 mm longo, sursum attenuato (5 mm), ad faucem obliquam inflato; lobi corollae sublineares, leviter falcati, superiores 22, laterales 18. imus lobus 15 mm longi, 3 inferiores labium tripartitum formantes. Filamenta glabra, longe e tubo corollae exserta. Tubus anthereus 13 mm longus, in dorso longiuscule pilosus, in apice nudus.

Peru: Dept. Cajamarca, über der Hacienda La Tahona bei Hualgayoc, 3100—3300 m, dichte geschlossene Formation, aus Kräutern, Gräsern und Sträuchern bestehend, Kakteen fehlen, blüh. im Mai (Weberbauer n. 4019! — Hb. Berl.).

Species non satis notae et dubiae:

Siphocampylus pulchellus Planch & Linden ex Linden, Catalog. X (1855) 7: Descript. auct.: Species gracilis, rara pulchritudine texturae et coloris. Folia numerosa, ovali-oblonga, irregulariter dentata. Flores axillares pedunculis folio multo brevioribus. Corolla tubulosa, angusta, rubro-violacea, paullum amaranthina, labio inferiore albo-roseo. Tubus staminum et stylus longe exserti. Introductum a M. Schlim ex provincia Ocaña, Colombia.

S bracteatus Decaisne ex Linden, Catalog. V (1850) 7.

S. floccosus Planch. ex Linden, Catalog. V (1850) 7.

S. laciniatus G. Don, Gen. Syst. III (1834) 704, non Urban; A. DC. Prodr. VII, 397. —*Lobelia laciniata* Presl, Prodr. 40, non Lam. —Ramis velutinis, foliis profunde dentatis acuminatis lobisque acuminatis, tubo calycis hemisphaerico, lobis corollae falcatis, columna staminea velutina, antheris glabris 2 infer. apice barbatis. Suffrutex in Peruvia (Diagn. auct.).

S. lanceolatus (?) Regel, Catalog. Pl. Hort. Aksakov. (1860) 132, nomen!

S. quadridentatus Cham. & Schlechtd. apud D. Dietr., Synops. I (1839) 737, verisimiliter erronee vox quadridentatus pro grandidentatus, in quo casu idem ac *Centropogon grandidentatus* (Schlechtd.) A. Zahlb.

S. spicatus Hort. Floricult. Cab. VII (1839) 263.

S. vianiensis Cortes, Fl. Colomb. I (1897) t. 5. Verisimiliter *Centropogon* sp.

11. **Diastatea** Scheidw.

Diastatea Scheidweiler in Otto & Dietr., Allgem. Gartenzeitung IX (1841) 396; Jackson, Ind. Kew. II (1893) 747; McVaugh in Bull. Torr. Bot. Club LXVII (1940) 143 et in North Am. Fl. XXXII A (1943) 26. — *Lobeliae* et *Laurentiae* sp. auct.

Calycis tubus subnullus, sepala 5 libera, aequalia. Corolla tubulosa, tubo integro, limbo bilabiato, quinque-partito; laciniae superiores minores, inferiores in labium tripartititum coalitae. Stamina 5 cum corolla inserta: filamenta libera; antherae in tubum cylindricum connatae, antherarum 2 inferiores apice setulosae. Ovarium sessile, liberum, superum, in tubo corollae inclusum; stylus et stigma *Lobeliae*. Capsula supera, bilocularis, demum in 2 partes loculicide dehiscens. Semina minuta, numerosa. — Herbae annuae, erectae, graciles. Folia alterna, integra. Flores in racemis laxis secundis vel solitarii in axillis foliorum sensim deminutorum, versus verticem racemose dispositi. Corolla coerulea usque violacea vel lilacina.

Species 7, praecipue Mexicanae, una in Costarica indigena, una usque in Peruviam percurrens.

Clavis specierum.

I. Corolla minuta, 3—6 mm longa.
   A. Caulis subangulatus, inferne hirtellus, superne glabratus; ovarium oblongum, sepalis dimidio longius .... 1. *D. micrantha.*
   B. Caulis ramique anguste alati et in alis ciliati; ovarium late ovale, sepala non vel maturescens interdum parum superans .... 2. *D. costaricensis.*

II. Corolla conspicua, 9—14—25 mm longa.
   a. Corollae tubus brevior quam limbus; ovarium ovale, sepala vix excedens 3. *D. maximiliana.*
   b. Corollae tubus limbo longior, angustus; ovarium anguste oblongum, sepalis multo longius.
      1. Folia sessilia, imis exceptis, lanceolata.
         × Corollae tubus angustus, linearis .... 4. *D. tenera.*
         ×× Corollae tubus infundibuliformis .... 5. *D. expansa.*
      2. Folia saltem inferiora distincte petiolata, ovata usque ovato-lanceolata.
         ° Sepala linearia, integra, 6—7 mm longa .... 6. *D. virgata.*
         °° Sepala subulata, basi bidenticulata, 2—5 mm longa 7. *D. lemairei.*

1. **Diastatea micrantha** (HBK.) McVaugh in Bull. Torr. Bot. Club LXVII (1940) 143, 787. — *Lobelia micrantha* HBK., Nov. Gen. & Spec. Americ. III (1818) 316, non Hook.; Spr. Syst. Veg. I (1825) 716; G. Don, Gen. Syst. III (1834) 705; A. DC. Prodr. VII (1839) 373; D. Dietr., Synops. I (1839) 734; Vatke in Linnaea XXXVIII (1874) 721 incl. var. *subtilis*; Hemsley, Biolog. Centrali-Am. II (1881—82)

Fig. 71. *Siphocampylus umbellatus*, 1/3, p. 376.

Fig. 72. *Siphocampylus matthiaei*, ca. 1/2. Sp. orig.

267. — *L. subtilis* HBK. l. c. 317; Spreng. l. c.; G. Don l. c. 706; D. Dietr. l. c. — *L. ruderalis* Willd. apud Roem. & Sch., Syst. V (1819) 56; Pittier, Primit. Fl. Costaric. II/2 (1898) 11. — *L. Draba* Willd. l. c. 67. — *L. parviflora* Mart. et Gal. in Bull. Acad. Roy. Bruxell. IX (1842) 41. — *Laurentia micrantha* A. Zahlb. in Bull. Torr. Bot. Club XXIV (1897) 386, non A. DC.; E. Wimm. in Macbr., Fl. Peru VI (1837) 475; Standley, Fl. Costaric. IV (1938) 1415. — *L. Michoacana* Robins. in Proceed. Americ. Acad. XXVI (1891) 167. — *Rapuntium micranthum* et *R. subtile* Presl. Prodr. Lobel. (1836) 25. —? *Lobelia minutiflora* Kunze in Linnaea XVI (1842) 318. — *Dortmannia micrantha* O. Kuntze, Revis. Gen. (1891) 972. — Herba annua erecta, 8—30 cm alta. Caulis ramique e decurrentia foliorum subangulati, puberuli vel glabri. Folia inferiora late ovata, 3—35 mm longa, 3—23 mm lata, acuta usque subacuminata, in petiolum brevem decurrentia, reliqua ovato-oblonga usque lanceolata, sensim minorata et sessilia, apice obtusa usque subacuminata, basi rotundata vel cuneata, serrato-dentata, glabra vel sparse pubescentia. Flores in racemo laxo subsecundo, bracteati. Bracteae lanceolatae vel subulatae, pedicellis filiformibus 5—12 mm longis breviores. Sepala linearia, 2 mm longa, saepe glabra, integra, erecta, ovario oblongo duplo breviora. Corolla 4—6 mm longa, tubo pallido, lobis coeruleo-violaceis vel dilute roseis, 2 superioribus sublinearibus erectis, inferioribus labium tripartitum formantibus, lobis eius oblongis, in fauce 2 plicis et verisimiliter obscure maculata. Antherarum tubus vix 1 mm longus, 2 inferiores apice penicillatae. Capsula superior, oblonga, circiter 5 mm longa et 2 mm lata, tenuiter membranacea, in apice diu corollam emarcidam ferens. Semina fusca, ellipsoidea.

Von Mexico bis Bolivia nicht selten auf Hügeln und bebuschten Orten in 2000—3000 m Höhe, seltener unterhalb bis 800 m.

Clavis varietatum.

A. Bracteae pedicellis distincte breviores, saepe plus duplo; sepala glabra vel sparse pubescentia.

1. Folia ima tantum ovata, basi acuta, reliqua ovato-oblonga usque lanceolata, serrato-dentata .... var. *micrantha*.
2. Folia ovata, basi subcordata vel truncata, minute denticulata var. *ovatifolia*.

B. Bracteae pedicellos superantes vel saltem eos aequantes; sepala ciliata var. *longibracteata*.

var. **micrantha**. — Diagn. ut supra. — Fig. 73 a.

Mexico: San Luis Potosi, bei Alvarez (E. Palmer n. 185! — Hb. Wash., ad varietatem *longibracteatam* accedens); Federal Distrikt, Valle de Mexico (C. G. Pringle n. 7125! — Hb. Berl.); Santa Fé, blühend im Okt. (Bourgeau n. 1065! — Hb. Del., Stockh.); Puebla, Acatzingo (Fr. Nicolas n. 5683!); Manzanilla, Teocalalli de Cholula (Fr. Arsène! — Hb. Wash.); Michoacan, Morelia, Cerro Azut (Fr. Arsène n. 6729! — Hb. Wash.); Hügel von Patzcuaro (Pringle n. 3337 — Typus pro *Laurentia michoacana*, Hb. Goett.); Oaxaca, Flußufer, 2100 m, I. (Galeotti sine no. et n. 1970! interdum, p. p. — Hb. Del., Franco n. 94! — Hb. Wien); Tehuacan (Liebmann n. 9214!); Chiapas, Sierra de Jonala und Salto da Agua (Purpus n. 6807! 1689!); ohne nähere Ortsangabe (Schmitz n. 195! 196! Fred Müller n. 296! Schumann n. 771!).

Guatemala: Dept. Tecatepequez, Antigua, XII. (W. A. Kellermann n. 6603! p. p. — Hb. Field); ohne nähere Ortsangabe, X. (Bernoulli & Cario n. 2002! — Hb. Goett.).

Costa Rica: Weiden entlang des Rio Tiribi, 1250 m (Pittier n. 13); Weiden bei San José, Savannen von Borucamalt, Anpflanzungen und Triften am Rio Torres bei San Francisco de Guadeloupe VIII — I. (Tonduz n. 1414, 4411, 7230, 1291 — ex Pittier); ohne nähere Ortsangabe (Endres n. 24! — Hb. Wien).

Panama: Prov. Panama, Juan Diaz, dichter Wald über dem Japia-Fluß, VI. (Killip n. 3321! — Hb. Berl.).

Colombia: Dpt. Cundinamarca, Sibate, Feld, X. (Pennell n. 2508!); Maisfeld Facatation, 2600 m, XII. (Tracey n. 168! — Hb. Kew); Dept. El Valle, Pavas, offene Hügel, 1400—1500 m (Pennell n. 5476! — Hb. Field).

Ecuador: „In regione Quitensi prope Puembo 1300 hex." — e Kunth; Prov. Cuenca, Nanegal (Karsten! Jameson!).

Peru: Dept. Amazonas, Anden von Chachapoyas (Mathews n. 908!); Dept. Huánuco, Yanahuanca, südliche buschige Abhänge, Maria del Valle, Ambo, steinige Flußniederung, IV, VI (Macbride & Featherstone n. 1166! 3555! 3196!); Dept. Junin, Uspacacha, südöstliche Flußschlucht, VI (Macbride & Featherstone n. 1297!); Dept. Lima, Viso, V. (Macbride & Featherstone n. 763!); Dept. Ayacucho, Prov. Huanta, unterhalb Yanamonte (Weberbauer n. 5605!), Aina, freier Hügelabhang, V. (Killip & Smith n. 22684!); Dept. Cuzco, feuchte grasige Abhänge bei Paucartambo, 2900—3200 m, V. (Pennell n. 13798!), Ollantaitambo, 3800 m (Cook & Gilbert n. 348! — alle Hb. Field.); Chinchin (Dombey — det. A. Decandolle).

Bolivia: Prov. Larecaja, Sorata (Mandon n. 493!); Tarija, 1900 m, IV (K. Fiebrig n. 2263!); ohne nähere Ortsangabe (M. Bang n. 1967, 2247!). — Chile? (Bruchstück aus dem Hb. Cavanilles).

var. **longibracteata** E. Wimm. in Revista Sudameric. Bot. II (1935) 104 et in Macbr., Fl. Peru VI (1937) 476 sub *Laurentia.* —*Laurentia pedunculata* Brandg. in Univ. Calif. Publ. Bot. VI (1914) 73. —Caulis, rami, petioli et sepala ciliata. Pedicelli 1—2 cm longi, bracteas sublineares aequantes vel eis breviores. Sepala longitudine tubi corollae.

Mexico: Valle de Mexico, Guadelupe (Rose & Painter n. 7821! Rose & Hay n. 1281! — Hb. Wash., Wien); Puebla, Hacienda Santa Barbara, barranca de la Celseseca, 2150 m, VIII. (Fr. Arséne n. 10172! — Hb. Wash.); Orizaba (M. Sallé n. 2! — Hb. Del.), San Cristobal (Mohr n. 184! 1605! — Hb. Wash.); Veracruz, Weg nach dem Cerro Macuiltepec bei Jalapa, 1450 m, auf Triften und an Wegrändern (R. Endlich sine no. et n. 1401! — Hb. Berl.).

Guatemala: Auf kräuterreichen Hügeln (Bernoulli n. 118! — Hb. Del.); Coban, Cerro Redondo, Jumaytepeque (Ex pl. Guatemal. ed. Donn. Smith n. 22! 6180! 3817!).

Salvador: San Salvador, 650—850 m (Standley n. 23109! — Hb. Wash.).

Colombia: Santa Marta (H. H. Smith n. 1496! — Hb. Del.); Dept. Cundinamarca, Susumuco, feuchte Stellen im Walde, 1200—2400 m, IX. (Pennell n. 1731! — Hb. Wash.); Dept. Cauca, El Tambo, 1700 m, VI. (Kj. v. Sneidern n. 1525! — Hb. Stockh.).

Venezuela: Tovar (Fendler n. 726! — Hb. Del.).

Ecuador: Anden (Spruce n. 4987! — Hb. Del.).

Peru: Dept. Amazonas, Anden von Chachapoyas (Mathews! — Hb. Del.); zwischen Suta und Leymebamba, IV. (A. Raimondi n. 1811! — Hb. Berl.); Dept. Ayacucho, Sandia, 2200 m (Weberbauer n. 583! — Hb. Berl.); Dept. Cuzco (Herrera n. 2586 a!), Ollantaitambo, Feld entlang des Flusses, 2850 m (Pennell n. 13681! — Hb. Field).

var. **ovatifolia** (Robins.) E. Wimm. in Annal. Naturhist. Mus. Wien LVI (1948) 332. — *Laurentia ovatifolia* Robinson in Proceed. Americ. Acad. XXVI (1891) 166. — *L. micrantha* var. *ovatifolia* E. Wimm. in Macbr., Fl. Peru VI (1937) 476. — Folia ovata, 15—25 mm longa, 15—16 mm lata, acuta, basi truncata vel subcordata, margine minute denticulata, petiolo 5—6 mm longo; folia superiora lanceolata. Bracteae anguste lanceolatae, pedicellis duplo breviores.

M e x i c o : Guadalajara, schattige Ufer, IX. (P r i n g l e n. 2985 — ex auct.); San Luis Potosi, Cardenas (P r i n g l e n. 3302! — Hb. Goett., n. 13460! — Hb. Wash.).

P e r u : Prov. Jaën, Tal des Flusses Tabaconas bei der Hacienda Charape, Grassteppe, 1200—1300 m (W e b e r b a u e r n. 6262! — Hb. Berl.).

C o l o m b i a : Palmilla (Quindio) 1600 m, 6. III. 1876, Rio Quilchao, IV., Popayan 2000 m (E. A n d r é n. 2030! 2827! 2781! — Hb. Kew: Specimina videntur intermedia: Folia oblongo-ovato-triangularia, basi rotundata, ,,flores albi").

2. **D. costaricensis** McVaugh in Bull. Torr. Bot. Club LXVII (1940) 789 et in North Am. Fl. XXXII A (1943) 28. — *D. irazuensis* (Planch. & Oerst.) E. Wimm. in Annal. Naturhist. Mus. Wien LVI (1948) 332. — *Lobelia irazuensis* Planch. & Oerst. in Vidensk. Meddel. Kjoebenh. (1857) 153 saltem p. p. et in herb. — *Laurentia irazuensis* E. Wimm. apud Standley, Fl. Costaric. IV (1938) 1415. — Herba erecta, ramosa, 12—25 cm alta. Caulis et rami stricti anguste alati et in alis ciliati, interdum glabrescentes. Folia ima ovato-rotunda, cetera oblonga usque lanceolata, acuta, basi angustata, subsessilia, anguste decurrentia, margine argute serrata, ima 3—5 mm longa et 3—5 mm lata, alia 10—25 mm longa et 2—7 mm lata, subtus sparse hirsutula vel glabra. Flores solitari-axillares, plerumque in racemis laxis dispositi. Bracteae foliaceae, passim minoratae, saepe anguste lanceolatae, pedicellos superantes. Pedicelli saepe secundi, 5—10, fructiferi ad 20 mm longi, subpubescentes vel glabrati, basi 2 bracteolis filiformibus divergentibus praediti. Sepala subulata, integra, ciliolata, 3 mm longa, erecta. Corolla coerulea vel alba vel rubenti-alba, 6 mm longa, glabra, tubo longitudine sepalorum, limbo bilabiato, lobis superioribus oblique lanceolatis, inferioribus labium trifidum formantibus, basi 2 plicis ornatis, lobis subellipticis. Capsula ovalis vel ovali-oblonga, sepala vix aut parum superans, 4 mm longa et circiter 3 mm lata. Semina fusca, oblonga, 0,4—5 mm longa. — Fig. 73 c.

C o s t a R i c a : San José (O e r s t e d n. 9238! — Hb. Kopenh., orig.); auf Hügeln, Wiesen und Weiden, in der Zentralregion des Irazú häufig, bei Dota und San Ramón und San Juan (A. M. B r e n e s n. 3777! 4730! 5300! 5860 a! 5910! 16851! — Hb. Field); Carpintera, 1400 m (A. C. B r a d e n. 2116! — Hb. Berl.); Vulkan Poas (E n d r e s n. 22! 58! — Hb. Wien).

G u a t e m a l a : Cerro del Carmen auf kräuterreichen Hügeln, XI. 1865 (B e r n o u l l i ! — Hb. Del.); Dept. Santa Rosa, Estanzuela (H e y d e & L u x — E pl. Guatemal. ed. D o n n. S m i t h n. 4257!).

3. **D. maximiliana** E. Wimm. in Annal. Naturhist. Mus. Wien LVI (1948) 332. — *Laurentia Maximiliana* E. Wimm. in Fedde, Repert. XXXVIII (1935) 78. — *D. micrantha* McVaugh in Bull. Torr. Bot. Club LXVII (1940) 788 p. p. — Herba recta, ramosa, ca. 20 cm alta. Caulis et rami angulati, in angulis inferne plus, sursum passim minus ciliati, caeterum glabrum. Folia inferiora elliptica vel oblonga, reliqua lanceolata vel linearia, acuta usque cuspidata, basi in petiolum brevem angustata vel superiora sessilia, margine exserte dentata vel remote denticulata, inferiora ca. 20 mm longa et 5 mm lata, superiora 30—40 mm longa et 3—6 mm lata. Flores in racemo secundo laxo. Bracteae foliaceae, anguste lineares, sessiles, remote denticulatae, 15—25 mm longae et 1 mm latae. Pedicelli filiformes, glabri, 10—16 mm longi, fructiferi elongati. Sepala subulata, integra, glabra, 4 mm longa. Corolla caerulea, circiter 10 mm longa, tubo 4 mm longo, limbo bilabiato: lobi 2 superiores lanceolati, erecto-reclinati; labium inferius tripartitum, lobi obovati. Antherarum tubus 1,5 mm longus, 2 inferiores apice penicellatae. Capsula videtur oblongo-ovalis. — Fig. 73 b.

M e x i c o : Guerrero, Texquitzin bei Chilapa, X. (L. S c h u l t z e - J e n a n. 163! 113! — Hb. Berl.).

Fig. 73. a *Diastatea micrantha*: flos 4/1. — b *D. maximiliana* 1/1, corolla 3/1. — c *D. costaricensis*: flos et caps. 4/1, semen 22/1. — d *D. virgata*: flos 4/1, ovar. longitud. dissect., capsula 2/1, semen 22/1. — e *D. tenera*: flos 5/1. — f. *Laurentia minuta*: habitus 2/1, corolla ca. 3/1, semen 25/1. — g *Laur. bifida* 2/1, sp. orig. Thunb. — h *Laur. eximia*: flos 2/1, semen 10/1. — i *Laur. hedyotidea*: flos 2/1. — j *Laur. hederacea*: flos 2/1. — k *Laur. debilis*: flos cum bractea, folium caulis 2/1. — Orig.

4. **Diastatea tenera** (A. Gray) McVaugh in Bull. Torr. Bot. Club LXVII (1940) 143, 791. — *Palmerella tenera* A. Gray in Proceed. Americ. Acad. XXII (1887) 433. — *Lobelia Palmeri* Greene, Pittonia I (1889) 297. — *Laurentia pinetorum* Brandegee in Univ. Calif. Publ. Bot. IV (1910) 92. — Herba erecta, ad 20 cm alta, simplex vel subramosa, inferne puberula, caeterum glabra. Folia sessilia, infima parva, rotundo-ovata, serrata, reliqua lanceolata usque lineari-lanceolata, argute dentata vel remote denticulata, 5—15 mm longa et vix 1—3 mm lata, glabra. Flores in racemo secundo laxo. Bracteae foliaceae, pedicellos circiter aequantes. Pedicelli filiformes, patenti-ascendentes, 5—13 mm longi, ebracteolati. Sepala linearia, acuta, glabra, erecta, plerumque utrinque dente uno munita, fere 2 mm longa. Corolla purpurea vel obscure lilacina, tubo 5 mm longo anguste cylindrico, limbo bilabiato: lobi 2 superiores oblanceolati erecti, lobi 3 inferiores in labium coalitum, obovati, basi 2 gibbis et macula albida notati. Stamina e tubo corollae parum exserta: filamenta adnata; antherae 2 inferiores apice penicillatae. Capsula oblonga, 5 mm longa et circiter 2,5 mm lata. Semina obscuro-badia, nitida, oblonga, ca. 0,4 mm longa. — Fig. 73e.

Mexico: Staat Jalisco (E. Palmer n. 552! Hb. Ups.), Etzatlan, Weg zum Bergwerk San Domingo, trockene Hügel, 1800 m, X. (Barnes & Land n. 319 — Hb. Field), auf feuchten Stellen in der Sierra San Esteban, 1500 m, X. (Pringle n. 8756! — Hb. Del., Stockh.), Hügel bei Guadalajara (Pringle n. 2374! Rose & Painter n. 7474! — Hb. Wash.); Tultenango (Rose & Painter n. 7842!); Morelia, 1950 m (Fr. Arsène n. 3113! 5565! 5865! 5979! 6064! 6070! 6539! 6542! 7073!). Puebla (Fr. Arséne n. 2373! 57! 269! —Hb. Wash.); Berghang oberhalb Cuernavaca, 1950 m, XII. (Pringle n. 15028! —Hb. Stockh.); Fuß des Popocatepetl (Purpus n. 3665! orig. pro *Laurentia pinetorum* — Hb. Calif. Univ.); Jaral, Flußufer der Gebirgstäler (W. Schumann n. 774! — Hb. Berl.); District Zultepec, grasige Stellen, lila blühend (C. & E. Seler n. 4437! — Hb. Berl.).

5. **D. expansa** McVaugh in Bull. Torr. Bot. Club LXVII (1940) 787 et in North Am. Fl. XXXII A (1943) 27. — Caulis erectus, interdum subramosus, glaber, ad 25 cm altus. Folia glabra, tenuia, sessilia, lanceolata, 13—25 mm longa, 3—4 mm lata, utrinque acuta vel basi etiam rotundata, margine subtiliter serrata, folia inferiora latiora et subpetiolata. Inflorescentia secunda, pauci- usque decemflora. Bracteae foliaceae, late lanceolatae usque lineares. Pedicelli ad 11 mm longi, glabri. Sepala lineari-lanceolata, 3 mm longa, utrinque 1—2 dentibus munita, glabra. Corolla purpureo-coerulea (exsiccata), circiter 9 mm longa, tubus 4—4,5 mm longus, sursum sensim dilatatus, basi parum versus latus ventrale ventricosus; lobi 2 superiores oblanceolati, lobi 3 inferiores elliptici, 4 mm longi. Tubus anthereus 1,3—1,5 mm lg.

Mexico: Staat Mexico, Distr. Temascaltepec, Correra, 1230 m, 19. XI. 1932 (G. B. Hinton n. 2644 — Typ. Hb. Gray); ohne nähere Ortsangabe (Tate! — Hb. Del.).

6. **D. virgata** Scheidw. in Allgem. Gartenzeitung IX (1841) 396; McVaugh in Bull. Torr. Bot. Club LXVII (1940) 143, 792 et in North Am. Fl. XXXII A (1943) 30. — *Lobelia ramosissima* Mart. & Gal. in Bull. Acad. Roy. Bruxell. IX (1842) 42. — *Laurentia ramosissima* Benth. & Hook. f. Genera Pl. II (1876) 549; Hemsl. Biolog. Centrali-Americ. II (1881—82) 265; Robins. in Proceed. Americ. Acad. XXVI (1891) 167. — Herba erecta, 30—40 cm alta, ramosa. Caulis et rami e foliis decurrentibus anguste alati vel angulati et in angulis ciliati, superne glabrati. Folia ovata, 3—5 cm longa, 1,4—2,5 cm lata, apice acuta, basi rotundata vel breviter cuneata et in petiolum 2—6 mm longum subabrupte decurrentia, glabra, margine inaequaliter dentata. Flores in racemo secundo laxo, bracteati. Bracteae lanceolatae usque sublineares, subsessiles, remotius dentatae, pedicello longiores vel breviores. Pedicelli 3—6, fructiferi ad 25 mm longi, ascendentes. Sepala angustissime linearia, acuta, integra, glabra, erecta, 3 mm longa. Corolla coerulea vel lila-

cina, tubo anguste cylindrico, 8—10 mm longo, limbo circiter 8 mm longo: lobi 2 superiores spathulati et unguiculati, labium inferius tripartitum, lobis subobovatis, basi bigibbosis. Stamina videntur in medio corollae adnata; antherarum 2 inferiores apice breviter penicillatae. Stigma bilobum, in latere inferiore albo-puberulum. Capsula lineari-oblonga, 10 mm longa, 2 mm lata. Semina fusca, nitidissima, laevia, oblongo-ellipsoidea, ca. 0,6 mm longa.

var. **virgata.** — Folia et sepala glabra. — Fig. 73 d.

Mexico: Oaxaca, Sierra, 2100 m, Flußränder, XII, Solano verde, 1800 m' Vera Cruz: Mirador, 1800 m (H. Galeotti n. 1970! p. p. vel interdum confusa cum *D. micrantha* ut in Hb. Del., n. 4502! — Hb. Berl., Wien, ubi etiam *D. micrantha* admixta reperitur); Oaxaca (Ghiesbreght!, Cuming!), Monte Alban, 1800 m (Ch. L. Smith n. 721! — Hb. Wash.); Puebla, Cerro Chisquihuite, 2200 m (Fr. Arséne n. 1824! — Hb. Wash.); Guerrero, Distrikt Hidalgo, in schattigem Gebüsch am Berghang bei Taxmalac, X. (C. & E. Seler n. 4246! — Hb. Berl.).

var. **ciliata** McVaugh in Bull. Torr. Bot. Club LXVII (1940) 793. — Caulis sparse hirsutus, inflorescentiae glabrae. Folia utrinque parce pubescentia. Pedicelli brevissime puberuli. Sepala ciliata. Corolla videtur parum minor. Semina subglobosa et minora.

Mexico (Uhde n. 679! — Hb. Berl., Hegewisch! — Hb. Goett.); Guerrero, Berge oberhalb Iguala auf Kalkstein, 900 m, Okt. (Pringle n. 8375! — Hb. Goett., Stockh., Del., Wash.); Morelos, Kalkstein-Hügel bei Yautepec, 1200, Okt. (Pringle n. 11005! — Hb. Wash.).

7. **D. lemairei** E. Wimm. nov. nom. — *D. Ghiesbreghtii* (Lem.) E. Wimm. in Annal. Naturhist. Mus. Wien LVI (1948) 333; *Lobelia Ghiesbreghtii* Lemaire in L'Illustr. Horticole I (1854) t. 34, non Decaisne (1848); Hemsl. Biolog. Centrali-Americ. II (1881—82) 267. — *Dortmannia Ghiesbreghtii* O. Kuntze, Revis. Gen. (1891) 972. — Herba pauciramosa, erecta, 60—80 cm alta, succu denso luteolo. Caulis angulatus, glaber. Petioli breves, sulcati. Folia ovata usque ovato-oblonga, 4—6 cm longa et 2—2,6 cm lata, superiora et flores fulcrantia cuneato-lanceolata et minora, apice subacuminata, basi breviter acuta, margine inaequaliter dentata, subtus brevissime puberula. Flores solitari-axillares, versus verticem sensim racemosi. Pedicelli 5—8 mm longi, brevissime puberuli, versus basin bibracteolati. Calyx gibboso-urceolatus, ex icone fere nullus; lobi angustissime lineares, ex icone 2—4 mm longi, ad basin bidenticulati. Corolla roseo-lilacina cum oculo albo, tubo anguste cylindraceo, pallidiore, in dorso ad medium fisso, sed tubulose conniveente, circiter 17 mm longo et 2—3 mm lato; limbus bilabiatus: lobi 2 superiores lanceolati, abrupte replicato-adpressi, ca. 10 mm longi; labium inferius trifidum, ca. 12 mm longum, lobi oblongi, subacuti, expansi. Filamenta basi! corollae affixa (ex auct.). Antherae puberulae.

Mexico: Michoacan (Ghiesbreght — kult. im Garten Aug. Van Geert in Gent als Kalthauspflanze). — An species certe ad *Diastateam* pertinet, non sine dubio est, cum nullum specimen viderim.

12. Laurentia (Mich.) Adans.

Laurentia[1]) [Micheli, Nova Pl. Gen. (1729) 18] Adanson, Fam. II (1763) 134, non Scop. nec Steud.[2]); Necker, Elementa I (1790) 131; Endlicher, Gen. I (1838)

[1]) Marcus Antonius Laurenti, Philosophiae ac Medicinae doctor collegiatus Bononiensis, archiater et professor expertissimus saeculo XVIII.

[2]) *Laurentia* Scop. = genus *Caprifoliacearum* ex Pfeiffer, Nomencl.; *Laurentia* Steudel = *Lorentea* Orteg. = *Sanvitalia* Gual.

511 et Enchirid. (1841) 264; A. Decandolle, Prodr. VII (1839) 409; Spach. Hist. Natur. Phanérog. IX (1840) 572; Reichenbach, Nomenclator (1841) 102; Meisner, Pl. Vascul. Gen. (1836—42) 240; Petermann, Pflanzenreich (1845) 444; Lindley, Veget. Kingdom (1847) 693; Grenier et Godron, Fl. Franc. II (1850) 397; Sonder in Harvey & Sonder, Fl. Cap. III (1865) 552; Boissier, Fl. Oriental. III (1875) 884; Benth. & Hook. f., Gen. Pl. II (1876) 549; Hemsley, Biolog. Centrali-Americ. II (1881—82) 265; Baillon, Hist. Pl. VIII (1886) 362; Parlatore, Fl. Ital. VIII (1888) 24; Battandier & Trabut, Fl. Algër. Dicotyl. (1890) 569; Schönland in Engler & Prantl, Pflanzenfam. IV/5 (1894) 69; Nicholson, Dict. Horticult. III (1895) 97; Post, Fl. Syria, Palestine and Sinai 2. ed. (1933) 161; E. Wimm. in Macbr., Fl. Peru VI (1937) 474; Standley, Fl. Costaric. IV (1938) 1415; McVaugh, Revis. of „Laurentia“ in Bull. Torr. Club LXVII (1940) 778. — *Laurenta* Medicus, Vorles. Churpfälz. phys.-oek. Gesellsch. I (1791) 207. — *Enchysia* Presl, Prodr. Monogr. Lobel. (1836) 40; A. DC. l. c. 408; Sond. l. c. 552. — *Porterella* Torrey in Hayd. Reports Geol. Survey Montana (1872) 488. — *Lobeliae* sp. L. et aliorum auct. — *Rapunculi* sp. Bocconei et Raji. — *Rapuntii* sp. Tournef.

Calycis tubus ovario infero adnatus, limbo quinquepartito et fere regulari. Corolla tubulosa, tubus integer, cylindraceus vel leviter infundibuliformis, limbus corollae plus minusve bilabiatus, lobis 5 inaequalibus vel subaequalibus. Tubus stamineus inclusus, antherae plerumque partim exsertae; filamenta a corolla libera (sect. *Solenopsis*) vel tubo corollae partim (sect. *Palmerella*) vel omnia inserta (sect. *Isotoma*). Stigma bilobum. Capsula bilocularis, polysperma, 2 valvis apice loculicide dehiscens. — Herbae plerumque annuae, raro perennes, erectae vel procumbentes. Folia alterna, rarissime nonnulla verticillata, indivisa. Flores in axillis foliorum superiorum solitarii vel racemosi.

Species 25 notae obveniunt plurimae in Africa australi et in Australia, nonnullae in regionibus Maris Mediterranei et in America a California usque Boliviam.

Laurentia nullum habitum proprium prae se fert et a *Lobelia* nonnisi tubo corollae integro et saepe angusto et elongato et apud plures species filamentis corollae adnatis differt.

Conspectus sectionum:

I. Filamenta a corolla libera .... Sect. I. *Solenopsis*.
II. Filamenta, saltem 2, corollae adnata.
  A. Filamenta 2 superiora corollae inserta, reliqua libera. Calif. .... Sect. II. *Palmerella*.
  B. Filamenta omnia corollae inserta .... Sect. III *Isotoma*.

Sectio I. **Solenopsis** Endl.

Sect. *Solenopsis* Endlicher, Gen. I (1838) 512; E. Wimm. in Annal. Naturhist. Mus. Wien LVI (1948) 333. — *Solenopsis* (*genus*) Presl, Prodr. Lobel. (1836) 32; Meisner, Pl. Vascul. Gen. (1836—43) 240. — *Subgen. Solenopsis* Peterm., Pflanzenreich (1845) 444. — *Enchysia* Presl l. c. 40 p. p.; Meisner l. c. A. DC. Prodr. VII (1839) 408 p. p.; Sond. in Harv. & Sond., Fl. Cap. III (1865) 551. — Sect. *Enchysia* Endl. l. c. — *Subgen. Enchysia* Peterm. l. c. — *Laurentia* A. DC. l. c. p. p.

Corollae tubus cylindricus usque subinfundibularis, limbus bilabiatus lobis inaequalibus vel limbus subregularis lobis fere aequalibus et subporrectis. Filamenta a corolla libera.

Clavis specierum.

A. Planta acaulis, folia rosulata, pedunculi scapiformes .... 1. *L. minuta*.
B. Plantae caulescentes, sparse foliatae, pedunculi axillares.
  I. Caulis erectus vel basi etiam ascendens.
    a. Flores solitarii in axillis foliorum, pedicelli foliis multoties longiores, medio bracteolati.

1. Corolla 5—7 (12) mm longa, lobi inferiores oblongo-lanceolati 2. *L. gasparrinii.*
2. Corolla ad 12 mm longa, lobi inferiores obovati .... 3. *L. bicolor.*

b. Flores in racemo laxo, raro corymbiformi, pedicelli ebracteolati.
* Folia sessilia, carnosula, integerrima.
+ Caules ramosissimi, diffusi, folia lanceolata, acuta 4. *L. carnosula.*
++ Caules simplices, folia caulina linearia cuspidata, floralia lanceolata 5. *L. eximia.*
** Folia petiolata vel ad basin longe angustata, membranacea.
△ Folia in caule sparsa; corollae tubus 7—10 mm lg.
° Folia oblanceolato-linearia vel linearia, obtusa, minute denticulata .... 6. *L. longitubus.*
°° Folia spathulata, acuta, inciso-dentata .... 7. *L. giftbergensis.*
△△ Folia plurima rosulata, caulina rara.
× Folia spathulata, dentata, parva .... 8. *L. bifida.*
×× Folia oblanceolato-linearia usque linearia, obtusa, saepe subintegra .... 9. *L. arabidea.*

II. Plantae caulibus decumbentibus vel radicantibus.
a. Plantae glabrae vel brevissime puberulae, folia lanceolata 10. *L. secunda.*
b. Plantae pubescentes.
1. Pubescentia densa brevis velutina, folia reniformi-rotunda vel ovato-rotunda, basi subcordata vel truncata.
° Dentes foliorum triangulares, acuti; pedicelli glabrati 11. *L. hedyotidea.*
°° Dentes foliorum ovati, obtusiusculi; pedicelli pubescentes 12. *L. hederacea.*
2. Pubescentia longa, sparsa; folia ovato-rotunda, basi truncata usque brevi-cuneata .... 13. *L. pygmaea.*

1. **Laurentia minuta** (L.) A. DC. Prodr. VII (1839) 410; E. Wimm., in Annal. Naturhist. Mus. Wien LVI (1948) 333. —*Lobelia minuta* L. Mantissa (1771) 292, non Thunb.; Syst. Veget. ed. Murray (1774) 667; Lamarck, Encyclop. III (1789) 587; De Candolle, Fl. Franc. (1805) n. 2871; R. & Sch., Syst. V (1819) 55 excl. syn. Thunb.; Sims, Bot. Mag. LII (1824) t. 2590; Spreng., Syst. I (1825) 716; G. Don, Gen. Syst. III (1834) 711; D. Dietr., Synopsis I (1839) 733.

Laurentia tenella (Biv.) A. DC. l. c. incl. var.; Grenier & Godr., Fl. France, II (1850) 397; Raulin, Descr. Phys. L'Ile de Crète, Part. Bot. (1869) 498; Willk. & Lange, Prodr. Fl. Hispan. II (1870) 279; Cusin, Herb. Fl. France XV (1874) t. 4; Boiss., Fl. Orient. III (1875) 884; Barceló y Combis, Fl. Islas Balear. (1879—81) 295; Strobl, Fl. der Nebroden in Flora LXVI (1883) 548; Parlatore, Fl. Ital. VIII (1888) 27; Pojero, Fl. Sicul. II/1 (1902) 235; Halacsy, Consp. Fl. Graecae II (1902) 281; Fiori & Parlat., Icon. Fl. Ital. (1903) 409; Coste, Fl. France II (1903) 484; Coutinho, Fl. Portug. (1913) 604.

Lobelia tenella Bivona, Sicul. Pl. Cent. I (1806) 53, t. 2, non L. nec Thunb.; Gussone, Fl. Sicul. Prodr. I (1827) 251; Delongchamps, Fl. Gall. (1828) 147; Bertoloni, Fl. Ital. II (1835) 554; Amo y Mora, Fl. Fanerog. Penins. Iberica IV (1872) 61; Colmeiro, Enum. Pl. Hispan. - Lusitan. III (1887) 494. — *L. setacea* Sibth. & Smith, Prodr. Fl. Graec. I (1806) 145 et Fl. Graec. III (1819) t. 221, non Thunb. — *L. minima* Sims, Bot. Mag. XXXXVI (1818) t. 2077; Spreng. l. c.; G. Don l. c.; D. Dietr. l. c. — *L. Bivonae* Tineo, Cat. Pl. Horti Panormit. (1827) 279; Gussone, Suppl. Fl. Sicul. Prodr. I (1832) 57 et Fl. Sicul Synops. II (1844) 796. — *L. cretica* Jnss. in herb. ex A. DC. l. c. — *Solenopsis minuta* cum var. *minima* et *S. Bivonaeana*

Presl, Prodr. Lobel. (1836) 32. —*Rapunculus aquaticus repens minimus alpinus, Bellidis folio, flore caeruleo inaperto alba macula notato* Boccone, Museo di Piante rare (1697) 35, t. 27, fig. minor. — *Rapuntium creticum minimum, Bellidis folio, flore maculato* Tournefort, Corollar. (1703) 9. — Herba rhizomate obliquo fibrilloso, acaulis vel subacaulis, pusilla. Folia radicalia, rosulata, longe petiolata, petiolo marginato, 1—4 cm longo, lamina spathulata vel oblonga, apice obtuso vel subacuto, basi in petiolum subabrupte vel etiam sensim angustata, margine subintegra vel repanda vel leviter obtusiuscule dentata, glabra, subtus pallidiora, 3—20 mm longa, 2—9 mm lata. Pedunculi radicales, filiformes, uniflori, 1,5—6 (10) cm longi, saepe in vel infra medium 1—2 (3) bracteolis linearibus remotis aut suboppositis ornati. Hypanthium primo breviter turbinatum, mox semiglobosum; laciniae lineari-lanceolatae, acutiusculae, erectae, 2—3 mm longae. Corolla dilute violacea, intus pilosa et macula alba notata, ore luteo, extus glabra, 5—10 mm longa; lobi superiores lanceolati, suberecti; labium inferius trifidum, lobi obovati apiculati. Antherarum tubus caesius, 1—2 mm longus, e tubo corollae exsertus, antherae 2 inferiores bisetosae. — Fig. 73 f.

Inseln des Mittelländischen Meeres und angeblich in Kapland[1]), wahrscheinlich auch an den Küsten der Länder um das Mittelländische Meer, hauptsächlich an feuchten, quelligen und im Winter überschwemmten Stellen, an Sumpf-, Fluß- und Grabenrändern in der Niederung wie im Gebirge bis 1600 m. Korsika: Cap Corse, feuchte Felsen des Cap Sagro, VI. (P. Mabille n. 315!); Wald bei Evisa, VII. (E. Reverchon n. 77!); Weiden bei Bastelica IX. (Hervier! — Hb. Del.); Bad Guagno, 11. VII. 1882 (A. Le Grand!); „in montosis humidis" (Salzmann!); ohne nähere Ortsbezeichnung (Soleirol! M. A. de Forestier! Thomas! Labillard!). — Sardinien: Sumpfige Stellen bei Cap Ferro-Gallura, VI. (Vaccari! — Hb. Del.); an Bächlein bei Laconi, Juni 1827 (Müller, Un. it.! — Hb. Cambr., Wien); ohne genauere Ortsangabe (Moris! Thomas! — Hb. Wien). — Sicilien: Gebirge der Nebroden, an Bächen und Quellen, besonders bei der Fontana dei S. Nicolo sul M. Pictrafucile, 1200 m (De Heldreich! Gasparrini! Strobl! — Hb. Wien); Berge Madonie auf Kalkboden, 1050 m (Strobl!); Palermo (Gasparrini! Todaro! H. Ross n. 42! Nyman! — Hb. Wien). — Kreta: Gemein an Quellen und schattigen Orten (De Heldreich n. 1365! und ohne Nr.!); Kanea (E. Weiß!); Platania (E. Reverchon n. 100! p. p.); Turtuli (Sieber!); weitere Orte aus Raulin, Descr. Phys. L'Ile de Crete, Bot. (1869) 498: Ipos, Malaxa, Almyros, Rhodakino, Franco-Castello, Embaro, Hierapetra. — Kerkyra (Korfu): Manduchio und San Pantaleone — ex Halacsy (Mazzari n. 374! — Hb. Stockh., hier allgemein nur Jonische Inseln angegeben). — Zypern: An Quellen im Dorfe Moni zwischen Larnaca und Limasol, 28. IV. 1862, häufig (Th. Kotschy n. 576!); Hochgebirgstäler am Berg Olympus, selten, X. 1840 (Th. Kotschy! Aucher-Eloy n. 3854!); Troados, Flußtal bei Galata, VI. (Sintenis n. 742! — Hb. Stockh., Sintenis & Rigo n. 742! — Hb. Del.); Nikosia, III. (Jens Holmboe n. 292! — Hb. Stkh.). — Libanon: unterhalb Brummâna (ex Boissier, non vidi! An *L. Gasparrinii* ?). — Spanien: „In humidis ad Gades" i. e. Cadiz (Schott!).

Kapland: Ohne Ortsangaben (Hunneman! — Hb. Willd.; Ledebour! — Hb. Leningr.; ohne Sammlernamen aus Hb. Vocke — Hb. Goetting.).

---

[1]) Ich zweifle an dem ursprünglichen Vorkommen der *Laurentia minuta* im Gebiet des Kap der Guten Hoffnung, da nicht nur selten, sondern auch — soweit mir bekannt — ohne nähere Ortsangabe in den Herbarien vorhanden; vermute, daß die Exemplare irrtümlich in die Kollektionen aus dem Kap geraten sind oder die Pflanze dort nur adventiv und zufällig gefunden worden ist.

f. **balearica** E. Wimm. in Annal. Naturhist. Mus. Wien LVI (1948) 334. — Plantula ad 4 cm tantum alta. Folia spathulata, apice rotundata, margine sinuato-dentata, dentibus obtusis. Corolla 7 mm longa.

Balearen-Inseln: Majorca: Quellen und Bett des Barranco de Soller (E. Bourgeau n. 2770! Barcelo y Combis — Hb. Wien, Del., Cambr.).

Specimina circa Panormitanum (Palermo) et nonnula e insula Cypro flore majore (12 mm longo) eximia et conspicua, unde a me in diversis herbariis et in Annal. Naturhist. Mus. Wien LVI (1948) 333 ut f. **nobilis** signata sunt.

Usque hodie multi auctores *Laurentiam minutam* (L.) et *Laurentiam tenellam* ut diversas species omnino tradiderunt, primam ut speciem Capensem, secundam Mediterraneam habentes et eas differentes praecipue bracteolis; sed bracteolae in his speciebus valde variabiles tam situ quam numero, aliae differentiae non adduci possunt, insuper vix certum est, utrum *L. minuta* in terra Capensi indigena est an aliquo modo introducta fuit, qua de causa ambae certe unam speciem tantum efficiunt.

2. **L. gasparrinii** (Tineo) Strobl. Fl. der Nebroden (1883) 335 et in Flora LXVI (1883) 547; — Pojero, Fl. Sicul. II/1 (1902) 236. — *Laurentia Michelii* A. DC. Prodr. VII (1839) 409; Grenier & Godr., Fl. France II (1850) 397; Caruel, Prodr. Fl. Toscan. (1860) 418; Cesati, Passerini & Gibelli, Compend. Fl. Ital. (1867—86). t. 68; Willk. & Lange, Prodr. Fl. Hispan. II (1870) 278; Amo y Mora, Fl. Fanerog. Penins. Iberica IV (1872) 61; Cusin, Herb. Fl. France (1874) t. 3; Barceló y Combis, Fl. Islas Balear. (1881) 295; Parlatore, Fl. Ital. (1888) 25; Debeaux & Dautez, Syn. Fl. Gibraltar (1889) 127; Bonnet & Barratte, Cat. Pl. Vasc. Tunis (1896) 271; Pojero l. c.; Coste, Fl. France II (1903) 484; Fiori & Paoletti, Icon. Fl. Ital. (1903) 409; Coutinho, Fl. Portug. (1913) 604; Jahandiez & Maire, Cat. Pl. Maroc. III (1934) 738; Bolet. Soc. Broteriana 2. ser. XXII. (1948) 87, fig. 46. — *L. Michelii var. integrifolia* Lange, Pugillus Pl. Hispan. (1861) 155; Post, Fl. Syria, Palestine and Sinai (1896) 501 c. fig. — *L. canariensis* A. DC. l. c.; Pitard & Proust. Iles Canar. (1908) 263. — *Lobelia Laurentia* L. Spec. Pl. (1753) 931; Willd. Spec. Pl. I (1797) 947; Desfontaines, Fl. Atlant. II (1800) 312; Persoon, Synops. II (1807) 214; Savi, Botanicon Etrusc. I (1808) 129; Tenore, Fl. Napolit. III (1824—29) 224 et Syll. Pl. Vasc. Fl. Neapol. (1831) 103; Gussone, Pl. Rarior. (1826) 105, Fl. Sicul. Prodr. I (1827) 252 ibique in Addend. 6 et Suppl. I (1832) 57; Moris, Stirp. Sardoar. Elenchus I (1827) 30; Loiseleur-Deslongchamps, Fl. Gall. (1828) 147; Bertoloni, Fl. Ital. II (1835) 553; Schousboe, Observ. sur le Règne Vèg. au Maroc (1874) 87. — *Lobelia Gasparrini* Tineo, Cat. Pl. Horti Panormit. (1827) 279; Gussone, Suppl. ad Fl. Sicul. Prodr. (1832) 57 et Fl. Sicul. Synops. II (1844) 796. — *L. Michelii* Colmeiro, Enum. Pl. Hispan.-Lusitan. III (1887) 493 cum var. *integrifolia*. — *L. Salzmanniana* Presl, Symb. Bot. (1830—33) t. 20, pl. major. — *L. canariensis* Presl Symb. l. c. — *Solenopsis Laurentia*, *S. Salzmanniana* et *S. canariensis* Presl, Prodr. Lobel. (1836) 32. — *Rapunculus aquaticus repens minimus alpinus Bellidis folio, flore caeruleo inaperto alba macula notato*, Boccone, Museo di Piante rare (1697) 35, t. 27, fig. major. — *Rapunculus aquaticus repens flore caeruleo, inaperto*, Rajus, Suppl. (1704) 383. — *Laurentia annua minima flore caeruleo*, Micheli, Nova Pl. Gen. (1729) 18, t. 14.

Herba annua, tenera, glabra, caule erecto, ramoso, foliato. Folia sparsa, in apice ramulorum approximata, breviter petiolata, petiolo 2—7 mm longo, marginato, decurrente in caule exinde ancipite; lamina foliorum ovato- vel subobovato-oblonga vel oblonga, 5—8 mm longa, 3—5 mm lata, apice obtusa, ad basin subabrupte vel sensim angustata, margine integra vel repanda vel obsolete dentata, subtus pallidiora. Pedunculi tenues in vertice ramulorum, solitarii in axillis foliorum vel oppositifolii, interdum indistincte terminales, circiter 2—7 cm longi, in medio 2 bracteolis subulatis saepe denticulatis remotis praediti. Hypanthium semi-ellipsoideum, demum subglobosum; lobi calycis lineares, subacuti, integri, 1—2 mm longi. Corolla 6—8 mm longa, intus pilosa, extus glabra, tubo pallido, lobis coeruleis, superioribus lanceolatis brevioribus, inferioribus obovatis mucronulatis. Antherarum tubus caesius, vix 1 mm longus, 2 inferiores apice barbatulae. Capsula ellipsoidea. Semina fusca, laevia, nitida, oblongo-ellipsoidea, ca. 0,4 mm longa.

var. **gasparrinii.** — Caulis evolutus, tener, foliatus.

Mittelmeer-Länder, Kanarische Inseln, stellenweise häufig, doch meist sehr zerstreut, an feuchten Orten, Morästen, Quell- und Wasserrändern. — Italien: Sicilien: Nebroden-Gebirge, an einem Bächlein, 1000 m, VII. 1873 (G. Strobl! — Hb. Wien); sumpfige Orte bei Castelbuono, Russelli genannt, 800 m, 4. VIII. 1874 und auf Kalkboden in den Madonie-Bergen (G. Strobl! — Hb. Wien); Mondello, Misilmeri, Alcamo (Todaro! Citarda n. 241!); Piano della Stupa supra Misilmeri, 24. V. 1856 (E. & A. Huet du Pavillon n. 142! — Hb. Wien, Del.). Sardinien: In den Bergen von Santa Barbara, V. (Gennari!); Cagliaria, Pula a Cala d'Ostia, Flumini Maggiore, Ingurtosu, San Teodoro, Laconi (Müller, Un. it. a 1827!), Inseln Caprera und Maddalena. — Insel Elba, Madonna delle Grazie. Insel Capraia. — Toscana (Camajore, Pisano, Castagnolo, im Gebirge besonders bei Asciano, Agnano la Verruca, Poggio del Cerro, Altopascio, Monte Carlo — ex Caruel); ohne näheren Standort (Savi! — Hb. Del.). Prov. Rom: Ostia; Nettuno, Wald, 15. VI. 1886 (A. Pelosi! — Hb. Wien); Fiumicino. Prov. Neapel: Fondi, Gaeta, Taranto, Gallipoli, Insel Zannone — ex Parlatore. Prov. Apulien: Brindisi, in Sümpfen (Vaccari n. 1368! — Hb. Del.); Lecce (Rabenhorst n. 45! — Hb. Wien). — Frankreich: Corsica: Ajaccio (M. A. de Forestier!); Bonifacio, maquis de la Trinité, VII. (Reverchon! — Hb. Wien, Del.) und an anderen Orten (z. B. Calvi, Sartene, Potovecchio). Prov. Provence: Meeralpen bei S. Marguerite, V. (Cintract! — Hb. Del.); Les Maures, an Wasserläufen lg. Hanry (F. Schultz, Herb. Norm. n. 853!); Le Luc und Wald bei L'Esterel (Hb. Jordan! — Hb. Wien); Frejus, îles d'Hyères (Perreymond!). — Spanien: Villamar in Galicia (Lange!); Sierra de la Palma (Reverchon!); Sierra de la Luna, Algesiras (Nilsson n. 1073! 1073 b! — Hb. Upsala). Insel Minorca (Binisarmeña, Son Gurnés, Granada — ex Barceló). Kanarische Inseln: Gran Canaria, Barranco de la Virgen ad fontes, 6. IV. 1846 (E. Bourgeau n. 882! — Hb. Del., Cambr.); hier auch beobachtet von Bolle (ex Burchard, Beitr. Kanarenpfl. (1929) 168 — Bibl. Bot. Heft 98); Teneriffa — Hb. Presl, Typus pro *Solenopsis canariensis* Presl), entlang dem Canal de Laguna (Bory de St. Vincent a. 1821! — Hb. DC., Typus pro *Lobelia Broussonetia* Bory). — Portugal: Prov. Algarve, Monchique (E. Bourgeau n. 1940!), Olhão (Welwitsch n. 662! — Hb. Del.); auch anderwärts an feuchten schattigen Stellen nicht selten (nach Brotero). — Jonische Inseln: Zakynthos (Mazzari n. 346! — Hb. Wien). — Kreta: Viel seltener als *L. minuta*, bei Kanea, Platania (Reverchon!), Kissamos an trockenen Orten (Reverchon n. 100! p. p.). — Syrien: Libanon, unterhalb Beitmeri, an feuchten Stellen im Nadelwald, V. (E. Peyron n. 1217! — Hb. Del.); ohne genauere Ortsangabe (Blanche! — Hb. Wien). — Nordafrika: Von Tunis bis zur Atlantischen Küste: Tunis, Korbons, V. (Pitard n. 719! — Hb. Del.); angegeben noch für folgende Orte (Material von mir nicht gesehen): Kelibia, Djebel Abd-er-Rahman, Ain El Hadj-Nasser, Kef En-Nesour (Mogod), Henchir-Skira, zwischen dem See Cejenan und Allah El-Ahmran, Si-Karfala, Tabarque, Bab-Abrik, Ain-Ahmra, Ain-Babouch, Radjem-Azoug, Ain-Draham, Bordj-el-Hammam, Fontaine Nizey, Fedj El Saha, Kef En-Nesour (Merasen). — Algerien: Schlucht des Beni Melek bei Philippeville, 4. V. 1854 (S. Choulette; Fragm. Fl. Alger. n. 63! — Hb. Wien); Prov. Algier, Tal des Sabava, 22. VI. 1854 (E. Cosson!); Gebirge am Beni Sala bei Blidale. 30. VI. 1860 (J. Lefebre!); Oran, ausgetrocknete Lachen der Ebene, 14. IV. (B. Balansa, Pl. D'Algerie n. 317!), ad lacum Borcelly in societate Isoetis Hystrix, VI. (Munby n. 58! — alle Hb. Wien); folgende Orte aus der Fl. Algerica (Material nicht gesehen): Ain Taya, Reghaia, Corso, Fort National, Tala-

Rana, Blida, Medea, Miliana. — Marokko und Tanger: Feuchtsandige Stellen der Hochebene Isaguen, 1550 m, VI. (Font Quer n. 431! — Hb. Stockh.) Djebel Kebir bei Tanger, IV. (Schousboe in op. supra cit.); Riefgebiet, Atlantische Küste, mittlerer Atlas (nach Emberger); östliches Marokko bei Ain el Hadjar nicht weit von Mogador (nach Ball).

f. **albiflora** (Merino) E. Wimm. in Annal. Naturhist. Mus. Wien LVI (1948) 334. — *Laurentia Michelii f. albiflora* Merino, Fl. Galiciae II (1906) 303 c. fig. — Corolla alba.

Spanien: Pontevedra, Mündung des Miño, bei Camposancos und Salcidos (ex auct.).

var. **subacaulis** (Pomel) E. Wimm. in Annal. Naturhist. Mus. Wien LVI (1948) 334. — *Laurentia Michelii* var. *subacaulis* Pomel ex Battandier & Trabut, Fl. Algerie, Dicotyl. (1888—90) 569. — ? *L. Michelii* var. *nana* Coutinho, Fl. Portug. (1913) 604. — ? *L. Michelii* var. *perpusilla* Maire in Cavanillesia IV (1931) 15, in Emberger & Maire, Pl. Marocc. Nov., Fasc. 3. (1930) 4 et Mat. 197 ex Jahandiez & Maire, Cat. Pl. Maroc III (1934) 738. — ? *Lobelia Laurentia* var. *nana* Hoffgg. & Link, Fl. Portug. II (1820) 21 — an haec 3 synonyma potius ad v. *gasparrinii* referenda ? — Plantula fere acaulis, caulibus brevissimis, foliis subrosulatis, pedunculis subscapiformibus.

Algerien: Ouillis en Dahra (ex Battand., non vidi!).

Portugal: Minho, Algarve (ex Coutinho, non vidi!) ?

Specimina pusilla normalia ab hac varietate excludenda sunt; illa tantum comprehenduntur, quae vere subacaulia videntur.

3. **L. bicolor** (Battand.) Maire & Stephenson in Bull. Soc. d'Hist. Nat. Afr. Nord XXI (1930) 49. — *L. Michelii* var. *bicolor* Battandier, Contrib. Fl. Atlant. (1919) 59, Bull. Soc. Bot. France LXIII (1921) 194. — *L. Michelii* auct. plur. — Herba annua, ad 30 cm alta, simillima *Laurentiae gasparrinii*, sed in omnibus partibus major. Folia inferiora in petiolum longiorem angustata, omnia profundius obtuse dentata. Pedunculi 5—10 cm longi. Calycis lobi 3—4 mm longi. Corolla 10—13 mm longa, alba, lobi superiores et extremae partes loborum inferiorum violaceo-coeruleae, intus in fauce pilis longis apice clavatis obsita, lobi labii inferioris obovati, laterales rotundati, medius apice retusus tricrenatus. Semina c. 425 μ longa. (Diagn. auct.)

Algerien: La Calle, an Quellen, IV., VI. Bové! A. Clavé n. 2621! — Hb. Del.), an sumpfigen torfigen Stellen, auf Kiesboden (L. Gauthier, Maire et Stephenson — ex auct.); Dj. Ouach bei Constantine (Girod! — Hb. Del.); Barbarie an Bächen (G. L. Desfontaines! — Hb. Del.). —

Tunis: Ain-Draham, an Gewässern, 800—900 m (Battandier — ex auct., Typus), 1000 m, V. (Pitard n. 2134! — Hb. Del.). Weitere Orte aus Battandier: Ain-Taya, Beghaia, Corso, Fort National, Tala-Rana, Blida, Médéa, Miliana, Oran, Philippeville.

Ista species, valde abundans in uliginosis prope La Calle, semper cum *L. gasparrinii* confusa est, tamen etiam aestatis tempore in solo arido habitum validiorem praebet et forma et colore corollae facile distingui potest.

4. **L. carnosula** (Hook. & Arn.) Benth. & Hook. f., Gen. II (1876) 549; A. Gray, Synopt. Fl. N. Americ. II/1 (1886) 8; Coulter, Man. Bot. Rocky Mount. (1885) 225; A. Gray, Bot. Calif. I (1876) 444; Jepson, Man. Fl. Pl. Calif. (1925) 977. - *Lobelia carnosula* Hook. & Arn., Bot. Voy. Beechey (1841) 362. — *Porterella carnosula* Torrey in Hayd. Rep. Geol. Survey Montana (1872) 488; McVaugh in North Am. Fl. XXXII A (1943) 25. —

Herba annua, glaberrima, paullum succulenta, caule basi radicante, erecto, 3—14 cm longo, ramoso. Folia sessilia, lanceolata, 10 mm longa et 3 mm lata, acuta, basi parum angustata et anguste decurrentia, integerrima. Flores in racemo laxo, bracteati. Bracteae foliaceae, breviores. Pedicelli 5 mm longi, bracteis longiores vel subbreviores. Hypanthium obconicum, mox obconico-oblongum; lobi calycis lineares, acutiusculi, integri, 3—4 mm longi. Corolla 8—10 mm longa, glaberrima, tubo pallescente, lobis azureis, superioribus oblongis inferioribus obovatis, omnibus abrupte brevissime acuminatis, fauce alba vel lutescente. Antherarum 2 inferiores apice biaristatae et pilis brevissimis additis. Capsula obconico-ellipsoidea, 7 mm longa et vix 4 mm lata. Semina lineari-oblonga, fusca, laevia, ca. 1 mm longa.

Kalifornien: Sierra Nevada, an See- und Flußufern. Sierra Co. (J. G. Lemmon n. 137! — Hb. Del.); Plumas Co., auf Wiesen, zwei Meilen südlich vom Red Clover Valley und zwischen Vinto und Beckwith, VII. (A. A. Heller & P. B. Kennedy n. 8730! 8678!); Nevada Co., unteres Ende des Donner Lake (A. A. Heller n. 6951!); Donner Lake bei Dorf Sommerset, VI. C. F. Sonne n. 199! — Hb. Stockh.); Butte Co., oberhalb Jonesville, 1750 m, trockener Teichrand (E. B. Copeland n. 397! — Hb. Wien, Stockh.).

Oregon: Shirk, 1500 m, VII. (J. B. Leiberg n. 2590! — Hb. Stockh.).

Idaho: Snake Co., Blackfoot River (ex Hooker — loc. natal.).

Wyoming: Nordwest lg. Parry (Exped. Capt. W. A. Jones n. 192! — Hb Del., Boiss., nur 2 cm hohes Exemplar); Teton Co., sumpfige Ufer eines kleinen Teiches beim Jackson Lake, 2100 m, VIII. (Luis Williams n. 2498! — Hb. Stockh.).

5. **L. eximia** A. Nelson, New Man Bot. Centr. Rocky Mounts. (1909) 475; Clements Rocky Mount. Flow. 3. ed. (1928) 242. — *Porterella eximia* A. Nelson in Bull. Torr. Bot. Club (1900) 270. — *P. carnosula* McVaugh in Bull. Torr. Bot. Club LXVII (1940) 797. — Caulis simplex, 10 cm altus, carnosulus, ascendens vel erectus, internodiis brevibus unum folium gerentibus, sub terra valde fibrillosis. Folia anguste linearia, 15—25 mm longa, a basi angustata ad apicem sensim acuminata, suprema (floralia) fere lanceolata, omnia sessilia et integra. Flores pauci, axillares. Pedunculi breves, 5—8 mm longi, folio breviores vel sublongiores. Hypanthium obconicum, lobis sublinearibus, subacutis, integris, 3 mm longis (sec. auct. 6—8 mm longis!). Corolla obscure coerulea, glabra, bilabiata, circiter 12 mm longa: lobi superiores oblongi erecti, inferioribus multo minores; labium inferius trifidum, lobis obovatis mucronulatis, in fauce plicis 2 luteis ornatum. Antherae exsertae, cinereae, dorso leviter puberulae, 2 mm longae, 2 inferiores apice biaristatae. — Fig. 73 h.

Westliches Nordamerika: Wyoming, schlammige Ufer eines seichten Teiches beim Jackson Lake, Aug. 1899 (Aven Nelson).

6. **L. longitubus** E. Wimm. in Fedde, Repert. Spec. Nov. XXII (1926) 193, t. 32, f. 13. — *L. longiflora* Schlechter in Engler, Jahrb. LVII (1922) 625, non Endl. nec Peterm. — Herba erecta, ramosa, 30—40 cm alta, glaberrima. Caulis ramique obtuse angulati, parce foliati. Folia (radicalia non visa) sessilia, oblanceolato-linearia vel linearia, ad basin sensim angustata, apice obtusiuscula, margine repanda remote denticulata, 2—4 cm longa, 0,2—0,5 cm lata, tenuia. Flores in racemo laxo secundo. Bracteae foliaceae, angustae, 2—3 cm longae, ca. 1 mm latae, pedicellos superantes. Pedicelli patentes, 12—20 mm longi, compressi, basi biglandulosi. Hypanthium subcylindricum, basi acutum, 3 mm longum; lobi eius subulati, 3 mm longi, integerrimi, erecti. Corolla coerulea, 18 mm longa, glabra, tubo 11 mm longo, anguste cylindrico, ad faucem paulum dilatato, limbo bilabiato: lobi superiores oblanceolati, parum minores; lobi inferiores in labium trifidum uniti, obovati, mucronulati, basi bigibbosi et virentes vel lutescentes. Antherarum tubus nigrescens, in dorso anteriore pilosulus, 2 inferiores apice bisetosae.

Südafrika: Kapland, an feuchten Stellen um Langebergen bei Riversdale, XI. (Schlechter n. 1902! — Hb. Univ. Wien).

7. **L. giftbergensis** (Phillips) E. Wimm. in Fedde, Repert. XXXVIII (1935) 77. — *Lobelia giftbergensis* Phillips in Annal. S. Afr. Mus. IX (1913) 121. — Herba

erecta, ramosa, minute puberula, 10—20 cm alta. Folia petiolata, spathulata vel elliptica, 8—30 mm longa et 2—12 mm lata, obtusa vel acuta, basi in petiolum 3—14 mm longum, marginatum, saepius laciniis praeditum angustata, margine inaequaliter et versus basin saepe profundius dentata, glabra. Flores in racemo laxo, subsecundo. Folia floralia lanceolata vel linearia, argute dentata, fere sessilia, 5—12 mm longa. Pedicelli filiformes, teretes, glabri, 8—20 mm longi. Calycis tubus anguste obconicus, glaber, 3 mm longus; lobi calycis anguste lineares, acuti, integri, erecti, 2,5 mm longi. Corolla „coerulea cum labio albo", 11 mm longa, glabra, tubo recto, leviter infundibulari, 5 mm longo, limbo bilabiato: lobi superiores lanceolati, inferiores labium trifidum formantes, oblongo-ovati, acuti. Stamina fere inclusa, 6 mm longa; antherarum tubus glaber, 2 inferiores apice setulosae.

Südafrika: Kapland, Van Rhynsdorp Division, Giftberge, 300—600 m, IX. (E. P. Phillips n. 7599! — Hb. Kew).

Species ad sequentem proxime accedit, nisi fortasse forma melius evoluta ejusdem sit. In characteribus saltem principalibus conveniunt.

8. **L. bifida** (Thunb.) Sond. in Harvey & Sond., Fl. Cap. III (1865) 552; O. Kuntze, Rev. Gen. Pl. III/II (1898) 188. — *L. Dregeana* A. DC., Prodr. VII (1839) 411. — *Lobelia bifida* Thunb., Prodr. Fl. Cap, I (1794) 40; Fl. Cap. II (1808) 46, ed. Schultes p. 183; R. & Sch. Syst V. (1819) 49; G. Don, Gen. Syst. III (1834) 711. — *Rapuntium bifidum* Presl, Prodr. (1836) 30. — *Solenopsis Dregeana* Presl in E. Meyer, Comment. Pl. Afr. Austral. Drege (1837) 290. — Herba erecta, 5—12 cm alta. Caulis simplex vel pauciramosus, teres, inferne puberulus, parce foliatus. Folia radicalia 2—4 spathulata, obtusa, basi in petiolum brevem angustata, 5—10 mm longa, 3—5 mm lata, margine irregulariter dentata, glabra. Flores 2—5, furcati vel racemosi, distantes, minute bracteati. Pedicelli ca. 5 mm longi, glabri. Hypanthium angustissime obconicum, glabrum; laciniae subulatae, integrae, erectae. Corolla coerulea, glabra, ca. 7—10 mm longa, bilabiata, tubo anguste cylindraceo, 4—5 mm longo; lobi corollae superiores lineari-lanceolati, inferiores in labium trifidum coaliti, oblongi, subacuti. Antherae 2 inferiores apice bisetosae et pilis brevissimis munitae. — Fig. 73 g.

Südafrika: Am Rande des Berges Bockland (Thunberg! — Hb. Ups.); an feuchten Plätzen des Giftberges (Drege! — Hb. Presl, Del.); Port Natal (Drege ohne und mit n. 6257 — Typus pro *Solenopsis Dregeana*).

9. **L. arabidea** (Presl) A. DC., Prodr. VII (1839) 410; Sond. in Harvey & Sond., Fl. Cap. III (1865) 552. — *Rapuntium arabideum* Presl, Prodr. Lobel. (1836) 18 et in E. Meyer, Comment. Pl. Afr. Austral. Drege (1837) 288; Delessert, Icon. Pl. V (1846) t. 14. — Herba annua caule erecto, tereti, solitario, simplici vel pauci-ramoso, 15—30 cm alto, glabro vel in parte infimo inconspicue puberulo. Folia radicalia plura, spathulata vel plerumque oblonga, obtusa vel subacuta, ad basin in petiolum indefinitum angustata, integerrima vel repando-denticulata, 10—30 mm longa (incl. petiolo), 3—5 mm lata, glabra; folia caulina rara, linearia, obtusa, 1—2 mm lata. Flores in racemo laxo, 5—10-floro. Bracteae foliis caulinis similes, pedicellis dimidio breviores. Pedicelli 6—10 mm longi, filiformes, compressi, basi minutissime biglandulosi. Hypanthium anguste obconicum, 2 mm longum; laciniae lineares, acutae, 1 mm longae, integrae. Corolla coerulescens, glabra, 6—9 mm longa, lobi lanceolati, superiores minores. Antherae 2 inferiores apice setis 2 et pilis brevissimis munitae. Capsula oblongo-ellipsoidea, 4 mm longa.

Südafrika: Kapland, in Gräben am Tafelberg (Ecklon! Drege! — Hb. Del., Ecklon n. 488 — Hb. Wien); Tulbagh (Ecklon & Zeyher n. 2474 — ex Sonder); Gegend von Stellenbosch, zwischen den Steinen im Bett des Erste River, IV. (A. Duthie n. 1845! — Hb. Stellb.); Tradow-Paß, 300 m, östlich von Swellendam, XII., und Robinsons-Paß nahe der Mossel Bay (Erik Wall n. 2309! 2493! 208/37!); Hexrivierberge, Axellsfarm und Drakensteenberge, Bainskloof (A. Rehmann n. 2695! 2304! — Hb. Zürich); Knysna-Höhen, I. (A. Rosenbrock n. 1183! — Hb. Berl.); Urwald von Deep Wall bei Knysna, XI. (A. Peter n. S. 14! — Hb. Berl.).

10. **L. secunda** (L. f.) O. Kuntze, Revis. Gen. Pl. III (1898) 188; Druce in Rep. Exch. Club Brit. Isles 1916 (1917) 631. — *Laurentia erinoides* (L.) Nicholson, Dict. Gard. II (1895) 238 et Dict. Pratique D'Horticult. III (1896) 97. — *L. repens* Bth. & Hook. f., Gen. II (1876) 549; New Phythologist XVIII (1919) 80 c. fig. anth. — *Lobelia erinoides* L. Mant. (1771) 291, non L. Spec. nec Thunb.; Willd., Spec. I (1797) 949; Aiton, Hort. Kew. 2. ed. I (1810) 361; Roem. & Sch., Syst. V (1819) 62; Spreng., Syst. I (1825) 715; G. Don. Gen. Syst. III (1834) 711; Hook., Bot. Mag. LXIV (1837) t. 3609; D. Dietr., Synops. I (1839) 732. — *L. Oederia* Koenig mss. apud L. l. c. et in herb. Linnaei; Jackson, Index Linn. Herb. (1912)98; Ind. Kew. Suppl. V (1921) 154. — *L. secunda* L. f. Suppl. (1781) 395; Thunb., Prodr. Fl. Cap. I (1794) 39, Fl. Cap. II (1808) 45; Willd. l. c. 943; Roem. & Sch. l. c. 46; G. Don l. c. 710. — *Enchysia erinoides* Presl, Prodr. Lobel. (1836) 40; in Ecklon & Zeyh., Enum. Pl. Afr. Austral. (1836) 400 c. var. A. De Candolle, Prodr. VII (1839) 408. — *E. repens* Presl in Ecklon & Zeyh. l. c. et in E. Meyer, Commentar. Pl. Afr. Austral. Drege (1837) 290 et Prodr. Lobel. 40 excl. syn. Thunb.— *E. secunda* Sond. in Harv. & Sond., Fl. Cap. III (1865) 551 cum var. β et δ, excl. syn. — *Dortmannia erinoides* O. Kuntze l. c. (1891) 972. — *Rapuntium erinoides* Miller, Dict. (1768) n. 8. — *Monopsis inconspicua* Salisb., Trans. Soc. Linn. Lond. II. (1817) 40 excl. syn. ex A. DC. l. c. ? ? — *Campanula minor africana, erini facie, caulibus procumbentibus*, Hermann, Horti Lugduno-Batav. Cat. (1687) 108, t. 109 ? — Herba gracilis, glabra vel tenuissime puberula. Caules plurimi, decumbentes, rarius erectiusculi, sparse foliati. Folia obovato-lanceolata usque lanceolato-linearia, inferiora in petiolum angustata, reliqua sensim brevius petiolata usque sessilia incluso petiolo 5—25 mm longa, 1—5 mm lata, obtusa usque acuta, margine obtusiuscule dentata usque remote denticulata vel summa subintegra. Flores in axillis foliorum solitarii. Pedunculi folio breviores, 2—5 mm longi, saepe puberuli, ebracteolati. Calycis tubus obconicus vel subellipsoideus, vix 2 mm longus; lobi eius lineares, acuti, integri, erecti, 1—2 mm longi. Corolla purpurascenti-alba, in fauce macula obscure purpurea et 2 maculis luteis ornata, glabra, 4—5 mm longa, lobi corollae ovato-acuti, subaequales. Filamenta in tubo corollae inclusa. Antherarum tubus caesius, glaber vel tenuissime in dorso puberulus, 1 mm longus, 2 inferiores apice biaristatae. Capsula ellipsoidea, 4 mm longa. Semina fusca, laevia, vernicosa, ellipsoidea, compressa, 0,4 mm longa.

A. Caules decumbentes, glabri vel puberuli . . . . f. *secunda*.
B. Caules erecti vel ascendentes, glabri.
  a. Folia minute denticulata . . . . f. *erecta*.
  b. Folia argute serrata . . . . f. *dentata*.

1. f. **secunda.** — Ut supra.

Kapland: Kap (Burchell n. 430! 891! Thunberg! Sickmann! Ecklon & Zeyher! Zeyher n. 1049! Herb. Lambert!); Kapfläche (Ecklon n. 297! — Hb. Stockh.; Bunbury! — Hb. Cambr.); Tafelberg an Bach bei Van Kamps Bay, I. und oberhalb Oranje Kloof, 600 m, VI. (Drege! R. Schlechter n. 930!); auf trocken-sandigen Stellen bei Wynberg, III. (Ecklon & Zeyher!); Pampoenkraal, 120—240 m, am Bache Dutoitskloof und Bergrivier und bei Kapstadt (Drege!); sandig-feuchte Stellen bei Claremont ca. 25 m (R. Schlechter n. 202!); auf sandigem Heideboden bei Doornhoogde, 30 m, XII. (Ecklon n. 823!).

2. f. **erecta** (A. DC.) E. Wimm. in Annal. Naturhist. Mus. Wien LVI (1948) 334. — *Enchysia erecta* A. De Candolle l. c. 409; Delessert, Icon. V (1846) t. 13. — *Enchysia secunda* var. *glabrata* Sond. l. c. p. p. — *Laurentia erecta* Schönland in

Engler & Prantl, Natürl. Pflanzenfam. IV/5 (1894) 45, fig. fl. — Minor, caules et ramuli erecti, glabri, ceterum ut typica.

Kap (Ecklon, Un. It. n. 71 a! — Hb. De Candolle; Persoon! — Hb. Leiden); zwischen Seekuhvallei und den Weinbergen (Ecklon, Un. It. n. 71! — Hb. Presl.); Teufelsberg, Nordseite, XII. 1826 (Ecklon, Unio It. n. 16!).

3. f. **dentata** (A. DC.) E. Wimm. in Annal. Naturhist. Mus. Wien LVI (1948) 334. — *Enchysia dentata* A. De Candolle l. c. 409. — *E. secunda* var. *dentata* Sond. l. c. — Caules ascendentes, glabri. Folia lanceolata, sessilia, argute serrata. (Diagn. auct., specimen non vidi.)

Kap, am Teufelsberg (Ecklon).

11. **L. hedyotidea** Schlechter in Engler, Jahrb. XXVII (1899) 197. — Herba decumbens, dense brevissime puberula, ramosa. Petioli 2—10 mm longi. Folia suborbicularia, 3—5 mm longa, 4—6 mm lata, basi truncata vel leviter subcordata, 5—7-lobulata, lobulis triangularibus dentiformibus acutis, utrinque puberula, margine tenuiter ciliata. Flores solitari-axillares. Pedicelli 12—18 mm longi, folio multo longiores, basi parum puberuli, ceterum glabri. Hypanthium campanulatum, puberulum; lobi calycis anguste triangulares, acuti, integri, 1 mm longi. Corolla alba, 6—8 mm longa, glabra, tubo cylindrico angustissimo 4 mm longo, lobis fere aequalibus, obovato-oblongis, subacutis, 2 superioribus extus setis paucis. Antherarum tubus videtur inclusus, pallidus, vix 1 mm longus, basi circum puberulus, inferiores apice bisetosae. — Fig. 73 i.

Südafrika: Westliches Gebiet des Kaplandes, Bainskloof, 1200 m, XI. 1896 (Schlechter n. 9104! — Hb. Berl., sp. orig.).

Speciei sequenti valde proxima, sed tamen bona species.

12. **L. hederacea** Sond. in Harvey & Sond., Fl. Cap. III (1865) 553. — Herba decumbens, dense brevissime puberula, ramosa, foliosa, ramulis adscendentibus. Petioli longitudine laminae foliorum. Folia cordato-reniformia, 5—6 mm longa, 6—9 mm lata, 5—9-lobulata — lobuli ovati obtusiusculi, lobus terminalis versus apicem plerumque subtridentatus — basi interdum etiam rotundata, in utraque facie dense minute puberula, margine ciliolata. Flores solitari-axillares. Pedicelli 8—11 (fructiferi ad 17 mm) longi, puberuli, folio longiores. Hypanthium oblongo-obconicum, puperulum; lobi calycis lanceolati, 1 mm longi, hirtelli, integri. Corolla alba, 3—4 mm longa, glabra, tubo vix 2 mm longo, lobi videntur oblongi. Staminum tubus 2,5 mm longus; antherarum 2 inferiores apice bisetulosae. Capsula ovalis. — Fig. 73 j.

Südafrika: Kapland, Ostgrenze des Kaps der Guten Hoffn. (Henry Hutton n. 41 — Hb. Kew, Stockh.); Knysna-Distrikt, Plettenberg Bay (B. Smart — Hb. Rogers 28614 in Hb. Kew).

13. **L. pygmaea** (Thunb.) Sond. in Harvey & Sond., Fl. Cap. III (1865) 553; *Lobelia pygmaea* Thunb., Prodr. Fl. Cap. I (1794) 40; Fl. Cap. II (1808) 43; Willd., Spec. Pl. I (1797) 951; Persoon, Synops. II (1807) 214; R. & Sch. Syst. V (1819) 66; G. Don, Gen. Syst. III (1834) 712; A. DC. Prodr. VII (1839) 378. — *Rapuntium pygmaeum* Presl, Prodr. Lobel. (1836) 22. — *Laurentia micrantha* A. DC. l. c. 411, non A. Zahlb. — *Wahlenbergia micrantha* E. Meyer in Drege, Cat. Pl. Afr. Austral. (1837) 9. — Herba decumbens, ramosa, sparse pubescens, ramulis diffusis, tenuibus, adscendentibus, Petioli filiformes, laminae subaequales. Folia suborbicularia, 5—8 mm longa, 5—9 mm lata, basi rotundata usque subcordata, margine 5—9-dentata — dentibus acutis vel subobtusis saepe integris — utrinque sparse longiuscule pilosa. Flores solitari-axillares. Pedicelli 9—25 mm longi, subpubescentes vel glabrescentes, folio multo longiores. Hypanthium obovoideum, basi acutum, patenti-pilosum; lobi calycis lanceolati, acuminati, integri, subglabri, 1 mm longi. Corolla alba vel coerulescens, 6 mm longa, tubo anguste cylindrico, lobis veri

similiter oblongis. Antherae glabrae, 2 inferiores apice bisetosae. Semina ovoidea (ex DC.).

Clavis varietatum.

A. Folia acuto-dentata, membranacea,
  1. Folia utrinque plus minusve pilosa .... var. *pygmaea*.
  2. Folia glaberrima .... var. *glabra*.
B. Folia obtusissime lobata, tenerrima, sparsissime pilosa .... var. *obtusiloba*.

var. **pygmaea**. — Ut supra. — *Wahlenbergia micrantha* E. Mey. in hb. Drege sub a et b.

Südafrika: Kapland, östliches Gebiet, in Querspalten des Berges Ribeck-Kastel (Thunberg-Typus); Paarlberg, Dutoitskloof (Drege!); Lambertskloofberg (Wallich!); French Hoek, 700 m, XI., Mitchels-Paß, 600 m, I. (Schlechter n. 9974! — Hb. Wash., Stockh.).

var. **glabra** Sond. l. c. — Undique glaber vel pedicelli pilis paucis obsiti. Corolla 3—4-plo longior quam calycis lobi. (*Wahlenbergia micrantha*, c in herb. Drege).

Kapland: Blauerberg (Drege! — Hb. Wien); Port Natal (Poeppig! — Hb. Wien).

var. **obtusiloba** Sond. l. c. — *Lobelia minuta* Thunb. l. c., non L.; R. & Sch. Syst. V (1819) 55 quoad syn. Thunb. — *L. pusilla* G. Don, Gen. Syst. III (1834) 711, non A. DC. — Folia tenerrima, subrotunda, 3—5-lobata, lobuli obtusi, late triangulares. Lamina sicut petioli, caules et pedicelli sparsissime villosi.

Kapland: Gipfel des Tafelberges bei Kapstadt, 1040 m, Feb. (Thunberg, Ecklon, Schlechter n. 70! — Hb. Leningr.); French Hoek, 700 m, XI. (Schlechter n. 9291! — Hb. Stockh., Wash., Berl.); Port Natal (Gueinzius n. 153! — Hb. Wien).

Sectio II. **Palmerella** (A. Gray) E. Wimm.

Sect. *Palmerella* E. Wimm. in Annal. Mus. Wien LVI (1948) 335. — *Palmerella* (genus) A. Gray in Proceed. Am. Acad. XI (1876) 80 et Synopt. Fl. N. Am. II/1 (1886) 8, Suppl. 394. — Corollae tubus anguste cylindraceus, integer, limbo bilabiato longior, „in parte superiore faucis corollae nectarium exhibens". Filamenta superiora corollae versus faucem adnata, cetera a corolla libera. Capsula infera.

Species unica e California nota. — Sectio quasi intermedia inter primam et tertiam sectionem huius generis.

14. **Laurentia debilis** (A. Gray) McVaugh in Bull. Torr. Bot. Club LXVII (1940) 144. — *Palmerella debilis* A. Gray in Proceed. Am. Acad. XI (1876) 80 et Synopt. Fl. N. Am. II/I (1886) 8. — *Lobelia Dunnii* Greene, Pittonia I (1889) 297; McVaugh in North Am. Fl. XXXII A (1943) 65 c. var. *Dunnii*. — Herba annua, glabra, erecta, a basi plus minusve ramosa. Folia lineari-lanceolata, basi paulum angustata sessilia, apice sensim acuta, integerrima, 4—6 cm longa, 0,3—0,5 cm lata. Flores in axillis foliorum superiorum minorum fere racemose dispositi. Pedicelli filiformes, folio fulcrante fere duplo breviores. Hypanthium anguste campanulatum, 3 mm longum; lobi eius subulati, integerrimi, suberecti, 5 mm longi. Corolla ca. 20 mm longa, tubo anguste cylindraceo, recto, 17 mm longo, pallido intus villoso, limbo bilabiato, coeruleo: lobi 2 superiores lanceolati-spathulati, subciliati, recto-recurvati breviores; labium inferius tripartitum, deflexum, lobi obovato-oblongi, fauce bigibbosa. Filamenta subpubescentia, corollae partim adnata. Antherarum tubus coerulescens, tenuiter pubescens, 2 mm longus, exsertus, 2 antherae inferiores apice penicillatae.

var. **debilis**. — Fig. 73 k.

Kalifornien: San Diego County, Sept. (Dr. Edward Palmer n. 210! — Hb. Leningr. — qui primus plantam invenit, unde nomen *Palmerella*); Canyon Tantillas (Palmer! — Typus; Orcutt!).

var. **serrata** (A. Gray) McVaugh l. c. — *Palmerella debilis* var. *serrata* A. Gray, Bot. Californ. I (1876) 619, Synopt. Fl. N. Am. II/1 (1886) 8; Rothrock in Wheeler Report U. S. Geogr. Survey VI. Bot. (1878) t. 16; Wild Flow. Canada (1894) t. 199, ex Ind. Lond. — *Lobelia Rothrockii* Greene, Pittonia I (1889) 297. — *L. Dunnii* var. *serrata* McVaugh in Bull. Torr. Bot. Club LXVII (1940) 795. — Folia inferiora spathulata usque elliptica, in petiolum brevem decurrentia, media et superiora sensim angustiora et subsessilia, omnia inaequaliter grosse dentata vel serrato-dentata, subtus interdum minute puberula. Sepala 7—9 mm longa, apice saepe rubentia. Corolla parum minor, tubo 10 mm longo.

Kalifornien: Ventura County, Tal des Ojai Creek (Rothrock — ex auct.); Los Angelos Co., San Antonio Canon bei Claremont, IX. (C. F. Baker n. 3699! — Hb. Wien); South Fork Big Rock Creek, San. Gabriel Moutains, 1500 m, VII. (Victor Duran n. 3548! — Hb. Stockh.); San Barbara Co. Santa Barbara, VIII. (A. D. E. Elmer n. 4014! — Hb. Del.); San Barnardino Co., Lytle Creek Falls (Parish n. 337! — Hb. Budap.); San Diego Co., Castro Canon of Agua Tibia Mount (Frank F. Gander n. 4333! — Hb. Stockh.). — Kultiv. Bot. Gart. Petersburg (Winkler!).

Varietas etiam habitu validiore et altiore speciei dignitatem mereri videtur. — *Palmerella tenera* A. Gray non huius loci, sed ad *Diastateam* pertinet.

Sectio III. **Isotoma** (R. Br.) Endl.

Sect. *Isotoma* Endlicher, Gen. Pl. I. (1838) 512; E. Wimm. in Annal. Naturhist. Mus Wien. LVI (1948) 335. — *Lobelia* sect. *Isotoma* R. Brown, Prodr. Fl. N. Holl. I (1810) 564; McVaugh in Bull. Torr. Bot. Club LXVII (1940) 794. — *Laurentia* subgen. *Isotoma* et *Solenanthis* Petermann, Pflanzenreich (1845) 444. — *Isotoma* (genus) Lindley, Bot. Reg. XII (1826) 964; G. Don, Gen. Syst. III (1834) 716; Presl, Prodr. Lobel. (1836); A. DC. Prodr. VII (1839) 412; Meisner, Pl. Vasc. Gen. (1836—43) 240; Benth., Fl. Austral. IV (1869) 134; Grisebach, Fl. Brit. West Ind. Isl. (1864) 388; Benth. & Hook. f., Gen. II (1876) 548; O. Kuntze, Revis. Gen. II (1891) 380; Schönland in Engler & Prantl, Pflanzenfam. IV/5 (1894) 69; Duss, Fl. Antill. Franc. (1897) 378. Standley, Fl. Costaric. IV (1938) 1415. — *Isostoma* D. Dietrich, Synops. I (1839) 567, 737. — *Lobelia* sect. *Solenanthis* HBK., Nov. Gen. et Spec. III (1818) 309. — *Isotoma* sect. *Euisotoma* et *Solenanthis* A. DC. l. c. — *Hippobroma* G. Don l. c. 717; McVaugh in Bull. Torr. Club LXVII (1940) 782. — *Laurentia* sect. *Hippobroma* Endl. l. c. — *Rapuntii, Lobeliae* sp. auct. antiqu. — Corollae tubus anguste cylindricus. Corolla plerumque hypocraterimorpha, tubo angusto aequali vel perpaulum sursum dilatato, limbo quinquepartito segmentis subaequalibus patentibus. Filamenta corollae supra medium adnata.

Species 11, quarum 10 endemicae Australiam inhabitant, una ex America est et cultura latius distributa. Plures species ut plantae ornamentariae sub nomine *Isotoma* coluntur. — *L. longiflora* Endl. planta venenosissima.

Clavis specierum.

I. Caules decumbentes, radicantes .... 15. *L. fluviatilis.*

II. Plantae erectae vel caulibus saltem ascendentibus.

  A. Caules scapiformes, uniflori, folia parva oblonga rosulata 16. *L. scapigera.*

  B. Caules foliati, simplices vel ramosi.

    a. Antherarum 2 inferiores apice bisetosae vel brevissime penicillatae.

1. Folia sessilia, parva, lanceolata vel linearia.
   * Corolla parva tubo 3—7 mm longo.
     ° Planta subpubescens .... 17. *L. gulliverii*.
     °° Plantae glabrae.
       + Calycis lobi integerrimi.
         × Folia integra vel remote denticulata ... 18. *L. pusilla*.
         ×× Folia acute serrata .... 19. *L. ferdinandi*.
       ++ Calycis lobi utrinque unidentati .... 20. *L. armstrongii*.
   ** Corollae tubus 15—18 mm longus, flores in racemo secundo 21. *L. hypocrateriformis*.
2. Folia petiolata, majora, profunde dentata vel pinnati-partita.
   * Folia late usque anguste ovalia, inciso-dentata ... 22. *L. petraea*.
   ** Folia pinnatifida usque pinnati-partita.
     ° Foliorum laciniae triangulari-lineares ...... 23. *L. axillaris*.
     °° Foliorum laciniae fere filiformes .... 24. *L. anethifolia*.

b. Antherae omnes apice barbatae; corolla longissima, alba 25. *L. longiflora*.

15. **Laurentia fluviatilis** (R. Br.) E. Wimm. in Annal. Naturhist. Mus. Wien LVI (1948) 335. — *Lobelia fluviatilis* R. Brown, Prodr. Fl. N. Holl. I (1810) 563; Roem. & Schult., Syst. V (1819) 69; A. De Candolle, Prodr. VII (1839) 366; G. Don, Gen. Syst. III (1834) 713; Hooker, Fl. Tasm. I (1860) 238, t. 70; F. Mueller, Fragm. IV (1863—64) 171. — *Isotoma fluviatilis* F. Mueller in Bentham, Fl. Austral. IV (1869) 136; Fragm. X (1876—77) 39; F. M. Bailey, Synops. Queensland Fl. (1883) 284 et Queensl. Fl. III (1900) 921; Ch. Moore, Handb. Fl. N. S. Wales (1893) 302; Cheeseman, Man. N. Zealand Fl. (1906) 401; Black, Fl. S. Austral. (1929) 549. — *Enchysia Gaudichaudii* Presl, Prodr. Lobel. (1836) 41. — *Enchysia Baueri* Presl var. *major* Presl l. c. 40. — *Laurentia Gaudichaudii* et *L. Baueri* var. *major* A. DC. l. c. 411. — *Rapuntium*? *fluviatile* Presl l. c. 30. — *Lobelia hydrophila* F. Muell., Fragm. IV, 171, nomen!

Herba gracilis, glabra vel minute puberula, caulibus radicantibus, ramulis adscendentibus. Folia elliptica usque obovata, superiora angustiora, 6—10 mm longa, 2—5 mm lata, apice obtusa vel subacuta, ad basin in petiolum brevissimum angustata et saepe plus minusve integra, versus apicem minute vel distincte denticulata, interdum supra sub lente hirtella. Flores in axillis foliorum solitarii. Pedicelli ad 2 cm longi, foliis multo longiores. Hypanthium obconicum; lobi eius subulati, 1,5 mm longi. Corolla coerulescens, extus glabra, intus pilosa, 8—12 mm longa, subbilabiata; lobi circiter aequales, lineari-lanceolati, patentes, acuti, tubum leviter infundibularem circiter aequantes. Antherarum tubus e corollae tubo subexsertus, glaber, 2 antherae inferiores apice bisetulosae et pilis brevissimis. Capsula obconico-cylindracea, 4—9 mm longa. Semina laevia.

Clavis varietatum:

a. Pedicelli folio multo longiores, 15—40 mm longi .... var. *fluviatilis*.
b. Pedicelli folio breviores vel aequilongi, 2—10 mm lg.
   1. Folia oblonga vel obovata .... var. *lessonii*.
   2. Folia suborbicularia vel late ovata, minora .... var. *inundata*.

var. **fluviatilis.** — Pedicelli foliis semper manifeste longiores, 15—40 mm longi, glabri vel minute puberuli. Corolla ut supra descripta, notabile praecipue, quia corollae tubus et inferior pars loborum intus sparse pilosa. — Fig. 74 d.

Australien, Tasmanien, Neu-Seeland, hauptsächlich an Wässern, Seen und sumpfigen Orten. N. S. Wales: Port Jackson, Ufer des Nepeau (R. Brown; Ferd. Bauer! — Hb. Wien); Bathurst, Goulbourn, South Esk, Glenelg's River, Hume's River, Kake George, Severn (ex F. Mueller); Bumberry (Hügel! — Hb. Wien). — Victoria: Dondenong (Wawra!);

Jara River (F. Mueller! Walter!); Hall's Gap, Grampian Mountains, Point Lonsdale, X—XII. (J. E. Tilden n. 824! 718! — Hb. Del.); Port Phillip (Lhotsky! n. 45!; Studer!): Shoreham (Weindorfer n. 64!). — Süd-Australien: Ovens River (F. Mueller! — Exsikkaten verteilt unter dem Namen „*Lobelia hydrophila* F. Muell." — Hb. Del.); Myponga, Mt. Lofty Range (ex Black). — Tasmanien: Sumpfige Orte bei Launceston (Gunn!); Ufer des Lake St. Clair, Küste bei Swamport (ex F. Mueller). — Neu-Seeland: Südinsel, Nelson — unterer Teil des Buller Valley und sumpfige Stellen bei Westport; Mokohniou River; Canterbury — Broken River; Lake Tekapo; Otago — Macrae's, bis 900 m ü. M. blüh. XII—II (ex Cheeseman, non vidi specimina).

Plantae nondum florentes vel fructificantes facile cum *Pratia angulata* confunduntur.

var. **lessonii** (Presl) E. Wimm. in Annal. Naturhist. Mus. Wien LVI (1948) 334.— *Enchysia Lessonii* Presl, Prodr. Lobel. (1836) 40. — *Enchysia? Lessonii* A. De Candolle, Prodr. VII (1839) 409. — Folia ut fere in typo, summa tantum lanceolata, glabra. Pedicelli folio fere duplo breviores, 2—6 mm longi. Corolla 5—7 mm longa, intus glabra.

N. S. Wales: Blaue Berge (Lesson! — sp. orig. herb. Presl, Prag); Bumberry (Boorman!); Port Jackson (Gaudichaud n. 48! 157! — Hb. Del.).

Presl in diagnosi dicit plantam pubescentem, sed specimen eius omnino glabrum est et habitu totaliter ut pl. typica.

var. **inundata** (R. Br.) E. Wimm. in Annal. Naturhist. Mus. Wien LVI (1948) 334. —*Lobelia inundata* R. Brown, Prodr. Fl. N. Holl. I (1810) 562; Roem. & Schult. l. c. 69; G. Don l. c.; A. DC. l. c. 367. — *Isotoma fluviatilis* Black l. c. quoad syn. *inundata.* — *Isotoma fluviatilis* var. *inundata* F. Muell. in Bentham, Fl. Austral. l. c. — *Rapuntium? inundatum* Presl l. c. — *Enchysia Baueri* Presl l. c. 40 pro parte, nempe quoad Ic. Baueri. — *Laurentia Baueri* A. DC. l. c. 411 p. p. — Folia subrotunda usque ovalia, obtusa, brevissime petiolata, inconspicue repando-dentata, 3—5 mm longa. Pedicelli 2—3 mm longi. Hypanthium interdum minute puberulum. Corolla intus sparse pilosa, 7—8 mm longa, lobi lanceolati, aequales. Fructus immaturus ellipsoideus, 3 mm longus, 2 mm latus.

N. S. Wales: Port Jackson (R. Brown), Paramatta, Mudgee (Woolls! — Hb. Melb.) — Victoria: Yarra und Goulburn Rivers, Ovens River, Grampian Mountains (ex F. Mueller).

Fructus in hac varietate, saltem in specimine de Mudgee videtur non dehiscens, tunc transferenda ad genus *Hypselam.*

16. **L. scapigera** (R. Br.) Endl., Genera Pl. (1838) 512. — *Lobelia scapigera* R. Brown, Prodr. Fl. N. Holl. I (1810) 564 cum varietatibus; Roem. et Schult., Syst. V (1819) 72. — *Isotoma scapigera* G. Don, Gen. Syst. III (1834) 716; Benth., Fl. Austral. IV (1869) 136 incl. var.; F. Mueller, Fragm. X (1876—77) 39; Black, Fl. South Austral. (1929) 549. — *Enchysia scapigera* Presl, Prodr. Lobel. (1836) 41; A. De Candolle, Prodr. VII (1839) 409. — *Lobelia ophiocephala* et *L. monanthos* De Vriese in Lehmann Pl. Preiss. I (1845) 397, 398. — Herba annua, glabra, folia omnia radicalia vel conferta in caule brevissimo vel subnullo, oblonga vel obovato-oblonga, 5—25 mm longa, 2—12 mm lata, apice obtusa vel acuta, basi in petiolum brevem angustata, margine inciso- usque repando-dentata, rarius subintegra, glabra. Scapi plures, erecti, uniflori, 3—12 cm longi. Hypanthium turbinatum, demum oblique ellipsoideum; lobi calycini anguste triangulares, 2—4 mm longi. Corolla coerulescens, glabra, 10—14 mm longa, subbilabiata, lobi fere aequales, subobovato-oblongi, acutiusculi, tam circiter longi quam tubus corollae. Antherarum tubus glaber, nigrescens et albido-striatus, antherae 2 inferiores apice 2 setis et pilis brevissimis praeditae. Capsula oblique ellipsoidea, basi acuta, 10-nervata, ad 10 mm longa. Semina ovalia, laevia, fusca. — Fig. 74 c.

W e s t - und S ü d - A u s t r a l i e n : Swan River, Cap Riche, King George's Sound (D r u m m o n d n. 68! 418! — Hb. Wien, Del., Cambr.); westlich der Esperance Bay und Middle Island (M a x w e l l); Stirling's Range, Streaky Bay, zwischen der Fowler's Bay und Eucla-Harbour, Goose Island Bay (R. B r o w n), Tone und Gordon Rivers, Wooroloo, Cowcowing (F. M u e l l e r! M a x K o c h n. 1708! 1184! — Hb. Wien); sandiger Boden des Waldes am Bulescreek bei Perth, XI., ausgetrockneter torfiger Boden am Rand des Lake Keiermulu, X. (P r e i s s n. 1432! 1446! — Typen für *Lobelia monanthos* und *L. ophiocephala*). — Südliche York-Halbinsel, Eyre-Halbinsel bis Great Bight — ex B l a c k).

17. **L. gulliverii** (F. Muell.) E. Wimm. in Annal. Naturhist. Mus. Wien LVI (1948) 336. — *Lobelia Gulliverii* F. Muell., Fragmenta X (1876—77) 39; *Isotoma Gulliverii* F. M. Bailey, Synops. Queensl. Fl. (1883) 284 et Queensl. Fl. III (1900) 921. — Herba annua, erecta, pluricaulis, ca. 10 cm alta, subpubescens. Caules graciles, superne glabrescentes. Folia lineari-lanceolata, 8—12 mm longa, 1—2 mm lata, acuta, ad basin parum cuneata et sessilia vel in petiolum brevem indefinitum angustata, margine integerrima vel remote minute denticulata, utrinque sparse puberula. Pedicelli solitari-axillares, corymbiformiter dispositi. Pedicelli filiformes, 25—30 mm longi, glabri, foliis plus duplo longiores. Hypanthium turbinatum, 1—2 mm longum; lobi subulati, integri, ciliati, 1,5 mm longi, apice recurvulati. Corolla coerulescens, glabra, 12 mm longa, tubo anguste cylindrico, 7 mm longo, limbo subbilabiato, lobis lanceolatis subaequalibus. Antherarum tubus 1,3 mm longus, obscure cinereus, dorso leviter hirtellus, antherae 2 inferiores apice 2 setulis et pilis brevissimis barbatae. Capsula ovalis, 3 mm longa. Semina minutissima, pallide fusca, laevia, nitida, subcompresso-ellipsoidea.

A u s t r a l i e n , n ö r d l i c h e s Q u e e n s l a n d : Zwischen den Flüssen Norman und Gilbert (T h. G u l l i v e r! a. 1874, sp. orig. Hb. Melb.).

18. **L. pusilla** (Benth.) A. DC., Prodr. VII (1839) 411. — *Isotoma pusilla* Benth., Enum. Pl. Huegel (1837) 75 et Fl. Austral. IV (1869) 135. — *Lobelia elegans* De Vriese in Lehmann, Pl. Preiss. I (1845) 396. — Herba erecta, 7—10 cm alta, glabra, simplex vel ramosa. Caulis succulentulus, quadrangulus vel subanceps, interdum flexuosus. Folia lanceolata vel oblonga, 5—10 mm longa et 1—3 mm lata, acuta vel obtusiuscula, basi angustata sessilia, margine integerrima vel minute denticulata. Pedicelli in axillis foliorum superiorum solitarii, corymbiformiter ordinati, 15—22 (fructif. ad 30) mm longi, filiformes. Hypanthium obconicum; lobi subulati, ad 2 mm longi, integri. Corolla coerulea, in fauce lutea, 10—12 mm longa, glabra, tubo anguste cylindrico 4—6 mm longo, limbo subbilabiato, lobis patentibus, superioribus brevioribus, omnibus obovatis, mucronulatis. Antherarum tubus glaber, antherae 2 inferiores apice minute setulosae. Lobi stigmatis orbiculati. Capsula obconico-cylindrica, 10-nervata, subcurvata, 6 mm longa. Semina oblongo-cylindrica, badia, laevia, 0,4 mm longa. — Fig. 74 b.

W e s t - A u s t r a l i e n : Swan River (H ü g e l! D r u m m o n d n. 287! 327! 424! — Hb. Wien, Del., Cambr.); Halbinsel Perth, Lehmboden, und am Flusse Caming auf Sandboden, XI. (P r e i s s n. 1434! 1436! sub *Lobelia elegans* De Vr. et *L. elegans f. minor* De Vr.); Carmington, XII. und Midland Junction, 16. II. 1898 (A. M o r r i s o n! — Hb. Berl.).

19. **L. ferdinandi** E. Wimm. in Annal. Naturhist. Mus. Wien LVI (1948) 336. — *Isotoma Baueri* Presl, Prodr. Lobel. (1836) 42; A. De Candolle, Prodr. VII (1839) 412 (non eadem ac *Laurentia Baueri* (Presl) A. DC. l. c. 411); Icon Baueri ined. in herb. Mus. Prag. — Herba glaberrima caulibus suberectis teretibus. Folia sessilia, lineari-lanceolata, 25 mm longa, 4 mm lata et minora, acuta, basi paulum cuneata, margine remote acuteque serrata, suprema approximata vel etiam ternato-verticillata. Flores solitari-axillares. Pedicelli filiformes, 15—30 mm longi, folio demum longiores. Hypanthium obconicum, lobi lanceolati, acuti, integri, erecti, tubo

Fig. 74. a *Laurentia ferdinandi*: flos et ovar. transverse dissect., magn. aucti. — b *Laur. pusilla* 2/1. — c *Laur. scapigera* ca. 1/1, flos et stamina aucta. — d *Laur. fluviatilis*: pars plantae et flos, 3—4/1. — e *Laur. armstrongii* 1/1. — f *Laur. petraea*: flos et fol. 1/1. — a et d secundum icon. Baueri, ceterae fig. orig.

calycis duplo longiores. Corollae laciniae subaequales, tubo cylindrico duplo longiores, oblongo-ellipticae, subacutae, 2 superiores parum breviores. Antherae 2 inferiores apice bisetosae. — Fig. 74 a.

Australien: Nordküste, am Golf von Carpentaria westlich der Halbinsel York (Ferdinand Bauer! in cuius memoriam species nominata est, eam invenit et pulchre delineavit. *Enchysia Baueri* Presl = *Laurentia Baueri* A. DC. ad *Hypselam* referenda est.

20. **L. armstrongii** E. Wimm. in Annal. Naturhist. Mus. Wien LVI (1948) 336. — *Isotoma Armstrongii* E. Wimm. in Fedde, Repert. Spec. Nov. XXXVIII (1935) 77. — Herba ramosa, glabra, gracilis, 15—20 cm alta. Caules ramique tenues, subquadranguli, remote foliati. Folia sessilia, lineari-lanceolata, 34 mm longa, 3 mm lata et minora, apice fere cuspidata, ad basin subangustata, margine remote minute denticulata. Flores solitari-axillares, longe pedicellati. Pedicelli filiformes, compressi, 4—7 cm longi, basi 2 bracteolis minutis. Hypanthium obconicum vel oblique oblongum, 3—4 mm longum; lobi subulati, 4 mm longi, cuspidati, infra medium utrinque uno dente calloso muniti. Corolla coerulescens vel alba (?), glabra, tubo 5 mm longo, limbo subbilabiato: lobi 2 superiores obovato-lanceolati, mucronulati, labium inferius tripartitum, 5 mm longum, lobi obovato-oblongi, mucronulati. Antherarum tubus 1,5 mm longus, nigrescenti- et albido-striatus, in dorso versus apicem pilosiusculus, 2 inferiores apice barbatae. — Fig. 74 e.

Australien: Port Essington (Armstrong! — Hb. Kew, sp. orig. una cum *Lobelia stenophylla* Benth. in folio adglutinata et a Benthamio ab hac non distincta est.

21. **L. hypocrateriformis** (R. Br.) E. Wimm. in Annal. Naturhist. Mus. Wien LVI (1948) 336. — *Lobelia hypocrateriformis* R. Brown, Prodr. Fl. N. Holl. I (1810) 565; Roem. & Sch., Syst. V (1819) 72; Bot. Mag. LVIII (1831) t. 3075. — *Isotoma hypocrateriformis* Druce in Rep. Bot. Exch. Club Brit. Isl. 1916 (1917) 629. — *I. Brownii* G. Don, Gen. Syst. III (1834) 716; Presl, Prodr. Lobel. (1836) 43; Bentham, Enum. Pl. N. Holl. Huegel (1837) 75 et Fl. Austral. IV (1869) 134; A. De Candolle, Prodr. VII (1839) 412; F. Mueller, Fragm. X (1876—77) 40. — *I. brevifolia* Presl l. c. — *Lobelia Lehmanni* De Vriese in Lehmann, Pl. Preiss. I (1845) 394. — Herba annua, glaberrima, caule erecto, simplici vel ramoso, 20—30 cm alto, tereti, leviter sulcato. Folia sessilia linearia, acutiuscula, 6—16 mm longa et ca. 1 mm lata, ad basin parum dilatata, integerrima. Flores in racemo secundo, saepe multifloro, raro 1—3-floro. Pedicelli 12—36 mm longi. Hypanthium obconicum, lobi subulati, integri, 5 mm longi. Corolla roseo-violacea, passim alba, macula rubra in basi loborum ornata; eius tubus anguste cylindricus, rectus, 15—18 mm longus; limbus subbilabiatus, patens, lobi parum inaequales, expansi, obovato-cuneati, mucronulati, imus ceteris fere duplo major (ca. 12 × 10 mm). Tubus anthereus exsertus, caesius, dorso pilosiusculus, antherae 2 inferiores apice setis 2 deflexis munitae. Capsula oblonga, subcurvata, 10-nervata, 12 mm longa et 3 mm lata, apice sepalis 7 mm longis et corolla emarcida terminata. Semina ellipsoideo-trigona, fusca, laevia, nitida, ca. 0,4 mm longa.

West-Australien: King George's Sound, Albany (Bullant!); Lewins Land (Ferd. Bauer!); Wooroloo (Max Koch n. 1427!); Woodlupin Creek (A.G. Hamilton!); Freemantle (Hügel!); Swan River (Drummond n. 290! 293! 294! 423! Hügel! — alle Hb. Wien); District. Swan, in silvis apertis arenosis *Eucalypti marginatae*, XII. (Pritzel n. 105! — Hb. Wash., Del., Wien); Swan River (Preiss n. 1426! sub *Lobelia Lehmanni* De Vriese! — Hb. Del.); Blockwood River (M. Hard! — Hb. Melb.).

Planta pulchra ornamentaria saepe culta.

22. **L. petraea** (F. Muell.) E. Wimm. in Annal. Naturhist. Mus. Wien LVI (1948) 336. — *Isotoma petraea* F. Muell. in Linnaea XXV (1852) 420; Walpers,

Annal. V (1858) 391; Benth., Fl. Austral. IV (1869) 135; F. Mueller, Fragm. X (1876—77) 39; F. M. Bailey, Synops. Queensl. Fl. (1883) 283 et Queensl. Fl. III (1900) 921; Ch. Moore, Handb. Fl. N. S. Wals (1893) 302; Journ. Dep. Agric. S. Australia XXII (1918) 50 c. fig.; Black, Fl. S. Austral. (1929) 549. — Herba erecta, ramosa, glaberrima, 30—50 cm alta. Folia petiolata, late usque anguste elliptica, 3—5 cm longa et 2—3,2 cm lata, apice acuta, basi acuminata et in petiolum 2—5 mm longum decurrentia, margine grosse inciso- vel sinuato-dentata vel (superiora) argute dentata. Pedicelli in axillis foliorum superiorum solitarii, nudi, erecti, 7—10 cm longi. Hypanthium obconicum, 6—10 mm longum; lobi lineares, cuspidati, integerrimi, suberecti, 5—10 mm longi. Corolla coerulescenti-rubra vel extus pallida vel alba, eius tubus intus pilosus, ca. 26 mm longus, subrectus, limbus subbilabiatus, glaber, lobi oblongi, acuti, ca. 12 mm longi. Tubus anthereus sparse pubescens, 4 mm longus, e tubo corollae exsertus, antherae 2 inferiores apice 2 setis longis munitae. Capsula oblonga, decem-costata, 17 mm longa et 6 mm lata. Semina oblongo-cylindrica, compressiuscula, fusca, scrobiculata, nitida, 0,7 mm longa. — Fig. 74 f.

Australien: Im Bergland des südlichen Teiles weit verbreitet. West-Australien: Zwischen Moore und Murchison Rivers (Drummond VI. Coll. n. 67! — Hb. Wien); Yerdanie auf Granitboden (R. Helius!) und Lake Austin (H. S. King! — Hb. Melb.). — Süd-Australien: Flinder's, Gawler's, Mueller's, Macdonell's Range, Mt. Lindhurst, Mt. Olga, Crystal Brook, Cudnaka, Purdie's Buds (F. Mueller! — Hb. Del. z. T.); Mt. Lindhurst, V—IX. (Max Koch n. 171! — Hb. Wien); Lake Gillis, Hugh's River (ex F. Mueller); am Arkaringa, V. (R. Helius! — Hb. Melb.); Finke River (H. Kempe! W. J. Schwartz!); Cooper's Creek bis Queensland (ex Bailey). N. S. Wales: Barrier-Range (Mrs. Irvine!); Wilcamia, Darling River (F. Mueller! Mrs. Kennedy!); Goyinga-Gebirge, zwischen Stocke's Range und Cooper's Creek (F. Mueller).

Speciei sequenti, foliis exceptis, valde similis.

23. **L. axillaris** (Lindl.) E. Wimm. in Annal. Naturhist. Mus. Wien LVI (1948) 336. — *Isotoma axillaris* Lindley, Bot. Reg. XII (1826) t. 964; Gaudichaud, Voy. Freycinet (1826) 455, t. 70; Loddiges, Bot. Cab. XVI (1829) t. 1528; Mac Intosch, Fl. et Pom. (1829) t. 34, opus non vidi; G. Don, Gen. Syst. III (1834) 716 c. fig.; Ann. Blumisterei XII (1836) 153, t. 19, opus non vidi; Presl, Prodr. Lobel. (1836) 42; J. W. Loudon, Ladie's Fl-Gard. Ornam. Annuals (1844) t. 29, opus non visum; Spach, Hist. Nat. Veg. Phan. Atlas (1846) t. 109; Benth., Fl. Austral. IV (1869) 135; F. Mueller, Fragm. X (1876—77) 39; F. M. Bailey, Synops. Queensl. Fl. (1883) 283, Queensl. Fl. III (1900) 921; Compr. Cat. Queensl. Pl. (1909—13) 289; Baillon, Hist. Pl. VIII (1886) 334, fig. fl.; Ch. Moore, Handb. Fl. N. S. Wales (1893) 302. — *Isostoma axillaris* D. Dietrich, Synops. I (1839) 737. — *Isotoma senecioides* A. De Candolle, Prodr. VII (1839) 412. — *I. senecioides* A. DC. var. *subpinnatifida* Hook. f., Bot. Mag. LXXXIV (1858) t. 5073; Belg. Hort. IX (1859) 33, t. 3; Schönl. in Engler & Prantl, Pflanzenfam. IV/5 (1894) 66. — *Lobelia senecioides* A. Cunningham apud Sims, Bot. Mag. LIII (1826) t. 2702. — *L. senecionis* Sprengel, Syst. IV/2 (1827) 75. — *L. Fleuryana* Gaudichaud l. c., nomen. — *L. asplenifolia* Hort. ex A. De Candolle l. c. — Herba erecta, glabra vel interdum subpubescens, 15—35 cm alta. Caules e radice pauci, teretiusculi, sparse foliati. Folia linearia, 6—10 cm longa, 0,3—0,6 cm lata, irregulariter pinnatifida, segmentis 2—3 longioribus triangulari-linearibus integris vel dentatis vel iterum parum pinnatifidis et inter ea dentibus minoribus, omnes dentes remoti, basi in petiolum indefinitum decurrentia. Pedicelli erecti, nudi, 6—10 cm longi. Hypanthium obconicum, 5 mm longum; lobi lineares, acuti, 6—10 mm longi, utrinque infra medium unidenticulati, rarius fere integri. Corolla purpurascenti-coerulea vel pallide flavescens vel alba aut rubicunda, in fauce lutea, tubus eius subcylindricus, subcurvatus, 22—

25 mm longus et 2 mm latus intus versus basin pubescens; limbus subbilabiatus, lobi fere aequales, patentes, oblongo-cuneati, apice breviter acuminati, circiter 16 mm longi et 3—5 mm lati. Tubus antherarum glaber, obscure et albo-striatus, 4—5 mm longus, 2 inferiores apice 2 setis longis deflexis munitae. Capsula obconico-oblonga, decem-nervata, 18 mm longa et 5 mm lata.

Australien: Queensland, in Felsspalten bei Rockhampton, Stanthorpe (ex Bailey). — N. S. Wales: Bathurst (A. Cunningham! — Hb. Wien); Harvey Ranges, Peakhills, Wallangra, II. (Boorman! — Hb. Del., Wash.); Glouster Bukets, IX. (J. H. Maiden! — Hb. Wien); Caley, Mudgee, zwischen Lachlan und Darling Rivers, New England, Mt. Mitchell (F. Mueller). — Victoria: in Felsspalten zwischen dem Ten-mile Creek und dem Broken River, Mt. Hope, Buffalo Ranges, Barnawartha, Murray River, Castlereagh's River, Springsure (F. Mueller).

Sub „*Isotoma senecioides*" in hortis culta. Vidi specimina ex hortis bot. Genf, Wien.

24. L. **anethifolia** (Summerh.) E. Wimm. in Annal. Naturhist. Mus. Wien LVI (1948) 336. — *Isotoma anethifolia* Summerhayes in Kew Bull. (1932) 318; Hooker, Icon. Pl. XXXII (1933) t. 3186. — Herba erecta, fere glabra. Caules plures ad 50 cm alti, teretes, satis ramosi. Folia irregulariter pinnati-partita, ad 8 cm longa, pars media indivisa ad 2 mm lata, laciniae 3—4 utrinque, angustissime lineares, remotae, ad 20 mm longae et 1,5 mm latae, versus basin interdum dente brevi instructae, laciniae breviores saepe dentiformes. Flores in axillis foliorum superiorum solitarii, longe pedunculati. Pedunculi ad 15 cm longi, nudi, erecti. Calycis tubus turbinatus, decem-nervatus; lobi lineari-subulati, subrecurvati, 6—7 mm longi, basi in dentem plus minusve desinentes. Corolla alba, glabra, tubo 13—15 mm longo et 3 mm lato, in medio parum attenuato, lineis 3 tenuibus violascentibus ad centrum loborum inferiorum, limbo bilabiato: lobi superiores late lanceolati, 12—15 mm longi et 4—5 mm lati, erecti; labium inferius tripartitum, basi callis 2 virentibus semicircularibus instructum, lobi obovato-oblongi, brevissime acuminati, deorsum expansi, 13—16 mm longi et 6—9 mm lati. Filamenta et tubus anthereus puberula, antherae pubescentes, 2 inferiores apice setis 2 longis munitae. Stylus inferne puberulus, superne glaber. Capsula obovoidea, decem-costata, 1 cm longa. Semina oblongo-cylindrica, nigra, 0,7 mm longa.

Australien: Queensland, Stanthorpe, in Spalten der Granitfelsen im offenen Wald, 990 m, III. (Hubbard). — N. S. Wales, Tenterfield (C. Stuart). — Specimina non vidi.

25. L. **longiflora** (L.) Endl., Gen. Pl. (1838) 512; Petermann, Pflanzenreich (1845) 444, t. 118, fig. 665; E. Wimm. in Macbride, Fl. Peru VI (1937) 474. — *Lobelia longiflora* L. Spec. (1753) 930; Mantissa (1771) 482; Jacquin, Sel. Stirp. Amer. Hist. (1763) 106. t. 200 et Hort. Vindobon. I (1770) t. 27; Amerik. Gewächse nach Linnés Ordnung, Nürnberg (1787) t. 238; Lamarck, Dict. III (1791) 585; Lunan, Hort. Jamaic. (1814) t. 153; Humboldt, Bonpland & Kunth, Nov. Gen. et Spec. III (1818) 309; Roem. & Schult., Syst. V (1819) 45; Bot. Mag. LII (1825) t. 2563; Tussac, Fl. Antiil. IV (1827) 73 t. 25; Lindley, Bot. Reg. XIV (1828) t. 1200; Chamisso in Linnaea VIII (1833) 214. — *Isotoma longiflora* Presl, Prodr. Lobel. (1836) 42; A. De Candolle, Prodr. VII (1839) 413; Grisebach, Fl. Brit. West Ind. Isl. (1864) 388; Sauvalle, Fl. Cubana (1873) 84; Eggers, Fl. St. Croix and Virg. Isl. (1879) 67; Wiener Illustr. Gartenzeitung XV (1890) 497; Regel, Gartenflora XL (1891) 106 c. fig.; O. Kuntze, Revis. Gen. II (1891) 380; Mazé, Fl. Guadeloupe (1892) 73; Bois, Atlas Pl. Jard. (1896) t. 167; Step, Fav. Fl. Gard. III (1897) t. 162; Urban, Symb. Antill. VIII (1921) 702; Addisonia IX (1924) 21, t. 299; Standley et Calderon, Lista Prelim. Pl. Salvador. (1925) 216; Degener, Fl. Hawaii., fam. 339 c. tab. (1933); Standley, Fl. Costaric. IV (1938) 1415. — *Hippobroma longiflora* G. Don, Gen. Syst. III (1834) 717; McVaugh in Bull. Torr. Club LXVII (1940) 783. — *Rapuntium longiflorum* Miller, Dict. ed. 8 (1768) n. 7. — *Rapunculus*

aquaticus foliis Cichorei, flore albo tubo longissimo Rajus, Hist. III, Suppl. (1704) 383; Sloane, Voy. Jamaica I (1707) 158, t. 101, f. 2. — *Trachelium Sonchi folio, flore albo tubo longissimo* Plumier, Nov. Gen. Pl. Americ., cat. (1703) 5, t. 353, f. 1.; Plumier, Pl. Americ. ed. Burmann (1760) t. 253. — Radix ramosa, fibrillae fusiformiter incrassatae, pluriceps. Caules ad 50 cm alti, simplices vel parce ramosi, plus minusve pubescentes, lineis binis e basi foliorum decurrentibus angulati, plerumque foliosi. Folia subsessilia, lanceolata, 6—17 cm longa, 1—5 cm lata, acuta, basi in petiolum indefinitum decurrentia, margine remote inaequaliter grosse dentata vel repando-dentata, mox sparse vel parce pubescentia, mox glabrata et in nervo mediano solum parce pubescentia, crassiuscula, in sicco tenuiter membranacea, nervo medio albicante prominente. Flores in axillis foliorum superiorum solitarii. Pedicelli 5—8 mm longi, hirti, crassiusculi, supra basin 2 bracteolis filiformibus ornati. Hypanthium turbinatum, hirtum, 5 mm longum; lobi triangulari-lineares, 10—13 mm longi, remote callose denticulati, subhirti, erecti. Corolla alba, pubescens, suaveolens (Mexia), inodora (Zerny), tubo anguste cylindraceo, 7—9 cm longo, 2—3 mm lato, recto, limbo subbilabiato patente: lobi lanceolati, ca. 15—20 mm longi et 4 mm lati, intus glabri. Tubus anthereus pallidus, glaber, vertice barbatus. Capsula ellipsoidea, decem-nervata, sparse hirta, cernua, 15 mm longa et ca. 10 mm lata. Semina ovoidea, compressiuscula, scrobiculata, fusca, ca. 0,8 mm longa.

var. **longiflora.** — vide part. I. Fig. 11 i.

Antillen, Zentral- und Südamerika: Kommt meist vor an feuchten, sumpfigen Orten, Quellen, Ufern der Flüsse und Teiche, nassen Wiesen und Bergschluchten. — Antillen: Cuba: Prov. Oriente (Wright n. 337! 536! Liebmann! — Hb. Del. Wien); Bajate, gemein, VI. (Ekman n. 9643!); Habana, XII. (A. H. Curtiss n. 564! — Hb. Del.); Tumbadero (E. Otto n. 79! — Hb. Wien); Lomas de las Jatas, V. (Ekman n. 578!); Prov. Pinar del Rio, Arrayo Mantua (Ekman, Iter Regnell III/10939!). — Jamaica: Ohne näheren Standort (Sloane, Humboldt n. 1316! Hunemann im Hb. Willdenow n. 3990! Portenschlag n. 342! R. C. Alexander! — Hb. Wien, Gött., Berl.). — Haiti: Santo Domingo (Poiteau! Sallé! — Hb. Del. Wien); an schattigen Stellen des Berges Isabel, 300 m (Eggers n. 1566!); Prov. Parahona, Enriquillo, VIII (Fuertes n. 400! — Hb. Del., Hamburg); Prov. Monte Christo, Moncion, 300—400 m, VI. (E. J. Valeur n. 805! — Hb. Stockh.); Distr. Sabaneta, Lagunas de Cenobi, Weg nach Toma, V. (E. J. Valeur n. 80!); Port François (C. Ehrenberg). — Puertorico: Humacao (Blaumer n. 22! — Hb. Del.); Bajamon, auf Berghängen, III. (P. Sintenis n. 987! — Hb. Gött.); Cortadera an Bächen (Wydler n. 395! — Hb. Del.); ohne genauere Standortsangabe (Sieber, Fl. mixta n. 469! — Hb. Berl.). — Jungfern-Inseln, fast gemein (Eggers). — St. Thomas, auf Wiesen, 500 m, IX. (Eggers ed. Töpfer n. 65!). — St. Croix, Mt. Pleasant, Willsbay, selten (Eggers). — Antigua (ex Grisebach). — Guadeloupe, an Bächen (Duchassing!). — Martinique (Belanger n. 190! Hahn n. 134! Sieber, Fl. mixta n. 71! 72! — Hb. Del., Wien, Gött.). — Barbados, Jan. (Eggers n. 7308! — Hb. Stockh.). — Ohne Landangabe: Figtree hill (Wullschlägel n. 3257!); Mutanzos (Wawra n. 60! — beide Hb. Wien).

Zentralamerika: Yucatan, Chichankanal (Geo F. Gaumer & Sons n. 1564! — Hb. Stockh.). — Guatemala: San Thomas (Friedrichsthal n. 123!); Alta Vera Paz, Panzos, 300 m (H. v. Türckheim n. 600!). — Honduras, Stann Creek Railway, 30 m. April (W. A. Schipp n. 173! — Hb. Stockh.). — Salvador, San Salvador, 650—850 m „Jasmin del Diablo" (Standley n. 19375). — Costarica: zufällig in der tierra caliente. — Panama: Prov. Panama bei Panama, Jan. (Standley n. 29808! - Hb. Stockh.).

Südamerika: Colombia: Dept. Caldas, Pereira, Flußnähe, 1200 m „Garza" (Frau E. Dryander n. 1189! — Hb. Berl.). — Brasilien: Pará, Ruderalpflanze, V. (Ginzberger & Zerny!); Bahia, Jan. (Wawra & Maly n. 589! Paulay! — Hb. Wien); Rio de Janeiro (Glaziou n. 12922! Dusén n. 49!); Prov. S. Paulo, San Vincente, Bachrand (Hj. Mosén, Hb. Regnell n. 2891! — Hb. Stockh.); Paraná, Morretes, III. P. Dusén n. 14008! — Hb. Stockh.). — Peru: Distr. Iquitos, Fundo Indiana, Ufer des Maranon, 110 m. gemein „Flor de Sapo" (Y. Mexia n. 6385! — Hb. Stockh.).

Wahrscheinlich adventiv oder durch die Kultur eingeführt:

Vereinigte Staaten N. Amerikas: Pensylvania, Tuscarora Ridge, Cove Valley, quellige Orte, VII, 1824. — Hb. Wien).

Hawaiische Inseln: Hawaii: Hilo, Wegrand zum Vulkan House, VII. (Degener n. 2088!); Olaa, IV. (Degener n. 7773!); Kauai: Hanalei Caves, feuchte sonnige Weide, IX. (Degener n. 2103! 1549! — Hb. Degener).

Malacca: Johore, Baru, XII. (S. Mayer! — Hb. Wien).

Java: Ufer des Kali Tanabang bei Batavia, IV. Ed. de la Salvinière n. 1562! — Hb. Del.); ohne weiteren Standort (Hillebrand! — Hb. Berl.).

Ceylon: An Wegen beim Mt. Lavinia nächst Colombo, Nov. (Rechinger n. 2435! — Hb. Wien); ohne nähere Angabe (Dechamps! — Hb. Del.).

Madagascar: Ost, in Kaffeepflanzungen gegen die Mündung des Mangoro hin (Perrier n. 18197! — P.); Tamatave, auf gefestigten Dünen (Decary n. 17795! — P.).

Insel Mauritius: Pamplemousse (Paulay! — W.).

Nomina vulg.: *Quedec* (S. Domingo), *Tibey* vel *Quivey* (Haiti), *Rebenta-cavallos* vel *Revienta-caballos* i. e. equorum disruptor (Jamaica), *Jasmin Jamaica, Jasmin del Diablo, Jasmin de Perra, S. Carlos* (Salvador), *Garza* (Colombia), *Flor de Sapo* (Peru).

Planta venenosissima, basam toxicam Isotominum continens, quae palpitationem cordis tardit. Jacquin experimentum de hac planta faciens dicit: „Planta interne sumta hypercatharsin creat, nullis remediis cedentem tandemque lethalem. Succo ejus infecta manus ,si oculos fricat labiave, inflammationem urentem inducit." — Imprimis equis nociva — refertur — ita ut equus medius rumpitur, si hanc comedit, unde nomen apud Hispanos „*Revienta-caballos*".

Propter florem magnam et pulchram non raro culta et in nonullis regionibus ex hortis aufugiens inquilina.

var. **runcinata** (Hassk.) E. Wimm. in Annal. Naturhist. Mus. Wien LVI (1948) 337. — *Isotoma runcinata* Hasskarl in Bonplandia VII (1859) 181. — Folia lineari-lanceolata, acuminata, basin versus angustata, margine sinuato-runcinato-dentata et inter dentes denticulata, lobis lateralibus acuminatis patentibus, 2—9 mm longis, saepe pariter mucronulatis. Calycis lobi longiores, 13—16 mm longi. Corolla candida lobis apice roseis, suaveolens, tubo 65 mm longo et 4 mm lato.

Java: Garten von Buitenzorg (Hasskarl — spec. non vidi).

Species excludendae:

Laurentia etbaica Schweinf. = *Wahlenbergia etbaica* Vatke
L. insignis Branveg. = *Centropogon grandidentatus* v. *diversidens* E. W.

2. Ramus **SCHIZOSIPHON** E. Wimm.

Schizosiphon E. Wimm. in Annal. Naturhist. Mus. Wien LVI (1948) 337. — Tubus corollae in dorso longitudinaliter fissus, rarissime in basi vel medio tubi paulum connatus.

Clavis generum.

A. Corolla sine calcare vel gibbo in basi; lobi calycis appositi et longitudine fere aequales (paucae species *Lobeliae* in basi corollae parum saccatae, interdum etiam in subgenere *Mezleria* 2 lobi calycini parum distantes).

I. Lobi stigmatis breves subrotundi vel ovales, patentes.

a. Flores et fructus pedunculati; capsula tam longa vel non multo longior quam lata, globosa, ellipsoidea, obovoidea vel obconica, infera vel semi-infera, rarissime fere supera .... 13. *Lobelia.*

b. Flores et fructus sessiles, ovarium primo pedunculum simulans, dein turgescens et siliquaeforme, maturum apice 2 valvis et demum etiam lateraliter dehiscens. — Fig. 47. .... 14. *Grammatotheca.*

II. Lobi stigmatis filiformes, elongati, basi annulo pilorum muniti, demum e tubo antherarum exserti spiraliter se revolventes. Herbae humiles foliis alternantibus vel oppositis vel etiam verticillatis. Fig. 48 .... 15. *Monopsis.*

B. Corolla in calcar vel gibbum plus minus conspicuum producta; limbus calycis bilabiatus, 2 lobi a ceteris remoti et ad extremum calcar applicati. Fig. 49 16. *Heterotoma.*

13. Lobelia L.

Lobelia[1]) Linné, Spec. Pl. (1753) 929, 2. ed. (1763) 1317, Mantissa (1771) 291, Fl. Lapp. (1737) 227, Gen. (1737) 267, Hort. Cliffort. (1737) 426, Syst. Nat. 2 ed. (1740) 29, Hort. Upsal. (1748) 276; Jussieu, Gen. (1789) 165; Lam. Dictionaire III (1791) 581; Willd., Spec. I (1797) 937; Humboldt, Bonpland & Kunth, Nov. Gen. et Spec. Amer. III (1818) 302; Roem. & Schult., Syst. Veget. V (1819) 35; Sprengel, Syst. I (1825) 709; G. Don, General Syst. III (1834) 704; Endlicher, Gen. I (1838) 511; A. De Candolle, Prodr. VII (1839) 357; D. Dietrich, Synops. I (1839) 726; Reichenbach, Handb. (1837) 186, Nomenclat. (1841) 102; Meisner, Pl. Vasc. Gen. (1836—43) 240; Lindley, Veget. Kingdom (1847) 693; Bentham & Hook. f., Gen. II (1876) 551; Baillon, Hist. Pl. VIII (1886) 362; Schönland in Engler & Prantl, Natürl. Pflanzenfam. IV/5 (1894) 66; Thonner, Blütenpfl. Afrik. (1908) 574; E. P. Phillips, Gen. South Afr. Pl. (1926) 607 p. p.; McVaugh in Rhodora XXXVIII (1936) 241, non Plum. nec Adans. nec Presl nec O. Kuntze. — *Rapuntium*[2]) [Tournefort, Instit. Rei Herbar. (1700) 163; Plumier, Nov. Gen. Pl. Amer. accedit Cat. Pl. Amer. (1713) 5] Miller, Gard. Dict. 8 ed. (1768); Moench, Method. (1794) 655; Presl, Prodr. Monogr. Lobeliac. (1836) 11; Post & Kuntze, Lex. (1904) 477. — *Dortmanna* [Rudbeck, Acta Upsal. (1720) 97; Linné, Syst. 1. ed. (1735)] Adanson, Fam. II (1763) 134; G. Don, Gen. Syst. III (1834) 715. — *Dortmania* Necker, Elem. I (1790) 132. — *Dortmannia* Steudel, Nomencl. 2 ed. (1840) 526; O. Kuntze, Revis. Gen. II (1891) 379. — *Trachelium* Tournef. l. c. 131. — *Mecoschistum* Dulac, Fl. Hautes-Pyrénées (1867) 459. — *Petromarula* Nieuwland & Lunnell in Amer. Midl. Nat. V (1917) 13, non Vent. ex Hedw. f., Gen. (1806) 139.

Calycis tubus ovario biloculari adnatus, laciniis 5 aequalibus vel subaequalibus, rarissime parum bilabiatis. Corolla summo calyce inserta, tubulosa, in dorso longitudinaliter fissa (rarissime semifissa: *Mecoschistum* Dulac); limbus corollae 5-partitus, bilabiatus, rarius unilabiatus (lobi omnes deflexi), rarissime omnes lobi connati vel omnes plus minusve se solventes; labium superius bipartitum lobis saepe minoribus; labium inferius trilobatum usque tripartitum, lobis inter

---

[1]) Mathias de L'Obel (Lobelius), natus Ryssel in Flandria anno 1538, mortuus anno 1616 London, medicus Jacobi I., regis Magnae Britanniae, botanographus edidit plura opera botanica, medica, pharmacopaea. — De origine nominis Lobeliae vide part. I, p. 31.

[2]) Nomen *Rapuntium* primo occurrit apud Columna, Minus cognitarum rariarumque Stirpium II (1616) 223, ubi species *Campanulae* et *Phyteumae* hoc nomine designantur.

sese aequalibus vel raro inaequalibus, in basi saepe 2 plicis vel gibbis ornatum. Stamina a corolla libera, eorum filamenta anguste linearia, inferne soluta, ceterum connata; antherae 5 in tubum subcylindricum rectum vel subcurvatum connatae, in apice diverse barbatae vel nudae. Stylus filiformis in tubo stamineo inclusus, fine antheseos progrediens et in apice stigma bilobum gerens; lobi stigmatis primo capitiformi-complicati, demum divaricati, subrotundi, subtus plerumque pilis collectoribus praediti. Ovarium dissepimento mediano in loculos 2 divisum, placentis 2 dissepimento utrinque affixis, ovula multa producentibus. Capsula apice 2 valvis loculicide dehiscens, infera, semi-infera vel rarissime fere supera, lobis persistentibus. Semina numerosa, minuta, ellipsoidea, subglobosa, oblonga vel trigona, interdum alata, laevia et minute reticulata, striolata vel tuberculato-scabra.

Genus in omnibus quinque continentibus imprimis intra regiones tropicas et subtropicas, rarius ultra eas distributum (vide cartam distribut. I, p. 24). Species 365 inhabitant locos praecipue humidos vel paludosos, raro siccos, elevatione 0—4000 m s. mare. Plurimae inveniuntur in Africa, plures in America imprimis boreali, minus numerosae in Asia, Australia et Oceania, perpaucae in Europa (2 species).

Conspectus generis.

Lobelia

Subgen. Lagotis		Subgen. Mezleria	Subgen. Tupa
1. S. Hemipogon	2. S. Holopogon	1. S. Eumezl.	1. S. Isolobus
1) Trachyspermae	1) Cryptostemon	2. S. Paramezl.	2. S. Eutupa
a. Cardinales	2) Delostemon		3. S. Rhynchopetalum
b. Coelestes	a. Impares		4. S. Homochilus
2) Leiospermae	b. Gratioloides		5. S. Revolutella
a. Subspicatae	c. Genistoides		6. S. Galeatella
b. Rosulatae			
c. Pterocaulinae			
d. Eriniformes			

clavis subgenerum.

A. Herbae saepe annuae, debiles vel fruticuli graciles.

I. Corolla distincte bilabiata, labia manifeste inaequalia, lobi 2 superiores erecti usque reclinati, minores quam lobi inferiores. Antherae omnes vel 2 inferiores tantum apice piloso-penicillatae .... Subgenus 1. *Lagotis.*

II. Corolla subbilabiata vel unilabiata, lobi subaequales. Antherae 2 inferiores setis 2 et insuper interdum pilis brevissimis terminatae.

a. Corolla subbilabiata, lobi 2 superiores porrecti vel ascendentes et usque vel fere usque ad basin liberi. Tubus anthereus longitudine filamentorum. Corolla minuta .... Subgen. 2. *Mezleria.*

b. Corolla unilabiata, lobi omnes deflexi, superiores circiter usque ad medium corollae soluti. Antherae filamentis breviores. Vide: Subgen. *Tupa* sect. *Isolobus.*

B. Herbae robustae, suffrutices vel frutices (*Isolobo* excepto). Corolla unilabiata vel subbilabiata, saepe magna, lobi omnes plus minus aequales, superiores (laterales) saepe labio infero sublongiores, omnes deflexi, vel superiores leviter ascendentes aut lateraliter patento-ascendentes, raro omnes rostriformiter connati vel apice diu cohaerentes vel omnes demum se plus minus solventes Subgen. 3. *Tupa.*

Subgenus 1. **Lagotis** E. Wimm.

Lagotis E. Wimm. in Annal. Naturhist. Mus. Wien LVI (1948) 338. — Corolla bilabiata, lobi 2 superiores distincte minores et erecti vel reclinati, lobi inferiores patentes. Stamina e fissura dorsali corollae parum egredientia et inter lobos 2 superiores parum prospicientia (*Delostemon*), raro in tubo corollae inclusa et tubo breviora (*Cryptostemon*). Herbae humiles, saepe annuae, rarius perennes et fruticuli graciles. Maxima pars *Lobeliarum* huc pertinet, inter quas multae ornamenti causa cultae.

Sectiones:

A. Antherarum 2 inferiores (breviores) apice piloso-penicillatae
Sect. I. *Hemipogon*.

B. Antherae omnes apice aequaliter dense breviterque piloso-ciliatae
Sect. II. *Holopogon*.

Sect. I. **Hemipogon** Benth.

Sect. *Hemipogon* Benth., Fl. Austral. IV (1869) 123; Benth. & Hook. f., Gen. Pl. II (1876) 552; Schönl. in Engler et P., Natürl. Pflanzenfam. IV/5 (1894) 67; F. M. Bailey, Queensl. Fl. III (1900) 915. — Antherae 2 inferiores reliquis parum breviores, apice barbatae. Semina nunquam trigona vel alata.

Clavis subsectionum.

A. Semina rugoso-scabra. Flores in racemo subspicato, pedicellis flore brevioribus, vel raro in racemo laxiore. Herbae plerumque erectae, caule stricto, vel si caules debiles ut in *L. Feayana* procumbento-erectae. Species Americae borealis et nonnullae ex affinitate *Lobeliae cardinalis* in Mexico, America centrali.
Subsect. 1. *Trachyspermae*.

B. Semina laevia. Flores pro maxima parte in racemo laxo, pedicellis flore longioribus, raro in racemo subspicato ut in *Lobelia gruina*. Species omnes in America australi, Africa, Asia, Australia, reliquae praeter Cardinales in Amer. centr. .... Subsect. 2. *Leiospermae*.

Subsect. 1. **Trachyspermae** E. Wimm.

Trachyspermae E. Wimm. in Annal. Naturhist. Mus. Wien LVI (1948) 338. — Diagnosin vide supra!

Clavis gregum.

A. Corolla magna (20—35 mm, rarius longior), rubra (purpurea, coccinea, rosea, occasionaliter alba, apud hybridas saepe violacea). Herbae subrobustae, erectae. Am. bor. .... Grex 1. *Cardinales*.

B. Corolla coerulea vel lilacina, occasionaliter alba, apud hybridas saepe violacea, minor (6—10, raro 22—30 mm lg.). Herbae debiles vel graciles, paucae robustiores ut *L. syphilitica*, plerumque erectae. Am. bor.. Europa bor.
Grex 2. *Coelestes*.

Grex 1. **Cardinales** E. Wimm.

Cardinales E. Wimm. in Annal Naturhist. Mus. Wien LVI (1948) 338. — Sect.. *Cardinalis* (Hall. 1745) Post et Kuntze, Lex. Gen. Phan. (1904) 477 p. p. — Sect *Rapuntium* A. DC., l. c. 357 p. p. — *Eulobelia* Benth. et H. f., Gen. II (1876) 552 p. p.; McVaugh in Am. Middl. Naturalist XXIV (1940) 682. — Flores in racemo laxo usque denso, bracteati, pedicelli flore breviores; calycis lobi basi sine appendicibus vel auriculis, exceptis formis hybridis inter *Lobelias* huius gregis et *L. syphiliticam*; corolla pulchre rubra lobis superioribus anguste lanceolatis erectis vel interdum lateraliter patentibus, labio inferiore trifido vel tripartito, deflexo. Semina scabro-rugosa, vide fig. 18 a! — Herbae subrobustae, saltem in regione borealiore biennes, erectae, saepe cultae. Am. Boreal.

Clavis specierum.

A. Folia petiolata, suprema subsessilia, elliptica usque lanceolata, ovato-oblonga, dentata vel fere serrata, glabra, raro hirta. Corollae lobi plerumque anguste lanceolati .... 1. *L. cardinalis.*

B. Folia sessilia, infima tantum (raro diutius perdurantia) petiolata, linearia, lanceolata usque oblongo-lanceolata, integerrima vel dentata, glabra vel hirta. Corollae lobi anguste lanceolati usque elliptici (subspec. *graminea* McVaugh).

I. Lobi inferiores corollae anguste lanceolati, 2—3 (5) mm lati. Fig. 18 c! 2. *L. graminea.*

II. Lobi inferiores corollae oblongi usque elliptici, 6—10 mm lati, apud hybridas adhuc latiores.

a. Plantae glaberrimae .... 3. *L. splendens.*

b. Plantae hirtae. Fig. 75 b! .... 4. *L. cordigera.*

Nota! Si lobi corollae violaceae ciliati, semina auriculiformia et laevia, planta asiatica, vide *L. sessilifoliam!* — Si planta frutescens ex insula Haiti foliis ellipticis coriaceis et seminibus asperis vide *L. rotundifoliam!*

Mit Rücksicht auf die über hundert Jahre schon in Kultur befindlichen Arten dieser Gruppe halte ich es für notwendig, die überall bekannten Arten als solche bestehen zu lassen, obwohl sie sich zweifellos aus *L. cardinalis* entwickelt haben und kaum mehr als Subspecies derselben sind, wie McVaugh darstellt; sie zeigen aber im allgemeinen eine große Beständigkeit. Nur die Hybriden verwischen die Grenzen und sind oft von den Varietäten schwer oder gar nicht zu unterscheiden.

Hybriden kommen nicht selten vor, sowohl solche zwischen den vorgenannten Arten als auch zwischen diesen und *Lobelia syphilitica*; letztere zeichnen sich meist durch die Sepalen (am Rande zurückgeschlagen oder an der Basis geöhrt) und die violette Blütenfarbe aus.

1. **Lobelia cardinalis** L. Spec. Pl. (1753) 930; Kniphof, Herb. Viv. I (1760) t. 651; Lamarck, Dict. Bot. III (1791) 585; Amerik. Gewächse nach Linn. Ordn., Nürnberg (1787) t. 238; J. Miller, Illustr. Syst. Sexual. Linn. (1792) t. 71; Bot, Mag. IX (1795) t. 320; Michaux, Fl. Bor.-Amer. II (1803) 151; Schur, Bot. Handb. III (1803) 183, t. 268; Edwards, New Bot. Gard. II (1812) t. 35; Pursh, Fl. Amer. Sept. II (1814) 448; Torrey, Fl. N. Am. I (1824) 242; Darlington, Fl. Cestr. (1837) 155; A. De Candolle, Prodr. VII (1839) 382; Torrey, Fl. State N. York I (1843) 425, t. 64; Petermann, Das Pflanzenreich (1845) 443; Darby, Bot. South States (1855) 412; W. Robinson, Engl. Fl. Gard. (1883) t. 159; Macoun, Cat. Canad, Pl. II (1884) 285; Wild Flow. Canada (1894) t. 22; Greene, Man. Bot. S. Francisco Bay (1894) 224; Britton et Brown, Illustr. Fl. N. Stat. and Canada III (1898) 258, f. 3502; Small, Fl. Southeast. U. S. (1903) 1143; Rhodora V (1903) t. 49; Hegi, Illustr. Fl. Mitteleuropa VI/1 (1915) 392; House, Wild Fl. N. York II (1918) t. 220; Rydberg, Fl. Rocky Mount. (1922) 826; Pepoun, Fl. Chicago Area (1927) 481; Peattie, Fl. Indiana Dunes (1930) 360; Wehrhahn, Gartenstauden II (1931) 1014; Victorin, Fl. Laurent. (1935) 546, f. 3; McVaugh in Rhodora XXXVIII (1936) 259, 276, f. 3 et in Ann. Mo. Bot. Gard. XXVII (1940) 348 et in North Am. Fl. XXXII A (1943) 80 excl. subsp. *graminea.* — *L. Cardinalis* var. *angustifolia* Vatke in Linnaea XXXVIII (1874) 722. — *L. Cardinalis* var. *texensis* Rothrock in Report U. S. Geogr. Surv. Capt. Wheeler (1878) 182 = ? *L. texensis* Raf., Atl. Journ. I (1833) 176. — *Rapuntium Cardinale* Miller, Gard. Dict. 8. ed. (1768), *Rapuntium* no. 1; Presl, Prodr. Mon. Lobel. (1836) 26. — *Dortmannia cardinalis* Kuntze, Rev. Gen.

II (1891) 380. — *Lobelia coccinea* Stokes, Bot. Mat. Med. I (1812) 343. — *Rapuntium coccineum* Moench, Suppl. ad Method. Pl. (1802) 277. — *Trachelium Americanum flore ruberrimo*, Parkinson, Paradisus Terrestris (1635) 356, t. 355, f. 6. — *Trachelium Americanum rubrum* etc. Rajus, Hist. Pl. I (1686) 746. — *Rapunculus* seu *Rapuntium Virginianum* s. *Americanum coccineo flore majore*, Morison, Pl. Hist. Oxon. II (1688) 466, set. 5, f. 54. — *Rapuntium maximum, coccineo spicato flore*, Tournefort, Instit. Rei. Herb. (1700) 163, t. 51. — *Rapunculus coccineus Americanus vulgo Cardinalis planta*, Barrelier, Pl. per Galliam, Hispan. et Ital. Observ. (1714) 20. f. 1148. — *Cardinalis Rivini*, Rupp. Fl. Jenens. I (1718) 201. —*Lobelia caule erecto, foliis lanc. serratis, racemo terminatrici*, Linn., Hort. Cliffort. (1737) 426; Hort. Upsal. (1748) 276; Royen, Prodr. Fl. Leydens. (1740) 241; Gronovius, Fl. Virginica (1743) 107. — Caulis erectus, 40—120 cm altus, plerumque simplex, viridis vel purpurascens, glaber vel (var.) hirtus, foliosus. Folia ovato-oblonga, elliptica usque oblonga et lanceolata, 4—10 cm longa et 1—3 cm lata, acuta vel acuminata, basi in petiolum brevem alatum angustata, superiora subpetiolata vel subsessilia, margine minute vel interdum subgrosse dentata vel fere crenulata, glabra vel (var.) hirtella. Flores in racemo saepe multifloro. Bracteae foliaceae, sed multo minores, 1—5 cm longae. Pedicelli 4—14 (25) mm longi, hirtelli, prope basin bibracteolati. Hypanthium breviter turbinatum vel subsemiglobosum, decemnervatum, vulgo glabrum; lobi eius sublineares, basi triangulares, 8—16 mm longi, erecti, integri, glabri vel parce ciliati. Corolla scarlatina, ca. 35 mm longa; tubus corollae conicus, basi plerumque fenestratus, 15—20 mm longus, glaber, interdum extus in nervis parce hirtellus; lobi 2 superiores (laterales) anguste lanceolati, erecti vel fere lateraliter patentes, labio inferiore parum breviores; labium inferius trifidum, ca. 25 mm longum, lobi oblongi, breviter acuminati, deflexi, ca. 15 mm longi et 3—5 mm lati. Filamentorum tubus e tubo corollae longe exsertus, purpurascens, 24—34 mm longus; antherarum tubus caesius, saepe glaber, 4—5 mm longus. Stigma bilobum, mox exsertum. Capsula subglobosa, ca. 8 mm in diam. Semina subcylindrico-oblonga, luteo-fusca, 0,7 mm longa, rugoso-scabra. —Fig. 75 a.

N o r d a m e r i k a , verbreitet von Canada bis zum südlichen Florida und Texas, westwärts bis zum Mississippi und dessen Nebenflüssen, weiter westlich seltener, zum Teil fehlend; kommt vor an sumpfigen Orten, entlang von Fluß- und Seeufern, oft in Gesellschaft mit *Polygonum arifolium* und *sagittatum, Gentiana andrewsii, Sparganium diversifolium* und *Cinna arundinacea*, blühend von Ende Juli bis Ende September.

C l a v i s v a r i e t a t u m.

A. Planta glabra vel subglabra.
  I. Caulis et folia viridia.
    a. Corolla coccinea .... var. *cardinalis.*
    b. Corolla rosea .... f. *rosea.*
    c. Corolla alba .... f. *alba.*
  II. Caulis et folia obscure purpureo-violacea .... var. *atrosanguinea.*
B. Caulis, folia, calyces hirti, corolla extus in nervis parce hirtella .. var. *hispidula.*

var. **cardinalis.** — *L. Cardinalis* subspec. *Cardinalis* McVaugh l. c. — Glabra vel fere glabra, caulis et folia viridia, corolla coccinea. Reliqua ut supra.

Über das Vorkommen, da die Species häufig ist, nur einige Angaben aus den Randgebieten. — C a n a d a : Quebec, Ontario (M a c n a b! D a l h o u s i e! Père L o u i s M a r i e! M a c o u n! F. M a j o r i c n. 24690! F. A d r i e n n. 21788! 21799!). — B r i t. N o r d a m e r i k a (H o o k e r! — B.). — S ü d - D a k o t a : Aberdeen (G r i f f i t h s! — B.). — I n d i a n T e r r i t. : Sapulpa (B u s h! — B.). — U t a h : Springdale (M. E. J o n e s n. 6077! — W.). — K a l i f o r n i e n :

San Bernardino (P a r i s h n. 3808! — B.). — N e w M e x i c o : Jemez Springs (A. N e l s o n n. 11623! — Stckh.). — T e x a s : Rusk Co. (V i n c e n t n. 131!), Fayette Co. Cumming's Creek near Bound Top (B. M a t t h e s n. 143! — W.), San Antonio (B u s h n. 849! — W. Stkh.), Houston und Commanche Springs (L i n d - h e i m e r! n. 449! 978! — W. B.). — Loc. natal.: Virginia (L i n n é).

f. **rosea** St. John in Rhodora XXI (1919) 217. — Corolla rosea vel dilute rubra.

N e w H a m p s h i r e, East Jaffrey, an einem Fluß in den Bergen, VIII. (R a n d & R o b i n s o n n. 1007 — Hb. Gray ex St. John; Miss. E. M. P a r k e r).

f. **alba** (Eaton) St. John l. c.; Peattie, Fl. Indiana Dunes (1930) 360. — *L. cardinalis* var. *alba* Eaton, Man. Bot. N. Amer. 7. ed. (1836) 375; Wood, Class Book Bot. II (1845) 227. — *L. cardinalis* var. *candida* Wood in Amer. Botanist (1870) 195. — *Rapuntium Americanum floribus albis*, Hort. Oxon. — Corolla alba, rara.

N o r d - A m e r i k a (J a c k s o n a. 1832 — Hb. Cambr.!); K a l i f o r n i e n, bei San Francisco (ex G r e e n e, Man.). Auch Pursh (Fl. II, 448) und Mühlenberg (Cat. Pl. Amer. Sept. [1813] 22) erwähnen Formen mit weißen Blüten.

var. **atrosanguinea** Hort. nomen in Gard. Chron. XXIV (1898) 234. — Caulis et folia obscure purpureo-violacea, corolla plerumque purpureo-sanguinea vel obscurius. — Fortasse eadem ac *L. cardinalis Queen Victoria* Hort. (Semaine Hortic. (1898) 262, f. 316, quae hybrida dicitur, caule et foliis fusco-purpureis).

Specimina culta tantum vidi.

var. **hispidula** E. Wimm. in Annal. Naturhist. Mus. Wien LVI (1948) 338. — Planta plus minusve dense hirta, praecipue in caule et foliis in utraque facie, calyx saepe minus hirtus, sepala saltem ciliata, corolla extus in nervis parce hirta, raro subglabra, cetera ut in var. *cardinalis*. Rara.

V i r g i n i a : Portsmouth, an sumpfigen Orten und an Gräben, Okt. 1840 (R u g e l! — Hb. Wien, Berl., Del.). — O h i o : Springfield (E. J. S p e n c e r n. 1694!); Nord-Amer. (E n s l e n — Hb. Wien!); östliches N o r d k a r o l i n a (M c C a r t h y! — Hb. Cambr.).

2. **L. graminea** Lamarck, Dict. Bot. III (1791) 583; Willd., Spec. I (1797) 939; Roem. et Sch., Syst. V. (1819) 39; G. Don General Syst. III (1834) 707; A. De Cand. Prodr. VII (1839) 382; D. Dietrich, Synops. I (1839) 735. — *L. longifolia* A. DC, l. c.; Miquel, Fl. Ind. Bat. II (1856) 578. — *L. Cardinalis* subspec. *graminea* McVaugh in Annals Mo. Bot. Gard. XXVII (1940) 347 et in North Am. Fl. XXXII A (1943) 81. — *Rapuntium gramineum* et *longifolium* Presl, Prodr. (1836) 36. — *Dortmannia graminea* Kuntze, Rev. Gen. II (1891) 972. — Herba glabra vel plus minus puberula, caule erecto, saepe folioso, 0,5—1,5 m alto. Folia caulina linearia usque oblongo-lanceolata, 8—20 cm lg. et 0,5—3,5 cm lt., cuspidata vel acuta, margine integerrima vel denticulata aut dentata, sessilia, folia juxta basin plerumque oblanceolata et petiolata. Flores racemosi, bracteati, inferiores saepe in axillis foliorum minorum, pauci- vel multiflori. Bracteae pedicellis breviores vel longiores. Pedicelli 5—18 mm longi, glabri vel hirtelli, basi biglandulosi. Calycis receptaculum hemisphaericum, 2—3 mm longum, lobi eius subulati, 7—15 mm longi. Corolla 25—30 mm longa, glabra, rubra, tubo recto angusto 15—17 mm longo, lobis anguste lanceolatis 1—3 (5) mm latis. Tubus antherarum caesius, glaber vel in dorso pilosulus, 3—4,5 mm longus, 2 inferiores apice barbatae. Semina fuscescentia, lineari-oblonga, subcompressa, scabro-rugosa, 0,8—0,9 mm lg.

C l a v i s v a r i e t a t u m.

A. Folia graminea, linearia tantum, glaberrima, subintegra vel remote denticulata., corolla plerumque 25 mm lg. . . . . var. *graminea*.

B. Folia lineari-lanceolata, lanceolata usque oblongo-lanceolata, glabra vel plus minusve pilosa, corolla saepe parum major.

I. Inflorescentia pedunculata, saepe brevis .... var. *pseudosplendens.*
II. Inflorescentia vulgo longa, saepe foliosa, vix pedunculata var. *phyllostachya.*

var. **graminea.** — *L. Cardinalis* subspec. *graminea* var. *graminea* McVaugh in Annals Mo. Bot. Gard. XXVII (1940) 348 et in North Am. Fl. XXXII A (1943) 81. — Planta viridis, interdum atro-purpureo-suffusa, folia linearia tantum, cuspidata, subintegra vel remote denticulata, basi late sessilia, glaberrima. Corolla plerumque 25 mm longa. — Fig. 75 c.

Panama bis Mexico (Arizona), zuerst aus Peru bekannt, ob aber dort ursprünglich? Die typische Pflanze stammt, wie McVaugh in den Annals l. c. ausführt, aus Panama, wo sie Jussieu bei der Durchquerung des Landes im Jahre 1735 oder 1736 gesammelt haben soll, und Lamarck habe sie irrtümlich für Peru angegeben. Im Herb. Wien liegt aber noch ein Exemplar, das ebenfalls aus Peru stammt und Lobb gesammelt hat. Irrtümlich und wahrscheinlich auch auf Verwechslung beruhend oder von kultivierten Pflanzen stammend das „*Rapuntium longifolium* Presl" (Hb. Mus. Prag), das Haenke auf der Insel Luzon angeblich gesammelt hat, das aber dort niemals wieder gefunden worden ist. — Panama: Ohne nähere Ortsangabe (Duchassaing! — Goett.); ohne Name des Coll., XI. 1846 (Hb. Stkh.!); Warscewicz n. 19! „Südam." — B.). — Costa Rica: Nuestro Amo, Llanos de Turúcares, Bachufer, 791 m (H. Pittier! Hb. Inst. Phys.-geogr. nat. Costaric. n. 16389 — B.). — Guatemala: Alameda (J. R. Johnston n. 185! — W.); Dept. Salamá, im Bett des Waldbaches Llano Grande (C. et E. Seler n. 2436! — B., Übergangsform). — Mexico: Flußufer, sumpfige Orte (Galeotti! n. 1975! — Del. W.). — Arizona: Grand Canyon im Gebüsch (C. et E. Seler n. 5724! — B.).

var. **pseudosplendens** McVaugh ll. cc. — *L. mucronata* Engelm. in Wislizenus, Mem. Tour North Mex. (1848) 108; Walpers, Annal. II (1851—52) 1032; Hemsley, Biolog. Central-Am. II (1881—82) 269. — *L. graminea* var. *intermedia* E. Wimm. in Annal. Naturhist. Mus. Wien LVI (1948) 339 p. p. — *Dortmannia Engelmanniana* Kuntze, Rev. Gen. II (1891) 972. — Planta glabra vel subglabra. Folia lanceolata, basi angustata, apice acuta, denticulata. Sepala saepe ciliolata. Corolla saepe major.

Mexico: Chihuahua, Cosihuiriachi, westlich von Chihuahua (Wislizenus n. 177! — Mo. Bot. Gard., Typ. pro *L. mucronata* Engelm.); Sierra Madre bei Chuichupa (Townsend et Barber n. 427! — Del. Wash. B.); twelve miles of Bella Vista, Mun. de Madera (Muller n. 3707 — Arb. Wash., Typ. ex McVaugh); Cohahuila, Saltillo (E. Palmer n. 285! — Stkh.). — New Mexico: Mogollon Mts. am West Fork des Gila River und bei Kingston am Südende des Black Range, 2000 m (Metcalfe n. 871! 1240! — Del.); White Mountains (Wooton n. 202!). — Arizona: Central-Arizona (Rusby n. 713!); Rincon Mts. Spud Ranch, an Quelle, 2200 m (J. C. Blumer n. 3333! — B.). — Kalifornien: San Diego Co., Lake Henslaw (Gander n. 2893! G. W. Dunn!); San Bernardino Co., Clark's Ranch (LeRoy Abrams n. 2937! — Del.). Kommt nach McVaugh auch in Baja California, im südlichen Nevada, westlichen Texas und vereinzelt südlich bis Oaxaca vor.

var. **phyllostachya** (Engelm.) McVaugh in Annals Mo. Bot. Gard. XXVII (1940) 349 et in North Am. Fl. l. c. 82, ampl. Wimm. — *L. Cardinalis* subspec. *graminea* var. *multiflora* McVaugh ll. cc. p. p. — *L. phyllostachya* Engelm. l. c. — *Dortmannia phyllostachya* Kuntze l. c. 973. — *L. punicea* Otto et. Dietr., Allgem. Gartenzeitung VII (1839) 299. — *L. texensis* Link, Klotsch et Otto, Icon. Rar. Hort. Berol. (1841) 82, t. 33; Heynhold, Nomencl. (1846) II, 367; Hooker, Bot. Mag. LXXXIII (1857) t. 4964, non Raf. — *L. porphyrantha* Decaisne in Revue Hortic. 4. ser. IX (1860) 120 c. fig. — *L. cardinalis* Schlechtd. in Linnaea V (1830)

127. — *L. Drummondii* Hort. et *L. Schiedeana* Hort. ex Heynh. l. c. — (*L. graminea* var. *domina* E. Wimm. mss. in div. herb.). — Planta glabra vel plus minusve puberula caule viridi vel violaceo-suffuso, plerumque folioso. Folia lanceolata usque lanceolato-oblonga, rarius lineari-lanceolata, acuta, basi angustata, subintegra vel dentata, sessilia, superiora saepe in bracteas ovato-lanceolatas transeuntia, glabra usque dense puberula. Inflorescentia plerumque longa, multiflora, vix pedunculata, non raro foliosa. Corolla 25—35 mm longa, coccinea vel purpurea — si coeruleo-violaceo-purpurea: f. *kerneri* — lobi plerumque angusti, 1—3 (5) mm lati.

Verbreitet von Panama bis Kalifornien, ob weiter nördlich, wie McVaugh angibt, bezweifle ich, außerhalb Mexicos seltener. — Mexico: Nuevo León, Monterey (Pringle n. 1890! Gregg! — W. N. Y.); zwischen Monterey und Cerralbo (Wislizenus n. 337! — Mo. Bot. Gard., Typ. pro *L. phyllostachya*); Ufer des Rio Santa Catarina, 700 m (Endlich n. 894! — B.); San Luis Potosi, Fluß bei Los Canos (Palmer n. 237! — Wash.). Taumalipas, Jaumave am Wasser (Viereck n. 794! — B.). Vera Cruz, Zacuapan, Zuckerrohrfeld (Purpus n. 1913!); Wartenberg bei Tantoyuca (Ervendberg n. 160! — Goett. Del. Pa.); Jalapa in Gebüsch (Schiede et Deppe n. 273! — W. Schiede n. 273! — B.); Orizaba (Bourgeau n. 2801! Hahn n. 2801! Botteri n. 468! Sallé n. 545! Fred Müller n. 910! — B.). Oaxaca, Talea (Galeotti n. 1987! — Del. B); Choapam 1200—1350 m, Tumbula (Chiapas), 1200—1650 m (Nelson n. 846! 3316! — Wash.). Coahuila, Saltillo, 1600 m (Fr. Arsène n. 6377! — Wash.). — New Mexico: Chaves Co., Roswell, c. 1400 m (F. S. Earle et E. S. Earle n. 336! — W. B.). — Kalifornien: San Diego Co., Sumpf bei Warner's Ranch 1000 m (M. F. Spencer! — B.). — Guatemala: Coban (Türckheim n. II/1059! — Stkh. W.); Huehuetenango, San Marcos bei Jacaltenango (C. et E. Seler n. 2823! — B.). — Costa Rica: Buena Vista de San Carlos, echappée des cultures (H. Pittier n. 16664! — Wash.). — Panama: Penonome und Umgebung, an Flüssen (Williams n. 219! — Wash.); am Rio Caldera bei El Boquete (Killip n. 3619! — Wash.).

f. **kerneri** (Hort.) E. Wimm. n. c. — *L. Kerneri* Hort. in Regels Gartenfl. XXXVIII (1889) 302. — *L. punicea* var. *Kerneri* E. Wimm. in Annal. Naturhist. Mus. Wien LVI (1948) 339. — Racemus 50—70 cm longus, flores coeruleo-violaceo-purpurei, tubo 12—15 mm longo, lobis corollae inferioribus 1—2 mm latis. Tubus anthereus 3 mm lg.

Guatemala: Dept. Alta Vera Paz, Coban (Türckheim n. 27! C. et E. Seler n. 2490! 3337! — B. W.); Typus von im Garten Leichtlin und Eisgrub kultivierten Pflanzen, soll aus Costa Rica stammen.

Varietas valde vacillans, fortasse originis hybridae? Formae intermediae inter hanc varietatem et L. *splendentem*, *L. cordigeram*, *L. cardinalem* et *L. syphiliticam*, imprimis artificialiter factae, non raro occurrunt.

3. **L. splendens** Willd., Enum. Horti Berol. (1809) 217, Hort. Berol. II (1816) t. 86; J. Kerner, Hort. Sempervirens (1811) t. 332; Ker. Bot. Reg. I (1815) t. 60; Humb., Bonpl. et Kunth, Nov. Gen. et Spec. Am. III (1818) 310; Roem et Sch., Syst. V (1819) 51; G. Don, General Syst. III (1834) 708; A. De Cand., Prodr. VII (1839) 382; D. Dietrich, Synops. I (1839) 730; Spach, Hist. Nat. Végét. IX (1840) 577, Atlas (1846) t. 109; Vatke in Linnaea XXXVIII (1874) 722; Garden XXV (1884) 59 c. fig. fl.; Standley, Fl. Costar. IV (1938) 1416. — *L. splendens* var. *hybrida* Otto in Link, Klotsch et Otto, Icon. Pl. Rar. Horti Berol. (1841) 84. — *L. fulgens* Hemsley, Biolog. Centrali-Am. II (1881—82) 267 p. p. — *L. fulgens* var. *glabriuscula* Klotsch ex Walpers, Repert. II (1843) 707. — *Rapuntium splendens* Presl, Prodr. (1836) 26. — *Dortmannia splendens* O. Kuntze, Revis. Gen. II (1891) 973. — *Lobelia cardinalis* subspec. *graminea* McVaugh in Annal. Mo. Bot. Gard. XXVII (1940) 347, North Am. Fl. XXXII A (1943) 81 p. p.

Fig. 75. a *Lobelia* (subgenus *Lagotis*) *cardinalis*: semen 20/1. — b *L. cordigera* 1/1, sec. sp. orig. Cav. — c *L. graminea*: 1/1: flos et caps. 1/1, semen 20/1, sec. sp. orig. Lamarckii.

Suffrutex glaberrimus, turiones juxta basin caulis siti, breves. Caulis erectus, viridis, 60—130 cm altus, sparse foliatus. Folia elongato-lanceolata vel sublinearia, 6—18 cm longa et 0,4—1,5 cm lata, acuta, basi lata sessilia, inferiora in petiolum marginatum sensim angustata, margine minute denticulata, interdum purpurascenter maculata vel suffusa, viridia, subtus interdum pallida. Flores in racemo terminali laxo, pauci- usque multifloro, subsecundo. Bracteae ovato-lanceolatae, cuspidatae, pedicellos superantes. Pedicelli 8—20 mm longi, puberuli, basi minute bibracteolati. Calycis tubus semiglobosus, lobis subulatis, 7—12 mm longis, integris, interdum atro-purpureis. Corolla scarlatina, 45 mm longa, tubo leviter conico, 18—20 mm longo, lobis superioribus lanceolatis, labio inferiore trifido, lobis ellipticis 6—8 mm latis, apice brevissime acuminatis, Filamenta 26—30 mm longa, glabra. Tubus antherarum caesius, glaber, 5 mm longus. Capsula subglobosa, decemnervata, ca. 1 cm longa et lata. Semina bacilliformia, 0,9 mm longa, rugosa, luteofusca.

var. **splendens.** — Ut supra.

Mexico: Umgebung von Mexico, in den Bergen, Valle de Mexico (Berlandier n. 698! Karwinsky n. 78! Wawra n. 400! W. Schaffner n. 882! Schmitz n. 422! — Hb. W. B. Del.); Chapultepec, sumpfige Orte, VI. 1827 (Karwinsky!); Xochimilco, auf den Chinampas (schwimmende Inseln der Lagunen) und auf sumpfigen Wiesen am Wasserrand IX. (Harschberger n. 89! L. Hahn n. 20! C. & E. Seler n. 3521!); Caxamatte (Wawra n. 577!); Jalisco, Bolaños (J. N. Rose n. 2826! — Hb. W.); Chihuahua, Sierra Madre, Flußufer (Pringle n. 2287! — Hb. B. Goett.).

var. **atrosanguinea** Hook., Bot. Mag. LXIX (1843) t. 4002. — *L. princeps* Otto & Dietr., Allgem. Gartenzeitg. VII (1839) 298; Hemsley, Biolog. Centrali-Amer. IV (1888) 66 — *L. ignea* Paxton, Mag. of Bot. VI (1839) t. 247; Revue Horticole 2. ser. I (1841) 48. — *L. fulgens* var. *ignea* Hook. Bot. Mag. LXXXIII (1857) t. 4960; Schönland in Engler & Prantl, Nat. Pflanzenfam. IV/5 (1894) 66. — *L. papalis* Hort., Horticulteur Univers. III (1842) 164, in textu *L. ignea* (non vidi!). — Caulis et folia obscure purpurascentia vel folia sanguineo-maculata vel semi-viridia (*L. maculata* Otto).

Mexico (Karwinsky! pro parte — Hb. Wien). De cetero specimina in hortis culta tantum vidi, nonnulla ex iis formae hybridae praestant.

Formae hybridae inter hanc speciem et *L. syphiliticam* vide sub. *L. syphilitica!*

4. **L. cordigera** Cav., Icon. VI (1801) 14, t. 523; Poiret, Encyclop. Suppl. III (1813) 485; Roem. & Schult., Syst. V (1819) 41; G. Don, General Syst. III (1834) 707; A. De Candolle, Prodr. VII (1839) 381; D. Dietrich, Synops. I (1839) 731; Gay, Hist. Chile Bot. IV (1849) 324; Philippi, Cat. Pl. Chil. (1881) 189. — *L. fulgens* Willdenow, Enum. Horti Berol. (1809) 217, Hort. Berol. II (1816) t. 85; Andrews, The Botanists Reposit. X (1812) t. 659; Bonpland, Descript. Pl. Rar. Cult. Malmais. et Navarre (1813) 19. t. 7; Pursh, Fl. N. Amer. II (1814) 448 p. p.; Bot. Regist. II (1817) t. 165; Humb., Bonpl. & Kunth, Nov. Gen. et Spec. Amer. III (1818) 309; Roem. & Schult. l. c. 50; G. Don l. c. 708; A. DC. l. c. 382; D. Dietr. l. c. 730; Spach, Hist. Nat. Veget. IX (1840) 576; Klotsch ex Walpers, Repert. II (1843) 707 excl. var.; Petermann, Pflanzenreich (1845) 443, t. 118, f. 661; Hemsley, Biolog. Centrali-Amer. II (1881—82) 267 excl. syn.; Regels Gartenfl. XXVIII (1879) 311 c. fig.; Nicholson, Ill. Dict. Gard. II (1884—88) 291. - *Rapuntium cordigerum* et *fulgens* Presl, Prodr. 26. — *Dortmannia cordigera* et *fulgens* O. Kuntze, Rev. Gen. II (1891) 972. — *L. formosa* Roth apud Roem. & Schult. l. c. 50. — *L. Cardinalis* subspec. *graminea* var. *multiflora* Mc.Vaugh ll. cc. p. p. — Suffrutex puberulus, stolonibus brevibus lateralibus. Caulis erectus, sparse foliatus. Folia inferiora oblonga, ad basin sensim in petiolum brevem alatum angustata, reliqua sessilia, anguste vel late lanceolata, interdum etiam elliptica, acuta vel cuspidata, basi subangu-

stata, margine minute denticulata et inconspicue revoluta, inferiora 14 cm longa, 3,5 cm lata, cetera 5—18 cm longa et 0,6—1,6 cm lata, utrinque brevissime puberula, interdum subtus glabrescentia et pallescentia, piridia. Flores laxe racemosi. Bracteae ovato-lanceolatae, cuspidatae, pedicellis vlus duplo longiores. Pedicelli cum calyce hirti, 10—25 mm longi, basi minute bibracteolati. Tubus calycis semiglobosus, lobis triangulari-linearibus, 10—20 mm longis, integris, viridibus. Corolla scarlatina, extus puberula vel subglabra, 35—40 mm longa, tubo conico, 15—20 mm longo, lobis superioribus anguste lanceolatis, labio inferiore trifido usque tripartito, lobis e l l i p t i c i s, apice abrupte acuminatis, 6—10 mm latis. Filamenta glabra vel puberula, 23—28 mm longa. Tubus anthereus caesius, 4—5 mm longus, in dorso anteriore pilosulus vel glabratus. Capsula matura non visa.

var. **cordigera.** — Fig. 75 b.

M e x i c o : Nordost (R u i z & P a v o n! — Hb. Cambr.); ohne Ortsangabe (B e r l a n d i e r! — Hb. Del.); Michoacan, Salazar, VIII. (P r i n g l e n. 13469!); Anganguio, an Bächen (H a r t w e g n. 333!); Santa Anita, Sumpf von Hallada (Hb. O. D e b e a u x!). — Cult. Hort. Berlin a. 1806—12 (Hb. W i l l d e n o w n. 3986! — Typus pro *L. fulgens*); auch sonst häufig in Gärten.

P e r u : Ohne nähere Ortsangabe (B o n p l a n d! — Hb. Wien).

C h i l e : Prov. Linares, Felder von Longavi und Cucha-Cucha (Hb. N é e in Mus. Madrid! — Typus — kaum ursprünglich! Wohl kultiviert oder Gartenflüchtling, so wahrscheinlich auch die aus Peru stammende Pflanze.)

var. **fatalis** E. Wimm. in Annal. Naturhist. Mus. Wien LVI (1948) 340. — Folia apice obtusa, summa acuta. Pediceli 5 mm longi. Sepala 8—10 mm longa. Corolla minor, tubo latiore, lobis inferioribus 6 mm longis et 5 mm latis. Filamenta puberula.

M e x i c o (H a l s t e d! — Hb. N. Y.).

var. **maryattae** Paxt., Mag. of Bot. XIV (1848) 263. — 60—90 cm alta. Corolla obscuri-rubro-violacea, roseo-maculata. Culta.

var. **pyramidalis** Paxt. l. c. — Corolla duplo major quam in var. *cordigera*, pallide coccinea, lobis angustioribus acuminatis. Culta.

var. **multiflora** Paxt. l. c. 263 et XV, 7. — 1,20 m alta. Caulis purpureus, folia obscure viridia, subtus purpurascentia. Corolla quam in var. *cordigera* duplo major, coccinea, lobi inferiores 36 mm longi. Culta (ex Paxton).

De origine harum 3 varietatum a P a x t o n i o nominatarum ipse nihil dicit, fortasse hybriditate multiplici natae sunt.

Formae hybridae:

L. cordigera × *L. splendens* ? = *Lobelia rivoirei* Hort., Semaine Hortic. (1898) 429 c. fig. fl.; Gard. Chron. 3. ser. XXIV (1898) 232 c. fig.; Journ. Royal Hortic. Soc. XXII (1898—99) Proc. CL, fig. 85, 86; Revue Hortic. (1899) 60 c. ic.; Regels Gartenfl. XXXXII (1899) 412. — Folia late lanceolata, viridia vel violaceo-rubrosuffusa. Corolla pallide rosea, linea mediana colore carmesino et eodem in fauce, tubo 20—25 mm longo, lobis inferioribus ovalibus 27 mm longis et 15 mm latis. Forma fluctuans. Culta. — ? *L. fulgens var. propingua* Paxt. Mag. of Bot. II (1836) 52.

L. cordigera × *L. syphilitica* vide sub *L. syphilitica*!

Tupa ignescens Payer, Organogénie (1857) t. 149 et *Lobelia ignescens* Decaisne et Naudin, Man. L'Amateur des Jard. II (1866) 404 verisimiliter eadem ac *L. cordigera* Cav.

G r e x 2. **Coelestes** E. Wimm.

Coelestes E. Wimm. in Annal. Naturhist. Mus. Wien LVI (1948) 340. — Flores coerulei, raro violascentes vel albi. *Lobeliae* plurimae Americae borealis huc pertinent.

Clavis specierum.

I. Folia plana, ut plurimum per caulem dispersa, rarissime plura basalia.
Subgrex 1. *Kalmia.*

A. Corolla major tubo 10—14 mm longo.
1. Folia oblonga usque elliptica, ovata vel imprimis inferiora obovato-oblonga.
a. Sepala integerrima.
* Bracteolae supra medium pedicellorum insertae, sepala villoso-ciliata, basi longe appendiculata .. 5. *L. syphilitica.*
** Bracteolae in basi pedicellorum, sepala breviter auriculata.
° Planta plus minus undique pubescens vel raro glabrescens 7. *L. puberula.*
°° Planta glabra, interdum caule subpubescente .. 8. *L. amoena.*
b. Sepala dentata .... 9. *L. georgiana.*
2. Folia lanceolata, lineari-lanceolata, saepe exserte callose denticulata vel brevi-oblonga, dentata.
a. Sepala integerrima, folia longi-lanceolata acuta.
— Planta glabra vel fere glabra .... 10. *L. elongata.*
= Planta hirta, sepala appendiculata .... 6. *L. vaughiana.*
b. Sepala dentata.
* Corolla extus hirta, folia parva, oblonga, ca. 8—30 mm lg., 2—5 mm lt., fere pectinato-dentata sicut et sepala ...... 11. *L. brevifolia.*
** Corolla extus glabra, folia lanceolato-linearia, ad 15 cm lg., 0,5 cm lt., remote denticulata .... 12. *L. glandulosa.*

B. Corolla parva, tubo 4—6 (8) mm longo.
1. Caulis scapiformis foliis caulinis raris parvis, folia basalia sublinearia.
a. Corolla 10 mm longa, planta 50—60 cm alta .... 13. *L. paludosa.*
b. Corolla ad 17 mm longa, planta 80—100 cm alta .. 14. *L. floridana.*
2. Caulis foliatus, folia basalia pauca vel emarcida.
a. Bracteolae circiter in medio pedicellorum sitae.
\+ Basis labii inferi corollae pubescens, sepala denticulata et parvi-auriculata .... 15. *L. flaccidifolia.*
\++ Basis labii inferi corollae glabra, sepala integra, exauriculata 16. *L. kalmii.*
b. Bracteolae in basi pedicellorum vel nullae.
* Folia anguste linearia vel lanceolata.
\+ Hypanthium brevissimum, mox semiglobosum; folia inferiora spathulata .... 17. *L. nuttallii.*
\++ Hypanthium turbinatum vel ellipsoideum.
° Caulis flaccidus, procumbento-ascendens; corollae labii inferi basis glabra .... 18. *L. feayana.*
°° Caulis strictus, erectus; labium inferum corollae in basi plerumque pubescens.
× Calyx et pedicelli scabro-hirtelli, pl. florens VIII—X 19. *L. canbyi.*
×× Calyx et pedicelli glabri; planta florens V—VI 20. *L. boykinii.*
** Folia oblonga, ovata, elliptica et partim obovata, praecipue inferiora.
\+ Plantae glabrae vel scabriusculae.
° Sepala glabra, vix auriculata .... 21. *L. gattingeri.*
°° Sepala scabriuscula et scabro-ciliolata, basi breviter appendiculata .... 22. *L. appendiculata.*

++ Plantae pro maxima parte hirtae.
† Caulis simplex (raro paucis ramulis in parte superiore), sepala plerumque auriculata vel appendiculata, capsula semi-infera non vel vix inflata.
□ Sepala appendicibus calcariformibus instructa.
23. *L. spicata* var. *leptostachys*.
□□ Sepala in basi sine vel cum minutis auriculis.
23. *L. spicata*.
†† Caulis ramosus (raro simplex), sepala sine auriculis, capsula infera, mox inflata .... 24. *L. inflata*.
II. Folia linearia, bitubulata, rosulata, caulis aphyllus ... Subgrex 2. *Dortmannia*. 1 species. Planta aquatica, pauciflora. Amer. bor., Eur. bor. et media partim.
25. *L. dortmanna*.

H y b r i d a e interdum obveniunt inter ns. 21—23.

Subgrex 1. **Kalmia** E. Wimm.

Subgrex *Kalmia* E. Wimm. in Annal. Naturhist. Mus. Wien LVI (1948) 340. — Folia p l a n a ut plurimum per caulem dispersa, rarissime plura basalia.

5. **L. syphilitica** L. Spec. Pl. (1753) 931; Mant. (1771) 482; Kniphof, Herb. Viv. I (1760) t. 650; Zorn, Icon. Pl. Med. (1782) t. 368; Jacquin, Icon. Pl. Rar. (1793) t. 597; Lamarck, Illustr. IV (1793) t. 724, f. 2; Willdenow, Spec. I (1797) 945; Michaux, Fl. Bor. Amer. II (1803) 151; Schkur, Bot. Handb. (1808) t. 269 a; Pursh, Fl. Amer. Sept. II (1814) 447; Turpin, Dict. Sci. Nat. (1816—29) t. 80; Roem. & Schult., Syst. V (1819) 51; Ker. Bot. Reg. VII (1821) t. 537; Elliott, Sketch I (1821) 266; Loddiges, Bot. Cab. X (1824) t. 955; G. Don, Gen. Syst. III (1834) 706; Darlington, Fl. Cestrica (1837) 154; A. De Candolle, Prodr. VII (1839) 377; Hooker, Fl. Bor.-Amer. II (1840) 30; Torrey, Fl. State N. York I (1843) 424. t. 62; Petermann, Pflanzenreich (1845) t. 118, f. 663; Berge & Ricke, Giftgewächse (1850) t. 48; Darby, Bot. South. States (1855) 412; Chapman, Fl. Southern U. S. (1865) 254; Karsten, Deutsche Fl. (1883) 1179; Macoun, Cat. Canad. Pl. I (1883) 285; Baillon, Traité Bot. Med. II (1884) 1155, Hist. Pl. VIII (1886) 329; A. Gray, Synopt. Fl. N. Amer. II/1 (1886) 3; Greene, Man. Bot. S. Francisco Bay (1894) 224; Meehan's Monthly VII (1897) 61 c. tab. col.; Britton & Brown, Illustr. Fl. N. Stat. and Canada III (1898) 258 c. fig.; Rhodora V (1903) t. 49; House, Wild Fl. N. York (Mem. no. 15 N. Y. State Mus.) II (1898) t. 221; Rydberg, Fl. Rocky Mts. (1922) 826; Pepoon, Fl. Chicago (1927) 483 c. tab.; Peattie, Fl. Indiana Dunes (1930) 360; Rydberg, Fl. Prairies and Plains Centr. N. Amer. (1932) 759 c. fig.; McVaugh in Rhodora XXXVIII (1936) 278, f. 5 et in North Am. Fl. XXXII A (1943) 78. — *L. reflexa* Stockes, Bot. Mat. Med. I (1812) 342. — *L. glandulosa* Dennis ex Loudon, Hort. Brit. Suppl. II (1839) 646. — *L. antisiphilitica* Hayne, Darstellung Arznei-Gewächse XIII (1837) 152, t. 9. — *L. Muelleri* Hort. ex Steudel, Nomencl. II (1841) 61. — *Dortmannia syphilitica* O. Kuntze, Revis. Pl. II (1891) 380. — *Rapuntium siphiliticum* Miller, Dict. (1768) n. 2; Gaertner, Fruct. I (1788) 152. t. 30; Moench, Method. (1794) 615 (siphilitica); Presl, Prodr. Lob. (1836) 19. — *R. Americanum flore dilute caeruleo*, Dodart, Mém. pour Servier à l'Hist. Pl. (1676) 297; Tournefort, Instit. Rei. Herb. (1700) 163. — *Rapunculus galeatus Virginianus, flore violaceo majore* Morison, Pl. Hist. Oxon. II (1688) 466 sect. 5, t. 5, f. 55. — ? *Trachelium Americanum*, flore *caeruleo*, Robert, Icon. Pl. (1701); ? *Lysimachia Virginiana lactescens flore violaceo* (Fl. Bat.). — Perennis subglabra vel sparse hirsuta. Caulis simplex vel subramosus, subrobustus, erectus, 20—130 cm altus. Folia inferiora in petiolum marginatum angustata, reliqua passim sessilia, obovata vel ovalia usque oblonga et late lanceolata vel ovato-lanceolata, 6—15 cm longa et 2—6 cm lata, utrinque acuta, subglabra vel supra sparse hirta, subtus ad nervos sparse hirsuta, subintegra usque subgrosse dentata, dilute viridia, tenui-menbrana-

cea, superiora in bracteas transeuntia. Flores racemum terminalem subdensum 5—30 (50) cm longum formantes. Bracteae foliaceae, pedicellos multo superantes. Pedicelli 5—10 mm longi, compressi, plerumque hirsuti, infra calycem bracteolis 2 instructi. Hypanthium semiglobosum, saepe hirsutum, plerumque appendicibus sepalorum obtectum; lobi eius ovato-acuminati, 6—10 mm longi, basi 4—5 mm lati, margine villoso-ciliati et replicati, basi appendicibus deorsum versis triangularibus saepe connatis praediti. Corolla coerulea vel violascens, 22—26 mm longa, tubo glabro, in latere infero pallescente obscure striato, lobis superioribus triangulari-lanceolatis minoribus, lobis inferioribus oblongis acutis in labium deflexum, basi albo-maculatum et bituberculatum connatis, omnibus in nervo hirsutis. Filamenta glabra, antherarum tubus caesius, 4—5 mm longus, glaber. Capsula subglobosa, decem-nervata, glabrata vel subpilosa, ca. 8 mm longa et lata. Semina oblongo-fusiformia, rugosa, fusca, 0,9 mm longa.

var. **syphilitica.** — Diagn. ut supra.

Nordamerika, vom südlichen Kanada (Ontario) und Maine bis zum nördlichen Alabama und über Arkansas bis Kolorado und Minnesota, nach Greene auch in Kalifornien, selten oder fehlend im südöstlichen Küstengebiet, vorkommend in feuchten Wäldern, nassen Wiesen, an sumpfigen Orten, See- und Flußufern, blühend von Ende Juli bis gegen Ende September. — Kanada: Niagara-Fall, auf Felsen (C. & E. Seler n. 4573! Macnab! — Hb. B. W.); Coboura, VIII. (J. P. Young! — Hb. Cambr.); Hannover, Wingham, London, Madoc und Toronto (ex McVaugh). — Vereinigte Staaten: Erie-See (Rafinesque!); New Hampshire, Bethlehem (Prinz v. Neuwied! — Hb. W.). N. York: Cranberry Lake, Weg nach Stanhope (Brenning n. 911! — Oswego — Hb. W!); Staten Island, Clove Lake (v. Rabenau!); Fresh Pond, Long Island (Heuser! — Hb. B.). — New Jersey: Rahway, häufig (Heuser! — Hb. B.); Plainfield, IX. 1881 (F. Tweedy!). — Pensylvania: York Furnace, auf feuchtem Boden (Elwee n. 1146! — Hb. Stkh.); Lancaster Co. Dillerville, Sumpf auf Kalkstein, IX. (Heller!); Westmoreland Co. (P. E. Pierron!); auf feuchten Äckern und Wiesen (Poeppig! — Hb. W.); Pittsburg (Volz! a. 1831); ohne näheren Standort (Unio it. Moser! Townsend! — letztere mit auffallend kurzen Sepalen). — Ohio: Cleveland, Wiesen, VII—IX. (W. Krebs n. 140! Drege!); Miami (Frank!); St. Marys (A. Wetzstein!); Kolumbus (A. Schrader! — Hb. Goett.); „Nord Bend", Ufer des Ohio (C. W. Short!); Friendship, in feuchten Creeks, Scioto Co. (D. Demaree n. 11126! — Hb. W.). — West-Virginia: Andora im Alleghany-Gebirge, 1000 m (Steele!). — Virginia: Chuton, Lexington entlang des Waldes (McFarland n. 300!); Wytheville, 11. IX. (H. Shriver!)! Gegend zwischen Suray und Stony Man, X. (Tidestrom n. 6709! — Hb. Stkh.). — Nord-Karolina: Waynesville (Biltmore Hb. n. 627 a!). — Tennessee: Campbell Co., Ufer oberhalb der Straße am Big Creek beim Norria Lake Basin (Hb. Berl.!). — Alabama: Ashville, Talladega Creek (Mohr). — Arkansas (Rafinesque! — Hb. Del.). — Missouri: St. Louis (Riehl n. 315! Engelmann n. 488!); schattige Wälder (Engelmann!); auf nassen Wiesen häufig um St. Louis und am oberen Mississippi, selten am Missouri (Ch. A. Geyer n. 591! — Hb. W.); Hannibal, nahe bei Marc Twain's Case, feuchte Ufer (J. Davis! — Hb. Del.). — Kentucky: (Rafinesque! — Hb. Del.); Bell Co., Wasioto, IX. (T. H. Kearney n. 462! — Hb. Stkh.). — Indiana: Cass Co., Lake Cicotte im Gras am sandigen Ufer (R. C. Friesner!); Porter Co., Wawerly Beach (C. Buhl n. F 60!); Clarke, Sumpf IX. (L. M. Umbach n. 2042!); Roby, Prärie (O. E. Lansing jr. n. 2637!); Tamarack Lake (C. C. Deam!). — Michigan: Flint (D. Clarke! — Hb. Del.); Lake Huron massenhaft (ex Hooker). — Illinois: Cook. Co., Elk Grove (C. Buhl n. 42! 287! — Hb. W.); McHenry Co., Wonder Lake, Ringwood (H. C. Benke n. 5671!); Mississippital und bei

Bluffs (H. Eggert! n. 220! — Hb. B.); Hinsdale, Flußufer (E. C. Smith n. 450! — Hb. W.); Lisle, Morton Arboretum spontan (H. Teuscher!). — Wisconsin: (Henning n. 23! — Hb. B.). — Minnesota: Zumbrota, 18. VIII. 1892 (C. A. Ballard! — Hb. B.). — Iowa: Eldore, nasse Wiesen (W. Ellsworth! — Hb. W.). — Nebraska: Minden 5. IX. (H. Hapeman! — Hb. Degener). — Colorado: Denver, Clear Creek Junction 14. IX. (Eastwood n. 134!); Fort Collins, auf Wiesen und an Flüssen 6. VIII. (Hb. Agric. College Colo n. 2083! — Hb. B.). — Kalifornien, San Francisco (ex Greene, Man.).

f. **albiflora** (Presl) Britton, Cat. Pl. New Jersey (1889) 156; Clarke & House in New York St. Mus. Bull. n. 243—44 (1921) 55. — *L. syphilitica* var. *albiflora* Britton in Bull. Torr. Bot. Club XVII (1890). — *Rapuntium syphiliticum* var. *albiflorum* Presl, Prodr. Lob. (1836) 19, nomen! — Corolla candida.

New Jersey: Passaic (Woolson), Bergen, Lindhurst (Schuh), Carlstadt (O. Frank), Sussex, Franklin Furnace (Britton) ex Britton; Long Island.

f. **laevicalyx** Fernald in Rhodora XXXXV (1943) 476. — Folia glabra, caulibus vix pubescentibus, calycibus corollisque glabris.

Virginia: Isle of Whit County, argillaceous and calcareous bluffs along Burwell's Bay, James River below Rushmere (Fergusson's Wharf) VIII., X. (Fernald and Long n. 12384, 14030 — Hb. Gray, Phil. Acad. — non vidi).

f. **grandis** (Hort.) E. Wimm. n. c. — *L. grandis* Hort. in herb. Presl. — Folia glabra. Sepala 15 mm longa. Corolla saltem 30 mm longa, violaceo-coerulea, lobi labii inferi 16 mm longi et 5—6 mm lati.

Specimen cultum vidi in Herb. Presl.

Clavis varietatum.

A. Habitus ut in var. *syphilitica*, folia sparsa.
  I. Folia glauco-viridia.
    a. Folia utrinque acuta .... var. *ludoviciana*.
    b. Folia basi subcordata vel rotundata, apice acutissima .... var. *bollii*.
  II. Folia ferrugineo-maculata .... var. *maculata*.
B. Planta pyramidalis, folia et flores densi .... var. *densiflora*.

var. **ludoviciana** A. DC., Prodr. VII (1839) 377; A. Gray l. c.; Britton & Brown, Ill. Fl. N. U. S. III (1898) 258; Small l. c.; McVaugh l. c. — 30—80 cm alta, glabra, raro parce hirsuta. Folia glabra, glaucescentia, plerumque oblongo-lanceolata, utrinque acuta, circiter 1,5—2 cm lata, margine subintegra vel brevi-dentata. Flores minus numerosi. Calyx subglaber, lobi calycini appendicibus angustioribus praediti.

Verbreitet von Wisconsin bis Süd-Dakota, Colorado und Oklahoma auf Prärien und im Gebirge, aber seltener als die typische Art. Wisconsin: Burnett, Hertel, Austin Lake (Fassett n. 8181). Minnesota: Becker, De Soto Lake (Grant n. 3069); Minneapolis und Lake Benton, Lincoln (Sheldon n. 1662, 1322). Süd-Dakota: Woodplain, Battle Creek und Big Stone Lake (Over n. 13746, 14298). Nebraska: Holt, Beaver Creek (Clements n. 2857). Jowa, Fayette (Fink — f. intermedia). Missouri: Greene, Springfield (Standley n. 8464). Arkansas: An heißen Quellen, IX. (Engelmann n. 25! — Hb. B.); Baxter (Palmer n. 4741). Kansas: Kingman, Calister (Carleton n. 550). Oklahoma: Ottawa, Dripping Springs (Stevens n. 2416! — Hb. Del.). Colorado: Boulder (Cockerell! — Hb. Wash.); Jefferson Co., Arvada Junction, Wiesen, VIII. (Clokey n. 3877! — Hb. Stkh.); Custer, auf feuchten Bergen (Brandegee n. 813) — Meiste Standorte nach McVaugh! — Louisiana, loc. natal. (Tainturier — non vidi).

var. **bollii** E. Wimm. n. c. — *L. Bollii* E. Wimm. in Fedde, Repert. Spec. Nov. XXVI (1929) 3, t. 71, f. 8 a. ? *L. coelestis* Nutt. ex G. Don, Gen. Syst. III (1834) 706; Paxton, Mag. XV (1849) 103 c. tab. — *L. syphilitica* var. *ludoviciana* McVaugh l. c. 282 p. p. — Caulis glaberrimus. Folia (ima non visa forsan excepta) sessilia et saepe subopposita, ovato-lanceolata, 6 cm longa, 1,5 cm lata, basi subcordata vel rotundata, ad apicem acutissimum sensim angustata, margine minuti-denticulata, glaberrima. Flores in racemo longo, foliato et in ramulis florigeris axillaribus. Calycis receptaculum villosum, ab appendicibus sepalorum anguste triangularibus cr. 5 mm longis obtectum. Corolla 25 mm longa.

Texas (Boll! a. 1871 — Hb. Boiss.).

var. **maculata** A. De Cand., Prodr. VII (1839) 377. — *L. syphilitica* var. *β*. Lamarck, Dict. Bot. III (1791) 586; Roem. & Schult., Syst. V (1819) 52. — Caulis magis attenuatus foliis argute denticulatis ferrugineo-maculatis. (Diagn. auct.) — Specimina non vidi, varietas magis hortulanorum causa notata.

var. **densiflora** (Paxt.) E. Wimm. in Annal. Naturhist. Mus. Wien LVI (1948) 340. — *L. densiflora* Paxton, Mag. Bot. XVI (1849) 66, c. tab. et fig; Morren, Annal. Bot. Gand V (1849) t. 179; Rennie in Mag. Gard. a. Bot. I (1863) t 67. — Glabra, glauca, vix 20 cm alta, pyramidalis, dense foliata et dense florigera. Folia ovato-oblonga, acuta, margine undulato denticulata, sessilia. Corolla cobaltica.

Planta hortorum, specimina non vidi.

Radix *L. syphiliticae* in America olim adhibita ut infallibile Antisyphiliticum et etiam in Europa tentata, sed expectationes decepit. Herba olens ut diaphoreticum, purgans et vomitivum. Vide etiam p. 29.

Haec species facile efficit hybridas cum *Lobelia cardinalis*, *L. graminea*, *L. splendens* et *L. cordigera*; cum prima etiam spontanee sub divo hybridae occurrunt, cum reliquis multae formae hybridae manu hortulanorum ortae sunt, quarum praestantissimas refero.

Hybridae:

1. *L. syphilitica* L. × *L. cardinalis* L. = *L. Milleri* Paxton, Mag. Bot. VI (1839) 166. — *L. cardinalis* var. *Milleri* D. Don in Sweet, Brit. Fl. Gard. VII (1838) t. 372; A. De Cand., Prodr. VII (1839) 382. Confer Bot. Gaz. III (1878) 35. — Folia et calyces fere hirti ut in *L. syphilitica*. Bracteae intermediae. Sepala auriculata. Corolla obscure rubra vel violaceo-purpurea, tubo gracili ut in *L. cardinali*, sed fauce latiore et plicis majoribus fere ut in *L. syphilitica*. Confer Bot. Reg. XVII (1831) t. 1445: *Low's purple Lobelia.*

Illinois; Mt. Carmel (J. Schneck). Saepe in hortis culta sub diversis nominibus: *limburgensis* Hort., *Vulcain* Hort., *purpurea* Hort. Berol. a. 1833 etc. — Hybrida apud Miller hortulanum nota (DC.).

2. *L. cardinalis* var. *atrosanguinea* Hort. (? *Queen Victoria*) × *L. syphilitica* L. = *L. gerardi* Hort., Revue Horticole LXV (1893) 519; L'Illustr. Horticole XXXXII (1895) 268, f. 37. — Ad 1,50 alta, racemos multos longos densos proferens. Folia viridia. Corolla rubro-violacea, 2 maculis albis triangularibus in labio inferiore. Nata e *Lobelia cardinali Queen Victoria* et *L. syphilitica* sub directione Gérard, directoris collectionum Bot. Horti nemoralis Tête-d'Or.

3. *L. syphilitica* L. × *L. splendens* Willd. — *L. Fleischeri* Hort. — *L. violacea* Hort. — Glabra. Folia similia illis *L. splendentis*, interdum latiora. Calyx subhirsutus, sepala parvi-auriculata, ciliolata. Corolla rubro-violacea vel violacea, 35 mm longa, lobi inferiores ± elliptici.

Specimina culta — in herb. Presl.

4. *L. syphilitica* L. × *L. cordigera* Cav. = *L. speciosa* Sweet, Brit. Fl. Gard. V (1833) t. 174. — *L. syphilitica hybrida* Hooker, Bot. Mag. LXIV (1837) t. 3604; A. De Cand., Prodr. VII (1839) 377. — *Rapuntium speciosum* Presl. l. c. 19. — Caulis et folia dense hirta. Folia oblonga, acuminata, sessilia. Pedicelli et

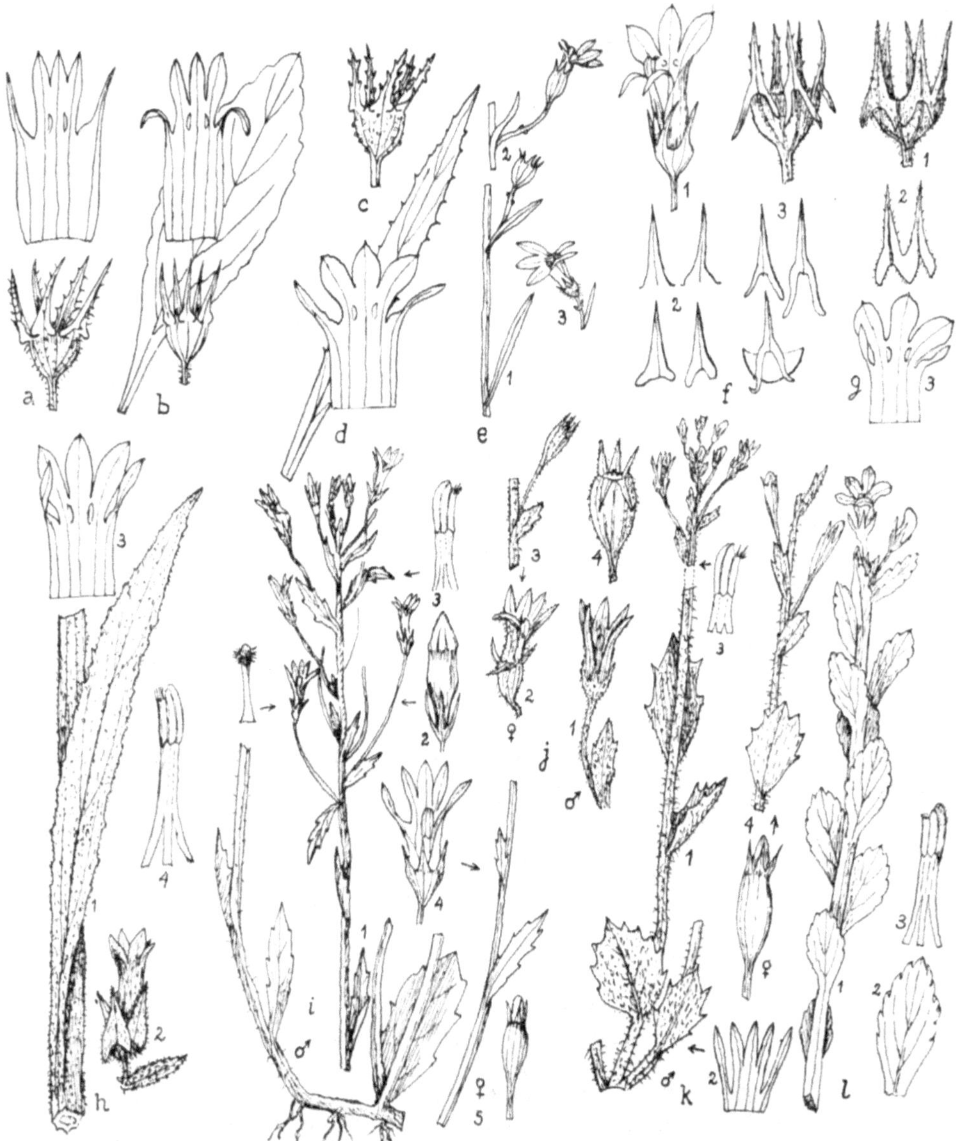

Fig. 76. a *Lobelia puberula* 2/1: corolla explan. et calyx. — b *L. amoena* paulo auct.: corolla explan., calyx, folium ca. 1/1. — c *L. georgiana*: calyx 2/1. — d *L. elongata*: folium et corolla explan., ca. 1/1. — e *L. kalmii*: 1 pars pl. typicae, 2 var. *strictiflora*, 3 var. *edithae*, omnes ca. 1/1. — f *L. spicata*: 1 flos 3/1, 2 sepala ca. 5/1, 3 var. *leptostachys*: calyx et diversae formae sepalorum ca. 3/1. — g *L. appendiculata*: 1 calyx, 2 sepala ca. 3/1, corolla explanata, parum aucta. — h *L. vaughiana*: 1 pars plantae, 2 flos 1/1, 3 corolla explan. parum aucta, 4 stamina 2/1. — i *L. dioica*: 1—3 pl. mascul., 4—5 pl. femin., habit. 2/1, ceterae magis auctae. — j *L. pratioides*: 1 flos pl. mascul., 2—4 flos et fructus pl. femin., omnes plus minus auctae. — k *L. mezlerioides*: 1—3 pl. mascul., 4 pl. femin., habit. 2/1, 2—4 magis auctae. — l *L. hainanensis* 1/1: folium et androec. parum auct. — Orig.

calyces hirsuti. Sepala plerumque breviter appendiculata. Corolla obscuro-purpurea vel purpureo-violacea.

Specimina in hortis culta (Hort. Salm, Geneva, Aug. 1844, Berol. Sept. 1835, Hort. Salm sub *L. stellata* Hort., Hort. Paris sub *L. purpurascens* Hort.).

5. *L. syphilitica* L. × *L. graminea* var. *phyllostachys* McVaugh. — *L. atrosanguinea* Hort. Hoffmannsegg. — Dense puberula. Folia elongato-lanceolata, late sessilia apice sensim acutata. Calyx dense hirtus. Sepala sine appendice, sed anguste replicata. Corolla extus hirtella, atroviolaceo-purpurea, lobi late lanceolati.

Specimina culta (Hb. W., Presl).

Multae aliae formae hybridae arte hortulanorum productae coluntur, plerumque colore et magnitudine florum diversae, requiri possunt in eorum catalogis seminum.

6. **L. vaughiana** E. Wimm. nov. spec. (? *L. puberula* × *L. syphilitica* var. *ludoviciana*). — Erecta, circiter 1 m alta. Caulis tenuiter striatus, albo-hirtus, internodia foliorum 2—3 cm longa. Folia lanceolato-linearia, obtusa vel acuta, basi in petiolum indefinitum sensim angustata, 6—12 cm lg. et 0,8—1,2 cm lt., margine repando callose denticulata (inferiora etiam crenulata), utrinque sparse hirta, superiora paulatim sessilia. Racemus laxissimus, subsecundus, 20-florus. Bracteae subovato-lanceolatae, denticulatae, hirsutae, circiter 12 mm longae. Pedicelli 3 mm lg. dense hirsuti. Calycis tubus semiglobosus, hirsutus, sepala 8—9 mm lg., triangularia, basi cordata appendicibus triangularibus tubum calycinum obtegentibus, sparse hirsuta et ciliata. Corolla ad 20 mm lg., extus subhirsuta, intus glabra, fauce duobus plicis ornata, labium inferius tripartitum lobis oblongis, 6 mm lg. et fere 3 mm lt. Stamina 13 mm lg. glabra. — Fig. 76 h.

Louisiana, Natchitoches, sandy bogs, 8. X. 1915 (E. J. Palmer n. 8905! — Hb. Kew!!).

Species denominata in honorem Dr. Rogers McVaugh, custodis herbarii Universitatis Ann Arbor et indefessi indagatoris plantarum.

7. **L. puberula** Michaux, Fl. Bor.-Amer. II (1803) 152; Pursh, Fl. Amer. Sept. II (1814) 447; Roem. & Schult., Syst. V (1819) 55; Elliot, Sketch I (1821) 267; Beck, Bot. (1833) 215; G. Don, Gen. Syst. III (1834) 706; Darlington, Fl. Cestr. (1837) 154; A. De Candolle, Prodr. VII (1839) 377; J. W. Loudon, Ladie's Fl. Gard. II (1844) t. 65, non vidi! Strong, Amer. Fl. (1849) 163; Darby, Bot. South Stat. (1855) 412; Chapman, Fl. S. U. S. (1865) 254; A. Gray, Fl. N. Amer. II/1 (1886) 4; Britton & Brown, Fl. N. U. S., Canada a. Brit. Possess. III (1898) 259, f. 3505; Small, Fl. Southeast. U. S. (1903) 1144; Rydberg, Fl. Centr. N. Amer. (1932) 759; McVaugh in Rhodora XXXVIII (1936) 292 et North Am. Fl. XXXII A (1943) 75; Fernald, Geogr. Variet. of *Lob. puberula* in Rhodora 49 (1947) 182 incl. var. *simulans*. — *Rapuntium puberulum* Presl, Prodr. Monogr. Lobel. (1836) 23. — Lobelia *amoena* A. DC. l. c. p. p. — *Dortmannia puberula* O. Kuntze l. c. — ? *Rapuntium foliis oblongis villosis mollibus, margine leviter crenatis*; *floribus rubro-purpureis spicatis*: *caule singulari non ramoso, septembris initio ... floret* (Clayton n. 669) Gronovius, Fl. Virgin. 2. ed. (1762) 135. — Herba hirtella caule erecto, angulato, plerumque simplici, 30—120 cm alto. Folia breviter petiolata usque sessilia, obovata usque oblonga, utrinque acuta vel obtusiuscula, margine denticulata, 4—10 cm longa, 1—3,5 cm lata. Racemus subdensus, multiflorus, 5—50 cm longus. Bracteae foliaceae, ovatae usque lanceolatae, acuminatae, pedicellos superantes. Pedicelli 2—5 cm longi, hirsuti, in vel supra basin bibracteolati. Hypanthium campanulatum, plus minus hirsutum; lobi eius anguste triangulares, 5—12 mm longi, margine saepe parum replicati et ciliati, rarius glabrati, basi auriculati. Corolla 14—17 mm longa, purpureo-coerulea et albo-oculata, rarius alba (f. *candida* Fern. in Rhodora 41 (1939) 570) extus sparse hirtella, tubus basi fenestratus, angustus, 8 mm longus; lobi superiores lanceolati, labium inferius trifidum, lobi oblongo-acutiusculi. Filamenta superne glabra. Tubus antherarum superne saepe pilosulus, cr. 3 mm longus.

Capsula angulato-globosa, cr. 6 mm longa et lata. Semina oblongo-ovoidea, luteo-fusca, rugosa, cr. 0,5 mm longa. — Fig. 76 a.

Vereinigte Staaten von N.-Amerika, von der atlantischen Küste bis Illinois, Arkansas und Texas sowohl in der Ebene wie im Hochland, doch stellenweise fehlend, auf Prärien, in feuchten Wäldern und an sumpfigen Orten, blühend von Juli bis Oktober.

McVaugh hat a. a. O. vier geographisch abgegrenzte Formen unterschieden, ohne sie eigens zu benennen. Diese sind: Form a, mit spärlich behaartem Kelch und kleinen lanceolaten Brakteen, verbreitet von Virginia bis Georgia und westwärts bis Tennessee und Illinois. Form b, mit langhaarigem Kelch und breiteren am Rande zurückgeschlagenen Sepalen und an der Basis breiten blattartigen Brakteen, verbreitet im südöstlichen Küstengebiet und dem angrenzenden Bergland von New Jersey und Pensylvania bis Georgia. Form c, ähnlich der Form a, aber ganz oder fast ganz kahl (var. *glabella* Hook.), verbreitet in den südlichen Staaten, Alabama bis Louisiana, vornehmlich in der Küstenebene. Form d, ähnelnd jener von der atlantischen Küstenebene, aber mit großen lanceolaten Brakteen, Kelch oft kahl oder nur strigos, Sepalen breit mit gut entwickelten Öhrchen, Blätter oft behaart und meist mit scharfen schmalen kallos-bespitzten Zähnen, verbreitet von Missouri und Arkansas, südwärts bis zum östlichen Oklahoma und Texas, ostwärts bis Alabama und östlichen Mississippi; die dazu zitierte Varietät *mineolana* Wimm. trifft aber nicht ganz zu.

Das mir zur Verfügung stehende Material bestätigt nur zum Teil die angeführten Gruppen, da sie sich nicht selten überschneiden und man dann aus Zweifeln über die Zugehörigkeit der betreffenden Pflanze nicht herauskommt, weshalb wohl auch McVaugh klugerweise daraus keine Varietäten machte.

Fernald aber führte für obige Formen Namen ein, und zwar für Form a: var. *simulans* Fern.; Form b. erklärte er als die typische Art auf Grund des gefundenen Originalexemplars Michaux's; für Form c verwendet er den älteren Namen var. *obtusifolia* A. DC. anstatt var. *glabella* Hook., für Form d ebenfalls var. *mineolana*, die aber nach meiner Originaldiagnose und meinem Originalexemplar auf gewisse texanische Formen zu beschränken ist.

Von der var. *pauciflora* Bush habe ich leider das typische Exemplar nicht gesehen, kann also kein rechtes Urteil über dieselbe abgeben; doch die auch von McVaugh zitierten Pflanzen aus Louisiana (Palmer n. 8905) enthalten im Hb. N. Y. Bot. Gard. und im Hb. Kew verschiedenartige Stücke, von denen letzteres als eine neue Art (oder Hybride?) angesehen werden muß, die ich *Lobelia vaughiana* nenne und die wie eine Mittelform der *L. puberula* und *L. syphilitica* aussieht.

Da *L. puberula* var. *simulans* und var. *puberula* viele Mittelformen aufweisen und oft voneinander kaum zu unterscheiden sind, betrachte ich die var. *simulans* als zur var. *puberula* gehörig und stelle sie zu deren Synonymen.

Clavis varietatum.

A. Caulis hirtus, calyx + hirsutus.
  a. Folia obovato-oblonga usque oblonga.
    1. Calycis lobi breviores vel tam longi quam filamenta .... var. *puberula.*
    2. Calycis lobi saltem longitudine staminum (filamentorum et antherarum tubi) .... var. *mineolana.*
  b. Folia anguste oblonga, tenuia, flores nutantes (an semper?) var. *pauciflora.*

B. Planta et calyx glabri, caulis et folia interdum subglabra .... var. *obtusifolia.*

var. **puberula** (incl. var. *simulans* Fern., form. a et b sec. McVaugh).

New Jersey (Lindley! Gray! Greene!) Cape May Co., Bennett (Killip n. 30846! — W.). — Pensylvania (Rafinesque! — Del.);

Chester Co., Nottingham (B a r t r a m n. 1771! — Stkh.). — D e l a w a r e (C a n b y!). — M a r y l a n d : Worcester Co., in pineland 3 mil. north of Newark (R e d m o n d n. 129! — W.). — Distr. C o l u m b i a , Washington (S t e e l e! M c C a r t h y! — Cambr.). — V i r g i n i a : Portsmouth, in fruticetis et ad oras silvarum, Sept. 1840 (R u g e l! — B. W.); Emporia (T i d e s t r ö m n. 6920! — Stkh.); Wythe Co., Wytheville (H o w a r d S h r i v e r! — B. Typus pro var. *simulans* Fern.); Princess Anne Co., sandy fields (M a c k e n z i e n. 1744! — Stkh.); Virginia Beach (F e r n a l d , L o n g et F o g g n. 5052! — Stkh.). — N. C a r o l i n a : „Caroline" (M i c h a u x! — Del.); Salem (T o r r e y! — Cambr.); Henderson Co. (G r a y et S u l l i v a n t! — B.); Pasquotank Co. s. of Elizabeth City (M o l d e n k e n. 108! — Stkh.); Buncombe Co., Black Mt. open field (S t a n d - l e y et B i l l m a n n. 10487! — Wash.). — S. C a r o l i n a (N u t t a l l! H o u s e n. 2892! — Cambr.). — G e o r g i a (B e y r i c h! n. 78! — B. Cambr.); Randolph Co., rich woods west of Cuthbert (H a r p n e r n. 1734! — B.). — F l o r i d a : Duval Co. Jacksonville (C u r t i s s n. 5565! II/5291! D r u m m o n d! C r a n e! — Del. W. B.); Hernando Co., Brookville (J o n e s n. 109!); River Junction in high pineland (O'N e i l l n. 6138! — Stkh.). — A l a b a m a , Amore in low pineland (B l a n t o n n. 7070! — Stkh.). — Luisiana (H a r t m a n n n. 103! — B.). — T e x a s : (W r i g h t! D r u m m o n d II/42! — W. Cambr.); Marshall, common in sand, swamp (B u s h n. 782! 1012! — B.); Anderson Co., Palestine (P a l m e r n. 10721! — Stkh.). — A r k a n s a s (E n g e l m a n n n. 490! — B.). — M i s s i s - s i p p i, Harrison Co., Biloxi (T r a c y n. 322! 4942! — W.). — K e n t u c k y (H o o k e r! — W. B.); London (M c F a r l a n d n. 251! — Stkh.); Lexington (S h o r t! P e t e r! — DC. W.); Bell Co. on Pine Mountain (K e a r n e y n. 413!). — I n d i a n a : Hannover (C o u l t e r! — B.); Clark Co. (D e a m n. 12246! — N. Y.). — I l l i n o i s , Massac Co., Metropolis (B e n k e n. 4790! — B.).

var. **mineolana** E. Wimm. in Fedde, Repert. Spec. Nov. XXVI (1929) 4; McVaugh in Rhodora XXXVI (1936) 297 p. p.; Fernald in Rhodora XLIX (1947) 185. — Hirta, ramulosa. Folia oblonga acuta, subintegra, denticulis intramarginalibus. Flores multi in racemo floribundo 50—70 cm longo. Bracteae ovato-oblongae foliaceae floribus plerumque sublongiores. Calyx breviter hirtus lobis anguste triangularibus replicatis ciliatis ad 10 mm longis, quam staminibus longioribus, minute auriculatis. Corolla 12 mm lg. Stamina 9—10 mm lg.

T e x a s : Wood Co. damp sands nr. Mineola, Aug. 1913 (R e v e r c h o n! — B.); Rusk Co., Prärien und Wälder (V i n c e n t n. 60! — B. = *f. argutidentata*: folia ovato-oblonga acute dentata. Racemus subsecundus sublaxus.).

var. **pauciflora** Bush, Texas Pl. in Report Missouri Bot. Gard. XVII (1906) 122; McVaugh l. c. 297; Fernald l. c. — Dense albo-hirta. Folia caulina pauciora oblongo-lanceolata. Corolla azurea, ad 3 cm lg. Calyx dense hirsutus. Differens a var. *puberula* imprimis foliis elongatis angustioribus, floribus paucis longioribus.

T e x a s : Swan, Sept. (R e v e r c h o n n. 3206); Florida (C h a p m a n). — L o u i s i a n a Natchitoches, sandy bogs, Oct. (E. J. P a l m e r n. 8905! — N. Y.!, non Kew).

var. **obtusifolia** (A. DC.) Fernald in Rhodora XLIX (1947) 184. — *L. glandulosa* var. *obtusifolia* A. DC. Prodr. VII (1839) 378. — *L. puberula* var. *glabella* Hook., Bot. Mag. LXI (1834) t. 3292, non Elliot, Sketch I (1817) 267. — *L. puberula* var. *laeviuscula* Mohr in Contrib. U. S. Nat. Herb. VI (1901) 750. — Form c, McVaugh l. c. 296. — Glabra vel subglabra. Folia anguste oblonga acuta. Bracteae anguste triangulares floribus breviores. Racemus secundus ad 40 cm longus. Pedicelli et basis calycis saepe hirti. Corolla saepe minor.

A l a b a m a (C. M o h r! — Wash., B u c k l e y! — Cambr., D r u m m o n d?— Cambr.). — F l o r i d a (L e a v e n w o r t h! — N. Y., det. Gray sub var. *glabella*). — T e x a s : Missionsvalley near the Guadeluperiver above Victoria (S c h o t t! — N. Y.).

Formae intermediae non paucae occurrunt. H y b r i d a e inter hanc speciem et *L. syphiliticam* certe invenientur.

8. **L. amoena** Michaux, Fl. Bor. Amer. II (1803) 153; Jussieu, Annal. Mus. Paris XVIII (1811) 4, t. 1, f. 1; Pursh, Fl. Amer. Sept. II (1814) 447; Nuttall, Gen. N. Amer. Pl. II (1818) 76; Roem. & Schult., Syst. V (1819) 55; G. Don, Gen. Syst. III (1834) 706; Darby, Bot. South States (1855) 412; Chapman, Fl. S. U. S. (1865) 254 p. p.; A. Gray, Synopt. Fl. N. Amer. II/1 (1886) 4 excl. var. *glandulifera;* Britton & Brown, Ill. Fl. N. States III (1898) 258, f. 3504 excl. var.; Small, Fl. Southeast. U. S. (1903) 1144; Wehrhahn, Gartenstauden II (1931) 1015; McVaugh in Rhodora, XXXVIII (1936) 283, f. 7 et in North Am. Fl. XXXII A (1943) 77 cum var. *amoena.* —*Dortmannia amoena* O. Kuntze, Rev. Gen. II (1891) 972. — *Rapuntium amoenum* Presl, Prodr. Lob. (1836) 23. —Caulis erectus, simplex, raro subramosus, glaber vel in parte inferiore sparse pubescens, 30—70 (120) cm altus. Folia oblonga vel ovato-oblonga, inferiora in petiolum circiter 1,5—2,5 cm longum angustata, superiora passim subsessilia, obtusa usque acuta, margine subintegra vel repanda vel plus minus dentata, glabra vel supra sparse, subtus in nervis subhirta, in sicco tenuia, subtus pallida. Inflorescentia glabra. Racemus laxus, secundus. Bracteae ovato-lanceolatae vel (superiores) lanceolatae, callose denticulatae, 0,5—4 cm longae. Pedicelli ca. 3 mm longi, hirti, in vel supra basin bibracteolati. Calyx hemisphaericus, glaber, raro parce hirtus, lobi subulati, 4—7 mm longi, integerrimi, glabri, basi vix auriculati. Corolla coerulea, albo-oculata, glabra, 16—20 mm longa, tubo 9—10 mm longo, fenestrato, lobis 2 superioribus lanceolatis, inferioribus elliptico-oblongis vel obovatis, obtusis, mucronulatis, basi 2 plicis ornatis. Stamina 9—10 mm longa, antherarum tubus 3 mm longus, caesio-cinereus, in dorso anteriore pilosulus. Capsula subglobosa, decem-angulata, ca. 6 mm in diametro. Semina subcylindrica, luteo-fusca, rugosa, 0,8—0,9 mm longa. — Fig. 76 b.

N o r d - K a r o l i n a : Ohne Ortsangabe (M i c h a u x! — Hb. Del. — Typus); feuchte Stellen bei Pink Beds, Biltmore, Hochland des Macon Co. (B i l t m o r e Hb. n. 622a! 622b! 622c! 622e! — Hb. Univ. W., Wash., Del.); quellige Stellen der Berge am Broad River, Sept. 1841 (R u g e l! — Hb. W.). — G e o r g i a : Rabun Co., Estatoah Falls on mud Creek, 1000 m, 12. VIII. 1893 (J. K. S m a l l! — Hb. B.); auf feuchten Grasplätzen (B e y r i c h!). — A l a b a m a : Lee Co., Auburn, 25. IX. 1897 (E a r l e & B a k e r! — Hb. Wash.).

Planta ornamentaria! H y b r i d a e cum *L. georgiana* et cum *L. puberula* verisimiliter occurrunt; huc pertinere videntur:

L. amoena × *L. puberula* = *L. colorata* Sweet, Brit. Fl. Gard. V (1833) t. 180. — *L. hortensis* A. DC. Prodr. l. c. 377. — Glabra. Folia lanceolata, eroso-dentata. Segmenta calycina margine recurvata, integra. Corolla azurea, paullo purpurascens.

L. amoena × *L. puberula* = *L. azurea* Hort. Edinburg. leg. Dr. G r a h a m. — Subhirsuta, corolla et lobis calycinis exceptis. Folia oblongo-lanceolata, plus minusve petiolata, subacuta. Calyx sparse hirtus. Sepala subulata, 7 mm longa, basi parvi-auriculata. Corolla 20 mm longa.

9. **L. georgiana** McVaugh in Bull. Torr. Bot. Club LXVII (1940) 144. — *L. amoena* var. *glandulifera* A. Gray, Fl. North Am. II/1 (1876) 4; Britton et Brown, Fl. N. States III (1898) 258; McVaugh in North Am. Fl. XXXII A (1943) 78. — L. *amoena* var. *obtusata* A. Gray l. c. fide McVaugh l. c. — *L. glandulifera* Small, Fl. Southeast. States (1903) 1144, non O. Kuntze (1891); McVaugh in Rhodora XXXVIII (1936) 286; Fernald in Rhodora XXXIX (1937) 345, t. 20, XLIX (1947) 477. — Caulis simplex, glaber vel hirtus, 30—120 cm altus, remote foliatus. Folia inferiora in petiolum ca. 2 cm longum angustata, reliqua passim subsessilia et sessilia, subcarnosa, glabra vel utrinque sparsissime hirta, subtus pallescentia, 2—10 cm longa et 1—3 cm lata, ovato-oblonga vel elliptica vel oblonga, obtusiuscula vel acuta, basi acuta usque subrotundata, margine repando argute dentata vel subintegra. Racemus laxus, pauci- usque 20-florus. Bracteae lanceolatae,

callose denticulatae, pedicellis circiter duplo- usque sublongiores. Pedicelli 3—5 mm longi, glabri vel hirtelli, basi bibracteolati. Calyx breviter turbinatus vel semiglobosus, glaber, interdum granulosus vel hirsutus; lobi eius e basi triangulari lineares, 6—7 (10) mm longi, glanduloso-dentati, basi minute auriculati. Corolla coerulea, glabra, 20—26 mm longa, tubo 8—12 mm longo, basi fenestrato; lobi 2 superiores obovato-lanceolati, lobi inferiores ovales vel subobovati, apice subretusi et mucronulati vel subacuti. Tubus stamineus 9—11 mm longus; antherae in dorso anteriore pilosulae. Capsula subglobosa, decem-nervata, ca. 5 mm diamet. Semina oblonga, fuscescentia, rugosa, 0,6—0,8 mm longa. — Fig. 76 c.

var. **georgiana**. — Ut supra,

Florida: Sümpfe bei Aspalaga X. (Chapman! Biltmore Hb. n. 6168! — Hb. W. B. Wash.); feuchter Grund am Chipola River bei Marianna (Biltmore Hb.! — Hb. Wash.); Ponce de Leon X. (Curtiss n. 6938! — Hb. Univ. W. Wash.). — Alabama: Evergreen, Sümpfe X. (Biltmore Hb.! — Hb. Wash.); Auburn, Sumpf (F. S. Earle! — Hb. N. Y., f. *subhirta:* Caule subpubescente, calyce hirsuto); La Mobile (Jewett n. l.! — Hb. Goett., f. *subhirta*). — Georgia: Meriwether Co., Warm Springs IX. (Biltmore Hb. n. 622 d! — Hb. Wash.); Randolph Co., schattige Wälder südwestlich von Cuthbert X. (R. M. Harper n. 1758! — Hb. B. Wash.). — Nord-Karolina: Wake Co., Raleigh, feuchte Wiesen (Ashe! — Curtiss n. 6453 — Hb. Univ. W. Wash. Del.). — Virginia: Brunswick Co., sphagnous thicket „Ram Hole Swamp" Seward Forest nr. Triplett (Fernald et Long n. 14500).

L. georgiana × *L. amoena.* : Habitus *L. amoenae*, sed calyx et corolla *L. georgianae.* — Corolla 26 mm longa. Calycis tubus sparse hirsutus, lobi denticulati et parvo-auriculati. — Alabama: La Mobile (Jewett n. 53! — Hb. Goett.).

var. **azurea** (Hort. Salm) n. c. — *L. azurea* Hort. Salm. — Caulis sparsissime hirtus. Folia oblonga, subpetiolata, utrinque sensim acuta, margine irregulariter obtusiusculi-subgrossi-dentata, subcrassa, subtus pallida. Pedicelli 6 mm longi, hirtelli. Calyx glaber, lobi 11 mm longi, 2—3 denticulis untrinque, sine auriculis. Corolla 20 mm longa. Racemus densus, multiflorus.

Planta culta (Hb. Presl).

10. **L. elongata** Small, Fl. Southeast. U. S. (1903) 1144; Britton & Brown, Illustr. Fl. N. States and Canada 2. ed. III (1913) 301; McVaugh in Rhodora XXXVIII (1936) 285. — ? *L. amoena* Elliott, Sketch I (1821) 267. — *L. glandulosa* var. *glabra* A. DC., Prodr. VII (1839) 378. — Caulis erectus, simplex, glaber vel subglaber, 30—120 cm altus, turiones breves in basi producens et sic perennans. Folia laxa, inferiora in petiolum indefinitum late decurrentia, superiora passim sessilia, lanceolata, 3—11 cm longa et 0,3—1,8 cm lata, utrinque sensim acuta, margine remote callose acuti-denticulata vel minut edenticulata, glabra, subtus interdum scabriuscula. Flores in racemo sublaxo, secundo, 10—30 cm longo. Bracteae lanceolatae, callose denticulatae, 5—20 mm longae. Pedicelli 2—7 mm longi, glabri vel scabriusculi, basi bibracteolati. Hypanthium breviter semiglobosum, glabrum vel subhirtum; lobi calycini anguste triangulares, integerrimi, minute vel non auriculati, 4—16 mm longi. Corolla cyanea, glabra 18—24 mm longa, basi fenestrata; lobi superiores anguste lanceolati; lobi inferiores basi bigibbosi, obovato-oblongi, brevissime acuminati. Filamenta 8—11 mm longa; antherarum tubus caesius, 3—4 mm longus, glaber vel in dorso anteriore pilosulus. Capsula late globosa, 7 mm diamet. Semina oblonga, rugosa, fusca, fere 1 mm longa. — Fig. 76 d.

Vereinigte Staaten v. N.-Amerika, von Delaware bis Georgia und Tennessee, in Sümpfen, befluteten Morästen und feuchten Grasflächen, blühend von August bis Oktober. — Maryland, Somerset Co. (Canby! — Hb. B. Budp.); Worcester Co., brackige Moräste entlang des Pokomoko River gegenüber Rehoboth (Shreve & Jones n. 1166! — Hb. Wash.). — Virginia: Norfolk Co.,

Nordwest (A. A. Heller n. 1246! — Hb. N. Y. Typus!). — Nord-Karolina: Wilmington (G. McCarthy! — Hb. Cambr.). — Georgia: feuchte grasige Orte (Beyrich n. 79! — Hb. Cambr.). — Tennessee, a. 1833 (Beyrich! — Hb. Goett.). Nach Small auch in Florida und Louisiana.

11. **L. brevifolia** Nuttall ex A. De Candolle, Prodr. VII (1839) 377; Darby, Bot. South States (1855) 412; A. Gray, Synopt. Fl. U. S. II/1 (1886) 3; Small, Fl. Southeast. U. S. (1903) 1143; McVaugh in Rhodora XXXVIII (1936) 290 et in North Am. Fl. XXXII A (1943) 76. — *Dortmannia brevifolia* O. Kuntze, Revis. II (1891) 972. — *L. Ludoviciana* Wood, Class Book (1861) 476. — *L. dentata* Torrey ex A. DC. l. c. — Caulis erectus, subflaccidus, glaber vel parce hirtellus, foliosus, 30—90 cm altus, simplex vel subramosus. Folia brevipetiolata usque subsessilia, inferiora oblanceolata, reliqua oblonga usque lanceolata, 1—3 cm longa et 0,2—0,8 cm lata, obtusa vel subacuta, margine subpectinati-dentata, membranacea, glabra vel parce hirtella. Racemi laxi, secundi, 6—10 cm longi. Bracteae foliaceae, 4—10 mm longae. Pedicelli hirtelli, 3 mm longi, basi bibracteolati. Calycis tubus hemisphaericus, plerumque hirsutus; lobi eius triangulares, cuspidati, 5—7 mm longi, pectinato-dentati, basi auriculati, auriculis rotundatis saepe hypanthium obtegentibus. Corolla coerulea vel azurea, extus minute hirtella, 16—20 mm longa, tubo basifenestrato, intus puberulo; lobis superioribus lanceolatis, inferioribus basi 2 plicis puberulis ornatis, oblongis vel obovato-oblongis. Filamenta 7 mm longa, obsolete puberula; antherarum tubus caesius, 4 mm longus, glaber vel superiores antice brevi-pilosulae, 2 inferiores modo consueto barbatae.

Alabama: Ohne nähere Ortsangabe (Torrey! — Hb. Cambr.); Jacksonville (Drummond! — Hb. Cambr.); Mobile am Rand von Quellen 20. X. (C. Mohr! — Hb. B.). — Florida: Ohne Ortsangabe (Chapman! A. Gray! — Hb. W.); Holmes Co., Westville IX. (Curtiss n. 6906! — Hb. Del.). Nach McVaugh auch in Mississippi und Louisiana.

Hybrida (verisimiliter, sec. McVaugh l. c. 291):

L. brevifolia × *L. puberula*. = *L. glandulosa* A. DC. l. c. 378 p. p. — *L. amoena* var. *glandulifera* A. Gray l. c. 4 p. p. — Folia lata, plus minus pubescentia, subdentata. Calycis lobi glandulaceo-dentati, auriculis rotundatis parvis. Calyx glaber vel hirsutus. Filamenta ad 9 mm longa.

Florida, Alabama und Mississippi (Chapman; Gates; Earle; Graves; Tracy und n. 4940 — kein Material davon gesehen!).

12. **L. glandulosa** Walter, Fl. Carolin. (1788) 218, non Dennis nec Engelm. nec A. Gray nec Willd.; Pursh, Fl. Amer. Sept. II (1814) 447; Roem. & Schult., Syst. V (1819) 54; excl. var. β; Sprengel, Syst. I (1825) 716; Elliott, Sketch I (1821) 265; G. Don, Gen. Syst. III (1834) 706; A. De Candolle, Prodr. VII (1839) 378 excl. var. β et γ; D. Dietr. Synops. I (1839) 734; Darby Fl. South. Stat. (1855) 412; Chapman, Fl. South. U. S. (1865) 254; A. Gray, Synopt. Fl. U. S. II/1 (1886) 5; Britton & Brown, Illustr. Fl. North. Stat. III (1898) 259, fig. 3506; Small, Fl. Southeast. U. S. (1903) 1144; McVaugh in Rhodora XXXVIII (1936) 288, fig. 10 et in North Am. Fl. XXXII (1943) 77; Lounsberry, Southern Wild Fl. a. Trees (1901) t. 160 ex Ind. Lond., non vidi! — *L. crassiuscula* Michaux, Fl. Bor. Amer. II (1803) 152; Poiret, Encycl. Meth. Suppl. III (1813) 487; Hooker, Camp. to Bot. Mag. I (1835) 100 ex A. DC.; Nuttall, Gen. II (1818) 76. — *L. puberula* var. *glabella* Elliott, Bot. Sketch I (1817) 267. — *Rapuntium glandulosum* Presl, Prodr. Lobel. (1836) 21. — *Dortmannia glandulosa* O. Kuntze, Rev. (1891) 972. — Caulis erectus vel ascendens, subflaccidus, glaber, interdum flexuosus, simplex, 30—140 cm longus. Folia sparsa, crassiuscula, inferiora in petiolum brevem marginatum angustata, cetera sessilia, lanceolata usque linearia, 1,4—15 cm longa et 0,2—3 cm lata, acuta, margine plano-crenata vel glanduloso-denticulata, interdum fere integra, glabra. Folia summa diminuta et in bracteas jam transeuntia. Racemus laxus, secundus, 1—20-florus.

Pedicelli 3—6 mm longi, glabri vel hirtelli, basi bibracteolati. Bracteae lineares, glanduloso-dentatae, 5—10 mm longae. Hypanthium semiglobosum, hirsutum vel glabratum (var. *laevicalyx* Fernald in Rhodora 49 (1947) 186 = *L. puberula* var. *glabella* Elliott fide Fern.); lobi eius longi-triangulares, 5—7 (15) mm longi, glanduloso-dentati, non vel minuti-auriculati, glabri. Corolla coerulea vel coeruleo-purpurea in fauce 2 plicis albis pubescente, 20—25 mm longa, tubo extus glabro vel intus extusque puberulo, basi fenestrato, lobi superiores lanceolati, labium inferum 15 mm longum lobis oblongis vel subobovatis 7 mm longis et 5 mm latis. Tubus anthereus caesius, 4 mm longus, 3 superiores antherae in dorso anteriore et in apice pilosulae, 2 inferiores modo consueto longius barbatae. Capsula subglobosa, decem-nervata, hirsuta vel glabrata, circiter 6 mm in diam. Semina oblonga, fuscescentia, rugosa, ca. 0,8 mm longa.

Vereinigte Staaten v. N.-Amerika, von Florida bis südliches Virginia, nach Small auch in Mississippi und nach einem von Lindheimer a. 1843 gefundenen Exemplar (Hb. Acad. Philadelphia) wahrscheinlich auch in Texas, vorkommend, an sumpfigen und feuchten Orten und in Nadelwaldungen, blühend vom September bis November, in Florida fast das ganze Jahr hindurch. Florida: Miami River (A. A. Eaton!); Jacksonville (Curtiss n. 1640! 5325! 6303!); Apalachicola (Biltmore Hb. n. 2678 b!); Pittman (O. Vesterlund! — Hb. Upsala); Brooksville, Hernando Co. (R. N. Jones n. 35! — Hb. Wash.); Fort Myers, Rand eines Cypressensumpfes gemein (P. C. Standley n. 14851! 18933! — Hb. Wash.); Palma Sola und Braidentown (S. M. Tracy n. 7509! 7132! — Hb. Del. W.); ohne Ortsangabe (Chapman! — Hb. Wash.). — Georgia: Savannah (Elliott! — Hb. Del.); Multrie (R. M. Harper n. 1663! — Hb. B.). — Süd-Karolina: Graniteville (Eggert), Charleston (Moldenke n. 143 a), Ridgeland (Mohr). — Nord-Karolina: Wilmington (Bartram), Columbus (Schallert); Nash Co., swampy pineland at Middlesex (Godfrey et Kerr n. 6661 — var. *laevicalyx* Fernald). — Virginia (Bailey), Norfolk Co., Sümpfe des Northwest River (Kearney n. 2378) — nach McVaugh l. c. 290.

13. **L. paludosa** Nutt. Gen. N. Amer. Pl. II (1818) 75; Roem. & Schult., Syst. V (1819) 37; Sprengel, Syst. I (1825) 719; A. De Candolle, Prodr. VII (1839) 376; D. Dietrich, Synops. I (1839) 735; Darby, Bot. South. States (1855) 412; A. Gray, Synopt. Fl. N. Amer. II/1 (1886) 5; Britton & Brown, Illustr. Fl. N. States a. Canada III (1898) 257, fig. 3501; Small, Fl. Southeast. U. S. (1903) 1145; McVaugh in Rhodora XXXVIII (1936) 350, fig. 26 et in North Am. Fl. XXXII A (1943) 75. — *L. pallida* Elliott, Sketch I (1821) 265 p. p. — *L. nudicaulis* Rafinesque, Atlant. Journ. I (1832) 147. — *Dortmanna paludosa* G. Don, General Syst. III (1834) 715. — *Dortmannia paludosa* O. Kuntze, Revis. (1891) 971. — *Rapuntium paludosum* Presl, Prodr. Lobel. (1836) 18. — Radix perennis. Folia radicalia rosulata, e centro eorum plures subsimplices scapi exsurgunt, folia 1—3 minuta gerentes, glabri, 30—60 (135) cm alti. Folia basalia oblanceolata vel lineari-oblonga, 3—12 cm longa et 0,6—1,2 cm lata, in petiolum alatum 2—10 cm longum angustata, obtusa, margine plano-crenulata vel callose denticulata vel subintegra, crassiuscula, glabra. Racemus laxus, secundus, plerumque 6—15 cm longus. Bracteae lineares, callose denticulatae, minutae. Pedicelli 3—6 mm longi, glabri vel scabriusculi, ebracteolati. Hypanthium campanulatum, glabrum; lobi eius triangulares, integri vel paucidenticulati, exauriculati, 3 mm longi. Corolla dilute coerulea vel albescens, glabra, 10—12 mm longa, labio infero basi 2 plicis praedito et pubescente; lobi superiores lanceolati, lobi inferiores ovato-acuti. Filamenta 3—4 mm longa. Antherae caesiae, 2—3 mm longae, in dorso pilosulae. Capsula ovali-globosa, ca. 5 mm longa, 4 mm lata. Semina fusca, oblonga et fere clavata, rugosa, 0,6 mm longa.

Vereinigte Staaten v. N.-Amerika, Florida und Georgia und (nach Nuttall) Delaware, Sümpfe, Teiche, tiefliegende Nadelwälder, blühend von Februar bis Mai und oft fast das ganze Jahr. Florida: Hibernia, III. 1869 (W. M. Canby! — Hb. B.); Big Pine Island (H. N. Moldenke n. 505! — Hb. W.); Braidentown (S. M. Tracy n. 6864! — Hb. Del. W.); Polk Co., (Milligan! — Hb. Wash.); Jacksonville (Curtiss n. 1647! 4715! 6161! — Hb. B. W. Del.); Lake Co., Eustis (G. V. Nash n. 501! — Hb. B.); sumpfige Stellen der Nadelwälder zwischen Tallahassee und St. Marks (Rugel! — Hb. Del. W.). — Georgia: Charlton, Traders Hill, VI. 1895 (Small), St. Marys (Schweinitz Hb.).

Speciei sequenti simillima, ab ea distincta: Statura et flore minore, absentia bracteolarum in pedicellis. — *Dortmanna palustris* G. Don in Sweet, Hort. Brit. 3 ed. 425 ex Steudel.

14. **L. floridana** Chapman in Coult. Bot. Gaz. III (1878) 9; Small, Fl. Southeast. U. S. (1903) 1145; McVaugh in Rhodora XXXVIII (1936) 349, fig. 25 et in North Am. Fl. XXXII A (1943) 74. — *L. paludosa var. floridana* A. Gray, Synopt. Fl. U. S. N. Amer. II/1 Suppl. (1886) 394. — Perennis, glabra, caulis erectus, simplex vel subramosus, 50—150 cm altus, scapiformis, foliis paucis minoribus vel minutissimis obsitus. Folia radicalia et 1—2 in imo caule linearia, lanceolato- vel oblanceolato-linearia, 10—40 cm longa et 0,5—2,5 cm lata, basi in petiolum indefinitum late decurrentia vel caulina late sessilia, apice obtusiuscula vel acuta, crassiuscula, margine integra vel plano-crenulata vel denticulata. Flores in racemo laxo, plerumque vago, 10—50 cm longo dispositi. Bracteae lineares, integrae, 3—4 mm longae. Pedicelli scabriusculi, 3—4 mm longi, basi bibracteolati. Calyx turbinatus vel mox semiglobosus; lobi eius longi-triangulares, integri vel paucidenticulati, parvi-auriculati, 2—6 mm longi. Corolla coerulea, 12—18 mm longa, tubo extus intusque puberulo, raro fenestrato, labio infero basi 2 plicis ornato et pubescente, lobis ovato-acutis, lobis superioribus lanceolatis. Filamenta 6—11 mm longa, inferne puberula. Tubus anthereus caesius, 3 mm longus, in dorso anteriore pilosulus. Capsula ovoidea, 4 mm diametiens. Semina luteo-fusca, oblonga, rugosa, 0,8 mm longa.

Vereinigte Staaten v. N.-Amerika, im Küstengebiet von Louisiana bis Nordwest-Florida und Nord-Karolina, wachsend in feuchten Nadelwäldern, Sümpfen und Teichen, oft zum Teil untergetaucht, blühend von Mai bis September. Florida: Apalachicola (Biltmore Hb. n. 4164 a); Point Washington, Aug. 1891 (Biltmore Hb.! — Hb. Wash.); Chipley (Curtiss n. 6851! — Hb. Wash. Del.). — Alabama: Escambia Co., Flomaton (Biltmore Hb. n. 4164 c!); Mobile (C. Mohr!). — Mississippi: Biloxi (S. M. Tracy n. 7011! — Hb. Del. W.); ohne Ortsangabe (Hb. Torrey!). — Louisiana: Lake Charles (A. Allison n. 283! — Hb. Field); Saint Tammany Parish (F. W. Pennell n. 4146! — Hb. N. Y.); ohne Ortsangabe (Hb. Bory de St. Vincent! — Hb. W.). — Nord-Karolina: New Hannover, Wilmongton (MacFarlane).

15. **L. flaccidifolia** Small in Bull. Torr. Bot. Club XXIV (1897) 338; Fl. Southeast. U. S. (1903) 1145; McVaugh in Rhodora XXXVIII (1936) 347 et in North Am. Fl. XXXII A (1943) 73. — *L. ludoviciana* A. Gray, Proc. Am. Acad. Arts Sci. XII (1876) 60, non Wood (1861); Synopt. Fl. N. Am. II/1 (1886) 5. — *L. Halei* Small, Fl. l. c.; McVaugh in Rhodora XXXVIII (1936) 348, fig. 24. — *Dortmannia ludoviciana* O. Kuntze, Revis. (1891) 972. — Caulis erectus, simplex vel ramosus, interdum flexuosus, obscure viridis, glaber vel subglaber, 30—100 cm altus. Folia caulina laxa, margine subintegra vel obsolete crenulata vel minute denticulata, inferiora petiolata, oblongo-spathulata, obtusa, reliqua subsessilia, anguste lanceolata, acuta, ad basin angustata, 5—10 cm longa et 0,4—1,5 cm lata. Racemus laxus, secundus, 3—30-florus. Bracteae lineares, denticulati, longitudine fere pedicellorum. Pedicelli 3—8 mm longi, minute hirtelli sicut nervi calycis, in medio fere bibracteolati. Calyx turbinato-semiglobosus; lobi eius triangulares, acuminati, 3—6 mm longi, integri vel callose denticulati, basi auriculati. Corolla coerulea, 12—20 mm longa, extus plerumque minute puberula, tubo intus puberulo; labium inferum basi bigibbosum et pubescens lobis oblongis acutis, superioribus lanceo-

latis. Tubus anthereus cinereo-caesius, in anteriore parte circum pilosus, 2—3 mm longus. Capsula ovali-globosa, ca. 5 mm in diametro. Semina ovoideo-oblonga, fusca, rugosa, circiter 0,5 mm longa.

Vereinigte Staaten v. N.-Amerika, von Georgia bis Texas in der Küstenebene, auf feuchten Prärien, besonders auf Sandboden, in Sümpfen und an Flußufern, blühend von April bis September. — Texas: Houston (Lindheimer! — Typica). — West-Louisiana (J. Hale! — Typus); Sulphur (Palmer n. 7722), De Quincy (Pennell n. 10226 — sec. McVaugh). — Alabama, Mobile, Spring Hill (Graves n. 1073 — non vidi). — Florida: Milligan, sumpfige Wälder entlang dem Yellow River, VIII. (Curtiss n. 6855! — Hb. Univ. W. Del.); Ufer des Flusses Ocklockonne, VII. 1843 (Rugel!). — Georgia: Sümpfe am Ocklockonne Creek bei Multrie, 25. IX. (R. M. Harper n. 1676! — Hb. B.); Waldung am Cedar Creek bei Wrightsville (R. M. Harper n. 1341! — Hb. Wash.); Thomasville, VII. 1895 (Small! — Typus pro *L. flaccidifolia*). — Vielleicht auch in Kansas (Parsons, Labette Co. lg. Letterman, Ortsangabe zweifelhaft nach McVaugh).

16. **L. kalmii** L. Spec. Pl. (1753) 930; Lamarck, Dict. Bot. III (1791) 583; Willdenow, Spec. I (1797) 939; Michaux, Fl. Bor. Amer. II (1803) 153 p. p.; Pursh, Fl. Amer. Sept. II (1814) 446 p. p.; Nuttall, Gen. N. Amer. Pl. II (1818) 76; Roem. & Schult., Syst. V (1819) 38; Sims, Bot. Mag. XXXXVIII (1821) t. 2238; G. Don. General Syst. III (1834) 705; A. De Candolle, Prodr. VII (1839) 374; Hooker, Fl. Bor. Amer. II (1840) 30; Torrey, Fl. St. N. York I (1843) 422; Darby, Bot. S. Stat. (1855) 411; A. Gray, Synopt. Fl. N. Amer. II/1 (1886) 7; Britton & Brown, Illustr. Fl. North U. S. III (1898) 260, fig. 3510; Miller & Whiting, Wild Fl. N. E. States (1895) 358; Henshaw, Mount Wild Fl. Amer. (1906) t. 64; House, Wild Fl. N. York (Mem. Nr. 15 N. York Stat. Mus.) II (1918) 222; Walcott, North Amer. Wild Flow. III (1927) t. 192; McVaugh in Rhodora XXXVIII (1936) 355 et in North Am. Fl. XXXII A (1943) 67. — *L. falcata* Rafinesque, N. Fl. N. Amer. II (1836) 18. — *L. Kalmii* var. *strictiflora* Rydberg in Mem. N. York Bot. Gard. I (1900) 378; St. Brown, Alp. Fl. Rocky Mounts (1907) 272, t. 73. — *L. strictiflora* Lunell, Bull. Leeds, Herb. N. 2 (1908) 8; Fedde, Repert. VIII. (1910) 247; Rydberg, Fl. Rocky Mounts (1922) 327, Fl. Central N. Amer. (1932) 760. — *L. Kalmii* var. *capillaris* Farwell in Americ. Middl. Naturalist. X (1927) 217. — *Dortmannia Kalmii* O. Kuntze, Revis. Gen. II (1891) 380. — *Rapuntium Kalmii* Presl, Prodr. Monogr. Lobel. (1836) 22. — *Petromarula strictiflora* Nieuvl. et Lun. in Amer. Midl. Naturalist. V (1917) 13. — *R. Canadense, pumilum, Linariae folio Sarracen.* Tournefort, Instit. Rei Herb. 3. ed. (1719) 164. — Caulis erectus, gracilis, simplex vel ramosus, glaber vel basi subpubescens, 3—50 cm altus, foliatus. Folia radicalia obovata vel subspathulata, obtusa, in petiolum brevem angustata, interdum supra parce hirsuta; folia caulina oblanceolata vel anguste lanceolata usque linearia, 1—7 cm longa et ½ mm — 8 mm lata, obtusiuscula usque acuta, basi sensim angustata et subpetiolata vel sessilia, margine integra vel obsolete denticulata. Racemus laxus, plerumque secundus, 1—15-florus. Bracteae lineares, foliaceae, pedicellos circiter aequantes. Pedicelli ascendentes, compressiusculi, glabri vel scabriusculi, supra medium 2 bracteolis minutis suboppositis praediti, 3—18 mm longi. Hypanthium primo turbinatum, mox semi-ovoideum vel subglobosum (fructifans), basi obtusum (pl. typ.) vel basi acutum (si recipias var. *strictifloram*); lobi calycini anguste triangulares, 2—4 mm longi, integri, sine auriculis. Corolla coerulea, lilacina et albo-oculata vel alba, 8—14 mm longa, glabra, tubo intus puberulo, labium inferum basi bigibbosum, lobis obovato-oblongis, mucronulatis. Tubus anthereus caesius, in dorso glaber vel minute pilosulus, 1—1,8 mm longus. Capsula ovoidea vel oblongo-ellipsoidea, 5—8 mm longa. Semina anguste fusiformia, luteo-fusca, leviter rugosa, nitida, 0,6—0,8 mm longa.

var **kalmii.** — Ut supra. — Fig. 76 e 1—2.

Kanada und nördliche Vereinigte Staaten, auf neutralem und Kalkboden, saure Böden meidend, in nassen Wiesen und Sümpfen, auch im Geröll und auf Kalkfelsen, blühend von Juli bis September. — Kanada: „Terra Hudsonica" (W. J. Hooker! — Hb. B. W.); „Brit. N. America" (Franklin's Exped.! — Hb. Cambr.); Manitoba, Brandon VII. (J. Macoun n. 14154!); Ontario (F. F. Fischer!); Table Rock — Niagara-Fälle VIII. (W. J. Macrae! Boott! — Hb. Cambr.); Niagara Fälle (Engelmann! Fr. Buchenau! A. Gray! — Hb. B. W.); Quebec, Lac Deschenes (F. Marie-Victorin n. 10042!; Insel Anticosti (FF. Marie-Victorin, Rolland-Germain, P. Luis-Marie n. 21797, 25085, 25086! — Hb. Stockh.). Neufundland, Mündung des Humber (Fernald & Wiegand n. 4069!; Waghorne!; K. P. Janson n. 486! 487!). — Vereinigte Staaten: Maine: Aroostock Co., entlang dem John River bei St. Francis (M. L. Fernald n. 73!); Crystal, Caribou Bog (Williams, Robinson & Fernald n. 15!); Sommerset Co., Tal des Kennebec River (Fernald & Long n. 14642! — Hb. Del.). — Massachusetts: Berkshire Co., Richmond (Janet & Perkins n. 207! — Hb. B.). — Vermont: Burlington am Winooski River (Oakes! — Hb. Cambr. B.); Manchester (M. A. Day n. 118! — Hb. B.). — N. York: Sitchfield und Sventon Falls (L. V. Haberer n. 533! 533a!); N. York (A. Gray!). — Pensylvania: Lancaster Co., Dillerville Swamp (A. A. Heller! — Hb. B. Del.); N. Jersey: Sussex Co., White Pond (K. K. Mackenzie n. 4776!). — Ohio: (A. Foerste! Frank! Schrader n. 103! W. Werthner! W. Krebs n. 59! — Hb. B.). — Carolina (Mühlenberg! — Hb. Willdenow n. 3942!). — Kentucky, Lexington (Steetz! — Hb. W.). — Indiana: Carex-Moor am Lake Gage (Ch. C. Deam!); Edgemoor, Lake Chica Chicago Basin (O. E. Lansing jr. n. 2612! — Hb. B.); Millers (Umbach n. 1882! — Hb. Field). — Michigan: Delta Co., Fairport (F. J. Hermann n. 6319! — Hb. W.); Wiesen bei Goodison (Farwell & Gladewitz n. 7794 — Typus pro var. *capillaris*). — Wisconsin: Dane Co., Albion (Kumlien n. 27! 28!; Henning n. 140! — Hb. B.). — Illinois (Brendel! H. C. Benke n. 4787! — Hb. B.). — Minnesota: Hennepin Co. (J. H. Sandberg! — Hb. W.). — Nord-Dakota: Benson Co., Butte VII. (J. Lunell! — Hb. Del.). — Montana: Assiniboia, Hurricane Hills (J. M. Macoun!); Teton River (Scribener n. 130! Typus pro var. *strictiflora*. — Hb. Del.). Nach Rydberg auch durch das ganze Felsengebirge bis Colorado verbreitet. — Nom. vulg.: „*Brook Lobelia*".

var. **edithae** E. Wimm. in Fedde, Repert. XXXVIII (1935) 85. — Differt a var. *kalmii* calyce et pedicellis hirtis. Corolla 10 mm longa, lobis inferioribus oblongis. Antherae violaceae, 1 mm longae, glabrae. Specimen nostrum vix 10 cm altum, caulibus basi hirtellis vel glabris. — Fig. 76 e 3.

Wyoming: Sundance, Canyon Road, 19. Juli 1905 (Edith M. Jarr n. 782! — Hb. N. Y. Bot. Gard.).

17. **L. nuttallii** Roem. & Schult., Syst. V (1819) 39 (*Nuttalli*); Torrey, Fl. U. S. I (1824) 240; G. Don, General Syst. III (1834) 705; A. De Candolle, Prodr. VII (1839) 374 (*Nuttallii*); Chapman, Fl. South. U. S. (1865) 255; A. Gray, Synopt. Fl. N. Amer. II/1 (1886) 7; Britton, Cat. Pl. New Jersey (1889) 156; Britton & Brown, Illustr. Fl. N. U. S. III (1898) 261. fig. 3511; Small, Fl. Southeast. U. S. (1903) 1147; McVaugh in Rhodora XXXVIII (1936) 352, fig. 27, t. 435 f. 3 et in North Am. Fl. XXXII A (1943) 68. — *L. Nuttalliana* D. Dietrich, Synops. I (1839) 731. — *L. Kalmii* Walter, Fl. Carolina (1788) 218; Elliott, Sketch I (1821) 254 ex Torrey. — *L. gracilis* Nuttall, Gen. N. Amer. Pl. II (1818) 77, non Andrews. — *L. Kalmii* var. *gracilis* Barton, Fl. N. Amer. I (1821) t. 34, f. 1. — *L. Kalmii* var. *Caroliniana* Michaux, Fl. Bor. Amer. II (1803) 153. — *Rapuntium Nuttallianum* Presl, Prodr. Monogr. Lobel. (1836) 23. — *Dortmannia Nuttallii* O. Kuntze, Rev. Gen. II (1891) 973. — *Rapuntium minimum flore pallide caeruleo, caulibus tenuibus*

infirmis. Gronovius, Fl. Virg. 2. ed. (1762) 134? — Caulis erectus, gracilis, 20—70 cm altus, simplex vel superne ramosus, inferne brevissime hirtellus, ceterum glaber, paucifoliatus. Folia basalia subrotunda usque ovata, ad 15 mm longa et 10 mm lata, petiolata, supra saepius parce hirsuta; folia caulina oblanceolata, lanceolata usque linearia passim sessilia, 1—4 cm longa, 0,1—0,7 cm lata, apice obtusiuscula vel acuta. Flores in racemo laxo, saepe secundo, 4—20-floro dispositi. Bracteae subulatae pedicello subbreviores. Pedicelli filiformes, 3—10 mm longi, glabri vel scabriusculi, basi minuti-bracteolati. Calyx brevissime late turbinatus, mox semiglobosus, glaber vel hirtellus; lobi subulati, 2—4 mm longi, sinubus nudis. Corolla coerulea, glabra, 6—9 mm longa, lobi superiores lanceolati, erecti; labium inferum basi albo-maculatum et 2 gibbis virentibus ornatum, lobi ovati-oblongi, acuti. Antherarum tubus caesius, 1—1,5 mm longus, in dorso interdum minute pilosulus. Capsula globosa, circiter 3 mm diametiens. Semina rubiginosa, ellipsoidea, interdum leviter curvata, rugosa, 0,5 mm longa.

Vereinigte Staaten v. N.-Amerika, von Florida und Alabama entlang dem Küsten- und Appalachengebiete bis zum südlichen New York, westlich bis Tennessee und Kentucky, zufällig? in Wisconsin, haupsächlich auf sauren Böden, nassen Wiesen, sumpfigen und sandigen Plätzen im offenen Land und in Wäldern, blühend vom Mai (im Süden) bis Anfang September. — New York: Sventon VI. (Moyser! — Hb. Del.); Suffolk, Central Islip (Ferguson). — New Jersey (Jacquemont! Torrey & Gray! Knieskern! F. Tweedy! — Hb. B. W.); Manchester VII. (J. Schrenk! — Hb. Goett.). — Pensylvania: Delaware Co. (G. Smith! Hb. Goett.); Philadelphia (Bernhardi! — Hb. B). — Distr. Columbia: Washington VI. (McCarthy! — Hb. Cambr.). — Auch in Delaware und Maryland angezeigt (nach McVaugh). — Virginia: Portsmouth, in Gebüsch und Wald VI. 1840 (Rugel! — Hb. Del. B. W.). — Nord- und Süd-Karolina weit verbreitet (Zimmermann n. 97! Beyrich! W. W. Ashe! Biltmore Hb. n. 624 a! P. O. Schallert!). — Kentucky: Laurel, sandige Sümpfe (Braun), McCreary, Pine Knot (Pennell n. 13899). — Tennessee: Cumberland-Gebirge zwischen Montgomery und Jamestown, VI. 1842 (Rugel!); Huffmans und Winfield (Pennell n. 13937, 13926). — Alabama: Perdido und Ballplay (Mohr); Cullman (Eggert). — Georgia: Graymont und Ocilla (R. M. Harper n. 814! 1418 — Hb. B.); Savannah (Oemler! — Hb. B.). — Florida: Jacksonville (Miss Crane! — Hb. B.); Walton Co. ohne nähere Ortsangabe und De Funiak Springs (Curtiss n. 1643! 5902! — Hb. B. Del.). — ? Wisconsin: Delavan VI. (Mrs. Milligan! — Hb. Wash.).

18. **L. feayana** A. Gray in Proceed. Amer. Acad. XII (1877) 60, Synopt. Fl. N. Amer. II/1 (1886) 7; Meehan, Native Fl. a. Ferns U. S. 2. ser. I (1879) t. 34 ex Ind. Lond.; Small, Fl. Southeast. U. S. (1903) 1147; McVaugh in Rhodora XXXVIII (1936) 354, fig. 28 et in North Am. Fl. XXXII A (1943) 68. — ? *L. microphylla* Rafinesque, Atlant. Journ. I (1832) 147. — *Dortmannia Feayana* O. Kuntze, Rev. Gen. II (1891) 972. — Caulis tener, decumbento-ascendens usque erectus, glaber, non raro ab infero diffuso-ramosus, 5—30 cm longus. Folia basalia orbicularia vel ovata, caulina similia vel elliptica usque lanceolata, 5—14 mm longa et 2—8 mm lata, obtusa vel acuta, margine subintegra vel undulato-denticulata, inferiora longius (5—12 mm), cetera sensim brevius petiolata. Racemus laxus, secundus, 2—15-florus. Bracteae minutae, 1—3 mm longae. Pedicelli 4—7 mm longi, glabri, basi minuti-bibracteolati. Calyx turbinatus, quinque-costatus, lobis anguste triangularibus, integris, basi nudis, 1—2 mm longis. Corolla coerulea vel rubro-coerulea, glabra, 7—9 mm longa, labium inferum basi macula alba et 2 gibbis virentibus ornatum, lobis anguste ovatis vel subobovatis, mucronulatis. Tubus anthereus caesius, 1 mm longus, glaber vel in dorso minute pilosulus. Capsula globoso-ellipsoidea. Semina rubiginosa, ellipsoideo-fusiformia, rugosa, 0,4 mm longa.

Halbinsel Florida: Ufer des Meeres und der Flüsse, sumpfige Gebiete, Sandplätze, oft in Nadelwaldungen, blühend von Januar bis Juni und oft fast das ganze Jahr. — Brevard Co., Cape Canaveral III. (Curtiss n. 5831! — Hb. Univ. W.); Hillborough Co., Palmetta Beach, Yber City V. (J. H. Barnhart n. 2753! — Hb. Wash.); Indian River Co., Felsmere V. (J. K. Small n. 8891! — Hb. Stkh.); Lake Co., 5 Meilen südlich von Lakeland und 4 Meilen westlich von Titusville, St. John's River (F. S. Blanton n. 6971! 6791! 6317! — Hb. Stkh.); Lee Co., Alva (M. E. Francis n. 131!), Fort Myers (P. C. Standley n. 12642! — Hb. Wash.); Coconut II. (H. N. Moldenke n. 695! — Hb. Stkh.); Manatee Co., Braidentown (S. M. Tracy n. 6863! 7510! — Hb. B.); Manatee (A. P. Garber n. 35! — Hb. Wash.); Volusia Co., Mosquito Inlet (Curtiss n. 1641*! — Hb. B.).

19. **L. canbyi** A. Gray, Man. Bot. N. U. S. 5. ed. (1867) 284; Synopt. Fl. N. Amer. II/1 (1886) 6; Britton & Brown, Illustr. Fl. N. U. S. III (1898) 261, fig. 3512; Small, Fl. Southeast. U. S. (1903) 1146; McVaugh in Rhodora XXXVIII (1936) 324, fig. 21, t. 435 f. 5 et in North Am. Fl. XXXII A (1943) 70. — *L. Nuttallii* pro pte auct. Americ. antiquiorum. — *Dortmannia Canbyi* O. Kuntze, Rev. Gen. II (1891) 972. — Caulis erectus, simplex, interdum superne ramulis florentibus, glaber vel scabriusculo-hirtellus, 30—100 cm altus, sparse foliatus. Folia sessilia, linearia, 1—5 cm longa et 0,1—0,4 cm lata, acutiuscula, obsolete denticulata, plerumque glabra. Racemus laxus, vix secundus, 3—26-florus, ramuli pauciflori. Bracteae foliaceae, pedicellis breviores vel longiores. Pedicelli suberecti, filiformes, scabriusculi, basi minute bibracteolati, 7—11 mm longi. Calyx obconicus, glaber vel scabriusculus, mox auctus et capsula oblongo-ellipsoidea ca. 5 mm longa, pro maxima parte infera; lobi anguste triangulares, 2—4 mm longi, integri vel obsolete denticulati, glabri vel subciliati. Corolla coerulea, extus glabra, 9—11 mm longa, labium inferum basi bigibbosum et pubescens, lobi ovato-oblongi, lobi superiores lanceolati erecti, paullo breviores quam inferiores. Antherarum tubus caesius, 1,5 mm longus, in dorso minute pilosulus. Semina fusca, anguste oblonga, rugosa, ca. 0,7 mm longa.

Vereinigte Staaten v. N. Amerika, von N. Jersey bis Georgia in der Küstenebene und vereinzelt im Bereich des Appalachengebirges bis Tennessee verbreitet, an sumpfigen und sandigen Stellen im offenen Land und in Nadelwaldungen, blühend von Juli bis September. — New Jersey: Atlantic Co., Hammanton, Granberry bog (Standley & Killip n. 7565! Killip n. 13263! — Hb. Wash. W); Kiefernheide (F. Tweedy! — Hb. B.); ohne weitere Angabe (Parker!). — Pensylvania: Philadelphia (Royle's Hb. — Hb. W.). — Delaware: Sussex Co., Ellendale (Canby! — Hb. Wash.; Curtiss n. 1646! — Hb. Del.); ohne nähere Angabe (Hb. Ball! — B.). — Nord-Karolina: Southport, Whiteville, Erwin, Clayton, Wilmington, Burgaw (Oosting n. 33705, 33613 a, Schallert Hyams, Blomquist n. 5026, McCarthy - ex McVaugh). — Süd-Karolina: Orangeburg Co., Eutawville (Eggleston n. 5000! — Hb. Wash.). — Georgia: Chatam, Savanna — ex McVaugh). — Tennessee, Coffee Co., Tullahoma (Svenson n. 4245 — ex McVaugh). — „In udis Novae Caesareae", VIII. 1873 (A. Gray! — Hb. B.).

20. **L. boykinii** Torr. & Gray apud A. De Candolle, Prodr. VII (1839) 374; Darby, Bot. South. States (1855) 412; Chapman, Fl. South. U. S. (1865) 255; A. Gray, Synopt. Fl. N. Amer. II/1 (1886) 6; Small, Fl. Southeast. U. S. (1903) 1146; McVaugh in Rhodora XXXVIII (1936) 326, fig. 22 et in North Am. Fl. XXXII A (1943) 70. — *Dortmannia Boykinii* O. Kuntze, Rev. Gen. II (1891) 972. — Glaberrima, caulis erectus, simplex, rarius superne ramulosus, sparse foliatus, 50—85 cm altus. Folia erecta, sessilia, filiformia, 8—20 mm longa et vix 0,5 mm lata, obsolete denticulata. Flores racemosi, laxi, subsecundi, 10—20. Pedecelli 6—17 mm longi, filiformes, ascendentes, ebracteolati, bracteis circiter duplo longiores. Calyx brevissimus lobis

subulatis, patentibus, integris, 2—4 mm longis. Corolla coerulea, 10—12 mm longa, labium inferum basi bigibbosum et albo-maculatum et subpubescens vel glabratum, lobi oblongi, superiores anguste lanceolati, subbreviores, erecti. Antherae in dorso pilosulae, 1,5 mm longae.

Vereinigte Staaten v. N. Amerika, Florida bis Süd-Karolina, auch in Delaware gefunden, in Sümpfen und Teichen der Küstenebene, besonders in Kiefernwaldungen, nicht selten zum Teil im Wasser, blühend Mai, Juni. — Florida: Quincy (Chapman! — Hb. Cambr. Del.). — Georgia: Alapaha (Curtiss n. 6819! — Hb. Univ. W.); Douglas, 11. V. (R. M. Harper n. 2199! — Hb. Wash. B.); Milledgeville, Lumber City, Leesburg (Boykin, Biltmore Hb. n. 4167 a! Tracy n. 9118 — ex McVaugh). — Süd-Karolina: Cane Savanna (Stone n. 420 — ex McVaugh). — Delaware, Sussex, Ellendale (Long & Bartram n. 1636 — ex McVaugh).

21. **L. gattingeri** A. Gray in Proceed. Amer. Acad. XVII (1882) 221; Small, Fl. Southeast. U. S. (1903) 1145; McVaugh in Rhodora XXXVIII (1936) 346, fig. 23. — *L. appendiculata* var. *Gattingeri* McVaugh in North Am. Fl. XXXII A (1943) 69. — *Dortmannia Gattingeri* O. Kuntze l. c. — Radix annua, caules interdum plures emittens, caules angulati, basi saepe subhirti, erecti, foliosi, 20—40 cm alti. Folia basalia obovata, basi in petiolum brevem angustata, caulina sessilia, ovata usque oblonga, 1,5—4,5 cm longa et 0,6—2,3 cm lata, utrinque obtusa vel apice acuta, margine repanda vel iaequaliter denticulata, glabra. Racemus pedunculatus, laxus, plerumque secundus, glaber, circiter 6—35-florus. Bracteae lanceolatae, subacuminatae, denticulatae, pedicellos superantes. Pedicelli 2—4 mm longi, hirtelli, basi bibracteolati. Calyx campanulatus, subinde ovoideus (in fructu), decem-nervatus, subinferus; lobi eius sublineares, acuti, integri, 3—5 mm longi, vix vel minute auriculati. Corolla violaceo-coerulea vel lilacina, 8—12 mm longa, tubo pallescente intus puberulo, labio inferiore basi bigibboso et puberulo, lobis oblongis obtusus, superioribus lanceolatis, minoribus. Tubus anthereus cinereus, 2 mm longus, in dorso pilosulus. Semina subcylindrica, dilute fusca, rugosa, 0,5 mm longa.

Vereinigte Staaten v. N. Amerika, bisher nur in Tennessee, im Zedernwald „cedar barrens a. glades", blühend Mai, Juni. — Mittel-Tennessee, Lavergne A. Gattinger — Curtiss n. 1637! 1637*! — Hb. B.); Leeville (A. Gattinger n. 81! — ex Hb. A. Gray, B.).

Species cum sequentibus arcte affinis, verisimiliter varietatem laevigatam *Lobeliae appendiculatae* tantum exhibet, cum etiam auriculae sepalorum in *L. gattingeri* saltem leves adsint et in *L. appendiculata* magnitudine valde variabiles inveniantur.

22. **L. appendiculata** A. De Candolle, Prodr. VII (1839) 376; A. Gray, Synopt. Fl. N. Amer. II/1 (1886) 5; Small, Fl. Southeast. U. S. (1903) 1145; McVaugh in Rhodora XXXVIII (1936) 327, f. 23. — *L. appendiculata* var. *appendiculata* McVaugh in North Am. Fl. XXXII A (1943) 69. — *L. spicata* var. *leptostachys* Steyermark, Fl. Missouri (1940) 519. f. 414 (calyx). —*Dortmannia appendiculata* O. Kuntze, Revis. II (1891) 972. — Caulis erectus, angulatus, minute scabriusculo-hirtellus, simplex vel subramosus, 25—80 cm altus, sparse foliatus, superne nudus. Folia basalia obovato-oblonga, obtusa, in petiolum brevem angustata; folia caulina passim sessilia, summatim oblonga, obtusa, margine subintegra vel inaequaliter dentata, tenuia, supra minutissime parce hirtella, subtus pallescentia et glabra, 1,5—4,5 cm longa et 0,5—1,4 cm lata. Racemus laxus vel fere interruptus, subsecundus, 16—30-florus, ramuli pauciusflorentes. Rachis, pedicelli ac lobi calycis scabri, ultimi saltem scabro-ciliati. Bracteae sublineares, subacuminatae, callose denticulatae, circiter 5 mm longae. Pedicelli 3 mm longi, basi bibracteolati. Hypanthium turbinato-campanulatum, costis 5 scabris praeditum; lobi anguste triangulares, 4 mm longi, ciliati, nervo mediano validiusculo, basi plus minusve appendiculati, appendices plerumque ciliatae. Corolla violaceo-coerulescens vel lilacina, glabra, 9—12 mm longa, labio infero basi

bigibboso et pubescente, tripartito, lobis oblongis, superioribus lanceolatis erectis minoribus. Tubus anthereus fere 2 mm longus, caesius, in dorso pilosulus. — Fig. 76 g.

Vereinigte Staaten v. N. Amerika, von Texas und Louisiana bis Missouri und Kansas, vielleicht auch in Alabama und Illinois, auf sandigem Grund in Prärien und Kiefernwaldungen, blühend von April bis Juni. — Texas: Ohne näheren Standort, 1835 (Drummond n. 110! — Typus, Hb. Cambr. Goett. W.); Lufkin und Hughes Springs (Biltmore Hb. n. 8216! a! b! d!); Dalby (Milligan!); Houston (J. K. Small & Wherry n. 11812! — Hb. N. Y.); San Augustine (E. J. Palmer n. 9517!); Silver Lake (Reverchon! — Hb. B.). — Louisiana: Rhodessa, Pineville (Palmer n. 27157, 7585 — ex McVaugh); Alexandria bei Carleton (R. Ball n. 518! — Hb. Wash.). — Arkansas: Benton (Plank), Texarkana (Eggert), Preskott (Hollister n. 20), Camden (Fendler), Russelville (Pennell n. 10623), Hazen (Palmer n. 25054), Little Rock (Engelmann n. 493), Fort Smith (Bigelow), Fayetteville (Palmer n. 8186) — alle nach McVaugh! — Limestone Gap (Butler), Atoka (Sheldon n. 57), Cache (Stevens n. 1316), McAlester (Pennell n. 10601) — nach McVaugh! — Kansas: Melrose (Rydberg & Imler n. 242 — nach McVaugh). Missouri: St. Louis, offene Wälder (Engelmann n. 492! — Hb. Goett.).

Formae transeuntes vel hybridae inter *L. appendiculatam* et *L. spicatam* occurrunt, significatae absentia scabrietatis et deminutis auriculis sepalorum et foliis basi cuneato-angustatis ut in specimine ex Illinois, opposito St. Louis, Julio 1833 a Geyer collecto videndum est.

23. **L. spicata** Lamarck, Dict. Bot. III (1791) 587, non Ruiz & Pav. nec Mocino; A. De Candolle, Prodr. VII (1839) 374[1]); Torrey, Fl. State N. York (1843) 423; Chapman, Fl. S. U. S. (1865) 255; A. Gray, Synopt. Fl. N. Amer. II/1 (1886) 6; Miller & Whiting, Wild Fl. N. E. States (1895) 356; Britton & Brown, Illustr. Fl. N. U. S. III (1898) 257, fig. 3507; Small., Fl. Southeast. U. S. (1903) 1146; Rydberg, Fl. Centr. N. Amer. (1932) 959; McVaugh in Rhodora XXXVIII (1936) 305, f. 15, t. 435 f. 7 et t. 436.[2]) — *L. spicata* var. *parviflora* A. Gray l. c.; Britton & Brown l. c.; McVaugh, North Am. Fl. XXXII A (1943) 72. — *L. Claytoniana* Michaux, Fl. Bor. Amer. II (1803) 153 p. p.; Pursh, Fl. Amer. Septentr. II (1814) 447; W. Barton, Compend. Fl. Philadelphiae II (1818) 60; Roem. & Schult. Syst. V (1819) 48; Elliott, Sketch Bot. S. Carolina a. Georgia I (1821) 265; Torrey, Fl. Fl. U. S. I (1824) 240; G. Don, Gen. Syst. III (1834) 706; W. Darlington, Fl. Cestrica (1837) 153; Eaton & Wright, North Amer. Bot. (1840) 304. — *L. spicata* f. *albiflora* R. Hoffm. in Proc. Bost. Nat. Hist. XXXVI (1922) 334. — *L. goodenioides* Willdenow, Hort. Berol. I (1806) t. 30. — *L. pallida* Mühlenberg, Cat. Pl. Amer. Septentr. (1813) 22; Bigelow, Florula Boston. (1814) 86; Sprengel, Bot. Gart. Halle (1800) 56; Roth, Neue Beitr. (1802) 163; Annals of Bot. (1805) 15. — *L. pallida* var. *Claytoniana* Darby, Bot. South. Stat. (1855) 412. — *L. nivea* Rafinesque, Annals of Nat. I (1820) 15. — *Rapuntium Claytonianum* Presl, Prodr. Lobel. (1836) 23. — *Dortmannia spicata* O. Kuntze, Revis. Gen. Pl. II (1891) 380. — Caulis erectus, subangulatus, simplex vel raro superne parce ramulosus, inferne plus minus pubescens, sursum glabrescens, sparse foliatus, 20—110 cm altus. Folia basalia, si adsint, obovata, obtusa, basi in petiolum brevem angustata, utrinque pubescentia vel interdum parce pubescentia, folia caulina passim sessilia, subhirta imprimis versus marginem et ad basin, interdum glabrescentia, obovato-oblonga, oblonga usque lanceolata, apice obtusa usque acuta, basi angustata, 2—7 cm longa et 0,5—2 cm lata, margine subintegra, plano-crenulata vel denticulata. Racemus plerumque pedunculatus, laxus vel subdensus, interdum interruptus, saepe vagus, rarius subsecundus, 5—40 cm

---

[1]) A. De Candolle l. supra cit. adducit ut Synonymum e Clayton, Fl. Virginica p. 135: *Rapuntium foliis oblongis villosis* etc., vix autem hic locum habet, sed potius sec. Mc Vaugh ad *L. puberulam* pertinet.

[2]) Suspicor *Lobeliam cyphioidem* Harvey, Fl. Cap. III (1865) 548 nihil aliud esse quam *L. spicatam* et occasionaliter in terra Capensi inventam vel errore ibi occurrentem assignatam esse.

longus. Pedicelli hirtelli, 3—5 mm longi, basi bibracteolati; bracteae lanceolatae usque lineares, denticulatae, pedicellos circiter aequantes. Calyx late turbinatus, serius semiglobosus et capsula semi-infera ca. 3,5 mm dimetiens; calycis lobi anguste triangulares, 2—7 mm longi, glabri vel raro ciliolati, basi minute auriculati vel sine auriculis. Corolla 6—11 mm longa, rubro-azurea usque alba, glabra, fragrans, tubo intus et basi labii inferi pubescente, lobi 3 inferiores ovato-oblongi, subacuminati, lobi 2 superiores lanceolali, erecti, minores. Tubus antherarum cinereo-caesius, fere 2 mm longus, glaber, vel in dorso hirtellus. Semina oblonga, rubiginosa, rugosa, 0,8 mm longa.

Clavis varietatum.

A. Folia per caulem sparsa, basalia pauca et raro rotunda.
  I. Sepala in basi non vel minute auriculata.
    a. Plantae pubescentes vel subglabrae, laeves.
      1. Antherae caesiae; tubus calycis brevi-turbinatus; capsula brevi-hemisphaerica .... var. *spicata.*
      2. Antherae albidae; tubus calycis semiglobosus; capsula globosa, saepe parum inflata .... var. *campanulata.*
    b. Plantae scabro-hirtellae, saepe 20—50 cm tantum altae .... var. *hirtella.*
  II. Sepala appendicibus calcariformibus deorsum versis munita, plerumque tam longis vel longioribus quam hypanthium .... var. *leptostachys.*
B. Folia plura basalia, spathulato-rotunda, majora, folia caulina bracteaeformia, parva, 1—5; sepala minuti-auriculata .... var. *scaposa.*

var. **spicata.** — var. *originalis* McVaugh in Rhodora l. c. — Fig. 76 f 1—2.

Vereinigte Staaten v. N. Amerika und südliches Kanada, von Neubraunschweig bis Georgia und westlich bis etwa zum 96° w. L. auf feuchtem und trockenem Grund in Wiesen, Weiden, offenen Wäldern und Bergwäldern, blühend von Juni bis Anfang August. — Kanada: Neubraunschweig, Westmoreland, Moncton (Brittain-Hb. Geol. S. Canada n. 15266); Quebec: Hull, Abbotsford (Harrington, Knowlton); Ontario: Windsor (Macoun — Hb. Geol. S. Canada n. 54133! — Hb. Wash.); Sandwich (Macoun n. 724, Hb. Geol. S. Can. n. 88020); Grenville (Thomson), London (Millman), Port Sydney (Ivey). — U. S. A.: Maine: Cumberland, trockenes Feld (E. B. Chamberlain n. 481! — Hb. Wash.). Massachusetts: Boston (Boott!) Berkshire Co., Richmond (Janet & Perkins!); N. Eaton (R. M. Grey!). — Vermont; Manchester, trockenem offenem Grund (M. A. Day n. 121!). — Connecticut: New Haven (Safford n. 223! — Hb. Berl.). — New York: Oswego, VIII. 79 (Wibbe! — Hb. W.); Sullivan Co. (H. Eggert! Singer!); Long Island, Lilienhügel (P. Heuser!); Staten Island (A. Levy!); N. York (Ravolle!). — New Jersey: Passaic Co., Patesson, Bergwälder und grasige Halden (v. Rabenau! — Hb. B.); Somerset Co., Watchung (Moldenke n. 1295). — Pensylvania: Bucks Co., Plumsteadville (J. S. Moyer! — Hb. B.); Lancaster, Sümpfe (Porter! — Typus pro var. *parviflora* Gray); Montgomery Co. (J. Schara!); Bethlehem (Un. it. Moser!); Easton (Curtiss n. 1642! — Hb. Del.); ohne nähere Ortsbezeichnung (Mühlenberg, Hb. Willdenow n. 3944! Typus pro. *L. goodenioides* W., Richard! Boott & Leman — Hb. Cambr.). — Delaware (Bernhardi! — Hb. B.). — Maryland: (Rafinesque! — Hb. Del.). — Virginia: Alleghany Mts. (Rafinesque! — Del.); Bedford (Curtiss). — Nord-Karolina: Biltmore, feuchte Wälder (Biltmore Hb. n. 626!); Bergwälder der Blue Ridge Mountains VI. 1841 (Rugel! — Hb. W. B.). — Georgia: Stone Mountain (G. McCarthy! — Hb. Cambr.); Savannah (Elliott! — Hb. Moricand, Del.). — Kentucky: (Hooker! — Hb. W.); Irvine, Straßenrand VI. 1834 (R. Peter! — Hb. W.). — Ohio: Cleveland (W. Krebs n. 557! Drege! Un. it. Frank! — Hb. B.). — Michigan: Grayling

(C. D. Mell n. 214! — Hb. Wash.). — Wisconsin: Dane Co., Albion (Kumlien n. 26! — Hb. Stkh. W.); Eau Clair Co., Fall Creek (Kunze n. 220!). — Minnesota: Mille Lacs, Princeton (Sheldon n. 3116!). — Indiana: Steuben Co., am Fuße sandiger Hügel nahe Lake Gage (C. C. Deam! — Hb. B.). — Illinois: Lisle, auf Prärien (Umbach!); Morgan Park Ridge (Dixon & Gage n. 744! — Hb. Wash.); ohne nähere Angabe (Brendel! — Hb. B.). — Iowa: Grinnell, Prärie (M. E. Jones n. 233! — Hb. Goett.). — Missouri: St. Louis (Ch. A. Geyer! Engelmann n. 492! — Hb. B.). — Louisiana (Hb. Bory de St. Vincent n. 29! — Hb. W.).

var. **campanulata** McVaugh l. c. 316, fig. 17, t. 435, fig. 7 et in North Am. Fl. XXXII A (1943) 73. — Caulis et folia ut in typo. Racemus minus numerosos flores gerens, plerumque 20—25 (10—50), distantes. Calyx brevi-campanulatus, glaber vel subpuberulus, maturescens subglobosus, costatus, semi-inferus, 4,5—6 mm longus et 3,5—5 mm latus. Corolla obscure purpurascens, 7—9 mm longa. Tubus anthereus albidus, 1—1,5 mm longus.

Vereinigte Staaten v. N. Amerika, von Maine bis Pensylvania, westwärts bis Minnesota und Jowa, das östliche Gebiet ausgeonmmen. anscheinend selten, blühend vom 1. Juni an (um einige Tage früher als die typ. Pflanze). — Folgende Angaben nach McVaugh l. c. Maine: Hancock, Mont Desert Felder bei Long Pond (Redfield). — New Hampshire: Coös, Dalton (Pease n. 12150).— Vermont: Addison, Ferrisburgh (Horsford). — Massachusetts: Berkshire, Tyringham (Vail), Chelmsford (Eames). — Connecticut: New London, Franklin (Woodward). — New York: Columbia, Kinderhook (McVaugh n. 2673 A — Typus!); Dutchess, Madalin (McVaugh n. 2674 A). — New Jersey: Burlington, Mt. Holly (Meredith). — Pensylvania: Berks, Lobachsville (Long n. 12632); Northampton, Easton (Porter). — Delaware: Newcastle, Centreville (Commons, p. p.) — Maryland: Garrett (J. D. Smith). — Distr. Columbia, entlang dem Potomac River oberhalb Washington, 14. VI. 1916 (P. G. Russell! zugleich an var. *scaposa* erinnernd!) — Ohio: Stark, Canton Steele n. 14). — Indiana: Clark, Mongo (Deam n. 6897 p. p., 20706). — Illinois: Chicago (Babcock p. p.). — Michigan: Crawford, Grayling (Piper p. p.). — Wisconsin, Madison (Trelease p. p.). — Minnesota, Centreville (Sandberg p. p.). — Iowa: Decatur (Fitzpatrick p. p.).

var. **hirtella** A. Gray, Synopt. Fl. N. Amer. II/1 (1878) 6; Britton & Brown, Illustr. Fl. N. U. S. III (1898) 259; A. Gray, N. Man. Bot. (1908) 769; McVaugh l. c. 313, fig. 16 et in North Am. Fl. 72. — *L. hirtella* Greene, Pittonia III (1898) 349; Rydberg, Fl. Rocky Mts (1922) 826, Fl. Central N. Amer. (1932) 759. — *Petromarula hirtella* Nieuwl. & Lunell in Amer. Midl. Nat. V (1917) 13. —15—60 cm alta, scabro-hirtella, foliosa, simillima var. *leptostachys*.. Racemus summatim 20—60 flores gerens. Bracteae, calyx et sepala scabro- vel setuloso-ciliati, sepala basi minute auriculata. Corolla coerulescens, 7—8 mm longa, inodora, glabra.

Vereinigte Staaten v. N. Amerika, besonders in den Staaten westlich vom Fluß Mississippi bis zum Felsengebirge, und im südlichen Kanada verbreitet, hauptsächlich auf Kalkböden in Prärien, Wiesen, felsigen Bergabhängen, blühend vom 1. Juni bis 1. August (McVaugh!). — Kanada: Alberta (Brinkman), Sakatchewan ((Bourgeau! — Palliser's Brit. N. Am. Expl. Exp. —Hb. W. B.), genauere Standorte (ex McVaugh): Touchwood Hills, Wadena, Souris Plain, am South-Saskatchewan, Moose Mt., 20 m. W. Yorkton entlang der Grand Trunk Pacific R. R. (Macoun, McGuyan, Macoun & Herriot — Hb. Geol. S. Can. n. 78480, 15254, 15253, 78479 und ohne Nr.); Manitoba: Brandon (Macoun — Hb. Geol. l. S. Can. n. 14146! — Hb. B.); Ontario Macoun — Hb. Geol. S. Can. 54135, Macoun n. 48; n. 1115, Watson n. 1923 — fide McVaugh); Quebec (Harrington, Pease n. 5255 — Vereinigte

Staaten: Montana: Südlich von Westby auf alkalischem Boden (Esther L. Larsen n. 231! — Hb. N. Y.). — Nord-Dakota: Oberer James River (Geyer), Leeds (Lunell !), Buffalo (Westergaard), Grand Forks (Brannon n. 240). — Süd-Dakota: Scutterwood (Griffiths! — Hb. B.) und anderwärts. — Nebraska; Lake Region of Grant Co., auf Wiesen 4 Meilen nordöstlich von Whitman (P. A. Rydberg n. 1818! — Hb. B.); Kearney Co., Minden (Hapeman! — Hb. Del.); Sanders Co. (Williams! — Hb. Wash.). — Kansas: Wabaunsee Co. (Norton & Clothier n. 318!); Ft. Kearney — Ft. Leavenworth (Fendler n. 79), Paola (Oyster). — Oklahoma: Cache, felsige Berghänge (G. W. Stevens n. 1316! — Hb. N. Y.). — Missouri: Webb Co., Prärie (E. J. Palmer n. 2095! — Hb. Wash.); Crystal City (H. Eggert!); Marysville (E. J. Palmer n. 25434). — Iowa: Iowa City (M. P. Somes n. 3202! 3204); Story Co., Ames (Ball & Combs n. 500). — Minnesota: Kandyohi Co., Spicer (W. D. Frost! — Hb. B. p. p.); Fort Snelling (Fernood!— Hb. Wash.) und anderwärts. — Wisconsin: Viroqua (H. H. Smith n. 7218); ohne Ortsangabe (Henning! — Hb. B.) .— Illinois (fide McV.): Napperville (Umbach n. 5532), Chicago (Moffatt), Beach (Johnson n. 1821) und anderwärts. — Indiana (fiede McV.): Clarke, Dune Park (Umbach n. 3867, 1074); San Pierre, Idaville (Deam n. 43239, 48852). — Michigan (fide McV.): Burt Lake (Ehlers n. 4634), Keweenaw Point (Wood n. 1642). — New York und New Hapshire (fide McV.) — Maine, Cumberland (Chamberlain n. 48! — Hb. Wash.) und anderwärts. — ? Nord-Karolina: Biltmore (Biltmore Hb. n. 602! — Hb. Del.).

Merito a McVaugh in nota assertur, quod formae characteristicae varietatis *hirtellae* in regione circa flumen Mississippi obveniunt, versus orientem autem magis accedunt ad var. *spicatam*, ab hac praecipue differentes pubescentia scabra et bracteis foliaceis.

var. **leptostachys** (A. DC.) Makenzie & Bush, Fl. Jackson County Mo. (1902) 183; McVaugh in Rhodora XXXVIII (1936) 305, fig. 14 et in North Am. Fl. 72. — *L. leptostachys* A. De Candolle Prodr. VII (1839) 376; Darby, Bot. South. States (1855) 412; Chapman, Fl. South U. S. (1865) 254; A. Gray, Synopt. Fl. N. Amer. II/1 (1886) 6; Britton & Brown, Illustr. Fl. N. U. S. III (1898) 260, fig. 3508; Peattie, Fl. Indiana Dunes (1930) 359; Rydberg, Fl. Central N. Amer. (1932) 959. — *L. Claytoniana* Michaux. Fl. Bor. Amer. II (1803) 153 pro p. e. herb. — *L. bracteata* Small, Fl. Southeast. U. S. (1903) 1146. — *Dortmannia leptostachys* O. Kuntze, Revis. II (1891) 972. — Caulis simplex, plerumque subdense foliatus, 30—100 cm altus. Folia basalia pauca obovata et in petiolum brevem angustata, vel absentia; folia caulina arrecta, rigidiuscula. Racemus spiciformis, virgatus, plerumque densiet multiflorus, 10—40 cm longus. Bracteae callose denticulatae, interdum scabriusculo-ciliatae. Calycis lobi 3—6 mm longi, scabro-ciliati vel glabrati, basi appendicibus calcariformibus deorsum productis hypanthio aequilongis vel sublongioribus. Corolla dilute coerulea, extus minute scabra vel glabrata, circiter 10 mm longa, inodora (Greene). — Fig. 76 f. 3.

Vereinigte Staaten v. N. Amerika, hauptsächlich zwischen dem östlichen Kansas und dem Appalachen-Gebirge und von Illinois bis zum mittleren Alabama und Georgia verbreitet, an trockenen sandigen Stellen in Prärien, Wäldern und auf Hügeln, blühend von Mitte Juni bis Anfang August. — Kansas: Cherokee (Hitchcock n. 752), Paola (Oyster). — Arkansas (Rafinesque! — Hb. Del.), Cotter, Eureka Springs, Ozark (Palmer n. 5964, 4407, 8148), Mammoth Spring (Demaree n. 5273), Jefferson Springs (Pennell n. 10668), Little Rock (Coville n. 64), Fayetteville (Harvey n. 54). — Missouri: Corn-Creek im Ozarkgebirge 15 Meilen von Rolla, Phelps Co. (W. Hoffmann — Hb. B.); St. Louis, auf Prärien und in Wäldern, IX. 1838 (N. Riehl n. 119! Drummond! A. Fendler! Engelmann n. 492! H. Eggert! — Hb. B. W. Del.) und anderwärts häufig. — Illinois: Beardstown, Sandhügel (Ch. A. Geyer! — Hb. Goett.); Peoria (Brendel); Napperville, Prärien (Umbach n. 1690! — Hb. Stkh.); St. Louis gegenüber im American bottom mit *Fragaria virginiana*, *Castilleja coccinea* und *Pedicularis canadensis*, Juni 1837, häufig am St.-Peter-Fluß (Ch. A. Geyer n. 562! — Hb. W.); Union Co. (G. H. French! — Hb. B.). — Indiana, verbreitet (Deam n. 422, 9017, 11534, 11857, 13630, 17263, 20529, 20751, 25819, 25899, 37154, 39340, 43459 A, 45344, 50607 — fide McV.). — Tennessee, Mississippi und Alabama mit Ausnahme des südlichen Teiles — fide McV. — Georgia: Ober-Georgia, Bergwälder (Beyrich! — Hb. B.); Clayton Co., trockene Wälder (R. M. Harper n. 230!); Cobb Co., trockene Hügellehnen 300 m (R. M. Harper n. 33! — Hb. W.); südlich vom Kennessow-Gebirge, 330 m (P. Wilson n. 33! — Hb. N. Y.); Fanin Co., Blue Ridge Mts (H. H. Smith n. 2533! — Hb. W.); Gwinnet Co., Tal des Yellow River (J. K. Small!, Typus pro *L. bracteata* Small); zwischen Alcovy River und No Business Creek (J. K. Small! — Hb. N. Y.). — Süd-Karolina: Pickens Co., Clemson College (House n. 2957). — Nord-Karolina: Blue Ridge Mts, in ericetis, VIII. 1841 (Rugel! — Hb. W. Del.); Caldwell Co., Richland Valley (Small & Heller! — Hb. Field); Biltmore (Biltmore Hb. n. 625 b! — Hb. W. B.); Ashville (B. L. Robinson n. 15! — Hb. B.); ohne Standort (J. Bauer n. 194! — Hb. W.). — Virginia und Westvirginia — fide McV.). — Ohio (Drege! A. Foerste!); Springfield (Williams).

Duo specimina *L. Claytonianae* Michx. originalia vidi, unum missum a Michauxio et insignitum „*L. Claytoniana*" in Herb. Del. est identicum cum *L. leptostachys* A. DC., unde hanc speciem in herbariis a me revisis prius nomine antiquiore Michauxii designavi; sed postea inveni in Herb. Berolinensi alteram plantam Michauxii et a Richardio missam nomine „*L. claytoniana*", quae a *L. spicata* non differt. Qua de causa admitto sententiam, *L. claytonianam* Michx. esse speciem mixtam et assignare partim *L. spicatam*, partim *L. leptostachidem* nunc ad varietatem reductam.

var. **scaposa** McVaugh l. c. 318, fig. 18 et in North Am. Fl. 73. — ? *L. paniculata* Rafinesque, New Fl. a. Bot. N. Amer. II (1836) 18. — *L. spicata* Hitchcock & Standley, Fl. Distr. Columbia (1919) 263. — Folia radicalia obovata usque subrotunda, ca. 5 cm longa et 3,5 cm lata, obtusa, basi in petiolum marginatum angustata, folia caulina rara et parva, vulgo tria, infra medium caulis inserta, oblonga usque lanceolata, acuta, ima etiam obtusa, 1—5 cm longa et 0,4—1,5 cm lata (raro usque 9 cm longa), subpetiolata usque sessilia. Racemus laxus, subinterruptus, interdum subsecundus, 10—60 cm longus. Calycis lobi 2—6 mm longi, glabri, basi distincte auriculati. Corolla alba usque dilute coerulea, 6—9 mm longa.

Vereinigte Staaten v. N. Amerika, von Pensylvania bis Nord-Karolina, in Mississippi und Louisiana, gedeiht in feuchtem wie in trockenem Boden in offenen Wäldern und auf bebuschten Hügeln, blühend von Mitte Mai bis Ende Juni. — Pensylvania: Wälder bei Mercersburg, Juni 1850 (Porter! — Hb. W.); „scrub-ridge" Juni 1824 (Poeppig! — Hb. W. B.). — Maryland: Cumberland (J. D. Smith, Shriver), Baltimore (J. D. Smith, D. Foreman), Woodbrook (Waters), Elkton (Long n. 34066), Kensington (House n. 1000) und anderwärts, alle ex McV. — Distr. Columbia, Washington, V. 1891 (Blanchard). — Virginia: Eichenwald (Tideström n. 6366), Falmouth (Wiegand & Manning n. 3092) und an anderen Orten nicht selten — fide McV. — West-Virginia, Hampshire, Hanging Rock Aug. 1887 (Koenig). — Nord- und Süd-Karolina — fide McV. — Mississippi: Choctaw, Ackerman (Jensen). — Louisiana: New Orleans (Ingalls — beide ex McVaugh!).

Specimina inter praedictas varietates vacillantes non raro occurrunt; ea utiliter ut formae intermediae designantur.

24. **L. inflata** L. Spec. Pl. (1753) 931, Acta Upsal. XXIII (1741) t. 1; Lam. Dict. Bot. III (1791) 586; Willdenow, Spec. I (1797) 946; Michaux, Fl. Bor. Amer. II

(1803) 152; Schkur, Bot. Handb. (1803) 183, t. 268 fr.; Pursh, Fl. Amer. Septentr. II (1914) 448; Barton, Veget. Mat. Med. U. S. I (1817) t. 16; Bigelow, Amer. Medic. Bot. I (1818) 177, t. 19; Roem. & Schult., Syst. V (1919) 53; Elliott, Sketch I (1821) 266; Sweet, Brit. Fl. Gard. I (1825) t. 99; Nees, Pl. Offic. I (1828) t. 206; Rafinesque-Schmaltz, Medic. Fl. U. S. II (1830) t. 60; G. Don, General Syst. III (1834) 706; Darlington, Fl. Cestrica (1837) 155; A. de Candolle, Prodr. VII (1839) 380; Spach, Hist. Végét. IX (1840) 575; Torrey, Fl. State N. York I (1843) 425, t. 63; Petermann, Pflanzenreich (1845) 443, t. 118, f. 664; Carson, Ill. Med. Bot. I (1847) t. 51; Good, Fam. Fl. (1854) t. 27; Darby, Bot. South Amer. Stat. (1855) 412; Berg & Schmidt, Offiz. Giftgewächse I (1858) t. Ia; Berge & Ricke, Giftgewächse I (1858) t. 56; Chapman, Fl. South. U. S. (1865) 254; Artus, Atlas Offiz. Gew. (1862—74) t. 162; Bentley & Trimen, Med. Pl. III (1875) t. 162; Macoun, Cat. Canad, Pl. I (1883) 286; A. Gray, Synopt. Fl. N. Amer. II/1 (1886) 7; Köhlers Medizinalpfl. II (1887) t. 113; Wild Fl. Canada (1894) t. 96; Kohl, Offiz. Pfl. Pharmacop. German. (1895) t. 141; Karsten, Fl. Deutschl., Deutsch-Österr. und Schweiz 2. ed II (1895) 761, f. 733; Lochman, Phot. Med. Pl. (1898) t. 209; Britton & Brown, Illustr. Fl. N. U. S. III (1898) 260, f. 3509; Small. Fl. Southeast. U. S. (1903) 1146; Georgia, Man. Weeds (1914) t. 287; House, Wild Fl. N. York II (1918) t. 222; Rydberg, Fl. Central N. Amer. (1932) 959; McVaugh, Rhodora XXXVIII (1936) 322, f. 20, t. 435, f. 12 et in North Am. Fl. XXXII A (1943) 70. — *L. Cliffortiana* Michaux, Fl. Bor. Amer. II (1803) 152, non L.; Pursh l. c. — *L. Michauxii* Nuttall, Gen. N. Amer. Pl. II (1818) 76; A. De Candolle l. c. 372. — *Lobelia inflata* var. *simplex* Millsp. in Bull. W. Va. Exped. Sta. II (1892) 398. — *Rapuntium inflatum* Miller, Dict. (1768) n. 5; Moench, Meth. Pl. (1794) 615; Presl, Prodr. Lobel. (1836) 24. — *Dortmannia inflata* O. Kuntze, Revis. Gen. II (1891) 380. — *Lobelia caule erecto brachiato, foliis ovato-lanceolatis obsolete incisis, capsulis inflatis* L. Hort. Cliff. (1737) 500. — *L. caule erecto foliis cordatis* (Clayt. n. 196), Gronovius, Fl. Virginica (1739) 107. — Herba erecta, ramosa, pubescens, raro subglabrescens, 20—80 cm alta, plantae in solo sterili crescentes humiles, vix 15 cm altae, vulgo simplices (var. *simplex* Millspaugh, Fl. West Virg. [1892] 398). Folia inferiora obovata vel ovato-oblonga, in petiolum brevem in caule anguste decurrentem angustata, reliqua passim sessilia, ovata usque elliptica, vel oblonga, 3—6 cm longa et 1—3 cm lata, obtusa usque acuta, basi breviter angustata, margine subrepando callose denticulata vel dentata, membranacea, utrinque imprimis ad nervos plus minusve hirta, raro subglabra, subtus subpallida. Flores in racemis terminalibus, subsecundis vel vagis, laxis, pauci- vel multifloris. Bracteae foliaceae, ovatae usque lanceolatae, flore longiores vel breviores. Pedicelli 3—10 mm longi, hirtelli, basi biglandulosi. Hypanthium oblongo-obovoideum, basi acutum, lobi calycini subulati, integri, 3—5 mm longi, glabri vel raro subciliati. Corolla coeruleo-violascens usque alba, glabra, 7 mm longa, labium inferius basi puberulum lobis oblongis, lobi superiores lanceolati. Staminum tubus 3 mm longus, antherae cinereae, in dorso pilosulae. Capsula ovalis vel subglobosa, inflata, 6—10 mm longa et 4—6 mm lata, infera, sepalis coronata. Semina anguste oblonga, fusca, rugosa, 0,6 mm longa.

Kanada und Vereinigte Staaten v. N. Amerika, von der Prinz-Eduard-Insel bis zur Hudson-Bay und Saskatchewan, südwärts bis Georgia, westwärts bis zum Mississippi-Tal und in Nebraska (Petersen), in Wäldern und Feldern, an Wegrändern und Gräben und wüsten Plätzen, oft gemein, blühend von Anfang Juli bis zum Herbst. — Kanada: Longuenil, P. Quebeck, VIII. 1907 (Br. Victorin! — Hb. W.); Bass River, N. B. IX. (J. Fowler! — Hb. Cambr.). — Vereinigte Staaten: Massachusetts: Plymouth (J. Ray! — Hb. W.); Richmond, Berkshire Co. (Janet & Perkins n. 109! — Hb. B. Del.). — New York: N. York (Torrey & Gray! — Hb. W.); Umgebung von N. York (H. A. Gleason n. 1475! — Hb. Stkh.); Long Island, Little Peak (J. Schrenk! — Hb. Goett.); Wading River (Miller! — Hb. Del.); Bolton Landing, Lake George im schattigen Wald (C. & E. Seler n. 4534! — Hb. B.); Rochester (Liedenburg! — Hb. B.); am oberen Susquehanna (Lucy & Elmira n. 6494! — Hb. Stkh.). — New Jersey: City Park (P. Heuser! — Hb. B.). — Pensylvania: Pittsburg (Volz! — Hb. W.); Westchester (Boott & Leman! Hooker! — Hb. Cambr.); Aecker, VIII. 1824 (Poeppig! — Hb. W. B.); ohne nähere Angabe (Un. it., Moser! Rafinesque!). — Ohio: Brachfelder, trockene Wiesen bei Cleveland (W. Krebs! n. 180! Drege! — Hb. B.); Mansfield (E. Wilkinson! — Hb. W.); Miami (Un. it., Frank!). — West-Virginia: Alleghany-Gebirge, 1000 m (Steele! — Hb. Del.). — Virginia: in Gräben bei Portsmouth VII. 1840 (Rugel! — Hb. W.); — Randolph, Cricard P. O., trockene Plätze (Millspaugh — Typ. pro var. *simplex*); — Distr. Columbia: Washington (Steele!), entlang dem Potomac River (Russell!), gemein auf Feldern (Th. Holm! — Hb. W.). — Nord-Karolina: in Wäldern (Beyrich!), Biltmore (Biltmore Hb. n. 628 a! — Hb. B.). — Georgia: Wegrand im westlichen Teil des Whitefield Co., ca. 300 m (R. M. Harper n. 314! — Hb. W.). — Kentucky Poor Fork, Harlan Co. (Kearny n. 79! — Hb. Stkh.); Natural Bridge in feuchtem Wald (McFarland n. 307!), ohne Ortsangabe (Hooker! B. Mathes n. 323! — Hb. W.). — Indiana: Wells Co., Jefferson (C. C. Deam! — Hb. B.). — Michigan: Flint (Clarke! — Hb. Del.). — Illinois: Johnson Co., Bloomfield (H. C. Benke n. 4793! — Hb. B.). — Missouri: St. Louis, Prärien, Flußufer (Ch. A. Geyer n. 590! H. Eggert n. 218! A. Fendler! — Hb. W. B.); ohne genauere Ortsangabe (Engelmann! Hohenacker n. 109! — Hb. W.). — Louisiana: (Hb. Bory de St. Vincent! — Hb. W.).

Exemplare der *L. inflata*, die sich noch im Knospenzustande befinden, deren Blüten also noch nicht aufgeblüht sind, können leicht für eine *L. cliffortiana* oder *L. spicata* gehalten werden, wie dies auch guten Kennern geschehen ist, auch Linné selbst bezeichnete in seinem Herbar ein solches Exemplar als „*Lobelia cliffortiana*", das er später als *L. inflata* erkannte und umbenannte.

L. inflata ist seit langer Zeit als Heilpflanze im Gebrauch (vergleiche Teil I, p. 28), und zwar eine Tinctura foliorum, ein Dekokt derselben und das Alkaloid Lobeliin oder Lobelin, angewendet bei Erregungszuständen im Gebiet des Nervus vagus, bei Bronchialasthma, ferner als Excitans der Atmung. Viele Versuche amerikanischer, englischer und deutscher Ärzte beweisen, daß das Lobeliin zu den besten Mitteln gegen Atmungsbeschwerden gehört und schnell wirkt (Husemann, Arzneimittellehre p. 1123). Außer den schon im I. Teil genannten Stoffen enthält *Lobelia inflata* den Bitterstoff „Lobeliacrin" und Spuren einer riechenden Substanz, „Lobelianin" genannt.

Subgrex 2. **Dortmannia** E. Wimm.

Subgrex *Dortmannia* E. Wimm. in Annal. Naturhist. Mus. Wien VI (1948) 340. — Folia dissepimento mediano longitudinali bifistulosa, rosulata. Caulis aphyllus. Planta aquatica.

25. **L. dortmanna**[1]) L. Spec. Pl. (1753) 929; Fl. Dan. I (1761) t. 39; Gorter, Fl. Ingrica, App. (1764) 202; Lightfoot, Fl. Scot. I (1777) 505, t. 21; Hudson, Fl. Anglica 2. ed. (1778) 377; Lamarck, Dict. Bot. III (1791) 582; Sowerby & Smith, Engl. Bot. II (1793) t. 140; Withering, Arrang. Brit. Pl. II (1796) 245; Michaux, Fl. Bor. Amer. II (1803) 153; Lamarck & De Candolle, Synops. Pl. Fl. Gall. (1806) 254; Svensk Bot. VII (1812) t. 452; Wahlenberg, Fl. Lapp. I (1812) 212; Pursh, Fl. Amer. Septentr. II (1814) 446; Bigelow, Florula Boston. (1814) 56; Lamarck & De Candolle, Fl. Franc. III (1815) 715; Roem. & Schult., Syst. V (1819) 37; Boenninghausen, Prodr. Fl. Monast. Westphal. (1824) 65; Torrey, Fl. U. S. I (1824) 239; Kops, Fl. Batava V (1828) t. 327; Curtis, Fl. Londin. 2. ed. V (1828) t. 157; Courtois,

[1]) Sub *Gladioli stagnalis* nomine Dortmannus, Groningensis pharmacopola, hanc plantam apud pagum Nerch et Westervelde in Drentia inventam misit ad Linnaeum.

Compend. Fl. Belg. I (1828) 178; Eichwald, Naturhist. Skizze v. Lithauen, Wolhyn. u. Podol. (1830) 144; Weinmann, Enum. Stirp. Petrop. (1837) 24; A. De Candolle, Prodr. VII (1839) 376; Hooker, Fl. Bor. Amer. II (1840) 29; Jackson, Pict. Fl. (1840) fig. 338; Ledebour, Fl. Ross. II (1844—46) 868; Petermann, Pflanzenreich (1845) 442, t. 118, f. 662; G. F. W. Meyer, Fl. Hannover (1849) 335; Petermann, Deutschlands Fl. (1849) t. 56, fig. 437; Grenier & Godron, Fl. France II (1850) 396; Wiedemann & Weber, Gewächse Esth-, Liv- und Curlands (1852) 127; Nees, Gen. Pl. Gamopet. III (1854) t. 30; La Belg. Horticole V (1855) 301, f. 48; Philippe, Fl. Pyrénées II (1859) 3; Johnson & Sowerby, Brit. Wild Fl. (1858—60) f. 777; Reichenbach, Fl. Deutschl. XIX (1860) t. 1618: Bentham, Handb. Brit. Fl. (1865) f. 604; Buchenau, Morpholog. Bemerk. L. Dortm. in Flora XLIX (1866) 33, t. 1, XCI (1902) t. 18, f. 6; Syme, Engl. Bot. VI (1866) t. 861; Cusin, Herb. Fl. Franc. XV (1874) t. 2; Wagner, Illustr. Deutsche Fl. 2. ed. (1882) 479; Macoun, Cat. Canad. Pl. I (1883) 285; Schlechtendal, Langethal u. Schenk, Fl. Deutschl. 5. ed. XXII (1885) 28, t. 2199; Potonié, Illustr. Fl. Nord- u. Mitteldeutschl. 4. ed. (1889) f. 543; Thomé, Fl. Deutschl. IV (1889) t. 548; Prahl, Krit. Fl. Schleswig-Holstein II (1890) 140; Garcke, Illustr. Fl. Deutschl. (1895) 387; Illustration Hortic. XXXXII (1895) 173 fig. 25; Sylvèn in Bot. Tidskr. XXI (1897) 99; Britton & Brown, Illustr. Fl. N. St. III (1898) 257, f. 3500; Lindmann, Bild. Nord Fl. (1901—05) t. 58; Sylvèn inArchiv Bot. I (1903) 377—388 c. fig. div.; Coste Fl. France II (1903) 483; Sturm, Fl. Deutschl. 2. ed. XII (1904) 280; Blytt, Haandb. Norg. Fl. (1906) 668; Rouy, Foucaud, Camus & Boulay, Fl. France X (1908) 95; Henkels, Fl. Nederl. III (1909) 294; Esser, Giftpfl. Deutschl. (1910) t. 109; Feldschenko & Fleroff, Fl. Europ. Russia (1910) 942; Recueil Instit. Bot. ed. Errera VII bis Annex. (1910) 301—2; Revue Générale Bot. ed. Bonnier XXIV (1912) 466; Hegi, Fl. Mitteleuropa VI (1915) 393, f. 201, t. 255, f. 4; Lindman, Svensk Fanerogamenfl. II (1918) 517; Fitch & Smith, Illustr. Brit. Fl. 4. ed. (1919) f. 612; Rydberg, Fl. Rocky Mts (1922) 827; Glück, Biol. u. morph. Untersuch. über Wasser- u. Sumpfgew. IV (1924) 10; Wehrhahn, Gartenstauden II (1931) 1014; Rydberg, Fl. Prairies a. Plains Centr. N. Amer. (1932) 760; Fernald, Recent Discov. Newfoundl. Fl. in Rhodora XXXV. (1933) 87, f. 8; McVaugh in Rhodora XXXVIII (1936) 357, f. 30, t. 435, f. 13; Coste, Fl. descr. et illustr. France II (1937) 483 c. fig. — *L. Dortmanni* Georgi, Beschreib. d. russ. Reich. III (1797—1802) 777 ex Ledeb. — *L. lacustris* Salisbury, Prodr. (1796) 128. — *Dortmanna lacustris* G. Don, Gen. Syst. III (1834) 715; Ruprecht, Fl. Ingrica (1860) 650. — *Dortmannia lacustris* O. Kuntze, Revis. II (1891) 971. — *Rapuntium Dortmanna* Presl, Prodr. Monogr. Lobel. (1836) 18. — *Lobelia foliis bilocularibus subulatis*, L. Fl. Lapp. (1737) 227; Hort. Cliffort. (1737) 426; Fl. Suec. (1745) 256; *Lobelia foliis linearibus bilocularibus integerrimis, caule subnudo* J. Hill, Fl. Brit. (1760) 444. — *Dortmanna lacustris floribus sparsis pendulis* Rudbeck in Acta Upsal. (1720) 97, t. 2; Gerard, Emac. 105, f. 2. — *Gladiolus lacustris Dortmanni* Clusius, Curae Posteriores (1611) 40 c. fig; Rajus, Hist. Pl. II (1688) 1325, 1911. — *Leucojum palustre flore subcaeruleo* C. Bauhin, Pinax (1623) 202. — *Gladiolus lacustris Clusii* sive *Leucojum palustre flore subcaeruleo Bauhini*, Water Gladioll, Parkinson, Theatrum Bot. (1640) 1250 c. fig. bona. — *Gladiolus stagnalis* aut *lacustris* Rudbeck, Campi Elys. Libri II (1701) 215, f. 15. — *Gladiolus palustris Dortmanni* Raj., Synops. Meth. Stirp. Brit. 3. ed. (1724) 237. — *Campanula aquatica* Blair, Miscell. Observ. (1718) 103. — Aquatica, lactescens glaberrima, caule erecto, scaposo (rarissime pauci-ramuloso[1]). 20—50(100) cm alto, fere aphyllo. „Crescit semper sub aquis, sed caulem floriferum extra aquas exserit, qui ubi aqua profunda, altius evadit, ubi minus alta brevior, quod curiosum est" (L.). Folia radicalia, rosulata, compresso-teretia, dissepimento longitudinali bilocularia, quod singulare in foliis, carnosula, 2—6 cm longa et 0,2—0,5 mm lata, apice obtusa vel subacuta, sessilia; folia caulina nulla vel minuta, bracteiformia. Racemus laxus, subsecundus, 1—8(16)-florus. Bracteae foliaceae,

[1]) f. *ramosa* S. Murbeck in Bot. Notis. (1885) 14; (1896), 222; (1903) 48.

2—3 mm longae. Pedicelli 4—14 mm longi, ebracteolati, patentes. Hypanthium obconicum, lobis anguste triangularibus, obtusiusculis, 1,5—2,5 mm longis, sinubus nudis. Corolla lilacina, coerulescens usque alba, interdum albo-marginata et luteo-oculata, 12—18 mm longa, lobis 2 superioribus sublanceolatis erectis, lobis 3 inferioribus oblongis, basi puberulis. Tubus anthereus cinereus vel nigrescens, ca. 1,6 mm longus, versus apicem dorsalem albo-hirtus, 2 minores more consueto penicillatae. Capsula clavata, 6—10 mm longa, pendula. Semina brunnea, oblongo-cylindrica, rugosa, 0,6—0,7 mm longa.

Verbreitet in Nordamerika zwischen dem 40. und 50.° n. Br., in Europa entlang des Meeresküste landeinwärts von den West-Pyrenäen bis über Leningrad und Litauen, auf den Britischen Inseln und in Skandinavien bis zu den Lofoten, also etwa vom 43.—68.° n. Br., Südgrenze in Deutschland ungefähr bei Hannover, in flachen stehenden Gewässern auf Sand- und Moorboden, die Blattrosette untergetaucht, den Blütenstengel über das Wasser erhebend, in tieferem Wasser Blüten meist kleistogam, blühend von Juli bis Anfang September.

var. **dortmanna.** — Ut supra.

Kanada: Labrador (Rydberg), Neufundland: Tal des Exploits River, im seichten Wasser des Rushi Pond, Bishop Falls in einem Sumpf (Fernald & Wiegand n. 6271! 6272! — Hb. Stkh. W.), Notre Dame Bay, Filt Cove (Fernald, Wiegand & Darlington n. 6274); Bonne Bay (Kimball n. 61; Fernald, Long & Fogg n. 2041 — ex Fern.); Quiddy Vidly Lake (Robinson & Schrenk n. 56!), SW. Crabbes, Teich auf dem Hochland (Rachel & Kennedy n. 497!), Beechan Junction, sandiges Flußbett (Janson n. 488! — Hb. Stkh.); Neuschottland, Yarmouth Co., Beaver Lake (Long & Linder n. 22645! — Hb. Stkh.); Ontario: Hudsons Bay (Michaux); Britisch-Kolumbia: Slave Lake (Hooker).

Vereinigte Staaten v. N. Amerika: Nördliche Staaten bis New Jersey, Pensylvania, nördl. Minnesota, Washington und Oregon. Nördl. Staaten (Torrey & Gray n. 45! — Hb. W.). Neu-England, Maine (Canby! — Hb. Budp.), New Hampshire (Curtiss! — Hb. Del.), Teich bei Crawford's Boje und Ufer des Echo Lake, White Mts (Chickering!), Massachusetts, Plymouth, in Teichen (E. Tuckerman j.! — Hb. W.), Irish Pond bei Cambridge (Hb. Ups.!); N. York: Hamilton Co., Catlin Lake (Muenscher & Lindsay n. 3628! — Hb. W.), Cragsmoor, Lake Aroosting (J. A. Decou! — Hb. W.). New Jersey, Green Pond (J. Schrenk! — Hb. Goett.). Washington, Whatcom Co., Padden Lake (Suksdorf n. 983! — Hb. Stkh.).

Frankreich, West-Provinzen: Westpyrenäen, Salzteiche bei Bayonne (Huguenin! — Hb. Budp., Philippe); Landes: Teiche bei Soustons, Léon, Aurelhan, Parentis, Sanguinet und Cazaux (Hb. Cambr.); Gironde: La Teste bei Bordeaux (Jordan! — Hb. Ups.); Loire Inferieure, massenhaft am See von Grandlieu; Bretagne: Rosporden, Teich bei Briziac, Huelgoat, hier fast immer in Gesellschaft mit *Subularia aquatica, Isoetes lacustris* und *echinospora,* teste Picquenard; Lille (Hampe! — Hb. Budp.).

Belgien, Teiche bei Genck, Tirlemont, Thielens, zwischen Asch und Helchteren (Kickxia Belg. n. 157! Baenitz, Hb. Europ. n. 1808! Bamps! — Fl. sel. ed. Magnier n. 915! Reliqu-Maill. n. 1376! — Hb. W. Cambr. Goett.), Spa (Lejeune! — Hb. W.).

Holland: Prov. Nordbrabant (Hb. Goett.!), Friesland (Hoppe! — Hb. Budp.); Prov. Drenthe (Dortmann, loc. natal.).

Deutschland: Westfalen und Hannover: Sümpfe am Niederrhein (Wirtgen!), Münster, Burgsteinfurt, Tecklenburg, Schwarzwasser bei Wesel (Bönnighart! Sonder n. 42! Wilms! Vigener n. 20!), Bassum, Heidetümpel bei Sudwalde, Celle, im Entenfang (Beckmann! Hausmann! Kampe! Brasch!); Oldenburg, selten am Sager Meer, Jever (teste Meyer). Schleswig-

Holstein: Einfeldersee bei Kiel, erster Fundort in Deutschland anno 1780 (Nolte n. 1672! E. Rothe! Sonder!); Ihlsee bei Segeberg (Hb. Norm. Dörfler n. 4363! sub „*f. paniculata* Prahl"); Wooksee bei Wahlendorf (Lützow!); Ratzeburg, Garnsee bei Ziethen (Köppel!); Sollerseen bei Hjerpstedt, Tondern (Prahl!). — Dänemark: Kopenhagen (Wikström!) See Lynyso bei Sylkeborg, Prov. Zyllande, zwischen *Litorella* und *Isoetes* (F. Schultz, Hb. Norm. C. ll. n. 1095!).

Polen: Miastko (Rummelsburg), Bytow, Gdansk (Sydow! Doms! Klinsmann!); Distr. Kartuzy, im See Karlikowskie bei Dzierzazano mit *Litorella uniflora* und *Isoetes lacustris* (Lubieniecki n. 267!).

UdSSR: See Switez bei Minsk (Wolfgang! Dybowsky n. 57!); Assernscher See bei Nietau (Pacht n. 466!), See Langsting bei Riga (Kupffer n. 118!); um Leningrad, stellenweise massenhaft (Hb. Fl. Ingric. n. 382! Kühlwein! Rochil!); See bei Pargola, Manachtina, Taxowa, um Luga, an der Plusa, im Kalkgebiet nicht beobachtet (ex Meinshausen!); See Karawaldei bei Gor Waldai am Südufer der Kronstädter Bucht (Ruprecht); Nebenarme der Newa (Weinmann); See bei Kivinemi, massenhaft mit *Myriophyllum alterniflorum* DC. (Inga Ström n. 969!).

Finnland: Nylandia, im See Twärminne, See Juusjärvi, Sundsberg, Sääksmäki (Lindberg n. 968! Brenner n. 3117! Kihlman!). Nicht in Lappland (Lindberg!).

Skandinavien: Südliches Schweden bis über Stockholm (Wahlberg! E. Fries! Regnell! Anderson!). Norwegen (Thunberg! — Hb. Willdenow n. 3942), Larvik (Nokleb i! — Hb. W., Cambr., Budp.); Lofoten-Inseln, Westvaagö (ex Hegi!).

Britische Inseln: Schottland, Irland, Norden und Nordwesten von England, hier bis Shropshire und Süd-Wales reichend, besonders im Bergland häufig. — Schottland: Kinross (Arnott!), See Achray, Baladren, Aviemore (Stables! Henslow!). Forfarshire (Graham!), Rescobie (Forfars!); Insel Skye (Cleghorn! — Hb. W.). — England: Cumberland Co., Loweswatersee (Waterfall!), Grassmere Lake (C. Packe!). — Irland (Levinge! — Hb. Del.).

f. **terrestris** Sylvèn l. c. f. 11—12; Bamps apud Magnier, Pl. Gall. Sept. et Belg. n. 82; Glück l. c. (1924) 10, fig. 3. — Scapus 10—15 cm altus, 1—4 flores gerens. Folia pauciora, breviora (1/4—1/5 magnitudinis plantae typicae), firma, obscure viridinitentia.

Belgien: Ausgetrocknete Teiche bei Genck, VIII. 1880 (C. Bamps n. 82! und VIII. 1884 (C. Bamps — Fl. sel. exs. ed. Magnier n. 916! — Hb. W.). Irland: Creggduff bei Roundstown (ex Glück). Schottland: Insel Skye, Loch nan Eilean (ex Glück).

var. **decolorata** Lindberg f., Svensk Bot. Tidskr. XVII (1923) 397; in Schedae Pl. Finnl. exs. fasc. 9—11, 1916. — *L. Dortmanna* var. *decolor* Lindb. f. in Bot. Notis. (1920) 112, nom. — Flores albi. Scapus luteo-viridis (in typo saepe violascens).

Finnland: Nylandia, Kyrkslätt in lacu Juusjärvi (cum typica) 4. VIII. 1907 (H. Lindberg n. 970! — Hb. Del. W.).

Nom. vernac.: „*Notblomma*", „*Notgraes*" (Schweden), „*Water Lobelia*" (Amer.).

Glück und Sylvèn a. a. O. beobachteten: *L. dortmanna* wächst am häufigsten in 10—30 cm tiefem Wasser, der Blütenstengel ist dann 17—44 cm hoch mit 2—8, selten bis 17 blaßvioletten Blüten; in 50—100 cm tiefem Wasser ist sie fast doppelt so groß, die Blätter 3,3—10,5 cm lang, die Blütenstengel 40—65—117 cm hoch, Zahl der Blüten aber oft reduziert. Kleistogame Blüten bei submersen Blütenstielen haben Aussehen und Größe der normalen Blüten kurz vor ihrer Öffnung und sind hängend, sie können reife Früchte erzeugen, ihre Stiele sind dann aufrecht (Sylvèn t. 16. fig. 14, 15, luftgereifte Früchte zeigt Fig. 16). — Die Samen sind nicht schwimmfähig, sinken daher zu Boden und bedürfen zur Auskeimung keiner Ruheperiode. Die Kotyledonen sind breitlineal, abgeflacht, gelblichgrün, 4—5 mm lang (Sylvèn t. 16, f. 1—16).

Subsectio II. **Leiospermae** E. Wimm.

Subsect. *Leiospermae* E. Wimm. in Annal. Naturhist. Mus. Wien LVI (1948) 340. — Semina l a e v i a sine ullis protuberantiis, testa saepe tenuissime reticulata vel subtiliter striolata. Flores pro maxima parte in racemo laxo in pedicellis flore longioribus, raro brevi pedicellati et racemum spiciformem formantes (circiter 10 species Americae centralis et meridionalis et una in Europa e. g. *L. gruina*, *L. urens*) vel solitarii in axillis foliorum superiorum (paucae species ut *L. longicaulis*), saepe difficulter discernendae ab illis cum racemo foliato. Herbae saepe debiles, procumbentes vel humifusae, raro stricto-erectae ut *L. cliffortiana*. Omnes species extra Americam Septentrionalem, si excipis *L. dortmannam* etiam in Europa obviam et affines *Lobeliae cardinalis* in Mexico et finitimis terris australioribus ut *L. splendentem*.

C l a v i s g r e g u m.

A. Flores dioeci; species Australiae .... Grex 1. *Dioicae.*

B. Flores hermaphroditi.

I. Flores brevipedicellati in racemo spiciformi, pedicelli flore conspicue breviores (paucae species) Am. Eu. .... Grex 2. *Subspicatae.*

II. Flores longi-pedicellati in racemo laxo vel in axillis foliorum solitarii (pars maxima subsectionis).

a. Caules aphylli aut foliis minutis paucis obsiti, plurima folia basalia et rosulata .... Grex 3. *Rosulatae.*

b. Caulis foliatus, summum sub inflorescentia parte ± longa nudus.

1. Rami caulesque latius alati (alae fere latitudine caulis solidi) Grex. 4. *Pterocaulinae.*

2. Rami et caules angulati vel teretes, summum angustissime alati seu lineati .... Grex. 5. *Eriniformes.*

Grex. 1. **Dioicae** E. Wimm.

Dioicae E. Wimm. in Annal. Naturhist. Mus. Wien LVI (1948) 340. — Flores dioici, axillares, solitarii vel racemose dispositi. Herbae graciles (sed *L. purpurascens* R. Br. ad genus *Pratiam* referenda, vide Suppl. I).

A. Flores in racemo laxo.

1. Herba tenera, glabra foliis anguste lanceolatis .... 26. *L. dioica.*

2. Herba erecta pubescens foliis ellipticis usque lanceolatis 27. *L. mezlerioides.*

B. Flores solitari-axillares.

a. Planta puberula, sepala integerrima .... 28. *L. pratioides.*

(b. Planta glaberrima, sepala denticulata vide .... *Pratia purpurascens.*)

26. **L. dioica** R. Brown, Prodr. Fl. N. Holl. (1810) 565; Roem. & Schult., Syst. V (1819) 72; F. Mueller, Fragm. IV (1863—64) 183, X (1876—77) 43 et in Bentham, Fl. Austral. IV (1869) 130; F. M. Bailey, Synops. Queensl. Fl. (1883) 282 et Queensl. Fl. III (1900) 918. — *Holostigma dioicum* G. Don, General Syst. III (1834) 698; A. De Candolle, Prodr. VII (1839) 352. — *Monopsis dioica* Presl, Prodr. Monogr. Lobel. (1836) 11. — *Dortmannia dioeca* O. Kuntze, Revis. II (1891) 972. — Herba tenerrima, glabra vel subpubescens, caulibus ramosis, angulatis, ascendentibus, 8—15 cm longis. Folia sessilia, lanceolata, 5—16 mm longa et vix 1—3 mm lata, acuta, ad basin vix angustata, margine remote argute denticulata. Flores dioici, racemosi, apice congesti vel feminei etiam solitarii in axillis foliorum superiorum, longe pedicellati. Bracteae foliaceae diminutae. Pedicelli capillacei, 5—13 mm longi. Hypanthium in masculis brevissime turbinatum, in femineis oblongo-obconicum, 1,5 mm longum, glabrum; lobi subulati, integri, 1 mm longi. Corolla albida vel purpurascens (?), 2 vel 5 mm longa, in femineis cum staminibus rudimentaria (an semper ?); lobi fere aequales, lanceolati, labium inferius tripartitum. Filamenta cum antheris 1,5—2,7 mm longa, antherae plumbeae, antice in dorso minute setulosae, 2 inferiores

apice singulis setis et pilis brevissimis minutae. Stigma in masculis parvum integrum, ovula abortiva; in femineis late bilobum (ex Benth.). Capsula obovoideo-oblonga, paullo obliqua. Semina ovata, fusca, laevissima, lucida (ex F. Muell.). — Fig. 76 i.

Australien: „Ad littora N. Hollandiae intra tropicum" (R. Brown! — Hb. B., Typus); Golf von Carpentaria, gegenüber der Groote Island (R. Brown! — Hb. Thunberg!); South Alligator River, Roper River, Macadam Range (F. Mueller); Port Darwin (Bleeser n. 5! 313! 391! 443! 459! — Hb. B.); Norman's und Gilbert's Rivers (Gulliver); Mitchell River (Palmer! — Hb. W.); — „N. Holl. ora orientalis inter tropicum" (Ferd. Bauer! — sp. fèmin., Hb. W.).

27. **L. mezlerioides** E. Wimm. in Annal. Naturhist. Mus. Wien LVI (1948) 341. — Herba annua, pubescens caulibus pluribus erectis filiformibus foliatis subramosis ad 12 cm altis. Folia subsessilia, late ovalia, summa lanceolata, subacuta, glanduloso-denticulata, 7 mm lg. et 2—5 mm lt., summa habent dentem unum prope apicem in utroque latere, cetera 3—4 dentes. Dioica: Masculi flores racemosi. Pedicelli capillacei 4—5 mm longi, folio fulcrante longiores. Calyx brevissime turbinatus, sepala sublinearia, acuta, integerrima, glabra, 1 mm longa. Corolla 2,5 mm longa, purpurascens (?), bilabiata, glabra, lobi fere aequales, oblongo-acuti, duo superiores fere usque ad basin soluti, labium inferius tripartitum. Filamenta antheris vix breviore, antherarum tubus 1 mm longus, glaber, 2 inferiores singulis setis et pilis brevissimis earum basi additis terminatae. Femineae flores solitari-axillares. Calyx oblongo-obconicus, glaber, 2 mm longus, lobi ovato-lanceolati. Corollam evolutam non vidi. — Fig. 76 k, p. 424.

Queensland: Mitchell River (lg. Palmer. — Hb. F. Mueller, W.!).

A *L. dioica*, cui similis, differt pubescentia, foliis aliis, flore fere subgeneris *Mezleriae*. Utrum stigma capitiforme an bilobum maturitatis tempore non potui observare. Dioecitatis causa eam hic insero et non apud *Mezleriam*, cui proxime accedit.

28. **L. pratioides** Benth., Fl. Austral. IV (1869) 131; F. Mueller, Fragm. X (1876) 42; Black, Fl. South Austral. (1929) 548. — *Dortmannia pratioides* O. Kuntze, Revis. II (1891) 972. — Caules ramosi, procumbenti-ascendentes, hirtelli vel glabrescentes. Folia sessilia, lanceolata, 10—20 mm longa et 1—4 mm lata, apice acuta, basi subacuta, margine remote calloseque denticulata, hirtella vel glabrata. Flores solitarii in axillis foliorum superiorum, pedicellis nunc folio brevioribus, nunc eo longioribus, hirtellis, 3—25 mm longis, ebracteolatis. Calyx in masculis breviturbinatus, in femineis oblique ellipsoideus 2—3 mm longus, hirtellus, lobi anguste triangulares, callose apiculati, integri, vix 2 mm longi. Corolla albida, rubentisuffusa, ca. 10 mm longa, glabra, subbilabiata, lobis subaequalibus, circiter 4 mm longis, inferioribus obovato-oblongis, breviter acuminatis, superioribus oblanceolatis. Stamina in masculinis 5 mm longa, glabra, filamenta ad medium soluta, antherae nigrescentes 1,5 mm longae. Stamina in femineis pallida, sterilia. Stigma suborbiculare, explanatum, exsertum, in masculis e tubo antherarum non progrediens. Fructus obliqui-obovoideus, imprimis in tergo acuti-costatus, 4 mm longus, 2,5 mm latus, hirtellus. Semina ovalia, subcompressa, pallida, laevia, nitida, 0,7 mm longa. — Fig. 76 j, p. 424.

Australien: Victoria: „Australia felix" (F. Mueller! — Hb. W. Goett.); Yarra und Forest Creek (F. Mueller! — Hb. Kew, orig.); Melbourne (C. W.! — Hb. W.); Geelong, Jan. (Williamson! — Hb. Leningr.); austral. Pyrenäen (Wilhemi!); S. Erk River (Stuart!); ohne nähere Ortsangabe (Robertson! F. Mueller!). N. S. Wales: Darling River (Hb. Wash.!).

Grex 2. **Subspicatae** E. Wimm.

Subspicatae E. Wimm. in Annal. Naturhist. Mus. Wien LVI (1948) 341. — Flores brevipedicellati in racemo spiciformi, pedicelli flore breviores. Herbae caulibus erectis, raro decumbenti-ascendentibus; paucae species, Amer. Austral. et Central., Eur. occid., Afr. bor.-occid.

Fig. 77. a *Lobelia anatina* 1/1. — b *L. urens*: 1 inflor. et folium inferius 1/1, 2 flos 2/1. — c *L. collina* 2/1. — d *L. fastigiata* 2/1, flos 4/1. — e *L. gruina* 1/1. — f. *L. camporum*: flos parum auct., capsula transvers. dissect., semen 10/1. — Orig.

Clavis specierum.

I. Corollae tubus semifissus, folia obovato-oblonga usque lanceolata; caulis stricto-erectus, scabriusculus. Eur. occid., Afr. bor.-occid-, Madeira. — Fig. 77 b.
29. *L. urens.*

II. Tubus corollae usque ad basin fissus. Plantae laeves, glabrae vel hirtellae.
A. Folia sublinearia, arrecta, caulis strictus. Am. Merid. — Fig. 77 f.
30. *L. camporum.*

B. Folia spathulata, oblanceolata usque lanceolata.
1. Tubus corollae 8—10 mm longus, caulis strictus. Mex.
a. Flores erecti, folia apice acuta. — Fig. 77 e .... 31. *L. gruina.*
b. Flores patento-nutantes, lobi inferiores corollae obovati, folia plurima obtusiuscula. — Fig. 77 a .... 32. *L. anatina.*
2. Corollae tubus 2—5 mm lg.[1])
a. Plantae ± hirtae, stoloniferae, folia lanceolata.
* Puberula, folia apice acuta, basi sensim angustata, racemus brevis 1—3(6)-florus .... 33. *L. subpubera.*
** Hirta, folia obtusiuscula, basi breviter angustata, racemi laxi 6—10-flori .... 34. *L. rupestris.*
b. Plantae glabrae.
\+ Tubus calycis turbinatus, demum semiglobosus.
! Herba stolonifera, stolones foliis spathulatis parvis distanter obsiti, folia radicalia oblanceolata, caulina lanceolata, calyx hirtellus. Cordill. Mex. — Venez. .... 35. *L. stolonifera.*
!! Plantae sine stolonibus, folia radicalia desunt vel alia, calyx glaber.
° Bracteae pedicellos aequantes, folia caulina anguste lanceolata. Peru. — Fig. 77 c .... 36. *L. collina.*
°° Bracteae minutae, folia ± oblonga vel obovato-oblonga. Florida .... 37. *L. brachypoda.*
++ Tubus calycis obconico-oblongus mox circiter cylindraceus, bracteae pedicellos superantes. Am., Austr., Antill. — Fig. 77 d
38. *L. fastigiata.*

29. **L. urens** L. Spec. Pl. (1753) 931; Löfling, Iter Hispan. (1758) 168; L. Mant. (1771) 482; Hudson, Fl. Angl. 2 ed. (1778) 378; Bulliard, Fl. Paris V (1780) t. 531; Lamarck, Dict. Bot. III (1791) 586; Withering, Arrangm. Brit. Fl. II (1796) 246; Willdenow. Species I (1797) 946; Curtis, Fl. Lond., fasc. IV. (1798) t. 63; Smith, Fl. Brit. I (1800) 243, Sowerby & Smith, Engl. Bot. XIV (1802) t. 953; Brotero, Fl. Lusit. I (1804) 304; Vignieux, Fl. Pitt. Envir. Paris (1812) t. 56; Lapeyrouse, Hist. Pl. Pyrénées (1813) 111; Lamarck & De Candolle, Fl. Franc. III (1815) 715; Roem. & Schultes, Syst. V (1819) 54; Hoffmannsegg & Link, Fl. Portug. II (1820) 20; Laterrade, Fl. Bordelaise et Gironde 2. ed. (1821) 371; Roques, Phytogr. Medic. I (1821) t. 86, Nouv. Ed. Atlas (1835) t. 64; Dujardin, Fl. Indre-et-Loire (1833) 156; G. Don, General Syst. III (1834) 714; A. De Candolle, Prodr. VII (1839) 372; Cosson & German, Fl. Envir. Paris II (1845) 351; Petermann, Pflanzenreich (1845) 442; Hooker & Arnott, Brit. Fl. 7 ed. (1850) 251; Grenier & Godron, Fl. Franc. II (1850) 396; Philippe, Fl. Pyrénées II (1859) 3; Benth., Handb. Brit. Fl. (1858) 336 f. 605; Syme, Engl. Bot. VI (1866) t. 862; Lowe, Man. Fl. Madeira I (1868) 572; Willkomm & Lange, Prodr. Fl. Hispan. II (1870) 278; Amo y Mora, Fl. Iberica IV (1872) 128; Pratt, Fl. Pl. Gr. Brit. 3 ed. III (1873) t. 131; Cusin, Herb. Fl. Franc. XV (1874) t. 1; Journ. Hortic. LIV (1875) 318; Baillon, Icon. Fl. Franc. I (1885—94) t. 92; Dujardin-Beaumetz & Egasse, Pl. Méd. (1889) t. 424; Trelease, Observ. on the Azores (1897)

[1]) Confer etiam species interdum brevius pedicellatas: *L. benguellensis*, *L. calcarea*, *L. homophylla.*

128; Coste, Fl. Franc. II (1903) 483; Merino, Fl. Galicia II (1906) 302 c. fig.; Rouy, Foucaud, Camus & Boulay, Fl. France X (1908) 94; Wolley-Dod, Fl. Gibraltar (1914) 67; Fitch & Smith, Illustr. Brit. Fl. 5. ed. (1924) f. 613; Coste, Fl. descript. et illustr. France 2. ed. II (1937) 483 c. fig. — *L. Farsetia* Vandelli, Fasc. Pl. (1771) 19; Roemer, Script. de Pl. Hisp. Lusit., Brasil. (1796) 66; Roem. & Schult. l. c. 66; Vitmann, Suppl. I, 261 ex Roem. et Sch. l. c.; Bull. Herb. Franc. t. 9 ex A. DC. — *L. verbenaefolia* Salisbury, Prodr. Stirp. (1796) 129. — *L. serrulata* Schott fil., apud Brotero, Fl. Lusit. I (1804) 304; Roem. & Schult. l. c. 54 incl. var.; Nachrichten über Naturforsch. in Brasil. (1820) 49. — *Mecoschistum urens* Dulac, Fl. Hautes-Pyrén. (1868) 459. — *Rapuntium urens* Miller, Dict. ed. 8 (1768) n. 4; Presl, Prodr. Monogr. Lobel. (1836) 13. — *R. serrulatum* Presl l. c. 14. — *Dortmannia urens* O. Kuntze, Revis. II (1891) 973. — *Rapuntium urens Soloniense* Bauhin, Pinax (1623) 53; Morison, Hort. Reg. Blesensis (1669) 300; Boccone, Icon. et Descript. Pl. Sicil. (1674) 20, t. 11. — *Rapunculus galeatus Blaesensis* seu *Soloniensis, flore violaceo minore*, Morison, Pl. Hist. Univ. Oxon. II, sect. 5 (1715) t. 5, f. 56. — *Draba flore coeruleo galeato*, C. Bauhin, Prodr. Theatri Bot. (1671) 110.

Caulis strictus, erectus, simplex vel ramosus, angulatus, glaber, 20—90 cm altus. Folia basi approximata, obovato-oblonga usque oblonga, obtusa, in petiolum marginatum angustata, reliqua passim sessilia, oblonga usque lanceolata, acuta, 3—8 cm longa et 0,5—2,5 cm lata, margine repando dentata vel denticulata, glabra, interdum minuti-scabriuscula. Flores in racemo spiciformi, 10—40 cm longo, subdenso vel laxo. Bracteae lanceolatae usque lineares, subintegrae, laeves vel scabrae, 4—10 mm longae. Pedicelli 2—3 mm longi, scabri, basi bibracteolati. Hypanthium anguste obconicum, scabriusculum vel laevigatum, mox obconico-oblongum vel subcylindricum et maturescens ad 8 mm longum; lobi calycini subulati, integri, 3—5 mm longi. Corolla coerulea, maculis 2 albis in fauce, extus plerumque scabriuscula, tubo dimidio i n t e g r o, pallido, intus glabro, labium inferius trifidum, scabriusculum lobis lanceolatis; lobi 2 superiores sublineares, erecti, scabriusculi. Tubus anthereus nigrscens, pilosulus, vix 2 mm longus. Semina ovali-cylindrica, fulva laevia, nitida, 0,4 mm longa. — Fig. 77 b.

E u r o p a, von England über West-Frankreich, Westteil der iberischen Halbinsel, N o r d w e s t - M a r o k k o, M a d e i r a und A z o r e n, an feuchten und sumpfigen Orten der unteren und Bergregion, blühend Juli bis September, im Süden auch schon Juni.

E n g l a n d: Nur in Devonshire und Cornwall. Devonshire (B a b i n g t o n! K e l l e r m a n n! — Hb. W.); auf Bergwiesen über Shutte, gemein zwischen Axminster und Honiton ex H u d s o n — Hb. W.).

F r a n k r e i c h, östlich bis zur Yonne und Allier: Dept. Yonne St.-Sauveur (F l. G a l l. & G e r m. e x s. n. 584! — Hb. Stkh.), Dept. Cantal, Trioulou bei Montmurat (P l. e x s. e d. M a g n i e r n. 332! — Hb. W.). Umgebung von Paris: Versailles (P f e n d l e r!), Fontainebleau (G e b h a r d!), St. Léger bei Rambouillet (E n d r e ß! K r a l i k! R e l i q. M a i l l. n. 1377 a! — Hb. W.). Calvados: Vire (F l. G a l l. & G e r m. e x s. n. 36!), Caen (S c h i m p e r! — Hb. W.). Bretagne, Finistére, Morlaix (M i c i o l!). Indre-et-Loire, Wald von Luynes (H b. F l o r. l o c a l. F r a n c e n. 5! 5*! 20! — Hb. W.). Vendée (G o d r o n!), Beaulieu, unkultivierte und feuchte Felder (P o n t a r l i e r! — Hb. W.). Dept. Gironde, Cailleau, Pessac, Gazinet, La Teste-de-Buch (D e l b o s! R a u l i n! H b. B u r d i g a l.! R e l i q. M a i l l. n. 1377! H b. F l o r. L o c a l. F r a n c e n. 20! 20*!). Dept. Des Landes (E n d r e ß!), Dax (Hb. W.!). — Basses-Pyrénées: „Aquitania" (C h a u b a u d!), Bayonne (E n d r e ß!), Biarritz (J. L a n g e n. 297! P a r s e v a l - G r a n d m a i s o n! — Hb. W.), Bagnères (J o r d a n! — Hb. Budp.), Pyrénées (Hb. E n d l i c h e r! — W.).

S p a n i e n: Cantabrisches Gebirge, Alava, feuchte Wiesen zwischen Ochandiano und Villarreal, 700 m; Cantabres, Cobreces, unbebauter Kalkboden (P l. D' E s p a n. ed. S e n n e n n. 9902! 1729! — Hb. W.), Bilbao, La Coruna (J. L a n g e

n. 297! — Hb. Stkh.). Gibraltar, häufig an feuchten sandigen Stellen, in den Bergen (Schott! — Typus pro *L. serrulata*, Hb. W.).

Portugal: „Lusitania“ (Welwitsch! n. 209! 698! — Hb. Cambr.), Prov. Algarve und Estremadura, Serra da Picota, Lagoa d'Obida, Lisboa, Coural de Freiras (Bourgeau n. 1939! Rothmaler n. 13114! Holl!).

Marokko: West-Nord, Sümpfe des Garbh bei Lalla Mimouna; Quercetum de la Mamora, 22 km nördlich von Salé, 10. VI. (Gattefossé n. 1149! — Hb. Stkh.); in sphagnetis montis Sugna (El Ajmas) c. 1370 m, 19. VII. (Font Quer n. 646! — Hb. Stkh.).

Madeira: (Pohl! Fischer n. 310! — Hb. Münch.); in castaneis Jardin da Serra, 800 m (G. Mandon! — Hb. W.); Camacha (Christi! — Hb. Stkh.).

Azoren: Insel Terceira, im Hochland gegen die Wasserquellen des Angra (ex Trelease p. 128).

f. **longibracteata** Perez-Lara in Florula Gaditana (1886—91) 230 ex Debeaux & Dautez, Synops. Fl. Gibraltar (1889) 127; Coutinho, Fl. Portug. (1913) 604; Wolley-Dod l. c. — Bracteae calycem vel florem superantes, etiam sepala saepe longiora.

Spanien: Sierra de Palma, Andalusien, feuchte Orte (Reverchon n. 84! — Hb. Univ. Prag, Stkh.), Tarifa (Perez-Lara).

Madeira: Funchal, über San Antonio, 800—900 m, 11. VII. 1900 (J. Bornmüller n. 953!); Curral das Freiras, in Lorbeerwäldern, 900 m (J. Bornmüller n. 952! — Hb. W.).

f. brevibracteata Perez-Lara ll. cc. a typo non differt, quare ea omittenda est.

30. **L. camporum** Pohl, Pl. Brasil. II (1831) 100, t. 165; Chamisso in Linnaea VIII (1833) 208; G. Don, General Syst. III (1834) 704; A. De Candolle, Prodr. VII (1839) 374; Kanitz in Martius, Fl. Brasil. VI/4 (1878) 139. — *Rapuntium camporum* Presl, Prodr. (1836) 15. — *Dortmannia camporum* O. Kuntze, Revis. II (1891) 972. — Caulis stricto-erectus, simplex, subpubescens, 25—40 cm altus. Folia sessilia, arrecta, sublinearia, 3—7 cm longa et 0,2—0,4 cm lata, acuta, basi decurrentia, margine remote denticulata, ciliata vel nuda, glabra. Flores in racemo laxo, subsecundo, basi denudato, 6—10-floro. Bracteae foliaceae, pedicellis multo longiores. Pedicelli 2—3 mm longi, pubescentes, basi bibracteolati. Hypanthium obconicum, in costis prominentibus hirtum; lobi calycini anguste triangulares, integri, glabri vel subciliati, 5—6 mm longi. Corolla coerulea, 14 mm longa, extus intusque hirtella, suberecta; labium inferius tripartitum, lobi intus dense albo-pilosi, lanceolati, lobi 2 superiores anguste lanceolati, erecti. Filamenta glabra, 7 mm longa; antherarum tubus caesius, albo-villosus, ca. 3 mm longus, 2 inferiores antherae longius barbatae. Semina fusca, subcurvata, angusti-teretiuscula et versus ambos apices attenuata, nitida, laevia, 0,8 mm longa.

var. **camporum.** — Fig. 77 f.

Brasilien: Minas Geraës, auf trockenen Feldern bei Villa de Barbaçena (Pohl n. 5154! — Hb. W., orig.); Caldas (Regnell I. n. 162! — Hb. Wash.); Cax do Campo, II. (P. Clausen n. 14! — Hb. Del.); Campinas, Franca (C. Novaes n. 304! — Hb. Wash.); ohne Ortsangabe (Sellow!). Rio de Janeiro (Glaziou n. 8150! — Hb. Del.). S. Paulo: San Bernardino (Wachsmund!), Osasco (Wacket! — Hb. W.). Paraná; Curitiba, XI. (P. Dusén n. 2384!), Jaguariahyva, Feld (P. Dusén!), Turma 23 an der Eisenbahn (Jonsson n. 1213 a! — Hb. Stkh.).

Argentinien: Pinares de Missiones: Campinas de Americo, Santa Ana, Campo Eré, Campos de Palmas Altas, Boa Vista (Niederlein n. 1032! 1851! 1851 b! 2203! — Hb. B.).

var. **lundiana** A. De Candolle l. c. 375; Kanitz l. c. — *L. pauciflora* Pohl l. c. 103, non HBK. — Folia glabriuscula, bracteae longiores, antherarum tubus parce pilosus, corollae lobi inferiores intus parum pubescentes.

Brasilien: Staat S. Paulo, auf feuchten Wiesen (Lund n. 760, 761 — ex A. DC.); Loefgren n. 335! — Hb. Koph., det. Zahlb.); Quillemin n. 446! — Hb. Del.); S. Pedro, Weiden (Pohl!); Itatiaya, 2500 m (Kaempfe n. 395! — Hb. B.). Paraná: Ponta Grossa, an einem Bächlein, III., Villa Velha, Capão Grande, Serrinha, Feld, II. (P. Dusén! n. 2723! 13480! — Hb. Stkh.). Rio de Janeiro (Glaziou n. 6617! — Hb. Del.). Minas Geraës, auf feuchten Wiesen bei der Fazenda do Capão do Lana bei Ouro Preto, XII (Schwacke n. 13803! — Hb. W.). Ohne Ortsangabe (Sellow!). — Zeigt oft Übergangsformen.

f. **angustifolia** E. Wimm. — Glabra, folia anguste linearia vix 2 mm lata. Bracteae 8 mm longae.

Brasilien (Sellow! — Hb. Lindley-Cambr. p. p.).

31. **L. gruina**[1]) Cavanilles, Icon. VI (1801) 8, t. 511, f. 2; Poiret, Encycl. Suppl. III (1813) 487; Roem. et Sch., Syst. V (1819) 55; G. Don, General Syst. III (1834) 706; A. De Cand., Prodr. VII (1839) 373; Vatke in Linnaea XXXVIII (1874) 719 p. p.; Hemsley, Biolog. Centrali-Am. II (1881—82) 267; A. Gray, Fl. U. S. II/2 (1886) 6; McVaugh in Am. Midland Naturalist XXIV (1940) 687, t. 4, f. 20, in North Am. Fl. XXXII A (1943) 45. — *L. gruina* var. *conferta* Fernald in Proc. Am. Acad. XXXVI (1901) 503. — *L. gruina* var. *Rouaixii* Conzatti, Pobl. Valle Teotihuacan (Sec. Agr. Fom. Direc. Antropol. Mex.) I/1 (1922) 41, t. 7. — *L. pauciflora* H. B. K., Nov. Gen. et Spec. Am. III (1818) 314; A. De Cand. l. c. 375. — *L. simplex* Willd. apud Roem. et Sch. l. c. 73, non Linné. — *L. commutata* R. et Sch. l. c. 73. — *Rapuntium pauciflorum* et *gruinum* Presl, Prodr. Monogr. Lobel. (1836) 15, 25. — *Dortmannia gruina* et *pauciflora* O. Kuntze, Rev. Gen. II (1891) 972, 973. — Radix sarmenta brevia et caules simplices vel a basi ramosos, erectos, striatos, glabros vel plus minusve pubescentes, ad 30 cm altos producens. Caules occasionaliter decumbento-ascendentes. Folia inferiora oblanceolata, reliqua lanceolata, 2—6 cm longa, 0,3—0,7 cm lata, utrinque acuta, sessilia, margine remote denticulata, glabra vel tenuiter hirtella. Flores in racemo denso usque sublaxo, pauci- usque multifloro, raro (apud formas umbrosas ?) distantes. Bracteae pedicellos plus duplo superantes et bases eorum includentes, lanceolato-acuminatae, puberulae. Pedicelli 3—6 (20) mm longi, subglabri, arrecti, supra basin bibracteolati. Hypanthium turbinatum, mox semi-ellipsoideum, nervatum, plerumque glabratum; lobi calycini anguste triangulares, acuminati, integerrimi, saepe puberuli vel ciliolati, 5—6 mm longi. Corolla coerulea vel violacea, 14—20 mm longa, extus subglabra vel puberula, intus in tubo pubescens; lobi superiores lineari-lanceolati erecti, labium inferius tripartitum lobis lanceolatis usque obovatis mucronulatis. Tubus anthereus caesius, glaber vel in dorso pilosulus, 3 mm longus, antherae 2 inferiores apice barbatae. Capsula obovoidea, fere semi-supera, 6 mm longa. Semina dilute fusca, oblongo-ellipsoidea, laevia, nitida, 0,5 mm longa.

Mexico, ziemlich verbreitet, besonders im mittleren Teile.

Clavis varietatum

A. Lobi corollae inferiores lanceolati.
- I. Caulis decumbento-ascendens, inflorescentia laxissima, pedicelli ad 20 mm elongati . . . . var. *rapunculoides*.
- II. Caulis erectus, racemus densus usque sublaxus, pedicelli 3—7 mm longi.
  - a. Filamentorum tubus 4,5—6,5 mm longus, tubus anthereus vulgo in dorso pilosulus . . . . var. *peduncularis*.
  - b. Filamenta 8—9 mm longa, antherae in dorso vulgo glabrae var. *gruina*.

B. Lobi inferiores corollae obovati . . . . var. *orizabae*.

Formae intermediae saepius occurrunt.

---

[1]) Nomen datum a Cavanillesio, ut ipse dicit, quia „filamenta exserta caput gruis mentiuntur".

var. **gruina** — *L. gruina* var. *gruina* McVaugh in Am. Midl. Naturalist XXIV (1940) 687, t. 4, f. 20 c. f. *conferta*,. — *L. gruina* var. *conferta* McVaugh in North Am. Fl. XXXII A (1943) 45. p. p. — Caulis erectus vel fere talis. Racemus brevis vel elongatior, densus vel sublaxus, pedicelli 3—6 mm longi. Filamenta fere 8—9 mm longa; antherae in dorso plerumque glabrae. — Fig. 77 e.

M e x i c o : Staat Hidalgo, Real del Monte („Nova Hispania" — N é e! Hb. Madrid, sp. orig.; G a l e o t t i n. 1981! — Del.). Durango, Dos Cajetas, 2620 m, XI. (P a l m e r n. 810!; G r e g g n. 392! — B.). San Luis Potosi (J. G. S c h a f f - n e r n. 389! P a r r y et P a l m e r n. 551!). Cerro Leon am Wege (L i e b m a n n n. 9266! — Koph.); Monte Agosto, IX. (S c h u m a n n n. 772! — B.). Matrata (K e r b e r n. 175 a!); auf Feldern bei Velasco (H a r t w e g n. 337! E h r e n b e r g!). Umgebung von Mexico, Tal von Mexico (W a w r a n. 317! 366! S c h m i t z n. 421! und ohne Nr.!). Puebla (A s c h e n b o r n n. 524! Fr. A r s è n e n. 1254!); Cerro Tepaxuchil, VIII. (Fr. A r s è n e n. 500! 205! 2064! 1423!); Pueblo Viejo, Zacatlan, auf sonnigen grasigen Abhängen, 2000 m (C. et E. S e l e r n. 3796!); Wald bei Salazar und Wegrand zwischen Desierto und Santa Lucia, 2400 m (R. E n d l i c h n. 1053! 426! — B.). Mechoacan, Morelia am Cerro Azal, 1950 m (Fr. A r s è n e n. 3257!); Morelia gegen La Huerta und Loma S. Maria (Fr. A r s è n e n. 5853! 10108! und ohne Nr.! — Wash.); Valladolid de Mechoacan (H u m b o l d t! — B., Typ. pro *L. pauciflora*). Ohne nähere Ortsangabe (H u m b o l d t n. 4186! F i s c h e r n. 79! U h d e n. 683! 684! K n e c h t l n. 316! E h r e n b e r g n. 581! — B.).

f. **flava** E. Wimm. in Annal. Naturhist. Mus. Wien LVI (1948) 341. — Corolla flava. Folia sparsissime hirtella, bracteae et sepala ciliata.

M e x i c o : Cerro Xochtecatl, Gebüschränder, Distr. Zaragoza, Staat Tlaxcala (C. et E. S e l e r n. 3552! — B.).

var. **peduncularis** McVaugh in Am. Midl. Naturalist XXIV (1940) 687 et in North Am. Fl. XXXII A (1943) 46. — Folia media caulis fere 3—5-ies tam longa quam lata (raro octies). Filamenta 4,5—6,5 mm longa; antherae vulgo albo-pubescentes. Pedunculus infra inflorescentiam 11—20 cm lg.

Oaxaca, Sierra de San Felipe, 2600 m, 13. X. 1894 (P r i n g l e n. 5688! — B., C. L. S m i t h n. 723); zwischen Yanhuitlan und Tepescolula im Bergwald und oberhalb Tecomatlan (C. et E. S e l e r n. 1416! 1592! — B.).

var. **rapunculoides** (HBK.) E. Wimm. in Annal. Naturhist. Mus. Wien LVI (1948) 341. — *L. rapunculoides* Humboldt, Bonpland & Kunth, Nov. Gen. et Spec. Amer. III (1818) 512; G. Don l. c. 704; excl. syn.; A. De Candolle l. c. excl. syn. Willd.; Hemsley, Biolog. Centrali-Amer. II (1881—82) 269. — *L. gruina* Vatke l. c. p. p. — *Rapuntium rapunculoides* Presl l. c. 23. — *Dortmannia rapunculoides* O. Kuntze, Revis. II (1891) 973. — Racemus laxissimus, pauciflorus. Pedicelli ad 20 mm longi, glabri. Sepala 6—7 mm longa glabra. Corolla (evoluta deest!) lobis lanceolatis, fortasse parum latioribus quam in var. *gruina*. An caulis revera decumbens ?

M e x i c o : Stadt Mexico (H u m b o l d t! — Hb. B., orig.).

var. **orizabae** (Mart. & Gal.) E. Wimm. in Annal. Naturhist. Mus. Wien LVI (1948) 342. — *L. orizabae* Martens & Galeotti in Bull. Acad. Bruxell. (1842) 44; Walpers, Repert. II (1843) 707; Hemsley, Biolog. l. c. 268. — *Dortmannia orizabae* O. Kuntze l. c. — Folia plerumque latiora, 3—12 mm lata, 2,5—7 cm longa, glaberrima vel minute puberula, margine argutius dentata. Flores glabri, suberecti, majores, 18—20 mm longi, lobi inferiores corollae o b o v a t i , 5 mm lati.

M e x i c o : Orizaba, Pic Orizaba, 2500 m (H. G a l e o t t i n. 1986! — Hb. Del., Typus pro *L. orizabae*; Liebmann n. 9235! — Hb. Koph.); Ixtaccihuatl. I. (P u r p u s n. 47! — Hb. B.); Amecameca, 2530 m, VIII. (O. K u n t z e n. 23684! — Hb. N. Y.); Puebla, Hügel bei Esperanza, IX. (P u r p u s n. 3064! — Hb. Del. b.); Staat Hidalgo, zwischen Pachura und Real del Monte, 2750 m (R. E n d l i c h n.

1015! Ehrenberg n. 238! Y. Mexia n. 2763! W. Schaffner n. 880! — Hb. B. Calif.). Chihuahua: Majalca (H. Le Sueur n. Mex. 500! 953! — Hb. Field, f. transiens ad typum); Quicorichi, Rio Mayo. Waldschlucht (Rio Mayo Expl. of Howard Scott Gentry n. 1992! — Hb. Field — „Flow. purple with white area"); Guerrero, zwischen Ayusinapa und Petatlan, 1600—2300 m, XII. (E. W. Nelson n. 2124! — Hb. Wash.); Federal Distr., Eslaba, 2660 m, IX. (Pringle n. 11623! — Hb. Budp.).

Hybrida, ut videtur, inter *L. gruinam* et *L. anatinam*: Mexico: Federal Distr., Lavafeld bei Tlalpam, 2600 m (Pringle n. 11343! — Hb. Wash.).

32. **L. anatina** E. Wimm. in Fedde, Repert. Spec. Nov. XIX (1924) 385; Mc-Vaugh in Am. Midl. Nat. XXIV (1940) 688, t. 4, f. 19 et in N. Am. Fl. XXXII A (1943) 46. — Herba turionibus basalibus innovans, caulis erectus, striatus, inferne minuti-hirtellus, superne cum omnibus aliis partibus plerumque glaber, 30—60 cm altus, simplex vel subramosus. Folia inferiora spathulata usque oblanceolata, subobtusa, in petiolum brevem angustata, reliqua lanceolata usque sublinearia, 2—6 cm longa et 0,2—0,9 cm lata, obtusiuscula vel acuta, ad basin in petiolum indefinitum subciliatum angustata vel sessilia, margine remote denticulata, glabra. Flores in racemo sublaxo, secundo, 6—16-floro. Bracteae sublineares, 4—15 mm longae, tenuiter ciliatae. Pedicelli 6—10 mm longi, glabri, basi biglandulosi, patentes vel apice recurvati. Hypanthium turbinato-campanulatum, prominenter nervatum, glabrum; lobi calycini subulati, 3—5 mm longi, integri, atro-violascentes, glabri vel rarius subciliati. Corolla coerulea vel coeruleo-violacea, ± nutans, 18—20 mm longa, extus intusque glabra, lobi superiores oblanceolati, erecti, labium inferius tripartitum, basi bigibbosum, lobis spathulatis. Filamenta 5 mm longa; antherarum tubus nigrescens, brevissime pilosulus, 2 mm longus. Capsula oblonga, 8 mm longa, subsemi-supera. Semina oblongo-ellipsoidea, fuscescentia, laevia, nitida, 0,5 mm longa. — Fig. 77 a.

Mexico: Staat Chihuahua, feuchte Plätze am Fuß der Sierra Madre, 5. Okt. 1888 (C. G. Pringle n. 1659! sub *L. gruina* Cav., Hb. W.); Cerro Quicorichi, Rio Mayo, X. (Rio Mayo Expl. H. Sc. Gentry n. 1939! — Hb. Field); Colonia Garcia in der Sierra Madre, VIII. (E. W. Nelson n. 6272! — Hb. W., Townsend & Barber n. 240! — Hb. Del. B.); Staat Durango, Sierra Madre, 30 Meilen nördlich von Guanacevi, 2600—3000 m (E. W. Nelson n. 4767! — Hb. N. Y.); Tal von Mexico (Schaffner n. 321! — Hb. B.); ohne Ortsangabe (Coulter n. 35! Graham n. 238! — Hb. Cambr.).

Arizona: Huachuca Mts., IX. (Lemon n. 2805½! — Hb. Del.); Ursprung des Lute River, sumpfige Stellen, VII. (Gooding! — Bisbee H. School Hb. n. 678 b — Hb. Del.); Oak Creek bei Flagstaff (Lemon!).

Haec species *L. gruinae* arcte affinis, sed innovationibus et floribus satis distincta videtur. — Planta ornamentaria.

33. **L. subpubera** Weddell, Chloris And. II (1857) 14. — *Dortmannia subpubera* O. Kuntze, Revis. II (1891) 973. — Herba parva, laxe caespitosa, corolla excepta puberula, stolonifera, ramulis ascendentibus, 3—10 cm longis. Folia basalia spathulata, brevi-petiolata, caulina subpetiolata vel sessilia, lanceolata, circiter 15 mm longa et 4 mm lata, apice acuta, basi angustata, margine callose denticulata, raro subglabra. Racemus 2—3-florus. Pedicelli 4—6 mm longi, subglabri, bracteis anguste lanceolatis subbreviores. Calyx late turbinatus, lobis subulatis, 3—4 mm longis, virenti-violaceis, ciliatis. Corolla violacea (?), 8—10 mm longa, extus glabra, intus in tubo puberula, lobi superiores sublineares, lobi inferiores obovati, basi dilutiores et bicallosi. Tubus stamineus 4,5 mm longus, glaber, antherae 2 inferiores apice barbatae.

var. **subpubera.** — Ut supra.

Ecuador: Berg Cotopaxi, 3950 m (Jameson n. 463! — Hb. De Candolle, sp. orig.).

var. **weberbaueri** (A. Zahlb.) E. Wimm. in Fedde, Repert. Spec. Nov. XXIX (1931) 51 et in Macbride, Fl. Peru VI (1937) 480. — *L. Weberbaueri* A. Zahlb. in Engler, Bot. Jahrb. XXXVII (1906) 462. — Planta altior, ad 20 cm alta, parum minus puberula vel partim glabrata. Racemi usque 6-flori. Flores parum majores, corolla ad 14 mm longa, „tubo diluti-violaceo, labio pallidi-lilacino, in fauce dilutiore cum palato luteo, antheris obscuri-violaceis" (Diels).

P e r u : Dept. Cajamarca, Paß Coymolache über Hualgayoc, hohe dichte oft geschlossene Grasflur mit Sträuchern und Kakteen, 4000—4100 m, V. (W e b e r - b a u e r n. 3955! — Hb. B., Typus pro *L. Weberbaueri*); Dept. Cuzco, Acanacu, 1160 m (J. W e s t n. 7044! — Hb. Univ. Calif.).

E c u a d o r: Obere Region des Kegels des Chimborazo, Ostseite, 4000—4300 m, auf Trachyt-Dolerit und Tuff, Ende Sept. 1888 (M. W a g n e r! — Hb. Münch., forma transiens ad typum); — Anden oberhalb Tipococha, Páramo, 3300 m, zwischen Gesträuch, VIII. (L. D i e l s n. 614! — Hb. B.).

C o l o m b i a : Dept. Norte de Santander, Mutiscua, offene Hügellehne, 3300 m, II. (K i l l i p & S m i t h n. 19632! — Hb. N. Y.).

Tam *L. tenerae* quam *L. gruinae* propius accedens.

34. **L. rupestris** Humb., Bonpl. & Kunth, Nov. Gen. et Spec. Am. III (1818) 313; G. Don, Gen. Syst. III (1834) 705; A. De Cand., Prodr. VII (1839) 375. — *L. polygalaefolia* Willdenow apud Roem. & Schult., Syst. V (1819) 56. — *L. veronicaefolia* Willdenow l. c.; Sprengel, Syst. I (1825) 713; A. De Candolle, Prodr. VII (1839) 378; D. Dietrich, Synops. I (1839) 730. — *Rapuntium rupestre* Presl, Prodr. Monogr. Lobel. (1836) 15. — *R. veronicaefolium* Presl l. c. 23. — *Dortmannia rupestris* O. Kuntze, Revis. II (1891) 973. — Radix repens. Caulis erectus, subramosus, foliis anguste decurrentibus et in angulis hirtus, 25—40 cm altus. Folia utrinque hirta, radicalia spathulata et elliptica, in petiolum brevem attenuata, caulina sessilia, lanceolata, 15—30 mm longa et 4—7 mm lata, acuta, basi parum angustata, margine denticulata, suprema in bracteas angustas pedicello vix breviores sensim reducta. Racemi laxi, vix secundi, 5—10-flori. Pedicelli 3—13 mm longi, subglabri, bracteolis 2 subulatis in medio vel ad basin sitis. Calycis tubus turbinatus vel postea semiglobosus, subglaber vel hirtus, lobi calycini 2—3 mm longi, hirti, ciliati, integri, erecti. Corolla violacea vel violacea-cyanea, 8 mm longa, extus glabra, intus in tubo puberula; lobi superiores lineares, lobi inferiores obovati, basi bicallosi. Staminum tubus 4 mm longus, glaber, antherae 2 inferiores apice penicillatae. Capsula subglobosa vel ovoidea, 4 mm longa, hirta vel subglabra. Semina oblonga, luteo-fusca, nitida, 0,6 mm longa.

C o l o m b i a : Staat Cauca: Prov. Popayan, Vulkan Puracé (H u m b o l d t & B o n p l a n d! — Hb. Willd. n. 3969!. sp. orig. pro *L. polygalaefolia*, et n. 3991!, sp. orig. pro *L. veronicaefolia*); Alto de Pesares, 2500—2700 m, III. IV. (L e h m a n n, n. 5929! — Hb. Field, Kew); Bergwiesen um Silvia, Páramo de Guanácas 3000—3500 m, Sotaro Volcano, VII., Pitayó, freie Waldplätze am Westabhang des Páramo de Meoras, Alto de las Cehollas, bis 3300 m (L e h m a n n n. K 166! 6349! 6136! 3472! 3142! 2692! 6162! — Hb. Kew, Boiss., B.); Coconuco, 2600—3000 m, II. (L e h m a n n!); Las Escalerettas, Moras Valley (H. P i t t i e r n. 1357! — Hb. Wash.); Paletara bei Rio Cauca, buschiges Ufer (P e n n e l l n. 7067! — Hb. Wash.).

35. **L. stolonifera** Donn. Smith in Bot. Gazette XXVII (1899) 338. — McVaugh in Am. Midl. Nat. XXIV (1940) 688 et in North Am. Fl. XXXII A (1943) 47. — Herba 10—20 cm alta, stolonifera, stolones 12—17 cm longi, remote foliati foliis parvis spathulatis, apice rosulatis; caules in parte inferiore tantum foliati, folia spathulata usque oblanceolata et lanceolata, inferiora longius petiolata, cetera breviter vel subpetiolata, incluso petiolo 2—5 cm longa et 0,4—0,6 cm lata, obtusa vel acuta, margine obsolete repando minute denticulata. Flores primo in racemo subfasciculato, dein brevi, paucifloro. Bracteae lineares, pedicello adnatae et eum

circiter duplo superantes. Pedicelli 3—6 mm longi, basi bibracteolati. Hypanthium turbinatum vel campanulatum, brevissime hirtellum; lobi calycini sublineares, 4 mm longi, integri, glabri, erecti. Corolla dilute coerulea, 10 mm longa, tubus intus subpilosus, labium inferius tripartitum, basi 2 plicis ornatum, lobis obovatis, mucronulatis; lobi superiores sublineares, erecti. Filamenta 3 mm longa; antherarum tubus cinereo-nigrescens, glaber, 1,5 mm longus, antherae 2 inferiores biaristatae.

Guatemala: Dept. Huehuetenango, Todos los Santos — Chiantla (Llanos, auf dem Kamm der Kordillere, 3000 m, IX. (C. & E. Seler n. 3017! — Hb. B.); Chemal (Bernoulli & Cario n. 1992! — Hb. Goett.).

Venezuela: Prov. Merida, Paramo de la Sal bei Santa Lucia, 3400 m, IX. (A. Jahn n. 524! — Hb. Wash., verisimiliter).

Species *L. tenerae* HBK. persimilis, sed pedicellis brevibus, calyce hirtello et antheris inferioribus non penicillatis, sed 2 pilis terminatis diversa. Plura materia consultata videbimus, an specifice differt.

36. **L. collina** Humb., Bonpl. & Kunth, Nov. Gen. & Spec. Amer. III (1818) 312; G. Don, Gen. Syst. III (1834) 704; A. De Candolle, Prodr. VII (1839) 379; E. Wimm. in Macbride, Fl. Peru VI (1937) 477. — *L. linifolia* Willd. apud Roem. & Schult., Syst. V (1819) 67. — *L. phyteumoides* Willd. apud l. c. 68; Sprengel, Syst. I (1825) 713; D. Dietrich, Synops. I (1839) 731. *Rapuntium colinum* Presl, Prodr. 23. — *Dortmannia collina* O. Kuntze, Revis. II (1891) 972. — Herba glabra caulibus procumbenti-ascendentibus, ramosis, laevibus, circiter 20 cm altis. Folia sessilia, lanceolato-linearia, circiter 20 mm longa et 3—5 mm lata, acuta, margine remote denticulata. Racemus spiciformis, subdensus, pauciflorus. Bracteae lineares, pedicellos aequantes. Pedicelli 2—4 mm longi. Hypanthium semi-ovoideum lobis linearibus, acutis, integerrimis, 2—3 mm longis, erectis. Corolla violaceo-coerulea, 10 mm longa, labium inferius trifidum lobis fere linearibus, ca. 1 mm latis; lobi superiores lineares. Capsula videtur ellipsoidea, semi-supera. — Fig. 77 c.

Peru: Zwischen Malacatis und Gonzanama, auf trockenen Hügeln, selten, ca. 2000 m (Bonpland; Humboldt! — Hb. Willdenow n. 3959, Typus pro *L. linifolia*; n. 3966, Typus pro *L. phyteumoides*).

37. **L. brachypoda** (A. Gray) Small, Fl. Southeast. U. S. (1903) 1147 [1]); McVaugh in Am. Midl. Nat. XXIV (1940) 692 et in North Am. Fl. XXXII A (1943) 51. — *L. berlandieri* var. *brachypoda* (A. Gray) McVaugh in Bartonia no. 23 (1945) 40. — *L. Cliffortiana* var. *brachypoda* A. Gray, Synopt. Fl. N. Amer. II/1 (1878) 7. — Herba annua, erecta, glaberrima, ramosa, 20—50 cm alta. Folia sparsa, brevipetiolata usque subsessilia, ima ovata vel ovalia, reliqua ovalia vel oblongo-obovata usque oblonga et lanceolata, 2—6 cm longa et 0,8—3,8 cm lata, apice subacuta vel acuta, basi cuneata vel in petiolum alatum angustata, margine repando- vel obtusiusculo-dentata vel serrata vel callose denticulata, glaucescentia, carnosula, in sicco tenuia. Flores in racemis sublaxis, secundis vel subvagis, 3—16-floris. Bracteae sublineares, pedicello saepe breviores. Pedicelli 3—6, fructigeri ad 10 mm longi, erecto-patentes, demum lateraliter patentes, basi bibracteolati. Tubus calycis turbinatus, mox semi-ellipsoideus vel semi-globosus; lobi calycini subulati, integri, 2—3 mm longi. Corolla 8—11 mm longa, tubo pallescente, lobis coeruleis, basi albomaculatis et 2 plicis virentibus, superioribus lanceolatis, inferioribus subobovatis. Filamenta 3 mm longa; tubus anthereus nigrescens, supra 1 mm longus, in dorso pilosulus. Capsula ellipsoidea, semi-supera, ca. 6 mm longa. Semina ellipsoideo-oblonga, fusca, laevia, nitida, 0,3 mm longa.

Vereinigte Staaten v. N. Amerika und Mexico, blühend ungefähr von März bis August. — Texas West bis El Paso und Neu-Mexico, Mai—Okt. 1849 (Wright n. 419! — Hb. Del., n. 1419! — Hb. Boiss.,

[1]) Erronee a Small citatur ut auctor nominis *brachypoda* A. *De Candolle*.

Cambr.); Tom Green Co., Knickerbocker Ranche, Dove Creek, Mai 1880 (Frank Tweedy! — Hb. B.); Kinney Co., Strickland Spring (E. A. Mearns n. 1347! — Hb. Wash.). — Mexico: Staat Coahuila, Muzquiz, S. Anna Canyon (E. Marsh n. 180! 453! — Hb. Field); Staat Nuevo Leon, Monterey (E. Palmer n. 772! Hb. Univ. W.); Staat Taumalipas, Jaumave, an Fluß (Viereck n. 108! — Hb. B.); Staat Michoacan, Morelia, 1800 m (Fr. Arsène n. 34! — Hb. Del.).

38. **L. fastigiata** Humb., Bonpl. & Kunth, Nov. Gen. et Spec. Amer. III (1818) 313; G. Don, General Syst. III (1834) 705; A. De Candolle, Prodr. VII (1839) 373; — McVaugh in North Am. Fl. XXXII A (1943) 59. — *L. tenuifolia* Willdenow apud Roem. & Schult., Syst. V (1819) 56, non D. Dietrich, Synops. I, 731. — *L. trinitensis* Grisebach, Fl. Brit. West Ind. (1864) 385. — *L. Gardneriana* Kanitz in Martius, Fl. Brasil. VI/4 (1878) 138. — *L. Gardneriana* var. *foliosa* A. Zahlb. in Bull. Herb. Boiss. 2. ser. III (1903) 922. — *Rapunitum fastigiatum* Presl, Prodr. 15. — *Dortmannia trinitensis* O. Kuntze, Revis. Gen. II (1891) 380. — *D. fastigiata* et *D. Gardneriana* O. Kuntze l. c. 972. — Herba annua, glaberrima, caules erecti, plerumque ramosi, ramis erectis, 20—40 cm alti. Folia infima breviter petiolata, ovata et obovata, reliqua paulatim subsessilia, lanceolata, 10—2,5 mm longa, 2—5 mm lata, acuta, margine argute vel minute denticulata, sursum in bracteas transeuntia. Flores in racemos laxos secundos, 5—14-floros dispositi. Bracteae lineares, pedicellos superantes. Pedicelli 2—4 mm longi, basi minute bibracteolati. Hypanthium turbinato-ellipsoideum, parum obliquum, 2—4 mm longum, maturescens fere cylindraceum; lobi calycini subulati, integri, erecti, 1,5—2 mm longi. Corolla violacea vel rubro-violacea, 4 mm longa, labium inferius tripartitum lobis oblongo-obovatis; lobi superiores triangulari-lineares, breves. Antherae violascentes, glabrae, 2 inferiores penicillatae. Capsula oboconico-oblonga, 8 mm longa, 2,6 mm lata, infera. Semina ellipsoidea, fuscescentia, nitida, 0,45 mm longa. — Fig. 77 d.

Südamerika: Colombia: Dept. Tolima, an Quelle, 600—800 m, XII. (Pennell n. 3547!); Dept. El. Valle, La Cumbre, Wiese, 1500—1600 m, V. (Pennell & Killip n. 5971!); Dept. El Cauca, Rio Sucio, westlich von Popayan, feuchte Schlucht. 1500—1700 m, VII. (Pennell & Killip n. 8172! — alle Hb. N. Y.); Popayan und Chillo und in Ecuador bei Quito, 1800 m (Humboldt & Bonpland! — Hb. B., sp. orig. pro *L. tenuifolia* Willd., etiam typus spec. nostrae!).

Venezuela: Quebradita de las Ruinas bei Caracas, auf feuchten Plätzen, IV. fl. purple (H. Pittier n. 9435! — Hb. Del.).

Insel Trinidad: Macaceas, 15. III. 1849 (Crueger! — Hb. Goett., sp. orig. pro *L. trinitensis* Griseb.); Arima, Wegrand, III. (N. L. Britton, E. G. Britton & M. Brown, Pl. Trinidad n. 2410! — Hb. Wash.).

Brasilien: Piauhy Süd (Gardner n. 2655! — Hb. De Candolle, sp. orig. pro *L. Gardneriana* Kan., Del. Cambr.); Bahia (Sellow! — Hb. B. Cambr.); Rio Branco, in Sümpfen des Campo bei São Marcos (Ule n. 7857! — Hb. B.); Pernambuco, Tapéra, auf kultiv. Boden, VIII. (Pickel — Hb. Schol. Agric. S. Bento n. 1552! 2768! — Hb. B. Wash.).

Paraguay: L'Assomption, an feuchten Orten, VI. fl. lilas (Balansa n. 2151! — Hb. Del.); S. Bernardino, Waldrand (Osten n. 9135! — Hb. Stkh.).

Species forma foliorum satis variabilis, sed flore omnes supra allatae species bene congruunt. — Kanitzius antheras *L. gardnerianae* false descripsit, qua de causa clavis analyticus specierum brasiliensium in Martius, Flora Brasil., non quadrat.

Grex 3. **Rosulatae** E. Wimm.

Grex *Rosulatae* E. Wimm. in Annal. Naturhist. Mus. Wien LVI (1948) 342. — Caulis sine vel cum foliis minutis paucis; plura folia basalia et rosulata. Si folia partim rosulata, partim per caulem dispersa (ut *L. berlandieri*), species hic producuntur.

Fig. 78. a *Lobelia pulchella* 1/1, sec. sp. orig. Vatkei. — b *L. nuda* 1/1, sec. sp. orig. Hemslei. — c *L. lelyana* 1/1. — d *L. lepida* 2/1, corolla 3/1. — e *L. lydenburgensis* 1/1, corolla 2/1. — Orig.

Clavis specierum.

I. Corolla 15—20 mm longa; folia conferte serrato- vel fimbriato-dentata, Mex.

A. Planta, excepta flore, subpubescens. — Fig. 78 a .... 39. *L. pulchella.*

B. Planta glabra .... 40. *L. bryophila.*

II. Corolla 6—12 mm longa; folia aliter marginata.

A. Folia sinuato-lobata vel -dentata, subcordata usque oblongo-ovata, Mex. 41. *L. subnuda.*

B. Folia dentata vel denticulata, basi plerumque angustata.

a. Plantula 4—5 cm alta, a basi ramosa, caules 1—2-flori. — Fig. 78 d. 42. *L. lepida.*

b. Herbae altiores, 10—50 cm altae; racemi pluriflori, caules saepe foliis 1—3 oblanceolatis usque linearibus ornati, rarius aphylli [1]).

1. Tubus corollae semifissus, lobi calycini dentiformes. — Fig. 78 e. 43. *L. lydenburgensis.*

2. Tubus corollae normaliter (ad basin usque) fissus.

α. Pedicelli proportionaliter longi, 20—35 mm lg.

* Caulis pars inferior et partim folia minute pilosa 44. *L. gracillima.*

** Plantae glaberrimae.

\+ Folia spathulata, pedicelli valdiores, ascendenti-erecti 45. *L. laxa.*

\++ Folia elliptico-rotunda vel -ovata, pedicelli patentes 48. *L. berlandieri* var. *seleriana.*

β. Pedicelli breviores, 3—16 mm longi.

\+ Corolla 9—12 mm lg.; folia obovato-oblonga usque oblanceolata, caulina linearia rara dentata. Afr. — Fig. 78 b. .... 46. *L. nuda.*

\++ Corolla 3—8 mm lg.; folia spathulata vel obovata usque ovato-elliptica, levi-dentata, serratula vel subintegra.

° Folia basalia parva, 5—20 mm lg., caulis interdum subfoliatus.

! Calycis lobi basi denticulati. Afr. — Fig. 78 c. 47. *L. lelyana.*

!! Calycis lobi integerrimi.

′ Caules plerumque plures, subramosi, corolla 6—8 mm lg. Mex. .... 48. *L. berlandieri.*

″ Caulis solitarius simplex stricto erectus, corolla 3 mm lg. Ins. Bahama .... 49. *L. lucayana.*

°° Folia basalia obovata 4—5 cm lg., adpressi pilosa, caulis erectus scaposus, corolla 5—6 mm lg. Cap (?), fortasse eadem ac *L. spicata* ex Am. bor. .... 50. *L. cyphioides.*

39. **L. pulchella** Vatke in Linnaea XXXVIII (1874) 720; McVaugh in Am. Midl. Nat. XXIV (1940) 694 et in North Am. Fl. XXXII A (1943) 55, excl. syn. — *Dortmannia pulchella* O. Kuntze, Revis. II (1891) 973. — Caulis erectus, simplex, aphyllus, leviter puberulus, circiter 20 cm altus. Folia rosulata, obovato-oblonga usque elliptica, ca. 3,5 cm longa incl. petiolo et 1,2 cm lata, apice obtusa vel subacuta, ad basin in petiolum brevem (6 mm) angustata, margine inaequaliter serrato-dentata, utrinque sparse puberula vel scabriuscula, rigidula. Racemus laxus, 3—5-florus. Bracteae subulatae, minutae, puberulae. Pedicelli filiformes, puberuli, ebracteolati, 12—35 mm longi. Calycis tubus turbinatus, perbrevis, cum lobis puberulus; lobi subulati, integri, patentissimi, 3 mm longi. Corolla coerulea, extus levissime puberula, 17 mm longa; tubus eius in dorso non totaliter fissus (per ca. 2 mm), 8 mm longus; lobi superiores erecti. oblanceolati; labium inferius tripartitum, lobi obovati. Filamenta glabra, 5 mm longa. Tubus anthereus nigrescens, in dorso pilosulus, 1,5 mm longus. Capsula oblonga, duobus partibus supera. — Fig. 78a.

Mexico: Ohne nähere Standortsangabe (C. Ehrenberg! — Hb. B., orig.).

40. **L. bryophila** E. Wimm. in Fedde, Repert. Spec. Nov. XIX (1924) 385. — *L. pulchella* McVaugh ll. cc. p. p. — Radix sobolifer ? Caulis glaber, erectus, simplex, 15—35 cm altus, subnudus (foliis 1—2 minoribus sublinearibus, sessilibus praeditus).

[1]) Si folia inferiora omnino lanceolata, vide *L. sartorii* var. *piscinula.*

Folia rosulata 5—7, ovalia usque oblonga, 3—6 cm longa et 1—2 cm lata, apice acuta vel obtusa, ad basin in petiolum brevem angustata, margine irregulariter serrato-dentata, glabra vel supra obsolete hirtella, subrigida. Racemus laxus, secundus, 4—7-florus. Bracteae lineares, denticulatae, glabrae, 5—10 mm longae. Pedicelli 10—15, demum ad 30 mm longi, minute puberuli, patentes, ebracteolati. Calycis tubus breviter turbinatus, glabratus, costis et lobis violaceo-purpurascentibus; lobi subulati, glabri, utrinque unidenticulati, 3—5 mm longi, patentes. Corolla coerulea, glabra, 15—18 mm longa; tubus partim (2 mm) integer, 6 mm longus; lobi 2 superiores oblanceolati; lobi inferiores basi albo-areolati, obovati. Filamenta 4—5 mm longa, glabra. Antherarum tubus, nigrescens, albo-pilosulus, 2 mm longus. Capsula oblonga, semisupera, 7 mm longa. Semina fuscescentia, ellipsoidea, laevia, nitida, 0,8 mm longa.

var. **bryophila.**

M e x i c o : Staat Oaxaca, Sierra de Clavellinas, 3000 m, ,,mossy banks" 16. Okt. 1894 (P r i n g l e n. 6002! — Hb. W. Del., sp. orig.); ohne näheren Standort (K a r w i n s k y! — Hb. Münch.).

var. **fimbriosa** E. Wimm. in Annal. Naturhist. Mus. Wien LVI (1948) 342. — Folia anguste et conferte fimbriata — fimbriae 2—4 mm longae —, subtus atroviolascentia et sic etiam nervata, glaberrima. Racemi pluribus floribus (ad 17) exornati. Sepala videntur edenticulata. Corolla purpurascens, albo-oculata. Caulis ramulos florigeros producentes et ad 70 cm alti.

M e x i c o : Staat Guerrero, Distr. Mina, Sierra del Sur, Petlacala, bewaldeter Hang eines Kiefernwaldes, 1870 m, häufig, zerstreut, 15. Dez. 1937 (Y. M e x i a n. 8967! — Hb. W.).

41. **L. subnuda** Bentham, Pl. Hartweg. (1840) 44; Gard. Monthly (1875) 330; Garden VII (1875) 81; Hemsley, Biolog. Centrali-Amer. II (1881—82) 289; Gard. Chron. 2. ser. II (1887) 304; — McVaugh in Am. Midl. Nat. XXIV (1940) 689 et in North Am. Fl. XXXII A (1943) 49. — *L. discolor* Klotsch in Link, Klotsch & Otto, Icon. Pl. Horti Berol. I (1841) t. 2. — *Dortmannia subnuda* O. Kuntze, Rev. Gen. II (1891) 973. — Herba annua, parce ramosa, 15—40 cm alta, foliis ad basin caulis approximatis, caule inferne sparse pubescente, nunc fere nudo, nunc subfoliato. Folia ovata, 1—4 cm longa et 0,8—2 cm lata, basi subcordata vel truncata, rarius breviter cuneata, petiolo 1—3,5 cm longo, pubescente, margine sinuato-dentata — dentibus obtusis — utrinque vel supra solum parce pubescentia vel glabrescentia, tenuia. Flores laxe racemosi, subsecundi, circiter 4—20. Bracteae subulatae, minutae. Pedicelli filiformes, 15—40, fr. ad 50 mm longi, patentes. Hypanthium turbinatum vel campanulatum, glabrum lobis subulatis, 2 mm longis. Corolla pallide coerulea, glabra, 10 mm longa, lobi superiores sublineares, lobi inferiores obovato-oblongi. Tubus anthereus glaber, obscure caesius, 1 mm longus, antherae 2 inferiores minute penicillatae.

M e x i c o : Branco, schattige Orte (H a r t w e g n. 336! — Hb. W. B.; C. E h r e n b e r g n. 929! — Hb. B.); Staat Hidalgo, Trinidad, V. (P r i n g l e n. 13406! — Hb. Wash.). Kultiv. in Bot. Gärten (Leipzig 1843 sub ,,*Lobelia nudicaulis*", Berlin a. 1839 sub ,,*L. discolor*" Klotsch, sp. orig.).

42. **L. lepida** E. Wimm. in Annal. Naturhist. Mus. Wien LVI (1948) 342. — *L. pusilla* Welwitsch, in Hiern, Cat. Welw. Afr. Pl. I (1898) 626, non G. Don nec A. DC. — Caulis erectus, 3—4 cm altus, vix ramosus, subpubescens, fere nudus, foliis rosulatis, vertice 1—2-florus. Folia ovalia vel obovato-ovalia, obtusa, 4—6 mm longa et vix 3 mm lata, basi in petiolum brevem angustata, margine minute denticulata, sparse hirta. Pedicelli bractea subulata minima multo longiores, 12—15 mm longi, erecti, puberuli. Hypanthium turbinatum; lobi calycini subulati, ca. 1 mm longi. Corolla coerulea, albo-oculata, 8 mm longa, tubo pallido, lobis obobvatis. Stamina 3 mm longa. Tubus anthereus albo- et nigro-striatus, in dorso pilosulus. Capsula oblonga, ca. 6 mm longa (ex Welwitsch). — Fig. 78 d.

T r o p i s c h e s A f r i k a , A n g o l a : Huilla, sumpfig-sand. Stellen am Fluß Quipumpunhime zw. Mumpulla und Nene, X. (W e l w i t s c h , It. Angol. n. 1139! — Hb. Kew, orig.); Kunene (H. H. J o h n s t o n! — Hb. Kew).

43. **L. lydenburgensis** E. Wimm. in Annal. Naturhist. Mus. Wien LVI (1948) 342. — Herba glaberrima, caules e radice plures, simplices, erectos, nunc subnudos, nunc pauci-foliatos, ca. 20 cm altos emittens. Folia radicalia vel basalia rosulata, spathulata vel oblanceolata, 7—12 mm longa et 2—5 mm lata, basi in petiolum 10—17 mm longum acuminata, apice obtusa vel subacuta, margine remote obtuse dentata vel subintegra et remote denticulata, folia caulina, si adsint, oblanceolata vel linearia. Flores in racemis laxis, subsecundis, 5—7-floris. Bracteae subulatae, minutae. Pedicelli 2—3 cm longi, patenti-erecti, ebracteolati. Hypanthium obconicum, lobis subulatis, 1,5 mm longis, patentibus. Corolla rubro-coerulea, extus glabra, 10 mm longa, tubus ad medium tantum fissus, labium inferius tripartitum, ad faucem hirtellum et albo-maculatum, lobis obovato-oblongis, lobis superioribus oblanceolatis. Stamina 5 mm longa, glabra. Antherarum 2 inferiores apice penicillatae. — Fig. 78 e.

S ü d a f r i k a : T r a n s v a a l , Distr. Lydenburg, Stadt Lydenburg, XI. (F. W i l m s n. 898! — Hb. Univ. Wien, Del. p. p., n. 887! — Hb. Del. p. p., Hb. Budap. p. p., nicht Hb. Goett.); Distr. Baberton, Waterval Boven, in Pfützen und an feuchten Orten, II. (B u r t t - D a v y n. 1404! — Hb. Stellb.).

46. **L. gracillima** Welwitsch in Hiern, Cat. Welw. Afr. Pl. I (1898) 625. — *L. pedicellata* Diels in Engler, Jahrb. XXVI (1899) 116. — Herba annua, erecta, caulis subsimplex, teres, inferne puberulus, subnudus (foliis 0—2 minoratis), 12—17 cm altus. Folia radicalia rosulata, spathulato-oblonga, petiolo brevi incluso 10—12 mm longa et 2—4 mm lata, apice rotundata vel obtusa, basi cuneata, margine subintegra vel remote denticulata, inconspicue puberula vel glabrescentia. Racemus laxus, pauciflorus (3—6 flores). Pedicelli 16—32 mm longi, ebracteolati, compressi, patenti-erecti, bracteis sublinearibus 2—6 mm longis. Hypanthium oblongo-obconicum, demum ellipsoideum, lobi calycini subulati, integri, 2 mm longi, suberecti. Corolla azurea, glabra, 11 mm longa, ad faucem albida et gibbis munita, lobi 2 superiores oblanceolati lobis inferioribus oblanceolato-oblongis parum breviores. Filamenta 3 mm longa, glabra. Tubus anthereus cinereus, in dorso pilosulus, ca. 1,5 mm longus.

T r o p i s c h e s A f r i k a : A n g o l a , Distr. Benguella, Humpata-Plateau, IV. (W e l w i t s c h It. Angol. n. 1140 ex auct.); Huilla (A n t u n e s n. 168! — Hb. B., sp. orig. pro *L. pedicellata*).

45. **L. laxa** MacOwan in Journ. Linn. Soc. XXV (1890) 392; Wood, Handb. Fl. Natal (1907) 76. — *L. Krooki* A. Zahlb. in Annal. Hofmus. Wien XVIII (1903) 407. — *L. Tysonii* Phillips in Annal. S. Afr. Mus. XVI (1917) 16, t. I. A. — Herba glaberrima, caule erecto, nudo vel subfoliato, 30—40 cm longo. Folia plurima rosulata, spathulata vel obovato-oblonga, apice rotundata vel obtusa, 2—5 cm longa et 1—2 cm lata, folia caulina lanceolata vel oblanceolata vel linearia, 3—6 cm longa et 0,2—0,8 cm lata, omnia in petiolum 5—15 mm longum attenuata, margine obsolete crenata vel dentata vel obtusiusculo-dentata. Flores in racemo laxo, secundo, 5—11-floro. Bracteae lineares, 2—3 mm longae. Pedicelli 6—18 mm longi, demum ad 35 mm elongati, ebracteolati, arrecti, validiores quam illi *Lobeliae nudae*, quae nostrae proxima. Tubus calycis oblongo-obconicus, lobi subulati, integri, subpatentes, 3 mm longi. Corolla coerulea, 11—13 mm longa, lobi superiores sublineares, inferiores obovato-oblongi. Filamenta 3 mm longa, glabra. Antherae striatae, ca. 2 mm longae. Capsula oblonga, 6 mm longa.

S ü d a f r i k a : G r i q u a l a n d Ost, Kokstad, auf feuchten grasigen Stellen, 1600 m, XI. 1882 (W. T y s o n — Hb. Norm. Austro-Afr. n. 571! — Hb. Ups. W. B.; J. M. W o o d n. 4208! K r o o k — P e n t h e r , Pl. Austro-Afr. n. 2744! — Hb. W., orig, pro *L.* Krooki; W. J. H a y g a r t h! — Hb. B.). — N a t a l , Howick, 1300 m, XI. (J. M. W o o d n. 5398! — Hb. Wash. Ups.). Tsitsa River, im Gras,

1100 m, I. (Schlechter n. 6366! — Hb. B.). — Basutoland: Distr. Leribé, Makokoane, Ufer des Thlotse River, blühend vom Frühling bis Okt. (A. Dieterlen n. 811! — Typus pro *L. Tysonii*); Distr. Mafeteng, Likhvele, bei der kleinen Quelle „Selibaneng" (A. Dieterlen n. 811 a! — Hb. Stellb.). — Oranjefreistaat: an Flüssen bei Witzieshoek, 1800 m (J. Thode n. 3578! — Hb. Stellb.). — Distr. George, am Hexrivier bei Modderdrift (Drege n. 1942 b! — Hb. B.). — Nom. vulg. in Sesuto: „*Poli es nōka*".

Planta olim a *L. erinus* L. verisimiliter non distincta, tamen longe diversa.

46. **L. nuda** Hemsley in Oliver, Fl. Trop. Afr. III (1877) 469; R. E. Fries in Schwed. Rhodesia-Kongo-Exped. I (1916) 317; Engler, Pflanzenwelt Ostafr. (1895) C 402, non Hiern, Cat. III, 628. — *L. pubescens* var. *simplex* O. Kuntze in Engler, Jahrb. IV (1886) 267; Dinter in Fedde, Repert. Spec. Nov. XVIII (1922) 441. — *L. rosulata* S. Moore in Journ. of Bot. XLI (1903) 402. — *L. jugosa* S. Moore in Journ. Linn. Soc. Bot. XL (1911) 125 (?). — *L. natalensis* E. Wimm. partim in herb. et nonull. alior., saltem pro parte. — Herba multicaulis. Caules basi ascendente erecti, subangulati, inferne subpubescentes, subramosi, nudi vel subfoliati, 10—55 cm longi. Folia rosulata, obovato-oblonga vel spathulata vel oblanceolato-oblonga, interdum subovata vel subrotunda (pauca), obtusa vel acuta, ad basin in petiolum 1—2 cm longum, indefinitum, ciliatum et marginatum angustata, margine inaequaliter dentata, 0,5—5 cm longa et 0,2—1,8 cm lata, subglabra vel pilis sparsis, vestita, folia caulina 1—4, ligulata vel linearia, sessilia, 0,2—3 cm longa et 0,1—0,3 cm lata, integra vel denticulata. Racemi laxi, vix secundi, glabri, 8—20-flori. Bracteae lineares, 3—6 mm longae. Pedicelli filiformes, 8—25 mm longi, ebracteolati. Hypanthium oblongo-obconicum, lobi subulati, integri, suberecti, 2—3 mm longi. Corolla coerulea, fauce albo- vel luteolo-maculata et 2 plicis virentibus ornata, glabra, 8—12 mm longa, lobi superiores lanceolati, erecto-reclinati, lobi inferiores obovato-oblongi. Filamenta coerulescentia, glabra, 3 mm longa. Tubus anthereus atro-violaceus, in dorso pilosulus, 1,5 mm longus. Capsula obconico-oblonga, infera, 8 mm longa. Semina subcompresso-ovoidea, fusca, nitida, vix 0,3 mm longa. — Fig. 78 b.

Tropisches Afrika, von Mosambik bis Deutsch-Südwestafrika, an sumpfigen und feuchten Orten, Flußufern, blühend vom Juli bis Okt. — Sambesigebiet: Hochland in der Landschaft Batoka, 1860 (J. Kirk! — Hb. Kew, orig.); Gazaland, Hügel zwischen den Flüssen Lusitu und Nyahodi, 1600 m, Mt. Pene (Swynnerton n. 2037! 6085! — Typus pro *L. jugosa*, nicht gesehen!, n. 6080 ?); Victoria Falls, auf ziemlich trockenem Boden am Sambesifluß, bei Chirukutu bei Brocken Hill, Unkraut auf Sorghum-Feldern (R. E. Fries n. 156, 287, nicht gesehen!); Sesheke (A. E. Gairdner n. 89! — Hb. Kew). Süd-Rhodesia: Mashonaland, Salisbury (Evelyn Cecil n. 56! — Hb. Kew); Salisbury — 4 Miles Water, Bulawayo — Pasipas, Stauweiher von Cleveland (A. Peter n. 30662! 45346! 30690! — Hb. B.); S. Rhodesia (A. Hislop n. 62! Burtt-Davy n. 4552! — Hb. Kew). — Transvaal: Distr. Waterberg, Ufer des Limpopo (L. Leipoldt n. 21!), Naboomspruit, massenhaft bei der Roodepoort-Farm entlang einem Wasser (Galpin n. 768! — Hb. B.), nördlich von Warmbath, XII. (Smuts & Gillet n. 3079!); Distr. Pietersburg, Pigeon Hole Farm (Mc-Callum! — Hb. Pretoria); zwischen Pietersburg und Shilouvane (Junod n. 1640! 1623! — Hb. Z.) Distr. Pretoria, Pretoria, XII. 1883 (F. Wilms n. 891!), Rivonia-Sumpf, gemein V. (C. E. Moss n. 11298! — Hb. Pret.) Babiaans Poort (A. Leeman! — Hb. Pret.), Koedeoespoort, an einem felsigen Hang (C. A. Smith n. 1541! — Hb. Pret.), Premier Mine und Nelsprint (F. A. Rogers n. 19834! 21450! — Hb. Zür.); feuchter Grund bei Johannesburg (Rand, Transv. Pl. n. 734, 865 — Typus pro *L. rosulata*, nicht gesehen!); Elias Well, Burttholm, Vereeniging, 25. IV. (Burtt-Davy n. 17666!), Vereeniging, IX. (Burtt-Davy n. 17719! — Hb. Cambr.); Modderfontein (P. Conrath n. 553! — Hb. B.); Gegend Benoni (Bradfield n. T 58! — Hb. Pret.). Deutsch-Südwestafrika: Grootfontein, Otjosondjupa, Okahandja an Bachrand, 1200 m, blüht enzianblau mit gelbweißem Saftmal (K. Dinter n. 7693! 411! 599! — Hb. B.); Neudamm, 40 km ONO. von Windhuk, Geröllhügel mit spärlich bewachsenen Felsplatten, 1700 m, auf Sand in schattigen Felsritzen XI. (F. Seiner n. 21! — Hb. B.); Lichtenstein (Rusch n. 176!); im feuchten Sand des Tsoaihubflusses (W. Belik n. 5!); Elephant River bei der Farm Hohenau (H. &. E. Walter n. 1097!); Okasewa, Berge am Nossob auf Tonschiefer (v. Trotha n. 34 c A! — alle Hb. B.).

f. **hirtella** E. Wimm. in Annal. Naturhist. Mus. Wien LVI (1948) 343. — Tota planta tenuiter hirtella, corolla interdum excepta.

Hereroland (Pechuel-Lösche n. 29! — Hb. B., orig.); Otjihawera (H. Schinz n. 442! — Hb. B.). — Bechuanaland, Crocodile River, auf feuchten Wiesen, Sept. 1896 (Klingberg! — Hb. B.).

47. **L. lelyana** E. Wimm. n. sp. — Herba annua, erecta, a basi subramosa, 5—20 cm alta. Caulis inferne parce hirtus vel omnino glaber, fere aphyllus. Folia basalia pauca, brevi-petiolata, late ovata, 17 mm lg. et 14 mm lt., basi rotundata, vel etiam elliptica, 20 mm lg. et 8 mm lt., basi angustata, apice subacuta, margine conferte denticulata, supra parce hirta, subtus glabra. Flores in racemo laxo secundo. Pedicelli 4 mm longi, bractea subulata. Calycis tubus obconico-oblongus, lobi subulati, basi utrinque denticulo exserto, 2 mm longi. Corolla indigotica, 6 mm longa, lobis inferioribus obovatis. Stamina 3 mm lg., antherae superne pilosulae, 2 inferiores apice barbatae. — Fig. 78 c.

N. Nigeria: Auf Felsen im Schatten, Sept. 1930 (H. V. Lely n. P. 727! — Hb. K.). — *L. heyneanae* similis, sed foliis basalibus tantum, sepalis denticulis munitis, corollae lobis obovatis distincta.

48. **L. berlandieri** A. De Candolle, Prodr. VII (1839) 367; Vatke in Linnaea XXXVIII (1874) 719; Hemsley, Biolog. Centrali-Amer. II (1881—82) 266; — McVaugh in Am. Midl. Nat. XXIV (1940) 690, t. 1, in North Am. Fl. XXXII A (1943) 50, in Bartomia no. 23 (1945) 39 c. var. *berlandieri*. — *Dortmannia Berlandieri* O. Kuntze, Revis. II (1891) 972. — Herba annua, gracilis, 12—25 cm alta. Caules e radice plures, ascendenti-erecti, ramosi vel simplices, teretes, inferne puberuli. Folia radicalia rosulata, suborbicularia, ovata usque oblonga, 3—18 mm longa et 3—13 mm lata, basi rotundata et in petiolum 2—10 mm longum angustata, apice obtusa, minute puberula vel glabrescentia, margine remote denticulata, folia caulina sessilia, lanceolata, minora, 1—3. Flores in racemis laxis, subsecundis, 3—9-floris, raro 2-flori. Bracteae minimae. Pedicelli 5—12 mm longi, inconspicue puberuli, minutissime bibracteolati, patentes. Hypanthium obconicum, in fructu ellipsoideo-oblongum 5 mm longum, lobi calycini subulati, integri, 1 mm longi. Corolla coerulescens, 6—8 mm longa, tubo pallescente, fauce luteola vel alba et bigibbosa, lobis superioribus lanceolatis brevioribus, lobis inferioribus obovato-oblongis. Stamina 4 mm longa; antherae glabrae. Semina ovalia, subcompressa, cano-fusca, laevia, nitida, vix 0,3 mm longa.

var. **berlandieri.**

Mexico: Tampico de Taumalipas, 28. II. 1827 (Berlandier n. 106! — Hb. Moricand-Del., sp. orig., W.); Tampico, Grasland, IV. (H. W. Viereck n. 1096!); Pueblo Viejo, 2 km südlich von Tampico, II. (E. Palmer n. 369! — Hb. Del.); an Abhängen bei Jaumave, II. (H. W. Viereck n. 1031! — Hb. B.). Vera Cruz, Tuxpan (Wawra n. 764! — Hb. W. B.).

var. **seleriana** E. Wimm. n. c. — *L. Seleriana* E. Wimm. in Fedde, Repert. Spec. Nov. XXXVIII (1935) 82. — *L. divaricata* McVaugh in Am. Midland Naturalist XXIV (1940) 692 et in North Am. Fl. XXXII A (1942) 52 p. p. — Parum major et validior. Pedicelli 20—50 mm longi. Calycis tubus stricte obconicus vel campanulatus lobis 2—3 mm longis. Corolla ad 10 mm longa, staminibus 5 mm longis.

M e x i c o : Morelia, Cerro San Miguel, 2200 m, Dos Tetécos, an feuchten Orten, 2100 m, 24. VIII. (Bro. A r s è n e n. 6995! — Typus pro *L. seleriana*, n. 6068! und ohne Nr.! — Hb. Del. Wash. Stkh.); Loma Santa Maria, 2000 m (Bro. A r s è n e n. 6588! 9023! — Hb. Wash.); Mechoacan, Hügel oberhalb Patzcuaro auf Wiesen, X. (C a e c i l i a & E d u a r d S e l e r n. 1225! p. p. — Hb. B.); San Luis Potosi (J. G. S c h a f f n e r n. 119! — Hb. B. Goett.); Cardenas, Hügel am Rand der Kalkfelsen (P r i n g l e n. 3301! — Hb. W.); Coahuila, Sierra Pata Galana, X. (P u r p u s n. 1119! — Hb. Univ. W. B. Stkh.).

T e x a s : Südspitze, Brazos Santiago (G. C. N e a l l e y! — Hb. Wash.).

Species dispositione foliorum valde variabilis, interdum aspectum plantae rosulantis non praebens, mox multicaulis, caulibus ascendentibus, mox unicaulis caule uno erecto filiformi.

49. **L. lucayana** Britton & Millsp., The Bahama Fl. (1920) 428; McVaugh in Am. Midl. Nat. XXIV (1940) 696 et in North Am. Fl. XXXII A (1943) 58. — Caulis simplex, erectus, 5—10 cm altus, inferne cum petiolis minutissime hirtellus. Folia basalia rosulata, petiolo 2—4 mm longo, lamina ovata vel ovalis vel spathulato-oblonga, obtusiuscula, basi in petiolum acuminata, parce hirtella, 4—8 mm longa et 4—5 mm lata; margine minute denticulata; folia caulina 1—2, radicalibus similia vel lanceolata. Flores laxe racemosi, 4—8, minute bracteati. Pedicelli 4—7 mm longi, suberecti, basi minutissime bibracteolati. Hypanthium obconicum, glabrum, lobis subulatis vix 1 mm longis. Corolla videtur alba, 3 mm longa. Capsula obovato-oblonga, 3 mm longa. Semina orbiculari-lenticularia, badia, nitida, laevia, ca. 0,25 mm longa.

B a h a m a - I n s e l n : Watling's Island, südöstliches Ende; Caicos Islands, North Caicos, Kew und Umgebung, XII. (P e r c y W i l s o n n. 7713! — N. Y., Kew).

50. **L. cyphioides** Harvey, Thesaur. Cap. II (1863) t. 162; Sonder in Harv. & Sond., Fl. Cap. III (1865) 548. — *Dortmannia cyphioides* O. Kuntze, Revis. II. (1891) 972. — Herba annua, caule erecto, scapiformi, glabro, striato, folio parvo prope basin, circiter 30 cm alto. Folia rosulata, obovata, 4—5 cm longa et 2,6—4 cm lata, basi angustata vel brevi-petiolata, apice obtusa, margine integra vel obsolete crenulata, adpresse pilosa, subtus pallidiora. Flores racemum secundum, circiter 10 cm longum formantes. Pedicelli breves, bracteas lineares aequantes. Calycis tubus obconicus, lobis linearibus brevior. Corolla 6 mm longa, lobis superioribus erectis, linearibus, acutis, lobis inferioribus ovato-acutis. (Diagn. Sond.).

K a p l a n d : Kap der Guten Hoffnung (L a h a i e — non vidi).

Diese Art wurde — soweit mir bekannt — in Südafrika nicht wieder gefunden und ist mit keiner der dortigen Species näher verwandt. Ich vermute daher, daß das Originalexemplar entweder irrtümlich in die südafrikanische Pflanzensammlung geraten ist oder die Species dort nur adventiv vorkommt und mit *L. spicata* Lam. identisch ist; doch da mir die Samen nicht bekannt sind, ob sie nämlich höckerig-rauh, wie bei *spicata*, oder glatt sind, läßt sich die Frage vorläufig nicht entscheiden.

Grex 4. **Pterocaulinae** E. Wimm.

Pterocaulinae E. Wimm. in Annal. Naturhist. Mus. Wien LVI (1948) 343. — Caulis ramique bi- vel trialati, alae saltem in partibus superioribus distincte visibiles et circiter latidudine caulis vel rami. Herbae saepe decumbenti-ascendentes, raro erectae.

C l a v i s s p e c i e r u m.

A. Folia caulina, exclusis imis et foliis floralibus, lanceolata usque linearia, rarius oblonga vel oblanceolata aut cuneata.

I. Alae caulis et ramorum sparse setoso-ciliatae, folia pro maxima parte lineari-lanceolata. Afr. trop.

a. Calycis tubus globulosus, in nervis setulosus .... 51. *L. chireensis*.

b. Calycis tubus turbinatus, glaber[1]) .... 52. *L. odontoptera*.

[1]) *L. odontoptera* var. *depilis* setis in alis caret.

II. Alae caulium glabrae, non setoso-ciliatae.
  a. Margines foliorum et sepalorum cartilaginei, nervi calycis et foliorum subtus sparsissime hirsuti. Ind. Or. .... 60. *L. dichotoma* var. *aligera*.
  b. Folia et sepala vix inerassata in margine. Afr.
    1. Sepala recurvata.
      α. Sepala utrinque l.-dentata .... 53. *L. henodon*.
      β. Sepala integra, vide .... 61. *L. anceps* var. *recurvata*.
    2. Sepala subpatentes vel erecti.
      α. Folia lineari-lanceolata, argute denticulata, tubus calycis breviter obconicus .... 54. *L. mearnsii*.
      β. Folia oblonga usque lanceolata vel oblanceolata aut cuneata, calycis tubus oblongo-obconicus.
        + Antherae 3 superiores versus apicem singulis fasciculis pilorum praeditae, sepala eciliata. — Fig. 79 a .... 55. *L. alata*.
        ++ Antherae nudae, non 3 barbulis praeditae, sepala ciliata 56. *L. molleri*.

B. Folia ovata vel subrhomboidea usque elliptica et oblonga (exclusis foliis floralibus). Afr., Asia.
  I. Calyx hispidus, folia rotundo-ovata, basi cordata usque breviter cuneata 57. *L. lasiocalycina*.
  II. Calyx glaber.
    a. Corolla 2—6 mm longa.
      1. Sepala et saltem foliorum petioli et bases ciliati.
        α. Sepala reflexa, calyx turbinato-semiglobosus .... 58. *L. quarreana*.
        β. Sepala erecta, folia ovata usque lanceolata .... 56. *L. molleri*.
      2. Planta glaberrima, sepala erecta nuda. As. Afr. trop. . . 59. *L. heyneana*.
    b. Corolla 8—10 mm longa.
      1. Bracteae ovatae vel ellipticae, foliis similes. Asia. — Fig. 79 b. 60. *L. dichotoma*.
      2. Bracteae lanceolatae usque lineares. Afr. Am. merid. — Fig. 79 d 61. *L. anceps L. f.*

51. **Lobelia chireensis** A. Richard, Tentamen Fl. Abyss. II (1851) 6; Walpers, Annal. II (1851—52) 1032; Hemsley in Oliver, Fl. Trop. Afr. III (1877) 468. — *Dortmannia chireensis* O. Kuntze, Revis. II (1891) 972. — Caules ascendentes, circiter 30 cm alti, ramosi, ramis alatis et parce setoso-ciliatis, ceterum glabris. Folia sessilia lanceolata, 15—20 mm longa et 2—3 mm lata, apice acuta vel subobtusa, ad basin parum attenuata, margine callose denticulata, glabra. Flores solitari-axillares, remoti, pedicellis compressis glabris folio brevioribus, 4—5 mm longis. Calyx subglobosus, 2 mm longus et latus, in costis setosus; lobi calycini subulati, obsolete denticulati, nervo mediano setulosi, 1,5 mm longi. Corolla circiter 6 mm longa, tubo pallido, limbo caeruleo (?). Stamina 3 mm longa: filamenta glabra, antherae nigrescentes, in dorso pilosulae. Capsula globosa, setulosa, fere 3 mm longa. Semina oblongo-ellipsoidea, fuscescentia, nitida, vix 0,5 mm longa.

Abessinien: Nil-Land, Chiré (Dillon & Petit! — Hb. Paris, orig.); an Bächlein der Ebene Beless, II. (Quartin Dillon — ex Walpers).

52. **L. odontoptera** Schlechter in Engler, Jahrb. LVII (1922) 620. — Caules ascendentes, circiter 50 cm longi, ramosi, flexuosi, in alis sparse setoso-denticulati (unde nomen), de cetero glabri. Folia sessilia, inferiora subpetiolata et obovato-oblonga, cetera lanceolata usque lineari-lanceolata, acuta, margine argute denticulata, glabra, decurrentia, 10—23 mm longa et 3—6 mm lata. Flores solitari-axillares, racemum laxum fingentes. Pedicelli foliis fere duplo breviores, glabri, ancipites, 5—8 mm longi. Calyx turbinatus, glaber, maturescens obovoideus, 4 mm longus; lobi calycini subulati, integri, margine interdum paucis pilis muniti, 3 mm longi. Corolla violacea.

7 mm longa, lobis superioribus lanceolatis, inferioribus ovatis, basi bigibbosis, Stamina 5 mm longa; antherae cinereo-nigrescentes, in dorso pilosulae. Semina ovoidea, fuscescentia, nitida, 0,4 mm longa.

Fig. 79. a *Lobelia alata*: 1 habit. plantae 1/1, 2 corolla 3/1, 3 stamina 8/1, 4 capsula 2/1, 5 folium var. *cuneiformis*. — b *L. dichotoma* 1/1, *corolla* explan. 3/1. — c *L. heyneana* var. *inconspicua* 1/1. — d *L. anceps* L. f. (*L. fervens* Thunb.) 1/1, flos fere 3/1. — Orig.

T r o p i s c h e s A f r i k a : Tanganyika-Territorium, Bezirk Tabora, nasse Wiese bei Nyemba, 6. VI. 1913 (B r a u n n. 5443! — Hb. B. sp. orig.).

var. **depilis** E. Wimm. nov. var. — Caules et rami sine vel pilis rarissimis obsiti, a basi ramosi, rami multos flores gerentes, plus minus racemose dispositi.

Tanganyika-Territorium: Landschaft Uvinsa, Grassteppe bei Malagarassi, km 1084—1087,5, 1060 m, II., blüht hell lilarot und blau (A. Peter n. 35968! 36106! — Hb. B., sp. orig.); Nindo, 18. IX. (F. Stuhlmann — Exped. Emin Pascha n. 683! — Hb. B.).

53. L. **henodon** E. Wimm. in Annal. Naturhist. Mus. Wien LVI (1948) 343. — Herba glaberrima, 14—30 cm alta, caule ramoso, minus late alato, ascendente vel erecto. Folia subpetiolata usque sessilia, inferiora ovato-rotunda vel elliptica, reliqua oblonga usque lanceolata, obtusiuscula, basi angustata, 10—12 mm longa et 5—7 mm lata, summa 15×3 mm, acuta, margine remote denticulata. Flores solitari-axillares, remoti, pedicellis compressis glabris bractea lineari longioribus, 4—15 mm longis. Hypanthium late turbinatum, lobi eius anguste triangulares, reflexi, utrinque 1 dente prope basin muniti, 2 mm longi. Corolla rubens vel coerulea (?) 6 mm longa, lobi superiores sublineares erecti, inferiores ovati, acuti. Staminum tubus 4 mm longus; antherae fumigatae, in dorso pilosulae, 2 inferiores apice piloso-penicillatae. Capsula subglobosa, fere semi-supera, 2,5 mm longa. Semina ovoidea, fusca, nitida, ca. 0,3 mm longa.

Afrika: Angola, Distr. Malange (J. Gossweiler n. 1146! — Hb. B. Kew, sp. orig.).

Lobeliae ancipiti var. *recurvatae* similis, ab ea autem differt bracteis pedicello duplo brevioribus, sepalis denticulatis, corolla minore.

54. L. **mearnsii** De Wildeman, Pl. Bequartianae I (1922) 293. — Caules numerosi, ad nodos radicantes, ascendentes vel erecti, ramosi, alati, glabri, ad 40 cm longi. Folia lanceolata, 12—30 mm longa et 1—5 mm lata, apice acuta, basi lata sessilia, acuti-denticulata, glabra. Flores in axillis foliorum singuli, pedicelli 8—11, fructiferi ad 20 mm longi, glabri, basi bibracteolati. Calyx obconicus, glaber, lobi subulati, 3 mm longi, integri, subpatentes. Corolla coerulea (violacea sec. auct.), 10 mm longa, glabra, tubo subtus pallido, intus puberulo, labio inferiore trifido, basi albo-maculato et 2 callis et punctulis obscuro-cyaneis ornato, lobis ovato-acutis. Staminum tubus 6 mm longus, filamenta glabra, antherae fumigatae, in dorso pilosulae. Capsula obovoidea, 6 mm longa, infera. Semina ellipsoidea, luteo-fusca, 0,4 mm longa.

Tropisches Afrika: Kenya-Kolonie, Umgebung von Chamgawe an der Uganda-Bahn, 14 Meilen von Mombasa, 100 m, XI. 1909 (Mearns n. 2129! — Hb. Ups. Wash. W.). — Somali-Tiefland: Dar bei Bardera, Sümpfe, IV. (D. Riva — Coll. Ruspoli n. 219 (1804)! — Hb. Florenz, B. W.).

Haec species *Lobeliae ancipiti* L. f. simillima, sed foliis omnibus angustis satis distat.

55. L. **alata** Labillardière, Nov. Holl. Pl. I (1804) 51, t. 72; R. Brown, Prodr. Fl. N. Holl. I (1810) 563; Poiret, Encyclop. Suppl. III (1813) 489; Roem. et Schult., Syst. V (1819) 68; A. Richard, Fl. Nouv. Zel. in Voy. de l'Astrolabe (1832) 227; Hooker & Arn. in Journ. Bot. I (1834) 277; G. Don, General Syst. III (1834) 713; Bentham, Enum. Pl. Huegel (1837) 74. — *L. alata* var. *angustifolia* R. Br. l. c. — *L. alata* var. *stolonifera* Endlicher, Prodr. Fl. Norfolk. (1833) 50; F. Bauer, Illustr. Pl. Norfolk. t. 120. — *L. anceps* Thunb. Prodr. (1794—1800) 40, Fl. Cap. II (1807—13) 41, non L. f.; Willdenow, Spec. I (1797) 949 p. p.; Roemer & Schultes, Syst. V (1919) 63 p. p.; G. Don, General Syst. III (1834) 712 p. p.; A. De Candolle, Prodr. VII (1839) 375; Gay, Hist. Chile IV (1849) 325; Hooker f., Fl. N. Zel. I (1853) 158; Fl. Tasm. I (1860) 237, Handb. N. Zel. Fl. (1867) 171; Sonder in Harvey & Sonder, Fl. Cap. III (1865) 547; Bentham, Fl. Austr. IV (1869) 128; F. Mueller, Fragm. X (1876—77) 43; Ch. Moore, Handb. Fl. N. S. Wal. (1893) 301; Johow, Fl. Juan Fernandez (1896) 76; F. M. Bailey, Queensl. Fl. III (1900) 917; Cheeseman, Man. N. Zeal. Fl. (1906) 399; Reiche, Fl. Chile V (1910) 57; Black, Fl. S. Austr. (1929) 548. — *L. anceps* var. *alata* E. Wimm. apud Hochreutiner in Can-

dollea V (1934) 291. — *L. angustifolia* Bentham, Enum. Pl. Huegel (1837) 74. *L. rupincola* Bertero ap. Hooker & Arn., Journ. of Bot. (1834) 277; Colla, Pl. Chil. in Acta Acad. Taur. XXXVIII (1834) 120. — *Rapuntium alatum* et *anceps* Presl, Prodr. Monogr. Lobel. (1836) 14. — Nom. vernacul. in Novo-Zelandia: „*Pourao*".

Clavis varietatum.

A. Caules decumbenti-ascendentes.
 a. Folia oblanceolata usque sublinearia.
  1. Folia superiora, pedicelli et calyces glaberrimi .... var. *alata*.
  2. Folia saltem superiora, pedicelli et calyces hirtelli .... var. *minor*.
 b. Folia obovato-oblonga usque oblongo-rhomboidea et elliptica, multo majora, 12—20 mm lata .... var. *rudatisii*.
B. Caules magis stricto-erecti.
 a. Folia oblanceolata usque sublinearia, plerumque argute denticulata, flores plus minus racemosi .... var. *ottoniana*.
 b. Folia cuneiformia, apice rotundata usque acuta, angulato-dentata, carnosa, alae caulis angustiores .... var. *cuneiformis*.

var. **alata.** — Caules decumbenti-ascendentes vel erectiusculi, ramosi, trialati, glabri, subflexuosi, ca. 50 cm longi, sparse foliati. Folia inferiora obovato-oblonga, obtusa, petiolata, cetera paulatim sessilia, oblanceolata usque sublinearia, obtusiuscula vel acuta, remote denticulata vel fere integra, subcarnosa, in sicco tenera, glabra, 2—8 cm longa et 0,3—1,6 cm lata, mox angustiora, mox latiora et plus minusve cuneata, valde variabilia. Flores solitari-axillares, distantes, pauci vel plures (3—15). Pedicelli compressi, minute puberuli, basi bibracteolati, 2—6 mm longi, divaricati. Calycis tubus anguste obconicus, mox elongatus et maturescens ad 7—12 mm longus, inferus; lobi triangulares, integri, 1—2 mm longi. Corolla coerulea et luteo-oculata vel lilacina et albo-maculata et violaceo-punctata in fauce glabra, 6—7 mm longa, lobi superiores sublineares, labium inferius tripartitum lobis spathulatis mucronulatis (non ut ait Labillardiere: lanceolati). Stamina vix 4 mm longa; antherae plumbeae, antice in dorso tribus fasciculis pilorum semper instructae, 2 inferiores piloso-barbatae. Semina fusca, ovali-globosa, nitida, 0,4 mm longa. Fig. 79 a.

Australien, Südafrika und Chile, eine der am weitesten verbreiteten Lobelien, wächst gern an Flüssen, sumpfigen und feuchten felsigen Plätzen; die am Meeresufer wachsenden Pflanzen haben meist größere und saftigere Blätter und ein etwas anderes Aussehen; blühend von November bis April. — Australien, in den meisten Küstengebieten: Nord-Australien: Van Diemensland (Labillardière! — Hb. Willdenow n. 3937, Typus; Hügel! Lindley! — Hb. W. Cambr.); Circular Head (Gunn n. 395!). — West-Australien: Swan River, Freemantle (Hügel! — Hb. W.); Murchison River (Oldfield! — Hb. W.). — Süd-Australien: Port Adelaide (F. Mueller); Warburton (Reindorfer!), Port Lincoln (C. Wilhelmi!); ferner Finder's Range, Kangaroo Island (ex Black). — Victoria und Ostküste: „Australia felix", Yarra River, Howe's Island, Melbourne (F. Mueller! — Hb. W.); Port Phillip (Lhotsky n. 90! — Hb. Goett.); Geelong, Barwan River (Oldfield!); Port Jackson (Ferd. Bauer! — Hb. W.); Sydney (Stephenson n. 211!), Sydney, Nationalpark, 50 m (Hochreutiner n. 3098); Parramatta (D. Wools! — Hb. Goett.); Newcastle, zwischen Beach und Cliff Walk (A. Valentin! — Hb. Stkh.). Brisbane River (A. Dietrich! — Hb. W.); Burrum River at Howard (T. White n. 6284! — Hb. Stkh.). Ohne nähere Ortsangabe (Sieber n. 559! Verreaux n. 153! Lesson! Caley!).— Tasmanien: (W. Archer! Gunn! Oldfield! — Hb. Del.); New Norfolk (Oldfield! — Hb. W.). — Norfolk Insel (Ferd. Bauer! — Hb. W.). — Neu-Seeland (Raoul! Hooker! Hügel! Schwarz! — Hb. W.); Auckland (Häusler!), Hafen der Astrolabe (A. Richard), Oohampo

(H ä u s l e r! — Hb. Del.); Südinsel, Nelson (T. K i r k n. 317! — Hb. Del.). — C h a t a m - I n s e l n (F. M u e l l e r! H. T r a v e r s! R. H a w k i n s!).

S ü d a f r i k a : Außertrop. Gebiet (B u r c h e l l n. 6814! — Hb. B.); Natal: Port Natal, Durban, Sümpfe und Gestrüpp (D r e g e! n. 4025! O. K u n t z e! — Hb. B., J. M. W o o d n. 11655! — Hb. Wash., S a n d e r s o n n. 343! — Hb. Stkh., Gerard n. 273! Gucinzius n. 151! — Hb. W.); Intshanga, 600 m (J. M. W o o d n. 9787! — Hb. B.); Pondoland, dicht am Strand (F. B a c h m a n n n. 1397! — Hb. B.); Port Alfred (T y s o n! Miss L. B r i t t e n n. 8!); Port Elisabeth, 3 m (E S C A n. 182! — Hb. Zürich); Distr. Uitenhage, Zwartkop River, sumpfige Stellen am Flußufer (Ecklon ? n. 28! — Hb. B.); Grahamstown (McOwan n. 943!)Hermanus, Strandklippen (G a l p i n n. 12848!); Onrust River, 7 m (S c h l e c h t e r n. 10391!); Crystallbrook (M. K o c h n. 785!); Claremont, Kapfläche 23 m (Schlechter n. 562!); Botany Bay (O. K u n t z e! — Hb. B.).

C h i l e : Häufig an der Küste in den Provinzen von Maule bis Valdivia (P h i - l i p p i! C u m i n g! B r i d g e s n. 660! — Hb. W.); Corral bei Valdivia und in Felsspalten am Meere bei Niebla (P h i l i p p i n. 673! B u c h t i e n! W e r d e r - m a n n n. 1918!); Coronel (O c h s e n i u s!); Lotta (L e c h l e r n. 1482! — Hb. Goett.); Arauco, in Büscheln am Rand eines Salz-Sumpfes, 0—2 m (P e n n e l l n. 12922! — Hb. Stkh.). — I n s e l J u a n F e r n a n d e z (B e r t e r o! n. 1472!— Typus pro *L. rupincola* — Hb. W.); Masatierra, Strandklippen bei Puerto Ingles (S k o t t s b e r g n. 455! 314! 221! G. T. H a s t i n g s n. 215! 217! — Hb. Stkh. Calif.); M a s a f u e r a , Quebrada de los Vacos (S k o t t s b e r g n. 496! — Hb. Stkh.; J o h o w).

var. **minor** (Sond.) E. Wimm. in Annal. Naturhist. Mus. Wien LVI (1948) 343.— *L. anceps* var. *minor* Sonder in Harvey & Sond. l. c. 547. — *L. repens* Thunberg, Prodr. Fl. Cap. 40, Fl. Cap. II. 41, teste eius herb. — *L. rhizophyta* K. Sprengel, Novi Provent. (1818) 25; Roem. & Schult. Syst. V (1819) 44. — *L. decumbens* Sims, Bot. Mag. XLIX (1822) t. 2277, non Richard. — *Dobrowskya anceps* Presl, l. c. 10 et in herb. — Planta decumbens, plus minusve puberula, plerumque minor. Folia inferiora spathulata, cetera spathulato-lanceolata usque lineari-lanceolata. Sepala anguste triangularia, 2 mm longa. Corolla ut in var. *alata*.

S ü d a f r i k a : Ebenen am Kap (D r e g e n. 957! Z e y h e r n. 1050 b! — Hb. W. Stkh., B e r g i u s! E c k l o n! D r e g e n. 6246! — Hb. Presl, Typus pro *Dobrowskya anceps*, T h u n b e r g! — Hb. Thunb., Typus pro *L. repens* Thunb.); Slangkop (E r i k W a l l n. 931/3! 1122/6! 2152/43! — Hb. Stkh.); in Sümpfen bei Uitenhage, 80 m (S c h l e c h t e r n. 2585! Port Elisabeth, auf sandigen Hügeln, ca. 30 m (D r e g e! — Hb. Del. W.); feuchte Orte bei Port Elisabeth und am Baakens River (A. R o s e n b r o c k n. 372! 748! — Hb. B.); Port Natal (K r a u s n. 312!).

Non raro occurrunt specimina inter var. *alatam* et *minorem* vacillantes tam de pubescentia quam forma sepalorum, ut specimina a Schlechter et Rosenbrock supra allata demonstrant. — Fortasse *L. anceps* Thb. var. *vagans* Good in Journ. of Bot. LXII (1924) 50, Peninsula Cap. lect. a Moss n. 2672, huc spectat. Non vidi!

var. **rudatisii** (Schlecht.) E. Wimm. in Annal. Naturhist. Mus. Wien LVI (1948) 344. — *L. Rudatisii* Schlechter in Engler, Jahrb. LVII (1922) 621. — Folia elliptica vel obovato-oblonga vel subrhomboideo-oblonga, 3—6 cm longa et 1,2—2,1 cm lata, obtusa, basi in petiolum attenuata vel subsessilia, margine subintegro vel subrepando inconspicue denticulata. Sepala ut in var. *minor*, corolla ad 9 mm longa.

S ü d a f r i k a : Natal-Kolonie, Distr. Durban, Winkle Spruit, an Felsen zwischen älteren Dünen und an quelligen Stellen, 16. II. 1911 (H. R u d a t i s n. 1506! — Hb. Leiden, Zürich, B., Typus pro *L. Rudatisii*); Omsamcaba (D r e g e n. 4033! p. p. — Hb. B.); Pinetown (F. A. R o g e r s n. 28119! — Hb. Zürich).

Etiam in hac varietate formae ad typum transeuntes observamus.

var. **ottoniana** (Presl) E. Wimm. in Annal. Naturhist. Mus. Wien LVI (1948) 344. — *Rapuntium Ottonianum* Presl, Prodr. Lobel. (1836) 14. — *L. Ottoniana* A. De

Candolle Prodr. VII (1839) 370. — *L. alata, erecta, stricta* et *uncinata* De Vriese in Lehmann, Pl. Preiss. I (1845) 395. — ? *L. longiracemosa* R. Good in Journ. of Bot. LXII (1924) 49. — Caulis plus minus erectus. Folia ut in var. *alata*, forsan interdum superiora subpuberula. Flores in racemis terminalibus, sublaxis vel laxis, pedicellis foliis fulcrantibus plerumque subaequalibus.

Westaustralien und Südafrika verbreitet, meist mit der var. *alata*, oft von ihr nicht klar zu unterscheiden. — Australien: West: Distr. Wellington, in silvis apertis arenosis Eucalypti margina natae, XII. 1900 (E. Pritzel n. 94! — Hb. W., Typus); Swan River, an feuchten sandigen Orten (Preiss n. 37! 619! 1431! 1443! et 1443 a! sub *L. uncinata* De Vr., n. 1447! sub *L. erecta* De Vr., n. 1496! sub *L. stricta* De Vriese — Hb. Del., Goett. W.); Twofold Bay (S. Mossmann n. 199! — Hb. Cambr.). — Südafrika: Port Natal (Drège! Kap der Gut. Hoffnung (Boivin! p. p., Verreaux! — Hb. B. Del.); Riversdale, 100 m (Schlechter n. 2009! — Hb. B.). Kultiv. im Bot. Gart. Berl. unter dem Namen: *L. Ottoniana*, sp. orig. Preslii, Hb. B.).

var. **cuneiformis** (Labill.) R. Brown, Prodr. l. c.; Roem. & Schult. l. c. 68; G. Don l. c. Hooker & Arn. l. c. — *L. cuneiformis* Labillardière, Nov. Holl. Pl. I (1804) 51, t. 73; Poiret, Encyclop. Suppl. III (1813) 489. — *L. anceps* var. *cuneiformis* A. De Candolle, Prodr. VII (1839) 376. — *L. anceps* F. Mueller, Vegetat. Chatam Islands (1864) 31 p. p.; Sonder l. c. p. p.; Bentham l. c. p. p.; *L. saxicola* De Vriese in Lehmann, Pl. Preiss. I (1845) 398. — *Rapuntium cuneiforme* Presl, Prodr. 14. — Caules cum ramis magis stricto-erecti, glaberrimi, minus late alati. Folia spathulata et cuneiformia, sursum sensim paullo minora, rotundata usque acuta, apice ipso late usque anguste acuta, basi in petiolum latum indistinctum angustata, approximata, carnosa, margine angulato-dentata. Cetera ut in var. *alata*. — Fig. 79 a 5.

Nord-Australien: Kap Van Diemen (Labillardière! — Hb. Willdenow n. 3938, Typus — Hb. B. Del.); Mistaken Island, an Felsen (Preiss n. 1498! Hb. Del. Leningr.).

56. **L. molleri** Henriques in Bolet. Soc. Brot. X (1892) 137. — *L. thomensis* Engler & Diels in Engler, Jahrb. XXVI (1899) 114. — *L. butaguensis* De Wildeman in Rev. Zool. Afr. VIII, Suppl. Bot. (1920) 25. — Herba ramosa, glabra, caules decumbenti-ascendentes, alati, 30—50 cm longi, sparse foliati. Folia inferiora ovata, elliptica usque oblonga, 2—4 cm longa, 1,2—2 cm lata, reliqua ovato-oblongolanceolata usque lineari-lanceolata, 2,5—7 cm longa et 0,4—1,5 cm lata, apice elongato-acuta, basi in petiolum 5—10 mm longum angustata vel sursum sensim subsessilia, margine plano-crenulata vel repanda vel minuti-denticulata, tenuia, glabra vel versus basin et apicem subciliata vel etiam supra sparsissime hirta, subtus pallidiora et in nervis pilis singulis vel nullis. Flores solitari-axillares, non multi. Pedicelli 10—18 mm longi, basi bibracteolati, foliis lineari-lanceolatis fere duplo breviores. Hypanthium anguste obconicum, maturescens anguste obconico-oblongum 6—9 mm longum; lobi eius sublineares, ciliati, suberecti, 2 mm longi. Corolla alba, sanguineo-lineata, 5 mm longa, lobi superiores lineares, inferiores obovato-oblongi, mucronulati. Staminum tubus 3 mm longus; antherae glabrae. Semina ovoideo-globosa, fusca, nitida, 0,3—0,4 mm longa.

Tropisches Afrika: Insel S. Thomé, Sancta Maria, Matta Obá, VI. 1885 (A. Moller n. 203! — Typus, Hb. Univ. Coimbra, B.); Insel S. Thomé, 1240 m (A. Moller! — Typus pro. *L. thomensis*, B.); in den Bergen (F. Quintas). — Kamerun: Umgebung von Buca, häufiges Unkraut auf Feldern, Grasplätzen, Wegen, Lichtungen im Gebirgswalde, Blütezeit in der Trockenperiode von Oktober bis Mai (Deistel n. 91! 39 (652)! — Hb. B.). — Uganda, Ruwenzori-Gebirge, ca. 2300 m (Scott Elliot n. 7645! — Hb. B.); Butagu (Bequart n. 3564, 3910! — Hb. Brüssel, sp. orig .pro *L. butaguensis*). — Tanganyika-Territorium: Nyassa-Hochland, Kyimbila, 1550 m (A. Stolz n. 277! — Hb. Del.); Bezirk Morogoro, kult. Hänge (G. B. Wallace n. 201! — Hb. Kew):

Urwald über Schlesien, ca. 1500 m (A. Peter n. 39130!); Bezirk Mahenge, Sali, sumpfige Stellen im Urwald (Schlieben n. 2252! — Hb. B.).

Species respectu foliorum inferiorum et mediorum valde variabilis, interdum folia basi subcordata ut in specimine in Tanganyika-Terr. a Zerny (n. 471!) collecto, praecipue specimina nondum florentia folia latiora praestant, cum folia characteristica oblongo-lanceolata plerumque demum in caulibus se elongantibus et florescentibus producantur. Notabiles ad dignoscendum videntur angusti calyces, eorum lobi ciliati et corollae parvae albae.

57. **L. lasiocalycina** E. Wimm. in Fedde, Repert. Spec. Nov. XXXVIII (1935) 81. — Caules et rami alati, glabri, ca. 20 cm alti. Folia ovato- vel elliptico-rotunda, basi cordata usque subcordata, summa oblonga usque lanceolata, basi rotundata usque brevi-cuneata, in petiolum brevem angustata, apice rotundata usque subacuta, margine obtuse vel acute dentata, glabra vel supra pilis paucis obsita, 15—18 mm longa et 12—16 mm lata. Flores in racemo laxo, fere paucifloro. Bracteae lanceolatae, 3—6 mm longae. Pedicelli ancipites, basi biglandulosi, 4—7 mm longi. Calycis tubus turbinatus, hispidus, demum late obovoideus, lobi eius subulati, 2 mm longi, ciliati, patentes. Corolla alba, glabra, 5 mm longa, lobi superiores sublanceolati, lobi inferiores oblongi. Tubus stamineus 3 mm longus; antherae rubentes, in dorso inconspicue pilosulae. Capsula subglobosa, parce hispida, ca. 3 mm longa.

Tropisches Afrika: Belgisch-Kongo, Station Kantanti, an steinigen Wegen, 1300 m, IV. (Walter Robyns n. 2080! — Hb. Brüss.).

58. **L. quarreana** E. Wimm. in Fedde, Repert. Spec. Nov. XXXVIII (1935) 80. — Caulis ramosus, suberectus, distincte alatus, glaber, 25—70 cm altus. Folia ovata vel ovato-oblonga et (superiora) lanceolata, 18—30 mm longa et 12—22 mm lata, basi rotundata usque cuneata et in petiolum 5—10 mm longum alatum et parce ciliatum angustata, ad apicem obtusum acuta, margine repando obtusi-dentata vel denticulata, supra sparse hirta, subtus glabra et pallidiora. Flores laxissime racemosi, non multi. Bracteae sublineares, sparse longi-ciliatae vel glabratae, pedicellos circiter aequantes. Pedicelli 6—10 mm longi, fructigeri ad 20 mm elongati, glabri, supra medium 2 bracteolis subulatis praediti. Hypanthium turbinatum, glabrum, lobi calycini sublineares, acuti, integri, parce longi-ciliati, patentes, demum reflexi, 3—4 mm longi. Corolla alba, in fauce verisimiliter virenti-luteo-maculata, glabra circiter 10 mm longa, lobi superiores sublanceolati, lobi inferiores elliptici in labium trifidum connati. Staminum tubus 4 mm longus, antherae in dorso versus apicem pilosulae. Capsula ellipsoidea 6 mm longa.

Tropisches Afrika: Belgisch-Kongo: Hiusenda (?), Brousse (Hombl é n. 551!), Kafubu, in alten Kulturen, III. (P. Quarré n. 205! — Hb. Brüss., sp. orig., in honorem collectoris denominata). — N. Rhodesia: Mumbwa, 15° s. Br. 28° ö. L. (Miss Macaulay n. 805! 830! — Hb. Kew).

Habitu in memoriam reducit *Lobeliam sapinii*, sed flore bene distincta.

59. **L. heyneana** Roem. & Schultes, Syst. Veget. V (1819) 50 (Heyniana!); G. Don, General Syst. III (1834) 709 (Heyneana); non Sprengel, Syst. I (1825) 717 — *L. decurrens* Roth, Nov. Spec. (1821) 145, non Cav. nec Willd. — *L. micrantha* Hooker, Exot. Fl. I (1823) t. 44, non Humb. Bonpl. & Kunth. — *L. trialata* Hamilt. in D. Don, Prodr. Fl. Nepal. (1825) 157; G. Don l. c.; A. De Candolle, Prodr. VII (1839) 360; Clarke in Hooker, f., Fl. Brit. India III (1881) 425; Craib, Fl. Siam. Enum. II (1936) 306; Cooke, Fl. Bombay III (1908) 72; Koorders, Exkurs, Fl. Java III (1912) 302. — *L. subincisa* Wallich, A numeric. List (Catal.) (1828) n. 1310 p. 35; A. De Cand. l. c. 367; Miquel, Fl. Nederl. Ind. (Fl. Ind. Batav.) VI (1856 (575. — *L. arenarioides* A. De Candolle l. c. 367. — *L. subracemosa* Miquel l. c. 576. — *L. umbrosa* Hochstetter ap. A. Richard, Tent. Fl. Abyss. II (1851) 7; Hemsley in Oliver, Fl. Trop. Afr. III (1877) 468. — *L. Laurentia* A. Rich. l. c., non L. — *L. trialata* var. *umbrosa* Chiovenda in Result. Scientif Miss. Stefanini-Paoli Somal. Ital. I (1916) 109 obs. — *L. trialata* var. *asiatica* Chiov. l. c. — *L. trigona* Hooker f. & Thomson in Journ. Linn. Soc. II (1858) 27 p. p.; Bentham, Fl. Hongkong. (1861) 197 p. p.;

Hosseus in Beihefte z. Bot. Zentralbl. XXVIII/2 (1911) 446 p. p. — *L. trigona* var. *stipularis* Kurz in Journ. Asiat. Soc. Bengal. XLVI (1877) 211 p. p. — *L. alsinoides* Vatke in Linnaea XXXVIII (1874) 718, XL (1876) 202, non Lamk. — *L. zeylanica* Danguy in Lecomte & Gagnepain, Fl. Indo.-Chine III (1930) 678 c. fig., non L. nec Clarke. — *Rapuntium trialatum* Presl, Prodr. Monogr. Lobel. (1836) 13. — *Dortmannia trialata* et *zeylanica* O. Kuntze, Revis. II (1891) 973, 380. — *R. arenarioides* Presl l. c. 17. — Herba annua, ramosa, glabra, 3—25 cm alta, caule suberecto, trialato, saepe a medio jam florifero. Folia petiolo marginato 2—6 mm longo, lamina ovata, elliptica; superiora lanceolata, 10—20 mm longa et 3—15 mm lata, basi subcordata, truncata usque sensim angustata, supera sessilia, apice obtusa usque acuta, margine dentata vel leviter repando denticulata vel subintegra, glabra. Flores solitari-axillares, distantes, interdum racemosoides. Folia floralia summa saepius valde minuta et pedicellis breviora. Pedicelli 5—10, fr. 17 mm longi, basi minutibibracteolati. Hypanthium semi-ellipsoideum, lobi subulati, integri, vix 2 mm longi. Corolla rosea vel lilacina, 5—6 mm longa, lobi superiores sublanceolati, lobi inferiores ovato-acuti. Tubus stamineus 3 mm longus, glaber; antherae purpurascentes, 0,8 mm longae, 2 inferiores tantum barbatae. Capsula obovoidea, infera, 4—5 mm longa. Semina ellipsoidea, fuscescentia, nitida, 0,4 mm longa [1]).

Clavis varietatum.

A. Rami (caules) late alati, sepala integerrima, corolla 4—6 mm longa (in f. *parviflora* 2—3 mm lg.)
 a. Folia basi cuneata.
  1. Bracteae pedicellis non insertae, bracteolae basales ..... var. *heyneana*.
  2. Bracteae supra basin pedicellorum cum pedicello connatae, bracteolae in medio pedicelli insertae .... var. *intercedens*.
 b. Folia basi ± subcordata .... var. *lamiifolia*.

B. Rami minus late alati, sparse hirsutuli, sepala undulata vel obsolete denticulata, corolla 3 mm lg. .... var. *inconspicua*.

var. **heyneana.** — Ut supra.

Vorderindien, Hinterindien, Yünnan, Java, Abessinien und Eritrea, in der Ebene und im Gebirge, blühend von Juli bis Dez. Vorderindien (Benj. Heyne, a. 1814 — Hb. B. sub *L. decurrens* Roth ipse); vom Nilgiri-Gebirge, Dekan und Konkan bis Bhutan und Pegu, 0—1500 m, häufig: Nilgiri-Gebirge, Khoondas (Hohenacker n. 1094! — Hb. W.); Mahableshwar und Ambeghát (Woodrow fide Clarke); Bombay (Stocks); Tihri-Garwhál, 2000 m (Duthie! — Hb. W.); Belaspur bis Pir Panjohe (Hügel! n. 816! 4278! p. p. — Hb. W.). — Nepal (Wallich n. 1310! — Hb. Lindley-Cambr., sub „*Lobelia subincisa* Wall.“; ohne Nr. Hb. Presl sub „*Rapuntium arenarioides* Presl“, ein kleines, kaum 5 cm hohes, erst zu blühen beginnendes Exemplar, das schwer klar zu bestimmen ist; nach dem Fundort kann es aber wohl kaum mit *L. dichotoma* Miq. identisch sein, wie ich in einigen Herbarien etiquettierte, sondern gehört, wie schon früher vermutet, zu dieser Art). — Sikkim, 1000—1700 m

[1]) **Lobelia bialata** Merrill in The Philippine Journ. Sci. Bot. C. VII (1912) 105, species a me non visa, verisimiliter eadem ac ista species, vel eius varietas? — Planta annua, glabra, erecta vel basi decumbente ascendens, ramosa, ad 10 cm alta. Caules tenuiter bialati. Folia elliptico-ovata, acuminata, basi angustata acuta, sessilia vel subsessilia, ad 2 cm longa et 1 cm lata, superiora angustiora, margine distanter et distincte serrata. Pedicelli solitari-axillares, folia subaequantes. Calycis tubus ovoideus, fere aeque longus quam latus, lobi lineares erecti, circiter 2 mm longi. Corolla circiter 4 mm longa, rosea, labium inferius violaceum, trilobum lobis oblongo-ovatis, lobi 2 superiores lineari-lanceolati. Antherarum tubus glaber, 2 inferiores apice ciliatae. Fructus subovoideus, 3 mm longus, semi-superus, parte supra lobos calycinos bivalvis. Semina ellipsoidea, fusca, laevia, fere 0,3 mm longa. (Diagn. auct.)

Philippinen: Insel Luzon, Bontoc Subprovince, Bauco, in wet places, altitd. about 1350 m, Oct. 5. 1910 (Vanoverbergh n. 902).

(Hooker!); K h a s i a -Gebirge 1000—1700 m (Hooker & Thomson!). — C h i n a : Prov. Yünnan: Tsangan bei Puörl, 1800 m (H. v. W i s s m a n n n. 1188! — Hb. W.); Weg von Yünnanfu nach Dali (Talifu) westlich der Stadt Tschuhsiung an sumpfigen beschatteten Stellen der Quellen, 1800 m, XI. (H a n d e l - M a z z e t t i n. 8589! — Hb. W.); in den subtropischen Niederungen des Flusses Djinscha-djiang (Yangtse) östlich der Stadt Yungbei am Wege zwischen Hwaping und Hsingai, 1400—1800 m (H a n d e l - M a z z e t t i n. 13028! — Hb. W.). — S i a m : Pāyap: Doi-Sutēp c. 660—1350 m, offener Wald (K e r r n. 1517), Doi Lang Kā c. 1360 m (G a r r e t n. 849 — fide Kerr!). — J a v a : Soerakarta (H o r s f i e l d! sub *L. subracemosa* Miq. — Hb. Leningr.); N. O. Lumbing c. 1800 m, an trockenen Stellen, V. (L ö r z i n g n. 415! — Hb. B.); ohne Ortsangabe (Z o l l i n g e r n. 3191! — Hb. Del.).

T r o p i s c h e s A f r i k a : E r i t r e a , Assaorta, Monte Dijot, 1200—1800 m (A. P a p p i n. 5709!), Amasén, Hararà bei Ghinda, IV. (A. P a p p i n. 4478!), Saati — Ghinda und Gegend Hamaten (T e r r a c i a n o & P a p p i n. 23! A. F i o r i n. 1725!), Gegend Hamaten, Ort Filfil, 700 m (A. F i o r i n. 1726!), Dongollo (A. T e l t i n i n. 1625! — alle Hb. Flor.). — A b e s s i n i e n : Amhara — Tzellemtí, im Tal des Giammá, XII. (C h i o v e n d a n. 3208! — Hb. Flor.); Hamedo bei Bellitschen, an senkrechten Erdwänden an Bachufern, 1460 m, IX. und im Tal des Ferrfera, X. (S c h i m p e r n. 180! 779! — Hb. B.); an schattigen Stellen um Mariam-Chawisto, XI. (Q u. D i l l o n — ex A. Richard sub *Lobelia Laurentia*), ohne nähere Angabe (P e t i t! — Hb. B.). — K e n i a - K o l o n i e : Brodhurst Hill (Miss N a p i e r n. 472! — Hb. Kew).

f. **parviflora** (Danguy) E. Wimm. in Annal. Naturhist. Mus. Wien LVI (1948) 345. — *L. zeylanica* var. *parviflora* Danguy in Lecomte & Gagn., Fl. Indo-Chine III (1930) 679. — Corolla 2—3 mm lg.

I n d o c h i n a (ex auct., non vidi, fortasse eadem ac var. *inconspicua* E. Wimm. ?).

var. **intercedens** E. Wimm. nov. var. — Ramosissima, rami alati, inferne raro hirsuti sicut in basi foliorum et loborum calycis. Petioli perbreves. Folia rotundo-ovata usque ovalia et oblongo-elliptica, subacuta, basi breviter cuneata, acute serrato-dentata. Rami non longe a basi sua jam flores gerentes. Pedicelli puberuli, medio bibracteolati, bracteae sublineares pedicello adnatae. Hypanthium obovoideum, lobi calycini anguste triangulares, 2 mm lg., basi nonnullis setis muniti. Corolla sepalis dimidio longior, rubescens (?). Capsula infera, ovoideo-globosa.

N y a s s a l a n d : Fort Hill, 1000—2000 m, Juli 1896 (W h y t e ! — Hb. Kew). Fortasse nova species, sed materia mihi praesens insufficiens.

var. **lamiifolia** (Clarke) E. Wimm. in Annal. Naturhist. Mus. Wien LVI (1948) 345. — *L. trialata* var. *lamiifolia* Clarke in Hook. f., Fl. Brit. Ind. III (1881) 425. — Folia subcordato-ovata, saltem inferiora, inciso-dentata vel eroso-arguti-dentata, distinctius petiolata. Herba videtur minor et densius foliata.

V o r d e r i n d i e n : Dekan (W i g h t n. 1278! — Hb. Leid.).

var. **inconspicua** (A. Rich.) E. Wimm. n. c. — L. *inconspicua* A. Richard, Tentamen Fl. Abyss. II (1851) 8; Hemsley in Oliver, Fl. Trop. Afr. III (1877) 467; Walpers, Annal. II (1851—52) 1032. — *L. ilysanthoides* Schlechter in Engler, Bot. Jahrb. LVII (1922) 617. —*Dortmannia inconspicua* O. Kuntze, Revis. II (1891) 972.— Annua, erecta, 2—11 cm alta, angustius alata, alis sparse hirsutulis. Folia basi cuneata et ciliolata. Hypanthium obconico-oblongum, lobi calycini 1,7 mm longi, undulati vel obsolete denticulati. Corolla ca. 3 mm lg. — Fig. 79 c.

A b e s s i n i e n : Nilland (Q u a r t i n D i l l o n! — sp. orig. Hb. Lindley-Cambr.); Amhara-Dembia, pascoli umidi umbrosi (C h i o v e n d a n. 2265! — Hb. Flor.). — K e n y a - K o l o n i e , Kavirondo zwischen Nandi und Kakamagas, 1300—1500 m, Nov. 1898 (W h y t e! — Kew). — T a n g a n y i k a - T e r r i t.:

Landschaft Marangu auf grasigem Hange am Kilimandscharo, 1800 m, 18. VIII. 1893 (G. Volkens n. 714! — Hb. B.). — Kamerun: Zwischen Babadja und Babochan, Guineensische Waldprovinz, 1300—1500 m, in gemischten *Raphia*-Galerien (Ledermann n. 5998! — Hb. B., sp. orig. für *L. ilysanthoides*).

60. **L. dichotoma** Miquel, Fl. Nederl. Ind. II (1856) 576. — *L. zeylanica* Moon, Cat. Pl. Ceylon (1824) 14, non L. nec Burm. nec Kurz; Clarke in Hooker fil., Fl. Brit. Ind. III (1881) 425 incl. var. *walkeri* p. p.; Trimen, Fl. Ceyl. III (1895) 56 p. p.; Koorders, Exkursionsflora von Java III (1912) 302 p. p. — *L. trigona* Thwaites, Enum. Pl. Zeylan. (1859—64) 169 p. p. — *L. javensis* Zippel mss. in herb. Berol. — *L. Forbesii* E. Wimm. mss. in herb. Paris. — Caules decumbenti-ascendentes, ramosi, trialati, glabri, 30—50 cm longi. Folia inferiora breviter petiolata, ovato-rotunda, late ovata usque ovato-elliptica, 7—10 mm longa et 7—9 mm lata, reliqua ovata, ovato-rhomboidea usque (summa floralia) lanceolata, 12—25 mm longa et 5—11 mm lata, brevi-petiolata usque subsessilia, apice rotundata, obtusa vel acuta, basi truncata, breviter acuminata vel cuneata, margine crenulato denticulata vel accumbenti-dentata, utrinque glabra, verisimiliter subsucculenta. Flores in axillis foliorum solitarii, distantes, pauci. Pedicelli 5—20 (fructif.) mm longi, glabri, ancipites, basi minutissime bibracteolati, folium circiter aequantes. Hypanthium obconicum, lobi sublineares, 3—5 mm longi, integri vel parce denticulati, glabri vel interdum parce ciliati, paulatim patentes usque (in fructu) reflexi. Corolla azurea, glabra, 8—10 mm longa, labium inferius trifidum, basi 2 plicis ornatum lobis oblongo-acutis, lobis superioribus sublinearibus. Stamina 4—5 mm longa; tubus anthereus in dorso minute pilosulus, antherae 2 inferiores solum barbatae. Capsula oblongo-obovoidea, 6 mm longa, lobis calycinis reflexis vel divaricatis coronata. Semina oblongo-ellipsoidea, fusca, nitida, 0,55 mm longa.

Clavis varietatum.

A. Herbae glabrae.
  1. Folia praesertim media ± rhomboidea, ad basin late cuneata, ad apicem acuta, subpetiolata .... var. *dichotoma*.
  2. Folia media plerumque ± oblonga, utrinque acuta, sessilia .. var. *aligera*.

B. Herba pilosula .... var. *pilosella*.

var. **dichotma.** — Diagn. ut supra. — Fig. 79 b.

Java: Ohne Ortsangabe (Horsfield n. 327! — Hb. Cambr., Pulle n. 3139? — ex Koord.); See Ngebell in Kaffeegärten I., Gun Dieng, Tjantocugan, Preanger, dicht unter dem Krater des Papandajang, Telaga, Pakugat, Patoche, IX. (Warburg n. 3937! 3936! 3935! 2974! 2973! — Hb. B.); Tengeer bei Ngadisari, 2000 m, ziemlich selten, X. (Koorders n. 37839! — Hb. Leid.); Koorders n. 43711! — Hb. B.); Malawar, 3000—3300 m (F. Jagor n. 377! 614! — Hb. B.); ohne Ortsangabe (Zollinger n. 2184! Reliqu. Hildebrandt.!); Südost-Java (H. O. Forbes n. 1097! — Hb. B. Paris, specimen sinistrum!).

Ceylon: Ohne Ortsangabe (Thwaites n. 1776! — Hb. W. Del. Goett.); Colombo (Moon); Pedrotallagalla (Wawra n. 1129! — Hb. W.).

Vorderindien: Südl. Dekan, Nilagiri-Gebirge (Hohenacker n. 1361! Ups. Del. W.); Mysore, Aglatti, in Reisfeldern, XI. (A. Meebold n. 9518! — Hb. B.).

Indo-China (Eberhardt n. 1808! — Hb. Par.).

var. **aligera** (Haines) E. Wimm. in Annal. Naturhist. Mus. Wien LVI (1948) 345. — *L. zeylanica* var. *aligera* Haines, Bot. of Bihar a. Orissa II (1921) 501. — *L. aligera* Haines in Journ. As. Soc. Bengal. 1919, n. s. XV (1920) 316. — *L. zeylanica* Koorders, Exkursionsfl. Java III (1912) 302 p. p. — Folia elliptico-oblonga vel oblonga, utrinque acuta, sessilia, margine cartilaginea et callose subadpresse dentata. Sepala cartilagineo-marginata, integra. Corolla parum minor.

V o r d e r i n d i e n : Chota Nagpur, an Flüssen im Gebirge, 1000 m, IV—VI. (H a i n e s! — Typus in Hb. Kew); Malabar, Concan etc. (S t o c k s , L a u! — Hb. W.).

var. **pilosella** E. Wimm. in Annal. Naturhist. Mus. Wien LVI (1948) 345. — Alae caulis parcissime ciliatae. Folia utrinque sparse hispida, item hypanthium, lobi eius hispidi-ciliati.

J a v a : Preanger, Onder Talsen bei Pengalengan, c. 1700 m, 29. V. 1916 (L e e u w e n n. 2364! — Hb. Leiden); Südost-Java (H. O. F o r b e s n. 1097! p. p. — Hb. Paris!).

61. **L. anceps** L. f. [1]) Suppl. (1781) 395, non Thunb. et auct. plur.; Willdenow, Spec. I (1797) 949 p. p. — E. Wimmer in Notizbl. Bot. Gart. Berl. XII (1934) 103. — *L. fervens* Thunberg, Fl. Cap. II (1808) 46; Roem. & Schult., Syst. V (1819) 49; Sprengel, Syst. I (1825) 717; G. Don, General Syst. III (1834) III; A. De Candolle, Prodr. VII (1839) 385; Sonder in Harvey & Sond., Fl. Cap. III (1865) 548; Vatke in Linnaea XXXVIII (1874) 722; Hemsl., in Oliver, Fl. Trop. Afr. III (1877) 468; Durand & Schinz, Etude Fl. Congo (1896) 186; Engler, Pflanzenwelt Ostafr. (1903) 401; Durand, Sylloge Fl. Congo. (1909) 317; Hutchinson & Dalziel, Fl. West Trop. Afr. II/1 (1930) 193. — *L. madagascariensis* Roem. & Schult. l. c. 67; Bojer, Hort. Maur. 193 ex A. De Candolle l. c. 368. — *L. decurrens* Willdenow ex Roem. & Schult. l. c. 67, apud Sprengel l. c. 718. — *L. alata* Lepervenche & Bout. ex A. De Candolle l. c. 368. — *L. pterocaulon, subulata, humilis, Petersiana* Klotsch in Peters, Reise Mosambik Bot. (1862) 300—302. — *L. trialata* var. *grandiflora* Chiovenda, Result. Missione Stefanini-Paoli in Publ. R. Istit. Stud. I (1916) 108, Fl. Somala (1929) 209. — *L. Glazioviana* A. Zahlb. apud Wimmer, Consp. in Revista Sudamer. II (1935) 105, non A. Zahlb. in Vidensk. Meddel. 1895, 69. — *Rapuntium fervens* Presl, Prodr. Monogr. Lobel. (1836) 30. — *Dortmannia anceps, fervens* et *madagascariensis* O. Kuntze, Revis. Gen. II (1891) 972, III/2 (1898) 186. — Herba annua, glabra, erecta vel caulibus ramosis procumbenti-ascentibus, alatis, 10—40 cm longis. Folia petiolata usque subsessilia, petiolo alato 2—10 mm longo, lamina inferiorum ovata usque elliptica, 15—30 mm longa et 10—17 mm lata, cetera eadem usque lanceolata, 20—25 mm longa et 8—6 mm lata, apice obtusiuscula vel acuta, basi acuminata vel acuta, margine repando denticulata vel dentata, subcarnosa, glabra. Flores in axillis bractearum lanceolatarum solitarii, laxe racemose dispositi, multiflori,major pars ramorum plerumque florigera. Pedicelli ancipites, glabri, 5—10 mm longi, basi minutissime bibracteolati, bracteis breviores. Hypanthium obconicum usque obovoideum, glabrum; lobi eius subulati, integri, glabri, erecti usque subpatentes, 2—3 mm longi. Corolla coerulea vel extus dilute, intus obscure cyanea, ad faucem 2 plicis ornata, albo-maculata et indigotino-punctata aut coeruleo-violacea vel -lilacina (in speciminibus brasiliensibus), 8—10 mm longa, tubo pallescente et intus subpubescente, labio inferiore trifido lobis ovato-oblongis acutis, lobis superioribus linearibus. Staminum tubus 6 mm longus; antherae in dorso anteriore pilosulae, 2 inferiores barbatae. Capsula obovoidea usque subglobosa, 4—6 mm longa. Semina ellipsoidea, fusca, opaca, 0,4—0,5 mm longa.

C l a v i s v a r i e t a t u m.

A. Planta glabra et laevis.
  1. Sepala suberecta, nunquam reflexa .... var. *anceps.*
  2. Sepala paulatim reflexa, gracilior .... var. *recurvata.*

B. Planta parce asperata vel plus minusve sparse hirta, calyx hirsutus var. *asperulata.*

var. **anceps.** — Fig. 79 d.

[1]) Specimen respectivum in herbario L i n n a e i examinavit cl. Dr. H a n d e l - M a z z e t t i et id cum *L. fervente* Thunb. omnino congruum reperit.

Afrika und Südamerika, stellenweise häufig, in manchen Gebieten fehlend oder übersehen, wachsend vorzüglich an feuchten und sumpfigen Orten, Unkraut auf Kulturboden, blühend von Juli bis Dezember oder meist während des ganzen Jahres. —

Italienisch-Somaliland: Boscaglia, um die Quelle von Iscia Baidoa II. (Chiovenda & Puccioni n. 347! Puccioni & Stefanini!); Eghérta entlang des Baches Matagoi (Paoli n. 755! — Typus pro *L. trialata* var. *grandiflora* Chiov., Hb. Flor., Paoli n. 324, 1119).

Kenia-Kolonie: Nandi-Plateau, 2500 m (Rogers & Erhard n. 375! Hb. Kew, etwas abweichend vom Typus, besonders durch längere pedicelli als die Blätter).

Uganda-Protektorat: Mt. Elgon, in Kaffeeanlagen bei Butadiri (Dümmer-Maglenan Exped. n. 3722! — Hb. Kew); Kiwuwu, 1300 m (Dümmer n. 189! — Hb. Zürich, diese beiden Stücke zeigen tiefer und scharf gezähnte Blätter und ebenfalls längere pedicelli).

Grenzgebiet zwischen Uganda-Ruanda und Kongogebiet: Zwischen den Vulkanen Sabinyo und Ngahinga, 2200—2600 m, VI. (H. Humbert n. 8678! 8962! — Hb. Congo-Mus.); Kagogo, Ruanda, 1635 m (Scaëtta n. 1675! 1656! — Congo-Mus.); oberer Katanga (Jul-Cornet).

Tanganyika-Territorium: Landschaft Usambara: häufig und fast überall (Braun n. 804! Busse n. 332! 2287! E. Heinsen! Holst n. 2287! 2738! Meinhof n. 48! A. Peter n. 170! 3382 c! 3566! 7710! 7778 b! 7795! 12469! 12741! 14007! 20510! 20975! 22962! Volkens n. 2380!); Landschaft Useguha (A. Peter n. 7511!); Landschaft Usaramo: Daressalam (Holtz n. 209! A. Peter n. 44620! 44627! 44852! 44955! 44713! 44896! 46910!); Bezirk Morogoro, Ulugurugebirge (Brehmer n. 149! 384! 542! Goetze n. 151! Schlieben n. 3397! Stuhlmann n. 8368! 8588c! 8640! 9281!); Salale am Rufidji, IV. (Busse n. 2315!); Bezirk Kilwa (Busse n. 3033! 9050!); Ukambani, Station Kibwesi, Grassteppe, 1000 m, III. (G. Scheffler n. 130! — alle Hb. B.). Insel Sansibar (Hildebrandt n. 1009! Dr. Peters — „*L. subulata*", sp. orig.!; Schmidt n. 8! Stuhlmann n. 388! 419! 729!).

Mosambik: Beira, Mezimbeti — Dondo (A. Peter n. 33162! 45400!); Ribane, sandige feuchte Plätze, 14,50° s. Br., 38,20° ö. L. (G. Soüsa n. 715! — Hb. Kew); Sambesigebiet, Gorungosa (R. de Carvalho!). Matola, 10 m (Schlechter n. 11698! — Hb. Del., B.).

Comoren, auf Steppen und im Gebirge häufig (Schmidt n. 258! Humblot n. 315! 1479!); Insel Johanna (Hildebrandt n. 1612!; Dr. Peters sp. orig. pro „*L. pterocaulon* Klotsch"! Hb. B.).

Madagascar: Maroa, im Innern der Bay Antongil auf sandigem Boden (A. Moquerys n. 11! — Hb. Del.); Ambanivoules, IV. (Goudot!); Tamatave (Afzelius! — Hb. Ups.); ohne nähere Ortsangabe (Forbes! Humblot n. 28! 663! R. Baron n. 5934! — Hb. B. W.); Ostküste, zwischen Gebüsch, an Waldrändern und Zäunen, blüht das ganze Jahr (Bojer! — Hb. W.); Insel St. Marie (Paulay! — Hb. W.).

Südamerika, Brasilien, Staat Rio de Janeiro: Rio de Janeiro, Berquo (A. Glaziou n. 5922! 18344! — Hb. B. Stkh.); sandige Stellen bei Ypanema, X. (P. Dusén n. 5104! — Hb. Stkh.); sumpfige Stellen in der Restinga von Copacabana II. VI. (H. Schenk n. 2477! — Hb. B., Schwacke n. 5567! — Hb. W.); Restinga bei Corcocabana VI. (E. Ule n. 814! — Hb. Hambg.).

Zahlbruckner hat 2 ganz verschiedene Arten *L. Glazioviana* genannt — wohl aus Vergeßlichkeit; die zuerst so benannte (Videnskab. Meddel. Kopenhagen, 1895) gehört zum Subgenus Tupa und wurde von mir in Unkenntnis derselben — *L. Zahlbruckneri* (Revista Sudamer. II, 1935) genannt; die zweite erst 1935 in der genannten Revista Sudamer. durch mich publizierte Species ist unsere Pflanze und unterscheidet sich nicht wesentlich von der afrikanischen *L. anceps L. f.*

var. **asperulata** (Klotsch) E. Wimm. in Annal. Naturhist. Mus. Wien LVI (1948) 346. — *L. fervens* var. *asperulata* Sonder l. c. — *L. asperulata* Klotsch l. c. 302. — *Rapuntium platycaulon* Presl l. c. 14. — Rami et folia saepe sparse hirta, pedicelli et calyces hirsuti.

Ostafrika: Insel Sansibar (Dr. Peters). — Tanganyika-Territorium: Bezirk Morogoro, Luambula, 830 m (B. Wallace n. 181! — Hb. B.); Bezirk Mahenge, Tschungulu, 400 m sandig-sumpfige Wiese im Trockenwald, Kraut kriechend, häufig, blau blüh. (Schlieben n. 2366! — Hb. B.). — Madagascar (Hb. Presl! — Typus pro *Rapuntium platycaulon*); Ebene hinter der Bucht von Antongil (A. Moquerys n. 208! — Hb. Del.).

var. **recurvata** E Wimm. in Notizbl. Bot. Gart. Berl. XII (1934) 103. — Gracilior, minus ramosa, folia plerumque angustiora, inferiora elliptica, cetera lanceolata usque sublinearia. Sepala primo subrecta vel patentia, demum reflexa, integra, interdum parce ciliolata, 2—3 mm longa.

Ost- und Südwestafrika, selten. Tanganyika-Territorium: Bezirk Mahenge, Malendula, 400 m, sumpfige Wiese, VI. (Schlieben n. 2350!); N. Kingagebirge, Ussangu, Msimasisumpf, sumpfige Grasfläche, 1200 m (W. Goetze n. 1029! — Hb. Del. B.); Ukambani, Station Kibwesi, tiefliegende feuchte Grassteppe, 1000 m, III. (G. Scheffler n. 120! — Hb. Del.!); — Kenia-Kolonie, Embere, Habwa, 1360 m, IX. (M. J. Graham n. 2253! — Hb. Kew). — Uganda, Gwagalo, Bufumire, Sese, 1360 m. Landungsplatz häufig, II. (A. S. Thomas n. 852! — Hb. Kew). — Übergangsform: Wanga, 30 m (Teede n. 16! — Hb. B., wird unter dem Namen „*Boga maziwani*" von den Einheimischen als Gemüse gegessen).

Angola: Distr. Huilla, zwischen dem 14° und 16° s. Br., 1260—1800 m, Mossamedes (Welwitsch, It. Angol. n. 1143! — Hb. Del. B.).

Grex 5. **Eriniformes** E. Wimm.

Eriniformes E. Wimm. in Annal. Naturhist. Mus. Wien LVI (1948) 346. — Herbae humiles, procumbenti-ascendentes, prostratae vel erectae; caules ramique subangulati vel teretes, summum angustissime alati vel lineati, foliati, flores longipedicellati et laxe racemosi, raro solitarii in axillis foliorum superiorum. Maxima pars generis *Lobeliae* ad hunc gregem pertinet, unde brevem conspectum praemitto.

Wegen der großen Zahl der Arten (122) und damit der Schlüssel nicht allzu unübersichtlich wird, teile ich diese Grex in 6 kleinere Gruppen (ohne Rang), die, ständig hin- und herschwankend, kaum von einander zu trennen sind, zumal von nicht wenigen Arten Habitus, Blätter und öfter auch die Blüten nicht gut genug bekannt sind. Bei der Bestimmung einer Art wird es daher manchmal nötig sein, in mehreren Gruppen nachzusehen.

Conspectus gregis.

A. Herbae humistratae, radicantes vel repentes. (n. 62—93) ..... § 1. *Prostratae.*

B. Herbae procumbenti-ascendentes, ascendentes vel erectae (Exsurgentes).

- I. Lamina foliorum integra, non in lacinias partita.
  - a. Herbae pusillae, erectae, 2—10 cm altae, raro quaedam formae parum altiores (n. 95—103). .... § 2. *Pusillae.*
  - b. Plantae altiores, 15—80 cm circiter altae.
    1. Corolla major, (17)18—24 mm longa, stamina 9—14 mm longa[1]) (n. 104—108). .... § 3. *Subgrandiflores.*
    2. Corolla minus quam 16 mm longa, stamina minus quam 8 mm longa (corolla plerumque 10, stamina 5 mm lg.); species etiam corolla majore gaudentes vide notam[1]), (Vulgares).

[1]) Apud *Lobeliam cuneifoliam* et *L. pubescentem* etiam corollam majorem (ad 20 mm longam) invenimus. *L. erinus* var. *grandiflora* etiam comparetur!

α. Folia — summa et bracteae excepta! — lata: rotunda, ovata, elliptica usque oblonga, rarius obovata, fere 1—3 : 1 § 4. *Latifoliae.*
1) Hypanthium et fructus inferus vel semi-inferus (n. 109—145).
2) Hypanthium et fructus fere superus, sepala fere libera (n. 146—149).

β. Folia angusta: filiformia, linearia, lanceolata, exceptis quandoque foliis imis paucis saepe latioribus, non raro deficientibus (n. 150—178). . . . . § 5. *Angustifoliae.*

II. Folia dissecta in lacinias angustas, palmato- vel pedato-partita, summa tripartita, tenerrima. (n. 179—179 a). . . . . § 6. *Dissectifoliae.*

§ 1. Prostratae

Plantae humistratae, caules radicantes, repentes vel etiam caespitosi, ramulis saepius ascendentibus. Australia, insul. As., Afr., una e Guatemala.

Clavis specierum.

1. Folia sessilia vel subsessilia.
 a. Folia orbicularia vel ovato-rotunda, superiora interdum angusti-ovata.
  α. Planta albo-pilosa, folia grosse dentata. N. Guinea [1]) 62. *L. arfakensis.*
  β. Plantae glabrae (interdum flores minute hirti).
   * Folia integerrima vel trilobata 6 × 5 mm. Jap. 63. *L. loochooensis.*
   ** Folia angulato-dentata vel acuti-serrata.
    ° Pedicelli folio multo longiores.
     — Pedicelli folio 2—3-plo longiores, 10—16 mm longi. Ins. Philipp. . . . . 64. *L. paradoxa.*
     = Pedicelli longissimi, 35—50 mm lg. Austral. 65. *L. linnaeoides.*
    °° Pedicelli vix 4 mm longi, folio breviores. Guat. . . 66. *L. standleyi.*
 b. Folia ovalia, elliptica usque oblonga vel obovata.
  α. Folia obovata usque elliptico-oblonga, obtusi-serrata, ciliolata. Abyss. 67. *L. schimperi.*
  β. Folia late elliptica usque oblonga, non ciliata.
   * Pedicelli folio multo longiores, 2—4 cm longi.
    - Folia elliptica, serrulato-dentata, glabra, disticha. Austral. 68. *L. arnhemiaca.*
    -- Folia late ovalia (ovato- vel obovato-ovalia), angulato-dentata, sparsa, cum caule pubescentia vel in varietate *kingiana* glabra. Austral. . . . . 69. *L. humistrata.*
   ** Pedicelli folio breviores, 3—6 mm longi, folia ovata usque oblonga, obtusiuscula. Colombia. . . . . 70. *L. modesta.*
2. Folia distincte petiolata.
 a. Folia subrotunda 3—5-lobata usque -partita . . . . 71. *L. muscoides.*
 b. Folia subintegra vel dentata.
  α. Plantae minutae terrae adpressae, folia rotundo-ovata, 3—6 mm lata [2]) 72. *L. minutula.*
  β. Plantae majores caulibus procumbentibus et saepe radicantibus vel procumbenti-ascendentibus.
   * Corolla parvula, 3—5 mm longa (vide etiam *Unigenes humifusa*!).
    + Pedicelli folio multo longiores, folia ovata vel ovato-elliptica, crenulata, 3—5 mm lata Afr. . . . . 74. *L. laurentioides.*
    ++ Pedicelli folio 4—5-plo breviores, sparse glandulosi, pilosi, 1—2 mm longi. Afr., vide . . . . 261. *L. jasionoides.*

---

[1]) Confer *Lobeliam linnaeoidem* var. *brevipilem!*

[2]) Herba prostrata, sparse pilosa foliis parvis reniformi-orbicularibus, subtus glabris, *Lobeliae arfakensi* similis, Nova-Guinea . . . . 73. *L. brachyantha.*

** Corolla major, 8—15 mm longa.
§. Folia typo ovato vel ovato-rotundo.
& Folia ovato-orbicularia vel late ovata.
+ Folia apice rotundata, basi cordata usque rotundata.
× Pedicelli longitudine fere foliorum .. 75. *L. lindblomii.*
×× Pedicelli multo longiores quam folium 76. *L. membranacea.*
++ Folia apice acuta, raro obtusiuscula, basi truncata usque late cuneata
: Plantae glaberrimae (pedicellis calycibusque forsan exceptis), folia angulato- vel acuti-dentata.
, Pedicelli folium multo superantes.
— Calyx hirtus .... 77. *L. acutidens.*
= Calyx glaberrimus .... 78. *L. scebelii.*
,, Pedicelli folio petiolato breviores 79. *L. cymbalarioides.*
:: Plantae pilosae.
, Pedicelli folio breviores .... 80. *L. afromontana.*
,, Pedicelli folio distincte longiores.
— Folia inciso-dentata .... 81. *L. rhodesiaca.*
= Folia late usque oblongo-ovata obtusiuscule dentata .... 82. *L. trullifolia.*
&&. Folia ovata usque oblongo-ovata vel -rhomboidea (infima interdum rotundo-ovata), apice obtusa usque acuta, basi plerumque late cuneata.
. Planta pilosa, folia obtusiuscule dentata, Cap 83. *L. boivinii.*
.. Planta glabra vel subglabra.
; Folia longi-petiolata, petiolo 6—20 mm lg. 84. *L. buchananii.*
;; Folia parva, brevi- et subpetiolata [1]).
, Caulis et folia sub lente minute-hirta . 85. *L. unamata.*
,, Caulis basi parce pilosus, ceterum glaber; folia rhomboidea; flores racemosi bracteis lanceolatis 86. *L. neumannii.*
§§. Folia typo spathulato, oblongo, elliptico vel lancolato.
× Folia elliptica usque oblonga, lanceolata, inferiora etiam subovata.
□ Folia inferiora saltem emarginata vel retusa, cetera plerumque obtusa, corolla c. 15 mm lg. .. 87. *L. vagans.*
□□ Folia acuta vel obtusiuscula, corolla 7—10 mm lg.
! Pedicelli folio breviores, ca. 6 mm longi.
′ Plantae pusillae, folia late elliptica usque oblonga vel subspathulata.
; Planta glabra calyce $\pm$ hirto .... 88. *L. nannae.*
;; Foliorum basis et petiolus saltem hirti 89. *L. bellis.*
″ Folia (ima ovata) elliptica usque lanceolata, saepe obtusa .... 90. *L. serpens.*
!! Pedicelli folio duplo longiores [2]), folia elliptico-oblonga usque obovato-oblonga .... 91. *L. duriprati.*

---

[1]) Planta omnino glabra, folia subrotunda usque rotundo-ovata, vide *L. quadrangularem.*
[2]) Confer *L. illotam!*

Fig. 80. a *Lobelia minutula*: 1 folium 2/1; 2 var. *kiwuensis* 1/1, folium 2/1; 3 var. *rugegensis* ca. 2/1. — b *L. arfakensis* 1/1. — c *L. paradoxa* 1/1, caps. parum aucta. — d *L. modesta*: folia 1/1. — e *L. humistrata* 1/1. — f *L. Lobelia muscoides* 1/1 cum folio minus profunde lobato. — g *L. trullifolia*: 1 pars pl. typicae, 2 var. *saliensis*: folium, flos, caps. ca. 1/1. — h *L. unamata*: pars pl., corolla explan. 1/1. — i *L. vagans*: pars inferior pl. 1/1. — j *L. serpens*: 1 pars pl. typicae; 2 var. *sieberi* 1/1. — k *L. bellis* 1/1. — l *L. telephioides* 1/1. — m *L. nana*: folia et corolla 1/1. — n *L. galpinii* 1/1: calyx et androec. auct. — o *L. neumannii*: pars plantae, corolla explanata 1/1. — Orig.

×× Folia spathulata (obovato-oblonga).
° Planta hirtella, folia apice obtusa .... 92. *L. telephioides*.
°° Plantae glabrae vel subglabrae.
! Sepala ovato-acuta .... 93. *L. galpinii*.
!! Sepala subulata, pedicelli interdum longissimi et folia apud varietatem etiam obovato-rotunda . 94. *L. nana*.

62. **L. arfakensis** L. S. Gibbs, Phytogeogr. et Fl. Arfak. Mount. (1917) 183. — Herba pusilla, humistrata, albo-pilosa caulibus radicantibus ramosis. Folia sessilia vel vix petiolata, orbicularia, 5 mm longa et lata, grosse dentata. Flores solitari-axillares, pedicellis ad 12 mm longis pubescentibus. Hypanthium oblongo-obconicum, lobi eius subulati, 2 mm longi, subpatentes. Corolla (alba ?) 7 mm longa; lobi 2 superiores lineari-lanceolati, erecti; lobi inferiores oblongi, subacuminati. Staminum tubus 4 mm longus, glaber. Antherae 2 inferiores tantum barbatae. Capsula 6—7 mm longa, 4 mm lata. — Fig. 80 b.

Insel Neu-Guinea: Arfak-Gebirge, südwestlicher Rücken, genau oberhalb des Sees, 2600 m, XII. (L. S. Gibbs n. 6117! — Hb. Kew.)

63. **L. loochooensis** Koidz. in The Tokyo Bot. Mag. XXXXIII (1929) 406. — Herba parva, glabra caulibus humifusis, radicantibus, crebre foliatis, ad 9 cm longis. Folia sessilia, suborbicularia vel obovalia, ad 6 mm longa et 5 mm lata, integra vel obscure trilobata. Flores terminales, breviter pedicellati. Calyx 3 mm lognus, lobi eius lineari-subulati, tubo vix longiores. Corolla alba, glabra, 8 mm longa. Antherae glabrae. Nom. Jap.: „Maruba-hatakemushiro". (Diag. auct.)

Insel Kumeshima: Loochoo (ex auct., non vidi!).

64. **L. paradoxa** E. Wimm. in Fedde, Repert. Spec. Nov. XXVI (1929) 2. — Herba *Pratiae* similis, humistrata, repens, caules glabri, radicantes. Folia fere disticha, sessilia, suborbicularia, 5—7 mm longa et 6—7 mm lata, angulato-dentata, dentes triangulares callose apiculati et ciliati, sinus inter eos acuti vel obtusi, utrinque glabra. Flores solitari-axillares, distantes. Pedicelli 10—16 mm longi, ebracteolati. Calycis tubus obconico-oblongus, 3 mm longus; lobi eius 2 mm longi, triangulari-lineares, obtusiusculi, utrinque in basi 1 denticulo muniti, patentes. Corolla verisimiliter alba, 6 mm longa; lobi superiores lanceolati, erecti, lobi inferiores oblongi, acuti, ad basin pubescentes. Tubus stamineus 5 mm longus; antherae nigrocinereae, glabrae. Capsula obovoidea, 7 mm longa, valvis perbrevibus dehiscens. Semina badia, ellipsoidea, minima. — Fig. 80 c.

Philippinen: Insel Luzon, Subprov. Ifugao, Mt. Polis, II. (Gregor n. 19786! — Hb. Wash.).

65. **L. linnaeoides** (Hook. f.) Petrie in Transact. N. Zeal. Inst. XXIII (1890) 405; Gard. Chron. 3. ser. 47 (1910) 99, fig. 50. — *Pratia* (?) *linnaeoides* Hook. f., Handb. N. Zeal. Fl. (1867) 172. — Herba prostrata, perennis, caules repentes, radicantes, subramosi, glabri, ad 15 cm longi. Folia fere disticha, subsessilia, orbicularia vel ovato-orbicularia, 4—6 mm longa et lata, angulato-dentata, subcarnosa, subtus saepe purpurascentia, glabra vel supra minute hirtella. Flores solitari-axillares, remoti, pedicellis 35—60 mm longis. Hypanthium obconicum, lobi eius anguste triangulares, integri, purpurascentes, vix 2 mm longi. Corolla intus alba, extus purpurcascens, ca. 10 mm longa; lobi superiores sublineares acuti; lobi inferiores oboviat mucronulati. Filamenta 3 mm longa; antherae pallidae, glabrae, 1,4 mm longae. Capsula ellipsoidea, 5 mm longa.

Neuseeland: Südinsel, Humboldt-Gebirge, Otago, II. 1897 (Cokkayne n. 5250! — Hb. B.).

var. **brevipilis** E. Wimm. nov. var. — Herba puberula. Folia subtus plerumque parum vel non purpurascentia. Antherarum 2 inferiores 2 setis et pilis paucis brevissimis terminatae. Capsula obconico-oblonga, apice distincte 2 valvis brevibus dehiscens, 7 mm longa, 3 mm lata, puberula.

Insel N e u - G u i n e a : Prov. Merobe, Yunzaing, 1000—1300 m (C l e m e n s n. 2331! — Hb. B.).

Varietas *Lobeliae arfakensi* etiam proxime accedens, tamen ab ea longius distat quam a *L. linnaeoide*, differt a prima: Pilis brevibus, dentibus foliorum, pedicellis multo longioribus, corollae lobis inferioribus obovatis et profundius solutis, a planta typica pubescentia fere tantum.

66. **L. standleyi** McVaugh in North Am. Fl. XXXII A (1943) 47. — Plantula glaberrima vel caule, pedicello, calyce et corolla extus minute hirti. Caulis repens, radicans, ad 5 cm longus. Folia fere disticha, densa, sessilia, suborbicularia vel ovata, 7 mm longa et lata, superiora angustiora, omnia abrupte ad basin angustata, apice obtusa usque acuta, margine aequaliter acuteque serrata usque ad basin, dentes triangulares 0,5—1 mm longi. Flores 1—3, solitarii in axillis foliorum superiorum. Pedicelli hirtelli summum 4 mm longi, basi minute bractealati. Hypanthium campanulatum, hirtellum; segmenta calycina linearia vel anguste triangularia, integerrima, 4—6,5 mm longa. Corolla pallide coerulea vel albescens, fauce luteolo- maculata, ad 10 mm longa; tubus intus pilosus; lobi corollae inferiores spathulati mucronulati, 4—5,5 mm longi saepe ad basin valde angustati, lobi superiores 5—6 mm longi. Filamenta inferne ciliata, 4—5 mm longa. Antherarum tubus caesius, glaber, 2 inferiores apice setosae.

G u a t e m a l a : Region of Chemal, Sierra de los Cachumatanes, Huehuetenango, ca. 3300 m, 28. Dez. 1940 (S t a n d l e y n. 81108 — Field Mus.).

67. **L. schimperi** Hochstetter ex A. Richard, Tentamen Fl. Abyss. II (1851) 6; Pl. Schimperianae exs. sect. 2, n. 960, 981; Hemsley in Oliver, Fl. Trop. Afr. III (1877) 467; Engler, Hochgebirgsfläche Trop. Afr. (1892) 410. — Herba perennis, prostrata, ramosa. Rami ascendentes, angulati, glabri vel subpubescentes, foliosi. Folia brevissime petiolata, petiolo 1—1,5 mm longo, obovata vel elliptica, plus minus 10 mm longa et 5 mm lata, basi subcuneata, apice obtusiuscula, margine obtusiusculi-serrata et ciliolata, glabra. Flores solitarii in axillis foliorum. Pedicelli 2—3 cm longi, glabri, basi minute bibracteolati. Hypanthium turbinatum, lobi lineares acuminati, patentes, 5 mm longi. Corolla coerulea (?) glabra, ad 13 mm longa; lobi 2 superiores sublineares erecti; lobi 3 inferiores obovati mucronulati, basi bigibbosi. Filamenta 4 mm longa; antherae obscurae, glabrae, 1,5 mm longae. Capsula ovoidea, 5 mm longa, semi-infera. Semina oblonga, fusco-cerina, subcompressa, opaca, ca. 0,8 mm longa.

A b e s s i n i e n : Landschaft Semien, auf feuchten Felsen an Bächen des Berges Bachit und in der mittleren Region des Berges Silke 21. 1. 1838 und 12. 2. 1840 (S c h i m p e r n. 981! 660! —Hb. W. B.); an feuchten und schattigen Stellen im Tale des Flusses Taccazé bei Tschelatschekanne (Qu. D i l l o n ! — Hb. W.); ohne nähere Ortsangabe (P e t i t ! — Hb. W.); Semien (Ort und Collector n. 1377! unleserlich — Hb. B.).

68. **L. arnhemiaca** E. Wimm. in Annal. Naturhist. Mus. Wien LVI (1948) 346. *L. quadrangularis* F. Mueller, Fragm. IV (1864) 182 p. p., non R. Br.; F. Muell. in Benth., Fl. Austral. IV (1869) 130 p. p. — Herba prostrata, glaberrima. Folia disticha, sessilia, elliptica, plus minus 10 mm longa et 6 mm lata, basi subrotundata vel obtusa, apice obtusa vel subacuta, margine conferte serrata vel dentata. Flores interrupti et solitarii in axillis foliorum. Pedicelli 20—25 mm longi, folia multo superantes. Hypanthium oblongum, 3 mm longum, laciniae anguste triangulares, 2 mm longae, integrae, erectae. Corolla alba (?), fauce bigibbosa, circiter 8 mm longa; lobi superiores sublineares minores, labium inferius tripartitum lobis obovato-oblongis mucronulatis. Filamenta alba, 3 mm longa. Tubus anthereus 1 mm longus, glaber, cinereo-luteo-virens, 2 inferiores antherae setulis paucis terminatae. Capsula ellipsoidea, 7 mm longa et 3 mm lata, fere infera. — Fig. 81.

N o r d - A u s t r a l i e n: Arnhemia (F. M u e l l e r ! — Hb. Melb.); sandige Plätze an den Zuflüssen des Victoria River (F. M u e l l e r ! — Hb. Melb.).

Fig. 81. *Lobelia arnhemiaca* 1/2, spez. orig.

69. **L. humistrata** F. Mueller herb. et notula in Bentham, Fl. Austral. IV (1869) 130; F. M. Bailey, Synops. Queensl. Fl. (1883) 282, Compr. Cat. Queensl. Pl, (1909—13) 286 c. tab. ex Ind. Lond., non vidi. — *L. quadrangularis* F. Muell. l. c. p. p. — Herba pubescens caulibus prostratis, ramis ascendentibus. Folia subsessilia. ovalia, 12—20 mm longa et 9—11 mm lata, apice et basi subrotundata, margine dentibus triangularibus instructa, plus minusve pubescentia. Flores solitari-axillares, longe pedicellati. Pedicelli glabri, 18—35 mm longi. Hypanthium obconico-oblongum, glabrum; lobi eius subulati, integri, 3 mm longi, erecti. Corolla alba et extus fortasse purpurascens (?), glabra, 10 mm longa, lobi lanceolati, sed superiores angustiores. Staminum tubus 5 mm longus, antherae obscure cinereo- et albido-striatae, in dorso pilosulae. — Fig. 80 e.

West-Australien: Zwischen den Flüssen Gascogne und Fortescue (H. S. King! anno 1885 ex hb. F. Mueller — Hb. Melb., sp. a F. M. determ.).

var. **kingiana** E. Wimm. in Annal. Naturhist. Mus. Wien LVI (1948) 346. — Glaberrima. Folia paullo profundius dentata, praecipue in apice. Pedicelli ad 5 cm longi. Corollae lobi inferiores distincte obovato-oblongi, basi 2 gibbis albidis, ceterum purpurascentes (?).

Habit. ut supra.

70. **L. modesta** Weddell, Chloris And. II (1857) 14. — *Dortmannia modesta* O. Kuntze, Revis. II (1891) 172. — Herba 4—6 cm alta, laxe caespitosa, ramulosa, caules ramique diffusi, vel prostrati, lignescentes, subhirti. Folia approximata, crassiuscula, subpetiolata, inferiora subrotunda usque ovato-oblonga, 5—7 mm longa et 4 mm lata, superiora oblonga, 7 mm longa et 2—3 mm lata, apice obtusiuscula, basi obtusa vel angustata, margine obtusi-angulata vel subintegra, saepe utrinque 1—3 dentibus obtusis distantibus, supra hirtella (margine excepta), subtus glabra, nervis inconspicuis. Pedicelli crassiusculi, solitari-axillares, subglabri, 3 mm longi, folio dimidio breviores, basi bibracteolati. Calycis receptaculum brevi-turbinatum, costatum, glabrum, lobi eius lineares obtusiusculi, integri, glabri, vix 3 mm longi. Corolla 10—11 mm longa, coerulea, tubus non totaliter usque ad basin fissus, lobi limbi corollae 2 superiores lineares acuti minores, lobi labii inferioris subtripartiti obovato-spathulati, mucronulati. Tubus antherarum 2 mm longus, obscuri-plumbeus, 2 inferiores antherae apice setulosae. — Fig. 80 d.

Colombia: Prov. Pamplona, Páramo von San Urbán, 3250 m (Funck & Schlim n. 1347! — Hb. Del., Typus); trockene Dämme bei Pamplona, Sept. 1825, und ohne nähere Ortsbezeichnung (Purdie! — Hb. Kew); Dept. Cundinamarca, Páramo von Coachi Bogotá, 3600 m, Okt. 1918 (Mrs. Tracey n. 262! — Hb. Kew); Dept. Norte de Santandér, Páramo de Santurbán, Weg von Tona nach Mutiscua, 4200—4500 m, 19. Febr. 1927 (E. P. Killip & C. Smith n. 19 567! — Hb. Wash. sub *L. gryllorum* E. Wimm., sed vix nova sp., quamquam parum a *L. modesta* differt, nempe: Caulibus radicantibus; foliis inferioribus ellipticis, ceteris lanceolatis, parum majoribus; pedicellis 4—6 mm longis; labro corollae inferiore basi gibbis carente (si recte observavi).

71. **L. muscoides** Chamisso in Linnaea VIII (1833) 215; G. Don, General Syst. III (1834) 711; A. De Candolle, Prodr. VII (1839) 378; Sonder in Harvey & Sond., Fl. Cap. III (1865) 548, non D. Dietrich, Synops. I (1839) 727, pl. e Brasil, an error Auct.? — *Dortmannia muscodes* O. Kuntze, Revis. II (1891) 972. — Herba prostrata caulibus radicantibus, glabra, gracilis. Folia suborbicularia, 4—8 mm longa et 4—9 mm lata, palmati-partita usque -lobata, segmentis 3—7 ellipticisusque lanceolatis acutis vel lobis ovatis obtusis mucronulatis, petiolata, petiolis circiter 3 mm longis. Flores solitari-axillares. Pedicelli folio multo longiores, 12—20 mm longi. Hypanthium brevi-turbinatum, lobi eius oblongo-ovati, vix 1 mm longi. Corolla lilacina, 4 mm longa; lobi superiores sublineares, lobi inferiores oblongo-ovati acuti. Tubus stamineus 3 mm longus, antherae glabrae. — Fig. 80 f.

Südafrika: Kapland, Zwellendam, torfiger Boden auf den Berghöhen, III. 1819 (Mundt! — Hb. B., sp. orig., Hb. Presl, W.); auf feuchten Felsen der Bergabhänge bei Swellendam, 2800 m, II. (MacOwan & Bolus, Herb. Norm. Austro-Afr. n. 1077! — Hb. Ups. W.); in Felsspalten bei Langenbergen bei Riversdale, 600 m, 30. XI. (R. Schlechter n. 1907! — Hb. Wash. B., folia lobata tantum); Afr. austr. extratropica (Burchell n. 7327! — Hb. B.).

Lobeliae cum foliis supra descriptis (profunde lobatis) rarissime obveniunt, etiam in reliquis generibus.

72. **L. minutula** Engler, Bot. Jahrb. XIX (1894), Beibl. n. 47, p. 50; Pflanzenwelt Ostafr. (1895) a 127, c 401; R. E. Fries in Notizbl. Bot. Gart. Berl. VIII (1923) 405 c. fig. — Herba humifusa, caespitosa, glabra, caulibus repentibus, radicantibus. Folia petiolata, petiolo 2 mm longo, suborbicularia vel rotundo-ovata, 3—6 mm longa et 2—6 mm lata, basi breviter cuneata, versus apicem imprimis 3—5 dentibus parvis munita, crassiuscula. Flores solitari-axillares. Pedicelli 2—4 mm longi, plus minus hirtelli sicut calyx, folio breviores, basi minute bibracteolati. Hypanthium semi-ellipsoideum, lobi anguste triangulares, integri, erecti, 1 mm longi. Corolla coerulea, glabra, 4—5 mm longa; lobi superiores lanceolati, inferiores oblongi, acuti. Stamina 3 mm longa, glabra. Capsula ovoidea, fere infera, 3 mm longa.

Clavis varietatum.

A. Caules glabri.
 1. Corolla 4—5 mm longa; pedicelli (2—4 mm lg.) folio breviores. var. *minutula*.
 2. Corolla 8 mm longa; pedicelli (5—16 mm lg.) folium superantes. var. *kiwuensis*.

B. Caules hirtelli; corolla 6 mm longa; pedicelli (3—6 mm lg.) folium aequantes. var. *rugegensis*.

var. **minutula.** — Ut supra — Fig. 80 a.

Tropisches Ostafrika: Kilimandscharo, Bergwiesen oberhalb des Gürtelwaldes zwischen Moos und Gras kriechend, 2800 m, in der Sangalaschlucht oberhalb des Waldes von Useri, 6. X. 1892 und 17. II. 1894 (G. Volkens n. 1167! sp. orig., n. 1913! — Hb. B.; Schlieben n. 4796!); Bismarckhügel, 3000 m, kleine dichte Matten bildend auf moorigem feuchtem Boden, gewöhnlich am Rand der Fußpfade, örtlich gemein (P. J. Greenway n. 3829! — Hb. Kew); Bismarckhütte zur Petershütte, 2550—3535 m, 27. VI. (A. Peter n. 762! 833! 41896! 42 011! — Hb. B.); Mt. Aberdare und Mt. Kenia, Westseite, untere und obere Bambusgegend, I. (Rob. & Th. Fries n. 2301! 1199! 1199 a! — Hb. B.); West-Kenia, 3000—3300 m, V. (K. Armstrong n. 2673! — Hb. Kew).

var. **kiwuensis** (Engl.) E. Wimm. in Annal. Naturhist. Mus. Wien LVI (1948) 347. — *L. kiwuensis* Engler, Ergebn. Deutsch.-Zentralafr. Exped. 1907—08 II (1911) 345. — Differt imprimis flore majore. Pedicelli 5—16 mm longi, folio longiores. Calycis hirtelli lobi glabri 1—2 mm longi. Corolla saturate coerulea, 8 mm longa. Staminum tubus 5 mm longus. — Fig. 80 a 2.

Tropisches Ostafrika: Nordost-Kiwu, südöstlich vom Karisimbi ca. 2400 m, Busch- und Krautsteppe, auf Lava, Mitte Nov. 1907 (J. Mildbraed n. 1570! — Hb. B., sp. orig.); Vulkan Karisimbi, nordöstlich von Kiwusee, 3300 m, VI. (H. Humbert n. 8592! — Congo-Mus.); Grenzgebiet Uganda-Ruanda: zwischen den Vulkanen Sabinyo und Ngahinga, 2200—2600 m (H. Humbert n. 8662! — Congo-Mus.); Virungagebirge auf torfigem Boden, 2300 m (W. J. Eggeling n. 1100! — Hb. Kew); Mutura — Nkuli (Scaëtta n. 6M! — Congo-Mus.).

Formae non rarae intermediae persuadent, *Lobeliam kiwuensem* nil aliud quam varietatem *L. minutulae* esse.

var. **rugegensis** (Th. Fries j.) E. Wimm. in Annal. Naturhist. Mus. Wien LVI (1948) 347. — *L. rugegensis* Th. Fries j. in Notizbl. Bot. Gart. Berl. VIII (1923) 403 c. fig. — *L. kiwuensis* Engl. l. c. p. p. — Differt imprimis caulibus hirtellis. Folia interdum supra sparse pilosa. Pedicelli 3—6 mm longi, folia circiter aequantes. Hypanthium densius hirtellum, lobis ad 2 mm longis, interdum subhirtellis. Corolla 6 mm longa, coerulea. — Fig. 80 a 3.

T a n g a n y i k a - T e r r i t o r i u m : Rugege-Wald (Rukarara), auf Moorboden kriechend, charakteristisch, 1800 m, Mitte August 1907 (J. M i l d b r a e d n. 937! — Hb. B., sp. orig.); Uganda: Behungi, 2600 m, sumpfige und feuchte Orte, lokal gemein (B. D. B u r t t n. 2927! — Hb. Kew, D. H. L i n d e r n. 2575! — Hb. B.).

Etiam hic formae transeuntes obveniunt, ut specimina ex Uganda monstrant, in quibus pubescentia caulis fere evanescit.

73. **L. brachyantha** Merrill et Perry in Journ. Arnold Arb. XXII (1941) 385. — Herba prostrata, subramosa, sparse pilosa. Folia parva, supra sparse pilosa, subtus glabra, late reniformi-orbicularia, 2,5—5 mm longa et 3—7 mm lata, undulato-dentata, ± 2 mm longe petiolata. Flores solitari-axillares pedunculo 4—5 mm longo. Hypanthium brevissimum, lobi calycis ad 2,5 mm longi, lineari-lanceolati, obtusiusculi, margine utroque prope medium unum lobulum gerentes. Corolla purpurea, 3 mm longa, tubo intus maculato minuteque piloso, lobis extus pilosis, 2 superioribus (posticis) lanceolatis, 3 inferioribus (anticis) ovatis. Staminum tubus fere 3 mm longus: filamenta glabra, antherae 2 inferiores apice setigerae. Capsula vix 3 mm longa. Semina compressa, ovoidea. (Diagn. auct.)

N i e d e r l ä n d i s c h - N e u - G u i n e a : Bele River, 18 km nordöstlich vom Lake Habbema, 2350 m, XI. 1938 (B r a ß n. 11 570 — Hb. Arnold Arb., non vidi!).

Lobeliae arfakensi affinis, a qua differt foliis parum sinuato-dentatis, floribus et capsulis minoribus, calycis tubo brevissimo, sepalis uni-lobulatis (ex auct.).

74. **L. laurentioides** Schlechter in Engler, Bot. Jahrb. LVII (1922) 196. — Herba humistrata, glaberrima, caules filiformes, ramosi, ad 10 cm longi. Folia petiolata — petiolo 1—5 mm longo — rotundo-ovata usque ovata, superiora etiam ovato-oblonga, 3—8 mm longa et 2—5 mm lata, ad basin rotundata vel subacuminata, apice rotundata, margine adpresso-dentata, simulate crenulata, tenerrima. Flores in vertice ramorum, 2—4. Pedicelli filiformes, 10—22 mm longi, solitarii in axillis foliorum normalium vel minorum et oblongorum. Hypanthium turbinatum, lobi lanceolati, integri, suberecti, paullo supra 1 mm longi. Corolla lilacina vel rubescens (?), 6 mm longa, tubo haud usque ad imam basin fisso; lobi superiores sublineares, inferiores ovato-oblongi, basi bigibbosi, subhirti et purpureo-maculati. Filamenta 2 mm longa; antherae antice in dorso pilosulae, 1 mm longae.

S ü d a f r i k a : Kapland, torfige Berghänge bei dem See Vogelgat an der Mündung des Klyin River, Caledon, 1000 m, 2. XII. 1896 (R. S c h l e c h t e r n. 9570! — Hb. B. W.).

75. **L. lindblomii** Mildbraed in Notizbl. Bot. Gart. Berl. VIII (1922) 235; Fries in Notizbl. Bot. Gart. Berl. VIII (1923) 402 c. fig. — Herba prostrata, glabra, caules repentes radicantes ramosi. Folia 5—10 mm longe petiolata, rotundo-cordata, 6—21 mm longa et 7—22 mm lata, obtusa, margine integra vel plano-crenulata, glabra vel perpaucis pilis longis vestita. Flores solitari-axillares. Pedicelli 12—14 mm longi, glabri, compressi, basi minute bibracteolati. Hypanthium semi-ellipsoideum, 3—4 mm longum, lobi anguste triangulares, subacuti, integri, circiter 4 mm longi. Corolla obscure coerulea, 10 mm longa, tubo intus parce pilosulo; lobi superiores sublineares, angusti, lobi inferiores ovato-oblongi acuti. Filamenta 4 mm longa; antherae subnigrae, glabrae, 1,2 mm longae.

T r o p i s c h e s O s t a f r i k a : Uganda, Mt. Elgon, 4000 m, Grasland 12. VI. 1920 (G. L i n d b l o m! — Hb. B. Stockh., sp. orig.).

var. **nanella** Mildbraed l. c. — Folia minora, 4—6 mm longa, basi haud sinuata, sed truncata vel breviter in petiolum 5 mm longum cuneata, glaberrima. Pedicelli 4 mm longi. Flores typo compares, sed color labii inferioris coeruleus, faucis luteus, loborum superiorum ruber (e Thomas).

Uganda: Mt. Elgon, Hochgebirgsregion (H. Granvik! — Hb. B.); Madangi, Mt. Elgon, 3500 m, auf Alpenwiese häufig, IX. (A. S. Thomas n. 602! — Hb. Kew). — Varietas saepe vix discernenda.

76. **L. membranacea** R. Brown, Prodr. Fl. N. Holl. (1810) 563; Roem. & Schult., Syst. V (1819) 69; G. Don, General Syst. III (1834) 713; A. De Candolle, Prodr. VII (1839) 365; F. M. Bailey, Queensl. Fl. II (1900) 918 p. p.; Banks & Solander, Bot. Cook's First Voy. II (1901) 56, t. 180. — *Dortmannia membranacea* O. Kuntze, Revis. II (1891) 972. — Caules decumbentes, radicantes, subangulati, superne parce pilosi, carnosuli. Folia rotundo-ovata vel subrotunda, 20—25 mm longa et 20—21 mm lata, crenulato-dentata, subtus breviter parce hirtella. Flores solitari-axillares. Pedicelli folio longiores, glabri, crassiusculi. Calycis tubus turbinatus, laciniis lanceolatis partim denticulatis tubum circiter aequantibus. Corolla amoene coerulea, ca. 12 mm longa, tubo pallido, intus parum villosulo, fauce nuda et absque plicis, lobis oblongis, superioribus angustioribus. Filamenta inferne villosula. Antherae coerulescentes, superne pilosulae, 2 inferiores apice seta longiore et pilis brevibus munitae. Semina subglobosa (Diagn. partim ex Banks).

Australien: Queensland, Bustard Bay (Banks — non vidi); Port Curtis, Rockingham Bay, Moreton Bay, am Barron und an anderen nördlichen Flüssen (ex Bailey).

Specimen orig. in Herb. Mus. nat. hist. London a bene merito botanico et amico Handel-Mazzetti examinatum et delineatum mihique benigne communicatum est.

77. **L. acutidens** Hook. f. in Journ. Linn. Soc. VII (1864) 204; Hemsley in Oliver, Fl. Trop. Afr. III (1877) 467; Mildbraed, Ergebn. II. Zentral-Afr. Exped. 1910—11, II. Bot. (1922) 195; Fries in Notizbl. Bot. Gart. Berl. VIII (1923) 402 c. fig.; Hutchinson & Dalziel, Fl. Trop. West Afr. II/1 (1931) 193. — *Dortmannia acutidens* O. Kuntze, Revis. II (1891) 972. — Herba repens, caules ad 50 cm longi, radicantes, disticho-foliati, striati, glabri, subramosi. Folia breviter (2 mm) petiolata, rotundo-ovata, 5—10 mm longa et 5—12 mm lata, basi rotundato-truncata, apice acuta, margine dentibus triangularibus acutis munita, glabra, superiora saepe sensim angustiora. Flores solitari-axillares versus verticem caulium. Pedicelli 1—2 cm longi, subhirti, folio multo longiores. Hypanthium obconicum, hirtum; lobi subulati, integri, ciliolati, patentes, 2 mm longi. Corolla 11 mm longa, obscuri-coerulea, subglabra; lobi superiores sublineares, minores; inferiores oblongi acuti. Filamenta 4 mm longa; antherae subnigrae, in dorso versus apicem pilosulae, 1 mm longae.

Tropisches Westafrika: Ohne näheren Standort (G. Mann! — Hb. W. B.); Fernando Poo, Nordseite des Pics von Sta. Isabel oberhalb Basilé, Grasflur-Region des Gipfels mit viel Ericella, 2400—2800 m, 16. XI. 1916 (J. Mildbraed n. 7171! — Hb. B.).

Engler pro Africa trop. orientali hanc speciem citat in opere Pflanzenwelt Ostafrikas A 124, C 401, sed hae plantae ad *L. afromontanam* et *L. cymbalarioidem* spectant.

78. **L. scebelii** Chiovenda in Nuov. Giorn. Bot. Ital. nov. ser. XXXVI (1929) 365, Fanerogame del Bacino dello Uabi-Uebi Scebeli XI (1932) 420, t. I, f. 2. — Caules decumbentes, teneri, anguste alati, ad 20 cm longi, glabri vel ad nodos setulosi. Folia reniformi-ovata, 5—10 mm longa et 6—12 mm lata, basi in petiolum 2—5 mm longum brevi-cuneatim angustata, apice subacuta, margine dentibus ovatis 3—7 utrinque munita, supra interdum parce pilosa. Flores solitari-axillares. Pedunculi 2—4 cm longi, glabri. Hypanthium obconicum, lobis linearibus, acutis, glabris,suberectis, 4 mm longis. Corolla coerulea, glabra, ad 12 mm longa; lobi superiores angusti-lineares, lobi inferiores obovati, basi viriduli. Filamenta 4—5 mm longa, glabra. Tubus anthereus 1,5 mm longus, superne puberulus, antherae 2 inferiores penicillatae.

Abessinien: Arussi, Quelle des Uebi Scebeli, 15. II. 1928 (Duca degli Abruzzi n. 107! — Hb. Flor.); Land Sidamo, Jam-Jam, Bambuswald, Wolu, Rasen im Wald (O. Ellenbeck n. 1788! 1837!); Abera (Djam-Djam), 3100 m, Bambuswald, XII. (O. Neumann n. 45! — Hb. B.).

Specimina ab Ellenbeck collecta olim a cl. Engler *L. cymbalarioides* Engl. determinata sunt, sed ab ista bene distincta pedicellis longioribus, lobis corollae aliis.

79. **L. cymbalarioides** Engler, Bot. Jahrb. XIX, Beil. no. 47 (1894) 50, Pflanzenwelt Ostafr. (1907) c 401; Fries in Notizbl. Bot. Gart Berl. VIII (1923) 401, f. 4 b, non A. Zahlb. — Decumbens, multiramosa, caulibus repentibus, glabris. Folia ovato-triangularia vel late ovata, 15 mm longa et circiter lata, basi truncata vel in petiolum 3—10 mm longum brevi-cuneatim angustata, margine dentibus late triangularibus ornata, supra interdum sparse albo-pilosa. Flores solitari-axillares, pedicellis 6—15 mm longis, glabris, basi bibracteolatis. Hypanthium obconicum, lobi sublineares, acuti, integri, glabri, 4—5 mm longi, patentes. Corolla coeruleo-violacea vel coerulescens, glabra, 1 cm longa; lobi superiores sublineares, lobi inferiores elliptici, basi albido-gibbosi. Filamenta 4 mm longa, glabra. Antherarum tubus 1,5 mm longus, dorso antice pilosulus. Capsula obovato-oblonga, infera, 5 mm longa. Semina oblongo-ellipsoidea, fusca, subnitida, 0,5 mm longa.

Tropisches Ostafrika: Kilimandscharo, Gürtelwald oberhalb Marangu, am Wege, 11. X. 1893, im Wäldchen am Rifinika-Vulkan, 2800 m, dichte Massen bildend, 14. II. 1894 (G. Volkens n. 1122! 1897! — Hb. B.); Gürtelwald, Weg nach dem Kibo, Moschiseite, 2000 m, III. (R. Endlich n. 690!); unterer Gürtelwald, 2000 m (Engler n. 1718!); Urwald über Moschi, III. (A. Peter n. 3065! — alle Hb. B.).

80. **L. afromontana** Thore Fries j. in Notizbl. Bot. Gart. Berl. VIII (1923) 401, f. 4 c.; —*L. acutidens* Engler, Pflanzenwelt Ostafr. (1907) C 401 p. p., non Hook. f. — Caules decumbentes, repentes, ad 25 cm longi, anguste alati, subglabri, foliosi. Folia rotundo-ovata usque ovato-rhomboidea, 7—16 mm longa et 5—16 mm lata, basi in petiolum 3—10 mm longum acuminata vel subrotundata, apice acuta, margine repanda vel dentibus ovatis munita, supra in petiolo et lamina sparse hirsuta, subtus pallidiora et glabra. Flores in axillis foliorum solitarii, pedicellis 3—10, fructiferis ad 23 mm longis, subhirtis, basi biglandulosis. Hypanthium obconicum, pilis deorsum versis hirsutum, lobi eius anguste triangulares, acuti, integri, subciliati vel nudi, 3 mm longi, patentes. Corolla dilute coerulea vel dilute violacea, versus faucem alba et puberula, ad 10 mm longa; lobi superiores sublanceolati, lobi inferiores elliptici aut ovato-oblongi. Filamenta glabra, 3,5 mm longa. Tubus anthereus 1,3 mm longus, superne pilosulus. Capsula obovato-oblonga, subhirta, infera, 6 mm longa. Semina oblongo-ellipsoidea, brunnea, subnitida, 0,5 mm longa.

Tropisches Ostafrika: Kilimandscharo, häufig im oberen Gürtelwald, 2700—2800 m, von Kiboscho bis Usuri, Weg über der Himoschlucht, zwischen Gräsern vielfältig rasenbildend, am Ruassibach in mittlerer Höhe des Mawenzi, 2440 m, häufig, 14. II. 1890, 1. 9. 1893 (G. Volkens n. 1898! 818! 1835! — Hb. B.); bei dem Wasserfall oberhalb des Bismarckhügels, 3000 m, I. (A. Peter n. 899!); Süd-Paregebirge, beim großen Moor Tona — Wudee, 1750 m, VII., Mbaga — Tona, 1800 m, Brachland bei Tona, 1810 m (A. Peter n. 12010! 8760! 9096! Hb. B.). — Meru, mittlerer Urwald über Aruscha, c. 240° m, XI, im Moos mit *Viola* (C. Uhlig n. 670! — Hb. B.).

81. **L. rhodesiaca** R. Fries in Ergebn. Schwed. Rhodesia-Kongo-Exped. 1911—12, I (1916) 316, t. 20, 1—2. — Puberula, caules graciles, decumbentes, ramosi. Folia rotundo-ovata, 3—6 mm longa et 3—7 mm lata, basi truncata, petiolo 2—4 mm longo, inciso-dentata — dentes obtusi 2—4 utrinque — utrinque puberula. Pedicelli solitarii in axillis foliorum superne minutorum et saepe tridentium, 15, dein ad 25 mm elongati. Calycis tubus turbinatus, lobi eius subulati, 2 mm longi. Corolla azurea,

6 mm longa, tubo pallido glabro, limbus extus hirtus; lobi superiores spathulati, lobi inferiores ovati, basi lutescentes et bigibbosi. Staminum tubus 4 mm longus, antherae pilosulae.

Nordwest-Rhodesia: Bwana Mkubwa, auf steinigem trockenem Boden, 20. VIII. 1911 (R. E. Fries n. 449! — Hb. B.).

82. **L. trullifolia** Hemsley in Oliver, Fl. Trop. Afr. III (1877) 466; Engler, Hochgebirgsfl. Trop. Afr. (1892) 410. — *Dortmannia trullifolia* O. Kuntze, Revis. II (1891) 973. — Subpubescens, caules procumbentes, elongati cum ramis graciles. Folia late vel triangulari-ovata, 12 mm lg. et lata, vel 10—14 mm longa et 6—8 mm lata, apice obtusiuscula, basi truncata vel subrotundata, petiolo circiter 5 mm longo, margine crenulato-dentata, utrinque sparse hirsuta, interdum glabrescentia. Flores inferiores axillares, superiores laxe racemose dispositi. Pedicelli 12—20 mm longi, filiformes, foliis superioribus lanceolatis multo longiores. Hypanthium late turbinatum, vix hirtum, sepala subulata, 2 vel 4 mm longa, plerumque ciliata. Corolla coerulea vel alba, versus faucem lutescens et obscuri-coeruleo-maculata et bigibbosa, 8—10 mm longa, glabra; lobi superiores anguste lanceolati, lobi inferiores obovati. Filamenta glabra, antherae superne puberulae. Capsula oblongo-ellipsoidea, fere semi-infera. — Fig. 80 g 1.

Ostafrika: Mosambik, Mt. Chiradzura, Manganja range, Sept. 1861 (C. J. Meller! — Hb. Kew); Sambesigebiet, Gorungosa (R. de Carvatho! p. p. — Hb. B.). — Tanganyika-Territorium: Uluguru-Gebirge, Schlesien — Morogoro, 1200—1700 m, 20. XI. (A. Peter n. 32316! — Hb. B.); Station Morogoro, Mkambaku, an lichten trockenen Abhängen, 1600 m, „weißblühend", X. (W. v. Brehmer n. 322! — Hb. B.); Matengo-Hochland, westsüdwestlich von Songea, felsige Stellen auf dem kahlen Rücken des Berges Lupembe, 1800—1900 m, 1. 4. 1930 (H. Zerny n. 566! — Hb. W.).

var. **saliensis** E. Wimm. n. c. — *L. saliensis* E. Wimm. in Notizbl. Bot. Gart. Berl. XII (1934) 107. — Folia late ovata, basi subcordata usque truncata, 5—10 mm longa et 7—10 mm lata. Hypanthium pilis fuscescentibus deorsum versis dense vestitum, lobi ciliati. Corolla 8 mm longa, dilute vel albo-coerulea. Semina fusca, nitida, oblongo-ellipsoidea, 0,4 mm longa. — Fig. 80 g 2.

Tanganyika-Territorium: Bezirk Mahenge, Sali, Nebelwald, 1000 m, Ngongo, kahle Felskuppe, an feuchten Felstropfwänden, 1200 m, V. 1932 (H. J. Schlieben n. 2033! 1964! — Hb. B.).

Species *Lobeliae melleri* similis, sed haec erecta est.

83. **L. boivinii** Sond. in Harvey & Sonder, Fl. Cap. III (1865) 546; Bolus & Wolley-Dod, Liste Pl. Cap. Penins. in Transact. S. Afr. Phil. Soc. XIV (1903—04) 291. — *Dortmannia Boivinii* O. Kuntze Revis. II (1891) 972. — Caules prostrati, elongati, hirti sicut tota planta, ramosi. Folia spathulata, ovata vel late ovalia, 7—15 mm longa et 4—11 mm lata, obtusa, basi in petiolum 2—8 mm longum abrupte vel breviter angustata, margine obtuse dentata vel crenulata, utrinque hirta vel subglabra. Pedunculi solitari-axillares, 6—18 mm longi, folio breviores vel ad 3-plo longiores. Calycis tubus semi-globosus (sec. Sonder obconicus!), lobi lineares, obtusiusculi, 3 mm longi (sec. Sonder lanceolato-subulati et ovati, 3—7 mm longi!). Corolla coerulea, ca. 9 mm longa, tubo pallido; lobi inferiores elliptici. Staminum tubus glaber, 5 mm longus. Antherae glabrae (sec. Sonder pilosae).

Kap der Guten Hoffnung (Boivin n. 624 — ex Sonder, non vidi); Kapspitze, Felsgebiet, 260 m, I. (Schlechter n. 7312! — Hb. B. Leningrad); an den Lehnen niedriger Hügel von Path bis Smithswinkel Bay, Küste unterhalb Slangkop, selten, VI—IX (e Bolus); Kap Halbinsel (C. E. Moss n 5653!).

84. **L. buchanani** Baker in Kew Bull. (1898) 156. — Glabra, ramosa, decumbens, rami ascendentes. Folia distincte petiolata, petioli 5—10 mm longi, lamina ovata, 8—15 mm lg. et 5—10 mm lt., basi truncato-rotundata, ibi interdum lobis angustis,

secus in margine dentato-crenulata, apice obtusiuscula, membranacea, utrinque viridis. Flores laxe racemosi, pauci. Pedicelli 15—25 mm lg., glabri, ascendentes. Calycis tubus turbinatus, lobi eius subulati, 2,5 mm lg., integerrimi, subpatentes. Corolla coerulea, 9 mm longa, glabra, labium inferius tripartitum, basi duabus plicis et maculis, lobi obovati. Capsula obovoidea, 4 mm lg.

N y a s s a l a n d : Ohne nähere Angaben, a. 1891 (B u c h a n a n n. 312! — Kew, typ.); Plateau of Mt. Zomba, 1600—2000 m (A. W h y t e! — Kew).

85. **L. unamata** E. Wimm. in Notizbl. Bot. Gart. Berl. XII (1834) 107. — Caules decumbentes, repentes, filiformes, glabri vel puberuli, ramosi. Folia rotundo-ovata usque rhomboideo-lanceolata, 2—5 mm longa et 1—5 mm lata, basi rotundata vel in petiolum, 1—2 mm longum angustata, apice obtusa, margine dentibus 1—2 obtusis utrinque munita, glabra vel inconspicue puberula. Pedicelli filiformes, glabri, 20—26 mm longi, ebracteolati, solitarii in axillis foliorum saepe lanceatorum. Hypanthium brevissime turbinatum, lobi eius sublineares, 2 mm longi, obtusiusculi, glabri, subpatentes. Corolla coerulea, obscurius maculata, glabra, 11 mm longa; lobi 2 superiores sublineares, inferiores obovati. Tubus anthereus caesius, superne versus apicem pilosulus, 1,5 mm longus. Capsula ovoidea, semi-supera, ca. 4 mm longa. — Fig. 80 h.

T r o p i s c h e s O s t a f r i k a : Uluguru-Gebirge, Nordwestseite, ca. 1800 m, reichlich auf sonnigen Felsen im Nebelwald, XI. 1932 (H. J. S c h l i e b e n n. 2934! — Sp. orig. Hb. B.); Lubanga Peak, Morogoro, auf moosbedeckten mit *Philippia* und *Streptocarpus hirsutissimus* bewachsenen Felsen einen dünnen teppichartigen Überzug bildend, XII. (B. D. B u r t t n. 4980! — Hb. Kew); Distr. Morogoro, auf Felsen im trockenen immergrünen Wald (Greenway et Eggeling n. 8621! — Nairobi). — „*Unamata*“, nomen apud incolas.

86. **L. neumannii** Th. Fries j. in Notizbl. Bot. Gart. Berl. VIII (1923) 409. — Herba prostrata, caules repentes, ramosi, ad 18 cm longi, anguste alati, inferne parce pilosi. Folia 1—3 mm longe petiolata, rhomboidea, 8—12 mm longa et 7 mm lata, obtusa, basi cuneata, in parte superiore obtusiusculi-dentata, obsolete et parce pilosa vel glabrata, superne in bracteas oblongas vel lanceolatas transeuntia. Flores in racemis laxis, vagis, 6—13-floris. Pedicelli florigeri circiter 1 cm longi, glabri, bracteis longiores. Calycis tubus brevissimus, turbinatus, lobi subulati, patentes, 2—3 mm longi, glabri vel paucis ciliis. Corolla coerulea, albo-areolata et cyaneo-maculata, 2 gibbis virentibus in fauce, 10 mm longa; lobi superiores angusti-lineares, parvi; labium inferius trilobum, lobi rotundo-obovati, mucronulati. Filamenta 4 mm longa; antherae obscurae, in dorso brevissime pilosulae. Capsula oblongo-ellipsoidea, fere supera, 4 mm longa. Semina oblongo-cylindrica, fusca, nitida, 0,5 mm longa. — Fig. 80 o.

A b e s s i n i e n : Galla-Hochland, Gardulla, Bergwiese, 2800 m, 12. I. 1901 (O. N e u m a n n n. 116! — Hb. B.).

Planta habitu similis *Lobeliae erinus*, caules secundum auctorem repentes, e specimine autem decumbentes et exinde melius fortasse prope *L. erinus* ponenda.

87. **L. vagans** Balf. fil. in Journ. Linn. Soc. XVI (1877) 16; Baker, Fl. Mauritius and Seychell. (1877) 184. — *Dortmannia vagans* O. Kuntze, Revis. II (1891) 973. — Caules repentes, quadrangulares, glabri, ad 36 cm longi. Folia carnosula, glabra, petiolo 4—10 mm longo, lamina late ovalis vel ovato-oblonga, 14—25 mm longa et 7—13 mm lata, basi cuneata, apice obtusa vel emarginata, margine crenulata vel obtusi-dentata, superiora brevius petiolata, lineari-oblonga. Flores solitari-axillares. Pedicelli foliis breviores, 7—15 mm longi, glabri. Hypanthium turbinatum, lobi subulati, 3 mm longi, integri, glabri. Corolla coerulescens (?), glabra, 16 mm longa; lobi superiores lineares, 7 mm longi, inferiores oblongi, basi bigibbosi, in labium trifidum 10 mm longum coaliti. Filamenta glabra, 8 mm longa. Antherarum tubus 2 mm longus, obscuri-striatus, superne leviter hirtus. Capsula obovoidea. — Fig. 80 i.

M a s k a r e n e n - I n s e l R o d r i g u e z : Schattige Täler an den Quellen der Flüsse, Aug.—Dez. 1874 (B a l f o u r! — Hb. Kew).

88. **L. nannae** Th. Fries j. in Notizbl. Bot. Gart. Berl. VIII (1923) 403, f. 5 d. — Pusilla, glabra. Caules repentes, radicantes, foliati. Folia late ovalia usque oblonga et obovato-lanceolata, 4—5 mm longa et 3—4 mm lata, basi in petiolum 2—3 mm longum sensim angustata, apice obtusiuscula vel acuta, margine in superiore parte minute denticulata. Flores solitari-axillares. Pedunculi 2—5 mm longi. Hypanthium semiglobosum, subpubescens, lobi sublineares, acuti, subglabri. Corolla coerulea, fauce albida et in tubo intus puberula, 7 mm longa, lobi inferiores oblongo-acuti. Fructus subglobosus.

Tropisches Ostafrika: Kenya-Kolonie, Mt. Aberdare, Sattima und Kinangop, an sumpfigen Stellen innerhalb der regio bambusina superior und der regio alpina, 12. III. 1922 (Rob. & Th. Fries n. 2486! 2486 a! — Hb. B.). — Nanna Fries prima plantam collegit.

89. **L. bellis** E. Wimm. in Fedde, Repert. Spec. Nov. XXII (1926) 193. —*L. nana* McVaugh in North Am. Fl. Fl. XXXII A (1943) 46 p. p. — Minima, 2 cm alta. Stolones breves subterranei apice foliati. Folia in caule approximata, petiolata, spathulata usque lanceolata, 10 mm longa et 2—6 mm lata, basi in petiolum ca. 4 mm longum supra hirtellum acuminata, apice obtusa usque acutiuscula, margine conferte callose denticulata, supra hirtella, carnosula. Pedicelli solitari-axillares, 3—6 mm longi, hirtelli, foliis breviores, superne in bracteas sublineares transeuntibus. Hypanthium breviter lateque turbinatum, glabrum; lobi sublineares, 4 mm longi, obtusiusculi, interdum ciliolati. Corolla coerulescens, glabra, 8 mm longa; lobi superiores anguste lanceolati, lobi inferiores oblongi. Filamenta 3 mm, antherae caesiae glabrae supra 1 mm longae. — Fig. 80 k.

Mexico: Orizaba, 4300—4600 m (Liebmann n. 9204! — Hb. Koph.); Gipfel der Kordillere von Orizaba, 4000 m (Galeotti n. 4495!); Staat Vera Cruz, Mirador, 3600 m. April 1856 (C. Sartorius n. 118! — Hb. W.).

Sobolibus hypogaeis apice tantum folia proferentibus, non stolonibus epigaeis foliatis ut *L. nana*, satis ab ea distat.

90. **L. serpens** Lamarck, Dict. Bot. III (1791) 588, non Bouton; Roem. et Sch., Syst. V (1819) 65; G. Don, General Syst. III (1834) 712; D. Dietrich, Synops. I (1839) 733; Baker, Fl. Maurit. (1877) 184 excl. *L. filiformi* et *telephiode*. —*L. polymorpha* Bory, Voy. dans les Quatre Princip. Iles d' Afr. II (1804) 138 var. γ et δ; Willd. in Roem. et Sch. l. c. 68. —*L. serpens* var. *pedicellata* A. De Cand., Prodr. VII (1839) 368. — *Rapuntium serpens* et *Boryanum* Presl, Prodr. Lob. (1836) 15, 24. — *Dortmannia filiformis* O. Kuntze, Rev. Gen. II (1891) 972 p. p. — Herba glabra caulibus prostratis subramosis. Folia in petiolum brevem angustata, tenuia, ovata, ovalia usque oblonga, summa interdum lanceolata, apice rotundata usque obtusa, 9—13 mm longa et 3—9 mm lata, margine anguste revoluto plano-crenata. Flores solitari-axillares. Pedicelli circiter 10 mm longi, folio longiores vel subbreviores, basi minute bibracteolati. Hypanthium obconicum, lobi eius lineares, integerrimi, obtusiusculi, erecti, glabri, 2 mm longi. Corolla coerulea, fauce lutescente (?) et bigibbosa, ad 11 mm longa, lobi superiores oblanceolati, inferiores obovato-oblongi, ad basin et in tubo verisimiliter obscurius coeruleo-punctati. Filamenta tubum corollae aequantia; antherarum tubus 1 mm longus, superne plerumque pilosulus, 2 inferiores apice barbatae. Capsula fere totaliter infera, obovoidea, 4 mm longa. Semina ellipsoidea, badia, subnitida, c. 0,4 mm lg. — Fig. 80 j 1.

Clavis varietatum.

A. Plantae glabrae.

I. Folia acuta usque ovalia vel oblonga (summa interdum lanceolata); apice rotundata usque obtusa corolla ad 11 mm longa .... var. *serpens*.

I. Folia plurima lanceolata, utrinque acuta vel apice etiam obtusiuscula, minute denticulata; corolla c. 7 mm longa .... var. *sieberi*.

II. Folia lineari-lanceolata, acuta, remote adpresse denticulata, corolla c. 11 mm longa . . . . var. *cheiranthifolia.*

B. Tota planta puberula . . . . var. *puberula.*

var. **serpens.** — Ut supra.

Insel Réunion: „Bourbon" (Commerson! — Hb. Paris); in editioribus Borboniae (Bory de St. Vincent! — Hb. Willd. n. 3974, Del., Typ. pro *L. polymorpha*; Guyot n. 217! — B.); rochers maritimes du Bois-Blanc; St. Paul, cascade de la grande grotte, sur le bord de la mer (Boivin! et n. 1183! — Pa.); St. Rose (Richard!).

Tam diagnosis quam specimen typicum e herb. Paris persuadent mihi varietatem pedicellatam a De Candollio creatam coincidere cum planta typica.

var. **sieberi** E. Wimm. nov. var. — *L. serpens* A. DC. l. c. saltem pro parte. — Glaberrima, ramosa. Folia subpetiolata, plurima lanceolata (ima non visa), utrinque acuta vel apice etiam obtusiuscula, minute denticulata, 9—20 mm longa, 2—5 mm lata. Pedicelli folio fere duplo breviores. Corolla circiter 7 mm lg. — Fig. 80 j 2.

Insel Mauritius (Sieber, Pl. exsicc. Maur. II n. 367! — Goett. Leningr. W., n. 113! — Univ. Prag); frequens in locis aridis ex Baker; Sommet du Pouce, IX, 1849 (Boivin! — Pa.) — Madagascar: Tamatave, Ivoudro (C. Keller! — Zürich).

var. **cheiranthifolia** (Presl) A. DC. l. c. — *L. bicolor* Bojer, Hort. Maurit. (1837) 193. — *Rapuntium cheiranthifolium* Presl l. c. 18. — Folia lineari-lanceolata usque sublinearia, 15—30 mm longa, 1—2,5 mm lata, acuta, margine remote adpresse denticulata. Sepala ad 3 mm longa. Pedicelli 5—8 mm longi. Corolla ad 11 mm longa, in tubo et fauce crebre obscure maculata et bigibbosa.

Insel Mauritius (Hb. Presl! — Bojer! — Kew). — Kap (J. Verreaux! Del., ob spontan? oder irrtümlich angegeben?).

var. **puberula** E. Wimm. nov. var. — Tota planta puberula. Folia ima (unum visum) ovata, cetera ut in var. *sieberi*. Corolla ad 11 mm longa, sparse puberula.

Insel Mauritius: Top of mountains (Bouton! — Hb. Cambr.; Grey! J. Blackburn! Sieber, Fl. Maur. II n. 367! p. p. — Kew, sub „*L. repens*" Hb. Presl).

91. **L. duriprati** Th. Fries j. in Notizbl. Bot. Gart. Berl. VIII (1923) 407 c. fig. — Herba e rhizomate repente subterraneo caules primo parce pilosos, dein glabros procumbentes progenerans. Folia inferiora obovata, 13 mm longa, 8 mm lata, superiora obovato-lanceolata usque lanceolata, 12 mm longa, 4 mm lata, in petiolum brevem indefinitum sensim angustata, apice obtusiuscula, margine subadpresse calloseque dentata, glabra. Flores solitari-axillares. Pedicelli 10—25 mm longi, glabri, basi biglandulosi. Hypanthium turbinatum, lobi sublineares, acutiusculi, erecti, integri, glabri, raro parum ciliolati, 2 mm longi. Corolla coerulea, ca. 10 mm longa, in fauce bigibbosa et alba, intus in tubo puberula; lobi superiores sublanceolati, lobi inferiores obovato-oblongi. Antherae 1 mm longae, superne pilosulae.

Tropisches Ostafrika: Kenia Kolonie, Gebiet des Kenia und Mt. Aberdare, vom Fuß bis in die Bambusregion auf etwas feuchten *Themeda*-Steppen. Kenia, Westseite, Station Foresi, 2300 m, häufig, 26. 12. 1921, ferner an der Ostseite, zwischen Kasseri und Churi und am Iraruflußzwischen Gras, II. (R. & Th. Fries n. 380! 1858! 1923! — Hb. Stkh. B.); Embu, auf Weiden, IV. (W. O. Sunman n. 2214! — Hb. Kew); Escarpment an Wegrändern (F. Thomas n. 86! — Hb. B.). Mt. Aberdare, Hochsteppe innerhalb der Bambusregion, ca. 2900 m (*R.* & Th. Fries n. 2714! — Hb. Stkh.). Mau, 3000 m (E. Battiscombe n. 1225! — Hb. Kew).

92. **L. telephioides** (Presl) A. De Candolle, Prodr. VII (1839) 367; Vatke in Linnaea XXXVIII (1874) 719. — *Rapuntium telephioides* Presl, Prodr. Monogr.

Lobel. (1836) 18. — Dense puberula caulibus prostratis, subangulatis, ramosis, foliosis. Folia petiolata, spathulata vel ovalia usque obovato-lanceolata, incl. petiolo 10—15 mm longa et 4—7 mm lata, basi in petiolum brevem indefinitum acuminata, apice obtusa, margine integra vel obsolete crenata, utrinque dense puberula. Flores solitari-axillares. Pedicelli 9—17 mm longi, folio aequilongi vel sublongiores. Calycis tubus turbinatus, lobi anguste triangulares, 2 mm longi. Corolla 8—10 mm longa; lobi superiores angustissime lanceolati, lobi inferiores obovato-oblongi, basi bigibbosi. Filamenta glabra, fere 4 mm longa. Tubus anthereus glaber, supra 1 mm longus. Capsula obovoidea, 5 mm longa, infera. — Fig. 80 l.

Maskarenen-Insel Mauritius („insula Franciae" — ex Mus. Paris., sp. orig. Hb. B., Del.).

f. **pilosella** E. Wimm. — Planta longius hirta, folia margine subdentata, de cetero eadem ut typica.

Reunion (Hb. Del.!).

E Madagascar vidi in herb. Delessert plantulam *L. telephioidi* omnino conformem, verisimiliter huc pertinentem.

93. **L. galpinii** Schlechter in Engler, Bot. Jahrb. LVII (1922) 615. — *L. aquatica* Phillips in Annal. South Afr. Mus. XVI (1917) 175, f. P III c, non Cham. — Parva, glaberrima. Caules repentes, radicantes. Folia spathulata, 5—7 mm longa et 3—5 mm lata, in petiolum marginatum 4 mm longum angustata, apice obtusa, margine subintegra. Flores solitari-axillares. Pedicelli 5 mm longi. Hypanthium semiglobosum, lobi ovati, acuti, 1,5 mm longi. Corolla purpurea, fauce bigibbosa et lutescens, glabra, 8,5 mm longa; lobi superiores sublanceolati, lobi inferiores oblongo-elliptici. Filamenta 3 mm, antherae 1 mm longae, glabrae. — Fig. 80 n

Kapland: Distr. Barkley-East, Drakensbergen, auf Marschboden am Fuße von Doodman's Krans Mt., 2500 m, III. 1904 (E. E. Galpin n. 6756! — Hb. B.).

Species *L. nanae* var. *cymbalarioidi* ex America merid. valde similis.

94. **L. nana** Humb., Bonpl. & Kunth, Nov. Gen. et Spec. Amer. III (1818) 317, t. 272; Roem. & Schult., Syst. V (1819) 67; Sprengel, Syst. I (1825) 719; Brongniart et allii, Dict. Classique (1831) t. 37; G. Don, General Syst. III (1834) 706; A. De Candolle, Prodr. VII (1839) 379; Weddell, Chloris And. II (1857) 13, t. 46 A; Vatke in Linnaea XXXVIII (1874) 722; Hemsley, Biolog. Centr.-Am. II (1881—82) 268; E. Wimmer in Macbride, Fl. Peru VI (1937) 479; McVaugh in North Am. Fl. XXXII A (1943) 45 excl. *L. bellis*. — *Rapuntium nanum* Presl, Prodr. Monogr. Lobel. (1836) 22. — *Dortmannia nana* O. Kuntze, Revis. II (1891) 973. — Herba prostrata, glabra, stolonifera. Caulis abbreviatus erectus, simplex, stolones filiformes, foliati, 5—20 cm longi. Folia spathulata, oblongo-obovata, 6—20 mm longa et 3—7 mm lata, in petiolum 2—10 mm longum indefinitum angustata, apice obtusa, margine subintegra vel obsolete denticulata. Pedunculi uniflori, axillares, nudi, 1,5—8 cm longi, erecti. Hypanthium turbinatum vel semi-ellipsoideum, lobi calycini sublineares, acuti, integri, 2—3 mm longi. Corolla coerulescens, pallide violacea vel alba, in fauce 2 gibbis lutescentibus ornata, intus in tubo puberula, 10 mm longa; lobi superiores anguste lanceolati, lobi inferiores obovati. Filamenta 3,5 mm longa, antherae 1,8 mm longae, glabrae.

Clavis varietatum.

A. Folia oblongo-obovata, vix exserte denticulata, pedicelli folio sub- usque quadruplo-longiores.
   a. Pedicelli folio distincte longiores, corolla plerumque coerulescens. var. *nana*.
   b. Pedicelli folio breviores vel vix longiores, corolla cremeo-alba var. *cymbalarioides*.

B. Folia plerumque rotundo-spathulata usque spathulata, saepe profundius dentata, flagella et pedicelli longissimi .... var. *flagelliformis*.

var. **nana.** — Fig. 80 m

Verbreitet Mexico, Ecuador, Peru, Bolivia und Argentinien, auf Wiesen und in Wäldern. Mexico: Ohne nähere Ortsangabe (Humboldt! — Hb. Willdenow n. 3950, Galeotti n. 1982! 1983! Schiede n. 184! Ehrenberg n. 220! Uhde n. 677! W. Schaffner n. 881! Schmitz n. 652! Fred Müller n. 1353! — Hb. B. W.); Mexico und Umgebung (Wawra n. 332! — Hb. W.); kultiv. Felder bei Ciudad-Réal (Linden — Hb. Del.); auf feuchten Weiden bei Anganguio (Hartweg n. 334! — Hb. W. Del. B.); nasse Gräben der Ebenen bei Buena Vista Station, 2400 m, Aug. (Pringle n. 8949!); Puebla, Boca del Monte, Sept. (Purpus n. 3063! — Hb. B.); Laguna de San Baltasar, 2135 m, V. (Bro. Arsène n. 1100! 2157! — Hb. Wash.); zwischen La Foya und S. Salvador (A. de Schlechtendal! — Hb. Goett. Del.); Los Pescados, Cofre de Perote, auf Torf an offenen sonnigen Plätzen, 3400 m, blüht weiß und blaßblau (E. K. Balls n. B 4545! — Hb. B.).

Ecuador (Steindachner! — Hb. W.).

Peru (A. Raimondi! — Hb. B.).

Bolivia: La Paz, Prov. Ingavi, Halbinsel Taraca, Hacienda Chiripa und Hacienda San José (C. Hammarlund n. 201! 172! — Hb. Stkh.); Dept. Cochabamba, Prov. Totora, bei Indianerhütten (J. Steinbach n. 5996! — Hb. Lillo).

var. **flagelliformis** Weddell, Chloris And. II (1857) 13; E. Wimmer in Macbride, Fl. Peru VI (1937) 479. — *L. cymbalaria* Grisebach in Göttinger Abhandl. XIX (1874) 200 et Pl. Lorentzianae (1874) 152. — *Dortmannia Cymbalaria* O. Kuntze, Rev. II (1891) 972, III (1898) 187. — Caules, stolones, pedunculi multo longiores. Folia saepe rotundo-spathulata et paullo majora, apice rotundata, rarius oblongo-spathulata et obtusa, subintegra usque sinuato-dentata. Pedicelli 5—12 cm longi.

Selten in Mexico und Peru, häufig in Bolivia und Argentinien. Mexico: Staat Hidalgo zwischen Pachuca und Real del Monte, VII. (Rose, Painter & Rose n. 8725! — Hb. Wash.); Sierra de Pachuco (Rose & Hay n. 5584! — Hb. Wash.).

Peru: Dept. Puno, zwischen Chupa und Huancané, IV. (A. Raimondi n. 9515! — Hb. B.).

Bolivia: La Paz, 3800 m (O. Buchtien n. 66! — Hb. Del.); La Paz — Palca — Illimani, 3600—4800 m (Hauthal n. 307! 349! — Hb. B., transiens inter var. *nanam* et var. alias); Tiriqui, 2. IV. 1892 (O. Kuntze! — Hb. W.); Sorata, Prov. Larecaja (G. Mandon n. 1463! Rusby n. 1075! — Hb. W. Stkh.); Toldos bei Bermejo, 1850 m, IX. (K. Fiebrig n. 2203! — Hb. Del.); Bolivia-Plateau (M. Bang n. 1052!).

Argentinien: Prov. Salta, La Candellaria, Cuesta de Unquillo 2000 m. I. (Schreiter); n. M 9386! — Hb. Lillo); Prov. Tucumán: Cuesta de Lara, 3000 m (Schreiter n. M 593!); Dept. Burruyaco, Cerro del Campo, 1600 m (Bailetti n. 248!); Dept. Tafi. häufig auf Almen, feuchten Wiesen und an Waldrändern (Lillo n. 1173! 3041! 3563! 4127! 5681! Venturi n. 2820! 3575! Castillon! und n. 120! Schreiter n. M 6902! — Hb. Lillo); Cuesta del Garabatal zwischen Juntas und Siambon, Sierra de Tucuman (Lorentz & Hieronymus n. 988! — Hb. Goett., sp. orig. pro *L. cymbalaria* Griseb.); Cuesta de Siambon (Lorentz n. 504 — Hb. Goett.); Tucumán (O. Kuntze n. 6 c! — Hb. W.); Tafi (Stuckert n. 17 867! — Hb. Del.); Dept. Famailla, Villa Nongués (Castillon n. 132 a! Venturi n. 2330! Schreiter n. M 2489! — Hb. Lillo); Dept. Rio Chico, Escaba (Monetti n. 1840! — Hb. Lillo). Prov. Catamarca, Esquina Grande, XII. (Jörgensen n. 1377! — Hb. Lillo). Sierra Grande, Copina, 1500 m, Bergwiese (A. Burkart n. 7439! — Hb. Field). Prov. Cordoba (O. Kuntze n. 6 b! — Hb. W.), Cuesta de la Sala Grande, Sierra Achala de Cordoba (Hieronymus n. 862! 760! — Hb. Del.); Arroyo Charros und Mina Clavero (Stuckert n. 10 338! 15 583! — Hb. Del.).

var. **cymbalarioides** (A. Zahlb.) E. Wimm. in Macbride, Fl. Peru VI (1937) 479. — *L. cymbalarioides* A. Zahlb. in Engler, Bot. Jahrb. XXXVII (1906) 461, non

Engler. — *Pratia boliviensis* A. DC. l. c. 340. — Planta habitu var. *nanae*, stolones breves, circiter 6 cm longi. Folia margine leviter repanda. Pedicelli foliis plerumque sublongiores, 12—16 mm longi. Corolla cremeo-alba, purpureo-striata.

Peru: Dept. Junin, zwischen Yauli und Pachichaca auf steinigen Matten an der Lima-Oroyabahn, 4100 m (Weberbauer n. 324! — Hb. B. W., sp. orig.); La Oroya, Grasmatte an Bachrand, 3900 m (Weberbauer n. 2591 b! Kalenborn n. 55! — Hb. Wash.); Dept. Apurimac, Paß zwischen Huancarama und Pachachacasfluß, 3900 m, XI. (J. West n. 3777! — Hb. Univ. Calif.).

Bolivia: Unduavi, Nordyungas (Buchtien n. 5745! — Hb. Wash., Bang n. 2445! — Hb. W.)! Sorata (Bang n. 1622!); La Paz, Hochebene (Buchtien n. 8599! — Hb. Stkh.); La Paz, oberhalb Chuquiaguillo, 4000—4800 m (Hauthal n. 212! — Hb. B.).

§ 2. Pusillae.

Plantae pusillae, erectae, 2—10 cm altae, quaedam formae etiam parum altiores. Afr., una e Mexico [1]).

Clavis sperierum.

1. Caules tetragoni, succulenti foliis sessilibus rotundis vel ovatis parvis. Abyss. Fig. 82 a—c .... 95. *L. exilis.*
2. Caules teneri, subteretes vel anguste alati; folia petiolata [2]).
   a. Sepala utrinque denticulo uno munita.
      α. Flores in racemo secundo — Fig. 78 c .... 47. *L. lelyana.*
      β. Flores in axillis foliorum superiorum solitarii; folia late ovata, basi truncata. Afr. trop. — Fig. 84 d .... 96. *L. maranguensis.*
   b. Sepala integerrima [3]).
      α. Sepala late triangularia 1 mm longa et lata; folia spathulato-elliptica, crenulata cum petiolo subciliata; corolla 10 mm longa. Afr. austr. 97. *L. parvisepala.*
      β. Sepala subulata, supra 1,5 mm longa.
         ○ Plantae glaberrimae.
            * Corolla 3,5 mm longa; folia spathulato-elliptica, denticulata. Abyss. 98. *L. erlangeriana.*
            ** Corolla 12 mm longa; folia ima ovato-rotunda, reliqua lanceolata, inciso-dentata. Afr. austr. .... 99. *L. hypsibata.*
         ⊙ Plantae subpilosae; folia inferiora ovato-rotunda vel late ovata, parva.
            * Pedicelli bracteis multo longiores [4]).
               + Folia angulato-dentata; sepala distincte pauciciliata. Afr. — Fig. 82 d .... 100. *L. albomaculata.*
               ++ Folia obtusi-dentata, sepala glabra vel vix ciliata. Afr. Fig. 82 e .... 101. *L. wentzeliana.*
            ** Pedicelli bracteis fere aequilongi.
               + Petioli longe ciliati; caulis glaber. Afr. — Fig. 82 f. 102. *L. kassneri.*
               ++ Petioli glabri, caulis minute hirtellus. Mex. .. 103. *L. schmitzii.*

95. **L. exilis** Hochst. ex A. Richard, Tent. Fl. Abyssin. II (1851) 7; Hemsley in Oliver, Fl. Trop. Afr. III (1877) 469; Engler, Hochgebirgsfl. Trop. Afr. (1892) 410. — *L. tenerrima* Chiovenda in Annal. Bot. Roma IX (1911) 78. — Herba glaberrima, ad 12 cm alta. Caulis simplex vel subramosus, quadrangularis, carnosulus, erectus. Folia pauca, sessilia, adpressa, subrotunda, ovata usque oblonga, 3—8 mm longa et 3—6 mm lata, acuta argute dentata. Flores pauci, unus caulem terminans vel plures (2—7) solitarii in axillis bractearum saepe lanceolatarum. Pedicelli

[1]) Si plantae caespitosae, densius foliatae, confer: *Lobelia modesta, L. subpubera, L. bellis.*
[2]) Si planta a basi ramosa foliis mediis ovatis vel oblongis 3—5 mm longis, vide *L. usambarensem.*
[3]) Si caulis simplex subnudus foliis plurimis rosulatis, vide *L. lucayanam!*
[4]) Si pedicelli sublongiores, folia callose dentata, vide *L. heyneanam* var. *inconspicuam.*

1—2 cm longi, erecti. Hypanthium obconicum, laciniae subulatae, 2—4 mm longae, interdum pauci-ciliatae. Corolla azurea, versus faucem lutescens, bigibbosa et obscure coeruleo-maculata, (3) 7—9 mm longa; lobi superiores lineares, lobi inferiores

Fig. 82. a *Lobelia exilis* 1/1, b var. *pusilla*: folia, c var. *major*: pars media plantae. — d *L. albomaculata*: 1/1: flos et corolla explan. parum aucta. — e *L. wentzeliana* 1/1. — f *L. kassneri* 1/1: corolla explan. et fructus parum aucti. — Orig.

obovato-oblongi. Stamina 4—5 mm longa, antherae superne pilosulae, 2 inferiores apice penicillatae. Capsula oblongo-obovata, 4 mm longa, infera. Semina oblongo-ellipsoidea, fuscescentia, 0,3 mm longa.

A. Caulis simplex, folia utrinque 1—2-dentata.
1. Corolla 7 mm lg., foliorum dentes acutissimi expansi .... var. *exilis*.
2. Corolla 3 (5) mm lg., folia dente uno minuto versus apicem munita var. *pusilla*.
B. Caulis validior ramosus, corolla 7—9 mm lg., folia dentibus 2—5 brevibus utrinque var. *major*.

var. **exilis.** — Caulis simplex, raro superne ramulosus, dum var. *major* ab inferiore parte caulis ramos producit. — Fig. 82 a.

Abessinien: In pratis humidis convallis fluvii Tacazzé, flor. Jul. (Quartin Dillon ex auct.); ohne Angabe eines besonderen Standortes (Dill et Petit! — W.); Gafta (Schimper, It. Abyss. II. n. 1182! — W.!); Amhara, Dembia, pascoli pietrosi aprici assai humidi presso Asosó, 13/IX. 1909 (Chiovenda n. 2012! Hb. Flor., Typ. pro *L. tenerrima* Chiov.)

var. **pusilla** E. Wimm. in Annal. Naturhist. Mus. Wien LVI (1948) 347. — Caulis simplex, 3—7 cm altus. Calycis lobi eciliati ad 0,6 mm longi. Corolla 3—5 mm longa. Antherae superne glabrae. Folia late ovalia, utrinque unidentata. — Fig. 82 b.

Eritrea: Scimenzana, Guna-Guna, 2200 m (A. Pappi n. 764! — Flor.). — Abessinien: Amhara-Dembia, Valle Sunta sopra Asosó, Fenter, Valle Cococe sopra Gondar, pr. il ponte Gontié Dildil (Chiovenda n. 1613! 1655! 1857! 1686! — Flor., Übergangsformen darunter).

var. **major** E. Wimm. in Annal. Naturhist. Mus. Wien LVI (1948) 347. — Caulis parum validior et altior, inferior jam subramosus. Folia ovata, ovalia, 5—10 mm lg. et 3—6 mm lt., sursum paulatim angustiora, obtusa usque acuta, conferte minuteque dentata, dentibus 2—5 utrinque. Pedicelli 15—30 mm longi, plerumque in axillis foliorum. Calycis lobi longitudine fere staminum. Corolla 7—9 mm lg. — Fig. 82 c.

Abessinien: Prov. Tigrè, auf sumpfigen Wiesen bei Dschan Mèda, ca. 2800 m, 6. X. 1863 (Schimper n. 1382! — B. Cambr.).

96. **L. maranguensis** Engler, Pflanzenwelt Ostafr. (1895) A 109, C 401. — Caulis simplex vel subramosus, erectus vel ascendens, angustissime alatus, sparse pilosus, 3—20 cm altus. Folia late ovata, circiter 10 mm lg., 8—11 mm lata, basi subcordata usque rotundata et in petiolum brevem angustata, apice subobtusa vel late acuta, margine breviter acuteque dentata, supra parce pilosa, subtus glabrata. Pedicelli in axillis foliorum summorum vel oblongarum bractearum solitarii, subracemose dispositi, 3—5 mm longi. Hypanthium turbinatum, glabrum; segmenta calycina subulata, 1 mm longa, utrinque 1-denticulata. Corolla vix 3 mm longa, alba vel pallide coerulea, maculis obscure coeruleis notata, lobi inferiores ovati. Capsula oblongo-obconica, 3 mm lg. Semina numerosa, ellipsoideo-globosa, badia, nitida. — Fig. 84 d.

Tropisches Ostafrika: Tanganyika-Territ., Kilimandscharo, Landschaft Marangu, 1650 m, an feuchten steinigen Plätzen einer zur Unna abfallenden Böschung, VI. (G. Volkens n. 2327! — B.); Uganda-Protektorat, Namanyonyi, 1300 m, V—VI. (R. Dümmer n. 3201! — Kew).

97. **L. parvisepala** E. Wimm. nov. spec. — Annua, parva, ramosa, eriniformis. Folia petiolata, late ovalia vel rotundo-spathulata, 7 mm longa et 6 mm lata, in petiolum circiter 4 mm longum breviter abrupteque angustata, apice subrotundata, margine crenulata, subciliata, parce hirsutula. Flores in racemis laxis. Bracteae lanceolatae, sessiles, pedicellis circiter duplo breviores. Pedicelli 10—13 mm longi, glabri, suberecti. Hypanthium turbinatum, lobi lati-triangulares, integri, 1 mm longi. Corolla coerulea, 9 mm longa, lobi superiores anguste lanceolati, lobi inferiores oblongi. Staminum tubus 5 mm longus. Capsula obovato-oblonga, infera, 5 mm longa. Semina ovali-globosa, 0,3 mm longa. — Fig. 88 e, p. 528.

Kapland: Montrivier, 2. VI. 1816 (Bergius! — Hb. B.).

98. **L. erlangeriana** Engler, Bot. Jahrb. XXXII (1902) 118, Pflanzenwelt Afr. I (1910) 154, 155, f. 125. — Annua, 2—3 cm alta, erecta. Folia spathulata vel rotundo-ovata, circiter 6 mm longa, 5 mm lata, basi in petiolum brevem contracta, minute dentata, glabra. Pedicelli solitari-axillares, pilosi, folio 2—3-plo longiores. Calycis tubus turbinatus, lobi longi-triangulares, ciliati, 2 mm longi. Corolla 7 mm longa, lobi superiores violacei, lineari-lanceolati, 2 mm longi, lobi inferiores oblongi, coerulei, 3 mm longi.

Abessinien: Galla-Hochland, Arussi Galla bei Ladjo, an Felsen im Gebüsch südwestlich von Sheik Hussein, 3000 m, II. (Ellenbeck n. 1899 — non vidi). — Figura in opere supra citato vix omnino bona.

99. **L. hypsibata** E. Wimm. in Annal. Naturhist. Mus. Wien LVI (1948) 349. — Annua, 7—12 cm alta, glabra. Caulis videtur erectus, subramosus, flexuosus, in ima parte brevissime hirtellus. Folia ima ovato-rotunda, 5—7 mm longa et 5—6 mm lata, basi truncata et in petiolum 5 mm longum abrupte angustata, reliqua lanceolata, 8—10 mm longa et 2—3 mm lata, omnia apice acuta, margine argute remotiuscule dentata, dentibus 2—3 utrinque. Flores in racemo laxissimo. Bracteae foliaceae, lanceolato-lineares, subintegrae, subsessiles, circiter 10 mm longae. Pedicelli filiformes, 8—13 mm longi, primo patenti-ascendentes, mox patentissimi, apice incurvati. Calycis tubus campanulatus, demum subglobosus; lobi eius subulati, integri, patentes, 2 mm longi. Corolla videtur alba, 12 mm longa; lobi superiores lanceolati, lobi inferiores oblanceolati, 3 mm longi. Filamenta alba, glabra, 5 mm longa. Tubus anthereus caesius, 1 mm longus, superne pilosulus, 2 inferiores antherae apice penicillatae. Capsula subglobosa, infera, 4 mm longa. — Fig. 87 d, p. 522.

Kapland: Tradouw-Paß, steinige Stelle, 500 m, 16. I. 1893 (R. Schlechter n. 2094! — Hb. B.).

Species habitu *L. pubescenti* similis, sed glabritie, statura pusilla, pedicellis divaricatis, calyce et fructu diversa.

100. **L. albomaculata** E. Wimm. nov. spec. — *L. ilysanthoides* Schlechter in herb. Berol. — Erecta, ramosa, 5 cm alta. Caulis anguste alatus, inferne subhirsutus, sursum glabrescens. Folia breviter (1 mm) petiolata, inferiora late ovata, superiora ovato-oblonga usque subrhomboidea, 4—5 mm longa et 2—6 mm lata, basi subcordato-truncata usque cuneata, petiolo in margine et lamina supra sparse hirsuta, margine angulato-dentata. Flores partim in axillis foliorum solitarii, partim laxe racemosi. Pedicelli 3—7 mm longi, glabri, bracteis duplo longiores. Hypanthium late turbinatum, vix ½ mm longum et vix 1 mm latum, lobi calycini lineares, acuti, mucronulati, subciliati, integri, suberecti, 1,5 mm longi. Corolla 5 mm longa, coerulea, versus faucem albo-maculata et 2 gibbis et 2 striis in tubo ornata, glabra; lobi 2 superiores sublineares, lobi 3 inferiores oblongi, acuti. Filamenta glabra, coerulea, 2,5 mm longa. Antherarum tubus glaber, 0,7 mm longus, 2 inferiores apice penicillatae. Capsula oblonga, 4 mm longa, semi-infera. Semina fusca, compresso-ellipsoidea, nitida, 0,5 mm longa. — Fig. 82 d.

Kamerun: Badschambei Babadschu, 1300—1500 m, gemischte *Raphia*-Gallerie an langsam fließender Stelle des Flusses auf Steinen, VIII. (C. Ledermann n. 5999! — Hb. B.).

101. **L. wentzeliana** Engler, Bot. Jahrb. XXX (1901) 420. — Erecta, 3—8 cm alta. Caulis simplex vel subramosus, parce hirsutus, lineatus. Folia late ovata. 3—5 mm longa et fere lata, obtusa, basi truncata vel late cuneata in petiolum 1 mm longum, margine crenulata, supra sparse hirsuta. Folia floralia oblonga. Pedicelli solitari-axillares, glabri, 10—15 mm longi. Flores 1—7, interdum laxe racemosi. Hypanthium sub anthesi fere nullum, dein late turbinatum; sepala anguste triangularia, integra, glabra, interdum ciliata, 2 mm longa. Corolla 8 mm longa, glabra, obscure coerulea, versus faucem albo-maculata et 2 maculis obscuri-coeruleis ornata; lobi superiores anguste spathulati, lobi inferiores obovati. Stamina 4 mm longa,

antherae superne pilosulae. Capsula ellipsoidea, 4 mm longa, semi-infera. Semina oblongo-ellipsoidea, badia, 0,5 mm longa. — Fig. 82 e.

Tropisches Ostafrika: Tanganyika-Territorium, Ukinga-Berge, Kipangare-Rücken, an schattigen Abhängen, 2700 m, 28. V. 1899 (W. Goetze n. 959! — Nyassa-See und Kinga-Gebirgs-Exped. der Wentzel-Heckmann-Stiftung, Hb. B.); Usumbura, Bucoba (Roemda) im Gebirge, 1800 m (Duchessa Elena d'Aosta n. 1251! — Hb. B.).

102. **L. kassneri** E. Wimm. nov. spec. — Plantula erecta, circiter 5 cm alta, caule simplici, filiformi, glabro. Folia late ovata, 8 mm longa et lata et minora, rotundata, basi subcordata vel rotundata, obsolete repanda, supra parce hirsuta, subtus glabrata, petiolus 2 mm longus, ciliatus. Flores solitari-axillares, folia floralia superiora oblonga, utrinque acuta, pedicellis 4—5 mm longis breviora. Hypanthium turbinatum, lobi subulati, 2—3 mm longi, integri, ciliolati. Corolla ca. 4 mm longa, coerulescens (?); lobi superiores sublineares, lobi inferiores late lanceolati. Stamina 2 mm longa, antherae superne pilosulae, 2 inferiores apice penicillatae. Capsula obovoidea, vix 3 mm longa, infera, valvis brevissimis. Semina ellipsoidea, 0,2 mm longa. — Fig. 82 f.

Kongo: Mt. Senga, auf Felsen, 15. V. 1908 (Kassner n. 2982! — Hb. B.). — *L. wentzelianae* similis.

103. **L. schmitzii** E. Wimm. in Fedde, Repert. Spec. Nov. XXVI (1929) 2, t. 71, f. 2. — *L. pusilla* A. DC., Prodr. VII (1839) 379, non G. Don (1834) nec Poepp. nec Welw. — *Rapuntium pusillum* Presl, Prodr. Monogr. Lobel. (1836) 22. — *Dortmannia pusilla* O. Kuntze, Revis. II (1891) 973. — Annua, erecta, caule simplici vel a basi subramoso, 2—6 cm alto, brevissime hirtello. Folia breviter (2 mm) petiolata vel subsessilia, suborbicularia usque oblonga, 6 mm longa, 5 mm lata et minora, apice et basi subrotundata, obtusa vel acuta, argute dentata, glabra. Pedicelli minute puberuli, 2—5 mm longi, basi bibracteolati, bracteis oblongis lanceolatisque subbreviores vel longiores. Hypanthium turbinatum, laciniis sublinearibus, integris, 2 mm longis. Corolla 6 mm longa, violacea, tubo pallido intus pubescente, fauce 2 plicis lutescentibus ornata; lobi superiores lanceolati, lobi inferiores obovati. Tubus stamineus 3,5 mm longus, antherae superne pilosulae, 2 inferiores setulis paucis terminatae.

Mexico (Schmitz! — Hb. W., Typus; Hb. Presl, sp. orig. pro *Rapuntium pusillum*!); Wald bei Salazar, 3000 m, XI. (R. Endlich n. 1054! — Hb. B.); Staat Mexico, Distr. Zultepec, Wald bei Agua blanca, 2800 m, XII. (C. & E. Seler n. 359! 4419! — Hb. B.).

A *Lobelia divaricata* Hook. et Arn., quacum a McVaugh in Am. Midl. Nat. XXIV, 692 et in North Am. Fl. XXII. A, 52 identificatur, videtur bene distincta.

§ 3. Subgrandiflores.

Herbae erectae vel ascendentes, corolla majore, (17) 18—24 mm longa, stamina 9—14 mm longa. Mex. Afr.

Clavis specierum.

1. Herba erecta, dense hirta; folia spathulata, apice rotundata, superiora sensim angustiora et acuta, margine dense fere fimbriato-dentata. Mex. 104. *L. setulosa*.
2. Herbae plus minusve pubescentes vel glabrae [1]).
   a. Corollae tubus fere semi-fissus, sepala patentissima, folia radicalia ovata, reliqua lanceolata. Mex. .... 105. *L. sublibera*.
   b. Corollae tubus in dorso ad basin usque fissus, sepala erecta vel patentia, folia alia.
      * Corolla hypocrateriformis lobis fere aequalibus, folia oblanceolata. Afr. 106. *L. isotomoides*.

[1]) Si folia rotundo-ovata vet ovata confer etiam *L. cuneifoliam* et *L. pubescentem!* — Si folia oblongo-obovata, irregulariter vel lobulato-dentata et sat crassa, vide *L. validam!*

** Corollae labia valde inaequalia, folia lanceolata vel filiformia.
– Folia multo longiora quam lata: 50—70 mm lg. et (1)4—14 mm lt. Mex. .... 107. *L. ehrenbergii.*
= Folia lanceolata brevia: 10—15 mm lg. et 2—3 mm lt. Afr. 108. *L. graniticola.*

104. **L. setulosa** E. Wimm. in Fedde, Repert. Spec. Nov. XIX (1924) 386. — *L. pulchella* McVaugh in North Am. Fl. XXXII. A (1943) 55 p. p. — Herba dense hirta. Caulis erectus, teres, ad 60 cm altus, superne nudus. Folia (ima non visa) spathulata vel obovato-cuneata, superiora sensim minora etiam lanceolata, 2—5 cm longa et circiter 2 cm lata, basi in petiolum indefinitum latum angustata, apice rotundata vel acuta, margine inaequaliter dense serrato-dentata vel fere fimbriata, utrinque hirta. Flores in racemo secundo sublaxo, circiter 20 cm longo. Pedicelli 1—2 cm longi, bracteis subulatis multo longiores. Hypanthium turbinatum, segmenta subulata, 4 mm longa, patentia. Corolla coerulea, 18 mm longa, extus in nervis hirtella; lobi superiores lineares, lobi inferiores obovato-oblongi vel elliptici. Filamenta glabra, 7 mm longa. Antherae 2 mm longae, superne versus apicem pilosulae, 2 inferiores apice barbatae. — Fig. 85 c.

Mexico: Oaxaca, Westkordillere, 2600 m, X. (H. Galeotti! — Hb. Del., n. 1969 — ex Sprague. [?]).

105. **L. sublibera** S. Wats. in Proceed. Amer. Acad. XXV (1890) 157; McVaugh in North Am. Fl. XXXII A (1943) 54. — E rhizomate ut videtur horizontali caules plures erecti, ramosi, hirsutuli vel glabri, 30—60 cm alti exsurgentes. Folia radicalia ovata usque elliptica, 3 cm longa et 1,8 cm lata, obtusa, basi breviter in petiolum circiter 7 mm longum angustata, caulina lineari-lanceolata, 3,5—6,5 cm longa et 0,5—1 cm lata, utrinque acuta, in petiolum indefinitum angustata, margine repando denticulata, supra glabra vel parce setulosa, subtus et in margine hirsutula vel glabrata, saepe purpurascenti-suffusa. Racemi laxi, secundi. Rami sub inflorescentia nudi. Pedicelli 10—25 mm longi, glabri, basi bibracteolati, bracteis linearibus multo longiores. Hypanthium turbinatum, glabrum, sepalis linearibus, integris, mox patentissimis, 6—7 mm longis. Corolla coerulea, glabra, 20—24 mm longa, tubo angusto, basi partim integro, lobis superioribus lanceolatis, lobis inferioribus obovatis. Tubus stamineus 12—14 mm longus, antherae in dorso pilosulae, 2 inferiores apice penicillatae. Capsula oblongo-ellipsoidea, semi-infera, 9 mm longa, 5 mm lata. Semina compresso-ovoidea, fuscescentia, laevia, nitida, 0,5 mm longa.

Mexico: Sierra Madre (Pringle n. 1889! — Hb. Del. W. B.); San Lucas bei Jaumave, Abhänge und bei City Victoria unter Eichen (H. W. Viereck n. 599! 47! — Hb. B.); Nuevo Leon, Diente Canyon, Gebirge bei Monterrey, VII. (C. H. & M. F. Müller n. 295! — Hb. Field).

Species notabilis ob corollae tubum fere dimidium non fissum, sed integrum uti accidit etiam in *Lobelia longicauli* var. *plebeja*, *L. urente*, *L. lydenburgensi.*

106. **L. isotomoides** E. Wimm. in Annal. Naturhist. Mus. Wien LVI (1948) 353. — Glaberrima, caules ascendentes, tenues, ramosi. Folia inferiora petiolata, oblongo-spathulata, circiter 10 mm longa et 5 mm lata, basi in petiolum circiter 5 mm longum sensim angustata, reliqua sensim sessilia, oblanceolata usque sublinearia, 10—15 mm longa et 1,5—3 mm lata, apice acuta, margine serrato-dentata. Rami superne nudi. Flores in racemis terminalibus, paucifloris. Pedicelli 3—6 mm longi, suberecti, ebracteolati. Hypanthium turbinatum, purpurascens, 1—2 mm longum; lobi calycini subulati, integerrimi, erecti, 1,5 mm longi. Corolla hypocrateriformis, purpurascens (sic saltem sicca!), tubo 1 cm longo angusto recto, in dorso distincte fisso; limbus bilabiatus, 4 mm longus, lobis fere aequilongis, superioribus lanceolatis, inferioribus subobovato-oblongis. Filamentorum tubus 1 cm longus. Antherarum tubus exsertus, nigrescens, glaber, 1,8 mm longus, 2 inferiores apice barbatae.

Kapland: Distr. Caledon, Oudebos, River Zonder End Mts., April 1930 (T. P. Stokoe! — Hb. Stellenb. n. 22240!), forma alpina nana: Bergspitze, 1600 m; mountains north of French Hoek Pass, Cape Prov. (Pillaus n. 6738! — K.).

107. **L. ehrenbergii** Vatke in Linnaea XXXVIII (1874) 719; McVaugh in Am. Midl. Nat. XXIV (1940) 695 c. var. *ehrenbergii* et item in North Am. Fl. 55. — *Dortmannia Ehrenbergii* O. Kuntze, Revis. II (1891) 972. — Caulis erectus, videtur simplex, inferne hirtellus, sursum glabrescens, superne nudus, ad 60 cm altus. Folia caulina in petiolum indefinitum angustata, lanceolata usque lineari-lanceolata, 5—7 cm longa et 0,4—1,4 cm lata, apice acuta, margine repando remote subdentata, ima utrinque tenuiter hirtella vel basin versus et in nervo subtus plus minusve hirtella, superiora glabra. Flores laxe racemosi. Pedicelli 24—50 mm longi, glabri, basi bibracteolati, bracteis sublanceolatis ciliolatis vel glabris circiter triplo longiores. Hypanthium obconicum, minute hirtellum vel glabrum, lobi eius subulati, integri, tenuiter hirtelli, 4—5 mm longi. Corolla coerulea (?), glabra, circiter 20 mm longa, lobi superiores sublanceolati, lobi inferiores obovati. Tubus staminum 9 mm longus, antherae superne dense hirtae, 2 inferiores apice penicillatae.

Mexico: Staat Hidalgo, Encarnación (C. Ehrenberg! — Hb. B. sp. orig.); ohne Ortsangabe (Coulter! — Hb. Coll. Ss. Trin. Dublin n. 29 — Hb. Cambr. N. Y.); Staat San Luis Potosi, VIII. 1851 lg. Virler (Hb. Fournier n. 1716! — P.).

Specimen a Coultero collectum aliquantulum diversum: folia summatim angustiora, acutiora, denticulata; flores parum minores.

var. **gracilens** (A. Gray) McVaugh in Am. Midl. Naturalist XXIV (1940) 695 et in North Am. Fl. XXXII A (1943) 55. — *L. gracilens* A. Gray in Proc. Am. Acad. XXI (1886) 393. — Folia caulina plurima anguste linearia, 3—9 cm longa, 0,1—0,2 cm lata, inferiora illis plantae typicae similia, sed angustiora. Flores brevius pedicellati videntur nutantes. Glaberrima.

In der Sierra Madre Occident. — Chihuahua, Bergspitze oberhalb Batopilas auf grasigen Stellen, 2600 m, Aug.—Nov. (E. Palmer n. 360! — Leningr., B.); Colonia Garcia (Townsend et Barber n. 259!); Memelichi, Rio Mayo, Transition, Nadelwald, Wiesen herdweise, 2500 m (Expl. Howard Scott Gentry n. 2779! — Field Mus.).

108. **L. graniticola** E. Wimm. in Annal. Naturhist. Mus. Wien LVI (1948) 357. — Herba gracilis, glaberrima. Caules flaccidi, ramosi, in angulis suis et ad margines foliorum obsolete asperulati, sparse foliati, erecti vel ascendentes, 40—60 cm longi. Folia caulina subpetiolata, lanceolata usque linearia, 10—15 mm longa et 1—3 mm lata, utrinque acuta, margine anguste revoluta, adpressi-denticulata, supra scabriuscula, subtus laevia. Flores in axillis foliorum superiorum solitarii, laxi-racemose dispositi, pauci. Pedicelli 15—30 mm longi, filiformes, bractea plus duplo longiores. Calycis tubus obconicus, 2 mm longus, lobi eius angusti-triangulares, integri, glabri, 3—4 mm longi. Corolla cyanea, glabra, 23 mm longa; lobi 2 superiores sublanceolati, erecti, multo minores quam labium inferius trifidum, lobi eius ovati, breviter acuminati. Tubus stamineus 9 mm longus, antherae superne pilosulae, 2 inferiores apice penicillatae. — Fig. 90 e.

Tropisches Afrika: Tanganyika-Territorium, Mkambaku, Uluguru-gebirge, 2600 m, auf kahlen mit Sphagnum und Gramineen bedeckten Granitfelsen häufig. 14. VII. 1913 (W. v. Brehmer n. 882! — Hb. B.).

Monopsidi stellarioidi similis, sed stigmatis lobi breves, ovales, extus pilosi, ergo *Lobelia* vera.

§ 4. Latifoliae.

Corolla minus quam 16 mm longa, tubus staminum minus quam 8 mm longus (plerumque 5 mm lg)., apud *L. cuneifoliam* et *L. pubescentem* etiam flores majores; folia — exceptis summis et bracteis — lata: orbicularia, ovata, elliptica usque oblonga, rarius obovata[1]) vel cuneata; flores in axillis foliorum superiorum solitarii (raro) vel flores racemosi, imi flores interdum in axillis foliorum normalium, reliqui in axillis bractearum foliacearum vel diversiformium.

1. Ovarium inferum, fructus inferus vel semi-inferus, lobi calycini eum coronantes.

[2. Ovarium superum, fructus plus minusve superus, sepala fere libera, vide p. 530.]

Clavis specierum.

1. Folia floralia vel bracteae pedicellos superantes vel eis parum breviores.
   a. Folia oblongo-cuneata, obtusa, subsessilia, satis densa, crenata. Insula Hainan .... 109. *L. hainanensis.*
   b. Folia ovata vel ovato-rhomboidea, petiolata.
      + Folia ad apicem acuminata, basi in petiolum attenuata.
         — Folia margine argute antrorsum serrata, saepe parce pubescentia, caulis anguste alatus. Centr.-Am. .... 110. *L. longicaulis.*
         = Folia margine denticulata, acuminata apice ipso obtusiusculo, caulis fere quadrangularis. Afr. trop. .... 111. *L. rubescens.*
      ++ Folia ad apicem subacuta vel subrotundata, basi (saltem majora folia) rotundata. Afr. trop.
         ⌒ Bracteae subbreviores quam pedicelli supra 10 mm longi; folia minute serrata .... 112. *L. kamerunensis.*
         ⌒⌒ Bracteae circiter duplo longiores quam pedicelli 3—5 mm longi; folia ovato-orbicularia, crenata .... 113. *L. rivalis.*

2. Bracteae multo breviores quam pedicelli, bractea ima una alterave interdum excepta.
   × Sepala in utroque latere dente 1 interdum minus conspicuo vel dentibus 1—3 callosis prominentibus notabilia.
      ° Corolla minima (2,5 mm), folia late ovata, minute conferte dentata. Afr. trop. .... 96. *L. maranguensis.*
      °° Corolla supra 7 mm longa, folia alia.
         — Hypanthium campanulatum, superne in dorso conico-productum; pedicelli ebracteolati; folia ovata usque ovato-lanceolata, longe acuminata, basi cuneata. Mex. .... 114. *L. stenodonta.*
         = Hypanthium obconicum, pedicelli basi bibracteolati.
            ⌒ Folia sessilia imis fortasse exceptis, late elliptica usque lanceolata. 115. *L. flaccida.*
            ⌒⌒ Folia omnia petiolata, spathulata, ovata, elliptica usque lanceolata, parva (9—20 mm lg.), bracteae pedicellis saepius paulo tantum breviores. Madagasc. .... 116. *L. agrestis.*
   ×× Sepala integerrima.
      ° Pedicelli in axillis foliorum superiorum, circiter quintuplo longiores quam folium fulcrans; folia parva (c. 8 × 5—6 mm), subrotunda usque ovata; planta glaberrima. Austral. .... 117. *L. quadrangularis.*
      °° Pedicelli in axillis bractearum subulatarum vel lanceolatarum, raro foliacearum.
         ! Corolla minima 3—4 mm longa.
            ' Bracteae pedicello supra basin adnatae; folia ovata usque lanceolata; semina oblonga. Afr. .... 118. *L. adnexa.*
            '' Bractea sub basi pedicelli inserta.
               : Pedicelli florigeri 3—10 mm longi; folia ovata; semina compresso-ovalia. Afr. .... 119. *L. sapinii.*

[1]) Si folia ima rotundo-spathulata vel cuneata, reliqua paulatim oblanceolata et linearia, vide *L. pentheri!*

:: Pedicelli florigeri 10—20 mm longi; folia tenerrima.
; Caulis et folia sparse pubescentia; capsula obovoidea. Afr. 120. *L. hereroënsis*.
;; Caulis glaber; folia subglabra, petioli vix ciliati, capsula oblonga[1]). Yucatan. .... 121. *L. yucatana*.
!! Corolla supra 5, plerumque circa 10 mm longa.
⌷ Folia margine acute serrata, serrato- vel inciso-dentata. Afr.
: Planta glabra, interdum inferne parce pilosa.
; Hypanthium obconicum, caulis rectus .... 122. *L. granvikii*.
;; Hypanthium campanulatum, caulis flexuosus, humilis, vide 99. *L. hypsibata*.
:: Tota planta pilosa, vide: *L. pubescens* var. *rotundifolia* et var. *incisa*, *L. erinus* var. *subvillosa* et var. *bellidifolia*.
⌷⌷ Folia aliter marginata.
□ Folia plurima anguste c u n e a t a plerumque in parte superiore tantum dentata.
⟩ Planta plus minus pilosa (quaedam specimina *L. bicoloris*!).
⟩⟩ Plantae glabrae.
) Sepala triangularia, basi auriculiformiter dilatata, folia 2—7 mm lata. Afr. .... 123. *L. dregeana*.
)) Sepala sublinearia, basi non dilatata.
– Folia margine repando-dentata, supra 10 mm lata, vide 37. *L. brachypoda*.
= Folia acuti-dentata 2—5 mm lata, ima spathulata, reliqua cuneata usque oblanceolata et sublinearia. Afr. 124. *L. pentheri*.
□□ Folia ovata, elliptica, oblonga, summa paulatim angustiora, ima interdum spathulata vel ovato-rotunda.
⟨ Folia plurima basalia et rosulantia, elliptica et subspathulata, caulina pauca, lanceolata usque elliptica; caules filiformes, glabrati vel inferne hirtelli, ascendentes et erecti; capsula obconico-oblonga, vide .... 48. *L. berlandieri*.
⟨⟨ Folia caulina, non rosulantia.
* Tota planta hirtella; folia elliptica acuta, margine repando denticulis callosis sub pilis occultis; hypanthium semiglobosum. Mex. .... 125. *L. illota*.
** ←————— ** Plantae glabrae vel in inferiore parte plus minusve pilosae; dentes foliorum bene visibiles; hypanthium plerumque turbinatum.
Ɏ Folia ad apicem plus minusve acuminata, inter ea interdum etiam acuta tantum (apice ipso apud *L. sartorii* saepe obtuso).
△ Herba perennis stirpe basi crasso, caules plures decumbenti-ascendentes pilosi; folia ovata acuta vel subobtusa, basi in petiolum longe sensim attenuata, pilosa. Mex. .... 126. *L. Pringlei*.
△△ Herbae annuae caulibus plerumque erectis vel basi tantum ascendentibus.
— Sepala stellatim expansa; folia ovato-oblonga, inaequaliter argute dentata; semina foveolata. Mex. .... 127. *L. scrobiculata*.

[1]) Confer etiam *L. lucayanam* foliis plurimis radicalibus!

= Sepala erecta vel patentia.
° Hypanthium semiglobosum, basi rotundatum, capsula subglobosa.
+ Semina foveolata; pedicelli flexuoso-divaricati; folia subtus glauca. Mex. .... 128. *L. glaucescens.*
++ Semina subtiliter lineata; pedicelli ascendentes apice incurvati; folia subtus subpallida. Mex. .... 129. *L. caeciliae.*
°° Hypanthium late breviterque vel anguste obconicum, basi acutum.
+ Folia cordata, apice acuminato-cuspidata, parce pilosa; pedicelli 10—12 mm longi. Mex. .... 130. *L. circaeoides.*
++ Folia alia, apice subacuminata vel acuta; pedicelli 10—30 mm longi.
~ Planta dense hirta; folia basi truncato-subcordata usque late rotundata. Mex. .... 131. *L. obconica.*
~~ Planta in inferioribus partibus hirta vel glabra; folia basi in petiolum angustata, ima interdum rotundata usque subcordata.
' Semina subtiliter lineata; pedicelli patenti-ascendentes 10—30 mm longi. Mex. .... 132. *L. sartorii.*
" Semina foveolata; pedicelli divaricati glabri 8—15 mm longi. Mex. .... 133. *L. tarsophora.*

ΨΨ Folia apice obtuso vel rotundato, rarius plus minusve acuto.
○ Caules vulgo decumbenti-ascendentes.
= Folia elliptica usque oblonga (lineari-lanceolata in varietate *microphylla*), utrinque acuta, subsessilia, sepala plerumque expansa usque reflexa. Afr. .... 134. *L. kirkii.*
== Folia ovata, raro subrotunda, spathulata usque lanceolata, valde variabilia.
; Lobi corollae inferiores obovati vel obovato-oblongi.
: Corolla 8—16 mm longa, vulgo coerulea, rarius purpurascens vel alba, interdum albo-oculata. Planta ornamenti causa ubique culta. Austro-Afr. .... 135. *L. erinus.*
:: Corolla 16—20 mm longa, coerulescens vel alba, planta validior quam *L. erinus*, interdum culta. Austro-Afr. .. 136. *L. cuneifolia.*
;; Lobi corollae inferiores oblongo-lanceolati, rarius fere oblongi.
- Corolla alba; planta pubescens. Austro-Afr. ... 137. *L. pubescens.*
-- Corolla coerulescens.
. Planta brevi-hirtella; corolla 12—18 mm longa. Austro-Afr. 138. *L. bicolor.*
.. Planta pubescens; corolla 16—20 mm longa. Austro-Afr. 136. *L. cuneifolia* var. *hirsuta.*

○○ Caules erecti, fortasse interdum basi ascendentes.
▽ Folia caulina, elliptica usque oblonga, utrinque subrotundata, margine undulata, sub 10 mm longa, summa lanceolata sessilia. Mex. 139. *L. divaricata.*
▽▽ Folia ovata, acutiuscula vel obtusa.
; Corolla 5—6 mm longa, lobi inferiores oblongi vel lanceolati.
° Petioli foliorum 2—6 mm longi; folia supra sparse pilosa. Nubia 140. *L. rubrimaris.*
°° Petioli 10—30 mm longi, folia glaberrima. Antill. 141. *L. cliffortiana.*

;; Corolla 7—10 mm longa.

: Lobi corollae superiores sublineares vel anguste oblanceolati; folia ovata usque ovato-lanceolata, apice obtuso vel acuto, ± sparse pilosa.

, Subramosa; petioli 10—25 mm longi; semina subtiliter reticulata. Mex. .... 142. *L. calcarea*.

,, Ramosissima; petioli 5—8 mm longi; semina subtiliter lineata. Afr. trop. .... 143. *L. melleri*.

:: Lobi corollae superiores spathulati.

, Planta foliosa; folia fere triangularia, sinuato-dentata, in petiolum 2—10 mm longum abrupte angustata. Afr. trop. 144. *L. nyikiensis*.

,, Planta sparse foliata; folia late ovata usque ovato-lanceolata, crenulato-dentata, basi truncato-rotundata vel summa in petiolum 2—4 mm longum attenuata. Afr. trop. 145. *L. intertexta*.

109. **L. hainanensis** E. Wimm. in Annal. Naturhist. Mus. Wien LVI (1948) 348. — Caulis quadrangularis, ascendens vel erectus, glaber, ad 20 cm altus, sursum foliosus. Folia basi angustata subsessilia, spathulato-oblonga vel elliptica, 15 mm longa, 7 mm lata, apice obtusa, margine calloso crenulata (denticulis adpressis), glabra, crassiuscula. Pedicelli solitari-axillares in vertice caulis, 12 mm longi, glabri, folio circiter aequilongi. Hypanthium late turbinatum, vix 2 mm longum et latum; segmenta calycina sublinearia, acuta, integra, glabra, 3 mm longa. Corolla coerulea, glabra, 1 cm longa, lobi superiores anguste spathulati, breviores, lobi inferiores obovati, apice rotundati, mucronulati, basi maculis obscuri-coeruleis notati, 4 mm longi, 2 mm lati. Filamenta fere 5 mm longa, glabra. Antherae vix 2 mm longae, canofusco- et nigrescenti-striatae, superne antice inconspicue pilosulae, 2 inferiores brevibarbatae. — Fig. 76 l.

H a i n a n, am Rand eines Flusses, 7. I. 1934 (H. Y. L i a n g n. 64115! — Hb. Stkh. N. Y.).

110. **L. longicaulis** Brandegee in Univ. Californ. Publ. Bot. VI (1914) 73; McVaugh in Am. Midl. Naturalist XXIV (1940) 693 et in North Am. Fl. XXXII A (1943) 53. — *L. neglecta* Vatke in Linnaea XXXVIII (1874) 720; Donn. Smith in Pittier, Primit. Fl. Costaric. II/2 (1898) 11, non Roem. et Sch. 1819. — *Dortmannia neglecta* O. Kuntze, Rev. Gen. II (1891) 973. — *L. urticifolia* E. Wimm. in Fedde, Repert. Spec. Nov. XXII (1926) 195. — *L. poasensis* E. Wimm. in Annal. Naturhist. Mus. Wien XXXXVI (1933) 239. — Rhizoma multiceps radiculis fibrillosis et fusiformiter incrassatis. Caules procumbenti-exsurgentes, angulares, hirsutuli vel glabri, 20—50 cm longi. Folia caulina petiolata, ovata usque elliptico-rhomboidea, 2—7 cm longa, 1,5—3,5 cm lata, apice sensim acuminata vel cuspidata, basi in petiolum 5—10 mm longum cuneatim angustata vel acuminata, margine acute serrata, utrinque parce hirsutula. Flores pedicellati, solitarii in axillis foliorum superiorum vel in racemis bracteatis. Pedicelli 7—30 mm longi, hirsutuli. Bracteae foliaceae, sursum sensim angustiores, tunc lanceolatae vel sublineares, pedicellis longiores vel breviores. Hypanthium obconicum, subglabrum; lobi subulati, integerrimi, hirsutuli vel glabrati, 2—3 mm longi. Corolla dilute coerulea, lilacina vel fere alba, 8—10 mm longa, subglabra, fauce duobus gibbis virentibus ornata; lobi superiores sublineares, lobi inferiores oblongi. Staminum tubus 4—5 mm longus. Antherae superne pilosulae vel glabrae, circiter 1 mm longae, 2 inferiores barbatae. Capsula obconico-oblonga, semi-infera. Semina subellipsoidea, badia, laevia, 0,5 mm longa.

M e x i c o : Ohne Angabe eines näheren Standortes, IX. 1835 (E h r e n - b e r g n. 520! — Hb. Berl.; Typus pro *L. neglecta* Vatke); Staat Chiapas, Finca Cavadonga, auf feuchtem Boden (P u r p u s n. 6697!, Typ. pro *L. longicaulis* — Univ. Calif. NY.); San Cristobal, 2300—2600 m (E. W. N e l s o n n. 3212! — Wash.);

Staat Morelos, Cuernavaca, bewaldete Schlucht, 2000 m, VI. (P r i n g l e n. 6337! 9217!); Wald bei Toluca (W a w r a n. 1203!). — C o s t a R i c a : Vulkan Poás, an kräuterreichen Stellen am Südabhang 2500 m (C u f o d o n t i s n. 605! — W. Typ. pro *L. poasensis*); Esmeralda im Massif des Vulkans Irazú (T o n d u z n. 4287!). Auch in G u a t e m a l a und P a n a m a.

var. **plebeia** E. Wimm. in Repert. l. c. 194 ut species. — Differt a typica pedicellis et bracteis elongatis, 2—3 cm longis, floribus racemosis secundis, corolla in dorso non totaliter fissa. — Fig. 87 b.

M e x i c o : Staat Michoacan, Angangueo, X. 1830 (E h r e n b e r g n. 522! — B.); zwischen San Andreas und San Miguel (L i e b m a n n n. 7772! — Typ. pro *L. plebeia*, Hb. Koph.).

111. **L. rubescens** De Wildem. in Rev. Zool. Afr. VIII (1920), Suppl. Bot. 27. — Caules decumbenti-ascendentes, inferne radicantes, ramosi, anguste alati, glabri. Folia petiolata, inferiora late ovata, reliqua ovata — rhomboidea — lanceolata, 5—40 mm longa et 3—17 mm lata, ad apicem obtusum acuminata vel sensim angustata, basi in petiolum subciliatum 3—10 mm longum cuneatim attenuata, margine crenulato-dentata vel denticulata, imprimis supra parce hirsuta vel subglabra. Flores in axillis foliorum superiorum vel bractearum solitarii, interdum laxissime racemose dispositi. Pedicelli 12—22 mm longi, glabri, bracteis lanceolatis breviores vel longiores. Hypanthium obconicum, laciniis linearibus, acutis, interdum ciliatis, 3—6 mm longis, patentibus. Corolla cyanea (coloribus rubescentibus admixtis, De Wild.!), fauce lutescens et obscurius maculata et insuper 2 plicis ornata, 9 mm longa, glabra; lobi superiores subulati, lobi inferiores elliptici. Filamenta 4 mm longa. Antherae 1,5 mm longae, glabrae. Capsula 6 mm longa, obconica. Semina oblongo-ellipsoidea, fusca, 0,5 mm longa.

T r o p i s c h e s O s t a f r i k a und angrenzendes K o n g o - G e b i e t : Ruwenzori, Butagu, 1800—2000 m, IV. (J. B e q u a r t n. 3909! — Hb. Ups.), Kabanga, XI. (J. B e q u a r t n. 6181 ex auct.). — U g a n d a : Behungi, Kigezi, Path, Bambusregion reichlich, „creeping herb, bright blue flowers“, XII. (A. S. T h o m a s n. 1165! — Hb. Kew); zwischen Kinanira und Kisola (D. H. L i n d e r n. 2551! — Hb. Kew). — T a n g a n y i k a - T e r r i t o r i u m: N. O.-Kiwu, Sabyino — Kahinga-Sattel, Bambuswald, Wegrand, ca. 2500 m (J. M i l d b r a e d n. 1736! — Hb. B.); Katandaganya-Berg, Rand von Erbsenfeldern am Fuß des Berges, 1800—1900 m, „Bl. dunkelblau“, VIII. (J. M i l d b r a e d n. 714! — Hb. B.). — Nom. vulg. „*Kigorora*“.

112. **L. kamerunensis** Engler ex Hutchinson et Dalziel, Fl. West Trop. Afr. II/1 (1931) 193. — Herba procumbens, glaber, ad 25 cm lg. Caulis ramosus, angulosus, hinc inde pilo uno obsitus. Petioli breves, glabri vel parce ciliati. Lamina foliorum ovata usque elliptica et summa lanceolata, 15—25 mm lg. et 5—10 mm lt., basi rotundata vel cuneata in petiolum alatum, apicem versus convexe concurrens et acuta, summa sensim acutata vel subacuminata, margine minute denticulato-serrata, supra interdum pauci-pilosa. Flores racemos laxos formantes. Bracteae anguste lanceolatae, pedicellis 12—20 mm longis breviores, minute denticulatae, subcuspidatae. Hypanthium obconicum, lobi calicini subulati, 2 vel 4 mm longi, minute ciliati, patentes. Corolla ad 9 mm longa, coerulescens vel extus alba, intus dilute coerulea cum maculis obscuro-coeruleis in labio inferiore, lobi inferiores elliptici. Semina compresso-ellipsoidea, fusca, 0,5 mm lg.

K a m e r u n : Schlucht eine Stunde östlich von der Manusquelle, 2580 m, 4. II. 1891 (P r e u s s n. 748! — Hb. B., sp. orig.); Bare, Manenguba (S c h ä f e r - K a m e r u n n. 114! 105! — Hb. B.); Musaka, in Moospolstern im Buschwald, X. (H i n t z n. 99! — Hb. B.); Kongsagebirge, Mbo, Grassavanne, 1600 m, zwischen Jakuba und Lager am Mao Jim, schmale felsige Gallerie mit Geröll, 1250 m, zwischen Baludju und Babangu und bei Mfongu, lichter Gebirgswald, 1800 m (C. L e d e r - m a n n n. 1526! 2622! 1871! 5866! — Hb. B.).

113. **L. rivalis** E. Wimm. in Fedde, Repert. Spec. Nov. XXXVIII (1935) 80. — Caulis suberectus, angulatus, subalatus, subglaber, 12—25 cm altus. Folia rotundo- vel lati-ovata, 10—20 mm longa et 11—18 mm lata, apice rotundata usque subacuta, basi subcordata usque rotundata, in petiolum 3—4 mm longum subciliatum breviter angustata, margine dentata, glabra vel paucis pilis in pagina inferiore. Flores in racemo laxo, interdum secundo. Pedicelli 3—5 mm longi, bracteis lanceolatis sessilibus circiter triplo breviores. Hypanthium brevi-turbinatum, glabrum, lobi eius filiformes, plerumque ciliati, patentes. 5 mm longi. Corolla coerulea, ad 1 cm longa, intus in tubo et fauce scabriuscula; lobi 2 superiores angusti-lanceolati, lobi inferiores obovato-oblongi. Tubus stamineus 5 mm longus, antherae superne parce hirtellae. Capasula oblongo-ellipsoidea. Semina ellipsoidea, badia. — Fig. 87 a.

Kongo-Gebiet, Ost: Luisi-R., Bach am Bergabhang, 26. III. 1908 (Kassner-Exped. n. 2670! — Hb. B. Kew).

114. **L. stenodonta** (Fernald) McVaugh in Bull. Torrey Bot. Club LXVII (1940) 144, in North Am. Fl. XXXII A (1943) 52. — *Heterotoma stenodonta* Fernald in Proceed. Amer. Acad. XXXVI (1901) 504. — Perennis rhizomate gracili, caules graciles, glabri, ad 30 cm longi, usque ad verticem foliati. Folia elliptica usque ovato-lanceolata, longi-acuminata, 10 cm et minus longa, 1,5—3,5 cm lata, tenuia, glabra excepta basi, cuneata, margine argute et irregulariter serrata dentibus erectis angusti-deltoideis callose apiculatis. Racemi terminales vel pedunculi axillares, 6—7 cm longi. Pedicelli filiformes, ascendentes, circiter 1 cm longi, bracteas subulatas minuti-dentatas duplo superantes. Calyx campanulatus, tubo maturo 3—3,5 mm longo, dentes lanceolatos circiter aequans. Corolla pallide coerulea, 8 mm longa, basi gibbosa. Capsula oblonga, dimidio dentes calycis excedens. (Diag. auct.) — Fig. 83.

Mexico: Chiapas, Chicharras, 923—1847 m, 6. II. 1896 (E. W. Nelson n. 3758 — Hb. Gray ex McVaugh.). — Affinis *Lobeliae longicauli* ex McVaugh.

115. **L. flaccida** (Presl) A. De Candolle, Prodr. VII (1839) 360. — *L. bellidifolia* A.DC. var. *glabrata* A. DC. l. c. 368; *L. bellidifolia* var. *glabrata* f. *flexuosa* A. Zahlb. in Annal. Hofmus. Wien XVIII (1903) 407. — *L. Erinus* var. *Erinus* Sonder in Harvey & Sond., Fl. Cap. III (1865) 544 p. p. — *Rapuntium flaccidum* Presl Prodr. Monogr. Lobel. (1836) 13 et in Ecklon & Zeyher, Enum. (1836) 396 cum var. *brevidens.* — *Rap. bellidifolium* var. *glabratum* Presl in E. Meyer, Commentar. Pl. Drege (1837) 287 p. p. — Caules flaccidi, decumbenti-ascendentes, rami diffusi, rarius stricto-erecti, glabri vel in parte inferiore sparse hirsuti, distanter foliati. Folia ima brevi-petiolata, ovalia, reliqua subsessilia, lanceolata, 20—30 mm longa et 2—6 mm lata, utrinque acuta, margine remote dentata, glaberrima vel interdum inferiora parce hirsuta. Flores laxe racemosi. Pedicelli 1—3 cm longi, glabri, patentes, basi minute bibracteolati, bractea foliacea saltem duplo longiores. Calycis tubus oblongo-obconicus, lobi calycini sublineares, acuti, utrinque dentibus 1 (-2) callosis validis muniti. Corolla azurea, glabra, versus faucem albo-maculata et 2 plicis ornata, ad 15 mm longa; lobi superiores lanceolati, lobi inferiores elliptici vel subobovati. Tubus stamineus 7 mm longus, antherae superne pilosulae, 2 breviores apice barbatae. — Fig. 84 a 1—5.

Clavis varietatum.

A. Plantae glabrae vel inferne parum pilosae.
 I. Caules flaccidi, remote foliati.
  a. Plantae laeves.
   1. Folia remote denticulata, sepala saepe unidentata ..... var. *flaccida.*
   2. Folia conferte argute fere duplo-dentata, sepala 2—3-dentata var. *caffra.*
  b. Plantae asperulatae, saltem pedicelli .... var. *scabripes.*
 II. Caules erecti, stricti, subglabri .... var. *stricta.*
B. Plantae hirsutae, plerumque dense foliatae .... var. *hirsuta.*

Fig. 83. *Lobelia stenodonta* 1/1. — Photo sp. orig.

var. **flaccida.** — Caulis flaccidus foliis mediis lanceolatis usque sublinearibus, glabris vel partim subhirsutis, plerumque remotis, cetera ut supra.

Kapland: Div. Albany, Zuurebergen zwischen Zondagrivier und Keiskamma am Bache bei Doornek (Drege! — Typ. Hb. Prag, n. 2328! — B. W. Del.; Ecklon n. 64! — Stkh.); Gekau, 21/I. 1832 (Drege! n. 4026! — B. W.); Steynsdorp Zuurberg (S. Schönland n. 3181! — Pret. W.); zwischen Baviansriver und den Hügeln Zwartehoogdens, VII. (Ecklon n. 65! — Stkh.); Distr. Albany, 600 m (R. A. Dyer n. 451! — B.; T. Cooper n. 1516! — W.); Brit. Caffraria (T. Cooper n. 365! — W.); Kreili's County (H. Bowker! — Stkh.); ohne näheren Standort (Krebs! — B.).

var. **scabripes** (Presl) E. Wimm. — *L. scabripes* A. DC. l. c. 369. — *L. Erinus* var. *bellidifolia* Sond. l. c. p. p. — *L. Erinus* f. *bicolor* A. Zahlb. l. c. 405 in textu. — *Rapuntium scabripes* Presl, Prodr. Monogr. Lobel. (1836) 17 et in Ecklon et Zeyher Enum. (1837) 397. — Caulis interdum et pedicelli saepe parce asperati sicut etiam calyces, cetera fere ut in v. *flaccida*.

Kapland (Krebs! — Hb. Presl, Del. B.); Port Natal (Drege! — Del.); Natal Prov., Altomove, an feuchten grasigen Stellen, 1800 m, II. (Justus Thode n. 3744! — Hb. Stellb.).

var. **caffra** E. Wimm. nov. var. — Folio ovalia usque lanceolata, argute fere duplo-dentata, glabra vel inferiora subtus parum hirsuta. Sepala 2—3 dentibus majoribus munita. Corolla glabra.

Caffraria (Krebs n. 138! — B.); East London, Bachschlucht des Buffalo River, 18. VIII. (A. Peter n. 30 238! — B.).

var. **stricta** (A. Zahlb.) E. Wimm. n. c. — *L. bellidifolia* var. *glabrata* f. *stricta* A. Zahlb. in Annal. Hofmus. Wien XV (1900) 407. — *L. knysnensis* Schlechter in Engler, Bot. Jahrbuch LVII (1922) 618. — *Rapuntium bellidifolium* var. *glabratum* Presl in E. Mey., Commentar. Pl. Drege (1837) 287 p. p. — Caulis vel rami stricto-erecti, validiores, densius foliati. Folia latiora, 13—23 mm lg. et 7—10 mm lt., plerumque grossius dentata. Corolla extus glabra, intus in lobis et tubo puberula.

Kapland: Distr. King Williamstown, in convalle fluminis Keirivier lg. Krook (H. Penther. n. 2737! — W. B.); East London (Galpin n. 1875! — B.); in lapidosis pr. Grahamstown, 700 m (Schlechter n. 2643! — Zür.); Distr. Knysna, in collibus pr. Keurboomriver, 50 m (Schlechter n. 5933! — B., Typ. pro *L. knysnensis*); zwischen Zandplaat und Konga im Rasen (Drege n. 4031! — B., Typ. pro *Rapuntium bellidifolium* var. *glabratum* Presl — B., ohne Nr. — W.); Plains Queenstown, 1150 m, XII. (Galpin n. 1703! — B., Mittelform); Pondoland (F. Bachmann n. 1399! — B.).

var. **hirsuta** (Presl) E. Wimm. n. c. — *L. bellidifolia* var. *hirsuta* A. DC. l. c. 369; A. Zahlb. l. c. 407. — *L. Erinus* var. *bellidifolia* Sond. l. c. p. p. — *Rapuntium bellidifolium* Presl, Prodr. 15 excl. syn. — *R. bellidifolium* var. *hirsutum* Presl in E. Mey., Commentar. Pl. Drege (1837) 287 nomen! — *Dortmannia Erinus* var. *bellidifolia* O. Kuntze in herb. — Caulis et folia plus minus hirsuta, interdum etiam calyx. Folia approximata, latiora, rhombeo-elliptica, subacuminata, dense serrato-dentata vel illis var. *flaccidae* similia. Corolla extus glabra vel in nervis loborum hirsuta.

Kapland: „In interioribus regionibus Cap. B. Sp." (Drege! — Hb. Presl); regio inter Keiskamma et Omsamcaba flumina pr. Basche, 500—650 m, zwischen Gekau und Basche, 24. I. 1832 (Drege! n. 4030! — B. W.); S. Africa (Drege! — Hb. Cambr. typisch)[1]); Caffraria (Krebs n. 137![2]) — B! nicht Hb. Presl und Del.); East London, 5. III. 1894 (O. Kuntze[2]) — B. sub „*Dortmannia Erinus* β. *bellidifolia* O. K."); der var. *flaccida* sich nähernd: in locis lapidosis humidisque montium „Zuureberge et Zwartehoogdens" inter Grahamstown et Hassagaybosch,

[1]) f. *densifoliata* — foliis fere imbricatis, latioribus (omnia specimina Dregei) Fig. 84a 4.
[2]) f. *laxifoliata*, fere ut in *flaccida*, folia angustiora, laxa.

Jul.—Nov. (E c k l o n et Z e y h. n. 2466 sub *Rapuntium bellidifolium* Presl ex hb. Sonder — Cambr. B.). Distr. Alexandra, Fairfield, Dumisa, Jolivet, moorige Wiesen, 700 m, Bl. bläulichweiß, 16. X. 1905 (H. R u d a t i s n. 141! — B.) [1])

Fig. 84. a *Lobelia flaccida*: 1 var. *flaccida*, 2 var. *scabripes*, 3 var. *hirsuta*: pars inferior et superior plantae, corolla explan., 4 var. *hirsuta f. densifoliata* 1/2, sepalum et androec. auct., 5 var. *caffra*, flos, fig. plures 1/1. — b *L. acutangula* 1/2. — c *L. filiformis* var. *krebsiana* 1/1. — d *L. maranguensis* 1/1: 2 corolla 5/1, 3 calyx auct., 4 semen 10/1. — e *L. linarioides* 1/1: 2 sepala, 3 calyx auct. — Orig.

116. **L. agrestis** E. Wimm. nov. spec. — Herba procumbens, partim radicans, ramosa, subglabra, caules debiles, ad 40 cm longi. Folia ima non visa, caulina media petiolata, petioli circiter dimidia longitudine laminae foliorum, lamina breviter

[1]) f. *laxifoliata*, fere ut in var. *flaccida*, folia angustiora, laxa.

elliptica usque oblongo-elliptica, 6—8 mm lg. et 5 mm lt., superiora parum angustiora, novissima supra parce hirta, apice acuta vel obtusa, margine crenulata vel minute denticulata. Flores in racemo laxo. Bracteae lineari-lanceolatae, 5—15 mm lg. Pedicelli 8—15 mm lg., puberuli, patentes. Calycis receptaculum obconicum, puberulum sicut lobi subulati, 2—3 mm longi, utrinque basin versus plerumque 1-dentati. Corolla azurea tubo pallido, fauce 2 gibbis virentibus ornata, 9 mm longa, lobi superiores lineares, inferiores oblongi, circiter 4 mm longi. Staminum tubus 5 mm longus: antherae 1 mm longae, obscurae, superne pilosulae, 2 inferiores barbatae. Capsula obconica. Semina numerosa, ellipsoidea, fusca, laevia, 0,4 mm lg.

Zentral-Madagascar: Anandaingo (C. W. Parker! — Hb. Kew); Tananarive (Decary! Waterlot! — Pa.); Imerina, häufig in Pflanzungen, Juli 1880 (Hildebrandt n. 3498! — B. Del. — hat an manchen Blüten kürzere und sehr schwach gezähnte Sepalen, sonst der *L. anceps* L.f. und der *L. erinus* nicht unähnlich.)

117. **L. quadrangularis** R. Brown, Prodr. Fl. N. Holl. (1810) 563, non F. Muell. in Benth., Fl. Austr. IV, 130 nec Fragm. nec. in herb.; Roem. & Schult., Syst. V (1819) 69; G. Don, General Syst. III (1834) 713; A. De Candolle, Prodr. VII (1839) 365; F. M. Bailey, Queensl. Fl. III (1900) 918. — *Rapuntium quadrangulare* Presl, Prodr. Monogr. Lobel. (1836) 16. — *Dortmannia quadrangularis* O. Kuntze, Rev. II (1891) 973. — *Lobelia membranacea* F. Mueller in Bentham, Fl. Austral. IV (1869) 129. X (1876) 42. — *L. Benthamiana* S. Moore in Journ. Bot. LV (1917) 305. — Herba glabra, caule quadrigono, decumbenti-ascendente, subramoso. Folia brevi-petiolata vel subsessilia, suborbicularia, obovata et plurima ovata, 5—8 mm longa et 4—7 mm lata, apice rotundata vel acuta, basi rotundata, margine leviter dentata, glabra. Pedunculi solitari-axillares, 3—5 cm longi, folio multo longiores. Hypanthium obconicum, laciniis subulatis, 2—3 mm longis, integris, erectis. Corolla 9—12 mm longa, tubo intus pilosulo, fauce bicallosa, lobis superioribus sublinearibus, lobis inferioribus obovatis. Staminum tubus 5—6 mm longus; antherae superne pilosulae, 2 inferiores apice setulosae. Capsula obovato-oblonga. Semina ovali-globosa, obscure fusca, 0,45 mm longa.

Australien: Queensland, „intra tropicum ad littora" (R. Brown, Ferd. Bauer! — Hb. W.); Rockingham's Bay, Dallachy (F. Mueller! — Hb. Melb. W.; L. S. Gibbs n. 6337! — Hb. Kew); Bamoya (A. Thozet n. 857! — Hb. Melb.).

118. **L. adnexa** E. Wimmer in Annal. Naturhist. Mus. Wien LVI (1948) 352. — Herba ramosissima, glabra, ad 35 cm alta, ramis patentibus, angustissime alatis. Folia ovata vel elliptica usque lanceolata, 15 × 10 mm vel superiora 20 × 5 mm, basi in petiolum marginatum circiter 5 mm longum acuminata, apice obtusiuscula vel subacuta, margine dentata vel denticulata. Flores in racemis elongatis subsecundis. Bracteae pedicellis adnexae, inferiores lanceolatae, superiores saepe subulatae et multo breviores. Pedicelli 5—10 (20 fr.) mm longi, paullum supra basin bibracteolati, ascendentes. Hypanthium obconicum, laciniis filiformi-subulatis, integris, glabris, 2 mm longis. Corolla coerulescens (?) 4 mm longa, lobis superioribus linearibus, inferioribus ellipticis, brevi-acuminatis. Antherarum tubus 2 mm longus, antherae 2 inferiores apice penicillatae. Capsula obconica, infera, saepe leviter curvata, 5 mm longa. Semina oblonga, badia, 0,5 mm longa. — Fig. 88 n.

Hoch Nyassaland (Whyte! — Hb. B., specimen fructif.); Nyassaland (Harry H. Johnston n. l.!, lg. Whyte — Hb. Kew!).

A *Lobelia sapinii*, cui simillima, differt ramificatione, foliis minoribus, glaberrimis, bracteis pedicello adnatis, bracteolis, sepalis angustissimis et glabris. Etiam *Lobeliae melleri* similis, sed ista flore alio et capsula semi-infera gaudet.

119. **L. sapinii** De Wildem. in Bull. Jard. Bot. Bruxell. III (1911) 261. — *L. Ledermannii* Schlechter in Engler, Bot. Jahrb. LVII (1922) 619. — Annua, glabra, 15—40 cm alta. Caulis erectus, ramosus, angustissime alatus. Folia petiolata, late

ovata usque ovato-elliptica, 15—50 mm longa et 8—32 mm lata, apice obtusa usque acuta, basi in petiolum 3—10 mm longum acuminata vel rotundata, margine dentata vel repanda, glabra vel parce sparseque hirta. Flores in racemis laxis. Pedicelli 3—8 mm longi, bracteis linearibus longiores. Hypanthium turbinatum, mox obconico-cylindraceum, lobi subulati, integri, glabri, 2 mm longi. Corolla coerulea vel alba et intus cyaneo-striata, 3—4 mm longa, lobi superiores lineares, lobi inferiores oblongi vel elliptici. Antherarum tubus superne pilosulus, 2 inferiores apice barbatae. Capsula obconico-oblonga, 5 mm longa, infera. Semina compresso-ovoidea, badia, vernicosa, vix 0,5 mm longa.

Tropisches Afrika: Belgisch-Kongo: Dilolo. VI. 1908 (A. Sapin! — Hb. Brüss.). — Nyassaland, zwischen Kondome und Kanonge, 600—2000 m. VII. (A. Whyte! — Hb. Kew): Nyassa-See (W. P. Johnson n. 358! — Hb. Kew). Tanganyika-Territ. Bez. Mahenge, Epanko, ca. 1000 m, am Wegrand in der Savanne vereinzelt, IV. (Schlieben n. 2107! — Hb. B.). — Kamerun: Guineensische Waldprovinz, Mao Barkedje, Station Gendero, 1200—1400 m, X., Mba zwischen Sambulabo und Mba, Sangolong, 850 m (C. Ledermann n. 5453! 5539! 5626 a! 5629! — Hb. B., Typus pro *L. Ledermannii*).

120. **L. hereroënsis** Schinz in Vierteljahrschrift Nat. Ges. Zürich LVI (1916) 442. — Caulis erectus, ab imo ramosus, ad 20 cm altus, inferne sparse pubescens, rami filiformes. Folia petiolata, ima rotunda, reliqua late ovata, elliptica usque lanceolata, 18—20 mm longa et 15—6 mm lata, apice plerumque obtusa, basi rotundata vel in petiolum subciliatum ad 1 cm longum breviter angustata, subglabra, tenerrima, margine repanda denticulata. Flores remoti, racemosi. Bracteae lineares, pedicelli tenuissimi, glabri 15—20 mm longi. Calycis tubus fere ellipsoideus, lobi subulati, integri, 1,5 mm longi. Corolla 3—4 mm longa, tubo pallido, lobis coeruleis oblanceolatis. Tubus anthereus vix ½ mm longus, superne pilosulus, antherae 2 inferiores barbatae. Capsula ovoidea, 2 mm lg. — Fig. 88 l.

Südwestafrika: Hereroland, Kranzfontein, 10. VI. 1899 (K. Dinter n. 708! — Hb. Zür.); Auas (O. H. Volk n. 629! — Münch.).

121. **L. yucatana** E. Wimmer in Fedde, Repert. Spec. Nov. XXXVIII (1935) 83; McVaugh in North Am. Fl. XXXII A (1943) 59. — Herba annua, gracilis, erecta, ramosa, glabra, 25 cm alta. Folia petiolata, basalia ovato-rotunda, 15 mm longa et 14 mm lata, basi subcordata et in petiolum 10 mm longum glabrum angustata, reliqua ovalia usque oblonga, basi cuneata, petiolo breviore, 20—25 mm longa et 6—10 mm lata, omnia plano-crenata, tenuia. Flores in racemo laxo. Pedicelli sub anthesi 1 cm longi, basi minute bibracteolati, bracteis lanceolatis multo longiores. Hypanthium obconico-oblongum, segmenta calycina subulata, 1,5 mm longa. Corolla coerulescens, 3,5 mm longa, lobi superiores sublineares, lobi inferiores oblongi. Tubus antherarum glaber, 2 inferiores apice barbatae. Capsula oblonga. Semina ellipsoidea, atro-badia, nitida, minima.

Zentral-Amerika: Yucatán, Pocoboch, selten (G. F. Gaumer n. 1327! — Hb. W. B.). — Guatemala, Dept. Peten, Jungle an trockenem Bach, 21. III. (Bartlett n. 12221! — Hb. Stkh.).

Haec et praecedens species inter se valde similes sunt.

122. **L. granvikii** Th. Fries j. in Notizbl. Bot. Gart. Berl. VIII (1923) 408. — Annua, circiter 25 cm alta, subramosa. Caulis angulatus, anguste alatus, inferne parce hirsutulus. Folia late ovata, 8—12 mm longa et 8—10 mm lata, acuta, basi subcordata usque late cuneata et in petiolum 3—6 mm longum acuminata, margine argute dentata, supra sparse hirsutula, subtus glabra; folia superiora angustiora, floralia lanceolata et subsessilia. Pedicelli secundi, 6—12 mm longi, bracteis longiores. Hypanthium turbinatum, lobi subulati, 2—3 mm longi, integri, interdum ciliolati. Corolla coerulea, in fauce alba obscuri-coeruleo-maculata, 11 mm longa; lobi superiores anguste lanceolati, lobi inferiores subobovato-oblongi. Tubus stamineus 5 mm longus, antherae superne pilosulae.

T r o p i s c h e s A f r i k a : Kenya Kolonie, Mt. Elgon, Hochgebirgsregion, 2600 m, VI. 1926 (H. G r a n v i k n. 254! — Hb. Stkh.); Uganda, Bulago, Bugishu, 2100 m, auf feuchten Felsen, lokal, VIII. (A. S. T h o m a s n. 293! — Hb. Kew).

123. **L. dregeana** (Presl) A. De Candolle, Prodr. VII (1839) 371; Sonder in Harvey & Sond., Fl. Cap. III (1865) 345. — *L. omphalodoides* Schlechter in Engler, Bot. Jahrb. LVII (1922) 616. — *L. orabensis* Dinter in Fedde, Repert. Spec. Nov. Beih. LIII (1928) 23 observ., nomen! — *Rapuntium Dregeanum* Presl, Prodr. Monogr. Lobel. (1836) 22 et in E. Meyer, Commentar. Pl. Drege (1837) 290. — *Dortmannia Dregeana* O. Kuntze, Revis. II (1891) 972. — Glaberrima, caules ascendentes vel erecti, plus minus foliosi, 8—30 cm alti. Folia brevi-petiolata usque sessilia, spathulata et cuneata, 5—20 mm longa et 3—8 mm lata, imprimis versus apicem dentata, obtusa vel acuta. Flores solitari-axillares, racemose dispositi. Bracteae foliaceae vel lanceolatae, pedicello 7—12 mm longo breviores. Calycis tubus lati-turbinatus vel fere hemisphaericus, lobi eius triangulares, acutiusculi, integri, 2 mm longi. Corolla 8 mm longa, tubo pallido, limbo coeruleo, basi lutescenti-maculato, lobis superioribus anguste lanceolatis, lobis inferioribus oblongis. Staminum tubus 5 mm longus, glaber, antherae nigro-striatae, 2 inferiores apice brevi-penicillatae.

K a p l a n d : „In vallibus humidis regionis superioris", bei Nieuweveld, anno 1827, Sternbergspruit, 19. XII. 1832 (D r e g e! D r e g e n. 751! — Hb. B. W.); Port Natal (D r e g e! — Hb. Del.); Transvaal, an sumpfigen Stellen bei Elsburg, 1400 m, X. (R. S c h l e c h t e r n. 3544! — Hb. B., sp. orig. pro *L. omphalodoides*); Broughton bei Molteno, 1900 m (H. G. F l a n a g a n n. 1608! — Hb. Pret.). — D e u t s c h - S ü d w e s t a f r i k a : Südl. Groß-Namaland, Gebiet des unteren Fischflusses im Rosinbusch am Quellabfluß in Quarzitspalten, sehr selten, X. (S c h a n d e r l n. 258! — Hb. B.); Orab, nasser Sand am Fischrivier und am Wasserfall bei Garius (D i n t e r n. 2031! 5017! — Hb. B. Pret., sp. orig. pro *L. orabensis*); Chamis, Bett des Koankiprivier, IX. (L. S c h u l t z e n. 503! — Hb. B.).

124. **L. pentheri** E. Wimm. in Annal. Naturhist. Mus. Wien LVI (1948) 353. — *L. linarioides* A. Zahlb. in Annal. Hofmus. Wien XV (1900) 407 p. p. — Herba a basi ramosa, glaberrima. Caules decumbenti-ascendentes, teretes, lineati, subflexuosi, ad 25 cm longi. Folia inferiora petiolata, spathulata, 6—12 mm longa et 5—4 mm lata, reliqua aut anguste cuneata aut angustissime cuneato-linearia, 25—40 mm longa et 2—0,7 mm lata, superiora sessilia, dentibus 1—3 utrinque praedita, angustissima folia saepe versus apicem tantum denticulata, ceterum integra, omnia glabra. Pedicelli in axillis bractearum linearium, iis breviores, 5—9 mm longi. Hypanthium turbinatum, lobi subulati, 2—3,5 mm longi, integri, patentes. Corolla coerulescens, 1 cm longa; lobi superiores anguste lanceolati, lobi inferiores oblongi vel subobovati, basi 2 gibbis virentibus, maculis obscuri-coeruleis et albis ornati. Staminum tubus 5—6 mm longus. Capsula obovoidea, 5 mm longa, fere semi-infera. Semina oblongo-ellipsoidea, fusca, ca. 0,4 mm longa.

S ü d a f r i k a : Griqualand-East, auf dem Berg Insiswa an steinigen Stellen, 2200 m, 26. I. 1895 (P e n t h e r , Pl. Austro-Afr. n. 2721! — Hb. W., Typus; S c h l e c h t e r n. 6474! — Hb. B.); King Williamstown, XII. (P e n t h e r , Pl. Austro-Afr. n. 2724! — Hb. W. — Cotypus).

125. **L. illota** McVaugh in Am. Midl. Naturalist XXIV (1940) 689 et in North Am. Fl. XXXII A (1943) 50. — Herba canescens (pilis albis patentibus aeque vestita). Caules flaccidi, subdecumbentes, ad 20 cm longi. Folia caulina petiolata (petiolo 0,3—1,2 cm longo) late elliptica, 2—4,6 cm longa, 1,2—2,6 cm lata, utrinque acuta, apice ipso obtuso vel subacuto, margine subrepanda et minute denticulata, dentibus sub pilis latentibus. Inflorescentia laxa, 10—12-flora. Pedicelli fructigeri ad 10 mm longi, basi minute bibracteolati. Bracteae lineares circiter 4 mm longae. Corolla coerulea vel alba, parum pilosa, ad 8 mm longa. Filamenta 4—4,5 mm longa, glabra, tubus antherarum 1,5 mm longus, in dorso pilosulus, 2 inferiores apice albo-

penicillatae. Hypanthium semiglobosum, capsula parum elongata, ad 3 mm diametiens. Semina ellipsoidea, laevia, fusca, cà. 0,5 mm longa (Diagn. auct.).

Mexico: Chiapas „in montibus argentiferis Zacualpan" (Rovirosa n. 900 — Hb. Acad. Philad.).

126. **L. pringlei** S. Watson in Proceed. Amer. Acad. XXV (1890) 157. — E rhizomate caules numerosi exsurgentes, ab imo ramosi, angulati, brevi-pubescentes, sursum glabrescentes, foliosi. Folia rhomboideo-elliptica vel -ovata, 15—20 mm longa et 6—10 mm lata, obtusiuscula usque acuta, basi in petiolum circiter 12 mm longum cuneatim angustata, margine crenulato-dentata, utrinque plus minusve puberula. Flores in racemis subsecundis sublaxis. Pedicelli 10—15, fructif. 25 mm longi, glabri, basi bibracteolati, bracteis lanceolatis puberulis multo longiores. Hypanthium turbinatum glabrum, lobi subulati, integri, glabri, 2 mm longi. Corolla coerulea, fauce bigibbosa et in tubo puberula, 8 mm longa, extus glabra; lobi superiores lanceolati, lobi inferiores obovati. Tubus stamineus 3,5 mm longus, antherae plumbeae, superne pilosulae, 2 inferiores apice penicillatae. Capsula ellipsoidea, 4 mm longa. Semina oblongo-ellipsoidea, badia, laevia, nitida, fere 0,5 mm longa.

Mexico: Staat Nuevo Leon, Sierra de la Silla, auf Kalkstein, 7. VI. 1889 (Pringle n. 2538! — Hb. W. B.).

127. **L. scrobiculata** E. Wimm. nov. spec. — Herba erecta, ramosa, glabra, ad 40 cm alta. Folia ovata, circiter 4 cm longa, 2 cm lata, acuta acuminataque, basi rotundata, margine argute dentata — dentes minores inter majores — herbacea, glabra vel supra parce hirta, subtus pallidiora. Flores in racemis multifloris. Bracteae subulatae, circiter 2 mm longae. Pedicelli 12—16 mm longi, glabri, basi minute bibracteolati, patentes vel ascendentes. Calycis tubus late turbinatus, vix 1 mm longus; lobi calycini subulati, integerrimi, mox stellatim expansi, 1 mm longi. Corolla 10 mm longa, extus glabra, tubo 5 mm longo, pallido, intus puberulo, lobis violascentibus (?), superioribus linearibus minoribus, inferioribus oblanceolatis 3 mm longis. Filamenta 4 mm, antherae in dorso pilosulae 1 mm longae, 2 inferiores apice barbatae. Capsula ellipsoidea, semi-infera, 3 mm longa. Semina ovalia, fuscescentia, scrobiculata, c. 0,6 mm longa.

Mexico: San Marcos, a. 1866 (Bilimek n. 207! — Paris, sp. orig.).

A *L. sartorii*, cui similis, differt imprimis foliis argute et inaequaliter dentatis, tubo calycis brevissimo, sepalis patentissimis, seminibus scrobiculatis.

128 **L. glaucescens** E. Wimm. nov. spec. — Herba annua, erecta, caule subsimplici, glabro, 35 cm alto. Folia çaulina, petiolata — petiolus 15—23 mm longus — tenera, subtus glauca, supra parcissime pilosa vel totaliter glabra, ovata, 6—7 cm longa, 2—3,4 cm lata, apice acuminata, basi rotundata, margine inaequaliter dentata vel minute dentata, dentes 2—3 pro centimetro peripheriae. Petiolus in facie superiore subpilosus. Inflorescentia 7 cm longe pedunculata, racemosa, laxa, 15-flora. Bracteae subulatae minimae. Pedicelli ebracteolati, glabri, flexuoso-patentissimi, 10—16 mm longi. Hypanthium late turbinatum, glabrum, vix 1 mm longum; lobi calycini e basi lata sublineares, integerrimi, erecti, 1—2 mm longi. Corolla 8 mm longa, extus intusque glabra, tubo 4 mm longo; lobi corollae superiores sublineares 2 mm longi, lobi inferiores obovato-oblongi 3 mm longi. Filamenta glabra, 3,5 mm longa; tubus anthereus superne pilosulus, 1 mm longus, 2 inferiores antherae apice barbatae. Capsula subglobosa, basi rotundata, semi-infera, 4 mm longa, 3 mm lata. Semina ellipsoidea, fulva, opaca, dense foveolata, c. 0,6 mm longa.

Mexico: Orizaba, 21. III. 1867 (Bilimek! — Paris).

Praecedenti speciei affinis, sed habitu fere simplici, foliis mollibus, remotius brevedentatis, pedicellis divaricatis, fructibus distincte diversa. Etiam *L. caeciliae* similis, sed ab ea praeter alias notas semine foveolato (non lineolato) differt.

129. **L. caeciliae** E. Wimm. in Annal. Naturhist. Mus. Wien LVI (1948) 348.— Caulis erectus, diffuse ramosus, angulatus, inferne subpubescens, superne cum ramis

glabratus, ad 30 cm altus. Folia ovata, 3—7 cm longa et 1—4 cm lata, acuta vel acuminata, basi rotundata vel breviter in petiolum 6—16 mm longum et supra subpubescentem angustata, margine minute denticulata, tenuia, glabra. Rami fere aphylli, racemos terminales laxos gerentes. Pedicelli 1—2 cm longi, glabri, ascendenti-incurvati, basi minutissime bibracteolati. Hypanthium sub anthesi late turbatum, mox semi-globosum, glabrum, lobi eius subulati, integri, 2 mm longi. Corolla alba et coerulea, 8 mm longa, glabra; tubus intus puberulus; lobi 2 superiores sublineares, lobi inferiores oblongo-spathulati. Filamenta 3 mm longa, antherarum tubus caesius, glaber, 1 mm longus, 2 inferiores apice barbatae. Capsula globosa, vix 3 mm lata, semi-infera. Semina oblongo-ellipsoidea, fusca, striolata, vix 0,4 mm longa. — Fig. 87 c.

M e x i c o : Chiapas, Tuxtla, Cuesta unterhalb der Hacienda Petapa, an feuchten Felsen in der Nähe der Quelle, 18. II. 1895 (C a e c. & E d. S e l e r n. 1909! — Hb. B.).

130. **L. circaeoides** (Presl) A. De Candolle, Prodr. VII (1839) 379. — *Rapuntium circaeoides* Presl, Prodr. Monogr. Lobel. (1836) 25. — *Dortmannia circaeoides* O. Kuntze, Revis. II (1891) 972. — *L.* sp. Chamisso, Pl. Schiede & Deppe n. 1232 in Linnaea VI (1831) 396. — Caulis erectus, angulatus, subpubescens, superne glabrescens et aphyllus. Folia 10—15 mm longe petiolata, ovata, 8 cm longa et 4 cm lata, basi cordata usque rotundata, apice acuminato-cuspidata, margine acute fere duplicato-dentata, supra subglabra, subtus in nervis sparsissime pubescentia. Flores in racemo laxiusculo. Pedicelli 12 mm longi, basi minute bibracteolati, bractea lineari longiores. Hypanthium brevissime turbinatum, mox hemisphaericum, glabrum, lobi subulati, 2 mm longi. Corolla 9 mm longa, glabra (coerulea ?); lobi superiores sublineares, lobi inferiores obovato-oblongi. Stamina 5 mm longa, antherae glabrae, 2 inferiores apice barbatae. — Fig. 85 b.

M e x i c o : Zwischen Talacinga und Huitumalis, X. (S c h i e d e n. 1232! — Hb. B., sp. orig.).

131. **L. obconica** E. Wimm. in Annal. Naturhist. Mus. Wien LVI (1948) 348. — Herba erecta, hirtella. Folia ovata, circiter 3 cm longa et 2 cm lata, basi rotundato-truncata et in petiolum 6—10 mm longum breviter attenuata, apice sensim subacuminata, margine repando denticulata, utrinque hirtella, rigidula, folia summa pauca, parva, ovato-lanceolata. Flores in racemo laxo, glabro, in nostro specimine 6-floro. Pedicelli 25 mm longi, basi minute bibracteolati, bractea subulata. Hypanthium anguste obconicum, lobi subulati, integri, 2—3 mm longi. Corolla 8 mm longa, coerulea (?), glabra; lobi superiores sublineares, lobi inferiores oblongi vel obovato-oblongi. Filamenta glabra, 3 mm longa. Tubus anthereus nigro-caesius, superne hirtellus, 1,6 mm longus, 2 inferiores apice barbatulae. — Fig. 85 a.

M e x i c o : Barbuna de Corcomatepe (? fast unleserlich!) XII. 1841 (L i e b m a n n n. 7773! — Hb. Koph. W.).

132. **L. sartorii** Vatke in Linnaea XXXVIII (1874) 721; Hemsley, Biolog. Centrali-Am. II (1881—82) 269; McVaugh in North Am. Fl. XXXII A (1943) 48 p. p. — *L. Tuerckheimii* Vatke ex Robinson in Proceed. Am. Acad. XXVI (1891) 166 p. p.! — *L. novella* Robinson l. c. 167, fide McVaugh l. c., sed ? — *Dortmannia Sartorii* O. Kuntze, Rev. Gen. II (1891) 973. — Herba annua caule suberecto, ab inferno ramoso angulato, hirtello, sursum glabrato, ad 50 cm alto, in inferiore parte densius foliato, superne nudo. Folia petiolata, ima ovata, 2,5 × 1,5 (typica), 7 × 5,8 cm (*L. novella*), reliqua ovato-oblonga-lanceolata, 3—6 cm longa et 0,6—2 cm lata, apice obtusa (typica) vel acuta, basi in petiolum 3—16 (26) mm longum breviter vel sensim angustata, interdum subcordata, margine plano-crenata (typica) vel repanda et denticulata, supra subglabra vel in utraque facie sparse hirsutula, in exsiccatis nigrescentia apud typicam plantam vel fere glauco-viridia apud *L. novellam* et nonnulla alia specimina. Rami plerumque nudi. Flores in racemis terminalibus sub-

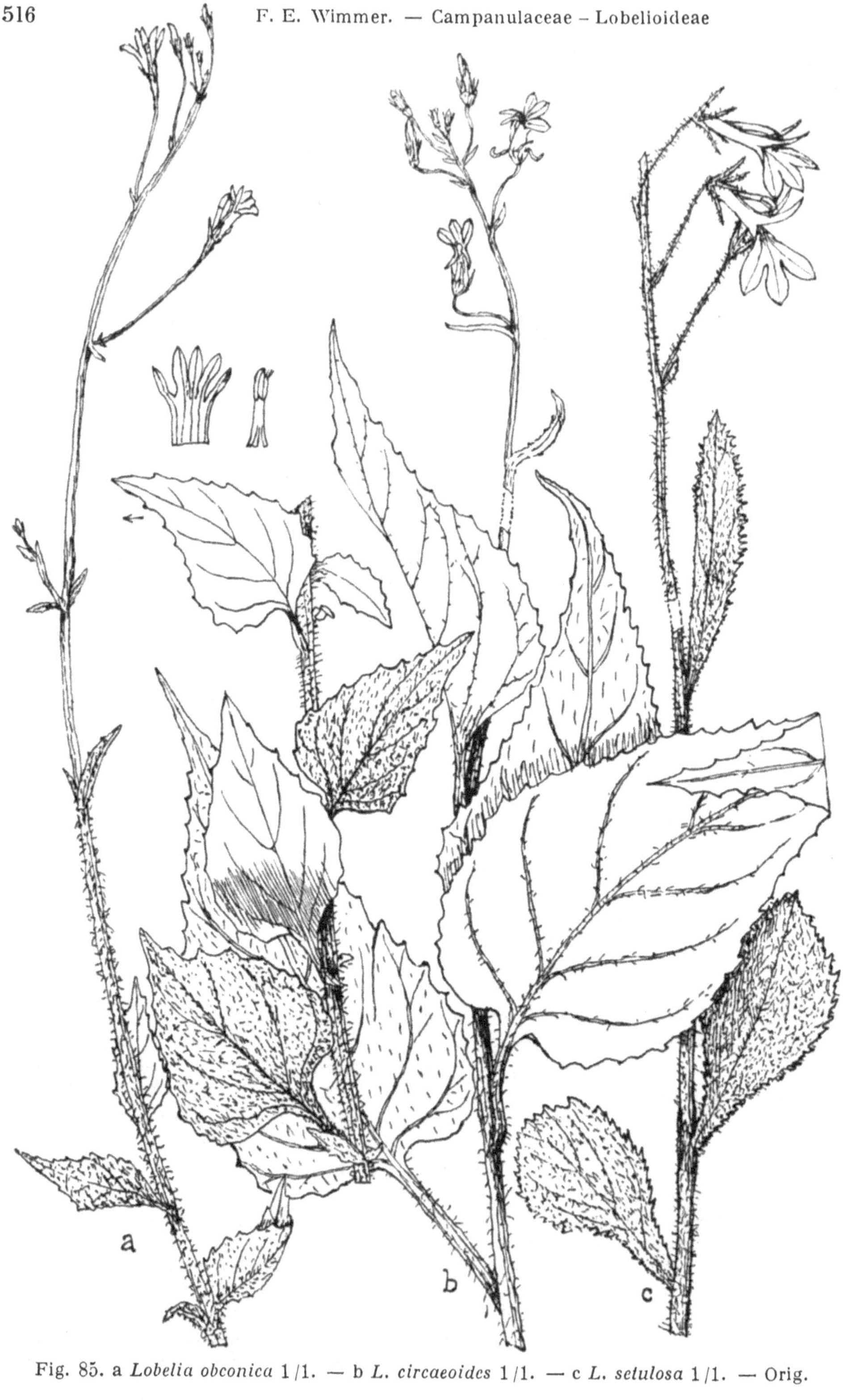

Fig. 85. a *Lobelia obconica* 1/1. — b *L. circaeoides* 1/1. — c *L. setulosa* 1/1. — Orig.

secundis laxis. Pedicelli 10—30 mm longi, saepe glabri, basi minute bibracteolati, bracteis subulatis multo longiores. Hypanthium turbinatum, glabrum; segmenta calycina subulata, integra, erecta, 2—3 mm longa. Corolla dilute coerulea vel lilacina, 9—12 mm longa, extus intusque glabra vel intus in tubo puberula; lobi superiores anguste lanceolati, lobi inferiores obovato-oblongi. Tubus stamineus 5—6 mm longus, tubus antherarum in dorso glaber vel pilosulus, 2 inferiores antherae apice barbatae. Capsula obconico-oblonga vel late turbinata, fere semi-infera, circiter 5 mm longa. Semina ellipsoidea, fusca, subnitida, subtilissime lineata, 5—6 mm longa.

Clavis varietatum.

A. Folia omnia lanceolata (imis paucis exceptis) .... var. *piscinula*.

B. Folia plurima ovata usque ovato-oblonga vel oblonga.

I. Folia margine plano-crenata vel denticulata; lobi corollae inferiores oblanceolati vel obovato-oblongi .... var. *sartorii*.

II. Folia margine repanda; lobi corollae inferiores oblongi; planta major, validior var. *opulenta*.

var. **sartorii.** — Folia ovata usque elliptica et oblonga, summa lanceolata, utrinque acuta, apice ipso obtusiusculo, plano-crenata vel denticulata.

Mexico: Ohne Ortsangabe (Sartorius! — B. sp. orig.); Vera Cruz, Dos Fuentes, Mirador (Liebmann n. 9207! 9236! 9221! — Hb. Koph.); Hacienda Mirador (E. W. Nelson n. 106! — Wash.); Vera Cruz, auf Felsen und an feuchten Stellen (H. Galeotti! n. 1976! — Del. K. Paris); Hacienda del Posado (Fred Müller n. 1526! — N. Y.); Totutla (Linden n. 69! — Boiss. Del.); Orizaba, Borrego (Bourgeau n. 2923! — Paris Stkh. Koph. Wash. Boiss.: f. *pallidior*); Orizaba (Botteri et Sumichrast n. 1604!; Botteri n. 340! — Par., f. *pallidior*). Oaxaca, Talea, 1000 m (H. Galeotti n. 1989 E! p. p. — B. Paris); Oaxaca, Westabhang des Zempoaltepec und bei Totontepec, 1800—2600 m (Nelson n. 577! 719! — Wash.); Staat San Luis Potosi, Tamasopo Canyon, 1. X., 5. VI. 1890/91 (Pringle n. 3288! — Typ. pro *L. novella*, n. 4015! — W. B. Stkh. Del. Goett.).

Guatemala: Dept. Alta Vera Paz, Coban, 1350 m (Türckheim n. 22! II/1026! — B. Univ. Wien Budp.); Dept. Quiché, Uspantan, 2330 m, IV. lg. Heyde et Lux (Ex Pl. Guatem. ed. Donn. Smith n. 2873! — Del.); Dept. Huehuetenango, Yalambohoch, auf Steinfalzungen alter Mauern (C. et. E. Seler n. 3035! — B.).

var. **opulenta** E. Wimm. nov. var. — Herba validior, ramosa. Caules et folia subtus puberula. Folia plurima oblonga, acuminata, apice obtusiusculo, margine repanda, 5—7,5 cm longa, 1,8—2,2 cm lata. Racemi 8—12-flori. Corollae lobi inferiores oblongi.

Mexico: Region von Orizaba, Escamella, VII. 1866 (Bourgeau! — Hb. Paris).

var. **piscinula** E. Wimm. n. c. — *L. piscinula* E. Wimm. in Fedde, Repert. Sp. Nov. XXXVIII (1935) 84. — *L. Sartorii* McVaugh l. c. — Folia fere omnia lanceolata, incluso petiolo indefinito 2—5 cm longa et 0,2—0,4 cm lata, utrinque sensim angustata, hirta vel glabrescentia. Corolla violascens, 7 mm longa. Semina subtiliter lineata et minutissime scabra. — Fig. 90 c.

Guatemala: Purulá (Lehmann n. 1379! — Boiss. B.); Baja Vera Paz, Cuesta de Quililhá, Purulhá (H. Pittier n. 162! — Wash.); Dept. Baja Vera Paz, an einem Bach bei Santa Rosa, 1600 m, IV. (Türckheim n. 1552! — Del., lg. Türckheim, Ex Pl. Guatem. ed. *Donn. Smith* n. 1188! — B.).

133. **L. tarsophora** Seaton in Proceed. Amer. Acad. XXXIII (1898) 489; McVaugh in North Am. Fl. XXXII A (1943) 64. — Glaberrima, caulis erectus simplex

vel basi ramosus, 30—45 cm altus. Folia 10—25 mm longe petiolata, ovato-lanceolata, 5—7,5 cm longa et 2,5 cm lata, apice sensim subacuminata, basi subrotundata usque acuta, margine undulato denticulata. Racemi longi, laxi. Bracteae subulatae, 2 mm longae. Pedicelli 10—16 mm longi, divaricati, fructigeri horizontaliter patentes. Hypanthium fere semiglobosum, breve, laciniae calycinae lineares, acutae, integrae, 2 mm longae. Corolla coerulea et alba, 4—5 mm longa. Antherae glabrae, 2 inferiores apice pilosae. Capsula globosa, 3 mm in diametro. — Fig. 86.

Mexico: Cordoba, Flußufer, 900 m, 20. VIII. 1891 (H. E. Seaton n. 417! — Hb. Kew).

Haec species similis est *L. sartorii*, sed corolla et fructu diversa.

Fig. 86. *Lobelia tarsophora* 1/1. — Orig.

134. **L. kirkii** R. E. Fries in Ergebn. Schwed. Rhodesia-Kongo-Exped. I (1916) 318, t., 20, f. 5. — *L. natalensis* Hemsley in Oliver, Fl. Trop. Afr. III (1877) 469, non A. DC. — Caules decumbenti-ascendentes vel exsurgentes, glabri, ad 30 cm longi, ramosi. Folia breviter petiolata (2 mm) vel subsessilia, elliptica, superiora oblanceolata vel lineari-lanceolata, basi et apice acuta, 10—20 mm longa et 2—7 mm lata, margine plano-crenata vel subintegra, glabra. Flores in racemis laxissimis. Bracteae lanceolatae vel lineares, plerumque versus apicem tantum parum crenulatae aut integrae. Pedicelli 8—20 mm longi, bracteis longiores. Hypanthium obconicum, laciniae calycis subulatae 2 mm longae, integrae, patentes usque reflexae. Corolla coerulea, ad faucem lutescenti- et obscuri-coeruleo-maculata et bigibbosa, 12—

16 mm longa; lobi superiores lanceolati, lobi inferiores oblongi. Tubus stamineus 7—9 mm longus, glaber.

Rhodesia: Sambesi, Victoria Fälle, Insel (Kirk! — Livingstone's Zambesi Exped. a. 1860. — Hb. Kew); an den unteren Teilen der Baumstämme im Regenwald und auf feuchtem Boden in der Nähe des Regenwaldes (R. E. Fries n. 50! 59! — Hb. Ups.); auf Felsen, ständig feucht vom Sprühregen des Wasserfalles, IV—VII. (C. P. J. Heller n. 19! F. C. Kolb n. 3140! — Hb. Kew; Herre! — Hb. Stellenb. n. 20307!).

var. **microphylla** Schlechter in Engler, Bot. Jahrb. LVII (1922) 618. — Differt a planta typica foliis lanceolatis vel linearibus multo minoribus et saepius integerrimis.

Rhodesia: Victoria Fälle, grasiger Waldrand c. 930 m IX. 1905 (A. Engler n. 2981! 2984a — Hb. B.); an Katarakt, Insel und im Regenwald auf Basaltboden, 1000 m, VIII. (F. A. Rogers n. 5290! — Hb. Kew).

135. **L. erinus** Linné, Spec. Pl. (1753) 932 excl. Hermann, Lugd. 110, t. 111, non Thunberg, Fl. Jap.; Mant. (1771) 483; Lamarck, Dict. Bot. III (1791) 587; Thunberg, Prodr. Fl. Cap. (1794) 40, Fl. Cap. II (1808) 39 p. p.; Willdenow, Spec. I (1797) 948, Enum. Hort. Berol. (1809) 218; Schkur, Handb. III (1803) 184, t. 268; Sims, Bot. Mag. XXIII (1806) t. 901; Persoon, Synops. II (1807) 214; Roem. & Schult., Syst. V (1819) 60; Sprengel, Syst. I (1825) 717; G. Don, General Syst. III (1834) 711; A. De Candolle, Prodr. VII (1839) 370; D. Dietrich, Synops. I (1839) 734; J. W. Loudon, Ladie's Fl.-Gard. Ornam. Perenn. II (1844) t. 67, non vidi; Regel, Gartenfl. VI (1857) 86; Sonder in Harvey & Sond., Fl. Cap. III (1865) 544 p. p.; Decaisne & Naud., Amat. Jard. II (1862—66) 403; Le Maout & Decaisne, Traité Gén. Bot. (1868) 149; Decaisne, Naud. & Hemsl., Trees, Shrubs & Herb. Pl. (1873) 273; Belg. Hort. XXVI (1876) 115; Hulme & Hibberd, Familiar Gard. Fl. II (1879—87) 85; W. Robinson, Engl. Fl. Gard. (1883) t. 160; Nicholson, Illustr. Dict. Gard. II (1884—88) 290; Baillon, Hist. Pl. VIII (1886) 330, fl.; Lubbock, Seedlings II (1892) 166; Gard. Chron. 3. ser. XII (1892) 669; Bois, Dict. Hort. (1893—99) 780; Atlas Pl. Jard. (1896) t. 167; Step, Fav. Fl. Gard. & Greenh. III (1897) t. 162; Knuth, Handb. Blütenbiol. II/II (1899) 2, fl.; L. H. Bailey, Cycl. Amer. Hort. (1900) 935; Bellair & St.-Lager, Pl. Serre (1900) 1016; Lindman, Vioch vära Blomm. (1911—13) t. 42; Annal. Jard. Bot. Buitenzorg XXVIII (1914) t. 29, f. 22; Hegi, Fl. Mittel-Eur. VI/1 (1915) 392; Molisch, Schrift. Verein. Verbreit. Naturw. Kenntn. Wien LIX (1919) 75, f. 4; Marloth, Fl. South Afr. III (1932) 215, f. 92 (diagr.), t. 54, f. C. — *L. Erinus* var. *Erinus* Sond. l. c. pro p. — *L. erina* St. Lag. in Annal. Soc. Bot. Lyon. VII (1880) 129. — *Rapuntium Erinus* Miller, Gard. Dict. ed. 8 (1768) n. 8; Moench, Method. (1794) 615; Presl, Prodr. Monogr. Lobel. (1836) 17, in E. Meyer, Commentar. (1837) 287, in Ecklon & Zeyh., Enum. (1836) 397. — *R. procumbens* Presl (*Lobelia procumbens* Hort.) l. c. 17. — *Dortmannia Erinus* O. Kuntze, Revis. Gen. Pl. II (1891) 972. — *Trachelium minus afr. floribus violaceis per caulem sparsis*, Tournefort, Instit. Rei Herb. I (1700) 131. — Species longo tempore et ubique fere culta multas formas produxit. Apud hortulanos eis nomina numerosa imposita sunt.

Clavis varietatum.

A. Planta in caule inferiore, petiolis et interdum in lamina foliorum inferiorum parce pubescens, ceterum glabra.
  I. Bracteolae basi pedicellorum insertae, glandulaceae et inconspicuae.
    a. Folia inferiora et ramorum nondum florentium rotundo-ovata usque oblonga.
      1. Flores 8—14 mm longi.
        + Planta ± erecta.
          — Folia typo ovato, argute dentata, utrinque parce hirta var. *bellidifolia*.

—— Folia ut in var. *erinus*, glabra, crenulato-dentata f. *elata*.
++ Caules procumbenti-assurgentes, folia plerumque glabra var. *erinus*.
2. Flores supra 15 mm longi. .... var. *grandiflora*.
b. Folia lineari-lanceolata, parce denticulata, pauca ima latiora; pedicelli folio fulcranti subaequales .... var. *schrankii*.
II. Bracteolae anguste lineares circiter 6 mm longae supra basin pedicelli insertae var. *bracteolata*.
B. Planta undique hirta, corolla extus parce hirta .... var. *subvillosa*.

var. **erinus**. — Caules erectiusculi vel ascendentes, angulati, ramosi, inferne saepe parum pilosi, ad 25 cm longi. Folia inferiora rotundo-ovata, spathulata vel obovato-oblonga, ca. 10 mm longa et 4—8 mm lata, in petiolum saepe subciliatum brevem acuminata, apice subrotundata usque obtusiuscula, margine plerumque crenulato- vel repando-dentata, reliqua folia sensim angustiora usque lanceolata, acuta, subsessilia, margine acutius dentata, glabra vel subglabra. Flores in racemis laxis. Bracteae lanceolatae usque lineares, 2—15 mm longae, denticulatae vel integrae. Pedicelli 10—20, fructif. 30 mm longi, glabri, basi biglandulosi. Hypanthium obconicum, lobi calycini subulati, integerrimi, glabri, 2 mm longi. Corolla coerulea, fauce bigibbosa, 8—14 mm longa; lobi superiores lanceolati, minute fimbriati; lobi inferiores obovati, saepius basi albo-maculata et obscuri-coeruleo-punctata. Filamenta glabra, 4—6 mm longa. Antherae cinereae, superne pilosulae, 2 inferiores penicillatae. Capsula obconico-oblonga, 5—8 mm longa. Semina fusca, globoso-ellipsoidea, nitida, 0,3 mm longa. — Fig. 87 e 1.

K a p l a n d : Häufig in der Ebene und auf Bergen an feuchten und steinig-sandigen Orten zwischen Gebüschen um Kapstadt bis Uitenhage, blühend von Juli bis April, besonders die var. *grandiflora* in den verschiedensten Formen überall kultiviert. Tafelberg (W. H. B r o w n & A. H. B r o w n n. 184!; E c k l o n — Un. it. n. 487! — Hb. W. B.; R. Th. F r i e s n. 3007! — Hb. Stkh.); Löwenrücken zwischen Gesträuch, XII. 1826 (E c k l o n — Un. it. n. 30!); Fuß des Devils Peak, 35 m, X. (L. D i e l s n. 1142! B e r g i u s! — Hb. B.); Claremont, I. (R. S c h l e c h t e r n. 273!); Kap der Guten Hoffnung (M u n d t! B e r g i u s! F e r d. B a u e r! Z e y h e r n. 1052! S i e b e r n. 124! 138! B a n k s! S c h o l l! W a w r a n. 40! — Hb. W. B. Del.); Klippen oberhalb der Kalk Bay, 400 m, Kirstenbosch, Hout Bay, Constantia Nek (E. W a l l n. 633/55! 635/55! 1331/2! 1325/2! 1700/10! 1707/10! 1708/10! — Hb. Stkh.); Stellenbosch (Hb. S t e l l e n b. n. 142!); Paarlberg, 260—500 m (D r e g e! — Hb. B. sub *Rapuntium microdon* Presl); Distr. Clanwilliam, Krantzvlei und Olifantriver (A. P e n t h e r n. 2719! 2715!); Riversdale (C. R u s t n. 306! — Hb. B.); Distr. Uitenhage, Zwartkopsrivier, X. (E c k l o n & Z e y h e r! n. 467! — Hb. B.).

f. **elata** E. Wimm. in Annal. Naturhist. Mus. Wien LVI (1948) 350. — Erecta subglabra, caule simplici vel ab inferno parum ramoso, ramis erectis.

K a p l a n d : Div. Malmesbury, Hopefield, am Bergfluß bei Hazenkraal, XI., felsiger Strand an der Saldanha Bay, X. (F. B a c h m a n n n. 1260! 1263! 250! — Hb. B.); Riversdale (R. S c h l e c h t e r n. 1785! — Hb. B.).

var. **bellidifolia** (Thunb.) Sond. in Harvey & Sonder, Fl. Cap. III (1865) 544 p. p. — *L. bellidifolia* Thunberg, Prodr. Fl. Cap. (1794) 40, Fl. Cap. II (1808) 47. *L. bellidiflora* (recte *bellidifolia*) L. f. Suppl. (1781) 396. — Caulis saepe simplex, hirtus. Folia ovata, dentata, hirsutula, superiora ut in var. *erinus*. — Fig. 87 f.

K a p d e r G u t e n H o f f n u n g (T h u n b e r g! — Hb. Ups.; Z e y h e r, Fl. Cap. n. 124! — Hb. Del.); Port Elisabeth, Park, II. (R o s e n b r o c k n. 54! 55!); Red House bei Port Elisabeth (A. P e t e r n. S 20! — Hb. B.); Zwarteberg oberhalb Caledon (Z e y h e r n. 3113! — Hb. Stkh. W.). S. Afrika (W a l l i c h! B u r m a n! — Hb. Cambr. Del.).

var. **subvillosa** E. Wimm. in Annal. Naturhist. Mus. Wien LVI (1948) 350. — *L. Erinus* var. *Erinus* Sond. p. p. et var. *bellidifolia* Sond. l. c. p. p. — *L. algoensis* A. De Candolle l. c. 369 ? — Caulis, rami et folia subvillosa vel subhirsuta, corolla extus parce hirta, 10—15 mm longa, interdum etiam pedicelli et calyces hirsutuli.

Kapland: Palt nach Smithwinkle Bay VII. (Wolley-Dod n. 1239! — Hb. Kew); Kap (Lady Dalhouse! Drege! Ecklon! — Hb. Del. Presl); Port Elisabeth, IX. (Rosenbrock n. 52! 53! — Hb. B.); Algoa Bay (Forbes n. 81! — Hb. Cambr.).

var. **bracteolata** (A. DC.) E. Wimm. in Annal. Naturhist. Mus. Wien LVI (1948) 350. —*L. bracteolata* A. De Candolle, Prodr. VII (1839) 371. — Pedicelli 25—35 mm longi, 5 mm supra basin 2 bracteolis linearibus 6 mm longis ornati. Calycis lobi lineari-lanceolati, 4 mm longi. Corolla 1 cm longa, coerulea, albo-oculata. — Fig. 87 g.

Kapland: Tafelberg, IX. (H. Schinz! — Hb. Zür.).

var. **grandiflora** Paxton, Mag. Bot. X (1843) 75. c. fig. — Flores majores, sepala 5—8 mm longa, patentia, corolla supra 15 mm longa, coerulea, albido-oculata vel aliter colorata. Semina 0,5 mm longa. — Fig. 87 e 2.

Formae ab hortulanis distinctae quoad habitum:

a) Humilis, erecta, stricta .... (var.) f. *pumila* Nichols.
b) Humilis, compacta, flores nivei ..... f. *alba* vel flores azurei f. *compacta* Paxt.
c) Caules divaricati, diffusi, flores indigotini (f. *superba*) vel azurei f. *speciosa* Nichols.
d) Caules decumbenti-dependentes (var. *erinoides* Hort.) .... f. *pendula* Hort.

Formae quoad colorem frondis:

e) Folia lutescentia .... f. *aurea* Hort.

Formae quoad colorem corollae:

f) Obscuri-coerulea, fauce alba .... f. *lucida* Paxt., f. *oculata* Nichols.
g) Roseo-violacea, fauce alba .... f. *lindleyana* Nichols.
h) Roseo-carnea .... f. *kermesina* Nichols.
i) alba .... f. *albiflora* Hort.
j) alba, coeruleo-suffusa .... f. *ingrami* Nichols.
k) alba, lati-obscuro-coeruleo-marginata, ceterum compacta ..... f. *paxtoni* Hort.
l) Flore pleno .... f. *flore pleno* Hort.

et multa alia nomina saepe in lingua vernacula occurrunt [1])

Kapland: Kapstadt, in einem Wasserlauf des Devil's Peak, 13. IX. 1883 (F. Wilms n. 3395! — Hb. B.); Tafelberg, Oranje Kloof (A. Engler n. 194! — Hb. B.); Port Elizabeth, Schulplatz (Rosenbrock n. 373! — Hb. B.); Natal, Clairmont, zwischen Gras, 260 m, VIII. (J. M. Wood! — Hb. B.). — Varietas plurimum culta et valde ornamentaria. — Adventitia cum var. *subvillosa* in Venezuela (prope Tovar a. 1856—7 leg. A. Fendler n. 724! — Hb. Boiss. Del.); Ecuador leg. L. Mille n. 13! — Hb. W.).

var. **schrankii** (Sweet) E. Wimm. in Annal. Naturhist. Mus. Wien LVI (1948) 351. — *L. Schrankii* Sweet, Hort. Brit. 2. ed. (1830) 323. — *L. secunda* Schrank, Pl. Rar. Horti Acad. Monac. (1819) t. 31, non L. f. — Folia ima pauca ovata, dentata, cetera late usque anguste lanceolata, uno alterove aut etiam nullo dente praedita,

[1]) Vide: Paxton, Mag. of Bot. XVI (1849) 174, 254; Nicholson, Dict. III (1896) 180; Regel, Gartenfl. VI (1857) 86, VII (1858) 368, XV (1866) 148?, XXVIII (1879) 309 c. fig., XXXXII (1893), 19, 87, XXXXV (1896) 51, XXXXVI (1897) 580, XXXXVII (1898) 27, 78 c. fig., IXL (1900) 140, LII (1903) 110, LV (1906) 617 c. tab.; Revue Horticole 2. ser. IV (1845) 39—43; Otto, Hamb. Garten- und Blumenzeitg. XX (1864) 343 etc.

Fig. 87. a *Lobelia rivalis* 1/1. — b *L. longicaulis* var. *plebeia* 1/1: pars inferior et superior plantae, corolla explan., capsula, androec. aucti. — c *L. caeciliae*: folium inferius 1/2, capsula auct. — d *L. hypsibata* 1/1. — e *L. erinus*: 1 pl. typ., 2 var. *grandiflora*: flos 1/1. — f *L. erinus* var. *bellidifolia*, sec. sp. orig. Thunb. 1/1. — g *L. erinus* var. *bracteolata* 1/1. — Orig.

omnia glabra. Bracteae pedicellos fere aequantes. Corolla coerulescens, lutescenti-maculata vel alba.

Kapland: Kap-Halbinsel, Tafelberg, Slangolie Schlucht, nahe dem Tunnel-Eingang, 600 m, I. 1922 (R. Marloth n. 11041! — Hb. Stellenb.); Kap (De Wylder! — Hb. Stkh., Persoon! — Hb. Leiden); Knysna, Belvidere (A. Duthie n. 817! — Hb. Stellenb.); Knysna (Miss Newolegate! — Hb. B.).

136. L. **cuneifolia** Link & Otto, Icon. Hort. Berol. (1828) 85, t. 39; Journ. Jard. (1834) 311; A. De Candolle, Prodr. VII (1839) 370. — *L. hederacea* Hort. Kew et *L. arguta* Hort. ex A. DC. l. c. — *L. Richardsoni* Hort. — *L. pubescens* var. *Thunbergiana* Sond. in Harvey & Sonder, Fl. Cap. III (1865) 546 p. p. excl. *L. pubescens* Thunb. — *Rapuntium ovatum* Presl, Prodr. Mon. Lob. (1836) 16. — Caules decumbenti-ascendentes, glabri vel parce pubescentes, rami glabrati. Folia omnia petiolata, rotundo-ovata et ovata, 2—3 cm longa et 2—2,4 cm lata, basi subcordata vel cuneata, in petiolum ad 15 mm longum abrupte vel fere sensim attenuata, apice obtusa, margine sinuato-usque crenulato-dentata, glabra vel parce pubescentia. Flores inferiores solitari-axillares, sursum racemosi, bracteis lanceolatis pedicello brevioribus. Pedicelli 25—35 mm longi, glabri, crassiusculi. Calyx oblongo-obconicus, lobis lineari-subulatis, 7 mm longis, glabris. Corolla 16—20 mm longa, dilute coerulea usque alba, ad faucem obscuri-coeruleo-maculata et in tubo item punctata, lobi superiores anguste lanceolati, lobi inferiores oblongi. Tubus stamineus 9 mm longus, antherae superne pilosulae, 2 inferiores apice barbatae. — Fig. 88 a, p. 528.

Kapland: Distr. Knysna, Deepwalls und Buffels Nek bei Knysna, XII. (Olafström & Lindberg! — Hb. Stkh.); Wald bei Knysna auf feuchtem Boden kriechend, XI. (A. Peter n. S 14! A. Duthie! — Hb. Stellenb. n. 15339!); Gouna River (Erik Wall n. 3393! 3394! 3395!); von Knysna nach Edmonton, 450 m (Erik Wall n. 3540! — Hb. Stkh.); Weg von Port Elisabeth nach Humansdorp am Eingang des Van Staadens Tal bei Cadels (Rosenbrock n. 1128! — Hb. B.). Kultiviert Hb. Berl., sp. orig.!; Bot. Gart. Upsala sub *L. Richardsoni*; Bot. Gart. Edinburgh sub *L. cuneata*; Hb. Moricand-Del. sub *L. hederacea*, det. ab A. DC.

var. **hirsuta** (Presl) E. Wimm. in Annal. Naturhist. Mus. Wien LVI (1948) 351. — *L. pubescens* var. *Thunbergiana* Sond. l. c. p. p. — *L. pilosa* Schlechter in Engler, Bot. Jahrb. LVII (1922) 620. — *L. sylvatica* Fourcade in Transact. Roy. Soc. S. Afr. XXI (1932) 82. — *Rapuntium ovatum* var. *hirsutum* Presl in Ecklon & Zeyher, Enum. (1836) 397. — Caules, rami, folia et saepe pedicelli cum calyce pilis albis patentissimis hirsuti. Corollae lobi extus hirsutuli. — Fig. 88 b.

Südafrika: Kapland, Distr. George, Langekloof-Berge zwischen Gebüsch, XII. (Ecklon & Zeyher n. 2469 — ex auct.); Touws River, Wald, XI. 1928 (Fourcade n. 4114, Typus pro *L. sylvatica*). Transvaal, Botsabelo, 1600 m (R. Schlechter n. 4100! — Hb. B., Typus pro *L. pilosa* Schl.).

Species mihi videtur propter characteres parum vacillantes hybrida inter *L. pubescentem* et *L. erinus*. Vide notam post *L. pubescentem* et *L. bicolorem*.

137. L. **pubescens** Dryand. in Aiton, Hort. Kew. III (1789) 498; Willdenow, Species I (1797) 950; Persoon, Synops. II (1807) 214; Thunberg, Fl. Cap. II (1808) 43; Poiret, Encycl. Suppl. III (1813) 488; Roemer & Schult., Syst. V (1819) 63; Sprengel, Syst. I (1825) 715; A. De Candolle, Prodr. VII (1839) 370; Sonder in Harvey & Sonder, Fl. Cap. III (1865) 546 excl. var. *Thunbergiana* p. max. p. — *L. alyssifolia* Salisbury, Icon. Stirp. Rar. (1791) 19, t. 10 ex A. DC. l. c. — *L. hirta*? Schkur, Bot. Handb. III (1803) t. 269! — *L. hirsuta* Andrews, Bot. Reposit. VII (1807) t. 444. — *Rapuntium pubescens* Presl, Prodr. Monogr. Lobel. (1836) 17 excl. syn. — *Dortmannia pubescens* O. Kuntze, Revis. II (1891) 973. — Caules decumbenti-ascendentes, angulati, pubescentes vel subhirsuti, ramosi, ad 35 cm longi. Folia petiolata, ovata, 1—2 cm longa et 0,8—2 cm

lata, basi subcordata vel brevi-cuneata et in petiolum ad 15 mm longum abrupte angustata, apice obtusa usque acuta, margine dentato-serrata, utrinque plus minus hirta, superiora sensim angustiora et oblonga usque lanceolata, acutius serrata. Flores in racemis laxiusculis. Pedicelli filiformes, pubescentes, 8—15 mm longi, patentes, demum patentissimi, apice incurvati. Hypanthium obconicum vel semi-ellipsoideum cum lobis subulatis ad 3 mm longis hirtum. Corolla nivea, ad 14 mm longa, extus hirta, tubo angusto; lobi superiores lanceolati, lobi inferiores anguste oblongi, 5 mm longi et vix 2 mm lati. Tubus stamineus 6—7 mm longus, glaber; antherae nigrescentes, superne minutissime pilosulae, 2 inferiores barbatae. Capsula obconico-oblonga, infera, 6 mm longa, hirta. Semina subglobosa, compressiuscula, fusca, nitida, 0,4 mm longa.

Clavis varietatum.

A. Planta glabra; folia pro maxima parte spathulata, subadpresse dentata; corolla 11 mm lg., lobi lanceolati. Cap, vide Suppl. II. .... var. *holopsila.*

B. Planta plus minus pubescens; folia rotunda, ovata, elliptica et oblonga.
  1. Corolla 16—17 mm longa; folia grossius dentata .... var. *jacquiniana.*
  2. Corolla 10—15 mm longa; folia aliter dentata.
    a. Folia inferiora plus minus orbicularia, cetera rotundo-ovata usque oblonga, acuti-dentata .... var. *rotundifolia.*
    b. Folia ovata, basi subcordata vel rotundata aut cuneata.
      + Folia duplicato-inciso-dentata; corolla subglabra .... var. *incisa.*
      ++ Folia margine plus minus serrata; corolla hirta .... var. *pubescens.*

var. **pubescens.** — Ut supra.

K a p l a n d : Vogelgat, in den Bergen hinter dem Orte, 130 m, 1. XII. 1896 (R. S c h l e c h t e r n. 9536! — Hb. W. B.); Winterhoek am Wasserfall, I. (D r e g e n. 6262! — Hb. B.); Kap (B o o s! — Hb. W.; S p a r r m a n! — Hb. Stkh.); Humansdorp (J. T h o d e n. A 2485! — Hb. Pret.). Specimen typic. cult. ex horto Kew. lg. A i t o n! — Hb. Del.

var. **jacquiniana** Sond. l. c. 547; Jaquin, Hort. Schoenbr. II (1797) t. 178. — *Rapuntium pubescens* Presl l. c. p. p. — Major, saepe minus et brevius hirta. Folia media elliptica usque oblonga, 4—5 cm longa et 0,6—2,5 cm lata, grosse dentata. Pedicelli usque 35 mm longi. Corolla 16—17 mm longa, alba, tubo purpurascente. Fig. 88 c.

K a p , Bavianskloof, an felsigen, schattigen, etwas feuchten Orten auf Humus und Lehm, X. (D r e g e n. 1944!; K r a u ß! — Hb. B. Del.); Kochmans Kloof, II. (M u n d t! — Hb. B.); Brederivier (Z e y h e r n. 3111! — Hb. W.).

var. **incisa** (Presl) Sond. l. c. 547. — *L. incisa* A. De Cand., Prodr. VII (1839) 785. — *Rapuntium incisum* Presl in Ecklon & Zeyher, Enum. (1836) 397. — Pubescens. Folia ovata, acuta, basi subcordata vel rotundata, margine acuto-inciso-duplicato-dentata. Corolla subglabra, circiter 1 cm longa.

K a p l a n d : Distr. Swellendam, zwischen Steinen und Sträuchern des Berges über Puspasvalley, X. (E c k l o n & Z e y h e r n. 2470! — Hb. Presl).

var. **rotundifolia** E. Wimm. in Annal. Naturhist. Mus. Wien LVI (1948) 351. — Hirta. Caules decumbentes. Folia ovato-rotunda, circiter 8 mm longa et 8 mm lata, pauca superiora elliptico-rotunda vel oblonga, margine obtusiusculi- usque acuti-dentata. Pedicelli 10—15 mm longi. Corolla alba, 15 mm longa, extus hirtella. Fig. 88d.

K a p l a n d : Caledon, 8. XI. 1936 (H a f s t r o m & L i n d b e r g! — Hb. Stkh.); Tradouw-Pass, östlich von Swellendam, 300 m (E r i k W a l l n. 2273! — Hb. Stkh.).

Hybridae inter *L. pubescentem* et *L. erinus*: Plantae saepe intermediae inter ambas, folia et corollas fere permutantes. Huc pertinet:

138. **L. bicolor** Sims, Bot. Mag. XV (1801) t. 514; Poiret, Encycl. Suppl. III (1813) 489; Roem. & Schult., Syst. V (1819) 62; G. Don, General Syst. III (1834) 712; A. De Candolle, Prodr. VII (1839) 371; Regel, Gartenfl. XX (1871) 201, XXVIII (1879) 309 c. fig. 350. — *Rapuntium bicolor* Presl, Prodr. Monogr. Lobel. (1836) 17. — *L. Erinus* var. *Erinus* Sond. l. c. 544 p. p. — *L. Erinus* f. *bicolor* A. Zahlb. in Annal. Hofmus. Wien XVIII (1903) 405. — Pubescens vel hirta vel sparse pilosa. Folia saepe elliptica usque oblonga vel subcuneata, dentata. Bracteae lanceolatae, subintegrae, pedicello fere aequilongae vel duplo breviores. Corolla 12—14 mm longa, extus minute hirtella, coerulescens vel dilute coerulea, albo-oculata, lobi inferiores oblongi, lanceolati vel subobovato-oblongi.

K a p l a n d : Simonstown — Kap der Guten Hoffnung (A. P e t e r n. S 11! — Hb. B.); Klippen oberhalb St. James, XII. (E r i k W a l l n. 600/55! 601/55! — Hb. Stkh.); Red House bei Port Elisabeth, XI. (A. P e t e r n. S 20! — Hb. B.); Distr. Knysna, Tal des Blawkrantzriver (A. P e n t h e r n. 2711! — Hb. W.).

Fortasse etiam *L. cuneifolia* partem aliquam habet in compositione huius hybridae, saltem non longe distant ab invicem.

139 **L. divaricata** Hook. et Arn., Bot. Voy. Beechey (1838) 301, t. 67; Hemsley, Biolog. Centrali-Am. II (1881—82) 266; McVaugh in Am. Midl. Naturalist XXIV (1940) 692 et in North Am. Fl. XXXII A (1943) 52 p. p. — *Dortmannia divaricata* O. Kuntze, Rev. Gen. II (1891) 972. — Herba annua, ramosa, glabra, suberecta ramis divaricatis quadrangularibus. Folia caulina plurima breviter petiolata, ovalia usque oblonga, 5 mm longa, 2—3,5 mm lata, apice obtusa, basi in petiolum alatum breviter angustata, margine undulata, glabra, folia summa lanceolata, subsessilia, obsolete denticulata. Flores in racemis secundis, laxis, plerumque paucifloris. Bracteae sublineares, denticulatae, circiter 4 mm longae. Pedicelli 10—14 mm longi, glabri, ascendentes, basi minute bibracteolati. Hypanthium obconicum laciniis linearibus, integerrimis, glabris, erectis, 2 mm longis. Corolla coerulea, glabra, 8 mm longa; lobi superiores sublineares, lobi inferiores elliptici, basi bicallosi. Stamina 4 mm longa; antherae superne obsolete pilosulae, fere 2 mm longae, paululum tantum breviores quam filamenta, 2 inferiores apice breviter setulosae. Capsula obconica, semi-infera, 5 mm longa. Semina oblonga, fuscescentia, nitida, subtilissime lineata, c. 0,6 mm longa.

M e x i c o : Jalisco (B e e c h e y! — Kew, sp. orig.); Tepic, Nayarit (E. P a l m e r n. 1868! — Wash. Stkh.).

Omnes aliae species, quas cl. M c V a u g h ut synonyma sub hac specie comprehendit, certe non huc pertinent.

140. **L. rubrimaris** E. Wimm. in Annal. Naturhist. Mus. Wien LVI (1948) 352. — *L. inconspicua* Crowfoot, Flow. Pl. Sudan (1928) t. 126, f. 2. ? — Annua, erecta, ad 15 cm alta. Caulis a basi subramosus, angusti-alatus, parce pilosus, sparse foliatus. Petioli 2—6 mm longi, marginati. Lamina foliorum rotundo-ovata usque ovata, 7—16 mm longa et 7—12 mm lata, apice obtusa, basi rotundata et in petiolum abrupte contracta, margine repando denticulata, supra parce hirsuta, subtus in nervo mediano pilis paucis munita vel glabra. Flores inferiores in axillis foliorum, reliqui bracteati, omnes laxe racemose dispositi. Bracteae sensim minores, lanceolatae vel subulatae, 3—5 mm longae. Pedicelli 7—15 (20) mm longi, glabri, patentes, basi minutissime bibracteolati. Hypanthium obconicum, segmenta calycina sublinearia, acuta, integerrima, glabra, 2—3 mm longa, corollae tubum aequantes. Corolla coerulea, 5 mm longa, fauce 2 gibbis et macula alba notata; lobi 2 superiores minores sublineares, lobi 3 inferiores labium trifidum formantes, oblongi, acuti. Tubus staminum 3 mm longus, antherae glabrae, 2 breviores apice barbatae. Capsula obconico-oblonga, semi-infera, 4 mm longa. Semina late ellipsoidea, fusca, nitida, 0,3 mm longa. — Fig. 88 k.

Nubischer Sudan: Read Sea Hills bei Erkowit, nicht weit von der Küste des Roten Meeres (inde nomen!), 1200 m (Maffer n. 15! — Hb. Kew); Read Sea Prov. Erkowit (ex Crowfoot)?

A. L. heyneana Roem. & Sch. differt caule et ramis vix alatis, flore et fructus forma. Si figura floris apud Crowfoot l. c. bona esset, quod valde dubium est, novam speciem indicaret.

141. **L. cliffortiana** L. Spec. Pl. II (1753) 931; Lamarck, Dict. Bot. III (1791) 586; Willdenow, Spec. I (1797) 946; Schkur, Bot. Handb. (1803) 184, t. 268; Roem. & Schult., Syst. Veg. V (1819) 53; Kunth, Synops. Pl. II (1823) 349; Sprengel, Syst. I (1825) 716; Chamisso in Linnaea VIII (1833) 214; G. Don, Gen. Syst. III (1834) 705; A. De Candolle, Prodr. VII (1839) 372; D. Dietrich, Synops. I (1839) 734; Grisebach, Fl. Brit. West. Ind. (1864) 385; Cat. Pl. Cub. (1866) 159; Krug, Fl. Portoric. (1868—76) t. 285; Baker, Fl. Mauritius (1877) 184; Bello, Apuntes Fl. Porto-Rico I (1881) 288, 464; A. Gray, Synopt. Fl. N. Amer. II/1 (1886) 7 excl. varietatibus; Stahl, Fl. Porto-Rico VI (1888) 28; Duss. Fl. Antill. Franç. (1896) 377; Urban, Symb. Antill. IV (1911) 617, VIII (1921) 701 excl. *L. xalapensi*; Britton & Wils., Porto-Rico & Virg. Isl. VI (1919) 272; Rendle, Fl. Jamaica VII (1936) 140, fig. 45; McVaugh in North Am. Fl. XXXII A (1943) 58. — *L. tetragona* Blume, Bijdrag. (1825—26) 729. — *L. chenopodifolia* et *L. triangulata* Wallich, List (1828) 35, n. 1312. — *L. incisa* Wallich in Journ. Linn. Soc. II (1857) 29. — *L. filiformis* Sieber, Fl. exs. Maurit. II. n. 208. — *Rapuntium Cliffortianum* Miller, Gard. Dict. 8. ed. (1768) n. 3. — *R. cordifolium* Moench, Suppl. (1802) 277; Presl, Prodr. Monogr. Lobel. (1836) 25. — *R. chenopodifolium* Presl l. c. 31. — *Dortmannia Cliffortiana* O. Kuntze, Revis. Gen. Pl. II (1891) 380. — *Lobelia caule erecto foliis cordatis obsolete dentatis petiolatis, corymbo terminali*, L. Hort. Cliffort. (1737) 426, t. 26. — *Rapuntium Americanum Trachelii folio*, Tournefort, Instit. Rei Herbar. I (1700) 163; Plumier, Cat. Pl. Amer. (1703) 5, t. 235, f. 2. — Herba annua, glaberrima, erecta, ramosa, 20—70 cm alta. Folia late ovata usque elongato-ovata, 1,2—6 cm longa, 1—4 cm lata, basi subcordata usque breviter cuneata et in petiolum 5—30 mm longum angustata, summa etiam lanceolata et subsessilia, apice obtusa usque acuta, margine inaequaliter crenato-dentata, tenuia. Flores in racemo laxo, 10—25-floro. Bracteae lineares, pedicello adnatae et plerumque multo breviores. Pedicelli 5—10 (fr. —30) mm longi, glabri, patenti-ascendentes, in vel supra basin biglandulosi. Hypanthium obconicum, lobi subulati, integri, 2—2 mm longi. Corolla ex coeruleo purpurascens, violacea vel alba, 5—7 mm longa lobis lanceolatis. Filamenta 3 mm longa; antherarum tubus 0,8 mm longus, glaber vel in dorso pilosulus. Capsula ellipsoidea, semi-supera, 5—8 mm longa. Semina ellipsoidea, compressa, fuscescentia, laevia, nitida, 0,5 mm longa. — Fig. 88j.

Ursprünglich auf den Großen Antillen und vielleicht auf Martinique, von dort eingeschleppt oder importiert nach Pensylvania und Virginia, den Maskarenen und Java, und stellenweise dort verwildert; gedeiht an Wegen, Flußufern, in Wäldern, Unkraut auf bebautem Boden, blühend von Januar bis August. — Cuba: Ohne specielle Ortsangabe (R. de la Sagra! Rugel n. 237! Liebmann! — Hb. W. Del. Koph.); Habana (Humboldt! n. 1283! — Hb. Willd. n. 3978. — Ekman n. 255! — Hb. Stkh.); Caobas (Poeppig! — Hb. Presl, W.); Rio Guaso (Eggers n. 4598! — Hb. Goett.); Prov. Santa Clara, Belmonte, Soledad, Cienfuegos (J. G. Jack n. 7727! — Hb. W.); Prov. Oriente, Copperfield (C. Wright n. 340! — Hb. W.), Baracoa, Finca Playuela, auf Kalkunterlage, Bayate an Wegen, Sierra Maestra oberhalb Daiquiri (It. Regnell. III., Ekman n. 4492! 4601! 8125! — Hb. Stkh.). — Jamaica: Ohne Ortsangabe (R. C. Alexander! — Hb. Goett.); ex Rendle, Fl. Jam.: Moneagua (Prior), St. Mary (McNab, Wilson), Roaring River Falls auf Weideland, Leicesterfield, 600 m, Distr. Castleton, Golden Grove bis Holland Bay (Harris n. 10361, 10845, 10888, 11950), Balaclava (Orcutt n. 597). — Insel Haiti: Rep. Haiti: Ex Urban: Ennery an Bachufer, Poste Marie Congo an Wegrand, 1000 m,

(B u c h n. 133, 741), Bach Marquisant (C. E h r e n b e r g), Fessard, Morne Vandefeld im Fond der Ebene Cayes (C h r i s t n. 1719, 1956). D o m i n i k a n i s c h e R e p u b l i k : Barahona, Cabral, 25 m (M. F u e r t e s n. 298! 979b! — Hb. W.); Constanza, Nadelwaldung, 1190 m (T ü r c k h e i m n. 3198), Sierra del Palo Quemado, Grasplätze, 700 m, Moca 200 m (M. F u e r t e s n. 1767), Puerto-Plata, Barrabas, La Cumbre (R a u n k i ä r n. 806, 1085, 1160, 1162, 1487). — P o r t o - R i c o: Maricao, an Wegen, XI. (S i n t e n i s n. 320! — Hb. Goett., Stkh.); La Carmelita bei Los Mameyes, in Gräben, VI. (E g g e r s , Fl. Ind. Occid. ed Töpfer n. 947! — Hb. W.). — Martinique (F l. M a r t i n. n. 391! Hb. W. enthält 2 Species: links *L. cliffortiana*, rechts *L. xalapensis*). — P e n s y l v a n i a: Cove Valley, grasiges Bergland, Aug. 1824 (P o e p p i g! — Hb. W.). — M a s k a r e n e n - I n s e l n: M a u r i t i u s (Isle de France): Ohne Ortsangabe (B o u t o n! — Hb. Cambr.; D'U r v i l l e! — Hb. Ups.; L e s s o n! — Hb. B.; P e r r o t t e t! — Hb. Del.; H e y d e n a. 1874! — Hb. Goett.; S i e b e r. Fl. M a u r. n. 112! II. n. 208! sub *L. filiformis* — Hb. W. B. Goett.). B o u r b o n : (G a u d i c h a u d! — Hb. Del.). R o d r i g u e z : Mündung des Rivière Grande — ex Baker. — J a v a : Sumpfige Orte des Berges Salak — ex Miquel. Aber hier und in Vorderindien nicht ursprünglich, sondern verwildert.

142. **L. calcarea** E. Wimm. in Fedde, Repert. Spec. Nov. XXXVIII (1935) 83. — *L. Berlandieri* McVaugh in North Am. Fl. XXXII A (1943) 50 p. p. — Herba annua, erecta, subpubescens, ramosa, 20—50 cm alta, circiter intermedia inter *Lobeliam cliffortianam* et *L. brachypodam*. Caulis angulatus, sparse hirtellus vel raro glabriusculus, usque ad medium fere foliatus, dein nudus et inflorescentia glabra. Folia ima subrotunda et rotundo-ovata, cetera late ovata usque ovato-oblonga et -lanceolata, interdum aliquot sublyrata, 1—4 cm longa et 0,9—3 cm lata, superiora 0,5—1 cm lata, apice obtusa vel acuta, basi subcordata, truncata et superiora brevi-cuneata, in petiolum 0,3—3,5 cm longum, marginatum, hirtellum angustata, margine inaequaliter obtusi-dentata vel denticulata, utrinque vel supra tantum sparse hirtella, subtus pallidiora, subcarnosa, in sicco tenuiter membranacea. Flores in racemis subsecundis, laxis, 5—20 cm longis. Bracteae subulatae, 2—5 mm longae. Pedicelli 8—15, fructigeri ad 20 mm longi, basi minute bibracteolati. Hypanthium turbinatum, mox semi-ellipsoideum; lobi eius subulati, integri, 1—2 mm longi. Corolla coerulea, 8 mm longa, lobi superiores lanceolati, labium inferius tripartitum, basi albescens et 2 plicis ornatum, lobis obovatis. Filamenta 3 mm longa; antherae supra 1 mm longae et in dorso pilosulae. Capsula ellipsoidea, semi-supera, 4—5 mm longa. Semina compresso-oblongo-ellipsoidea, fuscescentia, laevia, nitida, 0,4 mm longa. — Fig. 88 m.

M e x i c o : Staat San Luis Potosi, Tamasopo Canyon, „calcareous banks", 30. XI. 1890 (P r i n g l e n. 3369! sub *L. cliffortiana* var. *xalapensis* Gray ausgegeben. — Hb. Del. B.), Distr. Ciudad del Maiz, Palmár am Rio de Naranjos, gemein an schattigen Stellen, bei Tancanhuitz (C. & E. S e l e r n. 795! 176! E. W. N e l - s o n n. 4390! — Hb. B. W.); Staat Vera Cruz, Papantla (S c h i e d e & D e p p e n. 183! 275!), auf den Ruinen des Tempels Tagin bei Papantla (P r e u s s n. 1428! — Hb. B.); Staat Taumalipas, Victoria, 320 m (E. P a l m e r n. 65! — Hb. Wash., V i e r e c k n. 71! — Hb. B.); Staat Nuevo Leon, Monterey, 600 m, auf Kalkboden (P r i n g l e n. 13744! — Hb. Budp., durch kürzere pedicelli der *L. brachypoda* nahe); Staat nicht angegeben: Las Ajuntas (E h r e n b e r g n. 1077! — Hb. B.), Calvestros, Pital, Santa Cruz (L i e b m a n n n. 9211! — Hb. Koph.). Wahrscheinlich hierher: Oaxaca, Talea, 1000 m (G a l e o t t i n. 1989 E! — Hb. Del., Hb. B. p. p.). — Nom. vulg. „*Jilitl*", „*Pitziguál*".

A similibus speciebus differt: *A. L. cliffortiana* pubescentia, corolla majore et lobis obovatis et valvis capsulae abbreviatis; a *L. brachypoda* partim foliis aliis, partim inflorescentia laxa, floribus longius pedicellatis; a *L. xalapensi* flore majore et capsula semi-infera.

Folia plantae utuntur ut sorbitionis herba (Suppenkraut) sub nomine Pitziguál (Seler).

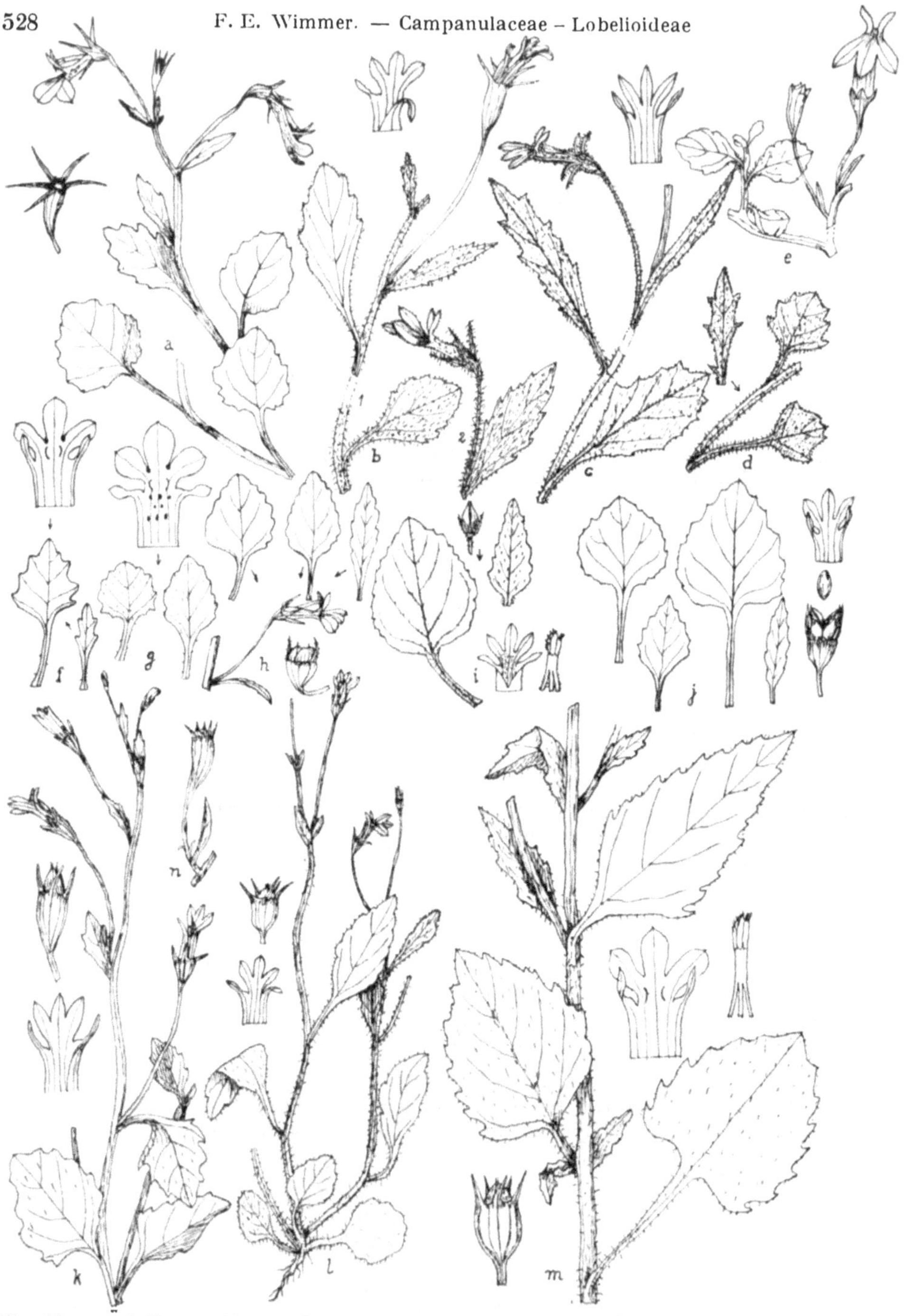

Fig. 88. a *Lobelia cuneifolia* 1/2: capsula. — b *L. cuneifolia* var. *hirsuta*: 1 pars pl., corolla expl., 2 „*L. pilosa* Schltr": flos 1/2. — c *L. pubescens* var. *jacquiniana*: pars pl., cor. expl. — d *L. pubescens* var. *rotundifolia* 1/1: folia inf., unum sup. — e *L. parvisepala* 1/1. — f *L. nyikensis*: folia 1/1, cor. expl. 1/1. — g *L. intertexta*; folia, corolla expl. 1/1. — h *L. melleri*: flos 1/2, folia 1/2—1/1, caps. 1/1. — i *L. xalapensis*: fol. inf. et sup., caps. et cor. ca. 1/1, androec. 2/1. — j *L. cliffortiana*: folia inf. et sup. ca. 1/2, cor. expl. fere 1/1, caps. 1/1, semen 8/1. — k *L. rubrimaris* 1/1: cor. expl. et caps. parum auct. — l *L. hereroënsis* 1/1: item. — m *L. calcarea* 1/1: cor., caps. et androec. aucta. — n *L. adnexa*, fr. — Orig.

143. **L. melleri** Hemsley in Oliver, Fl. Trop. Afr. III (1877) 468; Engler, Pflanzenwelt Ostafr. (1895) C 401. — *Dortmannia Melleri* O. Kuntze, Revis. II (1891) 972. — *L. Nyassae* Engler l. c. — Caulis erectus, 30—40 cm altus, a basi ramosus, angulatus, inferne interdum parce subhirtus, rami subdecumbentes vel ascendentes et erecti, racemis floribundis terminati. Folia petiolata, inferiora ovata, 10—34 mm longa et 10—20 mm lata, reliqua ovato-oblonga usque lanceolata, ad apicem obtusiusculum acuta, basi subcordata vel rotundata, superiora brevi-cuneata, in petiolum 5—15 mm longum breviter attenuata, margine crenulato-dentata, subglabra. Racemi laxi. Pedicelli 12—20 (25 fr.) mm longi, bracteis lanceolatis vel linearibus longiores. Hypanthium turbinatum, lobi subulati, integri, ciliolati vel glabri, 2—3 mm longi. Corolla coerulea, fauce 2 gibbis lutescentibus, 8—10 mm longa; lobi superiores oblanceolati, lobi inferiores obovati. Staminum tubus 4—5 mm longus, antherae superne pilosulae, 2 inferiores apice barbatae. Capsula obconico-oblonga vel ellipsoidea, $^1/_2$—$^2/_3$-supera, 5 mm longa. Semina oblongo-ellipsoidea, compressiuscula, badia, 0,3—0,4 mm longa. — Fig. 88 h.

Tropisches Ostafrika: Südliches Nyassaland, Island Dakanamaio, ca. 16° s. Br., 35° ö. L., Aug. 1861 (C. J. Meller! — Hb. Kew); Nyassaland ohne Ortsangabe (J. Buchanan n. 120! — Hb. Wash.! B.! non Hb. Kew; n. 479! — Hb. B., sp. orig. pro *L. Nyassae*); Mt. Chiradzulu (A. Whyte! — Hb. B.); Mt. Zomba, 1000—1600 m, Sept. 1859 (Kirk! — Hb. Kew); Namuli, Makua Country (J. T. Last! — Hb. B.); Tanganyika-Territ., Kilimandscharo (Abbot! — Hb. B.).

f. **pilosula** E. Wimm. — Caules, rami, pedicelli et calyces sparse pubescentes. Nyassaland (J. Buchanan n. 120! — Hb. Kew!).

var. **pulchra** E. Wimm. nov. var. — Humilis, compacta, 15—25 cm alta. Corolla major, albo-oculata et obscuri-coeruleo-maculata.

Nyassaland (J. Buchanan n. 1104! — Hb. Kew, B.). — *Lobeliae erino* var. *grandiflorae* f. *compactae* Paxt. valde similis et ornamentaria. — *L. Nyassae* Engl. videtur nil aliud quam forma umbrosa et inter gramina alta adulta.

144. **L. nyikensis** Baker in Kew Bull. (1898) 157. — Caulis erectus, ca. 25 cm altus, angulatus, parce setulosus, ramis patentibus, superne glabrescentibus, subdense foliatis. Folia petiolata, subrotunda vel ovata, 5 mm longa et lata, basi subcordata vel abrupte in petiolum 4 mm longum attenuata, apice obtusiuscula, margine profunde crenulata, supra parce setulosa, subtus glabra. Flores pauci, laxe racemosi in apice ramorum. Pedicelli solitarii in axillis foliorum reductorum, glabri, 25—40 mm longi. Hypanthium brevissime turbinatum, lobi subulati, integri, glabri, patentes, vix 3 mm longi. Corolla saturate coerulea, ad faucem lutescens et 2 plicis ornata, 12 mm longa; lobi superiores anguste lanceolati, lobi inferiores obovati. Staminum tubus 5 mm longus, atro-coeruleus, antherae superne pilosulae, 2 inferiores apice penicillatae. Capsula videtur $^3/_4$ supera. — Fig. 88 f.

Britisch-Zentralafrika: Nyassaland, Nyika-Plateau, 1600 — 2000 m (Whyte! — Hb. Kew, B.).

145. **L. intertexta** Baker in Kew Bull. (1898) 157; Bot. Mag. CXXIV (1898) t. 7615. — Herba gracilis, circiter 30 cm alta. Caulis erectus, tenuis, ramis filiformibus suberectis, distanter foliatis, cum caule parce pubescentibus, superne glabris. Folia rotundo-ovata usque oblonga, 4—12 mm longa et 4—8 mm lata, obtusa, basi truncata vel breviter cuneata et in petiolum circiter 6 mm longum angustata, margine profundius dentata vel denticulata, supra pilis paucis vestita, subtus glabra. Flores pauci in racemis laxissimis. Bracteae foliaceae, lineari-lanceolatae, 5—10 mm longae. Pedicelli filiformes, glabri, 2—4 cm longi. Hypanthium late turbinatum, fere patellaeforme, lobi subulati, integri, ciliolati, 3 mm longi, patentes. Corolla 14 mm longa, glabra, lobi spathulati, ad faucem bigibbosi, albescentes et ibi et in tubo obscuri-coeruleo-punctati, versus apicem coerulei. Tubus stamineus vix 5 mm

longus, filamenta obscuri-coerulea, antherae atro-fuscae, superne pilosulae, 2 inferiores pilis terminatae. Capsula ovalis, 4 mm longa, semi-infera. — Fig. 88 g.

Tropisches Ostafrika: Nyassaland, Nyika-Plateau, 2000—2300 m (A. Whyte n. 240! — Hb. B. Kew); Mt. Zomba, 1300—2000 m, Dez. 1896, und Zomba-Plateau, 1000 m, Sept. 1895 (A. Whyte! — Hb. Kew); Mt. Mlanje, Likabula Valley, X. (Greenway n. 6327. — Nair.)

f. **arida** E. Wimm. — Glabra. Folia oblongo-spathulata usque lanceolata, apice acutiuscula, incluso petiolo circiter 10 mm longa et 2 mm lata, inferiora supra parce setulosa. Corolla 9 mm longa.

Nyassaland: Mount Mlanje (G. Adamson! — Hb. Kew).

var. **diversifolia** E. Wimm. n. v. — A planta typica differt caule et ramis patentibus glabris, foliis in origine ramorum reniformi-rotundis.

Mt. Mlanje, 1400 m, VII—X. 1939 (A. P. S. Forbes n. 96! — Nair.).

2. Ovarium et fructus superi vel fere superi, sepala fere libera, basalia. Am.

Clavis specierum.

\+ Folia plus minus sessilia, basi acuta. .... 146. *L. diastateoides.*

\++ Folia petiolata, basi cordata usque rotundata.

° Folia apice obtusa, pedicelli glabri .... 147. *L. homophylla.*

°° Folia ad apicem acuta vel subacuta, pedicelli hirtelli.

′ Corolla 4—6 mm longa, filamenta ad 2,5 mm longa, semina laevia nitidissima. .... 148. L. *xalapensis.*

″ Corolla 9 mm longa, filamenta ad 4,5 mm longa, semina ruguloso-lineata 149. *L. hypnodes.*

146. **L. diastateoides** McVaugh in Am. Midl. Naturalist XXIV (1940) 695 et in North Am. Fl. XXXII A (1943) 56. — Caulis simplex, verisimiliter erectus, ad 40 cm altus, inferne hirtus, superne glabratus. Folia inferiora approximata vel conferta, rhomboideo-ovata, ceteris latiora, apice acuta vel obtusa, in basin acutam subpetiolarem angustata, reliqua elliptica usque lanceolata, acuta, sessilia, margine crenata vel leviter serrata, supra pubescentia, subtus glabrata vel pubescentia imprimis ad venas, 1,4—3 cm longa, 0,6—1,1 cm lata. Racemus secundus, pauciusque 15-florus. Pedicelli fructiferi 12—25 mm longi, ascendentes, subglabri, ebracteolati. Bracteae lineares, subintegrae, ad 15 mm longae et ad 1 mm latae. Hypanthium brevissimum, lobi calycini subulati, integri, parce ciliati, 3 mm longi. Corolla circiter 9 mm longa, glabra, „dilute coerulea, duo lobi obscurius vel interdum violacei" (Camp), tubus 4—5 mm longus, in dorso versus basin partialiter ($^1/_3$) non fissus, lobi 2 superiores elliptici, inferiores oblongi. Tubus filamentorum glaber; tubus antherarum 1,5—1,8 mm longus, superne pilosulus, 2 inferiores barbatae. Capsula ellipsoideo-fusiformis, fere supera, ad 5 mm longa. Semina ellipsoidea, nitida, circiter 0,6 mm longa (Diag. auct.).

Mexico: Oaxaca, Mountain slopes near Tlaxiaco (Camp n. 2205 — Typ. Hb. N. Y. ex McVaugh). Außerdem in den Bergen von Chiapas.

147. **L. homophylla** E. Wimm. in Fedde, Repert. Spec. Nov. XXII (1926) 194, t. 32, f. 12; McVaugh in North Am. Fl. XXXII A (1943) 56. — Herba erecta, glaberrima, simplex vel pauci-ramosa. Caulis striatus, laevis, ad 50 cm altus, sparse foliatus. Folia omnia fere comparia, ovato-rotunda vel late ovata, 1—4 cm longa, 1—3 cm lata, apice rotundata vel obtusa, superiora interdum acuta, basi cordata usque truncata et in petiolum anguste alatum 0,4—4 cm longum breviter angustata, margine inaequaliter crenata vel obtusiusculi-dentata, subtus pallidiora, carnosula, in sicco tenuia. Flores in racemo laxo, subsecundo vel vago, 10—25 cm longo. Bracteae plurimae subulatae, circiter 2 mm longae. Pedicelli 4—8, fructigeri ad 12 mm longi, glaberrimi, patenti-ascendentes, basi minute bibracteolati. Hypanthium subnullum;

sepala triangulari-linearia, 2—3 mm longa, obsolete denticulata vel integra, glabra vel parce ciliata. Corolla coerulea, 7—8 mm longa, lobi superiores lanceolati, erecti, lobi inferiores subobovati. Filamenta pallida, 3 mm longa. Tubus anthereus cinereus, 1 mm longus, in dorso pilosulus vel glaber. Capsula late ellipsoidea, supera, basi a sepalis persistentibus circumdata, 5 mm longa, 3 mm lata. Semina ellipsoidea, fusca, laevia, nitida, 0,45 mm longa.

Vereinigte Staaten v. N. Amerika, Florida: Straßenrand in St. Augustine, am Rand der Straßen, blühend April bis Mai (Curtiss II. Distr. n. 6363! sub *Lobelia xalapensis* — Hb. Univ. W.); Pineola (Small, Mosier & De Winkler n. 10839! — Hb. Stkh.); Lemon Bay und Palmetto (S. M. Tracy n. 7511! 6670! — Hb. W.); Rialto und westlich von Fort Myers (Moldenke n. 1010! 920! — Hb. Stkh.); Brooksville (R. N. Jones! — Hb. Wash.).

Speciei sequenti similis, sed flore alio et glabritie et foliis diversa. A *L. brachypoda* Small capsula supera et foliis satis distat; ista et species nostra sunt 2 solae species, in Unione Boreali-Americana crescentes, quibus laevia (non rugosa) semina propria sunt.

148. **L. xalapensis** Humb., Bonpl. & Kunth, Nov. Gen. et Spec. Amer. III (1818) 315; Kunth, Synops. Pl. II (1823) 348; Sprengel, Syst. I (1825) 713; G. Don, Gen. Syst. III (1834) 705; A. De Candolle, Prodr. VII (1839) 372; D. Dietrich, Synops. I (1839) 730; E. Wimmer, Macbride, Fl. Peru VI (1937) 481; Standley, Fl. Costar. IV (1938) 1417. — *L. Cliffortiana* Roemer & Schult., Syst. V (1819) 53 p. p.; Schlechtendal & Cham., Pl. Mex. in Linnaea V (1830) 127, VI (1831) 396; Hemsley, Biolog. Centrali-Amer. II (1881—82) 266 p. p.; Vatke in Linnaea XXXVIII (1874) 720 p. p.; Donn. Smith in Pittier, Primit. Fl. Costar. II/2 (1898) 10; McVaugh in North Am. Fl. XXXII A (1943) 57. — *L. Cliffortiana* var. *xalapensis* A. Gray, Synopt. Fl. N. Amer. II/1 (1878) 7. — *L. monticola* Humb., Bonpl. & Kunth l. c. 316; Kunth l. c. 349; G. Don l. c.; A. De Candolle l. c. 373; Vatke l. c. 721. — *L. palmaris* Willdenow ex Roem. & Schult. l. c. 56. — *L. mollis* Graham, Pl. Gard. Edinb. in Edinb. New Phil. Journ. (1829) 185 (sec. Urban syn. cum *L. cliffortiana*). — *L. ocimoides* Kunze, Del. Sem. Hort. Lips. 1847, in Linnaea XXIV (1851) 178; Walpers, Annal. I (1848—49) 467. — *Rapuntium affine, xalapense, monticolum* Presl, Prodr. Monogr. Lobel. (1836) 25, non eiusdem p. 13. — *R. Trinitatis* Presl apud Sieber, Fl. Trinitatis n. 344. — *Dortmannia Cliffortiana* var. *xalapensis* O. Kuntze, Revis. Gen. III/2 (1898) 187. — *D. monticola, mollis* et *ocimodes* O. Kuntze l. c. 972, 973. — Herba annua, erecta, ramosa, puberula vel glabrescens, 20—50 cm alta. Folia herbacea, opaca, glauca, remota, petiolata, ovata, ca. 3 cm longa et 2,4 cm lata, obtusa vel acuta, basi subcordata usque cuneata, margine subcrenulata vel dentata usque subsinuata, superiora lanceolata, sessilia, omnia subtus in nervis puberula vel etiam ciliolata vel fere glabrata. Flores in racemis laxis terminalibus. Bracteae lanceolatae usque lineares, minutae, saepe ciliolatae. Pedicelli 5—10 mm longi, puberuli, basi bibracteolati. Hypanthium perbreve vel subnullum; sepala subulata, integra, 2 mm longa. Corolla purpurascens, albo-lilacina obscurius-marginata, coerulea vel alba, 5—6 mm longa, glabra; tubus versus basin paullo ($^1/_3$) connatus; lobi superiores sublineares, inferiores oblongi. Filamenta inferne ciliolata. Antherae 1 mm longae, glabrae vel in dorso dilosulae, 2 inferiores apice penicillatae. Capsula ellipsoidea, 4—5 mm longa, totaliter vel fere totaliter supera, *Diastateae micranthae* persimilis. Semina ellipsoidea, cano-fuscescentia, laevia, nitida, 0,3—0,4 mm longa. — Fig. 88 i.

Von Mexico bis Peru und Argentinien verbreitet, seltener auf den südlichen Antillen, als Unkraut in Kulturen, an Wegrändern, wüsten Orten und an Flußufern, im Wald und Gebirge bis gegen 2000 m, blühend fast das ganze Jahr. — Mexico: Jalapa (Xalapa) (Humboldt & Bonpland! — Typus; Schiede & Deppe n. 245! Schiede n. 275! Schaffner n. 10! — Hb. B. Goett. Stkh.); auf Felsen, 1300 m, fl. bleue (Galeotti! — Hb. Del.); Mirador (Sartorius! — Hb. B., Liebmann n. 7779! 7799! 7803! 9202!

9212! 9213! 9218! 9228! — Hb. Koph.); Pital (Liebmann n. 9225! p. p.); Cerro Macuiltepec bei Jalapa, 1450 m (R. Endlich n. 1402! — Hb. B.); Orizaba (Pringle n. 6125! Botteri & Sumichrast n. 1632! — Hb. B.); Coatepec (C. & E. Seler n. 3622! — Hb. B., Hypanthium deutlicher, fast 1/3 superum, wie bei *L. ocimoides* Kunze aus dem Leipziger Bot. Gart.); Sanborn (Orcutt n. 3078! — Hb. Field); Santa Fé bei Tlacotalpan und Santiago, Tuxtla (C. & E. Seler n. 4507! 5040! — Hb. B.); Fortin (Kerber n. 304! — Hb. Del.); Bezirk Huauchinango, Tal des Bergbaches Necaxae: Salto chico, 1100 m (Fröderström & Hultén n. 881! — Hb. Stkh.); Oaxaca, Talea, auf Felsen, 1000 m, fl. bleuâtres (Galeotti n. 4502! — Hb. Del.). — Brit. Honduras: Stann Creek, offene Plätze am Rande der Mangrove (W. A. Shipp n. 937! — Hb. Stkh.). — Guatemala: Coban (Türckheim! Friedrichsthal n. 1324! — Hb. W.); Dept. Santa Rosa, Cerro Redondo, 1350 m (Ex Pl. Guat., Salvad... ed. Donn. — Honduras: Distr. El Cayo, River bluffs (H. H. Bartlett n. 11517! — Smith n. 6179!). — Hb. Stkh.). — Nicaragua: Dept. Matagalpa, San Ramon, Savanne an der Regenwaldgrenze, 500 m (E. Rothschuh n. 526! — Hb. B.). — Costarica: San José, Abhänge am Wege nach San Antonio und San Juan (H. Polakowsky n. 365! 366! — Hb. B.); Wege in und um San José (Pittier n. 31, A. Tonduz n. 1534); Wegrand bei Santa Barbara, Mano de Tigre, zwischen Terraba und Boruca, 640 m (A. Tonduz n. 1667, 4590); Porto Viejo, an seinem Zusammenfluß mit dem Sarapiqui (Biolley n. 6921, 7381); Weiden am Rio Torres bei San Francisco de Guadeloupe (A. Tonduz n. 7229); La Palma, 1459 m (A. Tonduz! — Hb. Inst. phys.-geogr. nat. Costar. n. 12644! — Hb. W.). Colombia: „In montibus Novo-Granatensibus“ (Humboldt. — Typus pro *L. monticola*); Santa Marta, I. (H. H. Smith n. 2115! — Hb. Del. Stkh.); Cauca, La Paila, V. (Holton n. 688!); Quilichao, Cauca-Tal, 1000—1500 m (Lehmann n. 5798! — Hb. Del., B.). — Venezuela: Caracas (Oston. 581!); Quebradita de las Ruinas bei Caracas und bei Puente de Turumo (Pittier n. 9436! 11486! — Hb. Del.); Tovar (Fendler n. 725! — Hb. Del.). — Insel Trinidad (Wrba! Sieber n. 344! Broadway n. 8009! — Hb. Presl, W. Del.). — Antilleninsel Martinique (Kohaut, Sieber, Fl. martin. n. 391! — Hb. Presl). — Brasilien: Bahia (Salzmann! Blanchet n. 1640!); S. Thomé (Blanchet n. 3766! — Hb. Del. W.); Minas Geraës, Mangabi (St.-Hilaire), Ilheos, Porto Feliz (Riedel n. 248, 371), São Miguel (Pohl n. 3235 — ex Kanitz); Rio Acre (Amazonas Exped. E. Ule n. 9880! — Hb. B.). — Ecuador: Bodego (A. Sodiro n. 91/30! — Hb. B.); Prov. Guayas, Distr. Tenguel, am Ufer des Rio Grande (Holmgren n. 36! — Hb. Stkh.). — Galapagos-Inseln: James- und Charles-Insel (C. Darwin! — Hb. Cambr.); Indefatigable-Insel, 6 Meilen nördlich von der Academy Bay, 300—400 m, IV. (H. K. Svenson n. 145! — Hb. Stkh.); Santa Cruz, zwischen Lawa, 200 m, VIII. (Schimpff n. 102! — Hb. Stkh.). — Peru: Ohne genaueren Standort (Humboldt! — Hb. Willdenow n. 3977, orig. pro *L. palmaris* Willd.); Tarapoto, Dept. San Martin (R. Spruce n. 4200! — Hb. Cambr.); Pongo de Manseriche, rechtes Ufer des Rio Santiago, 205 m, nicht häufig, fl. white, XII. (Ynes Mexia n. 6319! — Hb. Calif.); Viso, Dept. Lima, 2700 m (Macbride & Featherstone n. 763!), La Merced Dept. Junin, Wegrand, 600 m (Macbride n. 5351!), Yanahuanca, Dept. Huánuco, 3000 m (Macbride & Featherstone n. 1166! — Hb. Field). — Bolivia: Prov. Chiquitos (D'Orbigny n. 720! — Hb. W. Del.); Yungas, Coripata (Bang n. 2162!); Nord-Yungas (Buchtien!), Prov. Sara und Prov. Cercado, Quinta (Steinbach n. 2338! 2745! — Hb. W.); Chaco: Tatarenda, Bachufer, selten (R. E. Fries, Regnell-Exped. Chaco-And. n. 1477! — Hb. Stkh.); Chiquiaca, 1000 m (Fiebrig n. 2739! — Hb. Del.); Cuesta Colorado zwischen S. Luis und Amareta (Hieronymus & Lorentz n. 916! — Hb. Del.); Prov. Velasco, auf Waldwegen, 200 m, Yapacani, 400 m (O. Kuntze! — Hb. W.) — Paraguay: Territ. Gran Chaco, am Pilcomayo im Wald neben dem Wege (M a l m e, R e g n e l l - Exped. I. n. 916!); San Bernardino (E. H a ß l e r n. 3103! C h o d a t n. III—VI! — Hb. Boiss.); Luque, auf Brachfeldern, Villa Rica, Böschungen des schattigen Weges (B. B a l a n s a n. 2150! 2150b! — Hb. Goett. Del.); zwischen dem Rio Apa und dem Rio Aquidaban (F i e b r i g n. 4242! — Hb. Del.); Nord-Paraguay, IX. 92 (O. K u n t z e! — Hb. W.). — A r g e n t i n i e n : Prov. Jujuy, Ledesma, 520 m (D i n e l l i — Hb. Lillo n. 5091!), Arroyo del Medio und Quinta, Laguna (R. E. F r i e s, R e g n e l l-Exped. Chaco-And. n. 355! 162! — Hb. Stkh.); Formosa (J ö r g e n s e n n. 3180! — Hb. Lillo, W.); Prov. Salta: Wald unterhalb S. Andrés bei Oran (L o r e n t z & H i e r o n. n. 264! — Hb. Goett.); Embarcacion, 450 m (S c h r e i t e r n. 26/1384! M 5168! — Hb. Lillo, W.), Rio Blanco, 650 m (V e n t u r i n. 5580! — Hb. W.); Prov. Tucuman: Rio Colorado, 300 m, Quebrada de Lules (V e n t u r i n. 397! 2191!), Yerba Buena, El Naranjel, 600 m (S c h r e i t e r n. 1638!), Cuesta de San Pablo, 500 m (Hb. L i l l o n. 9733! T h. S t u c k e r t n. 20310!), Villa Nongués, asequia la Trinidad (S c h i c k e n d a n t z n. 17!; Prov. Corrientes (N i e d e r l e i n n. 125c!), Las Palmas (N i e d e r l e i n n. 125! — Hb. B., f. glabrata); Prov. Misiones; Ñacan Guazú, San Ignacio, Santa Ana (Hb. M u s. A r g. n. 18723! 18720! 18717! — Hb. W.), Posadas im Gebüsch (E k m a n n. 1335! — Hb. Stkh.).

Haec species longo tempore cum *L. cliffortiana* L. confusa est, cui habitu simillima, sed levi pubescentia et ovario supero et area geographica bene distincta est, saltem nunquam in Antillis Majoribus spontanee occurrit, dum *L. cliffortiana* in his insulis locum natalem habet et alibi nonnisi introducta vel adventicia invenitur. — „*Jibran*“ (Mex.).

149. **L. hypnodes** E. Wimm. apud McVaugh, Am. Midl. Naturalist XXIV (1940) 698 et in North Am. Fl. XXXII A (1943) 65. — Caulis erectus, ad 60 cm altus, glaber vel sparse ciliatus circa basin petiolorum. Folia membranacea, glabra, sed supra prope basin et marginem sparse pilosa, ovata, circiter 6 cm longa et 3 cm lata, ad apicem sensim acuta, basi subcordata usque rotundata, margine callose denticulata; petioli supra ciliata, 15—25 mm longi. Racemus multiflorus. Pedicelli 7—12 mm longi, puberuli, basi minute bibracteolati. Hypanthium nullum, sepala libera, subulata, 3 mm longa. Corolla 9 mm longa, violascens, glabra, fauce bigibbosa et puberula; tubus intus puberulus; lobi superiores lineares, lobi inferiores oblongi. Tubus antherarum 1,5 mm longus, in dorso pilosulus, 2 inferiores apice barbatae. Capsula ellipsoidea, supera, 5 mm longa, 4 mm lata. Semina oblongo-ellipsoidea, fusca, ruguloso-lineata, circiter 0,5 mm longa.

M e x i c o : Vera Cruz, Chonbla, C. de Tantoyuca, 330 m, III. 1910, Usos vulg. Ypnorado (R. C a r d e n a s n. 482! — Hb. Field). — „*Cegueña lilia*“.

Seminibus leviter rugosis accedit ad *Lobelias* subsectionis *Trachyspermae*, sed propter alias characteres, imprimis fructum superum hic ponitur.

§ 5. Angustifoliae.

Herbae erectae, ascendentes vel decumbenti-ascendentes. Folia a n g u s t a: filiformia, linearia vel lanceolata — exceptis forsan foliis infimis paucis saepius latioribus, non raro destructis. Corolla 5—12 mm longa (apud *L. dielsiana* solum ad 16 mm lg.); flores solitari-axillares vel racemosi. Afr., Am., Austral.

C l a v i s s p e c i e r u m.

1. Sepala utrinque 1 dente plus minus conspicuo munita.
   a. Hypanthium demum semiglobosum; folia sublinearia denticulis adpressis; herba ramosa. Austro-Afr. .... 150. *L. linarioides.*
   b. Hypanthium obconicum[1]).
      α. Corolla 15 mm longa; folia remote acute divaricato-dentata, 35 × 3 mm. Austro-Afr. .... 151. *L. acutangula.*

[1]) Confer etiam *L. flaccidam!*

β. Corolla 9—12 mm longa; folia (elliptica usque) lineari-lanceolata.
+ Subramosa, glabra vel hirtella, foliis denticulatis. Afr. austro-or. 160 *L. filiformis* var. *krebsiana*.
++ Folia obsolete crenulata, cauli fere adpressa, 4—10 mm longa. Afr. trop. .... 164. *L. welwitschii*.

2. Sepala integerrima.

α. Folia f i l i f o r m i a , angustissime linearia, interdum versus apicem perparum dilatata.
* Herba puberula vel saltem caules superiores et rami cum pagina superiore foliorum puberuli; folia crebra, sub vel ad 10 mm longa.
— Herba suberecta, in saxis torrentium inundatis crescens; folia ± lingulata, inferiora subcuneata, apice rotundato; corolla 9 mm lg. Madag. 152. *L. lingulata*.
= Herba caespitosa, subdecumbens, terrestris; folia primo aspectu acicularia videntur; corolla ad 13 mm lg. Afr. trop. .... 153. *L. gilgii*.
** Herbae glabrae, plus minus erectae, sparse foliatae.
× Pedicelli patentissimi glabri floribus maturescentibus nutantibus. Mex. 154. *L. margarita*.
×× Pedicelli ascendentes floribus non nutantibus, plerumque suberectis; folia interdum lineari-lanceolata.
+ Corolla circiter 16 mm longa; sepala setacea longitudine tubi corollae; folia versus apicem bidenticulata. Mex.[1]) .. 155. *L. dielsiana*.
++ Corolla sub 12 mm longa; sepala plerumque dimidium tubum corollae, summum longitudinem filamentorum attingentia.
° Folia sursum perparum dilatata et versus apicem utrinque 1—2-dentata.
^ Basis cuiusque antherae penicillo pilorum ornata; bracteae subulatae breves. Rhodesia .... 156. *L. raridentata*.
^^ Basis antherarum nuda; bracteae pedicellos puberulos superantes. Natal .... 157. *L. oreas*.
°° Folia linearia, summum in medio inconspicue dilatata, obsolete vel ordinarie denticulata.
! Pedicelli 4—8(14) mm longi cum calyce scabro-hirtelli.
— Folia parva sub 15 mm longa; herba a basi subramosa, ad 15 cm alta. Madagascar. .... 158. *L. spathopetala*.
= Folia 25—45 mm longa, denticuli saltem in sicco introrsum versi; herba ad 50 cm alta. Transvaal ... 159. *L. wilmsiana*.
!! Pedicelli et calyces glabri (pedicelli interdum scabriusculi).
/ Bracteae pedicellos superantes vel eis subbreviores; corolla 7—11 mm longa. Mascaren. Natal ...... 160. *L. filiformis*.
// Bracteae pedicellis multo, saltem duplo breviores.
′ Hypanthium anguste campanulatum; lobi superiores corollae spathulati. Rhodesia .... 161. *L. keilhackii*.
″ Hypanthium turbinatum[2]), lobi superiores corollae lanceolati. Colombia. .... 172. *L. tenera* var. *tenuicaulis*.

β. Folia summatim latiora, supra 1,5 mm lata, plerumque l a n c e o l a t a.
* Bracteae tam fere longae quam pedicelli.
× Corolla 5 mm longa alba; sepala subciliata; folia caulina saepe ovalia, ramealia vel fere omnia lanceolata. Afr. trop. .... 162. *L. dealbata*.

---

[1]) Sepala 3 mm tantum longa, folia minute denticulata, racemus secundus. Mex. 155a. *L. gladiaria*.

[2]) Hypanthium brevissime turbinatum, sed omnes lobi corollae bilabiatae cuneati, superiores — ut solet — minores; folia remote dentata; pedicelli fere 3 cm longi, folio fere duplo longiores. Insula Luzon; species dubia 161a. *L. luzoniensis*.

×× Corolla 8—10 mm longa coerulea; sepala glabra; folia elliptica obtusa usque lanceolata et linearia saepe acuta [1]). Mascaren. . 90. *L. serpens* var. *sieberi*.

** Bracteae parvae, pedicellis multo breviores vel folia floralia pedicellis manifeste breviores. Corolla 6—15 mm longa.

+ Labium corollae inferius trilobum tantum; folia lanceolato-linearia, 12—22 × 2—4 mm, utrinque acuta, sessilia. Cap (Confer etiam *L. erinus* var. *secunda*) .... 163. *L. montaguensis*.

++ Labium corollae inferius trifidum vel tripartitum (ad medium vel profundius incisum).

° Folia cauli plus minusve adpressa, linearia 3—6 mm longa vel lanceolata 3—14 mm longa.

) Sepala utrinque 1-dentata; planta glaberrima. Afr. trop. 164. *L. welwitschii*.

)) Sepala integerrima.

— Planta glaberrima, hydrophila; folia lanceolata. Rhodesia 165. *L. livingstoneana*.

= Caulis et folia puberula; folia subradicalia obovato-ovalia; rachis flexuosa; semina obsolete trigona. Angola 166. *L. benguellensis*.

°° Folia cauli non adpressa, plus minusve patentia.

ⲯ Corolla glabra, etiam lobi corollae superiores glabri.

〈 Pedicelli in axillis foliorum superiorum solitarii, foliis saltem duplo longiores; folia lanceolata.

~ Folia obtusa obtuseque dentata, 8—13 mm longa; caulis in angulis hirtus. Afr. or. .... 167. *L. dolichopus*.

~~ Folia acuta, remote denticulata, 15—25 mm lg.; herba glaberrima; pedicelli 45—80 mm longi. Austral. 168 *L. stenophylla*.

〈〈 Pedicelli in axillis bractearum minorum.

△ Folia parva, lanceolata usque linearia 4—10 mm longa, ima ovata; planta ramosa, plerumque 8—15 cm tantum alta. Afr. or. .... 169. *L. usambarensis*.

△△ Folia plurima supra 12 mm longa.

□ Planta ramosissima caulibus ramisque tenuibus teretibus; folia oblanceolata usque linearia; corolla 6 mm longa. Mex. .... 170. *L. trivialis*.

□□ Caules simplices vel parce ramosi; corolla 8—15 mm longa.

> Radix filiformis repens vel sobolifera.

. Folia lineari-lanceolata, conferta, 15—24 × 1—3 mm, caulis superne nudus; corolla 11 mm lg (Confer etiam *L. sartorii* var. *piscinula*). Mex. ... 171. *L. purpusii*.

.. Folia remota, oblanceolata usque lanceolata, raro linearia, remote denticulata; sepala longitudine filamentorum. Austro-Am. .... 172. *L. tenera*.

>> Radix annua, ramulosa, non repens.

; Lobi superiores corollae anguste lanceolati; flores in racemo laxo; folia lanceolata usque linearia, minute denticulata Afr. austr. 160. *L. filiformis* var. *natalensis*.

;; Lobi superiores corollae spathulati vel obovato-lanceolati.

, Folia sublinearia, remote dentata vel fere pinnatifido-dentata, raro cuneata et versus apicem gros-

[1]) Si folia oblanceolato-linearia, plerumque versus apicem tantum denticulata vel aucto-serrata, folia ima spathulata, confer: *L. oreas*, *L. pentheri*, *L. raridentata*, *L. eckloniana!*

sius dentata; flores saepe in racemo densiore interdum brevi. Afr. austr. .... 173. *L. comosa*.
,, Folia oblongo-obovata, irregulariter vel lobulato-dentata, apice rotundata. Afr. austr. 174. *L. valida*.

⋎⋎ Flores pubescentes vel saltem 2 superiores lobi intus pubescentes.
! Flores pubescentes, folia lanceolata, glabra.
/ Folia lanceolata, apice obtusiuscula, plano-crenata vel denticulata; calyx semiglobosus; inflorescentia pubescens 175. *L. mexicana*.
// Calyx turbinatus; folia lanceolata, inferiora acuti-serrata, acuta. Afr.[1] .... 176. L. *mossiana*.
!! Corollae lobi 2 superiores p u b e s c e n t e s , flores ceterum glabri. Afr.
, Pedicelli 5—10 mm longi; herba stricta ramis erectis, folia linearia .... 177. *L. lavendulacea*.
,, Pedicelli 7—20 mm longi, herba subflaccida, ramis ascendentibus .... 178. *L. senegalensis*.

150. **L. linarioides** (Presl) A. De Candolle, Prodr. VII (1839) 371; Sonder in Harvey & Sond., Fl. Cap. III (1865) 547. — *Rapuntium linarioides* Presl, Prodr. Monogr. Lobel. (1836) 22 et in Meyer, Commentar. Pl. Drege (1837) 290. — *Dortmannia linarioides* O. Kuntze, Revis. II (1891) 972. — Caules erecti, ramosi, subangulati, exceptis pilis paucis in inferiore parte glabri, ad 20 cm alti. Folia ima, tempore florationis delapsa, videntur spathulata, reliqua subsessilia, leviter oblanceolata usque linearia, 10 × 3 vel 20—30 × 1—2 mm, apice obtusiuscula, margine remote et saepe adpresso-uncinulato-dentata, glabra, rigidiuscula. Flores in racemis laxis, paucifloris. Bracteae lineares, pedicellos dimidios circiter aequantes. Pedicelli 10—15 mm longi, glabri, basi bibracteolati. Hypanthium semi-ellipsoideum, lobi calycini subulati, vix 2 mm longi, versus basin in utroque latere unidentati. Corolla coerulea, 7 mm longa, glabra, lobi superiores lineares, lobi inferiores obovati usque ovales, fauce 2 plicis ornati, albo-oculati et obscuri-coeruleo-maculati. Tubus stamineus vix 4 mm longus, antherae in dorso pilosulae, 2 inferiores apice barbatae. Capsula subglobosa, circiter 2 mm in diametro. Semina compresso-ovalia, luteo-fusca, opaca, 0,4 mm longa. — Fig. 84 e.

S ü d a f r i k a : „In interioribus regionibus promontorii Bonae Spei" (D r e g e! — Hb. Presl, sp. orig.); grasige Hügel zwischen Key und Gekau und bei Omtata, 300 m, 23. V. 1832 (D r e g e! et n. 4032! — Hb. B.); George (P a p p e — ex Sonder); Ort unleserlich (S c h l e c h t e r n. 6663! — Hb. B.).

151. **L. acutangula** (Presl) A. De Candolle, Prodr. VII (1839) 369. — *L. triquetra* var. *secundata* Sonder in Harvey & Sond., Fl. Cap. III (1865) 546. p. p. — *Rapuntium acutangulum* Presl, Prodr. Monogr. Lobel. (1836) 16. — Caulis flaccidus, ramosus, angulatus e foliorum decurrentia ibique parcissime setulosus, internodiis folio duplo brevioribus. Folia caulina sessilia, lanceolato-linearia, 20—40 mm longa et 2—4 mm lata, utrinque acuta, remote acute divaricatoque dentata, subciliata, supra glabra, subtus parce pilosa vel glabrata, suprema linearia. Racemus secundus, laxus, pauciflorus. Pedicelli circiter 20 mm longi, glabri, basi bibracteolati, bracteis fere triplo longiores. Calycis tubus longiuscule obconicus, lobi subulati, 3—4 mm longi, basi utrinque unidentati. Corolla coerulea, ad faucem 2 plicis et macula lutescente ornata et minute hirtella, 15 mm longa, extus glabra, lobi 2 superiores sublanceolati, lobi inferiores obovati. Staminum tubus 7 mm longus, antherae superne antice pilosulae, 2 inferiores apice barbatae. — Fig. 84 b.

K a p l a n d : Kap der Guten Hoffnung (K r e b s! — Hb. Presl, sp. orig.).

---

[1]) Vide etiam *Lobeliam senegalensem* var. *subasperam!*

Species *Lobeliae flaccidae* proxime accedens omnino distat a L. *triquetra*, quacum conjunxit S o n d e r.

152. **L. lingulata** E. Wimm. nov. spec. — Herba suberecta, gracilis, ad 10—18 cm alta, in saxis inundatis torrentium crescens. Caules subangulati, subramosi, cum ramis et pagina superiore foliorum puberuli, foliosi. Folia sessilia, inferiora cuneata, 5 × 2 cm, reliqua anguste linearia, 5—10 mm longa et 1 mm lata, apice rotundata, margine integra vel obsolete denticulata, patentia usque reflexa. Flores solitarii in axillis foliorum superiorum breviorum, in racemum laxum pauciflorum dispositi. Pedicelli filiformes, ascendentes, puberuli, 9—15 mm longi, basi minute bibracteolati, folio circiter triplo longiores. Hypanthium turbinatum vel campanulatum, 1 mm longum et parum latius, lobi calycini sublineares, obtusiusculi, margine integri vel undulati, patentes, 1—2 mm longi. Corolla coerulea, glabra, 9 mm longa, tubus 4 mm longus, lobi 2 superiores spathulati, minores, labium inferius tripartitum, basi bigibbosum, lobi subobovati, mucronulati. Filamenta vix 4 mm longa, glabra; Antherarum tubus 1 mm longus, superne pilosulus, 2 inferiores apice barbatae. Capsula matura non visa. Semina observata compresso-oblongo-ellipsoidea, fuscescentia, nitida, subtilissime lineata, 0,3—0,4 mm longa.

M a d a g a s c a r : Rocailles des torrents en calcaire jurassique Bemaroha, VII, 1911 (P e r r i e r n. 6977! — Hb. Pa.).

Lobeliae filiformi similis, sed differt foliis omnibus multo brevioribus, subintegris, caulibus ramisque puberulis, petalis superioribus spathulatis.

153. **L. gilgii** Engler, Notizbl. Bot. Gart. Berl. I (1895) 108; Pflanzenwelt Ostafr. (1895) A 131. — Caules decumbentes, 5—10 cm longi, ramuli suberecti, tenues, foliosi, sparse cinereo-pilosi vel glabri. Folia subpetiolata, lanceolata usque linearia, 6—8 mm longa et 1—2 mm lata, basi cuneata, apice obtusiuscula, margine paucidentata vel subintegra, saepe pilosula. Flores in axillis foliorum solitarii. Pedicelli 2—4 cm longi, subglabri, folio pluries longiores. Calycis tubus brevissime turbinatus, sepalis subulatis, 5 mm longis, sparse pilosis. Corolla 12 mm longa, coerulea, versus faucem albo-oculata et saturatius coerulea, lobi superiores lanceolato-lineares, lobi inferiores obovato-ovales vel -oblongi. Tubus stamineus 6 mm longus, antherae glabrae, 2 inferiores apice penicillatae.

T r o p i s c h e s O s t a f r i k a : Tanganyika-Territorium, Bezirk Morogoro, Uluguru-Gebirge, ca. 2600 m, Mkambaku, Nebelwald, vereinzelt in Felsritzen, II. und am Lukwangule-Plateau, 2450 m, häufig (H. J. S c h l i e b e n n. 3580! n. 4236! — Hb. B.); Zentral-Uluguru, Bez. Lukwangulu, auf Hochweiden an Bachrändern Polster bildend, 2400 m, XI. (S t u h l m a n n n. 9202! — Hb. B. sp. orig.).

154. **L. margarita** E. Wimm. in Annal. Naturhist. Mus. Wien LVI (1948) 355. — Herba multicaulis, glaberrima, gracilis. Caules teretes, subramosi, ad 30 cm alti. Folia basalia tempore florationis emarcida, caulina filiformia, 6—10 mm longa, apice obtusiuscula, sessilia, integra vel uno alterove dente munita, plerumque purpurascentia. Flores sat multi in racemo laxo, secundo, primo ascendentes, dein nutantes. Bracteae foliaceae, pedicellos 4—5 mm longos aequantes vel eis breviores. Calycis tubus semi-ovoideus, lobi eius subulati, integri, 1 mm longi. Corolla coerulea, 5 mm longa, lobi superiores sublineares, erecti, lobi inferiores obovati. Filamenta pallida, 2 mm longa. Antherarum tubus caesius, 1 mm longus, superne pilosulus, 2 inferiores apice barbatae. Capsula ovoidea. Semina oblonga, fusca, circiter 0,3 mm longa.

M e x i c o : Nuevo León, Galeana, Hacienda Pablillo, 14. VIII. 1936 (M a r y T a y l o r n. 167! — Hb. Field).

Haec species *Lobeliae triviali* proxime accedit, sed foliis filiformibus, pedicellis brevioribus et floribus satis distat.

155. **L. dielsiana** E. Wimmer in Fedde Repert. Spec. Nov. XXII (1926) 194, t. 32, f. 14. — Glaberrima, gracilis. Caulis erectus, teres, foliosus, ad 50 cm altus.

Folia sessilia, anguste linearia, 4—5 cm longa et vix 0,1 cm lata, acuta, exceptis 2 denticulis callosis versus apicem integra. Racemus floribundus, foliatus. Pedicelli 12—14 mm longi, patentes, foliis fulcrantibus circiter duplo breviores. Calycis tubus late turbinatus, brevis, lobi setacei, integri, erecti, 9 mm longi. Corolla coerulescens, 15 mm longa, lobi superiores sublineares, lobi inferiores obovati, basi hirti et 2 callis praediti. Antherarum tubus 2 mm longus, luteolus, in commissuris pilosus, 2 inferiores apice penicillatae.

M e x i c o : Sierra Madre, 1700 m, auf Granitboden, II. (L a n g l a s s é n. 852! — Hb. B. P.).

155 a. **L. gladiaria** McVaugh in Journ. Wash. Acad. Sci. XXXIX (1949) 157. — Herba glabra *Lobeliae dielsianae* tam similis, ut eadem species vel eius varietas esse videtur, sed folia 10—15 mm longa et 1,2—3 mm lata et margine minute denticulata. Racemus secundus. Pedicelli fructigeri ad 46 mm longi. Calycis turbinati lobi anguste triangulares, ad 3 mm longi tantum. Corolla coeruleo-violacea, 15 mm longa, tubo fenestrato. Antherarum tubus ad 5 mm longus. Capsula ellipsoidea, ad 5 mm longa et circiter 2/5 inferior. Semina ellipsoidea, fusca, laevia, subtiliter longitudinaliter lineata, 0,7 mm longa. (Diagn. auct. abbrev.)

M e x i c o : Hidalgo, between Tulancingo and Acaxochitlan in pine-oak woods near rancho San Alejo, ca. 2300 m, 6. IX. 1948 (M o o r e jr. et W o o d n. 4875 — Hb. Univ. Michigan); about 2 km above Apulco on road to Agua Blanca (M o o r e et W o o d n. 4892). Non vidi.

156. **L. raridentata** E. Wimm. nov. spec. — Herba perennis ramosissima, glabra caulibus decumbentibus, ramis ascendentibus, vel ± erecta? Folia ima ignota, caulina angustissime linearia ad apicem acutum leviter dilatata et 1—2 dentibus versus apicem munita, 20—40 mm lg. et 1—2,5 mm lt., summa integerrima, petiolata vel sessilia. Flores in racemis laxis secundis. Pedicelli filiformes, circiter 2 cm longi, supra basin bracteolis 2 minutis praediti, bracteis linearibus acutis integerrimis fere quadruplo longiores. Hypanthium obconicum, lobis subulatis obtusiusculis 3 mm longis aequilongum. Corolla coerulea, ca. 1 cm longa, lobi superiores lineares, erecti, lobi inferiores obovato-oblongi, 3 mm lg. et 1,5 mm lt., basi bicallosi, tubo intus puberulo. Filamenta 5 mm lg., antherae 2 mm lg., glabrae, sed in basi cuiusque minuto fasciculo pilorum, 2 inferiores apice piloso-penicillatae.

S ü d - R h o d e s i a : Umtali, trockene Abhänge der Baum- und Buschsteppe in den Vumba-Bergen, 1. IX. 1925 (A. P e t e r n. 30616! — B.). — *L. filiformi* var. *natalensi* similis.

157. **L. oreas** E. Wimm. nov. spec. — Herba flaccida, glaberrima, caulibus ramosis decumbentibus, ramis erectis. Folia sparsa, angusto-cuneato-linearia vel summa linearia, 20—40 mm lg. 1—2 mm lata, basi in petiolum indefinitum sensim attenuata, apice acuta, margine dentibus acutis remotis duobus (tribus) munita, summa folia (floralia) dente uno versus apicem tantum instructa. Flores in axillis bractearum foliacearum pedicellos superantium. Pedicelli circiter 10 mm longi, parce puberuli, secundi. Calycis tubus obconicus, lobi subulati, integerrimi, 3 mm longi. Corolla pallide coerulea, ca. 10 mm longa: labium inferius vix trifidum, lobi late lanceolati, basi macula obscura et minoribus maculis inferius ornati, lobi 2 superiores sublineares, minores, erecto-reclinati. Staminum tubus 5 mm lg., glaber. Antherarum duo inferiores apice barbatae. — Fig. 90 a.

S ü d a f r i k a : Natal, Richmond, Bysne, Bergspitze unter Felsen wachsend in dichten Büscheln, 1600 m, 10. IV. 1932 (G a l p i n n. 12026! — Hb. W.). — *L. pentheri* habitaliter similis.

158. **L. spathopetala** Diels in Engler, Bot. Jahrb. XXVI (1899) 115. — Herba annua, 15—25 cm alta. Caules erecti, basi ramosi, anguste angulati, glabri vel in-

ferne parce ciliolati. Folia radicalia caduca ovata, crenulata, brevi-petiolata, caulina sublinearia, acutiuscula, 10—15 mm longa et circiter 1 mm lata, remote subdenticulata, glabra. Flores solitari-axillares in racemis laxis, pauci-floris. Pedicelli 3—8 mm longi, cum partibus junioribus evanescenter puberuli, foliis fulcrantibus subaequales. Hypanthium turbinatum, lobi sublineares, acuti, 2 mm longi, basi utrinque unidenticulati vel subintegri, ciliolati vel glabrati. Corolla 8 mm longa, coerulea, glabra, lobi superiores oblanceolati vel subspathulati, lobi inferiores oblongo-obovati. Tubus stamineus 4 mm longus, antherae in dorso parce pilosulae, 2 inferiores penicillatae. Capsula oblongo-ellipsoidea, 5 mm longa, fere infera. Semina oblonga vel oblongo-elliptica, 0,5 mm longa, badia. — Fig. 89 a.

Madagascar: M. Antetyab bei Ambositra, 11. XII. 1894 (C. Forsyth-Major n. 639! — Hb. B. Del.); Versant W. du Mont Kalambatitra, 1400—1600 m (Humbert n. 11774! — Hb. Pa.).

159. **L. wilmsiana** Diels in Engler, Bot. Jahrb. XXVI (1898) 115. — Herba ramosa caulibus tenuibus glaberrimis, ad 50 cm altis. Folia angustissime linearia, 2—4 cm lg. et vix 1 mm lt., sessilia, glabra, apice calloso acuta, margine callose denticulata, in sicco involuta. Flores in racemis longis, secundis, sublaxis. Bracteae foliis similes, pedicellis sub- usque duplo-breviores. Pedicelli 4—8 mm longi, basi patentes, dein sursum curvati, puberuli, basi bibracteolati. Calycis tubus obconicus, decem-costatus, puberulus; lobi eius subulati, 2 mm longi, ciliolati vel glabrescentes. Corolla coerulea, circiter 11 mm longa, fauce 2 plicis ornata, in tubo puberula, lobi superiores anguste lineares, inferiores elliptici, usque ad medium labii tantum liberi. Stamina 6 mm longa, antherae nigrescentes, glabrae, 2 inferiores apice barbatae. Capsula oblongo-cylindrica, 5 mm lg., fructus plurimi steriles.

Südostafrika: Transvaal, Distr. Lydenburg, Spitzkop-Goldmine, IV. 1887 und II. 88 (F. Wilms n. 892! — Hb. Del. Goett., Berl., n. 887 p. p. in Hb. Bud., andre Stücke sind *L. lydenburgensis*). — Auch n. 893, von Diels zitiert, ein erst aufblühendes Exemplar, gehört nicht hierher und ist kaum sicher zu bestimmen.

160. **L. filiformis** Lamarck, Dict. Bot. III (1791) 588; Persoon, Synops. II (1807) 214 excl. var. ? *Luzoniensis*; Roem. & Schultes, Syst. V (1819) 61 excl. var.; G. Don, General Syst. III (1834) 713 excl. var.; A. De Candolle, Prodr. VII (1839) 368 excl. var. — *L. polymorpha* Bory, Voy. dans les Quatres Princip. Iles d' Afr. II (1804) 138 var. α et β. — *L. serpens* Bouton ex Bojer, Hort. Maurit. (1837) 193, non Lam., ambo l. c. apud A. DC. — *L. natalensis* var. *subulifolia* Sond. in Harvey & Sonder, Fl. Cap. III (1865) 545; Phillips in Annal. S. Afr. Mus. XVI (1917) 175. — *Rapuntium filiforme* Presl, Prodr. Monogr. Lobel. (1836) 18. — *Dortmannia filiformis* O. Kuntze, Revis. II (1891) 972. — Caules tenues, procumbenti-ascendentes vel erecti, ramosi, glabri, ad 40 cm longi. Folia basalia oblongo-spathulata et brevi-petiolata, reliqua sessilia, angusti-linearia (typica) vel lineari-lanceolata, 20—40 mm longa et 1—2 (4) mm lata, apice acutiuscula, margine remote denticulata glabra vel superiora interdum subpuberula. Flores in axillis foliorum superiorum vel bractearum solitarii et racemose dispositi. Pedicelli 5—20 mm longi, scabriusculi vel glabri, patenti-ascendentes, basi bibracteolati, bracteis plus minus breviores (in typo) vel his longiores. Calycis tubus obovoideus aut obconicus, laciniis linearibus, acutis, glabris, 2—3 mm longis, integris vel (in var. *krebsiana*) ± conspicue uni- vel bidenticulatis. Corolla 8—10 mm longa, coerulea vel coerulescens, intus et extus glabra (in typo) vel intus versus faucem et in tubo minute hirtella et obscuri-coeruleo-maculata, insuper ad faucem albo-areolata et 2 gibbis ornata, lobi superiores corollae sublanceolati et glabri, lobi inferiores obovato-oblongi vel elliptici. Tubus stamineus 4—5 mm longus, antherae superne plerumque pilosulae, 2 inferiores apice barbatae. Capsula obovoidea, infera. Semina ellipsoidea, fusca, 0,4—0,5 mm longa.

Clavis varietatum.

A. Pedicelli longitudine fere foliorum fulcrantium. Folia angustissime linearia usque anguste lineari-lanceolata; sepala integerrima; corolla intus glabra var. *filiformis*.

Fig. 89. a *Lobelia spathopetala* 1/1: flos ca. 2/1. — b *L. filiformis* 1/1: corolla expl. 2/1. — c *L. filiformis* var. *natalensis* 1/1: corolla expl. 2/1, lobus calycis auct., semen ca. 15/1. — d *L. dealbata* 1/1: flos ca. 3/1. — Orig.

B. Pedicelli bracteis parum usque multo longiores. Folia anguste linearia usque lanceolata. Corolla intus a fauce deorsum plerumque minute puberula.

a. Sepala integerrima.

1. Planta glabra vel subglabra.

α. Distanter foliata, folia lanceolata .... var. *natalensis*.

β. Foliosa, folia anguste linearia .... f. *muzandazora*.

2. Planta hirtella .... f. *multipilis*.

b. Sepala utrinque ± conspicue uni-, raro bidenticulata .... var. *krebsiana*.

Verbreitet von den Maskarenen bis ins tropische Gebiet des afrikanischen Festlandes. Von der var. *filiformis*, die hauptsächlich auf den Maskarenen zu Hause ist, zu den anderen Varietäten sind alle Übergänge vorhanden, eine klare Abgrenzung daher unmöglich; so zog ich es vor, die *L. natalensis* als Varietät der *L. filiformis* zu betrachten. Auch die *L. nuda* Hemsl. steht unserer Art sehr nahe.

var. **filiformis.** — Ut supra. — Fig. 89 b.

Insel Mauritius, früher île de France (Commerson! — sp. orig., Néraud! — Hb. Del., Boivin! — Hb. W., Sulivan! — Hb. Cambr.). — Insel Réunion, früher Bourbon (Bory de St. Vincent! Gaudichaud! Bélanger! — Hb. Del.). — Madagascar (Boivin! — Hb. W., Chapelier! — Hb. Presl, Perrottet! — Hb. Del.); sumpfiger Boden in Wäldern (Goudot! — Hb. Del.); Tananarive, II. 1911 (A. Loher! — Hb. Münch.); Tamatave (C. Keller! — Hb. Zür.).

Natal: Port Natal (T. Cooper n. 1126! — sp. typ. pro *L. natalensis* var. *subulifolia* Sond.).

Süd-Rhodesia: Div. Umtali, Distr. Manica, Odzani River (A. J. Teague n. 222! — Hb. Kew); Lomagundi, 1300 m X. leg. P. Archdale (Eyles Herb. n. 5174! — Hb. Kew, formam transeuntem exhibens).

var. **natalensis** (A. DC.) E. Wimm. in Annal. Naturhist. Mus. Wien LVI (1948) 354. — *L. natalensis* A. De Candolle, Prodr. VII (1839) 369, non Hemsl.; Sonder in Harvey & Sond., Fl. Cap. III (1865) 545 excl. var.; Engler, Pflanzenwelt Ostafr. (1895) C 402. — *Rapuntium flexuosum* Presl, Prodr. Monogr. Lobel. (1836) 16, non p. 23! — *Dortmannia flexuosa* O. Kuntze, Revis. Gen. II (1891) 972; *D. debilis* var. *natalensis* O. K. l. c. III (1898) 187. — Folia caulina anguste linearia usque lanceolata, 25—60 mm longa et 1—6 mm lata. Flores laxi-racemosi. Bracteae foliaceae, pedicellis breviores, plerumque multo breviores. Pedicelli 10—20(40) mm longi, patenti-ascendentes, saepe glabri. Corolla intus in basi labii inferioris et in tubo minute puberula vel papillosa aut glabrata. — Fig. 89 c.

Kapland: „In interioribus regionibus Capitis B. Sp.", Natal (Drege! — Hb. Mus. Prag, sp. orig. „*Rapuntium flexuosum* Presl", non Hb. B., ubi specimen a Preslio etiam sic insignitum ad var. *krebsianam* pertinet.); Natal, im Tale des Flusses Umkomanzi (Penther n. 2725! — Hb. W.); Krantzkloof. 12. III. 1894 (O. Kuntze! — K.); Krantzkloof, auf offenem Feld, 540 m, XI. (W. Haygarth n. 9487! — Hb. Stellenb., O. Kuntze); Port Natal, Durban (J. Sanderson n. 50! R. E. Fries n. 3004! — Hb. Stkh.); Ebene bei Durban, 16 m (J. M. Wood! n. 6473! — Hb. Budp., Wash.); Clairmont, Wiesen, VIII. (Engler n. 2546! — Hb. B.); Distr. Alexandra, Campelton — Dumisa, Umpampinyoni, an sonnigen Orten in Felsspalten, ca. 800 m, II. (Rudatis n. 1883! — Hb. B. Stkh.); Hb. Wash.); Umzimyati (W. Haygarth, Hb. J. M. Wood n. 4718! — Hb. Wash.); auf Hügeln bei Ixopo, 1100 m (R. Schlechter n. 6663! — Hb. B.); Zululand: Nkandhla, 1200—1500 m leg. J. Wylie (J. M. Wood n. 8869! — Hb. B.); Uhlopenkulu, ca. 600 m leg. E. Markotter (Herb. Stellenbosch n. 8714!). Distr. Basutoland, Leribé, Berghänge bei Malavaneng, I. (A. Dieterlen n. 955! 965! — Hb. Paris). Transvaal: Gegend von Baberton (Liebenberg n. 2702! — Hb. Stkh.); Van Rheenens Pass, 1500 m, XII. (R. Schlechter n. 950! — Hb. B.); Gegend von Stellenbosch, Ebene Isepengo (?) (Hb. Stellb. n. 15334!). — Süd-Rhodesia: Victoria Fälle (R. E. Fries n. 156! — Hb. Ups.); ohne nähere Ortsangabe (J. Walters n. 2709! — Hb. Kew). — Nyassaland: Zomba (A. Sharpe n. 1901! — Hb. Kew, f. transiens ad typum); upper Loangwa river, auf Weiden (J. P. Nicholson! — Hb. Kew). — Tanganyika-Territorium, Landschaft Isowi, Bez. Iringa, an Bachrand bei Msiwa, V. (Schlieben n. 897!), Landschaft Lupembe, Wiese bei Likanga (Schlieben n. 4! 125! — Hb. B.).

Angola: Huilla (Welwitsch n. 1145! — Hb. B. Del., admixtis speciminibus ad f. *multipilis* pertinentibus; Antunes n. A 89! Hb. B.); Mounyino, unter Bäumen und an feuchten Orten, 1760 m (Antunes n. 355! — Hb. B.); Cwelei, 1600 m, IX. (Pocock n. 703! p. p. — Hb. B.).

Südwestafrika, rechtes Okachitanda-Ufer unterhalb Gondkopje, 1150 m, IX. H. Baum n. 160! — Hb. B. Del.).

f. **albiflora** E. Wimm. in Annal. Naturhist. Mus. Wien LVI (1948) 355. — Corolla alba, violascenti-striata.

Natal: Gegend von Pinetown, „Kloof", auf feuchten Lichtungen, 560 m, 11. VI. 1939 (E. E. Galpin n. 12079! — Hb. W.).

Tanganyika-Territorium: Landschaft Lupembe, Porihügel, einzeln am Wegrand, IX. (Schlieben n. 1234! — Hb. B., einheimischer Name „*Fidilidsa*", untere Teile der Pflanze etwas pubescent).

f. **muzandazora** E. Wimm. in Annal. Naturhist. Mus. Wien LVI (1948) 355. — Planta validior, foliosa, floribunda. Folia anguste linearia, longiora, glabra.

Süd-Rhodesia: St. Trias Hill Mission, Febr. 1917 (H. E. Mundy n. 3176! — Hb. Kew — „Common name *Muzandazora*, used as a vegetable"); ohne Ortsangabe (A. Hislop n. 59! — Hb. Kew); wahrscheinlich auch hierher gehörig, Blätter linear-lanzeolat: Natal (W. J. Gerrard n. 63! — Hb. W.).

f. **multipilis** E. Wimm. in Annal. Naturhist. Mus. Wien LVI (1948) 355. — Tota planta hirtella, exceptis interdum floribus.

Angola: Cwelei, an Flüssen, 1600 m, 19. IX. 1925 (Pocock n. 703! wie oben mit der var. *filiformis* — Hb. B.); Huilla (Welwitsch n. 1145! p. p. wie oben — Hb. Del.); Huilla und Humpata, IV. 83 (Hb. O. Hoffmann n. 175! — Hb. B., nur Stengel und Zweige puberulent).

Nordost-Rhodesia: Chiruhutu bei Broken Hill, VIII. (R. E. Fries n. 287! — Hb. B.).

Mosambik: Beira (Braga n. 8! — Hb. B.).

var. **krebsiana** (Presl) E. Wimm. n. c. — *L. Krebsiana* A. DC., Prodr. VII (1839) 385, — *Rapuntium Krebsianum* Presl, Prodr. Monogr. Lobel. (1836) 15, nomen ad Krebs, Pl. exs. Cap. n. 137. — Folia ima spathulata, petiolata, reliqua sensim linearia, sessilia. Segmenta calycina subulata, ± conspicue in utroque latere uno vel raro duobus denticulis munita, 2—3 mm longa. Corolla coerulea et fauce albo-oculata et obscurius maculata et duobus gibbis ornata, interdum alba, plerumque 10 mm longa, lobi inferiores subobovati, saepe versus tubum puberula. — Fig. 84 c.

Kapland: „Cap b. Sp." (Krebs n. 137! — Hb. Mus. Prag., sp. orig.); Port Natal (Drege n. 4027! — Hb. B.); Natal, Krantzkloof, auf feuchtem und sumpfigem Boden, 600 m (W. C. Haygarth n. 21! — Hb. Stellb.); Bazuja, 650 m (R. Baur n. 278! — B.); Transvaal, Lydenburg (Wilms n. 887! p. p., 889! 890! — W. B.); f. albiflora: Natal Howick, 1000 m (H. Junod n. 180! — Zür.); Durban, 3 m s. m. (Schlechter n. 2984! — B.).

Madagascar: Ambohinanambole, Sumpf, bl. lila (R. Decary! — Pa.); Mt. Isandrano, auf feuchten Gneiß- und Granitfelsen (Perrier n. 6950! — Pa.); Umgebung von Tananarive, bl. blau (Catat n. 112! — Pa.); Tananarive (Prudhomme n. 94! — Pa., ähnelt den Blättern nach sehr der *L. anceps* L. f., aber Stengel nicht geflügelt).

f. **rusticana** n. f. — Planta ± scabriusculo-hirtella. Pedicelli, calyces, interdum etiam corolla extus scabri.

K a p l a n d : Pondoland auf Wiesen (F. Bachmann n. 1393! — B.); Gekau, 21/1. 1832 (D r e g e! — B.); van Reenens Paß, 1650 m (J. M. Wood n. 950!); Basutoland, Léribé (D i e t e r l e n n. 253!); Transvaal, Ermelo (B u r t t - D a v y n. 17397! — Hb. Cambr.); Lydenburg (W i l m s n. 887! 888! p. p. — Del. Goett. B. W.); Oranje-Freistaat, Ficksburg, Farm Strathcona, massenhaft auf grasigen Felsen, 1400—1600 m, bl. dunkelenzianblau mit weißer Mitte (G a l p i n n. 13948! — W.); Koelhoek, grasige Plätze, ca. 2000 m (J. T h o d e n. 3588! — Stellb.); ohne nähere Standortangabe (T. C o o p e r n. 839! — Cambr.).

161. **L. keilhackii** E. Wimm. nov. spec. — Herba erecta, *Lobeliae filiformi* similis, ramosissima, multiflora, glaberrima. Folia sparsa, filiformia, in sicco involuta, callose denticulata, sessilia, apice obtusiusculo, calloso, 1—4 cm longa, ca. 1 mm lt. Flores in racemis floribundis. Pedicelli filiformes, glabri, 1—2 cm longi, bracteolis minutis distantibus in vel supra medium pedicelli, bractea foliacea multo longiores. Hypanthium obconicum sepalis filiformibus brevius, sepala 3—4 mm longa, longitudine filamentorum. Corolla 12 mm longa, coerulea (?), glabra, tubo 6 mm longo, lobis omnibus obovatis, sed superioribus duplo minoribus, labium inferius in fauce 2 plicis ornatum. Filamenta 4 mm longa, antherae obscure caesiae, glabrae, 2 mm lg., 2 inferiores apice barbatae.

S ü d o s t a f r i k a : Rhodesia, Belingwe, auf magnesiumhaltigem Boden VIII. 1929 (K. K e i l h a c k! — B.).

161a. **L. luzoniensis** (Pers.) Merrill, Enum. Philipp. Fl. Pl. III (1923) 588. — *L. filiformis* Cavanilles, Icon. Pl. VI (1801) 7, t. 511, f. 2. — *L. filiformis* β ? *luzoniensis* Persoon, Synops. II (1807) 214. — *L. filiformis* var. *luzoniensis* Roem. et Schult., Syst. V (1819) 61; A. De Candolle, Prodr. VII (1839) 368. — Species valde obscura, nullum specimen vidi. Diagn. auct.: Caulis filiformis, simplex, glaber, vix pedalis. Folia sessilia, infima ovata, minuta, reliqua linearia, circiter 13 mm longa, 1 mm lata, dentata. Pedicelli folio longiores. Calyx quinquepartitus, laciniis subulatis, germine longioribus. Corolla dilute coerulea, tubo 6 mm longo, basi ampliato; limbo bilabiato, labium inferius trifidum laciniis cuneatis apice amplioribus mucronulatis, labium superius bifidum laciniis aequalibus reflexis, brevioribus et similibus reliquis. Stamina tubo corollae paulo longiora. Antherae oblongae, fuscae, apice villosae. Germen inferum. Stigma globosum, villosum.

P h i l i p p i n e n : Insel Luzon, prope oppidum Santa Cruz de la Laguna — Hb. N é e. — Mindanao: Davao (C o p e l a n d n. 368, W e b e r n. 1472 — ultimae ex Merrill).

162. **L. dealbata** E. Wimm. in Notizbl. Bot. Gart. Berl. XII (1934) 104. — Caules erecti vel ascendentes, ramosi, angulati, glabri, sparse foliati, ad 25 cm alti. Folia ima oblongo-spathulata, in petiolum brevem cuneata, cetera subpetiolata vel sessilia, lanceolata, 15—30 mm longa et 2,5—5 mm lata, apice acuta, ad basin angustata et saepe ciliata, margine callose denticulata, supra glabra, subtus in nervo parce setulosa. Flores in axillis foliorum superiorum sublinearum solitarii, racemum laxissimum formantes. Bracteae pedicellos parum superantes. Hypanthium obconicum, glabrum, lobi subulati, subciliati, integri, 2,5 mm longi. Corolla 5 mm longa, alba et lilacino-punctata, glabra, lobi superiores sublineares, lobi inferiores oblongi. Staminum tubus 3 mm longus, glaber, antherae 2 inferiores apice barbatae. Capsula cylindrico-oblonga. Semina ellipsoidea, badia, minima. — Fig. 89 d.

T r o p i s c h e s O s t a f r i k a : Tanganyika-Territorium, Bezirk Morogoro, Uluguru-Gebirge, 1200 m, Waldrand an der Nordwestseite, 15. X. 1932 (S c h l i e - b e n n. 2798! — Hb. B.); an kultivierten Hängen im Bezirk Morogoro (G. B. W a l l a c e n. 211! — Hb. Kew).

Species fere intermedia inter *L. molleri* et *L. ancipitem*, attamen ab ambabus specifice differre videtur, a prima habitu strictiore et foliis, a secunda caule non alato, foliis et flore.

163. **L. montaguensis** E. Wimm. in Annal. Naturhist. Mus. Wien LVI (1948) 357. — Caules filiformes, decumbenti-ascendentes, glabri, usque fere inflorescentiam

foliati, ad 30 cm longi. Folia lanceolata usque sublinearia, inferiora subpetiolata circiter 12 × 4 mm, reliqua sessilia, 15—20 mm longa et 1—3 mm lata, basi acuta, ad apicem acuta vel cuspidata, margine minute denticulata, glaberrima, glauco-viridia. Flores in racemis laxis, plerumque secundis, 4—6-floris. Pedicelli 7—16 mm longi, glabri, basi minute bibracteolati, bracteis foliaceis mox subbreviores, mox usque duplo longiores. Calycis tubus obconico-oblongus, lobi eius sublineares, acuti, integerrimi, 2 mm longi. Corolla coerulea, circiter 11 mm longa, lobi minores sublineares, lobi majores in labium trilobum coalitum, lobi ovati, mucronulati, intus et in tubo minute puberuli, ad faucem 2 gibbis virentibus ornati. Tubus stamineus 5 mm longus, antherae nigrescentes, superne versus apicem pilosulae, 2 inferiores apice penicillatae.

K a p l a n d : Distr. George, Outeniqua Mountains, Montagu Paß, 800 m, 12. XII. 1937 (E r i k W a l l n. 2210/18! — Hb. Stkh., A. R e h m a n n n. 5! — Hb. Zür.).

Propius accedens ad *L. erinum* var. *schrankii*, sed corollae labio inferiore t r i l o b o facile dignoscitur.

164. **L. welwitschii** Engler & Diels in Engler, Bot. Jahrb. XXVI (1896) 116. — *L. Stolzii* Schlechter l. c. LVII (1922) 621. — Radix repens, caules ascendentes, tenues, glabri, remote foliati, ad 30 cm alti. Folia sessilia, elliptica usque linearia, 5 mm longa et 1—3 mm lata, ima etiam ovata, obtusa vel acuta, vix denticulata, cauli saepe adpressa, glabra, summa in bracteas subulatas transeuntia. Flores solitari-axillares, in racemos paucifloros dispositi. Pedicelli 10—15 mm longi, filiformes, glabri, patentes. Hypanthium turbinatum, laciniis subulatis, 2—3 mm longis, utrinque uni-denticulatis, suberectis. Corolla saturate coerulea, 9 mm longa, lobi superiores sublanceolati, lobi inferiores obovato-oblongi vel elliptici, basi lutescentes et obscuro-coeruleo-maculati. Staminum tubus 4 mm longus, antherae superne parce pilosulae, 2 inferiores apice barbatulae.

T r o p i s c h e s A f r i k a : A n g o l a : Huilla, Lopollo (W e l w i t s c h n. 1142! — Hb. B.); Malange (Y o u n g n. 853! — Hb. Stkh.); Hochland von Benguella, zwischen Ganda und Caconda bei Conjole am feuchten Ufer eines Bächleins, IX. (O. H u n d t n. 192! — Hb. B.). — K a m e r u n (M i l d b r a e d n. 10137! — Hb. Kew!). — B e l g i s c h - K o n g o ; Kibali-Husi, zwischen Jasudje und Aru, 1000—1100 m, Savanne an einem Wasser, VIII. (J. L e b r u n n. 3611! — Kongo-Mus.). — U g a n d a : West-Nil, auf Sumpfboden, 1400 m, II. (N. J. E g g e l i n g n. 1428! E 1851! — Hb. Kew). — T a n g a n y i k a - T e r r i t o r i u m : Prov. Iringa, Lupembe, am Weg, 1500 m, XI. (O. E. H a a r e r n. 1581! — Hb. Kew); Dabaga, Riedwiesen und nasse Tonböden mit Limonitschlamm, 1800 m, III. (C. T r o l l n. 5267! — Hb. B.); Matengo-Hochland WSW. von Songea, sumpfige Stellen bei Uyanga-yanga, ca. 1400 m, XI. (H. Z e r n y n. 67! — Hb. W.). — N y a s s a - l a n d , Distr. Kyimbila, Doto, Kivibasa, 1000 m, Madehani, Bergwiese, Sumpf, 2000 m, XII. (A. S t o l z n. 2314! 2317! 2734! — Hb. B., Typus pro *L. Stolzii*)! — Nordost- R h o d e s i a , Bangweolo, Kassindas (R. E. F r i e s n. 928! — Hb. B.); Nord-Rhodesia, Mufulira, offenes sumpfiges Wasser, VI. (E y l e s -Herb. n. 8042! — Hb. Kew); Nordwest-Rhodesia, Broken Hill, Sumpf, 1200 m (F. A. R o g e r s! — Hb. Kew); Süd-Rhodesia, Divis. Umtali, Odanzi River Valley (A. J. T e a g u e n. 379! — Hb. Kew.)

var. **albiflora** Hiern, Catal. Afr. Pl. Welw. I (1898) 627. — Corolla alba, cetera ut in planta typica.

A n g o l a , Huilla, feuchte sandige Orte bei Nene (W e l w i t s c h n. 1141! — Hb. Del.).

165. **L. livingstoneana** R. E. Fries in Wissensch. Ergebn. der Schwed. Rhod.-Kongo-Exped. I (1916) 317, t. 20, 3—4. — Caules erecti, simplices, glabri, sparse foliati, 6—16 cm alti. Folia sessilia, internodiis breviora, ovato-oblonga usque lance-

olata, 5 × 2,5 vel 4—15 × 1—4 mm, apice acuta vel acuminata, margine distincte denticulata, glabra, subpatentia. Flores solitari-axillares, pauci, laxe racemose dispositi. Pedicelli 8—26 mm longi, glabri, suberecti, bracteis foliaceis 3—9 mm longis pluries longiores. Calycis tubus turbinatus, lobi sublineares, acutiusculi, 1,5—2,5 mm longi, integri vel obsolete unidenticulati. Corolla cyanea, ad faucem albo-areolata et bicallosa, 8 mm longa, glabra; lobi minores lineares, lobi majores elliptici. Stamina 4 mm longa, antherae superne glabrae vel antice pilosulae, 2 inferiores barbatae.

Südafrika: Rhodesia: Victoria Fälle, Livingstone-Insel (R. E. Fries n. 181! — Hb. Ups. B.); Distr. Mwinilunga, Luakera Fälle nördlich von Mwinilunga, VI. (N. R. Price n. M 4! — Hb. Kew).

Species nostra proxime accedit ad *L. welwitschii*, distans ab ea foliis latioribus, acutius denticulatis, sepalis vix denticulatis, corollae lobis latioribus.

166. **L. benguellensis** Hiern. Catal. Afr. Pl. Welw. I (1898) 626. — Caules tenues, 12—16 cm alti, angulati, usque ad medium dense puberuli, remote foliati. Folia sessilia, subradicalia obovato-ovalia, rotundata, basi cuneata, obtuso-dentata vel repanda, utrinque sparse pilosa, circiter 1 cm longa, caulina linearia, glabrata. Flores in racemo laxo, flexuoso, 3—7-floro. Pedicelli 5—7 mm longi, glabri, bracteis subulatis inconspicuis multo longiores. Hypanthium turbinato-semiglobosum, laciniis subulatis, integris, erectis, 2 mm longis. Corolla 9 mm longa, glabra, tubo pallido, limbo azureo, lobis superioribus anguste lanceolatis, lobis inferioribus obovatis. Antherarum tubus 1 mm longus, glaber vel brevissime pilosus, 2 inferiores barbatulae.

Angola: Huilla (Welwitsch n. 1144! — Hb. Kew).

167. **L. dolichopus** Schlechter in Engler, Bot. Jahrb. LVII (1922) 617. — Caules decumbenti-ascendentes vel rami suberecti, striati, puberuli, foliosi, 10—30 cm alti. Folia parva, breviter petiolata, oblonga usque linearia, 8—13 mm longa et 1—2,5 mm lata, basi in petiolum marginatum et ciliolatum angustata, apice obtusiuscula, margine remote obtusi-dentata, subglabra. Flores solitari-axillares. Pedicelli 25—45 mm longi, glabri, basi biglandulosi. Hypanthium late turbinatum, glabrum, lobi eius sublineares, integri, 3 mm longi. Corolla 10 mm longa, coerulea, glabra, lobi superiores sublanceolati, lobi inferiores obovato-oblongi. Tubus stamineus 6 mm longus, antherae superne pilosulae, 2 inferiores pilis terminatae.

Ostafrika: Tanganyika-Territ., Kinga—Kwei (Usambara) (Braun n. 2836! — Hb. B. Kew).

168. **L. stenophylla** Bentham, Fl. Austral. IV (1869) 130; F. M. Bailey, Queensl. Fl. III (1900) 918, t. 34. — *L. Douglasiana* F. M. Bailey, Queensl. Agric. Journ. I (1897) 228. — *Dortmannia stenophylla* O. Kuntze, Revis. II (1891) 973. — Caules plerumque erecti, subsimplices, tenues, angulati, glabri, ad 40 cm longi. Folia subsessilia, ima decidua, lineari-lanceolata, 10—26 mm longa et 1—3 mm lata, utrinque acuta, margine minute remoteque denticulata, glabra. Flores solitari-axillares, longissime pedunculati. Pedunculi filiformes, 4—8 cm longi, folio fulcrante multo longiores. Hypanthium obconicum, laciniae subulatae, 2 mm longae, integrae vel obsolete denticulatae. Corolla 10 mm longa, coerulescenti-alba; lobi superiores sublineares, lobi inferiores obovato-oblongi, basi 2 gibbis virentibus et 2 lineis virentibus in tubo. Tubus stamineus 5—6 mm longus, glaber, antherae 2 inferiores apice barbulatae.

Australien: Queensland: Burnett River (F. Mueller! — Hb. Kew, sp. orig.); Brisbane River (Amalia Dietrich! — Hb. W.); Rockhampton, Broadsound, Moreton Bay (ex F. Mueller); Thursday and Hammond Islands, Torresstraße (Douglas! — Brit. Mus., Typus pro *L. Douglasiana*).

Nord-Australien: Port Darwin (Bleeser n. 311! — Hb. B.).

Süd-Australien: Adelaide (R. Schomburgk n. 274! — Hb. B.).

169. **L. usambarensis** Engler, Bot. Jahrb. XIX (1894) Beibl. N. 47, 50. — Herba annua, humilis. Caulis e basi ramosus, cum ramis angulatis erectus, ad 10—20 cm altus, plerumque glaber. Folia brevi-petiolata vel suprema subsessilia, ima ovata et elliptica, minima, cetera lanceolata usque linearia, 3—10 mm longa, 0,5—2 mm lata, obtusiuscula, basi angustata, margine denticulis 1—2 munita, glabra. Pedicelli 8—20 mm longi, filiformes, glabri, basi minime bibracteolati, bracteis foliaceis

Fig. 90. a *Lobelia oreas*. — b *L. usambarensis*. — c *L. sartorii* var. *piscinula*. — d *L. senegalensis*; corolla explicata. — e *L. graniticola*: flos. — f *L. mexicana*, habit. et corolla expl. — Omnes 1/1. — Orig.

multo longiores. Calycis tubus breviter turbinatus, laciniae lineares, acuti, integerrimi, 2 mm longi. Corollae tubus pallide coeruleus, 4 mm longus, lobi coerulei, superiores angusti-lanceolati, lobi inferiores majores, oblanceolato-oblongi, basi 2 callis albidis ornati. Antherarum tubus cinereo-coeruleus, subglaber, 2 breviores apice penicillatae. Capsula ovoidea, 3 mm longa, semi-infera. — Fig. 90 b.

Tropisches Ostafrika: Tanganyika-Territorium, Usambara, Kilangwi-Kegel, Juni 1891 (C. Holst n. 19! — Hb. B.); West-Usambara, Wurunigebiet, Adlerfarmformation, im Moos auf Felsen, 1600 m, Sept. (Engler n. 1097! — Hb. B.). — Nyassaland: Zomba, Rand der Bergstraße, 1300 m, einzeln (E. Lawrence n. 216! — Hb. Kew); Blantyre (I. T. Last! — K.).

var. **hispidella** E. Wimm. in Notizbl. Bot. Gart. Berl. XII (1934) 107. — Major, pubescens. Folia summatim latiora, ovata, spathulata usque oblanceolata et linearia. Sepala tenuiter ciliata. Capsula $^1/_2$—$^1/_3$ infera. Semina oblonga, fusca, ca. 0,5 mm longa.

Tanganyika-Territorium: Bezirk Morogoro, Uluguru-Gebirge, N. W. ca. 1200 m, kleine Gruppe auf Felsen in der Savanne, 3. 11. 1932 (Schlieben n. 2921! — Hb. B.).

170. **L. trivialis** E. Wimm. in Fedde, Repert. Spec. Nov. XXXVIII (1935) 83. — *L. divaricata* McVaugh in Am. Midl. Nat. XXIV (1940) 692 p. p., in North Am. Fl. XXXII A (1943) 52 p. p. — Caules multi, ramosi, erecti vel ascendentes, ad 35 cm alti, teretes, superne cum ramis subangulati, inferne minute puberuli, sursum plerumque glabrati. Folia basalia oblanceolata, obtusa, in petiolum indefinitum angustata, 20 mm longa et 5 mm lata, supra parce pilosa, reliqua angustius lanceolata vel linearia, 20—30 mm longa et 1,5—3 mm lata, versus basin sensim angustata, apice obtusiuscula vel acuta, margine dentata vel denticulata, supra et versus basin minute pilosa vel glabra. Racemi laxi, secundi, 5—8-flori. Pedicelli 12—30 mm longi, glabri, bracteae lineares, 3—25 mm longae. Hypanthium obconicum, lobi eius lineares, acuti, integri, glabri, 1,5 mm longi. Corolla 6 mm longa, glabra, tubo pallido, lobis coeruleis, ad faucem 2 gibbis virentibus; lobi superiores sublineares, lobi inferiores oblongi. Stamina 3,5 mm longa, antherae superne inconspicue pilosulae, 2 inferiores apice barbatulae. Capsula obconico-oblonga vel ovoidea, subinfera. Semina brunnea, oblonga, nitida.

Mexico: San Luis Potosi, Agua Media, Nov. 1910 (Purpus n. 4918! — Hb. B., Field, Wash.).

171. **L. purpusii** Brandegee in Univ. Calif. Publ. Bot. IV (1911) 190; McVaugh in North Am. Fl. XXXII A (1943) 49. — Herba gracilis, annua, caules erecti vel ascendentes, basi interdum radicantes, subramosi, inferne densius foliati, sursum sensim nudi, glabri, angulati, 10—25 cm longi. Folia subsessila, lanceolata usque linearia, 1—2,5 cm longa et 0,1—0,3 cm lata, apice acuta vel obtusa, margine remote callose denticulata et saepe scabriuscula sicut subtus in nervo mediano, de cetero glabra. Racemi laxi, subsecundi, pauciflori. Pedicelli 16—24 mm longi, glabri, basi minute bibracteolati, bracteis linearibus 2—10 mm longis. Hypanthium brevi-turbinatum, lobi subulati, integri, 2 mm longi, erecti, apice saepe incurvati. Corolla coerulea, 8—10 mm longa, glabra, lobi superiores sublanceolati, lobi inferiores oblanceolati, basi bigibbosi. Tubus stamineus 5 mm longus, glaber, antherae 2 inferiores apice barbatae. Capsula ellipsoidea, 6 mm longa, semi-libera.

Mexico: Vera Cruz, an Bächen bei Rancho de la Gallota (Hartweg n. 335! — Hb. Cambr., sp. orig., Del. W. B.); auf feuchten Felsen bei Zacuapan (Purpus n. 4933! — Hb. Univ. Calif., Typus pro *L. purpusii*); Mirador, I. (Liebmann n. 9201! 9202! 9203! 9227!); Matlalua (Liebmann n. 9222! — Hb. Koph.).

172. **L. tenera** Humb., Bonpl. & Kunth, Nov. Gen. et Spec. Amer. III (1818) 314; Sprengel, Syst. I (1825) 713; G. Don, Gen. Syst. III (1834) 705; A. DeCandolle, Prodr. VII (1839) 375; D. Dietrich, Synops. I (1839) 730; Vatke in Linnaea XXXVIII (1874) 722; E. Wimmer in Macbride, Fl. Peru VI (1937) 480. — *Rapuntium tenerum* Presl, Prodr. Monogr. Lobel. (1836) 15. — *Dortmannia tenera* O. Kuntze, Revis. II (1891) 973. — Herba gracilis, perennis, radice repente, stolonifera, plerumque glabra, circiter 30 cm alta. Caules tenues, remote foliati, sub inflorescentia nudi. Folia basalia spathulata, obtusa, brevi-petiolata, rarissime sparse pubescentia,

caulina oblanceolata usque linearia, basi in petiolum indefinitum angustata vel sessilia, apice obtusiuscula vel acuta, 20—30 mm longa et 1—5 mm lata, margine remote denticulata. Racemi 2—7-flori. Pedicelli (5)11—15(25) mm longi, suberecti, basi 2 bracteolis linearibus minimis praediti. Hypanthium turbinatum, lobi calycini subulati, integri, glabri, 2—3 mm longi. Corolla coerulescenti-violacea vel lilacina aut coerulescens, lobis superioribus intus dilutius lavendulaceis quam inferiores, glabra, 10 mm longa; lobi superiores sublineares, lobi inferiores oblongo-obovati. Tubus stamineus 5 mm longus, glaber, antherae 2 inferiores apice barbatae. Capsula oblongo-ellipsoidea, fere semi-supera, 6 mm longa. Semina oblonga, fuscescentia, nitida, 0,5 mm longa.

Clavis varietatum.

A. Folia oblanceolata usque lanceolata.
  a. Corolla 10 mm longa .... var. *tenera.*
  b. Corolla 18 mm longa, aliter colorata .... var. *belladonna.*
B. Folia et caulis filiformia .... var. *tenuicaulis.*

var. **tenera.** — Ut supra.

Anden Südamerikas: Venezuela: Prov. Truxillo, 1600 m, VIII. (Funck & Schlim n. 813! — Hb. Del. W., Linden n. 606!); Prov. Merida, Páramos zwischen S. Domingo und Chachopo, 3300 m, Sierra Nevada, Páramo Tuñame, 3000—4000 m (A. Jahn n. 33! 76! 254! 880! 1124! 144! — Hb. Wash.); ohne nähere Ortsangabe (Moritz n. 1308! — Hb. Hamburg).

Colombia: Dept. Cundinamarca, Rio de Arzobispo!, Bogotá, 3200 m, S. W. Las Cruces, Sibate, 2700—2800 m (Pennell n. 1813! 2111! 2112! 2183! 2506! — Hb. Wash.); Santa Fé de Bogotá, terra frigida in locis arenosis (Goudot! — Hb. Goett.).

Ecuador: Prov. Quito, Hügel bei Puembo, 2500 m (Humboldt! — Hb. B., sp. orig.); Anden von Quito, 4000—4300 m (W. Jameson! — Hb. W.), Páramo de Naba (R. Spruce n. 5558! — Hb. W.); Igualata, Páramos, 3800 m (L. Mille n. 14! — Hb. Quito); Prov. Pichincha, Atacatzo, Páramo, V. (Holmgren n. 595! — Hb. Stkh.); Prov. Carchi, bewaldete Hügel bei Tulcan, 2500 m (Hitchcook n. 20982! 21043! 21651! — Hb. Wash.).

Peru: Dept. Ayacucho, Prov. Huanta, Cueva de Puytac, Puna de huanta (Raimondi n. 9448! 10876! 13003! — Hb. B.); Grassteppe im Yanahuajra-Tal, 3800 m (Weberbauer n. 7595! — Hb. Cambr.); Dept. Cajamarca, Prov. Chota, zwischen Cajamarca und Yanamancha (Raimondi n. 9994!); Páramo de Guasca, Wiese bei El Santuario, 3400 m (Cuatrecasas!); Celendin (Osgood & Anderson n. 56! — Hb. Cambr. Field); Prov. Hualgayoc, über San Miguel, 2600—2700 m (Weberbauer n. 3899! — Hb. B.); Dept. Cuzco. (Herrera n. 2275 a!), Pinasniocj, Panticalla-Pass, VII (Cook & Gilbert n. 1823! — Hb. Wash.); Pillahuata (Pennell n. 14121! — Hb. Field); Dept. Huanuco, Prov. Huamalies, Altos de Chacabamba, camino de Aguamiro (Raimondi n. 12380! 12698! — Hb. B.); Mito, Nordost-Abhang, 3000 m, 12 Meilen nordöstlich von Huanuco, gemein auf grasigen Lehnen, 3150 m (Macbride & Featherstone n. 1493! 2194! — Hb. Stkh.); Dept. Junin, Altos de Tarma (Raimondi n. 11802!); Berge östlich von Palca, Steppe mit eingestreuten Sträuchern, II. (Weberbauer n. 2452!); La Oroya (Kalenborn n. 181! Macbride & Featherstone n. 978! — Hb. Wash. Field Cambr.); ohne Ortsangabe (Mathews n. 3021! — Hb. Del.).

var. **belladonna** E. Wimm. in Macbr., Fl. Peru VI (1937) 481. — Flores majores, 18 mm longi, fauce et parte ventrali tubi corollae pallidi, limbo obscuri-cyaneo.

Peru: Dept. Ayacucho, Pampalca zwischen Huanta und Rio Apurimac, 3200 m, offener Hügelhang, V. (Killip & Smith n. 22217! — Hb. W. Field).

var. **tenuicaulis** E. Wimm. in Annal. Naturhist. Mus. Wien LVI (1948) 356. — Caules filiformes, teretes, nitidi, foliis remotis filiformibus, 10—15 mm longis. Flores in racemo plerumque trifloro. Pedicelli 15—40 mm longi, bracteis filiformibus minutis. Corolla circiter 8 mm longa.

Colombia: Cerro de Guadelupe bei Bogota, Formation der immergrünen Gebüsche, 2900 m, März 1929 (C. Troll n. 3676! — Hb. B.).

Similis *L. subpuberae* quandoque aegre distingui potest uti specimen ex Ecuador a Spruce n. 5558 demonstrat, quod habitum *L. tenerae* gerit, indumentum autem leve *L. subpuberae* ostendit; ista de cetero differt a *L. tenera* pubescentia, pedicellis brevioribus, bracteis longitudine pedicellorum, sepalis minute ciliatis.

173. **L. comosa** L. Spec. (1753) 933, Syst. ed. 10 (1759) 1238, Spec. ed. 2 (1762) 1332; N. L. Burmann, Fl. Cap. Prodr. (1768) 25; Schkur, Bot. Handb. (1803) 182, t. 269. — *L. triquetra* L. var. *comosa* Roem et Sch., Syst. V (1819) 44; G. Don, Gen. Syst. III (1834) 710; A. DC. Prodr. VII (1839) 370; Sonder in Harvey et Sond., Fl. Cap. III (1865) 546. — *L. triquetra* L. Mant. I (1767) 120; Murray, Syst. (1774) 666; Buchoz, Regn. Veg. IX (1775) t. 2; Lamarck, Dict. Bot. III (1791) 589; Willdenow, Spec. I (1797) 941; Thunberg, Fl. Cap. II (1808) 48; Roem. et Sch. l. c.; G. Don. l. c.; A. DC. l. c.; Sonder l. c. exl. *L. lavendulacea*. — *L. corymbosa* Bergius, Descr. Pl. Cap. (1767) 344, non Grah. — *L. capitata* N. L. Burmann l. c. — *L. heteromalla* Schrader, Cat. Goetting. (1827). — *L. coronopifolia* Andrews, Bot. Reposit. V (1803) t. 339! — *Rapuntium triquetrum* Presl, Prodr. Lobel. (1836) 16 et in E. Meyer, Commentar. Pl. Drege (1837) 287. — *R. heteromallum* Presl, Prodr. 15. — *Dortmannia triquetra* O. Kuntze, Revis. II (1891) 973. — *Rapunculus africanus ramosus foliis dentatis*, Raj. Suppl. Pl. (1704) 384 ex Lam. — *Lobelia foliis linearibus dentatis, spica terminatrici foliosa*, Linne, Hort. Cliffort. (1737) 500 excl. syn. — Herba glabra, raro pilis paucis in caule inferiore et in margine petiolorum obsita, 30—50 cm alta. Caules simplices vel subramosi, angulati, ± foliosi, superne nudi. Folia indistincte petiolata vel sessilia, oblanceolata usque linearia, 1,5—5 cm longa et 0,2—0,5 mm lata, apice acuto vel obtusiusculo, margine exserte remotius acuteque dentata, interdum pinnatifido-dentata, glabra, rarissime parce pilosa. Flores in racemo corymboso, plus minus denso, interdum brevi terminali vel ± elongato. Pedicelli 6—15 mm longi, glabri, bracteis integris circiter aequilongi vel usque duplo longiores. Hypanthium obconicum, costatum, lobi calycini anguste triangulares, integerrimi, 2—3 mm longi. Corolla 12 mm longa, cyanea, fauce bigibbosa et lutescens, glabra; lobi superiores angusti-spathulati, lobi inferiores obovati, abrupte acuminati. Tubus stamineus 6 mm longus, antherae superne antice pilosae, 2 inferiores apice barbatae. Capsula obconico-oblonga, 8—10 mm longa, infera. Semina ovali-globosa, fusca, 0,6 mm longa.

Clavis varietatum.

A. Folia linearia.
  - I. Inflorescentia densa vel parum elongata et subdensa. . . . . var. *comosa*.
  - II. Inflorescentia ± laxa et plerumque elongata.
    - a. Folia abbreviata, 7—15 mm longa, remotius denticulata . . . var. *microdon*.
    - b. Folia 25—40 mm longa, remote dentata . . . . var. *secundata*.

B. Folia cuneata, dentibus triangularibus majoribus munita . . . . var. *foliosa*.

var. **comosa**. — Ut supra.

Kapland: Kapstadt, Tafelberg häufig bis 600 m (Thunberg! Ecklon, Unio It. n. 483! Ecklon n. 292 p. p.! Ecklon & Zeyher! Zeyher n. 3110! Bergius! Drege n. 137! Chamisso! Wallich! Wahlberg! Knoop n. 130! MacOwan & Bolus, Herb. Norm. n. 83! Wawra n. 5! Scholl! A. Peter n. 7! — Hb. Stkh., W. B.); Muizenberg (F. Wilms n. 3394! Erik Wall n. 613/55! — Hb. B. Stkh.); Babylonsche Toorn und Houhoek (Zeyher n. 3100!); Hexflußkloof (Drege n. 958! — Hb. B.); Milnerton, 20.

IX. (A. H a f s t r ö m! — Hb. Stkh.); Hexrivier, 300—450 m, Picketberg, sandige Stellen, 180 m, zwischen Houtbaai und Wynberg, 150 m (D r e g e! — ex Meyer, Commentar.); Hottentottsholland Mts. (C u m m i n g s n. 148! — Hb. Wash.); Liesbeckrivier (B e r g i u s!); Gegend von Stellenbosch, Hügellehnen an der Gordons Bay, XI. (A. D u t h i e — Hb. Stellenb. n. 303!); Distr. Zwellendam (G a r n o t! — Hb. B.). — Saepe culta in hortis sub nomine: *L. heteromalla*, *L. secunda*, *L. coronopifolia*. — *L. heteromalla*, planta hortensis, plerumque caules flaccidos, minus et angustius foliatos exhibet.

Loco *Lobeliae triquetrae* L. merito — ut puto — adhibenda est nomen antiquius Linnei *L. comosa* L., cum differentiae inter ambas minimae sint et saepe formae intermediae occurrant.

var. **microdon** (Presl) E. Wimm. in Annal. Naturhist. Mus. Wien LVI (1948) 356. — *L. microdon* A. De Cand. l. c. 369. — *Rapuntium microdon* Presl ll. cc. 16 et 287. — Caulis inferne saepe sparse hirtus. Folia abbreviata, obtusiuscula, plerumque minus longe dentata. Bracteae pedicellis duplo et ultra breviores. Corolla et semina ut in v. *comosa*, sed corolla ad faucem hirtella.

K a p l a n d : Paarlberg, auf feuchtem lehmigem Gebirgsboden, XII. (D r e g e! n. 1942! — Hb. Presl, sp. orig., B.); sandige Stellen bei Wynberg, 24 m, II., Elim, IV. (S c h l e c h t e r n. 7533! 7652! — Hb. B.).

var. **secundata** E. Wimm. n. c. — *L. triquetra* var *secundata* Sonder l. c. excl. syn. — Folia remote dentata, glabra vel ciliolata. Racemus subunilateralis, elongatus.

K a p l a n d : Kapebene, X. (Z e y h e r n. 1053! — Hb. B. Decand. W. Stkh.); Umgebung von Hopefield, Weg nach Saldanhabay (F. B a c h m a n n n. 1259! — Hb. B.).

var. **foliosa** E. Wimm. in Annal. Naturhist. Mus. Wien LVI (1948) 357. — Folia omnia lata usque anguste cuneata, 15—20 mm longa et 4—9 mm lata, profundius lati-dentata, ± densa. Inflorescentia densa, interdum parum elongata. Corolla pallidi-coerulea, tubo 5 mm longo.

K a p l a n d : Distr. Stellenbosch, Gordons Bay, Bergseite neben Wasser, ca. 60 m, Febr. 1928 (E. M a r k o t t e r — Hb. Stellb. n. 8767!).

174. **L. valida** Bolus in Kew Bull. 1934, 260. — Planta erecta, glabra vel parce hirta, e basi ramosa. Caulis cum ramis foliosus, angulatus vel angusti-alatus ex foliorum decurrentia. Folia sessilia, oblongo-obovata, 4—10 cm longa et 0,4—1,8 cm lata, apice rotundata vel subtruncata, irregulariter dentata vel raro lobulata, sat crassa, saepissime laevia politaque. Racemus 2—5 cm longe pedunculatus, gradatim elongatus, 6—9 cm longus et ultra, floribus superioribus corymbose dispositis, eodem tempore 7—8 expansis. Pedicelli 5—15 mm longi, suberecti. Bracteae inferiores oblongae, utrinque 1—2 denticulis munitae, 7—8 mm longae, superiores lineares, acutae, subintegrae. Calycis tubus obconicus, 10-costatus, sepala lineari-lanceolata, acuminata, 5 mm longa. Corolla saturate coerulea, 17 mm longa, ad faucem albomaculata et 2 callis luteis ornata; lobi superiores spathulati, apiculati, lobi inferiores suborbiculares, mucronulati. Antherae superne versus apicem pilosae, 2 inferiores barbatae.

K a p l a n d : Kapprovinz, Div. Riversdale, Still Bay, I. 1931; IV. XI. (L. B o l u s — Bolusherb. n. 19464! — Typus; J. M u i r n. 193 — Nat. Herb. n. 5106; E. F e r g u s o n — Nat. Bot. Gard. n. 391/32); von Simonstown zum Kap der Guten Hoffn. XI. (A. P e t e r n. S 11! — Hb. B.).

175. **L. mexicana** E. Wimm. in Annal. Naturhist. Mus. Wien LVI (1948) 358. — Radix caules plures plus minusve erectos emittens, eorum pars inferior et folia glabra, superne cum i n f l o r e s c e n t i a p u b e r u l a. Folia ima oblonga, obtusa, in petiolum brevem angustata, reliqua lanceolata, incluso petiolo brevi indefinito 2—5 cm longa et 0,3—0,7 cm lata, utrinque acuta, apice ipso obtuso vel acuto,

margine callose adpresse denticulata. Flores in racemo laxo, saepe secundo. Pedicelli 1—2 cm longi, puberuli, basi biglandulosi, bractea lineari multo longiores. Hypanthium fere semi-globosum, puberulum, lobi calycini 1—2 mm longi, integri, puberuli. Corolla coerulescens, extus puberula, 8 mm longa, lobi superiores sublineares, lobi inferiores oblongi, basi bigibbosi. Tubus stamineus 5 mm longus, antherae superne pilosulae, 2 inferiores apice barbatae. Capsula ovoidea, fere infera, puberula. — Fig. 90 f.

M e x i c o : Chiapas, Jitotolé, an Bachrändern, ca. 800 m, II. III. 1840 (L i n d e n! et n. 1649! — Hb. De Candolle! Boiss., Del.); Chiapas, an feuchten Felsen bei der Hacienda de Calvario, III. (C. & E. S e l e r n. 2078! — Hb. B.).

Saepe pro *L. flexuosa* (Presl) A. DC. habita et determinata, sed ista e specimine originali ad genus *Heterotomam* pertinet.

176. **L. mossiana** R. Good, New South Afr. Camp. in Journ. of Bot. LXII (1924) 49. — Herba perennis, erecta, glabra, 25 cm alta, caule crasso, angulato, valde striato. Folia inferiora sessilia, lanceolata, acuta, acuto-serrata, 5 cm lg., 1 cm lt., superiora anguste linearia, acuta, remote denticulata, glabra. Flores solitari-axillares in racemo laxo terminali dispositi. Pedicelli 10—15 mm longi, erecto-patentes, pubescentes, bracteis subulatis paullo brevioribus. Calycis tubus turbinatus, striatus, pubescens, lobis subulatis acutis, valde carinatis, tubo duplo longioribus. Corollae tubus 6 mm longus, extus pubescens. Antherae glabrae, inferiores barbatae. Capsula obconica. (Diagn. auct.)

S ü d o s t a f r i k a : Natal, Pietermaritzburg, VI. 1923 (Dr. C. E. M o s s n. 2670, 516 — Brit. Mus.). — Confer *L. senegalensem* v. *subasperam!*

177. **L. lavendulacea** Klotsch in Peters Reise nach Mosamb. (1862) 302; Engler, Pflanzenwelt Ostafr. (1895) C 402. — *L. triquetra* var. *secundata* Sonder in Harvey & Sond., Fl. Cap. III (1865) 546. p. p. — *Dortmannia lavendulacea* O. Kuntze, Revis. II (1891) 972. — Annua, glabra. Caulis a basi ramosus, ad 40 cm altus, ramis erectis. Folia glauco-viridia, glabra, basi angustata sessilia, ima oblanceolato-cuneata, reliqua sublinearia, 2—4 cm longa et 0,2—0,4 cm lata, apice obtusa vel acuta, margine remote adpresse dentata. Racemi laxi, 8—12 cm longi. Pedicelli 5—10 mm longi, patenti-erecti, subglabri, basi minime bibracteolati, bracteis subulatis minutis. Calycis tubus turbinatus, lobi eius subulati, integri, vix 2 mm longi. Corolla dilute coerulea, eius tubus 4 mm longus, lobi minores sublineares, intus villosi, lobi majores obovato-oblongi, ad faucem bicallosi et puberuli. Antherarum tubus superne versus apicem pilosulus, 2 inferiores apice barbatae. Capsula obovoidea, infera, 5 mm longa.

T r o p i s c h e s A f r i k a : Zanzibar, fruchtbarer Boden, Sept. 1843 (P e t e r s! — Hb. B., sp. orig. defloratum!); östl. Südafrika, Lourenco-Marques, feuchte Orte, 30 m, XI., Ebene von Durban, VI. (S c h l e c h t e r n. 11537! 2779! — Hb. B.). — Südwestafrika, Quellsumpf bei Okozongominja, II. (D i n t e r n. 1765 a! — Hb. B.).

Similis *Lobeliae senegalensi*, a qua imprimis differt habitu stricto, ramis erectis, pedicellis et bracteis brevibus.

178. **L. senegalensis** A. De Candolle, Prodr. VII (1839) 372; Delessert, Icon. Select. Pl. V (1846) 4, t. 10; Hemsley in Oliver, Fl. Trop. Afr. III (1877) 469; Hutchinson & Dalz., Fl. West Trop. Afr. II/1 (1931) 193. — *L. Kohautiana* Vatke in Linnaea XXXVIII (1874) 719. — *L. chilawana* Schinz in Mem. Herb. Boissier no. 10 (1900) 70. — *L. trierarchi* R. Good in Journ. ob Bot. LXII (1924) 139. — *Rapuntium Kohautianum* Presl, Prodr. Monogr. Lobel. (1836) 15, nomen! pro *L. triquetra* Sieber n. 15. — Herba ramosa, glabra. Caules 20—40 cm alti, erecti, rami ascendentes. Folia inferiora spathulata, in petiolum brevem sensim angustata, reliqua subpetiolata, lanceolata usque anguste lanceolata vel linearia, 2—8 cm longa et 0,2—0,6 cm lata, apice acuta vel obtusiuscula, basi acuta, margine remote denticulata vel leviter serrata, glabra. Flores in racemis laxis, subsecundis. Pedicelli 8—20 mm longi,

glabri vel scabriusculi, basi bibracteolati, bracteis duplo et ultra longiores. Hypanthium oblongo-obconicum, segmenta calycina subulata, 2 mm longa, integra. Corolla 9—11 mm longa, coerulea, ad faucem 2 gibbis, macula lutescente et pilis brevibus ornata; lobis 2 superiores sublanceolati, intus pilosi, lobi 3 inferiores ovati vel oblongo-elliptici, acuti. Tubus stamineus 4—6 mm longus, antherae superne pilosulae. Capsula obconico-oblonga, infera. Semina gilva, oblongo-ellipsoidea, vix 0,5 mm longa.

Clavis varietatum.

A. Calyces obconico-oblongi, folia lanceolata usque linearia.
 a. Planta laevigata, pedicelli saltem duplo longiores quam bracteae var. *senegalensis*.
 b. Pedicelli et bracteae fere aequilongi et cum calyce et flore asperulati var. *subaspera*.
B. Calyces mox subgloboso-ampliati, folia plurima angusto-linearia .. var. *turgida*.

var. **senegalensis.** — Ut supra. — Fig. 90 d.

Tropisches Afrika: Senegal (Sieber, Pl. Seneg. n. 15! Fl. mixta n. 107! — Perrottet n. 439! Guillemin! Leprieux n. 85! — Hb. De Candolle, Del. W. B. sub *Rapuntium Kohautianum* manu Preslii. — Sudan: Gebel Mara, Darfur, Ebe, 2500 m, IV. (H. Lynes n. 90! — Hb. Kew), Sunni, 1000—2000 m, V. nach den ersten Regenfällen (Mrs. D. Macintoch n. 104! 140! — Hb. Kew, specimina inflorescentiam tantum exhibentia). — Somaliland (Mrs. E. Lort Phillips! — Hb. B.). — Mosambik: Delagoa Bay (Junod n. 398! — Typus pro *L. chilawana* Schinz); feuchte Felder bei Shilouwane, Nov. 1901 (Junod n. 1624! — Hb. Zür., W.).

var. **turgida** E. Wimm. — *L. turgida* E. Wimm. in Fedde, Repert. Spec. Nov. XXXVIII (1935) 82. — Folia plurima anguste linearia, 7—8 cm longa. Receptaculum calycis primo obconicum, mox subgloboso-ampliatum, demum subglobosum vel ovoideo-globosum.

Mosambik: Mezimbiti (M. T. Dawe n. 349! — Hb. Brüssel, Wash., Kew); Beira, Mezimbiti — Dondo, in den Gräben neben der Eisenbahn, 28. IX. 1925 (A. Peter n. 31173! — Hb. B.).

Südwestafrika: Damaraland, am Waterberg, IX. (A. Peter n. W 74! — Hb. B., Mittelform).

var. **subaspera** E. Wimm. nov. var. — Bracteae et pedicelli circiter aequaliter longi, 1—2 cm longi, pedicelli, calyces et flores asperulati. Corolla coerulea vel alba, circiter 12 mm longa. — *Lobelia mossiana* simillima est.

Süd-Rhodesia: Gazaland, auf kultiviertem Boden bei Chirinda, 1200 m, 22. V. 1906 (Swynnerton n. 513! — Hb. B.); Maschonaland, Umtali, Grabenränder, um 1200 m, IX. (Engler n. 3205! — Hb. B.); Distr. Manica, Odzani River Valley (A. J. Teague n. 559! — Hb. Kew). — Mosambik: Ort unleserlich, 1000 m (Johnson n. 116! — Hb. Kew — bracteae saepe fere longitudine pedicellorum. — Transvaal: Zoutpansberg, nasse Stellen neben dem Straßenrand bei New Agatha, XI. (J. McCallum n. 799! — Hb. Pret. W., specimen ad *L. filiformen* inclinans).

Nonnullae formae huius speciei a *L. filiformi* var. *natalensi* non nisi lobis corollae superioribus intus hirtis — et hi pili interdum difficulter visibiles — distingui possunt.

§ 6. Dissectifoliae.

Folia in lacinias angustas dissecta, palmato- vel pedato-partita, summa plerumque tripartita, tenerrima, parva. Afr.

Clavis specierum.

1. Herba glabra; folia palmati-partita; calycis tubus brevissime turbinatus, lobi eius exinde fere liberi et capsula fere supera .... 179. *L. dissecta.*
2. Herba pubescens; folia pedati-partita; calycis tubus fere inferus, lobi eum coronantes; capsula semi-infera .... 179 a. *L. aquaemontis.*

179. **L. dissecta** M. B. Moss in Kew Bull. (1929) 197. — Herba gracilis, ramosa, glabra, ad 20 cm alta. Folia subpetiolata, palmati-partita, 0,6—1,5 cm lg. et 0,8—1,5 cm lt., segmenta plerumque tripartita, laciniis linearibus ad 1 cm longis, folia superiora saepe tripartita tantum, tenuia, glabra. Flores in racemo laxo, terminali dispositi. Folia floralia tripartita, minora. Pedicelli filiformes, suberecti, 5—22 mm lg. Calycis brevissimi turbinati lobi subulati, fere liberi, integerrimi, 4—5 mm longi. Corolla cyanea, coerulescens, ad 9 mm longa, in fauce lutescenti-oculata; lobi 2 superiores anguste lanceolati, labium inferius trifidum, lobi late oblongi acuti. Staminum tubus 5 mm longus, antherae in dorso pilosulae. Capsula fere supera, ovoidea, 6 mm lg. Stigma (ex auctore) capitatum.

Südlicher Sudan: Top of Mt. Kineti, 3470 m, Feb. (T. F. Chipp n. 63! — Kew, spec. orig.); Imatong Mts., 300 m, XII. (A. S. Thomas n. 1835! — W.).

179a. **L. aquaemontis** E. Wimm. n. sp. — Herba gracilis, floribus exceptis, puberula. Caules filiformes, decumbentes vel ascendentes, sparse foliati. Petioli capillares 3—4 mm longi. Folia inferiora fere pedata (segmenta 5 anguste lanceolata, acuta et apice mucronulata, integerrima, 3—5 mm longa, 0,8—1 mm lata), superiora tripartita, bracteae integrae lanceolatae. Flores solitari-axillares, pauci (in specimine nostro). Pedicelli 25—40 mm longi, tenuissimi, glabri, basi inconspicue bibracteolati. Hypanthium obovoideum, glabrum, 1,5 mm longum; sepala anguste linearia, subcuspidata, integerrima, patentia, 3 mm longa. Corolla coerulea, extus glabra, intus puberula, 10 mm longa: tubus pallescens, 5 mm longus; lobi 2 superiores anguste oblanceolati, fere 3 mm longi; lobi 3 inferiores obovato-oblongi, fere 4 mm longi, labium trifidum formantes. Tubus stamineus 5 mm longus glaber; antherae solae 1 mm longae, 2 inferiores apice barbatae. Capsula obconica, fere semi-infera, 4 mm longa, 1,5 mm lata. Semina oblongo-ellipsoidea, badia, levissime longitudinaliter lineata, c. 0,5 mm longa.

Transvaal: Waterberg Distr., west extremity of Waterberg Mts. (unde nomen latinum), steep S.-faeny mountain side, under overhanging rock ledges, 2000 m, 7. IV. 1948 (L. E. Codd n. 3967! — K.).

Planta haec et praecedens ornamentariae, pulchriores quam *L. erinus.*

Sectio II. **Holopogon** Benth.

Holopogon Bentham, Fl. Austral. IV (1869) 122; Hook. f., Fl. Brit. Ind. III (1881) 423; Benth. & Hook. f., Gen. Pl. II (1876) 551, sed s. strictiore; F. M. Bailey, Queensland Fl. III (1900) 915. — Apex tubi antherarum circum pilis brevibus aequalibus munitus. Semina saepe trigona vel alata, rarius ovoidea. — Species huius sectionis praecipue in orbe antiquo (Africa, Asia australi, Australia) inveniuntur, in orbe novo paucae occurrunt. *Lobelia aquatica* Cham. excepta, quae a Peruvia usque ad Antillos distributa est, inhabitant omnes territoria minora.

Clavis subsectionum:

A. Tubus staminum brevis in tubo corollae semper inclusus, etiam fine antheseos non progrediens, corollae tubus exinde saepius basi fenestratus. Confer fig. 91. Subsect. 1. *Cryptostemon.*

B. Tubus stamineus e fissura dorsali corollae prosiliens et inter duos lobos corollae superiores prospiciens, tubus corollae raro fenestratus . Subsect. 2. *Delostemon.*

Subsectio I. **Cryptostemon** E. Wimm.

Cryptostemon E. Wimm. in Annal. Naturhist. Mus. Wien LVI (1948) 358. — Diagnosin vide supra. — Herbae erectae floribus racemosis, rarissime fasciculatis.

Species 7 obveniunt in America Centrali, praesertim Mexico et una in Peruvia.

Clavis specierum.

A. Flores in fasciculis 3—5-floris terminalibus .... 180. *L. umbellifera.*
B. Flores in racemis terminalibus.
  I. Corolla 6—12 mm longa.
    a. Folia caulina linearia usque lineari-lanceolata, callose denticulata, basi angustata, raro aequilata.
      1. Planta subglabra, stolonifera.
        * Sepala ascendentia, folia basi vix attenuata .... 181. *L. irasuensis.*
        ** Sepala reflexa, folia ad basin angustata .... 182. *L. jaliscensis.*
      2. Planta hirta, non stolonifera .... 183. *L. holotricha.*
    b. Folia caulina, oblonga usque sublinearia, basi parum latiora et semiamplexicaulia, irregulariter dentata .... 184. *L. fenestralis.*
  II. Corolla 16—26 mm longa.
    a. Folia angustissime linearia, 5—7 × 0,1 cm
      1. Calycis lobi reflexi, denticulati .... 185. *L. poetica.*
      2. Calycis lobi suberecti, integri. Vide . 107. *L. ehrenbergii* var. *gracilens.*
    b. Folia oblonga usque lineari-lanceolata, hirtella.
      1. Lobi calycis reflexi, 4—5 mm longi .... 186. *L. hartwegii.*
      2. Lobi calycis erecto-patentia, 6—9 mm longi .... 187. *L. sinaloae.*

180. **L. umbellifera** McVaugh in Bull. Torr. Bot. Club LXVII (1940) 143. — *L. fasciculata* Donn. Smith in Bot. Gaz. XXVII (1899) 338, non O. Kuntze, Revis. Gen. II (1891) 378 = *Scaevola f.* Benth. — Caules caespitosi, decumbenti-ascendentes, ramosi, striati, glabri, ad 15 cm longi. Folia subpetiolata, elliptica usque oblonga, 8—18 mm longa, 3—4 mm lata, utrinque acuta, apice ipso saepe obtusiusculo, margine obsolete crenulata vel denticulata, supra sub lente hirtella, subtus pallida et subglabra. Caulis sub inflorescentia fasciculata nudus. Pedicelli uniflori, hirtelli, 1 cm longi, bracteis foliaceis lanceolatis suffulti. Calycis receptaculum obovoideum, subglabrum, lobi lineares, acutiusculi, integri, patentes usque subreflexi, 3 mm longi. Corolla lilacina, glabra, 10 mm longa, tubus fenestratus, 4 mm longus, lobi superiores spathulati, minores, lobi inferiores obovati, labium tripartitum basi gibbosum formantes. Antherarum tubus 1 mm longus, nigrescens, orificio barbatus. Capsula immatura globosa, infera. — Fig. 91 a.

Guatemala: Dept. Huehuetenango, zwischen Todos los Santos und Chiantla auf Wiesen am Abhang und den Llanos auf dem Kamm der Kordillere, 3000 m. 11. IX. 1896 (C. & E. Seler n. 3022! — Hb. B., Typus); Totonicapam, Llanos, 3000 m, fast bestandbildend (C. & E. Seler n. 2375! — Hb. B.); Cumbre de Ceja (Bernoulli & Cario n. 1991! — Hb. Goett.).

181. **L. irasuensis** Planch. et Oerst. in Vidensk. Meddel. Kjoebenh. (1857) 153; McVaugh in North Am. Fl. XXXII A (1943) 62. — *L. Warscewiczii* Vatke in Linnaea XXXVIII (1874) 718. — *Dortmannia Warscewiczii* O. Kuntze, Rev. Gen. II (1891) 973. — Caules ascendentes, glabri vel inferne sparse hirti, 8—40 cm alti. Folia caulina sessilia, ima oblanceolata, reliqua linearia usque lanceolata, 1—5(10) cm longa, 0,15—0,6 cm lata, ad apicem attenuata, basi lata, margine plano-crenata vel serrata, glabra vel supra pubescentia et in marginibus ciliata, folia radicalia, si adsint, ovata et petiolata. Racemus plus minus pedunculatus, saepe secundus, laxus, pauci- usque 30-florus. Pedicelli fructiferi 4—6(9) mm longi, setulosi, suberecti, basi bracteolis minutis vel nullis. Bracteae lineares, pedicellos plerumque aequantes. Corolla

7—12 mm longa, glabra, lobi 2 superiores triangulares, lobi inferiores elliptici. Filamenta 1—2 mm longa, ciliata. Antherae apice omnes barbatae. Hypanthium brevi-campanulatum, parum obliquum et pubescens, fructificans ellipsoideum, circiter 3 mm diametiens. Capsula 3—5 mm longa, fere semi-infera. Calycis lobi anguste triangulares, obsolete denticulati, extus glabri, intus hirtelli, 2—5 mm longi.

A. Tubus anthereus 1—1,5 mm longus; semina opaca vel parum nitentia, subtiliter lineata.
  I. Corolla coerulea, ad 9 mm longa. . . . . var. *irasuensis*.
  II. Corolla dilute coerulea vel alba, obscure venosa, ad 12 mm longa. var. *picta*.
B. Tubus antherarum 1,5—5 mm longus; semina laevia, nitida, sine lineis; corolla dilute coerulea, obscure venosa, ad 12 mm lg. . . . . var. *fucata*.

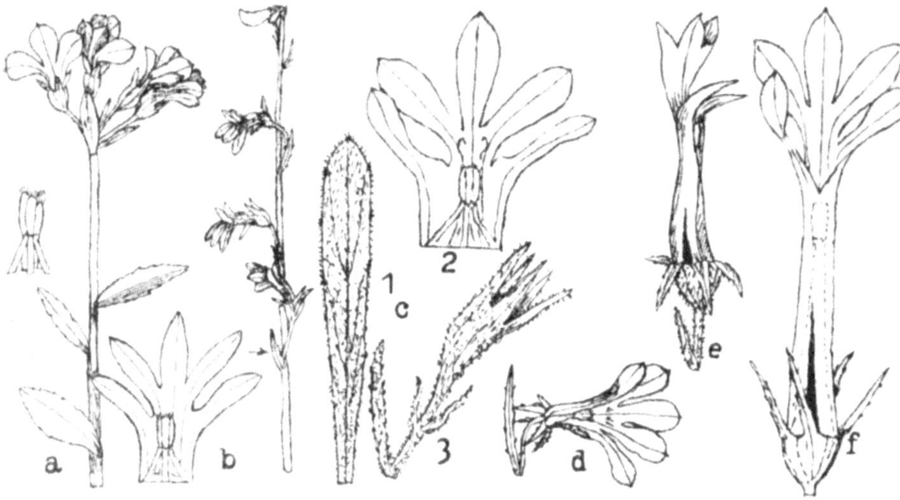

Fig. 91. a *Lobelia umbellifera* 1/1: androec. auct. — b *L. irasuensis* 1/1: corolla expl. 3/1. — c *L. holotricha*: 1 folium 2/1, 2 corolla expl. 3/1, 3 calyx 3/1. — d *L. poetica*: flos 2/1. — e *L. hartwegii*: flos 2/1. — f *L. sinaloae*: flos 2/1.

var. **irasuensis** — Corolla coerulea, obscure coerulea vel purpurascens. Tubus anthereus 1—1,3 mm lg.; cetera ut supra. — Fig. 91 b.

Costarica: Vulkan Irazú, regio Quercuum, c. 2600 m (Oersted n. 9246 — Typ. Koph. ex McVaugh); ohne nähere Ortsangabe (Warscewicz n. 20! — B. Typ. pro *L. Warscewiczii*; Endres n. 503! — Hb. W.). — Panama: Ohne weitere Angabe (Pittier n. 3072!). — Tuis, Waldweg, 750 m, VIII. Central-Am. (Lehmann! — B.).

var. **picta** (Robins. et Seat.) McVaugh ll. cc. — *L. picta* Robins. et Seat. in Proc. Am. Acad. XXVIII (1893) 112. — Corolla coerulescens vel alba, obscure coeruleo-venosa, ad 12 mm longa. Tubus antherarum 1,3—1,5 mm longus. Semina ut in var. *irasuensis*.

Mexico: State Mexico, Sierra de las Cruces, cold springly meadows (Pringle n. 4305! — Typ. Gray Hb., Del. Goett. B.).

var. **fucata** McVaugh ll. cc. — Corolla coerulea vel purpurascens, ad 13 mm longa, extus interdum subhirta. Tubus antherarum 1,3—1,5 mm longus. Folia magis elongata, ad basin angustata. Semina laevia, nitida, 0,5 mm lg.

Mexico: Durango, Dos Cajetes, XI. (E. Palmer n. 817! — N. Y., B. Stkh.); Sierra Madre (Seemann n. 2053! — Kew, N. Y., Koph.).

182. **L. jaliscensis** McVaugh in Am. Midl. Naturalist XXIV (1940) 697 et in North Am. Fl. XXXII A (1943) 62. — Habitus ut in praecedente specie var. *fucata*. Folia lineari-lanceolata, utrinque angustata, 6—10 cm longa, 0,3 cm lata. Racemus secundus, pedunculatus, multiflorus. Pedicelli 3—4 mm longi, setulosi, basi duabus bracteolis filiformibus ornati. Bracteae lineares, ciliolati, pedicellis longiores vel breviores. Hypanthium oblique hemisphaericum, hirtellum, basi rotundatum; lobi calycini jam sub anthesi reflexi, anguste triangulares, denticulati, 3 mm longi. Corolla coerulea, extus puberula, ad 10 mm longa; lobi superiores e basi triangulari lineares, lobi inferiores obovati, circiter 5 mm longi et 3 mm lati. Filamenta 2 mm longa, ciliata. Tubus antherarum circiter 1,5 mm longus, apice barbatus. Capsula infera, subglobosa, circiter 3 mm lg. Semina ellipsoidea, fusca, nitida, subtilissime lineata, 0,4 mm lg.

M e x i c o : State of Jalisco, Sierra Madre, San Sebastian, n. e. of Hacienda del Cura, open pine forest, 1425 m (Y n e s M e x i a n. 1371! Hb. Calif. Univ., Field, Wash. N. Y.); east of Arroyo de los Hornos, 1500 m, III. (Y n e s M e x i a n. 1808! — Hb. Calif. Univ.); State of Sinaloa, Sierra Madre Mountains, Trail ,,El Batel" to Durango, open oak and pine forest, XI. (Y n e s M e x i a n. 473! — Hb. Calif. Univ.).

183. **L. holotricha** E. Wimm. in Fedde, Repert. Spec. Nov. XXXVIII (1935) 87 et in Macbride, Fl. Peru. VI (1937) 478. — Herba cr. 25 cm alta, erecta, hirta. Caulis angulatus, foliis adpressis obsitus. Folia inferiora oblanceolata, 23 mm longa et 3 mm lata, cetera linearia, 12 mm lg. et 1 mm lt., obtusa, basi parum angustata, sessilia, margine callose minuteque denticulata, utrinque hirta, membranacea. Flores in racemo terminali, laxo, paucifloro. Pedicelli erecti, 5 mm longi, medio bracteolis 2 linearibus 3—4 mm longis ornati, bractea foliacea pedicellis aequilonga. Hypanthium oblique obconicum lobis subulatis, denticulatis, erectis. Corolla cyanea, extus subhirta, 1 cm longa; lobi superiores lineari-lanceolati, labium inferius tripartitum, lobi elliptici, basi gibbosi. Stamina vix 4 mm longa: filamenta tam longa quam antherarum tubus. — Fig. 91 c.

P e r u : 6 Meilen südlich von Mito, Dep. Huánuco, auf Berggipfel, Grasland, 3600 m, blühend im August (M a c b r i d e et F e a t h e r s t o n e n. 1906! — Typ. Field Mus.).

184. **L. fenestralis** Cavanilles, Icon. VI (1801) 8, t. 512, f. 1; Humboldt, Bonpland & Kunth, Nov. Gen. et Spec. Amer. III (1818) 512; Roem. & Schult., Syst. V (1819) 45; G. Don, Gen. Syst. III (1834) 705; Lindley, Bot. Reg. XXIV (1838) t. 47; A. De Candolle, Prodr. VII (1839) 360; Hemsley, Biolog. Centrali-Amer. II (1882) 266; Ramirez, Estud. Hist. Nat. (1904) t. 2. — *L. crispa* Graham in Edinb. N. Phil. Journ. (1826) 173. — *L. spicata* Moçin. Icon. Mex. ined. ex A. DC. l. c.; Ruiz & Pavon ex G. Don l. c., non Lam. — *L. stricta* Martens & Gal., in Bull. Acad. Brux. IX (1842) 43. — *Rapuntium fenestrale* et *spicatum* Presl, Prodr. Mon. (1836) 13, 31. — *Dortmannia fenestralis* O. Kuntze, Revis. II (1891) 972. — Caulis erectus, plerumque ramosus, foliosus, dentato-alatus e foliis decurrentibus, pilosulus vel glabratus, 20—50 cm altus. Folia subamplexicaulia, inferiora angusti-spathulata et basi angustata, reliqua oblongo-linearia usque sublinearia, apice acuta, 3—7 cm longa et 0,5—1,2 cm lata, irregulariter dentata, crispa, hirtella imprimis ad marginem et subtus ad costam, interdum glabrescentia. Racemus densus, multiflorus, elongatus. Bracteae foliaceae, flores superantes vel eis breviores. Pedicelli 3 mm longi, hirtelli. Hypanthium obliquo-turbinatum, lobi calycini subulati, 2 mm longi, denticulati, ciliati, patentes usque divaricati. Corolla violacea vel cyanea, rarius alba, 10 mm longa, tubus pallidus, fenestratus (inde nomen!), 4—5 mm longus; lobi superiores lineares, recurvati, lobi inferiores obovati, in labium trifidum connati. Stamina 3—4 mm longa, inclusa, pubescentia. Capsula oblonga, glabrata, 8 mm longa, fere infera. Semina ellipsoidea, fusca, laevia, nitida.

M e x i c o und nördlich angrenzendes Gebiet, Unkraut auf wüsten Plätzen und auf Kulturboden, blühend von Juli bis Oktober. Häufig in der Umgebung von Mexico-Stadt (N é e! — Hb. Madrid, sp. orig.; B e r l a n d i e r n. 658! 1095! H u m b o l d t n. 4186! E h r e n b e r g n. 507! F r e d M ü l l e r n. 561! S c h m i t z U h d e n. 678! 678 a, b, c! 681! W. S c h a f f n e r n. 879! P a v o n! — Typus pro *L. spicata* Ruiz & Pavon, irrtümlich als in Peru vorkommend angegeben); Eslaba, 2400 m, Tutenango-Station, VII. (P r i n g l e n. 11622! 9430!); Talmanalco, Rasenplätze bei San Rafael (C. & E. S e l e r n. 5324!); Amecameca 2600 m, 25. VII., fl. red-purple (B a l l s n. 5094! — Hb. B.); Ixtaccihuatl, Amecameca (P u r p u s n. 1905!); Toluca, an der Straße und im Tale bei Toluca und in dem Porphyrgebirge von San Miguel (L. H. B a i l e y n. 475! B e r l a n d i e r n. 658! 1095! 1120! M o h r n. 17! C. H e l l e r n. 289!); Puebla, Laguna San Baltasar und Chinantla (A r s é n e n. 244! 5424! 278! L i e b m a n n n. 7778! 9200!); Tesmalaquilla, 3100 m, IX. (B a l l s n. B 5400!); Orizaba (M o h r n. 13!; B o u r g e a u n. 3366! B o t t e r i & S u m i c h r a s t n. 232!); Distr. Demascaltepec, Teneria, 2000 m, Volcan, 1530 m (H i n t o n n. 1092! 1658! — Hb. B.); Morelia (A r s é n e n. 6003! 6847!); Acambaro, zwischen den Bahnschienen (C. & E. S e l e r n. 1169!); Salamanca, Guanajuato (H u m b o l d t! — Hb. B.); Aguas Calientes (H a r t w e g n. 101!); Huejuquilla (J. N. R o s e n. 2543! — Hb. Wash.); zwischen Somoriel und Las Lajas (R o s e, P a i n t e r & R o s e n. 9222!); Tepic (P a l m e r!); Oaxaca, Regla, 1800 m (G a l e o t t i n. 1980! — Hb. W., Typus pro *L. stricta* Mart. & Gal.); San Luis Potosi (P a l m e r n. 713! S c h a f f n e r n. 388!); Durango (P a l m e r n. 371!); Chihuahua: Tal bei Chihuahua, X. (P r i n g l e n. 614!), Pacheco (N e l s o n n. 6256! — Hb. Wash.); Berge nordwestlich von Chihuahua und Creekbed Majalca (H. L e S u e u r! und n. 952! — Hb. Field), Canelas, Rio Mayo, Transition, Wiesen (Expl. H o w a r d S c o t t G e n t r y n. 1921! — Hb. Field). — U. S. A.: Südarizona (L e m m o n Hb. n. 2806 ½! — Hb. Del.), Chiricahua-Gebirge, Joe Smith's Ranch, Feldrand, 1500 m, VIII. (B l u m e r n. 2095! — Hb. Wash.). N. Mexico (C. W r i g h t n. 1430! — Hb. Cambr.).

var. **pectinata** (Engelm.) E. Wimm. in Annal. Naturhist. Mus. Wien LVI (1948) 358. — *L. pectinata* Engelmann apud Wislizenus, Memoir. Tour. North. Mex. (1848) 108; Walpers, Annal. II (1851—52) 1033. — Scabriuscula vel glabra. Folia, bracteae et calycis lobi pectinato-dentati. Corolla „coerulea".

M e x i c o : Staat Chihuahua, Cosiquiriachi, feuchte Plätze, 1300 m, 28. IX. 1846 (A. W i s l i z e n u s n. 192! — Hb. Missouri Bot. Gard.).

185. **L. poetica** E. Wimm. in Fedde, Repert. Spec. Nov. XXII (1926) 195; McVaugh in North Am. Fl. XXXII A (1943) 61. — Herba 30—40 cm alta, glaberrima. Radix fasciculata, radiculis incrassatis. Caulis erectus, laxe foliatus. Folia linearia, sessilia, remote glandulose denticulata, inferiora breviora, 1—3 cm longa et 0,1 cm lata, superiora longiora, usque 7 cm longa et 0,15 cm lata. Racemus 10—15 cm longus, laxus, secundus. Bracteae foliaceae, pedicellis 3—7 cm longis et brevissime puberulis longiores. Hypanthium nullum. Sepala subulata, 5 mm longa, denticulata, reflexa, intus puberula. Corolla coerulea, 16 mm longa: lobi 2 superiores spathulati, acuti; labium inferius tripartitum, eius lobi obovati, mucronulati. Stamina 4 mm longa; filamenta fere libera, glabra; antherarum tubus vix 2 mm longus, villosus, apice omnes antherae barbatae. — Fig. 91 d.

M e x i c o : Sierra Madre, Territorium von Tepic, zwischen Santa Gertrudis und Santa Teresa, blühend im August (J. N. R o s e n. 2100! — Typ. Herb. Wash.); Western Durango (McVaugh laut briefl. Mitteilung).

186. **L. hartwegii** Benth., Pl. Hartweg. (1839) 16; A. De Cand., Prodr. VII (1839) 361; Hemsley, Biolog. Centralam. II (1881) 267; McVaugh in North Am. Fl. XXXII A (1943) 60. — *L. velutina* Mart. et Gal. in Bull. Acad. Brux. IX (1842) 41. —

Dortmannia Hartwegii O. Kuntze, Revis. Gen. Pl. II (1891) 972. — Herba perennis, plus minusve hirta, 30—90 cm alta. Caulis erectus, simplex, superne nudus, natus e rhizomate, constante e nonnullis tuberibus cylindraceis circiter 5 cm longis et 0,6 cm diametientibus. Folia ima oblongo-obovata, obtusa, breviter petiolata, reliqua sessilia oblonga usque lanceolata, acuta, basi angustata, 4—5 cm longa, 1—0,5 cm lata, margine argute dentata usque denticulata, utrinque dense puberula. Flores in racemo terminali, spiciformi, laxo, secundo, pedunculato. Bracteae lineares, acutae, pedicellis aequales vel longiores. Pedicelli compressi, 3—5 mm longi, puberuli. Hypanthium hemisphaericum; lobi calycini anguste triangulares, callose denticulati, demum reflexi, 4 mm longi. Corolla azurea („bleu vif“ ex Galeotti), puberula, 16 mm longa: tubus pallidus, 10 mm longus, rectus, fenestratus; lobi 2 superiores lineares, 5 mm longi et 1 mm lati, suberecti; lobi inferiores labium trifidum formantes, subobovati, mucronulati, fere 6 mm longi et 4 mm lati. Filamenta inferne fissa et pubescentia, superne connata et glabra, 7 mm longa; tubus anthereus glaber, 3 mm longus, orificio dense pilosus. Capsula subglobosa, inferior. Semina matura non vidi. — Fig. 91 e.

Mexico: Bolaños zwischen Mexico und Zacatecas (Hartweg n. 102! — W. Del.); felsige Stellen an der südlichen Küste, 1800 m (Galeotti! — Del.); San Andreas, San Miguel, La Galera, Donagua ... (Liebmann n. 7770! 9231—9234! — Koph.); Oaxaca, Sierra de San Felipe (Smith n. 724! — Wash.).

var. **angusta** E. Wimm. in Annal. Naturhist. Mus. Wien LVI (1948) 359. — Folia omnia sessilia (ima non vidi) linearia, acuminata, denticulata, glabrata, 6—8 cm longa et 2—5 mm lata.

Mexico: Oaxaca, Sierra de Clavellinas, trockene Abhänge unter Zwergeichen, 2400 m (Pringle n. 6003!); Oaxaca (Franco n. 93! Ghiesbreght! — Hb. Del.).

187. **L. sinaloae** Sprague in Kew Bull. (1929) 7. — *L. tubiflora* E. Wimm. ex G. Ortega, Apunt. Fl. Indig. Sinaloa (1929) 31, nom. — Herba 60 cm alta. Caulis leviter flexuosus, brevissime puberulus, foliatus, superne denudatus. Folia sessilia, lanceolato-oblonga, superiora angustiora, 5—9 cm longa et (0,5) 1—3 cm lata, apice subacuminata, basi angustata, margine repando-dentata vel denticulata, supra dense inconspicue hirtella, subtus albo-viridia et parce hirtella. Flores in racemo terminali, sublaxo, secundo, cr. 10 cm longo. Bracteae lineares acuminatae, denticulatae, puberulae, pedicellis 3—5 mm longis longiores. Calycis tubus semiglobosus, 10-costatus, puberulus, eius lobi subulati, denticulati, erecto-patentes, 6—10 mm longi. Corolla violacea, inconspicue puberula, cr. 26 mm longa, eius tubus pallidus, cr. 16 mm longus, dorso partim connatus, versus basin tantum fissus; lobi 2 superiores spathulati; labium inferius tripartitum, lobi elliptici, 6—9 mm longi et 4—6 mm lati. Stamina glabra, 15 mm longa; antherarum tubus nigro-violaceus, apice dense barbatus. — Fig. 91 f.

Mexico: Sierra Madre (Seemann n. 2048 — Typ. Herb. Kew); Sinaloa oder Nayarit (J. G. Ortega n. 1575); Sinaloa, La Galeanu, 800 m, blühend im Sept. (M. P. Dehesa n. 1575! Herb. Wash.); western Durango (McVaugh lt. briefl. Mitteilung).

L. hartwegii et *L. sinaloae* inter se arcte affines et vix specifice distinctae, tamen *L. sinaloae* singulari charactere: tubo corollae dorso parte dimidio connato excellens.

Subsect. 2. **Delostemon** E. Wimm.

Delostemon E. Wimm. in Annal. Naturhist. Mus. Wien LVI (1948) 359. — Tubus stamineus e fissura dorsali corollae prosiliens, inter lobos 2 superiores prospiciens et tubo corollae paululum longior. Herbae vel fruticuli graciles erecti, procumbentes vel ascendentes, floribus racemosis, raro subpaniculatis.

Huc pertinent species ex Australia, Asia australi, Africa, paucae ex America Meridionali.

Clavis gregum:

A. Corollae lobi labii inferioris valde impares: Medius lobus distincte longior vel major quam laterales; lobi 2 superiores parvi, reclinati et interdum unidentati. Inflorescentia racemosa vel subpaniculata. Semina trigona, raro ellipsoidea. Species Australiae indigenae (Confer fig. 92) .... Grex 1. *Impares.*

B. Corollae lobi labii inferioris inter se aequales vel fere aequales.
   I. Flores in axillis foliorum solitarii, apicem versus interdum in racemum foliatum vel bracteatum transeuntes, caule usque ad inflorescentiam foliato. Semina (saltem plantarum Asiae) trigona. Herbae plerumque procumbenti-ascendentes (Fig. 93) .... Grex 2. *Gratioloides.*
   II. Racemi florum distincte pedunculati (interdum flores etiam axillares ut in *L. pinifolia*); pedunculi axillares et terminales (Fig. 94) Grex 3. *Genistoides.*

Grex 1. **Impares** E. Wimm.

Impares E. Wimm. in Annal. Naturhist. Mus. Wien LVI (1948) 359. — Diagn. vide supra.

Clavis specierum:

A. Flores in racemo secundo, pedicelli flore breviores.
   I. Folia ovato-triangularia subcordata .... 188. *L. trigonocaulis.*
   II. Folia elliptica, oblongo-lanceolata usque linearia.
      a. Corollae medius lobus labii inferioris anguste oblanceolatus vel lanceolatus.
         α. Folia elliptica usque oblongo-lanceolata, dentata, parva, pauca 189. 2. *L. dentata.*
         β. Folia linearia, remote dentata vel integra, rara.
            * Folia integra; semina trigona, cr. 0,3 mm lg. ..... 190. *L. gibbosa.*
            ** Folia remote dentata; semina trigona, cr. 0,6 mm lg. 191. *L. simplicicaulis.*
      b. Lobus corollae medius labii inferioris late obovatus.
         1. Folia elliptica usque oblonga, lobato-dentata .... 192. *L. gracilis.*
         2. Folia linearia, anguste pinnatifido-dentata ...... 193. *L. heterophylla.*

B. Flores longe pedicellati, interdum subpaniculati; pedicelli flore multo longiores, dissiti.
   I. Folia parva, squamaeformia vel linearia, integra, 4—7 mm longa; lobus medius anguste lanceolatus .... 194. *L. rarifolia.*
   II. Folia linearia vel lanceolata vel ovalia, inferiora saepe obovata, dentata.
      a. Corollae lobus medius labii inferioris lanceolatus aut leviter oblanceolatus; folia elliptica usque oblonga.
         α. Folia lobato- vel inciso-dentata; tubus antherarum orificio ciliatus 195. *L. rhombifolia.*
         β. Folia crenulata vel callose denticulata; tubus antherarum apice pilis carens, ergo nudus .... 196. *L. psilostoma.*
      b. Lobus medius corollae late obovatus vel obcordatus.
         1. Lobi 2 superiores cum 1 lobulo laterali; planta 2—7 cm alta; folia 3—12 mm longa, dente 1, raro 2 utrinque .... 197. *L. winfridae.*
         2. Lobi superiores integri; planta plerumque supra 15 cm alta.
            α. Folia linearia, remote pinnatifido-dentata vel dentata; pedicelli subteretes .... 198. *L. rhytidosperma.*
            β. Folia inferiora obovata, irregulariter profunde dentata vel lobata, superiora linearia, saepe integra.
               * Caules triangulares vel alati; semina ovoidea, in uno latere rugosa .... 199. *L. gouldii.*
               ** Caules teretiusculi; semina lenticularia, laevia .. 200. *L. tenuior.*

188. **L. trigonocaulis** F. Muell. Fragm. I. (1858) 18 et 242; Benth. Fl. Austr. IV (1869) 127, non Hook. f. Bot. Mag. t. 5088; F. M. Bailey, Queensl. Fl. III (1900) 917; Ch. Moore, Handb. Fl. N. S. Wales (1893) 301. — *Dortmannia trigonocaulis* O. Kuntze, Revis. II (1891) 973. — Caules procumbenti-ascendentes, graciles, triangulares, parce hirsuti, 20—40 cm alti. Folia petiolata, petiolo 12—22 mm longo, anguste alato et sparse hirsuto; lamina foliorum inferiorum suborbicularis, 14 mm longa et 12 mm lata, reliqua ovata vel triangularia, 22 mm longa et 15 mm lata, basi subcordata vel truncata, apice acuto obtusiuscula, grosse dentata, sparse hirtella. Pedunculus infra inflorescentiam nudus. Flores in racemo secundo, laxo: Bracteae subulatae, pedicellis hirtellis medio bibracteolatis, 3—4 mm longis breviores; hypanthium ovoideum, in costis hirtellum; lobi calycis subulati, patentes, 2 mm longi. Corolla coerulea, glabra, 14 mm longa; lobi 2 superiores oblongi, reclinati, 3 mm longi, dorso hirsuti; labium inferius tripartitum, lobi leviter oblanceolati, retusi. Semina (non visa) ovoidea, minute foveolata.

Australien: Queensland: In schattigen Wäldern an Flüssen, Brisbane River, Moreton Bay (F. Mueller). — N. S. Wales: Hastings und Macley Rivers (Beckler, Betche!); Gosford — Hb. Univ. W! — New England (C. Stuart).

189. **L. dentata** Cav. Icon. VI (1801) 14, t. 522, non Willd. nec Sieber nec Torrey; R. Br. Prodr. (1810) 564; G. Don Syst. III (1834) 714; A. DC. Prodr. VII (1839) 364. Benth. Fl. Austr. IV (1869) 125; F. M. Bailey, Queensl. Fl. II (1900) 916; Banks et Solander, Bot. Cooks Voy. II (1901) 56, t. 179. — *Rapuntium dentatum* Presl Prodr. Lobel. (1836) 21. — *Dortmannia dentata* O. Kuntze, Revis. II (1891) 972. — Annua, erecta, glabra. Caulis sparse foliatus, simplex vel cum ramis erectis, superne nudus. Folia inferiora breviter petiolata, cetera sessilia, elliptica usque lanceolata, basi cuneata, apice acuta, margine remotius argute dentata, 15—20 mm longa et 4—10 mm lata. Flores in racemo secundo, laxo. Bracteae subulatae, pedicellis multoties breviores; pedicelli suberecti, 1 cm longi. Calycis tubus oblique obovoideus, dorso gibbosus, lobi subulati, 3—4 mm longi. Corolla 18—22 mm longa, coerulea, lobi 2 superiores oblongi, acuti 3 mm longi, resupinati; labium inferius tripartitum, lobi laterales lineari-oblongi, 7—10 mm longi, lobus medius oblanceolatus, apice truncato mucronulatus, 10—12 mm longus. Semina fusca, ellipsoidea, foveolata, minuta. — Fig. 92 a.

Australien: N. S. Wales (F. Bauer! Anderson!); Sydney, blue Mountains (A. Cunningham! Anderson!); Clarence River (Beckler); Botany Bay (Banks!); Port Jackson, IV. (Née — Hb. Madrid, sp. orig.; Ferd. Bauer! — Hb. W.).

Specimen originarium in herbario Née-Madrid asservatum et a cl. Cavanilles *Lobelia dentata* signatum, continet 2 species, quarum sinistrum specimen verisimiliter nostra species est, specimen dextrum autem certe *L. gracilis* Andr. Sed Icon Cavanillesii respectu corollae quadrat cum eius descriptione, minus bene folia figurae, quae in ambobus speciebus vere similia et difficulter dijudicanda sunt; sed adhuc aliud discrimen inter has species rem certiorem facit, nempe semina, quae in *L. dentata* ellipsoidea, in *L. gracili* autem trigona apparent.

190. **L. gibbosa** Labill. Nov. Holl. Pl. I (1804) 50, t. 71; R. Br. Prodr. (1810) 564; G. Don Gen. Syst. III (1834) 714; A. DC. Prodr. VII (1839) 358; Hook. f. Fl. Tasm. I (1860) 238 p. p.; Benth. Fl. Austr. IV (1869) 124 p. p.; Black Fl. S. Austral. (1929) 547. — *Rapuntium gibbosum* Presl Prodr. Lobel. (1836) 13. — *Dortmannia gibbosa* O. Kuntze, Revis. II (1891) 972. — *Lobelia microsperma* F. Muell. Fragm. X (1876) 41. — *L. gibbosa* var. *microsperma* F. M. Bailey Queensl. Fl. II (1900) 916. — *Dortmannia microsperma* O. Kuntze l. c. — *L. Toppii* Luehm. in Vict. Nat. XVII (1901) 169. — Illustr.ex Ind. Lond.: Meredith, Bush Friends Tasm. (1860) t. 6; Sulman, Wild Fl. N. S. Wales II (1914) t. 44.

Herba annua, glaberrima, 15—30 cm alta. Caulis erectus, simplex vel subramosus, subteres, sparse foliatus, crassiusculus. Folia ima obovata, media supremaque rara, linearia usque filiformia, crassiuscula, integra, 5—40 mm longa. Racemus terminalis, simplex vel parce ramosus, secundus. 5—10-florus. Bracteae minutae. Pedicelli 5 mm longi suberecti. Hypanthium obovoideum, ad latus superius valde turgens, lobis calycinis erectis, subulatis, 4—5 mm longis. Corolla 15—20 mm extus purpurascens, intus coerulea, segmenta costa alba signata (Diels)longa;

Fig. 92. a *Lobelia dentata*: pars inferior plantae 2/1, flos ca. 1/1. — b *L. gibbosa*: corolla expl. 1/1, semen ca. 14/1. — c *L. gibbosa* var. *browniana*: corolla expl. 2/1. — d *L. simplicicaulis*: flos fere 2/1, semen 15/1. — e *L. gracilis*: pars plantae, corolla expl. 2/1. — f *L. heterophylla*: flos fere 2/1. semen transverse dissect. ca. 8/1. — g *L. rhombifolia:* pars inferior plantae 1/1. — h *L. winfridae* ca. 1/1: lobus superior corollae et androec. auct. — i *L. rhytidosperma*: pars corollae expl. parum auct., semen a latere superiore et inferiore ca. 15/1. — j *L. rarifolia* 1/1. — *k L. tenuior*: folium 1/1, flos (partim) fere 2/1. — Orig.

lobi 2 superiores glabri, recurvati, ceteris breviores; labium inferius trifidum, lobi lanceolati, subacuti. Filamenta 5—6 mm longa, glabra. Antherarum tubus 4 mm longus, orificio dense ciliatus. Capsula oblique obovoidea, 10-costata. Semina trigona, subtilissima, cr. 0,2 mm longa.

var. **gibbosa.** — Fig. 92 b.

A u s t r a l i e n , besonders in der Küstenregion verbreitet, oft von der folgenden Art nicht unterschieden oder mit ihr verwechselt: Van Diemens Land (L a b i l l a r d i è r e — Typ. in Herb. Del.; F. B a u e r! H ü g e l! C. S t u a r t!

Gunn n. 514!); Mac Leay's River (Fitzgerald!); Pine River (Fitzalan!); — Queensland: Marrochie und Burnett River (ex Bailey); Brisbane River (A. Dietrich!); — Victoria: Grampian Mountains (F. Mueller!; Hall's Gap (J. Tilden n. 904!); Upper Yarra River (C. Walter!); — Süd-Australien: Eyre Halbinsel, Port Lincoln (F. Mueller!); — West-Australien: Swan River (Drummond n. 177! 441! Sieber n. 619!); Distrikt South West Plantagenet, unter Gesträuch feuchter Hügel nicht weit vom Meere, blühend im Januar (E. Pritzel n. 236! Lhotsky!); King George's Sound (Cuming!); Nannine, Murchison River (A. W. Morgan! — Typ. für *L. Toppii*). — Ob auch in Tasmania, ist fraglich, ich habe kein sicheres Exemplar von dort gesehen.

var. **browniana** (R. et S.) F. M. Bailey Queensl. Fl. II (1900) 916. — *L. Browniana* Roem. et S. Syst. Veg. V (1819) 71; A. DC. Prodr. VII (1839) 359; F. Muell. Fragm. X (1876) 41. — *L. stricta* R. Br. Prodr. (1810) 564, non Swartz. — *Rapuntium Brownianum* Presl l. c. 30. — *Dortmannia Browniana* O. Kuntze l. c. — *Lobelia gibbosa* Benth. Fl. Austr. IV (1869) 124 p. p.; Ch. Moore Handb. Fl. N. S. Wales (1893) 301 p. p. — Fig. 92 c.

Caulis gracilis, tenuior quam in var. *gibbosa*; folia linearia, uncinato-antrorsum dentata; lobi calycis 2 mm longi; corolla minor, 11 mm longa; lobi corollae superiores dorso pilosi. Capsula globoso-ovoidea, dorso valde gibbosa.

Australien bis Tasmania, an Flüssen und an der Küste: Nord-Australien: Cap Van Diemen (Billardière!). — Queensland: Moreton Island (F. Mueller!); Mudgee (Wools), Burdekin's, Burnett's, Clarence's Rivers (ex F. Mueller); Condamine's River (Hartmann n. 176!). — N. S. Wales: Paramatta (Wools!). — Tasmania (Milligan n. 259! Oldfield!); Mersey (C. Stuart).

191. **L. simplicicaulis** R. Br. Prodr. (1810) 564; G. Don Gen. Syst. III (1834) 714; A. DC. Prodr. VII (1839) 358 p. p. — *L. gibbosa* var. *simplicicaulis* F. M. Bailey Queensl. Fl. II (1900) 916. — *L. gibbosa* Hook. f., Fl. Tasm. I (1860) 238 p. p.; Benth. Fl. Austr. IV (1869) 124 p. p. — *Rapuntium simplicicaule* Presl Prodr. Lobel. (1836) 30.

Habitus *L. gibbosae*, sed caulis tenuior: folia lanceolato-linearia, remote dentata. Hypanthium oblongo-ovoideum usque obovoideum, parum gibbosum; lobi calycis subulati 3 mm longi. Corolla 16 mm longa, secus ut in *L. gibbosa*, sed intus glaber. Semina oblongo-trigona, fere duplo majora, ca. 0,6 mm longa. — Fig. 92 d.

Australien: Van Diemens Land (Lindley! Gunn n. 514 p. p.! — Del! non W!); Van Diemens Insel (Gunn n. 104!). — Victoria: Dandenong (C. Walter!); Hall's Gap, Grampian Mountains (J. Tilden n. 904!); Port Phillip, in lichtem Walde (Lhotsky n. 62! — Hb. Cambr.).

Tasmania: Häufig auf sandigem Boden (Gunn n. 115 ex Hooker — blühend vom Nov. bis Jänner); Port Arthur (Maiden!); Huon Irak an steinigen Orten (Oldfield! — Hb. W.).

Species ut videtur a *L. gibbosa* satis distincta foliis dentatis et imprimis supra duplo majoribus seminibus. Hybridae inter eas vel cum varietate *browniana* non certe notae, sed vere probabiles.

192. **L. gracilis** Andr. Bot. Repos. V (1803) t. 340, non Nutt.; Bot. Mag. XIX (1804) t. 741; R. Br. Prodr. (1810) 563; Roem. & Schult., Syst. V (1819) 70; G. Don Gen. Syst. III (1834) 713; A. DC. Prodr. VII (1839) 364; Benth. Fl. Austr. IV. (1869) 125; F. M. Bailey Queensl. Fl. II (1900) 917. — *Rapuntium gracile* Presl Prodr. Lobel. (1836) 21. — *Dortmannia gracilis* O. Kuntze, Revis. II (1891) 972. — *Lobelia dentata* Sieber Herb. N. Holl. n. 179, non Cav. — Annua, glabra, ramis ascendentibus. Caulis 20—40 cm altus, sparse foliatus, superne

nudus. Folia oblonga usque lineari-lanceolata 10—20 mm longa et 4—8 mm lata, basi in petiolum 8—5 mm longum angustata, apice acuta, margine remote inciso-dentata, dentes 1—3 triangulares utrinque. Flores in racemo secundo, laxo. Bracteae subulatae; pedicelli patentes 10—15 mm longi; hypanthium gibboso-obovoideum, lobi subulati, 3 mm longi, tubo fere aequales. Corolla intense coerulea, fauce lutea, 14 mm longa; lobi 2 superiores oblongi, breves, resupinati, dorso pilosi; labium inferius tripartitum, 10 mm longum, lobi laterales obovati, lobus medius major et late subquadrato-obcordatus. Capsula obovoidea. Semina convexo-trigona, fusca, foveolata, illis *L. dentatae* majora. — Fig. 92e.

Australia: N. S. Wales: Port Jackson to the Blue Mountains (Née! R. Brown, Sieber n. 179!); Port Phillip (Mossmann n. 198! Port Stephens (Burnett!); Bittangabe (Mossmann n. 350!); Ostküste (Verreaux n. 156!); Sandy-Island (Cuming — anno 1859! — Hb. Del.).

var. **major** Benth. Fl. Austr. IV (1869) 125; Bailey Queensl. Fl. II (1900) 917. — *L. trigonocaulis* Hook. f. Bot. Mag. (1858) t. 5088, non F. Muell. — Planta major; folia lobato-dentata, usque 4 cm longa et 2,3 cm lata. Tubus corollae rubescens, latior; lobus inferior medius 10 mm longus et 14 mm latus.

Queensland: Mount Lindsay, in Felsspalten; Moreton Bay (W. Hill); Port. Jackson (E. Gaudichaud n. 70! Goulburn!); Sidney (Delessert! Stephenson!) — In hortis saepe culta.

f. **rosea** (Hort.) E. Wimm. — *L. gracilis* var. *rosea* Hort. ex J. W. Loudon, Ladies' Fl. Gard. Ornam. Annuals (1844) t. 29. — Corolla rosea. — In hortis culta.

193. **L. heterophylla** Labill. Nov. Holl. Pl. I (1804) 52, t. 74 (non Willd. nec Hook. f. Bot. Mag. t. 3784, nec. Lindl. Bot. Reg. t. 2014); R. Br. Prodr. (1810) 564; Roem. et Schult., Syst. V (1819) 71; G. Don Gen. Syst. III (1834) 714; Benth. Enum. Pl. Huegel (1837) 74; A. DC. Prodr. VII (1839) 539; De Vriese, Pl. Preiss I (1845) 393; Benth. Fl. Austr. IV (1869) 124 excl. fig. cit. — *Rapuntium heterophyllum* Presl. l. c. 12. — *Dortmannia heterophylla* O. Kuntze, Revis. II (1891) 972. — Annua, glabriuscula. Caulis erectus, angulatus, succulentus, simplex, parce foliatus, 20—30 cm altus. Folia basalia, si adsunt, elliptica, integra, cetera linearia, 2—3 cm longa, remote pinnatifido-dentata, sessilia, superiora sensim integra. Flores in racemo secundo laxissimo. Bracteae lineares, pedicellis adnatae et multo breviores. Pedicelli 12—20 mm longi, saepe flexuosi. Hypanthium oblique obconicum, 6 mm longum et 4 mm latum, 10-costatum; lobi, calycis subulati, 6 mm longi. Corolla extus flava vel flavescens venis caesiis vel purpurascentibus signata, intus intense coerulea, glabra, cr. 25 mm longa; lobi 2 superiores lanceolato-oblongi, ceteris multo breviores, dorso pilosi; lobi inferiores laterales obovati, lobus medius obcordatus. Capsula ellipsoidea, 1 cm longa. Semina fusca, triangulati-alata, 1 mm longa, alae diaphanae. — Fig. 92 f.

West-Australien: Van Leeuwin-Land (Billardière! Typ. im Herb. Willdenow und Delessert); King George's Sound und Fremantle (Hügel!); Swan River (Drummond! n. 420! — W.; Preiss n. 1427!); Bayswater und Darlington (Morrison!); Murchison River, Gascoyne River (P. Forrest!).

Pl. longo tempore imprimis ab hortulanis confusa cum *L. tenuiore* R. Br., ut in Bot. Mag. t. 3784, Bot. Reg. t. 2014, Paxton Mag. IX, 101 c. fig., Regel Gartenflora VII, 44.

Diels bemerkt zu dieser Pflanze in Engler, Jahrb. 35 (1905) 549, daß der saftreiche Stengel, dessen Laub zur Blütezeit schon verdorrt ist, durch das in ihm aufgespeicherte Wasser auch in der Trockenzeit gedeihen und reichlich Samen reifen kann. Es dürfte allen in diese Gruppe gehörigen Arten durch den in Stengel und öfter auch in den Blättern gesammelten Saftvorrat möglich sein, die Trockenzeit gut zu überstehen und auch aus dem Boden ausgerissen und ohne Wasser eine Zeit lang (mehrere Wochen) sich frisch zu erhalten und weiter zu blühen, was bei den sonst so empfindlichen Lobelien gewiß eine merkwürdige Anpassung an die Standortsverhältnisse in Australien mit ihren geringen Niederschlägen und langen Trokkenperioden ist.

194. **L. rarifolia** E. Wimm. nov. nom. in Annal. Naturhist. Mus. Wien LVI (1948) 360. — *L. parvifolia* R. Br. Prodr. (1810) 564, non Berg (1767); G. Don Gen. Syst. III (1834) 714; A. DC. Prodr. VII (1839) 359; Benth. Fl. Austr. IV (1869) 127. — *Rapuntium parvifolium* Presl Prodr. Lobel. (1836) 31.

Annua, glabra. Caulis erectus, teres, simplex vel subramosus, 20—40 cm altus. Folia rara, sessilia, adpressa, carnosa, subulato-lanceolata, obtusiuscula, 6—10 mm longa et 2 mm lata. Inflorescentia laxe subpaniculata, ramis 2—6 cm longis, 1—2-floris. Pedicelli circiter 2 cm longi, medio bracteolati. Hypanthium turbinato-ellipsoideum, dorso paullo gibbosum; lobi calycis subulati 3 mm longi. Corolla purpurascenti-flava, intus coerulea, cr. 12 mm longa; lobi 2 superiores oblanceolati, imberbes, minores et recurvati; lobus inferior medius oblanceolatus, laterales angustiores, oblongi. Capsula oblique obovoidea, latere superiore gibbosa, 7 mm longa. Semina (ex Bentham) compressa, laevia, opaca. — Fig. 92 j.

West-Australien: Südküste, King George's Sound und anliegende Gebiete, östlich bis Cap le Grand (R. Brown; Drummond n. 58! Oldfield, Maxwell).

195. **L. rhombifolia** De Vriese in Lehmann, Pl. Preiss. I (1845) 397; Benth. Fl. Austr. IV (1869) 126; Black Fl. S. Austr. (1929) 547. — *Dortmannia rhombifolia* O. Kuntze, Revis. II (1891) 973. — Herba annua, glaberrima. Caulis erectus, a basi ramosus, 15—30 cm altus. Folia inferiora breviter petiolata, reliqua sessilia, ima spathulata, dentata, alia ovalia, oblonga usque lanceolata, lobato- vel inciso-dentata, superiora saepe cum 2 dentibus longioribus utrinque, basi cuneata, 8—17 mm longa et 2—10 mm lata. Rami 1—3-flori. Pedunculi erecti, 2—6 cm longi, nudi vel folio lineari integro in medio instructi. Hypanthium turbinatum, mox latere superiore gibbosum, 2—3 mm longum; lobi calycis lineares, acuti, erecti, 3 mm longi et vix 1 mm lati. Corolla coerulea, fauce flavo-maculata, glabra, 12—16 mm longa; lobi 2 superiores lanceolati, recurvati, glabri, reliquis breviores; lobi inferiores leviter oblanceolati, 6—8 mm longi et 2 mm lati. Stamina 5—7 mm longa, glabra. Capsula gibboso-obovoidea, 8 mm longa et 4 mm lata. Semina ellipsoideo-trigona, minutissima. — Fig. 92 g.

West-Australien: Swan River (Preiss n. 1439! Typ. in Herb. Del., Drummond I. coll. n. 422!); King George's Sound (Wakefield); Kalgan und Vasse Rivers (Oldfield); Albany, Upper Kalgan und Hay Rivers (F. Mueller); in silvis umbrosis montium Darling Range (Pritzel n. 886!); Goosberry Hill, blühend im Okt. (Morrison!).

Süd-Australien: Onkaparinga und Enconter Bay (F. Mueller); Mount Jagged und Mount Barker (Whittaker).

Victoria: Upper Latrobe River (Luehmann anno 1895!).

N. S. Wales: Dandenong (C. Walter! — „herb of poisonous acridity").

Queensland: Ohne näheren Standort (A. Dietrich!).

196. **L. psilostoma** E. Wimm. nov. spec. — Caules vel rami striati, asperulati, herbacei. Folia sessilia, oblongo-elliptica, circiter 1 cm longa et 0,4 cm lata, subacuta, basi angustata, margine crenulata vel callose denticulata — dentes 2—3 utrinque vel unus in utroque latere anteriore — summa lanceolata, saepe integerima. Pedunculi singuli, uniflori, tam in axillis foliorum summorum quam ramos terminantes, parce pilosi, 15—35 mm longi, recti, tenues, in medio bracteolis linearibus 2 mm longis ornati. Calycis receptaculum oblique cupulare, 1 mm longum et 1,7 mm latum; lobi calycini lineares, obtusiusculi, integerrimi, erecti, 2,2 mm longi. Corolla 8 mm longa, glabra, lobis valde inaequalibus: lobus medius labii inferioris lanceolatus 4 mm longus, 1 mm latus, lobi 2 laterales vix 3 mm longi subfalcati, lobi 2 superiores resupinati 2 mm longi. Tubus stamineus 4 mm longus; antherarum tubus solus 1,2 mm longus, orificio nudus (inde nomen!). Fructu non viso.

Australien: Port du roi Georges (Hb. Richard! — Paris. Mus.). *Lobeliae rhombifoliae* proxima, a qua discedit foliis, bracteolis, calyce, flore.

197. **L. winfridae** Diels in Engler Jahrb. XXXV (1905) 549 c. fig. — Plantula 2—10 cm alta, subglabra, caule erecto, simplici vel dichotomo. Folia minuta, inferiora oblongo-spathulata, reliqua linearia, 5—15 mm longa et 1 mm lata, exserte pauci-dentata usque integra, inferiora breviter petiolata, alia sessilia. Caulis et rari rami in florem unum terminati. Hypanthium obovoideum, glabrum vel minute puberulum, 3—4 mm longum; lobi calycis subulati, 3—6 mm longi, erecti. Corolla 2—3 cm longa, cyanea vel violaceo-coerulea, tubus usque ad medium tantum fissus in dorso, intus puberulus; lobi 2 superiores subrotundi cum 1 lobulo lineari-triangulari, dorso pubescentes, 4—5 mm longi; lobus medius inferior quadrato-obovatus, ad basim abrupte angustatus, 11—16 mm longus et 10—17 mm latus, lobi laterales late oblique obovati, 10—15 mm lati et 8 mm longi, apice truncati et mucronulati. Staminum tubus 10—12 mm longus: antherarum tubus subglaber, basi pilosus, apice barbatus. Capsula obovoidea. Semina non visa. Fig. — 92 h.

West-Australien: Murrin-Murrin, blühend im Dez. (W. L. George!); zwischen Lake Moore und Lake Austin (King et Lefroy!). — Planta primo a Miss Winifred Lynette George collecta est.

198. **L. rhytidosperma** Benth. Fl. Austr. IV (1869) 126. —*L. simplicicaulis* Benth. Enum. Pl. Huegel (1837) 74, non R. Br.; A. DC. Prodr. VII (1839) 358 p. p. — *Dortmannia rhytidosperma* O. Kuntze, Revis. II (1891) 973. — Caulis erectus, teres, tenuiter striatus, subpubescens, simplex vel ramosus, 15—25 cm altus. Folia linearia, 20 mm longa et 2 mm lata, acuta, pinnatifido-dentata, basi in petiolum brevem angustata vel sessilia. Flores singuli, terminantes caulem et peduncules longos, ramiformes. Pedunculi puberuli, 2,5—6 cm longi, infra medium uni-bracteolati. Hypanthium gibboso-obconicum, 10-costatum, puberulum; lobi calycis subulati 5—6 mm longi. Corolla 2 cm longa, coerulea, fauce et tubo flavescens; lobi inferiores late obovati, emarginati, medius 11 mm longus et 8 mm latus; lobi 2 superiores spathulati, 4 mm longi, recurvati, dorso et apice pilosi. Stamina glabra 1 cm longa. Capsula oblique obconica, 8 mm longa et 4 mm lata. Semina fusca, subcylindrica, latere dorsali subconvexa et rugosa, latere ventrali laevia, angulata cum 2 striis impressis, 0,7 mm longa. — Fig. 92 i.

West-Australien: Swan River (Drummond I. coll. n. 419, 421! et sine n. anno 1839! Hügel!); Lowden S. West, blühend im Okt. (M. Koch n. 2117!); Mt. Curchman (Young — ex F. Muell.).

199. **L. gouldii** Fitzg. in The Victorian Nat. XVIII (1901) 104. — Herba annua, glabra. Caules ramosi et decumbentes ad basin, secus erecti vel ascendentes, crassi, rigidi, triangulares vel alati, 5—11 cm alti. Folia radicalia non visa. Folia caulina obovata, 15—21 mm longa, irregulariter profunde dentata vel lobata, superiora linearia, 5—9 mm longa, integra, omnia in basi dilatata, sed non amplexicaulia. Flores solitarii terminantes pedunculos longos, ramiformes, distincte ancipites. Calycis tubus breviter turbinatus, lobi lineari-subulati, 9 mm longi, tubum sub anthesi superantes, maturatione aequantes. Corolla 20—26 mm longa, violacea, fauce luteo-maculata, lobus medius labii inferioris obcordatus, lobi laterales oblongi et subbreviores, lobi 2 superiores brevissimi, recurvati et plus minus pilosi. Capsula late obovoidea, basi acuta, cr. 8 mm longa et 5 mm lata. Semina fusca, ovoidea, dorso tuberculato-rugosa, latere inferiore prominenter costata.

Victoria: Zwischen dem Mount Malcolm und dem Mount Leonora, auf kiesigem oder sandigem Boden reichlich und oft ganze Flecken bildend und bis spät im September blühend (L. H. L. Gould).

Specimina nulla vidi. Species secundum Fitzgerald media inter *Lobeliam rhytidospermam* et *L. tenuiorem*, differens a prima imprimis pedunculis ± alatis et fructu, a secunda breviore et latiore fructu et semine.

200. **L. tenuior** R. Br. Prodr. (1810) 564; G. Don Gen. Syst. III (1834) 714; A. DC. Prodr. VII (1839) 359; Benth. Enum. Pl. Huegel (1837) 75 et Fl. Austr. IV (1869) 126; Gard. Chron. Ser. III, XXIX (1901) 46; Engler Jahrb. XXXV (1905)

549 c. fig.; Revue Hort. (1905) 192; L. H. Bailey Stand. Cycl. Hort. (1916) 1897. — *Rapuntium tenuius* Presl l. c. 30. — *Dortmannia tenuior* O. Kuntze l. c. — *Lobelia heterophylla* Lindl., Bot. Reg. XXIII (1837) t. 2014; Paxton, Mag. Bot. VI (1839) 197; Hook., Bot. Mag. (1840) t. 3784; Regel, Gartenfl. VII (1858) 44. — *L. heterophylla* var. *major* Paxton, Mag. Bot. IX (1842) 101 c. ic.; Flore des Serr. I (1845) 193 c. tab. col. — *L. ramosa* Benth. in Maund. Bot. II (1838) t. 93; Floricult. Cab. VII (1839) 239; J. W. Loudon Ladie's Fl.-Gard. (1844) t. 29; Revue Hort. Ser. IV, V (1856) 281; Hortic. Franc. (1857) t. 2; Gard. Chron. XV (1881) 105. — *L. ciliata* De Vriese in Lehmann, Pl. Preiss. I (1845) 347. — Herba annua, diffusa, pubescens. Caulis ascendens, valde ramosus, 20—60 cm altus. Folia irregulariter pinnatisecta usque trifida, basi cuneata et in petiolum indefinitum angustata, superiora sensim linearia, sessilia, dentata usque integra, acuta, 2—7 cm longa, pars media 2—5 mm lata. Flores in racemis laxissimis, saepius subpaniculati, rami saepe pedunculiformes. Pedicelli 2—6 cm longi, erecto-patentes, cr. in medio 1—2 bracteolis praediti. Hypanthium oblongo-obconicum, 10-nervatum, 5—7 mm longum; lobi calycis subulati, 6—7 mm longi, staminum tubum aequantes. Corolla cyanea, fauce flavo-maculata, tubo flavo, 20—26 mm longa, glabra; lobi 2 superiores late oblanceolati, dorso pilosi, recurvi; lobi inferiores valde inaequales: lobus medius late obcordatus vel subquadrato-obcordatus, basi abrupte acuminatus, cr. 11 mm longus et 14 mm latus, lobi laterales rotundo-obovati, fere duplo minores. Stamina 7—8 mm longa. Capsula obconico-oblonga, 10-costata, 12 mm longa et 4—5 mm lata. Semina fusca, lenticularia, laevia, nitida, 0,6 mm longa. — Fig. 92 k.

West-Australien: Auf Sandboden am Ende der Regenzeit reichlich blühend, Swan River (Drummond! Hügel! Preiss n. 1433! p. p., James Mangles! Toward n. 13! — Hb. Cambr., Del. W.); Champion Bay (Mrs. Forrest a. 1889 — Hb. Melb., fortasse hybrida.).

var. **glabra** E. Wimm. n. v. — *L. adscendens* De Vriese et *L. longepedunculata* De Vriese Pl. Preiss. I (1845) 395. — In omnibus partibus glaberrima, exceptis lobis superioribus corollae et orificio tubi antherarum.

West-Australien: Distrikt Swan, in silvis apertis arenosis *Eucalypti marginatae* (Pritzel n. 12!); Perth und Villa Andrews am Swan River (Preiss n. 1425! 1425 b! 1433! p. p. 1445! 1452!); Bayswater (Morrison!); Vasse River an der S. W. Küste (Mrs. Molloy!).

Planta pulchritudinis florum causa saepe in hortis culta.

Kultur nach L. van Houten: Ende März in Töpfe säen, die mit Sand gemischte Laub- oder Düngererde enthalten. Im April je 6—8 junge Pflanzen, 4—6 cm von einander entfernt, in kleinere Töpfe pflanzen und diese nach event. nochmaliger Verpflanzung anfangs Mai, wenn keine Fröste mehr zu befürchten sind, in guten Grund ins Freie stellen.

Grex 2. **Gratioloides** E. Wimm.

Gratioloides E. Wimm. in Annal. Naturhist. Mus. Wien LVI (1948) 360. — Flores in axillis foliorum superiorum solitarii, apicem versus interdum in racemum foliatum vel bracteatum transeuntes, caule usque ad inflorescentiam foliato. Semina trigona, saltem plantarum Asiae. Herbae pro maxima parte procumbenti-ascendentes, plurimae ex Asia, paucae ex Africa et America Meridionali.

Clavis specierum:

A. Hypanthium longe anguste obconicum.
  I. Folia subsessilia, approximata, elliptica, 5—10 mm longa, argute dentata; corolla saepe resupinata, flava. Austro-Afr. .... 201. *L. thermalis.*
  II. Folia petiolo cr. 10 mm longo, elliptica, 6 cm longa; corolla coerulea. Madagascar .... 202. *L. stenocarpa.*

B. Hypanthium breve vel subnullum.
  I. Folia sessilia vel subsessilia, ovata usque linearia.

a. Hypanthium subnullum, ovarium exinde superum; folia elliptica usque lanceolata, utrinque acuta. Asia .... 203. *L. chevalieri.*
b. Hypanthium turbinatum, obovoideum, sub- aut semiglobosum.
1. Planta subaphylla, folia squamaeformia usque lanceolata, 2—8 mm longa; hypanthium subglobosum .... 204. *L. griffithii.*
2. Herbae normaliter foliatae vel foliosae.
α. Bracteolae 2 in basi pedunculorum[1]) filiformes, conspicuae et patentissimae.
+ Folia ima ovata, reliqua elliptica, lanceolata et linearia; corolla 4—6 mm lg.
° Corollae lobi obovati, in fauce alba duobus plicis. Am. 205. *L. aquatica.*
°° Corollae lobi oblongo-acuti, sine plicis in fauce. Afr. trop. 206. *L. djurensis.*
++ Folia inferiora rotundo-ovata, reliqua ovata (lanceolata); corolla 8—9 mm lg. Asia .... 207. *L. alsinoides.*
β. Bracteolae minutae vel nullae.
* Folia inferiora rotundato-ovata, subpetiolata, reliqua ovata usque lanceolata, sessilia.
° Pl. pubescens, procumbenti-ascendens. Asia 208. *L. terminalis.*
°° Pl. glabra, erecta, 6—8 cm alta; corolla 4 mm longa. Asia. 209. *L. microcarpa.*
** Folia linearia, remote denticulata; corolla 11 mm longa. Asia. 210. *L. hosseusii.*

II. Folia sessilia aut subpetiolata, sed tunc omnia folia suborbicularia vel reniformi-ovata, aut distincte petiolata.
a. Folia subpetiolata vel sessilia.
1. Planta subpubescens, procumbenti-ascendens; folia late subcordata, minute denticulata, brevipetiolata. Ceylon. .... 211. *L. macraeana.*
2. Pl. glabra.
α. Folia suborbicularia, acuta, duplicato-grosse-crenato-dentata, 3 cm longa, sessilia; pl. erecta, rigida. Austro-Afr. 212. *L. decurrentifolia.*
β. Folia reniformi-orbicularia, apice rotundata, plano-crenulata, 5—10 mm longa. Am. Austr. .... 213. *L. nummularioides.*
b. Folia distincte petiolata.
1. Herba glabra; folia reniformi-ovata usque ovata, in caule florenti remotissima. Am. Austr. .. 213. *L nummulariodes* v. *prostrata.*
2. Herba subpubescens vel villosa.
α. Folia ovata, petiolo 5—12 mm longo, pubescentia usque glabrescentia; semina trigona. Asia, N. Guinea .... 214. *L. succulenta.*
β. Folia suborbicularia usque late ovata, petiolo 13—25 mm longo; herba villosa; semina subglobosa. Austro-Afr. 215. *L. ardisiandroides.*

201. **L. thermalis** Thunb. Prodr. Fl. Cap. I (1794) 40; Fl. Cap. II (1808) 42; Willd. Spec. I (1797) 950; Roem. et Sch., Syst. Veg. V (1819) 64; G. Don Gen. Syst. III (1834) 712. — *Rapuntium thermale* et *glabrifolium* Presl Prodr. Lobel. (1836) 12 incl. var. *α* et *β*. — *Parastranthus thermalis* A. DC. Prodr. VII (1839) 354; Sond. in Fl. Cap. III (1865) 537; — *Lobelia leptocarpa* Griessel. in Linnaea V (1830) 419; G. Don l. c.; A. DC. l. c. 358. — *L. Mundtiana* Cham. in Linnaea VIII (1833) 215; G. Don Gen. Syst. III (1834) 711. — *L. glabrifolia* E. Meyer in

[1]) Si bracteolae lanceolatae erectae, herba erecta pilosa, confer *Lobeliam zeyheri*!

Herb. Drege ex Presl l. c. — *Dortmannia thermalis* O. Kuntze, Revis. Gen. Pl. III/2 (1898) 188. — Herba prostrata, radicans, ramosa, sparse hirsuta vel glabrescens. Rami saepe dense foliati. Folia inferiora subpetiolata, reliqua sessilia, elliptica usque oblonga, 5—12 mm longa et 3—6 mm lata, acuta vel obtusa, basi cuneata, margine serrata, subtus hirsuta vel glabra, crassiuscula. Flores solitarii in axillis foliorum. Pedicelli 2—3 mm longi, bibracteolati. Hypanthium anguste obconicum, hirsutum, cr. 4 mm longum; lobi calycis anguste triangulares, 4 mm longi, in nervo medio parce hirsuti vel glabrati. Corolla caerulea, fauce lutea, vel violacea („lutea" ex A. DC.), 16—18 mm longa, extus hirta; lobi 2 superiores triangulari-oblongi, dorso hirsuti, erecti; labium inferius trilobatum, cr. 9 mm longum, lobi obovati, mucronulati. Staminum tubus 1 cm longus, glaber. Antherarum tubus niger, albo-striatus, orificio breviter barbatus. Capsula cylindrico-obconica. — Fig. 93 a 1.

Kapland: Kap (Thunberg! — Ups., Burchell n. 4799! Drege! Krebs! Ecklon et Zeyher! — B.); Gamka (Mundt! „*L. Mundtiana* Cham." — B.); Hantam-Gebirge (Meyer!); Flußufer bei Murraysbury, 1300 m (W. Tyson n. 141!); Grasfläche zwischen Kraairivier und Sternbergspruit, 15. II. 1833 (Drege n. 755! 755 b!); Queenstown near streams, 1200 m (E. E. Galpin n. 1938!); Albany, moist spots near Lovedale (W. G. Bennie n. 548!); Warrenton (C. Adams n. 100!); Philipstown (E. J. Markotter n. 9993! — Stellb.); Uitenhage (Zeyher n. 116! — Stkh.); Kafferland (Drege n. 1832! 4021!); Oranje-Freistaat: Bank of Witge River near Harrysmith, 1600—2000 m (J. M. Wood n. 4781!). Griqualand West: Distr. Kimberley, Taungs (Miss A. Parker — Hb. Stllb. n. 15337!); in graminosis ad Kimberley, 1200 m (R. Marloth n. 837!). Transvaal: Pietersburg (H. A. Junod n. 1752!); in planitie ad pedem mont. Magalisberg (Schlechter n. 3688! Burke et Zeyher n. 1071 ex Sonder, J. Wahlberg!); in humidis pr. Tina River (Schlechter n. 10114!).

Südwest-Afrika: Damaraland, bei Esere an alten Wasserlöchern der Herero bei Gai-Kaisa zwischen Ghaub und Buschmannschlucht (A. Peter n. W. 77! W. 80! W. 86!); Grootfontein, Steppensumpf (Engler n. 6260!); Swakopmund, XI. (F. A. Rogers n. 29682! — Zür.); am Okahandja River, Osona und Salem (Dinter n. 42! 365! 161! — B.). Nom. incolarum: „*Omuti-ozume*" (S. W. Afr. sec. Dinter).

var. **pungens** E. Wimm. n. v. — Folia inferiora elliptico-cuneata, pauci-spinuloso-dentata, sursum paulatim ovato-lanceolata, unidentata vel integerrima, margine revoluta, in cuspidem pungentem terminata. Calycis tubus hirsutus, 3 mm lg. Corolla minor, tubo 7 mm longo, versus basin integro, extus hirta. — Fig. 93 a 2.

Kapland: Distr. Calvinia, on the farm „Akkerdam", Calvinia, c. 1000 m, II. (C. A. Smith n. 2480! — Stellb.).

202. **Lobelia stenocarpa** E. Wimm. in Fedde, Repert. XXXVIII (1935) 81. — Herba gracilis glaberrima. Folia petiolata (1 cm lg.), elliptica (6 × 2,4 cm), basi acuta usque acuminata, apice acuta, mucronata, margine denticulis tenuibus, patentibus, 2—3 mm inter sese distantibus munita, membranacea, nervi secundarii sub angulo recto arcuatim ascendentes et ante marginem confluentes. Flores in axillis foliorum superiorum solitarii. Pedicelli 20—25 mm longi, ebracteolati, in ovarium anguste obconicum ampliati. Lobi calycis subulati, patentissimi, 3 mm longi. Corolla (alba ?) 1 cm longa, bilabiata, tubus dorso fissus, basi fenestratus, 4 mm longus et 2 mm latus, lobi corollae 2 superiores lanceolati, erecto-reclinati, cr. 3 mm longi, labium inferius trifidum 6 mm longum, lobi 3 obovati, mucronulati, basi bigibbosi. Stamina 5 mm longa puberula: filamenta usque ad medium soluta, superne connata; antherarum tubus cinereus 1 mm lg., orificio dense breviterque plosulus. Capsula anguste obconica, 12 mm longa et superne vix 2 mm lata, sepalis coronata, infera. — Fig. 93 c.

M a d a g a s c a r (H u m b l o t n. 234! — Typ. Hb. W.); Madagascar-Ost, Riviére Anove (P e r r i e r n. 6975! — P).

203. **L. chevalieri** Danguy in Bull. Mus. Paris (1929) 263 et in Lecomte et Gagn. Fl· Indo-Chine III (1930) 683. — Herba annua, ramosa, glabra. Caulis angulatus, inferne anguste alatus, 10—30 cm altus. Folia subpetiolata usque sessilia, elliptica usque lanceolata, 10—18 mm longa et 2—7 mm lata, acuta, basi angustata, margine callose denticulata. Flores solitarii in axillis foliorum vel (superne) bractearum. Pedicelli compressi, tenues, 10—30 mm longi, basi 2 bracteolis subulatis, arrectis. Hypanthium subnullum. Calycis lobi subulati, integri, expansi usque reflexi, 3—4 mm longi. Corolla coerulea, glabra, 8—10 mm longa; lobi superiores lanceolati, erecti; labium inferius trifidum, basi bicallosum, lobi obovati. Capsula ovoidea, subsupera, 4 mm longa. Semina trigona.

I n d o - C h i n a : Annam, Massif des Lang-bian zwischen Dabang und Dran, 200—1000 m, blühend im Febr. (A u g. C h e v a l i e r! — Typ. Herb. Paris).

204. **L. griffithii** Hook. f. et Thoms. in Journ. Linn. Soc. II (1858) 28; C. B. Clarke in Hook. f. Fl. Brit. India III (1881) 424; Craib in Kew Bull. (1911) 404; Ridley Fl. Malay. Penins. II (1923) 201; Danguy in Lecomte et Gagn. Fl. Indo-Chine III (1930) 682 c. fig. optima. — *Dortmannia Griffithii* O. Kuntze Rev. Gen. II (1891) 380. — *Lobelia dopatrioides* Kurz in Journ. As. Soc. Bengal. II (1870) 77 et in Flora LV (1872) 302; Kerr in Craib Fl. Siam. Enum. II (1936) 303? — *L. Griffithii* var. *dopatrioides* Craib in Kew Bull. (1911) 404 et in Aberdeen Univ. Stud. N. 59 (1912 120 ? — Herba annua, subsucculenta, glaberrima. Caulis angulatus, multiramosus, 8—25 cm altus, parce foliatus. Folia sessilia, inferna triangulari-squamaeformia, denticulata, 2—5 mm longa, reliqua oblonga usque sublinearia, 5—12 mm longa et 1—3 mm lata, acuminata, parce denticulata, arrecta. Flores in axillis foliorum solitarii, formam racemi laxi praebentes. Pedicelli filiformes, 5—16 mm longi, folium multoties superantes, basi 2 bracteolis filiformibus, saepe patentibus praediti. Hypanthium ovoideum, cr. 2 mm longum; lobi calycis subulati, 2 mm longi, subpatentes. Corolla coerulescens, 4—5 mm longa; lobi oblanceolati, 1 mm longi. Stamina 2—3 mm longa. Capsula subglobosa, vix 3 mm in diam. Semina trigona.

H i n t e r - I n d i e n : Birma: Mergui (G r i f f i t h); Tavoy (P a r i s h); Martaban (B r a n d i s); Arracan (K u r z) — ex Clarke.

I n d o - C h i n a : Tonkin, Ouonbi, auf Reisfeldern (B a l a n s a n. 1526! — Hb. Del. Leiden). Annam: Nha-trang (R o b i n s o n); Lang-bian (A u g. C h e v a l i e r). Laos, Kong (T h o r e l). Kambodscha: Kep, Kampot (G e o f f r a y). Cochinchina, Ben-cat (P i e r r e) — alle nach Fl. Indo-Chine.

S i a m : Auf grasigem und sandigem, feuchtem Grund, 5—100 m, Surin, Sangka, Krat, Dan Chumpon, Satul (K e r r n. 8258, 17619, 13736); Kopha, Pak Kok. Ban Krap (H a n i f f et N u r n. 2954, 2943) — nach Kerr.

M a l a y i s c h e H a l b i n s e l : Perlis, Chupeng, selten in nassem Gras (ex Ridley). — Nom. vulg. in Siam: „*Sadao din*".

205. **L. aquatica** Cham. in Linnaea VIII (1833) 211; G. Don, Gen. Syst. III (1834) 707; A. DC. Prodr. VII (1839) 365; Kanitz in Martius, Fl. Brasil. VI/4 (1878) 137. t. 41, f. l. — *Rapuntium aquaticum* Presl Prodr. Lobel. (1836) 21. — *Dortmannia aquatica* O. Kuntze, Revis. II (1891) 972. — *Lobelia domingensis* A. DC. l. c. 359; Schomburgk, Reisen in Brit. Guiana III (1848) 941; Urban Symb. Antill. VIII (1921) 700. — *L. bracteolata* Vatke in Linnaea XXXVIII (1874) 721. — Caulis erectus vel fluitans, succulentus, quadrangularis, glaber. Folia inferiora ovata usque elliptica, subpetiolata, reliqua sessilia, oblonga usque lanceolata, 1—3 cm longa et 6—3 mm lata, acuta, basi angustata, margine argute denticulata, crassiuscula, in sicco tenuia. Flores solitarii, axillares in vertice caulis. Pedicelli filiformes, ad 3 cm longi, basi bracteolis 2 oppositis, filiformibus, patentissimis praediti. Calycis receptaculum obovoideum, 1,5 mm longum, lobi subulati, erecti, interdum denticulati. Corolla coerulea, albo-maculata, 5—6 mm longa, lobi 2 superiores oblongi, erecti, labium

inferius trilobum, basi bicallosum. Staminum tubus 3 mm longus; antherae in apice omnes, sed 2 inferiores videntur densius pilosulae. Capsula obovoidea 4 mm longa. Semina minutissima trigona.

Von Peru bis zu den Antillen verbreitet, in Sümpfen und Flüssen, wie es scheint, nicht selten. Peru: Tarapoto (Spruce n. 4404!). — Nördl. Paraguay: Zwischen Rio Apa und Rio Aquidabam, Villa Sana, im Wasser einer mit Gras bedeckten Senkung, an Quellen (K. Fiebrig n. 4741! — Brasilien: In Sümpfen (Sellow! Typ. im Herb. Berlin); Paraná: Tibagy in Sümpfen (Dusén n. 7574!), Ponta Grossa (Dusén n. 2425!); Matto Grosso, Engaba, VII. (Malme, Iter Regnell. II. n. 1910! 1910 a!); São Paulo, Jundiahy und Mugi (Riedel n. 60, 1591 a, b ex Kanitz); Minas Geraës: Caldas, XII (Mosén, Hb. Regnell. n. 921!); Zwischen Sitio und Barbacena auf nassen Feldern (A. Schwacke n. 1775!); zwischen Salgado und Vão de Paranan (Martius ex Kanitz); Staat Bahia (Martius); Staat Piauhy (Gardner n. 2656!); Rio Paranes in einem Bache bei der Serra de Peraraima (E. Ule n. 8345!); ohne näheren Standort (Weddell n. 1693!). — Venozolan. Guyana (Passarge et Selwyn n. 297! 559!). — Colombia: Dep. Cundinamarca, Melgar, 500—600 m (Pennell n. 2921!). — Venezuela: Valencia und Porto Caballo (Moritz coll. II. n. 409! Typ. der *L. bracteolata* Vatke, Herb. Berlin). — Brit. Guyana: Am Essequibo und Demerara auf lichten Waldstellen (Schomburgk, non vidi!). — Surinam: Auf sumpfigen Wiesen bei Paramaribo (Kegel n. 431!). — Antillen: San Domingo, am Rio Bahuati, 600 m, blüh. im Mai (Eggers n. 2188!); Haiti (Hispaniola) (Bertero! Typ. für *L. domingensis*).

var. **gracilis** E. Wimm. n. v. — Herba gracilis, cr. 10—15 cm alta, glaberrima. Folia omnia lanceolata-linearia, remote denticulata.

Brasilien: Pernambuco (Gardner n. 2907! Typ. in Herb. Cambridge und Wien); Staat Goyaz, Zentralplateau (Glaziou n. 21689! — Herb. Deless.); S. Paulo, Guapyra, Sumpf im Camp, IV. (A. C. Brade n. 5997! — Hb. Stkh.).

206. **L. djurensis** Engl. et Diels in Engler, Bot. Jahrb. XXVI (1898) 116. — *L. baoulensis* Chevalier in Bull. Soc. Bot. France 1911, 58. Mém. VIII (1912) 180. — Herba limosa, annua, glaberrima, erecta, ramosa, 20—50 cm alta. Caulis quadrangularis. Folia sessilia, inferiora ovata, 1—1,5 cm lg. et 0,5 cm lt., superiora lanceolata et ad 3 cm lg., basi breviter angustata, apice acuta, margine remote acuti-dentata. Flores solitarii in axillis foliorum superiorum. Pedunculi capillares, 1,5 cm, demum ad 3—4 cm elongati, basi duobus bracteolis filiformibus divaricatis ornati. Receptaculum calycis obovoideum, lobi subulati 1 mm lg. Corolla coerulescenti-alba, 3,5 mm longa, lobi oblongo-acuti. Stamina 2 mm longa, antherae apice omnes hirtae, sed inferiores plus longiusque pilosae. Capsula obliqui-obovoidea, infera, ad 5 mm lg. Semina flava, triquetra, 0,5 mm diam. — Fig. 93 d.

Tropisches Afrika: Sudan, Ghasal-Quellengebiet im Lande der Djur, Große Seriba Ghattas, 26. X. 1869 (G. Schweinfurth n. 2566! — B. Orig.). — Kamerun: Schuari, überschwemmte Niederungen mit Bäumen und Sträuchern, 25. VIII. 1909 (C. Ledermann n. 5104! 5015! 5041! — B.); Südwestl. von Garna, Rinnsal auf felsigem Sandsteinhügel (C. Ledermann n. 4887!). — Nord-Nigeria: Lokodja und Kontogora, 2. X. und 6. XI. 1905 (J. M. Dalziel! — K.). — Guinea: Cote d'Ivoire, Baoulé, marais herbaux, Vallée du Nzi moyen entre Langouassou et Mbanyakro, 1. VIII. 1909 (Aug. Chevalier n. 22252! — Pa., orig. *L. baoulensis*); Guinée Française, Grandes Chutes, km 107 du chemin de fer (Aug. Chevalier n. 20313!).

Species *L. aquaticae* tam similis, ut var. eius considerari posset. Tubus anthereus demonstrat quendam transitum sectionis *Holopogon* ad sectionem *Hemipogon*, quia quidem omnes antherae apice pilosae, sed 2 inferiores longius densiusque barbatae sunt.

207. **L. alsinoides** Lam. Dict. Bot. III (1791) 588; Roem. et Sch. Syst. Veg. V (1819) 60; A. DC. Prodr. VII (1839) 378; Sond. in Harvey et Sond. Fl. Cap. III (1865) 539 excl. *L. trialata*; Vatke in Linnaea XXXVIII (1874) 718 excl. *L. umbrosa*. — *Rapuntium alsinoides* et *trialatum* excl. syn. Presl Prodr. Lobel. (1836) 22 et 13.— *Dortmannia alsinoides* O. Kuntze, Revis. II (1891) 972. — *Lobelia trigona* Roxb. Hort. Bengal (1814) 85 et Fl. Ind. II (1824) 111; A. DC. Prodr. l. c. 359; Hook. Icon.

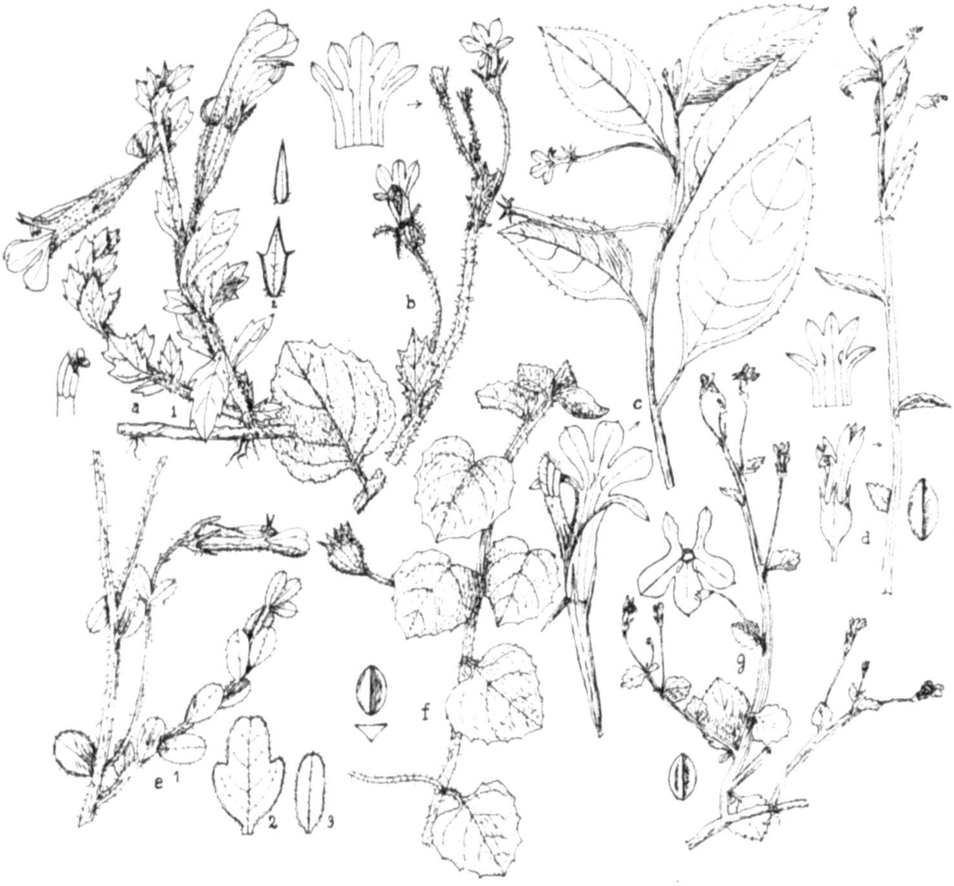

Fig. 93. a *Lobelia thermalis* 1/1: 1 habit., antherae cum stigmate, 2 var. *pungens*: folium inferius et superius. — b *L. terminalis* (*L. thorelii* e sp. originis) 1/1: corolla expl. 2/1. — c *L. stenocarpa* 1/2: flos 2/1. — d *L. djurensis* 1/2: flos et corolla expl. ca. 3/1, semen ca. 15/1. — e *L. neglecta*: 1 habitus 1/1, 2+3 folia varietatum Preslii. — f *L. macraeana* 1/1: semen ca. 10/1. — g *L. alsinoides* habitus pl. sec. sp. originis (Photo) 1/1, corolla ca. 3/1, semen ca. 10/1. — Orig.

Pl. IV (1841) t. 538 excl. *L. trialata* et *L. Heyneana*; Wight Icon. Pl. Iud. Or. (1848) t. 1170; Wight Spicil. Neilgherr. II (1851) t. 120 (ex Ind. Londin.); Drury, Handb. Ind. Fl. II (1866) 108 p. p.; Hook. f., Fl. Brit. Ind. III (1881) 423; Watt Dict. Econom. Prod. Ind. V (1891) 87; Trimen Handb. Fl. Ceylon III (1895) 56; Cooke Fl. Bombay II (1904) 72; Koorders Exkurs. Fl. Java III (1912) 302; Haines, Bot. Bihara a. Orissa II (1921) 500; Yamamoto Observ. ad Fl. Formos. XIII (1936) 148 excl. *L. trialata, L. chinensi* var. *cantonensi* et *L. Heyneana*. — *Dortmannia trigona* O. Kuntze Revis. Gen. II (1891) 380 excl. varietatibus. — *Lobelia triangulata* Roxb.

Hort. Bengal. (1814) 16 ex Kew Ind. — *L. gratioloides* Roxb. apud Presl l. c. 50. — *L. stipularis* Roth in Roem. et Sch. l. c. 67; Roth, Nov. Pl. Spec. (1821) 144. — *L. chinensis* Danguy in Lecomte et Gagn. Fl. Indo-Chine III (1930) 680 c. fig., non Lour. — *L. zeylanica* Herb. Willd., non L. — *Rapuntium zeylanicum* Presl Prodr. Lobel. 13 et in Herb. — Herba procumbenti-ascendens, glabra. Caules ramique trigono-alati, diffusi. Folia inferiora subrotunda, cr. 10 × 10 mm, subpetiolata, reliqua rotundo-ovata usque ovato-oblonga, saepe 5—16 × 5—12 mm, acuta, basi rotundata usque subcordata, margine argute serrata. Flores solitarii, axillares, apice interdum racemum laxum, foliatum formantes. Pedicelli filiformes, 14—16 mm longi, basi bracteolis filiformibus patentissimis ornati[1]). Hypanthium turbinatum, glabrum; lobi calycis subulati, erecti, purpurascentes, 2 mm longi. Corolla lilacina vel coerulescens, glabra, 6—7 mm longa, eius tubus pallidus, lobi 2 superiores oblanceolati, erecti, labium inferius trifidum, basi bigibbosum, lobi oblongo-obovati. Stamina 4 mm longa, glabra. Antherarum tubus orificio barbatus. Capsula obovoidea. Semina trigona, badia.

Clavis varietatum.

A. Calyx glaberrimus.
  1. Folia, imis exceptis, rotundo-ovata usque oblongo-ovata, plerumque serrata, tam longa vel paululum longiora quam lata .... var. *alsinoides*.
  2. Folia, imis exceptis, ovato-lanceolata usque lanceolata saepe subintegra, 7×5 vel 12×3 mm .... var. *cantonensis*.

B. Calyx pilis albis patenti-hirsutus .... var. *hirta*.

var. **alsinoides.** — Ut supra. — Fig 93 g.

Südl. Asien, von Ceylon bis Jünnan: an feuchten und sumpfigen Orten. Ceylon: Ohne näheren Standort (Thwaites n. 1776! p. p. Dr. Kelaart! Colonel Walker n. 101!).

Ost-Indien: Deccan: Palamcottah (Wight n. 1275!); Malabar, Concan (Stocks!); Nilgiri-Gebirge (M. Perottet!); Mangalor (Hohenacker n. 1617! Hügel n. 3636!); Bombay, Neral, Kolhapur, Panchgani, Londa (ex Cooke); Distrikt Chanda (Duthie n. 9551!); Bengalen (Griffith! C. B. Clarke); Assam, Khasia Mountains (Hook. et Thomson!). — Birma: Pegu, Mergui (ex Clarke).

Nepal: Darjiling (Wallich n. 1309! p. p., Griffith).

China: Süd-Jünnan: Am Fuß des Berges bei Namne westlich von Tscheli (Konghung); am Mekong (H. von Wissmann n. 1058!); Semao, Sumpf von Ganhaidse bei Tschingwai (H. von Wissmann n. 900!).

Formosa (ex Yamamoto).

Indo-China: Tonkin, Ninh-binh (Bon); Cochinchina, Ti-tinh (Pierre), gemein auf Reisfeldern und feuchten grasigen Orten (ex Fl. Indochina).

Malakka: Singapore (A. Delessert!).

Auf Java scheint die Pflanze nicht vorzukommen, da mir keine einzige von dort zu Gesicht gekommen ist; auch Koorders sagt nur: „Angeblich auf Java". Die Angabe Lamarks und Sonders, wonach diese Art von Sonnerat im Kapland gesammelt worden sein soll, ist entweder ein Irrtum oder bezieht sich auf eine Adventiv- oder kultivierte Pflanze; es ist auch seitdem diese Art dort nicht wieder gefunden worden.

Einheim. Name bei den Santal: „Chaurik arak" (ex Watt, Dict.); Nach Campbell werden die Blätter als Gemüse in Chutia Nagpur gegessen (falls es sich wirklich um unsere Pflanze handelt, was ich wegens der kleinen und spärlichen Blätter sehr bezweifle).

var. **hirta.** E. Wimm. in Annal. Naturhist. Mus. Wien LVI (1948) 360. — *L. chinensis* var. *hirta* E. Wimm. ex Danguy in Lecomte et Gagn. Fl. Indo-Chine III (1930) 681. —

---

[1]) Cl. Roth bracteolas pro stipulis foliorum habuit, e quo errore eius nomen „stipularis" profluit.

Folia magis ovata usque ovato-oblonga, 10 mm longa et 5 mm lata, margine repanda et remotius denticulata. Calycis tubus ellipsoideo-turbinatus, pilis albis patentissimis hirsutus. Corolla cr. 8 mm longa.

Indo-China: Angkor (Lecomte et Finet n. 1807 — cum specim. typico in herb. Paris!).

Siam: Xieng-mai (Kerr ex Danguey l. c.).

var. **cantonensis** E. Wimm. in Annal. Naturhist. Mus. Wien LVI (1948) 360. — *L. chinensis* var. *cantonensis* E. Wimm. ex Danguy in Lecomte et Gagn. l. c. — *L. chinensis* Hance in Journ. Linn. Soc. XIII (1873) 110; Forbes & Hemsley, Enum. Pl. Chin. in Journ. Linn. Soc. XXVI (1889) 3.

Folia inferiora rotundo- vel elliptico-ovata; alia ovato-lanceolata vel lanceolata, 7 mm longa et 5 mm lata vel 12 mm longa et 3 mm lata, subintegra vel callose denticulata. Pedicelli 8—22 mm longi, basi bracteolis 2 plerumque suberectis praediti, bracteas lanceolatas duplo usque triplo superantes. Corolla coerulescens, 8—9 mm longa.

China: Circa Canton in humidis, in udis umbratis (Hance n. 634! Wawra n. 627! beide im Herb. Wien, Hillebrand!); — Insel Hainan (A. Henry n. 8327! Tsang Wai Tak n. 16037!).

Indo-China: Tonkin, Reisfelder bei Sontay (Balansa n. 3609!); Thai Nguyen, IV. Pételot n. 5543! — Hb. B.); Hanoi (Herb. d'ècole profess. Hanoi n. 66!); Ninh-binh (Bon, Mouret); Binh-yen (Eberhardt); Bac-giang (Colani, Aug. Chevalier, Pételot — nach Fl. Indo-Chine); Kambodscha: Kampot und Pnom-penh (Lecomte et Finet!); Cochinchina (Gaudichaud, Voy. Bonite n. 116! p. p.). Annam: Thanh-hoa, Lang-nhai, Muc-son (Bon); Bimson (Pételot, Gaudichaud — nach Fl. Indo-Chine); Tourane, 100 km südl. von Hue an der Küste (J. & M. S. Clemens n. 3195! — Hb. B.).

Philippinen, Mindanao, Distr. Davao, X—XI. (Weber n. 1472! Hb. Del. B.). —

Neuguinea: Papua, gemein in Savannen 10—30 m, Wuroi, Oriomo River, West. Div. (R. Archibold n. 5737! — Hb. Kew).

f. **elongata** Danguy l. c. — Planta valde elongata repens. (Auct.).

Tonkin: Quang-yen (Balansa). — Kambodscha: Kampot (Harmand, LeComte & Finet). — Annam: Thua-thien (Eberhardt). — Hainan (Katsumara) — alle Angaben nach Danguy!

208. **L. terminalis** C. B. Clarke in Hook. f. Fl. Brit. Ind. III (1881) 424; Danguy in Lecomte et Gagn. Fl. Indo-Chine III (1930) 680; Craib Fl. Siam. Enum. II (1936) 306. — *L. trigona* Hosseus in Beihefte Bot. Zentralblatt XXVIII/2 (1911) 446 ex parte. — *L. Thorelii* E. Wimm. in Fedde, Repert. Spec. Nov. XXVI (1929) 3 t. 71, f. 3. — *Dortmannia trigona* var. *terminalis* O. Kuntze Rev. Gen. II (1891) 380.

Herba annua, pubescens vel glabrescens, caule angulato, ascendente, ramoso, 20—40 cm alto. Folia sparsa, petiolo puberulo 2—3 mm longo, rotundato-ovata, 15 mm longa et lata, folia ramulorum saepe rhombeo-ovata et sessilia, basi subcordata vel truncata, superiora interdum breviter angustata, ad apicem rotundata vel subacuta, margine argute dentata — dentes antrorsum versi et 2 mm inter se distantes — puberula vel supra glabrata et subtus imprimis ad nervos pubescentia. Flores solitarii, axillares, pedicellis 15—40 mm longis, pubescentibus, basi bracteolis 2 subulatis ornati. Hypanthium semi-ellipsoideum, villosum vel glabrescens; lobi calycis subulati, pubescentes, primo erecti, postea patentes usque subrecurvati, 3 mm longi. Corolla coeruleo-violacea, extus versus apicem pubescens, cr. 8 mm longa; lobi 2 superiores late oblanceolati, erecti; labium inferius trifidum, lobi elliptici. Staminum tubus 4—5 mm longus, glaber. Capsula ovoidea, 3—4 mm longa, hirsuta. Semina lutescentia, trigona. — Fig. 93 b.

Ost-Indien: Nord-Bengalen, am Fuße der Hügel, Bhyadanga in Mymensingh (ex Clarke).

Siam: Chieng-mai, Doi Sutep, 800 m, am Wasserfall (Hosseus n. 268! — B.; Kerr n. 1630, 2820 ex Kerr); Pāyap. Chiengrāi cr. 360 m, auf offenem sumpfigem Boden (Kerr n. 2503); Māhārat, Lampang, c. 300 m (Kerr n. 3086); Rāchasimā, Dan kun Tot c. 200 m, auf sandigem Grund (Kerr n. 19927); Pak Tong Chai c. 200 m (Kerr n. 8099 — alle nach Kerr).

Indo-China: Laos, Kamarath, rivière de Mbon (Thorel! — Typ. für *L. Thorelii*).

var. **minuta** C. B. Clarke in Hook. f. Fl. Brit. Ind. III (1881) 424.

Herba 5—8 cm alta. Folia plerumque sessilia. Pedicelli 6—20 mm longi. Hypanthium ovoideum, lobi 1—1 ½ mm longi. Corolla 4—5 mm longa.

Sikkim: Terai, Phansidown (Clarke — non vidi).

Bengalen: Siliguri, blühend im Nov. (J. S. Gamble n. 7405!).

209. **L. microcarpa** C. B. Clarke in Hook. f. Fl. Brit. India III (1881) 424; Danguy in Lecomte et Gagn. Fl. Indo-Chine III (1930) 681 excl. syn.; Koorders Exkurs. fl. Java III (1912) 302. — *Rapuntium trialatum* Presl, Prodr. Monogr. Lobel. (1836) 13 p. p. ex herb. — *Dortmannia trigona* var. *microcarpa* O. Kuntze Rev. Gen. II (1891) 380. — Herba annua, glabra, 6—12 cm alta. Caulis erectus, alato-angulatus, parce foliatus. Folia inferiora rotundo-ovata, 8 mm longa, 7 mm lata, subacuta, breviter petiolata, reliqua sensim angustiora, elliptica usque lineari-lanceolata, acuta, basi angustata sessilia, 10—8 mm longa et 6—2 mm lata, margine remotiuscule denticulata. Caulis superne denudatus, floribus 4—8 fere racemosis. Pedicelli ancipites, 5—10 mm longi, basi glandulosi, bracteis longiores. Calycis tubus primo semi-ovoideus, dein subglobosus, glaber; lobi filiformes, 2 mm longi, erecti. Corolla coerulescens, glabra, 4—5 mm longa, lobi lanceolati vel oblongi. Staminum tubus glaber, 3 ½ mm longus. Capsula subglobosa, 2 mm diametiens. Semina fusca, trigona, cr. 0,3 mm longa.

Ost-Indien: Ad Maulinine (Helfer! — Herb. Wien, Presl); Kalkutta (Reliqu. Helfer n. 134! O. Kuntze!); feuchte Orte bei Silhet, Goalpara (Wallich!).
Java (Lobb n. 410! — Hb. Cambr.).
Indo-China: Laos, Kong, Stung-streng (Thorel!).

A L. terminali, cui simillima, differt satis caule et pedicellis alatis et corollae lobis angustioribus.

210. **L. hosseusii** E. Wimm. in Fedde, Repert. Spec. Nov. XXVI (1929) 2, t. 71, f. 5; Craib Pl. Siam. Enum. II (1936) 304. — *L. microcarpa* Danguy p. p. et *L. Hosseusii* Danguy p. p. in Lecomte et Gagn. Fl. Indo-Chine III (1930) 681 et 682. — *L. radicans* Hosseus in Beihefte Bot. Zentralbl. XXVIII (1911) 446, non Thunb.

Herba palustris, ascendens, glaber. Caulis quadrangulus, subramosus, succulentus. Folia basi angustata sessilia, linearia, 10—18 mm longa et 1—2 mm lata, apice angustata obtusiuscula, remote callose denticulata. Flores nonnulli in axillis foliorum, reliqui in racemo terminali, bracteato. Bracteae foliaceae, 2—3 mm longae. Pedicelli compressi, filiformes, 12—20 mm longi, erecto-patentes, basi inconspicue bracteolati. Hypanthium turbinatum, basi acutum, 2 mm longum et latum; lobi calycis subulati, integri, patentes. Corolla coerulea, intus extusque glabra, 1 cm longa; lobi superiores spathulati, acuti, erecti; labium inferius trifidum, lobi elliptici, mucronulati. Capasula obovoideo-globosa, cernua. Semina trigona.

Siam: Doi-Djieng, Dao-Hochland hinter Wan Bao, 400 m, häufig an Sumpfrändern, blühend im Febr. (Hosseus n. 462! — Typ. Herb. Wien); Chiengmai, Mê Têng, c. 400 m, auf sumpfigem Grund (Kerr n. 6671).

Indo-China: Sümpfe bei Kong am Mekong (Thorel n. 2314!).

var. **villosula** Kerr in Craib Fl. Siam. Enum. II (1936) 304. — Corollae tubus intus a basi ad lobi medii originem villosus.

S i a m : Prachimburi, Krabin, Aran Pratet, c. 50 m (K e r r n. 19574); Watana, Put (K e r r n. 1950).

A *L. alsinoide* var. *cantonensi*, cui proxime accedit, distincta foliis sublinearibus et bracteolis subnullis.

211. **L. macraeana** E. Wimm. in Annal. Naturhist. Mus. Wien LVI (1948) 361. — ? *Dortmannia trigona* var. *nummulariaefolia* O. Kuntze Rev. Gen. II (1891) 380. — Herba repens, radicans, subpubescens vel glabrescens. Caules subangulati, foliosi. Folia ovato-rotunda, 10 mm longa et 12 mm lata, apice rotundata vel apice brevissime obtuso-mucronulato, basi subcordata, petiolo 2—4 mm longo marginato, margine undulata, minute denticulata, supra sparse, subtus imprimis ad nervos sparse hirta, nervi in pagina inferiore prominentes 4—5 utrinque. Flores solitarii in axillis foliorum. Pedicelli (fructigeri) 12 mm longi, tenuiter striati, subpubescentes, horizontaliter patentes, ad apicem breviter ancipites, basi 2 bracteolis linearibus 2 mm longis muniti. Calycis tubus obovoideus, patenter pubescens, 10-nervatus, cr. 3 mm longus; lobi triangulari-lineares, uninervii, integri, acuti, erecti, parce ciliati, 2,5 mm longi. Corolla non visa. Capsula subglobosa, 5 mm longa et 4 mm lata, pubescens, valvis 2 brevibus intra lobos calycinos persistentes dehiscens. Semina fusca, trigona, cr. 0,5 mm longa. — Fig. 93 f.

C e y l o n (M a c r a e n. 1227! — Herb. Lindley in Cambridge, delendum apud *Pratia nummularia* in I. parte p. 114!).

Planta a *Kuntze* in Bengalia lecta et in Rev. Gen. citata, si ad hanc speciem pertinet, ab eodem describitur: „Forma tenuior glabra procumbens, foliis parvis plurimis apice rotundatis". Non vidi.

212. **L. decurrentifolia** (O. K.) K. Schum. in Just Jahresber. 26 (1898) 373. — *Dortmannia decurrentifolia* O. Kuntze, Rev. Gen. III/2 (1898) 187. — Caulis simplex, erectus, rigidus, 4 mm latus, haud radicans. Folia suborbicularia, acuta, anguste alato-decurrentia, sessilia, margine duplicato-grosse-crenato-dentata, glabra, 3 cm longa. Flores solitarii axillares. Calycis tubus obconicus glaber, lobi triplo longiores, 5 mm longi, lanceolati, dentati. Corolla calyce duplo longior, coerulea, lobi 2 superiores ovati, apice subito longe subulati; lobi 3 inferiores oblongi, obtusi. Antherae omnes in apice barbatae.

S ü d - A f r i k a : Kapland, East London (O. K u n t z e — non vidi). — Descriptio auctoris, qui eam cum *L. zeyheri* comparat.

213. **L. nummularioides** Cham. in Linnaea VIII (1833) 209; A. DC. Prodr. VII (1839) 365; Martius Fl. Brasil. VI/4 (1878) 138, t. 41, f. 2; E. Wimm. in Revista Sudamer. II (1935) 104. — *Rapuntium nummularioides* Presl Prodr. Lobel. (1836) 21. — *Dortmannia nummulariodes* O. Kuntze, Revis. II (1891) 973. — Herba prostrata, radicans, glabra. Caules angulati, foliosi. Folia carnosula, breviter (1—2 mm) petiolata, rotundo-ovata vel subreniformia, basi subcordata, apice rotundata obtusaque, margine integra vel crenulata et minute denticulata, glaberrima. Flores solitarii, axillares. Pedicelli ancipites, patentes, 12—25 mm longi, basi bibracteolati. Hypanthium semi-ellipsoideum, 2 mm longum; lobi calycis anguste triangulares, integri, vix 2 mm longi. Corolla coerulea, cr. 8 mm longa; lobi superiores ovato-acuti, erecti; labium inferius tripartitum, lobi obovati. Stamina glabra, 5 mm longa. Semina fusca, trigona.

B r a s i l i e n : Häufig mit *Hydrocotyle* im südl. Brasilien (S e l l o w! — Typ. Herb. Berlin); Paraná: Sarinha, Pinhaes, Curityba, Capao Grande, in sumpfigen Orten, blühend von Okt.—Feb. (P. D u s é n n. 2849! 8744! 14519!); Santa Catharina (P e r d o n n e t!); S. Paulo (S a i n t - H i l a i r e n. 1148). Minas Geraës (L h o t s k y! S a i n t - H i l a i r e n. 2446, W i d g r e n n. 411); im Sumpfe bei Riberao dos Bugris (G. A. L i n d b e r g n. 126); in Gräben bei Villa Franca (R i e d e l n. 2376).

Paraguay: Ubivera (P. Jörgensen n. 3896!); Cerros de Tobaty (E. Hassler n. 6413! 6446!); Cordillere de Teubebui, an Flüssen (B. Balansa n. 3273!); Villa Rica, in Sümpfen (B. Balansa n. 2160!).

var. **prostrata** (A. Zahlb.) E. Wimm. in Revista Sudamer. II (1935) 104. — *L. prostrata* A. Zahlb. in Bull. Herb. Boiss. Ser. II, VII (1907) 447. — Caulis elongatus, distanter foliatus. Folia superiora ovato-oblonga, subacuta, margine repanda denticulata, inferiora ut in typica. Pedicelli 20—35 mm longi. Corolla forsan parum major. Vix aliud quam forma umbrosa.

Paraguay: Cordillera de Villa Rica, Hügel-Region, blühend im Jan. (E. Hassler n. 8606! — Herb. Wien); ohne näheren Standort. (Parag. Exped. Capt. Page!).

Argentinien: Misiones, Posadas, in feuchtem Wald bei dem Landgut La Granja, blühend im Dez. (E. L. Ekman n. 1334! — forma transiens).

214. **L. succulenta** Blume, Bijdrag. Fl. Ind. (1825) 728; Miquel, Fl. Ind. Bat. II (1856) 577; Lam, Nat. Tijdschr. Nederl. Ind. LXXXIX (1929) 315, 317; Craib, Fl. Siam Enum. II (1936) 305; vix Koorders, Exkurs. Fl. Java III (1912) 303. — *L. zeylanica* L. Sp. Pl. (1753) 932 p. p.; Roxburgh, Fl. Ind. II (1824) 113; G. Don, Gen. Syst. III (1834) 709; Yamamoto, Observ. ad Fl. Formos. XIII (1936) 148; Merrill et Perry in Journ. Arnold Arboret. XXII (1941) 386. — L. *hirta* Wall. in Roxb. l. c. — *L. affinis* Wallich List. n. 1311 (1829), nom. nud. et apud G. Don l. c.; A. De Candolle, Prodr. VII (1839) 360; C. B. Clarke in Hook. f., Fl. Brit. Ind. III (1881) 424; Trimen, Handb. Fl. Ceylon III (1895) 57; King et Gamble, Materials Fl. Malay. Pen. n. 16 (1905) 52; Craib in Kew Bull. (1911) 404 et in Aberdeen Univ. Stud. n. 59 (1912) 120; Koorders l. c. 302; S. Moore in Trans. Linn. Soc. Bot. II (1916) 88; Diels in Engler, Bot. Jahrb. XXV (1919) 122; Ridley, Fl. Malay Pen. II (1923) 200, f. 89; Merrill in Lingnan Sci. Journ. VI (1930) 332; Danguy in Lecomte et Gagn., Fl. Indo-Chine III (1930) 679. — *L. Reinwardtiana* (Presl) A. DC. Prodr. l. c. 367; Miquel l, c. 575; Koorders l. c. 303. — *L. subcuneata* Miquel l. c. 574. — *L. barbata* Warburg in Engler, Bot. Jahrb. XIII (1891) 444; K. Schumann et Lauterbach, Fl. Deutsch. Schutzgeb. Südsee (1900) 593 — *Rapuntium succulentum, zeylanicum, affine* et *Reinwardtianum* Presl, Prodr. Monogr. Lobel. (1836) 13, 14. — *Dortmannia succulenta, Reinwardtiana, subcuneata* et *trigona* var. *affinis* O. Kuntze, Rev. Gen. II (1891) 380, 973. — *Pratia torricellensis* Lauterb., Nachtr. Fl. Deutsch, Schutzgeb. Südsee (1905) 402. — *P. ovata* Elmer in Leafl. Philippin. Bot. II (1909) 593. — *P. begonifolia* Hosseus in Beihefte Bot. Centralbl. XXVIII/2 (1911) 447, non Lindley. — Herba decumbens, radicans, ramosa, glabrescens vel plus minusque pubescens. Caulis ramique quadranguli, succulenti, sparse foliati. Petioli anguste marginati, 5—12 mm longi. Folia late ovata usque oblongo-ovata, 12—25 mm longa, 5—20 mm lata, obtusa vel subacuta, basi rotundata, margine mucronulato-dentata, supra plerumque glabrata, subtus puberula usque glabrescentia. Pedicelli solitari-axillares, subcompressi, subpubescentes, folio fulcrante breviores vel longiores, 10—35 mm longi, basi minute bibracteolati. Hypanthium obovoideum, plus minusque pubescens; calycis laciniae lanceolato-lineares, acutae, saepe ciliatae et inaequales, erectae vel patentes, 3—5 mm longae et 1—2 mm latae. Corolla violascens, glabra, 6—11 mm longa, tubo pallescente; lobi 2 superiores e basi lineari subovati acuti, erecti, in nervo dorsali ciliati; labium inferius trifidum, lobi rotundo-obovati, mucronulati, a basi deorsum puberuli. Capsula ellipsoidea, saepe pubescens, cr. 5 mm longa, lobis demum interdum parum auctis coronata. Semina fusca, trigona, ad 0,4 mm longa.

Im südlichen Asien eine der verbreitetsten Arten: Von Ceylon über die Sunda-Inseln bis zu den polynesischen Inseln, Indien bis zum südlichen China, besonders auf Reisfeldern häufig, nach Wallich in der heißen und regenreichen Zeit blühend.

var. **succulenta.** — Diagn. ut supra.

Java: Buitenzorg, im Grase (Blume — Typus speciei, Hochreutiner n. 1787); Djasinga, Res. Batavia (C. A. Backer n. 10462! — Hb. Horti Bogor.); ohne näheren Standort (Zollinger n. 329! Horsfield! Reinwardt).

Ceylon: Ohne genauere Ortsangabe (Gardner n. 429! Thwaites n. 2981! 1776! p. p.; häufig an feuchten Plätzen, auf Reisfeldern, bis 1600 m (Trimen).

Vorder-Indien: Madura Distr. (A. Saulière n. 3!); Kalkutta!, Debroghur (C. B. Clarke n. 37736 E!); Sylhet (Wallich n. 1311! — Typ. pro *L. affinis*); in der gemäßigten Zone des Gebirges Khasi, Assam (Griffith! Hooker et Thomson! King! C. B. Clarke n. 37791 B! 45068!); Ost-Bengalen (Griffith! Hb. East Ind. Comp. n. 3448!); Sikkim, tropische Zone (Hooker! C. B. Clarke n. 9745!). — Nepal (Wallich!).

China: Prov. Kwangsi (R. C. Ching n. 8195! 8196!); Prov. Kwangtung: Canton (Canton christian College Hb. n. 1629!); Whampoa (Hance n. 1094!); Kwangtung (Tsang Wai Tak, Hb. Lingnan Univ. n. 19267!); Lofoushan (N. K. Chun n. 10492!); Hongkong (C. Ford! Bon! Henry! — Hb. NY.); Formosa, Mt. Morrison (Matsumara, Pl. Jap. 616).

Hinter-Indien: Indo-China: Tonkin, Mt. Bavi (Balansa!); Massif du Tom Dar (A. Pètelot n. 3787!); Tam-dao (Eberhardt! Pètelot!); Cho-ganh (Pètelot!); Cho-ho (Colani!). Laos, Luang-prabang (Thorel!); Napé (Delacour — nach Danguy); am Mekong (Prinz H. v. Orleans! — specimen pedicellis folio duplo longioribus). — Siam: Doi-Sutep c. 900—1050 m, Chiengmai (Hosseus n. 497! Kerr n. 1756!); Chantabun, Kao Soi Dao c. 1300 m, nasse Stellen an Flüssen, im immergrünen Wald (Kerr n. 9641); Chumpawn, Kao Tong, Ranawug, Kampuan (Kerr n. 11533, 16867); Bangwan, gemein auf lichten Waldplätzen, Kao Luang an Flüssen im immergrünen Wald, Yala, Betong (Kerr n. 17096, 15562, 7523, 7659, non vidi!).

Malayische Halbinsel: Gemein an nassen Stellen; Singapore, Bukit, Timah, Kranji; Johor, Gunong, Pantai; Malacca (Griffith!), Bukit Tungul; Pahang River, Telom; Selangor, Batu Caves, Dusan Tua; Perak (Ridley n. 14251!), Temongoh, Tapa; Penang Hill — alle nach Ridley.

Philippinen: Insel Luzon, Prov. Sorsogon, Irosin, Mt. Bulusan (Elmer n. 15506! — W. Del.); Prov. Laguna, Los Baños, Mt. Maquiling (Elmer n. 17818! Serviñas n. 16869!); Insel Mindanao, Distr. Davao, Todaya, Mt. Apo (Elmer n. 11591 a!)! Amboina, wet meadow, 70 m, fl. blue, 3 lower corolla lobes white or tinge with blue (R. Robinson n. 1847! — Wash.).

Südost-Borneo, Hayoep, Urwald (H. Winkler n. 2584! — B.).

Neuguinea: Im Walde der höheren Teile des Sattelberges bei Finschhafen (Warburg!); Kaiser-Wilhelms-Land, IV. (F. Hellwig n. 630! — Leningr.); Torricelligebirge, 800 m (Schlechter n. 14407! 18258! — B. Del. Orig. pro *Pratia torricellensis*); Lordberg im lichten Bergwalde, 1000 m (Ledermann n. 10222, 10357 a, ex Diels in Engl., Bot. Jahrb. XXV, 122 sub *L. affinis*); Niederländ. Neu-Guinea, Bernhard Camp am Idenburg River, gemein am Flußufer (Brass n. 13253, 13965 — nach Merrill et Perry).

Fidschi-Inseln: Viti Levu, Tholo North, Loma Langa Trail, vicinity of Nandarivatu, 850 m (Degener et Ordonez n. 13683, Greenwood n. 811). — Vanua Levu: Thakaundrove, Valanga, Savu Savu Bay region, 30 m (Degener et Ordonez n. 13911 — alle im Hb. Gray, non vidi, nach A. C. Smith in Sargentia, Fijian Plant Studies II (1942) 140.

Planta valde variabilis magnitudine partium, indumento, saepe confusa cum *L. dichotoma* Miqu. (*L. zeylanica* auct. plur.), quae illi similis, sed glabritie, antheris duobus inferioribus tantum barbatis, seminibus ellipsoideis (non trigonis) longe distat.

var. **lobbiana** (H. f. et Thoms.) E. Wimm. in Annal. Naturhist. Mus. Wien LVI (1948) 361. — *L. Lobbiana* Hook. f. et Thoms. in Journ. Linn. Soc. II (1858)

28. — *L. affinis* var. *Lobbiana* C. B. Clarke in Hook. f., Fl. Brit. Ind. III (1881) 424. — L. *Gulparae* Ham. ex Wall. Cat. n. 1311 (1829) p. p. — *L. Goalparae* Ham. mss. — Major quam var. *succulenta*. Folia ovata, 25—54 mm lg. et 20—32 mm lt. Lobi calycis ad 7 mm lg., patentes usque recurvati. Corolla ad 15 mm lg.

Vorderindien: Assam, Khasi-Gebirge (Lobb ex H. f.); ohne nähere Angabe des Standortes (Hamilton n. 594! — Edinb.).

China: Kwangsi, Tse Poo 90 li. north. of Luchen, 1300 ft., in shaded ravine, trailing herb 6 inch. hight fl. purplish blue the upper three lobes deeper colored than the lower two, rare (R. C. Ching n. 5573! — N. Y.); south of Red River (A. Henry n. 11053!).

Birma: Mergui, Thatá (A. Meebold n. 14750! — Stkh.).

Sumatra: Benghoelen, Rimbo pengadang, 1000 m, Soeben ajam, 1200 m (Exped. Jacobson n. 81! 313! — Hb. Leiden).

Java: Buitenzorg (Warburg n. 11282! — B.).

f. **glabra** E. Wimm. in Annal. Naturhist. Mus. Wien LVI (1948) 361. — Glaberrima. Folia oblongo-ovata, 17 mm lg. et 12 mm lt., basi subcordato-rotundata.

Ceylon: Am Ufer des Teiches in Kandy, XI. (K. Rechinger n. 2401! — W.).

Nota. Kurz dicit in Flora LV (1872) 303 quoad nostram plantam: „Ganz so wie *L. dopatrioides* zu *L. Griffithii* steht, so verhält sich *L. lobbiana* zu *L. zeylanica* (*L. affinis* Wall., *L. succulenta* Bl.), von welch letzterer sie bloß eine an nassen Stellen wachsende Form ist. Die Größe der Blüten, Länge der Kronenröhre etc. variieren in diesen kleinen Lobelien ungemein. . . und *L. lobbiana* wird daher als die Stammform, weil *L. affinis* Wall. eine trockene, grasige Standorte liebende Art ist, als eine niederliegende, kriechende, kleine Varietät der obigen anzusehen sein.“ Kurz hat damit die Zusammengehörigkeit der zwei genannten Arten klar aufgezeigt; da aber der Name der kleineren Form (*L. succulenta*) die Priorität für sich hat, so mußte die später benannte *L. lobbiana* zur Varietät werden.

215. **L. ardisiandroides** Schlechter in Engler Jahrb. LVII (1922) 623.

Herba decumbens, villosa. Caulis ramosus, teretiusculus, sparse foliatus. Folia orbiculari-ovata, 12—18 mm longa et 12—22 mm lata, basi cordata cum petiolo marginato 13—25 mm longo, apice obtusa, margine inaequaliter grosse crenata vel pluri-angulata, utrinque hirsuta. Flores in axillis foliorum solitarii. Pedicelli hirsuti, 4—5 mm longi. Hypanthium turbinatum lobis subulatis 2 mm longis, hirsutis. Corolla coerulea (?) 4 mm longa, extus versus apicem pilosula; lobi 2 superiores sublanceolati erecti, ceteris breviores, labium inferius trifidum, basi bistriatum, lobi oblongi, ciliati. Antherae glabrae, apice omnes barbellatae. Capsula subglobosa, hirsuta, infera. Semina subglobosa, a latere subcompressa, cr. 1 mm diametiens.

Kapland: An felsigen Stellen des Montagu-Passes, 1200 m, blühend im Nov. (Schlechter n. 5822! — Herb. Berlin).

Grex 3. **Genistoides** E. Wimm.

Genistoides E. Wimm. in Annal. Naturhist. Mus. Wien LVI (1948) 362. — Racemi florum manifeste pedunculati, pedunculi terminales et axillares, saepe nudi, interdum flores etiam axillares; bracteae parvae. Herbae plerumque erectae vel ascendentes, raro procumbentes, omnes africanae.

Clavis specierum.

A. Folia latiora, suborbicularia usque triangularia vel ovata.
  I. Folia sessilia, inferiora interdum subpetiolata, hirta.
    α. Corolla minuta (5 mm), folia ovata, acuti-dentata .... 216. *L. zeyheri.*
    β. Corolla 18 mm longa, folia oblongo-triangularia usque oblonga 217. *L. ovina.*
  II. Folia petiolata.
    a. Hypanthium subnullum.

1. Folia elongato-triangularia; capsula subglobosa, supera; corolla 8 mm longa .... 218. *L. malowensis.*
2. Folia orbiculari-ovata, subcordata; corolla cr. 18 mm longa 219. *L. cochlearifolia.*

b. Hypanthium conspicuum, turbinatum vel semiglobosum.
1. Petioli aequaliter latissime alati; folia summa ovato-oblonga, sessilia 220. *L. eurypoda.*
2. Petioli exalati vel versus apicem sensim dilatati.
* Folia suborbicularia, truncata vel cordata, sublobata, raro aliqua cordato-ovata,
\+ Petioli anguste alati, hispidi, 8 mm longi .. 221. *L. cobaltica.*
\++ Petioli vix vel apice tantum paullum alati, 2—5 mm longi, patenter pubescentes vel glabri, semina ellipsoidea.
° Corolla 16 mm lg., capsula oblonga. Afr. ... 222. *L. preslii.*
°° Corolla 10 mm lg., capsula globosa. Austr. 223. *L. leichhardii.*
** Folia triangularia vel ovata.
× Folia obtuse lobata vel lobato-dentata, rarius subsinuato-arguti-dentata, saepius bina vel trina; petioli tam longi vel longiores quam lamina foliorum.
\+ Petioli tenues, exalati (confer no. 223!) 224. *L. vanreenensis.*
\++ Petioli cuneiformiter alati.
° Corolla 6—7 mm longa, extus adpresse hirta; folia subsinuato-arguti-dentata, superiora lanceolata, basi cuneata .... 225. *L. patula.*
°° Corolla cr. 15 mm longa, glabra; folia obtuse lobata 226. *L. pteropoda.*
×× Folia ovata, acute serrata, dentibus ovatis antrorsum versis, mucronulatis, basi subcordata vel cuneata; petioli lamina foliorum breviores.
° Corolla 7—9 mm longa, alba vel pallide coerulea (lilacina, albo-cincta) .... 227. *L. hartlaubii.*
°° Corolla 14—25 mm longa, coerulea, raro alba 228. *L. baumannii.*

B. Folia angusta, filiformia, linearia usque oblonga vel oblanceolata, inferiora interdum spathulata.
I. Flores racemosi in pedunculo longo aphyllo a x i l l a r i vel etiam quasi terminali, uni- usque plurifloro; quandoque deficit pedunculus et pedicelli oriuntur immediate ex axillis foliorum (ut partim etiam in *L. pinifolia*).
a. Folia acicularia, integra.
1. Folia rigida, acuta.
\+ Folia glabra, densa, erecta .... 229. *L. pinifolia.*
\++ Folia setuloso-scabra, sparsa, patentia .... 231. *L. decipiens.*
2. Folia obtusiuscula, chartacea, sparsa .... 230. *L. capillipes.*
b. Folia aliter formata.
1. Folia oblonga, parva, obtusa.
\+ Pl. tomentosa .... 232. *L. dichroma.*
\++ Pl. ± hirsuta, fusco-rubra .... 233. *L. neglecta.*
2. Folia linearia vel spathulato-linearia, acuta vel obtusa, basi cuneata, sessilia, pinnatifido-dentata usque integra.
× Corolla extus glabra; pl. hirta, raro glabrescens.
° Pedunculi filiformes, 7—12 cm longi, 1-flori, rarius 2-flori; corolla 10—16 mm longa .... 234. *L. chamaepitys.*
°° Pedunculi crassiores (1 mm), 15—30 cm longi, 1—3-flori; corolla saltem 20 mm longa .... 235. *L. coronopifolia.*

×× Corolla extus hirta vel saltem lobi inferiores extus hirti.

° Folia tomentosa vel hirta, dentibus brevibus obtusis remotis vel paucis; corolla 16—20 mm longa ..... 237. *L. tomentosa.*

°° Folia glabra, oblanceolato-linearia vel linearia, obtusa, crenulato-dentata vel obtuse aut acute dentata; corolla 18—32 mm longa .... 236. *L. caerulea.*

II. Flores in pedunculis terminalibus, infra inflorescentiam plus minus longe nudis; herbae perennes multicaules et ramosissimae.

a. Folia non filiformia, sed linearia usque lanceolata, oblonga vel spathulata.

1. Folia inferiora spathulata, reliqua spathulato-linearia, glabra 238. *L. chamaedryfolia.*

2. Folia linearia usque oblonga.

α. Pl. subhirsuta vel pubescens, saltem quoad caules et ramos.

* Folia oblonga, 10—15 mm lg. et 2—3 mm lt. utrinque acuta, in medio uno dente, rarius 2 dentibus munita, brevissime petiolata .... 239. *L. humpatensis.*

** Folia ad basin sensim in petiolum indefinitum angustata vel subsessilia, apice obtusa vel subacuta, dentibus pluribus obtusis praedita.

× Folia utrinque pilosa; corolla 14—15 mm longa.

\+ Corollae labium inferius trilobum; folia 2—3 dentibus utrinque ornata .... 240. *L. blantyrensis.*

++ Corollae labium inferius tripartitum; folia inaequaliter dentata .... 241. *L. goetzei.*

×× Folia supra glabra, subtus in costa et ad marginem parce pilosula; corolla 8 mm longa, lobi inferiores lanceolati 242. *L. graciliflora.*

β. Pl. glabrae, pedicellis forsan exceptis.

° Folia anguste linearia, paucidenticulata; corollae lobi inferiores elliptici; pedicelli glabri .... 243. *L. johnstonii.*

°° Folia lanceolata usque oblonga; pedicelli adpresse pilosi 244. *L. holstii.*

b. Folia filiformia, integra vel raro remote filiformi-pinnatifido-dentata; caules parce foliati.

□ Pedicelli et calyces dense longeque hirsuti vel villosi; corolla extus pubescens, 18—20 mm longa.

— Hypanthium anguste obconicum, albo-villosum 245. *L. spartioides.*

= Hypanthium semiglobosum, patentissime hirsutum 246. *L. lasiantha.*

□□ Pedicelli et calyces subglabri vel adpresse pilosuli.

§ Caules et rami robustiores, cr. 2 mm in diam.

° Hypanthium turbinatum, lobi calycis tubo subbreviores 247. *L. linearis.*

°° Hypanthium hemisphaericum, lobi calycis tubo longiores 248. *L. capillifolia.*

§§ Caules tenuiores, cr. 1 mm crassi.

° Pedicelli et calyces adpresse setulosi; corolla 6—7 mm longa 249. *L. genistoides.*

°° Pedicelli glabrati; hypanthium semiglobosum puberulum, inter 10 nervos albo-areolatum.

— Calycis lobi filamentis aequilongi; corollae lobi inferiores oblongo-lanceolati .... 250. *L. glaucoleuca.*

= Calycis lobi filamentis ½ breviores; corollae lobi inferiores obovati .... 251. *L. setacea.*

216. **Lobelia zeyheri** Sonder in Harvey & Sond., Fl. Cap. III (1865) 539. — *L. fonticola* Engler & Gilg in Warburg, Kunene-Sambesi-Exped. (1903) 398. — Herba erecta, ramosa, hirta, glauca, 10—25 cm alta. Folia inferne subdensa, superne laxa, subpetiolata vel sessilia, ovata, 4—10 mm longa et 2—5 mm lata, basi rotundata usque cuneata, apice acuti-mucronulata, margine incrassato acuti-dentata, utrinque densiuscule pilosa. Flores solitari-axillares in racemo laxissimo dispositi. Folia floralia saepe late lanceolati et subintegri. Pedicelli 10—18 mm longi, filiformes, hirti, basi 2 bracteolis anguste lanceolatis 2—3 mm longis erectis ornati. Hypanthium obovoideum, hirtum, lobi calycini subulati, circiter 1 mm longi, hirti. Corolla coerulescens, 4—5 mm longa, extus hirta, lobi 2 superiores oblongi erecti, lobi inferiores ovati, acutiusculi. Antherae omnes barbatae.

Kapland: Aapjesrivier, feuchte steinige Orte (Zeyher n. 1046! — Hb. Stkh.; Burke & Zeyher n. 1046 nach Sond.).

Südwestafrika: Otjosondjupa, IX. (Dinter n. 777! — Hb. B.); linkes Ufer des Chitanda, 1155 m, an sumpfiger Quelle (H. Baum n. 144! — Hb. W.); Hereroland, Uridum (ohne Name des Coll. n. 2099! — Hb. Zür.).

217. **L. ovina** E. Wimm. in Notizbl. Bot. Gart. Berl. XII (1934) 106. — Herba perennis, hirta. E radice fusiformi caules multi, erecti, teretes, e basi foliorum decurrente lineati, ramosi. Folia sessilia, triangularia, ovato-rhomboidea, superiora ovato-oblonga, 8—16 mm longa et 6—8 mm lata, basi rotundata vel truncata, ad apicem acuta, apice ipso subobtuso, margine obtusiuscule dentata, utrinque plus minus hirta. Rami steriles dense foliati, rami florigeri superne aphylli. Flores in racemo terminali, laxo, 6—10-floro. Pedicelli bractea parva suffulti, adpresse hirti, 4—5 mm longi, basi bracteolis 2 subulatis praediti. Hypanthium breviter turbinatum, adpresse hirtum, lobi calycis lineares, obtusi, hirti, 4—5 mm longi. Corolla coerulea vel lilacina, fauce luteo-alba, extus hirta, 18 mm longa; lobi 2 superiores ovato-acuti, resupinati; labium inferius trifidum, basi plicis 2 ornatum, lobi obovato-oblongi. Filamenta supra medium soluti, superne pubescentia; antherarum tubus violaceus et purpureo-striatus, basin versus pubescens, orificio barbatus, 2,5 mm longus. Capsula subglobosa, pro maxima parte supera, 5 mm longa et 4 mm lata. Semina ellipsoideo-trigona, fusca, nitida, 0,8 mm longa.

Tropisches Afrika: Tanganyika-Territorium, Bezirk Iringa, Landschaft Lupembe, Ditima, Pori, 2000 m, blühend im März (H. J. Schlieben n. 300! 529! — Herb. Berlin); Matengo-Hochland, WSW. von Songea, trockene, kurzgrasige Wiesen am Berg Lupembe, 1900—2000 m, blühend im Nov. (H. Zerny n. 24!); Bezirk Kyimbila, Hochplateau nördlich vom Nyassa-See bei Thomson (Stolz n. 2349! — Hb. Brüss.).

218. **L. malowensis** E. Wimm. in Annal. Naturhist. Mus. Wien LVI (1948) 362. — Caulis ramosus erectus, circiter 60 cm altus, striatus, sparse hirtus vel glabrescens. Folia triangularia, 3—6 cm lg. et 1,3—3,6 cm lt., basi subcordata vel rotundata et breviter in petiolum anguste alatum 1—3 cm longum angustata, ad apicem obtusiusculum acuta, margine inaequaliter dentata vel repando-denticulata, supra glabra, subtus sparse hirtella, nervi secundarii 3—4 sub angulo semirecto excurrentes. Flores in racemo laxo secundo. Bractea lineari-lanceolata, 2—3 mm lg. Pedicelli pubescentes, 3—4 mm longi, fructiferi nutantes. Calycis tubus brevissime semiglobosus fere nullus, sepala subulata subciliata patula, apice purpurascentia, 3 mm lg. Corolla alba roseo-tincta, glabra, 8 mm longa, lobi corollae 2 superiores lineari-lanceolati, recurvati, labium inferius tripartitum, 2 plicis in fauce, lobi eius oblongi 2,5 mm lg. Filamenta glabra, antherarum tubus cinereus, parce pilosulus, orificio breviter pilosus. Capsula supera, subglobosa, valvis 2 subquadratis usque ad basin fere dehiscens, 3 mm lg. et lt. — Fig. 94 a.

Südafrika: Griqualand East, in silvis montis Malowe pr. Clydesdale ad flumen Umzimkulu, 1300 m, Mart. 1885 (Tyson: Hb. Austroafr. ed. Macowan

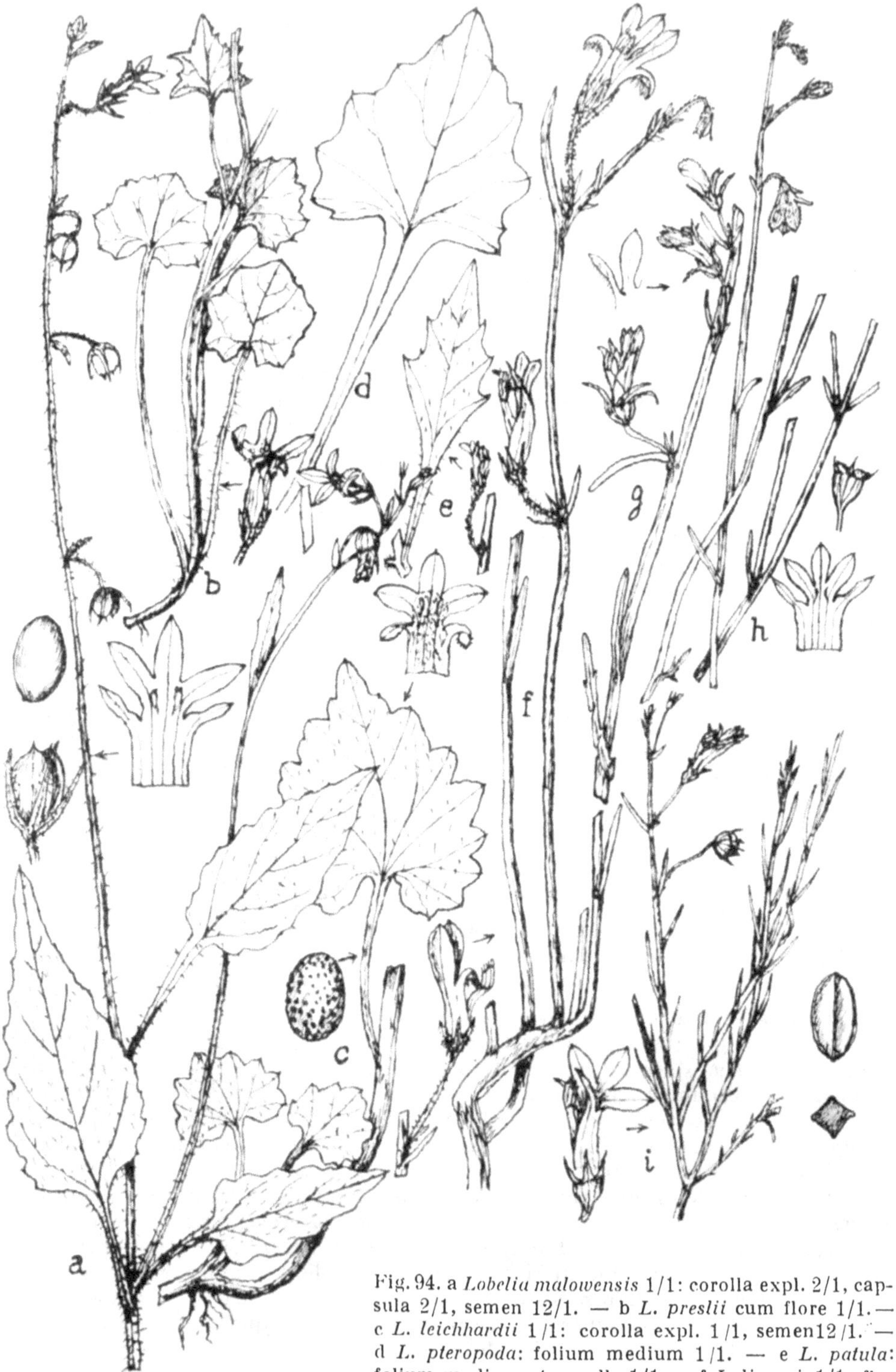

Fig. 94. a *Lobelia malowensis* 1/1: corolla expl. 2/1, capsula 2/1, semen 12/1. — b *L. preslii* cum flore 1/1. — c *L. leichhardii* 1/1: corolla expl. 1/1, semen 12/1. — d *L. pteropoda*: folium medium 1/1. — e *L. patula*: folium medium et corolla 1/1. — f *L. linearis* 1/1: flos 1/1. — g *L. capillifolia*: pars plantae et corollae 1/1. — h *L. genistoides* 1/1: corolla expl. 2/1, capsula fere 1/1. — i *L. setacea* 1/1: flos fere 2/1, semen a latere et dissect. 10/1. — Orig.

n. 1486! 2143! — DC.); Natal, Zululand, in Wäldern bei Entumeni, 300—600 m, 14. IV. 1888 (J. M. Wood n. 3985! — Wash.). — *L. pteropodae* similis, sed imprimis fructu supero diversa.

219. **L. cochlearifolia** Diels in Engl. Bot. Jahrb. XXVI (1899) 117; Wood, Handb. Fl. Natal (1907) 75. — Herba procumbens, stolonifera. Caules vel rami apice ascendentes, glabri, sparse foliati. Petioli versus apicem dilatati, ciliati, 10—12 mm longi. Folia rotundo-ovata, 15—20 mm longa et 17—20 mm lata, obtusa, basi subcordata, inferiora subintegra, reliqua lobulato- vel crenulato-denticulata, supra glabrata, subtus sparse setulosa in nervis. Calycis receptaculum subnullum, lobi lanceolati, 2,5 mm longi, divaricati. Corolla coerulea, glabra, tubo 9 mm longo; lobi 2 superiores lanceolati, dorso parce pilosi, ad 3 mm longi; labium inferius trifidum, basi luteo-maculatum, lobi obovati. Antherae omnes in apice barbatae, secus glabrae.

Süd-Afrika: Natal: Griqualand East, an Bächen bei Clydesdale am Umzimkulu, 750 m, blühend im Nov. (Tyson — Herb. Austro-Afr. n. 1487! n. 2563! Typ. Herb. Berl., Wien, Deless., Zürich); Gebirgsrücken bei Fort Napier bei Maritzburg (M. H. Steinbart!); Krantzkloof, zwischen hohen Sträuchern an feuchten Plätzen an Bächen, 600 m, blühend im Okt. (W. G. Haygarth n. 9483!).

220. **L. eurypoda** E. Wimm. in Annal. Naturhist. Mus. Wien LVI (1948) 362. — Caulis herbaceus, procumbenti-ascendens, ramosus, hirsutus, foliosus. Petioli foliorum infimorum anguste alati, cr. 4—6 mm longi, illi plurimorum foliorum latissime alati, 5—10 mm lati et partim occasionaliter dentati, folia summa subsessilia, ovato-lanceolata et multo minora, reliqua folia ovata, 15—25 mm longa et 13—24 mm lata, obtusa, basi rotundata, margine irregulariter dentata, utrinque hirsuta. Pedunculi sparse hirti, in parte inferiore eorum folio plerumque uno ovato-lanceolato parvo praediti, secus denudati, 16—20 cm longi, floribus 6—12 in apice racemosis. Bractea lanceolato-subulata, 3—5 mm longa; pedicelli 2—5 mm longi, adpresse hirti, medio bibracteolati. Hypanthium turbinatum lobis subulatis 3 mm longis. Corolla lutea (Junod!) intus extusque plus minus pubescens, cr. 16 mm longa; lobi 2 superiores e parte angustiore ovato-acuti, dorso pilosi, erecti, 4 mm longi; labium inferius tripartitum, basi bigibbosum, lobi oblongi acuti, 5 mm longi, glabri. Filamenta ad medium separata et hic pubescentia, superne connata, glabra. Antherarum tubus glaber, 2,5 mm longus, apice barbatus.

Transvaal: Am Gipfel des Mamotsuiri, blühend von Feb. bis April (Junod n. 2658! — Herb. Zürich); Swaziland: An der Landesgrenze auf den oberen Abhängen des Gebirges Beardet Man, 1600 m (Galpin n. 899!).

221. **L. cobaltica** S. Moore in Journ. Linn. Soc. Bot. XXXX (1911) 124. — Rami tenues hispiduli, superne nudi. Folia suborbicularia vel obovata, basi truncata, argute lobulato-crenata, lobulis mucronulatis, 8 mm longa et 6—10 mm lata; petiolus alatus, hispidus, 8 mm longus. Racemi terminales, distanter pauciflori, hispiduli. Bractea vix 4 mm longa. Pedicelli cr. 5 mm longi. Ovarium subhemisphaericum, 2 mm longum, hirsutum; lobi calycis setacei, ciliati, 4—5 mm longi. Corollae tubus 9 mm longus; lobi superiores lineari-oblongi, dorso pilosi, 5 mm longi; lobi 3 inferiores obovati. Stamina 6 mm longa. Similis *L. neglectae.* (Diagn. auct.)

Süd-Rhodesia: Gazaland, auf Felsen des Chimanimani-Gebirges, 2100 m (S. Moore n. 2036).

Specimen non vidi; fortasse ad *L. chamaedrifoliam* pertinet.

222. **L. preslii** A. DC. Prodr. VII (1839) 358; Sond. in Harv. et Sond., Fl. Cap. III (1865) 539. — *Rapuntium cordatum* Presl in E. Meyer Comment. Pl. Drege (1837) 285. — *Dortmannia cordata* O. Kuntze Rev. Gen. II (1891) 971. — Herba perennis, procumbenti-ascendens, diffusa, ramosa, forsan stolonifera. Rami pilis horizontaliter patentibus vestiti vel glabrescentes. Petioli 2—5 cm longi, patenti-pubescentes,

apice anguste alati. Folia ovato-rotunda, basi cordata, truncata, apice obtusa, sublobato-angulata, utrinque sparse pilosa, 15—20 mm longa et fere totidem lata. Pedunculi basi raro foliati, secus nudi, cr. 20 cm longi, pilosi vel glabrati. Racemi terminales, pauciflori. Bractea lanceolata, minuta. Pedicelli 3—10 mm longi. Hypanthium turbinatum, adpresse hirtellum; lobi calycis subulati, 2 mm longi. Corolla coerulea et violacea vel lilacino-alba, 16 mm longa, intus pubescens, lobi extus hirti; lobi 2 superiores lanceolati, erecto-reclinati, breves; labium inferius tripartitum, lobi oblongo-obovati. Stamina 10—12 mm longa. Capsula oblonga, cr. 8 mm longa. Semina oblonga, fusca. — Fig. 94 b.

Süd-Afrika: Kapland: In montosis rupestribus Witbergen prope Bambooshoek, 1800—2000 m, 15. I. 1833 (Drege n. 6255! — Presl); Basutoland, Léribé, Malavaneng, blühend im Jan. (Dieterlen n. 933! — Hb. Paris); Transvaal, Taba Bosin, Lessouto, Schlucht in Thuitya Tsere, blühend Jan.-Feb. (Junod n. 1915!); Drachensburg (T. Cooper n. 2646! — Hb. Zür.); Natal Prov., Altomovi, auf Felsen, 1900 m (J. Thode n. 3745! Hb. Stellenb., f. transiens ?).

f. **glabra** E. Wimm. n. f. — Folia inferiora subreniformia; petioli apice vix alati. Secus herba glaberrima. flore excepto.

Kapland: In saxosis montis Bruintjeshoogte, 1300 m, blühend im Dez. (MacOwan n. 1492! — Wash., Stkh., Budp.).

223. **L. leichhardii** E. Wimm. nov. spec. — Habitus *Lobeliae vanreenensis* ex Africa australi. Caulis basi radicans, dein ascendens, glaber, foliatus, ad 40 cm altus. Petioli anguste marginati, apice paululum dilatati, 3—1 cm longi. Folia ima reniformi-orbicularia, circiter 2 cm longa et 1,5 cm lata, reliqua rotundo- vel late ovata, 2—4 cm longa et 1,5—3 cm lata, apice plus minusve obtusa, basi cordata, margine crenata vel lobata, lobus terminalis non vel parum productus, lamina tenera, supra parce pilosa, subtus in nervis setulis paucis vestita. Inflorescentia pedunculata, laxissime racemosa floribus paucis (in specimine nostro 7) subsecundis subcernuis. Bracteae minimae. Pedicelli 5 mm longi, scabriusculi, primo ascendentes, demum arcuato-deflexi, supra medium bibracteolati. Hypanthium semiglobosum, in nervis longitudinalibus scabriusculum; lobi calycini subulati, integerrimi, scabriusculi, erecti, 2—3 mm longi. Corolla 10 mm longa, extus glabra, intus in tubo et fauce puberula, tubo pallido, lobis 2 superioribus fere spathulatis subciliatis erecto-reclinatis, labio inferiore trifido basi lutescente et 2 plicis ornato, eius lobis obovato-oblongis mucronulatis. Filamentorum tubus 3,8 mm longus ad tres partes fissus et puberulus; antherarum tubus 1,2 mm longus, glaber, orificio dense ciliatus. Capsula globosa, fere totaliter infera, 5 mm longa et lata, valvae breves. Semina ellipsoidea, scrobiculata, dilute fusca, nitida, 0,9 mm longa. — Fig. 94 c.

Australien: Morton Bay, a. 1845 (Leichhard! — Hb. Paris).

A specie simillima *L. vanreenensi* discedit imprimis foliorum lobo terminali non vel vix protracto, bracteolis spathulatis supra medium pedicelli sitis, capsula globosa, infera, semine foveolato.

224. **L. vanreenensis** (O. K.) K. Schum. in Just Jahresber. XXVI (1898) 373. — *Dortmannia vanreenensis* O. Kuntze Rev. Gen. III/2 (1898) 188. — Caules plures, ramosi, ascendentes, teretes, glabri, remote foliati, interdum folia bina valde approximata. Petioli 2—5 cm longi, aequaliter anguste marginati, glabrati vel minute puberuli. Folia cordata vel late ovata, 2—4 cm longa et totidem lata, acuta, saepe lobo terminali protracto, basi cordata usque subcordata, margine inaequaliter lobata, lobis triangularibus, obtusis vel subacutis, mucronulatis, glabra vel subtus in nervis parce hirtella. Flores in racemis laxis, paucifloris, terminalibus. Bractea linearis parva. Pedicelli 5 mm longi, adpresse hirti, basi bibracteolati. Hypanthium turbinatum, adpresse hirtum, lobi subulati, 1,5 mm longi. Corolla coerulea. 8—10 mm longa, glabra, tubo tenui pallescente; lobi superiores lanceolati, recurvati, 2 mm longi; labium inferius tripartitum, basi bimaculatum, lobi obovati. Capsula sub-

globosa, semi-infera, vix 4 mm longa. Semina obscuro-fusca, ovoidea, subtilissime lineata, 0,9 mm longa.

Süd-Afrika: Natal, Van Reenens Pass, in saxosis, 1800 m (O. Kuntze! — B. Orig., Schlechter n. 6926!); Waldrand im Drakensberg-Gebirge, 1500—1800 m, blühend im März (J. M. Wood n. 5970!); Oranje Freistaat, Witzieshoek an Bächen im Leucosidea-Gebüsch, 1650 m (J. Thode n. 5471! — flore majore, ad 22 mm lg.), ohne genauere Standortsangabe (T. Cooper n. 1067!).

var. **villosula** E. Wimm. n. v.

Caulis, petiolus, folia subtus subvillosa in nervis, folia supra breviter subhirta. Lobi corollae extus adpresse hirti. Stamina 10 mm longa.

Natal: Culvers (F. A. Rogers n. 28444! — Herb. Zürich).

225. **L. patula** L. f. Suppl. (1781) 395; Thunb. Prodr. (1794) 40 et Fl. Cap. II (1808) 41; Willd. Spec. I (1797) 944; L. Syst. Veg. XIV. (1819) 801; G. Don Gen. Syst. III (1834) 711; A. DC. Prodr. VII (1839) 396; Sond. in Harv. et Sond. Fl. Cap. III (1865) 544, sine var. — *Rapuntium patulum* Presl Prodr. Lobel. (1836) 30. — *Dortmannia patula* O. Kuntze, Revis. II (1891) 973. — Caules e radice plurimi, simplices vel remote dichotomi, teretes, striatuli, glabri, 30—40 cm alti. Folia pauca, alterna vel ex axillis caulis bina vel trina (quod obvenit etiam in *L. pteropoda*), ovata usque oblonga, cr. 20 mm longa et 17 mm lata, acuta subsinuato-dentata, superiora lanceolata usque linearia, argute dentata, summa integra, basi subcordata usque cuneata, in petiolum cuneato-alatum angustata, subhirta (villosa ex Thunb.). Flores in racemis terminalibus, paucifloris. Bractea minuta. Pedicelli cr. 5 mm longi, cum calyce et corolla adpresse setulosi. Hypanthium obconicum, lobi subulati, 2—3 mm longi, erecti. Corollae tubus 4 mm longus, pallescens; lobi lanceolati vel oblongi, coerulei (?). Antherarum tubus purpureo- et albido-striatus. — Fig. 94 e.

Süd-Afrika: Kapland, auf Bergen bei Langekloof (Thunberg! — Herb. fol. β, floret Novembri et sequentibus mensibus); George, XI. (Penther n. 2716! — Hb. Stkh.).

226. **L. pteropoda** (Presl) A. DC. Prodr. VII (1839) 364. — *L. patula* var. *pteropoda* Sond. in Harv. et Sond. Fl. Cap. III (1865) 544. — *Rapuntium pteropodum* Presl Prodr. Lobel. (1836) 21. — Caulis erectus, ramosus, subteres, glaber. Petiolus 20—40 mm longus, ab apice ad basin latius cuneatim alatus (a 10 ad 2 mm), glaber vel in costa subtus parce hirsutus. Lamina folii late ovata vel triangularis, lobo terminali interdum elongato, basi cordata, apice acuta-obtusa, margine obtuse lobata, lobis mucronulatis, glabra vel sparsissime hirta. Racemi terminales, pauciflori, secundi. Bractea linearis, 5—3 mm longa. Pedicelli cum calyce adpresse hirtelli, 4—5 mm longi, filiformes. Hypanthium semi-globosum, cr. 1 mm longum et 2 mm latum; lobi calycis subulati, patentes usque geniculato-subrecurvi, 3—4 mm longi. Corolla alba, purpurascens vel lilacina, glabra, cr. 16 mm longa; lobi 2 superiores oblanceolati, lobi inferiores obovati. Capsula globosa 5 mm in diametro. Semina fusca, laevia, nitida, subcompresso-globosa, cr. 0,7 mm longa. — Fig. 94 d.

Süd-Afrika: Regio inter amnes Keiskamma et Omsamcaba, in rupestribus inter Cataractam magnam et Omsamcaba (Drege! — Herb. Presl, Wien, Cambridge); in Felsspalten an einem kleinen Fluß auf der Höhe von Omsamcaba (Drege n. 4035 — Hb. B.); Natal, Distrikt Alexandra, Ifafatal, schattiger Waldrand, 500 m, blühend im Mai (Rudatis n. 986!); Port Natal (Gueinzius n. 154! 420!); Krantzkop, 30 Meilen östlich von Greytown, im schattigen Unterwuchs des immergrünen Nebelwaldes, 1100 m, blühend im Juni (C. Troll n. 5973!); Inchanga (A. Engler n. 2707!); Pinetown, Buisson (Junod n. 118!); Ivungu River, auf Fels unter Gebüsch oberhalb des Wasserfalles, 15 m, blühend im Jänner (J. Thode n. 3941!). Zululand, Nkandhla, 1000—1300 m, weiß blüh. lg. J. Wylie (J. M. Wood n. 8748!). — East Griqualand, Kokstad (W. Haygarth!). Pondoland: 30—200 m, blau blüh. (C. Beyrich n. 51!); Weg von Marburg nach Murchison (F. Bachmann n. 1386! — B.).

Arbitror inter *Lobeliam pteropodam* et *L. patulam* differentias sufficientes esse, ut ab invicem separentur, nam *L. patula* gaudet foliis superioribus lanceolatis usque linearibus, basi cuneatis, margine subsinuato-acuto-dentatis, hypanthio obconico, corolla duplo minore et extus adpresse setulosa. Exinde eam ut speciem iterum restituo.

227. **L. hartlaubii**[1]) Buchenau in Jahresbericht. naturwiss. Verein. Bremen, Bremen Abh. VII (1881) 201, et in Bot. Centralbl. VIII (1881) 41. — *L. Schaeferi* Schlechter in Engl. Bot. Jahrb. LVII (1922) 57. — Herba perennis, ramosa, hispidula, 10—60 cm alata. Caules procumbenti-ascendentes, striati vel angulati, in angulis parce hispiduli vel glabrati. Folia ovata vel ovato-rhomboidea, 30—45 mm longa et 16—30 mm lata, acuta, basi rotundata vel cuneata, in petiolum 5—20 mm longum attenuata, acute serrata vel crenato-dentata, utrinque sparse hispidula vel glabrescentia. Racemi pauciflori terminales. Bractea linearis, pedicello brevior. Pedicelli 3—4 mm longi, setulosi, in medio bracteolis 2 linearibus conspicuis praediti. Hypanthium obconicum, lobi lineares, ciliati, 3—4 mm longi, patentes. Corolla alba vel coerulescens vel lilacina albo-marginata (ex Ledermann), tubo glabro, lobis extus parce setosis; lobi superiores oblanceolati, erecti; labium inferius trifidum, basi bigibbosum, lobi obovati, mucronulati. Filamenta inferne pilosula. Antherarum tubus glaber, orificio pilosulus. Capsula obconico-oblonga, 1 cm longa, valvis brevibus late ovatis, demum deciduis. Semina pallida, laevia, compresso-ovoidea, 0,8 mm longa.

Madagascar: Ambatondraka und im Wald bei Ambaravambato, Nov.—Dez. (Rutenberg — ex auct.); im Walde bei Johimanitra, blühend im Nov. (Forsyth-Major n. 65!); Central-Madagascar (R. Baron n. 1380! et 1487!).

Tropisches Afrika: Im Wald bei Thibinda — Fendula, 2300 m (Scaëtta n. 1419!); Kamerun: Bare, bei Manengabe im Busch, 1800 m, blühend im Dez. (Schäfer n. 111 — Typus für *L. Schaeferi*); im Gebirgswald bei Mfongu, 1700—1900 m (C. Ledermann n. 5900!; Mbo, Kongoa-Gebirge, teilweise dichter Gebirgswald, 1600—1800 m, blühend im Nov. (C. Ledermann n. 6054!).

228. **L. baumannii** Engl. in Abh. Preuss. Akad. Wiss. (1894) 46 et Bot. Jahrbuch XIX (1894), Beibl. n. 47, 51. — Herba e basi ramosa, humifusa, saepe caespitosa, 30—40 cm alta. Caules ramique ascendentes, tetragoni, subglabri. Folia ovata, 3—5 cm longa et 2,5—3 cm lata, apice acuta, basi subcordata usque rotundata et in petiolum anguste alatum 12—30 mm longum angustata, margine crenato-dentata, grosse-serrata, dentibus late triangularibus obtusis vel acutis mucronulatis, supra solum vel et subtus in nervis pilis inspersa. Racemi pauciflori terminales. Bracteae lineares, pedicello breviores. Pedicelli 3—10 mm longi, hirtelli, supra basin 2 bracteolis oblanceolatis ornati. Hypanthium turbinatum, glabratum vel pubescens, lobi calycis subulati, ciliati vel glabrati, erecti, 3—6 mm longi. Corolla coerulea (vel alba), glabra, 18 mm longa: lobi superiores e basi triangulari elliptico-acuti, recurvi; labium inferius trifidum, basi bicallosum, lobi obovati. Capsula obovoidea, valvis brevibus ovatis dehiscens. Semina oblonga, convexa, 1 mm longa.

A. Corolla 12—20 mm longa.
  1. Folia basi subcordata vel rotundata, in petiolum marginatum breviter angustata .... var. *baumannii.*
  2. Folia ovata in petiolum alatum cuneatim angustata .... var. *cuneata.*

B. Corolla 20—30 mm longa, folia variantia, calyx sparse pubescens usque villosus var. *kummeriae.*

var. **baumannii.** — Ut supra.

Tropisches Ostafrika: Tanganyika-Territorium, Usambara, Gonja im Handei-Gebiet, im dichten Schatten des Waldes, 1130 m, und im Kumushuatal

[1]) Dr. Gustav Hartlaub, Vorsitzender des Bremer naturwissenschaftlichen Vereines, hochverdient um die Ornithologie Madagascars.

bei Mlalo (H o l s t n. 4238! 603! — Hb. B. Typus, Del.); immergrüner Regenwald über Amani am Bomule, 1000 m, IX. und im etwas trockenen Regenwald bei Sakare, 1300—1500 m (A. E n g l e r n. 512! 938! — B.); Urwald bei Amani, Ngambo, Kwamkoro, 900—1000 m (A. Peter n. 7683! 13960! 14008! 17486! 21280! 21421!; S o l e m a n n. 6251!); Uluquerus, Bunduki, 1300 m (E. M. B r u c e n. 639! — Kew). — Nyassa-Hochland, Station Kyimbila, 1000—1200 m (A. S t o l z n. 1428! — Del. Stkh.).

var. **cuneata** E. Wimm. in Notizbl. Bot. Gart. Berl. XII (1934) 104. — Folia rotundo-ovata usque -elliptica, subacuta, basi in petiolum alatum cuneata, versus marginem parce pilosa et ciliata. Corolla coerulea, obscure striata, 15—20 mm longa.

T a n g a n y i k a - T e r r i t o r i u m : Uluguru-Gebirge, an Felsen im Nebelwald auf der Nordostseite, c. 1830 m, blühend im Okt. (H. J. S c h l i e b e n n. 2833! — Hb. Berl.).

f. **alba** E. Wimm. in Notizbl. l. c. — Corolla minor, 12 mm longa, alba.

T a n g a n y i k a - T e r r i t o r i u m : Uluguru-Gebirge an feuchter Felswand im Nebelwald, c. 1560 m, blühend im Dez. (H. J. S c h l i e b e n n. 3053 — Hb. Berl.).

var. **kummeriae** (Engl.) E. Wimm. in Notizbl. l. c. — L. *Kummeriae* Engl. in Wissensch. Ergebn. Deutsch Zentral-Afrika-Exped. II (1907—8) 344 (nomen!); Th. Fries jun. in Notizbl. Bot. Gart. Berl. VIII (1923) 398 c. fig. — Folia ovata usque ovato-oblonga, grosse inaequaliter serrata, vel dentibus obtusis, antrorsum versis et mucronulatis munita, Pedicelli et calyx pubescentes usque villosi (in formis intermediis etiam glabrescentes). Corolla coerulea, intus violacea, pilosa, ad 3 cm longa, vel alba fauce violaceo-maculata (Fries).

T a n g a n y i k a - T e r r i t o r i u m : Bezirk Morogoro, Ulugurugebirge, N. W. c. 1550 m, an feuchten Felsen im Nebelwald häufig, blühend im Nov. (H. J. S c h l i e b e n n. 2931!); oberer Regenwald, 800 m, X. (v. B r e h m e r n. 682! — Hb. B.); Kenya-Kolonie, Aberdares (East) Tuso, 2100—2400 m, blühend im Juni (E. R. N a p i e r n. 5930!); Nord-Kenya, am Iwaru-Flusse, 1300 m (R. E. et Th. C. E. F r i e s n. 1905); Rugege-Wald, östlich vom Kiwu-See, Rukarara-Quellgebiet, 1900 m (M i l d b r a e d n. 939); Ost-Usambara, immergrüner Regenwald bei Nguelo, 950 m und bei Amani (E n g l e r n. 673, 746).

229. **L. pinifolia** L. Spec. Pl. (1753) 929; Lam., Dict. Bot. III (1791) 582; Thunb., Prodr. Fl. Cap. (1794) 39 et Fl. Cap. II (1808) 36; Andr., Bot. Repos. IV (1803) t. 273; Roem. et Sch., Syst. Veg. V (1819) 37; G. Don, Gen. Syst. III (1834) 710; A. DC. Prodr. VII (1839) 362; D. Dietr., Synops. Pl. I (1839) 729; Sond. in Harv. et Sond. Fl. Cap. III (1865) 542; Hutchinson, Botanist in S. Afr. (1946) 38 c. fig. — *Rapuntium pinifolium* Presl Prodr. Lobel. (1836) 19 et in Meyer Comment. Pl. Drege (1837) 288. — *Dortmannia pinifolia* O. Kuntze Rev. Gen. II (1891) 973 et III/2 (1898) 188 incl. var. *α.* et *β.* — *Rapunculus aethiopicus, violaceo galeato flore*, Breyn Exot. Pl. Cent. (1677) 173, t. 87. — *Rapunculus fruticosus, foliis nervosis acutis*, Burm. Rar. Afr. Pl. Decad. III (1739) t. 41, f. 2.

Suffrutex ramis erectis, rigidis, dense foliatis, subhirsutis. Folia sessilia, arrecta, rigida, acicularia, 10—20 mm longa et cr. 1—2 mm lata, apice acuta, margine integra et anguste revoluta, glabra vel parce hirsuta, saepe purpurascenter suffusa. Flores vel axillares, solitarii (var. *comosa* O. Kuntze l. c.) vel in pedunculis plus minus elongatis, axillaribus vel terminalibus (var. *laxa* O. Kuntze l. c.), foliis denudatis, vel plerumque pauci flores solitarii et reliqui in pedunculis. Bractea foliacea. Pedicelli 5—15 mm longi, cum calyce et corolla adpresse hirti, medio bibracteolati. Calycis tubus hemisphaericus, lobi subulati, patentes, 3 mm longi. Corolla cyanea vel violacea, 15—17 mm longa, rarius 10—12 mm longa (f. *parviflora* Wilms), lobi 2 superiores lanceolati, erecto-resupinati; lobi inferiores obovati. Stamina glabra. Capsula ovoidea, 5 mm longa. Semina trigona, fusca, 1 mm longa.

var. **pinifolia.** — Ut supra.

Kapland: Auf felsigen Abhängen und bebuschten Hügellehnen auf sonnigen, steinigen Stellen der unteren Bergregion, 100—1500 m, blühend vom August bis Mai. Kap, ohne weitere Standortsangabe (Burmann! Berg! Commerson! Sieber n. 83! Scholl! Banks! Portenschlag! Hügel! J. Boss! Burchell n. 7877! Forbes! Ecklon et Zeyher n. 2475! Verreaux! Wawra n. 34!); Tafelberg, inter frutices altitudinis 3. montis Tabularis (Unio Itin. n. 481! — Ecklon; Jelinek n. 249! Drege! MacOwan, Herb. Austro-Afr. n. 82! A. Penther n. 2713! J. Thode n. 5824!); über Oranje Kloof (Schlechter n. 708!); Constantia Neck, Klassjejersberg (Erik Wall n. 952/4, 1044/9!); Devil's Peak (Krauss! F. Wilms n. 3391!); Lion's Head, Silberbaumwald (A. Peter n. S 6!); Simonstown (Paulay!); Stellenbosch (A. Schenk n. 564!); Hermanus (Student!); Hottentottshollandsberg und Zwarteberg, VIII. (Zeyher n. 3099! — Stkh.); Ceres, Michels Paß, Kirstenbosch (Erik Wall n. 85/39! 1573/2! 1574/2! 1917/42!); Bainskloof (Schlechter n. 9899!); am Flusse Palmietriver (A. Penther n. 2717! Erik Wall n. 838/52!); Port Natal (comm. Poeppig!).

f. **parviflora** Wilms in herb. n. f. — Folia breviora et angustiora. Flores solitari-axillares. Corolla 1 cm lg.

Kapland: Kapstadt, Tafelberg, Constantia Neck, Kloof Neck, Cartoll dei Devilspeak (Erik Wall n. 2420! 2138/43! F. Wilms! A. Peter S 2! Drege! Commerson! Bergius!).

f. **rubriflora** Wilms ex Annal. Naturhist. Mus. Wien LVI (1948) 463. — Flores rubri, secus ut in typica planta. — Kapland: über Muizenberg nach Kalkbay bei Capstadt, blühend im August (F. Wilms n. 3391 a!); Garcias Pass bei Riversdale, 500 m, blühend im Feber (Schlechter n. 2206!); Ceres (F. A. Rogers 28716!).

var. **laricina** E. Wimm. in Annal. Naturhist. Mus. Wien LVI (1948) 463. — Exceptis floribus glaberrima. Folia graciliora, subviridia, 18—25 mm longa et cr. 1 mm lata, margine non revoluta, superiora versus basin saepius sparse ciliata. Corolla coerulea.

Transvaal: Robertson, blühend im Sept. (J. M. Nel! — Herb. Stellenbosch n. 19417). — Natal, St. Lucia Bay, V. (Pole Evans n. 3654! 3655! — Pret.).

O. Kuntze l. c. proponit 2 varietates: var. *comosa*: „Flores conferti, folia vix superantes; Capland, Devil's Peak" et var. *laxa*: „Flores subracemosi folia longe superantes; Capland, Tafelberg, 800—1150 m". Sed cum multae formae intermediae vel mixtae occurrant, limites harum varietatum assignari non possunt et exinde eas omitto.

230. **L. capillipes** Schlechter in Engler Bot. Jahrb. XXIV (1897) 448.

Suffrutex e basi ramosus, 50 cm — 1 m altus. Rami teretes, glabri, sparse foliati, demum lignescentes. Folia sessilia, linearia, 12—20 mm longa et 2—3 mm lata, apice subacuta, callose mucronata, integra, nitida, glabra, vel parce ciliata, purpurascentia, subfalcata. Pedunculi capillacei, abortu 1-flori, axillares et subterminales, 25—40 mm longi, parce setulosi. Pedicelli 7 mm longi cum calyce et corolla adpresse setulosi, in medio saepe bibracteolati. Hypanthium turbinatum, laciniae calycis lineares, 2—3 mm longi. Corolla coerulea, tubo pallido, intus puberulo fauce strigilloso, 5 mm longo; lobi superiores nunc oblique subdeltoidei, nunc vix subulati, intus tenuissime puberuli, vix 2 mm longi; lobi inferiores obovato-oblongi, 3 mm longi. Capsula subglobosa, cr. 5 mm in diametro.

Kapland: Elim, auf grasbewachsenen Hügeln, 130 m, blühend im April (Schlechter n. 7662! — Hb. W., B., Del.).

231. **L. decipiens** Sond. in Harv. et Sond. Fl. Cap. III (1865) 540; A. Zahlb., Pl. Penther. in Annal. Hofmus. Wien XVIII (1903) 405; Gibbs in Journ. Linn. Soc.

XXXVII (1906) 451; Wood, Handb. Fl. Natal. (1907) 75. — *Dortmannia decipiens* O. Kuntze, Revis. II (1891) 972. — *L. dobrowskyoides* Diels in Engl. Bot. Jahrb. XXVI (1898) 117. — *Rapuntium Breynii* Presl Prodr. Lobel. (1836) 19 excl. syn. Lam. — *L. Breynii* Engl. cum var. *Bragae*, Pflanzenwelt Ostafr. (1895) C 402, non Lam. — Herba decumbenti-ascendens vel erecta, setuloso-scabra, 10—30 cm alta. Caulis simplex vel subramosus, leviter angulatus, adpresse setulosus vel glabratus. Folia sessilia, fere acicularia, 6—12 mm longa et cr. 1 mm lata, callose apiculata, margine revoluta, scabra, integra vel nonnulla folia inferiora 1-dentata, sparsa, interdum subopposita, inferne saepius densa. Flores solitarii, axillares vel ramulos terminantes vel caules aut rami apice dichotome pedunculati. Pedicelli 15—30 mm longi, cr. in medio bracteolis 2 foliaceis praediti, raro sine bracteolis. Hypanthium suboblique semi-ellipsoideum, adpresse setulosum, 2 mm longum et latum, lobi calycis subulati, 3—4 mm longi, patentes, margine integri et callosi, costati, scabri. Corolla 14—18 mm longa, extus adpresse puberula, 3-colorata: lobi superiores oblongo-acuti rubri, labium inferius trilobatum lilacinum et fauce macula lutea bifurcata notatum (secundum Junod: gentianea lobis superioribus violaceis, sec. Wood: coerulea et albo-striata), lobi rotundo-obovati, mucronulati, 5—7 mm lati et 3—4 mm longi. Stamina glabra, 6—8 mm longa. Antherarum tubus nigro- et stramineo-striatus, apice barbatus. Stylus filiformis, apice bilobus, lobis linearibus, 1 mm longis et ad basin pilorum annulo circumdatis (res in memoriam revocans formam stigmatis apud *Monopsidem*). Capsula ovoidea, 5 mm longa, lobis calycinis reflexis circumdata. Semina ellipsoidea, fusca, opaca, cr. 0,5 mm longa.

K a p l a n d : In monte inter Katrivier et Klipplaatrivier (D r e g e!, n. 3400! — Typus pro *Rapuntium Breynii* Presl — Hb. Presl, Berl.); in montibus ad flumen Palmietrivier (E c k l o n! Z e y h e r n. 1072!); Distrikt Albany: Grahamstown, Florida und Witwatersrand, blühend im Januar (Mrs. H u t t o n n. 629! 1011!); East London (J. M. W o o d n. 3222! — B.); auf Wiesen bei Issipingo, 30 m, blühend im Juli (S c h l e c h t e r n. 2992!); Natal: Distrikt Alexandra, auf Moorwiesen bei Campbelltown, 800 m, blühend im Nov. (R u d a t i s n. 1441!); Pietermaritzburg, blühend im Okt. (J. W a h l b e r g!); bei Howick, 1000 m, und Pinetown auf feuchten Hügeln selten, blühend im Feb. (J u n o d n. 180 a! 90!); Emberton und Umbumbulu (J. M. W o o d! n. 9598!); Inchanga, 750 m (E n g l e r n. 2651! — Hb. B.). — G r i q u a l a n d E a s t : Nalogha und Van Reenens-Pass (Pl. P e n t h e r. n. 2722! 2727! — Hb. W.); bei Kokstad auf feuchten grasigen Stellen, blühend im Nov. (T y s o n , Herb. Norm. Austro-Afr. n. 570!); — T r a n s v a a l : Barberton, auf grasigen Flächen, c. 900 m, blühend von Sept. bis Okt. (G a l p i n n. 579!); Modderfontein (C o n r a t h n. 549!); Distrikt Lydenburg (F. W i l m s n. 896! 897!); Middelburg (A. E. S o n n t a g , Herb. Stellenb. n. 19418!); Div. Pretoria, Premier Mine, 1600 m (R o g e r s n. 19834!); Magalisberg (Z e y h e r n. 1072! — Hb. Stkh.); Bethal (J. W e b b n. 2!); auf sandigem Boden bei Ermelo (B. L i e b e n b e r g n. 8905! B u r t t - D a x y n. 17383!); Johannesburg an Bächen, blühend im Mai (E S C A - Herb. n. 362!); ohne nähere Ortsbestimmung, blühend im Juni (Q u i n - t a s n. 216! — „*L. dobrowskyoides* Diels"). — O r a n j e - F r e i s t a a t: Koolhoek, feuchte grasige Plätze, 1800m (J. T h o d e n. 3579!); Kestell (A. S t e p h e n s o n , Herb. Stellenb. n. 10930!). — B e t s c h u a n a l a n d (H o l u b! — Hb. Presl). — S ü d - R h o d e s i a: Matopo Hills (G i b b s); Maschonaland, zwischen Salisbury und Marandellas, auf Wiesen, 1600 m (E n g l e r n. 3105! — Hb. B.); ohne weitere Ortsangabe (H i s l o p! — Hb. Kew).

M o s a m b i k : Baira (B r a g a n. 135! — „*L. Breynii* Engl." et eius „var. *Bragae* Engl." im Herb. Berlin).

Species habitu et inflorescentia variabilis et stigmate angusto elongato insignis accedit ad genus *Monopsis*, sed forma corollae est ea *Lobeliae*. — Planta pulchra in Austro-Africa certe late distributa et toto fere anno florens.

232. **L. dichroma** Schlechter in Engler Bot. Jahrb. LVII (1922) 623. — Suffruticosa, e basi ramosa, tomentosa, cr. 40 cm alta. Folia sessilia, oblonga vel leviter

spathulato-oblonga, 10—18 mm longa et 5—8 mm lata, apice obtusa, basi angustata, interdum breviter petiolata, patentia usque subrecurvata, margine obtuse dentata. Pedunculi ad 10 cm longi, subvillosi, axillares, aphylli, terminales, inferne foliati, racemi 2—3-flori. Pedicelli bractea lineari-lanceolata duplo longiores, adpresse pilosi, medio bibracteolati, 6 mm longi. Hypanthium oblique turbinatum, dense pilosum, lobi calycis lineares, integri, 4—5 mm longi, subbilabiati. Corolla rosea, extus pilosa, tubo 15 mm longo: lobi 2 superiores lanceolati, erecti, 4 mm longi; labium inferius tripartitum, fauce luteo-maculatum et pubescens, lobi obovato-oblongi, 8 mm longi. Stamina 17 mm longa, glabra.

Kapland: Montagu-Pass, 1200 m, blühend im Nov. (Schlechter n. 5821! — Hb. Berl. Zür.).

233. **L. neglecta** Roem. et Sch., Syst. Veg. V (1819) 36 et 633 (loco L. *commutatae* R. et S., nomen a Schultesio correctum); A. DC. Prodr. VII (1839) 361. — *L. hirsuta* L. f. Suppl. (1781) 395, non L. Spec. 932; Thunb., Prodr. (1794) 39 et Fl. Cap. II (1808) 37; Sond. in Harv. et Sond., Fl. Cap. III (1865) 542 excl. syn. L. et Burm. — *L. longipes* A. DC. l. c. — *Rapuntium hirsutum* Moench, Meth. (1794) 656. — *R. pedunculare* Presl, Prodr. Lobel. (1836) 19; in Meyer, Comm. Pl. Drege (1837) 288, in Eckl. & Zeyh., Enum. (1836) 298 cum var. (vide infra!). — Caulis suffruticosus, erectus, teres, e foliis decurrentibus anguste lineatus, sparse hirsutus, ramosus, circiter 30 cm altus. Folia sessilia, ovata vel ovalia usque oblonga, 5—20 mm longa et 2—8 mm lata, apice rotundata vel emarginata — nervo inter emarginaturam parum prominente — basi rotundata et interdum subpetiolata, margine revoluto integra, parum sinuata vel obtusi-pauci-dentata, saepe in vel supra medium uno lobo brevi munita, supra glabrescentia, subtus in nervo medio et ad marginem pilosa, subcoriacea. Pedunculi et flores singulares tam axillares quam terminales. Pedunculi aphylli, glabrati, 3—7 cm longi, 1—4-flori. Pedicelli capillacei, adpresse hirsuti cum calyce, saepe 1—3 bracteolis in vel supra medium ornati. Hypanthium breviter hemisphaericum laciniis subulatis 3—4 mm longis. Corolla violacea, tubo albicante, imprimis versus apicem adpresse pilosa, 12—15 mm longa; lobi superiores lineares, erecti, reclinati; labium inferius tripartitum, basi 2 plicis lutescentibus, lobi obovati. Capsula subglobosa, cr. 4 mm diam. Semina trigona, nigro-fusca, 1 mm longa. — Fig. 93 e 1.

Kapland: In den Bergen der Distrikte Swellendam, George, Uitenhage und Albany an grasigen und mit Gebüsch bewachsenen Orten, blühend von September bis Februar. — Kap, ohne nähere Ortsbezeichnung (Hb. Willdenow n. 3996! Burchell n. 4714! n. 7402! Scholl! Welwitsch! Drege! Ecklon & Zeyher! — Hb. W. B.); Langebergen bei Zuurbraak (Schlechter n. 2114!); Tradouw-Pass (Erik Wall n. 232/37! 2940!); Robinsons Pass bei Mossel-Bay (Erik Wall n. 205/37! 3933!); Mossel Bay, Montagu-Pass, Phantom-Pass, Prince Alfreds Pass (Erik Wall n. 159/37! 383/38! 3937! 3288! — Hb. Stkh.); Outeniqua, Waldränder (Krauss!); Knysna (Tyson! Hb. Norm. Austro-afr. n. 981!); Uitenhage, Vanstaadesberg (Ecklon & Zeyher! n. 2479! n. 7! n. 8! Zeyher n. 3108! Drege!); Sparrbosch, Hoogekraalsrivier, Ataquaskloof, Kromrivier, Zitzikammashoogde (Drege!); Albany, Grahamstown (T. Cooper n. 26! Schönland! MacOwan n. 816! — Hb. B. Stkh.).

Varietates a cl. Preslio in opere cit. expositae, sunt:

α) *latifolium* — foliis crebris unguicularibus ovato-lanceolatis oblongisque obtuse dentatis, supremis saepe integris. — Fig. 93 e 2.

β) *brevifolium* — foliis distantibus minoribus ovatis utrinque obtuse unidentatis oblongoque-lanceolatis integerrimis.

γ) *angustifolium* — foliis crebris minoribus anguste oblongo-lanceolatis obsolete denticulatis. — Fig. 93 e 3 — Sed istae varietates inter se transeuntes et obscurae sunt.

Lobelia hirsuta Linn., Spec. p. 932 nulla Lobeliarum species est! Specimen in herbario Linnaei deest, at specimen e collectione Burmann adest, quod in ejusdem opere (Rar. Pl. Afr. Decades (1738) in tab. 40, fig. 2) delineatum fuit et quam figuram Linnaeus citat, vidi in herb. Delessert. Hanc plantam jam De Candolle examinavit et in folio herbarii adnotavit: „Valde differt a *Lobeliis* flore regulari, antheris liberis numero 10, filamentis corollae concretis", quod rectum inveni, unde nomen *Lobelia hirsuta L. delendum* est. — *Rapuntium hirtum* Mill., Gard. Dict. ed. 8 (1768) n. 6; *Dortmannia hirsuta* O. Kuntze l. c.

234. **L. chamaepitys** Lam., Dict. Bot. III (1791) 590; A. DC. Prodr. VII (1839) 362. — *Rapuntium chamaepitys* Presl, Prodr. Lobel. (1836) 20. — *Lobelia tomentosa* Sond. in Harv. et Sond., Fl. Cap. III (1865) 542 ex parte. — Suffruticulus 6—20 cm altus, ramosus. Caulis teres, foliosus, hirsutus vel glabrescens. Folia sessilia, linearia, supra canaliculata, 10—15 mm longa et 1—2 mm lata, margine utrinque uno dente angusto versus apicem vel 2 dentibus vel raro integra, utraque facie hirsuta vel glabrescentia. Pedunculi tenues, glabri, 4—12 cm longi, laterales et terminales, 1-flori, rarius 2-flori, apice bractea subulata ciliata minuta; pedicello 6 mm longo, medio bibracteolato, apice pilosulo. Hypanthium fere nullum, sepala subulata, ciliolata, 1—2 mm longa. Corolla obscure coerulea, extus intusque glabra, 10—12 mm longa; lobi 2 superiores lineares, erecto-reclinati, breves; labium inferius tripartitum, basi bistriatum, lobi obovati. Capsula ellipsoidea, supera, basi a sepalis nunc bilabiatis suffulta, 5 mm longa, usque ad basin fere in 2 valvas ovatas dehiscens.

Clavis varietatum.

A. Folia linearia versus apicem pinnatifido-dentata, dentibus 1—2 angustis, raro integra, pedunculi plerumque 1-flori .... var. *chamaepitys*.

B. Folia profunde pinnatifido-dentata (cornubus cervi similia), dentes filiformes; pedunculi 1—2-flori. .... var. *ceratophylla*.

var. **chamaepitys.** — Ut supra.

Kapland: Anscheinend nur in den Distrikten Caledon und Stellenbosch bis Ceres auf Hügeln vorkommend und blühend von Juli bis Januar. — Caledon: Sir Lowrys Pass (A. Penther n. 2726! — Hb. Stkh.; Schlechter n. 1132! 7242! — Hb. Del. Wash.); Villiers Pass, 500 m (Erik Wall n. 3204! — Hb. Stkh.); Zwarteberg oberhalb Caledon (Zeyher n. 3107! — Hb. Stkh.; Ecklon! Sept. 1828 — Hb. Presl); Gnadenthal (Drege n. 6253! — Hb. B.) Stellenbosch: Gordons Bay, Bergabhänge (A. Duthie n. 326! Markotter n. 8716! — Hb. Stlb.); Houw Hoek (A. Peter n. S 9! — Hb. B.); Hottentottshollandsberge (Cummings n. 141! — Hb. Wash.). Ceres (Rogers n. 29432! — Hb. Zür.).

var. **ceratophylla** (Presl) E. Wimm. n. c. — *Rapuntium ceratophyllum* Presl in Ecklon et Zeyh. Enum. (1837) 399. et in Meyer Comment. Pl. Drege (1837) 289. — *L. ceratophylla* D. Dietr. Synops. I (1839) 728; A. DC. Prodr. VII (1839) 362. — *L. tomentosa* var. *ceratophylla* Sond. l. c. — *Dortmannia coronopifolia* var. *ceratophylla* O. Kuntze l. c. — Habitu ut typus, sed parum major. Folia profundius et angustius dentata, pinnatifido-dentata, parcius pilosa vel glabrata. Pedunculi 1—2-flori. Corolla glabra, 13—18 mm longa, basi purpurascens, lobis cyaneis, inferioribus fauce luteis.

Kapland: Ungefähr dasselbe Verbreitungsgebiet wie das der var. *chamaepitys*. Zwischen Erste Rivier und Hottentottsholland (Ecklon & Zeyher! Ecklon n. 20! — Hb. Presl, sp. or., Stkh.); Berge unterhalb Hemel en Harde, VIII. (Zeyher n. 3107! a! b! — Hb. W.); Rietfontein Poort, 500 m (Schlechter n. 9678! — Hb. Del.); nördlich vom Sir Lowrys Pass (Diels n. 1234! — Hb. B.); Paardeberg, Bergregion, I. (Jordaan n. 18395! — Hb. Stlb., videtur hybrida inter istam et *Lobeliam coronopifoliam*).

235. **L. coronopifolia** L. Spec. Pl. (1753) 933; Lamarck, Dict. Bot. III (1791) 589; Thunberg, Prodr. (1794) 40 et Fl. Cap. (1808) 134, ed. Hafn. II (1818) 48; Sims, Bot. Mag. XVII (1803) t. 644; Roemer et Schultes, Syst. Veg. V (1819) 66; Reichenbach, Icon. Exot. I (1827) 61, t. 89; A. De Candolle, Prodr. VII (1839) 363 c. var.; Sonder in Harv. et Sond., Fl. Cap. III (1865) 543 excl. var. *macularis*; Garden XVII (1880) 65; Gard. Chron. XV (1881) 105 c. fig.; Marloth, Fl. South Afr.

III (1932) 215, f. 92 et t. 54, fig. B. — *L. longiscapa* De Vriese in Lehm., Pl. Preiss. I (1845) 398. — *Rapuntium coronopifolium* et *R. Thunbergii* Presl, Prodr. (1836) 20. — *Rapuntium Aethiopicum, flore coeruleo galeato, foliis Coronopi*, Breyn, Exot. Pl. Cent. (1678) t. 88; Hermann, Cat. Pl. Afr. 18, appendix ad J. Burmann, Thes. Zeylan. (1737). — *Rapuntium folio longo profunde dentato*, Burmann, Rar. Afr. Pl. Decad. (1738) 98, t. 38, f. 1. — *Dortmannia coronopifolia* O. Kuntze, Rev. Gen. III/2 (1898) 187 incl. var. *α normalis* et *γ glabrescens*. — Caules vel et rami basi decumbentes, dense foliati, media parte erecti in pedunculum nudum glabrum teretem plerumque biflorum abeuntes, pilosi vel glabrescentes, 20—40 cm alti. Folia sessilia vel subsessilia, linearia usque lanceolata, acuta, margine pinnatifido-dentata — dentes oppositi anguste vel latius triangulares paulo antrosum versi 2—4 mm longi — pars integra folii 2—5 mm lata, 25—40 mm longa, nunc densius vel sparse pilosa, nunc ad nervum medium et in margine hirsuta vel glabrescentia. Pedunculi axillares et terminales, 12—28 cm longi, vulgo 1—2-flori. Pedicelli 5—8 mm longi, bractea subulata multo longiores, interdum imprimis superne setosi, medio bracteolis 2 subulatis ciliatis instructi. Hypanthium oblique breviterque turbinatum, dense adpresse sericeo-setosum; lobi calycini subulati glabri vel ciliolati, 3—4 mm longi. Corolla e purpureo violacea, duabus striis croceis intus versus faucem ornata vel cyanea fauce alba, glaberrima, circiter 20 mm longa; lobi duo superiores ovato-acuti, resupinati, ceteris minores; labium inferius trifidum lobis obovatis mucronulatis. Stamina 15—16 mm longa, glabra. Capsula oblique ellipsoidea, semi-infera. Semina ovali-trigona, subcurva, atro-fusca, 1 mm lg.

var **coronopifolia.** — Ut supra.

Kapland: Verbreitet von Kap der Guten Hoffnung, hier am häufigsten, bis Natal in der Ebene und unteren Bergregion, blühend vom Juli bis Februar. — Kaphalbinsel, besonders Tafelberg (Burmann! Thunberg! Wahlberg! Krebs! Bojer! Ferd. Bauer! Banks! Drege! Ecklon, Unio it. n. 38! 289! n. 290! Zeyher n. 1057! Sieber, Fl. mixt. n. 38!, Fl. Cap. n. 137! Krauss! Diels n. 43! Erik Wall n. 576/54! 1037/9! 1905/42! A. Peter n. S5! S7! S8! Bachmann n. 269! Bergius! Mundt! Pl. Penther n. 2712! 2714!); (Schlechter n. 326!) Stellenbosch (Wawra n. 115! 116! — Hb. W.); Hottentottshollandsberge (Cummings n. 139!); Melkbosch, Malmesbury (Erik Wall n. 1238/7! — Hb. Stkh.); Umgebung von Hopefield, Weg nach Theefontein (Bachmann n. 1261! — Hb. B.); Berge bei dem Katarakt von Tulbagh (Bolus n. 5099! — Hb. B.); Palmietriver, Caledon (Pl. Penther. n. 2718!); Distr. Worcester (T. Cooper n. 1700!); Swellendam, Duivelsbosch (sine Coll. n. 26! — Hb. Stkh.); Tradouw Pass (Erik Wall n. 2537!); Riversdale, Garcias Pass, 650 m (Erik Wall n. 2467!); Distr. George-Knysna, Hügel bei George (Schlechter n. 2433!); Silverriver (Pl. Penther. n. 2728! — Hb. W.); Phantom Pass, Montagu Pass, Edmonton (Erik Wall. n. 227/37! 2208/18! 3550! — Hb. Stkh.); Pretoria (Schönland n. 3462 b! — Hb. Wash.); Plettenburg Bay (Rogers n. 26827! — Hb. Wash.). Natal: Port Natal (Poeppig!).

f. **albiflora** E. Wimm. — Flores albi.

Kapland: Stellenbosch, flats, stony ground, first River Terrace, April (Hb. Stlb. n. 468!).

var. **simsii** (Sweet) E. Wimm. n. c. — *L. pedunculata* Sims, Bot. Mag. XXXXVIII (1821) t. 2251, non R. Br. — *L. Simsii* Sweet, Hort. Brit. (1827) 247; G. Don, Gen. Syst. III (1834) 712; A. De Cand., Prodr. VII (1839) 363. — *L. recurvifolia* Sprengel ex Dietrich, Synops. I (1839) 729. — Folia distincte alato-petiolata, lamina elliptica, inciso- usque pinnatifido-dentata — pinnis bifurcatis — superiora interdum ut in var. *coronopifolia* plerumque glabra.

Kapland: Caledon, Gnadenthal (Ecklon! — Hb. B. Stkh.); Kap-Prov. Wynbergen (Bergius!); Tafelberg (Chamisso! — Hb. B.).

Rapuntium Simsii Presl l. c. e specimine in suo herbario et ab Ecklon lecto ad plantam typicam pertinet, foliis tantum perparum latioribus, lineari-lanceolatis, 2—4 dentibus utrinque praedita.

L. coronopifolia ut planta ornamentaria in hortis saepe colitur.

236. **L. caerulea** Hooker, Bot. Mag. LIII (1826) t. 2701; G. Don, Gen. Syst. III (1834) 712 c. fig.; A. De Cand., Prodr. VII (1839) 363. — *L. coronopifolia* var. *coerulea* Sonder in Harvey & Sond., Fl. Cap. III (1865) 543. — *Dortmannia coronopifolia* var. *coerulea* O. Kuntze Revis. Gen. III/2 (1898) 187. — *Rapuntium caeruleum* Presl, Prodr. Monogr. Lobel. (1836) 20. — Habitus *Lobeliae tomentosae*, sed caulis et folia puberula, lamina apice obtusa, margine crebrius obtusi-dentata (sic saltem in speciminibus cultis). Pedunculi 18—26 cm longi, 3—4-flori. Bractea linearis, ciliata, 3—7 mm longa. Pedicelli 5—10 mm longi, bibracteolati. Calycis receptaculum breviter semiglobosum, fere regulare, adpresse pilosum, lobis angusti-triangularibus ciliatis 4 mm longis. Corolla coerulea, 20—32 mm longa, lobi extus sparse a d p r e s s e h i r t i, lobi minores lanceolati, etiam intus pilosi, reclinati, lobi majores obovati, laterales magis oblongo-obovati et patentes, labium tripartitum formantes, basi 2 callis lutescentibus ornatum et parce puberulum, 15—25 mm longum. Stamina 10—12 mm longa, antherarum tubus albido- et atro-violaceo-striatus, apice circum barbatus.

C l a v i s v a r i e t a t u m.

A. Folia linearia vel oblanceolato-linearia.
  1. Corolla 20—32 mm longa; pedicelli pedunculus vulgo 4-florus; folia acuti-dentata .... var. *caerulea.*
  2. Corolla 16—20 mm longa; pedunculus 2—5-florus; folia plerumque obtusi-dentata .... var. *macularis.*

B. Folia oblongo-elliptica; pedunculus 5—6-florus .... var. *backhouseana.*

var. **caerulea.** — Ut supra.

K a p l a n d : Port Elizabeth, sandige Hügel entlang der Küste (E c k l o n & Z e y h e r! — Hb. Cambr., E S C A hb. n. 139! — Hb. Hambg., Zür., R o s e n - b r o c k n. 953! — Hb. B.); East London (G a l p i n n. 1874! — Hb. B.); George (S c h i m p e r! — Hb. Zür.). Kultivierte Exemplare aus dem Garten von Schönbrunn, Berlin und Edinburg (Hb. Presl! Hb. Cambr.!).

var. **backhouseana** (Lem.) E. Wimm. n. c. — *L. Backhouseana* Lemaire, L' Illustr. Hort. XIII (1866) t. 485, icon sub nomine *L. coronopifolia*?, facsimile e Floral Mag. V (1865) t. 259. — Differt imprimis foliis oblongo-ellipticis, circiter 26 mm longis et 10 mm latis, subacutis; pedunculis 5—6-floris. Corolla coerulea, leviter violaceo-tincta et albo-oculata.

K a p l a n d : Auf Kulturen im Kafferland, gesandt an die Gärtner Backhouse in York, non vidi.

[var. **albo-marginata** Hort. Floral Mag. n. ser. (1875) t. 186; Ill. Gartenzeit. Stuttgart XX (1876) t. 19.]

[var. **albo-marmorata** Hort. Neuberts Deutsch. Gartenmag. 49 (1896) 489.]

[× **grandiflora** Hort. Floricult. Cab. V (1837) 239 sub *L. azurea grandiflora* in icone. Hybrida dicitur; nihil vidi harum 3 creationum hortulanorum.]

var. **macularis** (Presl) E. Wimm. n. c. — *L. macularis* A. DC. l. c. 364. — *L. coronopifolia* var. *macularis* Sond. l. c. — *Rapuntium maculare* Presl Prodr. 20, in E. Mey. Comment. 289. — *Dortmannia coronopifolia* var. *macularis* O. Kuntze l. c. — Folia subglabra, oblanceolato-linearia, obtusa, apicem versus obtuse dentata, basi angustata, ciliata. Pedunculi 2—5-flori. Corolla obscuri-coerulea, 16—20 mm longa, lobi extus pilosi.

Natal: Zwischen den Flüssen Umzimkulu und Umkomanzi auf grasigen Stellen, 30 m (Drege! — Hb. Presl, sp. or.); Port Natal (Drege! Drege n. 4029! — Hb. B. Del. W.); Beach Terminus, 0—300 m (Thode n. 3761! — Hb. Stlb.); Buffalo River, Distr. Kajparia (Murray!); Winkle Spruit, begraste sandige Hügel, 25 m, XI. (Rudatis n. 1192! cum f. *procera* — Hb. Stlb.); East London (Thode n. 6594!); Grahamstown, 650 m, XII. (MacOwan n. 1167! — Hb. Stlb.).

f. **procera** (Presl) E. Wimm. n. c. — *L. macularis* var. *procera* A. DC. l. c. — *Rapuntium maculare* var. *procerum* Presl, Prodr. 21. — Caules et pedunculi longiores, folia subangustiora, subacuta, remote parum acutius dentata.

Kapland: Zwischen dem Großen Katarakt und dem Omsamcaba, 500 m (Drege! n. 4028! — Hb. Presl, sp. or.); Natal: Winkle Spruit, 30 m, Bl. dunkelblau (Rudatis n. 1514!); Port Natal (Gueinzius n. 466! Plant n. 34! Sanderson n. 201! 304! — Hb. W. Del. Lindley, Stkh.); Clairmont, Umbilo, Berca, Umkomaas (J. M. Wood n. 218! 4876! 6687! 10704! 11547! — Hb. Ups. Wash. Hambg.); Port Shepstone (Franks! — Hb. B.); Pondoland (Bachmann n. 1383! 1387! 1389! Beyrich n. 50! — Hb. B.).

Rhodesia (Mrs. Turner n. 25! 25a! — Hb. Z., f. transiens ad var. *macularis*.).

Formae hybridae inter has inter sese affines species non raro occurrent. Sic *L. coronopifolia* × *L. tomentosa*: Swellendam, 30. I. 1894 (O. Kuntze! — Hb. B.).

L. coronopifolia × *L. coerulea* var. *macularis*: Kapland, Alexandria, auf Sandboden (C. M. Vos! — Hb. Stellb. 18394).

237. **L. tomentosa** L. f., Suppl. (1781) 394; Thunberg, Prodr. (1794) 40, Fl. Cap. II (1808) 44; Willdenow, Spec. I (1797) 943; Roemer & Schult., Syst. Veg. V (1819) 46; G. Don, Gen. Syst. III (1834) 710; A. De Cand., Prodr. VII (1839) 363 cum var. *multiflora*; Sonder in Harvey & Sond., Fl. Cap. III (1865) 542 excl. var. *ceratophylla* et syn. *L. chamaepitys* Lam. — *L. paucidentata* A. DC. l. c. 362. — *L. tomentosa* var. *paucidentata* et var. *multiflora* Sond. l. c. 543. — *L. scabra* Nees ex Steudel, Nomencl. 2. ed. II (1841) 62. — *Rapuntium tomentosum* Presl, Prodr. Monogr. Lobel. (1836) 19, in Ecklon & Zeyher, Enum. (1836) 399 incl. var. *tenuifolium*, in E. Meyer, Commentar. Pl. Drege (1837) 288. — *R. paucidentatum* Presl, Prodr. 19 et in E. Meyer, Commentar. 289. — *Dortmannia tomentosa* O. Kuntze, Revis. Gen. II (1891) 973; *D. coronopifolia* var. *tomentosa*, var. *paucidentata* et var. *multiflora* O. Kuntze l. c. III/2 (1898) 187. — Caules erecti vel ascendentes, basi foliosi, cum foliis tomentosi vel brevi-pubescentes, 20—40 cm alti. Folia sessilia vel indistincte petiolata, canaliculata, lineari-lanceolata vel linearia, obtusiuscula, tomentosa, rarius glabrescentia, 12—30 mm longa et 1—4 mm lata, margine dentibus linearibus obtusis 1—2 mm longis et distantibus praedita. Pedunculi 10—20 cm longi, teretes, glabrati, axillares et terminales, 1—3-, raro 4-flori. Pedicelli 7 mm longi, cr. in medio bibracteolati, bractea triplo longiores. Calycis receptaculum brevissimum, semiglobosum vel obliquum, adpresse hirtum, limbus bilabiatus, lobi sublineares, 2 mm longi, ciliati sicut bractea. Corolla e basi parum saccata purpurascente cyanea vel obscuri-violacea, 14—18 mm longa, extus saltem labia adpresse hirta; lobi superiores oblanceolati, reclinati, lobi inferiores oblongo-cuneati, labium tripartitum formantes. Capsula ovoidea, fere supera, 6 mm longa. Semina nigro-fusca, leviter trigona (2 latera plana, unum latus convexum), 1 mm longa.

Kapland: Kap, ohne nähere Ortsangabe (Burmann! Krebs! Ecklon! Ecklon & Zeyher! n. 2481! Drege! — Hb. Presl, B. W.); Hottentottshollandskloof (Zeyher n. 3106! — Hb. Stkh.); Swellendam, 300 m (O. Kuntze! — 4-flora); Riversdale (Rust n. 120! Krebs n. 141! — Hb. Del.); Knysnahöhen (Rosenbrock n. 1184!); Langekloof Berge (Thunberg!); Zwartkopsrivier, Van Stadensrivier Berge, Hoogekraalsrivier Berge, Glenfilling

(Drege n. 6254! 6254 d! Rosenbrock n. 1118! — Hb. Presl, B.); Port Elizabeth, Baken's River Valley (E. Hoffmann! Rosenbrock n. 57! 58! Galpin n. 9932! — Hb. B.); Grahamstown (Schönland n. 1! Rogers n. 27387! Burtt-Davy n. 11693!); Zuurebergen bei Zwartehoogde (Ecklon & Zeyher n. 34 — Hb. Stkh.). Natal (T. Cooper n. 2649! — Hb. Zür.).

238. L. **chamaedryfolia** (Presl) A. DC. Prodr. VII (1839) 364; Sond. in Harv. et Sond. Fl. Cap. III (1865) 544. — *Rapuntium chamaedrifolium* Presl Prodr. Lobel. (1836) 21 et in Meyer Comment. Pl. Drege (1837) 290. — *Dortmannia chamaedryfolia* O. Kuntze, Revis. II (1891) 972. — Suffrutex e basi ramosus, cr. 30 cm altus. Caulis ascendens, teres cum ramis anguste striatus et subhirtus, inferne saepe glabrescens. Folia inferiora spathulata, 3 cm longa et 2 cm lata, reliqua sensim angustiora usque obovato-oblonga et oblongo-linearia, cr. 12 mm longa et 5—2 mm lata, obtusa usque acuta, basi in petiolum alatum brevem ciliatum cuneata, margine dentibus ovatis vel late triangularibus munita, supra glabra, subtus ad nervos parce hirsuta vel glabrata, interdum utrinque hirsuta. Rami in pedunculos superne aphyllos transeuntes. Racemi laxi, secundi. Pedicelli 5—8 mm longi, basi bibracteolati, cum calyce adpresse hirti, bractea lineari multo longiores. Hypanthium oblique tbreviterque urbinatum, lobi calycis subulati, saepe ciliolati, 2—3 mm longi. Corolla rubra glabra, 10—14 mm longa: lobi 2 superiores lineares erecti; lobi inferiores obovati. Stamina glabra 5—7 mm longa. Capsula ovoidea, 6 mm longa. Semina trigona, fusco-nigra, laevia, nitida, 1 mm longa.

Südafrika: Natal, Port Natal, felsige Stellen am Omsamcaba-Fluß, 500—660 m (Drege! und n. 4034! — Hb. Presl, B. W. Cambr. Del.); Taitaberge, c. 900 m (J. M. Hildebrandt!). Zululand, Oudeni (G. Gerstner n. 2287! — Hb. Pret.). — S. Rhodesia: Umtali, offene Landschaft zwischen hohen Gräsern, 1700 m, II. (Hb. Dept. Agric. S. Rhod. n. 1183! — Hb. Kew); Vumba-Berge, spärlich (A. Peter n. 30838! — B.).

239. L. **humpatensis** E. Wimm. in Annal. Naturhist. Mus. Wien LVI (1948) 363. — Planta suffrutescens, erecta, ramosa, cr. 30 cm alta. Caules ramique teretiusculi, brevissime hirtelli, foliati. Folia inferiora oblongo-elliptica, 3 cm longa et 1 cm lata, media oblonga usque lanceolata, minora, summa linearia, angusta, omnia utrinque acuta, basi breviter petiolata usque subsessilia, margine dentibus triangularibus vel uncinato-argutis remotis 3—1 munita, utrinque inconspicue hirtella vel scabrida vel fortasse glabrata. Rami pedunculis fere nudis, subpuberis vel glabratis, 8—22 cm longis, paucifloris terminati. Flores laxe racemosi, secundi. Bracteae sublineares, parvae. Pedicelli 4—7 mm longi, erecti. Hypanthium breviter turbinatum, 2 mm latum; lobi calycis subulati, 2 mm longi, integri, subglabri. Corolla videtur e tubo pallescente rubra aut violascens, 17 mm longa, subhirtella, lobis 2 superioribus brevibus lanceolatis, inferioribus obovatis. Stamina glabra; antherae 3 mm longae, apice omnes barbatae.

Westafrika: Angola, Humpata-Plateau, nordwestl. von Huilla (H. H. Johnston — Sept. 1883, Herb. Kew!), Humpata (n. 194! sine collectoris nomine in Herb. Zürich). — Foliis characteristicis facile dignoscitur et ab aliis distincta.

240. L. **blantyrensis** E. Wimm. in Annal. Naturhist. Mus. Wien LVI (1948) 363. — Suffrutex 40 cm altus, e radice caules multos parce ramosos emittens. Caules teretes, striati, pubescentes, inferne cicatricibus foliorum vestiti, secus foliosi. Folia sessilia vel subsessilia, oblongo-lanceolata, 14—18 mm longa et 3—4 mm lata, ad apicem obtusiusculum acuta, basi cuneata, margine dentibus obtusis 2, raro 3 munita, utrinque plus minus hirta. Pedunculi aphylli, glabri, cr. 8 cm longi, terminales, rarius laterales, floribus 1—3 racemosis distantibus. Bracteae lineares, pedicello breviores. Pedicelli basi bibracteolati, adpresse hirti, cr. 3 mm longi. Hypanthium breviter hemisphaericum cum lobis linearibus ciliatis 3 mm longis hirtum. Corolla coerulea, 14 mm longa, extus pilis paucis obsita: lobi 2 superiores

lineares, erecti, dorso pilosuli; labium inferius trifidum, basi 2 plicis ornatum, lobi obovati. Stamina glabra, 8 mm longa.

Tropisches Ostafrika: Nyassaland, Blantyre (J. Buchanan n. 119! Herb. J. M. Wood n. 7069!); Mt. Milanje (J. McClomie n. 26 — Hb. B.).

241. L. **goetzei** Diels in Engl. Bot. Jahrb. XXVIII (1900) 501. — Herba simplex vel subramosa, 30—40 cm alta. Caulis teres, lineatus, subhirsutus. Folia oblonga, 2—5 cm longa et 1,2—1,8 cm lata, obtusa, basi in petiolum indefinitum (cr. 5—15 mm lg.) acuminata, margine inaequaliter obtuse dentata, tenuia, utrinque sparse hirsuta, petiolo et margine ciliata. Pedunculi ramos terminantes, infra inflorescentiam denudati, floribus laxe racemosis. Pedicelli 10—15 mm longi, adpresse hirti, basi bibracteolati, bractea lineari multo longiores. Hypanthium turbinatum, adpresse hirtum, lobi calycis subulati, 3 mm longi. Corolla violacea, glabra, 15 mm longa; lobi 2 superiores lineares, erecto-recurvati, breves; lobi inferiores obovato-oblongi, 4—5 mm longi et 3 mm lati. Capsula ovoidea, semi-supera, 7 mm longa.

Tropisches Afrika: Tanganyika-Territorium, Pongolo, auf bewaldeten Abhängen im Utshungwe-Gebirge, 1600 m (W. Goetze n. 607! — Herb. Berlin); Prov. Iringa, Gegend von Idoli (Ward n. 19! — Hb. Kew).

242. **L. graciliflora** E. Wimm. in Notizbl. XII (1934) 105. — Radix fusiformis, ramosa, caules plures subpubescentes, ramosos emittens. Folia sparsa, sessilia, oblongo-cuneata, 20—40 mm longa et 3—10 mm lata, apice subacuta, margine ad basin integra, a medio sursum dentibus 2—3 majoribus et 2 minoribus obtusiusculis mucronulatis munita, supra glabrata vel versus marginem subhirta, subtus in costa parce hirsuta. Rami in racemos laxos cr. 10 cm longos, superne denudatos abeuntes. Pedicelli filiformes, adpresse pilosi, 5—8 mm longi, basi bibracteolati, bractea subulata minuta multo longiores. Hypanthium turbinatum, mox semi-ovoideum, praesertim in basi pilosum, lobi calycis subulati, glabri, 2 mm longi. Corolla coerulea, glabra, 9 mm longa; lobi 2 superiores lineares, erecto-reclinati; labium inferius tripartitum, basi bistriatum, lobi oblongo-lineares, 2,5 mm longi et 1 mm lati. Stamina 5 mm longa, glabra. Capsula ovoidea, 7 mm longa. Semina ellipsoideo-trigona, fusco-nigra, nitida, cr. 0,8 mm longa.

Tropisches Afrika: Tanganyika-Territorium, Landschaft Lupembe, nördlich vom Flusse Ruhudje, blühend im März (H. J. Schlieben n. 476! — Hb. Berl.).

Transvaal: Gebiet Pilgrims Rest, Causeway, Ufer des Sand River, 1100 m, blühend im Dez. (Smuts et Gillet n. 2348!).

243. **L. johnstonii** C. H. Wright in Kew Bull. (1906) 164. — Suffrutex ramosus, glaber, caulibus decumbentibus, ramis ascendentibus, 20—30 cm altus. Folia sparsa, oblanceolato-linearia, 15—20 mm longa et cr. 2 mm lata, apice acuta, ad basin indefinite sensim angustata et integra, margine versus apicem utrinque 1—2 callosis denticulis munita, glaberrima. Pedunculi ramos terminantes, per 3—6 cm infra inflorescentiam nudi. Racemi laxi, 4—7-flori, parce hirti. Pedicelli 7—9 mm longi, minute bibracteolati, bractea parva multo longiores. Hypanthium turbinatum, lobi calycis subulati, integri, 2 mm longi. Corolla roseo-purpurea, extus glabra, 13 mm longa, tubo intus puberulo, lobis superioribus linearibus, recurvatis; labio inferiore tripartito, basi bistriato, lobis obovato-oblongis.

Tropisches Afrika: Uganda-Protektorat, Nandi-Plateau (Comm. H. H. Johnston — Hb. Kew!).

244. **L. holstii** Engler Bot. Jahrb. XIX (1894) Beibl. n. 47, 51; Thore C. E. Fries in Notizbl. Bot. Gart. Berl. VIII (1923) 399. — *L. scioensis* Chiov. in Anal. Bot. Roma X (1912) 388. — Caules plures, ramosi, decumbenti-ascendentes, teretes, lineati, glabri vel parce pubescentes. Folia alterna, inferne sat densa, obovato-oblonga, 15—30 mm longa et 3—15 mm lata, apice obtusa, ad basin in petiolum

indefinitum attenuata, margine dentibus latis obtusiusculis mucronulatis munita, glabra vel (folia juniora) supra parce hirtella et costa subtus pilis paucis. Pedunculi terminales, infra inflorescentiam denudati, glabri, 6—16 cm longi, 4—8-flori. Pedicelli 6—8 mm longi, adpresse hirti, basi bibracteolati, bractea parva multo longiores. Calycis receptaculum turbinatum, adpresse sericeo-hirtum, lobi subulati, ciliolati vel nudi, 2 mm longi. Corolla sanguinea vel rosea vel lilacina usque alba, obscure lineata, 15—18 mm longa, glabra; tubus intus parum puberulus; lobi superiores lanceolati, erecto-reclinati; labium inferius trifidum, basi 2 plicis obscuris ornatum; lobi obovato-oblongi, mucronulati. Capsula ovoidea 7 mm longa. Semina ellipsoideo-trigona, nigro-fusca, 0,7 mm longa.

Eine der häufigsten und verbreitetsten Arten dieser Gruppe, auf Bergheiden und grasigen Abhängen der Gebirge von 1200—2800 m ü. M., von Abessinien bis Nyassaland und im angrenzenden Kongogebiet. Tanganyika-Territorium: Landschaft Usambara, überall (Holst n. 8960! — Orig. B., n. 20!, A. Peter n. 4062! 4249! 16153! 16541! — B.); Kwai (Eick n. 174! 221! Albers n. 374!); Berggipfel zwischen Sakara und Manka (Engler n. 1034!); Bumbuli, Kwampepe (Meinhof n. 113!); Muasu, Adlerfarnformation (Buchwald et Wagner n. 6!); Lutindi (Braun n. 2680! Liebusch!); Landschaft Süd-Pare, besonders um Tona (A. Peter n. 8823! 8861! 8975! 9100! 9506!); Nord-Pare (A. Peter n. 11566! 14310! — B.); Kilimandjaro, Bergwiesen c. 2700 m (Schlieben n. 4788! 5100!); Magrotto, auf der Mlingaspitze (Grote n. 5256!); Landschaft Meru: Urwald an den Abhängen des Meru, 1420—2460 m (A. Peter n. 2410! 2509!); auf Lava an der nördl. Seite und auf nordöstl. gras. Abhängen (Uhlig n. 516! 1052!). West-Usambara (Engler n. 1074!); Magoma — Kalange (Braun n. 2731!). Landschaft der Mama Isara, Iraku, Gras- und Farnvegetat. (F. Jäger n. 210!). Uluguru, Kiluguru und Lukwangule-Plat. (Schlieben n. 2992! 3489! p. p., C. Troll n. 4917! Landschaft Usagara, Mt. Luemba, Kilossa-Distrikt (B. D. Burtt n. 4556!).

Kenya-Kolonie: Dept. Nairobi (Dümmer n. 5088!); Kenya hills und Kavirondo (Edith Skene n. 90! 259!); West-Kenia auf trockenem Grasboden und bei Coles Mill, ferner Navaisha-Escarpment am Rande des „Grabens“ (R. E. und Th. C. E. Fries n. 345! 1057! 2876!). Nandi-Plateau (Grote!); Taitaberge (Hildebrandt n. 2463!).

Kongogebiet: Nyebangera und Kotongera, Mt. Buzezu (Scaëtta n. 1114! 2407! — Hb. Congo-Mus.).

Abessinien: Scioa, Monte Managasciá presso Addis Adebá nei luoghi erbosi della somitá a 2800 m, V. 1909 (G. Negri n. 494! — Orig. pro *L. scioensis*); Landschaft Borana Mega 4° s. 38° ö. L. salendo il colle dell' ex-Consolato inglese, 1800 m (Cufodontis n. 642! — W.).

f. **minor** Engl., Pflanzenwelt Deutsch-Ostafrikas (1895) C 402. — *L. Holstii* var. *subintegrifolia* Engl. l. c. A. 131, nomen! — Folia minora paucidentata, plerumque versus apicem tantum 1—2-dentibus munita vel subintegra, caules pauciflori, corolla obscuri-rubra (Volkens). Caulis et folia subtus interdum pilosa („halbmeterhohe Staude mit hellvioletten Blüten“, (Goetze!).

Kilimandjaro-Gebiet: Mawenzi auf Bergwiesen und in Schluchten (Volkens n. 954! 1869! 1869a! — B.); Bismarckhügel (A. Peter n. 851! 42029!; Station Amani, 4500 m, 1. I. 1913 (Grote! — Hb. E. Afr. Agric. Res. Stat. n. 5060! — K.). — Kenya-Gebiet Umbugwe und Uraku, Rand des ostafrikan. „Grabens“ (Merker n. 41! — B.); Massaihochland, Mauplateau Dep. Nairobi (S. Baker n. 73! — B.). — Tanganyika-Territ.: Bez. Morogoro, Ulugurugebirge, Lukwangulu, oberer Regenwald, 1650 m, blüht rotgelb (W. v. Brehmer n. 1039!); Lukwangule-Plateau, 2400 m, rötlichviolett (W. Goetze n. 259! — B. Orig. pro var. *subintegrifolia*); Uluguruhochland, 2500 m, häufig, karminrot bis violett (Stuhlmann n. 9164!). Ussagara, Bez. Kilossa, Nsogiroberg, 2000 m (H. Meyer n. 1181!). Ukinge Vorberge über Okombe, trock. Abhänge c. 1200 m (W. Goetze n. 1181!). Uhehe, Utschungwe-Berge, 1600 m (Frau Prince n. 1899! — B.).

Nyassaland (A. Whyte! a. 1898).

245. **L. spartioides** (Presl) D. Dietr., Synops. Pl. I (1839) 728; A. DC. Prodr. VII (1839) 358; Sond. in Harv. et Sond., Fl. Cap. III (1865) 540. — *Rapuntium spartioides* Presl in Ecklon et Zeyh., Enum. (1836) 395 et in Meyer Comment. Pl. Drege (1837) 286. — *Dortmannia spartiodes* O. Kuntze, Revis. II (1891) 973. — Fruticulus ramosissimus, cr. 40 cm altus. Rami divaricati, rigidi, teretes, glabri, parce foliati. Folia sessilia, linearia, canaliculata, integra, acutiuscula, basi ciliata. Pedicelli axillares, 5—10 mm longi, villosi, basi 2 bracteolis 5 mm longis praediti, bracteae foliis conformi aequilongi, apice in hypanthium obconicum villosum sensim ampliati. Lobi calycis lineares, acuti. subvillosi, 5 mm longi. Corolla coerulea, extus villosa, 2 cm longa; lobi superiores lanceolati, 6 mm longi; labium inferius tripartitum 1 cm longum, lobis ellipticis. Filamenta glabra, 11 mm longa; antherarum tubus niger, albo-striatus, 3 mm longus, apice in dorso et ad orificium dense barbatus.

Süd-Afrika: Kapland, in montosis Zwartebergen prope Vrolyk, 1100 m, (Drege! — Hb. Presl, Del.; Drege n. 6247!); in collibus Karroo similibus prope fluvium Gauritzriver et in Langekloof (Ecklon et Zeyher n. 2462! — locus classicus ex Presl); trockene Hügel zwischen Oudshoorn und Moerass River, 500 m (Bolus n. 12092! — Hb. B.).

246. **L. lasiantha** (Presl) A. DC. Prodr. VII (1839) 362; Sond. in Harv. et Sond., Fl. Cap. III (1865) 541. — *Rapuntium lasianthum* Presl in Meyer, Comment. Pl. Drege (1837) 288. — *Dortmannia lasiantha* O. Kuntze, Revis. II (1891) 972. — Suffrutescens caulibus et ramis teretibus, glabris, parce foliatis. Folia sessilia, angustissime linearia, 8—16 mm longa et 1 mm lata, apice callosa, ciliata. Flores axillares, in racemo laxo, secundo, paucifloro dispositi. Bractea foliacea, pedicellum aequans. Pedicelli hispidi, cr. 7 mm longi, cernui, medio bibracteolati. Hypanthium hemisphaericum, hispidissimum, pilis patentissimis, lobi calycis subulati, patentes, 5 mm longi. Corolla coerulea (?) 18 mm longa, tubo extus puberulo, lobis extus hirsutis, ellipticis, superioribus brevioribus. Stamina glabra. Antherarum tubus atropurpureo- et stramineo-striatus, apice barbatus.

Süd-Afrika: Natal, Port Natal und auf dem Giftberg, c. 600 m (Drege! Drege n. 6249! — Hb. Presl, Wien, Del.).

247. **L. linearis** Thunb. Prodr. Fl. Cap. (1794) 39 et Fl. Cap. II (1808) 35; Willd., Spec. I (1797) 937; Roem. et Sch., Syst. Veg. V (1819) 35; G. Don, Gen. Syst. III (1834) 710; Sond. in Harv. et Sond., Fl. Cap. III (1865) 540 excl. *L. genistoide.* — *Rapuntium tenuifolium* Presl in Ecklon et Zeyh. Enum. (1836) 395. — *L. tenuifolia* D. Dietr. Synops. Pl. I (1839) 731, non Willd. — *L. ericetorum* A. DC. Prodr. VII (1839) 784. — *Dortmannia linearis* O. Kuntze, Revis. II (1891) 972. — Caules e radice plures, erecti, subsimplices, teretes, rugoso-striati, glabri, 30—50 cm alti. Folia rara, sessilia, angustissime linearia, 26 mm longa et 1 mm lata, apice callosa, integra, plana, glabra, patentia. Flores in axillis foliorum solitarii, racemose dispositi. Pedicelli 5—10 mm longi, basi bibracteolati. Hypanthium turbinatum, 10-costatum, puberulum, lobi calycis subulati, subciliati, 2 mm longi. Corolla cyanea, pubescens. 16—18 mm longa; lobi superiores oblongi, acuti, dorso villosi, cr. 4 mm longi; lobi inferiores ovales. Stamina glabra, 12 mm longa; antherarum tubus nigro- et stramineo-striatus. — Fig. 94 f.

Süd-Afrika: Kapland: Auf dem Bocklandsberg bei Paardeberg (Thunberg! — Herb. Thunberg in Upsala); in terra ericetorum inter frutices planitiei capensis prope Doornhogde, blühend im April (Ecklon et Zeyher n. 2461! Zeyher n. 3104! — Typ. für *Rapuntium tenuifolium*); Gnadenthal (Drege!);

Kapstadt, auf der Ebene (A. Rehmann n. 1948! Burmann! Sieber!); Distrikt Prince Albert, Swartberg (M. A. Pocock n. 5174!); Koude Bokkeveld, 2060 m, I. (Schlechter n. 10087!). Rattel River, 15 m (Schlechter n. 9712! — B.).

var. **pinnata** Schlechter in Engler, Bot. Jahrb. XXVII (1900) 196. — Folia inferiora pinnati-partita, lobi anguste lineares, communiter puberula.

Süd-Afrika: Distrikt Caledon, in dumis ad pedem montium juxta lagunam Vogelgat, c. 120 m, blühend im Dez. (Schlechter n. 9554! — Herb. Leningrad); in collibus prope Mierkraal, c. 60 m, blühend im April (Schlechter n. 10538! — Hb. Del. B.).

248. **L. capillifolia** (Presl) A. DC. Prodr. VII (1839) 362; Sond. in Harv. et Sond. Fl. Cap. III (1865) 541 excl. *L. genistoide*. — *Rapuntium capillifolium* Presl Prodr. Lobel. (1836) 19 et in Meyer Comment. Pl. Drege (1837) 288. — *Lobelia aphylla Spreng.* ex Presl l. c. 52 (sp. dub.). — *L. scoparia* Buching. ex Krauss in Flora XXVII (1844) 820. — *Dortmannia capillifolia* O. Kuntze, Revis. Gen. II (1891) 972 et III/2 (1898) 187. — Caules diffusi, rigidi, teretes, subangulati, glabri vel puberuli, ramosi. Folia sparsa, saepe rara vel delapsa, sessilia, anguste linearia, 6—25 mm longa et cr. 1 mm lata, apice calloso, margine integra vel interdum remote anguste dentata, glabra vel puberula. Flores in axillis foliorum solitarii, racemose dispositi, folia fulcrantia pedicellum aequantia vel superantia, raro subbreviora. Pedicelli 4—7 mm longi, scabri usque strigulosi, basi bracteolis 2 oppositis pedicello aequalibus vel brevioribus. Hypanthium semi-globosum, 10-costatum, costis strigulosis, 2 mm longum et latum, lobi calycis subulati, scabri, 2—4 mm longi, saepe patentes vel subrecurvi. Corolla coerulea, extus puberula, cr. 1 cm longa: tubus albescens, 5 mm longus, lobi superiores sublineares, erecti, breves, lobi inferiores late oblongi. Filamenta glabra, 4 mm longa; antherarum tubus nigro- et stramineo-striatus, parce villosus, 1,5 mm longus, orificio pilosulus. Capsula globoso-ovoidea. — Fig. 94 g.

Süd-Afrika: Auf Bergen zwischen Felsen, blühend von Oktober bis April. Kap (Drege! — Hb. Presl, Wien, Hausknecht; Verreaux)!; Stellenbosch, Roodesand, Klein Drakenstein, Onderbokkeveld (Drege!); Berge bei Waterfall und Tulbagh, Mt. Zwarteberg, Caledon, Hassaquaskloof (Zeyher n. 3101, 3101 a!, 3102, Ecklon et Zeyher n. 734! 2478! — Hb. Stkh.); bei dem Tulbagh-Katarakt, 300 m (Bolus, Herb. Norm. Austro-Afr. n. 369!); Tulbagh, Wasserfall, (H. Herre! Herb. Stellenb. n. 8911; Ecklon & Zeyher n. 968! — Hb. Stkh.); Piquetberg (A. Theiler n. 28!); Distrikt Caledon (M. Radloff, Herb. Stellenb. n. 15338; O. Kuntze!); Howhoek-Berg, Swellendam (R. Schlechter n. 5480! F. Krauss! — Typus für *L. scoparia* im Herb. Wien).

Specimen Sieber n. 139, a Decandolle l. c. et in ejus herbario pro *L. capillifolia* declarata, ad *L. setaceam* pertinet. Specimen *L. aphyllae* in herb. Petropolitano congruit cum praesente specie. Varietatem *velutina* A. DC. l. c. praeterivi, quia et in specimine originario Preslii fragmenta puberula occurrunt.

249. **L. genistoides** (Presl) A. DC. Prodr. VII (1839) 358. — *Rapuntium genistoides* Presl in E. Meyer, Comment. Pl. Drege (1837) 285. — *L. capillifolia* et *linearis* Sond. in Harv. et Sond. Fl. Cap. III (1865) 540 et 541 ex parte. — Radix multiceps, caules multos, ramosos, tenues, glabros, angulatos producens. Folia rara, fugacia, sessilia, linearia, 5—13 mm longa, cr. 1 mm lata, apice callosa, margine integra vel interdum anguste dentata, ciliata vel eciliata. Flores in racemis laxis, paucifloris; bracteae foliaceae, minutae, pedicello duplo vel plus breviores. Pedicelli 23—5 mm longi, adpresse setulosi. Calycis tubus turbinatus, adpresse setulosus, lobis linearibus, acutis, glabris, erectis, 2 mm longis. Corolla coerulea cr. 8 mm longa, tubo glabro, lobis superioribus linearibus, inferioribus obovato-oblongis, extus hirsutis. Stamina glabra 4 mm longa. Capsula subglobosa, 3 mm longa et 4 mm lata. — Fig. 94 h.

Südafrika: In montosis prope Gnadenthal, 660—1000 m, in rupestribus prope Kliprivier, 500—660 m (Drege! n. 6248! — Herb. Presl, B.); ohne Ortsangabe (Herb. Thunberg sub *L. patula*, fol. α!; Burmann in herb. Delessert!); George, Montagu-Paß; Knysna, Prinz Alfred's-Paß, 1000 m, XII. (Erik Wall n. 209/37! 360! — Hb. Stkh.).

250. **L. glaucoleuca** Schlechter in Engl. Bot. Jahrb. XXIV (1898) 449. — Herba perennis, multicaulis. Caules gracillimi, ramosi, e basi decumbentes vel ascendentes, teretes, glabri, laxe foliati, ad 60 cm alti. Folia sessilia, angustissime linearia, 1—2 cm longa et vix 1 mm lata, apice callosa et acuta, margine integra vel inferiora anguste pinnatifido-dentata, glabra. Flores solitarii, axillares, saepe racemose dispositi. Folia fulcrantia pedicellis breviora vel subaequalia. Pedicelli filiformes, superne puberuli, basi bibracteolati, 6—15 mm longi. Calycis tubus semi-globosus, pallidus, nervis viridibus donatus cum lobis subulatis 2 mm longis puberulus. Corolla 8 mm longa, extus puberula: tubus albidus, dorso et lobi superiores coerulei, lobi inferiores elliptici, albidi, vix 4 mm longi. Stamina glabra; antherarum tubus nigro- et albido-striatus, apice barbatus. Capsula semi-globosa, 10-lineata.

Süd-Afrika: Caledon: Sir Lowry's Pass, an sandigen Stellen, 660 m (Schlechter n. 7278!); How Hoek, 1000 m, blühend im Febr. (Schlechter n. 7352! — beide Herb. Berlin und oft mit *L. setacea* vermengt).

251. **L. setacea** Thunb. in Hoffm. Phyt. Blätt. I (1803) 21, Fl. Cap. II (1808) 34, Act. Gorengk. (1811) fig. 11, non Sibth. nec Zeyh.; Roem. & Sch., Syst. Veg. V (1819) 35; G. Don, Gen. Syst. III (1834) 710; D. Dietr. Synops. Pl. I (1839) 736; A. DC. Prodr. VII (1839) 361; Sond. in Harv. et Sond. Fl. Cap. III (1865) 541 c. var. — *Rapuntium setaceum* Presl Prodr. Lobel. (1836) 19. — *Lobelia nematophylla* Spreng. in Zeyher Pl. Cap. II, no. 252 et ex Ecklon et Zeyh. Enum. (1836) 398. — *Dortmannia setacea* O. Kuntze, Revis. II (1891) 973. — Caules plures, filiformes vel graciles, ramosi, glabri, striati, 15—35 cm alti. Folia sparsa, saltem inferne internodiis longiora, anguste linearia, 5—15 mm longa et cr. 1 mm lata, apice callosa, margine integra, rigidiuscula, suberecta. Flores in racemis foliatis, laxis. Folia fulcrantia pedicello ut plurimum longiora. Pedicelli 8—11 mm longi, secundi, glabri. Hypanthium oblique hemisphaericum, cum corolla crispo-hirtellum, albidum et viridi-costatum, lobi subulati, hirtelli, 2 mm longi, cr. dimidiati in comparatione cum illis *L. capillifoliae*. Corolla coerulea, 8—12 mm longa; lobi superiores ovato-acuti, erecti, breviores; lobi inferiores obovati, mucronulati. Stamina 6—8 mm longa; filamenta glabra, antherarum tubus nigro-violaceus, stramineo-striatus, glaber vel parce setosus, apice barbatus. Capsula globosa, 3 mm in diametro. Semina quadrigona, fusco-nigra, laevia, nitida, 1 mm longa. — Fig. 94 i.

Süd-Afrika: Kap, Kapebenen (Thunberg! — in suo herb.; Ecklon n. 295! Scholl! Elliot! Drege! Sieber! n. 139! Zeyher n. 252!); sandige Abhänge des Tafelberges, 1000 m (Schlechter n. 271!); an bebuschten sandigen Stellen oberhalb der Kamps Bay, 200 m (J. Thode n. 5822!); Cap Point, 240 m (Schlechter n. 7320!); Simonstown (Paulay!); Patsys Vlei, Klassjejersberg, XI. (Erik Wall n. 1029/6! 1030/6! 1047/9! — Hb. Stkh.); Annandale (M. Rautanen!); Caledon, blühend von September bis Dezember (J. Verreaux!); Elim, 120 m (Schlechter n. 7660!); Rivierzonde Einde (Zeyher n. 3105! — Typus pro var. *parviflora* Sond.).

Specimen orig. Thunbergii floribus minoribus gaudet, exinde var. *parviflora* Sond. non solum superflua, sed cum typica identica est, at insuper limitem inter plantas cum floribus majoribus et minoribus nemo ponere potest. Species a *L. spartioide* usque ad praesentem affinitate arcta conjunguntur et seriem naturalem „*Scoparioides*" constituunt.

Subgenus II. **Mezleria** (Presl) E. Wimm.

Subgenus *Mezleria* E. Wimm. in Annal. Naturhist. Mus. Wien LVI (1948) 364. — *Mezleria* (genus) Presl, Prodr. Monogr. Lobel. (1836) 7; A. De Candolle, Prodr. VII (1839) 352. — *Metzleria* Endlicher, Gen. Pl. (1838) 510; Sonder in Harvey et Sonder, Fl. Cap. III (1865) 532. — *Lobelia* sect. *Mezleria* Schoenland in Engler et Prantl, Die Natürl. Pflanzenfam. IV/5 (1894) 67; Hook. et Jackson, Index Kew. III (1894) 223. — *Lobelia* Baill., Hist. Pl. VIII (1886) 362 et auct. plur. — Calycis tubus turbinatus et plerumque in summo latere ventrali paulo protractus et limbus tunc bilabiatus. Corollae lobi forma et longitudine fere aequales: 2 superiores fere semper liberi, 3 inferiores etiam se solventes vel raro labium tripartitum formantes. Tubus filamentorum et antherarum eadem fere longitudine, antherae 2 inferiores singula seta longiore et setulis basi additis terminatae aut in sect. *Paramezleria* apice omnes nudae. — Herbae humiles, terrae adpressae et radicantes, vel ascendentes, plerumque carnosulae, folia alterna, flores solitarii in axillis foliorum superiorum, minuti.

8 species: 7 earum indigenae in Africa Australi, 1 species ab aliis magis discedens in Novo-Zeelandia.

Conspectus sectionum et specierum.

A. Antherarum 2 inferiores apice biaristatae. Caules prostrati vel rarius decumbenti-ascendentes et debiles. .... Sect. 1. *Eumezleria*.

I. Caules humistrati, repentes vel radicantes, ramuli saepe plus minus erecti. Semina subtiliter lineata.

a. Corolla minima, 1—2 mm tantum longa; folia parva 2—6 mm longa, integerrima (si excipias fortasse pauca ima obsolete crenulata).

1. Folia distincte petiolata, ovata, elliptica, ovato-lanceolata, oblanceolata, obtusa, mucronulata, 2—3 (6) mm longa; pedicelli folio sublongiores vel subbreviores .... 252. *L. capensis*.

2. Folia sessilia, lanceolata, acuta, circiter 5 mm longa, pedicelli longitudine fere foliorum fulcrantium .... 253. *L. zwartkopensis*.

b. Corolla 3—5 mm longa.

1. Folia margine distincte callose denticulata, lanceolata usque elliptica, acuta, occasionaliter obtusa; pedicelli folio longiores vel subbreviores; calycis lobi subulati longitudine filamentorum .. 254. *L. minutidentata*.

2. Folia integerrima.

\+ Folia omnia distincte petiolata, elliptica; pedicelli folio longiores; sepala triangularia .... 255. *L. angolensis*.

++ Folia sessilia vel subsessilia, basi apiceque acuta vel obtusa, oblongo-elliptica, lanceolata, interdum sublinearia, oblanceolata vel cuneata, raro ovata; pedicelli folio breviores usque multo longiores 256. *L. depressa*.

II. Caules decumbenti-ascendentes, debiles; corollae labium inferius tripartitum, lobi superiores corollae non totaliter liberi. Semina subtiliter squamuloso-rugulosa.

a. Corolla minima 1 mm longa; folia tenerrima, plurima elliptica, dentata; pedicelli folio multo breviores .... 257. *L. nugax*.

b. Corolla 3—5 mm longa; folia serrato-dentata.

1. Folia floralia anguste cuneata vel lanceolato-linearia, sub apice utrinque unidentata vel integerrima; sepala longitudine filamentorum; capsula turbinata, semi-infera, plurisperma ..... 258. *L. eckloniana*.

2. Folia floralia oblonga usque lanceolata, utrinque plerumque bidentata; sepala medium filamentorum attingentia; capsula supera, disperma, late globosa .... 259. *L. disperma*.

B. Antherarum tubus apice nudus. Caulis erectus. Corollae lobi 2 superiores ad basin liberi, lobi 3 inferiores labium tripartitum formantes Sect. 2. *Paramezleria*.

Species unica e Novo-Zeelandia .... 260. *L. roughii*.

Sect. I. **Eumezleria** E. Wimm.

Sect. *Eumezleria* E. Wimm. in Annal. Naturhist. Mus. Wien LVI (1948) 338, nomen. — Antherae 2 inferiores apice biaristatae, 3 aliae nudae. Caules humistrati, repentes et radicantes, ramuli plus minus erecti, vel caules decumbenti-ascendentes, debiles.

Fig. 95. a *Lobelia* (subgen. *Mezleria*) *eckloniana* 1/1: corolla expl. 3/1, staminum tubus ca. 6/1. — b *L. depressa* ca. 1/1: 1—2 corolla expl. et inaperta, 3 folia, 4 var. *dregeana*: folia, omnes auctae. — c *L. zwartkopensis* 1/1: corolla a fronte 10/1, staminum tubus ca. 15/1, semen subtilissime longitud. lineatum 35/1. — d *L. angolensis*: flos 6/1. — e *L. nugax* ca. 1/1: flos 12/1, capsula 10/1, semen 14/1. — f *L. roughii*: 1 folium cum fructu 1/1, var. alces: pars speciminis fructiferi 1/1. — g *Lobelia* (subgen. *Tupa*, sect. *Isolobus*) *jasionoides* 1/1: flos 3/1. — h *L. chinensis* (*L. radicans* Thb.) 1/1: flos fere 2/1, semen 10/1. — Orig.

252. **Lobelia capensis** E. Wimm. nov. sp. — *L. depressa* Thunberg, Prodr. (1794) 39, Fl. Cap. II (1818) 36 excl. syn. — *L. depressa* var. *Thunbergii* A. DC., Prodr. VII (1839) 379. — ? *Laurentia radicans* Schoenland in Trans. Roy. Soc. S. Afr. I (1910) 446 = *Mezleria depressa* Schoenland in Bot. Surv. S. Afr. Mem. I (1919) 98. — Herba humistrata, glabra. Caules depressi, radicantes, albidi, multos ramulos 4—6 cm longos emittentes. Folia minuta, crassiuscula, ima subrotunda usque ovata, crenulata vel integerrima 2—3 mm longa et 1—1,5 mm lata, petiolis 3—4 mm longis, reliqua ovato-elliptica, elliptica, nonnulla subspathulata, 1,5—2 mm longa et 0,7—1 mm lata, petiolis brevioribus, omnia apice obtuso mucronulata, basi rotundata usque cuneata. Flores in axillis foliorum superiorum solitarii, racemum sublaxum formantes. Pedicelli 3—5 mm longi, ebracteolati, folio longiores. Calycis tubus suboblique turbinatus laciniis 5 ovato-oblongis, obtusis, 0,6—0,8 mm longis, parum inaequalibus, ima paulo ab aliis distante. Corolla alba, 1,5 mm longa, lobi omnes inter se soluti, lanceolati. Filamenta fere soluta, alba, 0,7 mm longa. Antherarum tubus nigrescens, 0,8 mm longus, glaber, 2 inferiores antherae apice biaristatae. Stigma brevi-bilobum. Fructum non vidi.

Kapland: In arenosis Camp Ground prope Capetown, infra 100 pedes, fl. decembri 1883 (H. Bolus, Austro-Africanae reg. austro-occident. n. 3396! — Hb. Kew); Cap (Thunberg! — Hb. Ups.); ? Port Elizabeth (J. L. Drege — ex Schoenland, non vidi!).

253. **L. zwartkopensis** E. Wimm. nov. nom. — *L. filicaulis* Schoenland in Bot. Surv. S. Afr. Mus. Mem. I (1919) 97, nomen. — *Mezleria filicaulis* Presl in Ecklon et Zeyher, Enum. (Juli 1836) 393, non ejusdem Prodr. (1836) 7. — *Metzleria filicaulis* Sond. in Harvey et Sonder, Fl. Cap. III (1865) 533, non A. DC. — Herba prostrata, glabra, rami ascendentes, inferne radicantes, sparse foliati. Folia sessilia, lanceolata, acuta, basi parum attenuata, circiter 5 mm longa, 2 mm lata, margine integerrima. Flores in axillis foliorum superiorum solitarii, circiter 10. Pedicelli ad 5 mm longi, basi minute bibracteolati, folium circiter aequantes. Hypanthium semi-globosum, vix 1 mm longum et latum; lobi calycini anguste triangulares, vix 1 mm longi, integerrimi. Corolla videtur rubescens, 1,5 mm longa, petala lanceolata et inter se libera. Antherarum tubus 0,5 mm longus, glaber, 2 inferiores antherae apice biaristatae. Capsula subglobosa, vix 2 mm longa. Semina ellipsoidea, atrobadia, nitida, subtiliter longitudinaliter lineata, circiter 0,25 mm longa. — Fig. 95 c.

Kapland: Distr. Uitenhage, in terra limosa ad margines aquarum stagnantium (Valleyen) prope flumen Zwartkopsrivier, Oct. (Ecklon et Zeyher n. 2444! Cambr. B. — Typ.); in locis paludosis camporum pr. flum. Zwartkopsrivier (Ecklon et Zeyher n. 440! — Stkh.).

Schoenland zitiert a. a. O. denselben Standort wie Presl in der Enum. p. 393, woraus hervorgeht, daß er nicht die *Mezleria filicaulis* von Presls Prodromus p. 7 meint, deren Diagnose von der gegenwärtigen Art ganz verschieden ist. Die Transferierung der *Mezleria filicaulis* zu *Lobelia* beruht also auf der falschen Annahme, daß *Mezleria filicaulis* Presl, Prodr. mit der *Mezleria filicaulis* in Ecklon et Zeyh., Enum. dieselbe Art ist, was — wie aus den typischen Exemplaren ersichtlich — nicht der Fall ist. Es kann also die eigentliche und ältere *Mezleria filicaulis* Presl nicht mehr zu *Lobelia* transferiert werden, aber Presl hat, wohl aus Vergeßlichkeit, diese unter *Rapuntium Ecklonianum* in Ecklon et Zeyh. Enum. p. 396 nochmals beschrieben und diese wurde schon von A. De Candolle 1839 zu *Lobelia* gestellt und als *Lobelia Eckloniana* A. DC. in den Herbarien bezeichnet. Somit scheidet der Name *Lobelia filicaulis* ganz aus und behält die eine aus Prodromus p. 7 den Namen *Lobelia eckloniana* (siehe Nr. 258!) und die zweite vom Zwartkopsrivier (Ecklon et Zeyh. Enum. p. 393) den neuen Namen *Lobelia zwartkopensis*.

254. **L. minutidentata** Engler et Gilg in Warburg, Kunene-Sambesi-Exped. (1903) 397. — *L. tsotsorogensis* Bremekamp et Obermeyer in Ann. Transvaal Mus. XVI (1935) 437. — Herba glabra, 4—25 cm alta. Caules decumbentes vel ascendentes, ramosi, foliosi. Folia sessilia, elliptica, oblonga vel lanceolata, raro obovato-oblonga inter cetera, 5—13 mm longa, 2—6 mm lata, obtusa vel acuta, ad basin angustata, margine callose denticulata. Flores in axillis foliorum superiorum soli-

tarii, in apice ramorum plus minusve congesti. Pedicelli 4—20 mm longi, saepe bibracteolati. Calycis receptaculum suboblique turbinatum; lobi calycis subulati, 1,5 mm longi, parum inaequales et 2 ab aliis parum remoti, integri vel obsolete denticulati. Corolla rosea usque rubicunda, 3—4 mm longa, subbilabiata; lobi lanceolati, 2 superiores soluti, 3 inferiores labium tripartitum formantes. Tubus stamineus 3 mm longus, glaber, antherae 2 inferiores apice 2 setis et setulis brevissimis terminatae.

Südwestafrika: Chihinde, Sumpf, 1270 m, 2. IX. 1899 (H. Baum — Kunene-Sambesi-Exped. n. 43! — Hb. B.). — Angola: Huilla — Humpata und Kunene (H. H. Johnston! — Kew). — Bechuanaland Protekt. Tsotsoroga Pan, 4. III. 1930 (G. van Son — T. Mus. n. 28913 — Typ. pro *L. tsotsorogensis*, non vidi!). — S. Rhodesia: Sesheke, VI. (A. E. Gairdner n. 57! — Kew, gehört höchst wahrscheinlich hierher, ist aber kaum merklich kurz behaart und die denticuli foliorum sind intramarginales).

255. **L. angolensis** Engler & Diels in Engler, Bot. Jahrb. XXVI (1899) 114, publ. 1898. — *L. Dekindtiana* Engler, Bot. Jahrb. XXXII (1902) 147. — Herba glabra, 3—10 cm alta, caules decumbentes, ramosi, ramis ascendentibus, foliosis. Folia ovalia vel obovato-elliptica, 4—5 mm longa et 2—3 mm lata, obtusa vel subacuta, basi in petiolum brevissimum angustata, margine integra. Flores solitari-axillares, in vertice ramorum corymbiformiter compositi. Pedicelli 6—12 mm longi, in medio fere bibracteolati, folio longiores. Calycis receptaculum oblique turbinatum, in latere inferiore parum gibbosum, limbus exinde subbilabiatus, laciniis anguste triangularibus, integris, 1,5 mm longis. Corolla violacea, 4 mm longa, lobi superiores liberi, lobi 3 inferiores in labium trifidum connati, omnes lineari-lanceolati. Tubus stamineus 3—4 mm longus, antherae rubiginosae, glabrae, 2 inferiores 2 setis et pilis brevissimis terminatae. — Fig. 95 d.

Angola: Huilla, bei Lopollo (Welwitsch n. 1146! — Hb. B., sp. orig. n. 1146 b! — Hb. Del.); Huilla, feuchte Gräben, 1740 m, X. (Dekindt n. 202! — Hb. B., Typus pro *L. Dekindtiana*).

256. **L. depressa** L. f. Suppl. (1781) 395, non Thunb.; Roem. et Schultes, Syst. V (1819) 40; Sprengel, Syst. I (1825) 718; A. De Candolle, Prodr. VII (1839) 378 excl. var. — *L. lythroides* Diels in Engler, Bot. Jahrb. XXVI (1898) 113. — *Mezleria depressa* Presl herb. p. p. — *Metzleria depressa* Sonder in Harvey et Sonder, Fl. Cap. III (1865) 533. — *Dortmannia depressa* O. Kuntze in Revis. Gen. II (1891) 972.— Herba glabra, subcarnosa, humistrata. Caulis terrae adpressus, ramosus, foliosus, repens, radicans, ramulos nunc breves, nunc longiores emittens. Folia vix petiolata, lanceolata, oblonga, oblanceolata, interdum lanceolato-linearia, 3—6 mm longa, 1—2,5 mm lata, apice obtusiuscula vel acuta, ad basin angustata, integerrima. Flores in axillis foliorum superiorum solitarii. Pedicelli 4—20 mm longi, interdum minute bibracteolati. Hypanthium obconicum vel late turbinatum parum obliquum; lobi calycis triangulares, acuti vel acuminati, integerrimi, 1 mm longi, sinus inter eos rotundati, 2 inferiores lobi ab aliis parum remoti. Corolla alba vel lilacina vel rubescenter suffusa (atro-purpurea ex Linneo, sed ?), 3—5 mm longa, subbilabiata; petala lanceolata, superiora ad basin soluta, inferiora etiam libera vel basi paulo connata. Staminum tubus 2,5—4 mm longus, glaber; antherae 2 inferiores apice biaristatae. Capsula subglobosa, subinfera. Semina oblongo-ellipsoidea, fusca, nitida, subtiliter longitudinaliter lineata, 0,4 mm longa. — Fig. 95 b, 1—3.

Clavis varietatum.

A. Folia lanceolata, oblonga, oblanceolata; pedicellus folium aequans vel eo longior; corollae lobi omnes soluti vel inferiores in basi ± connati . . . var. *depressa*.

B. Folia ovata, obtusa, superiora etiam cuneata, pedicelli folio subbreviores; sepala triangularia; corollae lobi soluti . . . . var. *dregeana*.

C. Folia oblongo-obovata, obtusa; pedicelli folium aequantes; sepala ovato-lanceolata; labium inferius corollae vulgo tripartitum .... var. *seineri*.

var. **depressa.** — Ut supra.

Kapland: An feuchten sandigen Orten von der Ebene bis ins Gebirge bis ca. 1500 m Höhe verbreitet, blühend von Oktober bis April. Cap B. Sp., ohne nähere Ortsangabe (Drege! — Hb. Presl); Swellendam und Platteklipp (Ecklon et Zeyher n. 2443, Zeyher n. 1049 b!); Oranje-Freistaat: Zasihoek, 2000 m (J. Thode — Hb. Stellb. n. 9252!; T. Cooper n. 903! — K.); Griqualand East: Mt. Frere und Tal des Tinariver (Krook — Pl. Penther. n. 2409! 2735!); Kokstad (W. Tyson n. 1806! W. Haygarth!); Natal: Charlestown, Newcastle, Van Rheenen (J. M. Wood n. 5140! 5543! 6666! 9711! — W. Wash.); Natal und Zululand (Gerrard! — K.); Transvaal: Burtholm Vereeniging, Elias Well, Ermelo (Burtt-Davy n. 17470! 17667! 17748! 18140! 18943! — Cambr.); Wakkerstroom (Burtt-Davy n. 17367! E. E. Galpin n. 9812! — Cambr. B.); Pretoria (F. Wilms n. 883! — Typ. pro L. *lythroides*). — Südwest-Afrika: Grootfontein, Grosshuis (Schoenfelder n. S. 645! Dinter n. 7379! — K. B. sub *Laurentia upingtoniae* Dinter mss. in hb.).

var. **dregeana** (Sond.) E. Wimm. in Notizbl. Bot. Gart. Berl. XV (1941) 633. — *Metzleria Dregeana* Sond. l. c. — *Mezleria depressa* Presl, Prodr. Monogr. Lobel. (1836) 7, in E. Meyer, Commentar. Pl. Drege (1837) 283, in Ecklon & Zeyher, Enum. (1836) 392 p. p. — A. De Cand. l. c. 350. — *Lobelia Sonderi* A. Zahlb. in Annal. Hofmus. Wien XVIII (1903) 404. — *Dortmannia Sonderiana* O. Kuntze l. c. — Folia ovata, circiter 4 mm longa et 3 mm lata, in ramulis novellis plerumque obovata vel oblanceolata, obtusa vel subacuta, basi breviter angustata in petiolum brevissimum, margine integerrima. Pedicelli 3—5 mm longi, foliis breviores aut aequantes. Corolla alba vel roseo-alba, 3—4 mm longa, lobi liberi. — Fig. 95 b, 4.

Kapland: Witte Berge (bei Herschel), grasiges Bergland, Jan. 1833 (Drege! n. 3399! — Hb. B., sp. orig. pro *Mezleria depressa* Presl!, specimen autem in herb. Presliano magis tendit ad pl. typicam); Ufer des Aapjesrivier, X. (Zeyher n. 1047! — Hb. Stkh., etiam vergens ad pl. typicam); feuchte steinige Orte am Horede River, 1250 m (Schlechter n. 3726! — Hb. B.); Transvaal: Ermelo, häufig auf einem Felde, 1550 m (Henrici n. 1553! — Hb. W.); Bronkhortspruit (F. Wilms n. 506! 884! — Hb. B. Del.); Griqualand East, Warrenton (C. Adams n. 166! Wilman! — Hb. B. W.).

var. **seineri** (Schlecht.) E. Wimm. in Notizbl. Bot. Gart. Berl. XV (1941) 633. — *L. Seineri* Schlechter in Engler, Bot. Jahrb. LVII (1922) 616. — Folia obovato-oblonga, obtusiscula, versus finem ramorum saepe elliptica, 2—5 mm longa et 1—3 mm lata. Pedicelli 3—7 mm longi, foliis subbreviores vel sublongiores. Corolla coerulescens vel roseo-violacea, expallescens, 2,5 mm longa, labrum majus trifidum vel tripartitum.

Südwestafrika: Damaraland, Neudamm, 1700 m, auf steinigem Boden, XI. (Franz Seiner n. 25! — Hb. B., sp. orig. pro *L. Seineri*); Hereroland, Okahandja, feuchte lehmige Plätze, 1200 m, VIII. (K. Dinter n. 605! Pechuel-Lösche! — Hb. B.); Otjitaveta (Schinz n. 440! — Hb. Z.); Lichtenstein — Lentwein lg. Rusch (K. Dinter n. 7946! — Hb. B.). Basutoland, Léribé (Dieterlen n. 461! — Hb. B.).

257. **L. nugax** E. Wimm. in Annal. Naturhist. Mus. Wien LVI (1948) 364.— Herba annua, glaberrima. Caules debiles, decumbentes vel ascendentes, sparse foliati, ramosi, ad 30 cm longi. Folia brevi-petiolata, elliptica, oblonga usque anguste cuneata vel lanceolata, 10—15 mm longa, 2—6 mm lata, utrinque fere acuta, margine argute brevi-dentata, in sicco tenerrima. Flores solitari-axillares, inconspicui.

Pedicelli 2—3 mm longi, folio multo breviores. Calycis receptaculum oblongo-obconicum, lobi lanceolati, acuti, integri, vix 0,5 mm longi. Corolla rubicunda (?), 1 mm longa, lobi lanceolati, superiores profundius soluti, inferiores in labium fere tripartitum connati. Stamina 1 mm longa, antherae atro-purpureae, 2 inferiores apice 2 setis et pilis brevissimis barbatae. Capsula globosa, 1,5 mm longa, bilocularis quidem, unum semen tantum in quovis loculo, quod rarissimum est. Semina oblongo-ovoidea, cinerascenti-alba, rugulosa, 1 mm longa. — Fig. 95 e.

Südafrika, westliches Gebiet, Koude Bokkeveld, Skurfdebergen hinter Elandsfontein, 1600 m, 18. I. 1897 (Schlechter n. 10034! — Hb. B. W.).

258. **L. eckloniana** (Presl) A. De Candolle, Prodr. VII (1839) 368; D. Dietrich, Synops. I (1839) 736. — *Rapuntium Ecklonianum* Presl in E. Meyer, Commentar. Pl. Drege (1837) 286 et in Ecklon & Zeyher, Enum. (1836) 396. — *Isolobus Ecklonianus* Sonder in Harvey & Sond., Fl. Cap. III (1865) 536. — *I. sparsiflorus* A. DC. l. c. 353. — *Dortmannia Eckloniana* O. Kuntze, Revis. II (1891) 971. — *Mezleria filicaulis* Presl, Prodr. Monogr. Lobel. (1836) 7!; A. De Cand. l. c. 351. — Herba annua, glaberrima, caulibus filiformibus, diffusis, subramosis, sparse foliatis. Folia inferiora spathulata, in petiolum brevem angustata, media oblongo-cuneata vel lanceolata, suprema sessilia, sublinearia, utrinque unidentata versus apicem, cetera inciso-serrata vel -dentata. Flores solitari-axillares, superiores racemose dispositi. Pedicelli 4 mm longi, filiformes, basi minute bibracteolati, folio breviores. Hypanthium turbinatum, lobi calycini triangulares, acuti, integri, circiter 1 mm longi. Corollae tubus albidus, limbus coeruleo-ruber, lobi lanceolati, 3—4 mm longi, superiores profundius soluti ut in *Lobelia* subgen. *Lagotis*, lobi inferiores usque ad medium connati. Stamina 3 mm longa, antherae 2 inferiores 2 setis et pilis brevissimis terminatae. Capsula turbinato-globosa, 3 mm diametiens. Semina cylindrica, apice obtusa, basi acuta, incana, opaca, 1,1 mm longa, pauca. — Fig. 95 a.

Kapland: Kap-Provinz, an feuchten und schattigen Stellen zwischen dem Felsgestein am Gipfel des Kasteelsberges, I. (Ecklon! — Hb. Presl, sp. orig., Ecklon & Zeyher! — Hb. B.); Tafelberg, 800 m, XII. (Schlechter n. 64! — Hb. B.); Kap (Bergius! Lahaie n. 300! — Hb. Paris); Draakensteenbergen, 1000—1300 m (Drege n. 6256! — Hb. B.).

Diese Species wurde von Presl zuerst als *Mezleria filicaulis* beschrieben und bald darauf nochmals als *Rapuntium Ecklonianum*. Da von Schoenland eine andere Species, die Presl irrtümlich auch für eine *Mezleria filicaulis* hielt (Enum. p. 393), zur *Lobelia filicaulis* erhob (Bot. Surv. S. Afr. Mus. Mem. I (1919) 97, muß unsere Species den Namen *Lobelia eckloniana* A. DC. (1839) behalten. Siehe Nr. 253!

259. **L. disperma** E. Wimm. n. sp. — Herba glabra, gracilis, caulibus ad 15 cm longis, angulatis, simplicibus vel ramosis. Folia tenuia, elliptica, utrinque acuta et basi in petiolum 1—3 mm longum sensim angustata, 10—11 mm longa et 4—5 mm lata, margine argute-serrato-dentata — plerumque 3 dentes in utroque latere, folia summa lanceolata, minus dentata. Flores in axillis foliorum superiorum solitarii, pedicellati. Pedicelli 3—7 mm longi, glabri, ebracteolati, folio dimidio fere aequilongi. Hypanthium in alabastro semi-ovoideum, deinde patellae complanatae simile; lobi calycis anguste triangulares, integerrimi, erecti, 1,5 mm longi. Corolla pallide coerulea, 5 mm longa, bilabiata; lobi 2 superiores sublineares acuti, lobi 3 inferiores elliptici, 1,3 mm longi et 1 mm lati, acuti, in labium tripartitum coaliti. Staminum tubus glaber: filamenta 2 mm longa, partim connata; antherarum tubus nigrescens, 0,9 mm longus, antherae 2 inferiores apice bisetosae. Capsula nutans, subglobosa, bilocularis, disperma, 1,5 mm longa, supera. Semina ovoidea, fusca, subtiliter rugulosa, 1 mm longa.

Kapland: Kap-Provinz, Distr. Caledon, Hermanus, mountain slope near sea-kloof on rocks damp water running, 2. XI. 1933 (M. C. Gillett n. 666! — K.).

Haec species forma labii corollae inferioris et longitudine filamentorum jam propius accedit ad subgenus *Lagotis*.

Secto 2. **Paramezleria** E. Wimm.

Paramezleria E. Wimm. nov. sect. — Flores solitari-axillares. Calycis lobi parum inaequales. Corollae lobi 2 superiores liberi, labium inferius tripartitum. Tubus anthereus apice nudus. Sectio monotypica, habitans Novo-Zeelandiam.

260. **L. roughii** Hooker f., Handb. N. Zeal. Fl. (1867) 171; Buchanan, Alpine Fl. N. Zeal. in Transact. N. Zeal. Instit. XIV (1882) 347, t. 28, f. l. — *Dortmannia Roughii* O. Kuntze, Revis. II (1891) 973. — Herba parva, glabra, ad 10 cm alta. Caules videntur erecti, ramosi, superne densius foliati, imprimis in vertice ramorum. Folia coriacea, purpurascenti-viridia, pinnati-nervata, ovata vel oblongo-obovata, 12—26 mm longa, 6—14 mm lata, basi in petiolum 5—10 mm longum angustata, apice acuta, margine profunde dentata vel lobata, sinus inter dentes acuti vel rotundati. Flores solitari-axillares, pauci in apice ramorum. Pedicelli 2—4 cm longi. Calycis tubus ovoideus, lobi lineares, obtusiusculi, utrinque unidenticulati, parum inaequilongi, 5—6 mm longi, purpurascentes. Corolla longitudine sepalorum, lobi 2 superiores oblanceolato-lineares, liberi, lobi 3 inferiores oblongo-obovati, in labium tripartitum coaliti, omnes obtusi. Antherarum tubus orificio nudus. Capsula subglobosa, coriacea, ca. 7 mm diametiens.

var. **roughii.** — Ut supra. — Fig. 95 f 1.

Neuseeland: Middle Island, Nelson-Gebirge (Rough), Wai-au-na Valley, 1000 m, Wairau Gorge, 1300—2160 m (Travers) — ex Hook. f.; Mt. Torlesse Range bei Christchurch, 1000 m, 14. VIII. 1891 (Coll. ? n. 69!); ohne näheren Standort (Haast!); Distr. Lake Ohou, 1600 m (J. Hector! — Hb. Ups.).

var. **alces** E. Wimm. nov. var., vel spec.? — Specimen incompletum meum differt a var. *roughii* foliis rotundis, 15 × 15 mm, palmati-nervatis, sinuato-dentatis — dentibus 5—7 triangularibus, obtusiusculis, 4—8 mm inter se distantibus, sinubus latis rotundatis. Pedicelli 25 mm longi. Fructus subglobosus, 7 × 7 mm, laciniis calycis sublinearibus, obtusiusculis, integerrimis 5—7 mm longis, erectis coronatus. Semen ovoideum, gilvum, leviter reticulato-lineatum, 0,9 mm lg. — Fig. 95 f 2.

Neuseeland (comm. Bastion! — W.).

Subgenus III. **Tupa** (G. Don) E. Wimm.

Tupa G. Don, General Syst. Gard. a. Bot. III (1834) 700 (genus); A. De Candolle, Prodr. VII (1839) 391; Spach, Hist. Nat. Végét. Phan. IX (1840) 578; A. Richard, Tent. Fl. Abyss. II (1851) 9; Grisebach, Fl. Brit. West Ind. Isl. (1864) 386; Vatke in Linnaea XXXVIII (1874) 725; Mazé, Contrib. Fl. Guadeloupe (1892) 72; Duss, Fl. Antill. Franc. (1897) 377. — *Lobelia* sect. *Tupa* Bentham & Hook. f., Gen. II (1876) 552; Schönland in Engler & Prantl, Die natürl. Pflanzenfam. IV/5 (1894) 67. — Herbae robustae et altiores, plerumque suffrutices vel frutices — excepta sectione *Isolobus*, 2 species tantum humiles et teneras continente. Flores solitarii in axillis foliorum superiorum vel in racemis terminalibus interdum longissimis. Corolla plerumque major, unilabiata vel plus minusve bilabiata; lobi corollini aequilongi vel 2 laterales (superiores) sublongiores quam labium inferius, quod tridendatum usque trifidum, raro profundius incisum aut etiam indivisum, interdum lobi omnes plus minusve se solventes (nonnullae species africanae tantum). Tubus stamineus ex ima dorsali fissura corollae jam prosiliens et divergens vel saltem e tubo corollae longe exsertus ut in sectione *Revolutella*. Antherae 2 inferiores — paucis exceptis — barbatae. Corolla saepe et sepala interdum decidua.

Species 112 multo minus numerosae quam in subgenere *Lagotis* in tropicis Americae, Africae, Asiae australis et orientalis, hic etiam nonnullae ulterius versus septentriones, in insulis Bonin et Sandwicensibus distributae.

Hoc subgenus minus homogeneum et difficilius definiendum, variabilitate corollae, cum aliae notae inveniri non possint, aegre in diversas sectiones divisum est. Forma seminum pro divisione non adhibita est, quia semina multarum specierum matura ignota sunt.

Conspectus sectionum.

A. Herbae humiles, decumbentes vel erectiusculae, 10—30 cm altae. Corolla unilabiata, 2—12 mm longa, lobi omnes aequales expanso-deflexi. Antherae 2 inferiores setis 2 terminatae. Sectio quasi transitoria ad superiora subgenera videtur.
Species 2, una in Asia orientali, altera in Africa australi habitat
Sect. 1. *Isolobus.*

B. Herbae robustae vel suffrutices vel frutices, simplicicaules vel ramosi, 0,5—10 m alti. Corolla saepe magna, uni- vel subbilabiata.
I. Corolla unilabiata, lobi omnes expanso-deflexi vel etiam 2 laterales plus minusve ascendentes, crebro omnes vel solum 3 medii lobi apice diu cohaerentes. Chile, Antill., Austro-Am., Afr. trop., Asia or. austr.
Sect. 2. *Eulupa.*
1. Herbae annuae vel biennes, suffrutices vel frutices.
a. Species chilenser et antillanae .... Subsect. 1. *Primanae.*
b. Species aliarum regionum (Brasil., Arg., Afr., As.)
Subsect. 2. *Haynaldianae.*
2. Plantae plurennes-monocarpaeae, altissimae, trunco simplici plus minusve lignescente, rarissime superne brevi-ramoso, dense folioso, sed inferne saepe mox defoliato et cicatricoso, racemis plerumque longissimis. Afr. trop. .... Sect. 3. *Rhynchopetalum.*
II. Corolla plus minusve bilabiata, lobi modo solito disjuncti patentes vel lobi 3 medii conniventes aut aliquamdiu occasionaliter cohaerentes. Herbae vel frutices.
a. Tubus corollae rectus, subcompresso-cylindricus, lobi porrecti vel 2 superiores paulo ascendentes. Am. Centr. .... Sect. 4. *Homochilus.*
b. Lobi corollae aliter dispositi, plantae insul. Hawaii.
1. Corollae lobi omnes vel saltem superiores spiraliter revoluti, tubus gracilis saepe partim integer. Semina ovoidea ... Sect. 5. *Revolutella.*
2. Corolla fere galeatiformis, lobi superiores falcati, plus minusve declinati et longiores quam labium inferius excavatum et trifidum, tubus amplus. Semina reniformia et alata .... Sect. 6. *Galeatella.*

Sect. 1. **Isolobus** (A. DC.) Clarke.

Isolobus sect. *Lobeliae* Clarke in Hooker f., Fl. Brit. Ind. III (1882) 425; Schönland in Engler & Prantl, Die natürl. Pflanzenfam. IV/5 (1894) 67. — *Isolobus* (genus) A. De Candolle, Prodr. VII (1839) 352; Sonder in Harvey & Sond., Fl. Cap. III (1865) 535. — *Lobelia* Benth. & Hook, f., Gen. Pl. II (1876) 553; Baillon, Hist. Pl. VIII (1886) 362. — *Pratiae* spec. G. Don, Gen. Syst. III (1834) 699. — *Monopsis* spec. Presl, Prodr. Monogr. Lobel. (1836) 11. — *Rapuntium* spec. Presl in E. Meyer, Commentar. Pl. Drege (1837) 287. — Corolla unilabiata: lobi 5 omnes patentes, aequales (Fig. 95 h). Antherarum 2 inferiores 2 setis vel etiam pilis brevissimis basi earum additis terminatae. — Herbae humiles, decumbenti-ascendentes.
Species 2, una ex Asia orientali, altera ex Austro-Africa.

Clavis specierum.

A. Folia spathulata usque linearia, argute dentata. Flores in apice ramorum corymbosi .... 261. *L. jasionoides.*

B. Folia lanceolata, integerrima vel obsolete denticulata. Flores solitarii in axillis foliorum superiorum .... 262. *L. chinensis.*

261. **L. jasionoides** (A. DC.) E. Wimm. ampl. — *L. corymbosa* Graham in Edinb. N. Phil. Journ. (1826) 385, non Bergius, Descr. Pl. Cap. (1767) 344 = *L. comosa L.*; Hooker, Bot. Mag. LIII (1826) t. 2693. — *L. spathulata* Good. in Journ. of Bot LXII (1924) 50, non Bridges 1834. — *L. goodii* E. Wimm. in Annal. Nat. Mus. Wien LVI (1948) 347. — *Pratia corymbosa* G. Don l. c. — *Monopsis corymbosa* Presl, Prodr. l. c. et in Ecklon & Zeyher, Enum. (1836) 394 cum var. *pedicellaris.* — *Rapuntium corymbosum* Presl, in E. Meyer, Commentar. Pl. Drege (1837) 287 cum var. *longifolium.* — *Dortmannia corymbosa* O. Kuntze, Revis. II (1891) 972. — *Isolobus corymbosus* A. DC. l. c.; Sonder l. c. cum var. *foliosus* et var. *jasionoides.* — *Isolobus jasionoides* A. DC. l. c. 353; Delessert, Icon. V (1846) t. 8. — Herba annua, glabra vel subglabra, caulibus ascendentibus vel erectis, plus minusve foliatis, 10—30 cm alatis. Folia spathulata usque linearia, 10—22 mm longa incluso petiolo indefinito, 1—10 mm lata, basi acuminata vel cuneata, apice acuta, margine inciso-serrata vel argute dentata, glabra. Flores in apice ramorum congesti, corymbosi vel interdum in racemo brevi vel elongato. Pedicelli 2—4 mm longi cum calyce glabri vel hirtelli, basi bibracteolati, bracteis summis subulatis longiores. Calyx turbinatus, laciniis subulatis, integris, 2 mm longis. Corolla 4—5 mm longa, glabra, tubo albo, limbo purpurascente et basi purpureo-punctato; lobi lanceolati, deorsum patentes, 2 laterales profundius soluti, 3 medii labium trifidum formantes. Tubus stamineus 3 mm longus, antherae nigrescentes, glabrae, 2 inferiores setis duobus et pilis brevissimis terminatae. Capsula turbinata, 4 mm longa et in medio dilatata 3 mm lata, paucisperma. Semina globoso-ovoidea, gilva, tenuiter foveolata, 0,9 mm longa.

var. **jasionoides.** — Fig. 95 g.

Südafrika: Dutoiskloof, auf etwas feuchtem Humus und Sand an felsigen Orten, am Lowryspass, 16. XII. 1828, Berge bei Gnadenthal (Drege! n. 6268! Krauß! — Hb. B. W.); zwischen Ebenezer und Giftberg (Drege n. 6258! — Hb. B.); an feuchten Stellen in den Hottentottshollandsbergen (Ecklon, Un. it. n. 489!? n. 100! Ecklon & Zeyher n. 2453! — Hb. Stkh.); Berge am Rivier Zonder Einde bei Knoblauch-Landgut, Swellendam (Ecklon & Zeyher n. 2453! Un. it.? n. 104! — Hb. Stkh.); Distr. Caledon, Howhoek, X. (Pl. Penther. n. 2732! — Hb. W.); Zwartberg — Caledon, XI. (Hafström & Lindeberg!); Draakensteenbergen bei Bainskloof, 1260 m (Bolus n. 4061! Schlechter n. 9187! — Hb. B.); ohne Standortsangabe (Burchell n. 7666! — Hb. W. Goett., n. 7075! — Hb. B.). — Klaaver Valley b. Simonstown (Moss n. 7448! — Univ. Witwat. R.)

var. **sparsiflorus** (Sond.) E. Wimm. in Annal. Naturhist. Mus. Wien LVI (1948) 364. — *Isolobus corymbosus* var. *sparsiflorus* Sond. l. c. — Flores axillares, solitarii, pauci terminales subcorymbosi.

Kapland: Distr. Swellendam, oberhalb Voormansbosch, X. (Zeyher n. 3118! — Hb. Stkh.); Kap (Ecklon & Zeyher!); auf Torfboden, Langebergen bei Zuurbraak, 600 m, I. (Schlechter n. 2108! — Hb. B.).

262. **L. chinensis** Loureiro, Fl. Cochinchin. (1790) 514; Roem. & Sch., Syst. V (1819) 41; G. Don, Gen. Syst. III (1834) 709; A. DeCandolle, Prodr. VII (1839) 360; E. Wimm. in Akad. Anzeiger Wien Nr. 14 (1924) 5; Merrill in Transact. Amer. Phil. Soc. Philadelphia, n. ser. XXIV (1935) 382, t. 2; Craib, Fl. Siam. Enum. II (1936) 302, non Hemsl., nec Danguy, nec Tsong. — *Dortmannia chinensis* O. Kuntze, Revis. Gen. II (1891) 972. — *L. Erinus* Thunberg, Fl. Jap. (1784) 325, non L. — *L. radicans* Thunberg in Trans. Linn. Soc. II (1794) 330; Wallich in Roxburgh, Fl. Ind. II (1824) 112; Clarke in Hooker, Fl. Brit. Ind. III (1881) 425; Franchet, Pl. David. I (1884) 192; Forbes & Hemsley, Enum. Pl. Chin. in Journ. Linn. Soc. XXVI (1889) 3; Haines, Bot. Bihar. et Orissa II (1921) 501; Danguy in Lecomte & Gagn., Fl. Indo-Chin. III (1930) 678; Diels in Engler, Bot. Jahrb. XXI (1901) 607; Courtois, Fl.

Region. Mt. Ngan-Hoei (1933) 75; Tsong in Contrib. Instit. Bot. Nat. Acad. Peiping III, n. 3 (1935) 112 c. fig. — *L. japonica* F. G. Dietrich, Lex. Gärtn. u. Bot. V (1802—10) 552. — *L. campanuloides* Thunberg [1]) in Trans. Linn. Soc. X (1811) 260; Kerr, Bot. Reg. IX (1823) t. 733. — *L. caespitosa* Blume, Bijdr. (1825) 729!; Moritzi, Verzeichn. v. Zollinger gesamm. Pfl. Java (1846) 67; Miquel, Fl. Ind. Bot. II (1856) 574; — *L. uniglandulosa* Hort. — *L. multiglandulosa* Hort. — *Isolobus radicans* A. DC. l. c. 353; Somoku Dzustsu 2. ed., XVII (1874) t. 61, 62, non vidi!; Franchet & Salvatier, Enum. Pl. Jap. I (1874) 274. — *Isolobus Kerii, I. Roxburghianus* A. DC. l. c. 353. — *I. campanuloides* A. DC. l. c.; Franchet & Salvat. l. c. — *I. caespitosus* Hasskarl in Bonplandia VII (1859) 180. — *Pratia radicans* et *P. Thunbergii* G. Don. l. c. 700. — *Rapuntium caespitosum, R. campanuloides* et *R. radicans* Presl, Prodr. 13, 14. — *Dortmannia campanuloides* et *radicans* O. Kuntze l. c. — Herba perennis, glabra, caulibus decumbenti-ascendentibus, radicantibus, angulatis, sparse foliatis. Folia subpetiolata vel sessilia, lanceolata, 10—20 mm longa, 1—5 mm lata, acuta, basi acuta vel obtusa, margine integra vel plus minus denticulata imprimis versus apicem, glabra. Flores solitarii in axillis foliorum superiorum, pauci. Pedicelli 10—35 mm longi, crassiusculi, ebracteolati, folio circiter duplo longiores. Calycis tubus obconicus, lobi calycini subulati, 2—4 mm longi, integri vel obsolete denticulati. Corolla rosea vel albo-rosea, 10—15 mm longa, unilabiata, laciniae lanceolatae, in eadem planitie patentes, 2 laterales paulo profundius solutae, angustiores, labio imo sublongiores, labium inferius tripartitum, ad faucem glandulis viridibus notatum, tubus corollae intus pilosulus. Stamina 7—9 mm longa, filamenta ad marginem pilosa, antherae glabrae, 2 inferiores duabus vel paucis setis terminatae. Stigma lobis 2 ovalibus patentibus. Capsula obconica, 6 mm longa, infera. Semina subcompresso-globosa, subcarnea, 0,5 mm diametientia.

var. **chinensis.** — Ut supra. — Fig. 95 h.

Ostasien: Verbreitet von Japan und China bis Nordindien und Java, an feuchten und sumpfigen Orten von der Ebene bis in die Bergregion, blühend von Mai bis Sept. — Japan: Gemein, ohne weitere Ortsangabe (U. Faurie! J. Rein n. 165! 173! — Hb. B. Goett.); Yokohama (Maximovicz! — Hb. W. B.); Nagasaki (Oldham n. 491! — Hb. B.); Sendai, 4. IX. (Jisiba! — Hb. W.); Onomachi, Morioka (U. Faurie n. 11553! 6003! — Hb. Del.); Insel Shikoko, an Gräben bei Marugame, VIII. (B. Krug n. 1241! — Hb. B.); Insel Riu-Kiu, Insel Amanie-Oshéma, bei Naze (U. Faurie n. 98! — Hb. Del.). — Korea: Quelpart (E. Taquet n. 1141! 1142! — Hb. Del. B.). — China: Prov. Schantung, Tsingtao, VII. (E. Licent n. 13246! — Hb. W.); Prov. Nganhwai, Ou-hou, Choengnan, tsing-té, Yue-wan-kiai (P. Courtois ex op. cit.); Tien Chu Shan, Chien Shan Hsien, 250 m, Feldrand, 18. VI. (Fan & Li n. 147! — Hb. W.); Prov. Hupeh, Ichang (Henry n. 469! — Hb. B.), West-Hupeh (Wilson n. 487! — Hb. W.); Prov. Kiangsi, Kiukiang, Reisfelder (David! — ex Franchet); Prov. Hunan, Hsinhwa, Rand von Lachen (Handel-Mazzetti n. 11914! — Hb. W.), Distr. Yi Chang, P'ing T'on Shan, V. (W. T. Tsang n. 23787! — Hb. W.); Prov. Kweitchou, Duyün, sumpfige Orte (Handel-Mazzetti n. 10682! — Hb. W.); Szechuan, Mt. Omei und bei Tschunking (Faber); Prov. Kwangtung, Kweiyang, 800 m, im Grase zwischen Reisfeldern (Pl. Mell. Sinens. n. 548!); Distr. Tsengshing, Naam Kwan Shan, Po tei Kam (W. T. Tsang n. 20419!), Lung T'au Beng bei Iu (Canton Christian College n. 12140!), Kanton (Loureiro, ex auct., Hance n. 10774! — Hb. W.); ohne nähere Ortsangabe (Hooker Herb. sub *L. chinensis*! — Hb. W.); Kwangsi, Mung Tung Kou, 65 li N. of Luchen, 400 m, Flußufer, V. (R. C. Ching n. 5502! — Hb. W.). Hongkong (Ford). — Formosa (Taiwan): Tamsui (Warburg n. 9379! — Hb. B.); Sozan (T. Tanaka n. 62! — Hb. B.); ohne Orts-

[1]) Secundum eius herb. est *Wahlenbergia marginata* A. DC.!

angabe (W i l f o r d n. 529!). — S i a m : Krungtep, Pakkret (M a r c a n n. 592); Bangkok (K e r r n. 12825! M a r c a n n. 2150); Nakawn Sritamarat, Tungsong (H. M. S m i t h n. 281 — omnes e Craib). — V o r d e r - I n d i e n : Berg Khasia, tropische Region, 1200 m (H o o k e r & T h o m s o n! sub *Isolobus Roxburghianus* DC.); Pondichery (G a u d i c h a u d); ohne weitere Ortsangabe (W a l l i c h n. 1308 A! — Hb. W.; C a m p b e l l! — Hb. Del.). — J a v a : Gräben an der Straße von Togoe nach Poentjak de Sindanglaya, Massiv des Guedéh, Wald, 1400 m, V. (H o c h r e u t i n e r n. 1227); ohne Ortsangabe (L o b b! Z o l l i n g e r n. 155 b! — Hb. Del. W.). Java und Singapore (L o b b n. 106! — Hb. W.).

var. **albiflora** E. Wimm. in Akad. Anzeiger Wien l. c., ref. in Beihefte Bot. Centralbl. LVI, 466. — Differt a var. *chinensis* foliis sublinearibus, conspicue remote denticulatis et apice saepe tridentatis, 10—15 mm longis et 1—2 mm latis; lobis calycis denticulatis, saepe utrinque 1 dente incurvo; corolla alba (Mell), antheris plus pilosulis.

C h i n a : Prov. Kwangtung (M e l l n. 362! — Hb. W.).

Nom. vulg.: China: „*Puón fuên liên*". — Japan: „*Mizokakushi*", „*Hatake nusiro*".

Speciem e China introductam fuisse in Indiam Orientalem et primo cultam in horto Calcuttensi dicitur (Wallich).

I g n o t a s p e c i e s :

Isolobus Careyanus T. Anders, Cat. Hort. Bogor. (1866) 108, nomen!

Sect. 2. **Eutupa** (A. DC.) E. Wimm.

Sect. Eutupa E. Wimm. in Annal. Naturhistor. Mus. Wien LVI (1948) 365. — *Eutupa* sect. *Tupae* A. DC. Prodr. VII (1839) 391. — Corolla unilabiata, lobi omnes plus minusve diu cohaerentes, deflexi (Fig. 96); tubus corollae fere a basi jam explanatus et declinatus; tubus stamineus e tubo corollae valde prosiliens et conspicue brevior quam tota corolla; antherae apice nudae (paucae species) vel barbatae aut 2 inferiores tantum barbatae. — Herba robustae, suffrutices et frutices, flores racemosi (rarissime solitari-axillares ut in *L. scaevolaefolia*), violacei, rubri, flavi, virentes, albi. Succus lacteus saepe acris in tota planta.

Species 69 ex Am. austr., Antillis, Afr. trop., Asia trop. et subtrop.

S u b s e c t i o n e s.

I. Species i n d i g e n a e c h i l e n s e s et a n t i l l a n a e ... Subsect. 1. *Primanae.*
II. Species aliarum regionum: Brasiliae, Argentinae orient., Africae, Asiae. Subsect. 2. *Haynaldianae.*

Subsectiones plantarum huc spectantium ob notas corollae confusas sufficienter explicari non possunt et sic eas pro maxima parte ratione geographica comprehendere placeat.

Subsectio 1. **Primanae** E. Wimm.

Subsect. *Primanae* E. Wimm. in Annal. Naturhist. Mus. Wien LVI (1948) 365.

§ 1. **Species** e terra **Chilensi** notae. — *Eutupa* A. DC. s. str., *Tupa* Benth. et H. f., Schönl. — Antherarum 2 breviores apice barbatae. (§ 2 vide p. 618).

I. Plantae hirtae vel tomentosae.
  a. Folia lanceolata usque elliptica, basi ± decurrentia ... 263. *L. tupa.*
  b. Folia oblonga, brevissime acuminata, basi rotundata non vel minime decurrentia .... 264. *L. mucronata.*

II. Plantae glabrae vel subglabrae.
  a. Corolla puberula vel glabrescens, 1,8—2 cm longa, purpurea.
    1. Folia oblonga, lanceolata usque anguste linearia vel ovato-lanceolata vel obovata, plerumque glabra .... 265. *L. polyphylla.*
    2. Folia ovato-acuminata, integra, subtus albida et brevissime puberula 266. *L. ovata.*

Fig. 96. a *Lobelia* (subgen. *Tupa*) *tupa* 1/2. — b *L. tupa* var. *montana*: folium ca. 1/2. c *L. mucronata* var. *berterii*: fol. ca. 1/2.

b. Corolla glabra, saltem 3 cm longa.
  1. Corolla aurantiaca 4—5 cm longa. Folia oblonga usque lanceolata, coriacea, acuta 267. *L. excelsa*.
  2. Corolla rosea. Folia decurrentia, cuspidata.
    α. Folia lanceolato-linearia, callose denticulata, 18 cm longa et 2 cm lata 268. *L. bridgesii*.
    β. Folia ovato-lanceolata, integra vel minuti-denticulata, 9 cm longa et 2,5 cm lata 269. *L. blanda*.

§ 1. **Species chilenses.** (*Eutupa* A. DC. s. str.)

263. **Lobelia tupa** L. Spec. Pl. 2. ed. (1762) 1318; Lamarck, Dict. Bot. III (1791) 582; Willdenow, Species I (1797) 938; Roemer & Schult., Syst. V (1819) 38; Sweet, Brit. Fl. Gard. III (1829) t. 284; Lindley, Bot. Reg. XIX (1833) t. 1612; D. Dietrich, Synops. I (1839) 728; Revue Hort. (1898) 188, fig. 75—76; Vilmorin, Hort. Vilmor. (1906) 188, fig. 50, hab.; Reiche, Fl. Chile V (1910) 58; Gard. Chron. 3. ser. LII (1912) 243, fig. 108 et LXXXII (1927) 87. — *L. Trapa* L. errore typogr. in 1. ed. p. 929. — *L. serrata* Meyen, Reise um die Erde I (1834) 300. — *Tupa Feuillei* G. Don, Gen. Syst. Gard. a. Bot. III (1834) 700; Hooker & Arn. in Journ. of Bot. I (1834) 278; A. De Cand., Prodr. VII (1839) 391; Gay, Hist. Chile Bot. IV (1849) 328; Neubert's Deutsch. Gartenmag. XIX (1866) 321; Journ. Hort. 3. ser. IX (1885) 512, XXXIV (1897) 43. — *T. Feuillei* var.

macrophylla Vatke in Linnaea XXXVIII (1874) 726. — *Rapuntium Tupa* Presl, Prod. Lobel. (1836) 28. — *Dortmannia Tupa* O. Kuntze, Revis. II (1891) 972. — *Rapuntium spicatum foliis acutis vulgo Tupa*, Feuillée, Journ. des Observ. II (1714) 739, t. 29; Hist. Pl. Med. Peru et Chily II (1714—25) 739, t. 29 et idem op.: Beschreib. zur Arznei dienl. Pflanz. I (1756) 41, t. 29. — Herba tomentosa habitu *Verbasci phlomoidis* L., 1—2 m alta. Caulis erectus, simplex, angulatus, foliosus. Folia sessilia, decurrentia, late lanceolata usque ovato-oblonga, 13—20 cm longa et 3,5—7 cm lata, acuta vel acuminata, minute denticulata, pilis stellatis plus minusve dense vestita. Flores in racemo multifloro, bracteato. Bracteae ovato-lanceolatae vel lanceolatae, subintegrae, pedicellos 1—2 cm longos subaequantes. Calycis tubus semiglobosus, cr. 1 cm diam., lobi triangulari-lanceolati, integri, 5 mm longi, sinubus late rotundatis. Corolla purpurea, puberula, arcuato-deflexa, 30—35 mm longa; lobi laterales 12 mm longi, lobi labii medii 4 mm longi, omnes diu cohaerentes. Filamenta purpurascentia, glabra, 26 mm longa; antherae 6—7 mm longae, plerumque glabrae, 2 inferiores barbatae. Capsula subglobosa.

Clavis varietatum.

A. Folia decurrentia.
  I. Folia plerumque anguste plus minus decurrentia; bractea ovato-lanceolata plerumque non decurrens .... var. *tupa*.
  II. Folia et bracteae late et plerumque ab uno ad alterum folium decurrentia.
    a. Bractearum partes decurrentes cauli adnatae .... var. *montana*.
    b. Bractearum bases in lacinias duas a caule solutas decurrentes var. *bicalcarata*.

B. Folia non vel brevissime decurrentia; sepala linearia (pl. hybrida ?). Vide *L. mucronata* var. *berterii*.

var. **tupa.** — Fig. 96 a.

Chile: Conception (Ruiz & Pavon! sub „*Lobelia tomentosa*" — Hb. B.); Hügel bei Talcahuano (Poeppig n. 33 (102)!); Lota (Lee!); Prov. Valdivia, auf Weiden (Lechler ed. Hohenacker n. 462! Philippi ed. Hohenacker n. 340!; Buchtien — Baenitz, Herb. Amer.!); Prov. Maule, Coronel (Ochsenius!); Valparaiso (Bridges!); ohne näheren Standort (Cuming! n. 802! Matthews n. 265! — Hb. Goett.); felsige Abhänge in der Talschlucht des Rio Tinguiririca (Meyen); Curicó, Hacienda Monte Grande, 600 m, XII. (Werdermann n. 572!).

var. **montana** (Phil.) Reiche in Anal. Univ. Chile (1905) 459 et Fl. Chile V (1910) 60. — *Tupa montana* Philippi in Anal. Univ. Santiago XXXXIII (1873) 506. — *Dortmannia Philippiana* O. Kuntze, Revis. Gen. II (1891) 972. — Folia late decurrentia a folio ad folium. Bracteae ovato-lanceolatae, acuminatae, pedicello breviores. — Fig. 96 b.

Juan Fernandez (Bertero n. 1107! — Hb. Del.); Masatierra (Skottsberg n. 183! — Hb. Stkh.).

Chile: Auf den niederen Kordilleren der Zentralprovinzen (ex Reiche); gemein auf den trockenen Bergen um Conception, IV. (Poeppig n. 290! — Hb. W., fraglich, da Stengelblätter fehlen).

var. **bicalcarata** (A. Zahlb.) E. Wimm. in Annal. Naturhist. Mus. Wien LVI (1948) 365. — *Lobelia bicalcarata* A. Zahlb. in O. Kuntze, Rev. Gen. III/2 (1898) 186. — *Dortmannia bicalcarata* O. Kuntze l. c. — Folia late decurrentia ab uno ad alterum folium. Bracteae oblongo-lanceolatae, pedicello fere duplo breviores, basi in bina calcaria deflexa excurrentes. Corolla rubra. Planta ad 2 m alta.

Chile: Prov. Conception, Chiguayante (O. Kuntze n. 1! — Hb. W.); bei Conception (Cuming n. 134! — Hb. Cambr. Del.; Skottsberg n. 1377 — Hb. Stkh.).

Planta venenatissima. Lac eius, dicitur a F e u i l l é e, mortiferum et caecitatem efficiens, insuper — quod vix verum — solo odore vomitoria. — Planta ornithophila, ab *Eustephano galerito* visitata (Skottsberg); ornamenti causa in hortis colitur. — „Tupa", „*Tabaco del diablo*".[1])

264. **L. mucronata** Cavanilles, Icon. VI (1801) 11, t. 516; Roemer & Schult., Syst. V (1819) 43; Hooker & Arn. in Journ. of Bot. I (1834) 278; D. Dietrich, Synops. I (1839) 727; Strong, Amer. Fl. III (1849) 163, non vidi!. — *L. Tupa* Sims, Bot. Mag. LII (1825) t. 2550! — *L. Tupa* var. *mucronata* Reiche, Fl. Chile V (1910) 59. — *Tupa mucronata* A. De Candolle, Prodr. VII (1839) 392; Gay, Hist. Chile Bot. IV (1849) 330. — *T. Cavanillesiana* G. Don, Gen. Syst. Gard. a. Bot. III (1834) 700. *T. Feuillei* var. *mucronata* Vatke in Linnaea XXXVIII (1874) 727. — *Rapuntium mucronatum* Presl, Prodr. Monogr. Lobel. (1836) 29. — Caulis erectus, simplex, subsulcatus, tomentosus, 0,8—2 m altus. Folia sessilia, non decurrentia, ovato-oblonga usque oblonga, breviter acuminata, basi rotundata, margine conferte mucronulato-denticulata, superiora a me visa 5—8 cm longa, 1,3—2,5 cm lata. Racemus multiflorus. Bracteae oblongae, foliaceae, pedicellos plerumque superantes. Pedicelli 15—20 mm longi, patentes. Calycis receptaculum semiglobosum, lobi eius angustitriangulares, 5 mm longi, sinus inter eos plani. Corolla coccinea, hirtella, 3—4 cm longa, arcuato-deflexa, lobi apice diu conglutinati. Filamenta cr. 3 cm longa, inferne hirtella, superne glabrescentia. Tubus antherarum 7 mm longus, ut plurimum glaber, 2 inferiores apice penicillatae.

C h i l e : Prov. Maule, „in fundo Cucha-Cucha" (N é e! — Typus Hb. Madrid); Conception, gemein auf den Bergen (P o e p p i g!); Valdivia, Corral (Hb. Hambg.); Prov. O' Higgins, Rancagua, am Ufer der Bäche (B e r t e r o ? n. 387!); Santiago (C a l d o l e n g h!).

f. **hookeri** (A. DC.) E. Wimm. n. c. — *Lobelia mucronata* Hooker, Bot. Mag. LX (1833) t. 3207. — *Tupa mucronata* var. *Hookeri* A. DC. l. c. — Folia ovato-lanceolata, acuta, basi truncata. Bracteae pedicello dimidio breviores.

C h i l e : Specimina non vidi, forma in horto orta vix alicuius momenti.

f. **ovalifolia** E. Wimm. — Folia ovalia vel subovato-elliptica, brevissime acuminata, basi late angustata vel rotundata, non decurrentia, 9 cm longa, 4 cm lata. Bracteae pedicellis dimidio breviores.

C h i l e : Hort. Bonn 1848! — Hb. B.; hort. Goettingen!

var. **berterii** (A. DC.) E. Wimm. n. c. — *L. Tupa* var. *Berterii* Reiche, Anal. Univ. Chil. (1905) 458 et Fl. Chile V (1910) 59. — *Tupa Berterii* A. De Cand. l. c. 392; Meyen in Nov. Acta Acad. Leop.-Carol. XVI, suppl. II. (1843) 482. — *T. Feuillei* var. *Berterii* Vatke l. c. — *Dortmannia Berteroi* O. Kuntze, Revis. Gen. II (1891) 972. — Folia lanceolata, acuta, basi late angustata brevissime vel non decurrentia, minute denticulata, 10—14 cm longa, 2,6—4 cm lata. Bracteae lineares, pedicellis subbreviores. Calycis lobi anguste triangulares, sinus inter eos late rotundati. — Fig. 96 c.

C h i l e : Prov. O' Higgins, Rancagua (B e r t e r o n. 389 anno 1828 — ex A. DC.); Prov. Colchagua: Cordillera de Colchagua (P h i l i p p i! — Hb. W.); Cordillera de S. Fernando (M e y e n); Dept. San Fernando, Cerro Memelante, 460 m, II. (G. M o n t e r o n. 736! — Hb. Field Mus.); Santiago (B u r m e i s t e r! — Hb. Hamb.); Prov. Valdivia (P. Athan. H o l l e r m a y e r n. 88! — Hb. W.). —Verisimiliter — ut suspicor e variabilitate — planta h y b r i d a est inter *L. Tupam* et *L. mucronatam*.

265. **L. polyphylla** Hook. et Arnott in Hook. Journ. of Bot. I (1834) 277, Bot. Beech. Voy. (1841) 33; D. Don in Sweet Brit. Fl. Gard. VI (1835) t. 242; Hook. Bot. Mag. LXIV (1837) t. 3550; J. W. Loudon, Ladie's Fl. Gard. II (1844) 60, t. 66, non

[1]) Confer A. S a n t a C r u z, La Trupa o Tabaco del diablo in Rev. Chil. Hist. Nat. XXXVI (1932) 98—100 c. tab. Nominibus vernaculis *Tupa, Trupa, Tabaco del diablo* diversos frutices vel plantas herbaceas *Lobeliae* in Chile designantur. In foliis *Lobeliae mucronatae* multae copiae *Lobelini* inventae sunt.

vidi; Reiche, Fl. Chil. V (1910) 60. — *Tupa polyphylla* G. Don, Gen. Syst. III (1834) 700; A. De Candolle, Prodr. VII (1839) 393; Vatke in Linnaea XXXVIII (1874) 727. — *T. Kingi* Philippi in Anal. Univ. Santiago 90 (1895) 189. — *Rapuntium polyphyllum* Presl, Prodr. Monogr. Lobel. (1836) 29. — *Dortmannia polyphylla* O. Kuntze, Revis. II (1891) 973. — Caulis erectus, simplex, glaber, foliosus, ad 1,5 m altus. Folia sessilia, inferiora breviter petiolata, oblonga, ovato-lanceolata, 4—10 cm longa et 2—3 cm lata, basi acuta usque subcordata, apice brevi-acuminata, chartacea, glabra, margine argute dentata, interdum denticulata. Flores in racemo longo terminali, bracteato. Bracteae oblongae usque oblongo-lanceolatae, pedicellis puberulis 1 cm longis duplo longiores, subabrupte cuspidatae, dentatae. Hypanthium turbinatum, 5 mm diam., calycis lobi triangulari-lineares, acuti, integri, 5 mm longi. Corolla obscure purpurea, inconspicue puberula vel glabra, 16—23 mm longa, deflexa, lobi diu in labium oblongum concreti. Filamenta glabra, 14 mm longa, inferne disjuncta. Antherarum tubus glaber, 5 mm longus, 2 inferiores apice barbatae.

Clavis varietatum.

I. Folia latiora, 2—3 cm lata, oblonga (elliptica v. obovata).
- A. Folia argute dentata, brevi-acuminata, plerumque oblonga .. var. *polyphylla*.
- B. Folia integerrima vel minuti-denticulata.
  - a. Folia integerrima, ad basin saepe subdenticulata .... f. *subdentata*.
  - b. Folia apice rotundata et mucronulata, saepe ± obovata .. var. *latifolia*.

II. Folia angusta, lanceolata usque linearia, summum 2 cm lata.
- A. Folia lanceolata, utrimque acuta, bracteae ovato-oblongae.
  - a. Bracteae acuminatae, integrae, pedicellos superantes ... var. *besseriana*.
  - b. Bracteae brevi-acuminatae, denticulatae, flores duplo superantes f. *bracteosa*.
- B. Folia sublinearia usque linearia.
  - a. Folia glaberrima.
    1. Folia sublinearia 10 : 1 cm, minute denticulata .... var. *angustifolia*.
    2. Folia anguste linearia 13 : 0,4 cm integra .... f. *linearifolia*.
  - b. Folia lanceolato-linearia integra, sub lente puberula..... f. *hyssopifolia*.

var. **polyphylla.**

Chile: Valparaiso, auf den Bergen häufig (Beechey Voy. — spec. orig. — Hb. Del.! Cuming! Bridges! Capt. King! Philippi! Germain!); Quillota in fruticetis petrosis collium, flor. Oct.-Dec. (Bertero n. 1103 p. p.! — Hb. W.! Exemplar in Hb. DC. gehört aber zu var. *angustifolia*!).

f. **subdentata** (Presl) E. Wimm. n. c. — *Rapuntium subdentatum* Presl, Prodr. Monogr. Lobel. (1886) 28. — *Tupa subdentata* A. DC. l. c. — *Dortmannia subdentata* O. Kuntze l. c. — Folia oblonga usque elliptica vel parum ovato-oblonga, integerrima, subacuminata, saepe versus basin remote denticulata. Bracteae ovato-oblongae.

Chile: In montibus prope Valparaiso, Dec. 1831 (Philippi, Pl. Chil. ed. Hohenacker n. 15 sub „*Tupa subdentata*", nomen apud incolas: „*Tschupa* vel *Veleno*" — Hb. Leningr.!), Valparaiso (Gaudichaud! n. 129! p. p., alia est *L. excelsa* Bonpl. — Hb. Del.; Cuming! Philippi!); Quintero, 20 m, Sept. (Werdermann n. 30 — Hb. Del.).

var. **besseriana** (Presl) Reiche, Fl. Chile V (1910) 60. — *Tupa polyphylla* var. *Besseriana* Vatke in Linnaea XXXVIII (1874) 727. — *Tupa Besseriana* A. DC. l. c. — *Lobelia purpurea* Lindley, Bot. Reg. XVI (1830) t. 1325. — *Tupa purpurea* G. Don l. c.; A. DC. l. c. — *Tupa serrata* Philippi in Anal. Univ. Santiago XC (1895) 189. — ? *Tupa atropurpurea* Visiani in Walpers, Repert. VI (1846—47) 378. — *Rapuntium Besserianum* et *R. purpureum* Presl. l. c. — *Dortmannia Besseriana* et *purpurea* O. Kuntze l. c. — Folia lanceolata, 9,5 cm longa et 2 cm lata, utrinque acuta, serrulata vel mucronulato-denticulata. Bracteae pedicellos superantes, foliaceae, minores, ovato-oblongae, acuminatae, integrae.

Chile: Valparaiso (De Besser! Bridges n. 260; MacRae! — spec. orig. pro *L. purpurea* in hb. Lindley).

f. **bracteosa** (Presl) E. Wimm. in Annal. Naturhist. Mus. Wien LVI (1948) 365. — *L. polyphylla* var. *bracteosa* Vatke l. c. Reiche l. c. — *T. bracteosa* A. DC. l. c. — *Rapuntium bracteosum* Presl l. c. 29. — *Dortmannia bracteosa* O. Kuntze l. c. 972. — Folia lanceolata, utrinque acuta, (duplicato-) callosi-denticulata, glabra. Bracteae oblongo-ovatae, brevi-acuminatae, obsolete denticulatae, flores fere duplo superantes.

Chile: Valparaiso, blüh. April (Lechler n. 1522! — Hb. Goett.); ex Vatke, non vidi: Bertero n. 1103, Bridges, Meyen).

var. **angustifolia** Hook et Arn. in Hook. Journ. of Bot. I (1834) 277. — *Tupa polyphylla* var. *angustifolia* A. DC. l. c.; Gay, Hist. Chile Bot. IV (1849) 333. — *Rapuntium polyphyllum* var. *angustifolium* Presl l. c. 28. — *Lobelia polyphylla* var. *coquimbana* Vatke l. c. Reiche l. c. — *Tupa coquimbana* Phil. l. c. — Folia lanceolato-linearia vel sublinearia, acuta, basi attenuata, integra vel minuti-denticulata, cr. 10 cm longa et 1 cm lata. Bracteae foliaceae mox flore breviores, mox longiores.

Chile: Coquimbo (Cuming n. 888 ex Hooker; Gay a. 1839 — Hb. DC.); Dep. Ovalle, Fray Jorge, 400 m, XI. (Werdermann n. 901! Skottsberg n. 887! — Hb. Stkh.); Illapel, Okt. (Rose n. 19241!); Valparaiso, Quillota (Bertero n. 1103! p. p. — Hb. Del.).

f. **linearifolia** (Phil.) E. Wimm. l. c. — *Tupa linearifolia* Philippi in Anal. Univ. Santiago XC (1895) 190. — *T. axilliflora* Phil. l. c. 188. — *Lobelia axilliflora* Reiche in Anal. Univ. Chil. (1905) 460, Fl. Chil. V (1910) 61. — Folia anguste linearia caulina cr. 13 cm longa et 0,4 cm lata, utrinque acuta, floralia cr. 6 cm longa et 0,7 cm lata et minora flores vix aequantia, omnia glaberrima.

Chile: Prov. Aconcagua (Philippi a. 1862 — Hb. Del.! Goett.!); Catemu (Philippi a. 1860 Sept. — „*T. axilliflora*" Phil.); Prov. Coquimbo, Valley of Rio Turbio near Dieguitas, 700 m, XI. (James West n. 3913! — shrub 2 m h., fl. dark crimson-purple, woody at base).

f. **hyssopifolia** (Presl) E. Wimm. l. c. — *Rapuntium hyssopifolium* Presl l. c. 29. — *Tupa hyssopifolia* A. DC. l. c. 392. — *Dortmannia hyssopifolia* O. Kuntze l. c. — *Tupa Gayana* Phil. l. c. 190. — Folia lanceolato-linearia, utrinque acuta, puberula. Inflorescentia pulverulento-puberula. Bracteae foliaceae, flores vix aequantes. Corolla parum minor. Semina visa oblonga, fuscescentia, laevia.

Chile: Prov. Coquimbo (Gay a. 1839 — Hb. DC.!) — Specimen Preslii non vidi.

var. **latifolia** (A. DC.) E. Wimm. l. c. — *Tupa polyphylla* var. *latifolia* A. DC. Prodr. VII (1839) 393. —*Lobelia Poeppigiana* Kunze ex A. DC. l. c. — *Rapuntium Poeppigianum* Presl l. c. 29. — Folia ovata vel plerumque obovato-oblonga vel late oblonga, omnia apice rotundata et mucronata, raro acuta, 5—7 cm longa et 2—3 cm lata, margine repando-dentata usque minuti-denticulata. Folia floralia foliacea, 2—3 cm longa et 1,5 cm lata, floribus longiores.

Chile: Concon (Poeppig n. 75! — sp. typ. Hb. W.); Valparaiso (Cuming n. 599! — Hb. Cambr.; Mathews n. 264! Bertero a. 1830! Bridges! O. Buchtien!); Playa Ancha, 1899 (Hb. Hamb.).

Species polymorpha, formas transeuntes non raro occurrunt et varietates et formas obscurant.

266. **L. ovata** (Phil.) Reiche in Anal. Univ. Chil. CXVII (1905) 460, Fl. Chile V (1910) 61. — *Tupa ovata* Phil. Anal. Univ. Santiago XXXXIII (1873) 506.

Planta perennis, elata. Caulis erectus, purpureo-suffusus, puberulus. Folia sessilia, ovato-lanceolata, 7—8 cm longa et 2,2—2,4 cm lata, ad apicem sensim acuminata, basi subrotundata, integra, dilute viridia, subtus albescentia et brevissime puberula. Flores in racemo longo, terminali, bracteato. Bracteae lanceolatae vel ovato-lanceolatae, pedicellis sublongiores. Pedicelli cr. 1 cm longi, compressi, puberuli. Calycis tubus semi-ellipsoideus, lobis anguste triangularibus, acutis, integris, 7 mm longis. Corolla obscure purpurea, puberula, 2 cm longa, lobi conniventes. Filamenta glabra, 1 cm longa. Antherarum tubus purpurascens, 5 mm longus, glaber, 2 inferiores barbatae.

Chile: Prov. Atacama, Chañarcillo, Carrizal Bajo (Philippi — Herb. Cambridge!).

Lobelia Poeppigiana Kunze a F. Philippi ut synonymum ad *L. ovatam* adducitur, sed ex eius specimine spectat ad *L. polyphyllam* var. *latifoliam*.

267. **L. excelsa** Bonpl. Descript. Pl. Jard. Malm. et Navarre (1813) 112, t. 46, non Leschen. — *L. gigantea* Sims Bot. Mag. XXXII (1810) t. 1325, non Cav. — *L. salicifolia* Sweet Hort. Suburb. Lond. (1818) 37; Hook. et Arn. Journ. Bot. I (1834) 278; Spach, Hist. Vég. Phanerog. IX (1840) 579; Reiche Fl. Chil. V (1910) 58; — *L. arguta* Lindl. Bot. Reg. XII (1826) t. 973, non Hortul. — *L. neriifolia* Moris in Mem. Acad. Turin. XXXVIII (1833) 44, non A. Gray. — *L. Brandtii* Hort. Paris (h. Cels.) ex A. DC. Prodr. VII (1839) 393. — *Tupa salicifolia* et *arguta* G. Don Gen. Syst. III (1834) 700; A. DC. l. c.; Gay Hist. Chil. Bot. IV (1849) 330; Vatke in Linnaea XXXVIII (1874) 726 cum var. *purpurea*. — *T. glaucescens* Phil. in Anal. Univ. Santiago XC (1895) 187. — *Rapuntium excelsum* Presl l. c. — *Dortmannia excelsa* et *arguta* O. Kuntze, Revis. II (1891) 972. — Planta glabra, suffruticosa, simplex vel ramosa, 2—3 m alta. Folia sessilia, coriacea, conferta, oblonga usque lanceolata, 10—15 cm longa et 2—3 cm lata, utrinque acuta, integra et minute denticulata. Flores in racemo longo, foliato, multifloro. Pedicelli 25—30 mm longi, medio bibracteolati, foliis fulcrantibus plerumque multo breviores. Hypanthium semiglobosum, 1 cm latum, lobi calycis triangulari-lineares, acutissimi, 4—8 mm longi. Corolla tubulosa, curvata, primo lutea, demum aurantiaca usque sanguinea, glabra, 4—5 cm longa; lobi laterales cr. 2 cm longi, labium inferius trifidum, eius lobi 6—10 mm longi, omnes lineares, acuti, apice diu cohaerentes. Filamenta glabra, 35 mm longa. Antherarum tubus 9 mm longus, subcurvatus, in dorso pilosulus vel glabrescens, 2 inferiores apice barbatae.

Chile: Prov. Coquimbo et Colchagua (Philippi!); Valparaiso, auf Hügeln und in Schluchten: (Darwin! Gaudichaud! et n. 129 p. p.! H. Cuming! et n. 385! Bridges! Exped. Capt. Wilkes! Capt. King n. 45! Jelinek — Exped. Novara n. 4! O. Buchtien! Philippi, Pl. Chil. ed. Hohenacker n. 14!); El Salto (Skottsberg n. 947!); Quintero, blühend im Febr. (Gerda Pahlman!).

Bolivia: Guanay (H. Rusby n. 623!).

268. **L. bridgesii** Hook. et Arn. in Journ. Bot. I (1834) 278; Bot. Mag. LXV (1839) t. 3671; J. W. Loudon, Ladie's Fl. Gard. II (1844) 69, t. 66 — non vidi!; Reiche Fl. Chile V (1910) 58. — *Tupa Bridgesii* A. DC. Prodr. VII (1839) 394; Gay. Hist. Chil. Bot. IV (1849) 334. — *Rapuntium Bridgesii* Presl Prodr. Lobel. (1836) 28. — *Dortmannia Bridgesii* O. Kuntze, Revis. II (1891) 972. — Suffrutex glaber, simplex, erectus, ad 1,2 m altus. Folia sessilia, decurrentia, membranacea, lineari-lanceolata, 22 cm longa et cr. 3 cm lata, apice sensim acuminata, margine callose denticulata, glabra, superne in bracteas lanceolatas, cuspidatas sensim transeuntia. Flores in racemo terminali, multifloro. Pedicelli glabri, ancipites, 15—20 mm longi, bracteis multo breviores. Calycis tubus turbinatus, 6 mm diametiens, eius lobi triangulares, 5 mm longi, acuminati, versus basin denticulis 2—3 exsertis muniti. Corolla rosea, cr. 28 mm longa, apice deflexa; lobi corollae 5 lineares, acuminati, apice diutius cohaerentes. Filamenta glabra, pallida, superne rubra, 17 mm longa. Antherarum tubus caesius, glaber vel dorso pilosulus, 5 mm longus, 2 inferiores barbatae. Semina compresso-ellipsoidea, fulva, 0,8 mm longa.

Chile: Valdivia, in Wäldern, Schluchten, Flußufern (Bridges n. 663! Matthews n. 316! Schazmann!); Corral (O. Buchtien! Philippi! Werdermann n. 1938a!; R. Morton!). — Conception, Lebu (F. W. Neger!); Coronel (Ochsenius!).

269. **L. blanda** (D. Don) E. Wimm. in Annal. Naturhist. Mus. Wien LVI (1948) 365. — *Tupa blanda* D. Don in Sweet, Brit. Fl. Gard. VII (1835) t. 308; A. DC., Prodr. VII (1839) 393; Hist. Chile Bot. IV (1849) 331; Horticult. Univ. IV (1843) 259. — *Rapuntium blandum* Presl, Prodr. Monogr. Lobel. (1836) 27. — *Rapuntium Lucaeanum* Presl l. c. — *Lobelia Lucaeana* A. DC. l. c. 383. — *L. vulpina* Hort. ? — *Dortmannia blanda* et *Lucaeana* O. Kuntze, Revis. II (1891) 972. — Glaberrima, caulis erectus, simplex, foliosus, ad 90 cm altus. Folia sessilia, decurrentia, ovato-lanceolata, 7—10 cm lg. et circiter 3 cm lata, ad apicem sensim acuta usque cuspidata, ad basin parum attenuata, margine integra vel obsolete denticulata, nervi laterales sub angulo recto arcuatim ascendentes. Flores in racemo multifloro, secundo, bracteato. Bracteae foliaceae, cuspidatae, 2—5 cm lg. Pedicelli glabri, 10—15 mm lg. Calycis tubus semiglobosus, 9 mm latus, lobi triangulares, subacuminati, integri vel parce denticulati, 5 mm lg. Corolla rosea, glabra, 35 mm longa, apice deflexa; lobi laterales lineares, demum a tubo se solventes; labium medium tripartitum vel eius lobi plus minus se disjungentes. Filamenta rubescentia glabra, 16 mm lg.; tubus antherarum caesius, glaber, 6 mm longus, 2 inferiores apice brevi-barbatae.

Chile: Corral, im Walde, März 1904 — Hb. Hambg., D. Univ. Prag!). In bot. Gärten oft gezogen und manchmal mit *L. Bridgesii* verwechselt. — Identität mit *Rapuntium Lucaeanum* durch Vergleich mit dem Originalexemplar Presls (Mus. Prag) festgestellt.

§ 2. Species antillanae.

Tylomium Presl, Prodr. Monogr. Lobeliac. (1836) 31, genus; Meisner, Pl. Vasc. Gen. (1836—42) 240. — *Tylomium* sect. *Tupae* A. DC. Prodr. VII (1839) 394. — *Tylomium* sect. *Lobeliae* Benth. et H. f., Gen. II (1876) 552; Fawcett et Rendle, Fl. Jam. VII (1936) 140; McVaugh in North Am. Fl. XXXII A (1943) 82. — Antherae omnes apice nudae vel barbatae vel 2 inferiores solum barbatae. Annulus carnosus inter ovarii verticem et tubum calycis saepius adest.

Clavis specierum.

I. Antherae omnes apice imberbes.
- a. Folia integerrima vel dentata, crenulata vel obsolete repanda.
  - 1. Folia oblanceolata, integerrima, sessilia. Insul. Bonin. Vide 324. *L. boninensis.*
  - 2. Folia obovato-oblonga vel elliptica usque oblonga, petiolata.
    - α. Corolla 28—30 mm longa. Folia dentibus late triangularibus acutis vel obtusis munita . . . . 270. *L. imberbis.*
    - β. Corolla ad 12 mm longa. Folia obovato-oblonga usque oblonga.
      - — Folia acuminato-cuspidata, glabra. Calycis lobi integri 271. *L. oxyphylla.*
      - = Folia brevissime subacuminato-obtusa, subtus ad nervos parce puberula. Calycis lobi denticulati vel integri . . . . . 272. *L. shaferi.*
- b. Folia longi-fimbriata, oblonga . . . . 273. *L. christii.*

II. Antherae 2 inferiores barbatae vel omnes apice pilosae.
- a. Flores solitarii in axillis foliorum vel bractearum foliacearum pedicellis 4—8 cm longis. Corolla 35—40 mm longa fusco-purpurea vel coccinea.
  - 1. Folia lanceolata, utrinque acuminata, pubescentia . . . 274. *L. ekmanii.*
  - 2. Folia glabra.

+ Flores pubescentes, folia dense breviterque serrata 275. *L. martagon.*
++ Flores glabri.
— Pedicelli infra medium bracteolis subulatis ca. 6 mm longis praediti, folia argute versus basin grossius dentata ... 276. *L. persicifolia.*
= Pedicelli sine vel minutis bracteolis infra calycem, folia crenulata et minute denticulata .... 277. *L. nubicola.*

b. Flores in racemo bracteato pedicellis 1—3 cm longis.
1. Racemi elongati et folia caulina omnino superantes.
° Foliorum lamina integra, non pinnatifida.
α. Folia longe fimbriato-pilosa vel spinuloso-dentata.
* Dentes foliorum et sepalorum in pilos longos producti, lamina oblonga usque lanceolata .... *Pratia harrisii* [1]).
** Dentes foliorum in setas pungentes excurrentes.
+ Folia linearia.
× Folia longe cuspidata. Sepala exserte denticulata 278. *L. caudata.*
×× Folia apice acuta. Sepala integra .... 279. *L. infesta.*
++ Folia obovato-lanceolata vel lanceolata.
× Antherae omnes apice barbatae. Folia chartacea, circiter 20 cm longa (7 cm in var.) .... 280. *L. cirsiifolia.*
×× Antherae 2 inferiores barbatae. Folia subcoriacea, circiter 9 cm longa .... 281. *L. flavescens.*
β. Folia denticulata vel crenulata, non spinulosa.
□ Flores saltem glaberrimi.
+ Folia obovato-lanceolata, acuminata, subcoriacea vel anguste lanceolata acuta, glabra.
× Antherae 2 inferiores barbatae. Corolla circiter 16 mm longa .... 282. *L. brigittalis.*
×× Antherae omnes apice barbatae. Corolla 25—40 mm longa.
— Folia acuminata, sepala 10—18 mm longa, triangulari-linearia .... 283. *L. digitalifolia.*
= Folia acuta, sepala 6 mm longa, lingulata 284. *L. santa-luciae.*
++ Folia oblongo-obovata, oblonga, ovato-oblonga vel elliptico-lanceolata. Plantae glaberrimae.
△ Folia membranacea, polita, callose denticulata vel crenulata, corolla virens.
— Folia apice subacuta vel brevi-subacuminata, plano-crenata .... 285. *L. cubana.*
= Folia longi-acuminata, minute serrulata 286. *L. portoricensis.*
△△ Folia coriacea, rugulosa, corolla purpureo-coccinea 287. *L. rotundifolia.*
+++ Folia subtus ad nervos parce pubescentia, inaequaliter repando-obtuso-dentata. Antherae interdum apice nudae 270. *L. imberbis.*
□□ Flores saltem velutini.
+ Folia linearia usque lanceolata, utrinque sensim angustata 288. *L. salicina.*
++ Folia oblongo-obovato usque oblongo-lanceolata, brevi-acuminata vel acuta .... 289. *L. assurgens.*
°° Folia inferiora sinuata, reliqua pinnatifida ...... 290. *L. sonchifolia.*

[1]) Nomnullas species, nunc ad *Pratiam* translatas et difficulter ut *Pratias* cognoscendas, hic recenseo. Earum diagnosin vide in Supplemento I!

2. Racemus a foliis caulinis supremis suberectis superatus.[1])
   α. Antherae omnes apice barbatae. Corolla circiter 1 cm longa. Racemus abbreviatus, aggregatus .... 291. *L. conglobata.*
   β. Antherarum 2 inferiores tantum barbatae, reliquae glabrae vel in dorso pilosulae. Corolla (15) 25—30 mm longa.
      * Folia ad basin sensim angustata, plerumque late oblanceolata.
         + Nervi laterales foliorum sub angulo fere recto a costa ascendentes. Bracteolae basi calycis insertae .. *Pratia fawcettii.*
         ++ Nervi laterales foliorum sub angulo fere semirecto ascendentes. Bracteolae prope medium pedicelli adnatae *Pratia acuminata.*
      ** Folia elliptica ad basin abrupte angustata in petiolum 3—6 cm longum definitum .... *Pratia grandifolia.*

270. **L. imberbis** (Griseb.) Urban, Symb. Antill. I (1899) 455; McVaugh in North Am. Fl. XXXII A (1943) 86. — *Tupa imberbis* Grisebach in Mem. Am. Acad. Sci. and Arts, n. ser., VIII (1862) 516; Pl. Wright. (1862) 516; Sauv., Fl. Cub. (1873) 84. — *Dortmannia imberbis* O. Kuntze, Rev. Gen. II (1891) 972. — *Lobelia piedrana* Urb. in Arkiv Bot. XXIII (1930) 105. — Caulis parce pilosus vel glabrescens, vertice tomentellus. Folia late elliptica usque obovato-oblonga, 10—15 cm lg. et 3—6 cm lt., acuminata, basi in petiolum 5—25 mm longum et per caulem anguste decurrentem attenuata, margine grossius dentata — dentes late triangulares et callose apiculati vel obtusi — vel interdum undulato-crenata, luteo-viridia, membranacea, supra glabra, subtus ad nervos prominentes saepe subpilosa. Flores in racemo terminali, secundo, apice cernuo. Bracteae lanceolatae usque lineares, foliaceae, 7—20 mm lg. Pedicelli 10—20 mm longi, glabri vel puberuli, patenti-ascendentes, in medio vel infra 2 bracteolis subulatis 2—3 mm longis ornati. Calycis receptaculum semiglobosum, glabrum, 7 mm in diametro, lobi eius anguste triangulares vel lineares, obtusi, integerrimi vel subdenticulati, 5—8 mm lg. Corolla purpurascens, glabra, 26 mm longa, apice deflexa: tubus 15 mm longus, subcurvatus, lobi lineares, labium medium trifidum. Filamentorum tubus glaber, 20—25 mm longus; antherae 6—7 mm longae, glabrae, apice omnes nudae. Capsula subglobosa, circiter 8 mm diametiens. Semina ovoidea, gilva, tenuiter foveolata, 0,6 mm lg.

Cuba: Prov. Oriente, in silvis opacis prope montem Verde (Wright n. 1319! — Goett. sp. orig., Del.); Bajamo und Sierra Maestra (Ekman n. 5116! 7262! 16099! — Hb. Stkh.); Sierra Maestra, La Gran Piedra in locis saxosis, c. 1200 m, bei Bayamesa propter La Bayamesa in jugo montium inter Rio Oro et Rio Yao, 1100—1400 m (Ekman n. 8838! — Typ. pro *L. piedrana*, n. 1648, 7226! — Hb. B. Stkh.).

271. **L. oxyphylla** Urban, Symb. Antill. VII (1912) 418; McVaugh in North Am. Fl. XXXII A (1943) 86 excl. syn. — Suffrutex ramosus. Rami teretes, fistulosi, glabrati, hornotini pilis articulatis sordide griseis obsessi. Folia obovato-oblonga, 6—10 cm longa et 2—3 cm lata, abrupte breviter acuminata, basi sensim angustata in petiolum 7—15 mm longum, margine denticulata. Racemi 6 cm longi, pilosiusculi, pauciflori. Bracteae lineares, denticulati, 15—30 mm longi. Pedicelli 8—10 mm longi, medio inconspicue bibracteolati. Calycis tubus turbinato-semiglobosus, 5 mm diametiens, lobi eiusdem triangulares, 3—5 mm longi, subintegri. Corolla 12 mm longa, glabrescens, apice deflexa; lobi 2 laterales lineares, 4 mm longi; labium medium tridentatum. Stamina glabra: filamenta 10 mm longa; antherae 4 mm longae, apice omnes imberbes. Capsula ovoidea, 8 mm lata. — Fig. 97 a.

Cuba: Auf dem Felde La Gloria bei der Sierra Moa gegen Süden, XII., (Shafer n. 8039! — Typ. Herb. Berl.).

---

[1]) Etiam *Pratia harrisii* talem inflorescentiam possidere videtur.

Fig. 97. a *Lobelia* (*Tupa*) *oxyphylla* ca. 1/1. — b *L. shaferi*: flos inapertus et tubus anther. 1/1. — c *L. cirsiifolia*: folium et flos ca. 1/2. — d *L. sonchifolia*: folia 1/2, flos et caps. 1/1, staminum tubus auct. — e *L. camptodon*: folium (1/4) cum dentibus marginis auctis, flos 1/2. — f *L. glaziouiana*: semen ca. 7/1. — g *L. nicotianaefolia* var. *bibarbata*: tubus anther. 2/1. — h *L. longisepala*: fructus 1/1, semen 6/1. — i *L. hilaireana*: flos ca. 3/4. — j *L. beddomeana*: pars plantae ca. 4/5. — Orig.

var. **cacuminis** (Britton et Wils.) E. Wimm. n. c. — *L. cacuminis* Britton et Wils. in Bull. Torr. Bot. Club L (1923) 50; McVaugh l. c. 85. — Folia magis oblongo-lanceolata, acuminata, grossius dentata. Suffrutex subglaber, 3—4 m altus (ex auct.).

C u b a : Prov. Oriente, Pico Turquino (L e o n n. 10862); Sierra Maestra, 2040 m, blühend April bis Juli (E k m a n n. 5531! 14523!); Sierra Maestra, östliche Abhänge des Loma Joaquin, 1400 m (E k m a n n. 14464! — Hb. Stkh.).

272. **L. shaferi** Urb. Symb. Antill. VII (1912) 419. — *L. oxyphylla* McVaugh in North Am. Fl. XXXII A (1943) 86. p. p. — Suffrutex ramosus, rami breviter pubescentes. Folia caulis lanceolata, 20—22 cm longa et 3,5—4,5 cm lata, breviter obtuseque acuminata, basi sensim in petiolum marginatum cr. 15 mm longum angustata; folia ramealia obovato-oblonga vel -lanceolata, 4—7 cm longa et 1,5—2 cm lata, crenulato-glanduloso-denticulata, eorum petiolus brevior. Racemi 10 cm longi, puberuli, multiflori, terminales. Bracteae lineares, 2—5 mm longi. Pedicelli cr. 1 cm longi. Hypanthium semiglobosum, lobis triangularibus, denticulatis, 3,5 mm longis. Corolla (in specimine nostro alabastra tantum adsunt) vix 1 cm longa, puberula. Antherae apice imberbes.

Clavis varietatum.

A. Corolla puberula, sepala triangularia acuta denticulata .... var. *shaferi*.

B. Corolla glabra, sepala lanceolata obtusiuscula subintegra.

1. Folia membranacea, inferne integra, superne undulato-crenulata, apice obtuso .... var. *obtusata*.
2. Folia subcoriacea, dentibus callosis obtusis vix exsertis munita, apice obtuso var. *nipensis*.

var. **shaferi**. — Fig. 97 b.

Ost-Cuba: Am Arroyo del Medio im Gebüsch über den Wasserfällen, 450—500 m, mit Knospenzustand im Jan. (Shafer n. 3465! — Hb. Berl. Typus); Minas de Iberia, 800 m und Sierra de Nipe (Ekman n. 3812! 1811! — Hb. Stockh.).

var. **obtusata** (Urb.) E. Wimm. in Annal. Naturhist. Mus. Wien LVI (1948) 365. — *L. obtusata* Urban in Arkiv Bot. XXIII (1930) 105. — Folia membranacea, obovato-oblonga, 10—16 cm lg. et 3,5—4,5 cm lt., ad basin sensim angustata et integra, ad apicem obtusissimum breviter et abrupte acuminata ibique undulato-crenulata. Bracteae foliaceae vel ellipticae aut lanceolatae. Pedicelli 8—15 mm longi. Corolla 12 mm lg.

Cuba: Prov. Oriente, Sierra de Cristal in manacales ad Rio Lebisa, 600—700 m, Dec. (Ekman n. 15937! — Hb. Berl.).

var. **nipensis** (Urb.) E. Wimm. in Annal. Naturhist. Mus. Wien LVI (1948) 365. — *L. nipensis* Urban in Arkiv Bot. XXIII (1930) 106. — Folia subcoriacea, laevissima, subnitida, oblonga, 8—12 cm lg. et 3—3,5 cm lt., basi in petiolum ad 3 mm longum angustata, ad apicem obtusum breviter acuminata, margine minute callose crenata. Bracteae lanceolatae, 2—6 mm lg. Pedicelli 6—12 mm lg. Corolla 10 mm lg.

Cuba: Prov. Oriente, Sierra de Nipe ad Rio Piloto in tibisiales, carrascales et in savannis, florens Jun. Oct. (Ekman n. 6007! 9804! 9890! — Hb. Berl. Stockh.).

Species ad *L. oxyphyllam* proxime accedit, fortasse ab ea specifice non distincta, foliis acuminatis, apice acutis, glabris, sepalis angustis integris distingui potest.

273. **L. christii** Urb., Symb. Antill. VII (1912) 420; McVaugh in North Am, Fl. XXXII A (1943) 88. — Herba 1,7 m alta ramis brevissime pilosis. Folia elliptico-oblonga usque lanceolata, 5—10 cm longa et 1,5—4 cm lata, acuminata, basi in petiolum 1—3 cm longum angustata, margine crebro fimbriato-dentata — dentes inaequales 2—8 mm longi — tenuiter membranacea, subtus ad nervos brevissime pilosa. Flores in axillis foliorum superiorum solitarii. Pedicelli 18—20 mm longi, puberuli, medio bibracteolati. Hypanthium turbinatum lobis triangulari-lanceolatis, 13—15 (postremo — 17) mm longis, acutis, serratis. Corolla flava, subfalcata, glabra, 28 mm longa, lobi inferne connati, superne liberi. Stamina glabra: Filamenta 20 mm

longa, antherarum tubus glaber 6 mm longus, apice nudus. Semina subglobosa, fulva, tenuiter reticulata, 0,6 mm longa.

H a i t i : An feuchten Stellen im Tale Bras Cauche de la Grande Anse, 100—150 m, blühend im Aug. (C h r i s t n. 2212! — Hb. Berl.).

274. **L. ekmanii** Urb. in Arkiv Bot. XX (1926) 63. — *Siphocampylus caudatus* McVaugh, Lobelioid. in N. Am. Fl. XXXII A (1943) 107. — Suffrutex 1,5 m altus. Rami teretes, brevissime hirti, pili pauci-articulati. Folia lanceolata, 6—18 cm longa et 1,7—3,3 cm lata, acuminato-cuspidata, ad basin sensim angustata in petiolum 2—4 mm longum, margine integra callose denticulata, utrinque brevissime et molliter pubescentia. Flores solitari-axillares. Pedicelli 6—8 cm longi, ad medium bibracteolati, dense puberuli. Hypanthium late turbinatum, cr. 1 cm latum, lobi calycis triangulari-lanceolati, callose denticulati, puberuli, 8—12 mm longi et 3—4,5 mm lati. Corolla 4—5 cm longa, purpureo-brunnea vel virenti-purpurea, puberula, falcata, medio latior; lobi 2 superiores falcato-lineares, cuspidati, ad basin usque fere separati; labium inferius mox profunde partitum. Filamenta subpubescentia, 27 mm longa. Antherarum tubus subcurvatus, 14 mm longus, dorso sub apice subpilosus, 2 inferiores setis ad 7 mm longis et brevioribus penicillatae. Capsula semisupera, 15 mm longa et 10 mm lata. Semina ovalia, brunnea, minute reticulata, cr. 0,8 mm longa.

H a i t i : Massif de la Selle, Morne Cabaio, in declivibus saxosis inter frutices, 2200—2300 m, Oktober (E. L. E k m a n n. H 1595! — Typ. Hb. Berl.); gegen Kenskoff, 1400 m, Sept. (E k m a n n. H 1943!); Croir-des-Buquets, Hab. Grand-Fond, c. 1300 m, März (E k m a n n. H 7880!).

Ista species corollae forma insignis et floribus longe pedicellatis foliatis cum specie sequenti praecellens.

275. **L. martagon** (Griseb.) Hitchc. in Missouri Bot. Gard. Rep. IV (1893) 103; Rendle in Journ. Bot. LXXIII (1935) 277; Fawcett & Rendle, Fl. Jam. VII (1936) 147; McVaugh in North Am. Fl. XXXII A (1943) 93. — *Tupa Martagon* Griseb. Fl. Brit. West Ind. Isl. (1864) 386. — *Dortmannia Martagon* O. Kuntze, Rev. Gen. II (1891) 972. — Suffrutex ramosus, 60 cm usque 1,8 m altus. Caulis inferne lignescens, dense foliatus, glabratus. Rami superne puberuli, foliosi. Folia lineari-lanceolata, glabra, subcoriacea, 10—24 cm longa et 1,5—2 cm lata, sensim acutata, margine cartilaginea argute serrulata, ad basin angustata, sessilia. Flores solitari-axillares, pedicellati, foliis decrescentibus fulcrati, in pedunculo longiore aphyllo. Pedicelli compressi, puberuli, cr. 5 cm longi, apice bracteolis sublinearibus serratis 13—15 mm longis ornati. Hypanthium turbinatum, mox ellipsoideum, velutino-pubescens lobis anguste triangularibus, acutis, serratis, brevissime puberulis, 15 mm longis. Corolla fusco-purpurea, puberula, 35 mm longa; lobi 2 superiores 20, inferiores 15 mm longi, deflexi. Filamenta glabra. Antherarum tubus 1 cm longus, purpureus, glaber, 2 inferiores apice brevissime barbatae.

J a m a i c a : Blue Mountains (J a m e s W i l e s! H o o k e r! R o t h r o c k n. 197!); Peak of Blue Mount. ca. 2240 m (M a c F a d y e n! N i c h o l s!); Road to John Grant Peak (J. P. n. 1285); New Haven, 1700 m (H a r r i s n. 12672).

276. **L. persicifolia** Lam., Dict. Bot. III (1791) 584, non Cav. nec HBK.; Roem. et Schult., Syst. V (1819) 43; G. Don, General Syst. III (1834) 707; McVaugh in North Am. Fl. XXXII A (1943) 94. — *Rapuntium persicifolium* Presl, Prodr. Mon. Lobel. (1836) 27. — *Tupa persicaefolia* A. DC., Prodr. VII (1839) 395. — *Dortmannia persicifolia* O. Kuntze, Revis. Gen. II (1891) 973. — *Lobelia Kraussii* Graham in Edinb. N. Phil. Journ. (1830) 379; Bot. Mag. LVII (1830) t. 3012; G. Don l. c.; McVaugh l. c. — *Rapuntium Kraussii* Presl l. c. — Suffrutex glaberrimus caule erecto, superne ramoso, ad 1,3 m alto. Folia tenuia, glauco-viridia, lanceolata, 10—20 cm longa, 2—3 cm lata, apice sensim acuminata, basi acuta in petiolum 1—2 cm longum angustata, margine inaequaliter argute serrata vel dentata —

dentes mucronulati, antrorsum versi et versus basin saepe accrescentes et magis distantes. — Flores in axillis foliorum superiorum solitarii, folia vix superantes, longe pedunculati. Pedunculi suberecti vel patentes, 3—6 cm longi, infra medium duabus bracteolis linearibus 6 mm longis ornati. Hypanthium turbinatum, 5—8 mm latum, cum pedicellis saepe rubescens, lobi calycini subulati, integerrimi vel subdenticulati, suberecti, 7—15 mm longi. Corolla rosea, 25—30 mm longa, minus vel plus curvata, lobi omnes deflexi, sublineares, 2 laterales 10, 3 medii 6 mm longi. Filamenta 21—28 mm longa, pallida; antherarum tubus circiter 6 mm longus, caesius, apice barbatus. Capsula late ellipsoidea, semisupera, utrinque acuta, membranacea. Semina compresso-subglobosa, gilva, subtiliter reticulata, 0,8 mm lg.

Antillen: Insel Guadeloupe: Feuchte und sumpfige Orte (Badier — ex Lamarck; Perrottet n. 253! L'Herminier! — Del. Boiss.); in regione muscosa montis Sulfurei (Duchassing! — Goett.); abondant sur les talus et le long des chemins des bois des Bains-Jaunes, du Matouba, fl. en tout temps, 450—800 m, vulg. Herbe-poison (ex Duss, Fl. Antill. Franç. p. 378). — Martinique (Kohout! Hb. Presl; Sieber, Fl. Mixt. n. 468! — W.). — India Occid. ohne nähere Ortsangabe (De Ponthieu! — Del.; Schiff Aurora a. 1892 — W!). — Insel Dominica: In silvis montanis pr. Laudat, 800 m, XI. (Eggers, Fl. Ind. Occid. ed. Töpfer n. 694! — W.); Imperial Road, 550 m, I. (Fairchild n. 2674! — W.); ohne nähere Ortsangabe (Cooper III n. 87! — W.; Hoskin n. 19! — Cambr.) — die von Dominica stammenden Pflanzen werden auch als species propria *L. kraussii* Grah. angesehen. — Guyane Française (C. Richard — Hb. Paris, det. Zahlb.) ?

277. **L. nubicola** McVaugh in North Am. Fl. XXXII A (1843) 94. — Frutex glaber 1,8 m altus. Folia membranacea, viridia, lanceolata, 5—12 cm lg., 1—1,6 cm lt., apice acuminato-cuspidata, basi in petiolum marginatum 1—2 cm longum angustata, margine plano-crenata et denticulata. Flores solitarii in axillis foliorum superiorum. Pedicelli rubiginosi, patenti-ascendentes, fructigeri 30—35 mm longi, ebracteolati vel infra calycem minute bracteolati. Calycis receptaculum turbinatum vel cyathiforme, ad 8 mm longum, lobi calycini anguste triangulares, obsolete denticulati, 4—5 mm longi. Corolla rubiginosa (orchideo-purpurea ex auct.), 37 mm longa, extus glabra, intus in basi labii medii et in latere ventrali tubi pubescens; tubus 27 mm longus, lobi lineares, acuti, falcati, deflexi, labium medium trifidum. Filamenta circiter 27 mm longa, glabra; antherae caesiae, paucis pilis in dorso antico obsitae, 2 inferiores apice penicillatae. (Diagn. auct.)

Guatemala: Dept. Chiquimula, in mixed *Liquidambar* forest below cloud forest, middle slopes of Montaña Norte to El Jutal, on Cerro Brujo, southeast of Conceptión des las Minas, 1700—2000 m (Steyermark n. 31048 — Hb. U. S. Nat. Arboret.).

278. **L. caudata** (Griseb.) Urb., Symb. Antill. I (1899) 454; Rendle, Journ. Bot. LXXIII (1935) 277; Fawcett & Rendle, Fl. Jam. VII (1936) 145; McVaugh in North Am. Fl. XXXII A (1943) 92. — *Tupa caudata* Griseb. Fl. Brit. W. Ind. Isl. (1864) 386. — *Dortmannia caudata* O. Kuntze, Rev. Gen. II (1891) 972. — Herba frutescens, glaber, ad 1,2 m altus, inflorescentia puberula. Folia linearia, 15—20 cm longa et 8—10 mm lata, caudato-acuminata, basi in petiolum 12 mm longum angustata, margine dentibus filiformibus, patentissimis, 2—3 mm longis, crebris munita. Flores in racemo secundo, 10—17 (fruct.) cm longo. Bracteae foliaceae, 3 cm longae, puberulae, summae steriles. Pedicelli 15 mm longi. Hypanthium late turbinatum, 7 mm diametiens, lobi calycis lineares, exserte denticulati, 3—5 mm longi. Corolla flava vel virenti-alba, puberula, 15 mm longa, lobi 2 superiores 10, inferiores 5 mm longi. Stamina glabra, 15 mm longa. Antherae 2 inferiores apice barbatae. Capsula turbinata, puberula, 8 mm lata. Semina ellipsoidea, pallide fusca, nitida, 0,7 mm longa.

J a m a i c a : Blue Mountains, Morse's Gap (P u r d i e! — Bruchstücke im Herb. Goetting.); Portland Road to Vinagar (Miss P e r k i n s n. 1267); felsiger Abhang bei Cinchona, 1400 m (H a r r i s n. 11778!).

279. **L. infesta** (Griseb.) Urban, Symb. Antill. I (1899) 455; Rendle in Journ. of Bot. LXXIII (1955) 279. — *L. Ryanii* Rendle l. c. 277 c. fig. — *Tupa infesta* Griseb., Fl. Brit. West Ind. Isl. (1864) 387. — *Lobelia cirsiifolia* McVaugh in North Am. Fl. XXXII A (1943) 91 p. p. — *Dortmannia infesta* O. Kuntze, Revis. II (1891) 972. — Caulis erectus suffruticosus, ad 1 m altus, simplex, angulatus, glaber, fistulosus. Folia ima non visa, reliqua sublinearia aut lineari-lanceolata, 10—18 cm lg. et 1—1,7 cm lt., basi in petiolum marginatum angustata vel subsessilia (superiora), apice acuta, dentibus spinulosis antrorsum versis 4—5 mm distantibus munita, glaberrima. Racemus terminalis, elongatus, laxus, pedunculo infra inflorescentiam nudo. Bracteae lanceolatae, integerrimae vel in aliis speciminibus spinuloso-denticulatae, pedicello adnatae, 6—10 mm lg. Pedicelli patentes, apice erecti, puberuli, 11—20 (fr.) mm longi, in medio fere bracteolis duabus linearibus 5 mm longis ornati. Calycis tubus semiglobosus, lobi lanceolati, callose marginati, integerrimi, 3—4 mm longi. Corolla luteola, glabra, 16—25 mm longa, falcata, lobi deflexi, laterales lineares, labium medium trifidum. Antherarum tubus stramineus, ad apicem pilosus, 4 mm lg. Capsula subglobosa.

A n t i l l e n : Insel S a i n t - K i t t s (E l s e y! — Goett.). — Insel N e v i s (J. T o b i n! — Del.). — Insel M o n t s e r r a t (J. R y a n — Typ. pro *L. Ryanii*). — Insel G r e n a d a (E l s e y!). Ohne Ortsangabe (Hb. T h u n b e r g! — Ups.). — Insel Guadeloupe (D e P o n t h i e u! — Hb. Swartz, Stkh., von W i c k s t r ö m als „*Lobelia stricta* Sw." bezeichnet, doch stimmt das Exemplar mit der Diagnose bei S w a r t z n i c h t ü b e r e i n und ebenso nicht die anderen von D e P o n - t h i e u gesammelten und in Betracht kommenden Exemplare, siehe *L. flavescens*, *cirsiifolia*, *digitalifolia* und *persicifolia*. Daher ist der Name *Lobelia stricta* Sw. ein n o m e n d e l e n d u m!).

280. **L. cirsiifolia** Lam., Dict. Bot. III (1791) 584; Roem. et Schult., Syst. V (1819) 47; Urb. in Fedde, Repert. Spec. Nov. XVII (1921) 407; McVaugh in North Am. Fl. XXXII A (1943) 91 p. p. — *Siphocampylus cirsiifolius* G. Don, Gen. Syst. III (1834) 703. — *Rapuntium cirsiifolium* Presl, Prodr. Lobel. (1836) 27. — *Tupa cirsiifolia* A. DC. Prodr. VII (1839) 395; Griseb., Fl. Brit. West Ind. Isl. (1864) 387; Duss, Fl. Antill. Franç. (1897) 377. — *Dortmannia cirsiifolia* O. Kuntze, Rev. Gen. II (1891) 972. — *Lobelia racemosa* Sims, Bot. Mag. 47 (1820) t. 2137; Grah. in Edinb. N. Phil. Journ. (1828) 393. — *Rapuntium racemosum* Presl op. c. 25. — *Tupa racemosa* A. DC. op. c. 394. — *Dortmannia racemosa* O. Kuntze op. c. 973. — *Lobelia heterodonta* Sprague in Gard. Chron. XXXVI (1904) 252. — *Rapuntium altissimum, foliis Cirsii, flore virescente* Plum. Cat. Pl. Am. (1703) 5. — Caulis erectus, ramosus, glaber, 6—18 dm altus. Folia lanceolata, 18—23 cm longa et 1,5—4 cm lata, apice acuta mucronata, ad basin sensim angustata in petiolum brevem marginatum et paullum decurrentia, margine spinuloso-dentata vel subulato-denticulata — dentes 1—4 mm longi, 3—5 mm inter sese distantes, basin versus remotiores et majores — membranacea (in sicco quidem), glaberrima. Flores in racemo pedunculato, 30—60 cm longo, simplici, subpubescente. Bracteae foliaceae, 12—50 mm longae, pedicellis adnatae. Pedicelli 25—30 mm longi, compressi, puberuli, circiter in medio bibracteolati. Hypanthium semiglobosum, glabratum, 7 mm latum, lobi calycis triangulari-lineares vel subulati, plus minus denticulati, glabri, primo patentes, mox reflexi, 6—13 mm longi. Corolla luteo-viridis, glabra, 25 mm longa, apice deflexa; lobi laterales lineares 12 mm longi; labium medius trifidum. Filamenta glabra, cr. 2 cm longa. Antherarum tubus pallidus, glaber, 6 mm longus, apice barbatus. — Fig. 97 c.

A n t i l l e n : St. Vincent (P l u m i e r — ex Lamarck, G u i l d i n g! — Herb. Goett.; H. H. Smith et G. W. S m i t h n. 750 p. p.! — Hb. Kew); Montrose Hills im Wald, 200—400 m, blühend im Dezember (E g g e r s n. 6570); buschige Hügel bei Kingstown, blühend im Jänner (E. H. L. K r a u s e n. 21822!).

G r e n a d a : (S h e r r i n g — Typ. pro *L. heterodonta*); Bergrücken östlich von Mount Felix, 470 m, blühend im November (E g g e r s n. 6058!).

T r i n i d a d : Mareval (B a p t i s t e n. 5836!).

M a r t i n i q u e : Passim in locis humidis in Calebasse, Mont. Pelée, 600—700 m (D u s s n. 1746).

S a i n t - K i t t s (St. Christopher) ex Sims. — Ohne Ortsangabe (sub „*Lobelia stricta*" im Herb. Thunberg!).

L. heterodonta Sprague a typo non differt nisi dentibus minoribus in foliis, et denticulis crebrioribus in lobis calycinis, character in hac specie valde variabilis.

var. **opilionis** E. Wimm. in Annal. Naturhist. Mus. Wien LVI (1948) 365. — Differt a typo foliis brevioribus, latius lanceolatis et brevius dentatis; corolla minore vix 2 cm longa; caule pubescente.

A n t i l l e n : Ohne nähere Ortsangabe (S h e p h e r d! — Herb. Presl).

281. **L. flavescens** (Presl) E. Wimm. n. c. — *Tylomium flavescens* Presl, Prodr. Monogr. Lobel. (1836) 32, nomen! — *Tupa flavescens* A. DC., Prodr. VII (1839) 395; Griseb., Fl. Brit. West Ind. (1864) 386; Duss, Fl. Antill. Franc. in Annal. Instit. Col. de Marseille XXX (1897) 377. *T. stri—cta* A. D. C. l. c. (?) — *Lobelia stricta* Urban, Symb. IX (1925) 431 in textu, non Sw.; McVaugh in North Am. Fl. XXXII A (1943) 89. — *L. areolata* A. Rich. Hb. Paris. — *Dortmannia flavescens* O. Kuntze, Revis. II (1891) 972. — Caules singuli vel plures, glabri, inferne nudi et cicatricosi, ad 1 m alti. Folia densa, obovato-oblonga usque oblanceolata, 6—10 cm lg. et 1,5—2,8 cm lt., acuta usque acuminata, ad basin cuneata et in petiolum brevem marginatum sensim angustata, margine conferte dentata — dentes acutissimi vel spinulosi antrorsum versi — subcoriacea, glaberrima, subnitida, nervi secundarii sub angulo semirecto ascendentes et 4—5 mm ab invicem distantes. Flores in racemo pedunculato, bracteato, subdenso, glabro. Bracteae sessiles vel subpetiolatae, lanceolatae, foliaceae, 15—20 mm longae, demum deciduae. Pedicelli (fr.) 7—15 mm longi, glabri, patentes, supra medium bracteolis duabus lanceolatis 5 mm longis praediti. Calycis receptaculum semiglobosum lobis sublinearibus acutis callose argute denticulatis 6—8 mm longis. Corolla luteola, glabra, circiter 13 mm longa, lobi deflexi, laterales 10, inferiores 3 mm longi. Stamina glabra, 15—17 mm longa, antherae solae 5 mm longae, rubiginosae, 2 inferiores apice barbatae. Capsula subglobosa.

Insel M a r t i n i q u e (S i e b e r , Fl. Martin. n. 289! sub „*L. conglobata*" — Hb. Presl, sp. orig., W.! B.!); auf dem Gipfel des Pelée, XII. 1867 (L. H a h n n. 291! — W.); River de l' Etang de la Montagne Pelée (B e l a n g e r n. 727! — Del.); abondant à la Montagne-Pelée et aux Pitons-du-Carbet (Duss n. 504). — Insel G u a d e l o u p e : Haute Region des montagnes: abondant à la Savane à Mulets, au cône et au plateau da la Soufrière, Savanne aux Ananas, Grande-Decouverte (D u s s n. 2408); Soufrière (F u n c k & S c h l i m n. 41! — W. Del.; A. R i c h a r d ex Juss.). — Insel D o m i n i c a : 820 m, 20. III. (J. H o s k i n n. 17! — Hb. Cambr., forma *spinuloso-pectinata*); in silvis umbrosis raro ad lagunam Roseau, 1000 m (E g g e r s , Pl. Ind. Occid. ed Töpfer n. 693! p. p. — Goett. Pa.). — ? Französisch-Guyana (M. G a b r i e l n. 368! — Del.).

282. **L. brigittalis** Ernst H. L. Krause in Beih. Bot. Centralbl. XXXII/2 (1914) 337. — *L. stricta* McVaugh in North Am. Fl. XXXII A (1943) 89 p. p. — Herba suffruticosa, erecta, glaberrima, habitu praecedentis. Folia oblanceolata, 14—18 cm longa et 3,6—5 cm lata, acuminata, ad basin sensim angustata in petiolum brevem marginatum, margine glanduloso-denticulata — dentes 3 mm ab invicem distantes — subcoriacea, luteo-viridia, glaberrima. Racemus brevi-pedunculatus, terminalis, glaber. Bracteae lanceolatae, interdum ovatae, foliaceae, sessiles, 15—20 mm longae. Pedicelli glabri, 12 mm longi, supra medium bibracteolati. Hypanthium semiglobosum, 5 mm latum, lobi calycis sublineares, mucronulati, integerrimi, 6—

8 mm longi. Corolla luteola, glabra, 18 mm longa; lobi deflexi, 2 superiores 6, inferiores 3 mm longi. Stamina glabra, 16 mm longa. Antherae 2 inferiores basi et apice barbatae. Semina subglobosa.

S a i n t - V i n c e n t : An der Leeseite des Souffrière oberhalb des Waldes, blühend im Febr. (E r n s t H. L. K r a u s e n. 21832! — Herb. Berlin); S. Vincent (Rev. L. G.! — Hb. Kew); gemein auf offenem Feld und in dichtem Gebüsch über 1000 m, — auf den Bergspitzen mit dickeren Blättern (H. H. & G. W. Smith n. 750! 750 a! p. p., mit *L. cirsiifolia* Lam. — Hb. Kew).

283. **L. digitalifolia** (Griseb.) Urb. Symb. Antill. I (1899) 455; McVaugh in North Am. Fl. XXXII A (1943) 89 c. var. *digitalifolia.* — *Tupa digitalifolia* Griseb., Fl. Brit. West Ind. Isl. (1864) 387. — *Dortmannia digitalifolia* O. Kuntze, Rev. Gen. II (1891) 972. — Suffruticosa, erecta, simplex vel ramosa, glaberrima, stolonifera, 1—2-metralis. Folia lanceolata usque lineari-lanceolata, interdum in parte superiore sublatiora, 13—25 cm longa et 2—5 cm lata, apice acuminata, ad basin sensim angustata in petiolum marginatum 1—2 cm longum, margine denticulis callosis, plerumque adpressis vel sursum versis munita, membranacea, nitida, luteo-viridia, subtus pallidiora. Racemus pedunculatus, terminalis, elongatus, vagi- et laxiflorus. Pedicelli ancipites, 3—4 cm longi, medio bibracteolati. Calycis tubus turbinato-hemispaericus, 1 cm latus, lobi anguste triangulares, integri, 10—15 mm longi et basi 2 mm lati. Corolla pallida (ex Griseb.!), glabra, cr. 35 mm longa, curvata, lobi sublineares deflexi. Filamenta glabra, 3 cm longa. Antherarum tubus 6 mm longus, apice pilosus. Capsula ovoidea. Semina compresso-ovoidea vel fere rectangularia, in uno latere plano-costata, gilva, 0,8 mm longa.

W e s t - I n d i e n , ohne weitere Ortsangabe (D e P o n t h i e u — Herb. Deless.); D o m i n i c a (I m r a y — spec. orig. in Herb. Goett.!); bei Roseau im schattigen Wald, 1000 m, blühend im Dezember (E g g e r s ed. Toepfer n. 693! p. p. — W.).

var. **guadeloupensis** (Urb.) McVaugh l. c. 90; E. Wimm. in Annal. Naturhist. Mus. Wien LVI (1948) 365. — *L. guadeloupensis* Urb., Symb. Antill. I (1899) 454. — *Tupa stricta* Mazé, Contrib. Fl. Guadeloupe (1892) 72; Duss, Fl. Antill. Franc (1897) 377. — Pedicelli 45—60 mm longi, in triente superiore bibracteolati. Lobi calycis in parte superiore adpresse denticulati, 15—18 mm longi et basi 4—5 mm lati. Corolla purpurascens, 35—40 mm longa. Antherarum tubus 7—8 mm longus. Ergo nil aliud quam forma major.

G u a d e l o u p e : An feuchten Stellen bei Baines-Jaunes, 850—950 m, Matelyane, Coulée de la Ravine-à-Déjeuner Morne Gouyavier, blühend Jan. bis Juni (Duss n. 2406! — Hb. Berl.).— „*Fleur-montagne*“ (Duss).

284. **L. santa-luciae** Rendle in Journ. of Bot. LXXV (1937) 74 c. fig.; McVaugh in North Am. Fl. XXXII A. (1943) 90. — Herba perennis, glabra, ad 70 cm alta, caule basi 1 cm lato. Folia inferne delapsa, cicatrices rhomboideas relinquentia, anguste oblanceolata vel lanceolata, 13—20 cm longa, 1,8—2,3 cm lata, ad basin in petiolum sensim angustata, ad apicem obtusiusculum acuta, margine leviter crenato-dentata, chartacea, nervi laterales sub angulo semi-recto curvatim ascendentes. Racemus elongatus, multiflorus, longe pedunculatus. Pedicelli circiter 2 cm longi, supra medium 2 bracteolis linearibus cr. 5 mm longis ornati, bracteis lanceolatis sublongiores. Calyx semiglobosus, lobi lanceolati, 5—6 mm longi, subacuti, obsolete crenulati, margine calloso. Corolla rosea (dull pinkish), glabra, 22—25 mm longa, labium inferius trifidum lobis 6 mm longis. Staminum tubus glaber, longitudine fere corollae; antherae vix 5 mm longae, apice omnes barbatae. Fructus suberectus hemisphaericus, 1 cm diametiens. Semina ellipsoidea, brunnea, minuti-reticulata, 1,25 mm longa.

S a n t a L u c i a : Bergrücken zur Höhe des Mt. Gimie, 1000 m, führend, im moosigen Wald zwischen Aroideen, großen Farnen, Palmen etc. (H. E. B o x —

Typus, non vidi); Piton Canaries, 1000 m, 6. X. 1888 (G. A. Remage! — Hb. Kew).

Speciei antecedenti proxima, sed differt pedicellis brevioribus, sepalis multo brevioribus, corollae colore, seminibus aliis.

285. L. **cubana** Urb., Symb. Antill. I (1899) 455; McVaugh in North Am. Fl. XXXII A (1943) 85. — *Tupa montana* Wright ex Griseb., Cat. Pl. Cub. (1866) 159, non Vatke; Sauv., Fl. Cub. (1873) 84. — Suffrutex glaberrimus, usque ad racemum dense foliatus, ad 3 m altus. Folia oblonga, 6—8 cm longa et 2,3—2,5 cm lata, acuta vel breviter subacuminata, margine plano-crenata, basi acuta et in petiolum 2—4 cm longum angustata, membranacea, luteo-viridia. Racemus brevi-pedunculatus, abbreviatus, cr. 8-florus. Bracteae lineares, acutae, integrae, 5—8 mm longae. Pedicelli 15—18 mm longi, medio bibracteolati. Calycis tubus late turbinatus lobis triangularibus, acutis, 4—5 mm longis, integris. Corolla viridula, glabra, 16—20 mm longa; lobi deflexi; lobi 2 superiores lineares, acuti, 12 mm longi; labium inferius trifidum, lobi 5 mm longi. Stamina glabra, 22 mm longa. Antherae 6 mm longae, 2 inferiores apice barbatae. Semina fusca, subcompresso-oblonga, foveolata, 1 mm longa.

Cuba: Pinar del Rio, am Gipfel des Guajaibón (Wright n. 2880! — Typ. Hb. Goett.).

286. L. **portoricensis** (Vatke) Urb., Symb. Antill. I (1899) 453 et IV (1911) 617; McVaugh in North Am. Fl. XXXII A (1943) 87. — *Tupa portoricensis* Vatke in Linnaea XXXVIII (1874) 727. — *T. acuminata* Bello, Apuntas Fl. Porto-Rico I (1881) 288, n. 466; Krug, Fl. Porto-Rico (1868—76) t. 287 ex Urb. — *Dortmannia acuminata* var. *pubescens* O. Kuntze, Rev. Gen. II (1891) 379 secundum specimen exsicc. Eggers n. 1150!

Frutex 2—3 m altus. Folia elliptico-lanceolata, 7—10 cm longa et 2,5—3 cm lata, acuminato-cuspidata, margine minute callose denticulata, basi acuta, petiolo 20—45 mm longo, lamina membranacea, supra glabra, vernicosa, subtus pallidior, in nervis brevissime puberula. Racemus terminalis, saepe secundus, folia superans, 10—20-florus. Bracteae lanceolatae, denticulatae, 1—3 cm longae. Pedicelli glabri, 3 cm longi, medio bibracteolati. Hypanthium late turbinatum, 8 mm in diametro, lobi calycis sublineares, acutiusculi, denticulati, 5—6 mm longi. Corolla viridula vel rubiginosa et viridi-suffusa, glabra, 22 mm longa, subfalcata; lobi lineares, deflexi. Stamina glabra, filamenta 16, antherae violaceae 6—9 mm longae, 2 inferiores apice barbatae. Semina ovoidea, fulva, 0,7 mm longa.

Portorico: Sierra de Luquillo, Bañadero, im Walde, 600—1000 m, blühend April, Mai (Eggers ed. Toepfer n. 946! Eggers n. 1150! — B., sub „*Dortmannia acuminata* var. *pubescens* O. K.!"); Sierra de Luquillo, in monte Jimenes, 700—1000 m (Sintenis n. 1431!); Adjuntas in monte Cienega (Sintenis n. 4143!); Sierra de Naguabo, Barrio de Maizales, 500 m, III. (N. L. Britton, E. G. Britton & Cowell n. 2110! — Hb. Stkh.).

287. L. **rotundifolia** Juss. ex A. DC. Prodr. VII (1839) 383; Urban, Symb. Antill. I (1899) 455 et VIII (1921) 701; McVaugh in North Am. Fl. XXXII A (1943) 82. — *Tupa domingensis* Vatke in Linnaea XXXVIII (1874) 728. — *Dortmannia rotundifolia* O. Kuntze, Rev. Gen. II (1891) 973.

Frutex 0,6—2 m altus. Rami teretes, plus minus scabri, dense foliati. Folia coriacea, glabra, elliptica usque lanceolata vel ovato-oblonga, acuminata usque cuspidato-reflexa, ad basin acuta, in petiolum 2—6 mm longum angustata, 3—7 cm longa et 0,5—2,5 cm lata, margine minute callose denticulata, raro orbiculari-ovalia, acutiuscula. Flores in racemo multifloro, 6—10 cm longo, pedunculato; rachis, pedicelli et calyx scabro-hirtelli. Bracteae lanceolatae usque lineares, 7—20 mm longae et 1—5 mm latae. Pedicelli cr. 15 mm longi, supra basin inconspicue bracteolati. Hypanthium late turbinatum, lobi e basi lata lineares, subdenticulati, 6—8 mm longi. Corolla purpurea vel coccinea, glabra, 32 mm longa, subfalcata;

lobi superiores 12, inferiores 7 mm longi, deflexi. Stamina glabra: filamenta 26 mm longa, pallida; antherarum tubus caesio-niger, 7 mm longus, 2 inferiores apice barbatae.

Haiti: San Domingo, in pinetis prope Constanza, 1500 m, blühend im April (Türckheim n. 3104!); inter montem Barrero et Valle Nuevo, 2000 m, blühend im Mai (Eggers n. 2160! 2160 b! 2160 c!); Prov. La Vega, in Picos del Yaque, 1350 m (Fuertes n. 1741!); S. Domingo (R. Schomburgk n. 75 — Typus pro *Tupa domingensi*); — Rep. Haiti: Montes Furey häufig (Picarda n. 639); häufig im Hochland und Wald bei Furey und am Morne la Selle, 1800 m, und am Saltron, 2000 m (Buch n. 945, 1151, 1345); Morne Bellefontaine (Christ n. 1808); ohne nähere Ortsangabe (Nectoux; Jussieu n. 7753 — spec. orig.).

var. **angustifolia** Ekman ex O. C. Schmidt in Fedde, Repert. Spec. Nov. XXXII (1933) 94. — A typo differt foliis anguste lanceolatis vel elliptico-lanceolatis, 5—7 cm longis et 0,6—1 cm latis.

Republik S. Domingo: Zentral-Kordillere, Prov. Santiago, Moncion, Gipfel des Mt. Gallo, 1825 m, nicht selten im moosigen Wald, VI. (Ekman n. 12923 — Typus, non vidi); Prov. Azua, Los Vallecitos del Yaque, gemein in Kieferwaldungen, X. (Ekman n. 13663 — non vidi).

Species perpulchra, floribus similis quibusdam *Siphocampylis* sicut *L. sonchifolia*, sed ambarum corolla in dorso totaliter fissa. Nomen *rotundifolia* pro nostra specie totaliter inconveniens est et opinionem fallit.

288. **L. salicina** Lam., Dict. Bot. III (1791) 583; Urb., Symb. Antill. VIII (1921) 702; Rendle in Journ. Bot. LXXIII (1935) 273; Fawcett & Rendle, Fl. Jam. VII (1936) 145; McVaugh in North Am. Fl. XXXII A (1943) 92. — *L. acuminata* Willd., Spec. II (1797) 943 p. p.; Swartz, Fl. Ind. Occ. (1806) 1950 de cit. Browne et Sloane; R. et S. Syst. V (1819) 46 quoad syn. Lam.; Tussac Fl. Antill. III (1824) 116, t. 36; Spreng. Syst. I (1825) 711; G. Don Gen. Syst. III (1834) 708 p. p. — *Tupa acuminata* A. DC. Prodr. VII (1839) 396 p. p.; Griseb. Fl. Brit. West Ind. Isl. (1864) 386 quoad Haiti et syn. Tussac. — *Tupa ensifolia* A. DC. l. c.; Griseb. l. c. et Cat. Cub. (1866) 159; Sauv. Fl. Cub. (1873) 84. — *Lobelia ensifolia* Hitchc. in Missouri Bot. Gard. Rep. IV (1893) 103. — *Dortmannia ensifolia* O. Kuntze, Rev. Gen. II (1891) 972. — *Rapuntium acuminatum* Presl in herb. suo. — *L. viridiflora* McVaugh l. c. 91. — *Rapunculus folio oblongo serrato, flore galeato integro pallide luteo*, Sloane Cat. 58 et Voy. Jam. I (1707) 158, t. 95, f. 2. — *Lobelia foliis oblongis*... Browne Hist. Jam. (1756) 322.

Suffrutex ramosus, ad 2,7 m altus. Caulis inferne glaber, superne puberulus, angulatus. Folia membranacea, glabra, luteo-viridia, oblongo-lanceolata usque lineari-lanceolata, 12—25 cm longa et 1—3,6 cm lata, apice longe acutata, basi in petiolum brevem angustata, margine dentibus callosis, confertis, antrorsum versis munita. Flores in racemo terminali, 15—30 cm longo, multifloro. Bracteae lineares, foliaceae, pedicellos superantes vel aequantes. Pedicelli puberuli, medio bibracteolati, 12—18 mm longi. Hypanthium semiglobosum cum laciniis 3—5 mm longis triangularibus puberulum. Corolla puberula vel glabrata, 18—22 (30) mm longa, in parte inferiore viridula, versus apicem luteolo-fuscescens vel flavido-alba aut viridis et sordide purpurascens; lobi lineares deflexi, superiores cr. 10, inferiores 6 mm longi. Stamina pallida, glabra, 20—28 mm longa. Antherae 2 inferiores barbatae. Semina ellipsoidea, fuscescentia, minute reticulata, 0,7 mm longa.

Haiti: Auf Bergen, in Wäldern, an Flußrändern, fast das ganze Jahr blühend (Poiteau! — Herb. Deless.); Cap Haitien, auf den inneren Bergen (Tussac); Port-au-Prince (Jaeger n. 84! Eggers n. 3325!); Morne de l' Hospital, 500 m (C. Ehrenberg): Berge bei Furey (Picarda n. 831); Marmelade (Nash et Taylor n. 1271); auf trockenen Kalkbergen bei Grammont, 100 m

(B u c h n. 353). — S a n t o D o m i n g o : Am Rio Mameyes (E g g e r s n. 1618!); La Cumbre (R a u n k i ä r n. 835); Prov. Macoris bei Consuelo am Ufer des Rio Magua (T a y l o r n. 234).

J a m a i c a : Hollymount, Mt. Diablo, 860 m — „bush of 2—4 ft., flow. greenish-white" (P e r k i n s n. 669!); zwischen Claremont und Moneague (F a w - c e t t); Roaring River Falls und Soho St. Ann, 460 m (H a r r i s n. 8408, 10362, 11996).

C u b a : Prov. Oriente, Baracoa bis Tacobay (E k m a n n. 3717! — Hb. Stkh., folia 21 × 3 cm, stamina 16 mm lg.!; W r i g h t n. 2877! — Hb. Goett.).

var. **brachyantha** Urb. Symb. Antill. IX (1925) 431. — *L. Tuerckheimii* Rendle in Journ. Bot. LXXIII: (1935) 279, f. 2 b, c.

Folia anguste lanceolato-linearia, 5—10 mm lata. Calycis lobi dentiformes, 1—3 mm longi. Corolla 11—14 mm longa.

C u b a : Prov. Pinar del Rio, Sierra de las Animas auf Abhängen (E k m a n n. 10512! — Herb. Berlin); Tamana, offene Hügel (W r i g h t , P a r r y & B r u m - m e l n. 301!; Wright n. 2879! — folia autem latiora, ad 26 mm lata!, corolla 12 mm lg.!).

H a i t i - S a n t o D o m i n g o : Barahona an Bach, Paradis, Waldrand, 25 und 150 m (F u e r t e s n. 294! 958 b! T ü r c k h e i m n. 2705! — letzte der Typus für *L. Tuerckheimii*).

Planta valde variabilis tam forma foliorum quam magnitudine florum, limites vix reperiri possunt.

289. **L. assurgens** L. Syst. Nat. X. (1759) 1237 et Amoen. Acad. V (1760) 408 et Spec. ed. II (1762) 1321; Swartz, Observ. Bot. (1791) 317; Andrews, The Bot. Repos. (1808) t. 553; Roem. et Sch., Syst. V (1819) 50; G. Don, Gen. Syst. III (1834) 708; Hitchc. in Missouri Bot. Gard. Rep. IV (1893) 103; Journ. Ecol. II (1914) t. 14 non vidi!; Rendle, Classif. Fl. Pl. II (1925) 583, f. 269 et Journ. Bot. LXXIII (1935) 276; Fawcett & Rendle, Fl. Jam. VII (1936) 146. — *Dortmannia assurgens* O. Kuntze, Rev. Gen. II (1891) 972. — *L. assurgens* var. *jamaicensis* Urb., Symb. Antill. I (1899) 453 et IX (1925) 431; McVaugh in North Am. Fl. XXXII A (1943) 83. — *L. jamaicensis* Urb. in Arkiv Bot. XXIII N. 5 (1930) 104. — *L. assurgens* var. *santaclarae* McVaugh l. c. 84. — *Tylomium assurgens* et *robustum* Presl, Prodr. Lobel. (1836) 32. — *Tupa assurgens* A. DC. Prodr. VII (1839) 394; Griseb., Fl. Brit. West Ind. Isl. (1864) 387 et Cat. Cub. (1866) 160; Sauv. Fl. Cub. (1873) 84. ? Goyena, Fl. Nicarag. II (1911) 505 [1]) — *Lobelia major brachiata assurgens. ...* Browne, Hist. Jam. (1756) 322.

Suffrutex erectus, caule angulato, subsimplici, inferne glabro, superne tomentoso, 50—120 cm longo vel plus. Folia lanceolata vel parum obovato-lanceolata, 20—30 cm longa et 4—7 cm lata, apice acuminata, margine conferte callose denticulata, basin versus longius et remotius anguste dentata et in petiolum marginatum indefinitum angustata et subdecurrentia, chartacea, glabra vel subtus ad costam et in basi nervorum secundorum ascendentium sparse hirta, pallida. Inflorescentia racemosa, tomentosa, interdum ramosa, secunda, apice cernua, foliis longior. Bracteae lineares, subdenticulatae, pedicellis adnatae et sublongiores, inferiores subfoliaceae. Pedicelli 2—3 cm longi, medio 2 bracteolis linearibus 10—15 mm longis praediti. Hypanthium late turbinatum, 7—9 mm latum, sulcatum, lobi calycini sublineares, acuti, denticulati, intus extusque tomentelli, patentes vel apice recurvati, 12—16 mm longi et basi 3 mm lati. Corolla vinosa vel purpurea vel violacea vel pallide violaceo-viridula, cr. 25 mm longa, tomentella, falcata, lobis linearibus deflexis. Filamenta 18—22 mm longa, basi sejuncta, secus connata et in suturis longius hirta. Antherarum tubus 7—8 mm longus fusco- et caesio-striatus, omnes in basi fasciculo pilorum ornatae, 3 superiores ad apicem pilosulae, 2 inferiores apice pilis densis brevibus instructae. Capsula subglobosa. Semina globosa, fusca, obscure reticulata, 0,6 mm longa.

[1]) Verisimiliter de planta introducta agitur.

Jamaica: Auf höheren Bergen in Wäldern und Gebüschen (Browne — Herb. L. nom. a Linné sec. Rendle); Blue Mountains, 1300 m (J. Linden n. 1681!); Catherine Peak und Bellevue, 1300 und 1500 m (Eggers n. 3601! 3769!); Portland Gap, 1500 m (Harris n. 6306); Green Hill Wood (Harris n. 7785! — B.).

Haiti: Bewaldete Abhänge, c. 2100 m, auf dem Massif de la Selle bei Gauthier in Morne Vincent (Ekman n. H 7762).

Cuba: Prov. Oriente: Zwischen Sevilla und Baire bei Jobon, 200 m (Ekman n. 10354); am Bayaja beim Wasserfall, 200—400 m (Ekman n. 14778); am El Gallon del Perú gegen den Santo Domingo hin (Ekman n. 14872?). — Blühend Januar bis August.

Kultiviertes Exemplar aus dem Garten Boyton anno 1808 — Herb. Lambert im Herb. Wien: Blüten bis 35 mm lang.

var. **portoricensis** (A. DC.) Urb., Symb. Antill. I (1899) 454, VIII (1921) 702, IX (1925) 432. — *Tupa assurgens* var. *Porto-Ricensis* A. DC. Prodr. VII (1839) 394. — *Tupa assurgens* Griseb., Pl. Wright. (1860) 516; Fl. Brit. W. Ind. Isl. (1864) 387 p. p.; Cat. Cub. (1866) 116; Sauv., Fl. Cub. (1873) 84; Krug Fl. Portoric. (1868—76) t. 286; Bello, Apuntas Fl. Portoric. I (1881) 288. — *L. robusta* Grah. in Edinb. Phil. Journ. (1831) 378; non Wall.; Bot. Mag. LIX (1832) t. 3138; G. Don Gen. Syst. III (1834) 708; *L. robusta* var. *robusta* et var. *porto-ricensis* McVaugh l. c. 84, 85. — *Tupa robusta* A. DC. op. cit. — *Dortmannia robusta* O. Kuntze, Rev. Gen. II (1891) 973. — *Lobelia conglobata var.* β. Lam. Dict. Bot. III (1791) 395 ex Urban, Plumier's Blütenpfl. in Fedde Repert. Beih. V (1920) 149. ? *Tupa conglobata* var. *elatior* A. DC. op. cit. 395. — ? *Tylomium conglobatum* var. *virescens* Presl l. c., nomen! — *Siphocampylus cubensis* Rich. in Sagra, Hist. Cuba II (1850) 68 sec. Griseb. Cat. Pl. Cub. (1866) 160!, sed incertum ex Urb. l. c. IX, 432. — ? *Rapuntium aliud Cirsii foliis lucidis, floribus conglobatis et e viridi rubescentibus*, Plumier. Cat. Pl. Am. (1703) 5 ex Urban l. c. — Folia crebre et acute dentata, dentes medii superioresque foliorum perpendiculares. Calycis lobi 5—10 mm longi, triangulari-lineares. Corolla minor, 12—15 mm longa. Filamenta 10—14 mm longa. Amtherarum tubus 5—6 mm longus.

Portorico: Ohne nähere Ortsangabe (Wydler n. 422! — Herb. Delessert; Blaumer! anno 1854); in schattigen und feuchten Wäldern, an Flüssen bei Bayamon, in der Sierra de Naguabo bei Minas Cobre am Rio Blanco, bei Cayey am Planaje, bei Barranquitas in den Wäldern des Mt. Torrecilla 1130 m, bei Utuado und Maicao bis Montoso (Gundlach in herb. Krug n. 663, Sintenis n. 268! 2167, 2359, 5070 b, Stahl n. 132, 132 b — großenteils nach Urban).

Haiti: Santo Domingo: An Bächen bei Constanza (Türckheim n. 3266!, Eggers n. 2195); auf dem Monte Barrero 1100 m und im Valle Nuevo 1900 m (Eggers n. 2048, 2151); Prov. La Vega, bei Jarabacoa (Fuertes n. 1695 b); Prov. Barahona, bei Rincon in La Ho 1800 m (Fuertes n. 1317 — ex Urban). — Ohne näheren Standort (Jäger n. 217! 48); Morne Fourmi an feuchten, schattigen Orten, 800—1000 m (Buch n. 675).

Cuba: Prov. Oriente: Santiago de Cuba, La Guinea, 1500 m (J. Linden n. 2144! 2162!); Monteverde (Wright n. 338!); Bayamo am Rio Oro 300 m, Sierra de Cobre und Monte Real 700 m, Sierra Maestra bei Firmeza (Ekman n. 5088, 7849, 8746); Prov. Santa Clara: Zwischen El Purial und Los Guineos 850 m (Ekman n. 16254). — Blüht Jänner bis Oktober. — „*Chicoria Cimarrona*".

Magna variabilitas huius speciei tam florum magnitudine quam foliorum forma vix varietates certe distinguendas admittit, multo minus ex ea plures species extrahi possunt. Mc Vaugh (Bull. Torr. Bot. Club LXVII [1940] 144) commendavit, *Lobeliam robustam* Grah. uti speciem diversam a *Lobelia assurgente* L. assumere, quae habitat Haiti et Cubam orientalem; illi var. *portoricensis* A. DC. in Portorico tantum occurrens subordinatur. *Lobelia assurgens* L. intra Jamaicam restringitur cum varietate in Cuba centrali et orientali. Huic. sententiae consentire non valeo, quia Graham *Lobeliam robustam* secundum specimen in horto cultum descripsit et delineavit, quae plantae saepe a plantis silvestribus aberrant, formae multae transeuntes inveniuntur, materia a me revisa rem non probat.[1])

290. **L. sonchifolia** Swartz, Fl. Ind. Occident. III (1806) 1947; Roem. & Schult., Syst. V (1819) 47; Sprengel, Syst. I (1825) 711; A. De Candolle, Prodr. VII (1839) 385; D. Dietrich, Synops. I (1839) 729. — *Rapuntium sonchifolium* Presl, Prodr. Lobel. (1836) 27. — *Tupa sonchifolia* Grisebach, Fl. Brit. West Ind. Isl. (1864) 388. — *Dortmannia sonchifolia* O. Kuntze, Revis. Gen. II (1891) 973. — *Siphocampylus sonchifolius* var. *sonchifolius* McVaugh in North Am. Fl. XXXII A (1943) 106. — ? *Rapuntium aliud altissimum foliis Sonchi laciniatis*, Plumier, Cat. Pl. Am. (1703) 5. — Herba erecta ad 40 cm alta, glaberrima. Caulis subangulatus, superne parce ramosus. Folia petiolata, petiolus brevis alatus, lamina circumscriptione elliptica vel oblonga, sinuata usque pinnati-partita, 4—12 cm longa, 1,7—6 cm lata, pars media saepe 5 mm tantum lata, laciniae ovatae usque lanceolatae, apice obtusiusculae vel acutae, mucronulatae, inaequaliter dentatae, sinus inter eas plerumque acuti, basin versus latiores et profundiores. Flores in racemis laxis, vagis, 5—10 cm longis. Bracteae lineares, pinnati-dentatae, 6—15 mm longae. Pedicelli 5—10 mm longi, glabri, supra basin bibracteolati. Calycis receptaculum turbinatum, lobi angusti-triangulares, rubri, 4—5 mm longi, exserte denticulati, erecti. Corolla scarlatina vel purpurea, 21 mm longa, tubus angustus subrectus, in dorso usque ad basin fissus!, lobi corollae oblongi subacuminati, 3—4 mm longi. Stamina longitudine corollae. Antherae 3 mm longae, cinereae, apice omnes barbatae. Capsula obovoidea, 7 mm longa, $^2/_3$ infera, sepalis persistentibus, corolla decidua. Semina ovali-globosa, foveolata, cinereo-fusca, nitida, 0,6 mm longa. — Fig. 97 d.

Haiti: Republik Haiti: „Hispaniola" (Swartz! — Hb. Stkh., Typ.; Morne de la Hotte, südwestlicher Teil des Gebirges zwischen Civette und Cotá und an der Straße zwischen Trouin und Chapelle Baudin bei L' Eau Médecin an schattigen Abhängen, c. 700 m, VI. XI. (Ekman n. H. 216! H. 2403!); Schlucht Vandefeld bei einem Wasserfall, Morne Vandefeld, 750—800 m, 31. VIII. 1900 (Christ n. 1949! — Hb. B.).

Haec species facile cum *Siphocampylo lamarckii* A. DC. commutari potest, imprimis corolla primo intuitu alia esse videtur et ut intermedia inter *Siphocampylum* et *Lobeliam* apparet, sed in dorso per totam longitudinem fissa est.

291. **L. conglobata** Lam., Dict. Bot. III (1791) 585; Roem. et Schult., Syst. V (1819) 42; G. Don, General Syst. III (1834) 707; Urban, Symb. Antill. I (1899) 453, Obs.; McVaugh in North Am. Fl. XXXII A (1943) 88. — *Tylomium conglobatum* Presl, Prodr. Monogr. Lobel. (1836) 32. — *Tupa conglobata* A. De Cand., Prodr. VII (1839) 395; Duss, Fl. Antill. Franç. (1897) 378. — *Dortmannia conglobata* O. Kuntze, Rev. Gen. II (1891) 972. — *Lobelia conglomerata* Sieber ex Steudel, Nomencl. Bot. 2. ed. II (1841) 59. — *Rapuntium foliis Cirsii lucidis, flore multiplici coccineo conglobato*, Plumier, Cat. Pl. Am. (1703) 5, vide Urban, Plumier's Blütenpfl. in Fedde, Repert. Sp. Nov. Beiheft V (1920) 148. — *Rapuntium Americanum Doriae foliis, floribus fimbriatis in capitulum congestis*, Surian Herb. no. 799: notula Lam. in hb. Paris. — Herba annua (sec. Duss.) caule erecto, simplici, glabro, ad 60 cm alto, inferne nudo, ceterum folioso. Folia obovata vel obovato-oblonga, 18—28 cm longa, 6—8 cm lata, apice breviter acuminata, ad basin cuneata et in petiolum indefinitum alatum angustata, margine callose dentata — dentes purpurei, exserti, vix 2 mm, versus basin saepe ulterius distantes et longiores — membranacea, glabra, supra nitida, subtus pallidiora. Flores in racemo brevi conglobato, multifloro, a foliis superato. Bracteae sessiles, foliaceae, lanceolato-lineares, 20—30 mm longae, 2—5 mm latae, glabrae vel parce pubescentes. Pedicelli 15 mm longi, subpubescentes, in medio bibracteolati. Calycis receptaculum hemisphaericum, subglabrum, 4 mm longum et parum latius; segmenta calycina triangulari-linearia, cuspidata, purpurascentia, in dimidio superiore exserte dentata, glabra, erecta,

[1]) Nuperrime in litteris retrahit McVaugh suam sententiam et consentit mecum.

8—12 mm longa. Corolla scarlatina, subglabra, 14 mm longa. Filamenta glabra; antherae rubicundae, 3 mm longae, apice omnes barbatae. Capsula (?) depresso-globosa. Semina compresso-ovalia, fuscescentia, foveolata asperulataque, 1 mm lg.

Antillen: Insel Martinique, Morne de la Callebasse, Biriboy (Hb. Jussieu, Richard! Vaillant! — Pa. W.); ohne Fundort (Kohout! — Hb. Pr.); assez abondant dans les ravines de la Calebasse, flor. Sept. Oct. et quelquefois Jan. (Duss n. 506); Vallée de Saint-Pierre et Morne (L. Hahn n. 613! — Del., n. 561! — Hb. Münch. Del. W. Boiss.).

Subsectio 2. **Haynaldianae** E. Wimm.

Haynaldianae E. Wimm. in Annal. Naturhist. Mus. Wien LVI (1948) 366. — *Haynaldia* (genus) Kanitz in Magyar Növenyt. Lapok I (1877) 3 et in Martius, Fl. Brasil. VI/4 (1878) 140, non Schur (1866) nec Schulzer (1866) nec Pantocsek (1889).— *Haynaldia* (sect.) Baillon, Hist. Pl. (1886) 331. — *Euhaynaldia* Borbás in Földmüv. Erdek. (1880) n. 33 p. 331; A. Zahlb. in Vidensk. Meddel. Naturhist. Foren Kobenhav. (1895) 69. — *Porphyro-Haynaldia* Kanitz, Növenyt. Attekint. in Syst. Veget. Janua (1891) 88. — *Rhynchopetalum* Benth. et H. f., Gen. II (1876) 552 p. p.; — Hook. f., Fl. Brit. Ind. III (1881) 426. — *Tylomium* Schönl. Natürl. Pflanzenfam. IV/5 (1894) 67 p. p. — Species reliquae (37) e Brasilia, Argentina subtrop., Africa trop., Asia (a Ceylonia usque Japoniam et Camtschatca). — Suffrutices vel frutices, rarius herbae robustiores vel altae, antherarum 2 inferiores apice barbatae vel raro omnes apice nudae.

Clavis specierum.

A. Flores solitarii in axillis foliorum superiorum obovato-lanceolatorum, corolla candida. Frutex ca. 1 m altus. Ins. S. Helena .... 292. *L. scaevolaefolia.*
Si folia ovata acuta, hirta, vide .... 304. *L. beddomeana.*

B. Flores in racemis bracteatis.
 I. Antherae 2 inferiores barbatae vel interdum omnes (*Barbiferae*).
  § Flores proportionaliter longe pedicellati i. e. pedicelli, flores vetustiores et fructus gerentes 15—30 mm longi, corollam circiter aequantes (*Longipedicellatae*).
   a. Folia subcoriacea, elongato-lanceolata vel oblanceolata, apice acuta vel acuminata, ad basin sensim angustata.
    1. Dentes marginis foliorum uncinati adpressi.
     ′ Sepala denticulata, inflorescentia pubescens. Ceylon 293. *L. camptodon.*
     ″ Sepala integra, planta glaberrima. Bras. 294. *L. glazioviana.*
    2. Folia minuti-denticulata, dentes non adpressi. Bras. 295. *L. organensis.*
   b. Folia membranacea vel herbacea, caulina oblonga usque angusti-lanceolata, brevi-petiolata vel sessilia, apice saepe acuminata.
    α. Sepala anguste triangulari-linearia, 20—25 mm longa, corolla 30—60 mm longa. Bras.
     + Planta pubescens, simplex, 2—3 m alta, folia late lanceolata 296. *L. thapsoidea.*
     ++ Plantae pro maxima parte glabrae, corolla pubescens.
      — Bractea pedicello adnata, ciliata sicut folia basin versus. Semina angusti-alata .... 297. *L. langeana.*
      = Bractea sub basi pedicellorum inserta, callose denticulata sicut folia. Semina lati-alata .... 298. *L. fistulosa.*
    β. Sepala anguste triangulari-linearia vel lanceolata, 7—12 (18) mm longa, rarissime breviora (*L. omiensis*), corolla 14—30 mm lg.
     ^ Sepala integerrima.

⊙ Calycis tubus brevi-campanulatus vel semi-globosus.
— Corolla extus glaberrima, 27—32 mm longa.
+ Folia oblonga vel oblongo-lanceolata, apice acuta, subacuta vel obtusiuscula.
° Bracteae lanceolatae, acutae; folia glabra vel in varietate subtus hirtella; semina late alata. Bras. 299. *L. imperialis.*
°° Bracteae ovatae vel suborbiculares, mucronatae; folia glabra, basi sparse ciliata, semina anguste alata ut in *L. langeana.* Bras. 299a. *L. santos-limae.*
++ Folia anguste lanceolata, subacuminata, ad basin sensim angustata; antherae dense pilosae. Siam. 300. *L. leucanthera.*
= Corolla extus minute pubescens, 14—24 mm longa.
; Folia breviter petiolata, anguste elliptica vel oblanceolata, subtus ad nervos sparsissime pubescentia, conspicue denticulata, habitu similis *Lobetiae columnaris.* Insula S. Thomé Afr. .... 300a. *L. barnsii.*
;; Folia sessilia, sublinearia, denticulis minutis serrulata, glaberrima; corolla 14 mm tantum lg. Bras. 301. *L. exaltata.*
⊙⊙ Calycis tubus oblongus, capsula ellipsoidea inflata; frutex ramosus foliis lanceolatis. Afr. trop. .. 302. *L. longisepala.*
^^ Sepala denticulata; folia inferiora petiolata, reliqua subsessilia.
— Plantae parum vel densius pubescentes.
° Folia oblongo-lanceolata; flores in racemo denso vel laxo. Ind. or.
′ Antherae glabrae vel subglabrae 303. *L. nicotianaefolia.*
″ Antherae dense pilosae .... var. *trichandra.*
°° Folia ovata, saltem ea in ramis, flores ramorum solitari-axillares .... 304. *L. beddomeana.*
= Planta glaberrima, sepala 5 mm tantum lg. China 305. *L. omiensis.*

§§ Flores breviter pedicellati, pedicelli florigeri 4—10 mm longi, racemi graciles vel spiciformes (*Brevipedicellatae*).
a. Bracteae non villosae nec pendulae.
1. Sepala integerrima (obsolete vel minute denticulata apud *L. seguinii* var. *donianam* et *L. mishmicam*).
□ Plantae glabrae vel paulum hirtae.
v Calyx et bracteae conferte glanduloso-denticulatae structura fere et colore corollae purpureae nitentis. Bras. 306. *L. hilaireana.*
vv Calyx et bracteae aspectum communem praebentes.
— Folia ovata usque ovato-lanceolata, acuminata, minute denticulata. China .... 307. *L. melliana.*
= Folia lanceolata, raro subovato-lanceolata vel oblonga [1]).
△ Capsula subglobosa, corolla 12—15 mm longa, folia lineari-lanceolata. Ind. or. ..... 308. *L. pyramidalis.*
△△ Capsula obovoideo-oblonga vel elliptica, corolla 17—32 mm lg.

[1]) Vide etiam *L. davidii* var. *glaberrimam!*

° Corolla subbilabiata, similis corollae *L. cardinalis*, lobi margine albo-villoso-ciliati, semina auriculiformia alata. China — Camtschatca, Jap.
309. *L. sessilifolia.*

°° Corollae lobi nunquam ciliati, semina sublenticularia, minute vel non alata.

- Antherarum tubus 4—6 mm lg., corolla 24—32 mm lg.

: Folia oblongo-lanceolata vel subovato-lanceolata, antherae glabrae vel parce pilosae, frutices saepe glabrae (apud var. *doniana* folia et calyces saepe hirtelli, sepala minute denticulata) China, Formosa, Himal.
310. *L. seguinii.*

:: Folia lanceolata ca. 10 × 1,5 cm, antherae in anteriore parte circum pilosae, planta plerumque puberula . . 311. *L. philippinensis.*

- - Antherarum tubus 2—3 mm lg., corolla 17—20 mm lg.

; Folia lanceolata ca. 8 × 1,5 cm, glabra vel subtus hirta, subpetiolata. Celebes
312. *L. epilobioides.*

;; Folia lineari-lanceolata, utrinque sensim angustata petiolo indefinito 1—2 cm lg. Celebes
313. *L. eryliae.*

□□ Plantae tomentellae vel densius hirtae.

× Folia sessilia vel subsessilia.

\+ Folia lanceolata acuminata, majora etiam oblonga.

′ Sepala longitudine staminum. Herba 2—3 m alta. Am. austr. . . . . 314. *L. hassleri.*

″ Sepala ad medium staminum pertingentia. Frutex ramosus. Himal. . . . . 315. *L. rosea.*

++ Folia obovato-oblonga, apice acuta, basi sensim cuneata, ramealia saepe oblongo-lanceolata. China 316. *L. clavata.*

×× Folia caulina petiolata (basalia interdum subsessilia vel petiolata).

∼ Folia elliptica, subacuta. Bengal. . . . . 317. *L. mishmica.*

≈ Folia oblanceolata vel oblongo-oblanceolata, apice obtusa, sparse pilosa . . . . *L. sumatrana.*

2. Sepala callose denticulata.

α. Plantae glaberrimae.

: Bracteae ellipticae usque oblongo-lanceolatae floribus breviores. China . . . . 318. *L. taliensis.*

:: Bracteae lanceolatae floribus longiores.

; Folia minute denticulata, corolla 17 mm lg. China
319. *L. colorata var. baculus.*

;; Folia inaequaliter dentata, corolla 28 mm lg. China
322. *L. davidii var. glaberrima.*

β. Caulis vel saltem partes superiores plus minus hirtellae.

- Folia oblanceolata vel lanceolata, pedicelli et calyces tantum hirtelli. Ind. or., China . . . . 319. *L. colorata.*

- - Folia elliptica, rarius oblonga usque lanceolata, praecipue superiora.

° Caulis hirtellus (inferne glabrescens).
′ Folia plerumque minute denticulata, sepala 6—8 mm lg., capsula globosa. Alpina reg. Himal. et finitimae reg. Chinae .... 320. *L. erecta.*
″ Folia caulina lanceolata, dentata. China
321. *L. kwangsiensis.*
°° Caulis glaber vel subglaber, folia inaequali- vel repando-dentata cum floribus plus minusve hirtella, sepala (4) 9—15 mm lg. China .... 322. *L. davidii.*
b. Bracteae albo-villosae, sublineares, pendulae, floribus multo longiores, caulis simplex, 1 m altus, folia caulina oblongo-lanceolata, obtusa, glabra. Bhutan .... 323. *L. nubigena.*
II. Antherarum tubus apice sine pilis (*Imberbes*).
§ Planta glaberrima foliis sessilibus oblanceolatis integerrimis. Insulae Bonin.
324. *L. boninensis.*
§§ Plantae puberulae vel tomentosae, simplices vel ramosae.
a. Folia petiolata.
1. Folia oblongo-lanceolata, callose denticulata, subtus tomentosa (apud f. *glabrior* folia glabra, subsessilia). Ind. or. Ceyl.
325. *L. leschenaultiana.*
2. Folia elliptico-lanceolata, grossius repando-dentata, subtus hirta. Kamerun .... 326. *L. conraui.*
b. Folia sessilia (subsessilia).
1. Folia lanceolata subacuminata, calyx hemisphaericus. Afr. occ.
327. *L. columnaris.*
2. Folia oblongo-linearia, utrinque subacuta, calyx turbinatus. Angola
328. *L. xongorolana.*
3. Si folia ovato-lanceolata, glabra vel subglabra longi-acuta, basi subrotundata, vide .... 325. *L. leschenaultiana f. glabrior.*

§ 1. Barbiferae — Longipedicellatae.

292. **L. scaevolaefolia** Roxb. in Beatson, St. Helena Tracts, append. 312 ex A. DC. Prodr. VII (1839) 357; Mellis, St. Helena (1875) 292, t. 46; Hemsl. in Report Voy. Challenger Bot. II (1884) 76. — *Trimeris oblongifolia* Presl, Prodr. Monogr. Lobel. (1836) 46. — Frutex lactescens, glaber, ramosus, ramis teretibus, ad 1,20 m altus. Petioli 1—2 cm longi, anguste alati. Folia alternantia, lamina obovato-oblonga, oblonga usque lanceolata, 8—10 cm longa, 3—4 cm lata, ad apicem obtusum subacuta, ad basim sensim cuneata et saepe integerrima, dentibus inaequalibus extremis majoribus munita, glabra, membranacea. Flores solitari-axillares. Pedicelli erecti, nudi, subcompressi, glabrescentes, 4—6 cm longi, folio breviores. Calycis tubus longi-obconicus, decem-costatus, 6—8 mm longus; segmenta calycis sublinearia, obtusiuscula, subintegra, glabra, erecta, 6—7 mm longa. Corolla candida, 12 mm longa, extus glabra, intus hirtella; lobi 2 superiores lineares acuti, cum labio inferiore basi tantum brevissime connati, lobi 3 inferiores usque ad medium labii soluti, oblongi, acuti, circiter 4 mm longi. Filamenta partim coalita, puberula. Tubus antherarum 2 mm longus, in suturis pilosulus, 2 inferiores apice breviter barbatae. Lobi stigmatis subrotundi, demum exserti et divaricati. Capsula obconica, apice 2 valvis dehiscens. Semina ovoidea, acutiuscula, laevia.

Insel St. Helena: An schattigen Stellen bei der Sandy Bay (Burchell n. 70, Solander); Zentralgebirge von Diana's Peak bis High Peak, fast das ganze Jahr blühend (Mellis); ohne nähere Ortsangabe (D'Urville a. 1835, Lesson a. 1825 — Typ. pro *Trimeris oblongifolia*, Lichtenstein n. 5 — alle Hb. Berl.; Siebold n. 6! Perrottet, Sept. 1839! N. J. Andersson!). — „*Milkwood*" incolarum.

293. **L. camptodon** E. Wimm. in Annal. Naturhist. Mus. Wien LVI (1948) 366. — *L. excelsa* Wight, Icones (1850) t. 1172—73; Clarke in Hook. f. Fl. Brit. Ind. III (1881) 427 p. p. — ? *L. nicotianaefolia* var. *macrostemon* Skottsb. in Acta Hort. Bot. Göteborg IV (1928) 13, f. 13, 14.

Herba erecta, plerumque simplex, 2—3,5 m alta. Caulis glabratus, foliatus, superne in axi flores gerente crispo-pubescens et ramulos (an semper ?) emittens. Folia inferiora oblanceolata, cr. 20 cm longa et 3 cm lata, acuta, ad basin sensim in petiolum 2—3 cm longum attenuata, margine dentibus hamulosis callosis adpressis conferte munita — quasi crenata — crassiusculo-firma, supra nitentia et glabra, subtus glabrata vel cum pilis paucis in nervis prominentibus, nervi secundarii sub angulo semirecto ascendentes; folia superiora paulatim minora et lanceolata et brevius petiolata. Racemus terminalis, sublaxus. Bracteae lanceolatae, sessiles, foliaceae. Pedicelli 2—3 cm longi, puberuli, ebracteolati, sigmoideo-curvati et declinati. Hypanthium semiglobosum, pubescens, 6 mm latum; lobi anguste triangulares, acuti, exserte denticulati, glabrescentes, 12—16 mm longi, basi 2 mm lati. Corolla pallidi-lutea, lilacino-tincta (?), puberula, 3 cm longa; lobi laterales anguste lineares, ad medium corollae soluti, cr. 2 cm longi; labium inferius demum trifidum. Filamenta glabra, 26 mm longa. Antherae glabrae, 6 mm longae, 2 inferiores apice barbatae. — Fig. 97 e.

Ceylon: Ohne nähere Standortsangabe (Thwaites n. 2592! — Herb. Wien, Cambridge, Göttingen, Genf). — Südl. Ostindien: Gemein im Nilgiri-Gebirge (ex Wight) ?

294. **L. glazioviana** A. Zahlb. in Vidensk. Medd. naturhist. Foren. Koebenhavn (1895) 69, non Rev. Sudam. Bot. II (1935) 105. — *L. Zahlbruckneri* E. Wimm. in Fedde Repert. Spec. Nov. XIX (1924) 387 et in Revista Sudam. II (1935) 106[1]). — Herba glaberrima, robusta, erecta, saltem superne ramosa. Caulis et rami teretes, laeves, glaucescentes. Folia inferiora in petiolum marginatum indefinitum angustata, superiora sessilia; lamina lanceolata, 38 cm longa et 3,5 cm lata, apice longe acuta, ad basin sensim attenuata, margine subcartilaginea dentibus hamulosis glandulosis subadpressis munita, sed basin versus integra, nitens, subcoriacea, subtus pallidior, costa crassa et venis prominentibus; folia superiora minora, subintegra, glanduloso-denticulata, cr. 15 cm longa et 3,5 cm lata. Racemi elongati, 30—50 cm longi, subdensi, multiflori, terminales. Bracteae oblongo-lanceolatae usque lanceolatae, integrae, subcartilagineo-marginatae, pedicellis longiores. Pedicelli 2—3 cm longi, ebracteolati, patenti-ascendentes. Hypanthium semiglobosum, 5 mm longum et 7 mm latum; lobi anguste triangulares, subacuminati, integerrimi, margine et apice callosi et colorati, suberecti, 18 mm longi (38—42 mm secundum Zahlb.!), 4 mm lati. Corolla 35 mm longa, fortasse rubra; lobi 2 laterales anguste lineares, cr. 28 mm longi; labium inferius trifidum, lobi triangulares, cr. 10 mm longi. Filamenta glabra. Antherae 8 mm longae, plumbeo- et fusco-striatae, setulosae, 2 inferiores apice penicillatae. Semina ovalia, subcompressa, circum anguste alata, cr. 0,8 mm longa. — Fig. 97 f.

Brasilien: Rio de Janeiro (Glaziou n. 8148! — Herb. Del., Leningrad). — Eine der *L. camptodon* äußerst ähnliche Pflanze, von der sie sich fast nur durch das Fehlen jeglicher Behaarung unterscheidet.

295. **L. organensis** Gardner in Hook. Lond. Journ. Bot. IV (1845) 128; Wimm. in Revista Sudam. II (1935) 106. — *Haynaldia organensis* Kanitz in Magyar Növ. Lapok I (1877) 4 et in Martius Fl. Bras. VI/4 (1878) 143. — *Euhaynaldia organensis*

[1]) A. Zahlbruckner hat im Herbar Wien und Delessert 2 ganz verschiedenen Arten den Namen *L. Glazioviana* gegeben; dem Verfasser wurde die gültige *L. glazioviana* erst bekannt, als er die andere so benannte Art schon publiziert hatte. — Hofrat Dr. Alexander Zahlbruckner (1860—1938), Direktor der botan. Abteilung des Naturhistor. Museums Wien, gab nebst vielen anderen botan. Arbeiten den Catalogus Lichenum Universalis (10 Bände. 1921—37) heraus. Auch über Lobelioideen schrieb er.

Borbás in Pallas Nagy Lex. VIII (1894) 779. — *Lobelia thapsoidea* Cham. in Linnaea VIII (1833) 209, non Schott. — *Dortmannia organensis* O. Kuntze, Revis. II (1891) 973. — Caulis erectus, angulatus, glaberrimus, simplex, ad 2,6 m altus, 2 cm crassus. Folia membranacea, glabra, subnitida, inferiora lineari-lanceolata, 35—37 cm longa et 2,8—3,7 cm lata, acuta, ad basin sensim angustata in petiolum marginatum indefinitum, superiora sessilia et 9 cm lg., 1,5 cm lt., margine minute denticulata usque integra, nervi secundarii sub angulo cr. 60° arcuatim ascendentes. Flores in racemo laxo, ad 35 cm longo, pyramidali. Bracteae lanceolatae, acutissimae, integrae, 28—30 mm longae et 2—3 mm latae, supra glabrae, subtus et in margine sicut rachis pubescentes. Pedicelli curvato-deflexi et apice iterum erecti, 26 mm longi, ancipites, glabri. Hypanthium breviter semiglobosum, lobi triangulari-lineares, acuti, integerrimi, 23—25 mm longi et basi 4 mm lati, extus minute puberuli. Corolla carnea vel coerulea (ex Kanitz, sed incerta!), glabra, 45—50 mm longa (in specimine Gardner 35 mm longa et sepala 15 mm longa); lobi superiores profundius soluti, labium inferius trifidum. Filamenta glabra, 22 mm longa. Antherarum tubus plumbeus, glaber, 12 mm longus, 2 inferiores pilis terminatae. Capsula ovoidea, 11 mm longa et 7 mm lata. Semina gilva, ovalia, ala alba latissima circumdata.

Brasilien: Prov. Minas Geraës, Serra dos Orgãos, 1500 m (Gardner n. 4968! [Typ.] et n. 5798! — Herb. Wien, Cambr.); bei Chapada an einem Bach auf felsigem Boden (Saint-Hilaire n. 2050); Maccaraibo (Hornemann, Merkel — det. Zahlb.). Prov. Rio de Janeiro (Glaziou n. 8784!).

var. **insignis** Kanitz in Mart. Fl. Bras. VI/4 (1878) 143. — Caulis, bracteae, fructus multo validiores; capsula subglobosa chartacea (ex Kanitz!).

Brasilien: Minas Geraës, in sumpfigen Stellen bei Caldas (Lindberg n. 610). — Wahrscheinlich nur ein besser entwickeltes Exemplar der typischen Art, habe es aber nicht gesehen.

296. **L. thapsoidea** Schott in Pohl Pl. Bras. II (1831) 102, t. 167; A. DC. Prodr. VII (1839) 380; Bot. Mag. LXXI (1845 t. 4150; Wimm. in Revista Sudam. Bot. II (1935) 106. — *L. thapsoides* G. Don, Gen. Syst. III (1834) 704. — *Haynaldia thapsoidea* Kanitz in Magyar Növ. Lap. I (1877) 4 et in Martius Fl. Bras. VI/4 (1878) 141. — *Euhaynaldia thapsoidea* Borbás in Pallas, Nagy Lex. VIII (1894) 779. — *Rapuntium thapsoideum* Presl l. c. 24. — *Dortmannia thapsoidea* O. Kuntze, Revis. II (1891) 973. — ? *Goniostoma brasiliense* Spreng. Syst. Veg. I (1825) 588 ex Cham. in Linnaea VIII (1833) 209. — Herba robusta 2—3 m alta, pubescens, caule simplicissimo, 2—3 cm crasso. Folia late lanceolata, 16—52 cm longa et 4—12 cm lata, apice subacuminata, ad basin sensim attenuata in petiolum brevem alatum vel paulatim sessilia, margine minute denticulata, utrinque pubescentia, membranacea, nervi laterales sub angulo recto ascendentes. Inflorescentia racemosa, densa, 20—40 cm longa. Bracteae lanceolatae, integrae, pubescentes, 20—45 mm longae et 2—4 mm latae. Pedicelli curvato-ascendentes, 10—16 mm longi, ebracteolati. Hypanthium hemisphaericum vel late turbinatum, 2 mm longum, 5 mm latum; lobi calycis triangulari-lineares, acutissimi, integerrimi, 15—20 mm longi et basi 3 mm lati, puberuli. Corolla rubro-lilacina, puberula. 35—50 mm longa. Filamenta deorsum pubescentia, supra 3 cm longa. Tubus antherarum plumbeo- et purpureo-striatus, parce pilosulus, 9 mm longus, 2 inferiores apice penicillatae. Capsula ovoidea, cr. 15 mm longa et 10 mm lata. Semina ovalia, latissime alata.

Brasilien: Rio de Janeiro (Schott, Martius! Glaziou n. 2632! 12921! — Hb. Del., Cambr.), Serra dos Orgãos (Gardner n. 462! 5535! Riedel n. 815!), Serra dos Orgãos, Waldrand zwischen Meio da Serra und Alto da Serra unterhalb Petropolis, 600—800 m (Zerny!); Nova Firburgo (Mendonça n. 1030!). Prov. Goyaz (Pohl n. 370! 5372! — Herb. Wien; Glaziou n. 21689 a! — Hb. Kew); Cantagallo (Th. Peckolt n. 229 b!). Serra d'Estrella (Sellow); S. Paulo, am Fluß Butoria, II. (Mosén — Hb. Regnell n. 3188! — Hb. Stkh.). — Nom vulg. „*Lingua de Rana*" (Mosén).

297. **L. langeana** Dusen in Arkiv Bot. Stockh. IX n. 19 (1910) 19, t. 8.

Caulis teres, fistulosus, obtusangulus, glaber vel subpubescens, ad 15 dm altus et ad 4 cm crassus, foliatus, internodiis 8—3 cm longis. Folia membranacea, glabra, lanceolata usque lanceolato-linearia, inferiora 20 cm longa et 3,5 cm lata, ad basin sensim angustata et marginato-subpetiolata, reliqua sessilia, basi breviter subrotundata, omnia apice acuta, basi ciliata, margine subcartilaginea purpureo-callose denticulata, denticuli evanescenter ciliolati, nervi secundarii sub angulo fere semirecto curvatim ascendentes. Flores in racemo multifloro, laxo, ad 50 cm longo. Bracteae foliaceae, lanceolatae, pedicello adnātae, denticulatae et ciliatae, 3—7 cm longae, flores superantes. Pedicelli sigmoideo-curvati, glabri, 2 cm longi, ad fere medium 2 bracteolis ciliatis ornati. Hypanthium late turbinatum, 5 mm longum, 8 mm latum, glabrum; lobi calycis sublineares, acutissimi, 20—23 mm longi, basi 3 mm lati, integerrimi, virides vel apicem versus purpurascentes, patentes. Corolla 45 mm longa, rosea, vel rubro-lilacina, extus et in parte inferiore intus pubescens; lobi 2 superiores profunde soluti, cr. 3 cm longi; lobi 3 inferiores 9 mm longi. Filamenta 28—33 mm longa, pubescentia. Tubus antherarum caesius, glaber, 8—10 mm longus, 2 inferiores apice penicillatae. Semina brunnea, nunc suborbicularia, nunc late ovalia, anguste alata.

B r a s i l i e n : Paraná, Serra do Mar, Roça Nova und Ypiranga, an grasigen und buschigen Orten, Rand der Wälder, Wege und Eisenbahn, 750—950 m, blühend Jan. bis Febr. (D u s é n n. 3329! — Herb. Stockh., Typ., n. 7476! 13748! 14415!); Santa Catharina, bei Joinville (A. S c h w a c k e n. 6897!); ohne genauere Ortsangabe (J. W e i r n. 450! — Herb. Cambridge.).

298. **L. fistulosa** Vellozo, Fl. Flum. (1825) 353 et Icon. ed Arrabida VIII (1827) t. 157. — *L. uranocoma* Cham. in Linnaea VIII (1833) 321; A. DC. Prodr. VII (1839) 379; Wimm. in Revista Sudam. Bot. II (1935) 106; Wettstein Handb. Syst. Bot. ed. 2 (1911) 770, ed. 4 (1935) 951, fig. 636. — *Haynaldia uranocoma* Kanitz in Magy. Növ. Lapok I (1877) 4 et in Martius Fl. Bras. VI/4 (1878) 142, t. 42. — *Rapuntium uranocomum* Presl l. c. 24. — *Dortmannia fistulosa*? et *D. uranocoma* O. Kuntze, Revis. Gen. II (1891) 972, 973. — Herba erecta, simplex, caule angulato, fistuloso, inferne glabro, superne scabrido-hirtello, radice fibrosa fasciculata, 2,5 m alta. Folia inferiora 41 cm longa et 5,5 cm lata, petiolo alato 15 mm longo, reliqua sessilia, lanceolata usque linearia, 7—34 cm longa et 1—3 cm lata, acutata, basi rotundata, margine inaequaliter callose denticulata, glabra, membranacea, nervi laterales sub angulo subrecto ascendentes. Racemus inferne interdum ramosus, densus, 12—90 cm longus, terminalis. Bracteae foliacae, ovato-lanceolatae, saepe puberulae, 20—45 mm longae et 7—11 mm latae. Hypanthium late turbinatum, 5 mm longum et latum, minute puberulum sicut pedicelli 8—16 mm longi. Lobi calycis triangulari-lineares, acutissimi, 17—25 mm longi et basi 3 mm lati, integerrimi, suberecti, minute puberuli. Corolla violacea (purpurea ex Schwacke!), minute puberula, 45—50 mm longa. Filamenta 32—35 mm longa, puberula. Tubus antherarum glaber, 8 mm longus, 2 inferiores apice penicillatae. Capsula ovoidea, 8 mm longa. Semina orbicularia, ala alba maxima cincta, 2 mm longa.

B r a s i l i e n : An feuchten und sumpfigen Orten von Bahia bis Uruguay, blühend von Nov. bis Januar. Rio de Janeiro (V e l l o z o); Nova Friburgo (D u s é n n. 1931!) Mts. Itatiaya (L. B. S m i t h n. 1609!); Minas Geraës: Caldas (R e g n e l l II, n. 177! W i d g r e n!); Itacolumy (A. S c h w a c k e. n. 9904!). Viçosa, Weg nach San Miguel (J. M e x i a n. 4177); S. Paulo (W a w r a n. 193! M o s é n n. 1437!), Jacarehy (M e n d o n ç a n. 309!), Tambaté, Parangaba, Ytú, Campo Grande (M a r t i u s, S a i n t - H i l a i r e n. 49); ohne besondere Ortsangabe (S e l l o w! — Typus für *L. uranocoma*).

299. **L. imperialis** E. Wimm. in Revista Sudam. II (1935) 94. — Herba erecta, robusta, superne saltem ramulosa. Caulis virens, laevis, obtusangulus, glaber. Folia

Fig. 98. a *Lobelia* (*Tupa*) *imperialis* 1/1. — b var. *kanitzii*: fol. — Orig.

sessilia (inferiora ignota!), oblonga, 8 cm longa et 2,5 cm lata, apice breviter subacuta, basi subangustata, margine integra callose minute denticulata, membranacea, glabra, nervi laterales sub angulo recto excurrentes. Flores in racemo denso, multifloro, cr. 25 cm longo et 5 cm lato; pedunculo in nostro specimine per 11 cm nudo. Bracteae foliaceae, lanceolatae, 25—12 mm longae, glabrae, margine sicut et rachis parce pubescentes. Pedicelli 35—16 mm longi, glabri, deflexo-curvati et apice iterum erecti. Hypanthium breviter semiglobosum, subliberum, 6 mm diamet.; sepala triangulari-linearia, acuta, callose marginata, integerrima, patentia, 9—13 mm longa et basi 3 mm lata. Corolla glabra, 3 cm longa; lobi laterales cr. 16 mm longi; labium inferius 3-fidum. Filamenta superne glabra, 2 cm longa. Antherae 9 mm longae, in dorso puberulae, 2 inferiores apice barbatae. Capsula fere supera, ovoidea, 12 mm longa et basi 11 mm lata. Semina suborbicularia, gilva, circum late alata, cr. 1,5 mm longa. — Fig. 98 a.

B r a s i l i e n : Ohne sonstige Ortsangabe (W e s t i n — sub „*L. reflexa*" — Herb. Thunberg in Upsala!).

var. **kanitzii** E. Wimm. nov. var. — Habitus ignotus. Caulis virens, laevis, fistulosus. Folia caulina (inferiora non vidi) lanceolato-oblonga, acuta, basi angustata vix petiolata, margine minute exserte denticulata et pilosula, supra glabra, subtus sparse hirtella, 13,5 × 3,5 cm. Pedicelli 15—20 mm lg., ebracteolati. Sepala 8—13 mm lg. Tubus anthereus 8 mm longus, glaber. A typo differt imprimis foliis, quorum nervi secundarii sub angulo 60—80° ascendent, et antheris dorso glabris. — Fig. 98 b.

B r a s i l i e n : Ohne nähere Ortsangabe (S e l l o w! — Hb. Lindl.).

299 a. **L. santos-limae** Brade in Rodriguesia X. n. 20 (1946) 46, t. 7. — Caulis erectus, 3—4 m altus, fistulosus, subteres, obtusangulus, foliatus, inferne glaber, superne puberulus. Folia subpetiolata, glabra, sed basi sparse ciliata, herbacea, oblongo-lanceolata, 25 cm longa, 5,5 cm lata (inferiora majora), apice subacuta, basi angustata, margine versus apicem tenuiter crenulato-denticulata. Racemus densus, ad 1,5 m longus et 8 cm in diametro. Bracteae foliaceae, ovatae vel suborbiculares, mucronatae, 15—18 mm longae et 9—12 mm latae, ad nervos et in margine dense puberulae. Pedicelli declinati, puberuli, 12—16 mm longi. Hypanthium breviter lateque semiglobosum, puberulum, 5 mm latum; lobi calycini anguste triangulares, integri, puberuli, praecipue versus apicem purpureum ciliolati, 14 mm longi, basi 3 mm lati. Corolla purpurea, glabra, 30—32 mm longa: tubus 25 mm longus, lobi anguste lineares, 2 laterales ceteris parum profundius soluti et 10—12 mm longi, 3 lobi medii circiter 7 mm longi. Stamina e tubo corollae longe exserta: filamenta ciliolata, antherarum tubus in suturis pilosus, 2 inferiores apice barbatae. Capsula infera, subglobosa, 10 mm diametiens. Semina 1,2 mm longa, ovalia, anguste alata. (Diagn. auct.)

B r a s i l i e n : Staat Rio de Janeiro, Santa Magdalena, Alto do Desengano, 2100 m (A. C. B r a d e et J o a q u i m S a n t o s L i m a , Brade n. 13251 — Hb. Bot. Gart. Rio de Jan. n. 28403).

300. **L. leucanthera** Kerr in Kew Bull. (1936) 34, Fl. Siam. Enum. II (1936) 304. — Herba erecta, usque ad 2 m alta, superne ramosa, rami divaricati. Caulis minute striatus, glaber. Folia glabra (radicalia non visa), caulina sessilia oblongo-lanceolata, 17 cm longa et 2 cm lata, acuta usque subacuminata, basi longe angustata, minute callose denticulata; folia superiora anguste lanceolata, 8 cm longa et 0,8 cm lata. Racemi terminales, cr. 8 cm longi. Bracteae ovato-lanceolatae, 25 mm longae, 4 mm latae. Pedicelli glabri, 2 cm longi, haud bracteolati. Calycis receptaculum 3 mm longum, glabrum, obscure costatum, laciniae lineares, acutae, integrae, 12 mm longae, 1 mm latae. Corolla purpurea, 27 mm longa, eius tubus intus parce villosus; lobi superiores cr. 16 mm longi, lobi labii inferioris cr. 11 mm longi. Fila-

menta 15 mm longa, basin versus pilosula. Antherae 6 mm longae, pilis albis dense vestitae, 2 inferiores barbatae. Capsula semiglobosa, cr. 5 mm longa (Descr. auctoris!).

S i a m : Mahārāt, Nan, Doi Pu Kā, auf Savannen, c. 1700 m (K e r r n. 4923). — Laos (K e r r n. 21000 — ex auct.).

Speciem non vidi, *Lobeliae* autem *nicotianaefoliae* var. *trichandrae* e diagnosi proxima esse videtur nisi eadem, cum ista etiam in India Orient. foliis fere glabris occurrat.

300a. **L. barnsii** Exell, Cat. Pl. S. Thomé (1944) 229, f. 13. — Caulis erectus, fere glaber, versus apicem pubescens, inferne ad 2 cm diametiens. Petioli 5—10 mm longi. Lamina foliorum anguste elliptica vel anguste oblanceolata, apice acuto paulo acuminata, margine conspicue denticulata, basi anguste cuneata in petiolum decurrentem, supra glabra, subtus ad nervos sparsissime pubescens. Pedicelli ad 25 mm longi; bracteae lineares, 6—30 mm longae. Racemus terminalis, densus, circiter 13 cm longus. Calycis tubus cupularis, pubescens, 3 mm longus, 5 mm latus; lobi anguste oblongi, acuti, subglabri, 6,5 mm longi. Corolla (vix matura) ad 23 mm longa, minute pubescens. Tubus stamineus 15 mm longus, antherae 6—7 mm longae, 2 inferiores apice pilosae.

T r o p. A f r i k a: Insel S. Thomé, Pico (B a r n s! — Kew). Endemisch.

Habitu *Lobeliae columnaris* Hook. f. similis, sed diversa caule et foliis fere glabris, pedicellis multo longioribus, corolla breviore, antheris inferioribus apice barbatis.

301. **L. exaltata** Pohl, Pl. Brasil. II (1831) 101, t. 166; Cham. in Linnaea VIII (1833) 209; G. Don Gen. Syst. III (1834) 704; A. DC. Prodr. VII (1839) 380; Wimm. in Revista Sudam. II (1935) 106. — *Rapuntium exaltatum* Presl l. c. 24. — *Haynaldia exaltata* Kan. in Magy. Növ. Lap. I (1877) 4 et in Martius Fl. Brasil. VI/4 (1878) 141 cum var. *ramosa*. — *Euhaynaldia exaltata* Borbás in Pallas, Nagy Lex. VIII (1894) 779. — *Dortmannia exaltata* O. Kuntze, Revis. Gen. II (1891) 972. — Caulis erectus, striatus, glaber, fistulosus, ad 2 m altus et ad 2 cm crassus. Folia caulina sessilia, lanceolata usque sublinearia, 16—44 cm longa et 1,5—6 cm lata, acuta, ad basin vix vel subattenuata, margine subcartilagineo callose denticulata, membranacea, glaberrima, nervi laterales sub angulo fere semirecto ascendentes. Flores in racemo denso, multifloro, terminali, 15—30 cm longo, interdum ramulos paucos racemigeros proferens. Bracteae ovato-lanceolatae usque sublineares, acutae, callose denticulatae, supra puberulae, subtus glabrae, 24—35 mm longae, 4—10 mm latae. Pedicelli 1—2 cm longi, puberuli. Calycis tubus hemisphaericus, puberulus, 3—4 mm longus, lobi triangulari-lineares, cuspidati, 10—14 mm longi, basi 2 mm lati, integerrimi, puberuli. Corolla cyanea vel sordide alba vel albo-viridis, puberula, 17—20 mm longa; lobi 2 superiores anguste triangulares, cr. 14 mm longi; labium inferius tripartitum, eius lobi lanceolati et cr. 9 mm longi. Filamenta pubescentia, 8—10 mm longa. Tubus antherarum plumbeus, glaber, 5 mm longus, 2 inferiores apice penicillatae. Semina gilva, ovalia, circum late alata vel uno latere paulum latius alata, 1 mm longa et 0,8 mm lata.

B r a s i l i e n : An feuchten und sumpfigen Orten, blühend vom Dez. bis Mai. Prov. Minas Geraës und Rio de Janeiro (P o h l n. 5151! et sine no. — Herb. Wien; G l a z i o u n. 9500! 11117!); bei Dourado (W i d g r e n n. 406!); bei Caldas (R e g n e l l I. n. 162!); S. Carlos (R i e d e l n. 2195!); Sierra de Cubatâo (S e l l o w!); ohne Standort (J. W e i r n. 215!). Prov. S. Paulo (U s t e r i n. 2 b! B u r c h e l l n. 4670), S. Bernardo, 800 m (W e t t s t e i n et S c h i f f n e r!); Mogymirim (M o s é n — Hb. Regnell n. 1438!); Santa Anna, Sumpf (B r a d e n. 5607! — Hb. Stkh.). Prov. Paraná: Capão Grande, Fernandes Pinheiro, Bauhado, Iratý (D u s é n n. 7645! 14525! 17956! et sine no.! in Herb. Stockh.).

302. **L. longisepala** Engl., Bot. Jahrb. XXXII (1902) 117; Fries in Svensk Bot. Tidskr. XVI (1922) 396; Bruce, Giant Lob. in Kew Bull. 1937, 70. — Frutex 2—5 m altus, ramosus, glaber. Folia lanceolata, inferiora 30—40 cm longa et 5,5—6 cm lata, petiolo 1 cm longo, reliqua cr. 10—13 cm longa et 2—4 cm lata, brevius

petiolata, apice acuminata, basi angustata, margine inaequaliter dentata usque denticulata, tenuiter membranacea, nervi secundarii sub angulo 80—60° arcuatim ascendentes. Rami racemis laxis, secundis, usque ad 50 cm longis terminati. Bracteae foliaceae, 3—9 cm longae et 0,5—3 cm latae. Pedicelli 15—25 mm longi, glabri, saepe bibracteolati. Calycis receptaculum oblongo-obconicum, glabrum, 8 mm longum, 4 mm latum; lobi lineares, acuti, 14—17 mm longi, 2—3 mm lati, integri, uni-nervii, glabri, patentes. Corolla saturate lilacina vel lilacino-coerulescens, minute puberula, 22 mm longa; lobi 2 laterales lineares, ad medium corollae soluti; lobi 3 inferiores triangulares labium 3-fidum formantes. Filamenta 10 mm longa, inferne minute puberula, secus glabra. Antherarum tubus 5 mm longus, glaber, 2 inferiores apice setosae. Capsula pendula, oblonga vel oblongo-globosa, inflata, 25 vel 18 mm longa et 10 vel 15 mm lata, sepalis demum deciduis coronata. Semina fusca, ovoideo-compressa, cr. 0,5 mm longa. — Fig. 97 h.

Tropisches Ostafrika: Usambara, im Urwald, 800 m (Scheffler n. 99! — Typus, Herb. Berlin); Landschaft Ost-Usambara, im lichten Urwald bei Amani, 500—900 m, am Bomole und Bulwa, 850—1150 m, von Ngaraya nach Balangai, 1150 m, blühend im August (A. Peter n. 7685! 15961! 17487! 17520! 17675! 18292! 21563! Grote!; Grote n. 6254, 6255, 6257, Warnecke n. 448! — Hb. W.); Amani, Kwamkoro Road, 1000 m, an feuchten felsigen Stellen auf Waldlichtungen des immergrünen Regenwaldes (Greenway n. 2983); Ulugurugebirge, 1500 m, Gruppen an Bach, blaulila, blüh. im Aug., bis 1,5 m hoch (Schlieben n. 4228! — Hb. Stkh.).

303. **L. nicotianaefolia** Heyne ex Roem. et Schult., Syst. V (1819) 47 et apud Roth, Nov. Pl. Spec. (1821) 143; Wallich in Roxb., Fl. Ind. ed. Carey II (1824) 110 et Num. List of Pl. East India Comp. Mus. collect. of Dr. Wallich (1828) 35 et 157 n. 1304; G. Don, General Syst. III (1834) 709; A. De Cand., Prodr. VII (1839) 381; Wight, Illustr. Ind. Bot. II (1850) 111, t. 135, f. 1—10; Hook. et Th. in Journ. Linn. Soc. II (1858) 29; Dalziel et Gibs., Fl. Bomb. (1861) 133; Hook. f., Bot. Mag. XCII (1866) t. 5587 excl. *L. excelsa* et *aromatica*; Regel, Gartenfl. XV (1866) 377; Clarke in Hook. f. Fl. Brit. Ind. III (1881) 427; Dymock, Mat. Med. West. Ind. 2. ed. (1885) 468; Watt, Dict. Prod. Ind. V (1891) 86; Trimen, Handb. Fl. Ceyl. III (1895) 57 p. p.; Gard. Chron. 3. ser. XXXV (1904) 195; Cooke, Fl. Bomb. III (1908) 72; Basu, Ind. Med. Pl. (1918) t. 567; Skottsberg, Arboresc. Lob. of Asia in Act. Hort. Bot. Gothoborg. IV (1928) 9, f. 1, 8—11, f. 12 b. — *L. robusta* Wall. ex Voigt, Hort. Suburb. Calcutt. (1845) 367, non Grah. — *L. eurostos* Voigt op. cit. — *Rapuntium nicotianaefolium* Presl. Prodr. Monogr. Lob. (1836) 24. — *Dortmannia nicotianaefolia* O. Kuntze, Rev. Gen. II (1891) 973. — Caulis lignescens 2—4 m altus, simplex vel parce ramosus, fistulosus, angulatus, plerumque ± pubescens, in statu juvenili rosulam foliorum in vertice gerens, partes novellae dense hirsutae. Folia inferiora obovato-oblonga vel subelliptica, cetera oblonga usque lanceolata, 7—38 cm longa et 1,5—8 cm lata, apice acuminata, acuta, ad basin in petiolum brevem angustata, margine conferte denticulata, inaequaliter vel crenulato-denticulata, membranacea, opaca, glabrescentia usque dense hirtella imprimis in pagina inferiore, nervi laterales sub angulo subrecto usque semirecto arcuatim ascendentes; folia superiora paulatim minora, angustiora et in apicem longiorem extensa. Rachis pubescens, racemus terminalis, multiflorus, densus, ultra pedalis. Bracteae foliaceae, puberulae, lanceolatae, sessiles, pedicellis breviores vel longiores. Pedicelli 12—30 mm longi, pubescentes, apice incurvi, saepe sine bracteolis. Calycis tubus semiovoideus, puberulus, circiter 3 mm lg. et lt.; segmenta calycis sublinearia, acuta, puberula, denticulata, 6—12 mm longa et 1—2 mm lata. Corolla alba versus apicem violascens, extus minute puberula usque pubescens, intus in tubo pubescens, 25—30 mm longa; lobi laterales anguste lineares cum labio inferiore trifido diu cohaerentes. Filamenta 15—17 mm longa puberula vel glabrescentia. Tubus antherarum 5—6 mm longus, caesius, glaber vel parce pilosus, 2 breviores pilis paucis longis

terminatae. Capsula subglobosa, decem-costata, ca. 8 mm lata. Semina fusca, ovoidea, compressa, angustissime marginata, 0,5 mm longa.

Clavis varietatum.

A. Racemi plus minusve densi; corolla pubescens.
 1. Tubus antherarum glaber vel parce pilosus, 2 inferiores solae apice barbatae var. *nicotianaefolia*.
 2. Tubus antherarum glaber, sed apice superiores antherae brevius, inferiores longius barbatae .... var. *bibarbata*.

B. Racemi plus minusve laxi; corolla vulgo glabra; tubus antherarum subvillosus, inferiores setis terminatae .... var. *trichandra*.

var. **nicotianaefolia.** — Diagn. ut supra.

Südliches Vorderindien bis Ceylon, häufig in den Bergen von 1000—2300 m ü. M. — Vorderindien: Deccan, West-Ghat von Bombay bis Travancore, Bangalore (Heyne! — ex Hb. Wallich n. 1304 im Hb. Cambr.); Coorg an Bächen und bei Mercara (Hohenacker n. 441!); Bombay (Lust!); Purandhar bei Sasson (Perottet!); Nilgirigebirge und Kurg (Thomson!); Malabar, Concan (Stocks!); Nilgirigebirge (Perottet n. 681 p. p., Thomson!); bei Sispara, 1800 m (Gamble n. 13466!). Ost-Ghat, Distrikt Madura, Presid. Madras, Pulney Hills, Kodaikanal-Station, 1650 m (A. Saulière n. 95!); Nepaul (Wallich!); India Orient. (Hügel n. 4969! Wight n. 1274! Benj. Heyne a. 1814 ad Roth missum — Hb. Berl. sp. orig.); Aglatti, Mysore, 1050 m, XI. (A. Meebold n. 10044! — Hb. B. Stkh.); südl. Indien, Lonaula, 600 m, IV. (A. Meebold n. 589!). — Ceylon: Ohne näheren Standort (Macrae n. 15! — Hb. Cambr.); Kaddugamawa 1800—2100 m, III. (A. Meebold n. 588!).

Nom. vulg.: „*Dhaval, Bokenal*" (Bomb.), „*Kadu-hogge-sobu*" (Canara), „*Rasni*" (Sing.), „*Deonal*" (Mahratta) — nomen fortasse datum propter usum caulis sicut illius arundinis pro incantationibus (Beschwörungen) — ex Dymock. — Herba exsiccata et semina valde acria sunt et irritant fauces (Rachen) et nares (Nase) simili modo ut tabacum. Semina continent venenum acri-narcoticum, quod Stramonio (*Daturae stramonio*) praefertur, si effectus efficax desideratur.

Haec planta et magis *L. leschenaultiana* proxime accedunt ad Giganto-Lobelias Africae tropicae, sed utrum etiam plurenni-monocarpaeae sunt vel potius tantum biennes, nondum probatum est.

var. **bibarbata** E. Wimm. nov. var. — Folia oblonga, acuminata, supra sparse, subtus sicut rami, pedicelli et calyces breviter pubescentia. Lobi calycis sublineares 10—12 mm longi, denticulati. Corolla usque 35 mm longa, inferne minus, superne plus et lobi extus valde pubescentes. Filamenta 16 mm longa, subpuberula. Antherae 6 mm lg., apice superiores brevius, 2 inferiores longius barbatae, secus glabrae. — Fig. 97 g.

Ceylon: Patana, Bandarawela, cr. 1200 m, blühend im August (H. H. W. Pearson n. 467! — Herb. Cambr.).

var. **trichandra** (Wight) C. B. Clarke in Hook. f. Fl. Brit. Ind. III (1881) 427; Gamble Fl. Madras IV (1921) 737. — *L. trichandra* Wight Icon. Pl. Ind. Or. IV (1850) t. 1171; Skottsb. in Acta Hort. Gothoborg. IV (1928) 16, f. 18 et 12 d. — Folia lanceolata, 9 cm longa et 2 cm lata, subacuminata, ad basin sensim attenuata et distincte (10—15 mm) petiolata, supra glabra, subtus imprimis ad nervos plus minusve puberula, rarius glabrata. Racemus rachide puberulo, sublaxus, cr. 15 cm longus. Bracteae lanceolatae, sessiles, pedicellis 15—25 mm longis inconspicue bracteolatis longiores vel breviores. Lobi calycis 6—12 mm longi, denticulati, glabrati vel puberuli. Corolla 20—24 mm longa, plerumque glabrata, alba cum apice roseo. Filamenta minute puberula, 9—11 mm longa. Antherarum tubus 4 mm longus, albo-villosus vel subvillosus, 2 inferiores setis terminatae.

Südliches Vorderindien: Nilgiri-Gebirge, Sispara (Hohenacker n. 1367! Perottet n. 681! p. p.); Anamallags (Beddome n. 4715!);

ohne nähere Standortsangabe (W i g h t n. 1273! et 556! — Herb. Leningrad, Wien). Distrikt Madura, Presid. Madras, Pulney Hills, Kodaikanal-Station, 1800 m (A. S a u l i è r e! — Herb. Del.).

Inter hanc varietatem et typum nonnullas formas transeuntes et vix dirimendas observavi, qua de causa non consentiam cum cl. S k o t t s b e r g, qui eam l. c. iterum ut speciem proclamat.

L. nicotianaefolia var. *trichandra* Trimen l. c. 58 — planta subglabra cum antheris imberbibus et floribus minoribus *L. leschenaultiana* f. *glabrior* Skottsb. l. c. p. 7 nominatur.

304. **L. beddomeana** E. Wimm. nov. spec. — Ramus (unum solum vidi) dense cano-pubescens, sparse foliatus. Folia ovata vel fortasse etiam elliptica, apice acuta, basi rotundata (obtusa), margine dentata usque denticulata, 25 vel 30 mm longa et 12—15 mm lata, supra brevissime hirtella, subtus imprimis in nervis hirta, herbacea. Flores videntur solitarii in axillis foliorum superiorum et laxe racemose dispositi (fortasse occasionaliter ut puto). Folia floralia subpetiolata. Pedicelli albo-hirti, ebracteolati, circiter 2 cm longi, ascendentes. Segmenta calycis semi-globosi hirti lanceolato-linearia, denticulata, sparse hirtella, 9—10 mm longa et in medio 2 mm lata, subpatentia. Corolla 22 mm longa, hirtella, alba (?), lobi cohaerentes, saltem initio. Filamenta albida, glabra, 11 mm longa. Tubus anthereus plumbeo- et fusco-striatus, in dorso breviter crispo-pubescens, 5 mm longus, antherae 2 breviores apice pilosae. — Fig. 97 j.

V o r d e r i n d i e n : Nilgirigebirge „Neilgherry Hills" (R. H. B e d d o m e n. 4716! — Hb. Univ. Wien).

Non sine dubio hanc speciem ut novam propono, cum materia tam insufficiens sit, sed proprietates eius tam conspicuae sunt, ut ea facile dignoscatur. De cetero affinis est *L. nicotianaefoliae* et sic eam hic pono.

305. **L. omiensis** E. Wimm. in Annal. Naturhist. Mus. Wien LVI (1948) 366. — Herba erecta, glaberrima. Caulis circiter 80 cm altus, simplex ?, sparse foliatus, foliorum internodiis 2—3 cm longis. Folia membranacea, glaberrima, basalia ignota, reliqua inferiora elliptica, 7 cm longa, 3 cm lata, petiolo alato circiter 7 mm longo, media et superiora lanceolata, 9—12 cm longa et 1,8—2,5 cm lata, utrinque acuta, basi subpetiolata usque sessilia, margine irregulariter grossius dentata imprimis versus apicem, versus basin paulatim denticulata vel fere integra, nervi secundarii prominuli sub angulo fere recto ascendentes. Flores (in nostro specimine modo florere incipiente 7 alabastra et unus flos apertus adsunt) in racemo laxo terminali. Bracteae foliaceae, 15—50 mm longae. Pedicelli 20 mm longi, puberuli, infra medium minutissime bibracteolati. Hypanthium semi-ovoideum, puberulum, cr. 3 mm longum et latum; lobi sublineares, 5 mm longi, 1,5 mm lati, obtusiusculi, subdenticulati vel undulati, glabrati. Corolla glabra, 20 mm longa, lobi 2 superiores lineares, ascendentes, cr. 10 mm longi, 1 mm lati, ad medium corollae soluti, labium inferius trifidum. Filamenta 10 mm longa, glabra. Tubus antherarum 5 mm longus, caesius, glaber, 2 inferiores barbatae. — Planta fere intermedia videtur inter *Lobeliam davidii* var. *dolichothyrsam* et *L. nicotianaefoliam*, a prima assumens habitum et formam foliorum, a secunda flores longi-pedicellatos. Ab utraque glabritie discedit. Neque hybrida inter eas esse potest, quia parentes in illo loco, ubi species crescit, non concurrunt. — Fig. 99 e.

C h i n a : Setschuan, Mt. Omi (E. H. W i l s o n n. 5034! — Hb. Kew).

§ 2. Barbiferae — Brevipedicellatae.

306. **L. hilaireana** (Kanitz) E. Wimm. in Revista Sudam. Bot. II (1935) 106. — *Haynaldia Hilaireana* Kanitz in Martius Fl. Brasil. VI/4 (1878) 143. — *Dortmannia Hilaireana* O. Kuntze, Revis. Gen. II (1891) 972. — Herba 1—2 m alta, glaberrima, fortasse ramosa, saltem superne, succu luteo scatens. Folia sessilia, lineari-lanceolata, 9—25 cm longa et 1—3 cm lata, subacuminata, basi subattenuata, margine denticulis callosis densis parum hamulosis praedita, specie serrulata, supra subvernicosa,

subtus pallida. Racemus terminalis, multiflorus. Bracteae ovato-lanceolatae, anguste acutae, conferte callose denticulatae, purpurascentes, 22—30 mm longae et 4—6 mm latae. Pedicelli 6—8 mm longi. Hypanthium campanulatum, cr. 5 mm longum et latum; laciniae sublineares, acutissimae, integerrimae, fere colore corollae, 20—24 mm longae et basi 3 mm latae, patentes. Corolla purpurea, nitida, glabra, cr. 35 mm longa. Filamenta 28 mm longa, superne glabrata, deorsum pubescentia. Antherarum tubus 7 mm longus, obscure coeruleus aut violaceus, in suturis parce setulosus, 2 inferiores apice longe penicillatae. — Fig. 97 i.

Brasilien: Minas Geraës (Saint-Hilaire n. 54! — Hb. Budp.).

Planta mihi e specimine originario tantum nota, postea non iterum inventa vel rarissima videtur. — Inflorescentia tota purpureo-colorata, certe species insignis et pulchra.

307. **L. melliana** E. Wimm. in Akad. Anzeiger Wien n. 14 (1924) 4. — Suffrutex glaberrimus, ad 1,4 m altus. Folia (inferiora non vidi) ovato-oblonga usque oblonga, 7—9 cm longa et 2—3 cm lata, apice acuminata, basi alia in petiolum alatum cr. 1 cm longum attenuata, alia subrotundata et subsessilia, margine subrepanda remotius et subtiliter denticulata, tenuiter membranacea, flavo-viridia, nervi secundarii, fere plani 9—10 utrinque, sub angulo 60—50° curvatim ascendentes. Flores in axillis foliorum superiorum solitarii, remoti et in apice paulatim racemosi. Bracteae racemi anguste lanceolatae, cuspidatae, denticulatae, flore plerumque multo longiores. Pedicelli compressi, 5 mm longi, in medio bracteolis 2 subulatis 3 mm longis vestiti. Calycis receptaculum semi-ellipsoideum, 3 mm longum; laciniae lineares, cuspidatae, integerrimae, patentes, 18—22 mm longae et vix 1 mm latae, corollam superantes. Corolla coerulea, cr. 17 mm longa, extus glabra, intus in tubo pubescens; lobi 2 superiores 11 mm longi, labium inferius trifidum, parum brevius. Filamenta 9 mm longa, usque ad medium segregata et pubescentia, sursum connata et glabra. Antherarum tubus caesius, albo-pilosulus, 4 mm longus, 2 inferiores apice barbatae. Capsula ovoidea, laciniis calycis deflexis coronata, 7 mm longa et 5 mm lata. Semina compresso-ovoidea, foveolata, fusca, 0,6 mm longa. — Fig. 99 d.

China: Prov. Kwangtung, nördl. Teil, auf Granitunterlage an Bächen im Lungtou-schan-Gebirge, 60 km östl. der Stadt Siudsao (Schaotschou) und an Gräben in lichten Wäldern des Mandse-schan-Berges bei der Stadt Kweiyang, 700—900 m, blühend im August (R. Mell n. 888! 551! — Herb. Wien); Thai-Yong, ein Gebirgstal in 660 m Höhe 60 Meilen westl. vom Hafen von Swatow (Dalziel); Lockchong, in der Nähe des Flusses (N. K. Chun n. 42372!).

Lobeliae seguinii proxima, sed corolla parva et antheris pilosissimis statim recognoscenda.

308. **L. pyramidalis** Wallich in Acta Soc. Asiat. XIII (1820) 376, in Roxb., Fl. Ind. II (1824) 113 et Pl. Asiat. Rar. II (1831) 42, A numer. List (1828) n. 1302 p. p.; D. Don in Bot. Mag. L (1823) t. 2387, Prodr. Fl. Nepal. (1825) 157 p. p.; G. Don, General Syst. III (1834) 709 p. p.; A. DC., Prodr. VII (1839) 381 var. β; C. B. Clarke in Hook. f., Fl. Brit. Ind. III (1881) 426 p. p., Pl. of Kohima and Muneypore in Journ. Linn. Soc. XXV (1890) 41; Skottsberg in Acta Hort. Bot. Gothoborg. IV (1928) 17, 21, fig. 12e, 25—31; Lecomte & Gagn., Fl. Indo-Chine III (1930) 676, f. 76. — *Dortmannia pyramidalis* O. Kuntze, Revis. II (1891) 380. — *L. Wallichiana* Hook. f. & Thoms. in Journ. Linn. Soc. II (1858) 29; Kurz in Journ. As. Soc. II (1877) 211. — *L. stimulans* Hamilt. ex D. Don l. c. — *Rapuntium Wallichianum* Presl, Prodr. Monogr. Lobel. (1836) 24. — Frutescens, ramosa, glabra, 1—2 m alta. Folia oblanceolata usque lineari-lanceolata, 6—19 cm lg. et 0,8—2 cm lt., acuta, ad basin angustata, margine adpresse callose denticulata, sessilia, glaberrima, laevia, nervi secundarii sub angulo semirecto ascendentes. Flores in racemis multifloris paniculatis. Bracteae foliaceae, lanceolato-lineares, 1—3 cm longae et 0,1—0,4 cm latae. Pedicelli patentes, apice deflexi, glabri, ebracteolati, 6—10 mm lg. Calyx campanulatus laciniis linearibus, acutis, integerrimis, subpatentibus, 7—11 mm longis, 1 mm latis. Corolla alba leviter roseo-suffusa vel lilacina, 12—15 mm longa, glabra, lobi 2 laterales anguste lineares, labium inferius trifidum. Filamenta

7 mm longa, glabra. Antherae coeruleae, in dorso pubescentes, 2,5 mm longae, 2 inferiores apice pilosae. Capsula globosa, 5 mm diametiens, nutans. Semina fuscescentia, oblongo-ellipsoidea, compressa, in uno latere angustissime alata, ca. 3 mm lg. — Fig. 99 f.

Himalaya-Gebiet bis Ober-Burma, im temperierten Bergland oft gemein, fast das ganze Jahr blühend: Nepal (Wallich n. 1302! — Hb. Del. Presl. W.); Zentral-Nepal (Scully!). — Sikkim (Hooker!); Regenwald zwischen Sonada und Surail, c. 1700 m, 22. III. 1906, 1 m hoher Strauch (Engler n. 5383!); bei Dardjling im Gebüsch, 2300 m (A. Meebold n. 587!). Bengalen, Khasia-Gebirge (Griffith! Clarke n. 19150! p. p., Hb. Calcutt.!). — Assam, Kohima (Clarke!); Muneypore (F. Schiller! — W.). — Burma, Sarpung, Nagaberge (A. Meebold n. 7279! — W.); Arakan, Mt. Victoria, 1400 m, Pakokku — Chinhills, hohe Staude auf entwaldeter Fläche, 12. III. 1938 (G. Heinrich n. 3! — B.). — Südost-Bhutan, Satsalor, Chungkav Rond, on banks in clearings in forest, 1500 m (Ludlow & Sherriff n. 1123! — Brit. Mus.). — Nom. vulg. in lingua Khasi: „*Alia Chao*“ (Don). A Nepalensibus ut stimulans adhibetur.

Clarus Wallich sub numero 1302 plerumque duas species diversas edidit, rarius unam tantum. Preslius agnovit inter eas duas species, praesentem nominans *Rapuntium Wallichianum*, alteram *Rapuntium pyramidale*; A. De Candolle verisimiliter autem exsiccatas unam speciem continentes in manibus habuit et sic non duas vel vix duas varietates statuere potuit. Skottsberg in op. cit. recte judicat, si dicit, Wallichium post correctam descriptionem *Lobeliae pyramidalis* 1820 publicatam, in collectione 1828 edita autem duas supra dictas species promiscuisse, unde Skottsberg secundam speciem novo nomine *Lobelia doniana* publicat, quae a *L. pyramidali* separanda est et me judicante ratione exemplariorum intermediorum propius accedit ad *Lobeliam seguinii*, a qua specifice paulo tantum differt. Vide istam! (n. 310).

309. **L. sessilifolia** Lamb. in Transact. Linn. Soc. X (1811) 260, t. VI, f. 2, non Willd.; Roem. & Schult., Syst. V (1819) 56; Sprengel, Syst. I (1825) 712; Chamisso in Linnaea VI (1831) 591 („*sessiliflora*“); Ledebour, Fl. Ross. II (1844) 869; Turczaninow, Fl. Baicalensi-Dahur. II (1856) 178; Maximovicz, Primit. Fl. Amur. (1859) 183; Transact. Russ. Hort. Soc. (1863) t. 118; Regel, Gartenfl. XII (1863) t. 392; Otto, Hamb. Gartenzeitg. XIX (1863) 257; Herder, Pl. Radde. Monopet. N. 1 in Acta Horti Petrop. I/2 (1872) 285 et Radde, Reisen IV/1 (1871) 38; Krom, Voy. Kamtchat. 40, 453; Franchet & Savatier, Enum. Pl. Jap. I (1875) 275; Palibin, Consp. Fl. Koreae (1898) 127; Kudo, Rep. Veg. N. Saghal. (1924) 225; E. Houltén, Fl. Kamtchat. (1930) 152, t. 299, fig. 712; Komarov, Fl. Kamtch. III (1930) 117; Nakai, Apoi. (1930) 70; Tsong in Contrib. Inst. Bot. Nat. Acad. Peiping III, no. 3 (1935) 115; Miyabe & Tatewaki in Trans. Sapporo Nat. Hist. Soc. XIV (1936) 189; Kitagawa, Lineamenta Fl. Manshur. (1939) 420; Somoku Dzusetsu 2. ed. XVII (1874) t. 63, ed. Makino, Iconogr. Pl. Nipp. XVII (1912) t. 61. — *L. camtschatica* Pall. mss. ex Roem. & Schult., Syst. V (1819) 56; Sprengel, Syst. I (1825) 713; Turczaninow, Cat. Baikal. 741. — *Rapuntium kamtschaticum* Presl, Prodr. Lob. (1836) 24. — *Lobelia saligna* Fischer in Mém. Soc. Nat. Mosc. III (1812) 65, t. 9. — *L. salicifolia* Fischer Herb. apud Trautvetter, Incrementa Fl. Ross. (1882) 501. — Erecta, glabra, 30—90 cm alta. Caulis teres, dense foliatus. Folia ima obovata obtusissima (Maxim.!), cetera lanceolata vel ovato-lanceolata, 2—7 cm longa et 0,3—1,5 cm lata, apice sensim acuta, basi breviter angustata sessilia, margine serrulata, suberecta, inferiora interdum reflexa. Racemus terminalis, laxus, multiflorus. Bracteae foliaceae, ovato-lanceolatae, 6—20 mm longae. Pedicelli 8—12 mm longi, glabri, compressi, inconspicue bracteolati. Hypanthium campanulatum, lobis lineari-triangularibus, acutis, 6—10 mm longis, subpatentibus. Corolla coeruleo-violacea, coeruleo-purpurea, violacea, 28—32 mm longa, bilabiata, glabra, intus subvillosa, lobi 2 superiores fere duplo angustiores quam inferiores, erecto-patentes; labium inferius trifidum, 2 maculis albidis versus basin notatum, lobi lanceolati, 3—5 mm lati, omnes margine albo-villoso-ciliati. Filamenta glabra, 16 mm longa,

longe exserta. Antherarum tubus caesius, 4 mm longus, glaber vel antice in dorso pilosulus. Stigma bilobum, subtus pilosum. Capsula ovoidea, 8 mm longa et 5 mm lata. Semina auriculiformia, uno latere late, altero latere angustissime vel non alata, fusca, vernicosa, laevia, fere 2 mm longa et 1,1 mm lata.

Verbreitungsgebiet: Von Kamtschatka über Japan und südöstliches Sibirien bis Jünnan und Formosa. Kamtschatka (Pallas! Fischer! Komarov! J. Meyer!); Ried (Erman!). — Insel Sachalin: Taiziska, blüh. Anfang Aug. (Schmidt & Glehn, anno 1860!). — Sibirien: Amurgebiet, an den Flüssen Schilka und Argun (Turczaninow! — Hb. Goett. B.); auf Sumpfwiesen bei Blagowjestschensk (F. Karo n. 58! — Hb. Berl.); Amur, Ufer eines sumpfigen Teiches, 23. VIII. 1854, bei Tschirkrach häufig gesellig und unterhalb Onni auf dem quelligen felsigen Ufer (Maximovicz!); ohne Ortsangabe (Treskine! — orig. pro *L. saligna*). — Mandschurei: Küste (Wilford!); am Fluß Jalu-dsian am oberen Jalu gegenüber der Stadt Je-san-po, 18. VII. 1897 (Komarov!); zwischen Chár und Bureja, russ. Mandschurei (Komarov n. 1496!); feuchte Wiesen bei Kirin, 400 m (F. H. Chen n. 332! — Hb. W.). — Korea: Seoul (Kalinovsky), Chemulpo (Carles), Chinampo (U. Faurie n. 857!); Korea-Archipel, Green Island (Oldham n. 492). — China: Prov. Schantung, Schitoa an der Küste, VIII. (E. Licent n. 13472! — Hb. W.); Berge von Tschi-fu[Chefoo] a. 1891 (Faber — Hb. B.). Jünnan: Nordwest-Teil, zwischen den Flüssen Djinscha-djiang (Yangtse) und Landsang-djiang (Mekong), Weg Djitsung — Katatang in sumpfigen Gräben bei dem Dorfe Döku, 27° 19′, 2800 m, auf Sandboden, 30. VIII. 1915 (Handel-Mazzetti n. 7907! — Hb. W.); Likiang, östliche Abhänge des Schneegebirges, Yangtse-Wasserscheide, 3200 m, IX. (J. F. Rock n. 10717!); Lichiang, auf feuchten Wiesen und bei dem Tempel Tibet (C. Schneider n. 3745! 2476! 3869!); Berg Tsang bei Tali, 2800 m, VIII. (C. Schneider n. 2943!); Sumpf zwischen Sin Tsin und Ta-pin-tsé, X. (Delaway n. 3913! — Hb. Boiss.). — Japan: Auf fast allen Inseln verbreitet. Hakodate, Mombetsu, Tsurugizeo, Matsujama, Hakkoda (U. Faurie n. 775! 4514! 1056! 13724! 11622! 5968! — Hb. Del. B.); Chodongaca, X. (Wichura!); Hiogo (Wawra n. 1395!); Togakuschima, Schinano (Osuma!); Ihao, an Bachrand im Walde, 800 m, himmelblau blüh. (M. du Bois-Reymond n. 277! — Hb. Berl.); Insel Shikotan, Kompu-usu (ex H. Takeda). — Jap. Name: „*Sawa-gikyô*".

f. **leucantha** Hara in Bot. Mag. Tokyo LI (1937) 898. — Flores albi.

Japan: Insel Jesso, am Fuß des Berges Apoi (ex Hara). — Jap. Name: „*Shirobana-sawagikyô*".

var. **latifolia** Nakai in Bot. Mag. Tokyo XXXIV (1920) 51. — Folia ovata usque late lanceolata, 6—8 cm longa et 1,5—2 cm lata. Capsula subglobosa. Florens a mense Julio, circiter 1 mensem prius quam planta typica (ex auct.).

Japan: Hondo, Senjyogahara, Nikko (Naojashi Mochidzuki). Jesso, Hakodate (Maximovicz, It. secund. 1861!, Rainer-Kesslitz! — Hb. W.).

Kamtschatka, Vulkan zwischen Petropavlovsk und Avatcha, 175 m. 21. VIII. 1820 (E. Hultén n. 978!); mittlerer Ksudach-Fluß 6. VIII. (E. Hultén n. 2711! — Hb. Stkh.). — Jap. Name: „*Hiroha-sawa-gikyô*" (Nakai).

Haec species etiam ad gregem *Cardinales* subgeneris *Lagotis* affinitatem ostendit, sed forma seminum proxime accedit ad illas species subgeneris *Tupac*, quae seminibus alatis laevibus excellunt et etiam in Asia orientali occurrunt, unde eam melius hic insero.

310. **L. seguinii** Lévl. et Van. in Fedde, Repert. Spec. Nov. XII (1913) 186. — *L. pyramidalis* auct. plur., non Wall., quoad specimina sinensia. — Frutex ramosus, glaber, 1—5 m altus. Folia oblonga usque lanceolata, acuta vel subacuminata, basi angustata, margine callose denticulata, chartacea, glabra, supra obscure, subtus dilutius viridia; inferiora cr. 25 cm longa et 3,5 cm lata, in petiolum marginatum 2—6 cm longum angustata; reliqua 7—14 cm longa et 1,6—3 cm lata, breviter

Fig. 99. a *Lobelia* (*Tupa*) *seguinii*: pars inflorescentiae 1/1, capsula dissecta, semina ca. 15/1. — b *L. seguinii* var. *doniana*: pars inflor. 1/1, semen 15/1. — c *L. eryliae*: folium et flos ca. 2/3. — d *L. melliana*: flos cum folio fulcrante 1/1, capsula, semen 10/1. — e *L. omiensis*: folium et flos ca. 1/2. — f *L. pyramidalis*: pars inflor. fere 1/1. — g *L. clavata*: folium ca. 1/5, capsula 1/2, semina 10/1. — h *L. rosea*: flos fere 1/1, semina 10/1. — i *L. colorata*: pars inf. plantae ca. 1/3, flos 3/5, caps., semina 10/1. — j *L. erecta* ca. 1/3, flos 3/4, semen 10/1. — k *L. nubigena*: corolla expl. 4/5, semen 5/1. — l *L. mishmica*: fructus cum folio fulcrante ca. 3/4. — Orig.

petiolata usque subsessilia. Racemi densi, secundi, terminales, 10—20 cm longi, saepe subnutantes. Bracteae anguste lanceolatae, saepe integrae, flore ut plurimum breviores. Pedicelli 5 mm longi, in medio vel in apice bibracteolati. Hypanthium obconicum vel anguste campanulatum, 6 mm longum, 4 mm latum; lobi calycis sublineares, plerumque integri et in apice purpurascentes, glabri, erecti usque patentes, 14—16 mm longi (in varietatibus 8 vel ad 22 mm longi). Corolla dilute coerulea (Seguin) vel alba leviter violascens (Cavalerie) vel coeruleo-violacea (Maire) vel purpurascens (Tsiang), extus glabra, tubo intus pubescens, 25—30 mm longa; lobi 2 superiores cr. 17 mm longi ascendentes; labium inferius trifidum, lobi ovato-lanceolati, 8 mm longi. Filamenta 12—15 mm longa, inferne puberula, secus glabra. Antherarum tubus caesius, 5 mm longus, in connectivis pilosulus vel et glabratus, 2 inferiores setis paucis terminatae. Capsula ellipsoidea, inflata, 12 mm longa et 8—10 mm lata. Semina fusca, oblonga, subcompressa vel etiam in uno latere angustissime alata, 0,6 mm longa.

Clavis varietatum.

A. Planta glabra; sepala integerrima, rarissime obsolete denticulata, 14—16 mm lg., (8 mm apud f. *brevisepala*, 18—25 mm lg. apud f. *longisepala*) .... var. *seguinii*.

B. Plantae plus minus puberulae.

1. Sepala integerrima, 16—25 mm longa .... var. *arakana*.
2. Sepala denticulata, 10—13 mm longa .... var. *doniana*.

var. **seguinii.** — Fig. 99 a, 100.

China: Prov. Kweitchou, Kouy-Tscheou bei Hoang-Ko-Chou, blühend im Okt. (J. Seguin! J. Esquirol n. 6! — Herb. Edinb., Wien); Pinfa, selten (Cavalerie et Fortunat n. 1515! Cavalerie n. 676! — Herb. Paris); Tseh-heng, Tsenwang und bei Chenchfeng auf freien Plätzen und an Wegrändern, blühend Oktober, November (Y. Tsiang n. 9278! 4388!). Prov. Hupeh: Ichang, blühend im Feber (Henry n. 1085! 2239!); W. Hupeh (E. H. Wilson n. 2751!). Prov. Yünnan: Ohne genaueren Standort (E. E. Maire n. 10007! Henry n. 1721! — Herb. N. York, beide Übergangsformen (sepala denticulata) zur var. *doniana*; Ducloux n. 514! 2970! 4824! 5836! 6471!); Präfektur Tschao-tang, Eul-long-kang (Ducloux n. 4381!); Schluchten am Ta-ouang miao bei Tapintze (Delaway n. 3194!); bei den Friedhöfen oberhalb Tali (Delaway sine no!); westlich von Talifu, Mekong-Wasserscheide, zwischen Youngchang und Tengyueh (Rock n. 6644!); bei Youngchangfu auf offenen Abhängen, 1800 m, im Tale des Salwin gegen Tarpingpu, 1000—1500 m und auf der Ebene bei Lichiang, 2300 m (C. Schneider n. 2511! 2572! 2609!); Wald bei Molangpo bei Jüendjiang, 1650 m, Nonkio Mammai zwischen Tscheli und Mönglung, 1700 m (Wissmann n. 400! 654!). — Formosa: Bunkiko (U. Faurie n. 1459! — Hb. Paris, ganz kahl, aber Sepala remote denticulata).

f. **longisepala** E. Wimm. in Akad. Anzeiger Wien n. 14 (1924) 4. — Differt a typica planta imprimis sepalis 18—25 mm longis, corolla lilacina (Henry) majore et antheris saepe dense pilosis.

China: Prov. Setschwan, südwestl. Teil, bei der Stadt Huili auf sandigem Grunde an Gräben, 1900 m, blühend im Sept. (Handel-Mazzetti n. 5167! — Herb. Wien). Yünnan: (Henry n. 9671! Forrest n. 215! 7979!), in der Gegend von Tengyueh, 1800 m (C. Schneider n. 2634!); Wälder bei Peyentsin (S. Ten n. 1423!); West-China, Wushan (E. H. Wilson n. 2757!).

f. **brevisepala** E. Wimm. l. c. — Sepala conspicue breviora quam in typo, 8 mm longa, dimidium tubi staminum tantum aequantia. Corolla 25 mm longa, coerulea (Mell).

China: Prov. Yünnan, an feuchten Stellen neben dem Wege von Yünnan-fu nach Suifu bei Kianghi, 2600 m (R. Mell! — 10. IX. 1914 p. p.).

Fig. 100. *Lobelia seguinii*: frutex florens in medio. Photo Handel-Mazetti.

var. **doniana** (Skottsb.) E. Wimm. n. c. — L. *Doniana* Skottsb. in Acta Hort. Bot. Gothoborg. IV (1928) 19, f. 12, 19—24. — *L. pyramidalis* D. Don Prodr. Fl. Nepal. (1825) 157 p. p.; Wall., A numer. List (1828) n. 1302 p. p., non As. Res.; G. Don Gen. Syst. III (1834) 709 p. p.; A. DC. Prodr. VII (1839) 381, excl. var.; Hook. f. et Thoms. in Journ. Linn. Soc. II (1858) 29; Forbes et Hemsl. in Journ. Linn. Soc. XXVI (1889) 3 p. p. — *Rapuntium pyramidale* Presl l. c. 23. — Folia saepius latiora et magis acuminata quam in typica, subtus plerumque puberula, supra glabrata vel parce puberula. Inflorescentia, corolla forsan excepta, puberula usque glabrescens. Sepala plerumque denticulata, 10—13 mm longa. Corolla coeruleo-violacea usque coerulescens vel purpureo-violacea, 20—30 mm longa, extus in nervis hirtella vel glabrescens. Antherae glabrae vel parce pilosulae. — Fig. 99 b.

Himalaya-Gebiet: Ost-Bengalen und vielleicht südliches China. Nepal (Wallich sine no. et n. 1302! p. p. —Herb. Del., Cambr.); Sikkim, Darjiling, vereinzelt im Waldesschatten auf dem Birchhill, 1600—2500 m (J. R. Drummond! Griffith! J. D. Hooker! C. B. Clarke n. 9402 D! H. Hallier!); Khursiong, Shillong (C. B. Clarke n. 35979! 38858 A!). Bengalen: Naga Hills (Prain!); Assam, Tekhubama, an sonnigen, grasigen Abhängen, c. 2200 m (Kingdon-Ward n. 12523!); Khasi-Gebirge (Griffith n. 304! Hook. f. et Thomson!). Nach Clarke auch im Garwhal und Kumaon-Distrikt. — China, Yünnan (Delaway n. 3620! — Herb. Paris).

Haec varietas a D. Don et aliis, primo etiam a me, a *Lobelia pyramidali* non satis discreta est, quia plantae exsiccatae a Wallichio sub hoc nomine distributae plerumque etiam hanc varietatem continuerunt. Skottsberg primus hanc rem recte cognoscens dissolvit.

var. **arakana** E. Wimm. in Annal. Naturhist. Mus. Wien LVI (1948) 367. — Caulis superior, rami, calyx, corolla extus et folia subtus minute puberula; sepala inaequalia 16—25 mm longa, integerrima, ciliata.

Burma: Arakan, Mt. Victoria, 1400 m, Pakokku — Chinhills, 2 m hohe Staude auf einer entwaldeten Fläche, 12. III. 1938 (G. Heinrich n. 9! — Hb. B.). — Fast wie eine Mittelform zwischen var. *seguinii* und var. *doniana.*

311. **L. philippinensis** Skottsb. in Acta Horti Bot. Gothoborg. IV (1928) 13, fig. 12c, 15—17. — *L. nicotianaefolia* auct. philipp. in herb. var. — *L. nicotianaefolia* var. *mollis* Elmer in Leafl. Philippine Bot. IX (1934) 3180. — Herba robusta, erecta, ramosa, 1—3 m alta. Caulis basi ad 4 cm crassus cum ramis glabratus, versus apicem sicut ramuli puberulus, demum glabrescens. Folia inferiora longe (cr. 6 cm) petiolata, lanceolata, 50—30 cm longa et 8—5 cm lata, superiora sensim minora, anguste lanceolata, 14—5 cm longa et 0,6—1,7 cm lata, apice longius acuminata, basi in petiolum brevem angustata, margine callose denticulata vel fere serrulata, membranacea, supra parce, subtus densius puberula, rarius subglabra. Racemi densi, 20—80 cm longi. Bracteae lineari-lanceolatae usque subulatae, integrae, 10—25 mm longae. Pedicelli 5—10 mm longi, medio bibracteolati. Hypanthium turbinatum, laciniae lineari-subulatae, 6—14 mm longae, integrae, patentes. Corolla albo-rosea vel lilacina, subglabra, 26—30 mm longa. Filamenta glabra, 15 mm longa. Antherarum tubus 4 mm longus, in parte anteriore longe pilosus, 2 inferiores pilis longis terminatae. Capsula oblongo-ovoidea, 8 mm longa et 4 mm lata. Semina ovoidea, compressa, fulva, cr. 0,4 mm longa.

Philippinen: Im nördlichen Luzon gemein auf grasigen, bebuschten und waldigen Stellen, von 1200—1600 m, Prov. Benguet (Merrill n. 1755! Elmer n. 8618!); Subprov. Bontoc (Vanoverbergh n. 38!); Prov. Pampanga, Zambales-Gebirge, Berg Pinatubo (Elmer n. 22181 — Typus für *L. nicotianaefolia* var. *mollis* Elm.; Loher n. 6458!); ex Skottsberg: Bacani n. 15890; Curran, Merrit et Zschokke n. 16101; Clements n. 9270; Santos n. 31657.

' Haec species *Lobeliae seguinii* ita proxima est, ut ea varietas istius esse potuerit imprimis simili pubescentia cum var. *doniana*, tamen propter formam seminum bonam speciem repraesentare videtur.

313. **L. epilobioides** E. Wimm. in Fedde, Repert. Spec. Nov. XXXVIII (1935) 79. — Verisimiliter herba similis *Lobeliae pyramidali*. Vidi tantum ramulum unum. Ramulus glaber, teres, virenti-albidus, medullosus, internodiis foliorum 2 cm longis. Folia sessilia, oblongo-lanceolata, 33 mm longa et 8 mm lata, apice acuta, margine denticulis antrorsum versis munita, basi breviter acuta, carnosula, glaberrima, nervi secundarii 4 sub angulo acuto excurrentes. Flores in racemo sublaxo, 10—15 cm longo, rachide hirtello. Bracteae lineari-lanceolatae, pedicello sublongiores, ciliatae. Pedicelli hirtelli, 8 mm longi, patenti-ascendentes, in medio 2 bracteolis subulatis praediti. Hypanthium turbinatum, subhirtum, 4 mm longum; lobi 5—7 mm longi, lineares, acuti, integri, patentes. Corolla violacea 17 mm longa, in parte inferiore extus et intus puberula, secus glabra; lobi 2 superiores lineares, 10 mm longi; labium inferius trifidum. Filamenta 10 mm longa, inferne puberula, secus subglabra. Tubus antherarum 3 mm longus, glaber, 2 inferiores apice setis longis paucis. Capsula turbinato-ellipsoidea. Semina ovalia, fusca.

C e l e b e s : G. Batoe, Rachmat (Exped. V u u r e n n. 426! — Herb. Leiden).

var. **sarasinorum** E. Wimm. in Annal. Naturhist. Mus. Wien LVI (1948) 367. — Subpilosa, ramosa. Folia lanceolata, acuminata, acuta, basi acuta, brevi-petiolata, supra subglabra, subtus ad nervos subhirta, 6—8 cm longa, 1—2 cm lata. Corolla 16 mm longa, extus glabra, tubo intus puberulo. Filamenta hirtella; antherae glabrae. Semina lentiformi-ovoidea, fusco-flava, vix nitida, 0,5 mm longa.

C e l e b e s : Süd-Celebes, Loka, 13. X. 1895 (Iter Celeb. S a r a s i n o r u m n. 1289! — Hb. B.); Central-Celebes, Kantewoe Terr. IX. 1918 (W. K a u d e r n n. 289! — Hb. Stkh., schwächer pilos, Korolle puberulent, 25 mm lg.).

313. **L. eryliae** Fischer in Kew Bull. (1928) 141. — Herba erecta, caule terete, glabro, inferne denudato, superne foliis congestis. Folia lineari-lanceolata, 6—14 cm longa et 0,7—1,5 cm lata, apice longe acutata, ad basin sensim angustata et secus petiolum indefinitum decurrentia, margine purpurascente callose denticulata, supra glabrescentia (pilis paucis), subtus purpurascentia praecipue in nervis hirsuta, nervi secundarii prominentes sub angulo subrecto curvatim ascendentes. Flores in racemo simplici vel subramoso, cum foliis floralibus glabro. Bracteae lineares, acutae, 15—35 mm longae, 1—4 mm latae. Pedicelli 10—15 mm longi, patenti-ascendentes, supra medium 2 bracteolis subulatis ornati. Hypanthium semi-ellipsoideum, costis 10 elevatis perductum, 5 mm longum et 4 mm latum; lobi lineares, acuti, 7—9 mm longi, 1 mm lati, integri, uni-nervii, obscure rubri, patentes. Corolla malvea, cr. 17 mm longa, extus glabra, intus in tubo puberula; lobi 2 superiores profunde soluti, 3 inferiores labium trifidum formantes. Filamenta 6 mm longa, parce pubescentia. Antherae 3 mm longae, glabrae, 2 inferiores apice barbatae. Capsula obovoidea, 10 mm longa, 5 mm lata. Semina non visa. — Fig. 99 c.

C e l e b e s : Peak af Bontain, evergreen Jungle, 2000 m, blühend im Febr. (Dr. E r y l S m i t h n. 12! — Herb. Kew).

314. **L. hassleri** A. Zahlb. in Bull. Herb. Boiss. II. Ser. VII (1907) 445; Wimm. in Revista Sudam. Bot. II (1935) 105.

Herba erecta, simplex, raro ramosa, pubescens, 2—3 m alta. Folia sessilia, longius vel breviter decurrentia, lanceolata, 10—14 cm longa et 2—4 cm lata, acuminata, ad basin vix angustata, margine integra minute denticulata, membranacea, molliter pubescentia. Racemus terminalis, densus, 50—120 cm longus, raro infra eum ramulos 5—45 cm longos florigeros emittens. Bracteae ovato-lanceolatae, cuspidatae, 12—30 mm longae et 2—6 mm latae. Pedicelli 5—6 mm longi, medio bibracteolati. Hypanthium semi-ellipsoideum, 4 mm longum; lobi sublineares, cuspidati, 11—15 mm longi, integri, puberuli. Corolla alba verus basin virens vel lilacina, puberula, 12—23 mm longa, lobis apice diu cohaerentibus. Filamenta subglabra, 8—11 mm longa. Antherae caesiae, dorso breviter pubescentes, 5 mm longae, 2 inferiores apice barbatae. Capsula ovoidea, puberula, 1 cm longa, 7 mm lata. Semina ellipsoidea, gilva, 0,5 mm longa.

Paraguay: Caaguazú (E. Hassler n. 8790! — Herb. Wien, Berlin; P. Jorgensen n. 4797!); am Flusse Alto Paraná (Fiebrig n. 5921!).

Argentinien: Misiones: San Ignacio Miri (Chodat n. I!); Posadas (Ekman n. 1336!); häufig auf Feldern bei Puerto Paranay (Parodi n. 5523!); Campinas de Americo, Cabeceas del Rio Piray-guazú (Niederlein n. 1844!); Santa Ana (Rodriguez n. 688!).

Brasilien: Paraná: Ponta Grossa und Roca Nova, Waldrand (Dusén n. 3430! 7789!). Rio Grande do Sul: Cruz Alta (Malme, It. Regnell II. n. 1121!); Neu-Württemberg, Camp. 500 m (A. Bornmüller n. 390!); Caracol nördl. von Taquara, im Gebiet des Araukarienwaldes auf Waldlichtungen oder im Übergangsgebiet vom Wald zum Busch-Camp, 700 m (K. Emrich!). — Blühend von Oktober bis Febr. Wohl eine zufällige Varietät mit an der Basis spitz zulaufenden, aber nicht decurrenten Blättern sah ich aus dem Berl. Bot. Garten. Nom. vulg.: „*Mbuy*", „*Rabode raposa*" (Parodi).

315. **L. rosea** Wall. in Roxb., Fl. Ind. II (1824) 115, Pl. As. Rar. II (1831) 42, t. 152. A numer. List (1828) 35, 157 n. 1303; G. Don, Gen. Syst. III (1834) 709; A. DC. Prodr. VII (1839) 381; Hook. f. et Th. in Journ. Linn. Soc. II (1858) 29 excl. syn.; Drury, Handb. Ind. Fl. II (1866) 108 excl. syn.; Kurz in Journ. As. Soc. II (1877) 212 excl. syn.; C. B. Clarke in Hook. f., Fl. Brit. Ind. III (1881) 427, in Journ. Linn. Soc. XXV (1890) 41; Lecomte et Gagn., Fl. Indo-Chine III (1930) 675. — *L. Dudia* Ham. ex Wall., Pl. As. Rar. l. c. — *Rapuntium roseum* Presl, Prodr. Monogr. Lobeliac. (1836) 24. — *Dortmannia rosea* O. Kuntze, Rev. Gen. II (1891) 973.

Herba pubescens, 1—4 m alta, ramis brevibus, divaricatis, apice nutantibus. Folia subsessilia, lanceolata (inferiora ?) 22—10 cm longa et 4—2 cm lata, apice longe sensimque attenuata, basi breviter angustata in petiolum 5—2 mm longum, margine minute vel adpresse denticulata, supra hirtella vel scabriuscula, subtus dense hirtella, raro sparse tantum hirtella, nervi laterales sub angulo fere recto usque fere semi-recto ascendentes. Racemi secundi, multiflori, terminales. Bracteae lanceolatae, integrae, 1—2 cm longae. Pedicelli tomentelli, 7 mm longi, ebracteolati. Hypanthium semi-ellipsoideum, lobi lineares, 7—12 mm longi, puberuli, integri vel subdenticulati. Corolla pallide rosea vel alba cum apice roseo vel alba tantum, 17—25 mm longa, plus minusve puberula. Filamenta 10—14 mm longa, pubescentia. Antherae atroviolaceae, in suturis albo-pilosae, 4 mm longae, 2 inferiores setis paucis terminatae. Capsula oblongo-ellipsoidea, 10 mm longa, 5 mm lata. Semina fusca, ellipsoidea, compressa, non vel vix marginata. — Fig. 99 h.

Subtropisches Himalaya-Gebiet, von Kumaon bis Bhutan und Khasi-Gebirge über Bengalen bis Laos (Hinterindien) von 0—1400 m, häufig im Terai von Nord-Bengalen und Assam, Martaban im Distrikt Ara. Nepal, im Tale Noakote, am Ufer der Gebirgsbäche Mishila, Mohananda, Sannyasikata (Wallich! Hamilton n. 597! — sub „*L. Dudia*"); Pundua-Gebirge (Royle, Illustr. Himal. Mts. I (1839) 252); Sikkim (Hook. f. et Th.! Griffith!); Naga Hills, 1500 m, „weißblühend" im Nov. (C. B. Clarke n. 41468 A!); Khasi-Gebirge (Griffith!); Berge bei Sillet (F. de Silva ex Wall.); Moneypore (Schiller!); Kohima, North Muneypore, 1160 m (Clarke); Silixori, Punkabari, Rungut (C. B. Clarke n. 27008! 27264 D! 13885 D!).

Hinterindien: Laos, Dien-Bien, neben Straße (Prinz Henry Orléans!). — Nom. vulg.: „*Dudhiya, Duduyen*" (Hamilt.) = lac praebens.

316. **L. clavata** E. Wimm. in Fedde, Repert. Spec. Nov. XXXVIII (1935) 78. — Herba elata, ramosa, caule fistuloso, terete, laevi, puberulo. Folia (radicalia et ima non visa) sessilia, oblongo-obovata, basi sensim cuneata, apice acuta, 18—11 cm

longa et 4,6—2,7 cm lata, summa magis oblongo-lanceolata et paulatim in bracteas lanceolatas transeuntia, margine dentata usque denticulata, membranacea, utrinque puberula, nervi secundarii sub angulo 80—50° curvatim ascendentes. Flores in racemis laxis, subsecundis, terminalibus, dense puberulis. Pedicelli 1 cm longi, supra basin bibracteolati. Hypanthium turbinatum, 5 mm longum et latum; lobi calycis sublineares, 13 mm longi, acuti, interdum remote denticulati, patentes. Corolla alba, puberula, 32 mm longa. Filamenta 19 mm longa, pubescentia. Antherarum tubus murinus, albo-villosulus, 2 inferiores setis paucis terminatae. Capsula fere globosa, 6—8 mm longa, 5—8 mm lata. Semina compresso-ellipsoidea, fusca, circum fere angustissime alata vel exalata, 0,6 mm lg. — Fig. 99 g.

China: Yünnan, Szemao (A. Henry n. 12663! — Hb. N. Y.); Melangpo bei Yüendjiang, 1650 m, Wald, Nasa südlich von Tscheli (Kenghung) am Mekong (Wissmann n. 440! 617! —Hb. B.). Prov. Kweitchou, bei Pachoua (J. Esquirol n. 4188!). — Burma: Manipur (G. Watt n. 7329! — Hb. B.); Arakan, Mt. Victoria, Pakokku — Chinhills, 1400 m, 12. III. 1938 (G. Heinrich n. 11! — Hb. B.). — Der *L. rosea* sehr ähnlich und nahestehend.

317. **L. mishmica** C. B. Clarke in Hook. f. Fl. Brit. Ind. III (1881) 426. — *Dortmannia mishmica* O. Kuntze Rev. Gen. II (1891) 972. — Species insufficienter nota „inflorescentia sola visa" (Hook. f.). Caulis superne ramosissimus. Rami fistulosi, versus apicem sparse pubescentes. Folia superiora elliptica, 32 mm longa et 17 mm lata, utrinque subacuta, in petiolum 3 mm longum attenuata, utraque facie sparse pilosula, margine obsolete dentata et denticulata. Racemi elongati, foliati, pilosi. Folia floralia petiolata, flores superantia. Pedicelli 6 mm longi, ebracteolati. Calycis lobi lineari-lanceolati, 5—7 mm longi, denticulati. Corolla purpurea. Capsula subglobosa, subhirsuta, lobis calycinis coronata, 6 mm diametiens. Semina fusca, ellipsoidea, compressa, 0,3 mm lg. — Fig. 99 l.

Östliches Himalaya-Gebiet: Mishmi-Berge, bei Premsong's (Griffith! — Kew Distrib. n. 3446!).

317a. **L. sumatrana** Merrill in Notulae Naturae Acad. Nat. Sci. Philadelphia Nr. 47 (1940) 9. — Herba erecta, subrigida, eramosa, 20—40 cm alta, pilis tenuibus albidis in partibus junioribus et in foliis et inflorescentiis plus minus conspersa. Folia coriacea, radicalia numerosa subrosulata, subsessilia vel petiolata (petiolo 1—1,5 cm longo), folia caulina pauca remota, sursum gradatim minora, breviter petiolata, omnia oblanceolata vel oblongo-lanceolata, apice rotundata vel obtusa, basi cuneata, margine sursum crenulato-serrulata. Racemi 5—9 cm longi, pauciflori. Pedicelli 5—8 mm longi, dense ciliati. Calycis tubus cupularis, 4 mm longus, subdense pilosus, lobis aequalibus, lineari-oblongis, sparse ciliatis, obtusis, circiter 9 mm longis et ad 1,2 mm latis. Corolla pallide azurea vel subalbida, circiter 25 mm longa, extus parce pilosa; tubus 8—9 mm longus, lobi labii inferioris trifidi lanceolati, acuminati, 10—12 mm longi et 2—2,5 mm lati. Filamenta glabra; antherae plumbeae, superne parce pilosulae, 4—4,5 mm longae, 2 inferiores apice barbatae. (Diagn. auct.)

Sumatra: Atjeh, Mount Löser, 25. April und 5. Mai 1939, und bei Bivouac, 2400 und 2800 m (Ripley et Ulmer n. 62, Typus — n. 87, 5, 7 — Hb. Acad Phil.).

Cl. Merrill adnotat ad hanc speciem: „It is possible that *Pratia* is represented rather than *Lobelia*, but final decision can be made only when fruits are available."

318. **L. taliensis** Diels in Notes Roy. Bot. Gard. Edinb. V (1912) 170. — *L. fossarum* E. Wimm. in Akad. Anzeiger Wien n. 14 (1924) 3. — Herba erecta, simplex, glaber, 3—12 dm alta. Folia herbacea, radicalia spathulata, inferiora obovato-oblonga usque lanceolata vel elliptica et in petiolum marginatum indefinitum angustata, reliqua paulatim subsessilia, 3—7 cm longa et 1—3 cm lata, obtusa vel acuta, margine minute glanduloso-denticulata, nervi laterales vix prominentes, sub angulo fere semi-recto curvatim ascendentes. Racemus laxus, subsecundus, inferne

foliatus, sursum folia fulcrantia in bracteas abeuntia, floribus breviora. Pedicelli cr. 4 mm longi. Hypanthium oblongo-campanulatum, glabrum vel nonnunquam ad nervos breviter pilosulum, 4 mm longum; lobi calycis sublineares, acuti, denticulati, parce pilosuli vel glabrati, 9—12 mm longi. Corolla lilacina vel rosea, glabra, 25—30 mm longa; lobi 2 laterales anguste lineares, ascendentes, 15 mm longi; lobi labii medii 8 mm longi. Filamenta glabra, 13—15 mm longa. Antherarum tubus caesius, in parte anteriore pilosulus, 2 inferiores barbatae.

China: Yünnan (G. Forrest n. 3000! 3868! — Herb. Edinb.); Teng-yeh (E. B. Howell n. 259!); Yungbei, auf sandigem Boden an Quellwasser über dem Dorfe Dahwaschu, 2200 m, blühend im Juli (Handel-Mazzetti n. 3392!); an kräuterreichen Flußufern am Berge Tsang, 2500 m, August (C. Schneider n. 2885!). Prov. Hunan, auf Sandboden in Gräben bei Tschangscha, 50 m, Okt. (Handel-Mazzetti n. 11376! — Hb. W., Typus für *L. fossarum*).

319. **L. colorata** Wall. Pl. Asiat. Rar. II (1831) 42, non Sweet; A. DC. Prodr. VII (1839) 380; Hooker f. & Thoms., Journ. Linn. Soc. II (1858) 28; Drury, Handb. Ind. Fl. II (1866) 108; C. B. Clarke in Hook. f. Fl. Brit. Ind. III (1881) 426. — *Dortmannia colorata* O. Kuntze, Revis. II (1891) 973. — *L. purpurascens* Wall. A Numer. List n. 1307 (1828), nomen ab auctore ipso relict. ibidem p. 157, non R. Br. — *L. Wallichii* Steud. Nomencl. II (1841) 62. — *Rapuntium coloratum* Presl l. c. 24.

Caulis erectus, glaber, purpurascens, plerumque simplex, 5—10 dm altus. Folia radicalia elliptica, novella supra pilosa, longe petiolata; folia caulina oblonga usque lineari-lanceolata vel oblanceolata, 4—11 cm longa et 0,6—1,8 cm lata et saepe minora vel majora, apice subacuta vel acuta, ad basin longe in petiolum indefinitum attenuata, summa subsessilia, margine plerumque remotius minute callose denticulata vel crenulata, in sicco membranacea, glaberrima, saepe purpurascenter suffusa, nervi laterales sub angulo non plene semirecto curvatim ascendentes. Flores in racemo saepe laxiore, rarius subdenso, 10—20 cm longo. Bracteae lanceolatae, sessiles, argute serrulatae, 12—22 mm longae. Pedicelli glabrati vel puberuli, 4—7 mm longi, ad basin distincte bibracteolati. Hypanthium semiellipsoideum, glabrum, 4 mm longum et latum; laciniae sublineari-subulatae, 6—7 mm longae, callose denticulatae et saepius ciliolatae, apice saepe purpurascentes. Corolla purpurascens vel violacea vel raro alba, glabra, (12) 16—19 mm longa, lobi 2 superiores 11, inferiores 4 mm longi. Filamenta glabra, 7—9 mm longa. Antherarum tubus caesius, 5 mm longus, plus minusve pilosulus, 2 inferiores barbatae. Capsula ovoidea, 7 mm longa, 4 mm lata. Semina ellipsoidea, compressa (ex Clarke).

Clavis varietatum.

A. Lobi calycini 6—7 mm longi; racemus subsecundus; tubus antherarum in dorso pilosulus .... var. *colorata*.
B. Lobi calycini 8—12 mm longi; bracteae multo longiores quam flores.
 1. Racemus subsecundus; tubus antherarum in dorso glaber var. *dsolinhoënsis*.
 2. Racemus vagus; tubus antherarum in dorso setulosus .... var. *baculus*.

var. **colorata.** — Vide supra. — Fig. 99 i.

Himalaya-Gebiet bis südöstl. China, in der gemäßigten Zone an Wegen, Gräben, sumpfigen Stellen von 1000—2000 m. Ost-Bengalen: Pundua (Wallich n. 1307! — Herb. Del., Edinb., Presl sub *L. purpurascens* Wall.); Khasia-Gebirge, gemein (Hook. f. et Th.! Griffith! Herb. Hort. Calcutt.! C. B. Clarke n. 44873!); Shillong (C. B. Clarke n. 44518 A!); zwischen Tserapundi und Mairong, 900—1200 m (Schlagintweit n. 292!). — China, Yünnan: Umgebung von Yünnan-sen in Sümpfen, Okt. (F. Ducloux n. 452! 2846! 3156! 3788! 7994!; J. Cavalerie n. 7433!; E. Maire n. 2033!); Lankong (Delaway n. 977! 2862! 3331!); Szemao (A. Henry n. 9271 c!);

Maidsedi bei Szemao, 1470 m (H. v. Wissmann n. 913!); Bejendjing, Longschan, Pe yen tsin (S. Ten n. 343! 1452!); Prov. Kweitschou: Kouy-tcheou am Kouy-yang, Ganfui, Lou tsong Koan Chatien po, Sept. und Juli (C. Bodinier n. 1798! M. Beauvais n. 290! — P.).

var. **dsolinhoënsis** E. Wimm. in Akad. Anzeiger Wien n. 14 (1924) 3. — Flores in racemo subsecundo, bracteis flore multo longioribus, 22—31 mm longis. Sepala 8—10 mm longa. Corolla rosea, 15 mm longa. Antherae glabrae in dorso.

China: Mittleres Yünnan, auf sandigem Boden an Gräben östl. vom Flusse Dsolin-ho über dem Dorfe Dsaodjidjing, c. 2100 m, Sept. (Handel-Mazzetti n. 4924! — Herb. Wien); Nakang, Chengfeng in einem Hohlweg (Y. Tsiang n. 4750!). Setschwan: Kien-tchang bei Mienning, 2000 m (Legendre n. 1435!).

var. **baculus** E. Wimm. op. c. 4. — *L. palustris* Kerr in Kew Bull. (1936) 35; Craib-Kerr, Fl. Siam. Enum. II (1936) 304. — Differt a typo foliis majoribus, racemo vago, bracteis flore multo longioribus, sepalis 10—12 mm longis glaberrimis. A varietate *dsolinhoënsi* racemo vago et sepalis longioribus et antheris in dorso parce setulosis differt.

Yünnan: Semao, Oktober (E. H. Wilson n. 195! — Herb. Wien).

Siam: Lôi, Kao Krading, c. 1200 m, sumpfiger Boden (Kerr n. 20113 — ex auct.).

320. **L. erecta** Hook. f. et Thoms. in Journ. Linn. Soc. II (1858) 28, non De Vriese; C. B. Clarke in Hook. f. Fl. Brit. Ind. III (1881) 426. — *Dortmannia erecta* O. Kuntze, Revis. II (1891) 972. — Caulis erectus, subsimplex, puberulus, 35—90 cm altus. Folia elliptica usque elliptico-lanceolata, 5—10 cm longa et 1,5—4 cm lata, utrinque acuta, inferiora longius, reliqua brevius petiolata usque sessilia, margine repando- usque crenulato-dentata vel minute denticulata, herbacea, subtus in nervis puberula, rarius glabrata, nervi prominentes, laterales sub angulo fere recto curvatim ascendentes. Flores in racemo densiusculo vel laxo, vago vel subsecundo, rachide et calyce puberulis. Bracteae foliaceae, ellipticae usque lanceolatae, inferiores flores superantes, ceterae flore breviores. Pedicelli 3—4 mm longi, basi minute bracteolati. Hypanthium subglobosum, 4 mm diametiens; segmenta linearia, acuta, minute denticulata, 5—7 (10) mm longa. Corolla 13—19 mm longa, rosea (H.-Mazz.), purpurascens (Tsiang) vel sordide coerulea (Hook. f. et Th.), raro alba (Tsiang), glabra; lobi superiores 8—12 mm longi, lobi labii inferioris 4—5 mm longi. Filamenta glabra, 9—15 mm longa. Tubus antherarum caesius, glaber, 5 mm longus, 2 inferiores apice barbatae. Capsula globosa, 7 mm diam. Semina fuscescentia, ellipsoidea, compressa, 0,6 mm longa. — Fig. 99 j.

Gebiet des Himalaya bis südöstl. China. Sikkim: Alpine Region von 3000—4000 m, blühend im August (Hook. f. et Th.! — Herb. Wien, Del., Cooper n. 448! 961!); Sikkim, Tougloo (T. Anderson n. 761!); Darjiling (Clarke n. 12590!); Nanga-Parbat, Tsomgö nordöstl. von Gsutock, Nadelwald und alpiner Hochstammwald, 3500—4000 m (C. Troll n. 8163!). — Yünnan (E. E. Maire n. 6770!), im Walde bei Pe tsao lin (S. Ten n. 1424!), Yungchangfu (C. Schneider n. 2626!); Prov. Setschwan: Auf Weiden und in der Bambusregion auf kalkführendem Schiefer am Berge Hwang-liangdse zwischen der Stadt Yenyüen und dem Kastell Kwapi, 3600—3900 m (Handel-Mazzetti n. 6496!); Prov. Kweichou (Henry n. 9271b!), Distrikt Langtai, Kuangtseyang unter Gebüsch, 2000 m (O. Schoch n. 54!); Anschun und Huangtsao-pa (J. Cavalerie n. 4101! 4115!); Shui-sheng auf kult. Grund, mit weißen Blüten! (Y. Tsiang n. 9446!). Prov. Hunan: Ma-Ling-Tung, Sinning Hsien, Rand eines Reisfeldes, 600 m (Fan et Li n. 49!).

321. **L. kwangsiensis** E. Wimm. in Annal. Naturhist. Mus. Wien LVI (1948) 367. — ? *L. colorata* Wall. × *L. erecta* Hook. f. et Th. — Herba erecta, 70—130 cm

alta. Radix fibrillosa, caulis fistulosus, pubescens, puberulus vel inferne glabrescens, sparse foliatus. Folia inferiora oblanceolata, obtusiuscula, basi in petiolum indefinitum marginatum angustata, 8 × 2 vel 11 × 1,7 cm, caulina lanceolata, utrinque sensim angustata, sessilia, 5—7 cm longa et 0,5—1,1 cm lata, margine dentibus antrosum versis vel inaequalibus munita, herbacea, glabra vel supra inconspicue sub lente hirtella et ad marginem minute ciliolata, nervi secundarii medii sub angulo 50—80° curvatim ascendentes, prominuli. Flores in racemo terminali, sublaxo vel subdenso, 15—35 cm longo, floribundo, bracteato. Bracteae lanceolatae usque sublineares, floribus breviores. Pedicelli circiter 5 mm longi, fere in medio minute bibracteolati, patentes. Calycis tubus turbinatus, minute hirtellus, 2 mm longus, eius lobi triangulari-lineares, acuti, minute parce denticulati, erecti, 5—6 mm longi. Corolla violacea (Cav.), coerulescens vel purpurascens (Tsiang), 11—16 mm longa, subglabra, tubo intus pubescente. Stamina 10—14 mm longa: filamenta parce hirtella, antherae caesiae, in dorso versus apicem hirtae, ? inferiores barbatae.

China: Prov. Kweichow (Esquirol n. 211! 2744! Hb. Edinb.); Prov. Kweichow, Huang-tsao-pa, 21. 8. 1902 (J. Cavalerie n. 4453! 4115!); Anschun (J. Cavalerie n. 4101!); Tuh-shan, border of Kwangsi in open ridge, VIII., from Tai-li-chu to city, An-lung, S. Kweichow, border of Kwangsi in open slope in grasses, X., Chenfeng, Na-kan, Feldrand (Y. Tsiang n. 6535! 7355! 4505!). Prov. Yünnan: Bin-fa an Bächen VIII. (J. Cavalerie n. 268! p. p. — P.).

Specimen a Tsiang n. 4505 collectum floribus praesertim parvis gaudet: corolla 11 mm lg., antherae 3 mm lg. nigrescentes et parce pilosae. Plantae sunt similiores mox *L. coloratae* mox *L. erectae*, unde eas hybridas esse puto.

322. **L. davidii** Franch. Pl. David. I (1884) 191; Tsong in Contrib. Acad. Peiping III (1935) 113, f. 16c. — *L. pyramidalis* Forbes & Hemsley, Enum. Pl. China in Journ. Linn. Soc. XXVI (1889) 3 p. p.

Caulis erectus, validus, verisimiliter ramosus, glaber nisi apice minutissime puberulo, cr. 1 m altus. Folia (radicalia non visa) inferiora oblongo-elliptica, basi in petiolum alatum paulatim breviorem attenuata, superiora oblongo-lanceolata usque lanceolata, 12—15 cm longa, subsessilia, omnia apice acuta, margine duplicato-dentata usque minute denticulata, membranacea, luteo-viridia, scabriuscula, subtus breviter hirtella, nervi prominentes, laterales sub angulo fere semi-recto ascendentes. Flores in racemo laxo, terminali cr. 50 cm longo, ramorum cr. 15 cm longo. Bracteae foliaceae, lanceolatae, floribus inferne longiores, superne breviores, pedicello interdum adnatae. Pedicelli 5 mm longi, minute bibracteolati, puberuli. Hypanthium semi-ellipsoideum, 4 mm longum, minute puberulum sicut et laciniae lineares, acutae, callose denticulatae, saepe ciliolatae, 8—12 (12—15 mm ex Franchet!) longae, 1—1,5 mm latae, patentes. Corolla purpurascens vel violacea, scabriuscula, 20—25 mm longa, tubo intus villoso, lobis 2 superioribus linearibus, labio inferiore ad tertiam partem trilobo. Filamenta 14 mm longa, glabra. Antherarum tubus caesius, sparse pilosus vel glaber, 2 inferiores apice barbatae. Capsula subglobosa. Semina fulva, ellipsoidea, subcompressa.

Clavis varietatum.

A. Planta glaberrima, folia ± lanceolata .... var. *glaberrima*.
B. Saltem folia subtus ± pilosa, folia elliptica usque oblongo-lanceolata.
  1. Calycis lobi 4—5 mm tantum longi .... var. *dolichothyrsa*.
  2. Calycis lobi 6—12 mm longi.
    a. Calyx hirsutus.
      ° Calycis lobi 6—8 mm longi, folia ± elliptica, subacuminata var. *handelii*.
      °° Calycis lobi 12 mm longi, folia oblongo-lanceolata, acuminata var. *pleotricha*.

b. Calyx puberulus vel glaber, folia ovato-oblonga usque elliptica-oblonga, acuta .... var. *davidii.*

var. **davidii.**

China: Kiangsi, Kiukiang, an einem Fluß auf höherem Berg (David); Prov. Yünnan (Ducloux n. 5835!), Weiden bei Pee-tsao long-chan, blühend im August (Delaway n. 6631!); Montagne neigeuse du Jo-chan, 3400 m, fl. rose (E. E. Maire n. 1190! — Hb. Edinb.); West-China, in Sümpfen (E. H. Wilson n. 3980! — Herb. Kew).

var. **glaberrima** E. Wimm. in Annal. Naturhist. Mus. Wien LVI (1948) 367. — Herba glaberrima. Folia (radicalia non visa) elliptico-lanceolata vel lanceolata, 12 cm longa et 2,4—2,6 cm lata, longi-subacuminata, ± duplo-dentata. Corolla supra 25 mm longa. Bracteae flores fere duplo superantes.

China: Kuling, Bergabhang, feuchte Stellen im lichten Unterholz, 1100 m, blühend im Juli (M. du Bois-Reymond n. 670! — Herb. Zürich); Kiukiang Berge (Herb. Carles!).

var. **pleotricha** (Diels) E. Wimm. n. c. — *L. pleotricha* Diels in Notes Roy. Bot. Gard. Edinb. VI (1912) 170. — Plus pilosa quam var. *davidii*, folia acuminata, pedicelli saepe longiores.

China: Yünnan, Ostseite des Tali-Gebirges, 25° 40′, 3000 m (Forrest n. 3869! 6844! — Hb. Edinb., sp. orig.); Central-Yünnan, Mt. Yangpi, River drainage bassin, Aug. (Rock n. 6209!).

Nordost-Burma: Kambaiti (73 km östlich von Myitkyina), 2100 m, 24. V. 1934 (R. Malaise n. 76! — Hb. B., Exemplar im Hb. Stkh. mehr der var. *davidii* ähnlich oder Hybride mit *L. erecta* ?).

var. **handelii** E. Wimm. n. c. — *L. Handelii*[1]) E. Wimm. in Akad. Anzeiger Wien n. 14 (1924) 2. — Subpilosa, similis varietati *pleotrichae*, hypanthio hirsuto, sepalis 6—8 mm longis, plerumque versus apicem ciliatis, callose denticulati et apiculati. Corolla 20 mm longa, nervis dorsalibus loborum hirsutis. Antherae albo-pilosulae.

China: Yünnan, in der Nähe der Tibet- und Burmagrenze zwischen den Flüssen Lu-djiang (Salwin) und Djiou-djiang (oberer östlicher Irawadi), westlich vom See Tsukue und hinter dem Berge Gomba-la in der alpinen Region auf Glimmerschiefer, c. 3900 m, ferner im Tale am Berge Gomba-la über Tschamutang im Regenwald auf Granitboden, 3300 m, blüh. Juli, Aug. (Handel-Mazzetti n. 9901! — sp. orig., n. 9535! — Hb. W.); Südost-Tibet, Tsarong, an der Wasserscheide Salwin — Kiu Chiang, c. 4000 m, sumpfige Wiesen, Flußufer, 28° 14′ n. Br., 98° 24′ ö. L. (G. Forrest n. 20225! — Hb. Edinb. W.).

var. **dolichothyrsa** (Diels) E. Wimm. n. c. — *L. dolichothyrsa* Diels in Engler, Bot. Jahrb. XXIX (1901) 607. — Differt imprimis calycis lobis 4—5 mm tantum longis, antheris albo-pubescentibus.

China: Prov. Setschuan, Nan'chuan, Pao mu wan, Wiese, VIII., Tung chien kou, Flußufer, frucht. IX. (Bock & Rosthorn n. 489! 1000! — Hb. B., Typus); Nanchuan-hsien (C. E. Wang n. 19 — ex Tsong); gemäßigte Region im Südwestteil der Provinz, zwischen der Stadt Yenyüen und dem Flusse Yalung, 27° 22′, Bambusgebüsch über dem Dorfe Niutschang auf Sandboden, c. 3000 m (Handel-Mazzetti n. 5399!); Yünnan, westlich von Talifu, Wasserscheide des Mekong, 2000—2600 m, IX. (Rock n. 6865! n. 6839! — f. transiens — Hb. W.); Yünnan (E. E. Maire n. 371! 6770! — Hb. N. Y.). — Nom. vernacal.: „Ya-tien“ (Wang).

---

[1]) Dr. Heinrich Freiherr von Handel-Mazzetti, geboren in Wien 19. Februar 1882, Kustos am Naturhistor. Museum Wien, starb, von einem Auto niedergestoßen, an Embolie 1. Februar 1940. Hochverdient um die Erforschung der Flora Chinas (Plantae novae Sinenses 1920—26, Naturbilder aus Südwest-China 1927, Symb. Sinicae 1929), ferner Monogr. der Gattungen *Taraxacum* und *Leontopodium* u. a.

Species arcte affinis cum *L. erecta* et cum ea fortasse unam tantum speciem efficit, cum non paucae formae ab ea vix certe distingui possint et variabilitas harum plantarum rem non facilius faciet.

323. **L. nubigena** Anthony in Notes Roy. Bot. Gard. Edinb. XIX (1936) 175, t. 154. — Herba erecta, pyramidata, caule simplici, glabro, folioso, ad 1 m alto. Folia chartacea, subtus pallida, margine integra, minute glandulose denticulata vel plano-crenulata, basalia oblanceolata, 30 cm longa et 5 cm lata, apice obtusa, basi in petiolum alatum sensim attenuata, glabrescentia; caulina oblongo-lanceolata, 12 cm longa et 2 cm lata, subobtusa usque acuta, paulatim sessilia et decurrentia, inferiora glabrescentia, superiora versus basin albo-pilosa, sursum sensim in bracteas transeuntia, nervi secundarii in sicco fere plani sub angulo acuto ascendentes. Flores racemum densum albo-villosum terminalem formantes. Bracteae lanceolatae, longe acuminatae, dense albo-villosae, deflexae, 4—6 cm longae, 1,5—2 cm latae, flores superantes. Pedicelli 5—10 mm longi, pilosi. Hypanthium semiglobosum cum lobis anguste triangularibus, 11—17 mm longis villosum. Corolla obscure vinosa-rubra, villosa, 17 mm longa; lobi 2 laterales 10 mm, lobi 3 inferiores 5 mm longi. Filamenta glabra, 8 mm longa. Antherae fumigatae, glabrae, 6 mm longae, 2 inferiores barbatae. Capsula ovoidea, villosa, 8 mm longa. Semina oblongo-ellipsoidea, fusca, in dorso angustissime alata, 1,4 mm longa. — Fig. 99 k.

Bhutan: Auf Rasenflächen und zwischen niedrigen Rhododendrons oberhalb der Abies-Grenze, gemein in Terai. Tibdeh La, am Yuto La — Bergrücken, 3100—3200 m, blühend im Juli (R. E. Cooper n. 4099! 4766! — Herb. Edinb.; Ludlow et Sherriff n. 3489! — Brit. Mus.). — Durch die weißwollige Traube an die afrikanische *L. wollastonii* erinnernd, sonst aber reichlich verschieden.

§ 3. Imberbes.

324. **L. boninensis** Koidz. in Matsumara Icon. Pl. Koisikav. II (1914) 19, t. 94. — Caulis fruticosus, simplex vel ramosus, ad 1,8 m altus. Folia glabra, carnosula, sessilia, oblanceolata, apice obtusa vel subacuta, ad basin sensim angustata, nervi laterales sub angulo fere recto excurrentes et in nervum intramarginalem confluentes, superiora 6—13 cm longa et 1—2 cm lata. Flores in racemo denso, multifloro. Bracteae foliaceae, oblongae vel oblanceolato-oblongae, ad 27 mm longae, integerrimae. Pedicelli 10—15 mm longi, puberuli, supra basin ad medium bibracteolati. Hypanthium campanulato-turbinatum, glabrum; lobi calycis ovato-acuti, integri, tubo breviores. Corolla lutescens (?) ad 26 mm longa, falcata; lobi omnes deflexi, 2 superiores lineari-lanceolati, 3 inferiores ovato-lanceolati. Antherae glabrae. Capsula ovoidea, 10-costulata. Semina globosa, laevia, brunea, cr. 1 mm longa. Nomen Jap.: „*Oh-hama-gikyo*". (Descriptio auctoris.)

Bonin-Inseln (Nishimura n. 45); gemein an der Küste bei Mukōjima, altes frucht. Exemplar, v. 28. April (E. H. Wilson n. 8343! — B.).

Flores non vidi; ex icone auctoris — si rectus — species ad hanc sectionem pertinet et propius quidem ad species antillanas accedere videtur.

325. **L. leschenaultiana** (Presl) Skottsb. in Acta Horti Bot. Göteborg. IV (1928) 4, f. 2—7. — *L. excelsa* Leschen. ex Roxb., Fl. Ind. II (1824) 114, non Bonpland nec Wight, Icones t. 1173—74; Wall. Cat. n. 1305 (1828) et As. Rar. II (1832) 42; G. Don, Gen. Syst. III (1834) 709; A. DC. Prodr. VII (1839) 381; Clarke in Hook. f. Fl. Brit. Ind. III (1881) 427 excl. Wight t. 1173—74; Kerner-Hansen, Pflanzenleben III (1916) 351 c. t. — *L. aromatica* Moon Cat. Pl. Ceyl. (1824) 14, nomen! Wight Icones IV (1850) 2, t. 1172. — *L. nicotianaefolia* Trimen, Handb. Fl. Ceylon III (1895) 57 p. p. — *Rapuntium Leschenaultianum* Presl, Prodr. Lobel. (1836) 24. — *Dortmannia Leschenaultiana* O. Kuntze, Rev. Gen. II (1891) 972. — Nom. vulg.: „*Oumary*" (A. DC.).

Caulis erectus, simplex, 2—3,5 m altus, inferne denudatus et glabratus, lignescens, fistulosus, 17—20 mm crassus, superne pubescens et foliatus. Plantae juveniles gaudent caule inferne nudo, in vertice foliis magnis laneolatis vel subobovatis 30—50 cm longis et 3—7 cm latis coronato. Folia plantae florentis oblongo-lanceolata, 15—30 cm longa et 3—5 cm lata, apice subacuminata, ad basin in petiolum 1—3 cm longum angustata, margine callose denticulata, herbacea, opaca, supra rugosa et parce pubescentia, subtus pallida, reticulato-venosa, albo-tomentosa, nervi laterales sub angulo subrecto usque semirecto arcuatim ascendentes. Flores racemum terminalem, multiflorum, 40—60 cm longum formantes. Bracteae lanceolatae, foliaceae, subsessiles, 3—6 cm longae et 0,3—1 cm latae. Pedicelli dense albido-pubescentes, 15—25 mm longi, in medio minute bibracteolati. Hypanthium hemisphaericum, tomentosum, 7 mm latum; lobi sublineares, acuti, callose denticulati, pubescentes, 15—18 mm longi et 1,5 mm lati. Corolla rubra, pubescens, 30—35 mm longa (alabastrum longe [5 mm] rostratum); lobi anguste lineares, cuspidati, 2 superiores ad medium corollae soluti, 3 inferiores labium trifidum formantes. Filamenta subglabra, 20—22 mm longa. Antherae glabrae, 6—7 mm longae, apice omnes imberbes. Capsula ovoidea, 7—9 mm longa, lobis calycinis in medio coronata. Semina oblongo-ovoidea, fusca, cr. 0,7 mm longa.

Südliches Ostindien und Ceylon, nicht selten an Waldrändern und auf Waldlichtungen, 1000—2500 m: Nilgiri-Gebirge (Hohenacker n. 1096! Perottet n. 680!); daselbst bei Utakamund (Schmid n. 64!), bei Coimbetore (ex herb. Bernardi). — Ceylon: Bei Korales in der zentralalpinen Region (Moon ex Wight); Pedrotallagalla (Wawra n. 1091!); Nuwara Eliya (Thwaites! — Hb. W.: f. *glabrior* Skottsb. l. c. 7.).

326. **L. conraui** R. et Th. Fries jr. in Svensk Bot. Tidskr. XVI (1922) 395. — Herba supra 1 m alta, simplex, sparse foliata, sparse hirta. Folia elliptico-lanceolata, 15—19 cm longa et 5—6 cm lata, apice acuta, ad basin in petiolum brevem alatum angustata, margine grosse serrato-dentata, membranacea, supra parce hirta, subtus in nervis et venis hirta, nervi valde prominentes, laterales sub angulo subrecto ascendentes. Flores in racemo sat denso, 20—25 cm longo, terminali. Bracteae anguste lanceolatae, acutae, puberulae, cr. 15 cm longae et 0,3 cm latae. Pedicelli cr. 1 cm longi, puberuli, supra medium minute bibracteolati. Hypanthium subcampanulatum, puberulum; lobi angustissime triangulares, utrinque puberuli, cr. 13 mm longi et 3 mm lati. Corolla coerulescens, extus puberula, 30—34 mm longa; lobi laterales usque ad medium corollae soluti. Filamenta glabra, 25 mm longa. Antherae 6 mm longae, parce pilosae, apice omnes imberbes. Semina non visa.

Kamerun: Bangwe (G. Conrau n. 50! — Herb. Berlin).

Propius accedit ad *L. columnarem*, cuius fortasse varietas tantum est et a qua differt foliis majoribus, profundius dentatis, tenuioribus et pubescentia omnino parciore.

327. **L. columnaris** Hook. f. in Journ. Linn. Soc. VI (1862) 14; Hemsl. in Oliver, Fl. Trop. Afr. III (1877) 466; Engler in Wissensch. Ergebn. Deutsch. Zentral-Afr.-Exped. 1907—08, II (1911) 345; Mildbr. in Wissensch. Ergebn. II. Deutsch. Zentral-Afr.-Exped. 1910—11, II (1922) 195, t. 80; Fries in Svensk Bot. Tidskr. XVI (1922) 395, f. 6 m; Hutchinson et Dalz., Flora West Trop. Afr. II (1931) 193 c. t. — *Tupa columnaris* Vatke in Linnaea 38 (1874) 726. — *Dortmannia columnaris* O. Kuntze, Revis. II (1891) 972. — Herba robusta, dense foliosa, breviter dense pubescens, 75—200 cm alta. Caulis crassus, digiti majoris crassitie, simplex. Folia sessilia, lanceolata, 12—18 cm longa et 2—3 cm lata, acuta, ad basin parum angustata, margine undulata et conferte callose denticulata usque irregulariter dentata, firma, patentia, supra opaca, sparse pubescentia, subtus pallide viridia, tomentosa, nervi laterales prominentes et sub angulo subrecto ascendentes. Flores in racemo terminali, denso, dense pubescentes. Bracteae foliaceae, 20—25 mm longae, 3—5 mm latae. Pedicelli 10—15 mm longi, in medio minute bracteolati. Hypanthium hemisphaericum, tomentosum, 3 mm longum et latum; lobi sublineares, integri, 5-nervii, extus intusque tomentosi, obtusi vel truncati, 10—15 mm longi. Corolla cinereo-coerulea (Mildbraed!) vel dilute lilacina (Ledermann!), puberula, 25—35 mm longa,

lobis linearibus tubum aequantibus, lateralibus ad medium corollae solutis. Filamenta glabrescentia, 20—28 mm longa. Antherae in suturis parce pilosulae, 6 mm longae, apice omnes nudae. Stigmatis lobi subtus dense albido-hirsuti.

Trop. West-Afrika: Insel Fernando Poo, Clarence Peak, blühend im Dezember (G. Mann! — Herb. Berlin); Grasland von Moka, stellenweise sehr häufig und charakteristisch, 1200—1800 m, blühend im November (J. Mildbraed n. 7067!). — Kamerun: Ohne näheren Standort (Preuss!); Großer Kamerunberg in lichten Gehölzgruppen über dem Wald, 2300—2400 m (J. Mildbraed n. 3415); Bambuttuberge, am Rand des gebüschreichen Gebirgswaldes, 2000 m (C. Ledermann n. 1660!).

328. **L. xongorolana** E. Wimm. in Fedde Repert. Spec. Nov. XXXVIII (1935) 79. — Caulis erectus, teres, laevis, sparse puberulus, ad 3 m altus, ramis axillaribus suberectis. Folia sessilia, membranacea, suberecta, anguste oblonga, 10 cm longa et 1,6 cm lata, acuta, basi angustata, margine subintegra callose denticulata, supra inconspicue, subtus densius hirtella, nervi secundarii sub angulo fere semi-recto ascendentes. Inflorescentia inferne ramulis paucis, floribus laxe racemosis. Bracteae foliaceae, oblongo-lanceolatae vel lanceolatae, puberulae, 25—55 mm longae et 4—10 mm latae. Pedicelli 20—25 mm longi, puberuli, parum infra calycem 2 bracteolis subulatis instructi. Hypanthium turbinatum, 6 mm diam. Calycis lobi sublineares, acuti, integri, patuli, 15—16 mm longi et basi 3 mm lati. Corolla alba, 35 mm longa, praesertim ad nervos pubescens; lobi superiores lineares, 22 mm longi, paullo sub medium corollae soluti, labium inferius primo indivisum, demum trifidum. Filamenta subglabra, 17 mm longa. Antherae glabrae, 6 mm longae, apice omnes nudae. Semina immatura ovoidea, vix alata.

Westafrika, Angola: Hochland von Benguella zwischen Ganda und Caconda in tief humosem Boden an Bächen bei Xongorola, am Oluwungu und zwischen Banduahime und Babaiera, 1500—1700 m, blühend im Dezember, März, April und Juli (O. Hundt n. 923! 481! 63! Gossweiler n. 9555! — alle Herb. Berlin). — Nom. vulg.: „*Onama*“ (Hundt).

Sectio 3. **Rhynchopetalum** (Fresen.) Benth. & H. f.

Rhynchopetalum (sect.) Benth. & H. f., Gen. II (1876) 552; Hauman, Les Lobelia Géants (1933) 40. — *Rhyncopetalum* (sect.) Clarke in Hook. f., Fl. Brit. Ind. III (1881) 426. — *Rhynchopetalum* (genus) Fresenius in Flora XXI/2 (1838) 603; A. De Candolle, Prodr. VII (1839) 365. — *Tylomium* Schönland in Engler & Prantl, Die natürl. Pflanzenfam. IV/5 (1894) 67; R. & Th. Fries, Riesenlobel. Afr. in Svensk Bot. Tidskr. XVI (1922) 384; Bruce, Giant Lobel. East Afr. in Kew Bull. 1934, 61. — Corolla plerumque magna, ± unilabiata: lobi corollae omnes aut connati in unum labium rostri- vel cymbaeforme (*Rhynchopetalum* s. str.), aut modo noto soluti: lobi 2 laterales usque ad medium vel rarissime ad basin fere soluti, patentes; lobi 3 inferiores in labium trifidum connati et saepe aliquamdiu cohaerentes, raro omnes demum plus minusve se solventes. Antherae 2 inferiores barbatae (apud *L. stricklandae* tamen nudae). — Plantae plurennes et monocarpeae, robustae, praealtae (4—10 m) et simplicissimae (*Cereiformes*) vel paucae superne ramis brevibus florentibus notabiles (*Ramosae* Haum.), flores in racemis nonnunquam longissimis.

Species 19 Africae tropicae. Sectio insignis propter altitudinem giganteam insuetam in hoc genere, sed non satis bene definienda. Species huc spectantes omnes inhabitant regionem montanam altidudine 1500—4600 m s. m.

Conspectus specierum.

A. Racemus simplicissimus, longissimus, terminalis. Corolla unipetala vel lobi laterales circiter ad medium corollae separati aut omnes lobi ± se solventes (*Cereiformes*).

I. Bracteae ovatae vel ovato-oblongae, flores superantes (Series *Deckenii* Fries).
+ Corollae lobi permanenter connati, unipetala (*Rhynchopetalum* s. str.).[1])
a. Bracteae glabrae, margine plus minus ciliatae.
1. Corolla intus glabra .... 329. *L. deckenii.*
2. Corolla intus crispo-pubescens .... 330. *L. elgonensis.*
b. Bracteae supra costam tantum vel utraque facie sparse pubescentes.
1. Corolla extus glabra, sepala glabra margine ciliata 331. *L. keniensis.*
2. Corolla extus pubescens, sepala utrinque pubescentia 332. *L. sattimae.*
++ Corollae lobi plus minus soluti.
a. Folia ovato-lanceolata, supra sparse pilosa. Bracteae late ovatae, abrupte acuminatae, callosi-denticulatae .... 333. *L. bequartii.*
b. Folia oblonga usque anguste ovato-lanceolata, utrinque glabra, integra. Bracteae ovato-oblongae acuminatae .... 334. *L. burttii.*

II. Bracteae lineares vel anguste lanceolatae; si ovato-lanceolatae, tunc floribus breviores.
§ Bracteae non villosae nec longi-ciliatae. Semina compressa et plus minus alata.
* Nervi laterales foliorum a costa sub angulo acuto et subparalleli excurrentes (Series *Mildbraedii* Fries).
× Bracteae lanceolatae usque ovato-lanceolatae, floribus breviores. Folia oblongo-lanceolata, subtus conspicue reticulata
336. *L. aberdarica.*
×× Bracteae lineares usque angusti-lanceolatae, 4—8 mm latae.
+ Folia apice subemarginato mucronulata, supra nitida, coriacea
337. *L. mildbraedii.*
++ Folia versus apicem acutum sensim angustata, opaca, membranacea.
° Folia sublinearia, 2—3 cm lata.
- Folia basi truncato-auriculata .. 338. *L. suavibracteata.*
- - Folia basi sagittato-amplexicaulia
339. *L. utshungwensis.*
°° Folia lanceolata (ovato-lanc.), inferiora obovato-oblonga 6—10 cm lata. Capsula 2,5 cm longa 335. *L. rhynchopetalum.*
** Nervi laterales foliorum sub angulo subrecto (60—90°) excurrentes (Series *Giberroa* Fries).
× Folia obovato-lanceolata, acuminata, acuti-dentata, 40—60 cm longa, 7—18 cm lata. Alabastrum vix rostratum 340. *L. giberroa.*
×× Folia lineari-lanceolata usque leviter oblanceolato-linearia, integra vel tenuiter denticulata.
- Bracteae angustissimae flores fere duplo superantes. Alabastrum 5—6 mm longe rostratum .... 341. *L. bambuseti.*
- - Bracteae 4—7 mm latae floribus subbreviores. Rostrum alabastri supra 10 mm longum .... 342. *L. lanuriensis.*
§§ Bracteae lineares, dense villosae vel longi-ciliatae floribus multo longiores et pendulae. Semina ovoidea non alata (Series *Telekii* Fries).
1. Folia tenuia, opaca, nervi secundarii foliorum ascendentes. Corolla ad 25 mm longa .... 343. *L. telekii.*
2. Folia coriacea, nitida, nervi secundarii divaricati. Corolla 4—5 cm longa .... 344. *L. wollastonii.*

---

[1]) Huc etiam pertinet *L. rhynchopetalum* cum var. *acrochilus*, cuius corollae lobi interdum paulum se solvere videntur; sic *Rhynchopetalum* s. str. constat ergo e 5 sequentibus speciebus: *L. rhynchopetalum, L. deckenii, L. elgonensis, L. keniensis, L. sattimae.*

B. Inflorescentia praeter racemum terminalem vel pro ea ramos breves florentes producens, lobi corollae laterales plus minus usque ad basin separati. (Series *Ramosae* Haum.).

I. Folia glabra, brevi-petiolata.

a. Folia coriacea, lanceolato-linearia, obtusiuscula, ad basin sensim angustata vel obtusiuscula .... 345. *L. lukwangulensis.*

b. Folia anguste lanceolata, utrinque acuta .... 346. *L. petiolata.*

II. Folia sessilia, oblanceolato-oblonga usque oblonga, acuminata, subtus imprimis in nervis pilosa .... 347. *L. stricklandae.*

329. **L. deckenii** (Aschers.) Hemsl. in Oliver, Fl. Trop. Afr. III (1877) 466; Engler, Hochgebirgsfl. Trop. Afr. (1892) 409; Karsten et Schenk, Veg. Bilder XII (1919) t. 9, 10; R. et Th. Fries in Svensk Bot. Tidskr. XVI (1922) 408; Bruce in Kew Bull. (1934) 83, t. 5 f. 1. — *Tupa* (*Rhynchopetalum*) *Deckenii* Achers. in Sitzungsber. Gesellsch. Naturf. Freunde (1868) 23 et in Bot. Zeit. XXVII (1869) 71; C. von der Decken, Reisen Ostafr. III/3 (1879) 74, t. 5. — *Tupa Kerstenii* Vatke in Linnaea XXXVIII (1874) 725. — *Lobelia Tayloriana* Bak. f. in Journ. Bot. XXXII (1894) 67, t. 341; Volkens, Kilimandscharo (1897) 317 c. t.; H. H. Johnston Uganda I (1902) 162, 163, 173; Journ. Linn. Soc. Bot. XXXVIII (1908) t. 17; Chiovenda et Cortesi, Il Ruvenzori, Angiosp. (1909) t. 15—18; Nat. Geogr. Mag. Washington XXVII (1915) 196. — *Dortmannia Deckenii* O. Kuntze, Revis. Gen. II (1891) 972. — Planta ad 4 m alta, trunco 1—1,5 m denudato, superne rosula foliorum densa. Folia plantae juvenilis linearia, obtusa, subtus densius, supra parce et brevius pilosa. Plantae adultae folia sessilia, lanceolata vel lineari-lanceolata, 16—24 cm longa et 2—4 cm lata, apice subacuta vel acuta, basi angustata, ad basin vel in medio latiora, margine integra undulata, utrinque plus minusve pilosa, rarius glabrata, nervi laterales sub angulo semirecto vel acuto excurrentes, conspicue venosa. Flores in racemo denso, multifloro, elongato (2—3 m). Bracteae ovatae vel ovali-oblongae, acutae usque acuminatae, basi angustatae, sessiles, glabrae, integrae vel crenulato-undulatae, versus basin plerumque ciliatae, patentes et partim recurvatae. Pedicelli glabri, 7—9 mm longi, supra basin parvo-bibracteolati. Hypanthium semi-globosum, 6 mm longum et 9 mm latum, glabrum; lobi calycini triangulares, 8—16 mm longi et basi 3—5 mm lati, subacuti vel obtusi, integri, saepe ciliati, glabri. Corolla coerulea, 4—5 cm longa, glabra, lobi non se disjungentes. Filamenta glabra vel in 2 lineis inferioribus crispo-pilosa, 30—45 mm longa. Antherae glabrae, 1 cm longae, 2 inferiores barbatae. Capsula ovata. Semina fere semilunaria, compressa, in latere convexo late, in latere subrecto anguste alata, 1,7 mm longa et 1 mm fere lata. — Fig. 101 b.

Tropisches Afrika: Gebiet des Kilimandscharo in der alpinen Region von 2000—4300 m nicht selten, auf grasigen und steinigen Abhängen, Wiesen, seltener in Waldungen: Gegend um Dochagga 2200—2800 m (Kersten! — Herb. Berlin); oberhalb Mamba, 2600 m (G. Volkens n. 773!); auf trockenen Bergwiesen in der Nähe des Moltke-Steines, 3000 m (G. Volkens n. 1144!); Grasregion, 2900—3000 m (v. Höhnel n. 172, A. Engler n. 1854!; Abbott! — Herb. Wash.); über Moschi und im Quellgebiet des Garanga, 3000—3800 m (C. Uhlig n. 87! 103! 1098!); Urwald über Moschi, Peters-Hütte, Bismarck-Hügel, Mawenzi-Sattel, Bismarck-Hütte nach Rombo und Marangu, 2500—4300 m (A. Peter n. 603! 780! 781! 1022! 1090! 1151! 1320! 41912! 42061!; Grote!; ex Bruce (non vidi): Johnston n. 115); zwischen Peters-Hütte und Saddle in Gesellschaft von *Senecio cottonii*, 4300 m (Burtt n. 2331; Milne n. 10/7); zwischen den Flüssen Umbwe und Weru-Weru, 3660 m (Greenway n. 3143); Bismarck-Hügel, 3300 m (Groote n. G 6256); über Machanve, 4160 m (Moreau n. 58 a).

var. **cacuminum** R. et Th. Fries in Svensk Bot. Tidskr. XVI (1922) 411, f. 7b. — Truncus subnullus. Folia densa, anguste linearia, infra medium latiora, superiora

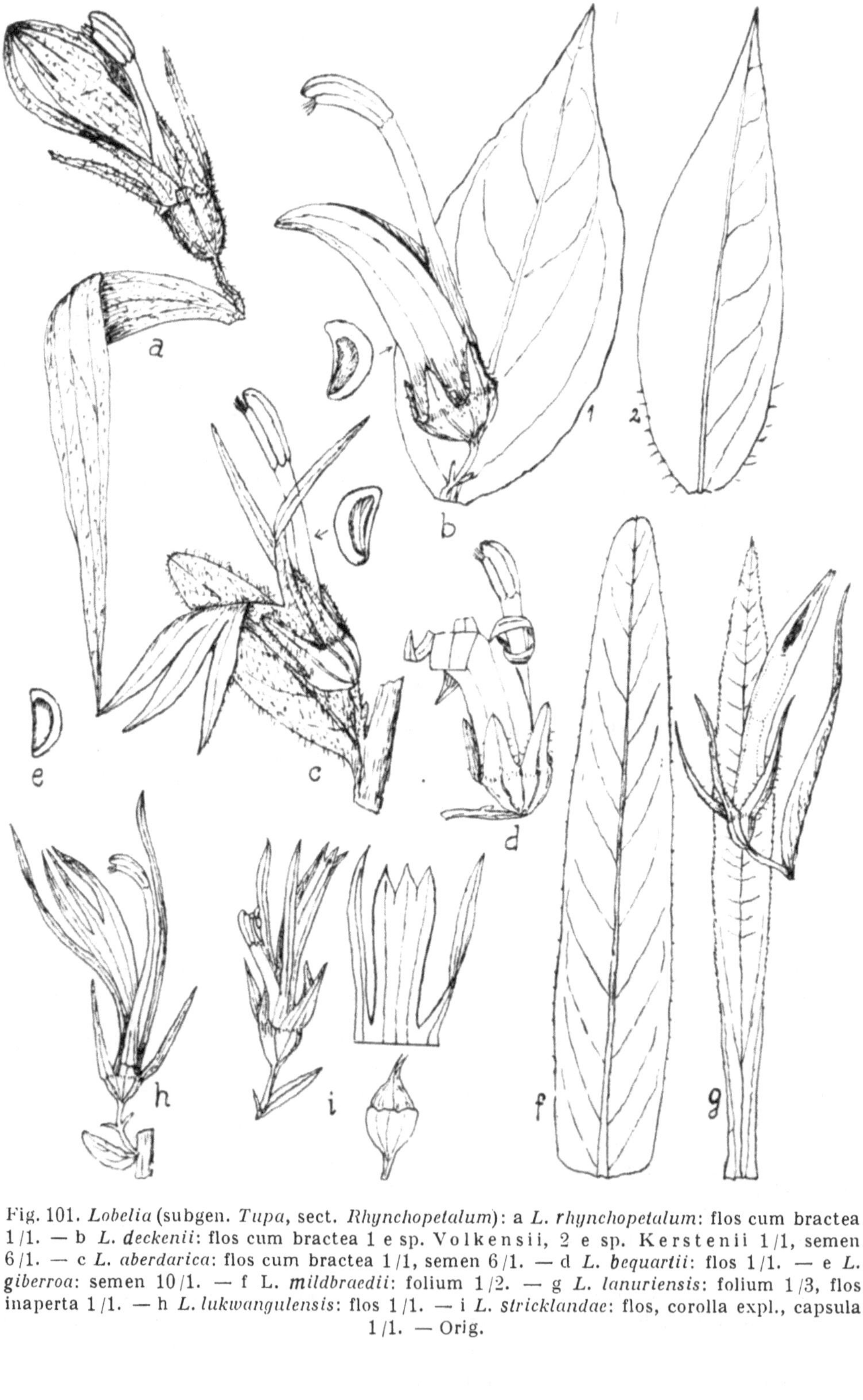

Fig. 101. *Lobelia* (subgen. *Tupa*, sect. *Rhynchopetalum*): a *L. rhynchopetalum*: flos cum bractea 1/1. — b *L. deckenii*: flos cum bractea 1 e sp. Volkensii, 2 e sp. Kerstenii 1/1, semen 6/1. — c *L. aberdarica*: flos cum bractea 1/1, semen 6/1. — d *L. bequartii*: flos 1/1. — e *L. giberroa*: semen 10/1. — f L. *mildbraedii*: folium 1/2. — g *L. lanuriensis*: folium 1/3, flos inaperta 1/1. — h *L. lukwangulensis*: flos 1/1. — i *L. stricklandae*: flos, corolla expl., capsula 1/1. — Orig.

13,5 cm longa et 3 cm lata, supra in parte tertia inferiore subglabra, versus apicem pilosa, subtus densius pilosa, margine ciliata. Bracteae in margine a medio ad basin parce ciliatae, lanceolatae 8—9 cm longae et 2,8 cm latae. Calycis lobi 7 mm longi et 4 mm lati, glabri, versus basin ciliati. Corolla brevior, 27—30 mm longa, indigotina. Filamenta 31 mm longa, tubus antherarum 7—8 mm longus, glaber, staminibus corollam longe superantibus.

Kilimandscharo: In der alpinen Region (G. Volkens n. 1953! — Hb. Ups., B.).

330. **L. elgonensis** R. et Th. Fries jr. in Svensk Bot. Tidskr. XVI (1922) 411, f. 7 a; Bruce in Kew Bull. (1934) 85. — Folia late lanceolata, 25 cm longa et 7 cm lata, apice rotundata, integra, subtus glabra, in facie superiore versus basin hirta, versus apicem glabrata; nervi laterales sub angulo 30° fere ascendentes. Racemus abrupte erumpens e rosula foliorum. Bracteae ovatae usque ovato-lanceolatae, 9 cm longae et 4 cm latae, acuminato-cuspidatae, basi subrotundatae et sessiles, glabrae, superne crenulatae et eciliatae, deorsum integrae et ciliatae. Pedicelli 8 mm longi, glabri, in medio 2 bracteolis oblongis 4 mm longis praediti. Hypanthium campanulatum, glabrum, 7 mm longum et 9 mm latum, lobi calycis anguste triangulares, acuti, 10—14 mm longi et basi 5 mm lati, glabri, in margine ciliati. Corolla obscure coeruleo-violacea, 35 mm longa, extus glabra, intus in parte media crispo-pilosula, lobi omnino connati. Stamina 3 cm longa; filamenta usque ad medium soluta et in parte media breviter ciliata, secus glabra; antherarum tubus subglaber 8 mm longus, 2 inferiores penicillatae. Semina (immatura) falciformia, in latere convexo late alata.

Uganda: Auf dem Mt. Elgon, 3300 m, blühend im Juni (Lindblom! — Herb. Stockholm); von unterhalb Mandangi zum Fuß der Jackson-Spitze, ungefähr 3300 m (Liebenberg n. 1674, Tweedie n. 111, 102 — ex Bruce!).

331. **L. keniensis** R. et Th. Fries jr. in Svensk Bot. Tidskr. XVI (1922) 413, f. 2 et 7 c—g; Bruce in Kew Bull. (1934) 84. — *L. Gregoriana* Bak. f. in Journ. Bot. XXXII (1894) 66 quoad inflorescentiam, folia autem *Senecionis Brassicae* R. et Th. Fries jr.; Gard. Chron. 3. ser. LIX (1916) 125, f. 46; Engl. & Drude, Veget. Erde IX (1910) I/I. 215; Engler, Pflanzenwelt Afr. I (1910) 215, f. 193. — Planta ad 1,8 m alta, trunco subnullo. Rosula foliorum densa; folia sessilia, subovato-lanceolata, 19—24 cm longa et cr. 5 cm lata, apice subacuta, ad basin modice angustata, margine integro, dimidio inferiore sat dense ciliato, ceterum subnuda, lamina supra in tertia vel dimidia parte superiore glabra, in dimidio inferiore una cum nervo mediano villosa, subtus glabra; nervi secundarii sub angulo acutissimo a costa crassa excurrentes. Racemus cr. 1 m longus, densus, multiflorus, e rosula foliorum abrupte procedens. Bracteae ovato-ovales, subabrupte acuminatae, 6,5—10 cm longae et 3—4 cm latae, margine integrae vel ad apicem inconspicue crenulatae, ciliatae imprimis densius versus basin, supra in nervo mediano villosae, secus glabrae, subtus basi villosae, ceterum glabrae. Pedicelli glabri, 8 mm longi, in medio inconspicue bracteolati. Calycis receptaculum campanulatum, glabrum, cr. 11 mm longum, lobi triangulares, acuti, glabri, ciliati, 12—16 mm longi et basi 6 mm lati. Corolla obscure coeruleo-violacea, 24—30 mm longa, extus glabra, intus in basi crispo-pilosula, lobi non se solventes. Filamenta glabra, 13—18 mm longa. Antherarum tubus 1 cm longus, in basi et suturis dense hirtus, 2 inferiores barbatae. Capsula subglobosa, 14 mm longa et 16 mm lata. Semina fere reniformia, in latere convexo late, in latere paulum concavo angustissime alata, cr. 1,8 mm longa.

Tropisches Ostafrika: Auf dem Mt. Kenya, in der alpinen Region sehr allgemein, aber nicht die oberste Phanerogamengrenze erreichend. Im Tale zwischen den Höhnel- und Teleki-Tälern etwa 3200 m, blühend im Januar (Rob. E. et Th. C. E. Fries n. 1303! — Herb. Upsala); westliche Abhänge des Kenya entlang dem Wege von der West-Kenya-Waldstation zum Gipfel in der „Giant Heath" Zone, 3630 und 4200 m, blühend im Sept. (E. A. Mearns n. 1492! 1630!; Lyne Watt n. 1139); auf Moorland, 3300 m (Rammel n. 2669).

332. **L. sattimae** R. et Th. Fries jr. in Svensk Bot. Tidskr. XVI (1922) 414; Bruce in Kew Bull. (1934) 85. — Planta ad 1,8 m alta, trunco subnullo, rosula foliorum densa. Folia late sessilia, subovato-lanceolata, 16—34 cm longa et 5—7 cm lata, ad apicem obtusiusculum subacuminata, ad basin vix angustata, margine integro parcissime ciliolata vel nuda, chartacea, supra glabra excepta parte inferiore crispo-pubescente, nervo mediano subglabro, subtus glabra; nervi laterales sub angulo cr. 30° ascendentes. Racemus densus, multiflorus, cr. 1—1,3 m longus, flores a bracteis superati. Bracteae sessiles, ovatae, 7—9 cm longae et 4—5 cm latae, apice fere abrupte et longius acuminatae et recurvatae, basi paulum et breviter angustatae, margine integrae, superne obscure crenulatae, inferne saepe ciliatae, utrinque crispo-pubescentes. Pedicelli glabri, 12 mm longi, basi biglandulosi. Hypanthium campanulatum, pubescens vel glabrescens, lobi calycis triangulares, acuti, 14—17 mm longi et basi 6 mm lati, utrinque pubescentes, integri, ciliati. Corolla obscure coeruleo-violacea (obscure purpurea ex Bruce), 25—31 mm longa, extus subpubescens, intus in basi crispo-pilosula, lobi non se solventes. Filamenta glabra, 18—20 mm longa. Antherarum tubus 1 cm longus, glaber, 2 inferiores apice barbatae. Capsula ovoidea, 18 mm longa et 16 mm lata. Semina fere reniformia, in latere convexo late alata.

Tropisches Ostafrika: Im Aberdare-Gebirge auf dem Sattima in der alpinen Region auf Grasboden, 3000—4300 m (Rob. E. et Th. C. E. Fries n. 2468! Dale n. 2864).

333. **L. bequartii** De Wildem. in Rev. Zool. Afr. VIII (1920) Suppl. Bot. 31 et Pl. Bequart. I (1922) 289; Fishlock et Hancock in Journ. East Afr. and Uganda Nat. Hist. Soc. no. 44 (1933) 218, 223, 234, t. G et C; Haum. in Bull. Acad. Belg. XIX (1933) 614, 706 et Les Lobelia Geants (1933) 20 c. f. et t. 6, 7; Wettstein, Handb. Bot. 4. Aufl. (1935) 953, f. 637. — *L. Deckenii* H. H. Johnst., Uganda I (1902) 162, 163, 172, 173; Dawe in Journ. Linn. Soc. XXXVII (1906) 539; Rendle, Bak. f. et S. Moore in Journ. Linn. Soc. Bot. XXXVIII (1908) t. 17, f. 4; Chiovenda et Cortesi in Il Ruwenzori Angiosp. (1909) 444 t. 15—18; Engler Pflanzenwelt Afr. V (1925) 322; Good in Journ. Bot. LXVI (1928) 37; Synge in Journ. Roy. Hortic. Soc. LXIII (1938) 462 c. tab. — Planta erecta 2—5 m alta, trunco sine inflorescentia cr. 1 m alto, fistuloso, 10—12 cm diametiente. Folia in planta juvenili capitato-conglobata, globum magnum 60—70 cm in diametro efformantia. Folia adulta sessilia, crassiuscula, oblongo-lanceolata, infra medium latiora, cr. 20 cm longa et 5 cm lata, ad apicem obtusum, mucronatum sensim angustata, ad basin paulum attenuata, integra vel versus apicem densissime et minute denticulata, ciliata vel eciliata, subtus glabra, supra imprimis basin versus sparsissime longe pilosa; nervi laterales sub angulo semi-recto a costa valida excurrentes. Racemus 1—3 m longus, densus, multiflorus, 20—25 cm in diametro. Bracteae floribus longiores, apice recurvatae, ovato-ovales, 7—9 cm longae et 4—6 cm latae, apice subabrupte acuminatae, basi rotundatae, sessiles, margine laxe ciliatae, secus glabrae. Pedicelli 1 cm longi, glabri, supra basin 2 bracteolis parvis. Hypanthium semi-globosum, 5—8 mm longum et 10—12 mm latum, glabrum; lobi calycis triangulares, obtusiusculi, mucronulati, 10—13 mm longi et basi 4—6 mm lati, margine ciliolati, secus glabri. Corolla violacea, 4 cm longa, extus glabra, bilabiata, lobi normaliter soluti et intus in nervis crispo-hirti, saepe recurvati. Filamenta glabra, 26 mm longa. Antherarum tubus glaber, 1 cm longus, 2 inferiores penicillatae. — Fig. 101 d.

Tropisches Afrika, Uganda: Ruwenzori, Lanuri, c. 4000 m, blühend im Mai (J. Bequart n. 4519! — Herb. Brüssel, Upsala); W. Ruwenzori, Kigo, 3600 m (Fishlock et Hancock n. 123); NW. am Fuß des Mt. Emin an den Quellen des Tungula, 3900 m, an einem mit Carex bestandenem Moor und besonders entlang eines Baches (Hauman n. 466); O. Ruwenzori, 3300—4000 m (Dawe n. 561, Humphreys n. 519, Doggett).

334. **L. burttii** Bruce in Kew Bull. (1933) 473 et (1934) 81, f. 2 et t. V, f. 3 et 4. — Planta erecta cum inflorescentia 45—120 cm longa; rosula foliorum juvenilium

Fig. 102. *Lobelia burtii.* Photo Hb. Nairobi.

plantarum 30—45 cm longa. Folia inferiora sessilia, opaco-viridia, glabra, lineari-lanceolata usque anguste ovato-lanceolata, 14—25 cm longa et 3—5 cm lata, sensim angustata versus apicem rotundatum vel subacutum interdum apiculatum, margine integra, ciliata; nervi laterales sub angulo semi-recto ascendentes; folia superiora lanceolata usque lineari-lanceolata, 14—17 cm longa et 2,5—3 cm lata, apice acuta, secus ut supra. Racemus densus, multiflorus, bracteatus. Bracteae floribus circiter duplo longiores, apice paulum deflexae, ovatae vel oblongo-lanceolatae, 6—9 cm longae et 2,5—3,5 cm latae, apice acuminatae, margine integrae et parce ciliatae, secus glabrae. Pedicelli 1 cm longi, glabri, infra medium parvo-bracteolati. Hypanthium campanulatum, glabrum, lobi anguste triangulares, 7—12 mm longi, basi 2—4 mm lati, apice rotundati vel acuti et minute apiculati, glabri, margine ciliolati. Corolla indigotina, lilacina vel violacea, extus glabra, 3 cm longa, bilabiata, lobi normaliter soluti, intus in triente medio crispo-hirti. Filamenta glabra, cr. 2 cm longa. Antherae cr. 9 mm longae. — Fig. 102.

Ostafrika, Tanganyika-Territorium: Mbulu-Distrikt: Mt. Hanang, 3600 m, an der Westseite des Kraters gerade unterhalb des Berggipfels (Burtt n. 4049 — Herb. Kew); Ngorongoro, Mt. Loolmalassin, 3600 m, in einem kleinen Sumpf an der Südseite der Berges in einem Tal zwischen *Erica arborea*, *Philippia*, *Stoebe*, *Adenocarpus* und *Artemisia* (Burtt n. 4214); Arusha-Distrikt, Mt. Meru, 4000—4300 m, an der Südseite des Bergkegels zwischen *Helichrysum newii* und spp, *Erica Philippia* und *Alchemilla* (Burtt n. 4128). — Descriptio auctoris, non vidi.

335. **L. rhynchopetalum** (Hochst.) Hemsl. in Oliver Fl. Trop. Afr. III (1877) 465; Baker f. in Journ. Bot. XXXII (1894) 70; Karsten et Schenk, Veg. Bild. VII (1909) t. 30; Engl. et Drude, Veg. Erde IX (1910) 110; Francé, Leb. Pfl. VI (1913) 431; R. et Th. Fries in Svensk Bot. Tidskr. XVI (1922) 407, f. 6 g—h; Bruce in Kew Bull. (1934) 74. — *Rhynchopetalum montanum* Fresen. in Flora XXI/2 (1838) 603; Mus. Senkenberg III (1839) 66, t. 4; A. DC. Prodr. VII (1839) 396; Bower, on the structure of the stem, in Journ. Linn. Soc. XX (1884) 440, t. 36—38. — *Tupa montana* Vatke in Linnaea XXXVIII (1874) 726 in textu, XL (1876) 202. — *Tupa Rhynchopetalum* Hochst. in A. Rich., Fl. Abyssin. II (1851) 9; Walpers, Annal. II (1851—52) 1033. — *Dortmannia montana* O. Kuntze, Rev. Gen. II (1891) 972. — Caulis simplicissimus, 4—7 m altus, 10—16 cm diametiens, lignosus, inferne longitudine 2—4 m denudatus et cicatricibus rhomboideis foliorum obsessus, dein rosula foliorum elongata vestitus et racemo pluri-metrali terminatus. Folia sessilia, lanceolata, 20—30 cm longa et 4—8,5 cm lata, apice sensim acuminata, basi subrotundata vel modice angustata, margine integra, herbacea, supra levius, subtus densius pubescentia; nervi laterales sub angulo cr. 30° ascendentes. Folia inferiora late lanceolata usque obovato-oblonga, ad basin longe cuneata, 45 cm longa et 11,5 cm lata, margine ciliata, glabrescentia; nervi laterales sub angulo semirecto ascendentes. Racemus densus, 2—3,5 m longus. Bracteae sublineares, sensim acutatae, 8—11 cm longae, 0,5—2 cm latae, margine ciliatae, utrinque pubescentes, floribus longiores. Pedicelli 8 mm longi, pubescentes, supra basin bibracteolati. Calycis tubus campanulatus, 10 mm longus, 7 mm latus, pubescens; lobi anguste triangulari-lineares, 26—30 mm longi et basi 5 mm lati, integri, in utraque pagina pubescentes, patentes. Corolla chalybaea, extus pubescens, intus crispo-puberula, 5 cm longa, „petalum unicum canaliculatum rostriforme mentiens", demum plerumque in lobos $\pm$ disjuncta. Filamenta 25 mm longa, lineis 5 hirtellis. Antherarum tubus glaber, 12 mm longus, 2 inferiores barbatae. Capsula ovoidea, 25 mm longa et 18 mm lata. Semina oblonga usque ovalia, in uno latere anguste alata. — Fig. 101 a.

Abessinien: Prov. Semien, im Gebirge Bachit bei Gunna, 4000 m, August blühend (Schimper n. 169! 1263! 1554!); bei Novi und Bachit (Steudner n. 1379, 1380); Garamulata-Berg, 3500 m, in der Erica-Formation (Gillet n. 5317); Gallahochland, Sidamo, Djam-djam (O. Neumann n. 25); Sidamo, Awara (Ellenbeck n. 1812). — Nom. vulg.: *Gibarra* (Semien).

Nota. Die Pflanze, 1833 von Rüppel entdeckt, kommt in Semien von 3500 m aufwärts in ausgedehnten, wenn auch lockeren Beständen vor und bildet das auffallendste Element der Flora. Nach etwa 7 Jahren sind die Stämme so weit entwickelt, daß sie blühen, wobei der Blütenstand allein oft $3^1/_2$ m lang wird. Nach der Samenreife stirbt der Stamm ab; aus dem Stocke treiben aber andere bis dahin kümmerliche Sprosse aus. Die Pflanze enthält einen unangenehm riechenden, scharfen Milchsaft und wird von den Abessiniern für sehr giftig gehalten, auch der Rauch beim Verbrennen der Stengel wird für giftig gehalten, so daß die Pflanze trotz der dortigen Holzarmut und Kälte selten gebraucht wird (Karsten und Schenk). Keine andere der Baumlobelien besitzt Rindenbündel, sie steht also vereinzelt den anderen Sektionsgenossen gegenüber da. Auch vermag die dem Laub nach hygrophile Pflanze an sonst nur für Xerophyten geeigneten Orten zu gedeihen, da sie das Parenchym des Stammes und der Wurzeln zur Wasserspeicherung benützt und sich gegen Verlust durch Transspiration entsprechend schützt (nach F. Rosen).

var. **acrochilus** E. Wimm. in Annal. Naturhist. Mus. Wien LVI (1948) 368. — Folia ignota. Bracteae lineari-lanceolatae, ad apicem et basim angustatae, 7—9 cm longae et 0,5—0,7 cm latae, puberulae, sed non ciliatae. Calycis lobi 15—16(20) mm longi, tenuiter puberuli, non ciliati. Corolla extus subpuberula, ad 35 mm tantum longa. Antherarum tubus basi pilosulus, secus glaber, 8 mm longus.

Abessinien: Cofali, 3000 m, blühend im Febr. (E. A. Mearns n. 90! — Hb. W.).

Fortasse nova species, sed e specimine uno et manco hoc dijudicari non potest et exinde ut varietas (levius pilosa cum corolla minore) proponatur.

336. **L. aberdarica** R. et Th. Fries jr. in Svensk Bot. Tidskr. XVI (1922) 406, f. 5 et 6 a—d; Bruce in Kew Bull. (1934) 75. — Planta erecta, 1—3 m alta, trunco subnullo vel ad 1,5 m longo, racemo terminali denso 1—2 m longo, e rosula foliorum sat abrupte erumpente. Folia sessilia, subovato-linearia vel lanceolato-linearia, 22—40 cm longa et 3—4 cm lata, basi subrotundata, apicem versus sensim acuta, breviter apiculata, margine integra, utrinque puberula; nervi laterales sub angulo acuto a costa crassa excurrentes. Rachis inflorescentiae sparse et longe pubescens. Bracteae ovato-lanceolatae usque lanceolatae, apice obtusae et mucronulatae, utrinque dense puberulae, floribus breviores, 25—45 mm longae et 10—17 mm latae, patentes. Pedicelli cr. 8 mm longi, dense puberuli, minute bibracteolati. Hypanthium breviter campanulatum, dense puberulum; lobi calycis triangulari-lineares, obtusi, mucronulati, utrinque puberuli, ciliolati, 10—15 mm longi et basi 3 mm lati. Corolla basi sordide coerulescens, versus apicem lilacino-coerulea et alba, puberula, 30—45 mm longa, intus a medio usque fere ad basin crispo-pilosula; lobi 2 superiores lineares 30—35 mm longi, labium inferius tripartitum, lobi lineari-lanceolati 15—20 mm longi. Filamenta 26—35 mm longa, inferne soluta ibique puberula. Tubus antherarum glaber, 1 cm longus, 2 inferiores barbatae. Semina inaequaliter reniformia vel rectangularia, irregulariter anguste vel late alata. — Fig. 101 c.

Tropisches Ostafrika: Gebiet vom Kenya zum Mt. Elgon in der alpinen Region und meist auf sumpfigem Boden. Mt. Aberdare, in der *Hagenia-Hypericum lanceolatum-* und der oberen *Bambus*-Region zusammen mit *Senecio brassicaeformis* häufig, auf offenen trockeneren Hochsteppen derselben Regionen spärlich, blühend im März (R. et Th. Fries n. 2414! 2414 a et b — Herb. Upsala); 3000 m hoch (Battiscombe); Mt. Kenya, an einem Sumpf auf dem bewaldeten südlichen Abhang, 2100 m (Dale n. 3020); Nandi-Plateau (Johnston); Timboroa, 2700 m (Thorold n. 1502); östliche Mau-Berge, Mariashoni, 3000 m (Dale n. 2671); Mt. Elgon, an Gewässer, Sumpf und in der Bambuszone am Bulambuli, hier reichlich, 3000—3900 m (Lugard n. 434, Dauglish n. 69, D. R. Tweedie n. C 9, Thomas n. 654, Soundy et Hancock — ex Bruce).

337. **L. mildbraedii** Engl. in Wissensch. Ergebn. der Deutschen Zentral-Afrika-Exped. 1907—08 II (1911) 344; R. et Th. Fries jr. in Svensk Bot. Tidskr. XVI (1922) 405; Bruce in Kew Bull. (1934) 73. — Planta erecta ad 3 m alta, trunco sulcato, fistuloso, glabro. Folia sessilia, sublinearia, a medio utrinque subaequaliter paulumque angustata, 16—33 cm longa et 2—4 cm lata, apice rotundata vel subemarginata

et mucronulata, basi rotundata, margine integra, carnosa, supra glabra et nitida, subtus puberula; nervi secundarii sub angulo acuto ascendentes. Flores in racemo denso, 60—100 cm longo, bracteato. Bracteae lineares, obtusae, mucronulatae, utrinque pubescentes, ciliatae, 4—5 cm longae et 0,3—0,4 cm latae, floribus sublongiores. Pedicelli 6 mm longi, pubescentes. Hypanthium breviter campanulatum, 4—5 mm longum, puberulum; lobi calycini lineares, obtusi, 12—15 mm longi et 2 mm lati, extus subglabri, intus subpubescentes, ciliati. Corolla viridula, basin versus coerulescens (?) et minus puberula quam superne, 32 mm longa; lobi superiores profunde soluti, 25 mm longi; labium inferius tripartitum, lobi 12 mm longi, omnes lineares. Staminum tubus corolla subbrevior, 25 mm longus, glaber, antherae solae 9 mm longae, 2 inferiores apice pilosae. Semina matura non visa. — Fig. 101 f.

Ostafrika: Rukarara, Rugege-Wald östlich vom Kiwu-See, in Waldquellbrüchen, etwa 1800 m, blühend im August (Mildbraed n. 953! — Herb. Berlin).

var. **robynsii** E. Wimm. in Annal. Naturhist. Mus. Wien LVI (1948) 368. — Folia glaberrima, supra nitida. Bracteae corollas subaequantes, 3—4 cm longae. Sepala breviora (10—11 mm longa). Corolla viridula cum antheris violaceis (Robyns!), 3 cm longa, brevissime puberula.

Kongo-Gebiet: Mukarumbi, Station Kibira, Morast an der Wasserscheide Kongo-Nil, blühend Ende Mai (W. Robyns n. 2375! — Herb. Brüssel). — Nom. vulg. (Kirundi): „*Bisanda-sanda*".

338. **L. suavibracteata** Haum., Les Lobelia Géants (1933) 33, f. 4 a. — *L. Mildbraedii* Bruce in Kew Bull. (1934) 73 p. p. — Planta erecta, 2—3-metralis, ubique brevissime denseque pubescens vel foliis glabratis. Caulis fistulosus, sulcatus, internodiis sat elongatis. Folia chartacea, non nitentia, sessilia, lineari-lanceolata, basi truncato-auriculata, ad apicem subacutum sensim attenuata, 15—30 cm longa et 2,5—3,5 cm lata, margine integra, subtiliter reticulata, nervi secundarii sub angulo cr. 45° ascendentes; folia superiora sensim in bracteas transeuntia. Racemus densus, bracteatus, 40—70 cm longus. Bracteae lineares, apice subobtusae, cr. 5 cm longae, basi 6 mm latae, flores paulo superantes. Pedicelli 5 mm longi. Calycis tubus breviter cylindricus, 4 mm longus, eius lobi triangulari-lineares, 15—20 mm longi, basi 3 mm lati, apice subobtusi. Corolla dilute flava (jaune clair), 35—40 mm longa, laciniae lineares, profunde soluti. Filamenta 26—30 mm longa. Antherarum tubus 10—11 mm longus, 2 inferiores barbatae.

Belgisch-Kongo: Kiwu: Kani-See, Berge südwestl. vom Kiwu-See, am versumpften Ufer des See-Baches, gegen 2250 m, einige isolierte Stücke mit *Hypericum lanceolatum* (Scaëtta n. 35 M und 22 M — Mus. Tervueren). Kibali-Ituri: Morast im Walde auf dem Bergrücken zwischen Lubero und Libongo, 2200 m (Humbert n. 8725).

Uganda: Virunga-Berge, Behungi-Sumpf, 2600 m, und bei Kigezi, 2300 m, auf den trockeneren Stellen einer sumpfigen Wiese häufig (Burtt n. 2939! A. S. Thomas n. 1064! W. T. Eggeling n. 957! Linder n. 2584!); Ninagongo Vulkan, 3000 m (Burtt n. 3188!); Muhavura — Gahinga-Pass, gemein an einem großen Morast, 3000—3200 m (Burtt n. 2860!); Sumpf am südwestl. Fuße des Visoki-Vulkans, 3200 m (Derscheid n. 2455!).

Miss Bruce in litteris ad me missis certiorem me fecit, *Lobeliam suavibracteatam* a *Lobelia mildbraedii* non revera differre, cui sententiae autem ego non assentio, cum illa pluribus bonis proprietatibus ab hac diversa sit. Potius appropinquare mihi videtur ad *Lobeliam utshungwensem*.

339. **L. utshungwensis** R. et Th. Fries j. in Svensk Bot. Tidskr. XVI (1922) 405, fig. 6 e—f; Bruce, Kew Bull. (1934) 73. — Planta gigantea cum inflorescentia densa elongata, e rosula foliorum abrupte erumpente. Folia sessilia, amplexicaulia,

basi sagittata, lanceolato-linearia, 35—25 cm longa et 3,1—2,7 cm lata, apice sensim acutata, utrinque breviter subdenseque puberula, margine integra; nervi laterales a costa sat crassa sub angulo acutissimo exeuntes. Racemus terminalis, bracteatus. Bracteae sublineares, obtusiusculae, mucronulatae, 5—6 cm longae et cr. 0,5 cm latae, puberulae. Pedicelli 8 mm longi, hirti, basin versus 2 bracteolis squamaeformibus ornati. Tubus calycinus campanulatus, puberulus; lobi anguste triangulares, acuti, integri, puberuli, cr. 19 mm longi et 6 mm lati. Corolla cr. 3 cm longa, hirtella. Filamenta glabra. Antherae non visae. Capsula subglobosa, cr. 1 cm longa et lata. Semina auriculiformi-oblonga, unilateraliter anguste alata.

T r o p. A f r i k a : Tanganyika-Territorium, Utshungwe-Berge, Uhehe, Kissinga, 2000 m, fruchtend im Februar (W. G o e t z e n. 583! — Herb. Berlin).

Materia insufficiens judicium certum de hac specie non admittit. Propius autem accedit ad duas antecedentes species.

340. **L. giberroa** Hemsl. in Oliver Fl. Trop. Afr. III (1877) 465; Engler, Hochgebirgsfl. Trop. Afr. (1892) 409; Bak. f. in Journ. Linn. Soc. Bot. XXXVIII (1908) t. 17, f. 3; Fiori in Bull. Soc. Bot. Ital. (1910) 60, c. tab.; Pampanini in Bull. Soc. Bot. Ital. (1911) 121—129 c. fig.; Fiori, Boschi et Piante Legn. Eritrea (1909—12) 364, 366; Agric. Colon. Ital. V. Suppl. (1911) 143; Mildbr. Deutsche Zentral-Afrika-Exped. I (1911) 344; R. E. Fries Schwed. Rhodesia-Congo-Exped. I (1916) 316; Gard. Chron. 3. Ser. LXIV (1918) 121; Fauna et Fl. Upsala et Stockh. XV (1920) 54; R. et Th. Fries jr. in Svensk Bot. Tidskr. XVI (1922) 397; De Wild., Pl. Bequaert. I (1922) 291; Haum., Les Lob. Géants (1933) 8, t. 3, 4; Bruce in Kew Bull. (1934) 79. —*Dortmannia Giberroa* O. Kuntze, Revis. II (1891) 972. — *Tupa Schimperi* Hochst. in A. Rich. Fl. Abyss. II (1851) 10, t. 63 (non *Lobelia Schimperi* Hochst. in op. c.). — *Lobelia Volkensii* Engl. Bot., Jahrb. XIX (1894) Beibl. no. 47, p. 49; Volkens, Kilimandscharo (1897) 301 c. fig.; Engler, Pflanzenwelt Ostafr. (1903) A 121, C. 401; R. et Th. Fries jr. op. c. 399, fig. 3 h; Bruce op. c. 79. —*L. giberroa* var. *Volkensii* Haum. l. c. 8. — *L. ulugurensis* Engl., Pflanzenwelt Ostafrikas III A (1895) 92 nomen!; Goetze et Engl., Veg. Ansicht. Deutsch-Ostafr. (1912) t. 32, 49; R. et Th. Fries jr. l. c. 398, f. 3 e. — *L. Volkensii* var. *ulugurensis* Engl. in Notizbl. Bot. Gart. Berl. I (1895) 106. —*L. giberroa* var. *ulugurensis* Haum. l. c. 9. — *L. squarrosa* Bak. in Kew Bull. (1898) 157. — *L. intermedia* Haum. l. c. 31., f. 4 B. — Caulis erectus, simplex, fistulosus, 3—7 m altus et inferne 7—10 cm crassus, parte inferiore per 2—3 m sine foliis, parte foliata cr. 1 m longa, inflorescentia sola 1—2 m longa. Folia sessilia, inferiora obovato-oblonga usque -lanceolata, 40—80 cm longa et 8—16 cm lata, ad basin longe angustata, apice breviter vel longius acuminata, margine argute dense saepe hamuloso-dentata vel denticulata, interdum fere duplodentata, supra glabra vel subglabra, subtus imprimis in nervis plus minusve pubescentia, nervi laterales sub angulo 60—90° ascendentes; folia superiora oblanceolata usque lanceolata vel lineari-lanceolata, basi interdum latiora, subtilius dentata, ad apicem sensim acutata, 40—10 cm longa et 7—2 cm lata, nervi laterales sub angulo magis acuto ascendentes. Rachis inflorescentiae sulcatula, pubescens. Racemus densus, cylindricus, bracteatus. Bracteae lineares, 4—5 cm longae, 2—4 mm latae, floribus subbreviores usque longiores, callose denticulatae, utrinque plus minusve pubescentes, patentes usque reflexae. Pedicelli 5—8 mm longi, pubescentes, inconspicue bibracteolati. Hypanthium campanulatum, cr. 6 mm longum et latum, leviter usque dense tomentellum; calycis lobi sublineares, subacuminati, integri, utrinque tenuiter usque dense puberuli. Corolla 25—32 mm longa, intus glabrata, extus tenuiter usque dense pubescens, basi glabrata vel parum, apicem versus densius et saepe longius pubescens, chalybaea-virens, viridi-alba, caesia vel sordide violacea; lobi lineares, 2 superiores cr. 16—20, 3 inferiores 12—15 mm longi. Filamenta glabra, 18—23 mm longa. Antherarum tubus cylindricus, rectus, fusco- et nigro-striatus, glaber, 9—12 mm longus, 2 inferiores antherae apice barbatae.

Capsula campaniformis, 10 mm longa et in medio 6 mm lata, sepalis coronata. Semina auriculiformia, fuscescentia, in latere convexo vel utrinque mediocriter alata, vix 1 mm longa.

Clavis varietatum.

A. Antherarum tubus magnus, 10—14 mm longus.
  I. Bracteae flores superantes, nervi secundarii foliorum sub angulo circiter 60—70° excurrentes.
    a. Folia margine dentibus sursum versis munita .... var. *giberroa.*
    b. Folia dentibus rectis patentibus praedita .... var. *longibracteata.*
  II. Bracteae floribus distincte breviores, nervi foliorum secundarii a costa mediana horizontaliter excurrentes.
    a. Folia dentibus antrorsum curvatis munita, antherae 10 mm lg. var. *iringensis.*
    b. Folia margine denticulis callosis confertis praedita, antherae 14 mm longae .... var. *usafuensis.*
B. Antherarum tubus proportionaliter parvus, 6 mm longus, bracteae floribus multo longiores, folia inaequaliter dentata .... var. *mionandra.*

var. **giberroa.** — Ut supra. — Fig. 101 e.

Tropisches Ostafrika, von Erythräa bis zum Tanganyika-See und nordöstlichen Kongo-Gebiet in der unteren alpinen Region nicht selten. — Erythräa: Unterhalb des Gipfels des Soira-Berges bei Scimezana 2880 m (Dainelli et Martinelli ex Fiori). — Abessinien: Provinz Semien, Ostseite des Berges Aber (Ras Daschan) zwischen Addessalam und Maizacholo c. 2500 m (Schimper n. 908! — Spec. orig. in Herb. Wien, Kew); Berg Zuquala 2700—2900 m (Hugh Scott); Salito di Lumalmo (Chiovenda n. 844, 3168). — Ost-Sudan: Imatong-Berge bei Agoro 1700—2000 m (Brasnett n. 1181, Chipp n. 56). — Kenya-Kolonie: Berg Elgon, zufällig in der Bambusregion und in offenem Wald oberhalb Bulambuli 3000 m (Dummer-Maglennan Exped. n. 3575! Liebenberg n. 1677, Lugard n. 519); Aberdare-Gebirge, gemein auf Waldlichtungen, 2100—2900 m (Battiscombe n. 531); Ost- und Westseite (Fries n. 2777); Limoru, 2100 m, in bewaldeter Schlucht (Dümmer n. 1665); oberhalb Nakuru an einem Sumpf bei der Waldstation Bahati, 2340 m (Dale n. 2670); Kenya, Nordwestseite, im Regenwald und unteren Teil der Bambusregion (Fries n. 640, 719, 931!); Gipfel des Mt. Garquez, 2130 m (E. Heller!). — Tanganyika-Territorium: Kilimandscharo, Landschaft Marangu, westlicher Weg, 2200 m, nur zwischen 1900—2400 m ziemlich häufig (G. Volkens n. 1501! — Spec. orig. pro *L. Volkensii* Engl. in Herb. Berlin); bei Marangu, 2250 m (Groote n. 4007); Useri, c. 2500 m (Haarer n. 1758, Geilinger n. 4694). Mt. Meru, 1800 m (Geilinger n. 3769). Nord-Pare-Gebirge, Urwaldrest am Berge Kwa Muala über Schigatini, 1680 m (A. Peter n. 14335!). West-Usambara, Wilhelmstal bis Schume, 1440—1600 m (A. Peter n. 4270!); Wald bei Kamkusa, 1500 m und Ngaruka-Wald (Uhlig n. 1520, 349); Ufiume-Gebirge, 2100 m (Burtt n. 2376). Ussagara, felsige Hügel westlich von Kidete (A. Peter n. 32167!); Uluguru-Gebirge, im Talkessel der Mvua-Quellen, im Bergwald auf dem Paß zum Mgeta, im Tal des Baches Kahiri zusammen mit wilden Bananen, am Zusammenfluß des Mgasi und Mwedu (Stuhlmann n. 8791, 9124! 9321! — spec. typ. pro *L. ulugurensis* Engl. in Herb. Berlin); Urwald westlich und südlich der Mission Schlesien über Morogoro, 1500—1600 m (A. Peter n. 6814! 32167! 32187!). Utshungwe-Berge, Uhehe, Muhange, unbewaldete Abhänge, 1800 m (W. Goetze n. 626!); Iringa, östl. Mufindi, 2150 m, VIII. (Greenway n. 3489! — Hb. Stkh.). — Grenzgebiet Uganda und Belgisch-Kongo bis zum Tanganyika-See: Kibali-Ituri, zwischen Kasinda und Lubango auf den Bergen westlich vom Eduard-See, 2000 m

(L e b r u n n. 4702); West-Ankole: Ruchiga-Berge, 2200 m (B a g s h a w e n. 436); Ruwenzori-Gebirge, Butagu-Tal, 2300 m, und Kalonge, 2000 m (B e q u a e r t n. 3650! H a u m a n n. 233); Mihuya, 1700—2400 m (F i s h l o c k et H a n c o c k n. 211, H u m p h r e y s n. 551, F y f f e n. 41). Virunga-Gebirge: Namlagira-Vulkan, c. 3000 m (B u r tt n. 3140); auf Lava, 2540 und 3200 m (L e b r u n n. 4897, H u m b e r t n. 8163); Ninagongo-Vulkan, an der Waldgrenze in einzelnen Stücken auftretend, 2800 m (F r i e s n. 1657!); gegen 3000 m (H u m b e r t n. 7965); am Fuß des Mikeno zwischen dem Berg Hehu und dem Krater-Sumpf Tschekere, 2200 m und am Mikeno, 2800—3000 m (H u m b e r t 8168, 8001); am Berg Kahusi, 2600 m (H u m b e r t n. 7694); Wissoke-Vulkan im *Hagenia-Hypericum*-Wald, 2700 m (B u r t t n. 3018). Mukule, *Acanthus*-Steppe (B e q u a e r t n. 6298!). — Ruanda: Kagunda (Mutshia-Region) 1800 m (S c a ë t t a n. 1723 — ein Stück mit verzweigtem Stamm); Rugege-Wald, 1800—2000 m, sehr häufig (M i l d b r a e d n. 760 a, 761 a!). — Distrikt Kyimbili, nördlich vom Nyassa-See (S t o l z n. 1662). — Mwendula, östl. Abhang des Kongorückens bei dem Bergbach Loshashi (eines Nebenflusses des Njavarongo) am Rand des Tropenwaldes auf einer mit Gras und Cyperaceen bewachsenen Lichtung, selten, 1850 m (S c a ë t t a n. 762). — Masuku-Plateau, c. 2200 m (W h y t e n. 306! — Spec. orig. pro *L. squarrosa* Bak. in Herb. Kew). — Nom. vulg.: *Gorhan* (Erythräa), *Djibarra* (Semien, Tigrino), *Gibarroa, Djibarroa* (Amarica).

var. **longibracteata** Hauman, Les Lobel. Géants (1933) 10. — Circiter 5 m alta, trunco 8 cm in diametro. Corolla sordide viridis. Folia rosulantia obovato-lanceolata, cr. 40 cm longa et 10 cm lata, ad basin cuneata, apice brevi-acuminata, utrinque pubescentia, sed subtus densius et longius pubescentia, margine dentibus rectis confertis praedita. Folia superiora infra inflorescentiam ovato-lanceolato-cuspidata, in bracteas sublineares angustas flores multo superantes reflexas 6—7 cm longas transeuntia. Calycis lobi ad 2 cm longi. Corolla ad 32 mm longa, basi glabrescens, ad apicem pilosula. Tubus anthereus 1 cm longus.

R u a n d a : Kabaya, auf urbar gemachten Stellen des Bambuswaldes, 2700 m (S c a ë t t a n. 1670! — Typ. Mus. Tervueren). — R u w e n z o r i : Im Tale des Kiondo, 2000 m (L e b r u n n. 4465 — Brakteen etwas kürzer). — U l u g u r u : Lukwangule über Tuhensema, in der unteren Stufe des Nebelwaldes, 1900 m, 12. II. 1934 (C. T r o l l n. 4986! — Hb. B.).

var. **iringensis** E. Wimm. in Notizbl. Bot. Mus. und Gart. Berlin XII (1934) 106. — 4—5 m alta. Folia obovato-lanceolata, ad basin cuneata, apice brevi-acuminata, puberula, cr. 48 cm longa et 9,7 cm lata, margine dentibus sursum curvatis confertis munita (fere serrata), nervi laterales a costa horizontaliter excurrentes. Bracteae 22—25 mm longae, 2 mm latae, lineares, ad medium floris circiter attingentes. Calycis lobi 12—14 mm longi. Corolla 3 cm longa, albo-viridis, lobis extus puberulis, ceterum glabra. Tubus antherarum 1 cm longus.

T a n g a n y i k a - T e r r i t o r i u m: Bezirk Iringa, Landschaft Lupembe, bei Ditima an Waldrand häufig, 1800 m, blüh. 25. X. 1931 (H. J. S c h l i e b e n n. 1400! — Hb. B.).

var. **usafuensis** (Engl.) Hauman l. c. 7, 11. — *L. usafuensis* Engler, Bot. Jahrb. XXX (1901) 420; Goetze u. Engler, Veget. Ansicht. D. Ost-Afr. (1902) t. 51; R. et Th. Fries jr. l. c. 399, f. 3 f. g; Bruce in Kew Bull. (1934) 78. — 3—4 m alta racemo 1 m longo. Folia oblanceolata, acuminata, ad basin cuneata, subtus in nervis subpubescentia, nervi secundarii sub angulo recto excurrentes, circiter 30 cm longa, 7 cm lata, margine densissime callose denticulata. Bracteae 3—4 cm longae flore subbreviores. Corolla 3 cm longa, basi glabra, lobi extus puberuli. Tubus filamentorum 20, antherarum 14 mm longus.

T a n g a n y i k a - T e r r i t o r i u m: Ob. Konde, Usafua-Berge, Ngosiberg, 2300 m (G o e t z e n. 1133! — Hb. Berl., Del.).

var. **mionandra** E. Wimm. in Annal. Naturhist. Mus. Wien LVI (1948) 368. — Folia oblanceolata, ad basin cuneata, apice acuminata, 35 cm longa et 8 cm lata, margine dentibus inaequalibus curvatis vel fere rectis munita, supra glabra, nervo mediano pubescente, subtus in nervo mediano densius, in nervis lateralibus sub angulo cr. 70° ascendentibus versus medium sparse villosa, versus marginem glabrata. Bracteae anguste lineares, 5—6 cm longae, flore longiores. Flores glabrescentes, corolla 25 mm longa, sepala 10 mm longa, tubus filamentorum 15 mm, antherarum 6 mm longus.

Belgisch-Kongo: Südwestl. Abhang des Berges Mikeno, 3600 m, 13. III. 1927 (Exped. Harvard Inst. leg. D. H. Linder n. 2298! — Gray Hb.).

Haec species in habitu et characteribus gravioribus constans valde variabilis in notis secundariis est, unde species diversae affines creatae constituere videntur unam tantum speciem veram. — Distributio eius admiranda lata, eius variabilitas et trunci furcatio, quamquam rarissima, demonstrant *Lobeliam giberroa* ut primogeniam omnium gigantearum Lobeliarum verisimiliter considerari posse.

341. **L. bambuseti** R. et Th. Fries jr. in Svensk Bot. Tidskr. XVI (1922) 401, fig. 4, 6 i—l; Bruce in Kew Bull. (1934) 77. — Planta erecta, 5—8 m alta, trunco nudo longo, 10—15 cm crasso, apice foliis densis coronato et in racemum 1—2 m lougum terminato. Folia sessilia, linearia vel lineari-lanceolata, apice acuta, ad basin parum aut vix angustata, margine integra vel subintegra, ciliolata, 30—48 cm longa et cr. 5 cm lata, superiora breviora et cr. 2 cm lata, chartacea, supra breviter puberula vel glabrescentia, subtus imprimis in costa et venulis hirta, nervi secundarii sub angulo subrecto ascendentes. Axis racemi sat densi et bracteis longis instructi pubescens. Bracteae lineares, sensim cuspidatae, obsolete denticulatae, utrinque sparse hirtae et margine villoso-ciliatae, 7—9 cm longae, deflexae. Pedicelli 5—8 mm longi, glabrati. Hypanthium campanulatum, glabrum, 5 mm longum; calycis lobi sublinearia, cr. 25 mm longi, sensim acutati, glabri, margine ciliati. Corolla 40—46 mm longa, glabra, basi sordide coerulea, sursum pallida vel virenti-alba, lobi lineares, superiores cr. 20, inferiores cr. 16 mm longi. Filamenta glabra 26—32 mm longa. Tubus antherarum glaber 9 mm longus, 2 inferiores apice longe penicillatae. Semina ignota.

Kenya-Kolonie: Aberdare-Gebirge, Ostseite, im oberen Teil der Bambusregion (Fries n. 2257!); Kinangop, Loreko, Bambusregion (Napier n. 1261, Evan Jams). — Kenya, an Bachufer an der unteren Grenze der Bambusregion (Fries n. 919!); westl. Abhänge des Kenia in der „giant heath" Zone (E. A. Mearns n. 1486! 1758!).

342. **L. lanuriensis** De Wild. in Rev. Zool. Afr. VIII (1920), Suppl. Bot. 29; Pl. Bequaert. I (1922) 291; Haum., Les Lobelia Géants (1933) 22, t. 4, 5, 6, f. 4 C. — *L. Stuhlmannii* E. G. Baker in Journ. Linn. Soc. Bot. XXXVIII (1908) 266, t. 16, f. 2, non Schweinf.; Engl. Pflanzenwelt Afr. (1925) 321; Fishlock et Hancock in The Journ. East Afr. and Uganda Nat. Hist. Soc. no. 44 (1933) 218, 223—24, t. D, E; Dawe in Journ. Linn. Soc. Bot. XXXVII (1906) 538. — *L. Stuhlmannii* var. *lanuriensis* Haum. in Bull. Acad. Belg. 5. Ser. XIX (1933) 608, 706... — *L. karisimbensis* R. et Th. Fries jr. in Svensk Bot. Tidskr. XVI (1922) 400; Bruce in Kew Bull. (1934) 78. — *L. lanuriensis* var. *karisimbensis* Haum. l. c. 26. — Planta exaltata ad 10 m, caulis simplicissimus, inferne lignosus (ligni compacti duri pars 4 cm crassa, cortice viridi laevi, vernicosa, cicatricosa), fistulosus, 10—11 cm diametiens. Folia truncum longum nudum coronantia, sessilia, lanceolato-linearia, 27—45 cm longa et 2—3 cm lata, apice acuta, ad basin sensim angustata, margine conferte serrulato-denticulata, membranacea, nitentia, supra glabra, subtus sparse villosa, parce versus apicem, vel hirsuta imprimis praeter nervum medium glabrum; nervi laterales sub angulo subrecto usque 60° excurrentes. Flores in racemo denso, 1—2 m longo, bracteato. Bracteae sublineares, cuspidatae, 4—5 cm longae et cr. 5 mm latae, glabrae, saepius in marginis parte inferiore ciliolatae. Pedicelli 6 mm longi,

glabri, bibracteolati. Calycis tubus campanulatus, glaber, 6 mm longus; lobi sublineares, acuti, 15—23 mm longi, basi 2—3 mm lati, integri, margine subnudi vel ciliati. Corolla viridis (De Wild.), purpureo-brunea (ex Bruce), glabra vel subpubescens, intus puberula, 33—50 mm longa; lobi lineares, superiores cr. 30 mm longi, inferiores iis parum breviores. Filamenta glabra, 20—26 mm longa. Antherarum tubus 8—11 mm longus, glaber, fusco- et atro-cinereo-striatus, 2 inferiores barbatae. — Fig. 101 g.

Grenzgebiet von Belgisch-Kongo und Ostafrika: Ruwenzori: Tal des Lanuri, 3200—3500 m, Blüten grün, Mai (J. Bequaert n. 4518! Herb. Brüssel); Tal des Butagu, 3000—3200 m (Bequaert n. 3862!; Scott-Elliot n. 7868, Oliver n. 17); am Fuß des Mt. Emin bei den Quellen des Tungula im Seneciowald, 3900 m, August (Hauman n. 467); Mt. Ruwenzori, 2400—3300 m (Johnston; Dawe n. 563); Kigo, 3300 m (Fishlock et Hancock n. 122). Virunga-Gebirge; Karisimbi-Vulkan am Rande des Südkraters zwischen Senecio, 3100—3300 m, November (Mildbraed n. 1603! — Herb. Berlin); 3600 m (Humbert n. 8556); Mikeno, 2700 m (Humbert n. 8080); Wissoke, Sumpf in der Nähe des Gipfels, 3500 m (D. H. Linder, Exped. Harvard Institut. n. 2456! Burtt n. 3020); Mgahinga-Vulkan, in der Kraterspalte oder im Krater, 3500 m (Burtt n. 2830, Eggeling n. 1058). Kahuzi, südwestl. vom See, 3250—3300 m (Humbert n. 7725 — mit kleineren Blüten, Knospenspitze nur 1 cm und Antherenröhre 8 mm lg., so auch Exemplar vom Wissoke, das Linder gesammelt hat: var. *kahuzica* Humbert in sched. ex Haum. l. c.).

var. **ericeti** Haum. l. c. 25. — *L. Telekii* Stuhlm., Mit Emin Pascha im Herzen von Afrika (1893) 291, 300, nomen! non Schweinf.; Engl., Pflanzenwelt Ostafr. C. (1895) 401. — *L. Stuhlmannii* R. et Th. Fries jr. in Svensk Bot. Tidskr. XVI (1922) 400; Bruce in Kew Bull. (1934) 76.

Folia juvenilia supra pilis adpressis densissime vestita, adulta supra dense tomentella vel saltem papilloso-velutina, subtus praeter costam dense villosa usque ad medium folii, secus minute pubescentia. Bracteae versus basin ciliatae. Sepala 18 mm longa, in dimidio inferiore ciliolata. Corolla glabra, ad 55 mm longa, ante anthesin acumine 18 mm longo supra antheras producto. Tubus antherarum 13—14 mm longus. Color corollae dubia, semina ignota. Planta habitu *Cordylinis*. Folia (ex Stuhlm.) pallide viridia cum apice purpurea.

Uganda: Ruwenzori, 3100—3800 m (Stuhlmann n. 2406! — Herb. Berlin); Westabhang des Mt. Emin, an den Quellen des Tungula in einem Senecio-Wald und zusammen mit der typischen Art, 3900 m (Hauman n. 467 bis — sterile Stücke, August 1932).

Miss Bruce in litteris sententiam Haumanii comprobat, nomen *Lobeliam stuhlmanni* Schweinf. ut nomen confusum refutandum et pro eodem *Lobeliam lanuriensem* De Wild. var. *ericeti* Haum. assumendum esse, *Lobeliam karisimbensem* Fries autem ut eandem cum. *L lanuriensi* considerandam et ut synonymum eidem subjiciendam esse, quod approbo.

343. **L. telekii** Schweinf. in Höhnel, Zum Rudolf- und Stephanie-See (1892) 861, t. 863; ex Engler in Abhandl. Preuß. Akad. Wiss. (1891) 409, nomen!; Bak. f. in Journ. Bot. XXXII (1894) 68; Höhnel, Discov. Lakes Rud. a. Steph. II (1894) 361; Gard. Chron. 3. Ser. LIX (1916) 126, fig. 45; R. et Th. Fries jr. in Svensk Bot. Tidskr. XVI (1922) 415, fig. 1, 8 a—c; Bruce in Kew Bull. (1934) 86, t. 5, f. 6. — *L. Fenniae* Th. Fries in Bot. Notiser (1923) 296, t. 1—2. — Plantae novellae nondum florentes brassicaeformes, constantes e rosula foliorum conglobata, supra 20 cm longa. Caulis erectus, simplicissimus, 1,5—5 m altus, villosus, fistulosus, mox supra basin foliosus vel interdum sine foliis inflorescentiam e solo extollens. Folia sessilia, sublinearia, 14—25 cm longa et 1,4—3 cm lata, longe acuta, margine integro ciliata, utrinque villosa, densius vel longius pilosa versus basin, nervi laterales sub angulo cr. 30° ascendentes. Racemus densus, bracteatus, longissimus.

Bracteae lineares, acutatae, 10—16 cm longae et 0,2—0,4 cm latae, margine subdenticulato longe ciliatae, secus parce pubescentes vel subglabrae, flores multo superantes et pendulae. Pedicelli 5 mm longi, subglabri. Hypanthium subcylindricum, 5—8 mm longum et 4 mm latum, glabrescens vel villosum; lobi calycis sublineares, integri, longe ciliati, 8—13 mm longi et 1—2 mm lati. Corolla 14—18 mm longa, viridi-coerulea, violascens vel obscure purpurea, subglabra vel pubescens, lobi lineares imprimis in apice longius pilosi. Filamenta glabra, 9—12 mm longa. Antherae plumbeae, 5 mm longae, 2 inferiores barbatae. Semina ellipsoidea, fuscescentia, laevia, exalata, cr. 0,6 mm longa.

Tropisches Ostafrika: Kenya-Kolonie: Westliche Abhänge des Mt. Kenia (v. Höhnel — Herb. Berlin); an Morästen im Talgrunde, 3600—4300 m (Gregory); von der westl. Kenyawald-Station zum Gipfel, 3630 m in der ,,Giant heath" Zone (E. A. Mearns n. 1452! 1467! 1486!); im Tale zwischen den Höhnel- und Teleki-Tälern und im obersten Teil des Teleki-Tales, 3100—3300 m (Fries n. 1255! 1255a; Rammell n. 2668); 4000—4300 m (Lyne Watt n. 1140!). Aberdare-Gebirge: In der alpinen Region bis zum höchsten Gipfel (Fries n. 2415!); Gipfel des Ginantop, c. 4200 m (Galpin n. 7903, Dale n. 2672); Berg Sattima, c. 4000 m (Dale n. 2847). Mt. Elgon: In der Nähe des Gipfels im Krater auf Moorboden, 4600 m (Dummer- Maglenan-Exped. n. 3385! Lugard n. 435, 436!; Honoré n. 2519; Tothill n. T 2412! Mrs. D. R. Tweedie n. C 8! — Hb. Kew); von Madangi zum Fuß der Jackson-Spitze und auf alpinem Grasland (Liebenberg n. 1617, Thomas n. 629!).

344. **L. wollastonii** Bak. f. in Journ. Linn. Soc. Bot. XXXVIII (1908) 265, t. 18, f. 5, 6 et t. 19, f. 7; Cortesi in El Ruwenzori Bot. I (1909) 445, t. 19—21; Nat. Geogr. Mag. Washington XXVII (1915) 197 c. fig.; R. et Th. Fries jr. in Svensk Bot. Tidskr. XVI (1922) 416, fig. 8 d; Haum. in Bull. Acad. Belg. 5. Ser. XIX (1933) 606; Les Lobelia Géants (1933) 12, t. 1—3; Bruce in Kew Bull. (1934) 87; Synge, Exped. Mts. Moon in Journ. Roy. Hortic. Soc. LXIII (1938) 463 c. tab. — *L. Stuhlmannii* Schweinf. in Stuhlmann, Mit Emin Pascha im Herzen Afr. (1893) 291, t. 11, nomen; Engl. Pflanzenwelt Ostafr. C (1895) 401. — *L. Rhynchopetalum* De Wild. Pl. Bequaert. I (1922) 295; Dawe in Journ. Linn Soc. Bot. XXXVII (1906) 539.

Planta 2—6 m alta, caule simplicissimo, folioso, inflorescentia 1—3 m longa. Folia sessilia, lanceolato-linearia, 25—50 cm longa et 2,5—4,5 cm lata, a basi parum latiore ad apicem acutum vel obtusum sensim angustata, margine integra plus minusve ciliata, saltem in parte inferiore, crassiuscula, nitida, in pagina superiore glabra excepta parte basali et nervo mediano sparse villosis, subtus in basi dense et nervus medianus usque fere medium villosa, versus apicem sensim glabrescentia, nervi laterales sub angulo cr. 45° excurrentes. Flores dense racemosi, bracteati. Bracteae sublineares, basi latiores, cuspidatae, utrinque et in margine dense villosae, 6—9 cm longae et 0,5—0,8 cm latae in basi, flores multo superantes et pendulae, racemus aspectum *Pilocerei* praebens. Calycis receptaculum campanulatum, villosum, 4—6 mm longum; lobi calycini triangulari-lineares, 16—23 mm longi, basi 3—5 mm lati, acuti, integri, longe villoso-ciliati. Corolla coerulea vel caesia, 4 cm longa, basi glabrata, secus pubescens, lobis linearibus extus pilosis. Filamenta glabra vel pubescentia, 32 mm longa. Antherarum tubus atro-violaceus, glaber, 9—10 mm longus, 2 inferiores apice barbatae. Semina ovoidea, 0,6 mm longa, exalata.

Tropisches Afrika, Grenzgebiet zwischen Belgisch-Kongo und Ostafrika: In der alpinen Region des Ruwenzori und der Virunga-Berge. Ruwenzori: Ost-Ruwenzori, 4100—4800 m (Wollaston ex Baker — Herb. Brit. Mus.; Dawe n. 562, Fishlock et Hancock n. 80, Humphreys n. 550); Bujongolo (Godman, Humphreys); West-Ruwenzori, Butagu-Tal, am Nlimbi-Berg, 3600—4000 m (Mildbraed n. 2597! Bequaert n. 3865!); bei der Quelle des Niamuamba, Zufluß des Butagu 4200 m (Hauman

n. 468, H u m b e r t n. 8935, L e b r u n n. 4542). Kivu und Ruanda: Virunga-Berge, Mikeno-Vulkan, 3900—4150 m, gemein in der *Senecio*-Region (H u m b e r t n. 8087, B u r t t n. 3066); Karisimbi, an einem Moor, riesige Bestände mit bis 5 ½ m hohen Exemplaren, davon Blütentraube 2 ½ m lang (M i l d b r a e d n. 1602, H u m b e r t n. 8556); Vulkan Muhavura, 3600—4500 m, reichlich auf dem Nord-west-Abhang des Gipfels (H u m b e r t n. 8538, B u r t t n. 2813, E g g e l i n g n. 1006).

var. **scaëttana** Haum. l. c. 28, f. 3.

A typo differt bracteis duplo brevioribus, 5—6 cm longis et basi 0,4 cm latis, pilis multo rarioribus vestitis. Semina ovoidea, subcompressa, tenuiter longitudinaliter lineata, exalata, 1,2 mm longa et 0,8 mm lata. (Haumann).

R u a n d a : Süd- und Südwest-Abhang des Karisimbi, 3800 m, Sumpf mit *Carex runssoriensis* und *Sphagnum* (S c a ë t t a).

345. **L. lukwangulensis** Engler in Notizbl. Bot. Gart. Berl. I (1895) 107, Pflanzenwelt Ostafr. (1895) A 131; Goetze & Engler, Vegetationsansicht. Deutsch-Ostafr. (1902) 41, t. 47; Fries, Svensk. Bot. Tidskr. XVI (1922) 396; Hauman, Les Lobelia Géants (1933) 41; Bruce in Kew Bull. (1934) 71. — Planta sterilis 2—5 m alta, florens 6—10 m alta, truncus fistulosus, brachii crassitie, foliis majoribus deciduis obsitus, apice ramis axillaribus faciculatis florentibus. Folia caulis lanceolato-linearia, 30—40 cm longa, 2,4—4 cm lata, subacuta, basi in petiolum indefinitum sensim angustata, margine minute denticulata, coriacea, opaca, glaberrima, nervis secundariis sub angulo 90—45° ascendentibus et anastomosantibus. Rami in vertice caulis 35—50 cm longi, dense foliati, folia arrecta, lineari-oblonga, obtusa, 6—7 cm longa et 1—1,5 cm lata, basi in petiolum brevem 2—3 mm longum attenuata, sensim in bracteas circiter 15 mm longas transeuntia. Flores in racemis densis. Pedicelli 1 cm longi, tenuissime puberuli, in medio 2 bracteolis sublinearibus 8 mm longis ornati. Alabastrum longi-rostratum. Calycis receptaculum semiglobosum, subglabrum, lobi lineares, acuti, glabrati, uninervii, margine subcartilaginei, 16—25 mm longi, 2—3 mm lati. Corolla obscuri-violacea (Troll!) vel rubra (Engler!), 5 cm longa, extus et intus in tubo tenuissime puberula; lobi laterales angusti-lineares et usque ad basin fere soluti; labium inferius paullo brevius, eius lobi lineares, cr. 2 cm longi. Tubus stamineus glaber: filamenta 35 mm longa, antherae atro-violaceae 6 mm longae, 2 inferiores barbatae. — Fig. 101 h.

T r o p i s c h e s O s t a f r i k a : Tanganyika-Territorium, Uluguru-Gebirge, Lukwangule-Plateau (S t u h l m a n n n. 9142! G o e t z e n. 291! — Hb. B.); Lukwangule, Nebelwald nahe der oberen Grenze, 2300 m, Febr. (C. T r o l l n. 5003! — Hb. B.; Schlieben n. 3532! — Hb. Stkh.). — In ea cl. Engler invenit parasitam *Loranthus lukwangulensis* Engl.

346. **L. petiolata** Hauman, Les Lobelia Géants (1933) 36, f. 5. — Herba vel frutex ramosus, 4—5 m altus, foliis in apice ramorum congestis. Petioli 5—10 mm longi. Lamina foliorum anguste lanceolata, 8—13 cm longa, 1,3—2 cm lata, utrinque acuta, obsolete denticulata, ad basin interdum integra, supra nitens, subtus pallida, atro-reticulata, nervis lateralibus sub angulo fere recto excurrentibus. Inflorescentia racemosa, brevis, 5—12 flores gerens, interdum subpaniculata, rami florentes horizontaliter patentes. Bracteae foliaceae, integrae, 1,5—5 cm longae. Pedicelli cr. 15 mm longi, in medio bibracteolati. Calycis tubus late turbinatus, 3 mm longus, 7 mm latus, lobi calycini anguste triangulares, 15 mm longi et basi 3—4 mm lati, trinervii. Corolla purpurea, 45 mm longa, lobi laterales lineares acuti, usque ad basin fere liberi, lobi medii diu cohaerentes demum labium trifidum formantes. Filamenta 35 mm longa. Antherarum tubus 8 mm longus, 2 inferiores barbatae.

B e l g i s c h - K o n g o : Südwestlich vom Kiwusee, Mt. Kahuzi, auf einer Lichtung des Bambuswaldes, 2800 m, Mai (J. L e b r u n n. 5508 — Hb. Kongo-Mus., non vidi!).

Species *L. longisepalae* Engl. affinis, notis primitivis (caule ramoso, foliis parvis, petiolatis, caducis, inflorescentia brevi ramulosa subpauciflora) insignis ut animadvertit cl. H a u - m a n.

347. **L. stricklandae** Gilliland in The Journ. Bot. LXXIII (1935) 248. — Herba suffrutescens, 3—6 m alta, caule sub inflorescentia denudato 1 m alto, 4—6 cm crasso, superius rosulam foliorum ferente et inflorescentia 3—4 m longa basi ramulosa terminato. Folia sessilia, oblanceolato-oblonga usque oblonga, 15—20 cm longa et 5—9 cm lata, apice acuminata, basin versus sensim cuneata vel (superiora) breviter angustata, margine inaequaliter dentata vel denticulata, supra plus minusve glabrescentia, subtus in nervis praesertim pilosula, nervi secundarii sub angulo subrecto (c. 80°) ascendentes. Racemus densus, multiflorus, ramis brevibus axillaribus instructus. Bracteae lanceolatae pedicellis pilosis 5—8 mm longis vix longiores. Hypanthium turbinatum, hirtum; lobi calycis lanceolati, acuminati, 10—15 mm longi, margine integra purpurascentes, minus pilosuli. Corolla rosea (pinkish purple), glabra, 25 mm longa; laciniae apice minute puberulae, 2 laterales ad basin fere solutae, centrales ovato-lanceolatae, ad $^1/_8$ longitudinis solutae. Filamenta glabra, 10—12,5 mm longa. Antherae 6 mm longae, in commissuris pilosulae, 2 inferiores apice imberbes. Capsula ovoidea, 9 mm longa. Semina ovoidea, fusca, haud marginata, cr. 0,5 mm longa. — Fig. 101 i.

S. R h o d e s i a, Prov. Umtali, Manicaland, 3 Meilen nordwestl. von Penhalonga, „Nodzi", in einem Kloof der Farm Frau Stricklands, 1500 m (H. B. G i l l i - l a n d n. 798! — Herb. Kew).

Sectio 4. **Homochilus** A. DC.

Sect. *Homochilus* A. De Candolle, Prodr. VII (1839) 383; Endlicher, Enchirid. (1841) 262; Benth. et H. f., Gen. II (1876) 552; Schönland in Engler et Prantl, Die natürl. Pflanzenfam. IV/5 (1894) 67; Post et Kuntze, Lex. Gen. Phan. (1904) 478 sub *Rapuntio*. — *Rapuntii* sp. Presl, Prodr. Monogr. Lob. (1836) 26. — Corolla bilabiata vel subbilabiata; tubus corollae rectus, elongato-cylindricus, plerumque subcompressus; labia longitudine aequales, lobi superiores (laterales) porrecto-ascendentes, labium inferius tridentatum vel trifidum, lobi eius tres soluti vel aliquamdiu parum cohaerentes. Inflorescentia terminalis et racemosa, saepe multiflora vel raro flores plus minusve solitari-axillares. Corolla saepe ex rubro flava, rubra, flava vel aurantiaca, rarissime violacea vel alba. Antherarum duae inferiores apice barbatae. Semina ovoidea, laevia, nitentia. — Herbae robustae vel suffrutices vel frutices foliis alternantibus, 0,6—3 m alti.

Species 6 plurimae ex America Centrali, paucae ex Am. Austr.

C l a v i s s p e c i e r u m.

A. Lobi calycis fimbriato-dentati, folia oblonga, inaequaliter dentata, late decurrentia. Peru .... 348. *L. decurrens.*

B. Lobi calycis integerrimi vel subdenticulati. Am. Centr. et Merid.

I. Planta albo-floccoso-tomentosa, folia petiolata, elliptica 349. *L. ghiesbreghtii.*

II. Plantae glabrae vel pubescentes, rarius cano-tomentellae.

a. Folia tenerrima, obovato-oblonga, ad basin sensim cuneata, apice breviacuminata; pedicelli patentl-ascendentes, supra 13 cm longi 350. *L. delessertiana.*

b. Folia membranacea vel rigida, linearia usque elliptica vel ovato-oblonga, apice acuta vel acuminata, basi acuta usque obtusa.

1. Pedicelli longissimi (18—20 cm), ebracteolati; corolla et filamenta glabra; folia elongato-lanceolata .... 351. *L. aguana.*

2. Pedicelli 1,5—10 cm longi.

§ Pedicelli patenti-ascendentes, tenues, folio saepe plus minusve longiores; filamenta pubescentia .... 352. *L. laxiflora.*

§§ Pedicelli recti arrectique, crassiores, folio manifeste breviores vel, si flores in racemo, ei fere aequilongi.

+ Folia pubescentia vel subtus tomentella .... var. *stricta.*

++ Planta glabra vel folia parce pilosa; flores in racemo denso secundo .... 353. *L. haenkeana.*

Si folia linearia, vide: *L. laxiflora* var. *brevipes*! et var. *angustifolia*!

348. **L. decurrens** Cavanilles, Icon. VI (1801) 13, t. 521; Roem. & Sch., Syst. V (1819) 42; Sweet, Brit. Fl. Gard. IV (1831) t. 86; G. Don, General Syst. III (1834) 707; Lindley, Bot. Reg. XXII (1836) t. 1842; A. DC., Prodr. VII (1839) 384; E. Wimm. in Notizbl. Bot. Gart. Berl. X (1929) 731 et in Macbr., Fl. Peru VI (1937) 478. — *L. foliosa* Humb. Bonpl. & Kunth, Nov. Gen. & Spec. Am. III (1818) 310. — *Rapuntium decurrens* et *foliosum* Presl, Prodr. Monogr. Lobel. (1836) 24. — *Dortmannia decurrens* O. Kuntze, Revis. II (1891) 972. — Herba robusta, erecta, simplex, 0,8—1,2 m lata. Caulis et folia glabra, flores pubescentes. Folia sessilia, decurrentia, oblonga, 4—13 cm longa et 2—4,5 cm lata, apice acuta, basi truncata vel subangustata, margine dentibus majoribus et minoribus munita, membranacea. Flores in racemo foliato dispositi, foliis interdum lanceolato-cuspidatis suffulti. Pedicelli pubescentes 8—13 mm longi. Hypanthium semi-globosum, 7 mm diametiens, lobi calycis triangulari-lineares, 12—15 mm longi, pectinato-dentati. Corolla purpurea usque rubro-violacea, 3 cm longa, recta; lobi superiores lineares, 17 mm longi; labium inferius trilobatum, lobi cr. 5 mm longi. Filamenta inferne soluta et puberula, secus connata et glabra. Antherarum tubus 7 mm longus, glaber, 2 inferiores barbatae.

var. **decurrens.**

Von Chile bis Ecuador an Feld- und Flußrändern in Höhen von 1800—2400 m; Chile am Ufer des Claroflusses (Herb. Née — Madrid!) — Peru: Dept. Lima, entlang des Rio Chillón bei Viscas (Pennell n. 14317!); an der Lima-Oroya-Bahn zwischen Narkima und Matucana, blühend und frucht. im Dezember (Weberbauer n. 44!); Matucana, 2400 m (Macbride et Featherstone n. 99!); Obrajillo (Wilkes Exped.!); San Bartolomé (Rose n. 18678!). Dept. Ancash, unterhalb Pampa Romas zwischen Somanco und Carez, Gehölz in der Nähe des Baches, blühend im Mai (Weberbauer n. 3188!). — Ecuador: Quito, bei Huancabamba an feuchten Stellen, blühend im August (ex Kunth).

var. **jaënsis** E. Wimm. in Macbr. Fl. Peru VI (1937) 478. — Differt a var. *decurrens* caule et foliis longe pubescentibus, corolla majore 45 mm longa, sed corollae longitudo saepe variat inter 26—45 mm.

Peru: „Copiose in Luvini collibus" (Pavon — Typ. in Herb. Deless.!); ohne genaueren Standort (Matthews n. 658!); Prov. Jaën, San Felipe (Weberbauer!). — „*Contoya*".

Planta venenifera, valde purgans.

349. **L. ghiesbreghtii** Decaisne in Rev. Hortic. Ser. III, vol. II (1848) 341; McVaugh in North Am. Fl. XXXII. A (1943) 98. — *Tupa crassicaulis* Hook. Bot. Mag. 76 (1850) t. 4505. — *Lobelia regalis* Fernald in Proc. Am. Acad. XXXVI (1901) 503. — *Siphocampylus canus* Hort. Belg., non Pohl. — Suffrutex 1—2 m altus, albo-villosus vel floccoso-tomentosus. Caulis erectus, ramosus. Folia oblonga vel oblongo-lanceolata, 10—20 cm longa et 3—8 cm lata, utrinque subacuminata, in petiolum tomentosum cr. 1 cm longum angustata, margine minute callose denticulata, membranacea, supra pallide viridia, glabrata, subtus albo-tomentosa. Flores in racemo foliato. Folia fulcrantia lanceolata, pedicellis sublongiora. Pedicelli patenti-erecti, floccoso-tomentosi, 4—5 cm longi, interdum ad

medium bibracteolati, basi rubro-colorati. Calycis receptaculum hemisphaericum cum lobis triangularibus tomentellum. Corolla primo lutescenti- vel virescenti-rubra, demum ex toto rubra usque rubro-amarantina, tomentella, 3 cm longa; lobi superiores lineares, torti; labium inferius tridentatum. Filamenta pubescentia, antherarum tubus subcurvatus, glaber, 9 mm longus, antherae 2 inferiores barbatae.

Mexico: Prov. Oaxaca (Ghiesbreght — Herb. Deless.!; Liebmann n. 7769! Conzatti n. 105! Jürgensen n. 494!); Flußbett des Rio Tehuantepec unterhalb Totolapam (C. et Ed. Seler n. 1669!); Distr. de Tlacolula, zwischen Tlacolula und San Dionisio, blühend im Januar (C. et Ed. Seler n. 1673!). — Kult. im Bot. Gart. Berl. und Leipzig sub *Tupa crassicaulis*.

350. **L. delessertiana** E. Wimm. in Repert. Spec. Nov. XIX (1924) 386. — *L. laxiflora* var. *laxiflora* McVaugh in North Am. Fl. XXXII. A (1943) 97 p. p. — Caulis vel rami obtusanguli, fistulosi. Folia breviter petiolata usque subsessilia, oblongo- usque obovato-lanceolata, 20 cm longa et 5 cm lata, apice subacuminata, ad basin sensim cuneata, margine duplo-mucronato-dentata et pubescenter ciliata, in sicco tenuissima et mollia, supra glabrata, subtus in nervis parce pubescentia. Flores solitari-axillares, longissime pedunculati. Pedunculi compressi, glabrescentes vel parce pubescentes, 13—14 cm longi, patentes, infra medium 2 bracteolis anguste lanceolatis et 5 mm longis ornati. Calycis tubus semiglobosus, 10-costatus, 5 mm longus et 7 mm latus, parce pubescens, lobi triangulari-lineares, patenti-recurvi, pubescentes, 7 mm longi. Corolla aurantiaca (?) pubescens, 4 cm longa, basi fenestrata; lobi 2 superiores sublineares, acuti, cr. 24 mm longi et 2,5 mm lati; labium inferius trifidum, 20 mm longum. Filamenta basi soluta et puberula, secus glabra. Antherarum tubus 9 mm longus, in parte anteriore albo-pilosus, 2 inferiores apice barbatae. — Fig. 103 c.

Mexico: Prov. Oaxaca (Ghiesbreght, 8. Oct. 1842 — Herb. Del. Pa.!).

351. **L. aguana** E. Wimm. in Fedde, Repert. Spec. Nov. XXXVIII (1935) 386; McVaugh in North Am. Fl. XXXII. A (1943) 97. — *L. laxiflora* var. *insignis* Donn. Smith, Bot. Gaz. XVI (1891) 12, fide McVaugh l. c.

Caulis vel rami glabri, fistulosi. Folia sessilia, oblongo-lanceolata, 18—19 cm longa et 2,5—3,3 cm lata, apice longe sensimque acuminata, ad basin angustata et minime denticulata, secus uncinato-mucronulato-denticulata, membranacea, supra scabriuscula, subtus hirta. Flores in axillis foliorum superiorum solitarii, longissime pedunculati. Pedunculi subteretes, glabri, ebracteolati, subpatentes et apice sigmoideo-curvati, 18—20 cm longi. Hypanthium semiglobosum, glabrum, 10 mm diam., lobi calycis triangulari-lineares, 7 mm longi, glabri, integri, subpatentes. Corolla verisimiliter rubra cum limbo flavo (?), 5 cm longa, glabra, basi saepe fenestrata; lobi 2 superiores sublineares 22 mm longi; labium inferius trifidum. Filamenta glabra. Antherarum tubus subcurvatus, 1 cm longus, apice omnes pilosae. — Fig. 103 d.

Guatemala: Volcano Agua, Dept. Sacatepéquez, 3150 m, blühend im Febr. (W. A. Kellerman n. 7502! — Herb. Field Mus.; Donn. Smith n. 2173! — B.).

352. **L. laxiflora** Humb., Bonpl. et Kunth, Nov. Gen. et Spec. III (1818) 311; G. Don, General Syst. III (1834) 708; A. Decand., Prodr. VII (1839) 383; Pittier, Primit. Fl. Costaric. II/2 (1898) 10; Goyena, Fl. Nicarag. II (1911) 504; Standley et Cald., Lista Pl. Salvad. (1925) 216; Standley, Fl. Costaric. IV (1938) 1416; McVaugh in North Am. Fl. XXXII. A (1943) 95. — *L. persicaefolia* Cav., Icon. VI (1801) 12, t. 518, non Lam. — *L. persicaefolia* var. *laxiflora* Vatke in Linnaea XXXVIII (1874) 723. — *L. Cavanillesiana* Roem. et Sch., Syst. V. (1819) 43; G. Don l. c. 707. — *L. fissa* Willd. et *L.* amygdalina Willd. ex Roem. et Sch. l. c. 57. — *L. angulato-dentata* Hook. et Arn., Bot. Voy. Beechey (1841) 301, 437. —

Fig. 103. *Lobelia* (subgen. *Tupa*, sect. *Homochilus*). a *L. laxiflora*: 1 var. *laxiflora*, 2 var. *brevipes*, 3 var. *petiolata*, 4 var. *stricta*, 5 var. *stricta* foliis latioribus (*L. rensonii* E. Wimm.), omnes 1/2. — b *L. haenkeana*: pars caulis 1/2, flos (partim) longitudinaliter dissectus, semen longitud. dissectum, magn. auct. — c *L. delessertiana*: flos 1/2. d *L. aguana*: flos 1/2. — e *Pratia tatea*: Pars plantae 1/2, flos partim dissectus, vide supplementum! — Orig.

Rapuntium laxiflorum, Cavanillesianum et *amygdalinum* Presl, Prodr. Monogr. Lobel. (1836) 26, 27. — *Siphocampylus bicolor* D. Don in Sweet, Brit. Flow. Gard. 2. ser. IV (1837) t. 389; Knowles et Westk., The Floral Cab. II (1838) 97, t. 69. — *Tupa bicolor* Planchon in Hort. Donat. (1854—58) 78. — *Tupa laxiflora* Planch. et Oertsed in Vidensk. Meddel. (1857—58) 154. — *Dortmannia laxiflora* et *amygdalina* O. Kuntze, Revis. Gen. II (1891) 972. — Suffrutex 0,8—3 m altus, e basi plures caules emittens, saepe simplex. Caules teretes, lineati, glabri vel superne pubescentes. Folia breviter petiolata usque sessilia, elliptico-oblonga usque lanceolata vel ovato-lanceolata, 4—11 cm longa et 1,5—3 cm lata, rarius linearia (5—15 cm et 0,2—1 cm), acuminata usque sensim acutata, basi breviter angustata usque acuminata, callose denticulata, membranacea vel rigidula. Flores in axillis foliorum solitarii saepius in racemo foliato vel apicem versus sensim bracteato dispositi vel racemosi. Pedicelli mox folio breviores mox longiores, glabri vel puberuli, bracteolati vel ebracteolati, 1,5—10 cm longi. Hypanthium semiglobosum, 3—4 mm longum et 6—7 mm latum; lobi calycis triangulares usque sublineares, integri vel subdenticulati, 2—4 (8) mm longi. Corolla sanguinea, apicem versus aurantiaca, rosea, aurantiaca vel flava, tenuiter puberula vel glabrata, 25—35 mm longa; tubus corollae rectus, e basi saepe fenestrata et latiore sensim paullumque attenuatus; lobi superiores lineares, acuti, suberecto-porrecti; labium inferius trifidum, subdeclinatum, lobi lineares acuti. Filamenta saepe puberula; antherarum tubus 6 mm longus, glaber vel versus apicem pilosus, 2 inferiores barbatae. Capsula subglobosa. Semina oblonga, fulva, nitida, laevia.

Clavis varietatum.

A. Folia glabra vel subtus parcissime pilosa.
  I. Folia sessilia, inferiora brevi-petiolata (summum 1 cm).
    a. Folia lanceolata, oblonga usque elliptica, apice acuta usque acuminata ... var. *laxiflora*.
    b. Folia linearia vel anguste lanceolata.
      1. Pedicelli patenti-ascendentes, longi ... var. *angustifolia*.
      2. Pedicelli breves, erecti, folia anguste linearia tantum ... var. *brevipes*.
  II. Folia distincte petiolata (12—25 mm) ... var. *petiolata*.
B. Folia pubescentia vel plus minusve cano-tomentella (*L. costaricana* Planch. et Oerst.)
  I. Pedicelli patenti-ascendentes, tenues ... var. *patula*.
  II. Pedicelli suberecti, crassiores, folio breviores, flores interdum in racemum transeuntes ... var. *stricta*.

var. **laxiflora** — *L. laxiflora* var. *laxiflora* McVaugh in North Am. Fl. XXXII A (1943) 97 excl. *L. delessertiana*. Cetera nomina ut supra — Fig. 103 a 1. — Folia glabra vel subglabra, lanceolata usque elliptica, basi acuta, apice acuta usque acuminata, non vel breviter petiolata. Flores solitarii in axillis foliorum superiorum, interdum etiam sursum in racemum laxum transeuntes. Pedicelli patenti-ascendentes, tenues, foliis saepe sublongiores. Filamenta pubescentia vel glabra.

Von Mexico bis Colombia, stellenweise häufig und verbreitet an Talabhängen, Eisenbahndämmen, Wegrändern, Hecken und Gebüschen von 1000—2200 m ü. M. — Mexico: Ohne nähere Ortsangabe (Humboldt !, sp. typ., — B.; Schiede! Schaffner n. 883! — B.); Nördl. Sonora an lichten Stellen (H. W. Viereck n. 429! — B.); Durango, San Ramón (Palmer n. 88! — N. Y.); Vera Cruz: Vulkan Tuxtla (Nelson 410! — N. Y., n. 470! Wash.); Jalapa (Schiede & Deppe! — B.); San Andres (Schiede n. 185! 274!); Orizaba (Nelson n. 49! — Wash.); Capulalpan (Karwinsky!); Staat Mexico, Zumpango (Humboldt! — B.); Morelos, Umgebung von Cuernavaca (Fröderström & Hultén n. 320!); Puebla: Tecintlan an Buschrand, Huauchinango an Hecken (C. & E.

Seler n. 3632! 3782!); Berg Tepexinota im Tale des Bergbaches Necaxae (Frőderström & Hultén n. 737! 910!); Sierra Madre auf Granitboden, 1000 m, I. (Langlassé n. 756! — B.); Oaxaca: Sierra (Galeotti n. 1989 C! — Del. B.); Yavezia (Galeotti n. 1989 D! — B.). — Honduras, Dept. Santa Bárbara, San Pedro Sula, 530 m, IV. (C. Thieme, Ex Pl. Guat. Salvad. Hond. ed. J. D. Smith n. 5335! — B.). — Guatemala: Volcan del Fuego (Osb. Salvin! — B.); Dept. Sacatepéquez, Chillani (Rojas n. 330! — B.). — Costa Rica (fide Pittier, Primit. p. 10). — Colombia, ohne nähere Ortsangabe (Humboldt n. 4425! Typus pro *L. amygdalina* Willd., n. 3918!, Typ. pro *L. fissa* Willd., Jergenson n. 320! — K.). — Nom. vulg.: „*Diente de Chucho, Lengua de Chucho, Viborana-Diente-Chucho, Diente de Perro, Pastorcillo, Hierba del Pastor, Reina de la Montaña, Gallitos, Yerba de la Garapata.*"

var. **angustifolia** A. DC., Prodr. VII (1839) 383; Pittier, Primitiae Fl. Costar. II/2 (1898) 11; Gard. Chron. 3. ser. LVII (1915) 262, f. 82; McVaugh l. c. 97; Am. Middl. Nat. XXIV (1940) t. 2, f. 9, flos. — *L. persicifolia* HBK., Nov. Gen. et Spec. Amer. III (1818) 310, non Lam. nec Cav.; Hemsley, Biolog. Centr.-Amer. II (1881—82) 267. — *L. persicaefolia* var. *angustifolia* et var. *amygdalina* Vatke in Linnaea XXXVIII (1874) 723. — *L. dracunculoides* Willd. ex Roem. & Sch., Syst. V (1819) 56. — *L. Cavanillesii* Martius, Amoenitat. Bot. Monac. (1829) 12, t. 9; Hooker, Bot. Mag. LXIV (1837) t. 3600. — *Rapuntium Kunthianum* Presl l. c. 27. — Folia lineari-lanceolata vel linearia, 5—14 cm lg. et 0,2—1 cm lt., denticulata. Corolla plerumque bicolor. Cetera ut in pl. typica, sed pedicelli interdum ± erecti.

Mexico: Oaxaca (Cuming! Ghiesbreght! Galeotti n. 1985! — Del.); Puebla, Santa Bárbara (Bro. Nicolas n. 5583! 5841! — Wash.); Staat Michoacan: Rincon, Punguato (Bro. Arsène n. 3071! und ohne No.), Zamora (H. Rusby! E. W. Nelson n. 6535! — N. Y.); Staat Mexico: Zumpango (Bonpland! — B.), Aqueduc de Mex. (Bourgeau n. 103!), Tal von Mex. an feuchten Ufern (Pringle n. 7423! — B.); Pedregal — Copilco D. F., auf alter Lava im Gebüsch (Balls n. B. 4136!); Staat Hidalgo: Dublan, Flußufer (Pringle n. 13095!), Leon (Hartweg n. 103! — Cambr. Del. B.), Queretaro (Bro. Agmiel n. 10600! — Wash.); Staat Nuevo Leon: Sierra Madre (Seemann! — Koph.), Monterey, Cerro Guadelupe, Cerro de la Silla (Abbon! — B.), Durango (Palmer n. 20!), Zacatecas (Jones n. 398! — Wash.), Tal bei Guadelupe (Gregg n. 602!), San Luis Potosi (J. G. Schaffner n. 365! Parry & Palmer n. 560!); Chihuahua, Tal del Rio Agujas westl. v. Balleza (R. Endlich n. 1197!); San Pedro Nolasco und Talea (C. Jürgensen n. 320! 556! — Del.); ohne nähere Ortsangabe (Andrieux n. 65! 267! Aschenborn n. 179! Chrismar! Ehrenberg n. 153! L. Hahn! Mornay n. 344! W. Schaffner n. 884! W. Schumann n. 776! — B. Del. W.). [— Baja-California, Primera Agua near Loreto (Jones n. 27279 nach Angabe McVaugh's, nach dem Standort vermutlich zu var. *brevipes* gehörend]. — Nom. vulg. „*Maravilla*" (Andrieux).

f. **fragilis** (Robins. & Fern.) E. Wimm. n. c. — *L. Nelsonii* Fern. var. *fragilis* Robinson & Fernald in Proceed. Amer. Acad. XLIII (1907) 27. — Folia utrinque viridia, novella sparse pilosula, mox glabrata, lineari-lanceolata, exserte uncinato-dentata, ad 7 cm lg., 0,8—1 cm lt. Corolla e rubro lutea.

Mexico: Tlaxcala, 2200 m, 18. VI. 1938 (Balls n. B. 4831! — Hb. B.); Oaxaca, San Felipe de Agua (C. & E. Seler n. 4372! 312!); Puebla, Tehuacan (C. & E. Seler n. 11! Bro. Arsène n. 467!, letztere 3 Nummern Übergänge); ohne nähere Ortsangabe (Pringle n. 10360 — Typus, non vidi!).

f. **lutea** (Regel) E. Wimm. n. c. — *Lobelia* (*Homochilus*) *Cavanillesii* var. *lutea* Regel, Gartenflora LII (1903) 577. — Corolla lutea tantum.

Ohne Ortsangabe, wohl Gartenform.

var. **brevipes** E. Wimm. n. v. — ? *L. loretensis* M. E. Jones, Contrib. West Bot. XVIII (1933) 68. — Folia stricte linearia, 15 cm lg. et 0,8 mm lt., cuspidata, remote callose denticulata, glaberrima. Flores inferiores solitari-axillares, reliqui in racemo laxo, bracteis foliaceis 3—6 cm longis suffulti. Pedicelli suberecti, 13—22 mm longi, in medio bibracteolati. Corolla bicolor, pubescens, 25 mm lg. Stamina glabra. — Fig. 103 a 2.

B a j a - C a l i f o r n i a : Cap Region, Jan. — März 1901 (Purpus n. 234! — Hb. Univ. W. Wash.; J o n e s n. 27279 nicht gesehen! aber aus dem gleichen örtlichen Vorkommen schließe ich, daß sie hierher gehört; McVaugh stellt sie a. a. O. zu *L. laxiflora* var. *angustifolia*).

var. **petiolata** E. Wimm. in Annal. Naturhist. Mus. Wien LVI (1948) 369. — Rami tenuiter angulati, scabriusculi sicut pagina inferior foliorum. Folia oblonga, ad 16 cm lg. et 4 cm lt., majora quam in vor. *laxiflora*, omnia longius petiolata, petioli 12—25 mm lg. Corolla bicolor, puberula, ad 27 mm lg. — Fig. 103 a 3.

M e x i c o : Oaxaca, Jotao 1300 m, VII. (G a l e o t t i n. 1989 B! — Hb. B.); Chinantla (L i e b m a n n! — Koph. W.); Staat Puebla, regio Huauchinango, La Mese in convalle, 1200 m, II. (F r ö d e r s t r ö m & H u l t è n n. 910! — B.).

var. **patula** (Planch. et Oerst.) E. Wimm. n. c. — *Tupa costaricana* Planch. et Oerst. var. *patula* Planch. et Oerst. in Vidensk. Meddel. Mus. Kjoebenh. (1857) 155. — *Lobelia laxiflora* var. *stricta* McVaugh l. c. pro p. — *L. laxiflora* var. *mollis* A. Zahlb. in Fedde, Repert. Spec. Nov. XIV (1916) 185. — *L. persicaefolia* var. *mollis* Vatke et var. *Warscewiczii* Vatke in Linnaea XXXVIII (1874) 723. — *Siphocampylus mollis* Regel in Flora XXXIII (1850) 353. — *S. Warscewiczii* Regel in Schweiz. Zeitschr. f. Gartenbau (1850) 131; Walpers, Annal. V (1858) 390. — *L. rigidula* HBK. l. c. 311; A. DC. l. c. 383. — *L. floribunda* Bonpland ex A. DC. l. c. syn. — *L. laxiflora* Hook. et Arn., Bot. Beechey Voy. (1841) 437 p. p.; Hemsley, Biolog. l. c. 267 p. p. — *L. laxiflora* var. *foliosa* A. Zahlb. l. c. — *L. prunifolia* Humboldt ex Presl l. c. — *Siphocampylus prunifolius* A. DC. l. c. 401. — *Rapuntium rigidulum* Presl l. c. 26. — ? *Lobelia patzquarensis* Sesse et Moc., Fl. Mex. (1887) 217. — Suffrutex molli-pubescens. Caules inferne et pagina superior foliorum saepius glabrescentes. Pubescentia variabilis, mox sparsa vel brevis, mox longior vel densa aut subtomentosa. Cetera ut in var. *laxiflora*.

Von Mexico bis Colombia in der regio temperata verbreitet und fast das ganze Jahr hindurch blühend. — M e x i c o : Staat Vera Cruz: Cordillera, VI—X. „fl. rouge jaunâtre" (G a l e o t t i n. 1977! — Hb. Del.); Tal von Cordoba, II. (B o u r g e a u n. 1982! — B. W.); Zucuapan (P u r p u s n. 7543! — Hamb. B.); an Zäunen bei Jalapa (C h r i s m a r! — B.). Tepic (L a m b n. 603! — B.). Huejutla und Iztapa, Chiapas (C. & E. S e l e r n. 898! 2101!). Colima (K e r b e r n. 117!). — G u a t e m a l a : bei Guatemala häufig, 1000—1800 m (L e h m a n n n. 1313!). Dept. Alta Vera Paz, Coban (H. v. T ü r c k h e i m n. 73! II/1590!). Dept. Chimaltenango, Chichavac, 2400—2700 m (A. F. S k u t s c h n. 240!). — S a n S a l v a d o r, Vulkan, 1200 m, I. (N i e d e r l e i n! — B.). — C o s t a R i c a (W a r s c e w i c z! — B.). — C o l o m b i a : Prov. Cauca, Chapa, 1850 m, Popayan, 2200 m (L e h m a n n n. 3656! Wash., Typ. pro *L. laxiflora* var. *foliosa*); ohne nähere Ortsangabe (H u m b o l d t n. 2167! — B., Typ. pro *L. prunifolia*, L o b b n. 174! — Kew, J e r g e n s o n n. 494! — Kew).

f. **lanceolata** (Hook. & Arn.) E. Wimm. n. c. — *L. lanceolata* Hook. & Arn. Bot. Voy. Beechey (1841) 301, 437. — *L. andina* Benth., Pl. Hartweg. (1845) 213. — Folia lanceolata, minora, 4—5 cm lg., 1,5 cm lt. Corolla et filamenta glabriuscula vel pubescentia.

C o l o m b i a : Pasto (J a m e s o n n. 414! — Cambr. Del.); Anden von Popayan, 2400 m (H a r t w e g n. 1183! — Hb. Cambr., Typ. pro *L. andina*); Guaitará (L e h m a n n n. B. T. 1076! — Kew); ohne nähere Ortsangabe (T r i a n a

n. 1529! — Kew). — Nicaragua: Dept. Matagalpa in fruticeto arido, 800 m, Staude bis 2 m h. (E. Rothschuch n. 505! — B.).

f. **brevifolia** (A. Zahlb.) E. Wimm. n. c. —*L. laxiflora* var. *brevifolia* A. Zahlb. in Fedde, Repert. Spec. Nov. XIV (1915) 185. — *L. ovalifolia* Hook. & Arn. l. c. — *L. laxiflora* var. *stricta* McVaugh l. c. 96 p. p. — Folia ovata vel elliptica, 5 cm lg., 2 cm lt., in apicem obtusiusculum acuminata, basi acuta, subpetiolata, firma, conferte argute dentata. Corolla cinnabarina (Lehm.).

Colombia: Prov. Pasto, schotterige Berghalden um Las Piedras am Rio Guaitará, 1600—2000 m, VIII. (Lehmann, Pl. Colomb. et Ecuad. n. 4674 — B., Typ.); Tuquerres (Karsten! — W.).

f. **concolor** (Mart. & Gal.) E. Wimm. n. c. — *L. concolor* Martens & Gal. in Bull. Acad. Bruxell. IX (1842) 46. — *Dortmannia concolor* O. Kuntze l. c. — *L. laxiflora* var. *laxiflora* McVaugh l. c. 97 p. p. — Corolla unicolori-rubra, subvillosa.

Mexico: Sierra de Oaxaca, um Oaxaca und Yavezia, 2300 m, V. (Galeotti n. 1972! 1979! 1984! — Del. W. B.); Orizaba (Fred Müller n. 949! — Hb. Leningr.); Comitan (Linden n. 220! — Del.). — Guatemala: S. Thomas, Chichicastenango (L. Schultze-Jena n. 957!). — Colombia: Tuquerres (Andrè n. 3189! — Kew).

f. **flava** E. Wimm. n. f. — Corolla flava tantum.

Salvador: Vulkan von San Salvador (Standley n. 22973! — Wash.).

var. **stricta** (Planch. et Oerst.) McVaugh l. c. 96 p. p. — *Tupa costaricana* Planch. et Oerst. var. *stricta* Planch. et Oerst. in Vidensk. Meddel. Mus. Kjoebenh. (1857) 155. — *Lobelia costaricana* E. Wimm., Annal. Naturhist. Mus. Wien LXVI (1933) 239. — *L. Rensonii* E. Wimm. in Fedde, Repert. Spec. Nov. XXXVIII (1935) 85. — *L. canescens* Presl, Prodr. Mon. Lobel. (1836) 38. — *Siphocampylus canescens* A. DC., Prodr. VII (1839) 402. — Frutex ramosus pubescens. Folia supra parum, subtus densius pubescens vel tomentella. Flores solitari-axillares saepe racemose dispositi. Pedicelli 2—4 cm longi, erecti rectique, crassiores quam apud var. *patulam*, bracteoli in medio pedicelli vix visibiles. — Fig. 103 a 4, 5.

Vom südlichen Mexico bis Panama vorkommend und anscheinend in Costa Rica am häufigsten, blühend von Jan. bis Okt. Mexico: Pascuaro (Ehrenberg n. 524! Hb. Berl., Humboldt! sub „*L. canescens* Presl" — Hb. Berl.); Monte Patamban (E. W. Nelson n. 6571!); Quadalajara, Staat Jalisco (Palmer n. 298! Pringle n. 103! 3112! 9356!); Magdalena (H. W. Viereck n. 1341!); zwischen Lagos und Leon (Hartweg n. 1610! Diquet!); Morelia, bei Cerro und Quinceo, 2500 m (Bro. Arsène n. 23! 69!). — Guatemala: Dept. Sacatepéquez, Chillani, 1450 m (Rojas n. 330!); Santa Rosa, 1000 m (Heyde & Lux, e pl. Guatemal. ed. J. D. Smith n. 2996! — Hb. Berl.); Mixco, Dept. Centro (C. & E. Seler n. 2289!). — Salvador: Prope San Salvador (Carlos Renson n. 54! — N. Y. — Typ. pro *L. Rensonii*). — Costa Rica: Cartago (Oersted n. 9245! Typus pro *Tupa costaricana* — Hb. Koph.); Cartago, 1500 m (W. R. Maxon n. 38!); Vulkan Irazú, 1800—2500 m, bis 3 m hoher Strauch, Febr. 1935 (Rosa Seidl!; Cufodontis n. 456! — Hb. W.). — Panama: Ohne Ortsangabe (Warscewicz! und n. 16!); Chiriqui (M. Wagner n. 341!). — Nom. vernac. Mex.: „*Huajillo*".

f. **magna** E. Wimm. — *L. costaricana* var. *magna* E. Wimm. in Fedde, Repert. l. c. — Folia elliptica vel oblonga, apice breviter et saepe abrupte acuminata, margine conferte argute dentato-serrata. Corolla 40—45 mm longa. Antherarum tubus 7 mm lg.

Mexico (Hegewisch, a. 1835! — Goett.; Ghiesbreght n. 588! — Pa.; Uhde n. 676! — B.); Staat Michoacan, Umgebung von Morelia, Cerro Azul, 2100 m (Frère Arsène n. 7277! — B.).

Haec species late distributa valde variabilis est pubescentia, longitudine petiolorum, pedicellorum, corollae. — Proprietates valde v o m i t i v a s continet; unum decoctum herbae sufficit ad excitandas internas inflammationes, ulcera . . . (C a l d e r ó n).

353. **L. haenkeana**[1]) (Presl) A. DC., Prodr. VII (1839) 382; Miquel, Fl. Ind. Batav. II (1856) 578. — *L. Nelsonii* Fernald in Proceed. Amer. Acad. XXXVI (1901) 503. — *L. laxiflora* var. *Nelsonii* McVaugh in North Am. Fl. XXXII. A (1943) 97. — *Rapuntium Haenkeanum* Presl, Prodr. Monogr. Lobel. (1836) 26. — *Dortmannia Haenkeana* O. Kuntze, Revis. II (1891) 972. — Suffrutex pluricaulis. Folia brevi-petiolata, ovato-lanceolata vel lanceolata, 4—7 cm lg., 1—2 cm lt., apice sensim acuminata, ad basin breviter angustata, margine crassiusculo dentibus callosis antrorsum versis inaequalibus conferte munita, membranacea, glabra, raro parce pilosa, subtus reticulato-nervosa. Flores in racemo denso, secundo, folia fulcrantia pedicellos 15—25 mm longos arrectos subpubescentes subaequantia. Tubus calycinus hemisphaericus, glaber, lobi triangulari-lanceolati, integerrimi, erecti, 3—4 mm longi, sinus inter eos rotundati. Corolla rubra, glabra, intus versus basin hirta, circiter 3 cm longa, labium inferius tridentatum. Filamenta, basi excepta, glabra; antherarum tubus 6 mm lg., glaber vel pilis paucis antice in dorso vestitus, stramineus, 2 minores apice penicillatae. Capsula subglobosa, ca. 7 mm diametiens. Semina oblongo-cylindracea, flavescentia, laevia, vix 1 mm lg. — Fig. 103 b.

G u a t e m a l a: Lapante (F r i e d r i c h s t h a l n. 1150! 127! — W.); H a e n k e s Exemplar stimmt mit vorigem gut überein. Seine Angabe, daß er die Pflanze (Original im Mus. Prag) auf der Insel L u z o n gesammelt habe, ist sicher ein Irrtum, da die Species seither nie wieder dort gefunden worden ist. — M e x i c o : Jalisco, Huauchinango, Eichenwald, 1500 m (N e l s o n n. 4009 — Photo gesehen, Typ. pro *L. Nelsonii*).

var. **panamensis** E. Wimm. in Annal. Naturhist. Mus. Wien LVI (1948) 368. — Glaberrima. Folia oblonga usque oblongo-lanceolata, utrinque acuta. Pedicelli parce pubescentes, erecti. Calycis lobi in superiore parte ciliati.

P a n a m a : Chiriqui, Wälder um El Boquet (P i t t i e r n. 2869! — Wash.).

Sectio 5. Revolutella E. Wimm.

Revolutella E. Wimm. in Annal. Naturhist. Mus. Wien LVI (1948) 369. — Corolla gracilis, tubus rectus, cylindraceus, versus medium leviter attenuatus, saepe partim integer; lobi omnes vel saltem 2 superiores (laterales) spiraliter revoluti, lobi inferiores labium trifidum formantes et interdum aliquamdiu cohaerentes. Tubus stamineus rectus longe exsertus. Antherae 2 inferiores barbatae. Semina ovoidea, sub lente tenuissime lineata, circiter 0,5 mm longa. — Herbae robustae simplices vel frutices parvi, foliis alternis, floribus racemosis.

Species 10 indigenae insularum Hawaiiensium.

C l a v i s s p e c i e r u m.

A. Caules erecti, simplices, summum in basi inflorescentiae ramulosi, 1—3 m alti (*Yuccoides*).
  I. Folia late lanceolata, 2,5—7 cm lata.
    a. Inflorescentia cano-villosa, folia subtus cano-villosa . . 354. *L. oahuensis.*
    b. Inflorescentia glabra, folia subtus albo-tomentosa . . . . 355. *L. hypoleuca.*
  II. Folia linearia, 0,5—1,5 cm lata.
    a. Sepala 5—10 mm longa, folia 10—20 cm longa . . . . 356. *L. grayana.*
    b. Sepala 4—5 mm longa, folia 24—37 cm longa . . . . 357. *L. yuccoides.*

[1]) Thaddaeus Haenke, 1761 Bohemia natus, perlustravit plantas pro hortis bot. collectens Americam Meridionalem, Mexico, Insulas Marianas et Philippinenses, Australiam et veneno erronee pro medicamento sumpto vitam a. 1817 finivit.

B. Caules tortuosi, procumbentes vel ascendentes, plerumque ramosi, lignosi (*Tortuosae*).
  I. Hypanthium valde costatum, costis valde elevatis, folia glabra.
    a. Sepala foliacea, 15 mm longa, pedicelli 30 mm longi. .. 358. *L. dunbarii.*
    b. Sepala ovato-lanceolata, 3 mm longa, pedicelli ad 12 mm longi 359. *L. costata.*
  II. Calycis tubus normaliter nervatus.
    a. Folia utrinque et tota inflorescentia puberula .... 360. *L. tortuosa.*
    b. Folia glabra vel subtus tantum pilosa.
      1. Folia subtus cinereo-pubescentia.
        α. Racemus compactus brevis, folia 1,4—2,6 cm lata 361. *L. remyi.*
        β. Racemi laxiflori, folia 0,8—1,4 cm lata ...... 362. *L. hillebrandii.*
      2. Folia glabra utrinque.
        α. Racemi glabri, forsan sepala subciliata, vide varietates *L. tortuosae.* et *L. hillebrandii.*
        β. Racemi hispiduli, sepala dentiformia .... 363. *L. niihauensis.*

358. **Lobelia oahuensis** Rock, Bull. Torrey Bot. Club XXXXV (1918) 137 et Haw. Lobel. (1919) 127, t. 64; Hosaka in Occas. Pap. Bishop Mus. XI (1935) 11, fig. 4, flos. — Caulis erectus 1—3 m altus, solidus, 4—7 cm crassus, superne villosus et rosula foliorum ca. unimetrali ornatus. Folia late lanceolata, utrinque acuminata, 40—60 cm longa et 4—6 cm lata, basi in petiolum marginatum 10—25 mm longum angustata, margine revoluto callose denticulata, coriacea, supra rugulosa, glabra, subtus virenti-cano-villosa. Inflorescentia composita e racemis ascendentibus 1—1,5 m longis, cano-villosis, dense bracteatis. Bracteae lineares cuspidatae, 20—40 mm longae, 3 mm latae, sessiles. Pedicelli tomentosi, 10—20 mm longi. Hypanthium obconicum, 6 mm longum, lobi calycini sublineares, acuti, integri, glabri, 12—18 mm longi et basi 3 mm lati. Corolla pallidi-coerulea, 45 mm longa, inferne tomentella, apicem versus glabrata; tubus saepe semifissus; lobi lineares, superiores cr. 20 mm longi, lobi inferiores in labium connati et cr. 10 mm longi. Filamenta 36 mm longa, pubescentia. Tubus anthereus coerulescens 10 mm longus, antherae 2 inferiores barbatae. Capsula oblongo-ellipsoidea, tomentosa, 17 mm longa, 8 mm lata. Semina ovoidea, gilva, 0,5 mm longa.

Oahu: Auf der Spitze des Hauptgebirgskammes der Insel über den Klippen von Waiamanalo, 1000 m (Rock n. 1236, Rock et Tasartez n. 13113!); Mt. Olympus (Topping n. 3234!); Konahuanui — Olympustrail (Wesley Garber n. 213!); Koolau Mts., Waipio, Kipapa Gulch auf einem nassen offenen Abhang, August (E. Y. Hosaka n. 1156! 685!).

359. **L. hypoleuca** Hlb. Fl. Haw. Isl. (1888) 238; Rock Haw. Lobel. (1919) 125, t. 19, 42, 62, 63; Bryan, Nat. Hist. Haw. (1915) t. 62, f. 6, non vidi! — Caulis erectus, fistulosus, glaber, 1,5—2 m altus, laxe foliatus, superne ramos florentes gerens. Folia late lanceolata, 30—45 cm longa et 2,5—7,5 cm lata, acuta, ad basin sensim angustata in petiolum 25 mm longum, margine argute denticulata, carnosulo-membranacea, supra plana, glabra, subtus costa excepta dense albo-tomentosa. Racemi subdensi, 15—25 cm longi, pedunculati. Pedicelli 12—15 mm longi, floccosi, basi bibracteolati, bracteis angustissime linearibus integris suffulti. Calycis receptaculum obconico-oblongum, albo-tomentosum, cr. 6 mm longum, eius lobi subulati, glabrati, 4—6 mm longi. Corolla coerulescens, glabra vel puberula, subrecta, 30—36 mm longa, lobi lineares, revoluti. Filamenta subpubescentia, 3 cm longa. Antherarum tubus coerulescens, glaber, 7 mm longus, 2 inferiores apice barbatae. Capsula cylindrica, albida, 16—18 mm longa. Semina ovoidea, pallide fusca. — Fig. 104 f.

Oahu: Waialua et Helemano (Hillebrand — Herb. Berlin! Gray; Remy); Punaluu Mts., 600 m (Rock n. 807, 808); Konahuanui, Mt. Olympus trail (Rock n. 13114); Mt. Kaala (Topping n. 2879!); — Koolau-Gebirge oberhalb Kahana-Bay, 750 m (S k o t t s b e r g n. 1830! — Hb. Stkh.). — H a w a i i : Kohala Mts. oberhalb Waimea, sumpf. Grund (S k o t t s b e r g n. 704!).

f. **macrophyta** Rock l. c. — Caulis ad et supra 3 m altus, basi 10 cm diametiens, apice foliis rosulantibus. Folia 65 cm longa et 10 cm lata, basi in petiolum 3 cm longum angustata; flores et fructus ignoti. (Diag. ex Rock, non vidi.)

H a w a i i : Holokaiea Gulch back of Waimea, 900 m (R o c k n. 4767).

var. **heterocarpa** E. Wimm. nov. var. — Hypanthium breviter turbinatum, albo-tomentosum, 4 mm longum et latum, lobis 6—7 mm longis. Capsula obovoidea, sine valvis 6 mm longa, 5 mm lata. Cetera ut in var. *hypoleuca*. — Fig. 104 d—e.

K a u a i : Am Ufer des Kokee-Flusses, blühend 30. Juni (O. D e g e n e r n. 2188!); Waimea, Waiakealoha am Wasserfall, 1200 m, Waialae Valley (R o c k n. 5456! 12842 et sine no.); Waialae, Kaholuamano hinter Waimea, blühend im Sept., Wahiawa Mts. (C. N. F o r b e s n. 111 K! 295 K? — Bish. Mus.).

M o l o k a i : Kamolo, 1000 m, fruchtend im Juni (F a u r i e n. 558!); Pali of Pelekunu, Pali of Waihanau, 900 m (H i l l e b r a n d , Rock n. 14035 — wahrscheinlich hierher). — Ob auch die auf Maui, Lanai und Hawaii vorkommenden und von R o c k zitierten Specimina (A. S. H i t c h c o c k n. 14665, 14675, 15603, H o s m e r n. 6096) zu dieser Varietät gehören, ist wahrscheinlich, habe aber dieselben nicht gesehen.

360. **L. grayana** E. Wimm. in Annal. Naturhist. Mus. Wien LVI (1948) 369. — *L. neriifolia* A. Gray in Proc. Am. Acad. V (1861) 150, non Moris (1833) nec Hillebr.; Rock Haw. Lobel. (1919) 132, t. 67. —*Dortmannia* neriifolia O. Kuntze, Revis. II (1891) 973. — Caulis ad 2 m altus, erectus, glaber, cicatricibus triangularibus dense obtectus, apicem versus foliosus, medullosus vel anguste fistulosus, tenuiter lignosus. Folia exacte linearia, 10—20 cm longa et 0,5—1,4 cm lata, apice acuta, ad basin in petiolum marginatum indefinitum angustata, margine minute serrulata revoluta, firma, supra glabra, nitidula, subtus canescenti-tomentosa, nervis exceptis. Racemus terminalis, subdensus, multiflorus, interdum alios ramulos florentes gerens. Bracteae lineares, foliaceae, angustissimae, pedicellos superantes. Pedicelli cr. 1 cm longi, tomentelli. Hypanthium turbinatum, albo-tomentosum, 4 mm longum et latum, lobi calycis lineares, integri, glabrati, 6 mm longi, 1 mm lati. Corolla coerulea, puberula vel glabrata, subrecta, ad 3 cm longa; lobi 2 superiores lineares, 18 mm longi, ad medium corollae soluti; labium inferius trifidum. Filamenta 25 mm longa, puberula. Antherarum tubus 8 mm longus, glaber, 2 inferiores apice setosae. Capsula rhomboidea, 1 cm longa. Semina immatura fusca, in uno latere carinata, laevia, 0,5 mm lg. — Fig. 104 h.

M a u i : East Maui (U. S. E x p l o r. E x p e d. — Typus fragm. in Herb. Gray); Olinda, Ape-ape Canyon along Pipe-Line-Trail entlang dem Flusse in lichtem Regenwald, Bergrücken nördl. der Pohakea-Schlucht, Puu Anu an der Wanawainui-Schlucht, blühend und frucht. im Juli (O. D e g e n e r n. 7955! 7956! 7957! 7958!); Haleakala und Puunianiau Krater, 1800—1950 m (R o c k n. 8612! 8640; H i t c h c o c k n. 14947).

K a u a i : Waialae Valley an Flußufern und Felsen (R o c k n. 5959).

361. **L. yuccoides** Hillebr. Fl. Haw. Isl. (1888) 237; Rock Haw. Lobel. (1919) 130, t. 20, 65, 66. —*L. neriifolia* var. *yuccaefolia* Schönl. in Engler et P., Natürl. Pflanzenfam. IV/5 (1894) 46 ad fig. 27 H, caps. — *Dortmannia yuccodes* O. Kuntze, Revis. II (1891) 973. — Caulis erectus, simplex, ad 2 m altus, compacte medullosus, parte tenuiter lignosa cinctus et cicatricibus rhomboideis crebris obtectus, apice foliosus et in racemum densum, 60—100 cm longum terminatus. Folia exacte linearia, 24—37 cm longa et 0,7—1,5 cm lata, longe cuspidata, ad basin in petiolum marginatum indefinitum angustata, margine integra vel denticulata revoluta, chartacea, supra viridia, glabra, subtus adpresse albido-tomentosa, nervo medio excepto. Pedicelli

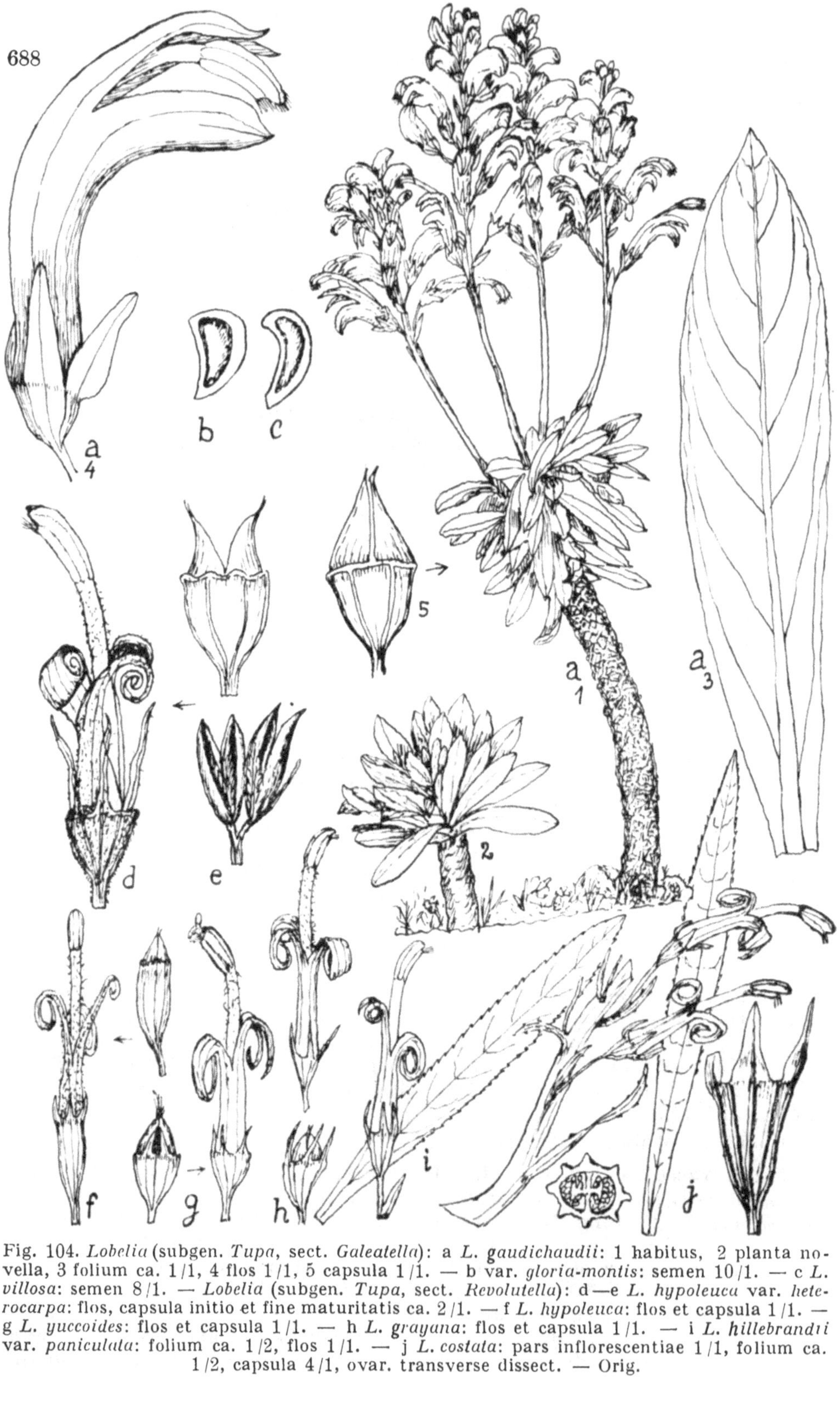

Fig. 104. *Lobelia* (subgen. *Tupa*, sect. *Galeatella*): a *L. gaudichaudii*: 1 habitus, 2 planta novella, 3 folium ca. 1/1, 4 flos 1/1, 5 capsula 1/1. — b var. *gloria-montis*: semen 10/1. — c *L. villosa*: semen 8/1. — *Lobelia* (subgen. *Tupa*, sect. *Revolutella*): d—e *L. hypoleuca* var. *heterocarpa*: flos, capsula initio et fine maturitatis ca. 2/1. — f *L. hypoleuca*: flos et capsula 1/1. — g *L. yuccoides*: flos et capsula 1/1. — h *L. grayana*: flos et capsula 1/1. — i *L. hillebrandii* var. *paniculata*: folium ca. 1/2, flos 1/1. — j *L. costata*: pars inflorescentiae 1/1, folium ca. 1/2, capsula 4/1, ovar. transverse dissect. — Orig.

8—12 mm longi, puberuli, bracteae et bracteolae subulatae. Calycis tubus turbinatus, albo-tomentellus, 5 mm longus, eius lobi subulati, 4—5 mm longi. Corolla coerulescens, puberula, subrecta, 36—40 mm longa; lobi lineares revoluti. Filamenta pubescentia. Antherarum tubus 9 mm longus, basi pilosulus, 2 inferiores apice setosae. Capsula obovoidea, basi acuta, 1 cm longa, saepe valvis iterum fissis. — Fig. 104 g.

Oahu: Bergrücken von Waianae, Berge über Lihue (Hillebrand! Topping n. 3205!); Middle Palawai Ridge, zwischen Sträuchern und Felsen, blühend im Mai (O. Degener n. 11498!); zwischen Puu Manowahua und Palikea entlang dem höchsten Rücken (O. Degener n. 7919 — folia tantum); Paleahua im grasigen Wald, fruchtend im Januar (Park n. 11503!).

Kauai: Waimea, 600—900 m (Knudsen! U. Faurie n. 553! Rock n. 12836); Kaholuamano hinter Waimea (C. N. Forbes n. 436 K! Rock n. 5779, Hitchcock n. 15432); Waimea, Kokee und Mohihi Flußufer, 1100 m, X. (Skottsberg n. 1021!); Waimea, Milolii Ridge in feuchtem Walde, 700 m, Dez. (St. John et Fosberg n. 13705! — Hb. Bish. Mus.); Kauai (Wawra n. 2108! — Hb. W.).

Differentias inter hanc speciem et *L. grayanam* tam leves sunt, ut videatur, eas unam tantum speciem praesentare, sed quaestionem speciminibus viventibus non inspectis solvere difficile est.

362. **L. dunbarii** Rock, Haw. Lobel. (1919) 133. — Caulis in basi lignosus, viridis, solidus. Folia lineari-lanceolata, sessilia, apice acuta vel acuminata, 12—15 cm longa et 1,5—2 cm lata, margine serrata usque dentata, tenuiter membranacea, viridia et glabra utrinque. Racemus singularis vel 2 minoribus (e basi orientibus ?), folia sensim reducta in bracteas usque ad apicem racemi, bracteae terminales etiam nunc 3 cm longae. Flores solitari-axillares in pedicellis 3 cm longis. Calycis viridis tubus turbinatus, 6—10 mm longus, 5-costatus, costis in alas productis et in pedicellum alatim decurrentibus, calycis lobi foliacei, 15 mm longi et 3—4 mm lati, acuti et apiculati, glabri, virides, nitidi. Corolla azurea, 25 mm longa, 2,5—3 mm lata, glabra, lobi revoluti. Filamentorum columna pallide coerulea, puberula. Antherae cinerascenticoeruleae, glabrae. (Diag. Rockii.)

Molokai: Auf Felswänden entlang dem Waihanau in Gesellschaft mit *Hillebrandia sandwicensis* etc., blühend im August (L. M. Dunbar n. 13125); Maunahui, in einer tiefen Schlucht auf einem lehmigen Damm (Rock n. 6134); oberer Rand des Waikolu Valley (Degener n. 7777! — nur Zweigende mit Blättern, fraglich, ob hierher gehörig).

363. **L. costata** E. Wimm. in Annal. Naturhist. Mus. Wien LVI (1948) 369. — Procumbenti-ascendens, glaberrima. Caulis (superiorem partem tantum vidi) plumbi crassitie, medulla farctus, glauco-virens, sparse foliatus. Folia lanceolato-linearia, 16—20 cm longa, 1,4—2 cm lata, acuta, ad basin longe sensimque angustata, subsessilia, margine minute denticulata, chartacea, subtus parum pallidiora, utrinque glabra, nervi laterales sub angulo fere omnino recto excurrentes. Racemus terminalis, 12—25 cm longus, vagus, subdensus, ramuli pauci florentes occasionaliter e caule producuntur. Bracteae lineares, pedicellos parum superantes. Pedicelli torti, glabri, ad 12 mm longi, supra basin bibracteolati. Hypanthium obconicum, apice disciformiter ampliatum, 3 mm longum, valde elevato-costatum; lobi calycini ovato-lanceolati, 3 mm longi, erecti. Corolla 22 mm longa, tubo recto 10 mm longo, partim (5 mm) integro, lobis revolutis. Filamenta parce hirtella, 17 mm longa; antherae glabrae, 7 mm longae, 2 inferiores longius penicillatae. — Fig. 104 j.

Molokai: Pali of Waikolu, VII. 1912 (Forbes n. 88 Mo.! — Hb. W. Bish. Mus.).

364. **L. tortuosa** A. A. Heller in Minnes. Bot. Stud. IX (1897) 912, t. 57; Rock Haw. Lobel. (1919) 135, t. 68. — Caules e radice multifibrillosa plures orti, lignosi,

ramosi, tortuosi, inferne glabrescentes, superne tomentosuli, basi ad 25 mm lati; partes florentes et foliatae caulis ascendentes et subramosae. Folia lineari-lanceolata, 8—15 cm longa et 0,9—1,8 cm lata, apice sensim acuminata, basi acuta et in petiolum brevem marginatum angustata, margine callose denticulata, dilute viridia, supra parce, subtus dense puberula et pallidiora. Flores in racemo floribundo, cr. 15 cm longo. Bracteae subulatae, 2—4 mm longae. Pedicelli 8—12 mm longi, tomentelli, ascendentes. Hypanthium semiglobosum, brevissime puberulum, 5 mm diametiens, lobi calycis lineares, puberuli, 3 mm longi. Corolla obscure punicea, puberula, 3 cm longa; lobi lineares, revoluti. Filamenta glabra, 2 cm longa. Antherarum tubus 9 mm longus, glaber, 2 inferiores barbatae.

Kauai: An der Wasserscheide zwischen dem Hanapepe und Wahiawa, blühend im Juni (A. A. Heller n. 2443 — Herb. Bishop Mus., Kew).

f. **glabrata** Skottsb. in Acta Gothobg. II (1926) 263. — *L. tortuosa* var. *intermedia* St. John in Occas. Pap. Bishop. Mus. XV (1939) 24, t. 5. — Folia glabra, subtus interdum sparse pilosa, sepala interdum ciliolata.

Kauai: Okolele — Schlucht, selten, fruchtend im Oktober (Skottsberg n. 1057!); Kalalau Trail und Nonou Mts., blühend im Juli, Oktober (Forbes et Dole n. 70 K! — Bish. Mus.).

365. **L. remyi** Rock Haw. Lobel. (1919) 137, t. 69. — Folia lineari-lanceolata, 12—16 cm longa et 1,4—2,6 cm lata, petiolo 5—8 mm longo, apice subacuminata, basi acuta, crasso-chartacea, supra glabra, subtus cinerascenti-tomentosa vel villosa. Racemi breves, 12—15 cm longi. Pedicelli 12—14 mm longi. Pars ovarii calycis cyathiformis, cr. 5 mm long, lobi triangulares, acuti usque acuminati. Antherae glabrae. Capsula albida, conicus vertex altior quam pars inferior (Diag. Rockii).

Oahu (J. Remy n. 298 — Herb. Paris). — Nach Rock wurde diese Art nicht wieder gefunden; sie steht der *L. tortuosa* am nächsten. Remys Exemplar weist nur alte Blüten auf und ist im fruchtenden Zustand.

366. **L. hillebrandii** Rock Haw. Lobel. (1919) 133. — *L. neriifolia* Hillebr. Fl. Haw. Isl. (1888) 238, non A. Gray. — Caulis lignosus, procumbens, cicatricosus, cr. 6 mm diametiens, superne laxe foliatus, in racemum 8—20 cm longum, laxiflorum terminatus, saepe in axillis foliorum superiorum paucos ramulos florentes gerens. Folia chartacea, pallide viridia, subtus griseo-pubescentia, lineari-lanceolata, 10—22 cm longa et 0,8—1,4 cm lata, utrinque acuta, petiolo marginato indefinito, margine glanduloso-denticulata usque serrulata vel revoluta et subintegra imprimis versus basin. Bracteae lineares, subdenticulatae, pedicellos subaequantes. Pedicelli 12 mm longi, medio bibracteolati. Hypanthium turbinatum, 3 mm longum, lobi subulati, 5 mm longi. Corolla lilacina, glabra, subrecta, 18—20 mm longa, lobi lineares, revoluti. Filamenta parce puberula, 15—17 mm longa. Antherae glabrae, 6 mm longae, 2 inferiores apice barbatae. Capsula ovoidea, 6 mm longa, vertice conico. Semina ovoidea, minuta.

Clavis varietatum.

A. Folia lineari-lanceolata, subtus griseo-pubescentia .... var. *hillebrandii*.
B. Folia linearia, subtus viridia
  1. Folia margine serrulata .... var. *paniculata*.
  2. Folia margine crenulata .... var. *monostachya*.

var. **hillebrandii**. — Ut supra.

Maui: West-Maui, Wailuku-Bergrücken (Hillebrand — Herb. Gray); Waikapu und Haleakala, 600—900 m (Hillebrand); Lahaina, fruchtend im Sept. (A. S. Hitchcock n. 14881). — Sandwich-Inseln (Gaudichaud).

var. **paniculata** Rock, Haw. Lobel. (1919) 135. — *L. neriifolia* Hillebr. *var. β.* Hillebrand, Fl. Haw. Isl. (1888) 238. — Folia linearia, acuta, sensim attenuata ad basin subsessilem vel petiolo brevi marginato, margine serrulata, subtus viridia, glabra. Inflorescentia paniculata, racemis 5—6 secundariis. — Fig. 104 i.

M o l o k a i : Maunahui, procumbens inter *Lycopodium fastigiatum* (H i l l e b r a n d); Kamolo, 1000 m, VI. (U. F a u r i e n. 557! — Hb. Del.); Waialeia-Bergrücken, VIII. (Mrs. L. M. D u n b a r n. 13124 — ex Rock).

var. **monostachya** Rock, Haw. Lobel. (1919) 135. — *L. neriifolia* Hillebr. *var. γ.* Hillebrand, Fl. Haw. Isl. (1888) 238. — Caulis circiter 35 cm longus. Folia membranacea, anguste linearia, 4—8 mm lata, crenulata, subtus viridia. Racemus terminalis 12—15 cm longus. Capsula 6 mm longa (Diagn. auct.).

O a h u : Niu Valley auf besonnten Felsen (H i l l e b r a n d — Hb. Bish. Mus.); Honolulu, Manoa Cave, Ostabhang des Manoa Valley, Felsklippen in der Lantana- und Guava-Region (T o p p i n g n. 3228! D e g e n e r & T o p p i n g n. 7964! — Hb. Degener). — In speciminibus ultimo allatis corollae tubus semifissus, capsula globosa, sepala dentiformia.

367. **L. niihauensis** St. John in Occas. Pap. Bish. Mus. IX, no. 14 (1931) 9, t. III. Fruticulus, caules prostrati, tortuosi, glabri, 20—35 cm longi et 2,5 cm in diam. Folia lineari-lanceolata, 7—14 cm longa et 0,7—1,4 cm lata, apice acuta, basi angustata, subsessilia, margine integra vel versus apicem minute undulata, glabra, subcoriacea. Rami florentes pedunculati, inferne remote foliati, secus per 1 cm bracteati tantum, ascendentes. Racemus 12—15 cm longus, multiflorus, hispidulus. Bracteae lineari-lanceolatae, 3—5 mm longae, hispidulae. Pedicelli 10—25 mm longi, tenues, hispiduli. Calycis tubus turbinatus, mox subglobosus, 2—3 mm longus, ut plurimum glaber; calycis lobi laneolati, sparse hispiduli, 1—2 mm longi. Corolla rubro-coerulea, glabra, 25—28 mm longa, dorso inter lobos superiores ad medium fissa; lobi 2 superiores lineares, tubum aequantes, mox revoluti, 3 lobi inferiores lanceolati 6 mm longi. Filamenta 20—23 mm longa, superne glabra. Antherae glabrae, 7—9 mm longae, 2 inferiores apice barbatae. Capsula immatura subglobosa 4 mm longa (Diagn. auct.).

N i i h a u : Kaali, blühend im Jänner (J. F. G. S t o c k e s — Bish. Mus.).

var. **forbesii** St. John in Occas. Pap. Bishop Mus. XV (1939) 23, t. 3. — Calyx lanatus. Corolla roseo-purpurea.

K a u a i : Nonou Mts. X. 1916 (C. N. F o r b e s n. 607 K! — Bish. Mus.).

var. **meridiana** St. John l. c. t. 4. — Folia 9—18 mm lata, supra medium sinuato-crenata, interdum etiam versus basin. Calyx pubescens.

O a h u: Uluhulu-Schlucht, Kaena, Felsenriff, 3. XI. 1929 (S t. J o h n n. 9996 — Hb. Bishop Mus., non vidi.).

Haec species cum varietatibus verisimiliter — ut opinor — ad *L. hillebrandii* pertinet.

Sectio 6. Galeatella E. Wimm.

Sect. *Galeatella* E. Wimm. in Annal. Naturhist. Mus. Wien LVI (1948) 369. — Corolla pro genere ampla, bilabiata; tubus latus, rectus, versus limbum arcuatus, in dorso fissus; lobi inaequales, 2 superiores falcati, longiores quam labium inferius trifidum. Tubus stamineus longe exsertus, antherae omnes apice barbatae. Capsula obovoidea, vertice conica, bivalvis. Semina compressa, reniformia vel arcuata, parum alata, supra 1 mm longa. — Plantae robustae, monocarpaeae, videntur perennes turionibus basalibus, caules dense alternatim foliati, demum foliis inferioribus delapsis dense cicatricosi, racemum unum vel plures terminales proferentes.

Species 2 indigenae insularum Hawaiiensium vel Sandwicensium.

C l a v i s s p e c i e r u m.

A. Planta villosa; bracteae late ovatae .... 364. *L. villosa.*

B. Plantae glabrae vel partim pilosae; bracteae oblongo-lineares vel obovato-cuneatae .... 365. *L. gaudichaudii.*

364. **L. villosa** (Rock) St. John & Hosaka, Notes Haw. Lobel. in Occas. Papers Bishop Mus. XIV (1938) 124. — *L. kauaiensis* var. *villosa* Rock in Torrey Bot. Club Bull. XXXXIV (1917) 237, Haw. Lobel. (1919) 122, t. 43, 61. — Caulis erectus, ad 1 m altus, 3 cm diametiens, dense cicatricosus, superne dense foliatus et in plures ramos florentes terminatus. Folia sessilia, oblonga, 9—14 cm longa et 2,5—4 cm lata, apice subacuta, margine integerrimo et in costa subtus villosa, supra sparse villosa, superiora in bracteas subcordatas, oblanceolatas, utrinque villosas reducta, coriacea. Racemi multiflori, plus minusve villosi. Bracteae cordatae vel ovatae 2—3 cm longae, 1,4—2 cm latae, dense villosae. Pedicelli 25—30 mm longi, villosi. Calycis tubus turbinatus, lobi 10—15 mm longi, 5 mm lati, lanceolati, margine ciliati, purpurascentes. Corolla albescenti-viridis purpureo-nervosa, glabra, 35—45 mm longa, tubus 8 mm latus, lobi superiores lineares, falcati, $^{2}/_{3}$ liberi, labium inferius trilobum, deflexum. Tubus stamineus 5 cm longus, longe exsertus, glaber, antherae omnes apice dense pilosae. Semina rubiginosa, nitida, laevia, fere semi-lunaria, marginata, ca. 2 mm longa. — Fig. 104 c.

Kauai: Mt. Waialeale, ca. 1500 m, X. (Rock n. 5823, 8856! 12844!; Rock & Hitchcock n. 12741; Hitchcock n. 15432, 15450, 15484 — ex Rock); Alakai Moor, Waimea drainage basin, Westseite, Juli—Aug. (C. N. Forbes n. 1122 K — ex St. John).

Jam Rock adnotat ad hanc plantam: „The whole aspect of the plant is different from *L. kauaiensis*. The villosity and compact character of the plant are not due to location."

365. **L. gaudichaudii** A. De Candolle, Prodr. VII (1839) 384; A. Gray in Proceed. Amer. Acad. V (1861) 150; Wawra in Flora LVI (1873) 58 p. p.; Heller in Report. Board Commiss. Agric. a. Forestry Haw. 1909—10 (1911) t. 16, non vidi!; Ann. Rep. Smithson. Inst. 1917 (1918) 462, t. 25, non vidi!; Rock, Haw. Lobel. (1919) 115, t. 15, 56, 57; St. John & Hosaka, Notes Haw. Lobel. in Occas. Papers Bishop Mus. XIV (1938) 118; Degener, Fl. Haw. (1938) fam. 339 c. tab. — *Dortmannia gaudichaudii* O. Kuntze, Revis. II (1891) 972. — Planta robusta erecta, 1—2(5) m alta, caule fistuloso crasso, inferne cicatricoso, superne dense foliato, racemo terminali singulari vel pluribus racemis in ramis candelabriformiter dispositis. Folia sessilia, plerumque coriacea, oblanceolata usque oblongo-lanceolata. Flores pedicellati, bracteati. Corolla 3,5—9 cm longa, arcuata. Tubus stamineus glaber, longe exsertus, antherae apice barbatae. Capsula obovoidea, vertice conico.

Clavis varietatum:

A. Sepala 12—22 mm longa.
  I. Inflorescentia non villosa.
    a. Bracteae florales 22—35 mm longa, 6—10 mm lata.
      1. Corolla purpurea, racemus plerumque unus .... var. *gaudichaudii*.
      2. Corolla alba vel albo-virens, rami florentes vulgo plures.
        α. Rami florentes nudi vel paucis bracteis .... var. *koolauensis*.
        β. Rami florentes foliati.
          * Planta omnino glabra .... var. *kauaensis*.
          ** Racemi hirsuti .... f. *hirsuta*.
    b. Bracteae 30—45 mm longae, 8—20 mm latae.
      1. Corolla cremea purpureo-striata .... var. *gloria-montis*.
      2. Corolla kermesina .... f. *sanguinea*.
  II. Inflorescentia villosa, bracteae 30—45 mm longae .... f. *bryanii*.
B. Sepala 28—35 mm longa .... var. *longibracteata*.

var. **gaudichaudii.** — *L. Gaudichaudii* var. *typica* St. John & Hosaka l. c. 118. — *L. Gaudichaudii* var. *coccinea* Rock in Torrey Bot. Club Bull. XXXXIV (1917) 238. — Glabra, ad 1 m alta, canlis ad 4 cm in diametro. Folia oblongo-oblanceolata, 15—21 cm longa, 1,5—2,5 cm lata, acuta, ad basin sensim angustata, margine anguste revoluto integerrima, apicem versus callose denticulata, basi glabra vel parce ciliata, costa subtus interdum sparse pilosa. Racemi plerumque singuli, occasionaliter etiam 2—3, glabri, ad 60 cm longi. Bracteae lanceolatae, glabrae vel parce ciliatae, pedicellis subbreviores; pedicelli glabri, 23—50 mm longi. Hypanthium turbinatum, glabrum, lobi triangulari-lanceolati, obtusiusculi, 12—20 mm longi, basi 4—6 mm lati. Corolla purpurea, glabra, 5—8 cm longa. Tubus anthereus violaceo-ruber, 12—14 mm longus. Capsula 15—20 mm longa. Semina ovato-reniformia, compressa, rubiginosa, marginata, 1,2 mm longa. — Fig. 104 a 1—5.

O a h u : Ad cacumen montis O-Wahu Sandwicensium, Voy. Bon. X. 1836 (G a u d i c h a u d n. 149! — Hb. Del., Typus Hb. Paris); Vorkommen beschränkt auf das Koolau-Gebirge, 600—1000 m Höhe, blüht im Sommer und Herbst: Gipfel des Konahuanui (H i l l e b r a n d! S h a w n. 12742! W. A. B r y a n! E. H. B r y a n j.! G a r b e r n. 82; F o r b e s n. 2180, 2182; N e l s o n & S t o n e n. 10003; T o p p i n g n. 3232! — Hb. Haw., Degener); Hauptkamm zwischen Konahuanui und Mt. Olympus an den wind- und nebelumfegten Abstürzen (D e g e n e r n. 7965!); Poamoho Trail, Laie (F o s b e r g n. 13330; D e g e n e r n. 11497!); Kipapa-Schlucht (S t. J o h n n. 12077, 18905; H o s a k a); Lanihuli (S k o t t s b e r g n. 185! G a r b e r n. 261, 262); Punaluu Mts. (R o c k n. 64; 65); ohne nähere Ortsangabe (W a w r a n. 1639! — Hb. W.).

var. **koolauensis** Hosaka & Fosberg in Occas. Papers Bishop Mus. XIV (1938) 4, fig. 1, 2. — Folia oblanceolata, glabra, 12—17 cm longa et 2—2,5 cm lata. Racemi 3—6, eorum pedunculi bracteati, non foliati. Bracteae florales 25—30 mm longae, 7—10 mm latae, glabrae. Pedicelli 25—43 mm longi, glabri. Calycis lobi lanceolati, glabri, 10—15 mm longi, 3—6 mm lati. Corolla 58—65 mm longa, 18—20 mm lata, albida usque albescenti-viridis.

O a h u : Koolau Range, Moor an der Scheide der Kawainui- und Kaipaupau-Schlucht (H o s a k a & F o s b e r g n. 1915 — Typus Bishop Mus., F o s b e r g & E n g l e r n. 14224).

var. **kauaensis** Gray in Proceed. Amer. Acad. V (1861) 150; St. John & Hosaka l. c. 120. — *L. kauaensis* Heller in Minnesota Bot. Stud. IX (1897) 911; Rock, Haw. Lobel. (1919) 119, t. 16, 42, 60. — *L. Gaudichaudii* Hillebrand, Fl. Haw. Isl. (1888) 236 p. p. — Folia lineari-lanceolata, 15—30 cm longa, 1,5—3 cm lata, glabra. Racemi 2—5, glabri, folia pedunculorum lineari-lanceolata. Bracteae glabrae, 15—25 mm longae, 4—8 mm latae. Calycis lobi 8—12 mm longi, 3—5 mm lati. Corolla alba purpureo-nervosa, 45—60 mm longa.

K a u a i : Ohne nähere Standortsangabe (U. S. A. E x p l. E x p e d. — Hb. Wash., Gray; W a w r a n. 2044! — Hb. W.); Wahiawa, Sumpf (F o r b e s! S t. J o h n & F o s b e r g n. 13651; S t. J o h n & o t h e r s n. 10849; A. A. H e l l e r n. 2888); Sumpf auf dem Mt. Waialeale (R o c k n. 5109! 12845; H i t c h c o c k n. 15499); Torfmoor am Hanapepe (U. F a u r i e n. 552! — Hb. Haw.); Wahaina-Sumpf (F o r b e s n. 294 K! — Hb. Bishop Mus. W.). — „Pue".

f. **hirsuta** St. John & Hosaka l. c. 121. — Racemi fusco-hirsuti, bracteae et sepala ciliata.

K a u a i : Waialeale Mt. (R o c k n. 12845 a — Typus Bish. Mus., n. 12845 p. p.).

var. **gloria-montis** (Rock) St. John & Hosaka l. c. 121. — *L. gloria-montis* Rock, Haw. Lobel. (1919) 117, t. 17, 18, 58; Degener, Fl. Haw. Isl. (1938) fam. 339 c. tab. — *L. Gaudichaudii* Hillebrand l. c. p. p. — Folia oblanceolata, 10—20 cm longa, 2—4 cm lata, glabra, basi ciliata. Racemus unicus multiflorus, ad 60 cm longus. Bracteae obovato-cuneatae, 3—4 cm longae, 1,7—2,2 cm latae, superne denticulatae, inferne ciliatae. Pedicelli 3—4 cm longi. Sepala 15—20 mm longa, 4—7 mm lata, triangulari-linearia, ciliata vel glabra (f. *kukuiensis* St. John & Hos.). Corolla cremea purpureo-striata, 7—9 cm longa et 1—2 cm lata. — Fig. 104 b.

Maui: West-Maui, nur auf Hochmooren im Westteil der Insel in Höhen von 1400—1900 m vorkommend: Puu Kukui, Aug. 1910 (Rock & Hammond n. 8209! — Hb. Haw. Bish. Mus.; St. John n. 10274; Hitchcock n. 14861; Ewart III 89 — Typus pro f. *kukuiensis*; E. H. Bryan j.; Munro n. 615); cacumen montis West-Maui (Mann & Brigham n. 462); Honokahau drainage basin (Forbes n. 456 M.); Mauna Eeke (Hillebrand; Rock & Hashimoto n. 13130; Degener n. 7937! 7938 a, b!).

Valde dubiosum mihi est, utrum haec varietas revera talis est an potius — ut puto — bona species.

f. **bryanii** St. John & Hosaka l. c. 123. — Bracteae utrinque, pedicelli, calyx hirsuti, corolla sparse pilosa.

West-Maui: Puu Kukui, Mai 1910 (Forbes n. 68 M. — Bish. Mus.; E. H. Bryan j. n. 632).

f. **sanguinea** St. John & Hosaka l. c. 123. — Corolla coccinea.

West-Maui: Puu Kukui, Sumpf, 1500 m, 16. Aug. 1933 (C. E. Hartt; Neal & Hartt! — Hb. Bish. Mus.; Skottsberg n. 773).

var. **longibracteata** Rock in Coll. Haw. Publ. Bull. II (1913) 47; St. John & Hosaka l. c. 122. — *L. gloria-montis* var. *longibracteata* Rock, Haw. Lobel. in Mem. Bishop Mus. VII (2) (1919) 119, t. 59; Degener, Fl. Haw. Isl. (1938) fam. 339. — 3—5 m alta, glabra, foliis oblongo-lanceolatis, 18—20 cm longis et 3—3,5 cm latis, ramis florigeris 5—7 terminalibus. Bracteae lineari-lanceolatae, circiter 7 cm longae et 1 cm latae, basi ciliatae. Pedicelli 5—6 cm longi. Sepala 28—35 mm longa, 5—8 mm lata, lanceolata, basi ciliata. Corolla cremea purpureo-striata (?) 65—75 mm longa.

Maui: West-Maui, im Walde am Gipfel des Puu Kukui, 1900 m, Aug. 1910 (Rock n. 8818 — ex Rock).

A Degener, Fl. Haw. Isl. (2. 11. 1938) fam. 339 describitur nova varietas *L. gloria-montis* Rock var. *molokaiensis* Deg. secundum plantam nondum florentem: „Herba 4 dm alta foliis 12 cm longis, 15—18 mm latis glabris. Molokai, along Papaala Pali.“ Fortasse eadem planta est, quam Rock (Haw. Lobel. 82) nominat in tabula distributionis occurrentem in Molokai et in tab. 15 talis planta fructificans sine foliis de Pelekunu reproducta est. Sed cum accuratiora desint, hic omittitur.

Lobeliae dubiae vel non satis notae:

Lobelia alpina Vellozo, Fl. Fluminensis (1825) 352, Icones ed. Arrabida VIII (1827) t. 154. — Vix *Lobeliae* species est.
bisannua Trochain, nom. nud.
cavalerici Lévl. in Fedde Repert. IX (1911) 455. — Cavalerie no. 2624.
cladlomesa Rafinesque, New Fl. Am. II (1837) 17.
ensiformis Vell. l. c. t. 155.
fistulosa Raf. l. c. 18.
fruticosa L. f. est fictio.
fruticosa L. Syst. Nat. ed. Gmelin — vix *Lobelia.*
incurva Raf. l. c. 17 ? *L. puberula* Michx.
monadelpha Larrañaga, Escritos I (1922) 16.
multicaulis (Presl) Steud., Nom. 2. ed. II (1840) 61. (Burm. Afr. T. 40, f. 1).
multiflora Knowles et Westk.
parvifolia Raf. l. c. 17.
racemosa Vest ex R. et S., Syst. V (1819) 58. = *L.* (?) *Vestiana* Presl, Prodr. (1836) 50. vix aliqua *Lobelia.*
umbellata Vest. l. c.

Lobeliae excludendae, pertinentes ad alias familias:

Lobelia Americana Willd. hl.	= *Scaevola Plumieri* (L.) Vahl
aphylla Spr.	*indeterminabilis*
aphylla Nutt.	*Apteria aphylla* Barnh.

Lobelia arenaria Salzm. h.	= *Cephalostigma Perrottetii* A. DC.
bryoides Willd.	*Arenaria dicranoides* HBK.
bulbosa L.	*Cyphia bulbosa* Berg.
Burmanniana D. Dietr. (Burm. Afr. t. 40, f. 2): non Lobelia	
cardamines Thunb.	*Cyphia incisa* var. *cardamines* (Thunb.) Sd.
Cheiranthus L.	*Manulea Cheiranthus* L.
ciliata Spr. f.	*Prismatocarpi* sp., fide Presl
cinerea Thunb.	*Lightfootia albicaulis* Sond.
crenata Thunb.	*Cyphia crenata* Presl
Cyphia Gmelin, Syst.	*Cyphia bulbosa* (L.) Berg.
Cyphia Thunb., Prodr.	*Cyphia digitata* Willd.
digitata Thunb.	*Cyphia digitata*
diversifolia Willd.: 3 species comprehendit: *Lobelia tenera, Diastatea micrantha, Wahlenbergia arida* HBK.	
dubia De Vriese	Wahlenbergia gracilis (Forst.) A. DC.
Esquirolii Lévl. (saltem quoad specim. Esquirol 2062): *Mazus* spec.	
glandulifera O. Kuntze	*Scaevola glandulifera* A. DC.
heterophylla Willd.	*Wahlenbergia arida* HBK.
hirsuta L., non L. f.	non *Lobelia*!
Humboldtiana R. et S.	*Specularia perfoliata* (L.) A. DC.
hyssopifolia Salzm. h.	*Schwenkiae* sp., fide A. DC.
incisa Thunb.	*Cyphia incisa* Willd.
juncifolia Hort.	*Wahlenbergia lobeliodes* Link
kilimandscharica Engl.	*Wahlenbergia pusilla* Hochst.
Koenigii Safford	*Scaevola frutescens* (Mill.) Krause
laricina Spr. f.	*Prismatocarpus diffusus* (L. f.) A. DC.
megapotamica Spr.	*Wahlenbergia linarioides* (Lam.) A. DC.
minutiflora Pau	*Wahlenbergia?*
nudicaulis Lam.	*Cyphia Phyteuma* (L.) Willd.
oppositifolia Spr. (Zeyh. II. 354)	*Wahlenbergia procumbens* A. DC.
paniculata L.	*Wahlenbergia exilis* A. DC., fide Presl
parvifolia Berg.	*Lightfootia oxycoccoides* L'Her.
pinnata Lam.	*Cyphia pinnata* Schult. ex Presl (?)
Plumieri L.	*Scaevola Plumieri* Vahl
Plumieri Burm.	*Scaevola frutescens* (Mill.) Krause
pumila Burm.	*Mazus* sp.
sessilifolia Willd.	*Specularia perfoliata* (L.) A. DC.
setacea (Zeyh. II. n. 260)	*Prismatocarpi* sp. ex Presl
spathulata Bridges	*Selliera radicans* Cav.
submersa A. Cunningh.	*Glossostigma elatinoides* Benth.
Taccada Gaertn.	*Scaevola frutescens* (Mill.) Krause
tenella L. Mant.	*Lightfootia oxycoccoides* L'Her.
tuberosa Burm.	*Cyphia tuberosa?*
verticillata Kunze	*Stemodia chilensis* Benth.
volubilis L.	*Cyphia volubilis* (L.) Willd.

14. Grammatotheca Presl

Grammatotheca Presl, Prodr. Monogr. Lobel. (1836) 43; Endlicher, Gen. Pl. (1838) 510; Meisner, Pl. Vasc. Gen. (1836—43) 240; A. De Candolle, Prodr. VII (1839) 348; Sonder in Harvey et Sonder, Fl. Cap. III (1865) 532; Bentham in Journ. Linn. Soc. XV (1877) 7; Schönland in Engler et Prantl, Die natürl. Pflanzenfam. IV/5 (1894) 68; Dalla Torre et Harms, Gen Siphonogam. (1900—07) 521 no. 8696; Thonner, Blütenpfl. Afr. (1908) 573. — *Lobelia* sect. *Clintonia* Chamisso in Linnaea VIII (1833) 217. — *Clintonia* G. Don, General Syst. III (1834) 717. — *Lobelia* sect.

Fig. 105. *Grammatotheca bergiana* 1/1: 1 habitus, 2 capsula longitud. dissecta, 3 var. *eckloniana* 1/1, 4 var. *pedunculata* 1/1 cum androeceo et stylo. — Orig.

Holopogon Benth. et H. f., Gen. II (1876) 553 p. p. — Calycis tubus ovario adnatus, linearis, pedicellum aemulans, compresso-cylindraceus, limbus quinquepartitus. Corolla tubulosa, tubo in dorso longitudinaliter fisso, limbo bilabiato, quinquepartito, labio majore pendulo, ceterum ut in *Lobelia*. Stamina in tubum connata; antherae omnes apice barbatae. Stigma bilobum lobis demum exsertis divergentibus. Capsula compresso-cylindraceo-tetragona, elongata, bilocularis, placentis dissepimento tenui adnatis, apice duabus valvis brevibus dehiscens et demum in lateribus longitudinaliter disrumpens, sic etiam impendens ad subtribum *Howelliinae*.

Genus monotypum ex Africa et Australia.

1. **Grammatotheca bergiana** (Cham.) Presl, Prodr. Monogr. Lobel. (1836) 44; A. DC. l. c.; Delessert, Icon. V (1846) t. 6. — *G. erinoides* (Thunb.) Sond. cum var. *Thunbergiana* et var. *Dregeana* excl. syn. *G. Eckloniana* Sond. l. c. — *G. Dregeana*, *Mundtiana* et *Meyeriana* Presl l. c. *Lobelia erinoides* Thunb., Prodr. (1799) 40, Fl. Cap. II (1808) 39, non eiusdem Fl. Jap. nec Linné. — *Lobelia* (*Clintonia*) *Bergiana* Cham. l. c.; F. Muell. Fragm. X (1876) 42; Wood, Handb. Fl. Natal (1907) 75. — *L. macrocarpa* cum var. *genistoides* De Vriese et *L. amplexicaulis* De Vriese in Lehmann, Pl. Preiss. I (1845) 396, 397. — *L. stenotheca* F. Muell., Fragm. II (1860) 20, IV (1864) 171. — *Clintonia Bergiana* G. Don l. c. 718. — *Dortmannia Bergiana* O. Kuntze, Revis. Gen. II (1891) 972. — Herba radice repente, caulibus basi radicantibus, diffusis, subramosis, angulatis, 20—60 cm longis, glabris. Folia inferiora saepe latiora, obovato-oblonga vel oblonga, summatim autem lineari-lanceolata, 2—5 cm longa et 0,2—0,6 cm lata, sessilia, apice calloso acuta, margine remote denticulata,

glaberrima. Flores in axillis foliorum solitarii, sessiles, — nota bene! — tubus calycinus obiter inspectus pedunculum aemulat, serius increscens, elongato-linearis, circiter 10 mm longus, basi 2 bracteolis linearibus, apice sepalis anguste triangularibus, patentissimis, 1—2,5 mm longis praeditus. Corolla coeruleo-violacea, fauce alba, demum omnino aurantiaca (Diels), 11 mm longa, tubus in dorso in parte basali triente non fissus, lobi superiores anguste sublineares, recurvi, lobi inferiores ovato-acuti, versus faucem subtili-puberuli et 2 plicis ornati. Tubus antherarum purpureus, pilosulus, omnes apice breviter penicillatae. Capsula compresso-cylindracea, 2—3 cm longa, apice sepalis coronata, saepe deorsum curvata. Semina compresso-ovoidea, badia, laevia, 0,5 mm longa.

Clavis varietatum.

A. Capsula sessilis.
  1. Calycis lobi patentissimi
    a. Folia remota, lineari-lanceolata; sepala glabra .... var. *bergiana.*
    b. Folia caulina multa, graminiformia; sepala ciliolata ..... var. *foliosa.*
  2. Calycis lobi reflexi, basi connati .... var. *eckloniana.*

B. Capsula distincte pedunculata .... var. *pedunculata.*

var. **bergiana.** — Fig. 105, 1—2.

Südafrika, Kapland: Kap (Thunberg a! — Hb. Ups.; Bergius! Zeyher n. 1051! Drege! Ecklon n. 299! — Hb. Del. Stkh.; Sieber! — Hb. Presl, sp. orig. pro *G. Mundtiana*); Doornhogde (Zeyher n. 807! — Hb. Stkh.); in stehenden Gewässern am großen Bergrivier, Dez. (Drege! — Hb. Presl, sp. orig. pro *G. Dregeana*); Elandskloof, 200 m (Schlechter n. 9754!); Worcester (Rehmann! — Hb. Zür.); Div. Malmesbury, Hopefield, Okt. (F. Bachmann n. 1256! — Hb. Zür.); Caledon am Barridale (Erik Wall n. 2547! 9544! 329/38! — Hb. Stkh.); Dutoiskloof an Bächen, Febr. (Drege! — Hb. Presl, sp. orig. pro *G. Meyeriana*); Prov. Uitenhage, am Zwartkopsrivier bei der Villa Paul Maré, Jan. (Ecklon! — Hb. Presl, Typ. pro *G. Bergiana*). — Natal: Distr. Alexandra, Dumisa, bei Farm Friedenau, 600 m Moorboden (Rudatis n. 605! — Hb. Del.); Port Natal (W. Plant n. 81! — Hb. Del.); Van Reenen, 800 m, XI. (J. M. Wood! — Hb. Del.).

Australien: Swan River (Drummond! Preiss n. 1453!); Distr. Nelson, in Wäldern der Darling-Berge, III. (Pritzel n. 277! — Hb. Del.); an den Flüssen Moore und Murchison (A. Oldfield — ex F. Mueller).

var. **foliosa** E. Wimm. n. v. — Caulis ad 3 mm crassus, foliosus; folia gramini-formia, 3—5 cm lg. Calycis tubus 10—15 mm longus; corolla 12 lg.
Natal: Umbilo, Durban, XII. (C. S. Moss n. 5695! — Witwat.R., W.)

var. **eckloniana** (Presl) E. Wimm. in Annal. Naturhist. Mus. Wien LVI (1948) 370. — *G. Eckloniana* Presl. l. c. 44. — *G. erinoides* var. *Dregeana* Sond. l. c. p. p. — Sepala basi connata, reflexa. Capsula subcurvata, obconico-linearis, 5—7 mm tantum longa, folio brevior aut longior. —Fig. 105, 3.

Kapland: „Ad rivulos montis Diaboli in Promontorio b. Sp. Mart." (Ecklon! — Hb. Presl); Dornhoogde in planitie capensi, Dez. (Ecklon! — Hb. Presl).

var. **pedunculata** E. Wimm. in Annal. Naturhist. Mus. Wien LVI (1948) 370. — „Inter frutices scandens". Calycis tubus sub anthesi vix pedunculatus, 12 mm longus, folio subbrevior, sepala subulata, scabra, 4 mm longa, primo patentissima, demum reflexa. Corolla 12 mm longa. Capsula recta vel subcurvata, distincte pedunculata, pedunculus 10—15 mm longus, sensim in fructum anguste obconicum 15—20 mm longum ampliatus. — Fig. 105, 4.

Kapland: Claremont, an feuchten Orten, 26 m, 11. II. 1892 (Schlechter n. 310! — Hb. B.).

Forsan etiam *G. meyeriana* Presl ad hanc varietatem pertinet, sed in exemplare Presliano nullus fructus maturescens adest et exinde pedunculi evolutio observari non potest, de cetero sepala minora, non connata nec reflexa. — *G. Dregeana*, inspecto specimine originali Presliano, a typo nec ut varietas dirimi potest. In dicto specimine omnes flores sunt breviores quam folium fulcrans.

15. Monopsis Salisb.

Monopsis Salisbury, in Transact. Hort. Soc. Lond. II (1817) 37; G. Don, General Syst. III (1834) 698; Presl, Prodr. Monogr. Lobel. (1836) 10 ex pte; A. De Candolle, Prodr. VII (1839) 351; Sond. in Harvey & Sonder, Fl. Cap. III (1865) 534; Urban in Eichler, Jahrb. I (1881) 270; Schönland in Engler & Prantl, Pflanzenfam. IV/5 (1894) 68. — *Parastranthus* G. Don l. c. 716; A. DC. l. c. 354; Sond. l. c. 536. — *Lobelia* sect. *Holopogon* Benth. & Hook. f., Gen. II (1876) 552 ex pte. — *Lobeliae* sp. auct. plur. *Rapuntii* sp. Presl l. c. ll. — *Dortmanniae* sp. O. Kuntze, Revis. Gen. III/2 (1898) 187, 188.

Calycis tubus ovario adnatus, obconicus vel hemisphaericus, lobis 5 plus minusve aequalibus. In flore regulariter non resupinato tubus corollae in latere inferiore ad basin fissus, limbus bilabiatus vel subregularis, lobis 3 superioribus (posticis) in labium 3-fidum unitis, lobis 2 inferioribus (anticis) modo solito vel usque ad basin separatis. Stamina a corolla libera vel eius basi inserta; filamenta in parte superiore plus minusve connata, antherae 5 tubum subcylindricum orificio dense penicillatum formantes. Ovarium inferum, biloculare. Stylus filiformis, geniculatus; stigma divisum in 2 crura linearia, jam initio antheseos tubum anthereum superantia, demum semel vel bis se revolventia, in eorum basi pilis collectoribus saepe in pelvem dispositis praedita. Capsula infera, inter lobos calycinos persistentes 2 valvis loculicide dehiscens, polysperma. — Herbae annuae et perennes. Folia alterna, opposita vel verticillata. Flores solitari-axillares vel in racemum terminalem congesti, pedicellati vel sessiles, ad basin pedicellorum prophyllis muniti vel sine talibus. Corolla violacea, coerulea vel flava.

Genus, 1 specie excepta etiam in Australia inventa et ibi verisimiliter olim introducta, Africae indigenum, species 16 amplectit.

Monopsis prae ceteris generibus excellit floribus non resupinatis (saltem pro maxima parte), qua de causa labia inversa videntur, deinde stigmate bicrurali praemature exserto et spiraliter se revolvente cum annulo pilorum collectorum instructo, quo facto foecundatio autogama facilius fieri potest, dum in reliquis generibus foecundatio xenogama lex est.

Conspectus sectionum.

A. Corolla subcampanulata, subregularis, lobis subaequalibus; prophylla (bracteolae) nulla; folia alterna .... Sect. I. *Eumonopsis*.

B. Corolla bilabiata; prophylla evoluta [1]).

  I. Corollae lobi 2 distincte unguiculati et liberi vel profundissime disjuncti; folia saltem superiora opposita vel verticillata .... Sect. II. *Dobrowskya*.

  II. Corollae lobi 2 modo solito (in medio fere) soluti; folia alterna Sect. III. *Parastranthus*.

Sectio I. Eumonopsis Endl.

Sect. *Eumonopsis* Endl., Gen. (1838) 511; Urban l. c. 271; Schönland in Engler et Prantl, Natürl. Pflanzenfam. IV/5 (1894) 68. — Flores in axillis foliorum superiorum solitarii, longe pedunculati, prophyllis carentes. Corollae limbus rotatus, lobis subaequalibus, late obovato-rotundis. — Herbae annuae, erectae.

Species 3 cum 1 varietate.

---

[1]) Excepta *M. acrodon* E. Wimm., quae prophyllis caret, quasi conjungens ambas sectiones.

Clavis specierum.

A. Hypanthium obconicum, pedunculi patentes.
 1. Corollae lobi obovato-rotundi .... 1. *M. simplex.*
 2. Corollae lobi ovato-acuti .... 3. *M. monantha.*

B. Hypanthium semiglobosum basi rotundatum; pedunculi erecti
 2. *M. campanulata.*

1. **Monopsis simplex** (L.) E. Wimm. in Annal. Naturhist. Mus. Wien LVI (1948) 370. — *Lobelia simplex* L. Mant. II (1771) 291; Thunb., Prodr. Fl. Cap. (1794) 39, Fl. Cap. II (1818) 35, ed. Schultes 178. — *M. debilis* Presl, Prodr. Lobel. (1836) 11; A. DC. Prodr. VII (1839) 351; Delessert, Icones Sel. Pl. V (1846) 3, t. 7; Sond. in Harvey & Sond., Fl. Cap. III (1865) 534; Urban in Jahrb. Bot. Gart. Berl. I (1881) 272. — *M. litigiosa* Fisch. et Mey., Ind. Petrop. VII (1841) 53, a. — *Lobelia debilis* L. f. Suppl. (1781) 395; Thunb. Prodr. (1794) 40, Fl. Cap. II (1818) 45, ed. Schultes 182; Roem. & Schult., Syst. V (1819) 51; G. Don., Gen. Syst. III (1834) 711. — *Dortmannia debilis* O. Kuntze, Revis. Gen. III/2 (1898) 187. — *Dobrowskya serratifolia* A. DC. Prodr. VII (1839) 356; Sond. l. c. 551. — *Lobelia Sebae* A. DC. l. c. 386. — *Campanula ceilanica, senecionis folio, flore purpureo,* Seba, Thesaurus I (1767) 37, t. 22, fig. 12. —*L. tenella* Zeyher, Fl. Cap. exsicc. n. 356, non L. nec Thunb. — Herba annua, erecta, 3—25 cm alta, caules plures emittens vel a basi ramosa. Folia linearia, sessilia, apice acuta, praecipue in parte superiore acute denticulata, interdum subintegra, inferiora saepe oblanceolato-linearia et ad basin cuneata, 10—30 mm longa et 1—2 mm lata, glabra vel supra sparse pubescentia. Flores in axillis foliorum superiorum solitarii, longe pedunculati. Pedicelli sine bracteolis, 10—35 mm longi, tenues, glabri vel parce pubescentes, patentes usque divaricati, apice saepe sursum curvati. Hypanthium obconicum vel obovoideum, glabrum vel pubescens, lobi eius subulati, integri, pilis paucis ciliati, patentes, 2—5 mm longi. Corolla obscure violacea vel purpureo-coerulea, glabra vel leviter puberula, 6—10 mm longa, tubo subcylindrico 3—5 mm longo, limbo subregulari, patente, lobis obovato-rotundis, breviter acutis, 2 parum minoribus. Filamenta glabra, partim vel totaliter soluta, 3—5 mm longa. Antherarum tubus 1 mm longus, in sicco fusco- et albido-striatus, orificio obliquo, barbato. Stigma bilobum, lobi angusti, recurvati. Capsula obconica, ad 6 mm longa, decemcostata, glabra vel pubescens, saepe parum curvata, sursum erecta. Semina oblongo-cylindrica, badia, ca. 0,4 mm longa.

var. **simplex.** — Fig. 106 a, 1—4.

Kapland: Kap der Guten Hoffnung (Linné); Kap (Zeyher, Fl. Cap. n. 356! „*Lobelia tenella*", n. 1054! Ecklon & Zeyher n. 3981! Verreaux! Hb. Burmann sub „*Lobelia Erinus*" — Hb. Del.); Kapfläche (Ecklon n. 109! 296! — Hb. Stockh.); Tafelberg, auf feuchten Felsen und in feuchtem Gras bei Mowbray, 20 m, Dez., Okt. (Ecklon! Marloth n. 1613! — Hb. Presl, Zürich); Sumpmark, Klaasjagersberg, blüht blau Nov. (Erik Wall n. 1031/6, 1045/9! — Hb. Stockh.); Rietvalley, spontan und häufig im Garten Lauterbach, 1/16 (Bergius! — Hb. Berl.); Zoutrivier (Mundt! — Hb. Berl.); Saron, 240 m, X. (Schlechter n. 10649! — Hb. Wien, Berl.); Hottentottsholland (Zeyher n. 91! — Hb. Stockh.); Distr. Worcester, Bains Kloof, 450 m, XI, XII. (Schlechter n. 9125! F. A. Rogers n. 28970!); Distr. Clanwilliam, am Olifants River, III. (F. Bachmann n. 365! p. p. — Hb. Berl.); Distr. Swellendam, Rivier zonder Einde, XI. (Zeyher n. 3114! — Hb. Stockh.); Distr. Uitenhaage, Zwartkopsrivier (Ecklon & Zeyher n. 88! — Hb. Stockh.); Natal, Port Natal (Drege! — Hb. Del.).

Australien: Ostküste (Verreaux n. 115! — Hb. De Cand., Leiden); N. S. Wales, Dez. 1884 (Grunow! — Hb. Wien); West-Australien (F. Stoward! — Hb. Berl.), Swan, Baywater, auf humosem Sandboden, 20 m, 17. 11. 1900 (L. Diels n. 1589! — Hb. Berl.).

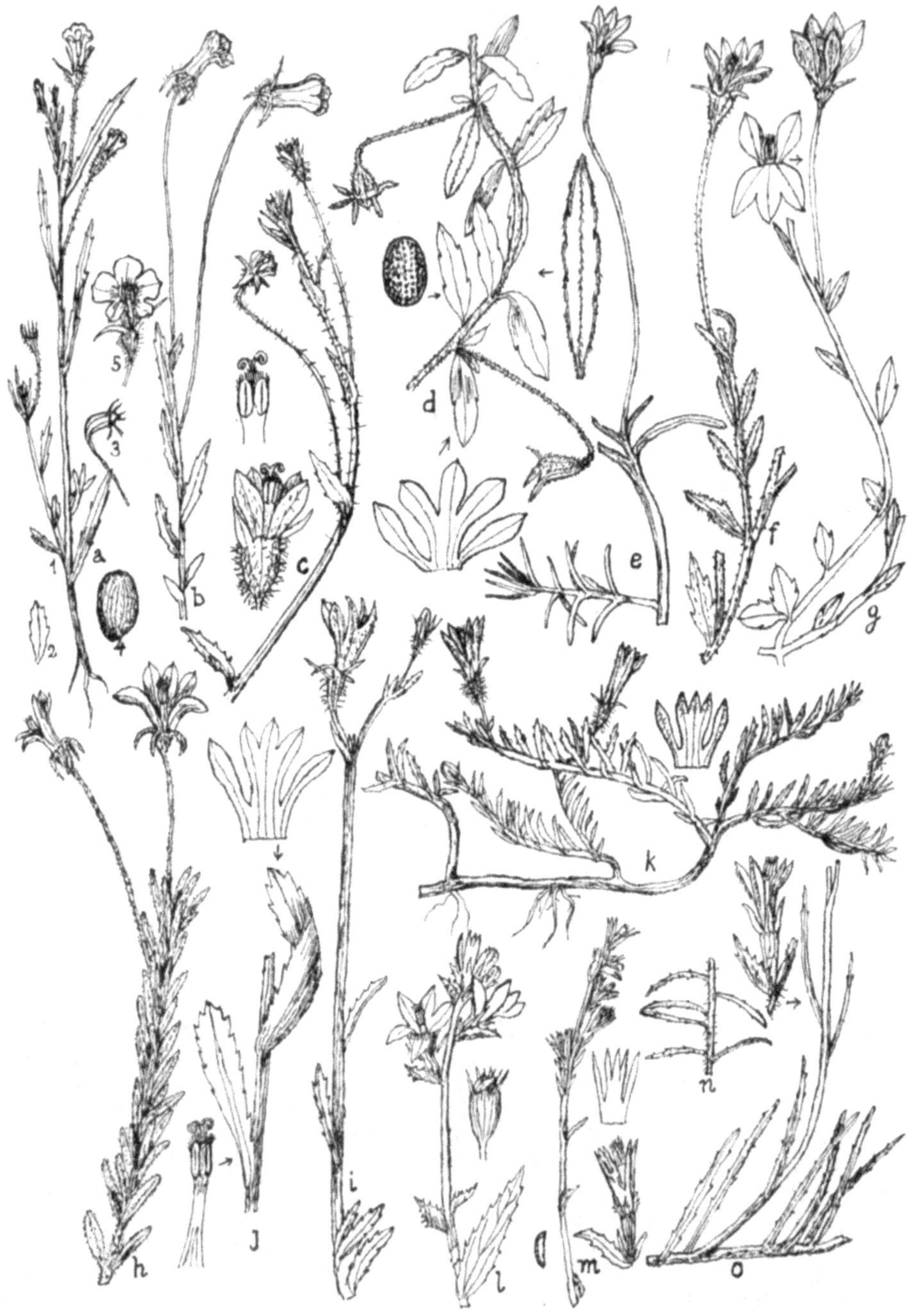

Fig. 106. *Monopsis*: a **Monopsis simplex**: 1 habitus (e sp. Thunbergii), 2 folium inferius, 3 capsula, 4 semen 25/1, 5 var. *conspicua*: flos 1/1. — b *M. campanulata* 1/1. — c **M. acrodon** 1/1: flos 2/1, antherae 2 inferiores cum stigmate. — d *M. stellarioides* 1/1: folium et corolla aucta, semen 16/1. — e *M. laevicaulis* 1/1. — f *M. stricta* 1/1. — g *M. unidentata* 1/1. — h *M. scabra* 1/1. — i *M. flava* 1/1. — j *M. flava* var. *vitellina*: pars plantae 1/1, corolla explicata 1/1, staminum tubus parum auct. — k *M. arenaria* 1/1: flos expl. — l *M. lutea* 1/1, capsula. — m *M. lutea* var. *ericoides* 1/1: flos et corolla explicata. — n *M. lutea* var. *euphrasioides*: pars caulis 1/1. — o *M. lutea* var. *subcoerulea*: pars plantae 1/1, flos parum auct. — Orig.

Seba (in opere supra citato) plantam e Ceylonia vidisse dicit; si non errat, plantam cultam vel silvescentem accepit. Effigies eius procul dubio haec species est. — Etiam plantae in Australia collectae non nativae sunt huius continentis, sed consulto aut casu importatae et deinde ultra pervagatae sunt, ut credo. — Etiam hodie nostra planta in hortis imprimis botanicis colitur.

var. **conspicua** (Salisb.) E. Wimm. in Annal. Naturhist. Mus. Wien LVI (1948) 370. — *M. conspicua* Salisbury, Transact. Horticult. Soc. London II (1817) 40, t. 2. (non vidi!); G. Don, Gen. Syst. III (1834) 717; Presl, Prodr. Lobel. (1836) 10 et in Ecklon & Zeyh., Enum. (1836) 394. — *M. debilis* var. *conspicua* Sond. l. c. 534; Urban, l. c. 272. — *M. Speculum* A. DC. l. c. — *M. litigiosa* Fisch. et M., l. c., B. — *Lobelia Speculum* Andrews, Bot. Reposit. X (1812) t. 644; Sims, Bot. Mag. XXXVI (1812) t. 1499. — *Campanula Africana annua* etc. Commelin, Horti Med. Amstelodam. Pl. Descript. et Icon. II (1701) t. 38, fig. ad dextr.? ex A. DC. l. c. — Omnia ut in var. *simplex*, sed corolla major, ad 12 mm longa. Calycis tubus semper obconicus et pilis deorsum versis vestitus. Folia saepe parum latiora et distinctius denticulata. Formae intermediae saepe inveniuntur. — Fig. 106 a 5.

Kapland: Kap der Guten Hoffnung (Ecklon n. 51 Krebs! — Hb. Presl; Thunberg! — Hb. Upsala, P. Ascherson! — Hb. Berl.); Klipfontein, XI. (Zeyher!); Clanwilliam, Olifantstal, Flußau, 70 m, 21/9 (L. Diels n. 849! — Hb. Berl.); Brakfontein (Zeyher!); Div. Malmesbury, Umgebung von Hopefield, Matjesfontein, auf Ackerland, und bei Naskraalhoek bei Hazenkraal (F. Bachmann n. 1356! 1355! 365! p. p. — Hb. Zürich).

2. **M. campanulata** (Lam.) Sond. in Harvey & Sonder, Fl. Cap. III (1865) 534; Urban in Eichler, Jahrb. Bot. Gart. Berl. I (1881) 271. — *M. conspicua* var. *gracilis* Presl, Commentar. Pl. Afr. Austr. Drege (1837) 284. — M. *gracilis* A. DC. Prodr. VII (1839) 352. — *L. campanulata* Lamarck, Dict. Bot. III (1791) 588, non Cav. — *L. exigua* Persoon, Synops. II (1812) 212 ? — Habitu speciei antecedentis. Folia inferiora obovato-lanceolata, subintegra, obtusiuscula, cetera lineari-lanceolata usque linearia, 10—25 mm longa, 2—5 mm lata, sessilia, apice acuta, margine cartilagineo remote acuteque serrulata, glabra vel supra parce puberula. Pedicelli erecti, axillares, uniflori, sparsissime pubescentes, ebracteolati, 4—12 cm longi. Hypanthium hemisphaericum, basi rotundatum, dense hirsutum; lobi eius subulati, integri, pilis longis sparse ciliati, primo suberecti, demum reflexi, ad 6 mm longi. Corolla purpurea (Bolus!) vel ex violaceo coerulea (A. DC.), tubo 5 mm longo, limbo rotato, lobis late rotundis mucronulatis, 5 mm longis, 6 mm latis, extus imprimis in nervo medio hirtis. Filamenta partim connata, glabra. Antherarum tubus 1,7 mm longus, striatus, apice barbatus. Stigma bifidum, revolutum. Capsula subglobosa, hirsuta, vix distincte nervata, 4 mm diam. Semina oblonga fusca, 0,5 mm longa. — Fig. 106 b.

Kapland: Draakensteensbergen, 600—900 m (Drege n. 6263! — Hb. Presl, Typus pro *M. conspicua gracilis*); Messklip, auf Hügeln, 600 m, IX. (Schlechter n. 11287! — Hb. Berl., Del.); Klein-Namaland, Carroidea-Region, an feuchten Orten bei Kamaggas Kloof, 360 m, IX. (H. Bolus — Hb. Norm. Austro-Afr. n. 630! — Hb. Berl., Del.); Namaland (W. C. Scully n. 161! — Hb. Berl.).

3. **M. monantha** E. Wimm. in Annal. Naturhist. Mus. Wien LVI (1948) 370. — Herba exigua, annua, erecta, 2—3 cm alta, caule simplici glabro. Folia sessilia, inferiora perparva, obovato-oblonga, integra, cetera oblanceolato-linearia 5—7 mm longa, 1—2 mm lata, apice obtusa vel subacuta et mucronulata, ad basin parum attenuata, margine subincrassata, subintegra vel denticulo uno (raro 2) utrinque versus apicem munita, glaberrima. Pedunculus unicus, terminalis, erectus, parce pubescens, 3—5 mm longus, ebracteolatus. Hypanthium obconicum, pilis albis deorsum versis obsitum, 1 mm longum; lobi eius subulati, ad 2 mm longi, integri, glabri, erecti. Corolla 6 mm longa, violaceo-coerulea (?), limbo rotato, lobis aequalibus, oblongo-acutis, vix 2 mm longis, extus parce puberulis. Staminum tubus glaber, 4 mm longus; filamenta pro maxima parte connata; antherarum tubus striatus,

apice albo-pilosus. Stylus exsertus, infra stigma annulo pilorum collectorum praeditus; stigma bifidum, revolutum.

Südafrika: Natal, Port Natal (Poeppig! — Hb. Wien).

Haec nova species a praecedentibus facile distingui potest caule simplici exiguo, pedunculo unico unifloro, corollae lobis ovato-oblongis acutis. — Fortasse jam saepius inventa, sed belli conditionibus impeditus, eam in aliis herbariis inquirere non potui.

Sectio II. **Dobrowskya** Urb.

Sect. *Dobrowskya* Urban in Eichler, Jahrb. Bot. Gart. Berl. I (1881) 273 p. p.; Schönland in Engler & Prantl, Natürl. Pflanzenfam. IV/5 (1894) 68. — *Dobrowskya* (genus) Presl, Prodr. Lobel. (1836) 8, in Ecklon et Zeyher, Enum. Pl. Afr. Austral. (1836) 393 et in E. Meyer, Commentar. Pl. Drege (1837) 283; Endlicher, Gen. Pl. (1838) 510; A. De Candolle, Prodr. VII (1839) 355; Sonder in Harvey et Sonder, Fl. Cap. III (1865) 549. — Corolla bilabiata, lobi 2 usque ad basin vel profunde soluti, lobi 3 in labium 3-fidum coaliti. Prophylla evoluta, excepta *M. acrodon*, quae illis caret. Folia alterna, opposita aut verticillata.

Clavis specierum.

A. Bracteolae nullae; planta sparse villosa; corolla ad 6 mm longa, flava; folia alterna .... 4. *M. acrodon.*

B. Pedunculi bracteolis 2 oppositis ad basin praediti. Folia saltem superiora opposita vel verticillata; plantae saepe scabrae.

- α. Folia oblonga usque lanceolata, simulate plano-crenata, 3—5 dentibus adpressis munita, asperata.
  - a. Pedunculi folia valde superantes; corollae lobi spathulati, plerumque colore coeruleo .... 5. *M. stellarioides.*
  - b. Pedunculi foliis breviores usque sublongiores; corollae lobi oblongo-ovati, plerumque colore flavo vel fuscescente .... 5. var. *schimperiana.*
- β. Folia linearia usque lanceolato-linearia, inferiora saepe latiora, integra vel 1—2 (3)-dentata.
  - a. Flores interrupte dispositi, corolla 10—15 mm lg.
    - 1. Pedunculi sub anthesi folium parum vel minus quam duplo superantes; folia omnia linearia, plerumque bidentata; caulis laevis.
      - * Calyx adpresse hirtus, folia subtus scabriuscula, corolla violaceo-aurantiaca .... 6. *M. brevicalyx.*
      - ** Calyx et folia glabra, corolla lutea .... 7. *M. belliflora.*
    - 2. Pedunculi folio multo longiores.
      - + Caules procumbentes et inferne radicantes, flaccidi, tenues; folia inferiora subrotunda vel ovalia usque lanceolata, in uno vel utroque margine dente accumbente munita, interdum dentibus 2—3 .... 8. *M. unidentata.*
      - ++ Caules ascendentes vel erecti, validiusculi.
        - × Folia integerrima, anguste linearia, fere laevia; caules laevigati .... 9. *M. laevicaulis.*
        - ×× Folia superiora integra, inferiora 1—2-dentata, rarius subintegra, scabra.
          - ° Folia remota, opposita vel partim alterna; pedunculi stricti, erecti .... 10. *M. stricta.*
          - °° Folia approximata vel densa, alterna, opposita et verticillata; pedunculi saepe patentes .... 11. *M. scabra.*
  - b. Flores continue dispositi in parte superiore caulis; corolla ca. 6 mm longa 12. *M. aspera.*

4. **Monopsis acrodon** E. Wimm. in Annal. Naturhist. Mus. Wien LVI (1948) 370. — Caules e radice fusiformi plures, decumbenti-ascendentes, teretes, sparsissime villosi, circiter 20 cm longi. Folia alterna, sessilia, supra minus, subtus parum plus sparsissime villosa, inferiora obovato-cuneata, circiter 9 mm longa et 4 mm lata, reliqua oblonga usque lanceolata, 10—12 mm longa et 2—5 mm lata, basi angustata, apice acuta, margine exserte acute serrata — dentibus 3—5 utrinque. Flores in vertice caulium solitarii, axillares, corymbiformiter dispositi. Bracteae ovato-lanceolatae, passim integrae, acuminatae, pedunculo multo breviores. Prophylla desunt. Pedunculi 3—4 cm longi, suberecti, parcissime villosi. Hypanthium obovoideum, basi acutum, subdense villosum; lobi eius lanceolati, acuminati, integri, extus sparse villosi, ciliati, apice rubescentes. Corolla flava, 6 mm longa, extus parce pubescens, bilabiata; lobi 2 usque ad 2 mm supra basin soluti, elliptici, acuti, fere 5 mm longi et 2 mm lati; labium aliud trifidum, lobi ovato-acuti, fere 3 mm longi. Stamina 5 mm longa; filamenta glabra; antherae luteolae, albido-striatae, apice omnes albo-barbatae. Stigmata 2 mox spiraliter revolutae. — Fig. 106 c.

Südafrika: Distr. Cedarberg, Boschkloof, auf feuchtem Fels in einem Fluß, okkasional, 1440 m, 2. X. 1923 (M. O. Pocock n. 687! — Hb. Stellenb.).

Species notabilis, exhibens corollam sectionis *Dobrowskyae*, sed prophyllis carens sicuti species sectionis *Eumonopsidis*, sic demonstrans genera priora, *Monopsidem* et *Dobrowskyam*, non esse disjungenda.

5. **M. stellarioides** (Presl) Urban in Eichler, Jahrb. Bot. Gart. Berl. I (1881) 275. — *Dobrowskya stellarioides* Presl, Prodr. Lobel. (1836) 10; A. DC. Prodr. VII (1839) 356; Sond. in Harvey & Sonder, Fl. Cap. III (1865) 550. — *Dortmannia stellarioides* O. Kuntze, Revis. Gen. III/2 (1893) 188. — Herba caulibus decumbentibus, flaccidis, 30—60 cm longis, subramosis, angulatis, retrorsum setuloso-scabris. Folia opposita, subpetiolata, lanceolata usque lanceolato-linearia, 20—40 mm longa et 3—6 mm lata, apice subacuto mucronulata, basi in petiolum brevissimum angustata, margine subcalloso et in nervo medio et interdum in superficie retrosum scabra, remote plano-crenata dentibus callosis adpressis, internodiis brevioribus vel longioribus. Flores solitari-axillares, interrupte dispositi. Bracteolae foliaceae, folio circiter duplo breviores, saepe integrae. Pedunculi 25—45 mm longi, filiformes, scabriusculi, patentes. Hypanthium obconicum, retrorsum pilosum; lobi eius sublineares, callose apiculati, integri, ciliati, 4 mm longi, patentes usque reflexi. Corolla coerulea, lilacina, violacea vel dilute fusco-purpurascens, circiter 11 mm longa, extus inconspicue hirtella, ad nervos petalorum longius pilosa, bilabiata; lobi 2 spathulati breviter acuminati, 1—2,5 mm longe cum tubo in basi connati; labium tripartitum lobis late obovatis apiculatis, ca. 4 mm longis. Stamina 6 mm longa: filamenta glabra, superne intus pilosula; antherae fuscae albido-striatae, apice omnes albobarbatae. Stigma serius quam in aliis e tubo antherarum prorumpens, breviter revolutum. Capsula oblongo-obovoidea, decem-costata, parce hirtella, 6—8 mm longa, sepalis reflexis. Semina compresso-subrotunda, fusca, nitida, subtiliter scrobiculata, 0,6—0,8 mm longa. — Fig. 106 d.

var. **stellarioides.**

Südafrika: Kap der Guten Hoffnung (Krebs! — Hb. Presl, sp. orig.), an einem Fluß am Fuß des Muizenberges, 60 m (Schlechter n. 568!); Hb. Berl.); Kapland, Distr. Sommerset East, sumpfige Orte bei Bruintjeshoogde (MacOwan! — Hb. Del.); Distr. Kingwilliamstown, Perie, Wald (O. Kuntze); Pondoland (Beyrich n. 49! F. Bachmann n. 1398! — Hb. Berl.); Zoutpansberg, X. (J. McCallum! — Hb. Pretoria); Griqualand East, in den Wäldern der Berges Zuurberg, 1200 m, II. (Tyson n. 1715! — Hb. Stkh.); Natal, verbreitet: Natal (T. Cooper n. 1137! Sanderson n. 390!); Port Natal (ex Presl); Inanda (Rehmann n. 8363! — Zür.); Clydesdale, 1400 m, II. (Schlechter n. 6619! — Hb. Hauskn., Wien, Berl.); Div. Weenen, Culvers, 1800 m, IV. (F. A. Rogers n. 16810! 27873! — Hb. Zür.); Howick, 1000 m (H.

Junod n. 268! — Hb. Zür.); Distr. Alexandra, Farm Friedenau, feuchte Orte, Grabenränder, 600 m, IV. (H. Rudatis n. 341! — Hb. Del., Hauskn., Stkh., Berl., Wien); Krantzkloof (J. Thode n. 3576! W. Haygarth n. 23! — „bl. bräunlich-hellrot" — Hb. Stellenb.); Bergwaldschlucht beim Ursprung des Marafanrivier (Ecklon & Zeyher n. 160! — Hb. Stockh.); Sumpfland bei Estcourt, 1500 m (O. West n. 108! — Hb. Wien). — Transvaal: Div. Lydenburg, Pilgrims Rest, XI. (F. A. Rogers n. 14877! — Hb. Stkh.). — Insel Comoren (Schmidt n. 257! — Hb. Berl.); plateau de la Grande Comore, V. 1850 „fl. jaunes" (Boivin! — Hb. P.).

f. **violaceo-aurantiaca** (De Wildem.) E. Wimm. n. c. — *Lobelia violaceo-aurantiaca* De Wildem. in Rev. Zoolog. Afr. VIII, Suppl. Bot. (1920) 28. — Pedunculi ad 25 mm longi (fructigeri). Corolla violaceo-aurantiaca, lobis usque fere basin liberis, 8—10 mm longis et ad 3 mm latis, spathulatis.

Belgisch-Kongo: Ruwenzori, Butagu, 2000—2200 m, April (Bequaert n. 3588! — Hb. Brüss.); ohne näheren Standort (v. d. Hout n. 108!).

var. **schimperiana** (Urb.) E. Wimm. n. c. — *M. Schimperiana* Urban in Eichler, Jahrb. Bot. Gart. Berlin I (1881) 275; R. Fries in Notizbl. Bot. Gart. Berlin VIII (1923) 410; Chiovenda, Fanerogam. del Bacino dello Uabi-Uebi-Scebeli (1932) 421. — *Parastranthus stellarioides* Vatke in Linnaea XXXVIII (1874) 717. — *Lobelia stellarioides* Benth. et H. f., Gen. II (1876) 553; Hemsley in Oliver, Fl. Trop. Afr. III (1877) 470; Engler, Hochgebirgsfl. Trop. Afr. (1892) 410. — *L. mukuluensis* De Wildem. l. c. 26. (*L. mokuluensis* Ind. Kew). — A var. *stellarioides* differt: Internodia foliorum vulgo breviora et folia plerumque minus longa, majora ad 25 mm longa et ad 6 mm lata. Caulis et folia interdum fere glabrata (sic in specimine e monte Gunna). Pedunculi 8—25 mm longi, fructiferi divaricati et apice cernui. Corolla circiter 8 mm longa, flava vel fuscescens, interdum aurantiaca, carnea vel lilacina cum tubo fusco-luteo, vel luridi-rubra cum labio superiore cinnabarino, inferiore obscurius rubro, raro coerulea vel alba (Ellenbeck!), lobi labii inferioris videntur magis oblongo-ovati.

Tropisches Afrika: Abessinien: Gaffat, 2500 m, auf Bergen zwischen Gebüsch, Blüte gelb August (Schimper n. 1146! — Hb. Berl., sp. orig.); Berg Gunna, 3400 m, Dez. (Schimper! — Hb. Berl., sp. cotyp.); Abera (Djamdjam), Bambuswald, 3100 m, Dez. gelbblüh. (O. Neumann n. 46!); Arussi Galla, Djafa, zwischen hohem Grase, 2300 m, blaublüh., Juli (Ellenbeck n. 1419!); Sidamo, Arbe, Wald, weißblüh., 1. II. 1901 (Ellenbeck n. 1856!); Amhara-Dembia: Gondar, Valle Sunta, Cusquam, Cococe (Chiovenda n. 1272! 1937! 2204! 2262! 2410! 2749! — Hb. Florenz!). — Tanganyika-Territorium: Kilimandscharo, Südost, Wiese mit Busch, 1800 m, rostrot blüh. und im Grase kriechend, häufig, Dez. (H. J. Schlieben n. 4312! — Hb. Berl., Stockh.); am Raufluß auf Kies, ca. 1100 m, X. (C. Uhlig n. 264!); Kilimandscharo, 2700 m (G. Volkens n. 1844!); Landschaft Marangu, an einer Wasserleitung, selten, VIII. (G. Volkens n. 617!); Süd-Meru, über dem Urwald, 2900 m, Nov., blüht violettbraun (C. Uhlig n. 615!); Urwald am Südhang des Meru, 2300—2700 m, Blüte gräulich (A. Peter n. 2022!); Ostseite des Berges Aberdare im Bergwald, III. (R. & Th. Fries n. 2267! — Hb. Berl., Stkh.); Mt. Elgon, an offenen grasigen Flecken in der Bambusregion, 2700 m (R. A. Dümmer n. 3489!); Usambara, Mlalo, Kumba, VI. (Holst n. 671!); Mohasi-See West, im Gras am Seeufer, blaßgelb mit braun, und Kissenye, Ninagongo, Region der alpinen Sträucher zwischen Lavablöcken (J. Mildbraed n. 536! 1388!); Ruanda, Berg Nyansa, 1700 m (Kandt n. 74! 132! 168!); Ruwenzori, 5300 m, Scott Elliot n. 7594!); Bukota-Distr., Kalema, 1200 m (A. E. Haarer n. 2115!). — Belgisch-Kongo: Berg Ninagongo, auf feuchten offenen Plätzen, 1800—2600 m, „flowers warm buff", Febr. (H. Linder n. 2077!); Berge westlich vom Kiwu-See, Biega-Berge (H. Humbert n. 7589!); Manegano (Tschengeluo) 1850 m, und Kilati, Weg zum Kilumla-Wald (Mission de Witte n. 1892! 1301!); Kingi, Mokoto, 2300 m (Scaëtta n. 424! — Hb. Congo-Mus.); Mukulu, Sept. „Fl. orangées" (Bequaert n. 5922! — Hb. Brüss.). — Kamerun: Babadju, zwischen Djutitsa und Babadju, Ufer eines Baches in der trockenen Grassavanne. 15. Dez. 1908 (C. Ledermann n. 1853!); Mfongu, Muti-Abhänge, lichter, teilweise buschähnlicher Gebirgswald, Blüten gelb, im Schlund dunkelrot, außen rötlich, 3. Nov. 1909 (C. Ledermann n. 5941!).

Notabilis est color corollae, qui in v. *schimperiana* non solum flava — ut cl. Urban vult — sed etiam coeruleus inventus est ut in specimine ab Ellenbeck in Abyssinia lecto, vice versa v. *stellarioides* flore rubiginoso in Natal prope Krantzkloof collecta est; differentia ergo coloris corollae vana est.

6. **M. brevicalyx** Th. Fries j. in Notizblatt Bot. Gart. Berl. VIII (1923) 411. — Herba perennis, ad 60 cm alta. Caules procumbentes, inferne radicantes, tenues, angulati, retrorsum scabriusculi vel laevigati. Folia sessilia, plerumque opposita, linearia vel anguste lanceolata, 6—20 mm longa et 1—2 mm lata, acuta, margine calloso scabriuscula et dentibus 2 callosis subaccumbentibus in utroque latere munita, in nervo medio subtus scabriuscula. Pedunculi in axillis foliorum superiorum solitarii et interrupte dispositi, pauci, 12—25 mm longi, sicut calyx adpresse hirtelli, basi 2 prophyllis foliaceis, folio parum brevioribus. Hypanthium oblongo-obovoideum; lobi eius sublineares, acuti, 3 mm longi, integerrimi, suberecti usque patentes, in fructu subreflexi. Corolla violaceo-aurantiaca, 11 mm longa, extus adpresse hirtella, bilabiata, lobi 2 spathulati, acuti, circiter usque ad 1,5 mm supra basin corollae liberi, erecto-patentes; labium aliud 3-partitum, lobi elliptici, acuti, patentes. Filamenta corollae basi adnata. Stigmata aetate spiraliter revoluta.

Afrika, Kenya-Kolonie: Ostseite des Kenya im Gras, 2300 m, XII. (R. & Th. Fries j. n. 387! — Hb. Stockh.).

7. **M. belliflora** E. Wimm. nov. spec. — Herba procumbenti-ascendens, pluricaulis, ad 30 cm lg. Caulis angulatus, glaber laevisque. Folia opposita, internodiis longiora, sessilia, linearia, 13—50 mm lg. et 12—40 mm lt., basi breviter angustata et ciliata, apice calloso acuta, in superiore parte 2 (3) denticulis utrinque munita, ad marginem crassiusculum scabriuscula, nervo mediano valido et laevi. Pedunculi solitari-axillares, pauci, 5—6 (fr. ad 7) cm longi, superne adpresse hirtelli, folia fulcrantia valde superantes. Calyx turbinatus, 4 mm lg., 3,mm lt., glaber vel parce hirtellus, lobi lineares, acuti, 4—5 mm longi, integerrimi, scabriusculi, subpatentes. Corolla lutea, 13 mm longa, extus adpresse puberula; lobi 2 lanceolati usque ad basin liberi, labium trifidum lobis oblongis acutis 5 mm longis. Stamina 1 cm lg., antherae solae 3,6 mm lg., fuscae et albo-striatae, apice omnes barbatae. Stigma spiraliter revolutum. Capsula subglobosa, 5 mm diametiens.

Südostafrika; Zululand, N'goya, Sumpfland, „fl. yellow", 300—600 m, 17. III. 1904 (J. M. Wood n. 9329! und ohne Nr. — Hb. Wash. B.); Natal, Ginginklova, 60 m, XII. (W. Haygarth, Hb. J. M. Wood n. 10159! — B.).

A *M. brevicalyx* differt foliorum nervo mediano omnino laevi, hypanthio mere turbinato fere glabro, pedunculis multo longioribus, corolla lutea.

8. **Monopsis unidendata** (Aiton) E. Wimm. n. c. — *M. tenella* (Thb.) Urban in Eichler, Jahrb. Bot. Gart. Berl. I (1881) 273; A. Zahlb. in Annal. Hofmus. Wien XV (1900) 408. — *Lobelia tenella* Thunberg, Prodr. Fl. Cap. (1794) 40, Fl. Cap. II (1808) 38 excl. syn. Linn., non Linné nec Bivona nec Zeyh. — *L. bidentata* Donn, Hort. Catabric. 4 ed. (1807) 41, nomen. — *L. unidendata* Aiton, Hort. Kew 2. ed. I (1810) 356; Donn l. c. 6. ed et sequ. (1811) 51; Bot. Mag. XXXVI (1812) t. 1484. — *L. scapigera* Willd., Enum. Horti Berol. suppl. (1813) 11, non R. Br. — *L. chamaepitys* Sprengel, Syst. I (1825) 714. — *Parastranthus unidentatus* G. Don, Gen. Syst. III (1834) 716. — *Dobrowskya Massoniana* Presl, Prodr. Lobel. (1836) 9, in E. Meyer, Comment. Pl. Drege (1837) 283, in Ecklon et Zeyher, Enum. (1836) 393. — *D. Zey-*

heriana Presl, Prodr. Lobel. (1836) 10, in E. Meyer, Comment. l. c. 284, in Ecklon et Zeyh. l. c. 393. — *D. unidentata* A. DC., Prodr. VII (1839) 355. — *D. tenella* Sonder in Harvey et Sond., Fl. Cap. III (1865) 549. — Caules e radice plures, simplices vel ramosi, procumbentes et ascendentes, ad basin radicantes, glabrati vel subscabro-pilosuli, 20—60 cm longi. Folia subsessilia vel sessilia, alterna, opposita vel verticillata, internodiis breviora vel sublongiora, inferiora suborbicularia vel obovata vel lanceolata, utrinque vel in uno latere tantum 1-, rarius 2—3-dentata vel etiam integra, superiora plerumque lanceolata vel linearia, 8—20 mm longa et 1—2(5) mm lata, acuta, margine calloso integerrima vel rarius 1-dentata et ibidem ac in nervo subtus vel etiam in superficie scabriuscula vel plus minusve laevia. Flores interrupte dispositi, solitari-axillares, interdum unus tantum. Pedunculi 2—7 cm longi, patentes, imprimis superne minute pilosuli, basi 2 prophyllis foliaceis ornati. Hypanthium turbinatum, adpresse hirtellum; lobi calycini 3—5 mm longi, lineares, acuti, integerrimi, suberecti usque recurvati, minute pilosuli vel glabrati. Corolla violacea vel coerulea, inferne fuscescens, 10—14 mm longa, extus adpresse hirtella, bilabiata; lobi 2 elliptici acuti, liberi vel subliberi (0,5 mm connati); labium 3-fidum 12—13 mm longum et latum, lobi ovato-acuti. Filamenta basi corollae adnata, partim soluta, superne intus et in margine dense pilosula. Stigma valde revolutum. Capsula obovoidea, decem-costata, parce hirtella vel glabrata, 6 mm longa. Semina compresso-ovalia, lurido-fusca, subtiliter foveolata, nitida, 0,8 mm longa. — Fig. 106 g.

Kapland: Kap (Thunberg! — Hb. Ups.; Verreaux! Ecklon! Ecklon & Zeyher! Zeyher n. 18! 280! sub *Lobelia chamaepitys* Spreng. Zeyher! sub *Cyphia simplex* Sprengel — Hb. Wien, Del., Berl., Lalande!); Grootvadersbosch, am Rand des Waldes, X. (Zeyher n. 3109! — „*D. Massoniana* Presl" in Hb. Presl! Stockh., Wien); Tafelberg nächst Kirstenbosch, 25. I. 1936 (Hafström & Lindberg! — Hb. Stockh.). Swellendam, Tradouw Paß, 300 m (Erik Wall n. 378/38! 381/38! — Hb. Stockh.); Riversdale, 100 m, XI. (R. Schlechter n. 1861! — Hb. Berl.; Erik Wall n. 2338!). George, George (A. F. W. Schimper! — Hb. Zür.; A. Peter! — Hb. Berl.); Montagu Paß, 740 m, XII. (Erik Wall n. 378/38! 381/38!). Knysna, Edmonton, 450 m (Erik Wall n. 3578!); Belvidere häufig, XI. blüht blau (Duthie n. 1179 — Hb. Stellenb. n. 17763!); Knysna, sandiger Boden, II. (Hb. Stellenb. n. 15318!). Uitenhage, im steinigen Flußbett des Zwartkopsriver, XI. (Ecklon & Zeyher n. 23! — Hb. Berl.); Kopje bei der Mündung des Zwartkopsrivier in einem Sumpf, 150 m, 14. XII. 1829 (Drege n. 6266! sub „*Dobrowskya Zeyheriana* Presl" — Berl.); im Grase auf dem Zuureberge, 30. X. 1829 (Drege n. 6265! — Hb. Berl., Presl); — Hb. Berl.; Zeyher n. 48! — „*Dobrowskya Zeyheriana* Presl"). Port Elizabeth, Golfplatz, XI. (A. Rosenbrock n. 371!). Albany, Glenfilling, steinige feuchte Stellen an kleinem Fluß, 1. I. 1832 (Drege! — Hb. Wien, Berl.); Grahamstown, 840 m (F. A. Rogers n. 27395! — Hb. Zür.); Robinson Paß bei Mosselbay (Erik Wall n. 3005!).

Species valde variabilis respectu indumenti, foliorum, directione calycis loborum, unde diversa nomina accepit et interdum non satis bene a *M. scabra* distingui potest. Planta ornamenti causa quandoque colitur. — Specimen *Dobrowskya zeyheriana* e herb. Sonder, collectum ab Ecklon et Zeyher (Hb. Cambr.) pertinet ad sequentem speciem.

9. **M. laevicaulis** (Presl) E. Wimm. in Annal. Naturhist. Mus. Wien LVI (1948) 371. — *Dobrowskya laevicaulis* Presl, Prodr. Lobel. (1836) 10; A. DC. Prodr. VII (1839) 356. — *D. scabra* var. *glabrata* Sond. in Harvey & Sonder, Fl. Cap. III (1865) 549 p. p. — *Monopsis scabra* var. *robusta* Diels in Engler, Jahrb. XXVI (1898) 118. — *M. tenella* Urban l. c. p. p. — Caules ascendenti-erecti, validiores quam in *M. tenella*, laeves, inferne saltem densius foliosi, 35—70 cm longi. Folia sessilia, alterna, opposita et verticillata, anguste linearia, 10—22 mm longa et 1 mm lata, integerrima, laevia vel levissime scabra. Pedunculi solitari-axillares, interrupte dispositi, subpatentes, 3—7 cm longi, puberuli vel glabrati, supra basin bibracteolati. Hypanthium obovoideum, adpresse hirtellum; lobi eius lineares, acuti, integri, subglabri, sub-

erecti, 2 mm longi. Corolla 7—9 mm longa, lateritia vel fuscescens, intus versus faucem violacea, extus brevissime adpresse hirtella; lobi 2 elliptici, acuti, unguiculati, usque ad basin disjuncti; lobi 3 oblongo-acuti, 4 mm longi. Filamenta superne intus et ad margines puberula, vix 3 mm longa. Antherae fuscae albido-striatae, 2 mm longae, apice omnes pilosae. Stigma bicrurale, semel revolutum. Capsula obovoidea, subglobosa, 6 mm longa. Semina compressa quadrato-ovalia, obscure fusca, subtiliter scrobiculata, opaca, 0,8 mm longa. — Fig. 106 e.

Südafrika: Innere Gegenden des Kap der Guten Hoffnung (Drege — sp. orig. im Hb. Presl); Port Natal, in hohem Grase an einem Fluß, 25. 3. 1832 (Drege! — sp. cotyp. im Hb. Berl.); Natal, Alexandra City, auf moorigen Wiesen, an Bachufern und feuchten Stellen bei Friedenau, 600 m, chamois blüh., und bei Folriet, Station Fairfield, Dumisa, c. 700 m, blüht hellbraun, violett geadert, XI, XII. (H. Rudatis n. 456! 165! — Hb. Berl.); Botha's Hill, 600—900 m, II. (J. Meedley Wood n. 6743! — Hb. Berl.); Krantzkloof, am Rand eines Sumpfes, 540 m, braun blüh. (W. Haygarth n. 22! — Hb. Stellenb.); Beach Terminus, feuchte sandige Plätze bei Beach, dunkel lila blüh., April (J. Thode n. 3584! 3748! — Hb. Stellenbosch). Pondoland (Sulu-Natal) an Bachufern, IV—V. (F. Bachmann n. 1384! 1390! 1391! — Hb. Berl., sp. orig. pro *M. scabra* var. *robusta* Diels); Port Shepstone, Dist-Farm „The Valleys", 160 m gemein und ornamental, braunrot blüh., X. (A. O. D. Mogg n. 13934! — Hb. Berl.).

10. **Monopsis stricta** (Presl) E. Wimm. in Annal. Naturhist. Mus. Wien LVI (1948) 371. — *Dobrowskya stricta* Presl in Ecklon & Zeyher, Enum. (1836) 393; A. DC. Prodr. VII (1839) 784. — *Lobelia Dobrowskyana* D. Dietr., Synops. I (1839) 732. — Herba perennis scabra, caule erecto, stricto, ramoso, ramis erectis. Folia sessilia (ima non visa), sparsa oppositaque, linearia, inferiora latiora, lanceolata, utrinque 1—3-dentata, cetera integra, apice acuta mucronulataque, margine incrassato aspero-ciliata, 10—12 mm longa et 1—3 mm lata. Pedicelli axillares, interrupte dispositi, stricti erectique, strigulosi, 6—7 cm longi, basi 2 bracteolis foliaceis 4—6 mm longis. Hypanthium obovoideum, decem-costatum, strigulosum; lobi calycini subulati, 4 mm longi, suberecti, asperati. Corolla violacea, 12 mm longa, extus adpresse hirta, lobis 2 ad basin solutis, lobis 3 labium trifidum formantibus. Stamina 7 mm longa: Filamenta intus in parte superiore pilosa, extus omnino glabra; antherae solae 3 mm longae, lutescentes, apice omnes barbatae. Stigma bipartitum, basi annulo denso pilorum. Capsula immatura obovoidea, 5 mm longa, vix 4 mm lata. — Fig. 106 f.

Kapland: Distr. George, an steinigen feuchten Stellen der Berge Langekloof, blüh. Dez. (Ecklon & Zeyher n. 2448 und ohne Nr.! — Hb. Berl., Ecklon n. 52! — Hb. Presl).

11. **M. scabra** (Thunb.) Urb. in Eichler, Jahrb. Bot. Gart. Berl. I (1881) 274; Schönland in Bot. Survey S. Afr. Mus. I (1919) 98. — *Lobelia scabra* Thunb. in Hoffm. Phytogr. Blätter I (1803) 21, Fl. Cap. II (1808) 35, ed. Schult. 178, non Nees nec Presl nec Spreng.; Roem. & Sch., Syst. V (1819) 35; G. Don, Gen. Syst. III (1834) 710. — *Dobrowskya scabra* A. DC. Prodr. VII (1839) 355; Sond. in Harv. & Sond., Fl. Cap. III (1865) 549. — *D. Dregeana* et *D. polyphylla* Presl, Prodr. Lobel. (1836) 9; A. DC. l. c.; *D. Dregeana* Presl in E. Meyer, Commentar. Pl. Drege (1837) 283. — *D. scabra* var. *Dregeana* Sond. l. c. — *Monopsis tenella* Urb. l. c. 273 quoad synon. *Dobrowskya scabra* var. *Dregeana*. — *Dortmannia scabra* O. Kuntze, Revis. Gen. II/2 (1898) 198 cum var. *violacea*. — Caules e radice plures, simplices vel ramosi, erecti vel ascendenti-erecti, scabriusculi, 10 cm alti et ultra, dense foliosi. Folia sessilia vel subsessilia, internodiis multo longiora, in eodem caule nunc alterna, nunc opposita aut verticillata, linearia vel lanceolato-linearia, integra, raro inferiora uni- vel bidentata, apice acuta et mucronulata, ad marginem callosum et subtus in nervo medio vel in tota superficie asperata, 0,5—12 mm longa et 1—2 mm lata. Flores

pauci, solitari-axillares, interrupte dispositi. Bracteolae basi vel paullo supra basin pedunculorum insertae, foliis similes, sed breviores. Pedunculi 25—60 mm longi, hirtelli vel glabrati, patentes. Hyanthium obovoideum usque semiglobosum, adpresse hirtellum vel hispidum vel subglabratum; lobi eius lineares, acuti, 4—5 mm longi, scabriusculi, patentes usque recurvati. Corolla coeruleo-violacea, obscure violacea vel fuscescens et violaceo-venosa, 12—15 mm longa, extus hirtella et in nervo medio saepe hirsuta, bilabiata, petalis 2 spathulatis acutis, a tubo corollae fere liberis, labio trifido parum brevioribus, lobi 3 ovato-acuti. Stamina 8—9 mm longa; filamenta basi apiceque soluta, superne intus pilosa; antherae fuscae albostriatae, glabrae, apice omnes barbatae. Stigmatis crura demum spiraliter revoluta. Capsula obovoidea vel fere semiglobosa, ca. 5 mm longa et 4 mm lata, decem-nervata. Semina ovali-globosa, fusca, tenuiter reticulata, 0,9 mm longa.

Clavis varietatum.

a. Caulis et folia plus minusve scabra.
 1. Pedicelli superne et calyx adpresse hirtelli .... var. *scabra*.
 2. Pedicelli superne et calyx pilis longis patentibus obsiti ...... var. *subhispida*.
b. Caulis et folia laevia vel fere laevia et glabrata. .... var. *glabrata*.

var. **scabra.** — Pedicelli, calyx minute adpresse hirtelli. — Fig. 106 h.

Kapland: Kap (Thunberg! — Hb. Ups., orig.; Drege! Zeyher! sub *Cyphia simplex* Spreng. ipse — Hb. Leningr.); Robinsons Paß bei Mosselbay, 840 m (Erik Wall n. 3005! — Hb. Stkh.); Distr. George, Montagu, 720 m (Erik Wall n. 378/38! 381/38!); Distr. Uitenhage, Schoenmakers Kop, Redhouse (R. Schlechter n. 2559!); Distr. Beaufort (T. Cooper n. 254! — Hb. Wien); Distr. Kingwilliamstown, Dieplagte, Dez. (Krook, Pl. Penther. n. 2733! — Hb. Wien); Kaffraria (Krebs n. 139!) zwischen Gekau und Basche, 300—600 m (Drege a — Hb. Wien!); Zululand, 600 m (J. M. Wood n. 9819! — Hb. Wash.); Transvaal, Johannesburg (E. S. C. A. herb n. 362! — Hb. Hambg.); Ceded Terr., im Grase auf dem Winterberg über Pilipstown (Ecklon & Zeyher n. 2446! und ohne Nr.! — Hb. Berl.); auf den Zuurebergen, 300—600 m (Drege! b — sub *Dobrowskya Dregeana* Presl — Hb. Berl.); Katberg, blüh. im März (E. E. Galpin n. 2061! — Hb. Berl.).

var. **subhispida** E. Wimm. nov. var. — *Dobrowskya Thunbergiana* Presl, Prodr. (1836) 9, in E. Meyer, Commentar. Pl. Drege (1837) 283. — *Monopsis scabra* Urb. l. c. p. p. — *Dobrowskya scabra* A. DC. l. c. p. p.; Delessert, Icon. Sel. Pl. V (1846) 4, t. 9; Sond. l. c. p. p. — Pars suprema pedicellorum et calyx longe patenti-pilosi, calycis lobi et nervus medius loborum corollae extus longe ciliati; folia videntur omnino integra.

Kapland: Kaffraria, bei Gekau, 300 m (Drege! — Hb. Wien); Albany, an grasigen Stellen auf den höchsten Erhebungen der Zuurebergen, 750—1000 m (Drege! — Hb. Wien, forma transiens); Swellendam, Perie Wald, 2/3. 1894 (O. Kuntze! — Hb. Berl.); ohne nähere Ortsangabe (Hb. Buek).

var. **glabrata** (Sond.) Schoenl. l. c. — *M. tenella* Urb. l. c. p. p. — *Dobrowskya scabra* var. *glabrata* Sond. l. c. excl. synon. — *Cyphia simplex* Spreng. in Zeyher, Fl. Cap. exs. n. 18. — Caules laeves, glabrati, folia laevia vel in margine subasperata, cetera ut in var. *scabra*.

Kapland: Kap (Zeyher n. 18! — Hb. Wien, DC.; Verreaux! N. Wallich! Ecklon & Zeyher!); Uitenhage, 80 m, IV. (Schlechter n. 2559! Zeyher n. 48!), Zwartkopsrivier (Zeyher n. 3116! — Hb. Stkh.); Port Elizabeth (E. S. C. A. herb. n. 69! — Hb. Hambg.); Kaffraria, zwischen Gekau und Basche, 300—600 m (Drege — Hb. Wien!, in anderen Herb. auch die var. *scabra* von diesem Standort sub *Dobrowskya Dregeana* Pr.); Natal, Botha's Hill, 600—

900 m, Febr. (J. M. Wood n. 6743! — Hb. Berl.); Tambukiland, Bozuja, 600 m, XI. (R. Baur n. 49 — Hb. Berl.).

var. **albiflora** O. Kuntze l. c. — Flores albi.

Südostafrika: Natal, Krantzkloof (O. Kuntze — non vidi).

var. **bicolor** O. Kuntze l. c. — Flores citrini, fauce violacea.

Kapland: Cathcart (O. Kuntze — non vidi).

Utrum duo ultimae varietates alicuius momenti sint an cum aliqua ex antecedentibus identificandae sint, nescio, cum eas non viderim.

12. **M. aspera** (Spreng.) Urb. in Eichler, Jahrb. Bot. Gart. Berl. I (1881) 274. — *Lobelia aspera* Sprengel, Neue Entdeck. III (1822) 222. — *L. scabra* Spreng. l. c. I (1820) 273, non Thunb. — *Dobrowskya aspera* A. DC. Prodr. VII (1839) 356; Sond. in Harvey & Sond.,, Fl. Cap. III (1865) 550. — *D. Eckloniana* Presl, Prodr. Lobel. (1836) 9 et in E. Meyer, Commentar. Pl. Drege (1837) 283. – Herba annua, caulibus procumbenti-ascendentibus, 30—50 cm longis, simplicibus vel ramosis, striatis, retrorsum scabriusculis vel fere laevibus. Folia sessilia vel subsessilia, alterna, pauca opposita, inferiora obovato-cuneata vel oblongo-lanceolata, ad 4 mm lata, 1—2-denticulata, superiora lanceolato-linearia vel linearia, integra vel etiam 1—2-denticulata, 15—20 mm longa et 1,5—2 mm lata, margine calloso asperata vel sublaevia, apice acuta. Flores solitari-axillares in superiore parte caulium, continui, longe pedunculati. Pedunculi 25—35 mm longi, demum ad 60 mm elongati, supra basin bibracteolati, adpresse puberuli, patentes. Calycis tubus obovoideus, pilis sursum curvatis vel adpressis vestitus, 2 mm longus, lobi calycini lineares, acuti, 2—3 mm longi, integri, ciliolati, patentes. Corolla ad 6 mm longa, violacea vel coerulea, extus adpresse pilosula, bilabiata, lobi 2 spathulato-acuti, subliberi, paullo supra basin cum tubo corollae connati, labium 3-fidum lobis late obovatis, abrupte acuminatis. Stamina a corolla libera; filamenta 1—2 sublibera, cetera supra medium connata, superne pilosula; antherae virenti-fusco- et albido-striatae, apice barbatae. Stigma spiraliter se revolvens. Capsula obovoidea, 6 mm longa et 4 mm lata, decemnervata, sparse puberula, sepalis saepe reflexis. Semina oblongo-cylindrica, parum compressa, obscure fusca, tenuiter reticulata, 0,5 mm longa.

Kapland: Distr. Uitenhage, zwischen Zuureberge und Zondagsrivier an einem kleinen Fluß an schattiger Stelle, 25. X. 1832 (Drege n. 6264! — Hb. Berl., Wien); zwischen Zuureberge und Quaggasvlakte, 120—240 m und am Bontjesrivier, 450 m (Drege! — Hb. Presl, Wien, sp. orig. pro *Dobrowskya Ecklonianа* Presl); Knysna und Van Staadens River bei Cadels, I. (A. Rosenbrock n. 1189! 1126! 1127! — Hb. Berl.); Port Natal (Poeppig! — Hb. Wien); Kap (Drege!; Unio it., Ecklon n. 71 a!); an feuchten Stellen zwischen Felsen bei dem kleineren Katarakt des nördl. Teufelsberges, XII. 1826 (Unio it., Ecklon n. 16! Ecklon & Zeyher n. 2449! — Hb. Presl, Wien, Berl.); auf feuchten Wiesen gegen Constantia (Bergius! — Hb. Berl.); Kapfläche zwischen Doornhoogde und Constantia, X—XI. (Zeyher n. 2388! sub „*Wahlenbergia chondrophylla* Buek" — Hb. Stkh.).

Specimina Zeyher n. 18 et n. 280, a De Candolle pro hac specie requisita, secundum herbaria Viennae et Berolinae certe ad *Monopsidem unidentatam* pertinent.

Sectio III. Parastranthus (G. Don) E. Wimm.

Sect. *Parastranthus* E. Wimm. n. s. — *Parastranthus* (genus) G. Don, General Syst. III (1834) 716 excl. *P. unidentato*; A. DC., Prodr. VII (1839) 354; Sonder in Harvey & Sond., Fl. Cap. III (1865) 531, ambo excl. *P. thermali*. — *Rapuntium* sect. *Parastranthus* O. Kuntze in Post & K., Lex. Gen. Phan. (1904) 476 p. p. — *Rapuntium* sect. *Xanthomeria* Presl l. c. 11 excl. *R. thermali*; *Lobelia* sect. *Xanthomeria* Endl., Gen. (1838) 511. — Flores spicati vel racemosi, basi bibracteolati;

corolla bilabiata, flava, rarissime coerulea, lobi tres in labium (hic superiorem) trifidum uniti, lobi duo (inferiores) ad medium corollae disjuncti. Folia omnia alterna, exserte serrata vel denticulata; plantae laeves.

Clavis specierum.

a. Flores distincte pedunculati.
  1. Caules ascendenti-erecti; folia 2—9 mm lata; corolla 12—16 mm longa 13. *M. flava.*
  2. Caules decumbenti-radicantes; folia vix 1 mm lata; corolla ad 11 mm longa 14. *M. arenaria.*

b. Flores sessiles vel subsessiles.
  1. Caules erecti, usque ad apicem dense foliosi; folia pinnatifido-dentata 15. *M. variifolia.*
  2. Caules procumbenti-ascendentes, superne laxe foliosi; flores subspicati 16. *M. lutea.*

13. **M. flava** (Presl) E. Wimm. in Annal. Naturhist. Mus. Wien LVI (1948) 371. — *Rapuntium flavum* Presl in Ecklon & Zeyher, Enum. Pl. Afr. Austral. (1836) 394. — *Lobelia flava* D. Dietrich, Synops. I (1839) 734. — *Parastranthus flavus* A. De Candolle, Prodr. VII (1839) 785; Sond. l. c. in nota syn. cum *P. luteo.* — Caules 30—50 cm alti, inferne foliosi, sursum laxius foliati, infra inflorescentiam nudi. Folia sessilia, inferiora obovato-linearia, cetera linearia, acuta, argute calloseque serrulata, cum caule glabra, supra interdum leviter puberula, ca. 15 mm longa et 2 mm lata. Racemi biflori. Pedicelli bractea foliis conformi plerumque longiores, glabri, basi bibracteolati. Hypanthium oblongo-obconicum, hirsutum, 3 mm longum; lobi calycini subulati, integri, patentes, margine hirsuto-ciliati vel glabrati, 5 mm longi. Corolla flava, ca. 14 mm longa, subglabra, bilabiata; lobi oblongi, acuti, extus in nervis mediis sparse hirsuti; lobi 2 superiores circiter in medio corollae soluti; labium inferius trifidum lobis oblongo-ovatis. Filamenta 7—8 mm longa, inferne usque ad medium soluta, superne parum soluta et ad margines pilosa. Antherarum tubus 4 mm longus, nigrescens et gilvo-striatus, apice albo-barbatus. — Fig. 106 i.

Kapland: Distr. Worcester, an Bächen im Tulbaghsthal zwischen Tulbaghskloof und Witsenberg, X. (Ecklon! — Hb. Presl, sp. orig.; Ecklon & Zeyher n. 2455); Ostabhänge der Witsenberge bei January's Kraal im Gras zwischen Felsen entlang des Flusses, ca. 200 m, XII. (H. Andreae n. 169! — Hb. Stellenb.); Ceres (J. Thode n. 72255!).

var. **vitellina** E. Wimm. nov. var. — Folia 17—30 mm longa et 2—9 mm lata, a basi fere usque ad apicem argute serrulata, glabra. Pedicelli ad 8 cm longi, 1 cm supra basin 2 bracteolis filiformibus ciliatis 5 mm longis praediti. Sepala reflexa, 5—6 mm longa. Corolla vitellina, 20 mm longa, lobi 2 inferiores profundius (ad 4 mm supra basin) soluti. — Fig. 106 j.

Kapland: Distr. Tulbagh, Sneeuwgat, untere Hänge zwischen Gras, nicht selten, 1200 m, I. (H. Andreae n. 927! — Hb. Stellenb.).

14. **M. arenaria** E. Wimm. in Annal. Naturhist. Mus. Wien LVI (1948) 371. — Herba prostrata, caulibus radicantibus, ramosis, glabris, foliosis. Folia sessilia, linearia, acuta, 6 mm longa, 1 mm lata, in dimidio superiore remote denticulata, supra pilosa, subtus glabra. Flores pauci in vertice ramulorum. Pedicelli 3—14 mm longi, bracteam foliaceam saepe superantes, ancipites, inferne glabrati, superne pilosi, basi 2 bracteolis 4 mm longis muniti. Calycis tubus obconico-oblongus, patenti-hirsutus, lobis linearibus, acutis, subciliatis, patentibus, 2 mm longis. Corolla flava, ca. 9 mm longa, glabra; lobi 2 lineari-lanceolati, ad 3 mm supra basin soluti; labium trifidum lobis ovato-lanceolatis, lobi omnes in nervo medio sparse hirsuti.

Staminum tubus 9 mm longus; filamenta subglabra; antherae luteolae, apice omnes barbatae. Stigmatis crura 2 exserta, revoluta. Semina oblonga, atro-fusca, tenuiter scrobiculata, opaca, 0,8 mm longa. — Fig. 106 k.

Kapland: Kap-Provinz, Ceres, auf sandigen Plätzen, 550 m, Jän. 1918 (J. Thode n. 3760! — Hb. Stellenb.).

15. **M. variifolia** (Sims) Urb. in Eichler, Jahrb. Bot. Gart. Berl. I (1881) 277. — *Lobelia variifolia* Sims, Bot. Mag. XXXX (1814) t. 1692. — *Parastranthus variifolius* G. Don, Gen. Syst. III (1834) 716; A. De Candolle, Prodr. VII (1839) 354, 786; Sond. in Harvey & Sonder, Fl. Cap. III (1865) 537. — *Rapuntium variifolium* Presl, Prodr. Lobel. (1836) 12 et in E. Meyer, Commentar. Pl. Drege (1837) 285 et in Ecklon & Zeyher, Enum. (1836) 395. — Caules e radice plures, ascendenti-erecti vel erecti, 5—16 cm lati, rigidi, striati, puberuli vel glabri, dense foliosi. Folia imbricata, alterna, sessilia, linearia, calloso-acuta, remote callose pinnatifido-dentata, superiora passim longiora, 6—20 mm longa 0,5—1 mm lata, inferiora integra, saepe intus et margine ad basin tantum vel superne quoque pilosa. Flores pauci in vertice caulium, sessiles. Prophylla 2 subulata, folio florali triplo breviora, basi calycis inserta. Hypanthium oblongo-obconicum, villosum; lobi eius subulati, integri, erecti, glabrescentes, 4 mm longi. Corolla flava, ca. 12 mm longa, extus minute hirtella vel glabrescens, in nervis mediis petalorum parce hirsuta, bilabiata; lobi 2 superiores lanceolato-lineares, circiter 3 mm supra basin corollae soluti; labium inferius tripartitum lobis ovato-oblongis acutis. Filamenta 6 mm longa, extus glabra, ad fissuras pilosula. Antherae fuscae albido-striatae, apice omnes pilosae. Stigma parum exsertum.

Kapland: Worcester, feuchte Stellen der Hügel im Tulbaghsthal beim Waterfall (Ecklon & Zeyher n. 2459! n. 17! und ohne Nr. — Hb. Berl., Wash., Stockh.); ohne nähere Ortsangabe (Zeyher n. 1055! — Hb. Cambr., Stellb.); Hügel bei Saron, 180 m (R. Schlechter n. 10614!); Nieuwekloof, Hügel, 240 m (Drege! Schlechter n. 7528!); zwischen Olifantrivier und Pikenierskloof auf Sand, lehmiges Brachfeld am Vierentwintigrivier, 150 m (Drege n. 6267! Hb. Berl.); Breederivier, Feld (Bolus n. 5097!); Wellingtown, XI. (M. E. Cummings n. 56! — Hb. Wash.).

M. arenaria et *M. variifolia* inter se simillimae, sed prior ab ultima manifeste distincta habitu prostrato, foliis minute et apicem versus tantum denticulatis, floribus distincte pedicellatis.

16. **M. lutea** (L.) Urb. in Eichler, Jahrb. Bot. Gart. Berl. I (1881) 276; A. Zahlb., Pl. Penther. in Annal. Hofmus. Wien XVIII (1903) 408. — *Lobelia lutea* L. Spec. Pl. I (1753) 932; Lamarck, Dict. Bot. III (1791) 589; Thunberg, Prodr. Fl. Cap. I (1794) 40 et Fl. Cap. II (1808) 40; Willdenow, Spec. I (1797) 950; Persoon, Synops. II (1807) 214; Sims. Bot. Mag. XXXII (1810) t. 1319; Roem. & Sch., Syst. V (1819) 64; Marloth, Fl. South Afr. III (1932) 215, t. 54, f. A. — *Parastranthus simplex* G. Don, Gen. Syst. III (1834) 716. — *P. luteus* A. De Candolle, Prodr. VII (1839) 354, 785; Sond. in Harvey & Sonder, Fl. Cap. III (1865) 536 incl. var. β. — *P. capitatus* A. DC. l. c. — *Rapuntium luteum* Presl, Prodr. Lobel. (1836) 11, in E. Meyer, Commentar. Pl. Drege (1837) 285 et in Ecklon & Zeyher, Enum. (1836) 394 incl. var. *latifolium*. — *R. capitatum* Presl l. primo cit. — *Rapuntium foliis oblongis dentatis, flore luteo spicato, flagellis procumbentibus*. Burmann, Afr. Pl. Decades (1738—39) 101, t. 39, f. 1. — *Dortmannia lutea* O. Kuntze, Revis. Gen. III/II (1898) 187. — Herba perennis, caules numerosi, procumbenti-ascendentes vel occasionaliter prostrati et flagelliformes, glabri vel parce hirsuti, 20—70 cm longi, inferne foliosi, sursum laxius foliati. Folia alterna, sessilia, lanceolata usque sublinearia, 10—26 mm longa, 1,5—5 mm lata, apice acuta, basi anguste decurrentia et ciliata, margine calloso scabriusculo remotiuscule denticulata vel serrulata, glabra. Flores sessiles vel brevipedicellati in racemos breves vel capituliformes dispositi. Bracteae ovato-acuminatae, subpectinato-dentatae, saepe calycem superantes. Bracteolae lanceolatae vel sub-

ulatae, sub basi calycis insertae, bractea duplo minores. Calycis tubus obconicus, subglaber vel sparse pubescens, decem-nervatus; lobi lanceolati-acuminati vel subulati, circiter 4 mm longi, integri vel subdenticulati, interdum sparse ciliati. Corolla flava, 8—14 mm longa, ad nervos medios petalorum sparse hirsuta, bilabiata; lobi 2 superiores oblongo-lanceolati, circiter 3 mm supra basin corollae connati; labium inferius trifidum, lobis ovato-oblongis acutis. Filamenta superne intus et ad margines pubescentia. Antherae nigrescentes albido-striatae, apice pilosae. Stigmatis lobi brevi-exserti, revoluti. Capsula oblongo-obovoidea, decem-costata, 5—7 mm longa. Semina oblonga, compressiuscula, cano-fusca, subtiliter scrobiculata, subnitida, 0,7 mm longa.

Clevis varietatum.

a. Caules saltem in parte inferiore et media foliosi, folia infera 15—35 mm longa et 3—6 mm lata, oblonga usque lanceolata; corolla 10—14 mm longa ... var. *lutea.*
b. Folia sat densa, anguste linearia, 10—30 mm longa, 1—2,5 mm lata.
  1. Corolla flava .... var. *euphrasioides.*
  2. Corolla coerulea vel ex luteo extus coerulea .... var. *subcoerulea.*
c. Folia remota, subparca, sublinearia et brevia, 4—6 mm longa et vix 1 mm lata var. *ericoides.*

var. **lutea.** — Fig. 106 l.

Kapland: Häufig um Kapstadt und am Tafelberg (Commerson! Berg & Mundt! Sieber, Fl. Cap. n. 249! Banks! Verreaux! Busse! Ecklon, Un. itin. 18! n. 288! E. E. Galpin n. 10476! Drege n. 10! Ecklon & Zeyher! Zeyher! McOwan & Bolus, Herb. Norm. Austro-Afr. n. 96! Wilms n. 3943! W. H. Brown & A. H. Brown n. 226! A. Penther n. 2729!); Klippen oberhalb der Kalk-Bay, Fischhoek (Erik Wall n. 610/55! 611/55! 2106/463! 3133! — Hb. Stockh.); Witsenberg (Zeyher n. 1056! p. p. — Hb. Cambr., Del., Wien, Stockh.); in Gräben bei Doornhogde, VII. (Ecklon!); Gordons Bay, X. (A. Duthie n. 327!); an Flüssen, 450 m, I. (W. Tyson n. 778!); Rieversdale (C. Rust n. 460! 488!); Stellenbosch und Bainskloof (Wawra n. 135! 141! 32!); Div. Malmesbury, Umgebung von Hopefield, III. (F. Bachmann n. 1518—1520!; Distr. Caledon, Elgin, entlang der Eisenbahn bei Bridge, 250 m, III. (C. A. Smith n. 2542! — Hb. Pret.); Distr. Calvinia, Mt. Watermeyer's Farm Nieuvondtville (A. Theiler n. 78! 84! — Hb. Pret.).

var. **euphrasioides** (Presl) Urban l. c. — *Rapuntium euphrasioides* Presl ll. cc. — *Parastranthus euphrasioides* A. DC. l. c. 355, 786. — *P. luteus* var. *euphrasioides* Sond. l. c. — *Dortmannia lutea* var. *euphrasioides* O. Kuntze l. c. — *Lobelia euphrasioides* Steud. Nomencl. 2. ed. II (1841) 60. — Caules virgati, prostrati,elongati, plerumque minus dense vel laxe foliati. Folia linearia, 10—20 mm longa, 1—2,5 mm lata, saepe canaliculata. Flores in spica laxa. Corolla 8—10 mm longa. Capsula obconico-cylindrica, valde costata. — Fig. 106 n.

Kapland: Kap (Ecklon, Un. itin. n. 38; Zeyher n. 1056! p. p. — Hb. Presl; Bergius! G. Perdonnet n. 406!); Ostseite des Tafelberges an feuchten Stellen bei Wynberg und Constantia, III. (Ecklon & Zeyher n. 2457 ex eorum Enum. l. c.); bei Kapstadt, 150 m (Drege! — Hb. Del.); Kenilworth, 40 m (O. Kuntze!).

Haec varietas formas intermedias a var. *lutea* difficulter distinguendas non raro exhibet.

var. **subcoerulea** A. Zahlb., Pl. Penther. in Annal. Hofmus. Wien XXXIII (1903) 408. — *Lobelia Breynii* Lamarck, Dict. Bot. III (1791) 588; Persoon l. c.; Roem. et Sch. l. c. 61; A. DC. l. c. 361. — ? *Dortmannia Breynii* O. Kuntze l. c. 972. — *Rapuntium aethiopicum coeruleo-galeato flore, foliolis dentatis* Breyn, Centur. (1678) 175, t. 89. — Caules ascendentes, ad 30 cm longi, sat dense foliati. Folia linearia,

26—37 mm longa et circiter 1 mm lata. Inflorescentia demum spiciformis. Corolla e luteo plus minus (imprimis in pagina exteriore) coerulea, ca. 10 mm longa. Capsula subcylindracea, valde decem-costata. — Fig. 106 o.

Kapland: Muizenberg bei Kapstadt, I. 1895 (A. Penther n. 2730! — Hb. Wien); Simonsbay, IV. 1853 (N. J. Andersson! — Hb. Stockh.); Klippen oberhalb der Kalkbay (Erik Wall n. 610/55! 611/55! — Hb. Stockh.); Kapflächen (Bunbury! — Hb. Cambr.); Distr. Caledon, Steenbras Siding oberhalb der Eisenbahn auf sandigem schwarzem Lehm, 420 m, III. (C. A. Smith n. 2521!— Hb. Pret.).

var. **ericoides** (Presl) Urban l. c. — *Rapuntium ericoides* Presl l. c. — *Parastranthus ericoides* A. DC. l. c. 354. — *P. luteus* var. *ericoides* Sond. l. c. — *Lobelia ericoides* D. Dietr. Synops. I (1839) 733. — Caules filiformes, diffusi, puberuli, sparse foliati. Folia linearia, 4—6 mm longa et vix 1 mm lata, subparca. Flores in spicam linearem digesti. Corolla 7—8 mm longa. — Fig. 106 m.

Kapland: Distr. Kap, zwischen Zoutrivier und Rietvalley auf sandigem Heideboden, XII, III. (Ecklon & Zeyher n. 2458 — ex auct., Ecklon! — Hb. Presl); Kap (Drege! H. Busse!); Kapstadt, IV. 1872 (G. De Wylder! — Hb. Stockh.).

16. **Heterotoma** Zucc.

Heterotoma Zuccarini in Flora XV, 2. Beibl. (1832) 100; Endlicher, Gen. (1838) 512; Meisner, Pl. Vasc. Gen. (1836—43) 240; A. De Candolle, Prodr. VII (1839) 350; Benth. & Hook f., Gen. II (1876) 553; Baillon, Hist. Pl. VIII (1886) 367; Schönland in Engler & Prantl, Die natürl. Pflanzenfam. IV/5 (1894) 68; Pittier, Primit. Fl. Costaric. II/2 (1898) 11; Dalla Torre & Harms, Gen. Siphonogam. (1900—07) n. 8697; Standley, Fl. Costaric. IV (1938) 1414; McVaugh in North Am. Fl. XXXII A (1943) 30. — *Myopsia* Presl, Prodr. Monogr. Lobel. (1836) 8. — Calyx irregularis, partim in calcar corollae distentus, limbus bilabiatus. Corolla saepius non resupinata, tubulosa, in uno latere longitudinaliter fissa, basi in calcar plus minusve longum extensa vel solum gibbosa; limbus corollae bilabiatus, quinquepartitus (p. 14, fig. 11 g). Filamenta a corolla libera, sed duo longiora et in apicem calcaris decurrentia. Antherarum 2 minores apice piloso-penicillatae. Stylus filiformis inclusus; stigma bilobum, subtus annulo pilorum cinctum. Ovarium inferum, biloculare ovulis numerosis. Capsula oblique obovoidea, apice 2 valvis loculicide dehiscens. — Herbae annuae vel perennes, foliis alternis, floribus laxe racemsois.

Species 11 in 2 sectiones, in America Centrali.

Clavis sectionum.

A. Corolla calcare sat longo, hypanthium superante .... Sect. I. *Macrocentron*.
B. Corolla in basi gibbosa tantum vel brevi-calcarata (1—2 mm) Sect. *Microcentron*.

Sectio I. **Macrocentron** E. Wimm.

Macrocentron E. Wimm. nov. sect. — Diagnosin vide supra.

Clavis specierum.

A. Suffrutex pubescens, foliis ovatis, acutis vel cuspidatis, corolla ampla, rubro-aurantiaca, c. 30 mm longa .... 1. *H. lobelioides*.
B. Herbae pubescentes, corolla (sine calcare) duplo minor, 10—15 mm longa.
  I. Folia ovato-rotunda .... 2. *H. macrocentron*.
  II. Folia media ovato-oblonga usque lanceolata .... 3. *H. goldmannii*.

1. **H. lobelioides** Zuccarini l. c.; Endlicher, Iconogr. Gen. Pl. (1838) t. 53; Fl. des Serres 2. ser. IV (1861) t. 1454; Regel, Gartenfl. XII (1863) 50; Baillon, Hist. Pl. VIII (1886) 367 c. fig. fl.; Hemsley, Biolog. Centrali-Amer. IV (1888) 66; Pittier l. c.; Standley l. c. — *L. calcarata* Bertoloni, Florula Guatimal. (1840) 9; Walpers, Repert. II (1843) 707. — *Myopsia mexicana* Presl l. c. — Suffrutex erectus, basi lignescens, ramosus, 60—100 cm altus, rami et folia puberula. Folia 2—7 cm longe petiolata, ovato-elongata, 5—15 cm longa et 2,5—6,5 cm lata, apice longe cuspidata, basi rotundata, margine irregulariter inaequaliterque grosse dentata vel repando-denticulata, tenui-membranacea, subtus imprimis ad nervos dense puberula. Racemi terminales, multiflori, pedunculati. Pedicelli 25—40 mm longi, puberuli, erecti-patentes, bracteis lanceolatis multo longiores. Hypanthium late turbinatum, obliquum, glabrum vel puberulum, limbus bilabiatus, lobi subulati, glabri vel puberuli, 4—5 mm longi, 2 eorum parte calycis per calcar extensa in fine calcaris positi. Corolla forma circiter naviculari, medio latior, parte calcaris angustior, versus lobos minus angusta, glabra (sic in specimine orig.) vel puberula, circiter 3 cm longa, purpurea, versus apicem aurantiaca, lobi lutei, 2 laterales triangulari-lineares, profundius soluti, 3 medii labium tridentatum formantes, calcar solum circiter 16 mm longum. Filamenta 3 gynaeceo inserta, 2 elongata usque in finem calcaris. Tubus anthereus 4 mm longus, valde exsertus, 2 minores apice barbatae.

var. **lobelioides.** — Fig. 107 a.

Mexico: Gebirge, 2600 m (Zuccarini! — Hb. Hausknecht); Oaxaca, Cerro de Plunia, I. (Reko n. 3720! — Hb. Wash.); zwischen Plunia und San Miguel, Suchistepec, 2000 m, am Wege zwischen Inquila und Nopala, III. (Nelson n. 2494! 2413! — Hb. Wash.); Berge bei Toluco (Bassi); Berg La Cumbre de San Antonio (Karwinski! — Hb. Mus. Prag, sp. typ. pro „*Myopsia mexicana* Presl", — Hb. W.); Crete de la Sierra Madre, 2200 m, Lehmboden, II. (Langlassé n. 889! — Hb. De Cand.); nordmexikan. Gebirge bei Santa Maria de Rio, San Luis Potosi (Schaffner n. 736). — Guatemala: Pinula, 4200 m (J. D. Smith n. 1925! — Hb. Wash.); Volcano de Fuego, 1500 m (J. D. Smith n. 1458! — Hb. Wash.); Volcano de Santa Maria, 1800 m (Salvin); Acatenango, 2200 m (Kellermann n. 4803! 4989! — Hb. Wash.); Felder bei Acatenango (Hartweg n. 600! — Hb. W.); ohne Ortsangabe (Bertoloni). — Costa Rica: Ufer des Reventado oberhalb von Tierra Blancamalt, 2100 m (Pittier n. 870! — Hb. Wash.); Vulkan Irazú, Südkamm, an einer Lehmwand herabhängend, V. (Cufodontis n. 384! — Hb. W.); ohne Ortsangabe (Endres n. 148! — Hb. W.).

Species singularis forma corollae. Planta pulcherrima, saepe in hortis culta.

var. **tonelii** (Ortg.) E. Wimm. in Annal. Naturhist. Mus. Wien LVI (1948) 371. — *Heterotoma Tonelii* E. Ortgies in Regel, Gartenfl. XII (1863) 50. — Differt a var. *lobelioides* floribus solitariis axillaribus et longe pedunculatis.

Tonel fuit hortulanus in Mexico et misit plantas vivas huius varietatis Europam, e loco accuratius non indicato.

2. **H. macrocentron** Bentham in Hooker f., Icon. Pl. XII (1876) t. 1177; Hemsley, Biolog. Centrali-Amer. II (1881—82) 269. — Herba videtur perennans, sparse pubescens. Caules procumbentes, tenues, ramosi, apice ascendentes. Folia prope basin ramorum floralium pauca, circiter 1 cm longe petiolata, latissime ovata vel suborbicularia, 10—25 mm longa, 11—25 mm lata, apice rotundata usque acuta, basi subcordata, margine irregulariter dentata, utrinque breviter pilosula. Flores in racemis terminalibus, paucifloris, glabris. Bracteae sublanceolatae, obtusiusculae, ciliolatae, 3 mm longae. Pedicelli filiformes, 3—5 cm longi, patenti-ascendentes. Calycis tubus obovoideus, vix 3 mm longus, lobi tres sublineares, acuti, 4 mm longi, erecti, lobi duo in appendicem linearem corollae calcari adnatam producti et ab extremo calcare inflexo erecti. Corolla coerulea, 22 mm longa, calcare cylindraceo 7 mm longo; lobi 2 sublineares, lobi 3 obovato-oblongi labium tripartitum forman-

tes. Stamina 7 mm longa, partim corollae adnata. Antherarum 2 minores apice setulosae.

Mexico: Sierra Madre, nordwestlich von Mexico (Seemann n. 2049! — Hb. Kew, sp. orig.).

3. **H. goldmannii** Fernald in Proceed. Amer. Acad. XXXVI (1901) 504. — Herba annua vel biennis, erecta, a basi ramosa, 50 cm alta. Caulis inferne minute hirta,

Fig. 107. *Heterotoma*: — a *H. lobeliodes*: pars inflorescentiae 1/1, tubus stamineus. — b *H. goldmannii*: flos 2/1. — c *H. cordifolia*: flos 3/1, semen 20/1. — d *H. cordifolia* var. *intermedia*: flos 3/1. — e *H. salvadorensis*: flos ca. 4/1, folium 1/1, capsula, semen 20/1. — f *H. endlichii*: folia 2/1, flos et capsula 3/1. — g *H. riparia* 1/1: flos 7/1. — h *H. flexuosa*: habit. 1/1, 2 corolla 3/1, 3 capsula 3/1, 4—5 var. *liebmanniana*: flos et capsula ca. 3/1. — Orig.

sursum glabrescens. Folia ima late ovata, 15—35 mm lg. et 15—24 mm lata, sequentia ovata vel ovato-oblonga, superiora lanceolata, 30 mm lg. et 5—12 mm lata, omnia gradatim profundius dentata vel etiam sinuato-dentata, basi rotundata vel in petiolum 5—20 mm longum angustata, inferiora utrinque leviter pubescentia, cetera glabrescentia, tenuia. Racemi laxi, secundi, glabri, 6—9-flori, pedunculati. Bracteae subulatae, 10 mm longae et minores. Pedicelli 2—3 (fr. 5) cm longi, filiformes, patenti-ascendentes. Hypanthium semi-ovoideum, 1—2 mm longum, lobi 3 subulati erecti, 2 mm longi, 2 lobi calcar corollae anguste cylindricum rectum 5 mm longum comitantes et in eius apice positi. Corolla coerulea, cum calcare 12—15 mm longa, lobi 2 lanceolati, erecti, minores, lobi 3 majores in labium trifidum coaliti et obovati. Stamina 3—5 mm longa, antherarum 2 minores apice setulosae. — Fig. 107 b.

Mexico: Sinaloa, von Las Flechas nach La Rostra, II. 1899 (E. A. Goldmann n. 324! — Hb. N. Y.); Terrenos del Agua Iria, San Ignacio, feuchte Stellen, I. (Montes & Salazar n. 702! — Hb. Wash.); Canyon Soyopa, Rio Mayo, zerstreut im Gras auf feuchtem Boden (Rio Mayo Expl. Harvard Scott Gentry n. 1285! — Hb. Field). Durango, Sianori, 800 m (Ortega n. 5389! — Hb. Kew).

Sectio II. **Microcentron** E. Wimm.

Microcentron E. Wimm. nov. sect. — Corolla in basi gibbo acuto vel calcare brevi 1—2 mm longo instructa. Flores plerumque minores.

Clavis specierum.

A. Caulis foliatus.
  I. Folia ovato-oblonga, ovata vel subrotunda.
    a. Flos conspicue breviterque calcaratus; calyx late turbinatus 4. *H. cordifolia.*
    b. Flos vix conspicue gibbosus; calyx ellipsoideo-oblongus 5. *H. salvadorensis.*
  II. Folia lineari-lanceolata, interdum plura etiam radicalia, latiora 6. *H. flexuosa.*
B. Caulis vix vel parce foliatus, folia plurima rosulata.
  I. Caulis in parte inferiore hirsutus et parce foliatus; flos conspicue calcaratus, tubo corollae (incluso calcare) 8 mm longo .... 7. *H. aurita.*
  II. Caulis glaberrimus.
    a. Caulis nudus; corolla conspicue calcarata .... 8. *H. pringlei.*
    b. Caulis 1—2 folia parva gerens; corolla gibbosa.
      * Folia radicalia rotundo-ovata, ovata usque oblonga, dentata.
        + Folia glabra; lobi corollae medii rotundati .... 9. *H. gibbosa.*
        ++ Folia supra sparse hirsuta; lobi corollae acuti .. 10. *H. endlichii.*
      ** Folia radicalia spathulata, denticulata, glabra ..... 11. *H. riparia.*

4. **Heterotoma cordifolia** (Hook. & Arn.) McVaugh in Bull. Torr. Bot. Club LXVII (1940) 143. — *Lobelia cordifolia* Hooker & Arnott, Bot. Voy. Beechey (1841) 301. — *H. tenella* herb. p. p. — Herba annua, erecta. 16—32 cm alta. Caulis et rami inferne puberuli. Petioli 5—12 mm longi, puberuli. Folia rotundo-cordata, ovata usque oblonga, 15—25 mm longa, 15—20 mm lata, basi cordata usque rotundata, superiora etiam angustata, apice obtusa vel acuta, margine inaequaliter dentata usque grosse vel lobato-dentata, utrinque parce hirta. Racemi secundi, laxi, 6—13-flori. Pedicelli filiformes, 1 cm, fructigeri ad 3 cm longi, glabri, bracteis subulatis vix 5 mm longis multoties longiores. Hypanthium late turbinatum, mox semi-ellipsoideum, lobi subulati, glabri, 1—2 mm longi, duo eorum distantes ad basin calcaris corollae ½ mm longi locati. Corolla cum calcare 6 mm longa, albo-rosea, lobi 2 minores lineares, lobi 3 in labium coaliti, oblongi, basi bituberculati. Tubus antherarum in suturis minute pilosulus, 2 minores apice setulosi. Capsula ellipsoidea, semi-infera, 5 mm longa. Semina oblonga, badia, laevia, 0,4 mm longa.

Clavis varietatum.

A. Calcar gibbiforme.
  1. Folia membranacea, parce hirta .... var. *cordifolia*.
  2. Folia tenerrima, glabra .... var. *tenella*.
B. Calcar evolutum breve deorsum versum .... var. *intermedia*.

var. **cordifolia.** — Fig. 107 c.

Mexico: Ohne weitere Ortsangabe (Hooker, Voy. Beechey a. 1844! — Hb. Kew, sp. orig.); Sonora, Sierra de Alamos (Palmer n. 289! — Hb. Wash.); Durango, Sierra Madre (Seemann n. 2050 et sine no.! — Hb. Koph.); Maria Madre (Nelson n. 4258! Maltby n. 150); Sinaloa, an Bächen bei Rosario (Rose, Standley & Russell n. 14610! — Hb. N. Y.); Colima und Tepic (Palmer n. 1177! 1874! 1875! 1876! — Hb. Wash.); Jalsco, cañon Tuxpan — Jalisco (Bourgeau n. 521! — Hb. Wash.); Morelos, Barranca de la Cueva bei Cuernavaca, I. (Woronow n. 2622! — Hb. Field); Cañada (Knechtel 593! — Hb. W.); Vera Cruz, Orizaba, 1300 m (Pringle n. 6084! — Hb. Del. Goett. W.; Botteri n. 1191!, Fred Müller n. 1058 — Hb. Wash.); Tal von Cordoba, XII. (Bourgeau n. 1522! — Hb. Del. Koph. Wash.) — Costa Rica: 1100 m (Endres n. 24! — Hb. W.).

var. **tenella** (Turcz.) E. Wimm. n. c. — *Heterotoma tenella* Turczaninow in Bull. Soc. Naturalist. Moscou XXV/2 (1852) 175; Benth. & H. f., Gen. II (1876) 553; Standley, Fl. Costaric. IV (1938) 1415. — Tenerrima, folia saepe obtuso-dentata, saltem inferiora, summa inciso-dentata. Corolla videtur parum minor, alba vel coerulescens.

Mexico: Vera Cruz: Xalapa, 600 m, Dez. 1840 (H. Galeotti n. 7029! — Hb. Kew, W. Del.); Mirador (Linden n. 67! — Hb. Kew); Mirador und Consoquitla (Liebmann n. 7777! 9209! — Hb. Koph.). Sonora, Canyon in der Sierra de Alamos, III. (Rose, Standley & Russell n. 12985! — Hb. N. Y.). Guerrero, Rio Madre del Sur, nördlich vom Rio Balsas, Achotla, Ufer des Flusses, 312 m, Temisco, Barranca de Achotla, XI (Ynes Mexia n. 8746! 8780! — Hb. W.).

var. **intermedia** (Hemsl.) E. Wimm. n. c. — *Heterotoma intermedia* Hemsley, Biolog. Centrali-Amer. II (1881—82) 269. — *H. flexuosa* McVaugh in North Am. Fl. XXXII A (1943) 34 p. p. — *Lobelia divaricata* Seemann, Bot. Voy. Herald (1852—57) 316, non Hook. & Arn. — A typica differt corolla majore (8—10 mm longa) cum calcare paululum longiore, magis deorsum verso. — Fig. 107 d.

Mexico: Jalisco, Sierra Madre (Seemann! comm. J. W. Hooker — Hb. Koph., N. Y., Seemann n. 2051 ex auct.).

5. **H. salvadorensis** E. Wimm. in Annal. Naturhist. Mus. Wien LVI (1948) 371. — Annua, erecta, puberula — inflorescentia excepta. Caulis teres, simplex vel parce ramosus, 20—30 cm altus, sub inflorescentia nudus. Folia radicalia pauca, rotundo-ovata, caulina ovata, 22 mm longa, 14 mm lata et minora, obtusa, basi subcordata vel rotundata, petiolo 4—10 mm longo, inaequaliter dentata, superna ovato-lanceolata, inciso-dentata, utrinque incano-puberula. Racemus secundus, laxus, 7—8-florus. Bracteae 2—3 mm longae, filiformes. Pedicelli 10—17 mm longi, patentes, apice erecti. Tubus calycinus oblongo-ellipsoideus, parum oliquus, basi acutus, 3 mm longus, in uno latere minute gibbosus, glaber, laciniae subulatae, erectae, vix 2 mm longae, 2 earum parum distantes juxta gibbum. Corolla circiter 5 mm longa, lilacina (?), lobi verisimiliter ut in specie praecedente. Tubus anthereus glaber, 2 minores antherae apice setulosae. Capsula ellipsoidea, angustior quam in specie antecedente. — Fig. 107 e.

San Salvador (Bernoulli & Cario n. 8! — Hb. Goettingen, W.).

Habitu speciei antecedenti similis, sed flore inconspicue gibboso, gibbo saepe difficulter visibili et exinde praeterito, limbo calycis minus bilobo discedit.

6. **H. flexuosa** (Presl) McVaugh in Bull. Torr. Bot. Club LXVII (1940) 143 excl. *H. intermedia.* — *Heterotoma arabidioides* Benth. & Hook. f., Gen. II (1876) 553; Hemsley l. c. — *Lobelia arabidioides* Hook. & Arn., Bot. Voy. Beechey (1841) 301, t. 66. — *Rapuntium flexuosum* Presl, Prodr. Monogr. Lobel. (1836) 23. — *Lobelia flexuosa* A. De Candolle l. c. 379. — *Dortmannia mexicana* O. Kuntze, Revis. Gen. II (1891) 971. — Annua, erecta, a basi ramosa, 10—25 cm alta. Caulis cum foliis inferioribus puberulus vel subglaber, superne glaber, interdum subramosus, sparse foliatus vel fere nudus. Folia plura radicalia late lanceolata, reliqua lanceolata usque sublinearia, petiolata, utrinque acuta, 15—35 mm longa, 7—3 mm lata, margine dentata. Racemus subsecundus, laxissimus, 3—12-florus. Pedicelli 1—3 (fr. 5) cm longi, filiformes, bracteis multo longiores. Hypanthium semi-ellipsoideum, brevissimum, limbus bilabiatus, lobi subulati, 1—2 mm longi, erecti, 2 eorum distantes juxta gibbum minimum vel calcar corollae deorsum productum (in var. *liebmanniana*). Corolla videtur alba vel coerulescens, 7—8 mm longa (calcare incluso), lobi 2 minores lineares, lobi inferiores labium tripartitum formantes obovati. Antherarum tubus nigrescens, in suturis pilosulus, 2 minores apice penicillatae. Capsula late ovoidea, 3 mm longa. Semina cylindrico-oblonga, fusca, laevia, nitida, vix 0,3 mm longa.

var. **flexuosa.** — Fig. 107 h 1—3.

Mexico: Ohne Ortsangabe (Haenke! — Hb. Mus. Prag, sp. orig.); Tepic (Lay & Collie, Barclay — ex Seemann; Palmer n. 1873! — Hb. Wash.); Cerro de Pinal (Seemann n. 1493 — ex Hemsley).

var. **liebmanniana** E. Wimm. nov. var. — Corollae calcar bene evolutum, deorum spectans et basin hypanthii attingens, sepala 2 ab aliis longe distantia et ad basin calcaris disposita. In var *flexuosa* calcar gibbiforme tantum et sepala 2 parum ab aliis distantia. — Fig. 107 h 4—5.

Mexico: San Miguel de Pueto, Guatala (Liebmann n. 9224! 9237! 7801! — Hb. Koph.); Sierra Madre (Seemann! — Hb. Koph.); Jalisco, Quadalajara, 1600 m, feuchte Ufer (Pringle n. 2357! 5224! 9349! 11621! — Hb. Wash., Cambr., W.); Rio Blanco (Palmer n. 43!); an einer Quelle bei Barranca (Shafford n. 1442!), Guerrero, Weg zwischen Ichitango und Ometepec (Nelson n. 2316! — Hb. Wash.).

7. **H. aurita** Brandegee in Proceed. Calif. Acad. 2. ser., III (1891) 149. —*Lobelia cotensis* Jones in Contrib. West. Bot. no. XV (1929) 152. — *L. amabilis* Jones l. c. XVIII (1933) 68, fide McVaugh l. c. 32. — Annua, erecta, 12—50 cm alta, caulis inferne pubescens et foliatus — foliis paucis basalibus — 2/3 fere nudus, subsimplex, superne cum inflorentia glaber. Folia petiolata — petiolo 5—20 mm longo, pubescente — ima ovata, 10—35 mm longa, 9—26 mm lata, basi truncato-rotundata, apice plerumque acuta, margine inaequaliter dentata, sequentia inferiora pauca plerumque lanceolata, in petiolum attenuata, inciso-dentata, 5—15 mm longa, omnia utrinque sparse pubescentia. Racemus secundus, laxus, pauciflorus. Pedicelli 5—20 mm longi, glabri, patentes, apice erecti, bracteis minimis. Hypanthium obliquo-turbinatum, per calcar corollae ultra basin calycis productum fere dimidiatum, lobi calycini subulati, erecti, 2—3 mm longi, duo eorum ad apicem calcaris producti et ab aliis longe distantes. Corolla rubro-coerulea, cum calcare 2 mm longo circiter 16 mm longa, lobi 2 minores sublineares erecti, lobi 3 majores in labium tripartitum connati, obovati. Tubus stamineus 5 mm longus, antherarum tubus in dorso pilosulus, 2 inferiores apice breviter penicillatae.

Kalifornien: Sierra de la Laguna, I. (Brandegee! — Hb. Wash.); The Laguna, Laguna Mts. (Jones n. 27428 — sub „*Lobelia amabilis*" — non vidi); Nieder-Kalifornien, Cota Ranch, 14 Miles (M. E. Jones n. 24147! sub „*Lobelia cotensis*" — Hb. Field); Cape Region (Brandegee!); San Felipe, I—III. (Purpus n. 432! — Hb. Wash.).

8. **H. pringlei** Robinson in Proceed. Amer. Acad. XXXXIV (1909) 615; McVaugh in North Am. Fl. XXXII A (1943) 35. — Annua, pusilla, erecta, glaberrima, glaucescens, caule simplice nudo. Folia rosulata, spathulata, 3—5 mm longa, 1—4 mm lata, basi in petiolum 3—7 mm longum acuminata, apice obtusiuscula vel acuta, margine angulato-dentata vel denticulata, saepius purpurascentia. Racemus secundus, laxissimus, 5—6-florus. Bracteae lineares 2—4 mm longae, integrae. Pedicelli 6—8 mm longi, patenti-ascendentes. Hypanthium obliquo-oblongum, in calcar corollae cum 2 lobis productum, lobi calycini lineares, acutiusculi, erecti, 1,5 mm longi. Corolla azurea, cum calcare 7 mm longa, — calcar ipsum obtusiusculum, deorsum versum, ± 1 mm longum — lobi corollae 2 minores lineares, erectiusculi, lobi majores spathulati in labium trifidum connati. Stamina 3 mm longa, antherarum 2 minores apice minute pilosae.

Mexico: Nuevo Leon, Kalkberge bei San Lazaro, XI. 1903 (Pringle n. 13274! — Hb. Gray, W.).

9. **H. gibbosa** Watson in Proceed. Amer. Acad. XXIII (1888) 280. — *H. cordifolia* McVaugh in North Am. Fl. XXXII A (1943) 34 p. p. — E basi ramosa, glabra. Folia plerumque radicalia oblongo-ovata, in petiolum brevem ciliatum attenuata, grosse dentata, 26 mm longa, caulina 1—2 ovata, dentata, sessilia. Flores coerulei, fauce virescente, tubus basi plus minusve gibbosus, sed non calcaratus; lobi majores rotundati, lobi minores late oblongi. (Diagn. auct.)

Mexico: Chihuahua, Oritz, Ufer an Bächen (Pringle n. 1478 — ex auct., non vidi!).

10. **H. endlichii** E. Wimm. in Fedde, Repert. Spec. Nov. XXVI (1929) 1, t. 21, f. 1. — *H. cordifolia* McVaugh l. c. p. p. — Caules e radice plures, erecti, simplices, teretes, glabri, scaposi, ad 20 cm alti. Folia rosulata radicalia. Petioli anguste alati, ciliati vel glabrescentes, 4—15 mm longi. Lamina foliorum rotundo-ovata usque elliptica, 14—20 mm longa, 12—10 mm lata, basi rotundata usque acuta, apice rotundata vel obtusa, margine duplo- vel fere grosso-dentata, supra sparse hirsuta, subtus glabra. Racemi secundi, laxi, 5—9-flori. Pedicelli 6—15 mm longi, fructigeri saepe ad 50 mm elongati, bracteis minutis multoties longiores. Calycis tubus oblique-turbinatus, basi antice valde gibbosus vel fere obtusi-calcaratus, lobi calycini lineares acuti, vix 2 mm longi, erecti, duo eorum distantes et profundius ad calcarem positi. Corolla coerulea, 9 mm longa (incl. calcare), lobi minores lineares, lobi inferiores ovales, brevissime acuminati. Stamina 4 mm longa, antherarum 2 minores apice penicillatae. Capsula ovoidea, semi-infera, 4 mm longa. Semina oblongo-cylindrica, diluti-fusca, laevia, nitida, 0,4 mm longa. — Fig. 107 f.

Mexico: Chihuahua, Tal des Balsequillo bei Huejotitán, 1720 m, 5. IV. 1906 (R. Endlich n. 1172! — Hb. B. W.); Balleza, Umgebung der heißen Quellen von Los Baños, 1630 m (R. Endlich n. 1172 a!).

Fortasse ab antecendente specie non diversa. sed e diagnosi nimis brevi illa differt foliis glabris, caule foliis 1—2 ovatis obsito, corollae lobis aliis.

11. **H. riparia** E. Wimm. in Annal. Naturhist. Mus. Wien LVI (1948) 372. — Annua, glaberrima. Caulis erectus, a basi ramosus, ad 10 cm altus, in ima parte tantum pauci-foliatus. Folia plura radicalia, spathulato- vel lineari-oblonga, 10—17 mm longa et 2—3 mm lata, basi angustata, subpetiolata, caulina minora, pauca — ad basin ramorum tantum et unum vel alterum supra basin — apice obtusiuscula, margine subintegro obsolete denticulata, crassiuscula. Flores in racemis secundis, laxis. Pedicelli 10—15 mm longi, basi biglandulosi, bractea lineari, interdum subciliata, 3—4 mm longa. Tubus calycis semiglobosus, uno latere gibbosus, interdum vix conspicue; lobi calycini sublineares, acutiusculi, inconspicue ciliati, 1,5 mm longi, 2 eorum ab aliis non multum distantes et parum profundius juxta gibbum positi. Corolla rubens (?), 5 mm longa, lobi minores lineares, lobi inferiores obovati, labium tripartitum formantes. Stamina 3 mm longa; antherarum tubus fere globosus, glaber, 2 minores setulis terminatae. — Fig. 107 g.

Mexico: Sinaloa, entlang des Flusses bei Rosario, April (Rose, Standley & Russell n. 14611! — Hb. Wash.).

Omnium *Heterotomarum* est in hac specie gibbus minime insignis et calycis limbus minus bilabiatus

Species excludenda:

H. stenodonta Fernald = *Lobelia stenodonta* McVaugh.

3. Ramus **CHEROSIPHON** E. Wimm.

Cherosiphon E. Wimm. nov. ram. — Corolla sine vel cum inconspicuo tubo (vix 0,5 mm longo), quinquepetala (petala libera), regularis, sed tubus anthereus irregularis ut in *Lobelia*. — Genus unum notum.

17. Dialypetalum Benth.

Dialypetalum Benth. in Hook. f., Icon. Pl. XII (1876) 68; Benth. et Hook. f., Gen. II (1876) 553; Schönland in Engler et Prantl, Die Natürl. Pflanzenfam. IV/5 (1894) 66; Dalla Torre et Harms, Gen. Siphonog. (1900—1907) 520, no. 8693; Thonner, Blütenpfl. Afr. (1908) 573. — Calycis tubus ovario adnatus, plus minus inferus, limbo 5-partito, lobis aequalibus. Corolla regularis (vide fig. in parte I. 13 j, pag. 17), tubo inconspicuo vel nullo, petalis 5 aequalibus, a basi distinctis. Stamina 5, petalis breviora: filamenta inter se pro maxima parte libera; antherae in tubum cylindricum connatae, quarum 2 paululum breviores et apice minime setulosae. Stylus filiformis, stigmate e 2 lobis suborbiculatis constante et in pagina inferiore piloso, terminatus. Ovarium bilocularis, placentis 2 centralibus, ovulis numerosis. Fructus capsula bilocularis, 2 valvis septiferis apice dehiscens. — Suffrutices erectae, lactescentes, 1—2 m altae, praeter inflorescentiam thyrsoideam vulgo simplices. Flores parvi, numerosissimi in racemis, luteoli vel albidi vel virentes vel coerulescentes.

5 species e Madagascar, endemicae.[1])

Clavis specierum.

A. Tota planta glabra, racemi compacti, cylindracei, pedicelli breviores quam flores.
  I. Petala 4 mm longa et reflexa .... 1. *D. compactum.*
  II. Petala 1,5 mm longa .... 1. *D. compactum* var. *minoriflorum.*

B. Tota planta (corolla excepta) pubescens vel saltem axis inflorescentiae et racemorum pubescens; racemi plerumque laxi (sed plus minusve densi apud *D. humbertianum* et plantas *hybridas*).
  a. Folia in utraque facie vel saltem subtus pubescentia.
    1. Petala 4 mm longa.
      + Racemi laxi, pedicelli filiformes 4—6 mm longi, bracteis longiores 2. *D. floribundum.*
      ++ Racemi plus minusve compacti vel laxiores, pedicelli saepe breviores quam in *D. floribundo*; folia et axis racemorum mox pubescentiores, mox glabrescentiores .... vide 6. *D. hybridum.*
    2. Petala 2—2,5 mm longa; pedicelli 2—3 mm longi, breviores quam bracteae 2. *D. floribundum* var. *naniflorum.*
  b. Folia glaberrima (raro pili singuli subtus in nervo mediano).
    + Folia oblanceolata, apice acuta, ad basin cuneiformia; racemi parum laxi; pedicelli duplo breviores quam glabrae bracteae 3. *D. montanum.*

---

[1]) Novae specis et varietates ex hoc genere fere eodem tempore in Mém. Inst. Sci. Madag. ser B V. et in Humbert, Flore de Madagascar, illustratae, a me publicantur.

(Si folia oblongo-obovata, apice subrotundato brevissime acuminata vide 2. *D. floribundum* var. *clavaefolium*).

++ Folia lanceolata, in medio latiora, apice acuta vel cuspidata, ad basin acuta vel subacuta.

× Petala 4 mm longa; pedicelli filiformes 4—5 mm longi 2. *D. floribundum* var. *glabrifolium*.

×× Petala 1,5—2,5 mm longa; pedicelli saepe parum crassiusculi et breves (1—2 mm). Vide etiam 6. *D. hybridum*.

— Racemi compacti; pedicelli sursum curvati, capsulae erectae; petala 1 mm lata; axis inflorescentiae parcissime pilosa 4. *D. humbertianum*.

= Racemi laxi; pedicelli divergentes et reflexi, capsulae nutantes; petala 0,5 mm tantum lata .... 5. *D. stenopetalum*.

1. **Dialypetalum compactum** A. Zahlb. in Fedde, Repert. Spec. Nov. IV (1907) 7. — Caules simplices, erecti, stricti, striati, in parte superiore parce et breviter ramosi, glabri sicut omnes aliae partes. Folia breviter (4—6 mm) petiolata, lanceolata, 12 cm longa et 2 cm lata, apice acuta, basi in petiolum angustata, margine dentibus callose apiculatis et antrorsum versis serrata, chartacea, glaberrima, suprema minora. Racemi numerosi, terminales et laterales, 3—6 cm longi, cylindracei, compacti. Pedicelli 2 mm longi, glabri, bracteis subulatis integris breviores. Calycis tubus turbinatus, lobi lanceolati, integri, glabri, 1 mm longi. Corolla luteola (?), regularis, 4 mm longa, petala ligulata, acuta, intus in basi villosula, secus glabra, replicata. Filamenta soluta, villosa, a corolla libera, 2 mm longa. Tubus anthereus caesio-pruinosus, glaber, 1 mm longus, antherae 2 breviores apice minute setulosae. Stigma longo tempore inclusum, brevissime bilobum. — Fig. 108 a.

Central-Madagascar: Tananarive, Mai 1881 (Hildebrandt n. 4095! — Typ. Hb. W.); Ambositra (Decary n. 14071! — Pa.); Antsirabe, Hautvallée de la Sahatany, 1300—1500 m, VII. (Humbert n. 4626! — Pa.).

var. **minoriflorum** E. Wimm. nov. var. — Racemi breves et simplices, compacti. Pedicelli 1 mm longi, ascendentes vel divergentes, multo breviores quam bracteae. Petala 1,5 mm longa. „Suffrutex circiter 1 m altus, flores virentes“.

Madagascar: Centralprov., Famaijankova nördlich von Antrikoba (Perrier n. 6966! — Typus Hb. Pa.); Umgebung von Ambositra, Mt. Antety auf Felsen, 1400—2200 m (Humbert n. 4722!).

f. **subpubescens** n. f. — Differt a varietate praecedente foliis parum angustioribus et minus distincte dentato-serratis, axibus racemorum et pedicellis subpubescentibus. Corolla 1,5 mm longa. Capsula subglobosa 3 mm longa. Fortasse hybrida inter *D. compactum* et *D. floribundum* var. *naniflorum*.

Centralteil, Ankaratra, 1600 m, fl. V. (Catat n. 353! — Pa.) — Alle endemisch.

2. **D. floribundum** Bentham in Hooker f., Icon. Pl. XII (1876) 68, t. 1178; Benth. et Hook. f., Gen. II (1876) 554. — Puberula, caulis lignescens, teres, fistulosus, praeter inflorescentiam simplex, striatus, alterne foliatus, 1,6—1,9 m altus. Folia lanceolata, 8—15 cm longa et 1,2—2,5 cm lata, basi in petiolum circiter 6 mm longum angustata, ad apicem sensim acuminata, margine dentibus callosis, adpressis crebris serrulata, membranacea, superiora sensim in bracteas abeuntia, subtus plerumque densius puberula. Inflorescentia thyrsoidea; flores numerosissimi parvi in racemis laxis axillaribus et terminalibus, singuli circiter 15 cm longi et versus basin iterum minores racemos gerentes, pedunculati (2—3 cm). Pedicelli filiformes, divergentes, 4—6 mm longi, puberuli, bracteis sublinearibus longiores. Calycis tubus obconicus, puberulus; sepala subulata, 2 mm longa. Petala aequalia, lanceolato-linearia, acuta, 4 mm longa, luteola vel dilute luteo-virentia vel albida,

glabra, intus in basi villosa. Stamina 3 mm longa; filamenta inter se libera, villosa, longitudine antherarum; tubus anthereus caesius, glaber, 2 earum apice parce setulosae. Stigma bilobum, subtus pilosum. Capsula bilocularis, subglobosa, puberula, 4 mm longa, nutans, semi-infera. Semina numerosa, subcompresso-ovoidea, fuscescentia, laevia, nitida, 0,5 mm longa. [1])

var. **floribundum.**

Madagascar: Central-Madagascar, Prov. Bezonzong, an Waldrand unter Gebüsch, II. (Bojer! sub „*Synphoranthera polystachya* Boj. Ms." — Hb. W.); Ost-Imerina, Andrangoloaka, Bachränder, XI. (Hildebrandt n. 3705! — W. Pa.); Tananarive (Waterlot n. 699! — Pa.); Angavo, östlich von Tananarive (Perrier n. 6960! — Pa.); Mt. Angavokely (Humbert n. 2239! — Pa.); Mt. Itrafanaomby (Ankazondrano) und südwestliche Vorberge (Humbert n. 13529? — Pa.); Massif des Ankaratra (Humbert n. 4587! — Pa.); Manjakatompo und Schluchten des Mandraka, Bassin des Morogoro (Decary n. 13346!, Humbert n. 2309, Perrier n. 15105! — Pa.); Ankaizinana (Decary n. 1992! 2052! — Pa.). — Ost-Madagascar, Prov. Farafangana, Befotaka und Massif des Ikongo (Decary n. 4725! 5741! — Pa.); Haut vallée de la Rienana, Bassin du Matitana (Humbert n. 3537!); Sambirano, Maromandia (Decary n. 1106! — Pa.); ohne nähere Ortsangabe (Baron n. 1131!; Bojer!; Goudot!).

var. **naniflorum** E. Wimm. nov. var. — Flores duplo minores: pedicelli 2—3 mm longi, bracteis breviores; sepala subulata 1 mm longa; petala vix 2 mm longa, virentia vel coeruleo-virentia vel albida, linearia, acuta; filamenta inconspicua; tubus antherarum 1 mm longus; stylus fere longitudine petalorum. Racemi simplices vel parce ramulosi, angustiores, plerumque etiam minus laxi.

Madagascar: Centralteil: Montagnes entre le Haut Sambirano et le Haut Maivarano (entre Mangindrano et Amponompia), forêt ombrophile sur latérite de gneiss, 1400—1800 m, XI. (Humbert n. 18125! — Typus Hb. Pa.); Ankaratra (Catat n. 353! Louvel n. 1 — Pa.); Mandraka (Waterlot!); Antsirabe, Massif des Andringitra (Perrier n. 6959! 6964! 4461!); Ambatolaona, östliches Hochplateaux (Decary n. 5914); Massif de l' Ivakoany (Centre-Sud), pentes orientales du massif, Cretes gneissiques et ravins en forêt ombrophile, 1250—1550 m, XI—XII. (Humbert n. 12227! — Pa.); Massif de l' Andohahelo (Sud-Est), vallée de Ranohela, forêt sur latérite de gneiss, 1200—1800 m, X. (Humbert n. 6087! — Pa.); route de Manjankandriana à Mouramanga (Alleizette!). Ost: Haut bassin de la Sahadraonomby, affl. du Mangoro, bois gneiss, XI. (Perrier n. 3906!); Massif de l' Ikongo, forêt (Decary n. 5778! — Pa.). — Nom. vulg.: „*Tsiodany*" (Louvel).

var. **glabrifolium** E. Wimm. nov. var. — Folia lanceolata, utrinque glaberrima. Racemi laxi. Petala 4 mm longa, patentia, basi vix pilosa. Stamina videntur parum breviora quam in var. *floribundum.*

Central-Madagascar: Massif de Tsaratanana, 2000 m (Perrier n. 16109! — Pa.).

var. **clavaefolium** E. Wimm. nov. var. — Caulis glaber. Folia glaberrima, oblongo-obovata, 4—5,8 cm longa, 1,3—1,8 cm lata, ad basin cuneata et in petiolum brevissimum angustata, apice subrotundato brevissime acuminata. Racemi laxi, pubescentes. Petala 4 mm longa et cetera ut in var. *floribundum.*

Central-Madagascar: Massif de Tsaratanana, 2200 m, IV. 1924 (Perrier n. 16423! — Pa.). — Alle endemisch.

3. **D. montanum** E. Wimm. nov. spec. — Planta frutescens, erecta, circiter 1—2 m alta. Caulis teres, striatus, glaber, foliatus. Folia alterna, membranacea,

[1]) Clavis varietatum jam supra in clave specierum communicata est.

glaberrima, nitentia, oblanceolata, latiora supra medium, 6,5 cm longa et 1,3 cm lata (inferiora non visa verisimilter majora), basi in petiolum brevem angustata, apice acuta, margine dentibus callosis antrorsum versis serrulata, nervi subtus prominentes, venae leviter visibiles. Inflorescentia thyrsoidea: racemus terminalis, et racemi laterales axillares multi, simplices, interdum secundi, 3—5 cm longi; axis racemorum puberulus. Flores multi, parvi, pedicellati, bracteati. Bracteae lanceolatae, glabrae, integerrimae, quam pedicelli duplo longiores. Pedicelli filiformes, hirsuti, patentes, 2 mm longi, minute bibracteolati. Hypanthium oblongo-campanulatum, glabrum, 1,5 mm longum, decem-nervatum; lobi calycini 5 sublanceolati, integerrimi, glabri, patentes, 2 mm longi. Corolla regularis, 5-petala, glabra; petala lanceolato-linearia, acuta, subarcuato-patentes, 4 mm longa. Stamina 5 sunt 2 mm longa; filamenta pro maxima parte inter se libera, subpubescentia; antherarum tubus glaber, longitudine filamentorum, 2 antherae parum breviores apice setulis paucis munitae. Ovarium biloculare, placentis 2 centralibus, ovula numerosa. Capsula matura non visa.

Madagascar: Centralteil, Mt. Tsaratanana, rocailles, 2600 m, fl. IV. (Perrier n. 16424! — Hb. Pa.). — Endemisch.

A simili *D. floribundo* distinguitur foliis oblanceolatis, glaberrimis, nitentibus; racemis simplicibus (saltem in frustulis a me visis), bracteis glaberrimis, pedicellis duplo brevioribus, calycis tubo oblongo-obconico, petalis (in sicco) subarcuato-patentibus.

4. **D. humbertianum** E. Wimm. nov. spec. — Caulis 1—2 m altus, erectus, fortasse simplex (si inflorescentiam excipis), teres, amplo-fistulosus, glaber. Folia membranacea, nitida, glaberrima, brevi-petiolata (5—8 mm), lanceolata, in medio latiora, 6—9 cm longa et 1,1—1,4 cm lata, ad extremitates angustata, acuta, margine dentibus callosis sursum curvatis confertis munita, versus basin plus minus integra; nervi secundarii subtus prominentes decem fere utrinque, reticulato-venosa. Inflorescentia thyrsoidea, circiter 70 cm longa: racemi multi, in specimine nostro fructificante fere compacti, basin versus subramulosi; pedunculi racemorum 4—5 cm longi, paucis foliis parvis praediti, axillares, racemi ipsi 4—7 cm longi. Bracteae florum numerosorum foliaceae, sed minus denticulatae et glabrae, lanceolatae usque lineares, flores circiter aequantes. Pedicelli crassiusculi, sursum curvati, glabri, (dum axis racemorum parce pubescens), 1—2 mm longi, versus basin minute bibracteolati. Calycis receptaculum obovoideum, decem-nervatum, glabrum; lobi subulati, 1 mm longi. Petala libera, lanceolato-linearia, acuta, 2 mm tantum longa, glabra. Filamenta pro maxima parte inter se libera, pubescentia, tam fere longa quam antherarum glaber tubus. Stylus filiformis, stigmate bilobo terminatus; lobi stigmatis fere orbiculares, divergentes, subtus pilosi. Capsula bilocularis, bivalvis, ellipsoidea, erecta, semi-infera, 3 mm longa. Semina compresso-oblonga, dilute fusca, circiter 0,8 mm longa.

Madagascar: Centralteil, Umgebung von Ambositra, Mt. Vatomavy, auf kieselartigem Felsen, 1500—1870 m, fr. VII. (Henry Humbert n. 4785! — Hb. Pa.). — Endemisch.

Ab affini *D. compacto* differt flore duplo minore et imprimis fructu alio, erecto.

5. **D. stenopetalum** E. Wimm. nov. spec. — Caulis erectus, teres, fistulosus, subramosus, glaber, 1—2 m altus. Folia membranacea, vix nitida, glaberrima, lanceolata, 7—15 cm longa, 1,8—2,5 cm lata, basi acuta, cum petiolo circiter 1,5 cm longo, ad apicem acutum sensim angustata, margine dentibus callosis appressis antrorsum versis munita, subtus subpallida, nervi prominentes secundarii 7—9 utrinque, venae visibiles. Flores minuti, numerosi, dispositi in racemum longum compositum e multis racemis iterum versus eorum basin ramulosis et circiter 11—13 cm longis et pedunculatis; pedunculi axillares, nudi, 5—6 cm longi, folia floralia minora quam caulina. Bracteae florum lineares, puberulae, longitudine fere pedicellorum. Pedicelli filiformes, 2 mm longi, puberuli, patentes vel saltem in fructu nutantes. Calycis receptaculum turbinatum, glabrescens; lobi calycini anguste triangulares,

acuti, vix 1 mm longi. Petala coërulescentia linearia, acuta, glabra, patentia, 2 mm longa et 0,5 mm lata, unde nomen plantae. Stamina 1,5 mm longa; filamenta videntur soluta, parce pubescentia et vix longiora quam tubus glaber antherarum. Stylus stigmate bilobo terminatus, demum e tubo antherarum longius exsertus. Capsula bilocularis, globoso-obovoidea, cernua, glabra, decem-costata, fere infera, 5 mm longa, valvis 2 ovatis apice dehiscens. Semina numerosa, subcompresso-ovoidea, fusca, circiter 0,8 mm longa.

Madagascar: Westteil, Massif de Manongarivo, 1700 m, Rand der Gebirgsbäche, fl. IV. (Perrier n. 3822! — Hb. Pa.). — Endemisch.

Dialypetalo floribundo var. *nanifloro* simile differens ab eo caule et foliis glabris, petalis angustissimis, bracteis glabris.

6. **D. compactum × D. floribundum (D. hybridum).** — Specimina huc spectantia accedunt racemis plus minus compactis *Dialypetalo compacto*, sed folio et axe racemorum pubescentibus *Dialypetalo floribundo* vel alia specimina praestant racemis laxis ut in *D. floribundo* et foliis glabris ut in *D. compacto.*

„Flores pallide virides" (Humbert) vel „virentes, odore minus agreabili" (Decary).

Madagascar: Montasoa (bordure Est des Hauts Plateaux), 1400—1600 m, 13. XI. 1927 (Decary n. 6110! — Hb. Pa.); Prov. Tananarive, Distr. Mangakandriana, Angavo, X. (Waterlot n. 598! 699! 1019!); Environs de Fort-Dauphin, Mt. Oniva (Taviala) au Nord de Ranopitso, 200—1000 m, IX. (Humbert n. 5874! — sp. fruct. capsulis cernuis); Pic d' Ivohibe (Bara), restes de forêts, 1500—2000 m, XI. (Humbert n. 3214! — sp. fruct.). — Alle Hb. Pa., endemisch.

Subtribus II. Phyllocharinae E. Wimm.

Phyllocharinae E. Wimm. in Annal. Naturhist. Mus. Wien LVI (1948) 372. — Flores epiphylli, pedunculi e nervo mediano folii nati, uniflori; corolla bilabiata, lobi 2 superiores labium inferius manifeste superantes. Tubus corollae in dorso fissus. Gynaeceum bilocularis.

Genus unicum, Novo-Guineam inhabitans.

18. Phyllocharis Diels.

Phyllocharis Diels in Engler, Bot. Jahrb. LV (1919) 122, a. 1917 publ. — Calyx ovario adnatus, limbo quinquepartito. Corolla in dorso usque ad basin fere longitudinaliter fissa, bilabiata, labia valde inaequalia; segmenta 2 superiora profunde soluta, angusta, divergentia, labio inferiore trilobo multo longiora. Stamina in tubum connata; filamenta basi disjuncta, a corolla libera; antherae orificio nudae vel 2 minores setulosae. Gynaeceum bilocularis, stylus filiformis, stigma bilobum. Capsula 2 valvis apice loculicide dehiscens, polysperma. — Herbae tenerae, humiles; folia alterna; flores solitari-axillares, pedunculati, epiphylli.

Species 3 silvarum Novo-Guineae incolae.

Clavis specierum.

A. Folia oblonga, setaceo-denticulata; lobi corollae 2 superiores labio inferiore subduplo longiores .... 1. *Ph. oblongifolia.*

B. Folia ovata vel elliptica, dentata; lobi superiores labium majus dimidio circiter superantes.

I. Folia basi acuta, subtus puberula .... 2. *Ph. schlechteri.*

II. Folia basi cordata usque truncata, glaberrima .... 3. *Ph. subcordata.*

1. **Phyllocharis oblongifolia** Diels l. c. c. fig. — Herbacea, caulis basi radicans, subglaber. Folia 10—35 mm longe petiolata, elliptico-oblonga, 6—7,5 cm longa,

2,3—3 cm lata, apice acuminata, basi subinaequilateralia, margine fere integerrimo nervis productis calloso-fimbriata, tenuiter membranacea, subglabra. Pedicelli circiter 5 mm longi, uniflori, in medio fere nervi mediani orientes. Calycis receptaculum obovoideum, quinquecostatum, subglandulaceum, 2 mm longum; lobi sublineares, acuti, 2—3 mm longi, parce glanduloso-dentati. Corolla valde irregularis, tubo brevissimo, lobis 2 superioribus (posticis) circiter 9 mm longis et 0,5 mm latis, sublinearibus acutis, labio inferiore subduplo longioribus; lobis 3 inferioribus (anticis) ovato-triangularibus, usque ad medium fere labii liberis, 4 mm longis, intus laevibus haud papillosis, nonnisi supra basin barbatis. Semina minuti-verruculosa. — Fig. 108 c.

Nordöstliches Neu-Guinea: Udu, in Wäldern, ungefähr 300 m, blühend und frucht. März 1908 (R. Schlechter n. 17445 — sp. orig. Hb. Berl.).

2. **Phyllocharis schlechteri** Diels l. c. 124 c. fig. — Caules plures, procumbentes, radicantes, 10—20 cm longi, superne pubescentes. Folia petiolata, ovata vel elliptico-oblonga, 2—5 cm longa, 1,5—2,5 cm lata, basi in petiolum 6—15 mm longum breviter angustata, apice acuta, margine callose denticulata, supra parcissime puberula, subtus in nervis prominentibus puberula. Flores singuli e nervo mediano circiter 15 mm supra basin folii nascentes, eorum pedunculi 5—6 mm longi. Calycis receptaculum turbinatum, pilosulum, lobi calycini 4 mm longi, sublineares, leviter ciliati, erecti. Corolla bilabiata, glabra, tubus 1 mm longus, lobi 2 superiores virentes, 7—8 mm longi, 0,5 mm lati, sublineares, acuti, lobi 3 inferiores ovato-acuti, 2 mm longi, violacei, in labium trifidum connati. Stamina 3 mm longa; antherae apice nudae, in dorso pilosulae. Stigma lati-bilobum. Capsula obovoidea, 6 mm longa. Semina laevia.

Nordöstliches Neuguinea: Bismarckgebirge, im Humus des Waldes, 1200 m, Nov. (Rudolf Schlechter n. 18620! — Hb. B.).

3. **Ph. subcordata** Merrill et Perry in Journ. Arnold Arboret. XXII (1941) 385. — *Ph. lamiifolia* E. Wimm. in Annal. Naturhist. Mus. Wien LVI (1948) 372. — Herba humilis, ramosa, glabra, inferne radicans, ad 16 cm alta. Folia 6—10 mm longe petiolata, ovata, 25—30 mm longa et 14—22 mm lata, apice acuta, basi cordata usque truncata, dentibus mucronulatis serrata. Flores solitarii e nervo mediano folii 2 mm supra eius basin nascentes. Pedunculi 4—5 mm longi. Hypanthium turbinatum, glabrum, vix 2 mm longum; lobi calycini lineares, obtusiusculi, 4 mm longi, glabri, erecti. Corolla „flava et viridis“ (Clem.), glabra, lobi 2 superiores lineares, 6 mm longi, labium inferius 3 mm longum, tridentatum. Stamina vix 2 mm longa; antherarum 2 minores apice biaristatae. Capsula obovoidea, infera, 4 mm longa. Semina ellipsoidea, verruculosa, pallidi-lutea, 0,6 mm longa. — Fig. 108 b.

Neuguinea: Prov. Morobe, Yoangen, feuchte Ufer, 1500 m. 18. VI. 1936 (Clemens n. 3426! — Hb. B.); Mt. Ako, Malolo Mission, Wald, 800 m, XI., Yunzaing, Ogeramnang, feuchter Bergwald, weit verbreitet, XII. (Clemens n. 4404 A! et sine no.! — Hb. B.).

Subtribus III. **Legenerinae** E. Wimm.

Legenerinae E. Wimm. nov. subtrib. — Ovarium et capsula unilocularia placentis parietalibus, capsula polysperma, apice duabus valvis brevibus dehiscens.

19. **Legenere** McVaugh

Legenere McVaugh in North Am. Fl. XXXII A (1943) 13. — Calycis tubus ovario adnatus. Flores solitarii in axillis foliorum. Corolla tubo in dorso fisso, lobi limbi quinquepartiti plus minus aequales, corolla interdum deficiens. Filamenta a corolla libera, connata. Antherarum 2 inferiores apice breviter ciliatae. Semina numerosa, laevia, nitida, minuta. — Herbae debiles, annuae. — Species typica *Howellia limosa* Greene. — 2 species americanae.

Clavis specierum.

A. Semina pauca, majora, ad 1,5 mm lg. .... L. *valdiviana*.
B. Semina multa, circiter 20, vix 1 mm lg. .... L. *limosa*.

1. **L. valdiviana** (Phil.) E. Wimm. n. c. — *Mezleria valdiviana* Philippi in Bot. Zeit. XXII (1864) 217. — *Lobelia valdiviana* Vatke in Linnaea XXXVIII (1874) 725. — *Howellia valdiviana* E. Wimm. in Annal. Naturhist. Mus. Wien LVI (1948) 373. — *Dortmannia valdiviana* O. Kuntze, Revis. Gen. II (1891) 973. — Caules ramosi e radice fibrillosa plures ascendentes, flaccidi, angulati, glabri, sparse foliati, florigeri per totam fere longitudinem, 15—35 cm alti. Folia sessilia, glaberrima, lanceolata usque oblonga et subcuneata, integerrima, obtusiuscula, basi angustata, 10—15 mm lg. et 2—3 mm lt. Pedunculi in axillis foliorum remotorum solitarii, patenti-ascendentes, glabri, ebracteolati, 5—10 (fr. 20) mm lg. Hypanthium anguste obconicum vel oblongum, 3—6 mm longum, lobi calycini anguste triangulares, circiter 1 mm longi. Corolla alba, 3—4 mm lg., bilabiata, lobi fere aequales, oblongo-obovati, labium inferius trifidum. Staminum tubus circiter 2 mm lg.; antherae 2 inferiores apice minute setulosae. Capsula oblongo-obconica, infera, sepalis coronata, apice 2 valvis minutis dehiscens. Semina placentis parietalibus affixa, pauca badia, laevia, oblonga. — Fig. 108 d.

Chile: Valdivia (Philippi! Pl. Chil. ed. Hohenacker n. 938! — Univ. W. Leningr.).

2. **L. limosa** (Greene) McVaugh l. c. — *Howellia limosa* Greene in Pittonia II (1890) 81; Man. Bot. S. Francisco Bay (1894) 228; Jepson, Man. Flow. Pl. Calif. (1925) 979. — Herba glabra, suberecta, plerumque ramosa, ad 30 cm alta. Folia remota, caulina mox decidua, sessilia, integerrima, folia floralia persistentia oblonga, 6—12 mm longa, 2—3 mm lata, obtusa vel subacuta, basi angustata sessilia. Flores solitarii in axillis foliorum, laxe dispositi. Pedicelli filiformes, fructiferi 11—30 mm longi, ebracteolati. Calycis tubus obconicus, eius lobi 5, triangulares, integerrimi, 1—1,6 mm longi, in floribus apetalis lobi 4—6. Corolla fere 4 mm longa, lobi oblongo-obovati, 2 mm longi. Tubus stamineus 2 mm longus, tubus antherarum solus 0,9 mm longus, 2 inferiores apice albo-apiculatae. Capsula obconico-oblonga. 6—9 mm longa, infera. Semina circiter 20, ellipsoidea, badia, nitida, vix 1 mm longa.

Kalifornien: Lower Sacramento Valley, fields near Elmira, margins of pools on plains near Suisun, V. 1890 (Greene! — B.); San Joaquin Valleys.

Subtribus IV. Unigeninae E. Wimm.

Unigeninae E. Wimm. in Annal. Naturhist. Mus. Wien LVI (1948) 373. — Capsula supera, unilocularis, monosperma, semine basifixo, valvis 2 semiglobosis dehiscens. Corolla bilabiata tubo in dorso fisso. — Herba humilis, foliis alternantibus *Lobeliae* similis.

Genus unicum, monotypum in Africa australi.

20. Unigenes E. Wimm.

Unigenes E. Wimm, in Annal. Naturhist. Mus. Wien LVI (1948) 373. — Calycis tubus inconspicuus lobis 5 aequalibus. Corolla bilabiata, tubo dorso fisso, lobis 5 subaequalibus. Stamina connata quam corolla breviora; antherarum 2 inferiores biaristatae. Stigma bilobum. Cetera ut supra. Habitu *Lobeliis* subgen. *Mezleriae* similis.

Unigenes humifusa (A. DC.) E. Wimm. in Annal. Naturhist. Mus. Wien LVI (1948) 374. — *Mezleria humifusa* A. De Candolle, Prodr. VII (1839) 351. — *Metzleria humifusa* Sonder in Harv. & Sond., Fl. Cap. III (1865) 533. — *Rapuntium pyg-*

Fig. 108. a *Dialypetalum compactum* 1/3: flos 4/1, androec. et stylus 6/1. — b *Phyllocharis subcordata* 1/1: flos et capsula ca. 2/1, semen 20/1. — c *Ph. oblongifolia*: corolla 2/1. — d *Legenere valdiviana* 1/1: corolla expl. 4/1, androec. 7/1, capsula 2/1, semen 10/1. — e *Unigenes humifusa* 1/1: flos ca. 5/1, corolla expl. 6/1, stamina duo inferiora et stylus ca. 10/1, capsula cum semine unico et post seminis disseminationem, semen 6/1. — Orig.

maeum Presl, Prodr. Monogr. Lobel. (1836) 22 et in Ecklon & Zeyher, Enum. (1836) 400, excl. syn. — *Dortmannia humifusa* O. Kuntze, Revis. Gen. II (1891) 972. — Herba tenera, glaberrima, caespitosa. Caules filiformes, prostrati vel ascendentes, ramosi, foliosi. Folia breviter late petiolata, late ovata usque elliptica, 3—6 mm longa, 2—5 mm lata, utrinque rotundata usque obtusa, margine 1—3 dentibus antrorsum versis munita, carnosula. Flores pauci in axillis foliorum superiorum solitarii. Pedicelli 3—8 mm longi, compressi, ebracteolati, folio breviores vel longiores. Calycis receptaculum subnullum vel late turbinatum, lobi calycini lanceolati, integri, 0,5 mm longi. Corolla 3 mm longa, alba; lobi aequilongi, 2 superiores sublineares, profunde soluti, lobi inferiores lanceolati, labium trifidum formantes, tubus intus pilosulus. Filamenta ad medium soluta, glabra, 1 mm longa. Antherarum tubus plumbeus, glaber vel pilosulus, 0,6 mm longus, 2 inferiores apice 2 setis et pilis brevissimis barbatae. Stigma bilobum, lobi ovati, patentes, subtus subpilosi. Capsula globosa, supera, unilocularis, monosperma, basi a sepalis persistentibus circumdata, 1 mm longa et lata, demum valvis 2 semiglobosis dehiscens. Semen ovoideum, basi subacutum, apice obtusum, albidum, tenuiter foveolatum, nitidum, 1,2 mm longum, 0,9 mm latum. — Fig. 108e.

Kap der Guten Hoffnung: Kapstadt (Spielhans! — Hb. B.); an etwas feuchten schattigen Stellen unter Felsen auf der Höhe des Tafelberges, XII. I. (Ecklon & Zeyher! n. 2486! Zeyher n. 106! 107! Ecklon! Drege! — Hb. Presl, Leningr., Del., B.); außertrop. Südafrika (Burchell n. 635! Hb. B.).

Subtribus V. **Apetahiinae** E. Wimm.

Subtrib. *Apetahiinae* E. Wimm. in Annal. Naturhist. Mus. Wien LVI (1948) 373. — Calycis tubus ovario verisimiliter basi tantum adnatus. Ovarium obconicum, fortasse primo semi-biloculare, demum in fructu uniloculare placentis parietalibus, 2 valvis bifidis dehiscens, polyspermum.[1]) Stigma (ex Baillon) capitatum, sed verisimiliter demum in lobos 2 divergens. Corolla tubulosa, limbo bilabiato, lobis 5 subaequalibus.

Genus unicum, non satis cognitum.

21. **Apetahia**[2]) H. Baillon.

Apetahia H. Baillon in Bull. Soc. Linn. Paris I (1882) 310, Hist. Pl. VIII (1886) 364; Drake del Castillo, Illustr. Fl. Ins. Maris Pacif. (1886—92) 30, 221; Fl. Polynes. Franc. (1893) 113; Schönland in Engler et Prantl, Die Natürl. Pflanzenfam. IV/5 (1894) 64; Dalla Torre et Harms, Gen. Siphonogam. (1900—07) 520, n. 8689. — *Sclerotheca* F. Brown, Fl. Southeast. Polynesia III (1935) 326. — Calyx limbo quinquepartito. Corolla tubo longiore in dorso fisso vel etiam integro ?, lobis 5 lanceolatis subaequalibus, bilabiatis. Stamina a corolla libera. Antherae apice nudae vel pilosae. Ovarium et capsula ut supra notatum. Semina rugosa. — Arbores parvae vel frutices. Folia alterna, integra. Flores solitari-axillares, pedunculati.

3 species notae habitantes in insulis Pacificis Polynesiae.

Clavis specierum.

A. Folia obovato-lanceolata, acuta vel subacuta.
  I. Corolla alba, fragrans, 7—8 cm longa .... 1. *A. raiateensis.*
  II. Corolla purpurea, 3,5 cm longa .... 2. *A. longistigmata.*
B. Folia obovata, ad basin cuneata, apice obtusa vel subretusa; corolla extus lutescenti-viridis, intus purpurascens, 2,5 cm longa .... 3. *A. margaretae.*

— [1]) Fructum speciei Baillon non satis cognovit dicens: „Fructus siccus (indehiscens ?)" Schönland l. c. designat eum ut baccam siccam, sed vix aliquem examinavit.
[2]) „Apetahi" — nomen apud incolas.

1. **Apetahia raiateensis** H. Baillon in Bull. Soc. Linn. Paris I (1882) 310; Drake del Castillo l. c. t. 9. — Frutex 1—2 m altus, lactescens, glaber. Rami spongiosi, cortice rugoso cicatricoso. Folia in apice ramorum congesta, coriacea, glaberrima, oblanceolata, 8—10 cm longa, 2—3 cm lata, apice acuta, ad basin in petiolum circiter 1 cm longum indefinitum interdum subpubescentem sensim angustata, in triente superiore dentibus antrorsum versis et callose apiculatis munita, ceterum integerrima. Pedunculi axillares, solitarii, uniflori, 1 cm longi, apice 2 bracteolis linearibus 16 mm longis, interdum ciliolatis ornati. Hypanthium obconicum, 10 mm longum; lobi calycini sublineares, acuti, integerrimi, basi interdum ciliati, 12—15 mm longi. Corolla alba, fragrans, 7—8 cm longa, tubus in dorso fissus (ex Baillon), sed mihi videtur tubus per longitudinem 4—5 cm integer (examinante corollam plantae typicae), 4 mm latus, intus subpilosus; limbus bilabiatus, lobi 2 superiores lanceolati, ad 30 mm longi, 8 mm lati; lobi inferiores labium tripartitum formantes, lanceolati, 22 mm longi. Filamenta circiter 45 mm longa, a corolla libera. Tubus antherarum 8 mm longus, glaber, apice nudus. Stigma videtur capitatum. Fructus (e specimine Temihani-Plateau) est capsula coriacea, obconica, 13 mm longa, apice valvis 2 bifidis dehiscens, unilocularis. Semina compressiuscula, ovalia, fusca, rugosa, 1 mm longa. — Fig. 109 a.

Insel Raiatea (Drake! — Hb. Kew); Temihani-Plateau, Dickicht in einem Hochmoor, 500 m, 5. X. 1934 (Harald St. John n. 17296! — Bishop Mus.). — „Kekealuke".

2. **A. longistigmata** (F. Brown) E. Wimm. in Annal. Naturhist. Mus. Wien LVI (1948) 373. — *Sclerotheca longistigmata* F. Brown, Fl. Southeast. Polynes. III (1935) 327, fig. 57 a—c. — Diagn. auct.: Frutex circiter 1 m altus, glaber. Caulis robustus, subramosus, cicatricosus. Folia in vertice ramorum congesta, subsessilia vel breviter (1 cm) petiolata, oblongo-obovata, 6—14 cm longa, 1,5—3,5 cm lata, subacuta, ad basin sensim attenuata, et integra, apicem versus denticulata, nervi laterales 10—20 utrinque, cum nervo medio angulum circiter 60° formantes. Pedunculi solitarii, axillares, 2—3 cm longi, sub medio 2 bracteolis ovato-lanceolatis circiter 1 cm longis praediti. Hypanthium turbinatum, circiter 17 mm longum, segmentis oblongis, 8—12 mm longis, obtusis. Corolla circiter 35 mm longa, tubus in dorso plerumque usque ad basin fissus, extus glaber, intus versus basin pubescens; lobi inaequales, sublineares, acuti, purpurei. Stamina a corolla libera, filamenta et antherae in tubum circiter 25 mm longum connata, antherae apice albo-barbatae. Capsula obovoideo-oblonga, ad 20 mm longa.

Marquesas-Inseln: Nukuhiva, Tovii (Toovii), ca. 800 m, 15. X. 1922 (Quayle n. 1312 (A, B), Typus, n. 1337, 1337 B). — Hivaoa, summit of Mount Ootua, 920 m, 10. V. 1929 (Mumford et Adamson n. 386). — Uapou, Tekahoipu, 700 m, 9. IX. 1922 (Quayle n. 1139). — Uahuka (Quayle n. 1756).

An fructus huius speciei revera bilocularis est, ut auctor scribit, dubito; verisimiliter semi-bilocularis et demum unilocularis, ut in specie praecedente. — Lobi stigmatis elongato-angusti in Lobelioideis rarissimi sunt et occurrunt nobis solummodo in genere ceterum valde diverso: *Monopsis*.

3. **A. margaretae** (F. Brown) E. Wimm. in Annal. Naturhist. Mus. Wien LVI (1948) 373. — *Sclerotheca Margaretae* F. Brown, Fl. Southeast. Polynes. III (1935) 326, fig. 57 d — f.—Frutex vel arbor ad 8 m altus et in basi 4 cm diametiens. Folia in vertice ramorum spiraliter disposita, obovata, 10—20 cm longa, circiter 7 cm lata, apice obtusa vel subretusa et mucronulata, ad basin in petiolum circiter 1 cm longum cuneatim angustata, margine in triente superiore calloso-dentata, ceterum integerrima, subcoriacea, glabra, nervo mediano prominente, nervis lateralibus planis. Flores solitarii in axillis foliorum summorum. Pedunculi circiter 25 mm longi, circiter in medio 2 bracteolis subulatis 10 mm longis ornati. Calycis tubus obconicus,

lobi subulati 10 mm longi, suberecti. Corolla lutescenti-viridis, intus purpurascens, in parte basali tubulosa, 15 mm longa; lobi anguste triangulares, circiter 10 mm longi, patentes. Filamenta a corolla libera. Antherarum 2 inferiores apice penicillatae. Stigma breviter bilobum. Capsula coriacea, obovoidea, unilocularis, circiter 20 mm longa, apice 2 valvis bifidis dehiscens. Semina gilva, subcylindrica, utrinque truncata, muricata, 0,9 mm longa (subglobosa 1 mm lg. ex auct.). — Fig. 109b.

Tubuai-Insel Rapa: Maitua, 160 m, Tal hinter Ahurei, 170 m. Stokee — Bish. M.).

Fig. 109. a *Apetahia raiateensis*: 1 flos cum folio fulcrante 1/1, 2 capsula matura calyce delapso 1/1, 3 capsula dissecta. — b *A. margaretae*: capsula cum reliquiis nervorum, semen 15/1. — c *Brighamia insignis* ca. 1/5, sec. photo Degener.

Subtribus VI. **Brighamiinae** E. Wimm. n. subtr.

Corolla tubo in dorso non vel parum fisso, lobis subaequalibus (subbilabiatis). Filamenta corollae adnata. Tubus anthereus orificio barbatus. Ovarium biloculare, fructus (primo videtur carnosus) fissuris lateralibus dehiscens.

Genusunum monotypum, habitu specioso singulari.

22. **Brighamia** A. Gray

Brighamia A. Gray in Proceed. Am. Acad. VII (1868) 185; Mann in Mem. Boston Soc. Nat. Hist. I (1868) 531; Hillebrand, Fl. Hawai. Isl. (1888) 235; Benth. & H. f., Gen. Pl. II (1876) 545; Baill., Hist. Pl. VIII (1886) 364; Schönland in Engler-Prantl, Natürl. Pflanzenfam. IV/5 (1894) 70; Dalla Torre & Harms, Gen. Siphonog. (1900—07) 520 n. 8705; Rock, Hawai. Lobel. (1919) 151. — Calycis tubus oblongo-cylindricus lobis 5 brevibus. Corolla hypocrateriformis, magna, tubo recto, angusto, longissimo, plus minusve integro, lobis 5 patentibus, fere aequalibus, in alabastro valvatis apicibus et marginibus inflexis, lobis 2 labii superioris profundius quam inferiores solutis. Filamenta connata et corollae in parte ventrali infra medium, in parte dorsali superius adnata. Antherae subinclusae apice barbatae. Stigma breviter bilobum. Ovarium biloculare placentis peltatis centralibus. Capsula in utroque latere 2 fissuris dehiscens. Semina ovoidea, minuta, numerosa, testa tenui laeva pallida. Embryo rectus albumine oleoso brevior. — Caulis crasso-carnosus, apice foliatus. Flores in racemis axillaribus.

Species 1 endemica Insularum Sandvicensium.

Brighamia insignis A. Gray apud Mann, Mem. Boston Soc. Nat. Hist. I (1868) 531, t. 23; Hillebr. l. c. ; Rock, Hawai. Lobel. (1919) 151, t. 22, 23, 74. — Caulis 1,5—4 m altus, simplex, rectus, conico-elongatus, carnosus, vertice foliis coronatus. Folia late ovata vel obovato-elliptica, 20—30 cm longa et 12—15 cm lata, apice subacuta vel rotundata et brevissime acuminata, basi in petiolum brevem vel brevissimum cuneata, margine integra vel remote plano-crenata, crasso-carnosa, diluti-viridia, nitida. Pedunculus axillaris 5—15 flores proferens, inferne nudus, 1,5—12,5 cm longus, crassus; pedicelli 0,5—2,5 cm longi, uniflori, bracteis dentiformibus deciduis instructi. Hypanthium oblongo-cylindricum, 12—14 mm longum, lobi eius lanceolati 3—8 mm longi. Corolla alba usque eburnea, odore violarum fragrans, tubus corollae 75—125 mm longus, 3—4 mm latus, in dorso vix fissus; lobi corollae late lanceolati usque elliptici acuti, basi angustati, circiter 22 × 9 mm, parum inaequales. Filamenta glabra, albida. Antherae 13 mm longae et in apice pilosulae. Capsula ovoideo-cylindrica 16—18 mm longa. — Fig. 109 c.

M o l o k a i : Meist auf steilen Felsen innerhalb der Meeresgischt-Zone oder auf den Rändern felsiger Schluchten, Pali of Halawa Valley (B r i g h a m; H i l l e b r a n d! R o c k n. 8817! 8817 a; F a u r i e n. 574; N e v i n n. 8817 b). — L a n a i : Maunalei Valley (R o c k). — K a u a i oder N i i h a u (R e m y n. 309). — „Alulu".

f. **citrina** Forbes & Lydg. in Occas. Pap. Bish. Mus. VI (1917) 11. — Corolla citrina, lobi eius intus diluti-lutei.

K a u a i : Haupu-Gebirge nahe der Nawiliwili Bay (F o r b e s n. 706 K).

Succus plantae aquosus, non lacteus ut in aliis Lobelioideis Hawiiensibus. — Planta ab incolis in hortis prope littus colitur. — Nomen incolarum: „*Puaala*".

Species flore similis est *Laurentiae* (*Isotomae*) *longiflorae* Endl., sed inflorescentia et fructu valde ab ea distat.

Subtribus VII. **Howelliinae** E. Wimm.

Howelliinae E. Wimm. in Annal. Naturhist. Mus. Wien LVI (1948) 372. — Trib. *Clintonieae* Presl, Prodr. 43 p. p. Ovarium et capsula bi- vel unilocularia placentis parietalibus, capsula r i m i s l a t e r a l i b u s disrumpens. Tubus corollae brevis integer vel in dorso fissus aut corolla interdum deficiens. — Herbae annuae, debiles, partim subsucculentae, folia alternantia.

C l a v i s r a m o r u m.

A. Flores solitarii in axillis foliorum, apud *Downingiam* saepe racemose vel corymbiformiter dispositi. . . . . Ramus 1. *Calanthes.*

B. Flores fasciculati in pedunculo axillari. Afr. . . . . Ramus 2. *Phoebigena.*

Ramus I. **Calanthes** E. Wimm.

Calanthes E. Wimm. n. ramus. — Flores in axillis foliorum solitarii.

A. Corolla, si evoluta, in dorso fissa lobis fere aequalibus. Capsula unilocularis, paucisperma .... Subramus 1. *Euhowellia.*

B. Corolla tubo brevi integro lobis inaequalibus. Capsula bi- vel unilocularis, plurisperma .... Subramus 2. *Apedes.*

Subramus 1. **Euhowellia** E. Wimm.

Euhowellia n. subramus. — Diagnosis ut supra.
Genus monotypum, americanum.

23. Howellia A. Gray

Howellia A. Gray in Proceed. Amer. Acad. XIV (1879) 25, XV (1880) 43, Synopt. Fl. N. Amer. II/1, suppl. (1886) 394; Greene, Man. Bot. S. Francisco Bay (1894) 228; Schönland in Engler & Prantl, Die natürl. Pflanzenfam. IV/5 (1894) 70; Dalla Torre & Harms, Gen. Siphonogam. (1900—07) no. 8707; Rydberg, Fl. Rocky Mts. (1922) 825. — Calycis tubus ovario adnatus, limbus quinquepartitus. Corolla minuta, bilabiata, tubo superne fisso, lobis 5 subaequalibus, corolla plantae submersae rudimentaria. Filamenta a corolla fere libera. Antherarum 2 inferiores apice setulosae. Gynaeceum uniloculare placentis parietalibus, plerumque paucispermum. Capsula membranacea, pedunculata, lateraliter dehiscens. Semina pro tribu magna.

1. **Howellia aquatilis** A. Gray in Proceed. Amer. Acad. XV (1880) 43, Synopt. Fl. N. Amer. l. c.; Rydberg l. c.; Jepson, Man. Flow. Pl. Calif. (1925) 979; McVaugh, Lobelioid. in N. Am. Fl. XXXII A/I (1943) 14. — Herba tenera, aquatica, partim submersa. Folia submersa alterna vel verticillata, flaccida, filiformia, 1—5 cm longa, minus 1 mm lata, emersa folia lanceolato-linearia, breviora, nervis 3 longitudinalibus, omnia versus apicem denticulata, sessilia, glabra. Flores solitari-axillares, brevi-pedunculati, submersi rudimentarii vel cleistogami, flores emersi evoluti. Calycis tubus lineari-clavatus, 3—4 mm longus, minus 1 mm latus, lobi calycini sublineares, 1—2 mm longi, acuti vel obtusiusculi, patentes. Corolla alba, circiter 3 mm longa, lobi fere aequales, oblongi. Stamina a corolla libera; antherae albidae, apice nudae vel (ex Gray) 2 minores trisetulosae. Stigma brevi-bilobum. Capsula lineari-oblonga, apice basique acuta, subcurvata, sepalis coronata, 6—10 mm longa, ultra 1 mm lata, plerumque bisperma, latere dehiscens. Semina lineari-oblonga, 3 mm longa, rubiginosa, laevia. — Fig. 110 l.

Westliches Nordamerika: Oregon: Sauvie's Island, April, Mai, seichte Teiche an Holzbalken (Thomas Howell! — Hb. De Candolle); Waldteich bei Salem, VI. (J. C. Nelson n. 5075! — Hb. B.); Laurie's Island, in Teichen und im Schlamm am Rand derselben (Henderson n. 592! — Hb. B.). — Idaho: Koolmai Co., Spirit Lake, VII. (Dougal n. 669! — Hb. Stkh.); Kootenai Co., flutend in subalpinen Seen, Tal des Lake Tesemini (Sandberg, Dougal & Heller n. 699! — Hb. DC.).

Subramus 2. **Apedes** E. Wimm.

Apedes E. Wimm. n. subramus. — Flores solitari-axillares racemose vel corymbiformiter dispositi, sessiles, corollae tubus brevis integer, lobi corollae inaequales. Capsula bi- vel unilocularis, plurisperma.

Genus unicum, americanum.

24. Downingia Torr.

Downingia[1]) Torrey in Explorat. Railroad Route fr. Mississippi to Pacif. Ocean Report. Bot. IV (1856) 116; A. Gray, Bot. Calif. I (1876) 444 et Synopt. Fl. N. Amer. II/1 (1886) 8; Benth. & Hook. f., Gen. Pl. II (1876) 549; Baillon, Hist. Pl. VIII (1886) 366; Schönland in Engler & Prantl, Natürl. Pflanzenfam. IV/5 (1894) 70; Nicholson, Dict. Horticult. II (1895) 235; Jepson, Man. Flow. Pl. Calif. (1925) 977; Internat. Rul. 3. ed. (1935) sub Nom. Gen. Conserv.; McVaugh, Monogr. Downingia in Mem. Torr. Bot. Club XIX No. 4 (1941) 13; N. Am. Fl. XXXII A (1943) 15. — *Clintonia*[2]) Douglas in Lindley, Bot. Reg. XV (1829) t. 1241, non Raf. (1818); G. Don, General Syst. Gard. a. Bot. III (1834) 717 excl. *C. Bergiana*; Presl, Prodr. Monogr. Lobel. (1836) 45; Reichenbach, Handb. (1837) 136; Endlicher, Gen. (1838) 510; Meisner, Pl. Vasc. Gen. (1836—43) 240; Gay, Hist. Chile Bot. IV (1849) 322. — *Bolelia*[3]) Rafinesque, Atlant. Journ. (1832) 120; Greene, Pittonia II (1890) 124, Man. Bot. S. Francisco Bay (1894) 228; O. Kuntze, Revis. Gen. II (1891) 378; Uphof, Pflanzengatt. (1910) 23; Rydberg, Fl. Rocky Mount. (1922) 825. — *Gynampsis* Raf., Herb. Raf. (1833) 48 et Fl. Tellur. III (1836) 5. — *Wittea*[2]) Kunth in Abhandl. Akad. Berl. (1848) 32. — *Wittia*[2]) Kunth, Enum. Pl. V (1850) 156.

Flores sessiles. Hypanthium ovario adnatum, anguste lineare, pedunculiforme, saepius tortum; limbus pentaphyllus subaequalis. Corolla bilabiata, tubo brevi integro, labiis patentibus inaequalibus, labio majore trilobo, ± deflexo; labio superiore minore bifido. Capsula chartacea, bi- vel unilocularis, placentis 2 axillaribus vel parietalibus, apice non dehiscens, sed lateraliter 3—5 rimis dehiscens. Semina numerosa, fusiformia, 0,7—1 mm longa Embryonis structura singularis: Cotyledones nullae (ex Greene). Folia alternantia, sessilia plerumque lanceolata. — Herbae annuae, carnosulae, erectae vel decumbenti-ascendentes. Flores solitarii in axillis foliorum superiorum, saepe racemose vel corymbiformiter dispositi.

Species 11 inter se valde similes saepe aegre tantum distingui possunt, una in Chile, reliquae in America Boreali occidentali locos paludosos, udos, lacunas exsiccantes inhabitantes.

Plantae ornamentariae, imprimis *D. elegans* et *D. pulchella* sub antiquo nomine *Clintonia* coluntur.

Clàvis specierum.

A. Corollae labium majus tridentatum vel trilobum, plus minusve concavum et porrectum, lobi ovati acuti antrorsum versi.
  - I. Lobi calycis corollam parvam 2—6 mm longam superantes.
    - a. Corolla alba, 2—3 mm longa, semina obliqui-transverse subtiliter lineata, herba erecta, 3—6 cm alta; Chile . . . . 1. *D. pusilla.*
    - b. Corolla coerulescens vel purpurascens cum centro albo vel luteo et basi purpureo-maculata, 4—6 mm lg., semina laevia . . . . 2. *D. laeta.*
  - II. Lobi calycis distincte breviores quam corolla 6—20 mm longa; tubus anthereus ab axi filamentorum sub angulo fere recto declinatus.
    - 1. Ovarium et capsula bilocularia; tubus anthereus cinereo-albidus, dense papillosus (sub bona lente), supra 1 mm diam.; florens temp. vernali 3. *D. insignis.*
    - 2. Ovarium et capsula unilocularia, tubus antherarum caesius, albidostriatus, sublaevis, vix 1 mm diam.; florens aestate . . . . . 4. *D. elegans.*

---

[1]) Andrew Jackson Downing, eminens hortulanus e New York.
[2]) Dewitt Clinton, administer publicus, naturae investigator et philosophus.
[3]) Anagramma vocis *Lobelia.*

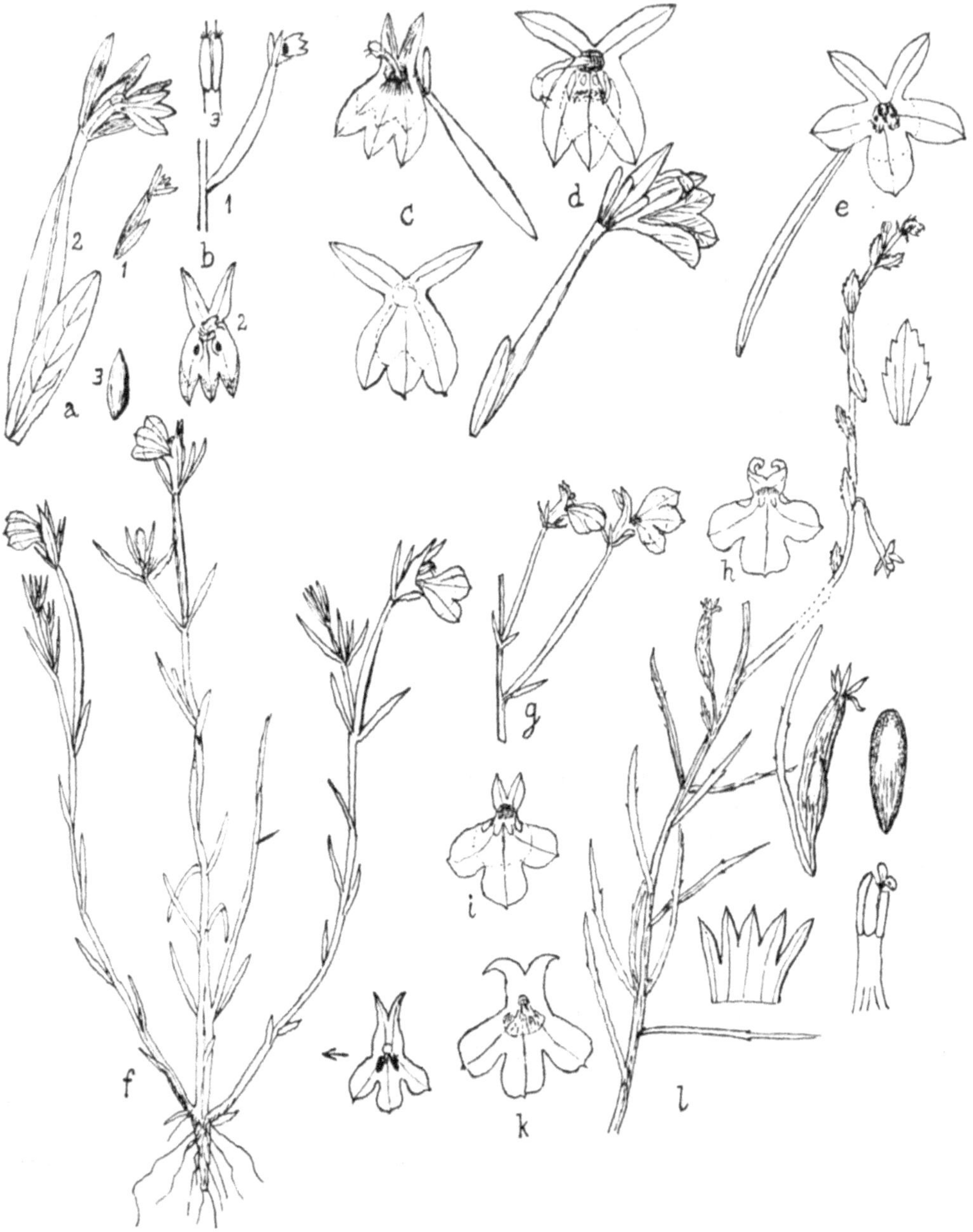

Fig. 110. *Downingia*: a *D. pusilla*: 1 flos 1/1, 2 idem auctus, 3 semen 10/1. — b *D. laeta*: 1 flos 1/1, 2 corolla a fronte, 3 antherae duae inferiores. — c *D. elegans*: flos et corolla a fronte 1/1. — d *D. insignis*: flos a latere et a fronte 1/1. — e *D. pulchella*: flos 1/1. — f *D. montana* 1/1: corolla a fronte. — g *D. cuspidata*: pars inflorescentiae 1/1. — h *D. ornatissima*: corolla a fronte 1/1. — i *D. bicornuta*: corolla a fronte 1/1. — k *D. concolor*: corolla a fronte ca. 1/1. — l *Howellia aquatilis* ca. 1/1: fructus 3/1, semen 5/1, corolla explicata et androeceum cum stigmate, aucta. — Orig.

B. Labium majus corollae tripartitum vel trifidum, plus minusve planum, deflexum, lobi obovato-oblongi usque obcordati, patentes; tubus anthereus cum filamentis continuus vix vel paulo divergens.

I. Labium superius corollae circiter $^3/_4$ fissum, lobi valde divergentes; tubus antherarum versus apicem plus minusve angustatus ...... 5. *D. pulchella.*

II. Labium superius corollae circ. $^1/_3$ (raro $^1/_2$) fissum, lobi erecti vel reclinati, paralleli vel paulo divergentes.

a. Ovarium et capsula bilocularia; sinus inter duo labia et inter lobos superiores corollae fere aeque distantes a basi corollae.

1. Tubus corollae intus in latere ventrali plus minus pilosus.

° Labium majus 4 corniculis purpureis insigne; duae setae antherarum inferiorum saepe longae et contortae .... 6. *D. bicornuta.*

°° Labium inferius basi 2 gibbis et ad sinum lateralem 2 plicis luteolis ornatum et insuper apex fissurae labii superioris cornuformiter protractus; setae antherarum singulae, non contortae 7. *D. ornatissima.*

2. Tubus corollae intus glaberrimus.

+ Semina lineis obliqui-transverse currentibus praedita (quasi obliqui-tortuosa); corollae labii inferioris basis lutea sine macula purpurea .... 8. *D. cuspidata.*

++ Semina subtiliter longitudinaliter lineata; labium inferius corollae basi purpureo-maculata .... 9. *D. concolor.*

b. Ovarium et capsula unilocularia.

1. Antherae versus apicem vulgo pilosae; semina lineis longitudinalibus subtilibus munita .... 10. *D. montana.*

2. Antherae glabrae vel parce pilosae; semina laevia nitida sine lineis 11. *D. yina.*

1. **Downingia pusilla** (Poepp.) Torr. in Bot. U. S. Explor. Exped. II (1857) 375; Spegazzini, Nov. Add. Fl. Patag. II (1902) 28, Repr.; McVaugh in Mem. Torr. Bot. Club XIX, No. 4 (1941) 35, N. Am. Fl. XXXII A/I (1943) 20. — *Lobelia pusilla* Poeppig diar n. 731 ex Cham. in Linnaea VIII. (1833) 217; Reiche, Fl. Chile V (1910) 66. — *Clintonia pusilla* G. Don, Gen. Syst. III (1834) 718; Presl, Prodr. Lobel. (1836) 45; A. De Candolle, Prodr. VII (1839) 347; Gay, Hist. Chile Bot. IV (1849) 323. — *Bolelia pusilla* Greene in Pittonia II (1890) 126. — *Downingia humilis* Greene, Leafl. Bot. Obs. II (1910) 45. — *B. humilis* Greene, Pittonia II (1890) 226 et Man. Bot. S. Franzisco Bay (1894) 229; Jepson, Man. Fl. Pl. Calif. (1925) 979. — Herba pusilla, glaberrima. Caulis erectus, subsimplex, crassiusculus, 3—10 cm altus. Folia sparsa, sessilia, lineari-lanceolata, integra, 2—5 mm longa et 0,6—1 mm lata, apice obtusiusculo, floralia parum majora. Flores sessiles, 2—5, solitarii in axillis foliorum superiorum. Calycis tubus anguste subcylindricus, pedunculum mentiens, 8—20 mm longus, folio fulcrante duplo et ultra longior; sepala foliacea, sublanceolata, obtusiuscula, integra, erecta, 3—8 mm longa, subinaequalia. Corolla alba, 2—4 mm longa, labia fere aequilonga; lobi 2 superiores lanceolati, erecti; labium inferius trilobum, lobis oblongo-acutis, 0,5 mm longis. Stamina quam corolla breviora. Antherae 2 inferiores apice penicillatae et biaristatae. Capsula bilocularis, linearis, recta vel leviter curvata, 10—25 mm longa. Semina oblonga, utrinque acuta, fusca, subtiliter obliqui-transverse lineata, nitida, 0,9 mm longa. — Fig. 110a.

Chile: Südteil, Mirigue, an sumpfigen und ausgetrockneten Stellen der Anden, in der Talniederung des Antuco, Dez. 1828 (Poeppig, Coll. Pl. Chil. III n. 171! diar. n. 731 — Hb. Wien, Presl); sandige Stellen an einem Sumpf bei Panguepoulli, Febr. (W. Lechler, P. Chil. ed. Hohenacker n. 1400! — Hb. Del., Gött., Stockh.); Colchagua (Bridges n. 169! — Hb. N. Y.); Chillan (Ph. Germain! Philippi!); Dorf Los Sances, Nov. (P. Dusén!); Patagonien (Spegazz.).

Kalifornien: Sonoma Co., nasse Felder (Bioletti! — Typus pro *D. humilis*); Napa Co., Napa (Heller & Brown n. 5362! — Hb. Wash., Del.).

2. **D. laeta** Greene, Leafl. Bot. Observ. II (1910) 45; McVaugh in Mem. Torr. Bot. Club XIX No. 4 (1941) 43, f. 8, 9; N. Am. Fl. XXXII A (1943) 22. — *Bolelia laeta* Greene in Erythea I (1893) 238. — *D. brachyantha* A. Nelson & Macbr. in Bot. Gaz. LV (1913) 382. — *Bolelia brachyantha* Rydberg in Mem. N. Y. Bot. Gard. I (1900) 458 et Fl. Rocky Mount. (1922) 825. — Caulis erectus, simplex, glaber, sparse foliatus, pauciflorus, 5—20 cm altus. Folia sessilia, lineari-lanceolata, obtusiuscula, ad 10 mm longa et ca. 1 mm lata, floralia parum majora. Flores 2—5, solitari-axillares, sessiles. Calycis tubus 10—40 mm longus, lobi eius lineari-lanceolati, obtusiusculi, 3—7 mm longi. Corolla 4—6 mm longa, dilute coerulea vel purpurascens tubo brevissimo, lobis superioribus lanceolatis, ascendentibus, minoribus, labio inferiore cum centro luteo et in basi transversa macula purpurea, usque ad medium fisso in lobos ovato-acutos apice azureos. Stamina 3—4 mm longa; antherae 2 inferiores apice 2 setis et pilis brevissimis munitae. Fructus 20—40 mm longus. Semina fusca, subtilissime obliqui-transverse lineata. — Fig. 110 b.

Vereinigte Staaten N. Am.: Nevada: Humboldt Wells, 6. VII. 1893 (Greene! — Hb. Univ. Calif., Berl.); Elko Co., auf Wiesen bei Deeth, 1600 m, VII. (A. A. Heller n. 10555! — Hb. Wash., Del.); Washoe Co., Glendale, Sparks, 28. VI. 1907 (P. B. Kennedy n. 1571! Heller & Kennedy n. 8653! — Hb. Wash. Del.); Ormsby Co., Eagle Valley, 1446 m (C. F. Baker n. 1057! — Hb. Wash.); — Idaho: Bears Lake am schlammigen Ufer, VIII. (Henderson n. 4821! — Hb. Wash.). — Ost-Oregon: Harney Valley, auf überflutetem Land, VI. (Cusick n. 2602! — Hb. Del. Wash.). — Kalifornien: Upper Mojave River, 6. VI. 1861 (J. G. Cooper! — Hb. Wash.); Modoc Co., Fort Bidwell, Gräben, Rand des Alkali Lake (M. H. Manning n. 327!).

Außerdem gefunden in Utah, Wyoming, Montana und Saskatchewan (Siehe McVaugh, Monogr. Generis *Downingia* l. c. [1941] 44).

3. **D. insignis** Greene, Pittonia II (1890) 80; McVaugh, *Downingia* in Mem. Torr. Bot. Club XIX No. 4 (1941) 40, N. Am. Fl. 32 A (1943) 21. — *Bolelia insignis* Greene l. c. 126 et Man. San Francisco Bay (1894) 228. — Herba annua, erecta, saepe simplex, glaber, 10—25 cm alta. Folia sessilia, lanceolata, obtusiuscula, 8—15 mm lg., 2—3 mm lt., integerrima. Flores sessiles, solitari-axillares, racemose dispositi. Hypanthium glabrum, 20—40 mm longum; lobi calycini lanceolati, obtusi, subpatentes, 5—8 mm lg., filamentis fere dimidio breviores. Corolla 10—15 mm lg., bilabiata, tubus brevi-campanulatus, 4—5 mm lg.; labium superius fere 2/3 fissum, lobi superiores oblongi, ascendentes et fere paralleli, labium inferius late obovatum, trilobum, concavum, centro albo cum duabus maculis oblongis virentibus, in basi insuper cum duabus plicis luteis in area violacea, lobis ovatis acutis, omnes lobi coerulei et obscurius nervati. Filamentorum tubus 7—10 mm lg., tubus antherarum 3 mm lg., subcurvatus, cinereo-albidus, dense papillosus (sub bona lente!), sub angulo fere recto ab axi filamentorum divergens. Capsula sublinearis, subangulata, 4—8 cm longa, bilocularis. Semina non torta, matura non visa. — Fig. 110 d.

Verbreitet in Kalifornien im Great Valley vom Stanislaus County nordwärts, Lassen und Modoc County und bis Nevada, Washoe Co., auf Lehmboden in schlammigen und sumpfigen Niederungen, Regenpfützen, blühend von März bis Mitte Juni. Kalifornien: Solano County, Elmira, Tal des unteren Sacramento, V. 1890 (Greene! Heller et Brown n. 5591! — Loc. natal., Hb. Wash.); Colusa (Heller! Heller et Brown n. 5434! p. p., 5438! — Wash.); Sutter County, Edge of Tule land (lg. Copeland, Pl. Pacif. Coast distr. Baker n. 3285! — W.); Contra Costa Co., 8 miles south of Antiochia (A. L. Rose n. 36154! — Stkh.); Modoc Co., 2 miles east of Alturas (L. T. Howell n. 12202). — Nevada: Washoe

County (W i l s o n n. 640, T i l l o t s o n n. 156, G r e e n w a y n. 139 — ex McVaugh).

Bot. Mag. t. 6257 sub „*D. pulchella*" pertinet ad hanc speciem.

4. **D. elegans** (Dougl.) Torr. in Bot. U. S. Explor. Exped. II (1857) 375; A. Gray, Bot. Calif. I (1876) 444, Synopt. Fl. N. Amer. II/1 (1886) 8; Gard. Chron. 3. ser. LV (1914) 84; Jepson, Man. Flow. Pl. Calif. (1925) 977; McVaugh in Mem. Torr. Bot. Club XIX No. 4 (1941) 50 cum var. *elegans* McVaugh; N. Am. Fl. XXXII A (1943) 24. — *D. corymbosa* Nelson & Macbr. in Bot. Gaz. LV (1913) 382. — *Clintonia elegans* Douglas apud Lindley, Bot. Reg. XV (1829) t. 1241; G. Don, Gen. Syst. III (1834) 717; Presl, Prodr. Lobel. (1836) 45; A. De Candolle, Prodr. VII (1839) 347. — *Cl. corymbosa* A. DC. l. c. — *Bolelia elegans* Greene, Pittonia II (1890) 126; Rydberg, Fl. Rocky Mount. (1922) 825. — *Gynampsis flexuosa* Rafinesque, Aut. Bot. (1840) 14. — Herba erecta vel procumbenti-ascendens, a basi ramosa, 12—45 cm alta. Folia sessilia, ovato-lanceolata usque lineari-lanceolata, subacuta, integerrima, glabra, 8—16 mm longa et 2—4 mm lata, floralia plerumque paullo majora. Flores solitarii in axillis foliorum superiorum, laxe racemose dispositi. Calycis tubus longe linearis (triqueter), 15—25, maturus ad 40 mm longus, lobi sublineares 5—7 mm longi, parum inaequilongi, subacuti, patentes. Corolla coerulea cum macula alba in labio majore, raro alba, 8—15 mm longa, bilabiata; tubus brevi-campanulatus, labium majus concavum, cuneatum, trilobum, 2 maculis elevatis virenti-luteis in area alba; labium superius bipartitum, lobi lanceolati, acuti, erecti, primo fere paralleli, demum subdecussati. Filamenta 5—7 mm longa, sepalis aequilonga vel parum longiora. Antherarum tubus subcurvatus, sub angulo fere recto ab axi filamentorum divergens, ca. 3 mm longus, 2 inferiores antherae pilis brevibus et 2 setis reflexis terminatae. Capsula unilocularis. Semina fusiformia, luteo-fusca, laevia, nitidula, 1 mm longa.

var. **elegans.** — Ut supra. — Fig. 110 c.

V e r e i n i g t e S t a a t e n N. A m e r.: Washington, Oregon, Idaho, Kalifornien häufig. W a s h i n g t o n : Grasige überflutete Niederungen am Columbia in der Nähe des Wallawallah River und an den Hauptquellen des Multnomah, gemein, blüh. Juni—Aug. (D. D o u g l a s! — Hb. Lindley, sp. orig., Hb. Wien); Colispil Lake (K r e a g e r n. 316!); Spokane County (S u k s d o r f n. 146!); zwei Meilen nördlich von Garfield, gemein auf trockenem Schlamm (H. S t. J o h n n. 7613!); ausgetrocknete Sümpfe bei Pullman (E l m e r n. 131!); Klikitat River (T h. J. H o w e l l!); Ellensburg, auf feuchtem Grund, VII. (Whited n. 569! — Wash.). — O r e g o n : Dalles City (S u k s d o r f! — Hb. Del.); Gladstone (P i p e r n. 6191!); Clark's Creek, 1000 m, IX. (S h e l d o n n. 8864!); Corvallis, VII. (L a w - r e n c e n. 2027!); Swales bei Waldo (C u s i c k n. 2934!); Jackson County, 660 m (A p p l e g a t e n. 2378! 2524!); Fall Creek (C o p e l a n d — B a k e r, Pl. Pacif. Coast n. 3471!); Klamath County, 1510 m, Shirk, 1500 m und Elk Creek (L e i b e r g n. 728! 2583! 4170!); Swan Lake (W a l p o l e n. 2231! 2239! — fast alle Hb. Wash.). — I d a h o : Lake Pend d'Oreille, Farmington Landing, schlammige Ufer, VIII. (S a n d b e r g, D o u g a l & H e l l e r n. 942! D r. L y a l l! — W.); Arid Transition, 5 Meilen westlich von Weippe (L. C o n s t a n z e n. 2025!); Berge bei Coeur d'Alene, 650 m (L e i b e r g n. 1275!); Sand Point (U m b a c h n. 8699! — Hb. Wash., Stockh.). — N e v a d a : Owyhee, Duck Valley Reservation, im schwarzen Schlamm von Pfützenrändern, 1650 m, Aug. 1912 (N e l s o n & M a c b r i d e n. 2216!). — K a l i f o r n i e n : Siskiou County, Hyampon (B o l a n d e r!), Weed, VI. (L. E. S m i t h n. 386!); Sierra Co. (J. G. L e m m o n n. 136!); Shasta Co., Goose Valley (A l i c e E a s t w o o d n. 745! 978!); Plumas Co., Prattville, 1500 m (M. E. J o n e s! A. L. C o o m b s!), Blairsden, 20/VI. 1917 (A l i c e R o s e n b e r g!), betw. Vinton and Beckwith (H e l l e r et K e n n e d y n. 8677!), 7 miles s. of Chester (H. P. B r a c e l i n n. 695!);

Mendicino Co. (B o l a n d e r n. 6570!); Modoc Co., Willow Creek, Devil's Garden, VII. (R. M. A u s t i n n. 119! — alle Hb. Wash.).

f. **rosea** St. John in Res. Stud. Coll. Wash. I (1929) 105. — *D. elegans* var. *elegans* McVaugh l. c. — Corolla violascens („lavenderpink with white spot") cum macula alba in labio majore. Sepala linearia acuta, filamentis conspicue breviora.
I d a h o : Latah County, 3 miles e. of Princetown, exsiccated mud ditch, 1/VII. 1928, less common than the blue (H. S t. J o h n n. 9627! — Hb. Stkh.).

var. **brachypetala** (Gandog.) McVaugh in Mem. Torr. Bot. Club XIX No. 4 (1941) 55, N. Am. Fl. XXXII A (1943) 25. — *D. brachypetala* Gandoger in Bull. Soc. Bot. France LXV (1918) 55. — A var. *elegans* differt corolla circiter duplo minora 6—8 mm longa, violaceo-coerulea, sepalis filamenta aequantibus. Capsula videtur parum brevior et latior.
W a s h i n g t o n : Falcon Valley (S u k s d o r f n. 2762! — Hb. Del.). — O r e g o n : Multnomah Co., Mt. Scott (S h e l d o n n. 11166! — Wash.); Marion Co., Silverton (E. H a l l n. 330! — Wash.). — I d a h o : Lake Pend d'Oreille (L e i b e r g!). — K a l i f o r n i e n : Mendocino Co.; Round Valley, 440 m, VII. (C h e s n u t n. 516! — Hb. Wash.).

5. **D. pulchella** (Lindl.) Torrey, Explor. and Surv. Railroad Route from Mississippi R. to Pacif. Ocean Report Bot. IV (1857) 116; Watson in Bot. Report Geol. Expl. Humphreys (1871) 218; A. Gray, Bot. Calif. I (1876) 444, Synopt. Fl. N. Am. II/1 (1886) 9; Lubbock, Seedlings II (1892) 165; Nicholson, Dict. d' Horticult. II (1893—94) 235 c. fig.; Jepson, Man. Fl. Pl. Calif. (1925) 978, fig. 909; McVaugh in Mem. Torr. Bot. Club XIX No. 4 (1941) 37, f. 10 et N. Am. Fl. XXXII A (1943) 21. — *Clintonia pulchella* Lindley, Bot. Reg. XXII (1836) t. 1909; D. Don in Sweet, Brit. Fl. Gard. VII (1837) 412; Paxton, Mag. IV (1838) 145; A. De Cand., Prodr. VII (1839) 347; Hook. et Arn., Voy. Beech. (1841) 362; Flore des Serres XI (1856) t. 1092; Gartenfl. XXX (1881) 57. — *Bolelia pulchella* Greene, Pittonia II (1890) 126.

Caulis a basi ramosus, carnosulus, ascendens vel erectus, glaber, 5—25 cm altus. Folia sessilia, lanceolata, obtusiuscula, glaberrima, 5—12 mm lg., 1—3 mm lt. Inflorescentia laxa, 5—15-flora. Calycis tubus sessilis, linearis, 20—60 mm lg., ad 2 mm lt.; lobi eius lanceolati, obtusi, patentes, 4—8 mm lg. Corolla intense coerulea, rarius rosea vel alba, 10—13 mm longa: tubo brevi 2—3 mm in dorso longo, infundibulari, purpureo; labio inferioie tripartito, centro albo, interdum diluticoeruleo, medio albo et maculis duabus luteis obovatis cum duabus plicis et tribus vel quatuor punctis atrocoeruleis vel-purpureis, lobis obovato-oblongis patentibus, medio protracto; labio superiore bipartito, lobis profunde solutis oblanceolatis acutis, v a l d e d i v e r g e n t i b u s , 6—8 mm longis. Tubus filamentorum 3—5 mm lg., e tubo corollae exsertus; antherarum tubus 0,3 mm longus, apicem versus attenuatus, glaber vel parce pilosus, antherae 2 inferiores apice pilis brevibus et 2 setis longioribus corniculatae. Capsula bilocularis, 3—7 cm lg., valvulis lateralibus loriformibus tenacibus dehiscens. Semina laevia, nitida, matura non visa. — Fig. 110 e.

K a l i f o r n i e n , hauptsächlich im mittleren Teil von Monterey und Merced Counties nördlich bis Colusa County und isoliert in Lassen County an feuchten, schlammigen, sumpfigen Orten verbreitet und von April bis Juli blühend: „Nova California" (D o u g l a s a. 1833, sp. orig. Hb. Lindl.-Cambr., Hb. W.); Sacramento Valley (G r e e n e!); San Benito Co., 7 miles nw. of Hollister (J. T. Howell n. 11029!); Solano Co., Suisun (G r e e n e!); Yolo Co., Madison und Colusa Co., College City (H e l l e r et B r o w n n. 5421! 5434!); Lassen Co., 10 miles w. of Merced (R. F. H o o v e r n. 2105).

6. **D. bicornuta** A. Gray, Synopt. Fl. N. Am. II/I (1886) 395; Jepson, Man. Fl. Pl. Calif. (1925) 979, f. 912; McVaugh in Mem. Torr. Bot. Club XIX No. 4 (1941)

27, N. Am. Fl. XXXII A (1943) 19. — *D. sikota* Applegate in Contr. Dudley Herb. I (1929) 97. — *Bolelia bicornuta* Greene, Pittonia II (1890) 127. — Caulis 6—12 (30) cm altus, ascendens, glaber, sparse foliatus. Folia lanceolato-linearia, acuta vel obtusiuscula, 6—14 mm lg., 1—2,5 mm lt. Flores solitari-axillares, corymbiformiter dispositi. Calycis tubus anguste linearis, glaber, 24—60 mm lg.; sepala inaequilonga, sublinearia, obtusa, foliacea, 3—6 mm lg. Corollae tubus campanulatus, intus in latere ventrali pubescens; labia intense purpurascenti-coerulea, in centro albo cum 2 maculis luteolis, labium inferius in basi atro-purpurata bicornutum et in angulis lateralibus plicis auriculiformibus instructum, in toto ergo 4 protuberantiis in una linea transversa ornatum, lobi eius late obovato-retusi; lobi superiores triangulari-lanceolati, recurvati. Stamina sepalis superioribus breviora vel ea aequantia. Antherae in dorso glabrae vel parce pilosae, in apice ciliolatae et 2 inferiores antherae insuper 2 setis longis contortis munitae. Capsula bilocularis. Semina subtiliter longitudinaliter lineata.

A. Tubus corollae coeruleus purpureo-venosus, setae apicales antherarum contortae 0,6—1,5 mm lg. .... var. *bicornuta.*

B. Tubus corollae in latere dorsali ferrugineo-maculatus, setae apicales antherarum contortae 1,6—2,7 mm lg. .... var. *picta.*

var. **bicornuta.** — *D. bicornuta var. bicornuta* McVaugh l. c. fig. 4, 5. — Corolla 9—19 mm lg., 2 lobi superiores patentes, erecti vel recurvati, labium inferius fere planum. — Fig. 110 i.

Vom mittleren Kalifornien bis Oregon vorkommend und anscheinend von April bis August blühend. Kalifornien: Butte Co., Nelson (Heller et Brown n. 5448!); Chico (E. Palmer n. 2083! Copeland — Pl. Pac. Coast Distr. Baker n. 3176!). Plumas Co., 10—15 miles west from Amadee, 1300 m (M. E. Jones!), Vinton (Heller et Kennedy n. 8675! — Del.), Lassen Buttes (H. E. Brown n. 615! — Wash.). Shasta Co., Goose Valley (Alice Eastwood n. 745! — Wash.). Sutter Co., Edge of Tulė land (Copeland — Pl. Pac. Coast d. Baker n. 3285! — Wash.). Slippery Ford to Pyramid Peak, 2300 m (W. H. Brewer n. 2132 — Wash.). — Nevada: Betw. Washoe and Franktown (A. A. Heller n. 10596), Lake Washoe (J. Torrey n. 279! — Wash.). — Idaho: Owyhee (M. E. Jones n. 25531). — Oregon: Shirk, low meadows, 1500 m (Leiberg n. 2583! — Stkh.); Pranch (Griffiths et Hunter n. 312! — Wash.). Lone Pine Ranch, Swan Lake, Brookside Ranch, Swan Lake Valley (Applegate n. 3171, 3173, 3561, Walpole n. 2230! — Wash.).

var. **picta** Hoover, Leafl. West. Bot. II (1937) 4; McVaugh ll. cc. 29 et 20. — Corolla 7—10 mm lg., tubo in latere dorsali ferrugineo-maculato, labium inferius concavum, lobi superiores albescentes vel pallidi-coerulei, apice saepe obscure coerulei, erecto-convergentes, reflexi.

Kalifornien, im Sacramento- und San Joaquin-Tal: 6 miles n. und 2 miles nw. of Merced (J. T. Howell n. 4204! 4174! — W. Stkh.); Sacramento, Rio Linda (Hoover n. 2200).

7. **D. ornatissima** Greene, Pittonia II (1890) 80; Jepson, Man. Fl. Pl. Calif. (1925) 978, f. 910; McVaugh in Mem. Torr. Bot. Club XIX No. 4 (1941) 22, N. Am. Fl. XXXII A (1943) 18. — *Bolelia ornatissima* Greene, Pittonia II (1890) 127, Man. Bot. San Francisco Bay (1894) 229. — Caulis 6—20 cm altus, simplex vel parce ramosus, glaber excepto hypanthio puberulo. Folia sessilia, linearia usque oblonga, 6—11 mm lg., 1—2 mm lt., acuta vel subobtusa. Calycis tubus sessilis, linearis, 2—6 cm lg.; lobi calycini foliacei, lineares usque oblongi, acuti usque obtusi, 2—6 mm longi, staminibus breviores. Corolla 8—12 mm longa, dilute coerulea, tubo infundibulari, coeruleo vel albescente, intus sparse pubescente, in dorso summo saepe cornuformiter producto; labium majus tripartitum coeruleum, lilacinum vel

albescens cum quadrato centrali albo et 2 plicis vel gibbis luteolis in basi interdum deficientibus, insuper in utroque sinu laterali plicae plus minus elevatae observantur, ergo etiam 4 protuberantiis saepe ornatum, lobi eius subobcordati et mucronulati; lobi superiores corollae triangulari-lanceolati, patentes, apice recurvati. Stamina 5—6 mm longa, e tubo corollae exserta. Antherae in dorso pilosulae, 2 inferiores in apice brevi-pilosae et setis 2 paulo longioribus munitae. Capsula bilicularis. Semina longitudinaliter subtiliter lineata.

A. Lobi superiores corollae intus glabri, apice incurvati.......... var. *ornatissima.*

B. Lobi superiores corollae versus apicem puberuli, saepe recurvati .... var. *eximia.*

var. **ornatissima.** — *D. ornatissima* var. *ornatissima* McVaugh l. c. 23 et 19. — Fig. 110 h.

Kalifornien, im Sacramento-Tal an Regenpfützen und überschwemmt gewesenen schlammigen Stellen, blühend April bis Juni: Solano Co., Elmira, V. 1890 (E. L. Greene! — sp. orig. Hb. Greene, C. F. Baker n. 2901! — Hb. Del. W.); betw. Elmira and Cannon (K. Brandegee n. 174! — Stkh.); Hartley's, aboundant in low grassy places, Vacaville (Baker n. 2882! 2917! — Del.); Sacramento (Hartweg n. 1822! — Cambr.); Butte Co., Butte Creek (R. M. Austin n. 1905!); Butte City, Clear Creek, Berry Canyon (Heller et Brown n. 5442! 5549! — Wash. Del. W.); 8 miles n. of Oroville (Heller n. 11305!); Yolo Co., Madison (Heller et Brown n. 5418!); Merced Co., 8 miles ne. of Merced (J. T. Howell n. 4201! — W. Stkh.); Contra Costa Co., 4 mil. s. of Antiochia (A. Eastwood et Howell n. 2153! — W.); Glenn Co., Willous (A. Eastwood n. 10185!).

var. **eximia** (Hoover) McVaugh l. c. 24 et 19. — *D. mirabilis* Howell, Leafl. West. Bot. I (1936) 221. — *D. mirabilis* var. *eximia* Hoover, Leafl. West. Bot. II (1937) 6. — Diagn. ut supra.

Kalifornien: Merced Co., 5 mil. n. of Merced, 25. IV. 1929 (J. T. Howell n. 4200! — W. Stkh., Typ. Hb. Cal. Ac. Sci.); Fresno Co., 3 mil. w. of Orange Cove, 28. IV. 1936 (R. F. Hoover n. 1000, Typ. pro var. *eximia* in Hb. Jepson); Stanislaus Co., Hickman (L. S. Rose n. 37271! — Stkh.).

8. **D. cuspidata** Greene ex Jepson, Fl. W. Mid. Calif. 2. ed. (1911) 403; Jepson, Man. Fl. Pl. Calif. (1925) 979; McVaugh in Mem. Torr. Bot. Club XIX No. 4 (1941) 31, f. 16; N. Am. Fl. XXXII A (1943) 20. — *D. pulchella* var. *arcana* Jepson, Madroño I (1922) 100, Man. l. c. — *D. immaculata* Munz et Johnston in Bull. Torr. Bot. Club LI (1924) 300. — *D. pallida* Hoover, Leafl. West. Bot. II (1937) 1. — *Bolelia cuspidata* Greene, Erythea III (1895) 101. — Herba erecta, glabra, ad 25 cm alta. Folia sessilia, sublinearia, acuta, 4—12 mm lg., 0,5—2 mm lt. Flores sessiles, solitari-axillares, saepe in racemo secundo. Hypanthium lineare, glabrescens, 20—40 mm lg., ca. 1 mm lt.; lobi calycini anguste lineares usque lanceolati, obtusi, subaequales, 2—8 mm longi. Corolla 8—15 mm longa, coerulea, raro alba: tubus subcylindricus; labium inferius fere planum, tripartitum parte media alba cum 1 vel 2 luteis maculis, lobi late obovati, subretusi, mucronulati; lobi superiores corollae ovati acuti (cuspidati ex auct.), subpatentes, obscurius nervosi. Tubus anthereus circiter 1,7 mm longus, in dorso anteriore pilosulus vel glabratus, apice ciliatus, 2 inferiores antherae densius penicillatae et 2 setis cornutae. Capsula bilocularis, fusiformis. Semina obliqui-transverse subtiliter lineata. — Fig. 110 g.

Kalifornien: Im Küstengebirge und am Rand der mittleren Sierra Nevada bis etwa 450 m ü. M. — Napa Co., Yountville, Grain field (ex Greene, Typ.); Sonoma Co., Los Guilucos Valley, 10. VI. 1893 (Bioletti! — Cotyp. Hb. Berl.); Mendocino Co., Round Valley, 440 m (Chesnut n. 24! — Wash.); San Diego Co., San Diego in clay depressions on the mesas, near Ramona (Brandegee — Pl. Pac. Coast distr. Baker n. 1668! 3425! — W.); Miramar (Frank F. Gander n. 1651! — Stkh.); Riverside Co., S. of Lake Elsinore (Munz n. 5093, Typ.

pro *D. immaculata*); Stanislaus Co., Warnerville (H o o v e r n. 1042, Typ. pro *D. pallida*).

9. **D. concolor** Greene, Bull. Calif. Acad. II (1886) 153; Jepson, Man. Fl. Pl. Calif. (1925) 978, f. 911; McVaugh in Mem. Torr. Bot. Club XIX No. 4 (1941) 18, f. 12, 13, N. Am. Fl. XXXII A (1943) 16. — *Bolelia concolor* Greene, Pittonia II (1890) 127, Man. Pl. S. Francisco Bay (1894) 229. — Herba erecta, interdum ascendens, diffuse ramosa, glabra, 10—20 cm alta. Folia linearia usque lanceolata, obtusiuscula, 5—15 mm lg., 1—3 mm lt. Flores solitari-axillares, saepe corymbiformiter dispositi. Hypanthium lineare, scabriusculum vel glabratum, 20—36 mm lg; lobi eius lineares usque oblanceolati, subobtusi, patentes, 3—8 mm longi, interdum inaequales. Corolla 7—13 mm longa, coerulea; labium majus in centro albo ad basin quadrato purpureo vel macula biloba purpurea et insuper saepius duabus plicis ornatum, raro labium totum coeruleum vel sola macula purpurea instructum, lobi eius late obovati, subretusi, mucronulati; lobi 2 superiores lanceolati vel ovati, resupinati vel subrecurvati vel erecti. Filamenta tubum corollae aequantia. Antherae in dorso glabrae vel pilosulae, in apice breviter ciliatae et 2 inferiores parum longius penicillatae et 2 setis brevibus munitae. Capsula 30—50 mm lg., 1 mm lt., bilocularis. Semina subtiliter longitudinaliter lineata.

Clavis varietatum.

A. Capsula ca. 30—50 mm lg., membranacea, sine striis hyalinis inter valvulas.
 1. Labium inferius totaliter coeruleum vel in basi areae albae purpuratum ... var. *concolor*.
 2. Labium inferius in area alba luteo-maculatum, in eius basi 2 luteae striae plus minusve prominentes et cum his alternantes 3 vel 2 maculae purpureae parvae ... var. *bella*.

B. Capsula plerumque 12—25 mm lg., lineis hyalinis inter valvulas notata. San Diego Co. ... var. *brevior*.

var. **concolor.** — *D. concolor* var. *tricolor* McVaugh l. c. 19 et 17; Jepson, Fl. W. Mid. Calif. 2. ed. (1911) 402; *D. tricolor* Greene, Pittonia II (1890) 79. — *Bolelia tricolor* Greene l. c. 127. — *B. concolor* var. *tricolor* Jepson, Fl. W. Mid. Calif. 1. ed. (1901) 481. — Diagn. ut supra. — Fig. 110 k.

K a l i f o r n i e n , Küstengebiet vom Lake County bis Monterey Co.: Solano Co., Suisun, wheat fields, 2. V. 1886 (G r e e n e!, Typ. pro *D. concolor* — Univ. Calif. Del. B.; H e l l e r et B r o w n n. 5592! — W.); lower Sacramento plains near Elmira, V. 1890 (G r e e n e! Typ. pro *D. tricolor* — W.); Elmira, an sumpfigen Stellen (B a k e r n. 2895! — Wash. W.); Sonoma Co., Santa Rosa (H e l l e r et B r o w n n. 5631! — Wash. W.); Lake Co., Lakeport, gemein an Sümpfen (B a k e r n. 3057! — Wash. W.); S. Francisco, 1866 (K e l l o g g! — Wash.).

var. **bella** (Hoover) E. Wimm. n. c. — *D. bella* Hoover in Leafl. West. Bot. II (1937) 2; McVaugh l. c. Mem. 21, Fl. 17. — Corolla cyanea labio inferiore medio albo cum centro luteo, basi 2 prominentiis luteis et 3—2 maculis purpureis parvis ornatum, plus minusve planum; lobi 2 superiores erecti vel subrecurvati. Capsula striis hyalinis non vel vix conspicue praedita.

K a l i f o r n i e n , Great Valley vom Colusa County bis Tulare Co.: Stanislaus Co., near San Joaquin River southwest of Modesto (H o o v e r n. 837, Typ., 563, 386, 3079); Tulare, 4 mil. n. of Visalia (H o o v e r n. 921); Merced (J. T. H o w e l l n. 4168, H o o v e r n. 953).

var. **brevior** McVaugh in Mem. l. c. 20, N. Am. Fl. l. c. 17. — Capsula matura plerumque 12—25 mm longa, mox dehiscens, valvulae lineis hyalinis marginatae.

Kalifornien, nur aus dem San Diego County bekannt: Cuyamaca Lake (Abrams n. 3851, Typ.); Cuyamaca Valley (Vasey n. 351! — W.).

10. **D. montana** Greene, Pittonia II (1890) 104; McVaugh in Mem. Torr. Bot. Club XIX No. 4 (1941) 45, f. 11, 15; N. Am. Fl. XXXII A (1943) 23. — *Bolelia montana* Greene l. c. 127. — *D. bicornuta* var. *montana* Jepson, Madroño I (1922) 102; Man. Fl. Pl. Calif. (1925) 979. — Herba gracilis, erecta, simplex vel parce ramosa, glabra, ad 14 cm alta. Folia sessilia, linearia, 6—15 mm lg., 0,5—1 mm lt., acuta. Flores in axillis foliorum superiorum solitarii, corymbiformiter dispositi. Hypanthium sessile, lineare, scabriusculum, 20—32 mm lg.; sepala anguste linearia, acuta, inaequalia, subpatentia, 5—7 mm lg. Corolla coerulea, 9—12 mm longa, bilabiata: tubus eius subcylindricus, e coeruleo violaceus, intus luteo- et purpureo-striatus; labium inferius dilute coeruleum vel violaceum, in medio album, ad basin atroviolaceum cum 2 plicis purpureis; lobi superiores corollae ovato lanceolati, porrecti, margine interdum asperati. Filamenta 3—4 mm longa, tubus antherarum circiter 2 mm longus, in dorso ad apicem hirtellus, 2 inferiores in apice penicillatae et 2 setis longioribus munitae. Capsula unilocularis, valvulis 3 dehiscens. Semina subtiliter longitudinaliter lineata. — Fig. 110f.

Kalifornien, auf den westlichen Abhängen der Sierra Nevada vom Tuolumne County bis Shasta Co. in 1000—1700 m ü. M. auf Wiesen, offenen feuchten Plätzen in den Wäldern. Tuolumne Co., shores of Lake Eleanor, VI. 1889 (Chesnut et Drew, Typ. ex Greene); Yosemite Nationalpark near Hog Ranch, meadows of the Transition Zone (Hall et Babcock n. 3311! — Wash.); Calaveras Co., Calaveras Ranger Station, Stanislaus Forest, Avery (Eggleston n. 9178! — Wash.); Butte Co., Butte (A. A. Heller n. 12843! — Wash.).

11. **D. yina** Applegate, Contrib. Dudley Herb. I (1929) 97 c. fig.; McVaugh in Mem. Torr. Bot. Club XIX No. 4 (1941) 47, N. Am. Fl. XXXII A (1943) 23. — Caulis simplex vel a basi diffuse ramosus, 3—30 cm altus, glaber. Folia lineari-lanceolata, 3—23 mm lg. et 0,5—2 mm lt. Flores solitarii axillares, racemose vel corymbiformiter dispositi. Corolla 8—12 mm lg., cyanea; tubus subcylindricus; labium inferius cum centro luteo albo-marginato basi excepta, ubi 2 striae prominulae cum 3 maculis purpurascentibus alternantes, lobi oblongi usque obovati, apice rotundati et mucronulati; lobi corollae superiores anguste lanceolati, oblanceolati, acuti, erecti, subpatentes vel subrecurvati. Antherarum tubus 1,6—2,5 mm longus, in dorso pilosulus, in apice ciliatus, 2 inferiores insuper 2 setis longioribus munitae. Capsula unlocularis placentis parietalibus. Semina laevia nitida.

Clavis varietatum.

A. Hypanthium inter valvulas striis impressis, capsula matura striis hyalinis praedita, capsula fusiformis, medio latior. Herbae a basi ramosae ad 10 cm altae. Oregon, Klamath Co. ad Siskyou Co. Cal. .... var. *yina*.

B. Hypanthium et capsula sine striis visibilibus, capsula ad basin latior. Herba erecta ad 35 cm alta .... var. *major*.

var. **yina.** — *D. Yina* var. *Yina* McVaugh in N. Am. Fl. XXXII A (1943) 24. — Corolla plerumque 8—10 mm lg., antherae 1,6—2 mm longae. Hypanthium ad 10 mm longum, lobi calycini lanceolati, ad 6 mm longi. Fructus fusiformis, medio latior, 20—25 mm lg., valvulae striis hyalinis separatae.

Oregon, Kaskadengebirge und nördliches Kalifornien: Klamath Co., Cascade Mts., boggy place among lodge-pole pines, Canadian Zone, south end of Four Mile Lake, near the east base of Mt. Pitt, 29. VII. 1925 (Applegate n. 4479, Typ.); Lake of woods, 14/VIII. 1896 (M. W. Gorman! — Wash.). Siskiyou, Soda Creek, Siskiyou Mts. (Wheeler n. 2870).

var. **major** McVaugh in N. Am. Fl. XXXII A (1943) 24. — *D. willamettensis* Peck, Proc. Biol. Soc. Wash. XLVII (1934) 187; McVaugh in Mem. l. c. 48. — *D. pulcherrima* Peck l. c. (1937) 94. — Corolla vulgo 7—12 mm lg.; antherae 1,7—3 mm lg. Hypanthium 20—40 mm lg., lineare; fructus maturus basi latior et tortuosus, sine striis impressis vel hyalinis.

Nördliches Kalifornien bis Washington, hauptsächlich westlich vom Kaskadengebirge: Oregon: Marion Co., 2 mil. east of Aumsville (Peck n. 16291, Typ. Univ. Willam.); Jackson Co., Medford, pastures 500 m (Leiberg n. 4117! — Wash.); Josephine Co., Grant's Pass (Piper n. 6141! — Wash.); Wasco Co., Dalles City (Suksdorf n. 1552! — Hb. Hausknecht); Harney Co., Silver Creek Valley, 10 miles west of Riley, 19. VI. 1936 (Peck n. 18919, Typ pro *D. pulcherrima*). — Washington: Douglas Co., Wilson Creek, 500 m, VI. (Sandberg et Leiberg n. 287! — Stkh.). — Kalifornien: Siskiyou Co., Mt. Shasta, 1600—3000 m, VII. (H. E. Brown n. 480! — Del.); Humboldt Co., Hundsville und Alton (J. P. Tracy n. 3271! 3781! — Wash.).

Ramus II. **PHOEBIGENA** E. Wimm.

Phoebigena E. Wimm. n. ramus. — Flores spicati in pedunculo axillari brevi. Corolla in dorso fissa, bilabiata. Capsula bilocularis, dissepimento centrali, polysperma.

Genus unicum.

25. Dielsantha E. Wimm.

Dielsantha[1]) E. Wimm. in Annal. Naturhist. Mus. Wien LVI (1948) 372. — *Lobeliae* spec. Engl. & Diels. — Calycis tubus ovario adnatus limbo quinquepartito. Corolla tubulosa, bilabiata; tubus in dorso longitudinaliter fissus; lobi 5 inaequales, 2 superiores minores, erecti, lobi inferiores in labium trifidum connati. Stamina a corolla libera, exserta; antherae omnes barbatae. Stigma bilobum, lobi lineari-oblongi, circiter $1/3$ longitudine styli, sine pilis collectoribus. Gynaeceum primo pedunculiforme, maturescens elongato-fusiforme, biloculare; ovula in placenta axillari seriatim affixa; fructus anguste clavaeformis vel lineari-fusiformis, ad apicem constrictus, lobis calycinis coronatus, demum apice cum sepalis dejecto lateraliter in plures partes loriformes disrumpens. Semina sat numerosa, minima. — Planta herbacea, sparse foliata, flores pauci fasciculati in axillis foliorum.

Genus monotypum, africanum.

Dielsantha galeopsoides (Engl. & Diels) E. Wimm. in Annal. Naturhist. Mus. Wien LVI (1948) 373. — *Lobelia galeopsoides* Engler & Diels in Engler, Bot. Jahrb. XXVI (1899) 118; Hutchinson et Dalz., Fl. West Trop. Afr. II/1 (1931) 193. — *Grammatotheca galeopsoides* E. Wimm., Camp.-Lob. I. pars (1943) 11 nom. — Herba ad 20 cm alta, caule et ramis succulentis, striatis, basi hinc inde radicantibus, inferne glabrescentibus, superne sparse crispo-pilosis. Folia membranacea, petiolata — petiolo 15—25 mm longo — lamina oblongo-ovata, 3—7 cm longa, 2—3,5 cm lata, apice acuta, basi breviter angustata, margine serrata — dentibus triangularibus mucronulatis — utrinque parce usque sparse pilosa vel glabrescens. Flores sessiles in fasciculis paucifloris axillaribus dispositi. Calycis receptaculum primo pedunculum fingens, apice parum turbinato-ampliatum, crispo-hirtum, 8—10 mm longum, mox tumescens; lobi calycini lineares, acuti, integri, patentes, 2 mm longi. Corolla dilute violacea vel coeruleo-violacea, 10 mm longa, glabra, lobi superiores lanceolati, lobi inferiores obovato-oblongi, omnes margine albo et in apice nonnullis

[1]) Genus cl. botanico Prof. Dr. Ludwig Diels (1874—1945), directori Horti et Musei botanici Berolini dedicatum.

Fig. 111. *Dielsantha galeopsoides* 1/1: 1 corolla explicata 2/1, 2 androec. 4/1, 3 semen 6/1 4 fructus clausus et dispansus 2/1. — Orig.

pilis. Tubus stamineus 6—7 mm longus, antherae obscuri-fuscae, glabrae, omnes apice barbatae. Capsula subcylindrica, apice attenuata, sepalis coronata, bilocularis, subtorquata, lateraliter in 5 vel 6 vittas disrumpens. Semina dissepimento utrinque in duobus seriebus affixa, leviter prismatica, luteo-fusca, apice truncata et albomarginata, 0,9 mm longa. — Fig. 111.

Tropisches Afrika: S. Nigeria und Kamerun: Am Ostende der Barombi-Schlucht auf dem Südhange, 10. V. 1889 (Preuss n. 184! — Hb. B., sp. orig.); Sumpf-Niederung hinter Ntongásdorf halbwegs nach Epossi, 250 m (Zenker n. 1375!); südkameruner Waldgebiet, Bezirk Ebolowa, Ekuk, 22 km östl. Eb., Hügelland ca. 700 m, auf Gneis, VI. und Bezirk Kribi, westl. Abdachung des Randgebirges, Hügelland, ca. 200 m hoch, bei Fenda, 58 km östl. von Kribi, VII. (Mildbraed n. 5660! 5915! — Hb. B.); Efuten, Wald (G. L. Bates n. 226!). — Fernando Poo, Nordseite des Pics von Sta. Isabel oberhalb Basilé, Wald über der Kakao-Region, viel *Allanblackia*. 6—800 m, VIII. (Mildbraed n. 6365! — Hb. B.).

Subtribus VIII. **Lysipomiinae** E. Wimm.

Lysipomiinae E. Wimm. in Macbr., Fl. Peru VI (1937) 481. — Ovarium uniloculare ovulis placentae parietali affixis. Capsula pyxidata operculo rotundo umbonato apice dehiscens. Corolla tubulosa, limbo quinquepartito bilabiato. — Herbae parvae, saepe caespitosae, pro maxima parte acaules.

Species 20 in 2 generibus indigenae in Andibus Americae Australis. Ex iis inventae sunt specis 1 in Venezuela, 4 in Colombia, 5 in Ecuador, 14 in Peruvia, 4 in Bolivia.

Clavis generum.

A. Corollae tubus integer, antherae 2 inferiores apice barbatae ..... 26. *Lysipomia.*

B. Corollae tubus in dorso fissus, antherae apice nudae .... 27. *Dominella.*

26. **Lysipomia** Humb.

Lysipomia Humb., Bonpl. & Kunth, Nov. Gen. et Spec. Amer. III (1818) 318; G. Don, Gen. Syst. III (1834) 716; Presl, Prodr. Monogr. Lobel. (1836) 45; Endlicher, Gen. I (1838) 510; Meisner, Pl. Vasc. Gen. (1836—43) 240; Bentham & Hook. f., Gen. II (1876) 365; Schönland in Engler & Prantl, Die natürl. Pflanzenfam. IV/5 (1894) 69; Dalla Torre et Harms, Gen. Siphonogam. (1900—07) n. 8702; E. Wimmer, Camp. in Macbride. Fl. Peru VI (1937) 481. — *Lysipoma* A. De Candolle, Prodr. VII (1839) 349 excl. *Hypsela*; Baillon, Hist. Pl. VIII (1886) 365. — *Lobeliae* spec. Roem. & Schult. — Calycis tubus ovario adnatus, lobis 5 plerumque inaequalibus. Corolla tubulosa, tubo integro, limbo 5-partito, bilabiato, laciniis subaequalibus vel 2 superioribus sublongioribus. Filamenta a corolla libera vel eius basi inserta (*Eulysipomia*) aut cum tubo corollae longius coalita (*Rhizocephalum*).

Clavis subgenerum.

A. Filamenta a corolla libera vel eius basi breviter inserta. Corolla 3—10 mm longa, tubo brevi subcylindraceo vel subinfundibuliformi ..... Subgen. 1. *Eulysipomia.*

B. Filamenta supra medium corollae adnata. Corolla 13—25 mm longa, inferior pars longe anguste tubulosa, dein abrupte ampliata Subgen. 2. *Rhizocephalum.*

1. Subgenus **Eulysipomia** (A. DC.) E. Wimm.

Eulysipomia (subgenus) E. Wimm. in Annal. Naturhist. Mus. Wien LVI (1948) 374. — Sect. *Eulysipoma* A. DC. l. c; Baill. l. c. — Corolla tubulosa, 3—10 mm longa, tubo sublongiore quam limbo, aequilato vel subinfundibulari. Stamina epigyna vel basi corollae inserta. Capsula obconica, saepe obliqua.

Clavis specierum.

A. Plantulae acaules, folia dense stellato-congesta vel rosulata, pedunculi scaposi (*Scaposae*).
  I. Sepala valde inaequalia, a superiore ad imum gradatim breviora.
    a. Sepala apice obtusissima.
      1. Sepala margine glabra .... 1. *L. acaulis.*
      2. Sepala ciliata .... 2. *L. obliqua.*
    b. Sepala apice acuta.
      1. Sepala margine glabra .... 3. *L. acuta.*
      2. Sepala ciliata, minus inaequilonga .... 4. *L. globularis.*
  II. Sepala aequilonga.
    1. Sepala ciliata, triangulari-acuminata, folia lanceolata, petiolata 5. *L. aretioides.*
    2. Sepala glabra, folia linearia, sessilia .... 6. *L. pumila.*
B. Plantulae caulescentes.
  I. Caules decumbentes (*Decumbentes*).
    a. Folia oblongo-spathulata cum petiolo distincto, 3—8 mm longa; sepala acuta .... 7. *L. glandulifera.*
    b. Folia oblanceolato-linearia in petiolum indefinitum sensim angustata; sepala obtusa .... 8. *L. montioides.*
  II. Caules erecti, folia imbricata (*Sphagnoides*).
    a. Sepala valde inaequilonga, glabra vel ciliata .... 9. *L. sphagnophila.*
    b. Sepala fere aequilonga.
      1. Folia reflexa .... 10. *L. lehmannii.*
      2. Folia erecta vel patentia.
        * Planta hirta vel folia ciliata.
          - Corolla glabra, folia ovato-linearia .... 11. *L. hirta.*
          -- Corollae lobi pilosi, folia linearia .... 12. *L. muscoides.*
        ** Planta glabra, folia triangularia .... 13. *L. bourgoinii.*

1. **Lysipomia acaulis** Humboldt, Bonpland & Kunth, Nov. Gen. et Spec. Amer. III (1818) 321, t. 267, f. 2; A. DC. l. c. 349; E. Wimmer l. c. 483. —*Lobelia androsacea* Humboldt, Proleg. (1817) 39, nomen! Willdenow apud Roem. & Schult., Syst. V (1819) 41. — Nana, acaulis, 2 cm alta. Folia sessilia, radicalia, rosulata, rigida, linearia, integerrima, apice obtusa, basi leviter dilatata et ciliata, 10 mm longa et 1,25 mm lata, glabra. Flores subsessiles, in centro plantae congesti, axillares. Hypanthium obconicum, lobi inaequilongi, ovato-oblongi, apice rotundati, non ciliati, supremus 2,5 mm longus, imus 1,25 mm longus. Corolla sordide alba, 4—5 mm longa, limbus obliquus, lobi anguste triangulares, subaequales. Stamina e tubo corollae breviter exserta; antherae nigrescentes, glabrae, 2 breviores apice bisetosae. Capsula pyxidata, obconica. — Fig. 13 i, p. 17.

Ecuador: Páramos der Anden von Quito, 1500 m (Humboldt & Bonpland! Humboldt n. 2252! in Hb. Willdenow n. 3948 sub *Lobelia androsacea*).

Peru: Dept. Junin, Hacienda Arapi bei Yauli, 4400 m, steinige Matten an der Lima—Oroya-Bahn, Jan. (Weberbauer n. 342! — Hb. W.).

2. **L. obliqua** E. Wimmer in Annal. Naturhist. Mus. Wien LVI (1948) 374 [1]). — Vix 2 cm alta, glabra acaulis. Folia radicalia, rosulata, glabra, integerrima, oblanceo-

[1]) Errore typographico ibi: *L. oblinqua*, quod nomen corrigendum!

lato-linearia, incluso petiolo indefinito 12—14 mm longa et 1 mm lata, herbacea. Pedun-culi axillares, 7 mm longi. Hypanthium inaequali-obconicum, latere dorsali subconvexum, latere ventrali rectum, lobi calycini valde inaequilongi, 2,35—1,25 mm longi, 0,75 mm lati, oblongi, obtusiusculi, ciliati. Corolla alba, 5 mm longa, lobi subaequales, anguste triangulares. Filamenta a corolla libera; antherae nigrescentes, 2 inferiores apice bisetosae. — Fig. 112 a.

C o l o m b i a : Dept. Cundinamarca, Páramo de Choachi bei Bogota, Laguna Verjon, 3300 m, 27. IX. 1917 (P e n n e l l n. 2259! — Hb. Field).

3. L. **acuta** E. Wimm., Campanul. in Macbride, Fl. Peru VI (1937) 483. — Acaulis, 1,5 cm alta. Folia radicalia, stellatim patentia, lineari-lanceolata, incluso petiolo marginato ciliolato 8—12 mm longa, 1,2 mm lata, acuta, integerrima, glabra vel supra evanescenter hirtella. Flores crebri in centro plantulae, axillares. Pedunculi primo brevissimi, demum ad 5 mm elongati. Hypanthium obconicum, lobi inaequilongi, ovato-acuti, 2—1 mm longi, glabri. Corolla fuscescenti-luteola, 3 mm longa, tubus subinfundibularis, lobi anguste triangulares. Antherarum 2 breviores apice bisetosae. Capsula obconica, 3 mm longa. Semina ellipsoideo-cylindrica, obscuri-fusca, tenuiter scrobiculata, 0,8 mm longa.

P e r u : Ohne Ortsangabe (P a v o n! — Hb. Moricand); Dept. Ancach, Prov. Huari, Westanden von Pichiu, steinige Plätze, 4400—4500 m (W e b e r b a u e r n. 2944!); Prov. Patasca, Pushuquilca-Tal, hochandine Grassteppe, 4100 m (W e - b e r b a u e r n. 7243!); Dept. Huancavelica, Prov. Tayacaja, Gebirge auf der rechten Seite des Mantara, südlich von Sucubamba, 4200 m, III. (W e b e r b a u e r n. 6476! — Hb. B.); Dept. Junin, Cerro de Pasco, grasige Abhänge, 4200 m (M a c - b r i d e n. 3079! — Hb. Field).

4. **L. globularis** E. Wimmer, Campanul. in Macbride, Fl. Peru VI (1937) 485. — Caespitosa, consistens e rosulis globularibus consociatis solo adpressis, 14—22 mm altis et latis. Folia sessilia, rigida, glabra vel versus apicem ciliolata, densissima, linearia, 5—6 mm longa et 1,5 mm lata, acuta, integerrima. Flores subsessiles, in centro congesti, folia vix superantes. Hypanthium obconicum, 2 mm longum, lobi parum inaequilongi, anguste triangulares, acuti, minute ciliati, 1,5 mm longi. Corolla albida (?), vix 4 mm longa, tubus fere aequilatus, in dorso usque ad medium fere fissus, lobi corollae anguste triangulares, subaequilongi. Filamenta epigyna. Antherarum 2 breviores apice bisetosae. Capsula obconica, 3 mm longa. Semina subglobosa, atro-fusca, tenuiter striata, 1 mm longa. — Fig. 112 b.

P e r u : Dept. Cajamarca, Cutervo (R a i m o n d i n. 4694! — Hb. B.).

5. **L. aretioides** Humboldt, Bonpland & Kunth, Nov. Gen. et Spec. Amer. III (1818) 321, t. 267, f. 1; E. Wimm. l. c. 484. —*Lobelia Willdenowiana* Roemer & Schult., Syst. V (1819) ad calc. vol. p. 634, nomen correctum pro *L. glandulosa* Willd. herb. l. c. 41. —*L. adenophora* Roem. & Sch. in indice op. cit. tantum notata, ex Steudel!. — Caespitosa, caulibus brevissimis, 1—2 cm alta. Folia spathulato-lanceolata, 3—5 mm longa et 1—2 mm lata, acuta, basi in petiolum brevem saepe ciliatum angustata, integerrima, glabra vel ciliolata, stellato-congesta, floribus paucis in centro plantulae. Pedunculi 1—2 mm longi. Calycis tubus turbinatus, lobi triangulares, acuti, integri, ciliati, aequales, 1,5 mm longi. Corolla albida (?) circiter 4 mm longa, lobi subaequilongi, anguste triangulares, ciliati.

E c u a d o r : Anden bei Loja, ca. 1000 m (H u m b o l d t! — Hb. Willdenow n. 3947!).

6. **L. pumila** (Wedd.) E. Wimm., Campanul. in Macbride, Fl. Peru VI (1937) 488. — *Rhizocephalum pumilum* Weddell, Chloris And. II (1857) 13; A. Zahlb., Lob. Boliv. in Bull. Torr. Bot. Club. XXIV (1897) 387. — Herba glabra, 2 cm alta, radice conico, obtusato, fibrillis crassiusculis. Folia radicalia, rosulata, crassiuscula, linearia, 15 mm longa et 1—2 mm lata, apice calloso obtusa, integerrima, glabra.

Fig. 112. a *Lysipomia obliqua* 3/1: calyx et flos cum ovario longitud. dissecto 4/1. — b *L. globularis* 1/1: Folia et calyx ca. 5/1. — c *L. pumila* 1/1: tubus anthereus a latere inferiore, auct. — d *L. montioides* 1/1: flos ca. 4/1, calyx 8/1. — e *L. sphagnophila* 1/1: folium ca. 2/1. — f *L. lehmannii* 1/1: — g *L. laricina* 1/1: corolla 2/1. — h *L. brachysiphonia*: flos 2/1, antherae duae inferiores, ovarium transverse dissectum, folium, aucta. — i *L. linearifolia* 1/1. — j *L. laciniata* 1/1. — k *Dominella crassomarginata* fere 3/1: corolla et çapsula 5/1, folium 2/1. — l *Sclerotheca arborea*: folium ca. 1/2, fructus putaminatus 1/1, supra fructus longitud. dissectus, partes fructus, semen (ex Drake). — m *S. oreades*: folium cum flore ca. 1/1, stylus cum stigmate. — Orig.

Flores solitari-axillares, radicales. Pedunculi 2—4 mm longi. Hypanthium obovoideum, lobi anguste triangulares, 1 mm longi, integri, apice callosi obtusiusculi. Corolla leviter infundibularis, 11 mm longa, alba, ad faucem purpureo-striata, lobi superiores triangulares, lobi inferiores ovato-oblongi, acuti. Filamenta corollae parum supra basin adnata. Antherarum 2 breviores apice 2 setis et pilis pluribus brevibus munitae. — Fig. 112 c.

Peru: Hochanden über Lima, Moore, 4500 m (Weberbauer n. 5155! — Hb. B.).

Bolivia: Prov. Larecaja, Umgebung von Sorata, Llochisani bei Vancuiri, Sümpfe, 4500 m (G. Mandon n. 492! — Hb. Del.); Unduavi, 2600 m (Rusby Pl. Boliv. n. 2445 — ex Zahlb.).

7. **L. glandulifera** Schlechtendal in Lechler, Berberid. Amer. Austr. (1857) 58, nomen!; E. Wimm., Campanul. l. c. 484. — *Pratia glandulifera* Weddell, Chloris And. II (1857) 11, t. 45, f. A. — *Hypsela glandulifera* Benth. & Hook. f., Gen. II (1876) 559. — Caules repentes, radicantes, caespitosi. Folia glabra, subcarnosa. oblonga, spathulata vel late ovalia, 2—5 mm longa et 2—3 mm lata, plano-crenata, denticulo calloso inter crenas et in apice obtuso, raro subintegra, basi abrupte attenuata in petiolum album tenuem 5—7 mm longum. Flores solitari-axillares, brevipedunculati. Hypanthium oblongo-obovoideum, lobi calycini aequilongi, sublineares, obtusi, glabri, 1—2 mm longi. Corolla infundibuliformis, glabra, 6 mm longa, 2 lobi corollini albi, reliqui albi binis punctis violaceis, ad faucem lutea et violaceo-punctata, lobi aequales, oblongo-triangulares, acuti. Filamenta viridula. Antherae violaceo-atrae, 2 inferiores biaristatae. Semina compresso-ovoidea, fusca, vix 1 mm longa.

Peru: Tabina, auf den höchsten Gebirgskämmen der Kordilleren, VII. (W. Lechler, Pl. Peruv. ed. Hohenacker n. 2076! — Hb. De Cand. Del. Goett.); Dept. Cuzco, Paso de Tres Cruces, 3800 m (Pennell n. 13863! — Hb. Field).

Bolivia: Dept. Cochabamba, Prov. Chapare, Ceja Region, Tablas Kasa, 3200 m, III. (J. Steinbach n. 9567! — Hb. B.).

8. **L. montioides** Humboldt, Bonpland & Kunth, Nov. Gen. et Spec. Amer. III (1818) 320, t. 266, f. 2; G. Don, Gen. Syst. III (1834) 717; A De Candolle, Prodr. VII (1839) 349; Bentham, Pl. Hartweg. (1845) 214; E. Wimm., Campanul. l. c. 488. — *Lobelia limoselloides* Humb. & Bonpl. apud Roem. & Schult. l. c. 41. — Glabra, caespitosa. Caules repentes, radicantes, ramosi. Folia petiolata, carnosula, integra, lanceolato-spathulata, 2—4 mm longa, 1—1,5 mm lata, obtusa, basi in petiolum marginatum 2—4 mm longum angustata. Pedicelli solitari-axillares, 3—5 mm longi. Calycis tubus obconicus, lobi calycini parum inaequilongi, ovati, obtusi, circiter 1 mm longi. Corolla pallidi-lutea, 3 mm longa, tubus leviter infundibularis, lobi corollini anguste triangulares, subaequales. Filamenta basi corollae adnata. Antherarum 2 breviores apice biaristatae. — Fig. 112 d.

Ecuador: Vulkan Antisana, feuchte Stellen auf der Hochebene, ca. 1500 m (Humboldt! — Hb. Willdenow n. 3940!, Hb. Lindley!; Jameson! Hb. Del.).

Colombia: Bogotá (Hartweg n. 1190! — Hb. Cambr. Del.); Páramo de Quindio, Dept. Caldas, 4100—4300 m (Pennell & Hazen n. 9862! — Hb. Wash.).

9. **L. sphagnophila** Grisebach in Lechler, Berberid. Amer. Austr. (1857) 58, nomen!; E. Wimmer, Campanul. in Macbride, Fl. Peru VI (1937) 488. — Planta sphagniformis, erecta, parce ramosa, dense foliata, 3—6 cm alta. Folia sessilia, erecta vel patula, rigida, e basi dilatata linearia, 5—10 mm longa, 1—2 mm lata, apice subobtusa, integerrima, plus minusve ciliata. Flores in vertice caulis congesti, solitarii in axillis foliorum confertorum. Pedunculi 2—5 mm longi, ancipites. Hyp-

anthium obconicum, 2—3 mm longum, lobi calycis inaequilongi, 2—0,25 mm longi, triangulares, obtusi, integri, ciliolati vel glabrati. Corolla virenti-lutea, 2—3 mm longa, lobi anguste triangulares, acuti. Antherarum 2 inferiores apice setulosae. — Fig. 112 e.

Peru: Dept. Puno, Sachapata, zwischen Sphagnum, Aug. 1854 (W. Lechler, Pl. Peruv. ed. Hohenacker n. 2641! — Hb. Goett., sp. orig., Hb. W.); Dept. Cuzco, Paso de Tres Cruces, Cerro de Cusilluyoc, offener grasiger Páramo, 3800—3900 m, V. (Pennell n. 13865! — Hb. N. Y.).

10. **L. lehmannii** Hieronymus in Fedde, Repert. Spec. Nov. XIV (1915) 185; E. Wimmer, Campanul. in Macbride, Fl. Peru VI (1937) 487. — Caulis 8—14 cm longus, erectus, sphagniformis, foliosus. Folia reflexa, sessilia, densa, rigida, supra pilis sparsis adpressis vestita, linearia, obtusa, integerrima, 5 mm longa, 0,75 mm lata. Flores pauci solitari-axillares in vertice caulis. Pedicelli 7—8 mm longi. Hypanthium obconicum, lobi calycini oblongo-lineares, subacuti, glabri, integerrimi, 2 mm longi. Corolla alba, saepe roseo-suffusa, leviter infundibularis, 9 mm longa, lobi lanceolati, fere aequales. Tubus anthereus atro-purpureus, glaber, 2 mm longus, antherae 2 inferiores apice biaristatae. — Fig. 112 f.

Ecuador: An feuchten Orten auf den Kämmen der Ostanden von Loja, 3000—3500 m, Okt. Nov. (Lehmann n. 4822! — Hb. B. Wash.).

11. **L. hirta** E. Wimmer in Fedde, Repert. Spec. Nov. XXXVIII (1935) 87; Campanul. in Macbride, Fl. Peru VI (1937) 486. — Caulis sphagniformis, erectus, simplex, foliosus, 4—8 cm longus. Folia imbricata, sessilia, erecta usque patentia, rigida, hirtella, subovato-lanceolata, callose apiculata, integerrima, 4 mm longa, 1,5 mm lata. Flores subsessiles, solitari-axillares in vertice caulis. Hypanthium obconicum, hirtellum, lobi calycini anguste triangulares, 2 mm longi, acuti, integri, hirtelli. Corolla alba (?), glabra, 7 mm longa, tubus in dorso usque ad medium fere fissus, lobi subaequilongi, lanceolati. Filamenta a corolla libera. Antherarum 2 breviores apice biaristatae.

Peru: Dept. Cajamarca, Cutervo, III, 1879 (Raimondi n. 3161a! — Hb. B.).

12. **L. muscoides** Hooker f. in Lond. Journ. of Bot. VI (1847) 286, t. 9 A; Weddell, Chloris And. II (1857) 16, t. 45 c. — *Lysipoma muscoides* Walpers, Annal. I (1848—49) 466. — Plantula caespitosa, musco similis, 2—3 cm alta. Caules ramosi, erectiusculi, dense foliati. Folia erecto-patentia, rigidula, sessilia, linearia, 2 mm longa, 0,7 mm lata, ad basin minime dilatata, apice calloso obtusiuscula, margine integro ciliata. Flores solitari-axillares in apice caulis pauci. Pedicelli 3 mm longi, ancipites, glabri. Hypanthium turbinatum, lobi calycini sublineares, obtusi, in nervo et in margine imprimis apicem versus ciliati, 1—1,5 mm longi. Corolla albida (?), ad faucem violaceo-punctata, 2,5 mm longa, lobi oblongo-ovati, acutiusculi, ad apicem ciliati. Filamenta corollae supra basin adnata. Antherae nigrescentes. Capsula semi-ovoidea, 1,5 mm longa. Semina rubiginosa, oblongo-cylindrica, subnitida, 0,6 mm longa.

Colombia: Dept. Tolima, Gipfel des Quindio (ex Hooker); Nevada del Tolima, Páramo 4300 m, feuchte Wiesen am Südabhang von Las Mesetas, 3500—4000 m, V. (Cuatrecasas! — Hb. Madr. W.).

13. **L. bourgoinii** Ernst in Riv. Cient. Univ. Venez. (1887) 134 sub *Lysipoma*. — *L. lycopodioides* Goebel, Pflanzenbiolog. Schild. II (1891) 50. — Caules caespitosi, simplices et ramosi, erecti, ad 4 cm alti. Folia imbricata, sessilia, oblongo-triangularia, subacuta, 4 mm longa, basi 2 mm lata, integerrima, glabra. Flores solitari-axillares circa gemmam inevolutam terminalem, sessiles. Hypanthium turbinatum, lobi calycini parum inaequales, 2—1 mm longi, triangulares, acuti, integerrimi, glaberrimi. Corolla albida, 2 lobi inferioribus sublongiores. Cetera non visa.

V e n e z u e l a : Kordilleren von Merida, II. 1885 (A. E r n s t! — Hb. Kew); Páramos der Kordillere von Merida, zwischen Culata und Escagui, Okt. 1890 (G o e b e l ! — Hb. Kew).

2. Subgenus **Rhizocephalum** (Wedd.) E. Wimm.

Subgen. *Rhizocephalum* E. Wimmer, Campanul. in Macbr., Fl. Peru VI (1937) 483. — Sect. *Rhizocephalum* Baillon, Hist. Pl. VIII (1886) 365. — *Rh.* (genus) Weddell, Chloris And. II (1857) 12; Bentham & Hooker f., Gen. II (1876) 549; Schönland in Engler & Prantl, Die natürl. Pflanzenfam. IV/5 (1894) 69; A. Zahlb. in Bull. Torr. Bot. Club XXIV (1897) 386; Dalla Torre & Harms l. c. n. 8703; E. Wimmer in Revista Sudamer. Bot. II (1935) 96. — Corolla tubulosa, 15—25 mm longa, tubus corollae in inferiore parte plerumque anguste cylindricus, in superiore parte abrupte vel sensim ampliatus. Filamenta corollae supra eius medium adnata.

C l a v i s s p e c i e r u m.

A. Plantae caespitosae, caulescentes, pedicelli in axillis foliorum caulinorum. Folia densa acicularia.
 1. Flores sessiles .... 14. *L. laricina.*
 2. Flores pedunculati .... 15. *L. subulata*

B. Plantae acaules, folia rosulata, pedunculi scaposi.
 I. Folia acicularia .... 16. *L. brachysiphonia.*
 II. Folia latiora, linearia vel lanceolato-spathulata.
  a. Pedunculi folio multo breviores; corollae tubus longus.
   1. Folia linearia, integerrima, glaberrima .... 17. *L. linearifolia.*
   2. Folia lineari-lanceolata usque spathulato-lanceolata vel raro linearia, sed tunc ciliata .... 18. *L. laciniata.*
  b. Pedunculi foliis lanceolatis multo longiores, corollae tubus brevis, 5 mm lg. 19. *L. gracilis.*

14. **Lysipomia laricina** E. Wimmer, Campanul. in Macbride, Fl. Peru VI (1937) 486. — *Lobelia subulata* Bentham, Pl. Hartweg. (1844) 137; Walpers, Repertor. VI (1847) 377. — *Rhizocephalum subulatum* Benth. & Hook. f., Gen. II (1876) 549. — Caespitosa, glabra, 2—4 cm alta. Caules decumbentes, cicatricosi, ramuli breves, dense foliati, saepe coarctati. Folia sessilia, lineari-subulata, circiter 15 mm longa, 0,5 mm lata, obtusiuscula, integra. Flores subsessiles, solitari-axillares. Hypanthium obconico-oblongum, laciniae subulatae, glabrae, 3 mm longae. Corolla albida (?) glabra, 13 mm longa, tubus longitudine 9 mm connatus, eius pars inferior angustissima (6 mm longa, vix 1 mm lata), dein ampliatus ibique filamenta adnata; lobi corollae lanceolati, ad basin labii inferioris obscure punctati. Antherarum tubus nigrescens, glaber, 2 inferiores duobus setis et nonnullis brevioribus pilis terminatae. — Fig. 112 g.

E c u a d o r : Cerro de San Francisco bei Loja (H a r t w e g n. 773! — Hb. Cambr. sp. orig.); ohne Ortsangabe (E. A n d r é n. K 1523! — Hb. Kew).

15. **L. subulata** G. Don, General Syst. III (1834) 717; Presl, Prodr. Monogr. Lobel. (1836) 45. — *Rhizocephalum brachysiphonium* var. *brevifolium* A. Zahlb. in Engler, Bot. Jahrb. XXXVII (1906) 461. — *Lysipomia brachysiphonia* var. *brevifolia* E. Wimmer, Campanul. in Macbride, Fl. Peru VI (1937) 484. —Plantula caulescens, caespitosa, glabra. Caules et rami breves, dense foliati. Folia sessilia, linearia, 4 mm longa, 0,6 mm lata, subacuta, margine versus apicem utrinque uno, rarius duobus dentibus callosis munita, glabra, crassiuscula, nitida (basi pilosa sec. Don). Pedunculi 12—25 mm longi, solitarii in axillis foliorum ramulorum. Hypanthium obconicum, lobi calycini lanceolati, acuti, utrinque uno vel duobus denticulis instructi, 2 mm longi. Corolla 10 mm longa, albida, ad faucem fusco-punctata, tubus

5 mm longus et fere 2 mm latus, lobi superiores lanceolati, ciliati, labium inferius trifidum, lobi late lanceolati. Antherarum tubus fusco-ater, 2 breviores setulis paucis terminatae.

Peru: Ohne nähere Ortsangabe (Pavon! sub „*Lobelia caespitosa*" in Hb. Moricand, n. 80! sub „*Lobelia linearis*" in Hb. Delessert); Dept. Junin, Prov. Tarma, Berge westlich von Huacapistana, freie sumpfige Plätze zwischen Gebüsch, 3000—3200 m (Weberbauer n. 2081! — Hb. B.).

16. **L. brachysiphonia** (A. Zahlb.) E. Wimmer, Campanul. in Macbr., Fl. Peru VI (1937) 484. — *Rhizocephalum brachysiphonium* A. Zahlb. in Engler, Bot. Jahrb. XXXVII (1906) 461. — Acaulis, caespitosa, 2—3 cm alta. Folia densa, sessilia, linearia, 15—30 mm longa et vix 1 mm lata, acuta, glaberrima, nitidula, rigidiuscula, margine in medio 3 denticulis callosis adpressis minus conspicuis praedita. Pedicelli plures solitari-axillares in eodem caespite. Calycis tubus anguste obconicus, 4 mm longus, lobi calycini anguste triangulares, 4—5 mm longi, glabri, utrinque 2 denticulis adpressis muniti. Corolla 10—12 mm longa, pallide lilacina, fauce paullo obscurior, tubus 7 mm longus, paululum infundibularis, lobi 2 superiores lanceolati, ciliati, lobi inferiores oblongi, breviter acuminati, glabri. Filamenta tubum corollae aequantia, in uno latere fere prope faucem adnata. Antherarum 2 breviores apice biaristatae. — Fig. 112h.

Peru: Dept. Huanuco, Prov. Huamalies, Berge südwestlich von Monzon, Moor, 3000—3200 m, X. (Weberbauer n. 3716! — Hb. W.).

17. **L. linearifolia** E. Wimmer, Campanul. in Macbr., Fl. Peru VI (1937) 487. — ? *Rhizocephalum Candollii* var. *ciliatum* Weddell, Chloris And. II (1857) 12, t. 46, f. B. inferior. — Acaulis, glabra, circiter 6 cm alta. Folia radicalia linearia, 3—6 cm ionga incluso petiolo non definito, 0,1—0,2 cm lata, apice obtusiusculo, margine lntegerrima, non ciliata, tenuia. Flores solitari-axillares, pedunculi eorum 5—25 mm longi, indistincte in calycem transeuntes. Hypanthium cylindricum, laciniae sublineares, 1—2 mm longae, tenerrimae. Corolla 35 mm longa, extus glabra, tubo angustissimo circiter 24 mm longo, dein infundibulari-ampliato per 6 mm, lobi intus sparse pubescentes, superiores lanceolati, ciliati, lobi inferiores oblongi, acuti, nudi; corolla extus verisimiliter virenti-purpurascens nervo viridi, intus lutescens et ad faucem purpureo-punctati. Filamenta corollae partis ampliatae basi inserta. Antherae 2 mm longae, nigrescentes, 2 inferiores biaristatae. — Fig. 112 i.

Peru: Dept. Puno, Ayapata (Raimondi n. 11597! — Hb. B.). — Bolivia: Nord-Yungas, Paßhöhe nach Santillani zu, 4100 m, II. (Buchtien n. 737! — Hb. Wash.); La Paz, Unduavi, 3400 m, X. (Buchtien n. 9063! Rusby n. 2445! — Hb. W.).

18. **L. laciniata** A. De Candolle, Prodr. VII (1839) 349 (*Lysipoma*); E. Wimm., Campanul. l. c. 486. — *Rhizocephalum Candollii* Wedd. var. *laciniatum* Weddell, Chloris And. II (1857) 12; A. Zahlb., Revis. Lobel. Boliv. in Bull. Torr. Bot. Club XXIV (1897) 386 et in Mededeel. Rijks Herb. Leiden n. 19 (1913) 53. — Acaulis, caespitosa, 3—4 cm alta. Folia radicalia, rosularia, lanceolata vel oblanceolato-linearia, in petiolum laminae aequalem angustata, 15—18 mm longa, 3—5 mm lata, subacuta, margine irregulariter pinnatifido-dentata, supra hirta, subtus subglabra. Pedunculi radicales, 10—14 mm longi. Hypanthium oblique obconicum, lobi calycini subulati, 2—3 mm longi. Corolla 14—18 mm longa, infundibularis, extus glabra, alba, lobi oblongo-lanceolati, intus subpubescentes et ad basin purpureo-punctati. Filamenta corollae circiter in medio adnata. Tubus anthereus 3,5 mm longus, 2 inferiores duobus setis et nonnullis pilis brevibus terminatae.

Clavis varietatum.

A. Corolla extus glabra; folia supra $\pm$ hirta.
1. Folia margine pinnatifido-denta........................ var. *laciniata*.

2. Folia margine leviter sinuato-dentata vel subintegra, interdum glabra var. *vulgaris*.

B. Corolla extus pubescens; folia integerrima, pubescentia....... var. *pubescens*.

var. **laciniata.** — Fig. 112 j.

Bolivia: Auf Anhöhen, 550 m (Pentland — ex A. De Cand.); Alove Jolapampa, 450 m, IX. (R. S. Williams n. 859! — Hb. Wash.); auf nassen Wiesen im Tale von Lagados, 4000 m, X. (Herzog n. 2374 — ex Zahlb.); La Paz, Chuquisaca und Cochabamba (ex Weddell).

var. **vulgaris** (Wedd.) E. Wimm. l. c. — *Rhizocephalum Candollii* var. *vulgare* Weddell l. c. t. 46, f. B. superior; A. Zahlb. l. c 387. — Folia oblongo- vel lanceolato-spathulata, leviter sinuato-dentata usque subintegra, glabra vel supra sparse hirtella. Corolla 15—20 mm longa, extus cum pedunculis glabra.

Bolivia: Ohne Ortsangabe (Weddell! — Hb. De Cand., sp. orig.); Dept. Santa Cruz, Camarapa, Cerro San Mateo, Nordseite, 3800 m, X. (J. Steinbach n. 8527! — Hb. Field); Dept. Cochabamba, Prov. Ayopaya, Sachapata, an feuchten Hängen, 3900 m, XII. (Cárdenas n. 3324! — Hb. Field), Prov. Sacaba, Cerro San Benito, 4000 m (J. Steinbach n. 5911! — Hb. W.); Sorata, überall an grasigen Orten (G. Mandon n. 491! p. p. — Hb. W.).

Peru: Dept. Puno, Ayapata, feuchte Stellen an Bachufern, Jan. 1854 (W. Lechler, Pl. Peruv. ed. Hohenacker n. 1956! sub „*Isotoma*? (*Rhizocephalum*... *fasciculata* Schlechtd. ipse" — Hb. W.); Apacheta zwischen Ayapata und Ituata, IX. (Raimondi n. 11597! — Hb. B.); Dept. Cuzco, Valle del Paucartambo, Hacienda Lauramar, 4500 m, II. (Herrera n. 2320! — Hb. Field); Dept. Ayacucho, Prov. Huanta, Mt. Razahuillca, 4300—4400 m (Weberbauer n. 7496! — Hb. Field).

Colombia: Berge östlich von Bogotá, Cruz Verde, I. (Holton n. 403! Hb. Del.); Páramo Usaguin (Goudot! — Hb. W.); Páramo de Guasca, 3400 m, IV. (Cuatrecasas! — Hb. Madr. W.).

var. **pubescens** (Wedd.) E. Wimm. n. c. — *Rhizocephalum Candollii* var. *pubescens* Weddell l. c. c. fig., quae autem „var. *ciliatam* Wedd". l. c. = *L. linearifolia* E. W.? exhibet. — Folia oblongo-lanceolata, integerrima, cum pedunculis, calycibus, corollis (sub 2 cm lg.) undique pubescentia. (Diagn. auct.)

Colombia: Páramo de Usaguin (ex Weddell — nullum specimen vidi!).

19. **L. gracilis** E. Wimmer, Campanul. in Macbr., Fl. Peru VI (1937) 485. — *Rhizocephalum gracile* E. Wimm. in Fedde, Repert. Spec. Nov. XXVI (1929) 4, t. 72, f. 18. — Acaulis, glaberrima. Folia radicalia, rosulata, lanceolata, 10 mm longa, 2 mm lata, basi in petiolum 15—20 mm longum angustata, apice acuta, margine crenulata cum denticulo inter crenas. Pedunculi radicales, compressi, 6—9 cm longi, apice ampliati in calycem obconicum; lobi calycini subulati, integri, 7 mm longi. Corolla 13 mm longa, glabra, purpurascens (?) intus pallida, bilabiata, tubus 5 mm longus, lobi aequales, lanceolato-oblongi. Stamina 7—8 mm longa. Antherae 2 inferiores apice biaristatae.

Peru: Dept. Libertad, bei Frailcocha zwischen Pacasmayo und Moyobamba, 3300 m, IV—VI. 1875 (A. Stübel n. 26a! — Hb. B.).

Lysipomiae excludendae:

Lysipomia radicans Kunze = *Selliera radicans* Cav.
Lysipomia reniformis HBK. = *Hypsela reniformis* Presl
Lysipomia repens et *serpens* Kunze = *Selliera radicans* Cav. (ex Presl).

27. Dominella E. Wimm.

Dominella E. Wimm. nov. gen. — Corolla bilabiata tubo in dorso fisso, limbo quinquelobo. — Plantulae perennes foliis radicalibus, rosulatis, floribus scapigeris. — Genus monotypum, Austro-Americanum.

Dominella crassomarginata E. Wimm. nov. spec. — Rhizoma perpendiculare, reliquiis petiolorum partim obsitum. Folia petiolata, petioli 4—11 mm lg., lamina elliptica, 3—4 mm lg. et 1,6—2 mm lt., utrinque acuta, sed apice ipso obtusiusculo, integerrima, coriacea, vernicosa, margine incrassata et fuscescentia, glaberrima, subtus sub microscopo pellucido-punctata. Pedunculi scapiformes, stricto-erecti, glabri, 15—20 mm longi, in calycis tubum sensim ampliati. Hic anguste obconicus, 2—3 mm lg.; lobi calycini lanceolati, obtusi, apice callosi, basi utrinque callo prominente muniti, 1,5 mm lg. Corolla 3 mm longa, lobi fere aequales, ovato-acuminati, superiores parum angustiores et paululum longiores, circiter 1,2 mm lg. Staminum tubus glaber, curvatus, 1,5 mm lg.: antherae atro-fuscae, glabrae, 1 mm longae, apice omnes nudae (?). Stigma bilobum, lobis subrotundis divergentibus. Capsula obconica, unilocularis, operculo rotundo umbonato apice dehiscens, placenta parietalis. Semina pauca, ellipsoidea, rubiginosa, nitida, scrobiculata, ca. 0,6 mm lg. — Fig. 112 k.

Ecuador und Peru (Grisar, anno 1872 — Hb. Paris!).

Subtribus IX. Sclerothecinae E. Wimm.

Sclerothecinae E. Wimm. in Annal. Naturhist. Mus. Wien LVI (1948) 373. — Capsula indurata, bilocularis, pyriformis vel subglobosa, vertice vel circum poris se aperiens. Corolla magna, tubo in dorso longitudinaliter fisso vel plus minusve integro, lobis 5 parum inaequalibus et bilabiatis. Stamina connata a corolla libera. Antherae in tubum connatae, apice nudae vel barbatae. — Plantae fruticosae vel arborescentes.

Genera 2 cum speciebus 6 in insulis Pacificis Polynesiae.

Clavis ramorum.

A. Flores solitarii in axillis foliorum superiorum, pedunculi uniflori. Corolla recta vel subrecta. Fructus nucaceus, obovoideus, vertice minime concavo inter partes remanentes styli 2 poris se aperiens. Fig. 112 l ..... 1. ramus *Biporosae.*

B. Flores in racemis terminalibus, corolla arcuata; fructus lignosus, hypanthio destructo inter nervos intricatos foraminibus pluribus lateralibus et verticalibus se aperiens. Fig. 55 k part. I. .... 2. ramus *Multiporosae.*

Ramus I. BIPOROSAE E. Wimm.

Biporosae E. Wimm. nov. ramus. — Flores in axillis foliorum superiorum solitarii, pedunculati. Corollae tubus fere rectus lobis fere aequalibus. Capsula in vertice biaristata et 2 poris se aperiens. Semina granulosa.

28. Sclerotheca A. De Candolle.

Sclerotheca A. De Candolle, Prodr. VII (1839) 356; Benth. et H. f., Gen. II (1876) 548; Drake del Castillo, Illustr. Fl. Ins. Maris Pacif. (1886—92) 24, 222; Fl. Polynes. Franç. (1893) 114; Schönland in Engler et Prantl, Die Natürl. Pflanzenfam. IV/5 (1894) 65; Dalla Torre et Harms, Gen. Siphonogam. (1900—07) 520, 8960. — *Lobeliae* spec. auct. plur. — *Delisseae* ? spec. Presl. Prodr. Monogr. Lobel. no. (1836) 47. — Calycis tubus ovario adnatus lobis 5 aequalibus. Corolla tubulosa, tubo in dorso fisso vel plus minusve integro, limbo bilabiato lobis 5 parum inaequalibus, eorum 2 superioribus profundius solutis vel interdum liberis, 3 inferioribus in labium coalitis. Staminum tubus a corolla liber. Ovarium inferum, biloculare, placenta centralis. Stigma bilobum. Capsula putaminata (nuci Coryli similis) obovoidea, vertice 2 poris pertusa. Arbusculae vel frutices. Folia alterna, integra, petiolata. Pedicelli axillares, uniflori. Flores magni, colorati.

Species 4 notae occurrunt in insulis Societatis et Cook.

Clavis specierum.

A. Folia oblonga usque oblongo-elliptica; lobi corollae 2 superiores vix ultra medium a tubo corollae separati.
  I. Sepala minuta, dentiformia .... 1. *S. oreades.*
  II. Sepala linearia, 8—10 mm longa.
    a. Folia callose denticulata; pedicelli 35—50 mm longi ..... 2. *S. arborea.*
    b. Folia argute antrorsum serrata; pedicelli 10—15 mm longi 3. *S. viridiflora.*

B. Folia lanceolata; lobi corolla superiores usque ad basin corollae soluti; pedicelli ad 26 mm longi .... 4. *S. forsteri.*

1. **Sclerotheca oreades** E. Wimm. in Annal. Naturhist. Mus. Wien LVI (1948) 373 — Arbor 2—4 m alta trunco 6 cm diametiente. Folia oblonga, circiter 10 cm longa et 3 cm lata, apice acuta, basi in petiolum 1,5 cm longum angustata, margine conferte callose denticulata, glaberrima, chartacea, subtus pallida. Pedunculi solitari-axillares, 3 cm longi, fructigeri ad 6 cm elongati, glabri. Hypanthium campanulatum, 6 mm longum, 5 mm latum, lobi calycini dentiformes, 1,5 mm longi. Corolla 4 cm longa, violaceo-purpurea (dull magenta purple ex coll.), glabra, tubo integro 12 mm longo, 7 mm lato (in statu compresso), lobis corollae sublinearibus acutis, circiter 22 mm longis et 4—9 mm basi latis. Filamenta omnino connata, conspicue brevia, 8 mm longa et albo-hirta. Tubus anthereus 9 mm longus, viridifuscescens, hirtus, apice omnes antherae pilosae. Stigma bilobum, pilis collectoribus in apice styli. Fructum maturum non vidi. Ceterum speciei sequenti valde similis. — Fig. 112 m, vide p. 748.

Gesellschaftsinseln, Tahiti: Orofena, Ostseite des südlichen Rückens, bewaldeter Hang, gemein in höheren Lagen, 1400 m. 20. IX. 1934 (St.-John & Fosberg 17022! 17023! — Hb. Bishop Mus.).

2. **S. arborea** (Forst.) A. DC. l. c. 357, excl. cit. Guillem.; Drake, Illustr. l. c. t. 7.; Drake, Fl. Polynes. Franc. (1893) 114; Nadeaud, Enum. Pl. Tahiti (1873) n. 329. —*Lobelia arborea* Forst., Prodr. (1786) n. 308, non Guillem; Roem. & Schult., Syst. V (1819) 43; G. Don, Gen. Syst. III (1834) 712, Endlicher, Fl. Südsee (1836) n. 1048. — Frutex arborescens, glaber, 3—8 m altus. Rami teretes, virides, rugosi. Folia membranacea, oblonga vel ovato-oblonga, 10—20 cm longa, 3—6 cm lata, apice subacuminata, basi acuta in petiolum 2—6 cm longum angustata, margine conferte callose denticulata, ad basin integra, subtus pallida. Pedunculi solitari-axillares, 3—6 cm longi, bracteolis 2 linearibus sub medio sitis ornati. Hypanthium obovoideum, ad 1 cm longum, lobi calycini sublineares, acutiusculi, 8—10 mm longi, patentes. Corolla lutea intus violacea, glabra, 56 mm longa, tubo recto, 20 mm longo, 6 mm lato (in statu compresso), lobis lineari-acutis, fere aequilongis, ad 26 mm longis. Tubus stamineus videtur puberulus, antherae 2 inferiores barbatae. Capsula globoso-obovoidea, pericarpium lapideo-induratum, 1 mm crassum, cinereofuscescens, apice subacuta et biaristata, poris duobus rotundis dissepimento alternis vertice se aperiens, a calyce denudata. Semina (ex Drake) ovoidea, granuloso-aspera. — Fig. 112 l.

Tahiti: Gebirge, 700—800 m (Forster! — Hb. Thunberg, n. 220! — Hb. Goett., n. 166 — ex Drake; Lepine n. 200! — Hb. De Candolle; U. S. Exped. Capt. Wilkes! — Hb. Wash.; Sept. 1852, N. J. Andersson! — Hb. Stkh.); Tahiti, mountain gullies near Papeiti, „Fl. green with a purplish stain on the throat, arborescent 10 ft. h." (Bidwill! — Hb. Kew). — Nomen incol. „*Maame*" (Lepine).

In specimine collecto a Bidwill corollae tubus integer videtur, in speciminibus Forsteri corolla deest.

3. **S. viridiflora** Cheeseman in Transact. Linn. Soc. London, 2. ser. VI (1903) 285, t. 33.

Frutex ad 2 m altus, copiose lactescens, glaberrimus. Ramuli validi, versus apices foliosi. Folia petiolata, lanceolato-oblonga, 7—25 cm longa, acuta vel acuminata, basi in petiolum 12—28 mm longum angustata, margine argute serrata, basin versus integra, membranacea. Flores in axillis foliorum solitarii, pedicelli graciles ad 26 mm longi, infra medium 2 bracteolis linearibus instructi. Hypanthium turbinatum, quinque-nervatum; lobi calycis anguste lineares, ca. 1 cm longi. Corolla viridula, 26—32 mm longa, tubo in dorso usque ad basin fere fisso, lobis 5 subaequalibus, oblongis, acutis. Staminum tubus arcuatus, a corolla liber; antherae majores in vertice pilosae, 2 minores in apice barbatae. Stigma breviter bifidum. Fructus ignotus.

Insel Roratonga (Hauptinsel der Cook-Gruppe), Abhang des Mt. Taitukuru, 500—700 m, hier zahlreich vertreten, aber anderwärts nicht beobachtet (Cheeseman).

4. **S. forsteri** Drake del Castillo, Illustr. Fl. Insul. Mar. Pacif. (1892) 26, 222, t. 8; Fl. Polynes. Franç. (1893) 114. —*Lobelia arborea* Guillemin, Zephyritis Tait. in Annal. Sci. Nat. Paris 3. ser. VII (1837) 248; A. DC. l. c. quoad cit. Guillem.; Nadeaud, Enum. (1873) n. 339. — Arbor 2—3 m alta. Rami teretiusculi, laeves, patentes. Folia oblongo-lanceolata, 6—10 cm longa, 2—3 cm lata, utrinque acuta, in petiolum circiter 1 cm longum angustata, margine in dimidio superiore tenuiter dentata, glabra. Pedunculi solitari-axillares, 1 cm longi, in medio bibracteolati. Calyx turbinatus, lobi lineares acuti, pollicares. Corolla lutea, apice purpurea, tubo brevissimo, fisso, lobi corollae bipollicares, superiores lanceolati, ad basin angustati et omnino liberi, semireflexi, lobi inferiores cohaerentes. Filamenta coalita longitudine tubi. Capsula ut in praedente specie, circiter 1 cm longa. Semina globosa, granulata.

Tahiti: Tal des Fautahua, 700 m (Vesco); Tal des Arue und auf dem Berge Marau, feuchte Abhänge unterhalb 1000 m (Nadeaud n. 339 — ex Drake), nullum specimen vidi. — Nomen incolarum in Tahiti: „*Aarai-fau*".

Species excludendae:

Sclerotheca	*Closiana* Warburg	= *Eriudaphus closianus* Baill.
	longistigmata F. Brown	= *Apetahia longistigmata* E. Wimm.
	Margaretae F. Brown	= *Apetahia margaretae* E. Wimm.
	maritima Warburg	= *Phoberos maritima* Miq.

Ramus II. MULTIPOROSAE E. Wimm.

Multiporosae E. Wimm. nov. ramus. — Racemi terminales, multiflori, corollae tubus arcuatus lobis inaequalibus. Capsula in vertice plana, umbonata, foraminibus multis imprimis lateralibus se aperiens. Semina laevia.

29. Trematolobelia A. Zahlb.

Trematolobelia A. Zahlb. apud Engler & P., Natürl. Pflanzenfam. IV/5 (1894) 394; in Coll. Haw. Publ. Bull. II (1913) 45; Rock, Haw. Lobelioid. (1919) 141; Degener, N. Illustr. Fl. Haw. Isl. (1934) fam. 339, genus *Trematolobelia*. — *Trematocarpus* A. Zahlb. in Annal. Naturhist. Hofmus. Wien VI (1891) 430; Hemsley in Annal. Bot. VI (1892) 154, VII (1893) 289; Stapf in Annal. Bot. VII (1893) 396, non Kützing, Phycol. Gen. (1843) 410. — *Lobelia* Dalla Torre et Harms, Gen. Siphonog. (1900—07) 521. — Calycis tubus ovario adnatus, limbus quinquepartitus. Corolla carnosa, decidua, tubulosa, superne longitudinaliter fissa, bilabiata, lobi corollae 5 sublineares, 2 sublongiores, ceteris profundius soluti, 3 minores in labium trifidum coaliti. Stamina connata, e tubo corollae exserta et a corolla libera; antherarum 2 inferiores apice barbatae. Cetera ut supra.

Species 2 inhabitant insulas Sandwicenses.

Clavis specierum.

A. Folia lanceolata; corolla rubra .... 1. *T. macrostachys.*

B. Folia obovato-lanceolata; corolla alba .... 2. *T. grandifolia.*

1. **Trematolobelia macrostachys** (Hook. & Arn.) A. Zahlb. in Coll. Haw. Publ. Bull. II (1913) 45, t. XI. XII pro p.; Rock, Hawai. Lobelioid. (1919) 145, t. 21, 70, 71. — *T. sandwicensis* Degener, New Illustr. Fl. Haw. Isl., Fam. 339 (1934) tab. — *Lobelia macrostachys* Hook. & Arnott, Bot. Voy. Beechey (1832) 88; G. Don, Gen. Syst. III (1834) 713; A. De Candolle, Prodr. VII (1839) 386; Gaudichaud, Voy. Bon. (1846) t. 46; A. Gray in Proceed. Amer. Acad. V (1861) 150; Mann in Proceed, Amer. Acad. VII (1866) 185; Hillebrand, Fl. Haw. Isl. (1888) 237 p. p.; Heller, Rep. Board Commiss. Agric. a. Forest. Haw. 1909—10 (1911) 77. — *Trematocarpus macrostachys* A. Zahlb. in Annal. Hofmus. Wien VI (1891) 430c. fig. p. p. — *Delissea? macrostachys* Presl, Prodr. Monogr. Lobel. (1836) 47. — *Dortmannia macrostachys* O. Kuntze, Revis. Gen. II (1891) 972. — Arborescens, truncus lignosus, erectus, 1,5—4 m altus et circiter 3 cm diametiens, cortice olivaceo cicatricoso, in vertice divisus in 5—16 ramos fere horizontales, 40—100 cm longos, novellos pubescentes, demum glabratos. Folia lanceolata, 25—30 cm longa, 2—2,5 cm lata, basi in petiolum marginatum sensim angustata, apice acuminata, margine in superiore parte crenulata, glandulis inter crenas, glabra, membranacea. Racemi elongati, dimidiam vel tertiam partem ramorum occupantes. Bracteae foliaceae, ad 35 mm longae. Pedicelli 25—30 mm longi, bibracteolati. Calyx semiglobosus, glaber, lobi ovato-lanceolati, 4—5 mm longi. Corolla albo-rosea, glabra, 5—6 cm longa, 0,5 cm lata, ante anthesin subrecta, dein arcuata; lobi superiores lineares, acuti, fere longitudine tubi corollae, lobi inferiores labium trifidum formantes lobis 6—12 mm longis. Filamenta glabra, a corolla libera. Tubus antherarum subglaber, in basi cuiusque antherae fasciculo pilorum, 2 inferiores apice barbatae. Stylus viridulus stigmate obscuroviridi. Capsula subglobosa, 8—10 mm longa, 10-costata, inter texturam nervorum foraminibus se aperiens. Semina lutea, compresso-ovoidea, fere rectangulari-alata, circiter 1 mm longa (vide tom. I. p. 18 fig. k.).

Sandwich-Inseln (Voy. Beechey! — Hb. Del., Typus). Auf fast allen Inseln im Berggelände über 600 m Höhe, blühend von Ende April bis Oktober, zuweilen bis Dezember, fruchtend von Juli an.

Oahu: Hier nicht selten (Gaudichaud n. 150! Remy n. 297, Mann & Brigham n. 463! — Rock cit. unrichtig n. 643 — Hb. De Cand.); Bergrücken der beiden Gebirgsketten, 600—900 m (Hillebrand, ohne Nr. und n. 71); Punaluu-Gebirge (Rock n. 468); Höhe des Pig God Trail (Degener & Kwon n. 7802!); Bergrücken gegen Hauula, Konahuanui (Rock n. 468, 471, 6083; Ceresole n. 12841 – Hb. Haw.); Honolulu, gegen den Gipfel oberhalb Wilhelmina Rise (Park n. 7767!) Pupukea — Kahuku (Degener n. 7889! — Hb. Degener); Mt. Olympus (Topping n. 3270!); C. C. C. Trail, Aica (Degener n. 11381!). — Molokai: Papaala Pali (Degener n. 7779! — Hb. Degener); Waikolu, Höhen und offener flacher Sumpf (Degener n. 7780! Rock n. 8819);

Pukoo (H i t c h c o c k n. 15068); Poholua (F o r b e s n. 94! — Hb. Bishop Mus.).— L a n a i : Obere Gebirgsregion (H i t c h c o c k n. 14684). — M a u i : West-Maui, Puukukui (H i t c h c o c k n. 14817); Mt. Eeke auf der Seite des Waihee, Mauka of Makawao, along Pipe-Line-Trail, Olinda (D e g e n e r n. 7974! 7975! 7976! — Hb. Degener). — H a w a i i : Wald am Naalehu, Kau, südlicher Abhang des Mauna Loa und am Vulkan Kilauea (R o c k n. 10360).

var. **kaalae** (Degener) E. Wimm. n. c. — *T. sandwicensis* var. *Kaalae* Degener l. c. cum tab. (1936). — Corolla subcurvata, violaceo-purpurea (magenta), 7 cm longa et 0,7 cm lata, lobi superiores circiter 37 mm longi, labium inferius 35 mm longum et 9 mm latum, lobi circiter 8 mm longi.

O a h u : Gipfel des Mt. Kaala (M e e b o l d n. 7803! T o p p i n g n. 3193! — Deg.).

var. **kauaiensis** Rock in Coll. Haw. Publ. Bull. II (1913) 46; Haw. Lobelioid. (1919) 147, t. 72. — *T. macrostachys* A. Zahlb. l. c. quoad specimen de Kauai, collect. Wawra n. 2190; Degener l. c. — Truncus niger, 1,5 m altus. Folia lineari-lanceolata usque oblonga, 16 cm longa, 3 cm lata, utrinque acuminata, rubro-venosa. Rami minores et pauciores. Corolla minor, scarlatina usque purpurea, valde arcuata.

K a u a i : Pahakupili (W a w r a n. 2190! — Hb. W.); Gipfel des Mt. Waialeale in offenem Sumpf, 1000 m (Rock n. 8877! 8031!); an den Flüssen Kaluiti und Kailiili (H i t c h c o c k n. 15496!).

2. **T. grandifolia** (Rock) Degener, N. Illustr. Fl. Haw. Isl. (1934) fam. 339. — *T. macrostachys* var. *grandifolia* Rock in Coll. Haw. Publ. Bull. II (1913) 46 et Haw. Lobelioid. (1919) 147, t. 73. — Truncus robustus, in apice divisus in plures ramos crassos florentes. Folia obovato-lanceolata, 26—30 cm longa, 5—7 cm lata, acuta vel obtusa, ad basin in petiolum marginatum 2—5 cm longum angustata, margine subintegra vel tenuiter crenulata, inter crenas dente calloso munita, glabra, pallide viridia, costa nigrescente. Racemi 50—60 cm longi. Bracteae lanceolatae, pedicellos superantes vel eis breviores. Hypanthium campanulatum, circiter 8 mm longum, lobi calycini lanceolati, 8 mm longi. Corolla alba, subfalcata, latior et longior quam in *T. macrostachyde.*

H a w a i i: Gebirge Kohala, an der Kawainuischlucht, 1400 m, blüh. im Oktober (H o s m e r n. 6090 — ex Rock). — L a n a i : Halelepakai, XI. (M u n r o! — Hb. Bishop Mus.).

E x c l u d e n d a:

Genus *Campanulopsis* Zollinger et Moritzi in Nat. en Geneesk. Arch. Neêrl. Indie I (1844) 484, nom. nud. .... = *Wahlenbergia.*

Campanulopsis cyanea Zoll. et Mor. l. c. — Malaya.

= *Wahlenbergia gracilis* (Forst.) A. DC.

Nemacladus Nutt.
Parishella A. Gray
Pseudonemacladus McVaugh
(*Baclea* Greene)
} Genera *Campanulac.-Cyphioidearum.*

SUPPLEMENTUM

ad

F. E. Wimmer

Campanulaceae — Lobelioideae, I. Pars.

Addenda et Corrigenda:

Pag. 3 Ergänzung zu **Pollen**: Die Pollenkörner der Lobelioideen zeigen im allgemeinen keine großen Verschiedenheiten. Sie sind meist ellipsoid oder rundlich-tetraëdrisch mit drei, seltener mit vier (ausnahmsweise zwei) Wülsten mit oder ohne Poren.

Die Exine ist meist glatt, seltener schwach skulptiert. Die Größe der Pollenkörner schwankt zwischen 20 bis 50 μ im Durchmesser, z. B.: *Lobelia* und *Siphocampylus* 20—40 μ, *Centropogon lucianus* 30—40 μ, *Downingia* 30—50 μ d. [Hansgirg, Beiträge zur Biologie und Morphologie des Pollens in Sitzungsberichte d. königl. böhm. Gesellschaft der mathemat.-naturwiss. Classe (1897) p. 52].

Den Pollen der Lobelioideen der Hawaiischen Inseln untersuchte O. H. Selling [Studies in Hawaiian Pollen Statistics II (1947) 318—320, t. 49, f. 772—787] und fand, daß der Pollen derselben verhältnismäßig gleichförmig und von den Typen der einheimischen Flora ziemlich leicht unterscheidbar ist. Er mißt durchschnittlich 43—63 × 28—44 μ, in extremen Fällen 41—64 × 27—47 μ, ist also durchschnittlich größer als der der übrigen Lobelioideen, entsprechend der außergewöhnlichen Größe der auf diesen Inseln wachsenden Arten, welche alle übrigen — wenigstens zum großen Teil — an Höhe, Stärke, Größe der Blüten und Früchte übertreffen.

p. 21 **Frucht**, ergänze: Es kommen gelegentlich auch Fruchtknoten und Früchte vor, bei denen die Karpelle von zwei auf drei vermehrt sind, wobei jedoch zwei weitgehend verschmolzen sind, so daß auch in diesen Fällen scheinbar die Zweifächerigkeit erhalten bleibt.

Bei der Untersuchung pseudodimerer Gynözeen von *Lobelia cardinalis* L. [Österreichische Botan. Zeitschrift 99 (1952) p. 220—227 mit 1 Abbild.] fand W. Leinfellner Gynözeen mit drei Karpellen, bei denen die beiden dorsalen Karpelle im fertilen Abschnitt unter Rückbildung ihrer Scheidewände verschmolzen waren. So entstand ein pseudodimerer mit ungleich großen Fächern versehener Fruchtknoten, der in seiner Wand aber noch die einzelnen Mittelnerven der drei Karpelle zeigte.

p. 5 15. linea ab imo, *Lobelia warscewiczii* lege *Lobelia irasuensis.*

p. 11 fig. 8 e, *Phyllocharis lamiifolia* lege *Ph. subcordata* Merrill et Perry.

p. 14 fig. 11 i, Peterm. lege Endl., item p. 32, 10. lin. ab imo.

fig. 11 k, *Grammatotheca erinoides* lege *G. bergiana* (Cham.) Pr.

p. 15 4. linea a summo, *Lobelia claytoniana* lege *L. spicata* var. *leptostachys* (A. DC.) McVaugh, item p. 18, fig. 14 r.

p. 41 8. linea a summo, genera 8, lege 9 et supple ut 9. genus *Cyrtandroidea*, indigena Marquesas-Insularum.

p. 42 adde ad 1. *Delissea*: Engler et. P., Natürl. Pflanzenfam. IV/5 (1894) 64.

2. Cyanea

p. 56 11. *Cyanea atra*, adde: Maui: Mauka of McGregor, rainforest (Hb. Deg. n. 22245! 22067! — B. W.).

p. 62 21. *Cyanea grimesiana* adde: var. **munroi** Hosaka in Occas. Pap. Bishop Mus. XIV (1938) 30. — Hypanthium cylindricum glabrum 7—10 mm lg., lobi calycis lato-lanceolati 10—13 mm lg. et 4—6 mm lt. Corolla curvata glabra 45—55 mm lg. Tubus antherarum basi hirsutus.

Lanai: Kaiholena (G. C. Munro n. 166 — Bish. Mus.); Mts. E. (C. N. Forbes n. 266 L.; Munro n. 673); Mahana (Munro n. 276; Hitchcock n. 14703 delendum apud var. mauiensis.

p. 64 27. *C. quercifolia*, adde „1—2 m alta, ramosa, caule aculeato".

Molokai: South of Pepeopae, IV. (Hb. Degener n. 7787 a! 7785!); Waikolu Valley (Hb. Deg. n. 22135!).

p. 68, post n. 33 33a. **Cyanea submuricata** E. Wimm. n. sp. — Herba erecta 2 m alta, caule singulari tuberculis setiferis plus minusve sparsis vestito. Folia petiolata: petiolus 4,5—5,5 cm longus, submuricatus; lamina membranacea, supra glabra laevisque, subtus in nervis et venis hirtella, nervo mediano insuper submuricato, oblanceolata, 64—66 × 11—12 cm, apice subacuta, ad basin longe sensimque angustata in petiolum proportionaliter tenuem, margine callose denticulata. Pedunculus crassus, 15—20 mm longus, submuricatus, vertice bracteatus (bracteae lineares hirtellae circiter 15 mm longae); pedicelli pauci, glabri, 15 mm longi. Hypanthium oblongo-obconicum, glabrum, 11 mm longum, 5 mm latum; lobi calycini sublineares, acutiusculi, integerrimi, suberecti, 11 mm longi, nervis tribus perducti. Corolla 70 mm longa, sparse hirtella, pallide viridis, sed lobi in dimidio superiore fuscescenti-rosei, pars basalis tubi rosea: tubus 45 mm longus, in medio 6 mm latus; lobi corollini 5, falcati, superiores 25 mm longi patentes, inferiores deflexi et breviores. Filamenta glabra, 68 mm longa, tubum antherarum non vidi.

Hawaii: Kulani Prison Road in dense forest at 1300 m, 3. II. 1952 (Hb. Degener n. 21796! — W. B.). — Pertinet ad sect. *Genuinae*, non longe distans a *Cyanea rollandioide*.

p. 69 36. *C. solenocalyx* f. *glabrata*, adde: Nualele Valley (Hb. Deg. n. 22140! — B. W.); Head of Waikolu Valley (Hb. Deg. n. 22137a!).

p. 70 38. *C. angustifolia*, adde: Oahu: CCC Trail, Aiea, dark woods; Wiliwilinui Ridge, lower forest; in forest near Poamoho stream, 440 m (Hb. Degener n. 11537! 19714! 19725!); Kapakahi ridge (Hb. Deg. n. 21671! 21672! — B. W.).

p. 72, n. 42 42. *Cyanea coriacea* f. **gratiosa** E. Wimm. n. f. — Plantae valde variabiles tum consistentia foliorum tum longitudine petiolorum et pedunculorum, vacillantes inter var. *coriaceam* et jam notas varietates. Petioli 4,5—12 cm longi; lamina foliorum plerumque oblanceolata, rarius fere lanceolata, apice subrotundata et brevissime acuminata vel subacuta, ad basin longe sensimque attenuata in petiolum, glaberrima, subcoriacea vel chartacea nervis purpurascentibus vel virentibus, 12—23 × 3—4 cm. Pedunculi 5—12 cm longi, plerumque paulo longiores quam petioli. Corolla „pallide rosea, in basi purpurata". Bacca pisiformis, 5 mm diam. „1—3 m alta, eramosa".

Kauai: Ridges behind Papaa in lower forest, 16. I. 1952 (Hb. Deg. n. 21736! common form, 21737! rare form intermediate in coloration betw. n. 21736 and n. 21738).

Cyanea coriacea var. *hardyi* (Rock) Wimm., adde: Ridge behind Papaa in lower forest, „single plant with extremely long pendent peduncles, I. (Degener n. 21739! — B. W.).

›. 72, n. 42 var. **degeneriana** E. Wimm. n. v. — Folia late oblonga lateribus fere parallelis, apice subrotundato brevissime acuminata, basi inaequaliter longe decurrente subacuminata, petiolo 7,5—9 cm longo, margine crenulato-denticulata, subtus praeter nervum medianum parce pilosa, membranacea, 25—27 × 7—8 cm. Pedunculi 12—14 cm longi.

Kauai: Ridge behind Papaa in lower forest, 16. I. 1952 (Hb. Deg. n. 21736 a! — B. W.).

p. 73 44. *C. acuminata*, adde: var. **calycina** Hosaka in Occas. Pap. Bish. Mus. XIV (1938) 29, fig. 2 a. — Calycis lobi plus duplo longiores, ad 10 mm longi, sublineares. Staminum tubus glaber.

Oahu: Koolau Range, Waipio, Kipapa Gulch along stream bed, 570 m (E. Y. Hosaka n. 1185 — Bish. Mus.).

p. 73 45. *C. multispicata*, adde: Hawaii, in wet jungle between Glenwood and 29 miles, VI. (Degener n. 7870!).

p. 76 53. *C. pilosa*, adde: Hawaii: Kulani Prison Road in dense forest, c. 1300 m, II. (Hb. Deg. 21776! 21777! — B.).

›. 77, o. 53 nsere: 53 a. **Cyanea floribunda** E. Wimm. nov. sp. — Partes summae saltem setoso-hispidae, excepta pagina superior foliorum, quae omnino glabra et laevis. Petioli tenues, 10—30 mm longi. Lamina foliorum membranacea, supra subnitida, glabra, subtus albescens, praesertim in nervis breviter pilosa, margine undulata et denticulis callosis peripheriam vix excedentibus munita, oblonga, 18—24 cm longa et 4,5—8 cm lata, apice obtuso subacuminata, basi acuta. Flores corymbosi in pedunculo axillari patente. Pedunculus circiter 15 mm longus, hispidus, nudus, 8—10 flores in apice gerens. Pedicelli circiter 5 mm longi, bractea lanceolata pedicellum aequante vel superante praediti. Hypanthium obconico-oblongum, subglabrum lobis sublinearibus subacutis parce pilosis 3—4 mm longis. Corolla virenti-alba et rubenti-striata, sparse pilosula, circiter 21 mm longa; tubus usque ad basin fissus, circiter 12 mm longus; lobi corollae 9—8 mm longi, sublineares. Filamenta glabra; antherarum tubus 4 mm longus, in dorso et in basi hirtus, 2 inferiores apice barbatae. Bacca ellipsoidea, aurantiaca, 1 cm longa.

Hawaii: Along Saddle Road, 19 miles from Hilo in dark rich rainy kipuka, 29, 30. VIII. 1949 (Hb. Degener n. 20274! 20007! — Deg., Wien); near Kulani Prison road, 1300 m, III. (Hb. Deg. n. 21795! — B. W.). — Eine Kipuka ist eine Oase inmitten eines Lavafeldes (Degener).

3. Clermontia

p. 82, n. 2. 2a. **Clermontia paradisia** E. Wimm. n. sp. — Frutex glaberrimus ramis vertice foliosis et pedunculis 2-floris axillari-solitariis. Petioli tenues 3 cm longi. Foliorum lamina lanceolata (in medio latior), 12 × 2 cm, utrinque acuta, sed versus basin sensim angustata, margine cállose denticulata, membranacea, fere opaca, plana, sed subtus nervus medianus prominens, nervi secundarii plani, sub angulo fere recto curvatim ascendentes et in denticulos marginis excurrentes, utrinque 14—16. Pedunculi solitarii in axillis foliorum 10 mm longi, bracteis mox deciduis; pedicelli 10—12 mm longi, basi et in medio plerumque bibracteolati. Calyx longitudine corollae: lobus dorsalis usque ad basin solutus, ceteri 4 lobi soluti ut illi corollae. Corolla 30 mm longa, in dorso fere usque ad basin fissa: tubus 12 mm longus et (exsiccata compressa) 5 mm latus, lobi lineares falcati patentes, 21 mm longi, 1 mm lati, videntur purpurascentes, dum tubus forsan virenti-albus est. Staminum columna glabra, exserta: antherae 11 mm longae, 2 inferiores apice penicillato-pilosae. Ovarium subcylindricum. Bacca subglobosa, aurantiaca, circiter 15 mm in diametro. Semina nitido-fusca, compresso-ellipsoidea, 0,6 mm longa, numerosa.

Hawaii: Kohala Mts., along ditch trail west of Kaukini Cabin, open forest, 18. II. 1952 (Hb. Degener n. 21880! 21881!); Pololu — Honokanenui region, along ditch trail in open forest and small gulches (Hb. Degener n. 21882! 21879! — B. W.).

Der *Clermontia leptoclada* ähnlich, doch durch pedunculi und Fehlen jeglicher Behaarung verschieden.

p. 82 3. *Cl. hawaiiensis*, adde: Molokai: Maunakui in forest, 8 ft. high branching (Hb. Degener n. 7826! — specimen minus typicum).

p. 83 4. *Cl. kakeana*, adde: Oahu: In forest near Poamoho stream and Wiliwilinui Ridge (Hb. Degener n. 19726! 19711!). — Molokai: Pukoo, Kainalu in open rain forest (Hb. Degener n. 20162!). — Maui: Paupau Ridge mauka of Lahaina in dense shrubby forest, 1160 m (Hb. Degener n. 20022!).

p. 84 5. *Cl. kohalae* var. *robusta* Rock, adde cum ?, quia specimen sine floribus: Kohala, rainswept plateau at head of Alakahi Valley, 1260 m (Hb. Degener n. 20160!). — var. *hiloënsis* E. Wimm., adde: Along Saddle Road 16 miles from Hilo in rich rainy kipuka (Hb. Degener n. 20014!).

p. 86 8. *Cl. persicifolia*, adde: Oahu: Palehua — Palikea Trail, Waianae Mountains; Wiliwilinui Ridge, open forest (Hb. Degener n. 19278! 19712!).

9. *Cl. oblongifolia*, adde: Oahu: Waianae Mts., Palikea (Hb. Degener n. 19276! 19277!).

p. 92 18. *Cl. parviflora*, adde: Hawaii, along Saddle Road, 7 and 15 miles from Hilo in forest (Hb. Degener n. 20177! 20332!).

p. 94 22. *Cl. arborescens*, adde: Molokai: Pukoo, Kainalu in open rain forest (Hb. Degener n. 20163!).

23. *Cl. pyrularia*, adde: Hawai: Mauna Kea, near pit where David Douglas was murdered, open rocky forest (Hb. Degener n. 20356!); S. Kona, Koa forest, Papaloa, Kealakekua Ranch, 1400 m (small branching tree with white flowers and c. 10 ft. h.), and Kealakekua 1160 m, 4 ft. tall (Hb. Degener n. 19615! 19626!). — In specimine ultimo flores 4—6 et fere umbellati.

p. 95 24. *Cl. caerulea*, adde: Kona, Papaloa, Capt. Cook, 1300—1600 m, and Kealakekua, Greenwell Ranch (Hb. Degener n. 19913! 19208! 19211! 19212! 19373! 20247! 20336! 20329! 19205!).

— f. **flavescens** n. f. — Corolla luteola, ochroleuca vel luteo-virens.

Hawaii: S. Kona, Kealakekua, Greenwell Ranch I. 1949 (Hb. Degener n. 19371! 19372! 19374! 19375!).

— var. **greenwelliana** E. Wimm. nov. var. — A planta typica differt pedunculo (25—50 mm) et pedicellis (20—40 mm) longioribus, 1—3-floris, sepalis triangulari-linearibus 20—23(30) mm longis et basi 5 mm latis, sic *Clermontiae rockianae* similis. Frutex 1,2 m altus.

Hawaii: S. Kona, Kealakekua, A. L. Greenwell Ranch, 1000 m, 17. I. 1949; Koa forest, Kealakekua Ranch lg. Anny Greenwell (Hb. Degener n. 19370! 19206! 19616! 19623! 19624! 19625!).

4. Rollandia

p. 98 2. *R. angustifolia*, adda: Oahu: Wiliwilinui Ridge, rain forest, 830 m (Hb. Degener n. 19716!).

p. 100 7. *R. st.-johnii* var. **obtusisepala** E. Wimm. nov. var. — Folia in petiolum brevem late decurrentia, oblonga, 6 cm longa et 1,5 cm lata, supra glabra, subtus in nervis strigosa. Sepala oblonga, apice rotundata, integerrima, subhispida, marginibus se tegentibus, in alabastris in nostro specimine tantum praesentibus 5 mm longa et 2 mm lata.

O a h u : Opposite Wiliwilinui Ridge overlooking Waimanalo fogswept precipitous slope, 27. 6. 1949 (Hb. D e g e n e r n. 19710!).

p. 101 9. *R. lanceolata*, adde: O a h u : Wiliwilinui Ridge, forest, 300 m, corolla et stamens dirty purplish white (Hb. D e g e n e r n. 19713! 19718!); Junction of St. Louis-Woodlawn Trail, Honululu (Hb. D e g e n e r n. 19618!).

— var. **brevipes** E. Wimm. nov. var. — Folia lanceolata, glaberrima et laevia, iis *R. sessilifoliae* similia, 24 cm longa et 5,4 cm lata, margine repando-dentata, petioli 8—15 mm longi tantum. Pedunculus 10 mm longus, pedicelli 5—7 mm longi. Sepala ovata, apice apiculata, basi subconnata, ad 2 mm longa et lata. Corolla 45—50 mm longa. Filamenta superne et antherarum tubus in parte inferiore pilosa.

O a h u : Mokuleia mauka, forest at 560 m, 2. V. 1949 (Hb. D e g e n e r n. 19588!).

— var. **glaberrima** E. Wimm. nov. var. — Omnino glabra, etiam filamenta et antherae, sed 2 inferiores antherae ut solet barbatae.

O a h u : Mokuleia mauka, shade slope near top. 2. III. 1949 (Hb. D e g e n e r n. 19589!).

6. Pratia

p. 106 In clavi post *P. prostratam* insere:

Corolla 10—12 mm longa, folia elliptica .... 9a. *P. purpurascens*.

post *P. concolorem* insere:

Folia oblongo-lanceolata, rotundata vel obtusa, integerrima, conferta 8a. *P. conferta*.

post *P. papuanam* insere:

Pedunculi 2—4 mm longi, cum calyce pilosi, folia rosulata. Novoguinea 16a. *P. archboldiana*.

p. 107 Sub sectione *Colensoa* post *P. calochlamys* emenda:

II. Lobi calycis sublineares vel triangulares, integerrimi vel serrati vel dentati.

1. Tubus corollae subcylindricus, subcurvatus, limbo quinquepartito distincte longior.

   * Folia fere pectinato-dentata, elliptica usque obovato-oblonga; antherae circum dense longeque pilosae .... 27. *P.* (?) *lutea*.

   ** Folia crenulata vel argute serrata; antherae leviter breviterque pilosae.

   ° Lobi calycis ovato-oblongi, acuti, serrati, 15 mm longi 25. *P. calochlamys*.

   °° Lobi calycis triangulares, subintegri, ad 5 mm longi 26. *P. guatemalensis*.

2. Tubus corollae brevior quam limbus et paulum supra basin jam explicatus.

   * Racemi terminales, corolla 2—4 cm longa.

   ° Folia margine dentibus inaequaliter fimbriato-dentata dentibus in setam longam protractis .... 28. *P. harrisii*.

   °° Folia aliter marginata.

   § Folia late oblanceolata vel lanceolata, ad basin sensim in petiolum indefinitum angustata.

   × Bracteolae b a s i c a l y c i s insertae .... 29. *P. fawcettii*.

   ×× Bracteolae in m e d i o p e d i c e l l o r u m insertae 30. *P. acuminata*.

§§ Folia elliptica vel ovata, apice brevi acuminata vel acuta, ad basin abrupte vel breviter acuminata.

× Lobi calycis lineari-lanceolati, angusto-serrati, 12 — 16 mm longi 31. *P. grandifolia.*

×× Lobi calycis anguste triangulares, integerrimi, 4—5 mm longi. Novo-Zel. .... 24. *P. physaloides.*

++ Racemi axillares, oppositifolii et subterminales, corolla ad 2 cm longa 23. *P. borneensis.*

p. 109. 8a. **Pratia conferta** (Merr. & P.) E. Wimm. n. c. — *Lobelia conferta* Merrill & Perry in Journ. Arnold Arb. XXX (1949) 59. — Parva, prostrata, carnosula, glabra, ramis brevibus. Folia conferta, sessilia, basi decurrentia, oblongo-lanceolata, 4—5 × 1—2 mm, rotundata vel obtusa. Flores solitarii in axillis foliorum superiorum. Pedicelli 2—5 mm longi, ebracteolati. Calycis lobi linearilanceolati, acutiusculi, 1—1,4 mm longi. Tubus corollae coerulescentis 2 mm longus, lobi corollae lanceolati, circiter 2 mm longi. Antherarum tubus 1,4 mm longus, antherae 2 inferiores minute barbatae, Fortasse *Pratiae* specis est, sed fructus desunt. (Diag. auct.)

Britisch Neu-Guinea: Mt. Albert Eduard, sehr selten am feuchten grasigen Südwest-Abhang, 3680 m, Jnli 1933 (Brass n. 4417 — non vidi).

p. 109 9a. **Pratia purpurascens** (R. Br.) E. Wimm. nov. comb. — *Lobelia purpurascens* R. Brown, Prodr. Fl. N. Holl. (1810) 563, non Wall.; Roemer & Schultes, Syst. V (1819) 69; G. Don, General Syst. III (1834) 713; A. De Candolle, Prodr. VII (1839) 365; F. Mueller, Pl. Victoria I (1865) t. 50; Bentham, Fl. Austral. IV (1869) 131; F. Mueller, Key Syst. Vict. Pl. II (1885) f. 11; Banks & Solander, Bot. Cook's First Voy. II (1901) 56, t. 181; F. M. Bailey, Synops. Queensl. Fl. (1883) 283 et Suppl. III (1890) 44, Queensland Fl. III (1900) 919, Weeds a. Poison. Pl. Queensl. (1906) 101. — *L. ilicifolia* Sims, Bot. Mag. XXXXIV (1817) t. 1896; Sprengel, Syst. I (1825) 716; D. Dietrich, Synops. I (1839) 733; Garden XIV (1878) 353. — *L. purpurascens* var. *ilicifolia* A. DC. l. c. 366. — *Rapuntium purpurascens* Presl, Prodr. Monogr. Lobel. (1836) 17. — E radice repente surgunt caules ramosi, tetragoni, glabri, 10—20 cm longi. Folia inferiora breviter petiolata, superiora sessilia, ovata usque oblongo-elliptica, 7—20 mm longa et 3—11 mm lata, acuta, basi subrotundata vel cuneata, margine remote acute et interdum inciso-dentata, crassiuscula, supra saepe scabriuscula, subtus laevia, glabra. Flores dioeci in axillis foliorum solitarii, pauci, remoti et interrupte dispositi. Pedicelli folio longiores, in femineis 12—30, in masculis 25—60 mm longi, glabri, basi minute bibracteolati. Calyx in masculis brevi-turbinatus, in femineis obconicus vel obovoideus, 3 mm longus, glaber; lobi eius anguste triangulares, 2 mm longi, utrinque plerumque uni-dentati, apice saepe paullo recurvati. Corolla 10—12 mm longa, glabra, extus purpurascens, intus albida, palatum versus faucem flavicans et 2 callis vel (ex Hochreut.) dilute lilacina, lobi 2 superiores lineari-lanceolati, erecti, breviores; lobi inferiores subobovato-oblongi, breviter acuminati. Stamina 6 mm longa; antherae caesiae, glabrae, 2 inferiores apice brevi-penicillatae. Stigma in masculis e tubo anthereo non egrediens, in femineis mox exsertum, bilobum, patens. Fructus in pedicellis arcuato-recurvatis late ellipsoideus, basi acutus, 6 mm longus, inconspicue nervatus. Semina pauca (reliqua non evoluta ?), oblonga, fusca, nitentia, 0,9 mm longa.

Australien: Ostküste, Queensland: Brisbane River (Amalia Dietrich! — Hb. W.), Niederungen am Burnett River (F. Mueller). — N. S. Wales: Port Jackson bis zu den Blauen Bergen (R. Brown! — Hb. W; Anderson! — Hb. Del.); Blaue Berge (Hügel! — Hb. W.); Sidney, im Sand eines Flusses, 50 m, III. (Hochreutiner n. 3106 ex auct.); Botany Bay (Banks); New England (Stuart), Hastings und Macleay Rivers (Beckler); ohne Ortsangabe (Hügel! — Hb. W., Rietmann! — Hb. Goett.); Maneros

(Mossmann n. 353! — Hb. Cambr.). — Victoria: Snowy River (F. Mueller! — Hb. Del.); Grampians-Berge (Wilhelmi). Häufig kultiviert.

Planta venenata similis *L. inflatae*, valde narcotica et emetica, adhibita remedium expectorans et ad tussim non irritans, asthmaticum, contra ictum serpentium.

Certe haec species ad genus *Pratia* transponenda est, cum nunquam fructus dehiscentes aut vestigium valvarum apud fructus maturescentes invenerim. Bentham quidem eius fructus expresse ut capsulas describit: „Capsule narrow-ovoid, fully 3 lines long, the conical summit opening in 2 valves.“ Sed fructus huius speciei neque angusti-ovoideus est neque apicem conicum ostendit, unde puto Benthamium erravisse.

16a. **Pratia archboldiana** Merrill et Perry in Journ. Arnold Arboret. XXX (1949) 59. — Herba in statu sicco rosulata, acaulescens vel caulibus brevissimis 2—4 mm longis. Folia approximata, 3—7 mm longe petiolata, ovato-rotunda vel subrotunda, 5—15 mm longa et lata, membranacea, undulata vel minute dentata, supra sparse pilosa, subtus glabra. Flores solitari-axillares. Pedunculi pilosuli, 2—4 mm longi. Hypanthium pilosum, circiter 3 mm diamet.; lobi calycini lineari-lanceolati, pilosuli, 3 mm longi. Corollae rubrae tubus 2,5 mm longus lobis lanceolato-linearibus 3 mm longis. Antherarum 2 inferiores apice breviter aristatae. (Diagn. auct.)

Brit. Neuguinea: Murray Pass, Wharton Range, 2840 m, under a rock wall on grassy bank of a Creek, very rare (Brass n. 4943).

23a. *Pratia borneensis*, adde: Merrill, Enum Born. Pl. in Journ. of Straits Branch of Roy. As. Soc. (1921) 585. — *P. borneensis* var. *grandifolia* Stapf in Trans. Linn. Soc. Bot. IV (1894) 188; Gibbs in Journ. Linn. Soc. Bot. XLII (1914) 100: Gibbs n. 4136 fide auct.

Borneo: Mt. Kinabulu: Tenompok, 1600 m, Dec., Marai Parai, 1800 m, Mart., Colombon River, 3150 m, Junio (J. & M. S. Clemens n. 27474! 32437! 35055! — Hb. Leid.).

Celebes: G. Batoe, Aug., G. Katongkoän, Jan. (Rachmat, Exp. v. Vuuren n. 435! 1017!; Makale, Rantepao, Toradjalanden, 1600 m (C. Monod de Froideville n. 192! — Hb. Leid.)

27. **Pratia tatea** E. Wimm. in Fedde, Repert. Spec. Nov. XXIX (1931) 51, T. 115, f. 1; McVaugh, in North Am. Fl. XXXII A (1943) 113. — Suffruticosa, glaberrima. Folia elliptica usque obovato-oblonga, 9—18 cm longa et 3—6 cm lata, apice breviter abrupteque acuminata, ad basin in petiolum 1—2 cm longum angustata, margine argute conferte anguste dentata, dentes circiter 10 pro cm. Flores in racemo secundo, multifloro, 20—30 cm longo, bracteati. Bracteae oblongae usque lanceolatae, breviter petiolatae, 2—4 cm longae. Pedicelli divaricato-ascendentes, ebracteolati, 4—5 cm longi. Hypanthium semiglobosum, 4 mm longum, 6 mm latum; lobi calycis anguste triangulares, denticulati, erecti, 5 mm longi. Corolla rosea, 45 mm longa, tubus eius curvatus, medio latior 7 mm diametiens in statu compresso; limbus quinque-partitus vix bilabiatus, lobi e basi lata sublineares cuspidati, ad 15 mm longi et vix 2 mm lati. Tubus filamentorum 4 cm longus glaber; antherarum tubus 9 mm longus, circum pilis longis fuscis vestitus, antherae 2 inferiores apice insuper longius penicillatae. — Fig. 103e p. 680.

Nicaragua: Chontales (R. Tate n. 194 (263)!, Seemann n. 93! — beide Kew).

Species pulcherrima, primo intuitu alicui *Siphocampylo* similior quam *Pratiae* aut *Lobeliae*, sed corolla per totam longitudinem in dorso fissa est! Fructus immaturus — matura non adest — speciem *Pratiae* refert.

28. **Pratia harrisii** (Urb.) McVaugh in North Am. Fl. XXXII A (1943) 110. — *Lobelia Harrisii* Urban, Symb. Antill. V. (1908) 520; Rendle in Journ. Bot. LXXIII (1935) 277; Fawcett et Rendle, Fl. Jam. VII (1936) 147. — Herba frutescens, ramosa, glabra, ad 50 cm alta. Folia oblonga usque lanceolata, 7—15 cm longa et 2—2,5 cm lata, acuta vel breviter acuminata, basi angustata et in petiolum indefinitum de-

currentia, margine fimbriato-dentata, dentes minores inter majores, omnes in setam longam producti. Flores in racemum brevem a foliis superioribus superatum congesti. Bracteae foliaceae, circiter 20 mm longae, 4 mm latae, Pedicelli 10—15 mm longi, glabri, prope basin bibracteolati. Calycis receptaculum breviter turbinatum vel semiglobosum, 5 mm longum, supra ovarium breviter productum; lobi calycini anguste triangulares, fimbriato-dentati, 8—10 mm longi. Corolla aurantiaca vel lutea, glabra, subcurvata, circiter 20 mm longa; lobi apice saepe ciliati, circiter 4 mm longi. Filamenta 15 mm longa, pubescentia. Antherarum tubus 3,5 mm longus, tres superiores antherae sub apice brevissime, duae inferiores apice longe pilosae. Fructum maturum non vidi. Semina globoso-ellipsoidea, pallide fusca, minute reticulata, circiter 0,8 mm longa.

J a m a i c a : Auf steinigen, bewaldeten Abhängen bei Troy, 760 m (H a r r i s n. 8695, 9395! — Hb. Berl.); Wälder bei Tyre, 650 m (H a r r i s n. 10665 ex Rendle).

29. **Pratia fawcettii** (Urb.) McVaugh in North Am. Fl. XXXII A (1943) 112. *Lobelia Fawcettii* Urban, Symb. Antill. I (1899) 452; Rendle in Journ. of Bot. LXXIII (1935) 276; Fawcett & Rendle, Fl. Jam. VII (1936) 144. — *Tupa conglobata* Grisebach Fl. Brit. West Ind. (1864) 387 p. p. — Suffrutex 1—2-metralis. Folia obovato-oblonga vel elliptico-oblonga, 20—40 cm longa, 5—9 cm lata, breviter vel abrupte acuminata, basi sensim in petiolum brevem indefinitum subacuminata, margine dentibus ovatis mucronulatis crebris munita, membranacea, utrinque glabra vel subtus ad nervos inconspicue parce hirtella. Racemus terminalis a foliis superatus, subsecundus, 10 cm longus, vertice primo curvatus, subpubescens. Bracteae lanceolatae usque lineares, acuminati, basi angustata subsessiles, 2—4 cm longae, margine exserte anguste dentatae. Pedicelli 1—2 cm longi, in summo apice vel in basi calycis bracteolis 2 oppositis linearibus 6—12 mm longis praediti. Tubus calycinus campanulato-semiglobosus, puberulus vel glabratus, lobi 11—15(20) mm longi, lineares, exserte dentati, puberuli vel glabrati. Corolla alba vel pallidi-lutea, falcata, puberula vel glabra, 30—35 mm longa, lobi superiores 18, inferiores 10 mm longi. Filamenta pubescentia, cr. 20 mm longa; tubus anthereus 9 mm longus, in suturis pilosus 2 inferiores barbatae.

J a m a i c a : Manchester, bei Christiana, V. 1901 (W. F a w c e t t n. 8141! — Hb. B.); Manchester, feuchte Wälder (P u r d i e); Moneague, Union Hill (A l e x a n d e r — 19. V. 1850! sub „*Tupa conglobata* Griseb.“ — Hb. Goett.); road to Delphin Head, 400 m (H a r r i s n. 6346 — Typus!, 8141, 9269! — Hb. Wash.); ohne nähere Ortsangabe (Swartz sub „*Lobelia acuminata*“ — Hb. Thunberg).

30. **Pratia acuminata** (Sw.) McVaugh in North Am. Fl. XXXII A (1943) 111. — *Lobelia acuminata* Swartz, Prodr. Veg. Indiae Occid. (1787) 115, Fl. Ind. Occid. (1806) 1950 excl. syn.; Willdenow, Spec. I (1797) 943 excl. syn.; Roem. & Schult., Syst. V (1819) 46 p. p.; J. Kerner, Hort. Sempervirens (1830) t. 234, non vidi!; G. Don, Gen. Syst. III (1834) 708 excl. syn.; Rendle in Journ. of Bot. LXXIII (1935) 273; Fawcett & Rendle, Fl. Jam. VII (1936) 142, fig. 46. — *L. alexia* E. Wimm. in Fedde, Repert. Spec. Nov. XXXVIII (1935) 86; Fawcett & Rendle l. c. Addend. in initione op. — *L. acuminata* var. *grandiflora* Urban, Symb. Antill. I (1899) 453, observ., nomen! — *Tupa acuminata* A. De Cand., Prodr. VII (1839) 396 p. min. parte; Grisebach, Fl. Brit. West Ind. Isl. (1864) 386 p. min. p. — *Siphocampylus acuminatus* G. Don in Sweet, Hort. Brit. (1839) 424 p. p. — *T. conglobata* Grisebach in herb. Goetting. et Vindob. et saltem pro parte in sua Fl. l. c. — *Rapuntium acuminatum* Presl, Prodr. Monogr. Lobel. (1836) 24. — *Dortmannia acuminata* O. Kuntze, Revis. Gen. II (1891) 379. — Caulis suffruticosus, ramosus vel simplex, erectus, glaber, digiti crassitie, 0,8—1,8 m altus. Folia late lanceolata, 20—30 cm longa, 3—7 cm lata, apice acuminata, ad basin sensim angustata et in petiolum brevem, subdecurrentia, margine serrulata, tenui-membranacea, glabra, subnitida, nervi secundarii sub angulo semirecto arcuatim ascendentes. Rachis interdum sparsissime

pubescens. Racemus terminalis a foliis summis superatus, saepe subsecundus, 6—15 cm longus. Bracteae sublineares, acuti, 2—3 cm longae, tenui-denticulatae, basi pedicelli insertae. Pedicelli crassiusculi, 3—4 cm longi, supra medium bibracteolati. Hypanthium pyriforme, ad 12 mm longum, lobi eius sublineares acuti, 15—20 mm longi, callose denticulati, suberecti. Corolla luteolo-alba, interdum rubicundo-tincta, glabra, circiter 3 cm longa; lobi lineares deflexi. Filamenta ad 25 mm longa, pubescentia; antherarum tubus 7—9 mm longus, in suturis pilosulus, 2 inferiores barbatae. Capsula immatura pyriformis. Semina subglobosa, fusca, minuti-reticulata, 0,75 mm diam.

Jamaica: In schattigen Wäldern und an felsigen Abhängen, 150—800 m, Manchester (Wullschlägel n. 909! — Hb. Goett. W. Münch., Typus pro *L. alexia*); ohne Ortsangabe (Masson! — Typus Swartzii Hb. Stkh.!); folgende ex Rendle: Grandvale, Westmoreland, 160 m, Tyre bei Troy, 800 m, Lappland, Kempshot, Ipswich, St. Elisabeth (Harris n. 7072, 8832, 9162, 10334, 12503).

var. **innominata** (Rendle) E. Wimm. nov. comb. — *P. innominata* McVaugh l. c. — *Lobelia innominata* Rendle in Journ. Bot. LXXIII (1935) 274; Fawcett & Rendle, Fl. Jam. VII (1936) 143. — *Tupa acuminata* Gris. l. c. ex pte. — In omnibus partibus parum minor quam planta typica: Pedicelli 15—25 mm longi, calycis tubus 8 mm longus, eius lobi anguste triangulares subdenticulati 5—9 mm longi, corolla 15—20 mm longa, virenti-lutea (Rendle).

Jamaica (Dancer! — Herb. Deless., Goettingen).

31. **Pratia grandifolia** (Britton) McVaugh in North Am. Fl. XXXII A (1943) 112. — *Lobelia grandifolia* Britton in Bull. Torr. Bot. Club XXXVII (1910) 359. — Caulis herbaceus crassus, 0—1,2 m altus, superne pubescens. Folia flaccida, supra glabra, subtus imprimis secundum nervos paleaceo-hirta, elliptica, apice abrupte acuminata, basi abrupte angustata in petiolum pubescentem, 3—6 cm longum, margine repando-crenulata et denticulata, 17—29 cm longa et 7—12 cm lata. Pedunculus inflorescentiae 11—18 cm longus, parce bracteatus, flores racemosi 20—50 Pedicelli parce pubescentes, fructigeri 21—26 mm longi, infra hypanthium bibracteolati, bracteolae lineari-oblongae, serratae, fere glabrae decurrentes, 15—25 mm longae. Hypanthium campanulato-turbinatum, superne supra ovarium productum, circiter 10 mm longum; lobi calycini lineari-lanceolati, 12—16 mm longi, circiter 2 mm lati, anguste serrati, apice subciliati, demum decidui. Corolla 25 mm longa, „lutescenti-alba, virenti-lutea vel fuscescens" (Britton), glabra, falcato-deflexa. Tubus filamentorum exsertus, 16—20 mm longus, pubescens; tubus antherarum in connectivis dense hirsutus, 9 mm longus, 2 inferiores piloso-penicillatae.

Jamaica: Woodlands, eastern slopes of the Crow Mountains, ca. 400 m (Britton n. 4194 — N. Y.).

8. Burmeistera

Zu den Unterscheidungsmerkmalen zwischen *Burmeistera* und *Centropogon* gehören nach McVaugh's Untersuchungen (Brittonia VI 476, 1949) vorzüglich die Samen. Diese sind bei *Burmeistera* oblong oder fast linear mit ungefähr parallelen Seiten, ihre Testa ist netzartig mit seichten länglichen Vertiefungen, die parallel zur Längsachse des Samens stehen.

Bei *Centropogon* sind die Samen ellipsoid oder zusammengedrückt und fast linsenförmig. Die Testa ist flach grubig-netzig mit fast isodiametrischen Vertiefungen.

„I have not observed any exceptions to these", sagt McVaugh, aber manchmal sind die Unterschiede doch undeutlich und zweifelhaft, so bei *B. virescens*, *B. cerasifera* und *B. aurobarbata* var. *cuspidata*.

39. *B. succulenta* var. *meiophylla*, fig. 39.d lege 32 d.

59. *B. pastoralis* var. *glabrifolia*, adde: Prov. Huila, La Plata, Urwald, 2600 m, (K. v. Sneidern n. 2704! — Stkh.).

p. 156 64. *B. obtusifolia*, adde syn.: *B. prunifolia* McVaugh in Journ. Wash. Acad. Sci. XXXIX (1949) 162. — Colombia: El Valle, Cordillera Occid., Hoya del Rio Digua, La Elsa (Cuatrecasas n. 15329 — Univ. Michigan, non vidi, syn. e descript.). — Supple in diagn.: Pedunculi 3—4 cm longi, patentissmi.

p. 157 67. *B. breviflora*, adde: Prov. Huila, La Plata, Urwald, 2600 m, Epiphyt (K. v. Sneidern n. 2702! — Stkh.). Pl. strigosa.

p. 158 *B. macrocarpa*, *B. asteriscus*, *B. peruviana* — werden von McVaugh (Brittonia VI, 462) zum genus *Centropogon* gezogen „on the characters of the seeds, pedicells, pubescence, leaf margins and general morphology“, ob berechtigt, mag ausreichenderes und vollständigeres Material erweisen.

Die *Burmeisterae* Central-Amerikas bearbeitet McVaugh in der North American Flora XXXII A (1943) 128—134. Die dort gebotene Synonymie mehrerer Species scheint mir sehr zweifelhaft.

9. Centropogon

McVaugh hat in einer Arbeit über *Centropogon* in der Brittonia VI (1949) 458—493 die Sectio *Siphocampyloides*, p. 201 des I. Teiles meiner Lobelioideae, in 3 Sectiones aufgespalten: 1. *Siphocampyloides* (sensu restricto), 2. *Wimmeriopsis*, 3. *Burmeisteroides*. Diese drei Sectiones geben größtenteils die von mir dargestellten Subsectiones und Greges wieder, benützen aber vorzüglich die Art der Behaarung zur Umgrenzung derselben, wogegen mir zuerst die Korollenbildung für den Sectionscharakter maßgebend war, den McVaugh aber zur Bildung der Subsectiones heranzieht. — Eine Gegenüberstellung mag die Sache klarer machen.

Wimmer:

II. Sect. **Siphocampyloides** B. et H.

I. Subsect. *Brevilimbati*:
(Limbus cor. 2—4° brevior quam tubus corollae).

1. Grex. *Formosi*
(Pl. glabrae vel pilis simplicibus vestitae).

2. Grex. *Stellato-tomentosi*
(Pl. ozotrichae = pilis ramosis vel stellatis vestitae).

(Subsect. *Macranthi* pro parte)

II. Subsect. **Macranthi**:
(Corolla ampla limbo fere tam longo vel longiore quam tubus).

1. Grex. *Lehmannioides*
(Filamenta corollae supra basin adnata, antherae inferiores villoso-barbatae).

2. Grex. *Mandonioides*
(Filamenta basi corollae vel non inserta, antherae saepe dense pilosae et inferiores insuper apice penicillato-pilosae).

McVaugh:

Geteilt in 3 Sectiones.

Subsect. *Brevilimbati* excl. grege *Formosi* Wimm. vide infra!

Sect. **Wimmeriopsis**:

1. Subsect. *Falcati*
(Lobi cor. falcati, deflexi).

2. Subsect. *Colombiani*
(Lobi cor. erecto-patentes).

Sect. **Siphocampyloides**:

1. Subsect. *Brevilimbati*
(Lobi cor. 2—4° breviores quam tubus).

2. Subsect. *Peruviani*
(Limbus cor. tubo fere aequilongus, species ozotrichae flore magno).

Sect. **Burmeisteroides**
(Antherae 2 inferiores villoso-barbatae. Pl. glabrae vel pilis simplicibus aut stellatis vestitae, pl. autem ozotrichae ad subsect. *Peruviani* — vide supra! — trahuntur. — Corolla ampla, limbus et tubus cor. circiter aequilongi).

Unter pili stellati verstand und begreife ich alle verzweigten Haare, wie die dafür gebrauchten Ausdrücke zeigen: pili arbusculiformes, ramoso-pilosi, ozotrichi.

Sect. I. **Eucentropogon**

p. 167 3. *Centropogon prostratus* addendus ut synon. ad n. 60. *C. solanifolium.*

p. 169 8. *C. granulosus*, adde: *C. granulosus* apud McVaugh in North Am. Fl. XXXII A (1942) 119, sed excludendi *C. densiflorus* Benth., *C. tortilis*, *erastus* et *augostanus* E. Wimm., meo sensu propriae species bonae.

p. 170 *C. granulosus* var. *rutilus*, adde: Colombia: Prov. Huila, La Plata, in silva primaeva, 2600 m (K. v. Sneidern n. 2705! — Stkh.). — ? *C. chrysostoma* Cortes ex icone imperfecto, diagn. mihi ignota!

p. 177 24. *C. macrophyllus*, adde: var. *congestus* (Gleas.) McVaugh in North Am. Fl. XXXII A (1942) 118, excl. *C. dioleus* E. Wimm. — *C. congestus* Gleas. in Bull. Torr. Bot. Club LII (1925) 52, vide p. 180, ubi species delenda.

p. 181 35. *C. caninus*, adde nov. var. **hirsutulus** E. Wimm. — In omnibus partibus breviter hirtus, non hirsutus. Corolla 33 mm longa. Antherarum tubus 4 mm longus in dorso pilosulus. „2 m altus floribus rubris". — Colombia: Prov. Huila, La Plata, in silva primaeva, 2600 m (K. v. Sneidern n. 2706! — Stkh.).

p. 185 43. *C. pedicellaris*, adde nov. var. **breviflorus** E. Wimm. — „1 m altus, flores rosei". Corollae tubus 19 mm longus, extus hirtellus, infra limbum in statu compresso 9—10 mm latus, lobi superiores corollae 7—9 mm longi. Stamina quam corolla parum breviora. Lobi calycis 7—12 mm longi, longi-triangulares, subdentati, hirtelli. Reliqua ut in typica. — Colombia: Prov. Huila, La Plata in silva primaeva, 2600 m, III. 1939 (K. v. Sneidern n. 2707! 2710! 2711! — Stkh.).

p. 190 60. *C. solanifolius*, adde synon. *C. prostratus* Benth, Pl. Hartweg. (1845) 212 teste McVaugh. — *C. Austin-Smithii* Standley, vide p. 222, no. 116, ubi ut species delenda.

p. 195, no. 68 insere: 68a. **Centropogon uncialis** McVaugh in Journ. Wash. Acad. Sci. XXXIX (1949) 159. — Herba hirsutula (pili septati), ad 50 cm alta. Folia utraque facie viridia, subtus densius hirsutula imprimis in nervis, oblonga, 15—18 cm longa, 3—8 cm lata, basi rotundata vel sicut in apice acuta, in petiolum 5—15 mm longum decurrentia, margine irregulariter serrato-dentata vel denticulata. Flores in axillis foliorum superiorum solitarii. Pedicelli 35—40 mm longi, in medio fere bibracteolati. Calycis receptaculum subglobosum, 5—6 mm diametiens, pilosum; lobi eius triangulares, 5,5—7 mm longi, ad 2,5 mm lati in basi, integerrimi, hirsutuli, erecti, sinus inter eos angusti, acuti. Corolla 21 mm longa, rubra, extus sparse hirta, tubus supra basin attenuatus, dein ad faucem 6 mm latam (compressus) ampliatus, lobi corollae falcati, triangulares, 5—4 mm longi. Filamenta glabra, corollae parum adnata. Antherarum tubus ad 4,5 mm longus, glaber, 2 inferiores apice cornutae. Capsula depresso-globosa, ca. 10 mm diametiens. Semina fusca, oblongo-ovoidea, compressa, reticulato-foveolata, 0,6—0,8 mm longa.

Colombia: Dpt. Cundinamarca, between Pacho and Rio Negro, 1000—1200 m (H. Garcia Barriga n. 10744 — Hb. Univ. Michigan); Pacho-Paime highway 2200 m (Oscar Haught n. 6072 — Wash.).

Sect. II. **Siphocampyloides** Benth et Hook. f.

Confer McVaughii divisionem huius generis supra! Subs. *Brevilimbati* grex *Formosi* = Sect. *Wimmeriopsis* McVaugh l. c.

p. 209 80. *C. andreanus* et 81. *C. nigricans* melius inseriuntur in subsectione *Macranthi*, grege *Lehmanniodes* i. e. sect. *Burmeisteroides* McVaugh.

p. 213, no. 91 insere: 91a. **C. leucocarpus** McVaugh in Journ. Wash. Acad. Sci. XXXIX (1949) 161. — Herba *Centropogoni costaricae* similis, ad 75 cm alta, hirtella. Folia viridia, tenuia, lanceolata, in parte tertia inferiore latiora, 3—10 cm longa, 1—2 cm lata, basi rotundata vel obtusa, ad apicem longe angustata, margine denticulis incurvis munita, petioli 4—14 mm longi. Flores in axillis foliorum superiorum solitarii, pauci. Pedicelli 3—4 cm longi, ebracteolati. Hypanthium campanulatum, basi acutum; lobi calycis triangulares, integerrimi, ad 2 mm longi. Corolla rubra, hirtella, tubus ad 24 mm longus, subcurvus, tenuis, supra basin attenuatus (2 mm), sursum dilatatus ad 4,5 mm (compressus); lobi anguste lineares, cuspidati, superiores circiter 22 mm longi, lobus imus profundius solutus et circiter 23 mm longus. Filamenta glabra. Antherarum tubus ad 5 mm longus, subglaber, 2 inferiores apice piloso-penicillatae. Capsula globosa, alba, 5—6 mm longa. Semina ovali-lenticularia, minute reticulato-foveolata, 0,5 mm longa.

P a n a m a : Chiriqui, Bajo Mono-Robato trail, western slopes of Cerro Horqueta (P. H. A l l e n n. 4836 — Univ. Michigan, Mo. Bot. Gard.).

p. 214, post no. 93 insere: 93a. **Centropogon monagensis** McVaugh in Brittonia VI (1948) 474. — Simillimus *C. berteriano*, glaber. Folia plerumque lanceolata, ovata usque elliptica, (5—) 10—15 cm longa et (1,5) 3—5 (—7) cm lata, basi acuta et in petiolum 1—2 cm longum angustata, margine crenato-denticulata. Pedicelli 4—7 cm longi, ebracteolati. Hypanthium obconico-oblongum, ad 6 mm longum, lobi calycini lineares, ad 2 mm longi, basi circiter 1 mm lati, ciliati, apice rotundati, recurvati. Corolla rosea, hirtella, tubus 18—20 mm longus, 6—7 mm latus (compressus), lobi erecti, triangulares, superiores 5—6 mm longi et basi 4 mm lati, reliqui circiter 4 mm longi et lati. Antherarum tubus obscure lavendulaceus, ca. 4 mm longus, 2 inferiores barbatae.

V e n e z u e l a : Monagas, northwest of Caripe, above La Sabana de las Piedras, forested southwest slopes of Cerro Negro, 1500 m (J. A. S t e y e r m a r k n. 61862 — Mus. Chicago, Univ. Michigan); Northwest of Guacharo, forested summit of Cerro de Guacharo, 1500 m (S t e y e r m a r k n. 62003).

p. 214, post no. 96 insere: 96a. **Centropogon fimbriatulus** McVaugh in Brittonia VI (1948) 471. — Herba ad 30 cm alta, caulis et pagina superior foliorum pilis septatis ad 1 mm longis obsita, ceterum glabra. Folia tenuia, ovata vel ovato-oblonga, 4—9 cm longa, 3—5 cm lata, margine fimbriatula, sinuato-dentata, petioli 2—4 cm longi. Pedicelli 4—7 cm longi, ad apicem flexuosi, ebracteolati. Hypanthium hemisphaericum, lobi calycis triangulares, integerrimi, 2 mm longi, apice recurvati. Corolla pallide lavendulacea: tubus 45—55 mm longus, 8—11 mm latus (si compressus); lobi dorsales 9 mm longi, basi 2,5 mm lati, reliqui 7 mm longi et 4 mm lati. Antherarum tubus ca. 5 mm longus, antice pilosus, 2 inferiores apice barbatae.

E c u a d o r : Santiago — Zamora, between Pailas and El Pan, 2255—3445 m (J. A. S t e y e r m a r k n. 54297 — Univ. Michigan).

p. 215 97. *C. leucophyllus* adde nov. var. **minimus** (McVaugh) E. Wimm. — *C. minimus* McVaugh in Brittonia VI (1948) 467. — Differt a planta typica floribus minoribus puberulis. Tubus corollae 12—18 mm longus, lobi 2—4 mm longi.

C o l o m b i a : Antioquia, Páramo de Sonsón, 3000 m (J. A. E w a n n. 15699 — U. S. Arb.; J o h n s o n et B a r k l e y — Hb. Agronomia-Antioquia n. 18 C 829!); Pinares oberhalb Salento (P e n n e l l n. 9351!, wegstreichen bei der Planta typica!); Choco, headwaters of Rio Carmen, 2850 m (F. R. F o s b e r g n. 21561).

p. 216, post no. 99 insere: 99a. **Centropogon floricomus** McVaugh in Journ. Wash. Acad. Sci. XXXIX (1949) 160. — Herba ad 1 m alta. Partes juniores adpresso-puberulae, pili simplices, septati. Petioli 10—25 mm longi. Folia supra glabra, subtus pallida et in venis puberula, lanceolato-ovata, 4—10 cm longa, 2—4 cm lata, basi rundata usque subcordata, ad apicem angustata vel et caudata, margine serrulata, dentes 5—6 per cm et callose apiculati. Flores 10—12 in axillis foliorum superiorum solitarii. Pedicelli 7—8 cm longi, sparse puberuli, supra basin 2 bracteolis 1,5 mm longis ornati. Hypanthium obconicum, 9 mm longum et 6 mm latum, puberulum; lobi calycini basi brevissime connati, triangulares, integerrimi vel dente uno glandulaceo in utraque latere muniti, 4—5 mm longi. Corolla albo-rosea lobis albis, ca. 60 mm longa, puberula; tubus

40—46 mm longus, subrectus, ab isthmo 2—4 mm diametiente ad faucem 6—9 mm latam dilatatus; lobi corollae lineares, erecto-patentes, saepe versus apicem in latere dorsali hirsuti, 18—12 mm longi. Filamenta glabra, 50—55 mm longa. Antherarum tubus glaber, ad 8 mm longus, 2 inferiores apice longius barbatae.

P a n a m a : Bocas del Toro, Robalo trail, northern slopes of Cerro Horqueta, 2000—2300 m (P. H. A l l e n n. 4911 — Univ. Michigan, Mo. Bot. Gard.). — Verisimiliter a *C. gutierrezii* specifice non distinctus, sed specimen non vidi!

p. 217 101. *C. coccineus*, adde ut synon.: *C. radicans* (O. K.). McVaugh in Annal. Mo. Bot. Gard. XXVII (1940) 353 et in North Am. Fl. XXXII A (1943) 123. — *Siphocampylus radicans* O. Kuntze, Rev. Gen. II (1891) 381. — *S. rugosus* Lem., Hort. Univ. III (1842) 368. — *S. glandulifolius* Lem., Herb. gén. Amat. III (1843) t. 56; Fl. des Serres II (Mars 1846) t. q.

p. 218 104. *C. declinatus* deleatur, est *Siphocampylus*, teste McVaugh, qui vidit fructos maturos — capsulares!

· 105. *C. roraimanus*, corrige linea 4. a summo: Jan. 1860 lege 1910 et linea 5. loco Kalbreyer lege: E. F. i m T h u r n n. 314, on „The Legde", und i m T h u r n n. 346, „Our House".

p. 220 110. *C. grandidentatus* var. *grandidentatus*: Folia margine dentibus ovatis, obtusis, mucronulatis, circiter 2 mm longis munita. (Schiede n. 186! — Hb. Berl.!).

— f. *incisus*: Folia profunde inciso-lobata, lobi triangulari-lanceolata, grosse dentati, ad 3 cm longi, acuti. (P r i n g l e n. 8869! — Hb. Wien; S e s s e et M o - ç i n o! — Hb. Madrid!).

— var. *diversidens*, adde: McVaugh in North Am. Fl. XXXII A (1942) 124, excl. *L. grandidentata* Schlechtd. = typicus, et excl. *Siphocampylus oaxacanus*. — *Laurentia insignis* Brandg. in Univ. Calif. Publ. Bot. IV (1913) 388. —

Genauerer Standort: Izhuatlancillo (B o u r g e a u n. 2503 — Hb. Paris!); Orizaba (Fred Müller n. 4712! — Kew, Pa.).

f. *denticulatus*, adde synon. (teste McVaugh!): *C. affinis* Mart. et Gal., vide no. 111, quae ut species deleatur. — San Bartolomé fôrets (L i n d e n! — Pa.).

— var. **valerii** (Standley) McVaugh l. c. 125. — *C. Valerii* Standley, vide no. 112, quae ut species deleatur.

p. 222 114a. **Centropogon mojandensis** Benoist, Phanérog. Nouv. Am. Mérid. in
o. 114 Bull. Soc. Bot. France LXXXIV (1937) 635. — Frutex ramis junioribus pube-
insere: scentibus. Folia petiolata, lanceolata, utrinque acuta, 7—10 cm longa, 2—4 cm lata, dense et inaequaliter dentata, supra ad marginem pilosa, subtus in nervis prominentibus pubescentia, nervi secundarii 13—16. Flores axillares. Pedicelli 9—11 cm longi, apice puberuli, basi 2 bracteolis linearibus ornati. Receptaculum calycis depresso-globosum, sparse pilosulum, decem-costatum, supra ovarium breviter productum; laciniae calycis lanceolato-triangulares, acutae, dentatae, sparse pilosulae, 20 mm longae et in basi 5 mm latae. Corolla rubra, extus pubescens, 45 mm longa, tubo parum curvato. sursum parum ampliato, 35 mm longo, lobis anguste triangularibus falcatis. Filamenta sparse puberula, corollae supra basin adnata, exserta. Antherarum tubus curvatus, in suturis pilis albis longis, apice setoso-penicillatus, 11 mm longus. Pili plantae simplices, non ramosi. (Diagn. auct.)

E c u a d o r : Abhänge im Osten von Mojanda, 3. III. 1931 (R. B e n o i s t n. 3992 — non vidi!).

Grex 2. **Stellato-tomentosi** E. Wimm., dele Gleas.

Sect. *Siphocampyloides* McVaugh, vide supra.

p. 223 120. **C. ferrugineus,** adde var. **venezuelanus** McVaugh in Annal. Mo. Bot. Gard. XXVII (1940) 351 et in North Am. Fl. XXXII A (1942) 126. — *C. affinis* var. *venezuelanus* E. Wimm. p. 221, vide ibi diagn. — Adde: V e n e z u e l a ,

Merida, Mucurubá, Quebrada del pueblo, 2600—2700 m, vegas y declivas muy pendientes, peñas soleadas, bejuco herbaceo de 2—3 m, flores anaranjados (W. Gehriger n. 293! — Wash.).

— var. **costaricanus** (Planch. et Oerst.) Mc Vaugh ll. cc. — *C. costaricanus* Planch. et Oerst. vide p. 229 cum diagn. — Ich glaube nicht, daß der habituell so verschiedene *C. costaricanus* als Varietät des *C. ferrugineus* betrachtet werden kann, sondern tatsächlich eine gute Art ist. Die var. *tomentellus* (E. Wimm.) McVaugh verbleibt dann auch bei dem *C. costaricanus*.

p. 227 125. *C. vulpinus* adde nov. var. **sonsonensis** E. Wimm. — Differt a planta typica foliis basi acutis, pedicellis parum longioribus (5, fructigeri 6 cm), sepalis integerrimis. — Colombia: Dpt. Antioquia, Páramo 10 km al norte de Sonsón, 2750 m, 6. III. 1948 (Gutierrez, Correa et Barkley — Hb. Facult. Nac. Agronomia Antioquia n. 18 C 219! — Hb. W. Wash.).

p. 244, post. no 174 insere: 174a. **Centropogon minensis** Benoist in Bull. Sc. Bot. France LXXXIV (1937) 635. — Frutex ramis junioribus dense fulvido-tomentosis, dein glabrescentibus. Folia lanceolata, basi obtusa vel rotundata, apice acuta, margine inaequaliter dentata, 6—8 cm longa, 2,5—3 cm lata, supra pilis stellatis conspersa, subtus tomento stellato praesertim in nervis vestita, nervi secundarii 13—15. Flores axillares. Pedicelli 4—5 cm longi, dense stellato-pilosi. Calycis receptaculum depresso-globosum, tomentosum, decem-costatum; sepala 13—14 mm longa, linearia, tomentosa. Corolla rubra, extus pilis stellatis caducis obsita, 45 mm longa, tubo 35 mm longo fere recto, sursum parum ampliato; lobi corollae lanceolato-lineares. Filamenta glabra. Antherarum tubus leviter curvatus, 8 mm longus, basi setis raris, minores antherae apice setoso-penicillatae.

Ecuador: Wälder oberhalb von San José de Minas, 3. III. 1931 (R. Benoist n. 3953 — non vidi!). — E descriptione non dilucide cognoscendus.

174b. **Centropogon vittariaefolius** McVaugh in Journ. Wash. Acad. Sci. XXXIX (1949) 159. — Frutex 2—3-metralis, ramosus, ferrugineo-stellato-tomentosus. Folia approximata, supra sparse, subtus dense tomentosa, linearia, 5—8 cm longa, 2—3 cm lata, apice acuta, basi in petiolum 2—4 mm longum angustata, margine callose denticulata. Flores solitari-axillares, pauci. Pedicelli 2—4 cm longi, basi bibracteolati. Corolla coccinea, subtomentosa; tubus 40—43 mm longus, erectus, anguste infundibularis, fauce ad 6 mm latus (si compressus); lobi corollae falcati, ad 14 mm longi, lobi reliqui in labium uniti, triangulares, ad 5 mm longi. Filamenta 55 mm longa, pilosa. Tubus antherarum ad 7 mm longus, sursum pilosus, 2 inferiores apice barbatae. Hypanthium depresso-globosum, lobi dentiformes, 1,5 mm longi, denticulati. (Diagn. auct.)

Colombia: Antioquia, Páramo de Sonsón, Cordillera Central, 2930 m (J. A. Ewan n. 15707 — Univ. Michigan, U. S. Arb.).

p. 245 176. *C. perlongus* transfertur ad Subsect. *Macranthi*.

p. 246 179. *C. luteus*, adde: Dpt. Antioquia, al Boqueron de Medellin, 2500 m (Barkley, Correa et Posada! — Hb. Wash.).

180. *C. pichinchensis* adde synon.: *C. nebularum* Benoist in Bull. Soc. Bot. France LXXXIV (1937) 636. — Ecuador: Östliche Abhänge des Pichincha, fl. rouge, 21. XI. 1930 (Benoist n. 3357, 4550 — non vidi!). Si non idem, saltem huic speciei proximus.

p. 248 185. *C. glaucotomentosus*, adde nov. var. **correanus** E. Wimm. — Differt a planta typica tomento leviore fusco-virente et antheris glabris. „Arbusto trepador con flores amarillo-rojizas y frutos verdes". — Colombia, Dpt. Antioquia, cerca San José de San Andres, 1. V. 1948 (Jairo Correa et Miguel Velasquez — Hb. Facult. Nac. Agronomia-Antioquia n. 34! — W. Wash.).

p. 248 186. *C. lagotis* adde nov. var. **gracilior** E. Wimm. — Differt sepalis angustioribus (3 mm latis), corolla parum angustiore, fauce 8 mm lata (si compressa), „tubo lateritio lobis luteis. 1,5 m altus". — C o l o m b i a , Prov. Cauca, prope pagum El Tambo in fruticeto, 2500 m, 10. III. 1939 (K. v. S n e i d e r n n. 2713! — Stkh.).

p. 250 192. *C. erianthus*, adde: Sierra de la Carretera a Guarne, Wald, 2500 m (G u t i e r r e z et C a m a c h o — Hb. Facult. Nac. Agronomia-Antioquia n. 8! — W. Wash.).

p. 251

Subsect. II. **Macranthi**

Sect. *Burmeisteroides* Gleas., confer McVaugh l. c. 476.

Sect. *Siphocampyloides*, subsect. *Peruviani* McVaugh l. c. 461.

Grex 1. **Lehmannioides**

p. 253, ere hic sub no.: 197. *Centropogon nigricans* A. Zahlb. e pag. 209 cum diagn. ibidem et corrige: *C. nigricans* var. **hazenii** (Gleas.) E. Wimm. n. c. — adde: *C. Hazenii* McVaugh in Brittonia VI (1948) 483. — A *C. nigricante* differt magnitudine et glabritie tantum, saltem e materia mihi praesente.

Dein insere e p. 209 *C. andreanus*, diagn. vide ibi. Adde: McVaugh l. c. 485.

p. 254 200. *C. foetidus*, adde synon. *C. rex* E. Wimm. e pag. 253 cum diagn., teste McVaugh l. c. 486.

202. *C. lehmannii*, adde: McVaugh l. c. 486, ubi distinguit: subspec. *lehmannii* = typicus cum synon. *C. altisilvanus* E. Wimm. et eius var. *minor* E. Wimm. e pag. 404, et subspec. *asservatus* McVaugh l. c. 488.

p. 255, st. no. insere: 202 a. **Centropogon hyalinus** McVaugh in Brittonia VI (1948) 489. — Herba pilis hyalinis dense vestita. Folia ovata, 3,5—7,5 cm longa, 7—12 cm lata, basi rotundata, apice brevi-acuminata, margine argute et duplo-serrato-dentata, dentibus 2—3 pro cm, 1—3 mm altis, inter dentes majores denticulata, petioli 3—6 cm longi. Flores solitari-axillares. Pedicelli 6—7 cm longi, patentes, basi bibracteolati. Hypanthium subglobosum, subglabrum, circiter 1 cm longum et latum; lobi calycini anguste triangulares, basi parum (1—2 mm) connati, patentes, denticulati et ciliati, 9—20 mm longi. Corolla viridula, mox rubescens, 30—35 mm longa, hirta; tubus 11—15 mm longus, fauce inflatus, in medio 4—5 mm latus (si compressus), lobi falcato-deflexi, dorsales 24—29 mm longi, basi 4—6 mm lati, reliqui paulo latiores et 17—20 mm longi. Filamentorum columna pallide viridis, glabra. Antherarum tubus glaber, ad 8 mm longus, 2 inferiores apice lutescenter villoso-barbatae. Semina ovoidea, lenticularia, ca. 0,6 mm longa (Diagn. auct.).

C o l o m b i a; Norte de Santander, Cordillera Oriental, región del Sarare, entre el Alto del Loro y el Alto de Santa Inés, bosques, 1800—2200 m (C u a t r e - c a s a s , S c h u l t e s et S m i t h n. 12489 — Wash., vidi Photo.).

V e n e z u e l a : Tachira, foot of Páramo de Tamá, 2 km above Betania, rich woods near bordering Quebrada del Palmar, 2500 m (L. A. S t e y e r m a r k n. 57252).

202 b. **Centropogon burmeisteroides** McVaugh in Brittonia VI (1948) 490. — Herba floribus exceptis hirsuta. Folia elliptico-oblonga, 10 cm longa et 6 cm lata, basi subrotundata, apice brevi-acuminata, margine callose denticulata, supra minus et brevius pilosa quam subtus, petioli 1,5—3 cm longi. Flores in axillis foliorum superiorum solitarii. Pedicelli 6—10 cm longi, basi 2 bracteolis lanceolatis ornati. Hypanthium subglobosum, subglabrum, supra ovarium in tubum ca. 8 mm longum productum; calycis lobi 16—18 mm longi, triangulares, foliacei, callose denticulati, patentissimi. Corolla dilute viridis; tubus 19—21 mm longus, fauce inflatus, in medio circiter 4—5 mm latus, si compressus; lobi falcato-deflexi, dorsales 31, reliqui 25 mm longi, basi 6 et 7,5 mm lati. Filamenta circiter 31 mm longa, pubescentia, antherarum tubus 10 mm longus, parte basali excepta pubescente, glaber, antherae inferiores breves apice sordide barbatae. Semina ovoideo-lenticularia, reticulato-foveolata ut in *Centropogone* (Diagn. auct.).

C o l o m b i a : Dept. Norte de Santander, Cordillera Oriental, región del Sarare, Hoya del rio Margua en las cabaceras del rio Negro, faldas del Piano, ladera Norte en El Amparo, 2000 m, XI. (C u a t r e c a s a s n. 12844 — Wash.).

Species 2 ultimae sensu meo pertinent vel proxime accedunt ad genus *Burmeistera.*

Grex. 2. **Mandonioides.**

p. 256 208. *C. willdenowianus*, adde McVaugh, Brittonia VI (1948) 480:
subspec. *willdenowianus* McVaugh l. c.
subspec. *cylindricus* (Gleas.) McVaugh l. c. – *C. cylindricus* E.Wimm. p. 257 sub no. 209.

p. 259 214. *C. pinguis*, confer notam McVaughii de loco natali, non „Patcho", sed verisimiliter „Pacho" legendum.

215. *C. incanus*, confer McVaugh l. c., sed certe non conjungendus cum *C. dombeyqno.*

Species sequentes a McVaughio in Brittonia VI, 462 recensentur ad eius Sectionem *Siphocampyloides* subsect. *Peruviani*: *Centropogon aquilinus* E. Wimm., *C. brittonianus* A. Zahlb., *C. gloriosus* (Britton) A. Zahlb., *C. magnificus* Zahlb. et Rech., *C. mandonis* A. Zahlb. *C. perlongus* Gleas., *C. viriduliflorus* E. Wimm., 3 species a me sub *Burmeistera* refertae: *C. macrocarpus* A. Zahlb., *C. asteriscus* (E. Wimm.) McVaugh, *C. peruvianus* (E. Wimm.) McVaugh.

Species istae pilis ramosis (arbusculiformibus) notabiles, sed opinione mea ex hac causa a subsect. *Macranthae* non separandae, quia in aliis characteribus majorem affinitatem cum ceteris speciebus huius subsectionis ostendunt.

SUPPLEMENTUM

ad

F. E. Wimmer

Campanulaceae — Lobelioideae, II. Pars.

Addenda:

Nachdem der II. Teil der gegenwärtigen Monographie schon abgeschlossen und der Druckerei übergeben worden war, fand ich bei der Durchsicht neu erhaltenen Materials aus Afrika 21 neue Arten und 18 neue Varietäten und Formen, von denen ein Teil im Kew Bulletin 1952 und in Humbert, Flore de Madagascar 1953 erscheint.

Dieselben werden hier unter Hinweis auf die entsprechenden Sektionen und Gruppen mit ihrer Diagnose nachgetragen und so das Werk bis auf die letzte Zeit ergänzt.

Siphocampylus Pohl

p. 333, n. 109 **Siphocampylus helmuti** E. Wimm. var. **pilosifolius** E. Wimm. n. v. — Rami verriculis, pilis mollibus articulatis simplicibus terminatis, vestiti. Folia elliptica 10 × 5 cm, utrinque pubescentia. Pedicelli 3—4 cm longi, dense tuberculato-pilosi. Sepala 4 mm longa, utrinque 1—2 dentibus munita, reflexa. Corolla parum minor (5,3 cm lg.).

Peru: Dept. Huánuco, Divisoria, Waldlichtung, 1600 m, 12. IX. 1946 (F. Woytkowski n. 34515! — Stkh.).

p. 359 n. 176 **S. niveus** (Willd.) Vatke, adde: nom. vulg. „Sacha panga".

Laurentia Adans

p. 386 In synon. generis delendum: nec Lamr.; in adnot. 2 delendum: *Laurentia* Lamr. = *Fucus* L.

p. 407 Species excludendae, adde: *Laurentia insignis* Brandeg. = *Centropogon grandidentatus* v. *diversidens* Wimm.

Lobelia L.

p. 412 n. 1 **Lobelia cardinalis** L., adde: nom. vulg. „Fire weed".

Subgenus **Lagotis**, sect. **Hemipogon,** subsectio **Leiospermae.**

Grex 3. **Rosulatae:**

p. 464, n. 64 **Lobelia nuda** Hemsl. var. **rosulata** (S. Moore) E. Wimm. in Kew Bull. 1952. — *L. transvaalenses* Schltr. in Engl., Bot. Jahrb. LVII (1922) 622. — Herba gracilior foliis rosulatis minoribus, rotundo- vel ellipticospathulatis et etiam oblanceolatis, sparse pilosis. Corolla plerumque major („blue with yellow spot on lower lip, darker mark on outside of tube behinde upper lip" or „pale blue" or „white with pale blue lobes").

Süd-Rhodesia: Distr. Melsetter, Jarka Forest Reserve, amongst grass beside stream, 1250 m, 10. X. 1950 (K. E. Sturgeon — Government herb. Salisb. n. 30467 !). — Portugiesisch-Ostafrika: Distr. Musapa Gap, Chimanimani Mts., on poor sandstone soil, c. 1000 m (H. Wild n. 3534, N. C. Chase n. 2932! — Hb. W.). — Transvaal: Zwischen Waterval rivier und Zuikersbosch-Rand, c. 1500 m, auf kurzgrasiger Hochsteppe (Schlechter n. 3494! — B.).

Varietas saepe difficulter tantum distingui potest a planta typica.

Grex 4. **Pterocaulinae.**

post n. 58, p. 469 **L. victorialis** E. Wimm. n. sp. — Herba annua, glabra. Caulis 10—40 cm altus, subramosus, saepe violascenter suffusus, sparse foliatus, praecipue rami manifeste alati. Folia glabra, inferiora subpetiolata, orbicularia, reliquis minora, 3—7 mm longa et 3—5 mm lata, folia media et ramorum subsessilia, spathulata usque lanceolata, 7—25 mm longa et 3 mm lata, basi angustata, apice obtusa vel acuta, margine integro obsolete denticulata. Flores in axillis foliorum superiorum solitarii, versus verticem saepe racemum laxum fingentes. Bracteae foliaceae, lanceolatae, pedicello longiores, in fructibus etiam subbreviores. Pedicelli 4—7 mm longi, patentes, glabri, basi minutissime bibracteolati. Hypanthium primo obovoideum, mox subglobosum, glabrum, 0,5—1,5 mm longum. Sepala anguste triangularia, acuta, integerrima, atro-violacea, 0,6 mm longa. Corolla 4 mm longa, recta, glabra: tubus 2 mm longus, in dorso fissus; lobi 2 superiores anguste lineares, erecti, breves; lobi 3 inferiores labium tripartitum formantes, suborbiculares vel ovales, acuti, c. 1 mm longi. Stamina 3 mm longa: antherarum tubus canofuscus, glaber, vix 1 mm longus, 2 inferiores apice barbatae. Capsula globosa, semi-infera, 2 mm longa et lata. Semina cylindrico-oblonga, utrinque obtusa, fusca, nitida, longitudinaliter subtiliter striata, c. 0,5 mm longa.

Transvaal: Viktoria Falls, damp path, spray forest, flowers deep blue, at base white and blue tips, 18. VII. 1930 (Moss Hb. n. 18672 ! — W., Univ. Witwatersrand).

Propius accedit ad *Lobeliam henodon*, sed sepala non dentata, et ad *L. ancipitem* var. *recurvatam*, sed sepala non reflexa.

p. 469, n. 55 **L. alata** Labill. var **longisepala** E. Wimm. l. c. — Calycis lobi angustissime triangulares, 3—6 mm longi, dimidio breviores quam filamenta. Corolla 14 mm longa, lobi inferiores corollae cuneati. Tres fasciculi pilorum in parte dorsali anteriore tubi antherarum minus evoluti quam in plantis typicis. Bracteae pedicellos 6—10 mm longos fere duplo superantes.

Süd-Afrika: Kap-Prov., Distr. Humansdorp, Zitzikama, Coldstream, damp forest glades, IV. (E. E. Galpin n. 9371! 9369! — Kew.)

p. 472, n. 56 **L. molleri** Henriq. f. **latifolia** E. Wimm. l. c. — Folia inferiora ovata, basi subcordata, vel oblongo-ovata, basi rotundata, 15—35 mm longa, 11—22 mm lata. reliqua ovato-oblonga, 20 mm longa et 8 mm lata, et angustiora, apice acuta, margine adpresse dentata vel denticulata, petiolo 3—10 mm longo, tenuissima, utraque facie pilis hyalinis sparsis vestita. Semina ellipsoidea, fusca, nitida, longitudinaliter levissime striolata, c. 0,6 mm longa.

Süd-Rhodesia: Distr. Chirinda (H. Wild n. 2142! — Kew).

p. 476 n. 60 **L. dichotoma** Miq., adde: nom. vulg. „Peti-wila".

p. 477, n. 61 **L. anceps** L. f., f. **pleniflora** E. Wimm. in Kew Bull. 1952. — Corolla duplicata, 10 mm longa, stamina et ovarium abortiva. Calycis receptaculum fere nullum, lobi subulati 1 mm longi et fere liberi. Pedicelli circiter 8 mm longi, basi biglandulosi, parum breviores quam bracteae sublineares.

Komoren: Anjouan (Boivin a. 1847—52 — Hb. Paris!).

f. **ugandensis** E. Wimm. l. c. — Folia argute dentata. Bracteae vulgo breviores quam pedicelli florum superiorum. In specimine e monte Elgon etiam caules minus late alati.

T r o p. A f r i k a, U g a n d a: Kiwuwu, moist ground, c. 1300 m, Aug.; Mt. Elgon, in coffee patch, Butadiri (R. A. D ü m m e r n. 189! 3722! — Hb. Zürich, Kew).

Grex 5. **Eriniformes**

p. 487, **Lobelia kinangopia** E. Wimm. n. sp. — Herba parva, glabra, caule suberecto,
n. 74 a basi ramoso, ramis — ut videtur — procumbenti-ascendentibus, per totam fere longitudinem floriferis. Folia brevi-petiolata, ima ovato-orbicularia, 3—8 × 4—8 mm, basi subcordata usque subtruncata, apice subrotundata, margine leviter angulato-dentata, glabra vel supra parce hirta; folia floralia late ovalia usque lanceolata, acuto-serrato-dentata, pedicellis multo breviora, 3—6 ×1—4 mm. Pedicelli filiformes, ascendentes, glabri, 5—15 mm longi. Hypanthium obconicum, lobi calycini sublineares, acutiusculi, integerrimi, suberecti. Corolla 4 mm longa, coerulea (bright blue): lobi superiores sublineares, minores; lobi inferiores in labium trifidum coaliti, oblongi, 1 mm longi. Staminum tubus 3 mm longus, glaber; antherae 2 inferiores apice barbatae.

K e n y a: Chamia Sasumi Dam Sth. Kinangop, 3000 m, common on newly disturbed ground with *Carduus*, *Swertia*, *Selago*, *Lobelia anceps*....., 2. IX. 1951 (V e r d c o u r t n. 604! — Nairobi Hb.). — Ad gregem *Eriniformes-Pusillae* pertinens.

p. 499, **Lobelia sutherlandii** E. Wimm. in Kew Bull. 1952. — Herba erecta, stolones
n. 100 subterraneos emittens (?). Caulis simplex vel ramosus, angulatus, sparse hirsutus, sursum glabrescens et ex parte nudus, 6—15 cm altus. Folia inferiora spathulata, petiolo indefinito incluso 10—12 mm longa et 5 mm lata, reliqua sensim angustiora, cuneata usque oblanceolata et linearia, apice obtusa, margine crenulata vel dentibus 3—5 in utroque latere versus apicem saepe accrescentibus, sparse hirsuta. Flores in racemo terminali. paucifloro, breviter pedunculato. Bracteae foliis similes, sessiles, sublineares, pedicello saltem duplo breviores. Pedicelli 6—10 mm longi, ebracteolati. Hypanthium late turbinatum, cum pedicellis scabriusculum, 1,5 mm longum et 2 mm latum; sepala subulata, uninervata, patula, margine scabra aut obsolete denticulata, 2—3 mm longa. Corolla azurea versus faucem alba et obscurius maculata, glabra, 10 mm longa: tubus 5 mm longus, lobi 2 superiores lineari-lanceolati, recurvati, minores quam labium inferius trifidum, cuius lobi obovati et apice mucronulati. Staminum tubus ad 6 mm longus; filamenta glabra, pro maxima parte soluta; antherae 1 mm longae, in dorso pilosulae, 2 inferiores apice barbatae. Capsula fere ellipsoidea, 5 mm longa, subinfera. Semina subglobosa, fusca, reticulata et levissime lineata, c. 0,5 mm longa.

S ü d - A f r i k a: Pondoland, Faku's Territory (S u t h e r l a n d ! — Kew). E materia praesenti non videri potest, utrum species humilis permanet an altius fit.

p. 507, **L. brassiana** E. Wimm. l. c. — Herba flaccida, circiter 40 cm alta, glaber-
n. 112 rima. Caulis parce ramosus, remote foliatus, e foliis decurrentibus angustissime alatus. Petioli circiter 5 mm longi. Folia oblongo-ovata usque ovato-lanceolata, 20—30 mm longa, 8—10 mm lata, ad apicem obtusum acuta, basi breviter in petiolum angustata, margine plus minus inaequaliter crenulata, summa in bracteas lanceolatas, c. 15 mm longas transeuntia. Flores solitarii, remoti. Pedicelli 20—40 mm longi, ebracteolati, filiformes, patenti-ascendentes. Hypanthium brevissime turbinatum; sepala filiformia, parce ciliata 4 mm longa, patentia. Corolla 8—9 mm longa, glabra, azurea, albo-oculata et obscurius maculata; lobi 2 superiores anguste lanceolati, erecti, minores; lobi 3 inferiores subovato-oblongi, circiter 2 mm longi. Tubus stamineus 5 mm longus, glaber; antherae nigrescentes

connectivis albidis, 3 superiores apice albo-papillosae, 2 inferiores apice piloso-penicillatae.

Trop. Afrika: Nyassaland, Zomba 1150 m, massed on moist banks n ravines, V. (L. J. Brass — Vernay Nyassaland Exp. 1946 n. 16040! — K.).

p. 512, post. n. 120 **L. solaris** E. Wimm. in Humbert, Fl. Madagascar (1953) c. fig. — Herba annua, tenera, glabra, 5—20 cm alta. Caulis filiformis, subramosus, sparse foliatus. Folia inferiora ovato-rotunda, 4 mm longa, 3 mm lata, reliqua gradatim angustiora, denique linearia, 7 mm longa, 2—3 mm lata, ad basin angustata in petiolum 3—4 mm longum, apice obtusiuscula, margine denticulata. Flores laxe racemosi, pauci. Bracteae lanceolato-lineares, pedicello circiter duplo breviores. Pedicelli filiformes, glabri, 7—12 mm longi, basi minute bibracteolati. Hypanthium turbinatum; sepala 1 mm longa, subulata, integerrima. Corolla 4—5 mm longa, glabra: tubus 2,5 mm longus, pallidus; lobi violacei, superiores sublineares, inferiores oblongo-obovales. Staminum tubus glaber: tubus antherarum cinereus, 0,7 mm longus, 2 inferiores apice barbatae. Capsula obovoidea, fere infera, 3—4 mm longa. Semina ovoidea, fuscescentia, nitida, subtilissime longitudinaliter lineata, c. 0,5 mm longa.

Madagascar: Zentralprov., Ankaizinana, auf feuchtem sonnigem Gneisgestein, 1200—2300 m, IV. (R. Decary n. 2065!); Ankaroka (Perrier n. 6986! — beide Hb. P.). — Endemisch.

p. 513, post. n. 122 **L. polyodon** E. Wimm. in Kew Bull. 1952. — Herba subcaespitosa, caules vagantes inter gramina, ramosi, subpubescentes, ad 40 cm longi, foliosi, superne fere nudi. Folia petiolata, petiolo 3—8 mm longo, ciliato vel glabrescente, lamina glabra, rotundo-ovata et ovata, basi truncata et in petiolum breviter angustata, 7—12 mm longa, 7—9 mm lata, ea superiorum sensim angustior et minor et in petiolum cuneatim angustata, apice rotundata vel acuta, margine inciso-dentata vel partim duplo-dentata (dentes acuti, irregulares). Flores in racemo laxo, 5-7-floro. Bracteae lineares, dentatae, pedicellis multo breviores. Pedicelli 12 mm longi, fructiferi ad 20 mm elongati, glabri, basi bibracteolati, patenti-ascendentes. Calycis receptaculum obconico-oblongum; sepala 1—2 mm longa, anguste triangularia, integerrima, suberecta. Corolla 7—9 mm longa, glabra, coerulescens vel dilute coerulea et alba; tubus 3—4 mm longus; lobi 2 superiores oblanceolati, parvi; lobi 3 inferiores labium tripartitum formantes, obovati, apice mucronulati. Staminum tubus 3—4 mm longus; filamenta glabra; antherae in dorso pilosulae, 2 inferiores apice barbatae. Capsula obconica vel obconico-ellipsoidea,subinfera, 5—6 mm longa. Semina ellipsoidea, fusca, subtilissime striata, c. 0,5 mm longa.

Portugiesisch-Ostafrika und Süd-Rhodesia im Grenzgebiet: Chimanimani Mts. 1850 m, in grass wet ground straggeling, 6. VI. 1949 (H. Wild n. 2902 ! — W. K.); Distr. Chimanimani Mts., small bush (R. C. Munch n. 69! — W.); Distr. Inyanga, Chipungu stream, XI. (N. C. Chase n. 1850! — W.).

p. 513, post. n. 122 **L. orbiculata** E. Wimm. l. c. — Herba annua, tenera, glaberrima. Caules filiformes, radicantes, angulati, remote foliati, ad 50 cm longi. Folia inferiora et partim etiam media orbiculata, 6 mm longa et 7 mm lata, superiora elliptica usque lanceolata, 5 mm longa et lata et minora, margine serrato-dentata (dentes acuti 4—6 in utroque latere), apice acuta, basi apud inferiora rotundato-truncata et petiolo tenui 2—3 mm longo munita, apud reliqua folia basi cuneata vel acuta et in petiolum indefinitum attenuata. Flores in racemis laxissimis, 5—7-floris. Pedicelli 6—8, fructif. ad 18 mm longi, ebracteolati, patentes, bracteis linearibus circiter duplo longiores. Hypanthium turbinatum vel mox semi-ovoideum; sepala 2 mm longa, subulata, integerrima, patentia. Corolla coerulea, glabra, 9 mm longa; lobi 2 superiores sublineares, erecti, minores; labium inferius trifidum lobis oblongis, basi albescentibus et obscuri-coeruleo-maculatis. Staminum tubus fere 5 mm longus: filamenta glabra; antherae nigrescentes, superne ante apicem pilosulae, 2 inferiores apice barbatae. Capsula ellipsoidea, fere semi-infera. Semina oblongo-ellipsoidea, badia, subtilissime longitudinaliter striata, vix 0,5 mm longa.

T r o p. A f r i k a: Uganda, Mt. Debasien, Karamokja, 2230 m, Zebiel (A. S. T h o m a s n. 2221! — K.).

f. **subcuneata** E. Wimm. l. c. — Folia omnia basi cuneata et minus profunde dentata; internodia foliorum breviora (5—15 mm).

K e n y a - K o l o n i e: Aberdare Mts. (E v a n J a m e s a. 1905 — Hb. Kew!); Endabarrá, Mau forest, c. 2300 m, grassland, trailing herb (P. O. R. B a l l y n. B 4882! — K.).

U g a n d a: Bulambuli Elgon 3000 m, lower edge bamboo zone, XI. (T. 2279! Hb. Bot. Dept. Agric. Uganda — K.).

. 524, **L. pubescens** Dryand. var. **holopsila** E. Wimm. in Kew Bull. 1952. — Glaber-
ı. 137 rima. Folia caulina omnia plus minusve spathulata, apice rotundata vel levissime emarginata et mucronulata, basi in petiolum brevem acuminata, margine 2(3) dentibus munita, circiter 10 mm longa, 6 mm lata. Folia floralia lanceolato-linearia vel oblanceolata, utrinque l-dentata. Corollae lobi lanceolati.

K a p l a n d: Kap d. Gut. Hoffnung, Simons Bay, near the water fall, XI. (R. C. Alexander! — K.).

. 527, **L. perrieri** E. Wimm. in Humbert, Fl. Madagasc. c. fig. (1953). — Herba
n. 142 annua, erecta, vix ramosa, specimina visa ad 12 cm alta. Folia tenuia, subtus glabra, supra sparse pubescentia, ovata, 15—30 mm longa, 8—15 mm lata, basi rotundato-truncata et in petiolum 5—10 mm longum ciliatum anguste decurrentia, apice acuta margine argute dentata, superiora ad basin plus minusve acuta et ad apicem etiam acuminata. Flores in racemo terminali, laxo, paucifloro. Bracteae lineari-lanceolatae, 4—7 mm longae. Pedicelli 5—10 mm longi, 2 bracteolis parvis infra medium ornati. Hypanthium obconicum; sepala sublinearia, 3—4 mm longa, integerrima, glabra, patentia. Corolla 8 mm longa, glabra, coerulescens (?); tubus 4 mm longus; lobi 2 superiores lanceolati, minores quam labium inferius, cuius lobi 3 obovati. Tubus stamineus 5 mm longus; filamenta glabra; antherae superiores in dorso pilosulae, 2 inferiores apice barbatae. Capsula obovoidea, infera, 4 mm longa. Semina globoso-elliptica, fusca, nitida, 0,5 mm longa.

M a d a g a s c a r, Ost: Um Beferona, auf feuchten Felsen im Walde, 700 m, IX. (H e n r i P e r r i e r d e l a B a t h i e n. 14290! — P.). — Endemisch.

p. 531 **L. xalapensis** H. B. K.: adde synon. *Rapuntium molle* Presl l. c. (1836) 30,
n. 148 et nom. vulg. „Iibran".

. 536, **L. horombensis** E. Wimm. in Humbert, Fl. Madagasc. (1953) c. fig. — Herba
n. 150 annua, pluricaulis, ad 10 cm alta (in specimine nostro), glabra. Caules ascendentes, subramosi, a basi fere florigeri. Folia sessilia, paucis inferioribus ovatis parvis exceptis, linearia, 6 mm longa, 0,8 mm lata, apice obtusa, obsolete denticulata. Flores solitari-axillares in racemo laxo. Pedicelli 3—6 mm longi, glabri, ancipites, plerumque folio fulcranti subbreviores. Calycis tubus turbinatus vel campanulatus, 1,5 mm longus; sepala subulata, 2 mm longa, supra basin in utroque latere l dente munita, erecta. Corolla alba aut coerulescens, glabra, 8 mm longa; lobi 2 superiores spathulati, erecti, minores quam lobi inferiores obovato-oblongi. Staminum tubus 4,5 mm longus; filamenta glabra; antherae superne pilosulae, 2 inferiores apice barbatae. Capsula obovoidea, 4 mm longa. Semina non visa.

M a d a g a s c a r: Zentralprovinz, Horombe, VI. (P o i s s o n n. 696! — P.). Species non longe distat a *L. linarioide* et *L. spathopetala*. — Endemisch.

. 536, **L. cyanea** E. Wimm. in Humbert. Fl. Madagasc. (1953) c. fig. — Herba glabra,
n. 151 caule decumbenti-ascendente, subramoso, obtuso-angulari, circiter 40 cm longo. Folia petiolata (petiolo 2 mm longo), tenuia, glabra, lamina distincte lanceolata, 40—70 mm

longa, 5—10 mm lata, utrinque acuta, in medio vel rarius infra medium latior, margine denticulis fere adpressis munita, nervi secundarii 4—5 parum visibiles. Flores solitarii in axillis foliorum superiorum paulo angustiorum pedicellos aequantium. Pedicelli 11 mm longi, filiformes, puberuli, basi bibracteolati. Hypanthium obconicum, glabrum, 2 mm longum; sepala subulata, 3 mm longa, basi in utroque laterel dente ornata, glabra, erecta. Corolla 13—15 mm longa, cyanea vel pallido-violacea, glabra; tubus 6—7 mm longus; lobi 2 superiores spathulati, ceteris minores; lobi 3 inferiores obovati, 6 mm longi, 4 mm lati. Tubus staminum 7 mm longus; filamenta glabra; antherae superiores in dorso pilosulae, 2 inferiores apice barbatae. Capsula obconica, 6 mm longa. Semina ellipsoidea, paulum compressa, fusca, subtilissime striata, 0,6 mm longa.

M a d a g a s c a r, Ost: Mt. Vatovavy (Mananjary), auf feuchten Felsen, XI. (P e r r i e r n. 6955!, D e c a r y n. 13685! — P.). — Endemisch.

p. 541, ad. n. 160 **L. filiformis** Lam. var. **subaquatilis** E. Wimm. in Humbert, Fl. Madagasc. (1953) c. fig. — Planta aquatilis aut palustris. Caulis teres, in parte inferiore cicatricibus foliorum delapsorum subdense obtectus, glaber. Folia tenuia, sessilia, linearia, 20—50 mm longa, 0,5—2 mm lata. Sepala ad 3 mm longa. Corolla 7—8 mm longa, alba, lobis cyaneis.

M a d a g a s c a r, West: Plateau des Ankara und des Tampoketsa (Ambongo), Bemaraha, am rechten Ufer des Soahanina, auf Kalkgestein in Flüssen, das vom Wasser überspült ist, und auf feuchten Stellen im Wald, blühend vom Juli bis Sept. (P e r r i e r n. 1089!, Typus, n. 1760!, n. 2156! — P.); Wald von Antsingy n. 7964! — P.). — Endemisch.

p. 543, post. n. 161 **L. altimontis** E. Wimm. in Kew Bull. 1952. — Caules e radice perpendiculari longa plures, erecti, angulati, in angulis hirsuti, versus inflorescentiam glabrescentes, sparse foliati, ad 60 cm alti. Folia ima tempore florationis jam emarcida, non visa; cetera sessilia, linearia, 35 mm longa, 3—5 mm lata, basi vix angustata, apice acuta, margine dentibus acutis plerumque 3 munita, glabra vel subhirta et basin versus plus minusve ciliata, saepe purpurascenter suffusa. Inflorescentia glabrata, racemosa, laxa. Bracteae lineares, pedicellis plus duplo breviores. Pedicelli 12—30, fr. ad 70 mm longi, glabri, patentes, ebracteolati mihi videntur. Calycis receptaculum obconicum usque ellipsoideum; sepala subulata, 2—3 mm longa, integerrima, suberecta, glabra. Corolla 10 mm longa, coerulea fauce albescens, glabra; lobi 2 superiores oblanceolati, lobi inferiores elliptici, 3 mm longi. Tubus stamineus 5 mm longus; filamenta glabra; antherae superiores in dorso glabrae vel pilosulae, 2 inferiores apice setuloso-penicillatae. Capsula oblongo-obconica. Semina ellipsoidea, fusca, subtilissime longitudinaliter striata, c. 0,5 mm longa.

S ü d - R h o d e s i a : Marandellas, Pre-rain-flora, IX. 1917 (J. A. S. W a l t e r n. 2364! — K.); Distr. Melsetter, summit of ,,The Gomo" (Pork Pie), XII. (N. C. Chase n. 1424! — Gov. hb. Salisb. W. K.); Distr. Inyanga, Pungwe, I (T. C. H o p k i n s ! — Gov. hb. Salisb. W.).

p. 543, post n. 161 **Lobelia nuzana** E. Wimm. n. sp. — Herba pubescens, caule erecto, flaccido, striato, 30—60 cm alto. Folia sparsa, ima non visa, lanceolato-linearia, basi angustata subsessilia vel subpetiolata, ad apicem obtusiusculum subacuta, 3 × 0,4 et 4 × 0,3 cm margine 3—4 dentibus obtusiusculis antrosum versis remotis munita. Inflorescentia racemosa, brevi-pedunculata. Flores secundi, laxissimi, longe pedicellati, pauci. Bracteae lineares, circiter 10 mm longae. Pedicelli filiformes, subpatentes, glabri, 32—48 mm longi. Hypanthium obconicum, glabrum, 2 mm longum; sepala sublinearia, integerrima, suberecta, 1,5 mm longa. Corolla 10 mm longa, ,,cyanea et albo-oculata": lobi 2 superiores oblanceolati, minores; labium inferius trifidum, lobi obovato-oblongi, extus hirti, 4 mm longi, 2 mm lati. Tubus stamineus 5 mm longus: antherarum tubus in dorso parce pubescens, 2 inferiores apice barbatae.

S ü d - R h o d e s i a : Mt. Nuza, Manicaland, VI. 1934 (H B G. n. 313! = M o s s hb. n. 24861 — Univ. Witwat. R.).

p. 543, **L. wildii** E. Wimm. in Kew Bull. 1952. — Herba — ut puto — subcaespitosa
n. 161 caulibus decumbenti-ascendentibus filiformibus patenti-pubescentibus, ad 40 mm longis. Petioli 2—3 mm longi, ciliolati. Folia lanceolata, summa linearia, 8—10 mm longa, 1—3 mm lata, utrinque acuta, margine interdum subciliato dentibus callosis 2—3 munita, utraque facie hirta, saepe purpurascenter suffusa. Flores in racemis terminalibus, paucifloris. Pedicelli 15—20 mm longi, glabri, suberecti, basi interdum biglandulosi. Calycis receptaculum obconico-oblongum; sepala subulata, 2,5 mm longa, integerrima, patula. Corolla 10 mm longa, coerulea, glabra; lobi 2 superiores lanceolati, erecti, minores quam lobi inferiores oblongi, labium tripartitum formantes. Tubus stamineus 5 mm longus: filamenta glabra; antherae superiores in dorso pilosulae vel glabrae, 2 inferiores apice barbatae. Capsula ovoidea, subinfera, 4 mm longa. Semina compresso-ellipsoidea, reticulata, obscuro-fusca, nitida, 0,4 mm longa.

var. **wildii.** — Ut supra.

Süd-Rhodesia: Chimanimani Mts., Mt. Peza, im Schatten der Felsen, 2150 m, 16. X. 1950 und 8. VI. 1949 (H. Wild n. 3619!, Typus, n. 2864! — W. K. Gov. hb. Salisb.).

var. **arcana** E. Wimm. l. c. — Differt a var. *wildii* foliis obtusis, distinctius dentatis et parum longius petiolatis, virentibus, tenuioribus. Corolla pallide coerulea lutescenter oculata. Herba gracilior.

Distr. Marandellas, Cave, on granit cave floor in humus, 1500 m, 5. IV. 1950 (H. Wild n. 3289! — W. Gov. hb. Salisb.).

Vix aliud quam forma loci obscuri.

p. 543, **L. hirtipes** E. Wimm. in Humbert, Fl. Madagasc. (1953) c. fig. — Herba annua,
n. 162 gracilis. Caules decumbenti-ascendentes, angulati, glabri, subramosi, ad 30 cm longi. Folia tenuia, petiolata, inferiora orbicularia usque ovata, reliqua oblonga usque lanceolata, 15 mm longa, 7 mm lata vel 18 mm longa et 4 mm lata, basi rotundata vel in petiolum 2—3 mm longum angustata, ad apicem subobtusum acuta, margine crenulato-denticulata, glabra. Racemi florum laxissimi, 6—12 cm longi. Bracteae lineares, pedicellos aequantes vel eis breviores. Pedicelli divaricati, 7—12 mm longi et dense hirsuti (typ.) vel 15—23 mm longi et minus hirsuti (var.). Hypanthium obconicum, hirsutum vel subglabrum; sepala subulata, 2—3 mm longa, integerrima, plus minusve ciliata, patentia et demum reflexa. Corolla violacea, 8—10 mm longa, extus glabra, intus puberula; lobi 2 superiores lanceolati, lobi 3 inferiores obovati vel elliptici. Staminum tubus 5 mm longus; filamenta glabra; antherae superiores in dorso pilosulae, 2 inferiores apice barbatae. Capsula obovoidea, fere infera, lobis calycinis reflexis coronata. Semina ellipsoidea, fusca, nitida, subtilissime longitudinaliter striata, c. 0,5 mm longa.

Madagascar: Zentralprovinz, Nanisana, an sumpfigen Orten, blühend fast das ganze Jahr (Alleizette n. 133!, Typus); Ambohiparenana (Catat n. 1191! — P.); Ostprovinz, Didy (Catat n. 1802! — P.).

var. **subpaludosa** E. Wimm. l. c. — Folia pro maxima parte lanceolata. Pedicelli longiores, minus hirti. Hypanthium mox ellipsoideum, glabrescens. Sepala vix ciliata.

Zentralprovinz-West: Sumpf am Lac Alaotra, Sahobe (Decary n. 590! — P.). — Endemisch.

Sectio **Holopogon**

Grex 3. **Genistoides**

p. 581, **Lobelia barkeri** E. Wimm. n. sp. — Herba perennis (?), pluricaulis, pube-
n. 217 scens. Caules dense foliati, subramosi, 30—40 cm alti. Folia sessilia, pinnati-partita, 2—6 mm longa (segmenta filiformia acuta, mucronata, integerrima, divergentia,

pubescentia); caules steriles dense foliosi, florigeri inferne tantum foliosi, sursum foliis paulatim simplicibus parvis sparse ornati. Pedunculi terminales, elongati, glabrati, 1—3—flori. Pedicelli 12—22 mm longi, glabri, sed apicem versus cum calyce hirti, basi bibracteolati. Calycis receptaculum campanulatum, 10-costatum, 1,5 mm longum; sepala anguste triangularia, 3 mm longa, integerrima, suberecta. Corolla 20 mm longa, coerulea; tubus rectus, 12 mm longus, subglaber; lobi extus hirti, 2 superiores subovati, acuti, breves, erecto-recurvati; lobi 3 inferiores obovati, 6—8 mm longi, labium tripartitum formantes. Tubus stamineus 13 mm longus; antherae solae 1,6 mm longae, atro-coeruleae, lineis 5 pilosulis, apice omnes barbatae.

Kapland: Kap-Provinz, Distr. Bredasdorp, Albertsdaal, Potteberg, 31. V. 1947 (W. F. Barker n. 4552! — Hb. Kirstenbosch, W.).

p. 583, post n. 221 **L. longipilosa** E. Wimm. in Kew Bull. 1952. — Caules ascendentes ramosi, pilis mollibus septatis patentibus vestiti. Folia sparsa, petiolata (3—5 mm), sparse hirta, ovato-rotunda, 10—23 mm longa, 8—18 mm lata vel 10—12 mm longa, 11—13 mm lata, basi truncata (vix subcordata), apice obtusa vel acuta, margine grossius dentata (3—4 dentes acutissimi vel obtusi et sic quasi crenata). Flores in racemo pedunculato, terminali, 2—3-floro. Bracteae lineares, integerrimae, pedicellos vix aequantes. Pedicelli 4 mm longi, hirti, basi bracteolis 2 subulatis ornati. Hypanthium turbinatum, pilis patentibus obsitum; sepala subulata, 3—4 mm longa, integerrima, ciliata, suberecta. Corolla 16 mm longa, coerulea; lobi 2 minores late lanceolati, recurvati; lobi 3 inferiores obovato-oblongi. Staminum tubus 8 mm longus, glaber; antherae solae 1,9 mm longae, atro-violaceae, apice omnes barbatae. Semina trigona, 1 mm longa.

Süd-Rhodesia: Chimanimani Mts., im Schatten der Felsen, 6. VI. 1949 (H. Wild n. 2869! — W. K. Gov. hb. Salisb.).

Species propius accedit ad *L. coballicam*, sed notis datis bene distincta.

p. 585, ad. n. 224 **L. comptonii** E. Wimm. n. sp. — Radix repens(?). Caules decumbenti-ascendentes, subramosi, angulati, sparse foliati, puberuli, 20—35 cm longi. Folia basalia non visa, caulina petiolata (5—9 mm), rotundo-ovata vel ovata, 8—13 mm longa, 7—12 mm lata, basi truncata vel subcordata vel breviter attenuata et in petiolum anguste decurrentia, margine crenato-lobata (lobi 2, raro 3 utrinque, lobo terminali parum majore et paulum protracto), in utraque facie sparse hirta. Flores in racemo laxissimo terminali, 3—5-floro. Bracteae anguste lanceolatae, pedicellis dimidio breviores, subintegrae. Pedicelli circiter 3 mm longi, hirti. Hypanthium semiglobosum, plus minusve hirtellum; sepala anguste triangularia, 3 mm longa, integerrima, hirta, erecta. Corolla alba (Compton) vel pallide coerulea usque cremea (Maguire), 10 mm longa; tubus 4,5 mm longus, glaber; lobi 2 superiores late lanceolati, erecti; lobi 3 inferiores obovato-oblongi, omnes extus subhirti. Staminum tubus 4 mm longus; antherae omnes apice barbatae. Capsula globoso-ovoidea, fere infera, puberula.

Kapland: Kap-Provinz, Distr. Clanwilliam, Middelberg Plateau, Cedarberg, 14. XII. 1941 (R. H. Compton n. 12720!); Cardouw Pass, 650 m, shady rocks, XI. (B. Maguire n. 1206! — beide Hb. Kirstenb.). — *Lobeliae vanreenensi* propius accedens, petiolis brevibus, foliis, calyce manifeste distincta.

p. 586, post n. 227 **Lobelia dasyphylla** E. Wimm. n. sp. — Herba parva, verisimiliter caespitosa, caules basi procumbentes, deinde erecti, glabrescentes, striati, 5—12 cm longi, fere nudi. Folia basalia approximata, subrotunda usque late ovata, basi subcordata et 4—10 mm longe petiolata, apice subrotundata usque subacuta, 7—13 × 7—11 mm, cum petiolo hirsuta, margine crenata, folia in caulibus vel potius ramis erectis lanceolata minima, plerumque unum tantum. Rami glabrescentes. Flores in racemis terminalibus laxis. Pedicelli 4—6 mm longi, fructiferi arcuato deorsum versi, cum calyce patelliformi hirti; sepala subulata, integerrima, 1,5 mm longa, erecta. Corolla 8 mm longa, tubo pallescente, lobis coeruleis, extus hirtellis, superioribus oblanceolatis, inferioribus in labium trifidum coalitis oblongis. Filamenta fere discreta, glabra; antherarum tubus circiter 1 mm longus, glaber, sed apice omnes barbatae. Capsula fere supera, globosa, 3—4-sperma. Semina ellipsoidea, straminea, 1 mm longa.

K a p l a n d : Langebergen, c. 800 m, 18. I. 1893 (S c h l e c h t e r n. 2109! — Witwat. R.). — Pertinet ad gregem *Genistoides*, habitu accedens ad *Lobeliam hartlaubii*, sed flore propius accedens ad *L. malowensem*.

p. 595, n. 238 **L. chamaedryfolia** A. DC. var. **confinis** E. Wimm. in Kew Bull. 1952. — Folia duplo triplove majora quam in planta typica, spathulata, 30—50 mm longa et 15—25 mm lata, apice rotundata obtusaque, basi in petiolum alatum subciliatum sensim angustata, margine obtuso-dentata, supra sparse, subtus in nervis sparsissime hirsuta. Bractea et bracteolae pedicellum 4 mm longum fere aequantes. Corolla albo-rosea, 13 mm longa, lobis oblanceolatis.

S ü d - R h o d e s i a : Distr. Inyanga, Stapleford, 1850 m, V. (J. C. H o p k i n s! — Gov. hb. Salisb., W.).

p. 598, n. 244 **L. holstii** Engl. var. **subhirsuta** E. Wimm. in Kew Bull. 1952. — Caulis imprimis in angulis, petioli et folia pilis patentibus vestiti. Pedicelli, hypanthium, corollae lobi extus adpresse hirti. Corolla circiter 11 mm longa, ,,malvacea cum fauce alba". Folia spathulata, basi cuneata.

S ü d - R h o d e s i a : Distr. Inyanga, Downs on dolerite outcrops, 2300 m X. 1946 (K. S t u r g e o n! — Gov. hb. Salisb. W.). — Natal: Umtwalumi (Moss. hb. n. 18980! — Witwat. R.).

Subgenus **T u p a**

p. 610 n. 262 **L. chinensis** Lour.: adde synon. *Rapuntium chinense* Presl l. c.

p. 623 n. 276 **L. persicifolia** Lam.; adde syn. *Siphocampylus persicifolius* et *Kraussii* G Don in Sweet, Hort. Brit. III (1839) 429.

p. 626 n. 281 **L. flavescens** (Presl) Wimm.; adde: nom. vulg. ,,Petiwila".

p. 629 n. 288 **L. salicina** Lam.; adde synon. *Siphocampylus acuminatus* G. Don p. p.

p. 682 n. 352 **L. laxiflora** H. B. K. var. **laxiflora**; adde nom. vulg. ,,Galitos, Yerba de Garabata".

p. 694 **Lobeliae dubiae,** adde: *L. cavaleriei* Lév. in Fedde, Rep. IX (1911) 455 et *L. umbellata* Vest l. c.

Monopsis Salisb.

Sectio 1. **Eumonopsis** Endl.

p. 699 n. 1 **Monopsis simplex** (L.) E. Wimm.; adde syn. *M. litigiosa* Fisch. et Mey., Ind. Petrop. VII (1841) 53.

Sectio 2. **Dobrowskya** Urb.

p. 705, st. n. 8 **Monopsis malvacea** E. Wimm. in Kew Bull. (1952) 142. — Herba gracilis. Caules ascendentes, straminei, setulis singulis hinc inde obsiti, fere foliosi, ad 20 cm alti Fiolia sessilia, alterna, membranacea, luteo-viridia, supra glabra, subtus in costa pilosa, ovata, ovato-oblonga, 7—10 mm longa, 2—5 mm lata, sursum sensim angustiora, summa fere linearia, apice obtuso vel acuto, basi subrotundata vel obtusa, margine leviter incrassato sub lente scabra, plerumque 2 dentibus antrorsum curvatis utrinque munita, folia minora saepe 1 dente tantum in inferiore parte instructa. Flores 2—3, solitarii in axillis foliorum minorum superiorum. Pedicelli filiformes, 16—38 mm longi, adpresse pilosi, supra basin 2 bracteolis linearibus oppositis 4 mm longis ornati. Hypanthium turbinatum, adpresse hirtum; sepala lanceolata 4 mm longa, integerrima, ciliata, patentia. Corolla 10 mm longa, „pallide malvacea", glabra, sed nervi medii paginae exterioris loborum pilosi; lobi 2 angustiores a tubo corollae usque ad basin soluti, oblongi et unguiculati; lobi 3 majores ovato-oblongi (3 mm lg.) in labium trifidum uniti. Staminum tubus glaber; filamenta 5 mm longa; antherae 2 mm longae, omnes apice barbatae. Stigmatis 2 crura revoluta.

Kapland: Swaziland, Hlatikulu auf sumpfigem Boden (Miss M. M. Stewart n. 115! — K.).

Affinis *M. unidentatae.*

p. 709 post n. 12 **Monopsis kowynensis** E. Wimm. n. sp. — Herba perennis, procumbens, multicaulis. Caules teretes, striati, in angulis parce pubescentes. Folia pauca opposita, plurima alterna, subsessilia, subglabra, ima oblanceolato-oblonga, reliqua oblanceolato-linearia vel fere linearia, ad basin cuneatim angustata, apice acuta vel subacuta, 6—17 mm longa, 2—3 mm lata, margine 1—3 dentibus in utroque latere munita, subtus in nervo mediano parce pilosa. Flores solitarii in axillis foliorum superiorum, plerumque interrupte dispositi, longe pedicellati. Bracteolae 2 foliaceae in basi pedicellorum, integrae vel unidentatae, 5—13 mm longae. Pedicelli sicut calyx subadpresse pubescentes, 15—22 mm longi, folia fulcrantia valde superantes. Calycis receptaculum turbinatum, vix 2 mm longum; sepala linearia, integerrima, 5—6 mm longa, patentia. Corolla 16 mm longa, cyanea, bilabiata, extua adpresse hirsuta: lobi 2 breves oblongo-acuti 5 mm longi, a medio corollae soluti!; labium inferius trilobum 10 mm longum, eius lobi rotundati, 4 mm lg., medius latior quam laterales. Tubus stamineus 6 mm longus, glaber, antherae apice omnes barbatae. Stigma bicruralis, lobi filiformes.

Transvaal, Ost: Kowyn Paß — Groskop, on damp ledges on Krantz face, flow. blue, dwarf decumbent, 9. IV. 1950 (Prosser n. 1495! — Univ. Witwat. R.). — Nach Habitus und Infloreszenz zur Sect. *Dobrowskya* gehörig, der Korolle nach mehr den Arten der Sect. *Parastranthus* ähnlich.

Apetahia Baill.

p. 729 n. 1 **Apetahia raiateensis** Baill.; adde nom. vulg. „Kekealuke".

p. 731 Subtribus **Howelliinae** Wimm.; adde syn. *Clintonieae* Presl, Prodr. 43 p. p.

Register

zu F. E. Wimmer, Campanulaceae-Lobelioideae, Teil I und II.

Die angenommenen Gattungen sind **fett** gedruckt, die angenommenen Arten und Varietäten sind mit einem Stern (*) versehen. f nach einer Seitenzahl bedeutet Figur. Die Angabe der typischen Varietät (z. B. *Lobelia cardinalis* L. var. *cardinalis*) ist wegen Raumersparnis unterblieben.[1])

Die Vulgärnamen (nomina vulgaria seu incolarum) sind im nachfolgenden besonderen Register enthalten.

[1]) Die fetter gedruckten Seitenzahlen, zeigen an, wo die betreffende Pflanze ausführlicher behandelt ist.

Die Namen der Arten und Varietäten sind im Register einheitlich klein geschrieben, entsprechend den Regeln des botanischen Kongresses von Stockholm (1950). Im Text selbst ist dies bei den Synonymen nicht geschehen, da eine Änderung nicht mehr gut möglich war.

Register der Volksnamen

DRUCKFEHLERVERZEICHNIS

p. 276: Zeile 7 von unten: *A* statt A.
p. 281: Zeile 9 von unten: glaber statt glabris
p. 322: Zeile 19 von unten: columnae statt columneae
p. 324: Zeile 2 von unten: dentatus statt dentalus
p. 366: Zeile 1 von unten, zu ergänzen: j. S. matthiaei: flos 1/1 - Orig.
p. 609: Zeile 17 von unten: sparsiflora statt sparsiflorus
p. 694: Zeile 3 von unten: Willd. herb. statt Willd. h.
p. 694: Zeile 18 von unten: cladlomesa statt cladtomesa
p. 695: Zeile 1 und 21 von oben: Salzm. herb. statt Salzm. h.
p. 695: Zeile 1 von unten, hinter 717 einzufügen: p. p.
p. 702: Zeile 10 von oben: Sect. Dobrowskya Urban statt Dobrowskya Urban

FSC
www.fsc.org
MIX
Papier | Fördert
gute Waldnutzung
FSC® C083411

Kolibri 360 GmbH
Ferdinand-Jühlke-Straße 7
99095 Erfurt, Deutschland
produktsicherheit@kolibri360.de